SULIAO PEIFANG YU ZHIBEI SHOUCE

塑料配方与制备手册

第三版

张玉龙　李　萍　主编

化学工业出版社

·北京·

本书重点介绍了聚乙烯、聚丙烯、聚氯乙烯、聚苯乙烯、ABS、聚甲基丙烯酸甲酯、通用工程塑料、特种工程塑料和热固性塑料改性料、功能料及其产品的配方1000多例。该书是塑料行业及塑料材料应用厂家、材料研究、产品设计、制造加工、管理、销售和教学人员的案头书，也可作为工具书和教科书使用。

图书在版编目（CIP）数据

塑料配方与制备手册/张玉龙，李萍主编．—3版．北京：化学工业出版社，2017.8

ISBN 978-7-122-29670-2

Ⅰ.①塑… Ⅱ.①张…②李… Ⅲ.①塑料制品-配方-手册②塑料制品-制备-手册 Ⅳ.①TQ320-62

中国版本图书馆CIP数据核字（2017）第100756号

责任编辑：赵卫娟 仇志刚 高 宁　　装帧设计：王晓宇

责任校对：王 静

出版发行：化学工业出版社（北京市东城区青年湖南街13号 邮政编码100011）

印　　装：北京建宏印刷有限公司

787mm×1092mm 1/16 印张46½ 字数1262千字 2017年11月北京第3版第1次印刷

购书咨询：010-64518888　　售后服务：010-64518899

网　　址：http://www.cip.com.cn

凡购买本书，如有缺损质量问题，本社销售中心负责调换。

定　　价：198.00元

编写人员名单

主　编：张玉龙　李　萍

副主编：石　磊　张吉雷　李青霞　谭晓婷　宫　平

编　委（按姓氏笔画排序）：

王　升　王志强　王敏芳　王瑞鑫　牛利宁
孔祥海　石　磊　白　真　白国厚　曲　华
任崇刚　全识俊　刘　川　刘向平　刘宝玉
孙平川　杜仕国　杜建华　李　哲　李　萍
李旭东　李青霞　李桂变　李唐友　杨　华
杨晓冬　吴　迪　张文栋　张火荣　张玉龙
张吉雷　张军营　张婷婷　张振文　陈　国
邵颖慧　郑戌华　官国周　胡海燕　宫　平
姚春臣　贺同正　高九萍　黄　晖　黄晓霞
程兴德　程如强　普朝光　谢祎莎　蔡玉海
谭晓婷

第三版前言

塑料是最早工业化生产的合成材料之一，其品种繁多、产品多样，广泛地应用于国民经济建设、国防建设和人们的日常生活领域，在国计民生中发挥了重要作用。近年来，随着高新技术在塑料工业中的深入应用，特别是在塑料改性和配方设计中的应用，加快了塑料制品的更新换代步伐。一大批高性能、多功能塑料品种相继问世，为今后塑料在高新技术产品中应用奠定了坚实基础。塑料行业的高新技术当前主要体现在塑料改性技术和配方设计技术上，配方是产品生产的理论基础，是科研人员研究的结果。为塑料工业技术进步起到了无法估量的作用。

为普及塑料配方基础知识，推广并宣传塑料配方设计技术近年的研究与应用成果，中国国防信息学会军用材料专业委员会在《塑料配方与制备手册》（第二版）的基础上又进行了修订，其中增添70%的新配方，全书共8章。该书较详细地介绍了聚乙烯、聚丙烯、聚氯乙烯、聚苯乙烯、 ABS、聚甲基丙烯酸甲酯、通用工程塑料、特种工程塑料和热固性塑料的改性料、功能料及其产品配方。每种配方按照原材料配方、制备方法和性能的编写格式逐一论述。另外对一些经典配方则采用配方与说明的格式编写，是塑料行业及塑料应用厂家、材料研究、制品设计、制造加工、管理、销售和教学人员的必读必备之书，也可作为工具书和教科书使用。

本书突出实用性、先进性和可操作性，无理论叙述，仅列举配方、制备技术与性能。全书结构清晰严谨、内容丰富、数据翔实可靠、信息量大。相信本书的再版将有利于推动我国塑料改性技术和配方设计技术的进步，为塑料产品的更新换代和向高新技术产品应用领域拓展起到了积极的作用。

由于水平有限，文中不妥之处在所难免，敬请读者批评指正。

编者

2017.6

目录

Chapter 01

第一章 概述

第一节 简 介

一、基本概念

树脂主要是指在常温下为固态、半固态或假固态，而受热后软化或熔融，在软化时受外力作用通常具有流动倾向的有机聚合物。而从广义上讲，凡可作为塑料基体的聚合物均称为树脂。

塑料是指以树脂为主要成分，添加某些添加剂或助剂（如填充剂、增塑剂、稳定剂、色母料等），经成型加工制成的有机聚合物材料。

二、塑料的主要品种与分类

塑料品种繁多，分类方法多样且不尽统一，本书仅介绍常用的几种分类方法，见表 1-1。

为叙述方便，本书将按塑料功能与用途分类法加以介绍。

表 1-1 塑料的品种与分类

分类方法	类 型	品 种
按功能与用途分类	通用塑料	聚乙烯(PE)、聚氯乙烯(PVC)、聚苯乙烯(PS)、聚甲基丙烯酸甲酯(PMMA)、聚丙烯(PP)
	通用工程塑料	聚酰胺(PA)、聚碳酸酯(PC)、聚甲醛(POM)、聚对苯二甲酸乙二醇酯(PET)、聚对苯二甲酸丁二醇酯(PBT)、聚苯醚或改性聚苯醚等
	特种工程塑料	聚四氟乙烯(PTFE)、聚苯硫醚(PPS)、聚酰亚胺(PI)、聚砜、聚酮与液晶聚合物
	功能塑料	导电塑料、压电塑料、磁性塑料、塑料光纤与光学塑料等
	通用热固性塑料	酚醛树脂、环氧树脂、不饱和聚酯、聚氨酯、有机硅与氨基塑料等
按受热后性能变化特征分类	热塑性塑料	通用塑料、通用工程塑料、特种工程塑料
	热固性塑料	酚醛树脂、环氧树脂、不饱和聚酯、聚氨酯、有机硅与氨基塑料等
按化学成分分类	聚烯烃类、聚酰胺类、聚酯类、聚醚类和含氟类聚合物等	
按结晶程度分类	结晶聚合物和无定形聚合物	

三、塑料材料的组成

塑料是由树脂与助剂（添加剂）两部分经成型加工制备而成。塑料的组成及各组分作用见表 1-2。

表 1-2 塑料的组成及各组分作用

组分名称		功能作用	常用化合物
树脂		塑料的主要成分，对塑料及其制品性能优劣起主导作用	合成树脂为主体
特性助剂（添加剂）	填充剂	又称填料，主要用来改进塑料强度、提高耐久性、降低成本等	碳酸钙、云母、滑石粉、木粉等
	增强剂	主要用来提高塑料及其制品的强度与刚性	玻璃纤维、碳纤维、芳纶等
	冲击改性剂	主要用来改善结晶塑料的韧性和耐冲击性能	橡胶和弹性体
	增塑剂	主要用来改进塑料的脆性，提高柔韧性能等	邻苯二甲酸酯类、磷酸三苯酯等
	偶联剂	主要用来提高聚合物与填料界面结合力	硅烷和钛酸酯等
	阻燃剂	主要用于阻止或延缓塑料的燃烧	四溴邻苯二甲酸酐、三氧化二锑、氢氧化铝、金属氧化物、磷酸酯类等
	抗静电剂	主要用于减少塑料制品表面所带静电载荷	炭黑、碳纤维、金属纤维或粉末、阴离子型（季铵盐）和非离子型聚乙二醇酯或醚等
	着色剂	主要用于赋予塑料及其制品颜色	无机颜料、有机颜料和色母料等
加工助剂（添加剂）	发泡剂	能成为气体，可使塑料成为泡沫结构	氮气、氟氯烃、偶氮二甲酰胺（AC）等
	润滑剂	主要用于降低熔体黏度，阻止熔体与设备黏着，改善加工性能	硬脂酸类、金属皂类物质等
	脱模剂	主要用于防止塑料熔体与模具黏附，便于制品脱模	石蜡、聚乙烯蜡、有机硅、硬脂酸金属盐、脂肪酸酰胺等
稳定助剂	热稳定剂	主要用于防止聚合物在热作用下受破坏和发生降解	金属皂、有机锡、硫醇锑和铅盐等
	光屏蔽剂	主要用来吸收或反射紫外光，使光不能直接射入聚合物内部，抑制光降解	炭黑和二氧化钛等
	紫外线吸收剂	主要用来吸收紫外线，并将其转变成无害热能而放出	二苯甲酮（UV-531）、苯并三唑（UV-327）和水杨酸酯（BAO）等
	抗氧剂	主要用来防止聚合物氧化	受阻酚、芳香胺、亚磷酸酯、有机硫化物等
	抗老化剂	可吸收聚合物中发色团能量并将其消耗掉，从而抑制聚合物发生光降解	二价镍络合物等
	自由基捕获剂	可将聚合物中自由氧化的活性自由基捕获，防止聚合物氧化降解	哌啶衍生物（受阻胺）等
反应控制剂	催化剂	可改变化学反应速度，自身不消耗	NaOH、乙酰基己内酰胺、有机锡、金属盐与氧化锌等
	引发剂	在聚合物反应中能引起单分子活化产生自由基，常与催化剂并用	偶氮化合物和过氧化物
	阻聚剂	可阻止单体聚合的物质	酚类、醌类及硫化物等
	交联剂	可将线型热塑性树脂转化为三维网状聚合物	有机过氧化物、胺类、酸酐、咪唑类等

四、塑料的基本特性与用途

主要塑料品种的特性与用途见表 1-3。

表 1-3 主要塑料品种的特性与用途

名称	特性	用途
聚乙烯	柔韧性好，介电性能和耐化学腐蚀性能优良，成型工艺性好，但刚性差	化工耐腐蚀材料和制品，小负荷齿轮、轴承等，电线电缆包皮，日常生活用品
聚丙烯	耐腐蚀性优良，力学性能和刚性超过聚乙烯，耐疲劳和耐应力开裂性好，但收缩率较大、低温脆性大	医疗器具，家用厨房用品，家电零部件，化工耐腐蚀零件，中、小型容器和设备
聚氯乙烯	耐化学腐蚀性和电绝缘性能优良，力学性能较好，难燃但耐热性差，温度升高时易发生降解	软硬质难燃耐腐蚀管、板、型材、薄膜等，电线电缆绝缘制品等

续表

名称	特性	用途
聚苯乙烯	树脂透明,有一定的机械强度,电绝缘性能好,耐辐射,成型工艺性好,但脆性大、抗冲击性和耐热性差	不受冲击的透明仪器、仪表外壳、罩体,生活日用品(如瓶、牙刷柄等)
丙烯腈-丁二烯-苯乙烯共聚物(ABS)	具有韧、硬、刚相均衡的优良力学特性,电绝缘性能、耐化学腐蚀性、尺寸稳定性好,表面光泽性好,易涂装和着色,但耐热性不太好,耐候性较差	汽车、电器仪表、机械结构零部件(如齿轮、叶片、把手、仪表盘等)
丙烯酸类树脂	具有极好的透光性,耐候性优良,成型性和尺寸稳定性好,但表面硬度低	光学仪器,要求透明和具有一定强度的零部件(如窗、罩、盖、管等)
聚酰胺	力学性能优异,冲击韧性好,耐磨性和自润滑性能优良,但易吸水、尺寸稳定性差	机械、仪器仪表、汽车等耐磨受力零部件
聚碳酸酯	有优良的综合性能,特别是力学性能优异,耐冲击性优于一般热塑性塑料,其他如耐热、耐低温、耐化学腐蚀性、电绝缘性能等良好,制品精度高,树脂具有透明性,但易产生应力开裂	强度高、抗冲击结构件,电器零部件,小负荷传动零件等
聚甲醛	力学性能优异,刚性好,抗冲击性能好,有突出的自润滑性、耐磨性和耐化学腐蚀性,但耐热性和耐候性差	代替铜、锌等有色金属和合金作耐摩擦部件(如轴承、齿轮、凸轮等)及耐蚀制品
热塑性聚酯	热变形温度高,力学性能优良,刚性大,电绝缘性能和耐应力开裂性好,但注射成型各向异性突出	高强度电绝缘零件,一般耐摩擦制品,电子仪表耐焊接零件,电绝缘强韧薄膜
聚苯醚	有优良的力学性能,热变形温度高,使用温度范围宽,耐化学腐蚀性、抗蠕变性和电绝缘性能好,有自熄性,尺寸稳定性好	代替有色金属作精密齿轮、轴承等零件,耐高温、耐腐蚀电器部件等
含氟塑料	有突出的耐腐蚀、耐高温性能,摩擦因数低,自润滑性能优良,但力学性能不高,刚性差、成型加工性不好	高温环境中的化工设备及零件,耐摩擦零部件,密封材料等
聚砜类	耐热性优良,力学性能、电绝缘性能、尺寸稳定性、耐辐射性好,成型工艺性差	高温、高强度结构零部件,耐腐蚀、电绝缘零部件
聚醚醚酮	耐热性好(220℃以上),力学性能、耐化学腐蚀性能、电绝缘性能、耐辐射性能良好,成型加工性好	飞机、宇航高强度耐热零部件、电器零部件
聚芳酯	一种透明的耐温等级较高的工程塑料,有良好的电绝缘性能和耐化学腐蚀性能,有自熄性,成型加工性好	耐温、绝缘电器制品等

常用塑料的成型加工性能见表 1-4 和表 1-5。

表 1-4 常用热塑性塑料的成型加工性能

指标名称	聚乙烯	聚丙烯	聚氯乙烯	聚苯乙烯	丙烯腈-丁二烯-苯乙烯共聚物
颜色	白色及银灰色	白色	深色	各种颜色	浅黄色
密度/(g/cm^3)	0.92～0.95	0.902～0.906	1.38	1.05～1.65	1.01～1.07
比体积/(cm^3/g)	1.9～3.9	2.2～2.7	2.0～2.5	2.5～3.0	1.02～1.2
压缩率/%	1.8～3.6	2.0～2.4	2.8～3.5	2.6～5.0	1.1～1.2
水分及挥发物含量/%	—	—	—	0.6～1.0	—
流动性/mm	—	—	—	75	—
收缩率/%	2.0～2.5	1.0～2.5	0.4～0.6	0.3～0.5	0.5～0.8
成型温度/℃	160～180	205～285	165～190	150～260	195～275
成型压力/MPa	20～100	70～140	16～150	20～100	56～175
需要成型时间/s	—	—	1～2	1～2	—

续表

指标名称	聚甲基丙烯酸甲酯	聚酰胺66	聚碳酸酯	聚甲醛(均聚)	聚砜
颜色	透明	乳白色	透明	白色	黄色透明
密度/(g/cm³)	1.20	1.13～1.15	1.2	1.42	1.24
比体积/(cm³/g)	2.0～3.0	1.8～1.9	1.45～4.6	—	1.5～1.8
压缩率/%	2.4～3.6	2.0～2.2	1.74～5.5	—	1.8～2.2
水分及挥发物含量/%	<30	—	<0.03	—	<0.05
流动性/mm	3～15	—	—	—	—
收缩率/%	—	1.5	0.5～0.7	2.0～2.5	0.7
成型温度/℃	160～230	270～380	250～345	195～245	345～400
成型压力/MPa	80～200	70～175	70～140	70～140	100～140
需要成型时间/s	2	—	—	—	—

表 1-5　常用热固性塑料的成型加工性能

指标名称	酚醛塑料			氨基塑料
	一级工业电工用(1)	高压电绝缘、耐高频电工业用(2)	高压电绝缘、耐高频电工用(3)	
颜色	红、绿、棕、黑	棕、黑	红、棕、黑	各种颜色
密度/(g/cm³)	1.4～1.5	1.4	≤1.9	1.3～1.45
比体积/(cm³/g)	≤2	≤2	1.4～1.7	2.5～3.0
压缩率/%	≥2.8	≥2.8	2.5～3.2	3.2～4.4
水分及挥发物含量/%	<4.5	<4.5	<3.5	3.5～4.0
流动性/mm	80～180	80～180	50～180	50～180
收缩率/%	0.6～1.0	0.6～1.0	0.4～0.9	0.8～1.0
成型温度/℃	150～165	160±10	185±5	140～155
成型压力/MPa	30±5	30±5	>30	30±5
制品厚度/mm	1±0.2	1.5～2.5	2.5	0.7～1.0

第二节　塑料配方设计

一、简介

目前，已实现工业化规模生产的树脂多达几百种，而且随着合成和改性技术的不断进步，每年还有大量的新型树脂品种和改性树脂品种面世。大量树脂品种的存在给选材带来极大方便，增大了产品设计的自由度。然而，在实际产品生产中，尽管树脂品种不少，但还没有一种树脂不经过改性或配制就能制备出满足使用性能要求的制品。这是因为塑料材料与传统的金属、陶瓷等在性能上有所不同。传统材料已实现标准化，其选材、设计与加工可分开进行，而树脂材料与其相比则迥然不同，其不确定因素较多，可调节性和可配制性较强。树脂的选材、产品设计和制造工艺与加工性能密不可分。鉴于这种情况，对塑料制品进行配方设计显得格外重要，它也是塑料制品制备过程中极为重要的工作环节。

塑料配方设计是以改善或提高树脂的性能特性，使之满足欲加工制品或特定应用的使用性能和耐久性要求为目的，在吸收前人经验与教训的基础上，运用先进而有效的技术或方法，确定在所选用树脂中要添加其他物质或组分的量的过程。首先应充分了解树脂的性能特点，尤其是已选定树脂的优缺点，并根据应用或制品对材料的使用性能要求，找出树脂的不足或缺陷；然后将要解决的问题按照主次加以排序；最后再选择改性技术或方法。

二、塑料配方设计的内容与要点

配方设计的关键为选材、搭配、用量、混合四大要素，要想设计出一个高性能、易加工、低价格的配方需要考虑的因素很多，以下为塑料配方设计的一些要点。

1. 树脂的选择

树脂的选择包括树脂品种、牌号及其流动性的选择。要选择与改性目的最接近的树脂品种，以节省助剂的使用量。如耐磨改性，首先考虑选择三大耐磨树脂：聚酰胺、聚甲醛、超高分子量聚乙烯；透明改性，树脂要首先考虑选择三大透明树脂：聚苯乙烯、聚甲基丙烯酸甲酯、聚碳酸酯；耐热改性，首先考虑选择聚苯硫醚、聚酰亚胺、聚苯并咪唑和聚芳砜；耐低温改性，首先考虑选择低分子量聚乙烯、聚碳酸酯和热塑性弹性体类（聚酯类热塑性弹性体、聚烯类热塑性弹性体、聚氨酯类弹性体）；隔热改性，首先考虑选择聚氨酯硬质泡沫塑料、酚醛或脲醛泡沫塑料和聚苯乙烯泡沫塑料。

一般要求树脂成本低、性能高，同时还要考虑外观及耐久性，所以很难选择出一种能满足所有性能要求的合适树脂。例如，用注射成型方法生产透明容器时，在一般情况下可选择聚苯乙烯或聚甲基丙烯酸甲酯两种树脂，但如果要求廉价为首要条件，则选用聚苯乙烯；反之，如果强调耐候性能好时，就要选用聚甲基丙烯酸甲酯；如果还要再加上耐冲击性能好，则就要选择聚碳酸酯，当然其成本也要提高。

在选择时还应考虑以下内容：所选择的树脂能否承受使用环境中最高和最低的温度，在这个温度范围内树脂是否变形、发生龟裂，耐冲击性能如何等。若不符合要求，就要改变现有的树脂品种，另选新的品种或进行改性处理。

另外，选择的树脂还需要考虑在使用环境中的其他影响因素。如在要求制品尺寸稳定性能好时，还要考虑到树脂的热膨胀系数、成型初期及成型后期的收缩率变化、吸湿性等因素。

一般情况下，一种树脂不可能满足所有的条件，但应尽可能地满足主要条件。关于质量标准的掌握，一般按下述条件而定。

① 能否承受使用环境温度的变化、阳光的影响及使用时负荷的变化。

② 制品是否符合卫生标准及安全性。

③ 弯曲强度、拉伸强度、冲击强度、电绝缘性、阻燃性、耐水性、耐油性、电学性能是否符合产品标准。

④ 尺寸稳定性，光学性能，抗毒、抗湿、抗菌性能如何。

⑤ 外观、经济成本、特殊要求是否能达到要求。

对于长期使用的树脂及制品，必须考虑其维修及保养费用。若能大幅度削减维修费用，即使初期投资较大，但从塑料整体使用寿命看，还是有利的。另外还要考虑成型加工性能及二次加工的难易程度，考虑树脂在模具中的变化情况。在设计制作轴承、齿轮等重要部件时，还应该进行物理机械性能检验分析；做透明树脂时，还应进行光学试验及修正。

2. 助剂的选择

虽然塑料的种类很多，有各种不同的性能，但要满足产品的具体要求，还要对塑料进行改性，这就要在树脂中加入适合的助剂。以 PE 瓶为例，其中加入的色母粒就是助剂的一种，又叫着色剂。又如 PVC 配方中，助剂的选用一定要有针对性，针对耐低温冲击性能，需选用合适的抗冲击改性剂；针对耐候性要求，要有适当分量的光屏蔽剂和紫外线吸收剂；针对硬度的要求，要有适当的填料。

助剂的种类很多，大致可分为增塑剂、稳定剂、着色剂、阻燃剂、增韧剂、润滑剂、抗氧化剂、发泡剂、填充剂和抗老化体系等。配方设计的目的，就是要选择出合适的助剂，以改善树脂的内在性能、加工性能和降低成本。可用于配方设计的助剂有上百种，可共混的树脂也有上百种，必须依据一定的原则进行适当的选择。

（1）助剂品种　选用助剂要按所达到的目的选择，所加入的助剂应能充分发挥其预计功效，并达到规定指标。规定指标一般为产品的国家标准、国际标准，或客户提出的性能要求。如为了提高 PS 的冲击强度，常选用橡胶对其进行抗冲击改性，如丁苯橡胶、乙丙橡胶、SBS 及 ABS 等。

（2）助剂形态　同一种成分的助剂，其形态不同，改性作用差别很大。助剂形状可分为球状、粒状、片状、纤维状、柱状、中空管状和中空微球状。除了球状和中空微球状两种助剂为各向同性外，其他形状的助剂都为各向异性。对于各向异性类助剂，其纵横比越大，补强作用越强，越有利于制品力学性能的提高，但对成型加工不利。而对于各向同性且纵横比接近 1 的助剂，对复合材料的成型加工有利，但对力学性能提高不利。

（3）助剂粒度　助剂的粒度对塑料性能有很大的影响。粒度越小，对填充材料的拉伸强度和冲击强度越有益。阻燃剂的粒度越小，阻燃效果就越好。例如水合金属氧化物和三氧化二锑的粒度越小，达到同等阻燃效果的加入量就越少。着色剂的粒度越小，着色力越高、遮盖力越强、色泽越均匀，但着色剂的粒度也不是越小越好，存在一个极限值，而且不同着色剂的极限值不同。助剂粒度对导电性能也有影响，以炭黑为例，其粒度越小，越易形成网状导电通路，达到同样导电效果加入的炭黑量就减少，但同着色剂一样，其粒度也有一个极限值，因为粒度太小易于聚集而难于分散，效果反倒不好。

（4）助剂用量　有的助剂在允许的范围内加入量越多越好，如阻燃剂、增韧剂、磁粉、阻隔剂等；有的助剂加入量有最佳值，如导电助剂，形成导电通路后即可；又如偶联剂，表面包覆即可；再如抗静电剂，在制品表面形成泄电荷层即可。

（5）助剂间的相互作用　在一个配方中，为达到不同的目的可以加入多种助剂，这些助剂之间的相互关系很复杂，会有协同作用、对抗作用和加合作用。协同作用是指塑料配方中两种或两种以上的添加剂一起加入时的效果高于其各自单独加入的总效果。对抗作用则指塑料配方中两种或两种以上的添加剂一起加入时的效果低于其单独加入的平均值。加合作用指塑料配方中两种或两种以上不同添加剂一起加入的效果等于其各自单独加入的总效果，一般又称为叠加作用和搭配作用。配方中所选用的助剂在发挥自身作用的同时，应不劣化或最小限度地影响其他助剂功效的发挥，最好与其他助剂有协同作用。

助剂的具体选择范围见表 1-6。

表 1-6　助剂的具体选择范围

目的	助剂名称
增韧	弹性体、热塑性弹性体和刚性增韧材料
增强	玻璃纤维、碳纤维、晶须和有机纤维
阻燃	溴类（普通溴系和环保溴系）、磷类、氮类、氮/磷复合类膨胀型阻燃剂、三氧化二锑、水合金属氢氧化物
抗静电	抗静电剂
导电	碳类（炭黑、石墨、碳纤维、碳纳米管）、金属纤维和粉、金属氧化物
磁性	铁氧体磁粉、稀土磁粉（包括钐钴类、钕铁硼类、钐铁氮类、铝镍钴类磁粉）
导热	金属纤维和粉末、金属氧化物、氮化物和碳化物、碳类材料（如炭黑、碳纤维、石墨和碳纳米管）、半导体材料（如硅、硼）
耐热	玻璃纤维、无机填料、耐热剂
透明	成核剂
耐磨	石墨、二硫化钼、铜粉
绝缘	煅烧高岭土

续表

目的	助剂名称
阻隔	云母、蒙脱土、石英
抗氧	受阻酚类、受阻胺类、亚磷酸酯、硫代酯
光稳定	炭黑、氧化锌、水杨酸类、三嗪类、含镍的有机络合物
增塑	苯二甲酸酯类、磷酸酯类、脂肪族二元酸酯类、环氧类
提高介电性	滑石粉、二氧化钛、Ta_2O_3、$BaTiO_3$、$SrTiO_3$
抗菌	桧醇，银、铜、锌等金属离子及其氧化物，酚醚类，聚吡啶
防辐射	酚酞聚芳醚酮，PI、PPS等含芳环和杂环的聚合物
防雾	甘油脂肪酸酯类、山梨糖醇酐脂肪酸酯类、聚硅氧烷

三、塑料配方设计的基本程序

现仅以硬质聚氯乙烯（UPVC）管材为例，详细加以说明。

1. 各组分的调整与组合

UPVC配方中PVC树脂是主要原料，其成型加工温度通常不低于170℃，所以纯PVC树脂是无法直接加工成制品的。因而稳定剂是配方中必不可少的组分，加入相关的一种或几种稳定剂，就可组成稳定的配方体系。

由于在挤出过程中物料在双螺杆或螺杆与机筒的间隙中因剪切力、挤压力、摩擦力的作用，使其分子之间的摩擦增加，过度的内部摩擦会使物料在加工过程中熔体黏度变差，制品变黄，脆性增加。因此，必须在配方中加入内润滑剂，以减少分子间的摩擦作用，避免因摩擦产生的物料分解，改善熔体黏度。另外，在加工过程中，物料所接触的机筒内壁，以及成型机头中各个部件都会产生一定的摩擦作用并可能使其黏附。为了减少这类摩擦作用，配方中应加入外润滑剂。为了使PVC材料在整个加工过程中产生的摩擦热较合理，必须同时使用内、外两种不同的润滑剂。配方中的内、外润滑剂的组合称为润滑体系。润滑体系中内、外润滑剂的平衡在配方设计中最难掌握，内润滑剂加入过量会使制品塑化质量较差，而外润滑剂过量除在定径套及口模处析出外，严重时还会影响产品的品质和产量。因此，内、外润滑剂的比例很重要，要求合理、平衡，使用量过多或过少均会直接影响PVC材料的加工及其产品的性能，而合适的内、外润滑剂配比可改善制品的外观和内在品质。

UPVC塑料管在加工成型时因挤出设备性能较差或挤出机螺杆和机筒磨损较大、模具压力不够、配方中填充料过多或改性剂过多等因素，都会产生物料的熔融塑化时间延长、塑化质量下降现象，使产品的品质变差。为了能有效地促进物料在挤出时的凝胶塑化，有必要在配方中加入高聚物加工助剂，它不但能降低加工温度，也能放宽工艺温度的可调范围，从而提高产品质量的稳定性。这种在配方中能促进或改善塑化条件的添加剂组分，称为加工助剂。

为了进一步拓宽使用领域，改善加工和应用条件，对PVC材料进行改性非常重要。改性的目的和要求是在保持PVC原有优良性能的基础上，克服一些性能上的缺陷，以达到某些稳定场合和条件下的使用要求。目前，对PVC材料的改性主要有如下几个目的。

① 使PVC材料具有一定韧性。

② 克服低温脆性。

③ 提高使用温度，使之具有一定的耐热性。

④ 降低表面电阻率或体积电阻率，使之具有抗静电性。

⑤ 使材料发泡或微发泡，减轻制品的质量，降低材料的消耗从而降低成本。

⑥ 使材料透明，制成透明制品，扩大其应用范围。

⑦ 提高阻燃性能，使之适应消防等特殊场合使用。

⑧ 赋予材料磁性、导热性、耐磨性等特殊性能，使之适合具有特殊性能要求的领域使用。

为了达到上述目的，在配方中需加入符合这些要求的添加剂，这种改变材料性能的添加剂称为改性剂。

选择合适的着色剂，使PVC管材具有各种色彩，以适合不同领域的使用要求，这在配方中也是必不可少的。

PVC树脂的疏松性，决定了它是所有已知塑料中最适合添加填充剂的材料。合理地添加填充剂，不但可以有效地降低生产成本，还可以提高产品在加工时的尺寸稳定性，但填充剂必须经过选择，添加量也必须合理，否则将影响产品质量。

通常在配方设计中，将这些相关材料的配比组合用下面的通式来表示：

PVC树脂＋稳定体系＋润滑体系＋加工助剂＋改性剂＋填充剂＋着色剂

2. 配方中各组分配比的形式

配方中各组分的配合比例是以份数形式来表示的，通常PVC树脂质量为100份，则其他组分用相应的份数来配比。

生产企业在具体实施时，可根据混料机容量的大小来确定每一份的质量。例如，使用200L混合机拌料时，最佳的每份质量为0.5kg，则配方应按下列方法折算成质量，以便对原材料进行称量。

原材料	质量
PVC树脂	100份×0.5kg＝50kg
稳定剂	××份×0.5kg＝××kg
润滑剂	××份×0.5kg＝××kg
加工助剂	××份×0.5kg＝××kg
改性剂	××份×0.5kg＝××kg
填充剂	××份×0.5kg＝××kg
着色剂	××kg

3. 成熟配方的确定过程

（1）根据产品性能的要求确定试验配方单　在确定配方单时，必须分析所用材料各方面的性能，特别要注意其用量的限定范围，分析其加工过程中的不利因素，从而确定合理的用量。另外，还必须指定和了解使用该配方所涉及的一切加工设备及模具的状况，同时制订加工工艺单。此外，还应调整或挑选技术素质相对较好的操作人员进行配方试验，配方设计人员必须到生产现场亲自指导并了解试验的全过程，发现问题，及时调整配方及工艺，以达到最佳效果。

（2）通过小试后的总结转入批量生产　一旦小试成功，必须总结试验过程，根据测试室对产品性能的检测，对配方中各种材料组分的配比作进一步的调整（微调），同时写出总结报告。小试与批量投产有着量的变化，外部干扰因素也会扩大，同时设备、模具、控制仪表的性能等均有差别，操作人员的技术水平也会参差不一，因此在转为批量生产时，要充分考虑可能出现的情况，做好各种准备工作，确保批量生产的成功。

（3）配方的验证　配方的验证除了对产品各项性能的多次检测外，还应征集产品投放市场后客户对产品品质的反馈意见，更重要的是令使用该配方生产的产品质量稳定，生产也较规范。

（4）配方的成熟　配方定型后，在生产中不能随意改动，经过两三年的生产及应用考核，相对较合理的配方称为成熟配方。

一个成熟的配方通常只适用于某一企业，这是因为各企业的生产和技术条件并不完全一样，同一配方在不同的生产企业会产生不同的结果。

4.用于生产的配方单的基本格式

不管生产何种 PVC 管材，其大致的生产工艺流程都可用下面的形式来表示：

配方→高速混合→低速冷拌→过筛→双螺杆挤出机挤出→冷却定型→定长切断→扩口（或不扩口）→检验→包装入库。

生产配方单的基本格式如下：

生产配方单

编号：________

1.配方类型：________

2.各组分配比称量要点：________

3.高混、低拌工艺控制要点：________

4.其他注意点：________

5.制单日期：________ 执行日期：________

6.配方内容：

以 PVC 树脂为基准 单位：kg

序号	组分内容	质量份	序号	组分内容	质量份
1.			8.		
2.			9.		
3.			10.		
4.			11.		
5.			12.		
6.			13.		
7.			14.		

制单：________ 审核：________

批准：________ 日期：________

对于混料，有一定的工艺要求，且必须加以重视。如配方中有液体添加剂，则必须先加入液体添加剂，不可将原辅料一次性投入到拌缸中。由于 PVC 树脂的体积（表面积）随着温度的上升而增大，液体添加剂容易渗透到物料中。如果将主辅料一次性投入，液体添加剂除渗透到 PVC 树脂中，还会渗透到填充剂、改性剂等添加剂中，其结果是降低了液体添加剂的使用效果，特别是硫酸丁基锡这类高效稳定剂，其添加量极少，很可能因部分渗透到其他添加剂中而降低了它的稳定效果。

当 PVC 树脂的温度达到 80～90℃时，体积（表面积）明显增大，这时加入固体粉状或颗粒状的稳定剂效果最好。外润滑剂必须最后加入，如过早加入外润滑剂，由于外润滑剂包覆在 PVC 树脂的表层，并形成一层膜，从而阻碍了其他添加剂与 PVC 树脂的作用。

因此，在混料过程中，如果有液体添加剂成分，如有机锡类稳定剂、各类液体增塑剂等，在高混加料时务必注意加料顺序。通常情况下，加料顺序及混合方法为：PVC 树脂＋

液体添加剂，混合1～2min；当混合温度达到80～90℃，加入固体稳定剂、内润滑剂；混合温度达到90～100℃，再加入外润滑剂，如石蜡类等；混合温度达到105～125℃后，转为低拌并冷却至40～45℃。对于上述要求，一般生产企业都不够重视，以致当产品发生质量问题时找不到原因。

四、塑料配方设计方法

1. 去除法——单组分调整配方设计法

树脂中只需添加单一组分（助剂）就可完成配方的设计，这种配方设计一般常用去除法来确定添加组分及其用量。去除法的基本原理是：假定 $f(x)$ 是塑料制品的物理性能指标，它是调整区间中的单峰函数，即 $f(x)$ 在调整的区间（a，b）中只有一个极值点，这个点就是所寻求的物理性能最佳点。通常用 x 表示因素取值，$f(x)$ 表示目标函数。根据具体要求，在该因素的最优点上，目标函数取最大值、最小值或某一规定值，这些都取决于该塑料制品的具体情况。

在寻找最优试验点时，常利用函数在某一局部区域的性质或一些已知数值来确定下一个试验点。这样一步步搜索、逼近，不断去除部分搜索区间，逐步缩小最优点的存在范围，最后达到最优点。

在搜索区间内任取两点，比较它们的函数值，舍去一个，这样搜索区间便缩小，然后再进行下一步，使区间缩小到允许误差之内。常用的搜索方法如下。

（1）爬高法（逐步提高法） 适合于工厂小幅度调整配方，生产损失小。其方法是：先找一个起点 A，这个起点一般为原来的生产配方，也可以是一个估计的配方。在 A 点向该原材料增加的方向 B 点做试验，同时向该原材料减少的方向 C 点做试验。如果 B 点好，原材料就增加；如果 C 点好，原材料就减少。这样一步步改变，如爬到 W 点，再增加或减少效果反而不好，则 W 点就是要寻找的该原材料的最佳值。

选择起点的位置很重要。起点选得好，则试验次数可减少。选择步长大小也很重要，一般先是步长大一些，待快接近最佳点时，再改为小的步长。爬高法比较稳妥，对生产影响较小。

（2）黄金分割法（0.618法） 该方法是根据数学上黄金分割定律演变而来的。其具体做法是：先在配方试验范围（A，B）的黄金分割点做第一次试验，再在其对称点（试验范围的0.382处）做第二次试验，比较两点试验的结果（指制品的物理力学性能），去掉“坏点”以外的部分。在剩下的部分继续取已试点的对称点进行试验，再比较，再取舍，逐步缩小试验范围，直至达到最终目的。

该法的每一步试验都要根据上次配方试验结果而决定取舍，所以每次试验的原材料及工艺条件都要严格控制，不得有差异，否则无法决定取舍方向。该法试验次数少，较为方便，适合推广。

（3）均分法 采用均分法的前提条件是：在试验范围内，目标函数是单调函数，即该塑料制品应有一定的物理性能指标，且以此标准作为对比条件。同时，还应预先知道该组分对制品的物理性能影响的规律，这样才能知道试验结果并确定该原材料的添加量是多或少。

该法与黄金分割法相似，只是在试验范围内，每个试验点都取在范围的中点上，根据试验结果，去掉试验范围的某一半，然后再在保留范围的中点做第二次试验，再根据第二次试验结果，又将范围缩小一半，这样逼近最佳点范围的速度很快，而且取点也极为方便。

（4）分批试验法 分批试验法可分为均分分批试验法和比例分割分批试验法两种。

均分分批试验法是把每批试验配方均匀地同时安排在试验范围内，将试验结果进行比较，留下结果好的范围。再将留下的部分均匀分成数份，再做一批试验，这样不断做下去，就能找到最佳的配方质量范围。在这个窄小的范围内，等分点结果较好，又相当接近，即可终止试验。这种方法的优点是试验总时间短、速度快，但总的试验次数较多。

比例分割分批试验法与均分分批试验法相似，只是试验点不是均匀划分，而是按一定比例划分。该法由于试验效果、试验误差等原因，不易鉴别，所以一般工厂常用均分分批试验法，但当原材料添加量变化较小，而制品的物理性能却有显著变化时，用该法较好。

（5）其他方法　分数法（即裴波那契搜索法）是先给出试验点数，再用试验来缩短给定的试验区间，其区间长度缩短率为变值，其值大小由裴波那契数列决定。

抛物线法是在用上述方法试验，并将配方试验范围缩小后，还希望数值更加精确时采用的方法。它是利用已做过三点试验后的三个数据，做此三点的抛物线，以抛物线顶点横坐标作下次试验依据，如此连续试验而成。

2. 正交设计法——多组分调整配方设计法

（1）正交设计法原理　正交设计法是应用数理统计原理进行科学地安排与分析多组分调整的一种设计方法。

正交设计法的最大优点在于可大幅度地减少试验次数，而且试验中变量调整越多，减少程度越明显，它可以在众多试验中，优选出具有代表性的配方，通过尽可能少的试验，找出最佳配方或工艺条件。有时最佳配方可能并不在优选的试验中，但可以通过对试验结果的处理，推算出最佳配方。

常规的试验方法为单组分调整轮换法，即先改变其中一个变量，把其他变量固定，以求得此变量的最佳值。然后改变另一个变量，固定其他变量，如此逐步轮换，从而找出最佳配方或工艺条件。用这种方法对一个有 3 个变量，每个变量 3 个试验数值（水平）的试验，试验次数为 $3\times3\times3=27$ 次，而用正交设计法只需 6 次。

（2）正交表的组成　正交设计的核心是一个正交设计表，简称正交表。一个典型的正交表可由下式表达

$$\mathrm{L}_M(b^K)$$

式中　L——正交表的符号；

K——试验中组分变量的数目，K 值由不同试验而定；

b——每个变量所取的试验值数目，一般称为水平，水平值由经验确定，也可在确定前先做一些探索性的小型试验，一般要求各水平值之间要有合理的差距；

M——试验次数，一般由经验确定。

对于二水平试验：$M=K+1$；对于三水平以上试验：$M=b(K-1)$。

上述规律并不全部适用，有时也有例外，如 $\mathrm{L}_{27}(3^{13})$。具体可参照标准正交表。

正交表的最后一项为试验目的，即指标，它为衡量试验结果好坏的参数，如产品合格率、硬度、耐热温度、冲击强度、氧指数及体积电阻率等。

现用实例说明正交表的组成。如改善 PVC 加工流动性的一个试验，加工流动性好坏可用表观黏度表示，表观黏度即为指标。影响加工流动性的参数有三个，即温度（T）、剪切速率（γ）和增塑剂加入量（RPH），此三个参数都是变量，每个变量取三个不同试验值，即为三水平，如 T 取 150℃、160℃、170℃，γ 取 $5\times10^2\mathrm{s}^{-1}$、$1\times10^3\mathrm{s}^{-1}$、$5\times10^3\mathrm{s}^{-1}$，$RPH$ 取 20 份、30 份、40 份。

常用的典型正交表如下：

二水平：$\mathrm{L}_4(2^3)$、$\mathrm{L}_8(2^7)$、$\mathrm{L}_{12}(2^{11})$ 等；

三水平：$\mathrm{L}_6(3^3)$、$\mathrm{L}_9(3^4)$、$\mathrm{L}_{18}(3^7)$ 等；

四水平：$\mathrm{L}_{16}(4^5)$ 等。

具体正交表见表 1-7～表 1-11。

表 1-7 二水平 $L_4(2^3)$ 正交表

试验号	列号			试验号	列号		
	1	2	3		1	2	3
1	1	1	1	3	2	1	2
2	1	2	2	4	2	2	1

表 1-8 二水平 $L_8(2^7)$ 正交表

试验号	列号							试验号	列号						
	1	2	3	4	5	6	7		1	2	3	4	5	6	7
1	1	1	1	1	1	1	1	5	2	1	2	1	2	1	2
2	1	1	1	2	2	2	2	6	2	1	2	2	1	2	1
3	1	2	2	1	1	2	2	7	2	2	1	1	2	2	1
4	1	2	2	2	2	1	1	8	2	2	1	2	1	1	2

表 1-9 二水平 $L_{12}(2^{11})$ 正交表

试验号	列号											试验号	列号										
	1	2	3	4	5	6	7	8	9	10	11		1	2	3	4	5	6	7	8	9	10	11
1	1	1	1	1	1	1	1	1	1	1	1	7	2	1	2	2	1	1	2	2	1	2	1
2	1	1	1	1	1	2	2	2	2	2	2	8	2	1	2	1	2	2	2	1	1	1	2
3	1	1	2	2	2	1	1	1	2	2	2	9	2	1	1	2	2	2	1	2	2	1	1
4	1	2	1	2	2	1	2	2	1	1	2	10	2	2	2	1	1	1	1	2	2	1	2
5	1	2	2	1	2	2	1	2	1	2	1	11	2	2	1	2	1	2	1	1.	1	2	2
6	1	2	2	2	1	2	2	1	2	1	1	12	2	2	1	1	2	1	2	1	2	2	1

表 1-10 三水平 $L_9(3^4)$ 正交表

试验号	列号				试验号	列号				试验号	列号			
	1	2	3	4		1	2	3	4		1	2	3	4
1	1	1	1	1	4	2	1	2	3	7	3	1	3	2
2	1	2	2	2	5	2	2	3	1	8	3	2	1	3
3	1	3	3	3	6	2	3	1	2	9	3	3	2	1

表 1-11 四水平 $L_{16}(4^5)$ 正交表

试验号	列号					试验号	列号				
	1	2	3	4	5		1	2	3	4	5
1	1	1	1	1	1	9	3	1	3	4	2
2	1	2	2	2	2	10	3	2	4	3	1
3	1	3	3	3	3	11	3	3	1	2	4
4	1	4	4	4	4	12	3	4	2	1	3
5	2	1	2	3	4	13	4	1	4	2	3
6	2	2	1	4	3	14	4	2	3	1	4
7	2	3	4	1	2	15	4	3	2	4	1
8	2	4	3	2	1	16	4	4	1	3	2

（3）正交设计法试验结果分析　一个最佳的配方可能在所做的试验中，也可能不在其中，这就需要对试验结果进行分析处理找出最佳配方。

试验分析可以解决如下三个方面的问题：

① 对指标的影响，哪个组分主要，哪个组分次要，分清主次关系。

② 各组分因素以哪个水平为最好。

③ 各个组分因素用什么样的水平组合起来，指标值最好。

目前常用的分析方法有两种，即直观分析法和方差分析法。本书主要介绍直观分析法。

1）直观分析法。计算每个水平几次试验取得的指标的平均值，进行比较，找出每个因素的最佳水平；几个因素的最佳水平组合起来，即为最佳配方或工艺条件；另外，计算每个因素不同水平所取得的不同指标值差，何种因素不同水平之间指标差大，即为对指标最有影响的因素。

具体方法参见下面例 1 及例 2。

直观分析法直观、简便，但不能区分因素与水平的作用差异。

2）方差分析法。这是一种精确的计算方法，结果精确，但步骤繁杂。

其方法为通过偏差的平方和及自由度等一系列计算，将因素和水平的变化引起试验结果间的差异与误差的波动区分开来，这样来分析正交试验的结果，对下一步试验或投入生产的可靠性很大。

（4）正交设计法举例

【例 1】 热固性塑料压制成型配方及工艺条件的确定。

1）设计正交表。

指标——硬度合格率。

因素——模板温度、交联时间及交联剂用量三因素，$K=3$。

水平——每个因素取二水平，$b=2$。因素和水平表见表 1-12。

表 1-12 因素和水平表

因 素	模板温度/℃	交联时间/s	交联剂用量(质量份)
一水平	180	60	0.5
二水平	200	80	1.0

试验次数——$M=K+1=3+1=4$ 次。

正交表——选 $L_4(2^3)$，具体排布见表 1-13。

2）按正交表做试验，并将结果填入 $L_4(2^3)$ 正交表中，见表 1-13。

3）试验结果分析 采用直观分析法。

计算每一个因素不同水平两次试验的平均值。

表 1-13 三因素二水平 $L_4(2^3)$ 正交表

试验号 \ 列号	1(A) 模板温度/℃	2(B) 交联时间/s	3(C) 交联剂用量/质量份	硬度合格率 /%
1	1(180)	1(60)	1(0.5)	90
2	1(180)	2(80)	2(1.0)	85
3	2(200)	1(60)	2(1.0)	45
4	2(200)	2(80)	1(0.5)	70
I_j	175	135	160	$j=1,2,3$
II_j	115	155	130	
$\bar{\mathrm{I}}_j$	87.5	67.5	80	
$\bar{\mathrm{II}}_j$	57.5	77.5	65	
R_j(极差)	30	10	15	

$$\bar{A}_1=\frac{1}{2}(y_1+y_2)=\frac{1}{2}(90+85)=87.5$$

$$\bar{A}_2=\frac{1}{2}(y_3+y_4)=\frac{1}{2}(45+70)=57.5$$

$$\bar{B}_1=\frac{1}{2}(y_1+y_3)=\frac{1}{2}(90+45)=67.5$$

$$\bar{B}_2=\frac{1}{2}(y_2+y_4)=\frac{1}{2}(85+70)=77.5$$

$$\bar{C}_1=\frac{1}{2}(y_1+y_4)=\frac{1}{2}(90+70)=80$$

$$\bar{C}_2=\frac{1}{2}(y_2+y_3)=\frac{1}{2}(85+45)=65$$

将计算结果列于表 1-13 中。表中 I_j 代表正交表中第 j 列一水平指标之和；$\bar{I}_j$ 代表 I_j 的平均值。II_j 代表正交表中第 j 列二水平指标之和， $\overline{II}_j$ 代表 II_j 的平均值。由于因素 A 排在第 1 列，所以 $\bar{I}_1=\bar{A}_1$， $\overline{II}_1=\bar{A}_2$，同理 $\bar{I}_3=\bar{C}_1$， $\overline{II}_3=\bar{C}_2$。

比较 $\bar{A}_1$ 与 $\bar{A}_2$，$\bar{B}_1$ 与 $\bar{B}_2$，$\bar{C}_1$ 与 $\bar{C}_2$，可以找出优化条件为 A_1、B_2、C_1。这次试验不在设计正交试验中，而是通过综合比较推算出来的。

还有一个比较三个因素哪一个对指标影响大的问题，可以通过计算极差（R_j）找出。极差值 $R_j=|\bar{I}_j-\overline{II}_j|$（绝对值），如 $R_1=|\bar{A}_1-\bar{A}_2|=|87.5-57.5|=30$。将计算结果也列于表 1-13 中，可以看出 R_1 最大，说明模板温度对硬度合格率影响最大。

【例 2】 PVC 复合板配方正交设计。

本配方的组分为：聚氯乙烯（PVC）、邻苯二甲酸二辛酯（DOP）、三碱式硫酸铅、石蜡、硬脂酸、氯化聚乙烯（CPE）及赤泥等。

1）设计正交表。

指标——冲击强度、弯曲强度、布氏硬度。

因素——PVC、DOP、硬脂酸不变，分别为 100、5、0.4，将三碱式硫酸铅（即三盐）、石蜡、CPE、赤泥定为四个因素，即 $K=4$。

水平——每个因素定三个水平，即 $b=3$，见表 1-14。

正交表——选 $L_9(3^4)$ 型正交表，排布参见表 1-15。

2）将试验结果列于表 1-15 所示的 $L_9(3^4)$ 正交表中。

3）试验结果分析。

表 1-14 每个因素确定的三个水平值

因素 / 水平	三盐用量 A	石蜡用量 B	CPE 用量 C	赤泥用量 D
1	5	0.4	10	20
2	4	0.3	20	10
3	3	0.2	30	5

注：试验次数 $M=3\times(4-1)=9$。

① 采用直观分析法。以冲击强度指标为重点，比较其三水平的最佳值可知，A_1、B_3、C_1、D_3 为最优化组合。此次正交试验 $A_1B_3C_1D_3$ 存在于正交表所列第 7 次试验中，也可直接从表 1-15 中直接观察到。

对于极差的大小，计算方法为选取极差大的两个水平相减。$R_j=34.73-11.55=23.18$为各列中最大的，这说明 CPE 用量是影响 PVC 冲击强度的主要因素。

表 1-15 $L_9(3^4)$ 正交表

试验计划					试验结果		
因素 / 列号 / 试验号	三盐用量 *A*	石蜡用量 *B*	CPE 用量 *C*	赤泥用量 *D*	冲击强度（带缺口）/(kJ/m^2)	弯曲强度 /MPa	布氏硬度 /(N/mm^2)
	1	2	3	4			
1	1(5)	1(0.4)	3(30)	2(10)	3.65	20.92	98.0
2	2(4)	1(0.4)	1(10)	1(20)	9.44	64.26	119.7
3	3(3)	1(0.4)	2(20)	3(5)	3.37	13.27	88.2
4	1(5)	2(0.3)	3(30)	1(20)	4.55	33.66	102.0
5	2(4)	2(0.3)	2(20)	3(5)	5.19	28.09	94.3
6	3(3)	2(0.3)	1(10)	2(10)	6.13	51.93	99.4
7	1(5)	3(0.2)	1(10)	3(5)	19.16	65.09	110.4
8	2(4)	3(0.2)	2(20)	2(10)	2.99	36.27	107.5
9	3(3)	3(0.2)	3(30)	1(20)	3.81	22.49	95.2
Ⅰ位级 1 三次冲击强度之和	27.36	16.46	34.73	17.80	冲击强度总和＝Ⅰ＋Ⅱ＋Ⅲ＝58.29		
Ⅱ位级 2 三次冲击强度之和	17.62	15.87	11.55	12.77			
Ⅲ位级 3 三次冲击强度之和	13.31	25.96	12.01	27.72			
极差 R_j＝Ⅰ、Ⅱ、Ⅲ中大数减小数	14.05	10.09	23.18	14.95			
Ⅰ′位级 1 三次弯曲强度之和	119.67	98.45	181.28	120.41	弯曲强度总和＝Ⅰ′＋Ⅱ′＋Ⅲ′＝335.93		
Ⅱ′位级 2 三次弯曲强度之和	128.62	113.68	77.63	109.12			
Ⅲ′位级 3 三次弯曲强度之和	87.69	123.85	77.07	106.45			
Ⅰ″位级 1 三次布氏强度之和	31.04	30.59	32.95	31.69	布氏硬度总和＝Ⅰ″＋Ⅱ″＋Ⅲ″＝91.47		
Ⅱ″位级 2 三次布氏强度之和	32.15	29.57	29.00	30.49			
Ⅲ″位级 3 三次布氏强度之和	28.28	31.31	29.52	29.29			

② 中心复合试验法。中心复合试验法是因在中心点做许多重复试验而得名。它是配方变量因素与因素之间关系的一种数学方程，因而又称为回归分析法。

例如，以某一塑料制品性能的响应方程式（回归方程式）建立起自变量（即配方组分），再和因变量（塑料制品的物理性能）建立数学表达式。此数学方程式不但包括质的相互关系，还包括量的相互关系。

中心复合试验法可以解决如下几方面问题。

a. 首先确定几个特定的配方因子变量之间是否存在相关性。如果没有相关性，就只好单独处理每个因子问题；如果存在相关性，则可找出合适的数学表达式。

b. 再根据用户提出的几种塑料制品性能指标值，预测出配方因子变量的值；或是相反预测，根据配方因子变量的值，预测出制品性能指标的范围。这两种方法都可以通过某种控制达到一定的精确度。

c. 另外还要找出这些因子之间的相互关系，找出哪些因子是重要的，哪些因子是次要的，哪些因子是可以忽略的。通过方程式求出所需性能的配方因子最佳组合，画出某种性能的等高线等。

一般来说，可用一个完全的二次多元式表示制品性能与添加剂用量的关系，然后再求出数个回归系数，进行线性变换，按设计表安排试验，在中心点做重复试验，再进行显著性统计检验。若有问题，或改变数学模型进一步研究。

Chapter 01

第二章 聚乙烯(PE)

第一节 聚乙烯改性料与功能料

一、经典配方

具体配方实例如下[1~7]。

(一) 聚乙烯填充改性料

1. $CaCO_3$ 填充改性 LDPE

单位：质量份

原材料	用量	原材料	用量
LDPE	100	硬脂酸钙	0.3
$CaCO_3$	30	抗氧剂	0.5
RR-138-S 处理剂	1.5	其他助剂	适量
聚乙烯蜡	2.0		

2. 滑石粉填充改性 LDPE

单位：质量份

原材料	用量	原材料	用量
LDPE	100	抗氧剂	0.5
滑石粉	30	硬脂酸锌	0.5
KR-22 处理剂	1～2	其他助剂	适量
聚乙烯蜡	1.5		

3. 滑石粉填充改性 LDPE/LLDPE

单位：质量份

原材料	用量	原材料	用量
LDPE	70	聚乙烯蜡	1～2
LLDPE	30	抗氧剂	1.0
滑石粉	15～25	硬脂酸锌	1.0
KR-22 处理剂	1.0	其他助剂	适量

4. 凹凸棒黏土填充改性 LDPE

单位：质量份

原材料	用量	原材料	用量
LDPE	100	石蜡	1～2
凹凸棒黏土	3～5	硬脂酸锌	1.0
偶联剂 KH-570	1.5	加工助剂	1～2
抗氧剂	100	其他助剂	适量

说明：拉伸强度 7.6MPa，冲击强度 6.7kJ/m^2；工艺条件为塑炼温度 130℃，塑化时间 10min，模塑温度 160℃。

5. 废纸屑填充改性 LDPE

单位：质量份

原材料	用量	原材料	用量
LDPE	70	偶联剂	1.5
废纸屑	30	交联剂	1.2
三碱式硫酸铅	1.0	加工助剂	1～2
发泡剂	6.0	其他助剂	适量
抗氧剂	0.5		

说明：相对密度 0.21，邵尔硬度（A）1.3，拉伸强度 60.4MPa，断裂伸长率 55%。

6. 超细 $CaCO_3$ 填充改性 HDPE

单位：质量份

原材料	用量	原材料	用量
HDPE	100	偶联剂	1.5
$CaCO_3$	10	硬脂酸锌	1.0
PE-*g*-MAH	5.0	加工助剂	1～2
DCP	1.5	其他助剂	适量

说明：拉伸强度 25MPa，断裂伸长率 40%，冲击强度 12kJ/m²，维卡软化点 126℃。

7. 云母填充改性 HDPE

单位：质量份

原材料	用量	原材料	用量
HDPE	100	抗氧剂	0.5～1.5
云母	5～15	硬脂酸钙	0.8
偶联剂	1～3	加工助剂	1～2
DCP	1～2	其他助剂	适量

说明：工艺条件为双螺杆挤出机，料筒温度 160～190℃，螺杆转速 50r/min。拉伸强度 23MPa，断裂伸长率 38%，弯曲强度 14.5MPa，冲击强度 11.8kJ/m²。

8. 玻璃微珠填充 HDPE

单位：质量份

原材料	用量	原材料	用量
HDPE	100	抗氧剂	1.0
玻璃微珠	10～25	硬脂酸锌	0.5
偶联剂	1.5	加工助剂	1～2
DCP	1.0	其他助剂	适量

说明：拉伸强度 28MPa，拉伸模量 1200MPa。

9. 碳酸钙填充改性 LLDPE

单位：质量份

原材料	用量	原材料	用量
LLDPE	100	DCP	1.0
$CaCO_3$	30	硬脂酸	0.5
偶联剂	1～3	加工助剂	1～2
聚乙烯蜡	1.5	其他助剂	适量

10. 纳米黏土改性 PE

单位：质量份

原材料	用量	原材料	用量
PE	100	硬脂酸	1.2
纳米黏土	8.0	加工助剂	1～2
PE-*g*-MAH	2.0	其他助剂	适量

说明： 拉伸强度 7.5MPa，缺口冲击强度 200kJ/m^2，熔体流动速率 1.69g/10min。

11. 木粉填充改性 PE

单位：质量份

原材料	用量	原材料	用量
PE	100	硬脂酸	1.7
木粉	10～40	抗氧剂	0.5
偶联剂	1～2	加工助剂	1～2
DCP	1.8	其他助剂	适量

说明： 拉伸强度 9.6～10.8MPa，断裂伸长率 67%～115%。

12. PE/$CaCO_3$ 填充母料（一）

单位：质量份

原材料	配方 1	配方 2	配方 3
LDPE	10	10	10
HDPE	5	—	5
回收聚丙烯	—	5	—
重质 $CaCO_3$	85	85	—
轻质 $CaCO_3$	—	—	85
钛酸酯	0.5	0.5	0.5
液状石蜡	4	4	4

说明： 制备工艺如下。

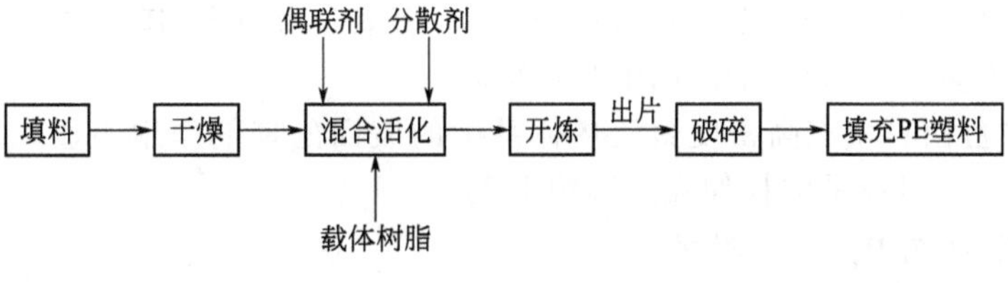

13. PE/$CaCO_3$ 填充母料（二）

单位：质量份

原材料	配方 1	配方 2	配方 3	配方 4
LDPE	15	20	15	20
HDPE	—	—	—	—
重质 $CaCO_3$	85	80	—	—
轻质 $CaCO_3$	—	—	85	80
铝酸酯(DL-411-A)	1.2	1.2	1.2	5
石蜡	2	2	2	2
钛白粉	0.3	0.3	0.3	0.3
硬脂酸	0.6	0.6	0.6	0.6

说明： 制备工艺如下。

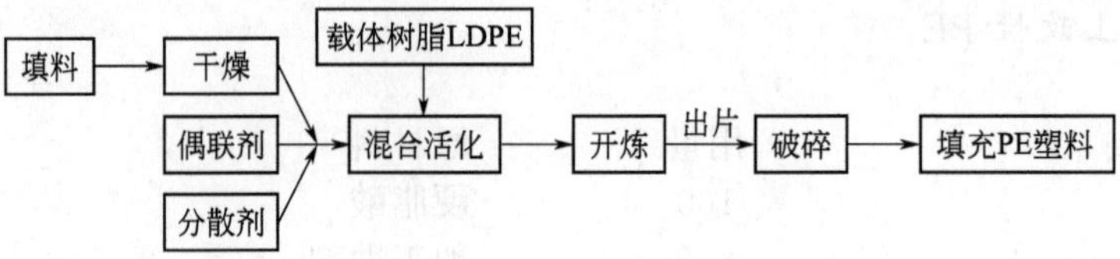

14. 大理石粉填充 HDPE

单位：质量份

原材料	用量	原材料	用量
HDPE	100	硬脂酸	0.8
大理石粉末	10、20、30、40、50	聚乙烯蜡	1～2
偶联剂	1.5	加工助剂	1～2
抗氧剂	1.0	其他助剂	适量

说明： 拉伸强度 28～31MPa，冲击强度 8～13kJ/m²，弯曲强度 51～55MPa，布氏硬度 58～82，熔体流动速率 0.5～0.97g/10min，维卡软化点为 126～128.5℃，可用于各种 PE 填充塑料制品的制备。

15. 蛋白石填充 HDPE

单位：质量份

原材料	用量	原材料	用量
HDPE	100	硬脂酸	1.5
蛋白石(400 目、850 目、1200 目)	10～50	抗氧剂	0.5
偶联剂	1～2	加工助剂	1～2
聚乙烯蜡	1.0	其他助剂	适量

说明：

① 蛋白石经硬脂酸处理后，高目数的蛋白石填充聚乙烯体系在拉伸强度变化不大的情况下，冲击强度有显著的提高。用 1200 目蛋白石填充的聚合物试样在填充量为 50 份时冲击强度提高了约 100%，用 3000 目蛋白石填充的聚合物试样在填充量为 30 份时冲击强度也提高了约 100%。

② 蛋白石作为一种新型填料填充在聚乙烯的体系中，当粒子直径足够小、填充用量达到一定量时有脆韧转变现象出现，符合刚性粒子增韧聚合物的脆韧转变规律。随着蛋白石粒子直径的减小，发生脆韧转变的填充用量将会减小。

③ 硬脂酸在蛋白石填充高密度聚乙烯体系中的表面处理剂作用明显，主要体现在填充体系的增韧作用上，对体系的拉伸强度影响不大。

16. 膨胀石墨填充 PE 复合材料

单位：质量份

原材料	用量	原材料	用量
PE(112 型)	100	硬脂酸	0.5
PE-*g*-MAH	20	加工助剂	1～2
膨胀石墨	10～30	甲苯	适量
偶联剂	1.5	其他助剂	适量

说明： 性能见表 2-1。

表 2-1 复合材料力学性能

膨胀石墨含量/份	5	10	15	20	30
拉伸强度/MPa	7.55	7.38	7.42	7.69	7.95
断裂伸长率/%	64	39	20	16	12

17. PE钙塑瓦楞纸板专用料

单位：质量份

原材料	用量	原材料	用量
HDPE	100	硬脂酸锌	0.5
$CaCO_3$	40	抗氧剂	1.0
硬脂酸钡	0.5	加工助剂	1～2
DLTP	0.01	其他助剂	适量

说明：性能见表2-2。

表2-2 PE钙塑瓦楞纸板的性能指标

项目	指标		项目	指标	
	A级	B级		A级	B级
拉断力/N	≥350	≥300	垂直压缩力/N	≥700	≥550
断裂伸长率/%	≥10	≥8	撕裂力/N	≥80	≥60
平面压缩力/N	≥1200	≥900	空箱抗压力/N	≥5500	≥4000

18. PE/$CaCO_3$填充母料

单位：质量份

原材料	配方1	配方2	配方3	配方4
重质$CaCO_3$	—	—	80	85
轻质$CaCO_3$	80	—	—	—
滑石粉	—	80	—	—
LDPE	10	10	10	10
HDPE	—	—	5	5
PP	10	5	—	—
TTE	1	—	0.5	0.5
LPE	2	—	2	4
CPE	—	5	5	—
硬脂酸	—	1	—	—

说明：该母料相容性好，在树脂中易分散，便于制备均匀的分散体系，填充效率高，可提高和改善PE制品的力学性能和工艺性，能有效降低成本。可用于PE各种填充产品。

19. 超高分子量聚乙烯（UHMWPE）填充模塑料

单位：质量份

原材料	配方1	配方2	配方3	配方4	配方5
UHMWPE	80	92	70	72	62
玻璃微珠	20	—	20	20	20
二硫化钼	—	8	—	8	8
铜粉	—	—	10	—	10

说明：超高分子量聚乙烯具有许多优良性能，耐磨损、耐腐蚀、耐冲击、自润滑、摩擦系数小等。填充填料后的UHMWPE材料耐磨性提高40%（即由摩擦系数由0.07降至0.5～0.4），热变形温度提高近40%，且成本降低。

20. 煤粉填充 PE

单位：质量份

原材料	用量	原材料	用量
PE	100	聚乙烯蜡	1～2
无烟煤粉末	40	硬脂酸	0.5
偶联剂	1～3	其他助剂	适量
DCP	0.8		

说明：性能见表 2-3。

表 2-3 煤粉填充 PE 的性能

样 品	PE	共混物	PE	共混物	PE	共混物	PE	共混物
辐射剂量/Mrad($1rad=1\times10^{-2}Gy$)	0	0	9.3	9.3	12.0	12.0	16.0	16.0
交联度/%	0	0	25.4	47.6	45.6	83.2	61.0	89.0
拉伸强度/MPa	22.5	12.5	22.4	12.8	22.6	12.8	22.6	12.9
断裂伸长率/%	258	139	240	150	246	144	252	128
冲击强度/(kJ/m^2)	23.2	20.4	26.9	23.3	25.2	20.8	27.7	21.5

注：共混物中煤粉质量分数为 40%。

煤粉填充 PE 力学性能好，填充率高达 40%～70%，使用完毕，可全部燃烧，热值达 37500kJ/kg，相当高优质无烟煤，且不会造成污染。

21. 木粉填充生物降解 PE

单位：质量份

原材料	配方 1	配方 2	配方 3
PE	24	12	6
木粉	60	60	60
$CaCO_3$	40	40	40
甲壳素	3.6	3.6	3.6
交联剂	1.0	1.0	1.0
PVA	60	60	60
乌洛托品	2	2	2

说明：拉伸强度为 5.26～7.52MPa，冲击强度 1.0～1.6kJ/m^2。经降解实验证明配方 1 经 1～5 个月降解实验几乎没有降解，样品表面光滑坚硬；配方 2 样品经 3 个月降解试验表面长有黑色霉菌仍未发生降解；而配方 3 经 4 个月降解试验后变软，5 个月后开始降解。用于制备可降解塑料制品。

（二）聚乙烯共混合金料

具体配方实例如下[1~7]。

1. PE/CPE 共混料

单位：质量份

原材料	用量	原材料	用量
PE	100	氧化镁	4.0
CPE	20	白炭黑	10
Sb_2O_3	10	加工助剂	1～2
偶联剂	1.5	其他助剂	适量

说明：性能见表 2-4、表 2-5。

表 2-4 PE 与 CPE 共混物的性能

共混物	氯含量/%	拉伸强度/MPa	屈服强度/MPa	断裂伸长率/%
一步氯化的 CPE	31.3	11.6	20.1	370
二步氯化的 CPE	31.0	10.5	11.0	510

注：低温氯化温度为 80℃，高温时的温度为 130℃。

表 2-5 PE 与 CPE 共混物的加工性能

PE/CPE 配比	100/0	90/10	70/30	50/50	30/70	0/100
最大扭矩/kN·m	90.0	76.2	57.5	58.5	48.0	49.1
平衡扭矩/kN·m	28.5	28.0	28.5	27.8	26.5	26.8
平衡扭矩时间/min	10.3	10.3	10.0	10.3	10.0	10.5

2. PE 接枝共聚物

单位：质量份

原材料	用量	原材料	用量
LDPE	100	硬脂酸	0.5
复合单体	1～3	填料	2～5
DCP	0.1～0.5	加工助剂	1～2
抗氧剂	1.0	其他助剂	适量

说明：制备工艺参数见表 2-6。

表 2-6 双螺杆挤出工艺参数

控制因素	机身加热区				机头
	Ⅰ	Ⅱ	Ⅲ	Ⅳ	
温度/℃	135	155	175	185	150
螺杆转速/(r/min)	25				

3. LDPE/LLDPE 共混料

单位：质量份

原材料	用量	原材料	用量
LDPE(PE-M-18D022)	50～30	稳定剂	0.5
LLDPE(FB-18D012)	50～70	填料	10～30
阻燃剂	5～20	其他助剂	适量
抗静电剂	3～10		

说明：性能见表 2-7、表 2-8。

表 2-7 LDPE/LLDPE 的力学性能

配比(LDPE/LLDPE)	拉伸强度/MPa	断裂伸长率/%	配比(LDPE/LLDPE)	拉伸强度/MPa	断裂伸长率/%
100/0	3.50	44	30/70	10.6	687
50/50	9.20	173	0/100	11.8	720
40/60	9.56	321			

表 2-8　LDPE/LLDPE 共混改性矿用管的性能

项　　目	指　　标	测试结果	项　　目	指　　标	测试结果
拉伸强度/MPa	≥8.34	9.62	表面电阻率/Ω	$\leqslant 10^9$	4×10^6
断裂伸长率/%	≥200	343	酒精喷灯燃烧试验		
扁平	不破坏	不破坏	有焰燃烧时间总和/s	≤18	11.2
液压试验(2 倍于使用压力)	不破坏	不破坏	无焰燃烧时间总和/s	≤120	80.4
落锤冲击试验	无裂缝、不破坏	无裂缝、不破坏			

4. HDPE/UHMWPE 共混料

单位：质量份

原材料	用量	原材料	用量
UHMWPE	100	SiO_2	0.5
HDPE	40～50	抗氧剂	105
硬脂酸	0.5	加工助剂	1～2
DCP	0.1	其他助剂	适量

说明：

① 型号为 DMD7006 的 HDPE 熔体流动速率较大且与 UHMWPE 相容性较好，可使共混体系的流动性大大增加。HDPE 含量越高，体系的流动性越好，同时引起拉伸强度和冲击强度的下降，但下降幅度较小。

② 成核剂 SiO_2 的加入使 UHMWPE/HDPE 共混体系的力学性能有所提高，拉伸强度和冲击强度曲线出现各自的峰值，且峰值对应的强度大小与纯 UHMWPE 相差无几。

5. PE/PMMA 共混料

单位：质量份

原材料	用量	原材料	用量
PE	100	偶氮二异丁腈	0.5～1.5
PMMA	10～20	加工助剂	1～2
相容剂(二苯甲酮)	5～10	其他助剂	适量
抗氧剂	1～3		

说明：性能见表 2-9。

表 2-9　PE/PMMA 的力学性能

增容剂/质量份	拉伸强度/MPa	断裂伸长率/%	增容剂/质量份	拉伸强度/MPa	断裂伸长率/%
0	0.1	200	15	0.160	381
5	0.13	325	20	0.170	400
10	0.145	345			

6. HDPE/EVOH 共混料

单位：质量份

原材料	用量	原材料	用量
HDPE	100	抗氧剂	0.5～1.5
(乙烯-乙烯醇共聚物)(EVOH)	15～20	加工助剂	1～2
PE-*g*-MAH	2～8	其他助剂	适量
二甲苯	适量		

说明：

① 共混体系中增容剂的用量对容器阻透性能有影响，较少的增容剂可以提高制品的阻透性能，一般增容剂的用量控制在 2～4 份的范围内。

② 提高共混体系中 EVOH 树脂的用量，可以大幅度降低制品的渗透率，一般加入 15～

20份即可满足制品的阻透性能要求。

③ 适当降低挤出机螺杆转速有利于提高容器的阻透性能，一般转速应控制在18～25r/min的范围内。

④ 挤出机机筒温度对制品的阻透性能有影响，实验表明，当机筒温度在220～230℃范围内，制品阻透性能得到提高。

⑤ 主要用作包装材料。

7. 回收PE再生料的补强增韧改性

单位：质量份

原材料	配方1	配方2	配方3
LLDPE回收料	100	35	35
LLDPE新料	—	65	65
光稳定剂	0.5～1.5	0.5～1.5	—
炭黑母料	3～5	3～5	3～5
含硫镍盐	—	—	0.5～1.5
加工助剂	1～2	1～2	1～2
其他助剂	适量	适量	适量

说明： 经改性的RPE还可用于回收利用，再次制成薄膜应用。

8. HDPE/尼龙6共混料

单位：质量份

原材料	用量	原材料	用量
HDPE	100	相容剂	5～10
马来酸酐	1～3	抗氧剂	1.0
DCP	0.1～0.5	加工助剂	1～2
尼龙6	15～20	其他助剂	适量

说明： 通用塑料HDPE与工程塑料PA6的共混物用途十分广泛，它集中了HDPE易加工、低温韧性好、阻隔性好、原料来源广、成本低及PA6高强度、高耐温、阻隔性好的优点，可满足高强度、高韧性材料及包装材料的需求。可用作高阻隔、高性能包装材料和结构材料等。

9. PE/三聚氰胺甲醛共混料

单位：质量份

原材料	普通型	阻燃型	原材料	普通型	阻燃型
废旧PE(粒)	100	100	$Al(OH)_3$	—	40～60
滑石粉	40～60	—	氯化石蜡52#	—	3～5
OL-AT1618	1～1.5	1～1.5	红磷	—	2～3
$CaSt_2$	0.5～1	0.5～1	其他助剂	适量	适量

说明： 性能见表2-10。

表2-10 PE/三聚氰胺甲醛共混料的力学性能

项目	普通型	阻燃型	项目	普通型	阻燃型
外观	符合LY218-80	符合LY218-80	缺口冲击强度/(kJ/m²)	2.8	2.6
密度/(g/cm³)	1.32	1.30	热变形温度/℃	99	101
吸水率/%	1.50	1.51	氧指数/%	22.4	25.8
洛氏硬度	M114	M110	耐水煮	1.无分层、鼓泡	
拉伸强度/MPa	64	60		2.增重5%	同左
弯曲强度/MPa	80	79		3.增厚3%	

10. 硅烷交联 LDPE

单位：质量份

原材料	用量	原材料	用量
A 组分		二月桂酸二丁基锡	0.2
LDPE	100	DCP(过氧化二异丙苯)	0.1
乙烯三甲氯基硅烷	0.15	抗氧剂 1010	1.0
其他助剂	适量	加工助剂	1～2
B 组分		其他助剂	适量
LDPE	100		

说明：硅烷交联低密度聚乙烯（LDPE）与普通聚乙烯（PE）相比，具有良好的力学和热性能，如拉伸强度 12～14.6MPa，断裂伸长率 65%～85%，凝胶率 30%～50%；维卡软化点 95～110℃。另外还具有卓越的电绝缘性和更高的冲击强度，突出的耐磨性，优良的耐应力开裂、耐蠕变及尺寸稳定性，且耐热性能改善，耐老化性、药品性均提高。主要用于绝缘电缆、交联 PE 管材和铝/塑复合管等产品。

11. 硅烷交联 HDPE

单位：质量份

原材料	用量	原材料	用量
A 组分		二月桂酸二丁基锡	0.5
HDPE	100	过氧化二异丙苯	0.1
硅烷(V-151)	1.4	抗氧剂 1010	0.1～0.6
其他助剂	适量	加工助剂	1～2
B 组分		其他助剂	适量
HDPE	100		

12. 硅烷交联聚乙烯（XPE）铝/塑复合管专用料

单位：质量份

原材料	用量	原材料	用量
HDPE/LLDPE(60/40)	100	抗氧剂 1010	0.5
乙烯基三乙氧基硅烷	1.5～2.5	加工助剂	1～2
过氧化二异丙苯(DCP)	0.1～1.0	其他助剂	适量
二月桂酸二丁基锡	0.1～1.0		

说明：性能见表 2-11、表 2-12。

表 2-11　硅烷交联聚乙烯的性能

性　能		标准要求	数值
密度/(g/cm³)		≥0.940	0.943
流体流动速率/(g/10min)	190℃,2.16kg	≥0.30	0.52
	190℃,5.00kg	≥1.0	1.35
屈服强度/MPa		≥22.0	22.77
断裂强度/MPa			17.26
伸长率/%		≥350	620
维卡软化点/℃		≥105	120
交联度/%		≥65	66

表 2-12 硅烷交联聚乙烯（XPE）铝/塑复合管专用料性能

测试项目	标准要求	实测结果	测试项目	标准要求	实测结果
外观	光滑，无针眼、气泡、裂纹	光滑，无针眼、气泡、裂纹	层间结合力	无分层现象	无分层现象
熔体流动速率(190℃ 150kg)/(g/10min)	≥1.0	1.32	管环拉力/N	>2500	3012
壁厚/mm	2.25～2.65	2.60	爆破压力/MPa	≥4.0	6.0
外径/mm	25～25.3	25.1	持久耐压（82℃，2.72MPa，10h)	无明显变形	无明显变形
			交联度/%	≥65	68

13. *润滑剂改性聚乙烯珠光色母料*

单位：质量份

原材料	用量	原材料	用量
LDPE	100	润滑剂	6.0
珠光粉	30～40	加工助剂	1～2
处理剂	1～3	其他助剂	适量
抗氧剂	0.5～1.5		

说明：加料段 70℃；压缩段 120～140℃，均化段 140～150℃，机头 140℃；螺杆转速 800～1000r/min，挤出物料经口模成条，通过水槽冷却，条料表面光洁光滑，再牵引进入切粒机切粒。该色母料熔体流动速率为 6g/10min，其制品表面光亮，色泽分布均匀。可用于要求珠光色彩的 PE 制品的制造。

14. *润滑剂改性 PE 黑料*

单位：质量份

原材料	用量	原材料	用量
LDPE	50～60	光稳定剂	1.5
炭黑	30～40	加工助剂	1～2
润滑剂	3～5	其他助剂	适量

说明：PE 黑料的熔体流动速率为 9.6g/10min，表面光亮、色泽分布均匀，适于作色母料。将 PE 黑色母料与 HDPE 按 3∶100 比例混合均匀，然后经吹塑成型，形成厚为 0.06mm 的薄膜，薄膜色泽均匀，无大色点，而且薄膜光亮，厚薄均匀，达到优质品要求。

二、聚乙烯改性料配方与制备工艺

（一）聚乙烯木塑复合材料（WPC）

1. *配方*[8]

单位：质量份

原材料	用量	原材料	用量
HDPE(5000S)	30	偶联剂	1.5
白杨木粉(250μm)	70	抗氧剂 1010	1.0
马来酸酐接枝聚乙烯(MAPE)	5～30	加工助剂	1～2
润滑剂	2.0	其他助剂	适量

2. *制备方法*

将木粉置于鼓风干燥箱中，在 105℃下干燥 10h，至含水率（质量分数）<2%。然后按配方分别称取 HDPE、MAPE、木粉、润滑剂等，加入高速混合机中混合均匀，再将混合物加入平行双螺杆挤出机，挤出塑化造粒，最后用锥形双螺杆挤出机挤出成型，制得厚度为

5mm 的 WPC 片材。

3. 性能

(1) 随着 WPC 浸水时间增加，初期 WPC 的吸水速率较快，随后吸水速率逐渐减慢，浸水时间足够长后，WPC 的吸水率达到饱和而不再增加。

(2) 随着 WPC 吸水率增加，WPC 的弯曲强度和冲击强度呈现逐渐降低的趋势，当 WPC 浸水时间足够长、吸水达到饱和吸水率后，WPC 的弯曲强度、冲击强度和材料尺寸均趋于稳定。

(3) 在配方中木粉含量和塑料总量不变的条件下，随着 WPC 的塑料相中 MAPE 含量增加，WPC 的吸水率降低，弯曲强度和冲击强度增大，吸水膨胀率减小。

(二) 橡胶木粉填充 PE 复合材料

1. 配方[9]

单位：质量份

原材料	配方 1	配方 2	配方 3
聚乙烯回收料	22.4	25.2	22.4
橡胶木粉(60～100 目)	51	56.6	51
$CaCO_3$	20.4	12.0	20.4
马来酸酐接枝聚丙烯(MAPD)	3.0	3.0	—
铝酸酯	—	—	3.0
润滑剂	1～2	1～2	1～2
抗氧剂	1.0	1.0	1.0
防老剂	0.8	0.7	0.8
颜料	适量	适量	适量
其他助剂	适量	适量	适量

2. 制备方法

将木粉、聚乙烯、偶联剂及其他添加剂按相应配方加入高速混炼机中，通过高速搅拌使体系升温至 105～125℃后，保持排气孔畅通继续混合 5min。利用同向双螺杆造粒机进行造粒，期间分段加热，温度在 125～175℃。混料，再通过锥形双螺杆挤出机在分段加热温度 138～180℃、模具温度 135～150℃条件下挤出成型，并经冷却、截取获得最终木塑地板试件。

3. 性能

见表 2-13、表 2-14。

表 2-13 木塑复合样品性能

配方 1	弯曲破坏载荷/N	密度/(g/cm^3)	吸水率/%	吸水尺寸变化率/%		
				长度	宽度	厚度
1	4354.0	1.32	0.45	0.20	0.08	0.45
2	4898.0	1.47	0.34	0.06	0.04	0.34
3	3405.0	1.33	1.02	0.39	0.22	1.02

表 2-14 木塑复合样品弯曲破坏载荷测试数据 单位：N

处理号	试件 1	试件 2	试件 3	平均值
A	4372	4285	4405	4354
B	4808	4974	4913	4898
C	3506	3381	3327	3405

注：依据国家标准《GB/T 24508—2009 木塑地板》6.5.2 中规定测试方法进行。

(三) 亚麻屑增强 HDPE 复合材料

1. 配方

见表 2-15[10]。

表 2-15　亚麻屑增强 HDPE 复合材料配方　　单位：质量份

编号	亚麻屑	MAPE	HDPE	石蜡	硬脂酸	PE 蜡	UV531	铁红
1	60	4	36	2	1	2	0	0
2	65	4	31	2	1	2	0	0
3	70	4	26	2	1	2	0	0
4	60	4	36	2	1	2	1	0
5	65	4	31	2	1	2	1	0
6	70	4	26	2	1	2	1	0
7	60	4	36	2	1	2	0	1
8	65	4	31	2	1	2	0	1
9	70	4	26	2	1	2	0	1

2. 复合材料制备

所选用的挤出设备为 SJSH30 同相啮合双螺杆挤出机和 SJ45 单螺杆挤出机以及配套的型材辅机 。首先用双螺杆挤出机造粒，亚麻屑和 HDPE 通过双螺杆挤出机熔融混合，经粉碎机粉碎后投入单螺杆挤出机中挤出薄板，该薄板宽约 40mm、厚 4mm。双螺杆挤出机的温度范围为 140～160℃，并且始终保持这个温度范围；单螺杆挤出机机头的温度控制在 145～160℃，挤出混合物的压力一般为 4MPa 左右。在实验过程中，双螺杆挤出机的转速应保持不变，数值为 55r/min，考虑到物料受力、混合时间以及混合程度等因素对实验过程的影响，进料螺杆转速应调至 12r/min。双螺杆挤出机的填料应保持饥饿进料状态，机筒和模具需始终用冷水降温。挤出机机筒、机头温度见表 2-16 和表 2-17。

表 2-16　双螺杆挤出机机筒设定温度

位置	1 区	2 区	3 区	4 区	5 区	6 区	7 区
双螺杆机温度/℃	140	150	155	160	155	150	145

表 2-17　单螺杆挤出机机筒和机头设定温度

位置	1 区	2 区	3 区	4 区	机头	机头	机头	机头
单螺杆机温度/℃	140	150	155	160	160	160	160	160

3. 性能

见表 2-18。

表 2-18　复合材料老化前后的力学性能

种类	弯曲强度/MPa		冲击强度/(kJ/m²)		弹性模具/GPa	
	老化前	老化后	老化前	老化后	老化前	老化后
60 份	40.44	32.14	9.75	4.56	1.97	1.36
65 份	40.28	30.39	8.16	4.15	1.46	0.96
70 份	40.22	25.21	9.97	4.85	1.97	1.36
60 份+UV	43.29	37.53	11.59	5.27	1.78	1.45
65 份+UV	43.56	31.15	11.15	5.73	1.69	1.56
70 份+UV	42.84	22.28	7.74	4.63	2.26	0.88
60 份铁红	48.56	39.45	10.86	5.76	1.96	1.55
65 份铁红	44.17	29.23	9.11	5.42	1.91	1.31
70 份铁红	40.12	23.65	8.27	3.41	1.69	1.02

添加铁红和UV531后的复合材料，老化前材料的物理性能得到提高，老化后由于抗老化剂的加入，延缓了复合材料性能的降低。

（四）PP/PE基木塑复合材料（WPC）

1. 配方[11]

单位：质量份

原材料	用量	原材料	用量
HDPE(5000S)	25～75	偶联剂	1～3
PP	75～25	抗氧剂	1.5
三元乙丙橡胶(EPDM3722P)	10	抗老化剂	0.8
马来酸酐接枝聚乙烯(MAPE)	6	润滑剂	2.0
马来酸酐接枝聚丙烯(MAPP)	6	其他助剂	适量
白杨木粉(60目)	68		

2. 制备方法

按配方分别称取干木粉、PP、HDPE、EPDM（或不加）、MAPP、MAPE、助剂等，其中 m(MAPP)∶m(MAPE)=m(PP)∶m(HDPE)。将配方料加入高速混合机中混合均匀，用平行双螺杆挤出机挤出造粒，然后用锥形双螺杆挤出机挤出成型，制得WPC。

3. 性能

随着WPC中PP质量分数的增加，WPC的弯曲模量增加，但弯曲强度和冲击强度均出现先减小后增大的现象；随着塑料基体中EPDM加入量增加，WPC的冲击强度增加，但其弯曲强度和弯曲模量降低。

（五）木粉填充PE/PP复合材料

1. 配方[12]

单位：质量份

原材料	配方1	配方2	配方3	配方4	配方5
PE回收料	35	—	—	—	20
PP新料(A)	—	35	—	—	—
PP新料(B)	—	—	35	30	10
木粉(80目)	60	60	60	60	60
玻璃纤维	—	—	—	5	5
偶联剂	1.5	1.5	1.5	2.0	2.0
光稳定剂	1～2	1～2	1～2	1～2	1～2
加工助剂	1.6	1.6	1.6	1.6	1.6
其他助剂	适量	适量	适量	适量	适量

2. 制备方法

配方1样品为木塑厂提供挤出板材样品，后经过实验室加工成标准样条。

配方2、3、4、5制样过程如下：首先将木粉在108℃烘箱中彻底烘干，然后将木粉与树脂及其他助剂在转矩流变仪中熔融共混（温度180℃，时间5min)，塑化均匀后放入平板模压机（压力10MPa，温度180℃，时间20min）中压板。将压好木塑板按国家标准进行制样用于性能测试。

3. 性能

在PE回料为基体的木塑复合材料中，添加均聚型PP与玻纤的组合，可明显提高木塑复合材料的耐热性，且符合工业化生产工艺流程，在不明显增加生产成本的基础上木塑复合材料的热变形温度从61℃提高到99℃，提高幅度62%；弯曲强度从25MPa提高到32MPa，提高幅度 28%；冲击强度从 3.5kJ/m^2 提高到 3.7kJ/m^2，提高幅度近 6%。

（六） PPC/EVA/LDPE 复合材料

1. 配方[13]

单位：质量份

原材料	用量	原材料	用量
LDPE	100	抗老化剂	1.0
PPC(聚碳酸亚丙酯)	5～10	加工助剂	1～2
EVA	72	其他助剂	适量
抗氧剂	1.5		

2. 制备方法

以 PPC 为基体树脂，以 LDPE 为添加剂，EVA 为相容剂，通过熔融共混法制备了一系列 PPC/LDPE/EVA 复合材料，工艺流程见图 2-1。

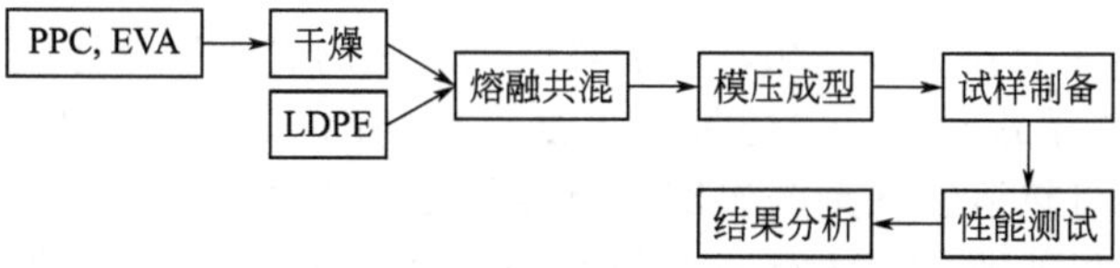

图 2-1　工艺流程图

3. 性能

见表 2-19。

表 2-19　性能指标

项目	断裂点应力/MPa	断裂点应变/%	失重率 5%温度/℃
预测值	7.6030	860.3964	268.9634
测量值	7.7558	868.0780	265.5170

纯 PPC、LDPE 和最优配方 PPC/EVA/LDPE 复合材料的 DSC 曲线及玻璃化温度分别如图 2-2 和表 2-20 所示。

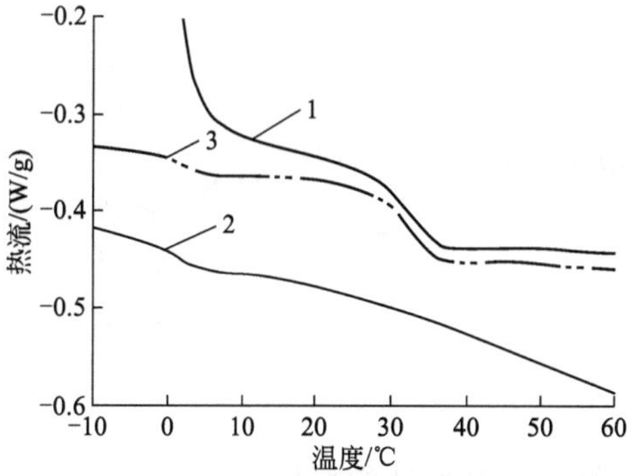

图 2-2　PPC/EVA/LDPE 共混片材的 DSC 曲线

1—PPC；2—LDPE；3—PPC/EVA/LDPE

表 2-20　PPC/EVA/LDPE 共混材料的玻璃化温度

PPC/EVA/LDPE	θ_g/℃	PPC/EVA/LDPE	θ_g/℃
100/0/0	32.70	91.4/3.6/5	3.19,30.65
0/0/100	1.82		

（七）衣康酸接枝改性 LLDPE/HDPE

1. 配方[14]

单位：质量份

原材料	用量	原材料	用量
HDPE/LLDPE	50	二甲苯	适量
相容剂	3～5	丙酮	适量
衣康酸/苯乙烯	1.5	加工助剂	1～2
过氧化二异丙苯	0.15	其他助剂	适量

2. 制备方法

首先将 ITA、DCP 溶解于分散剂无水乙醇中，待全部溶解后加入到 LLDPE、HDPE 的混合物中，再加入不同量的苯乙烯复配接枝单体及其他助剂混合均匀，待乙醇完全挥发后，加入到预热好的 HAAKE 流变仪中进行熔融接枝反应。反应工艺条件：转速 30r/min，温度 (175±1)℃，反应时间 10min。

将接枝物在 85℃下真空干燥 12h，产物表层未反应的衣康酸单体因升华被除去。将经干燥处理过的 2g 接枝物样品放入三口烧瓶中，加入 150mL 二甲苯，140℃下加热回流 2h，使其全部溶解。然后再将热溶液立刻缓慢倒入搅拌下的未加热的丙酮中，待沉淀析出后进行过滤、干燥、碾碎。所得的纯化产物在 90℃下真空干燥 12h，使其质量恒定。

3. 性能

所制备的 PE 接枝产物的熔体流动性和黏结性能较佳。

（八）母料改性 HDPE 共混物

1. 配方[15]

单位：质量份

原材料	配方 1	配方 2
HDPE(2200J)-HE1	100	—
HDPE(5000S)-HE2	—	100
E-TMB 母料	0.8	0.8
乙丙弹性体(M)	20	40
丁苯弹性体(N)	60	40
过氧化苯甲酰(BPO)	1.5	1.5
二甲亚砜(DMSO)	2.6	2.6
架桥剂(含羧基团的反应单体)	1～3	1～3
二甲苯	适量	适量
加工助剂	1～2	1～2
其他助剂	适量	适量

2. 制备方法

(1) E-TMB 的制备

在装有搅拌器、回流冷凝器、温度计的反应器中，加入计量的 HE1、弹性体、稀释剂二甲苯，搅拌升温至 125～127℃，恒温加入架桥剂和阻交联剂 DMSO，使之分散均匀。以 0.4mL/min 的速率滴加二甲苯溶解的引发剂 BPO 溶液，反应一定时间，分离、洗涤、烘干，即得 E-TMB。

(2) HDPE/E-TMB 共混物的制备

按一定配比，将不同组成的 E-TMB 分别与 HE1 和 HE2 混合，在双螺杆挤出机上挤出造粒，制备出不同类型的共混物 HE1/E-TMB 和 HE2/E-TMB，同时制备出简单共混对照样 PE-HD/弹性体，烘干备用。工艺条件：从加料段到机头口模温度依次为 130℃、135℃、155℃、165℃、185℃、180℃；主螺杆转速为 90r/min。

3. 性能

与纯 PE-HD 和简单共混对照样相比，HE1/E-TMB 和 HE2/E-TMB 的结晶起始温度升高，而且随 M/N 的减小而增大，随 H/E 的减小而减小；HE1/E-TMB 的结晶焓减小，而成核速率和结晶速率增大；HE2/E-TMB 的结晶焓增大，而成核速率和结晶速率减小，HE2/E-TMB 的成核速率随 M/N 的减小而减小，而随 H/E 的变化没有明显的规律。

三、聚乙烯阻燃料

具体配方实例如下[1~7]。

（一）经典配方

1. 无卤阻燃聚乙烯

单位：质量份

原材料	用量	原材料	用量
HDPE(5300E)	100	成炭剂 A	1.25
膨胀性阻燃剂(B-1)	18	硅烷偶联剂(K-2)	0.1
阻燃剂 APP	12	润湿剂	适量

说明：性能见表 2-21。

表 2-21　无卤阻燃聚乙烯性能

项目	HDPE-5300E	阻燃 HDPE-5300E
熔体流动速率/(g/10min)	0.956	1.102
拉伸强度/MPa	24.35	20.09
断裂伸长率/%	580	320
氧指数/%	17.5	32.0
垂直燃烧	—	V-0
介电常数	2.3	2.3
介电损耗/$\times 10^{-4}$	3.5	4.0

2. 非卤阻燃聚乙烯

单位：质量份

原材料	用量	原材料	用量
聚乙烯	100	SiO_2	5.0
有机硅/有机酸盐/$Mg(OH)_2$/$Al(OH)_3$(1：1：2：2)	30～40	加工助剂	1～2
		其他助剂	适量
复合阻燃剂	10～15		

说明：

① 有机硅与适量其他助剂组成的复配体系对聚乙烯具有显著的阻燃、抑烟和防熔体滴落作用。

② $Mg(OH)_2$、$Al(OH)_3$ 对有机硅复合体系阻燃聚乙烯有明显的促进抑烟和防熔体滴落作用，在提高氧指数方面 $Mg(OH)_2$ 比 $Al(OH)_3$ 强。

③ 聚乙烯中添加 10～15 份有机硅复合阻燃剂即可使其耐燃性达到美国 UL-94 标准规定的最高等级 V-1～V-0 级（即具有自熄性或难燃性）。其用量显著低于含卤、含磷或其他无机阻燃剂用量，并且对 PE 的拉伸强度和体积电阻率影响也很小。因此，有机硅复合阻燃剂

具有很好的开发应用前景。

3. 高密度聚乙烯/多元阻燃体系阻燃塑料

单位：质量份

原材料	用量	原材料	用量
HDPE	50	CPE	10
1,2-双三溴苯氧基乙烷/Sb_2O_3	15～20	加工助剂	1～2
经 NDZ-101 处理 $Al(OH)_3$	12	其他助剂	适量

说明： 氧指数 27.5%，拉伸强度 14.7MPa，伸长率 60%。

4. 聚乙烯阻燃体系

配方 1

单位：质量份

原材料	用量	原材料	用量
LDPE	80～100	2,5-二甲基-2,5-二叔丁基过氧基-3-己炔	0.7
十溴二苯醚	17		
三氧化二锑	5	加工助剂	2.0
		其他助剂	适量

配方 2

单位：质量份

原材料	用量	原材料	用量
PE	68.3	石蜡	5.0
$Al(OH)_3$	20～30	加工助剂	2.0
红磷	1.7	其他助剂	适量

配方 3

单位：质量份

原材料	用量	原材料	用量
LDPE	100	加工助剂	2.0
三氧化二锑	10	其他助剂	适量
CP/DCRP	30		

说明： 配方 1 与配方 2 阻燃性达到 V-0 级，离火立即熄灭。配方 3 中：CP 与 DCRP 阻燃 LDPE，明显降低了材料的热释放速率、质量损失速率以及生烟速率，协同阻燃效果明显，CP 和 DCRP 质量比为 1∶1 时，材料的阻燃性能参数均最低，协同阻燃效果最好。以上配方可用于电缆和电气专用料等。

5. 阻燃低密度聚乙烯

单位：质量份

原材料	用量	原材料	用量
LDPE	100	加工助剂	2.0
氯化石蜡	10～15	其他助剂	适量
Sb_2O_3	5～10		

说明： 在 100 份 LDPE 树脂中，加入由 10～15 份氯化石蜡（Cl-70）和 8～10 份 Sb_2O_3 组成的复合阻燃剂，充分发挥阻燃的协同作用，能够达到 GB 2408—2008 阻燃性能的要求，力学性能略有下降。

6. 无卤阻燃聚乙烯专用料

单位：质量份

原材料	用量	原材料	用量
LDPE(DFDA-7074)	100	红磷	6～8
$Al(OH)_3$	20～30	硅烷偶联剂 A-151	1.0
$Mg(OH)_2$	20～30	其他助剂	适量

说明：氧指数 26.5%，拉伸强度 120MPa，断裂伸长率 120%。

7. 高效聚乙烯阻燃体系

单位：质量份

原材料	用量	原材料	用量
PE	100	偶联剂	1.0
$Al(OH)_3$	60	加工助剂	2.0
红磷	5～10	其他助剂	适量

说明：① 氧指数 27%，拉伸强度 14.2MPa，断裂伸长率 342%，熔体流动速率 1.03g/10min。

② 红磷单独用于聚乙烯，氧指数不高，垂直燃烧虽能自熄，但有滴淌现象，且滴落物能引燃脱脂棉。

③ 红磷与氢氧化铝并用，有良好的协同效应，在氢氧化铝用量超过 60（质量份）时，便可获得较高的氧指数，且垂直燃烧易通过 FV-0 级。

8. 满足工艺要求的阻燃聚乙烯体系

单位：质量份

原材料	用量	原材料	用量
LDPE	100	氯化石蜡	1.0
Sb_2O_3	10	ZnO	3.0
DBD	10	其他助剂	适量

说明：氧指数 29.1%，拉伸强度 25MPa，体积电阻率 $3.3\times10^{13}\Omega\cdot m$。

9. 接枝交联聚乙烯阻燃体系

配方 1

单位：质量份

原材料	用量	原材料	用量
LDPE	50	红磷合金	15
乙烯-醋酸乙烯酯(EVA)	50	加工助剂	2.0
DCP	0.1～0.3	其他助剂	适量
乙烯基三乙氧基硅烷(A-151)	3.0		

配方 2

单位：质量份

原材料	用量	原材料	用量
LDPE	50	聚磷酸铵(APP)	50
EVA	50	季戊四醇(PT)	12.5
DCP	0.25	加工助剂	1～2
A-151	3.5	其他助剂	适量

配方 3

单位：质量份

原材料	用量	原材料	用量
LDPE	50	红磷合金	10
EVA	50	APP	30
DCP	0.25	PT	7.5
A-151	3.5	其他助剂	适量

说明：无卤阻燃聚乙烯材料，要想达到FV-0级、阻燃剂的用量较大，降低了体系的流动性和力学性能。用EVA部分代替LDPE，再经硅烷接枝交联的改性方法使阻燃体系的拉伸强度和断裂伸长率有明显的提高，并保持原来的阻燃性能。

10. 辐射交联无卤阻燃低密度聚乙烯

单位：质量份

原材料	用量	原材料	用量
LDPE	50～70	硼酸锌	10
EVA	50～30	$Al(OH)_3$	60
红磷	15	其他助剂	适量

说明：将多组分体系配方制得试样，分别在不同剂量下辐照。辐照后测试样氧指数和凝胶含量，测试结果见表2-22。随着辐照剂量的增加，氧指数和凝胶含量均增加，这与理论上观点相一致。理论上认为：交联度越大，材料分子间结合得越紧密，导致材料的氧指数越高，越不易燃烧。在该体系中，氧指数随剂量的增加，其增加幅度不大。

表 2-22 辐射交联无卤阻燃低密度聚乙烯性能

项目	指标			
剂量/kGy	80	120	160	200
氧指数/%	27.2	27.3	27.6	28.0
凝胶含量/%	44.0	55.2	58.2	61.0

11. 木粉填充阻燃聚乙烯

单位：质量份

原材料	用量	原材料	用量
PE	100	改性剂	7～10
木粉(40目)	20	表面处理剂	1.0
DBDPO∶Sb_2O_3(2∶1)	11	其他助剂	适量

说明：氧指数27%，拉伸强度29.08MPa，邵尔D硬度69，冲击强度5.1kJ/m²，熔体流动速率1.42g/10min。

12. 高性能阻燃低密度聚乙烯

单位：质量份

原材料	用量	原材料	用量
LDPE	100	改性剂	3～7
$Mg(OH)_2$∶$Al(OH)_3$(1∶2)(MAH)	45	填料	5～8
苯氧基磷腈(APPZ)	5.0	其他助剂	适量

说明：氧指数36%，800℃残炭率40%。

13. 蛭石/高密度聚乙烯阻燃复合材料

单位：质量份

原材料	用量	原材料	用量
HDPE	70	聚磷酸蜜胺(MPP)	18～21
膨胀型阻燃剂(IFR)	30	季戊四醇(PER)	6～7
有机蛭石(OVMT)	2～6	其他助剂	适量

说明：氧指数 28.6%，垂直燃烧（UL94）等级达到 V-1 级。

14. 阻燃高密度聚乙烯微胶囊化制备技术

单位：质量份

原材料	用量
HDPE	100
微胶囊化红磷阻燃剂(MRP)(红磷含量 50%以上)	15
加工助剂	2.0
其他助剂	适量

说明：氧指数 21.9%，垂直燃烧等级 V-0。

15. 氢氧化钙和氢氧化镁与填充阻燃聚乙烯复合材料

单位：质量份

原材料	用量	原材料	用量
HDPE/LLDPE(713)	100	偶联剂	2.0
$Ca(OH)_2$(粒径 13μm)	20	聚乙烯蜡	5.0
$Mg(OH)_2$(超细粉)	15	其他助剂	适量

说明：氧指数 23%，水平燃烧级别 FH-1。

16. 水滑石填充无卤阻燃线型低密度聚乙烯

单位：质量份

原材料	用量	原材料	用量
LDPE	60	硬脂酸	1～3
EVA	40	过氧化二异丙苯(DCP)	0.7
微胶囊化红磷(MRP)	17	水滑石(LDHs)	48
Sb_2O_3	5.0	加工助剂	2.0
二茂铁(FC)	5.0	其他助剂	适量

说明：氧指数 34.5%，拉伸强度 10.9MPa，断裂伸长率 225%，水平燃烧级别 FH-1。

17. 碱式硫酸镁晶须增强阻燃低密度聚乙烯/乙烯-醋酸乙烯共聚物复合材料

单位：质量份

原材料	用量	原材料	用量
LDPE	83.4	填料	5.0
EVA	16.6	加工助剂	适量
碱式硫酸镁晶须(MHSH)	62	其他助剂	适量

说明：氧指数 33%，拉伸强度 34.9MPa，断裂伸长率 58%，垂直燃烧等级 V-0。

18. 聚乙烯阻燃结构泡沫塑料

单位：质量份

原材料	用量	原材料	用量
LDPE	50	AC 发泡剂	2～3
HDPE	50	交联剂 DCP	0.5～1.0
$Al(OH)_3$(ATH)	170	偶联剂(钛酸酯)	1～3
氯化石蜡	13	其他助剂	适量

说明：

(1) 氯化石蜡（含氯70%）和ATH联用，兼有阻燃和消烟双重功能，且有很好的协同效应，制品的物理机械性能损失小。当添加12～20份氯化石蜡和130～180份ATH时，PE结构泡沫塑料点燃后火焰不蔓延、不滴落、表面炭化，烟雾少，甚至可达到2s内自熄，其阻燃性能符合建筑要求。

(2) 使用NDZ-201钛酸酯处理ATH，可提高成型加工性和制品的力学性能，因此可提高填充量，降低成本，这对实现阻燃PE结构泡沫塑料的工业化生产有重要意义。

(3) 添加40份左右的HDPE，可提高制品的物理机械性能，而加工性不致有明显下降。

19. 高发泡阻燃聚乙烯

单位：质量份

原材料	用量	原材料	用量
LDPE	100	硬脂酸	2～3
十溴二苯醚	15～25	硬脂酸锌	1～2
Sb_2O_3	3～5	过氧化二异丙苯	0.5～1.0
偶氮二甲酰胺	2～3	加工助剂	1～2
氧化锌	1～2	其他助剂	适量

说明：氧指数28.5%，压缩强度0.3MPa，断裂伸长率131%，拉伸强度1.1MPa，密度0.10g/cm^3。

20. 无卤聚乙烯阻燃泡沫塑料

单位：质量份

原材料	用量	原材料	用量
PE	100	偶氮二甲酰胺(ADC)	26
$Mg(OH)_2$(MH)	35	过氧化二异丙苯(DCP)	1～2
膨胀石墨(TEG)	20	硬脂酸	2～3
磷酸三苯酯(TPP)	20	其他助剂	适量

说明：当阻燃剂的添加比例较小时，阻燃剂的加入没有明显改变聚乙烯泡沫的形状和大小，只是阻燃聚乙烯泡沫塑料的气泡壁厚略薄一些。但是，阻燃剂的添加量增加时，特别是添加总量达到100份时，气泡孔变大，气泡壁厚明显变薄，出现破泡。锥形量热仪测量的主要性能指标表明氢氧化镁、可膨胀石墨和TPP对聚乙烯泡沫塑料有良好的阻燃效果，特别是添加总量超过70份以上效果明显。残炭的扫描电镜照片中存在具有明显的泡沫形状的炭层，说明阻燃剂的加入提高了燃烧成炭量。

21. 高密度聚乙烯抗静电阻燃复合材料

单位：质量份

原材料	用量	原材料	用量
HDPE	100	多溴代烷	4.0
导电炭黑	20	加工助剂	2.0
卤素阻燃剂	20	其他助剂	适量

说明：HDPE树脂中加入20份导电炭黑可达到优良的抗静电性，且拉伸强度和弯曲强度均有所提高，但冲击强度和弯曲强度均有所下降。在具有抗静电功能的复合体系中加入含卤素的阻燃聚合物和阻燃剂多溴代烷均可使材料的阻燃性能大大增加，达到自熄，但拉伸强度和弯曲强度有所下降。

22. 低烟无卤阻燃中密度聚乙烯/三元乙丙橡胶复合材料

单位：质量份

原材料	用量	原材料	用量
中密度聚乙烯(MDPE)	50	硫化剂/促进剂	5～15
三元乙丙橡胶(EPDM)	50	填料	10～20
$Al(OH)_3$(ATH)/聚磷酸铵	10～20	其他助剂	适量

说明：MDPE/EPDM 共混物的性能较佳，能达到无卤阻燃电缆料的力学性能和阻燃性能要求，可应用于电线电缆等各种阻燃材料。在实际生产中，可以采用动态硫化，既可以达到性能要求，又可以缩短生产时间，提高生产效率。

23. 阻燃聚乙烯注射料

单位：质量份

原材料	用量	原材料	用量
PE	100	硬脂酸	2.0
含卤阻燃剂	16	填料	5.0
Sb_2O_3	5～10	其他助剂	适量

说明：在注塑级 PE 中，加入 E 类含卤阻燃剂并配以适量 Sb_2O_3 时，可使 PE 的燃烧性能达到 FV-0 级。

24. 聚乙烯阻燃母料

单位：质量份

原材料	配方 1	配方 2
载体树脂(PE)	100	80
阻燃剂	100	120
热稳定剂	10	13
硬脂酸	1～2	1～2
加工助剂	2.0	2.0
其他助剂	适量	适量

说明：外观为白色或微黄色圆柱状颗粒，外形尺寸为 ϕ(2～4)mm×(3～5)mm；熔点≥130℃；溴含量≥28%；水分≤0.2%。

25. 聚乙烯阻燃着色母料

单位：质量份

原材料	配方 1	配方 2
载体树脂(PE)	40	50
着色剂	30	25
十溴联苯醚(DBDPO)	40	30
Sb_2O_3	10～15	15～20
$Al(OH)_3$(ATH)	—	10～20
分散剂	10	15
表面活性剂	2.0	2.0
其他助剂	适量	适量

说明：性能见表 2-23。

表 2-23 聚乙烯阻燃着色母料性能

常规物性	配比 1	配比 2
外观	颗粒均匀，表面光亮，无杂质粉末的蓝色柱体	颗粒均匀，表面光亮，无杂质粉末的绿色柱体
粒度/(粒/10g)	400～450	400～450
熔体流动速率(190℃,21.7N)/(g/10min)	3.80	4.15
密度/(g/cm³)	1.14	1.26
挥发物含量/%	0.46	0.35

26. 聚烯烃阻燃母料

单位：质量份

原材料	用量	原材料	用量
载体树脂(PE)	30～40	分散剂	2～3
阻燃剂	50～60	加工助剂	2
稳定剂	6～7	其他助剂	适量

说明：主、助阻燃剂先放入预先预热到 80～90℃左右的高混机中烘干，然后加入稳定体系、其他助剂及载体树脂，充分混匀后，在双辊混炼机上进行混炼，混炼均匀后下片、粉碎，最后经挤出造粒、干燥、检验合格后进行包装入库。

27. 阻燃、抗静电聚乙烯

单位：质量份

原材料	用量	原材料	用量
低密度聚乙烯	100	氢氧化铝	1
十溴联苯醚	4	偶联剂 KR-9s	0.5～1
三氧化二锑	3	润滑剂	1～2
乙炔炭黑	25	其他助剂	适量

说明：该配方设计合理，生产工艺性好，成本低，效率高。制品可满足技术标准要求。已广泛应用。

28. 阻燃剂改性 LDPE

单位：质量份

原材料	用量	原材料	用量
LDPE	100	光稳定剂	1～2
Sb_2O_3	5～10	填料	3～8
十溴二苯醚	10～25	加工助剂	1～2
氯化石蜡	1～5	其他助剂	适量

说明：主要用来制备煤矿用洒水管，通风管以及生产建筑专用阻燃电线套管等。

29. 阻燃剂改性 LDPE-低烟无卤阻燃 LDPE

单位：质量份

原材料	配方 1	配方 2	配方 3	配方 4	配方 5
LDPE	100	100	100	100	100
EVA	10	10	10	10	10
$Al(OH)_3/Mg(OH)_2$	60	50	60	60	60 $Mg(OH)_2$
金属络合物	1.8	—	—	—	—
硬脂酸钙	1.5	1.5	1.5	1.5	1.5
硬脂酸	0.5	0.5	0.5	0.5	0.5

续表

原材料	配方 1	配方 2	配方 3	配方 4	配方 5
硼酸锌	—	8.0	—	—	—
硝酸盐	—	3.0	3.6	—	—
钛白粉	1.0	1.5	1.5	1.0	1.5
抗氧剂	1.0	1.0	1.0	1.0	1.0
其他助剂	适量	适量	适量	适量	适量

说明：性能见表 2-24。

表 2-24　阻燃剂改性 LDPE-低烟无卤阻燃 LDPE 性能

项目	配方 1	配方 2	配方 3	配方 4	配方 5	性能指标	
						VDE	IEC
拉伸强度/MPa	11.0	10.8	10.3	10.4	10.5	≥6.5	≥9.0
断裂伸长率/%	170	140	130	135	150	≥125	≥125
氧指数/%	27.3	26.5	26.5	21	21		
UL(94.3mm)	V-0	V-0	V-0	B	B	B	

30. 煤矿用阻燃 PE 材料

单位：质量份

原材料	用量	原材料	用量
PE	100	填料	5～10
十溴联苯醚	20	抗氧剂	1.5
Sb_2O_3	10	加工助剂	1～2
水合硼酸锌	3～5	其他助剂	适量

说明：煤矿用阻燃 PE 材料的氧指数＞42%。

31. 阻燃 LDPE 材料

单位：质量份

原材料	用量	原材料	用量
LDPE	100	抗氧剂	1.5
聚磷酸铵	10	加工助剂	1～2
Sb_2O_3	5.0	其他助剂	适量
填料	5～10		

说明：该材料的阻燃性能达到 V-0 级，只有轻微白烟产生，无熔融滴落现象，且成本较低。阻燃材料可应用于家电、建筑、建材、电缆绝缘等方面。

（二）无卤膨胀型阻燃 PE[16]

1. 配方

单位：质量份

原材料	用量	原材料	用量
HDPE(5300E)	100	润滑剂	1.0
阻燃剂 PEPA/RPP(60/40)	30	抗氧剂	1.5
成炭剂	1.0	防老剂	0.5
填料	10～20	加工助剂	1～2
偶联剂	1～2	其他助剂	适量

2. 制备方法

(1) 阻燃剂PEPA　以季戊四醇与三氯氧磷为原料，在二氧六环的溶剂中进行反应，反应式如下：

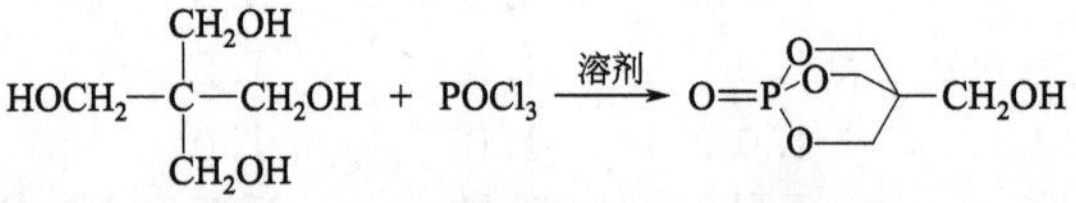

(2) 膨胀型阻燃PE制备　将阻燃剂与润滑剂、偶联剂、成炭剂按固定比例混合制备活性阻燃剂（IFR）；IFR与PE按固定比例在高速混合机中混合均匀，经小双螺杆挤出造粒。

3. 性能

PEPA与APP复配具有很好的阻燃效果，达到UL-94 V-0标准，通过优化偶联剂的品种和用量，使膨胀型阻燃聚乙烯在拥有阻燃效果的同时具有优良的力学性能及加工性能。

（三）PE无卤无机阻燃材料[17]

1. 配方

单位：质量份

原材料	用量	原材料	用量
聚乙烯	100	抗氧剂1010	1.5
$Al(OH)_3$	20	硅烷偶联剂A-151	1.0
$Mg(OH)_2$	20	硬脂酸钡	0.8
硼酸锌(ZB)	7.0	加工助剂	1～2
双层包覆红磷	8.0	其他助剂	适量

2. 制备方法

预处理→称料→双螺杆挤出机→混炼→平板硫化机（热压、冷压）→裁制试样→性能测试。

3. 性能

性能见表2-25。

表2-25　性能与标准比较

性能参数	Q/320200AJ05—2008	数值	性能参数	Q/320200AJ05—2008	数值
拉伸强度/MPa	≥9	9.18	单位质量烟密度/%	≤24.15	20.11
氧指数时间/s	≤70	59	表观黏度/Pa·s	≤3500	2887
阻燃级别	FV-0	FV-0			

注：Q/320200AJ05—2008《105℃铜芯辐照交联聚烯烃绝缘电机绕组引接软电线》标准。

(1) 无卤无机阻燃剂复配体系优于单一体系。红磷的包覆程度对体系的阻燃性能有一定影响，其中双层包覆红磷的阻燃效果最好。

(2) 无机阻燃剂粉料与PE相容性较差，粒度对阻燃聚乙烯性能的影响较大，本配方采用的粉料粒度为25μm。无机阻燃剂的大量添加对材料的力学性能有很大的影响，用偶联剂对材料进行表面处理后，使材料的力学性能有明显改善。

（四）聚硼硅氧烷阻燃木塑复合材料

1. 配方

见表2-26和表2-27[18]。

表 2-26　聚硼硅氧烷的原料配方

聚硼硅氧烷 试样编号	乙烯基三乙氧基硅烷 摩尔分数/%	乙烯基① 摩尔分数/%	二苯基二甲氧基硅烷/二甲基 二甲氧基硅烷物质的量比
A	50	33.3	3/2
B	60	42.9	3/2
C	80	66.7	3/2
D	100	100	0

① 指聚硼硅氧烷的有机侧基所包含的乙烯基。

表 2-27　阻燃木塑复合材料配方　　单位：质量份

原材料	配方 1	配方 2	配方 3	配方 4	原材料	配方 1	配方 2	配方 3	配方 4
PE	42	12	—	—	聚硼酸硅氧烷	5～10	5～10	5～10	5～10
PB-*g*-PE	—	30	42	50	DCP	1.0	1.0	1.0	1.0
PE-*g*-MAH	8	8	8	—	加工助剂	1～2	1～2	1～2	1～2
杨木粉(60 目)	50	50	50	50	其他助剂	适量	适量	适量	适量

2. 制备方法

（1）乙烯基聚硼硅氧烷的制备　在 500mL 的三口烧瓶中加入过量的水和少量的醋酸，并加热至 80℃，用滴液漏斗逐滴加入按配比混合的乙烯基三乙氧基硅烷、二苯基二甲氧基硅烷、二甲基二甲氧基硅烷，控制滴加速度，在 80℃条件下恒温搅拌 0.5h，随后加入 80g 甲苯与 14g 硼酸，加热回流 2h 后冷却、减压，得到所需的低聚乙烯基聚硼硅氧烷。

（2）聚硼硅氧烷接枝聚乙烯的制备　按配比称取一定量的聚乙烯、自制的聚硼硅氧烷、DCP 均匀混合，加入转矩流变仪中于 180℃熔融混炼，制得聚硼硅氧烷接枝聚乙烯粒子（PB-*g*-PE）。

（3）木塑复合材料的制备　先将木粉在 110℃烘干 8h，至含水量（质量分数）<2%。按配方称取一定量干木粉、聚硼硅氧烷接枝聚乙烯、PE-*g*-MAH、其他助剂等，在容器中预混后加入转矩流变仪中，于 160℃熔融混炼均匀，然后冷却破碎，制得破碎料。将破碎料加入注塑机进行注塑，制得木塑复合材料试样。

3. 性能

（1）制备的聚硼硅氧烷在乙烯基摩尔分数为 33.3%时阻燃效果最佳，在木塑复合材料中添加 8.4%该聚硼硅氧烷可使材料的氧指数从 20%提高到 25.9%。

（2）聚硼硅氧烷提高了木塑复合材料的热稳定性，降低了降解速率，在热降解过程中促进了残炭的形成，阻燃木塑复合材料的 800℃残炭率显著提高。乙烯基聚硼硅氧烷使木塑复合材料在燃烧过程中的热、烟、CO、CO_2 释放量降低，有效提高了木塑复合材料的阻燃性能，且随阻燃剂含量的增加而提高。

（3）乙烯基聚硼硅氧烷使木塑复合材料的弯曲强度基本不变，冲击强度显著提高，在木塑复合材料中添加 8.4%的聚硼硅氧烷可使材料的冲击强度从 10.9kJ/m^2 提高到 32.6kJ/m^2。聚硼硅氧接枝聚乙烯克服了一般阻燃剂在提高高分子材料阻燃性能的同时损害了基材力学性能的缺陷。

（五）导电炭黑/PE 阻燃抗静电复合材料

1. 配方

见表 2-28[19]。

表 2-28 导电炭黑/PE 阻燃抗静电复合材料配方

序号	偶联剂质量分数/%	碳纤维质量分数/%	分散剂质量分数/%	阻燃剂质量分数/%	抗静电剂质量分数/%	增韧剂质量分数/%	PE 质量分数/%	$\lg\sigma_v$ /Ω·cm
1	0.50	2.70	2.54	12.10	3.77	13.18	80.00	6.61
2	0.90	4.20	5.00	8.45	2.14	10.45	77.30	5.14
3	1.31	5.60	2.14	14.27	0.50	7.73	74.55	5.31
4	1.72	7.00	4.60	10.64	4.18	5.00	71.82	4.73
5	2.13	8.50	1.73	7.00	2.54	14.00	69.10	5.16
6	2.54	10.00	4.20	12.82	0.91	11.36	66.36	5.67
7	2.95	2.00	1.32	9.18	4.59	8.64	63.64	4.71
8	3.36	3.45	3.77	15.00	2.96	5.91	60.91	5.09
9	3.77	4.91	0.91	11.36	1.32	15.00	58.20	5.00
10	4.18	6.36	3.36	7.73	5.00	12.27	55.45	5.36
11	4.59	7.82	0.50	13.55	3.36	9.54	52.73	5.05
12	5.00	9.27	2.96	9.91	1.73	6.82	50.00	5.22

2. 制备方法

将烘干后的线型低密度聚乙烯（LLDPE）、导电炭黑以及各种助剂在 130℃、转速为 50r/min 的转矩流变仪上混炼 11min。其基础配方为 A。

将混炼完成的共混物在开炼机上拉片，并在平板硫化机上热压成型（温度 130℃、压力 10MPa）5min，然后冷压 5min，得到方形试片。

3. 性能

见表 2-29。

表 2-29 力学性能、燃烧和电性能对比

名称代号	拉伸强度/MPa	断裂伸长率/%	氧指数/%	$\lg\sigma_v$/Ω·cm
基础配方 A	12.27	59.69	16.5	7.43
9	18.38	11.21	23.9	5.00
12	19.38	6.55	24.5	5.22
4	14.15	7.18	23.5	4.73
3	17.39	6.95	24.0	5.31
8	14.73	11.71	23.9	5.09
7	13.87	7.56	22.2	4.71
11	17.76	4.16	23.5	5.05
10	14.70	12.72	22.5	5.36

（六）聚乙烯阻燃抗静电材料

1. 配方[20]

（1）母料

单位：质量份

原材料	用量	原材料	用量
载体树脂	50	防老剂	0.8
阻燃剂	30	硬脂酸	0.5
抗静电剂	10	加工助剂	1～2
抗氧剂	1.0	其他助剂	适量

（2）聚乙烯阻燃抗静电材料

单位：质量份

原材料	用量	原材料	用量
聚乙烯	100	偶联剂	1～3
阻燃抗静电母料	40～50	加工助剂	1～2
填料	10～30	其他助剂	适量

2. 制备方法

见图 2-3。

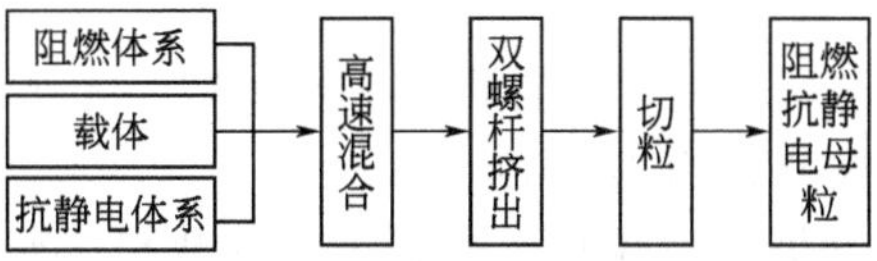

图 2-3 双抗母料制造工艺

3. PE 阻燃抗静电母料的技术指标

PE 阻燃抗静电母料技术指标：密度≥1.08g/cm^3，表面电阻≤1×10^{3}Ω，熔体流动速率（190℃，21.6kg）≥0.3g/10min，垂直燃烧分级达到 V-0，水平燃烧分级达到 HB。

（七）碳布增强型导电塑料双极板

1. 配方[21]

单位：质量份

原材料	用量	原材料	用量
聚乙烯(LD0020)	100	碳纤维布	20～40
SEBS(yH501)	5～10	偶联剂	1～2
炭黑(Ensaco250)	45	加工助剂	1～2
石墨	15	其他助剂	适量

2. 制备方法

将一定配比的聚乙烯和导电填料在开炼机上熔融共混（150～180℃），混合均匀后下片。将两张导电塑料片之间加碳布，再模压成型（180～220℃，10MPa），样品厚度 1.2～2.0mm。

3. 性能

见表 2-30。

表 2-30 碳布增强前后的双极板的力学性能

材料 \ 性能	冲击强度/(kJ/m^2)	电阻率/Ω·cm	断裂伸长率/%	硬度	拉伸强度/MPa	耐弯曲疲劳/次数
未增强	1.6	0.52	20	50	10.9	260(断裂)
增强	3.5	0.50	8	90	30.1	1000(无断裂)

耐弯曲疲劳性能明显增强，实验 1000 次后未见明显断裂迹象，而未增强的样品 260 次即发生断裂。

（八）LDPE/炭黑导电复合材料

1. 配方[22]

单位：质量份

原材料	用量	原材料	用量
LDPE(18G)	100	辅助阻燃剂(Sb_2O_3)	5～15
导电炭黑(CB)	30～40	抗氧剂 1010	1.0
分散剂(N,N'-亚乙基双硬脂酰胺)	1～2	填料	5～8
增韧剂	5～10	其他助剂	适量
主阻燃剂(十溴二苯乙烷)	20～30		

2. 制备方法

将烘干后的 LDPE、导电炭黑以及各种助剂在 130℃、转速为 50r/min 的转矩流变仪上混炼 11min，其中炭黑的质量分数均为 13.4%。

将混炼完成的共混物在开炼机上拉片，并在平板硫化机上热压成型（温度 130℃、压力 10MPa）5min，然后冷压 5min，得到方形试片。

3. 性能

该材料氧指数为 23.5%，燃烧时为安静燃烧，无滴落，燃烧速率缓慢，满足其氧指数低于 26%的基本要求，有待改性。力学性能良好，体积电阻率为 6Ω·cm。对其阻燃性改进后，可用于建筑材料。

（九）中子屏蔽复合材料

1. 配方[23]

单位：质量份

原材料	配方 1	配方 2	配方 3
HDPE	100	100	100
B_4C 中子吸收剂	10	25	45
偶联剂(硅烷)	0.2～0.6	0.2～0.6	0.2～0.6
加工助剂	1～2	1～2	1～2
其他助剂	适量	适量	适量

2. 制备方法

板材成型方式主要有两种：挤出-模压法和直接挤出法，工艺流程见图 2-4。

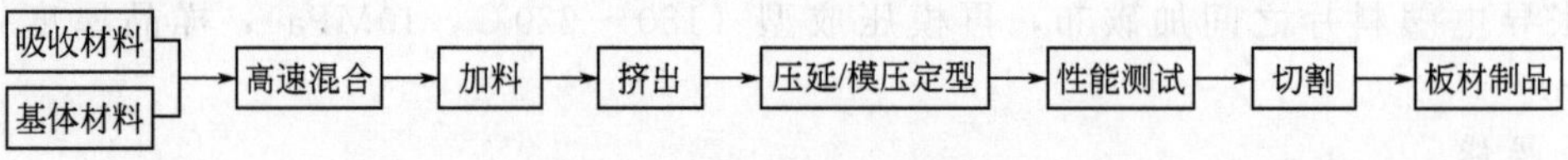

图 2-4　板材成型工艺流程

3. 性能

指标要求见表 2-31。

表 2-31　中子辐射屏蔽复合材料板材的性能指标要求

测试项目	性能指标
密度/(g/cm^3)	≥1.02
局部密度差/(g/cm^3)	≤0.01
拉伸强度/MPa	
标准条件下	≥25

续表

测 试 项 目	性能指标
拉伸强度/MPa	
辐照条件下，γ 吸收剂量 1×10^5C/kg	≥20
浸泡条件下，2400×10^{-6} 硼酸浸泡 1440h	≥20
浸泡温度 50℃	
缺口冲击强度/(kJ/m^2)	≥8
断裂伸长率/%	≥100
热变形温度(0.46MPa)/℃	>60
剂量衰减(厚度 4mm，RAuCd=4)	10.5

该板材具有良好的加工性能、中子射线屏蔽性能、耐辐照和耐老化性能，产品成功用于核电站乏燃料格板、核堆中子辐射等防护装置。

（十）杜仲胶/天然橡胶/LDPE 形状记忆材料

1. 配方[24]

单位：质量份

原材料	用量	原材料	用量
LDPE	20	甘油	5.0
杜仲胶	20	加工助剂	1～2
天然橡胶	60	其他助剂	适量
白炭黑	5～10		

2. 制备方法

辊温调升至 90℃左右，将 LDPE、NR 和杜仲胶在开炼机上薄通数次，依次加入其他助剂，然后加入白炭黑；混炼均匀后，薄通 6～8 次，均匀出片，静置 24h 后，于平板硫化机上进行硫化（硫化温度 160℃、硫化压力 10MPa、硫化时间 20min）。

3. 性能

(1) 采用 NR、LDPE 对杜仲胶料进行改性后，其力学性能（如拉伸强度、100%定伸应力、300%定伸应力和邵尔 A 硬度等）明显提高。

(2) 采用 NR、LDPE 对杜仲胶料进行改性后，胶料的形状记忆性能明显改善，其热刺激温度适中、回复残余率较低且热变形率较大。

第二节　聚乙烯管材

一、经典配方

具体配方实例如下[1～7]。

1. 硅烷交联聚乙烯热水管材

单位：质量份

A 料	用量	A 料	用量
聚乙烯(PE)	100	其他助剂	适量
硅烷	3	B 料	
引发剂	0.15	聚乙烯接枝料	95
催化剂	0.1	含催化剂母料	5
抗氧剂	0.25	其他助剂	适量

说明：交联度 71%～73%，拉伸强度 24.6MPa，断裂伸长率 400%，低温脆化温度 −70℃。

2. 硅烷交联聚乙烯管材

单位：质量份

A 料	用量	A 料	用量
聚乙烯	100	其他助剂	适量
硅烷偶联剂	4	B 料	
助交联剂	1	聚乙烯	99
催化剂	3	热稳定剂	1
抗氧剂	0.1～0.3	其他助剂	适量

说明：交联度 73%，拉伸强度 30.7MPa，断裂伸长率 870%，热变形温度 81℃。

3. 硅烷交联聚乙烯管材

单位：质量份

原材料	用量	原材料	用量
HDPE/LLDPE	100	抗氧剂 1010	0.1
乙烯基三乙氧基硅烷	2.5	加工助剂	1～2
DCP	1.0	其他助剂	适量
二月桂酸二丁基锡	0.25		

说明：拉伸强度 30MPa，热老化后保持率 85%，维卡软化点 122℃。

4. 矿用抗静电瓦斯抽放管材

单位：质量份

原材料	用量	原材料	用量
HDPE	100	硼酸锌	1.5
抗静电剂	5.0	抗氧剂 1010	0.5
十溴联苯醚	6.0	加工助剂	1～2
Sb_2O_3	3.0	其他助剂	适量

说明：该管材抗静电、阻燃性能优良，可用于矿山和煤矿。

5. 矿用阻燃聚乙烯管材

单位：质量份

原材料	用量	原材料	用量
HDPE	100	水合硼酸锌	3～4
十溴联苯醚	20	填料	3～6
Sb_2O_3	10	加工助剂	1～2
抗氧剂 1010	1.0	其他助剂	适量

说明：该管材配方设计合理，制造工艺简便、制品性能满足矿山及煤矿使用要求。

6. 煤矿用 LDPE 管材

单位：质量份

原材料	用量	原材料	用量
LDPE	100	抗静电剂	2.0
CPE	30～46	炭黑	3～6
十溴联苯醚	8.0	加工助剂	1～2
Sb_2O_3	4.0	其他助剂	适量

说明：该配方设计合理，制造工艺简便可行，制品满足煤矿地下应用要求。

7. 煤矿用抗静电阻燃聚乙烯管材

单位：质量份

原材料	用量	原材料	用量
LDPE	100	交联剂	2.0
LDPE 阻燃母料	10	DLTP 抗氧剂	0.2
HZ-1 抗静电剂	1.0	白油	1.0
HKD-500 抗静电剂	0.5	炭黑	3～5
ASA-150 抗静电剂	0.3	加工助剂	1～2
抗氧剂 1010	0.5	其他助剂	适量

说明：拉伸强度 17.5MPa，断裂伸长率 200%，自熄时间 0.5s。

8. 交联型聚乙烯管材

单位：质量份

原材料	用量	原材料	用量
HDPE	100	抗氧剂 1010	0.1
硅烷交联剂	1～3	硬脂酸	0.5
DCP	0.1～1.0	加工助剂	1～2
二月桂酸二丁基锡	0.1～0.5	其他助剂	适量

说明：交联温度为 85℃，交联时间 4h，拉伸强度 32MPa，伸长率 240%，维卡软化点 109℃，可满足应用要求。

9. 改性 HDPE 管材

单位：质量份

原材料	用量	原材料	用量
HDPE	100	抗氧剂	0.5
CPE	40～60	DCP	1.0
炭黑	5～8	加工助剂	1～2
硬脂酸锡	1.0	其他助剂	适量

说明：可用于排放水管材。

10. LDPE 热收缩管材

单位：质量份

原材料	用量	原材料	用量
LDPE	30～70	EVA-*g*-MAH	5～8
EVA	30～70	润滑剂	1.0
$Mg(OH)_2$	90	复合抗氧剂	1.0
微胶囊红磷	15	其他助剂	适量

说明：拉伸强度 13MPa，断裂伸长率 300%，氧指数 32.5%。

11. 抗应力开裂 HDPE 煤气管材

单位：质量份

原材料	用量	原材料	用量
HDPE	100	炭黑	1～2
LDPE	30	抗氧剂 1010	1.0
EVA	20	加工助剂	1～2
EPDM	10	其他助剂	适量

说明：配方设计合理，制备工艺简便可行，制品满足使用要求。

12. HDPE/EVOH 共混阻隔管材

单位：质量份

原材料	用量	原材料	用量
HDPE	100	炭黑	1.5
EVOH	20	加工助剂	1～2
PE-*g*-MAH	5.0	其他助剂	适量
抗氧剂 1010	1.0		

说明：阻隔性能突出，二甲苯 14d 渗透率为 0.5%。若用尼龙 6 取代 EVOH 性能更好。

13. 交联聚乙烯冷水管材

单位：质量份

原材料	用量	原材料	用量
HDPE	100	催化剂	0.25
乙烯基三乙氧基硅烷	2.5～3	抗氧剂	0.1
有机过氧化物	0.1	其他助剂	适量

说明：交联度 70%～75%，使用温度－75～110℃；耐爆压力 4.0MPa，氧指数 28%。

14. 铝塑复合管交联聚乙烯专用料

单位：质量份

A 料	用量	B 料	用量
HDPE	100	HDPE	100
硅烷	1.5	有机锡	0.1
抗氧剂 1010	0.1	其他助剂	适量
助抗氧剂 DLPP	0.2		
过氧化二异丙苯	0.2		

说明：耐热、耐蠕变、耐环境应力开裂，可取代镀锌管，铜管等管材。

15. 铝塑复合管

(1) 交联 PE 配方

单位：质量份

原材料	用量	原材料	用量
HDPE	100	有机过氧化物交联剂	0.1～0.2
硅烷	2～4	其他助剂	适量

(2) 铝塑复合管用黏合剂配方

单位：质量份

原材料	用量	原材料	用量
PE	100	交联抑制剂	2
引发剂	0.5	偶联剂	3
极性不饱和单体	0.5～10	其他助剂	适量
有机溶剂	0.5～10		

说明：耐压性能大幅提高，常温下最小耐爆破压力为 7MPa；气体阻隔性好，O_2 的透过系数接近于零；可有效散热，提高其阻燃性；可有效抗大气中的紫外线照射，提高其耐候性，使用寿命可达 50 年；具有可随意弯曲且不反弹的优点；可用金属探测器找出其所处的位置，方便故障维修。

16. 高速挤出铝塑复合管材专用料

单位：质量份

原材料	用量	原材料	用量
HDPE(DCDB 2480)	50	抗氧剂(1010,168)	0.1～0.7
LLDPE(DFDA 7042)	10	聚乙烯蜡	1～10
HDPE(DMD 7006A)	40		

说明：该铝塑复合管材专用料成功应用于从德国进口的铝塑复合管材生产线，最高挤出速度达到25m/min，并且挤出的管材表面光滑、平整。

17. 多孔塑料管材

(1) 主料配方

单位：质量份

原材料	用量	原材料	用量
LDPE	100	改性填充料	30

其中改性填充料以 $CaCO_3$ 为主，并加入一定量的挤出成型流动改性剂和产品性能改性剂。

(2) 标志线配方

单位：质量份

原材料	用量	原材料	用量
LDPE	100	其他助剂	适量
聚乙烯色母料	2～3		

说明：塑料多孔管材（也称梅花管）是一种新型塑料管材产品。与以往的单孔管材相比，具有绝缘隔离、平行防电磁干扰功能。主要用于地下通信电缆的埋覆式穿线管等。

18. HDPE瓦斯抽放管

单位：质量份

原材料	用量	原材料	用量
HDPE	100	硼酸锌	1
DBDPO	4	KH-550	5
Sb_2O_3	2	无机盐及其他助剂	1

说明：HDPE塑料管在矿井无光照条件下使用寿命可达50年以上，HDPE塑料管可以随地层的移动而形变，不会因应力集中而断裂。HDPE瓦斯抽放管完全满足瓦斯抽放的使用要求。该HDPE管还可应用于城市煤气管道。

19. 聚乙烯双壁波纹管

单位：质量份

原材料	用量	原材料	用量
高密度聚乙烯(MI:0.3～2g/10min)	100	白油	0.3
抗氧剂(1076)	0.06	其他助剂	适量
光稳定剂(944)	0.1		

说明：可作为农业、土建、环保、电信等行业用管材，可用于各种液体的输送以及电缆敷设管，管壁打孔后可用于各种道路和场地的排水。

20. 农用薄壁滴（微）灌管

单位：质量份

原材料	用量
EVA(醋酸乙烯 5%,MI:0.3g/10min)	70
线型低密度聚乙烯(1-辛烯 1%,0～20%共聚)	30
抗氧剂(B900)	0.06
炭黑母料(高浓度)	3
其他助剂	适量

说明：可作为农业、园艺等行业用薄壁滴（微）灌管；成本低（薄壁），耐候性强、节水性好。

21. LDPE/LLDPE 共混改性矿用管

单位：质量份

原材料	用量	原材料	用量
LDPE	40	稳定剂	适量
LLDPE	60	填料	适量
阻燃剂	适量	其他助剂	适量
抗静电剂	适量		

22. 聚乙烯钙塑料管材料

单位：质量份

原材料	用量	原材料	用量
LDPE	100	硬脂酸	1.0
碳酸钙	100	炭黑	3.0
氯化聚乙烯	6.0	其他助剂	适量
液状石蜡	1.0		

说明：该管材采用挤出方法制造，质量好，表面光滑，常用于地埋管材。

23. 直接挤出聚乙烯管材

单位：质量份

原材料	用量	原材料	用量
LDPE	100	柠檬酸	0.1～0.2
二氯四氟乙烷	10～20	$CaCO_3$	1～2
碳酸氢钠	0.1～0.3	其他助剂	适量

说明：采用一般挤出机可直接制备而成，制品表面光滑，具有一定的强韧性。

24. 辐射交联聚乙烯管材

单位：质量份

原材料	用量	原材料	用量
HDPE/LLDPE(80/20)	100	$CaCO_3$	1～2
敏化剂 M-1	2.5	炭黑	0.5～1.0
抗氧剂	2.5	其他助剂	适量

说明：拉伸强度 26.6MPa，断裂伸长率 380%；交联度 72.2%，热导率 0.38W/(m·K)，维卡软化点 130℃，线膨胀系数 $1.4\times10^{-4}K^{-1}$。

25. 阻燃抗静电聚乙烯管材

单位：质量份

原材料	用量	原材料	用量
HDPE	100	特种纳米导电炭黑	30～50
硼酸锌	20～40	偶联剂	1～3
Sb_2O_3	10～20	硬脂酸	1～2
$CaCO_3$	1～3	其他助剂	适量

说明： 该管材质量轻、韧性好、阻燃抗静电，可随巷道走向铺设，也可盘绕铺设，耐腐蚀，安装方便。其内壁光滑，阻力小，使用中不易结垢。适用于煤矿井下排水，排风，供水，压风，喷浆和瓦斯抽放。

26. LLDPE 阻燃护线管材

单位：质量份

原材料	用量	原材料	用量
LLDPE	100	氢氧化铝	10
十溴二苯醚	20～40	炭黑	2～3
三氧化二锑	5～10	偶联剂	1～2
氯化石蜡	5～10	其他助剂	适量

说明： 该管材氧指数 26.5%，垂直燃烧级别为 V-0，自燃时间$<$1.0s，可用于地铁、船舶、车辆、高层建筑和通信系统。

27. 阻燃聚乙烯热收缩管材

单位：质量份

原材料	用量	原材料	用量
聚乙烯	60	Sb_2O_3	10～20
EVA	30	十溴二苯醚	20～40
硅橡胶	10	抗氧剂 1010	1～3
二碱式硫酸铅(TBLS)	5～15	其他助剂	适量

说明： 拉伸强度 12.8MPa，断裂伸长率 630%、体积电阻率 $9.7\times10^{14}\Omega\cdot cm$，纵向收缩率 5.5%，阻燃性 V-0，可收缩温度 105℃，可用于电线连接，末端处理，焊点绝缘保护：电阻器，电容器绝缘保护等。

二、聚乙烯管材配方与制备工艺

（一）聚乙烯管材功能专用料

1. 配方[25]

单位：质量份

原材料	用量	原材料	用量
HDPE(5000S)	50	炭黑	1～5
PE 回收料	50	抗氧剂 1010	1.0
填充母料(AS800)	30	加工助剂	1～2
稀土活化剂(FS100)	3.0	其他助剂	适量

2. 制备方法

工艺流程见图 2-5。

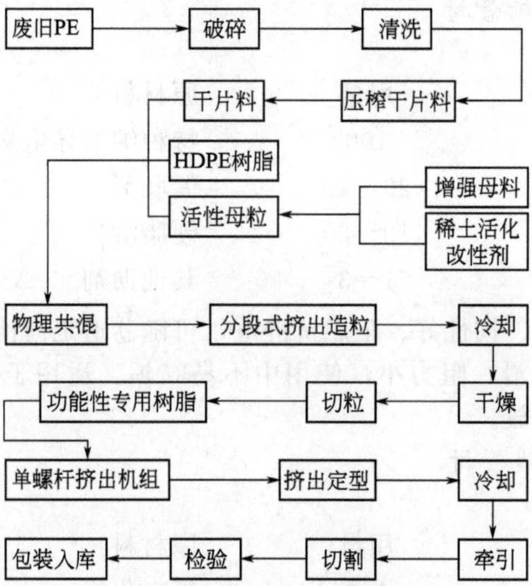

图 2-5　整体制备工艺流程图

3. 性能

见表 2-32～表 2-35。

表 2-32　聚乙烯类管材专用树脂主要指标

检测项目	性能指标
熔体流动速率/(g/10min)	0.05～3.0
密度/(g/cm³)	0.985～1.25
拉伸屈服强度/MPa	21～28
断裂伸长率/%	≥350
弯曲模量/(kg/cm²,1kg/cm²＝0.0980665MPa)	8000～14000

表 2-33　功能性专用树脂应用在聚乙烯光壁管中的技术性能指标对比

检测项目	标准值	原料	回收料	专用树脂
拉伸强度/MPa	≥8	12	8	16
落锤冲击试验	0℃,1m 高,1kg,9/10 通过	通过	通过	通过
断裂伸长率/%	≥350	700	560	475
纵向回缩率/%	≤3.0	1.5	2.0	1.8

表 2-34　功能性专用树脂应用在高密度聚乙烯硅芯管中的技术性能指标对比
(依据 JT/T496—2004《公路地下通信管道高密度聚乙烯硅芯塑料管》标准)

检测项目	标准值	纯原料	回收料	专用树脂
拉伸强度/MPa	≥21	23	18	25
落锤冲击试验	0℃,1m 高,1kg,9/10 通过	通过	通过	通过
断裂伸长率/%	≥350	680	540	460
扁平试验	压至外径的 1/2 不破裂	不破裂	不破裂	不破裂
环刚度/(kN/m²)	≥50	58	43	62
纵向回缩率/%	≤3.0	1.5	2.0	1.8
耐水压密封性能	20℃,50kPa,保压 24h 无渗漏	无渗漏	无渗漏	无渗漏

表 2-35　功能性专用树脂应用在聚乙烯碳素螺纹护导管中的技术性能指标对比

（依据 ZYSJ012—2006《聚乙烯碳素螺纹护导管》标准）

检测项目	标准值	纯原料	回收料	专用树脂
拉伸强度/MPa	≥18.5	23	18	26
落锤冲击试验	0℃，1m 高，1kg，9/10 通过	通过	通过	通过
扁平试验	压至外径的 1/2 不破裂	不破裂	不破裂	不破裂
耐酸性	无起毛，脱层	符合	符合	符合
耐碱性	无起毛，脱层	符合	符合	符合
纵向回缩率/%	≤3.0	1.5	2.0	1.8
耐压变形率/%	直径变化≤25	16	28	18
绝缘电阻/Ω	≥500	550	520	540

（二）给水用钢丝增强聚乙烯复合管道专用料

1. 配方[26]

单位：质量份

原材料	用量	原材料	用量
LLDPE	90	其他助剂	适量
HDPE	10	专用树脂配方：	
PE-*g*-MAH(MAH)	1.5	PE-*g*-MAH	100
过氧化二异丙苯(DCP)	0.08	增黏树脂	6.0
抗氧剂 1010	0.15	调节剂	15
抗氧剂 168	0.05	其他助剂	适量
加工助剂	1～2		

2. 制备方法

（1）PE-*g*-MAH 的制备　按一定配比分别称取 PE-LLD，PE-HD，MAH 及引发剂 DCP、抗氧剂 1010 和抗氧剂 168 放入高速搅拌机内，常温下搅拌 5min 后出料，然后，通过同向双螺杆挤出机接枝造粒，得到 PE-*g*-MAH。挤出机第 1～9 段的温度为 110～210℃，机头温度为 170℃，挤出机喂料转速为 50r/min，挤出机主机转速为 190r/min。

（2）粘接树脂的制备　按质量份称取 PE-*g*-MAH100 份、增黏树脂 0～8 份和调节剂 0～20 份，放入高速搅拌机内，常温下搅拌 5min 后出料，然后，利用转矩流变仪上的单螺杆挤出机平台挤出造粒。

（3）管材挤出工艺条件　挤出温度为：第 1 段 130℃、第 2 段 180℃、第 3 段 190℃、机头温度 180℃。挤出机转速 60r/min。

3. 性能

制备的粘接树脂与金属 Cu 发生了化学键合作用，提高了粘接树脂的剥离强度，制备的粘接树脂适合于聚烯烃与铜的粘接。

（三）节能型聚乙烯管材配方

1. 配方[27]

单位：质量份

原材料	配方 1	配方 2	原材料	配方 1	配方 2
HDPE	60	96	相容剂	1.5	1.5
LLDPE	18	—	抗氧剂	0.5	0.5
LDPE	10	—	加工助剂	适量	适量
SEBS	8.0	—	其他助剂	适量	适量

2. 制备方法

(1) 按上述比例称料，投入高速搅拌机搅拌均匀，开启上料装置将配好的原料投入挤出机料筒。

(2) 将挤出机温控箱进行初步设置，开启主机转速，挤出速度设定为 6m/min。生产中依据生产出料情况进行温度微调，保证原料送入螺杆充分塑化，通过模具挤出管材成型。

(3) 将刚出模具的热 PE 管材在水槽中冷却定型。将冷却后的 PE 管材通过缠绕装置盘卷处理，便于存放和运输。

(4) 在保证所生产 PE 管材合格的情况下，记录不同配料时各温区正常生产用温度值。工艺条件见表 2-36。

表 2-36　工艺条件

项目	1 区温度/℃	2 区温度/℃	3 区温度/℃	4 区温度/℃	5 区温度/℃	6 区温度/℃	7 区温度/℃
配方 1	145	165	175	175	165	170	165
配方 2	164	181	193	195	188	185	180
温度差异	19	16	18	20	23	15	15

3. 性能

(1) HDPE 管材不但能用 HDPE 实现生产，还能以 HDPE 为主，添加普通 LDPE、线型 LDPE 及 SEBS 等原料实现生产。

(2) 用不同种 PE 混合生产 PE 管材，比用单一 HDPE 为主生产 PE 管材，生产温度降低 15～20℃左右。在各种 PE 采购价格变化不大的情况下，温度降低带来的电量节省可以降低生产成本。

(四) 过氧化物交联 HDPE 管材专用料

1. 配方[28]

单位：质量份

原材料	用量	原材料	用量
HDPE(PE80)	100	硫代二丙酸双十八酯	0.05
二叔丁基过氧化物(DTBT)	0.3～0.5	加工助剂	1～2
抗氧剂 1010	0.7	二甲苯	适量
复配抗氧剂	0.5	其他助剂	适量
硫代二丙酸二月桂酯	0.15		

2. 制备方法

将粉状 HDPE、过氧化物交联剂及抗氧剂按一定比例在高速混合机中混匀，再放入专用挤出机中挤出管材，同时完成交联反应。温度设置为进料段 110～130℃、连接段 150～170℃、料筒 180～220℃、口模 240～260℃。

3. 性能

表 2-37 为 2 个 HDPE 试样的物理性能指标。

表 2-37　HDPE 试样常规物理性能

指　标	1#	2#	指　标	1#	2#
密度/(g/cm³)	0.950	0.944	断裂伸长率/%	778	800
熔体流动速率(21.6kg)/(g/10min)	0.20	0.87	拉伸模量/GPa	1.02	0.85
熔点/℃	135.1	132.0	弯曲模量/GPa	1.06	0.83
拉伸屈服强度/MPa	24.4	22.8	悬臂梁缺口冲击强度/(kJ/m²)	112	48

注：1# 为进口料；2# 为研制料。

(1) 以进口过氧化物交联 HDPE 专用料进行丁烯共聚，与国产 PE80 级树脂相比，具有短支链含量低、分子量高、分子量分布窄、熔点高和综合力学性能好的特点。

(2) 随着交联剂 DTBP 用量增加，交联 HDPE 管材的交联度快速增大后趋于平衡，断裂伸长率呈下降趋势，拉伸断裂强度呈现先增大后减小的趋势，交联剂的较佳用量为 0.3～0.5 份。

(3) 复配抗氧剂 ZB 和 JH-1 的耐热水抽提和抗老化性能较好，适合在交联 HDPE 热水输送管材中使用。

(五) 聚乙烯微滴灌管专用料

1. 配方[29]

单位：质量份

原材料	用量	原材料	用量
共混聚乙烯	100	硬脂酸	0.5
中炭黑	5.0	加工助剂	1～2
复配抗氧剂	1.5	其他助剂	适量
DCP	1.0		

2. 制备方法

首先按配方称料，投入高速混合机中进行混合，混合均匀后，用双螺杆挤出机造粒，待用或用此粒料挤出成型管材。

3. 性能

见表 2-38。

表 2-38 专用料的物理性能

项目	专用料种类		项目	专用料种类	
	研制料	进口料		研制料	进口料
熔体流动速率/(g/10min)	0.32	0.34	氧化诱导期/min	59.8	33.5
拉伸强度/MPa	21.0	17.5	拉伸强度保留率①/%	93	95
断裂伸长率/%	676	480	断裂伸长率保留率①/%	97	90
邵尔硬度(D)	48	47			

① 耐候老化 14d。

通过共混改性，所得专用料的物理性能与进口料相当。该配方的制品具有较好的耐光氧老化性能。炭黑在该配方的制品中分散良好。该配方能满足厂家要求。该配方专用料的成型加工性能较好，能满足 100m/min 的加工工艺条件的要求。

(六) 过氧化物交联 PE 热收缩管材

1. 配方[30]

单位：质量份

原材料	用量	原材料	用量
HDPE	100	抗氧剂 1010	1.0
交联剂	2.0	复合阻燃剂	5～8
助交联剂	1.0	分散剂	2.5
炭黑	5～10	加工助剂	1～2
DCP	0.5	其他助剂	适量

2. 制备方法

过氧化物交联聚乙烯热收缩管成型工艺过程：

原料混合 → 管坯交联挤出 → 管坯扩张 → 制品

3. 性能

见表 2-39、表 2-40。

表 2-39 过氧化物交联聚乙烯热收缩管的力学性能

项目	物理性能	项目	物理性能
密度/(g/cm^3)	0.94～0.96	熔融温度	200℃不熔
拉伸强度(20℃)/MPa	180～220	吸水率/%	0
断裂伸长率(20℃)/%	440～550	交联度/%	70～90
热缩温度/℃	120～130	横向收缩率/%	>200
使用温度范围/℃	－40～100	纵向收缩率/%	<8

表 2-40 交联聚乙烯热收缩管介电强度与炭黑粒径

炭黑粒径/μm	20	80
介电强度/(kV/mm)	28.3	9.7

注：炭黑含量(2.6±0.25)%。

(七) HDPE外护保温管材

1. 配方[31]

单位：质量份

原材料	用量	原材料	用量
HDPE	100	PE回收料	5～10
母料	10	DCP	0.8
炭黑	1.5	加工助剂	1～2
抗氧剂1010	0.5	其他助剂	适量

2. 制备注意事项

(1) 挤出温度　PE管材通常采用挤出成型工艺生产。在成型过程中，挤出温度与物料在该温度下的停留时间直接影响残存晶核的数量、大小以及存在与否，对成型时的结晶速度影响较大。结晶速度的快慢影响结晶的完善程度，结晶越完善，生成的晶体越完整，强度越大。成型时，应根据所用树脂的熔融温度设定机筒和机头温度，且不宜过高。

(2) 冷却速度　PE管材成型时，冷却速度对结晶状态的影响较大，不同的结晶程度对管材的力学性能影响较大。当冷却速度能够较快越过最佳结晶温度时，管材表面将形成一层结晶度较低的聚集态结构。中间和内表层则因PE传热慢，致使在较高温度下停留时间较长，从而获得晶核数量及生长速度较为有利的结晶层。内外结构的不均匀性对管材力学性能的影响较大，挤出温度适当降低，配合适宜的冷却速度，可使PE管材内部生成球晶细小且结晶度较高的聚集态，有利于提高PE管材的耐环境应力开裂性能。

(3) 牵引速度　其直接影响PE管材的壁厚、尺寸公差、性能及外观，应与挤出速度相匹配，不能仅通过调节牵引速度而大幅度调节管材壁厚。牵引作用对管材产生纵向拉伸，影响管材力学性能和纵向尺寸的稳定性。当冷却速度不变时，提高牵引速度，冷却定型后的残余热量会引起管材已形成取向结构强度的降低，并易在表面形成划痕。牵引速度越快，管材壁厚越小，冷却后其纵向收缩率越大，这样的管材易在轴线方向上产生裂纹；牵引速度越慢，管材壁厚越大，易造成口模与定径套之间积料，导致管材表面粗糙，破坏正常生产。

(八)聚乙烯瓦斯抽放管专用料

1. 配方[32]

单位：质量份

原材料	用量	原材料	用量
HDPE 粉料(HD3902E)	60	偶联剂	1.5
LLDPE(0209)	40	聚乙烯蜡	1～2
十溴联苯	20	抗氧剂 1010	0.5
Sb_2O_3	10	加工助剂	1～2
抗静电母料	5.0	其他助剂	适量
炭黑母料	5～6		

2. 制备方法

按配方比例精确称量，投入高速混合机中将其混合均匀；然后用双螺杆挤出机进行造粒，待用。挤出管材时的工艺参数为：螺杆转速为 30r/min，牵引速度为 110cm/min，各区及机头温度均为 130℃。

3. 性能

见表 2-41、表 2-42。

表 2-41 试验测试结果

测试项目＼试验次数	1	2	3	测试项目＼试验次数	1	2	3
拉伸强度/MPa	13.8	12.9	13.3	表面电阻/MΩ	500	600	500
断裂伸长率/%	370	320	350	阻燃性	2	2	2

表 2-42 主要性能测试

项目名称	标准值	检验结果	单项判定	备注
拉伸强度/MPa	≥9	22.6	合格	无
断裂伸长率/%	≥300	404	合格	无
扁平	压至内径重合无裂纹、无破坏	压至内径重合无裂纹、无破坏	合格	无
内表面电阻平均值/MΩ	≤1	6.7×10^5	合格	无
外表面电阻平均值/MΩ	≤1	8.9×10^4	合格	无
酒精喷灯有焰燃烧时间(6 条试样平均值)/s	≤3.00	0.00	合格	无
酒精喷灯有焰燃烧时间(单条最大值)/s	≤10.00	0.00	合格	无
酒精喷灯无焰燃烧时间(6 条试样平均值)/s	≤20.00	0.00	合格	无
酒精喷灯无焰燃烧时间(单条最大值)/s	≤60.00	0.00	合格	无
壁厚偏差/%	≤14	3.5	合格	无
外观	管材外壁应光滑、平整，无气泡、裂口和明显的沟纹、凹陷、杂质等，色泽均匀	管材外壁光滑、平整，无气泡、裂口和明显的沟纹、凹陷、杂质等，色泽均匀	合格	无

(九)硅烷交联 HDPE 管材专用料

1. 配方[33]

单位：质量份

原材料	用量	原材料	用量
HDPE	100	DCP	1.0
接枝剂	1～5	催化剂	0.2
乙烯基三甲氧基硅烷	2.5	有机锡	0.5
引发剂	0.5	其他助剂	适量

2. 制备方法

二步法的工艺流程为：

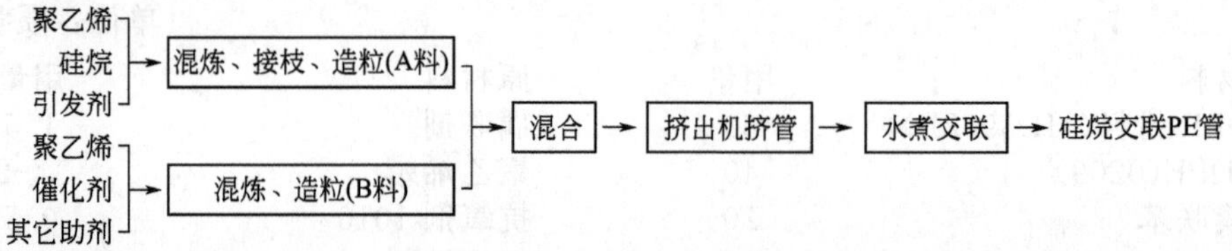

3. 性能

主要性能见表 2-43。

表 2-43 硅烷交联聚乙烯管材料的主要性能

项　　目	测试结果	项　　目	测试结果
拉伸屈服强度/MPa	25.2	软化温度/℃	132
断裂伸长率/%	440	邵尔硬度	66
凝胶含量/%	70	介电强度/(kV/mm)	31

用该管材料生产不同规格的管材，管材尺寸参考德国 DIN16893—97 标准，经水煮交联后测得主要性能见表 2-44。

表 2-44 硅烷交联聚乙烯管材的主要性能

项　　目	测试结果	测试方法
凝胶含量/%	70	DIN16892—97
纵向尺寸收缩率/%	≤0.5	DIN16892—97
爆破压力试验		
20℃爆破压力/MPa	≥6.0	DIN16892—97
95℃爆破压力/MPa	≥2.0	DIN16892—97
液压试验		
20℃,1h,环应力 12MPa	无泄漏	DIN16892—97
95℃,1h,环应力 4.8MPa	无泄漏	DIN16892—97

由表可见，用研制的管材料生产的管材各项性能均达到德国 DIN16892 标准的要求。

（十）超高分子质量聚乙烯（UHMWPE）管材

1. 配方[34]

单位：质量份

原材料	用量	原材料	用量
UHMWPE	100	润滑剂	1.0
受阻酚/亚磷酸酯复合抗氧剂	1～3	填料	3～5
		增韧剂	5～6
MoS_2	5.0	加工助剂	1～2
炭黑	3.0	其他助剂	适量
LDPE	5.0		

2. 制备方法

可在加工温度 150～300℃，压力 10～40MPa 下连续挤出成型。

3. 性能

(1) UHMWPE特种管材　UHMWPE管材输送阻力比金属管小25%，使用寿命比金属管提高10倍左右，是固体、液体、气体三态物质均可输送的高性能工程塑料管材。具体可用于尾矿、泥浆输送、电厂粉煤灰输送及固体粉料输送等。

(2) UHMWPE/金属复合管材　针对UHMWPE管强度低、模量低、耐压性能不足、易蠕变等缺点，利用金属管与UHMWPE管复合可得到综合性能优越的UHMWPE钢塑复合管。其输送压力在3MPa以上，最高可达16MPa。对于长距离、高压力物料输送，具有潜在优势。

(十一) CPE/丁腈橡胶汽车通气管材专用料

1. 配方[35]

单位：质量份

原材料	用量	原材料	用量
CPE(702P)	70	防老剂(RD)	1.0
丁腈橡胶(NBR1052)	30	硬脂酸钡	3.0
炭黑(N330)	35	硫化剂(C-4N)	3.0
硅粉(B66)	55	助交联剂(TAIC-70)	6.0
增塑剂(DOP)	25	加工助剂	适量
氧化镁	10	其他助剂	适量

2. 制备方法

塑炼机辊温升至100℃，将辊距调至最小，加入CPE塑炼至无颗粒时即塑炼均匀。塑炼均匀的CPE在开炼机上包辊（辊温50℃），依次加入氧化镁、硬脂酸钡、炭黑、硅粉和增塑剂等，最后加入促进剂和硫化剂，混炼均匀，薄通，打三角包，下片。胶料停放24h后再返炼、出片。

3. 性能

见表2-45。

表2-45　专用料的性能

项目	实测值	MS 263-76	项目	实测值	MS 263-76
硫化胶性能(180℃×20min)			ATSM 901#油浸泡(100℃×70h)后		
邵尔A型硬度	69	70±5	体积变化率/%	−8.9	−15～+5
拉伸强度/MPa	11.9	≥10	ATSM 903#油浸泡(100℃×70h)后		
拉断伸长率/%	366	≥250	邵尔A型硬度变化	−19	−20～0
压缩永久变形(100℃×70h)/%	37.1	≤40	拉伸强度变化率/%	−28.9	≥−45
100℃×70h热空气老化后			拉断伸长率变化率/%	−38.1	≥−50
邵尔A型硬度变化	10	0～15	体积变化率/%	39.5	0～45
拉伸强度变化率/%	11.3	≥−20	5W/40机油浸泡(100℃×70h)后		
拉断伸长率变化率/%	−22.3	≥−60	邵尔A型硬度变化	4	−5～+15
ATSM 901#油浸泡(100℃×70h)后			拉伸强度变化率/%	−4.5	≥−20
邵尔A型硬度变化	8	−5～+15	拉断伸长率变化率/%	−27.2	≥−40
拉伸强度变化率/%	10.5	≥−20	体积变化率/%	−3.6	−10～+10
拉断伸长率变化率/%	−17.3	≥−40			

该专用料拉伸性能、耐老化性能、耐油性均满足MS263-76的要求。采用该专用料制备的汽车通气管材可在恶劣环境下长期使用。

（十二）家用燃气三层复合结构软管专用料

1. 配方[36]

(1) 外层管配方

单位：质量份

原材料	用量	原材料	用量
CPE	100	硫化剂	3.0
炭黑	30	助交联剂	4.0
硅粉	50	其他助剂	适量
防老剂	1.0		

(2) 中间层采用丁腈橡胶

(3) 内层采用聚醚型氯醚橡胶

2. 制备方法

(1) 橡胶混炼　采用二段混炼工艺，混炼胶需停放 4h 以上。

(2) 胶管成型　采用挤出方式，根据目前国内胶管生产工艺现状，难以实现三层胶料的一次性复合挤出，需分 3 次挤出成型。挤出时首先挤出内层胶，停放 4h 以上，再以内层胶为管芯在内层胶上挤出中层胶，最后以中层胶为管芯在其上挤出外层胶。

(3) 胶管硫化　采用硫化罐蒸汽硫化，硫化压力 40～60N，硫化温度 160℃，时间 60～70min。

3. 性能

见表 2-46。

表 2-46　胶管成品性能

项目	检测结果	合格标准	项目	检测结果	合格标准
软管耐液体性能					
耐洗涤剂质量变化率/%	2.1	≤5	耐燃性/s	1	≤5
耐高温食用油质量变化率/%	2.0	≤3	耐燃气透过性能/(mL/h)	2.8	≤5
耐食用油质量变化率/%	0.6	≤3	气密性(100kPa,1min)	无泄漏	不得有泄漏
耐食醋质量变化率/%	1.7	≤5	耐压性(200kPa,30s)	无泄漏	不得有泄漏
耐肥皂液质量变化率/%	1.0	≤5	拉断力/kN	2.1	≥0.6

（十三）钢丝编织管用 CPE 专用料

1. 配方[37]

单位：质量份

原材料	用量	原材料	用量
CPE(CM3521)	60	增塑剂(DOP/DOA)	20
丁腈橡胶(NBR)	40	黏合剂(RS/RA)	6.0
氧化锌	2.0	促进剂(DM)	0.8
稳定剂	12	硫化剂(CV1520)	2.5
防老剂	2.0	硫黄	0.5
炭黑(N330/N660)	60	加工助剂	1～2
GA 补强剂	20	其他助剂	适量
填充剂	30		

2. 制备方法

(1) 混炼　采用 XHM-50 型密炼机，转速为 35r/min。混炼前先将粉末状的 CM352L

制成母炼胶。

母炼胶制备：NBR 和 CM $\xrightarrow{2min}$ 稳定剂和增塑剂 $\xrightarrow{3min}$ 排胶冷却备用。

混炼胶制备：母炼胶和小料 $\xrightarrow{3min}$ 1/2 炭黑和 1/2 增塑剂 $\xrightarrow{2min}$ 其余 1/2 炭黑和 1/2 增塑剂及填充剂 $\xrightarrow{3min}$ 排料冷却。

硫化剂和黏合剂最后在开炼机上加入。

(2) 挤出和成型　胶料加硫化剂和黏合剂后送至 XJ-115 型挤出机（长径比为 4.8∶1）挤出包外胶。挤出冷却后，包水布待硫化。

(3) 硫化　采用硫化罐硫化。硫化条件为：150℃×50min，蒸汽压力为 0.42MPa。

3. 性能

见表 2-47～表 2-50。

表 2-47　CM352L 和 CPE140B 的技术指标

项　　目	CM352L	CPE140B	项　　目	CM352L	CPE140B
氯质量分数	0.35±0.01	0.40±0.01	门尼黏度[ML(1+4)100℃③]	59	92
残余结晶度/%	≤0.02	(≤0.05)①	邵尔 A 型硬度	≤53	≤57
熔融热/(J/g)	(≤0.827)②	≤2	拉伸强度/MPa	≥8	≥6
门尼黏度[ML(1+4)125℃]	45	70～110	拉断伸长率/%	≥800	—

① 对应于熔融热指标。
② 对应于残余结晶度指标。
③ 广州胶管厂实测。

表 2-48　CM/NBR 与 CSM/NBR 性能对比

胶种并用比	臭氧龟裂情况①	浸油体积变化率/%②	胶种并用比	臭氧龟裂情况①	浸油体积变化率/%②
CM/NBR			CSM/NBR		
100/0	无龟裂		100/0	无龟裂	
60/40	无龟裂	+29.2	60/40	无龟裂	+43.5
40/60	无龟裂		40/60	无龟裂	
0/100	严重龟裂		0/100	严重龟裂	

① 臭氧体积分数为 50×10^{-8}，臭氧老化试验条件为 40℃×72h，老化后用 2 倍放大镜观察。
② ASTM 3# 油，浸泡条件为 100℃×72h。

表 2-49　CM/NBR 外层胶性能

性　　能	实测值	企业指标
硫化胶性能(150℃×30min)		
邵尔 A 型硬度	72	70±5
拉伸强度/MPa	11.2	≥9.5
拉断伸长率/%	480	≥300
拉断永久变形/%	22	≤25
阿克隆磨耗量/cm³	0.65	≤0.8
外层胶与钢丝黏合强度/(kN/m)	无法剥离	≥2.5
ASTM 3# 油浸泡(100℃×72h)后		
体积变化率/%	+29.2	0～+100

表 2-50　16×2B 型钢丝编织胶管成品外胶层性能

性　能	实　测	指　标
臭氧老化龟裂	无龟裂	无龟裂
耐油体积变化率/%	+19.4	0~+100
外胶层-增强层间黏合强度/(kN/m)	7.3	≥2.5

(十四)喷砂管外层 CPE 专用料

1. 配方[38]

单位：质量份

原材料	用量	原材料	用量
CPE(CM135B)	100	$CaCO_3$	50
DOP	10	复合阻燃剂	20
氯化石蜡	5.0	TAIC	3.0
MgO	10	加工助剂	1~2
炭黑(N330)	20	其他配合助剂	15
超导炭黑	15		

2. 制备方法

CM135B 为粉末状橡胶，其混炼工艺性能很好，常用的加工设备为单螺杆、双螺杆和密炼机等。考虑到其生热很快，吃粉能力强，故采用密炼机混炼与开炼机下片的生产工艺。密炼机型号的不同，其混炼工艺参数也需要适当调整，但是最重要的就是控制好装胶量，只有装胶容量适中，才能使其塑化均匀，胶料性能优异。胶料的加工工艺如图 2-6 所示。

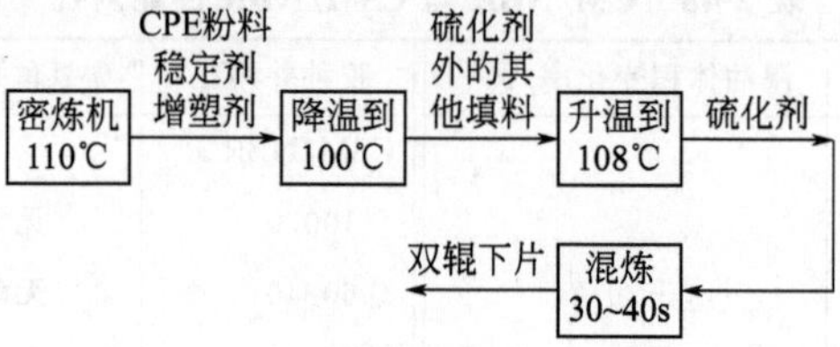

图 2-6　胶料的加工工艺图

3. 性能

见表 2-51。

表 2-51　半成品混炼胶基本性能①

项目	测试结果	企业标准	项目	测试结果	企业标准
邵尔 A 硬度	82	78±5	耐油老化性能(100℃×72h)		
拉伸强度/MPa	11.7	≥8	体积变化率/%	-1.5	≥-15
断裂伸长率/%	380	≥250		39.6	≤100
热老化性能(100℃×72h)			有焰燃烧时间/s	6 根样条均小于 10	≤30
拉伸强度变化率/%	2.8	≥-20	表面电阻率/Ω	2.4×10^3	$\leq3\times10^8$
伸长率变化率/%	-10	≥-50	阿克隆磨耗/cm^3	0.400	≤0.800
耐油老化性能(100℃×72h)					
拉伸强度变化率/%	-6.0	≥-20			

① 硫化条件：151℃×40min，压力 10MPa。

第三节　聚乙烯板（片）材

一、经典配方

具体配方实例如下[1~7]。

1. HDPE 耐热板材

配方 1

单位：质量份

原材料	用量	原材料	用量
高密度聚乙烯	97.5	紫外线吸收剂	适量
炭黑	2.5	稳定剂	适量
抗老化剂	适量	其他助剂	适量
抗氧剂	适量		

配方 2

单位：质量份

原材料	用量	原材料	用量
高密度聚乙烯	87.5	抗氧剂	适量
聚酰胺	10	紫外线吸收剂	适量
炭黑	2.5	稳定剂	适量
抗老化剂	适量	其他助剂	适量

配方 3

单位：质量份

原材料	用量	原材料	用量
高密度聚乙烯	79.5	抗氧剂	适量
聚酰胺	10	紫外线吸收剂	适量
马来酸酐接枝聚烯烃	8	稳定剂	适量
炭黑	2.5	其他助剂	适量
抗老化剂	适量		

说明：性能见表 2-52。

表 2-52　HDPE 耐热板材各配方性能

项　　目	配方 1	配方 2	配方 3
纵向拉伸强度/MPa	≥22.7	≥19.5	≥24.9
横向拉伸强度/MPa	≥21.3	≥18.7	≥23.5
纵向断裂伸长率/%	≥502	≥321	≥508
横向断裂伸长率/%	≥158	≥124	≥498
撕裂强度/(kN/m)	≥66.5	≥37.6	≥75.6
透水性(0.3MPa,30min)	不透水	不透水	不透水
低温弯折(－35℃)	无弯折	无弯折	无弯折
耐热温度(30min)/℃	≤120	≤162	≤162

通过向 HDPE 板材生产配方中添加聚酰胺和马来酸酐接枝聚烯烃，得出如下结论：其成品耐热度由 120℃提高至 160℃以上，且其断裂拉伸强度和断裂伸长率要比没有添加时有很大提高。

2. 聚乙烯泡沫板材

单位：质量份

原材料	用量	原材料	用量
低密度聚乙烯(LDPE)	100	氯化石蜡(含氯 70%)	0.5～1.0
偶氮二甲酰胺(AC)	20	十溴二苯醚	15～25
过氧化二异丙苯(DCP)	0.8	三氧化二锑(Sb_2O_3)	10～20
氧化锌	1.0	其他助剂	适量

说明：该板材氧指数为 17%，适用于制冷、空调、保温领域作为泡沫板材使用。

3. 煤矿用超高分子量聚乙烯（UHMWPE）板材

配方 1

单位：质量份

原材料	用量	原材料	用量
UHMWPE	100	Sb_2O_3	10
导电炭黑	0.5	其他助剂	适量
十溴二苯醚	15		

配方 2

单位：质量份

原材料	用量	原材料	用量
UHMWPE	100	Sb_2O_3	15
导电炭黑	0.5	其他助剂	适量
氯化聚乙烯	40		

配方 3

单位：质量份

原材料	用量	原材料	用量
UHMWPE	100	$Al(OH)_3$	40
导电炭黑	0.5	其他助剂	适量

说明：性能见表 2-53。

表 2-53 煤矿用超高分子量聚乙烯（UHMWPE）板材性能

项　目	测试结果	项　目	测试结果
拉伸强度/MPa	19	摩擦系数	0.159
断裂伸长率/%	206	体积磨损量/cm^3	2.4×10^{-4}
冲击强度/(kJ/m^2)	103	表面电阻/Ω	3×10^6
球压痕硬度/(N/mm^2)	70	有焰燃烧时间/s	2.0
维卡软化温度/℃	120	无焰燃烧时间/s	4.2

4. 直接挤出发泡 PE 板材

单位：质量份

原材料	用量	原材料	用量
LDPE	100	碳酸氢钠	0.5
二氯四氟乙烷	10～20	柠檬酸	0.3
炭黑	1～2	其他助剂	适量

说明：该板材工艺性好，可直接挤出成型，制品强度好，表面质量优良，可用保温隔垫，隔声防噪的板材。

5.聚乙烯发泡天花板

单位：质量份

原材料	通用板材	阻燃板材
LDPE	100	100
$CaCO_3$	120	120
抗氧剂	0.3	0.3
硬脂酸锌	1.0	1.0
偶氮二甲酰胺	4.5	4.5
过氧化二异丙苯	0.6	0.6
硬脂酸	0.3	0.3
三氧化二锑	—	6～8
氯化石蜡	—	3～5
其他助剂	适量	适量

说明：该板材质轻，韧性好，表面质量优良，可用于建筑物天花板。

6.高发泡型聚乙烯天花板材

配方 1

单位：质量份

原材料	用量	原材料	用量
LDPE	100	三碱式硫酸铅	1.5
过氧化二异丙苯	0.75	硬脂酸锌	2.5
轻质碳酸钙	100	炭黑	1.0
偶氮二甲酰胺	8	其他助剂	适量

配方 2

单位：质量份

原材料	用量	原材料	用量
LDPE	90	过氧化二异丙苯	0.75
轻质 $CaCO_3$	110	三碱式硫酸铅	1.5
偶氮二甲酰胺	8	硬脂酸锌	2.5
炭黑	1.0	其他助剂	适量

配方 3

单位：质量份

原材料	用量	原材料	用量
LDPE	80	过氧化二异丙苯	0.8
轻质 $CaCO_3$	120	三碱式硫酸铅	1.5
偶氮二甲酰胺	7.5	硬脂酸锌	2.5
炭黑	1.0	其他助剂	适量

配方 4

单位：质量份

原材料	用量	原材料	用量
LDPE	70	过氧化二异丙苯	0.8
HDPE	5	三碱式硫酸铅	1.5
轻质 $CaCO_3$	120	硬脂酸锌	2.0
偶氮二甲酰胺	8	其他助剂	适量

7. 三聚氰胺甲醛/聚乙烯复合层压板材

单位：质量份

原材料	通用板材	阻燃板材
废旧聚乙烯	100	100
滑石粉	40～60	—
OL-AT1618	1.0～1.5	1～1.5
Ca-St	0.5～1.0	0.5～1.0
$Al(OH)_3$	—	40～60
氯化石蜡 52#	—	3～5
红磷	—	2～3
其他助剂	适量	适量

说明：拉伸强度 64MPa、弯曲强度 80MPa、氧指数 25%、热变形温度 101℃、吸水率 1.5%。

8. 淀粉改性 HDPE 片材

单位：质量份

原材料	用量	原材料	用量
HDPE	100	硬脂酸	3.0
淀粉	30～50	PE-*g*-MAH	5～10
钛酸酯偶联剂	1.0	其他助剂	适量

说明：淀粉改性效果好于 EVA 改性，主要是因为添加了 PE-*g*-MAH 的作用。片材力学性能良好，可用于建材和包装材料。

9. HDPE 耐热片材

配方 1

单位：质量份

原材料	用量	原材料	用量
HDPE	97.5	紫外线吸收剂	0.01～0.1
炭黑	2.5	稳定剂	2.5～5.5
抗老化剂	0.1～1.0	其他助剂	适量
抗氧剂	0.5～1.5		

配方 2

单位：质量份

原材料	用量	原材料	用量
HDPE	87.5	紫外线吸收剂	0.7
炭黑	2.5	稳定剂	4.0
抗老化剂	0.5	其他助剂	适量
抗氧剂	1.0		

配方 3

单位：质量份

原材料	用量	原材料	用量
HDPE	79.5	紫外线吸收剂	0.7
炭黑	2.5	稳定剂	5.0
抗老化剂	0.7	马来酸酐接枝聚烯烃	8.0
抗氧剂	1.2	其他助剂	适量

10. LDPE/HDPE 板材

单位：质量份

原材料	用量	原材料	用量
LDPE	50	硬脂酸	0.5
HDPE	50	抗氧剂 168	1.0
$CaCO_3$	30	加工助剂	1～2
偶联剂(KR-212)	1.0	其他助剂	适量

11. HDPE/PP 板材

单位：质量份

原材料	用量	原材料	用量
HDPE	100	硬脂酸锌	0.8
PP	40	硬脂酸	1.0
玻璃微珠	35	抗氧剂	1.5
PP-*g*-MAH	5.0	其他助剂	适量
偶联剂	0.7		

12. HDPE 板材

单位：质量份

原材料	用量	原材料	用量
HDPE	100	硬脂酸锌	0.5
滑石粉	35	抗氧剂 1010	1.0
偶联剂	0.5	防老剂	1.2
硬脂酸	1.0	其他助剂	适量

13. LLDPE/LDPE 汽车防撞击板材

单位：质量份

原材料	用量	原材料	用量
LLDPE	60	硬脂酸	1.5
LDPE	40	硬脂酸钙	1.2
$CaCO_3$	80	加工助剂	1～2
偶联剂	1.0	其他助剂	适量

14. HDPE 汽车绝缘防腐板材

单位：质量份

原材料	用量	原材料	用量
LDPE	100	AC	8.0
轻质 $CaCO_3$	100	硬脂酸锌	2.5
DCP	0.8	加工助剂	1～2
三碱式硫酸铅	1.5	其他助剂	适量

15. LDPE/HDPE 低发泡板材

单位：质量份

原材料	用量	原材料	用量
LDPE	60	硬脂酸	1.0
HDPE	40	方解石粉	50～70
AC 发泡剂	3～6	偶联剂	1.5
DCP	0.5	加工助剂	1～2
三碱式硫酸铅	1.0	其他助剂	适量

16. LDPE/HDPE 高发泡板材

单位：质量份

原材料	用量	原材料	用量
LDPE	100	硬脂酸锌	4.0
HDPE	80	$CaCO_3$	300
DCP	2.0	偶联剂	1.5
EVA	20	加工助剂	1～2
AC 发泡剂	15～20	其他助剂	适量

17. LDPE 泡沫板材（一）

单位：质量份

原材料	用量	原材料	用量
LDPE	100	$CaCO_3$	150～200
DCP	1.0	偶联剂	1.5
硬脂酸锌	2.0	加工助剂	1～2
发泡剂	15	其他助剂	适量

18. LDPE 泡沫板材（二）

单位：质量份

原材料	用量	原材料	用量
LDPE	100	$CaCO_3$	50～60
DCP	0.8	偶联剂	1.5
三碱式硫酸铅	1.5	炭黑	2.0
硬脂酸锌	1.5	加工助剂	1～2
AC 发泡剂	10	其他助剂	适量

19. LDPE 泡沫板材（三）

单位：质量份

原材料	用量	原材料	用量
LDPE	100	钛白粉	5.0
DCP	0.7	ZnO	0.9
硬脂酸	0.5	抗氧剂	1.0
AC 发泡剂	15	其他助剂	适量

20. LDPE 泡沫板材（四）

单位：质量份

原材料	用量	原材料	用量
LDPE	100	钛白粉	5.0
DCP	0.8	ZnO	3.0
硬脂酸	0.5	加工助剂	1～2
AC 发泡剂	15	其他助剂	适量

21. HDPE/LDPE 泡沫板材

单位：质量份

原材料	用量	原材料	用量
HDPE	50	$CaCO_3$	60
LDPE	50	偶联剂	1.5
DCP	0.5	抗氧剂 168	1.0
硬脂酸锌	0.8	加工助剂	1～2
AC 发泡剂	3.0	其他助剂	适量

22. LDPE 低发泡仿木板材

单位：质量份

原材料	用量	原材料	用量
LDPE	100	硬脂酸锌	1.0
重质 $CaCO_3$	60～80	双叔丁基过氧化异丙苯	0.5
滑石粉	10～20	抗氧剂	1.0
AC 发泡剂	1.0	加工助剂	1～2
偶联剂	1.5	其他助剂	适量

23. HDPE 低发泡仿木板材

单位：质量份

原材料	用量	原材料	用量
HDPE	100	AC 发泡剂	1.0
LDPE	20	DCP	0.5
高岭土	120	硬脂酸锌	0.5
滑石粉	120	硬脂酸	0.5
偶联剂	1.8	其他助剂	适量

二、聚乙烯板材配方与制备工艺

（一）铝塑复合板材

1. 配方[39]

单位：质量份

原材料	配方 1(A3)	配方 2(A4)	配方 3(A5)
聚乙烯(PE)	80	75	70
聚丙烯(PP)	20	25	30
$CaCO_3$	5.0	5.0	5.0
偶联剂	1.0	1.0	1.0
DCP	0.5	0.5	0.5
硬脂酸锌	0.5	0.5	0.5
抗氧剂	1.0	1.0	1.0
加工助剂	1～2	1～2	1～2
其他助剂	适量	适量	适量

2. 制备方法

混合好的 A3 料放入预热的单螺杆挤出机中，温度分别设为 165℃、170℃、175℃、180℃、190℃和 200℃，在 T 型模口出料。所得的料经过一辊区时，同时将高分子黏结膜复合。经过三滚轮时，将铝板复合在芯材上。所得的铝塑复合板经过风冷以后，裁剪到所需要的板材长度。将生产所得的铝塑板按照 GB/T 22412—2008 的要求进行裁剪，裁剪得到的铝塑复合板即为实验所需的板材。图 2-7 是铝塑复合板的生产线。

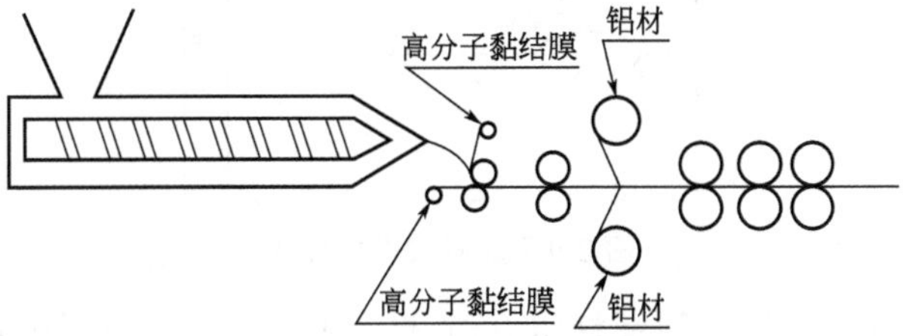

图 2-7 铝塑复合板的生产线

3. 性能

见表 2-54、图 2-8。

表 2-54　三种塑料芯材的力学性能

材料	拉伸强度/MPa	冲击强度/(kJ/m^2)	材料	拉伸强度/MPa	冲击强度/(kJ/m^2)
A3	10.21	43.5	A5	14.22	38.0
A4	12.98	41.3			

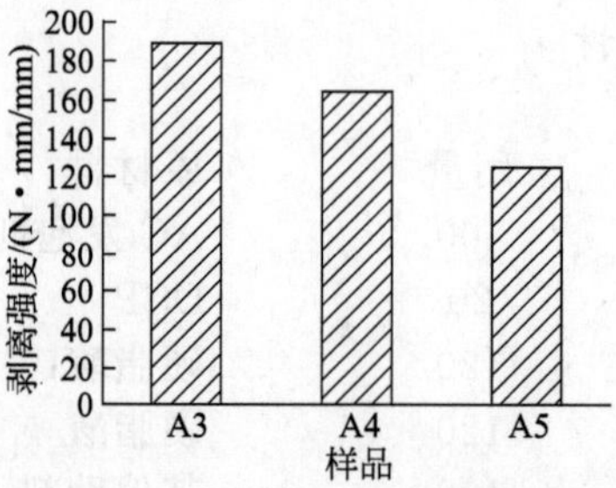

图 2-8　不同铝塑板的剥离强度

(二) 聚乙烯垫板

1. 配方[40]

单位：质量份

原材料	配方 1	配方 2	原材料	配方 1	配方 2
HDPE(5070)	100	100	抗氧剂 168	0.1	0.1
聚烯烃弹性体(POE)	10	10	硬脂酸钙	0.2	0.2
纳米瓷粉	—	10	加工助剂	1～2	1～2
纳米 $CaCO_3$	10	—	其他助剂	适量	适量
抗氧剂 1010	0.2	0.2			

2. 制备方法

(1) 工艺过程　按配方称取 PE-HD，POE 及其他助剂，高速混合后经双螺杆挤出机挤出造粒，然后注塑成如图 2-9 所示的试样，按 GB/T 1039—1992 的规定从 20mm 厚的 PE 垫板实物中制取标准试样（用数控机床把 20mm 厚的 PE 垫板铣成 4mm 厚 PE 薄片，在薄片上用拉伸试样的冲刀取样）。

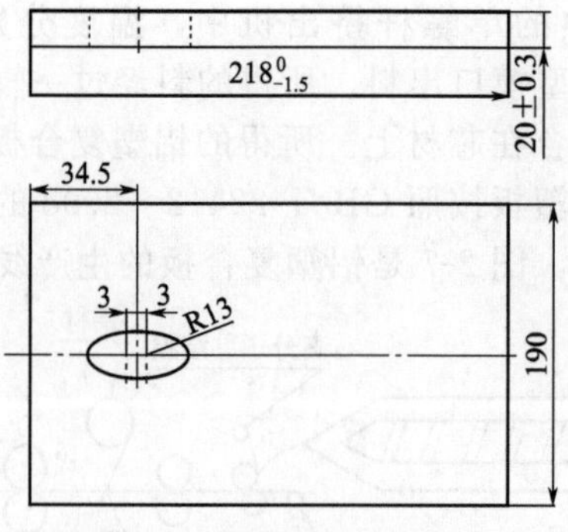

图 2-9　垫板试样的尺寸

(2) 选择工艺条件　采用不同螺杆组合方式（见表 2-55）的同向啮合双螺杆挤出机挤出造粒，经注塑、制样后得到的试样力学性能见表 2-56。

表 2-55　双螺杆挤出机螺杆组合方式

组合方式	加料段	塑化段	剪切段	均化段
1#(加强)	56×56,垫圈 10,96×96D×2,垫圈 10,96×96,72×72,72×36,56×56×3,56×28	30°×7×84,45°×5×56,45°×5×56L,56×56,45°×5×60,45°×5×56,90°×5×56,45°×5×56,72×36L,96×96×2,72×72,56×56×2	30°×7×84,45°×5×56,72×36,56×56,45°×5×56,30°×7×72L,56×56×2	72×36L,96×96×2 和 72×72×3,72×36,56×56×3,蘑菇头
2#(普通)	56×56,垫圈 10,96×96D×2,垫圈 10,96×96,72×72×4,56×56,52×52	45°×5×60,72×72×3,56×56,52×26,45°×5×60,96×96×2,72×72×2,52×52×2,	45°×5×56,72×72×2,56×56,52×52,45°×5×60	72×36L,96×96×2 和 72×72×3,72×36,56×56×3,蘑菇头
3#(增加排气,压实物料)	56×56,垫圈 10,96×96D×2,垫圈 10,96×96,72×72×4,56×56,52×52	45°×5×60,72×72×3,56×56,52×26,45°×5×60,96×96×2,72×72×2,52×52×2	45°×5×56,72×72×2,56×56,52×52,45°×5×60	72×36L,96×96×2 和 72×72×2,56×56×5,蘑菇头

表 2-56　不同螺杆组合方式对 PE 垫板试样力学性能的影响

项　目	组合方式		
	1#	2#	3#
拉伸强度/MPa	18.663	16.340	16.035
	18.520	15.400	15.669
	18.410	16.590	15.717
	19.210	15.950	15.891
断裂伸长率/%	91.50	150.79	683.20
	91.56	160.60	401.00
	98.94	140.86	614.25
	85.62	128.67	382.05
邵尔硬度	63～66	63～66	63～66

(3) 注塑工艺的优化

① 料筒温度　随着料筒温度升高，垫板的拉伸强度降低，断裂伸长率升高，收缩率变大，考虑到垫板较厚，后收缩情况明显，故注塑垫板的温度不宜过高，PE-HD 具有很宽的加工温度（108～220℃），故选用的温度为一段 200℃，二段 195℃，三段 180℃，四段 180℃，五段 160℃。

② 注塑压力与保压压力　随着注塑压力与保压压力的升高，收缩率逐渐降低，制品的密实度增高。但压力过大也会导致制品内应力增加，以致后期垫板翘曲变形严重无法二次机加工，另外，垫板的生产效率也会降低。因此注塑压力设为 90MPa。

③ 模具温度与成型周期　模具温度高，熔体冷却速率慢，制品结晶度高，密度增大，硬度、刚性均有所提高，但对制品收缩率不利；而模具温度低，熔体的冷却速率快，制品的结晶度低，呈现柔韧性，但由此产生的内应力会使收缩率的各向异性明显增加，制品会出现翘曲、扭曲等，对于 PE 垫板的模具温度应保持在 60～70℃。考虑到浇口厚度是垫板的五分之一，不容易迅速结晶，所以注塑成型周期要严格控制在 160s 左右，以弥补因熔体收缩产生的缺料及局部密实度差等缺陷。

3. 性能

见表 2-57。

表 2-57　2 种 PE 垫板配方的力学性能对比

项目	配方 1	配方 2
拉伸强度/MPa	22.4	21.5
	22.1	22.1
	22.4	22.3
	23.0	22.6
	22.0	20.3
断裂伸长率/%	77.7	18.5
	25.4	652.2
	49.3	23.7
	28.4	23.5
	69.9	196.5
邵尔硬度	68～70	68～70

（三）易焊接的 LLDPE 防水板材

1. 配方[41]

单位：质量份

原材料	用量	原材料	用量
线型低密度聚乙烯	90～100	TP-NR(改性顺式 1,4-NR)	2～4
聚乙烯防老化母料	2～5	加工助剂	1～2
SBS	3～5	其他助剂	适量

2. 制备方法

易焊接防水板的生产工艺流程见图 2-10。

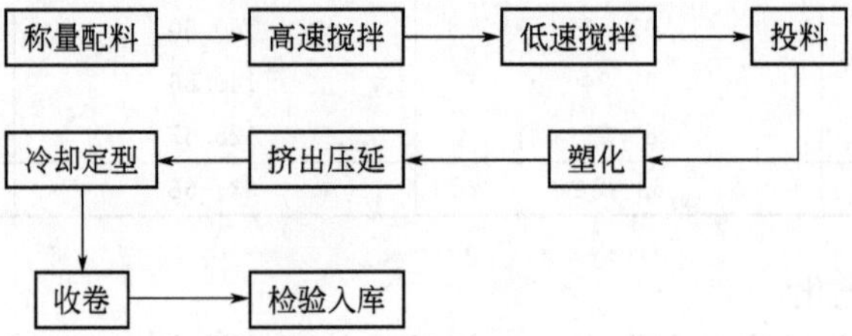

图 2-10　生产工艺流程

3. 性能

焊接防水板和普通防水板的性能比较见表 2-58。

表 2-58　防水板性能比较

项　目	普通防水板	易焊接防水板
同样施工速度时焊接温度/℃	390	305
施工速度/(m/min)	0.8	2.2
纵向断裂拉伸强度/MPa	18.2	17.8
纵向拉断伸长率/%	600	780
横向断裂拉伸强度/MPa	17.4	17.7
横向拉断伸长率/%	645	802
纵向撕裂强度/(kN/m)	70	69
横向撕裂强度/(kN/m)	88	85
低温弯折/℃	无裂纹,合格	无裂纹,合格
焊接剥离强度/(N/mm)	1.7	3.2 或剥离面断裂

（四）废旧塑料/粉煤灰复合模板

1. 配方[42]

单位：质量份

原材料	用量	原材料	用量
废旧 PE 回收料	80	DCP	2.0
废旧 PP 回收料	20	硬脂酸	3.0
粉煤灰(二级)	40	抗氧剂	1.5
分散剂	20	加工助剂	1～2
稳定剂	5.0	其他助剂	适量

2. 制备方法

见图 2-11。

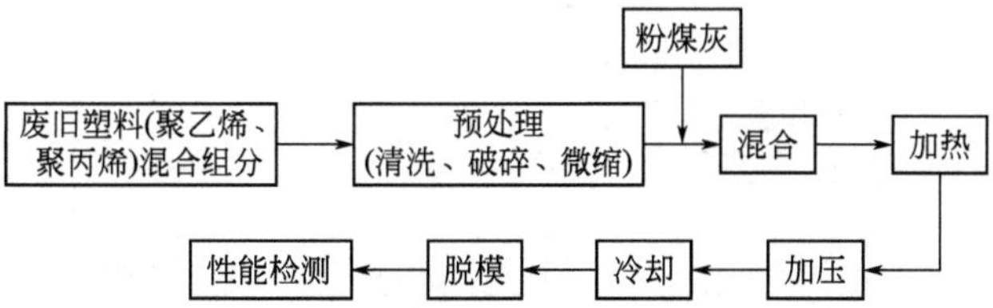

图 2-11　废旧塑料/粉煤灰复合模板工艺流程

3. 性能

由图 2-12 可以明显看出当加热温度为 240℃时，板材的静曲强度、弹性模量和冲击强度都为最佳，综合力学性能最好。

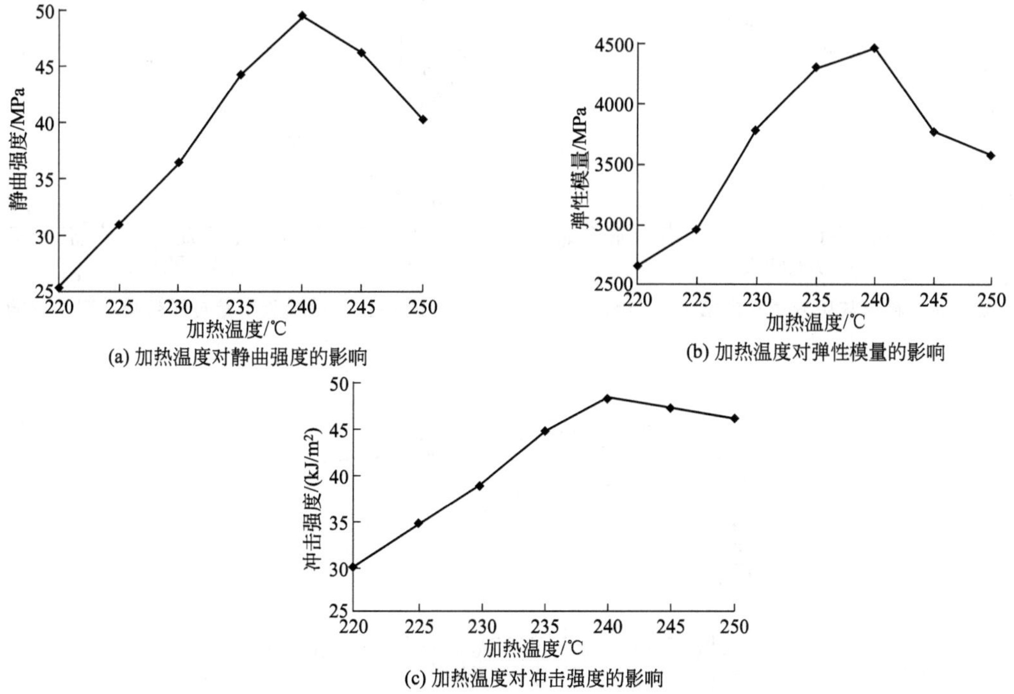

图 2-12　加热温度对复合模板力学性能的影响

（五）废旧塑料/粉煤灰建筑模板

1. 配方[43]

单位：质量份

原材料	用量	原材料	用量
PE 回收料	40	分散剂	2.0
PP 回收料	50	抗氧剂	1.5
PS 回收料	10	硬脂酸	2.0
粉煤灰	30～50	加工助剂	1～2
液状石蜡	1.0	其他助剂	适量

2. 制备方法

见图 2-13。

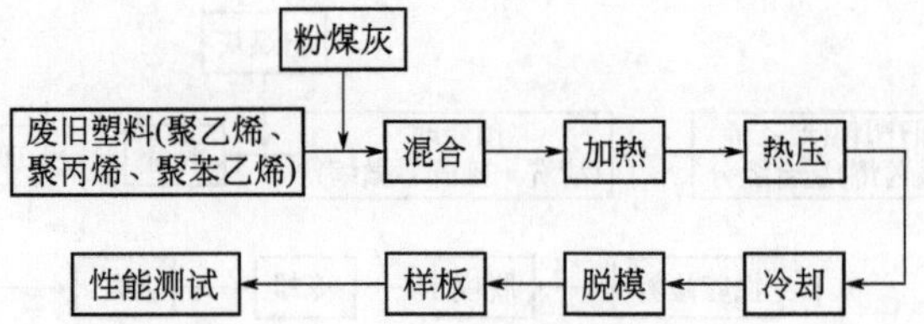

图 2-13 工艺流程

3. 性能

见图 2-14～图 2-16。

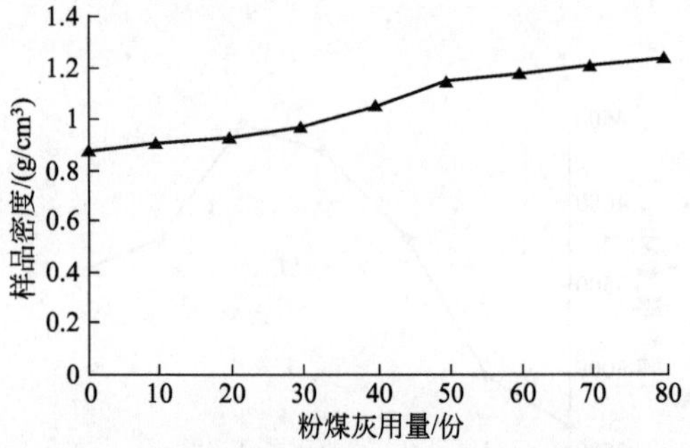

图 2-14 粉煤灰用量对样品密度的影响

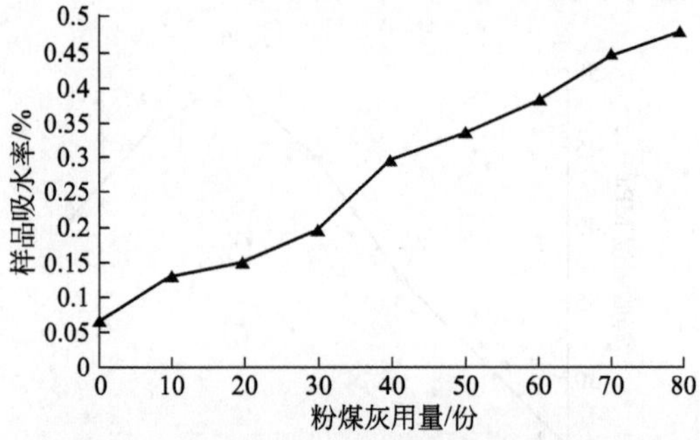

图 2-15 粉煤灰用量对样品吸水率的影响

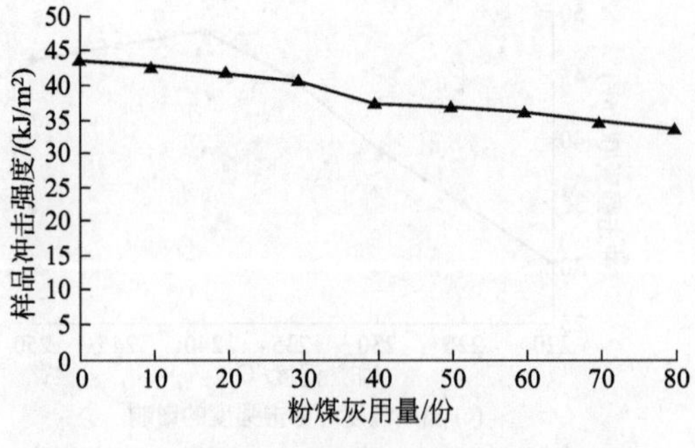

图 2-16 粉煤灰用量对样品冲击强度的影响

（六）UHMWPE 微孔膜空心过滤板

1. 配方[44]

单位：质量份

原材料	用量	原材料	用量
UHMWPE	100	助黏树脂	3～8
石英砂(300 目)	10～15	硅酸盐	3.0
陶瓷粉(300 目)	5～10	五氧化二钒	1.5
硅烷偶联剂(NDZ-605)	1.0	硬脂酸钙(325 目)	1.5
四[β-(3,5′-二叔丁基 4′-羟苯基)丙酸]季戊四酯(1010)	0.15	加工助剂	1～2
		其他助剂	适量

2. 制备方法

按配方称取 UHMWPE、助黏树脂。硅烷偶联剂、抗氧剂及无机粉料，一起装于混料机中，混合 20min 左右后将混合料装填入涂有脱模剂的模具中，合模预压后再装填合模预压，如此反复 3～5 次，每次预压压力为 0.5～1.0MPa，待此过程完成后，将模具加热升温至 (195±5)℃，并将压力升至 2.0～2.5MPa，保温 0.5～1h，然后自然冷却，当冷却至(50±5)℃时释压、出模，最后进行修整刨边、质量检验。

（七）外固定竹塑夹板专用料

1. 配方[45]

单位：质量份

原材料	配方 1	配方 2	配方 3
HDPE	17.0	9.0	11
PP	5.0	10	30
EPDM	78	81	59
抗氧剂	1.0	1.0	1.0
硬脂酸	1.5	1.5	1.5
填料	3.0	4.0	5.0
加工助剂	1～2	1～2	1～2
其他助剂	适量	适量	适量

2. 制备方法

(1) HDPE 改性料制备。

按配方称量投入高速混合机中混合一段时间，待混合均匀后便可出料待用。

(2) 竹塑复合材料制备

根据材料复合的基本原理，对 HDPE 材料进行力学性质改变，经过将改性 HDPE 与所选的竹材料进行结构上的复合，达到部分控制夹板力学性能的目的。

竹塑夹板为热塑性弹性体与天然竹材条复合的材料，由改性高密度聚乙烯（HDPE），内裹竹条注塑成型。为保持透气性，在热塑性弹性体上留有多处孔眼，复合装置呈弧形板壳状，厚 2mm、3mm、3.5mm。竹条采用 3 年生秋后砍伐皖南刚竹（直径 100mm 以上），去根梢，取竹青制条，进行防腐蛀干燥处理，含水率控制在<9%范围内。根据需求竹条截面直径取 1.2～3.5mm 不等，呈帘状排列于热塑弹性体材料内，间距 2mm 或其他尺寸，夹板凹面粘贴 3mm 厚棉毡。

3. 性能

配方 1、2、3 制得产品的拉伸强度分别为 22.14MPa、21.63MPa 和 25.92MPa。

（八）HDPE自粘胶膜防水卷材

1. HDPE 卷材配方[46]

单位：质量份

原材料	用量	原材料	用量
HDPE	100	偶联剂	1.0
弹性体改性剂	20～40	抗氧剂 1010	1.5
耐候专用砂	10～30	加工助剂	1～2
相容剂	1～3	其他助剂	适量

另外再有热熔压敏胶黏剂。

2. 制备方法

见图 2-17。

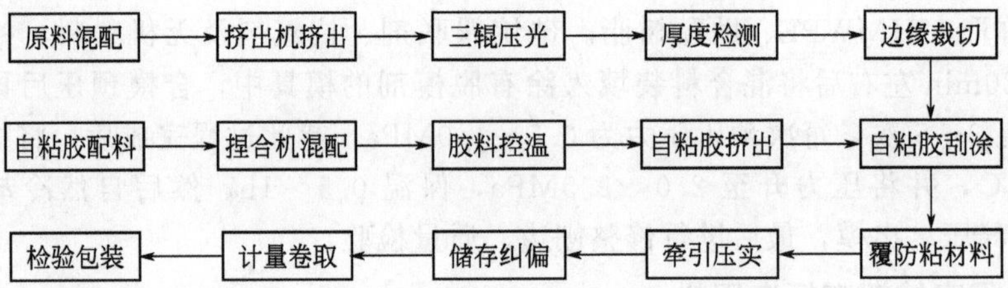

图 2-17　一次性在线涂布复合成型工艺流程

3. 性能

依据GB/T 23457—2009《预铺湿铺防水卷材》对按上述工艺生产的1.2mm厚（HDPE厚度0.9mm＋胶膜厚度0.3mm）高密度聚乙烯自粘胶膜防水卷材进行性能检测，所有项目都达到或超过标准要求。

第四节　聚乙烯电缆电线专用料

一、经典配方

具体配方实例如下[1～7]。

1. 聚乙烯通信电缆料

(1) 基本配方

单位：%（质量分数）

护套料	用量	护套料	用量
LLDPE	≥90	抗铜剂	0.01～0.03
炭黑母粒	7～10	抗氧剂	0.07～0.09
抗氧剂	0.07～0.09	加工助剂	0～3
加工助剂	0～3	改性树脂	0～8
LLDPE	≥90		

其中，炭黑母料依母粒中的炭黑含量而定，保证最终产品中的炭黑含量为（2.6±0.25）%。

(2) XLPE 复合物（用于通信电缆）

单位：%（质量分数）

原材料	用量	原材料	用量
LDPE(MFR＝2g/10min)	96.5	抗氧剂	1
过氧化苯甲酰	2.5		

(3) 半导体复合物

单位：%（质量分数）

原材料	用量	原材料	用量
LDPE(MFR=2g/10min)	47	过氧化物	2.5
EVA(MFR=2～3g/10min)	1	抗氧剂和润滑剂	1
炭黑	4	其他助剂	适量

(4) 半导电性屏蔽用聚乙烯通信电缆料

单位：质量份

原材料	线芯料	绝缘料
LDPE	100	30～50
聚异丁烯 B100	30	40～50
丁基橡胶	—	70
氯化聚乙烯	—	70～100
抗氧剂 DNP	0.5	0.5
交联剂 AD	1～2	—
炭黑	40～50	40～50
硬脂酸	2～4	—
三碱式硫酸铅	—	2～3
二碱式亚磷酸铅	—	2～3
硬脂酸钡	—	0.5～1
硬脂酸钙	—	5～10

(5) 防铜害聚丙烯绝缘配方

单位：质量份

原材料	用量	原材料	用量
聚丙烯	100	防铜害剂(3-氨基-1,2,4-三唑)	0.1～0.5
抗氧剂 1010	0.5	白油	2～3
UV-531	0.2～0.5	其他助剂	适量

(6) 抗静电、阻燃电缆料配方

单位：质量份

原材料	用量	原材料	用量
LDPE	100	亚磷酸酯	1
十溴联苯醚	4	偶联剂 KR-9S	0.5～1
Sb_2O_3	3	润滑剂	3
炭黑	25	其他助剂	适量

说明：上述阻燃级的聚烯烃电缆料可达到 PVC 那样的自熄性，绝缘级电缆料可达 $10^{18}\Omega\cdot cm$ 的电阻率，半导电或屏蔽性电缆可达 $10^{12}\sim10^{14}\Omega\cdot cm$。上述性能完全能满足通信电缆料的要求。

对于半导电或屏蔽性电缆料，除了使用在电缆上外，还广泛应用于计算机机房的地板生产、集成电路块的屏蔽包装袋以及电子器件的防静电周转箱的生产。

2. 聚乙烯电缆护套料

单位：质量份

原材料	用量	原材料	用量
PE 树脂	50	EVA(美国杜邦)	5
抗氧剂 CA	0.1～0.15	硬脂酸锌	0.05
抗氧剂 DLTP	0.05	白油	2～3
炭黑	1.35	其他助剂	适量

说明：性能见表 2-59。

表 2-59　聚乙烯电缆护套料性能

测试项目	各批测试结果		测试项目	各批测试结果	
熔体流动速率/(g/10min)	≤0.3	≤0.5	200℃氧化诱导期/min	≥30	≥30
密度/(g/cm³)	≥0.95	≥0.96	炭黑含量/%	2.6	2.6
断裂伸长率/%	≥510	≥500	炭黑分散度	合格	合格
拉伸强度/MPa	11.76	10.78	体积电阻率/Ω·cm	$\geqslant 1\times10^{16}$	$\geqslant 1\times10^{16}$
低温冲击脆化温度/℃	≤−70	≤−70	介电强度/(kV/mm)	≥20	≥20
耐环境应力开裂性/h	≥24①	≥48②			

① 以 F50 计算，即 10 个试样中 5 个破裂的时间。

② 以 F20 计算，即 10 个试样中 2 个破裂的时间。

PE 电缆料具有密度小、耐低温、电绝缘性能优良等优点，近年发展很快，需求量日趋增大，受到许多电缆厂家的欢迎。

3. 黑色低密度聚乙烯电缆护套料

单位：质量份

原材料	用量	原材料	用量
LDPE	100	炭黑	1～2
抗氧剂	0.1～0.2	其他助剂	适量

说明：性能见表 2-60。

表 2-60　产品性能测试结果

项　目	标　准	检验结果	项　目	标　准	检验结果
熔体流动速率/(g/10min)	≤0.3	0.30	耐环境应力开裂/h	≥48	>48
密度/(g/cm³)	≥0.930	0.930	炭黑含量/%	2.6±0.25	2.52
拉伸强度/MPa	≥13.0	16.0	炭黑分散度	合格	合格
断裂伸长率/%	≥500	610	介电强度/(MV/m)	≥20	30.4
脆化温度/℃	≤−70	−70	体积电阻率/Ω·cm	$\geqslant 1\times10^{16}$	2.0×10^{17}
200℃氧化诱导期/min	≥30	>30			

4. 线型低密度聚乙烯电缆护套料

单位：质量份

原材料	用量	原材料	用量
LLDPE	100	润滑剂	2.5
炭黑	2.0～3.0	其他助剂	适量
抗氧剂	3.0		

说明：性能见表 2-61。

表 2-61　LLDPE 电缆护套的性能

检验项目	标准要求	测试结果	检验项目	标准要求	测试结果
体积电阻率/Ω·m	$\geqslant 1\times10^{14}$	1.2×10^{14}	断裂伸长率/%	≥600	830
介电常数	≤2.8	2.8	200℃氧化诱导期/min	≥30	通过
介电强度/(MV/m)	≥25	34	低温冲击(−76℃)破裂数/个	≤15	0
熔体流动速率/(g/10min)	≤2.0	0.5	炭黑含量/%	2.35～2.85	2.52
密度/(g/cm³)	0.920～0.945	0.930	炭黑分散度/分	≥6	7
拉伸强度/MPa	≥14.0	19.2	耐环境应力开裂(500h)破裂数/个	0	0

5. 黑色线型低密度聚乙烯护套料

单位：质量份

原材料	用量	原材料	用量
LLDPE	70.0	KY-7910	0.51
LDPE	16.0	HSt	0.50
PP	14.0	炭黑母料	5.20
DLTP	0.38	其他助剂	适量

说明：性能见表 2-62。

表 2-62 黑色 LLDPE 护套料性能

测试项目	标准要求	测试结果	测试项目	标准要求	测试结果
熔体流动速率/(g/10min)	≤2.0	1.7	200℃氧化诱导期/min	≥30	>30
密度/(g/cm³)	0.92～0.945	0.94	炭黑含量/%	2.6±0.25	2.55
拉伸强度/MPa	≥14.0	20.5	炭黑分散度/分	≥6	8
断裂伸长率/%	≥600	720	介电强度/(MV/m)	≥25	32
低温冲击脆化温度/℃	≤−76	<−76	体积电阻率/Ω·m	$\geqslant 1\times10^{14}$	2×10^{14}
耐环境应力开裂/h	≥500	>500	介电常数	≤2.8	2.65

6. HDPE 阻燃电缆料

单位：质量份

原材料	用量	原材料	用量
HDPE	100	炭黑	25～30
CPE	18～20	复合稳定剂	2～3
磷溴复合阻燃剂	14～16	其他助剂	适量
无机阻燃剂	8～10		

说明：阻燃型 HDPE 电缆料氧指数为 26.7%；垂直燃烧为 FV-0 级；拉伸强度为 19.1MPa；伸长率为 380%；冲击强度为 346J/m。

7. LLDPE/LDPE/(E/VAc)/$Mg(OH)_2$ 无卤阻燃电缆料

单位：质量份

原材料	用量	原材料	用量
LLDPE	80	微胶囊化红磷	8～10
LDPE	20	抗氧剂和表面活性剂	适量
E/VAc	30	其他助剂	适量
$Mg(OH)_2$	70～80		

说明：在配比为 80∶20∶30 的 LLDPE/LDPE/(E/VAc) 体系中，加入适量的 $Mg(OH)_2$ 为主阻燃剂，微胶囊化红磷为辅阻燃剂，制得的电缆料阻燃性好。若 $Mg(OH)_2$ 经偶联剂改性处理后，则不仅能改善材料的力学性能，而且可使阻燃性能有所提高。随 $Mg(OH)_2$ 用量的增多和粒径微细化，材料的阻燃性能有所提高，但其用量应有一定范围，否则材料的阻燃性能虽好，但力学性能、加工性能将明显下降。本配方与其他牌号产品性能对比见表 2-63。

表 2-63 LLDPE/LDPE/(E/VAc)/$Mg(OH)_2$ 无卤阻燃电缆料的性能

项 目	无卤阻燃电缆料	RM—E1850①	项 目	无卤阻燃电缆料	RM—E1850①
拉伸强度/MPa	10.6	>10.0	垂直燃烧	FV—0 级	FV—0 级
断裂伸长率/%	285	>300	烟密度(D_m)	200	<150
拉伸强度保持率/%	95	95～105	pH 值	5.2	>3.5
伸长率保持率/%	92	95～105	体积电阻率/Ω·cm	1.3×10^{15}	1.5×10^{15}
氧指数/%	31	>30	介质损耗角正切	1.8×10^{-3}	$<5\times10^{-3}$

① 日本产品牌号。

8. HDPE/LLDPE 共混电缆料

单位：质量份

原材料	用量	原材料	用量
抗氧剂	0.2～0.3	PE 蜡	0.25
辅抗氧剂	0.05～0.10	$ZnSt_2$	0.05
抗铜剂	0.05～0.10	其他助剂	0.1
有机硅丙烯酸酯	0.01		

说明：性能见表 2-64。

表 2-64 HDPE/LLDPE 共混电缆料的性能指标

项目			指标			HDPE/LLDPE
			DJN	LDJ	NGJ	
熔体流动速率/(g/10min)			≤0.4	≤1.0	≤0.4	0.5
密度/(g/cm^3)			0.920～0.945	0.920～0.945	0.945～0.978	0.950
拉伸强度/MPa			≥13.0	≥14.0	≥20.0	19.7
拉伸屈服强度/MPa			—	—	≥16.0	17.8
断裂伸长率/%			≥500	≥600	≥650	835
低温冲击脆化温度/℃			≤−76	≤−76	≤−76	−97
耐环境应力开裂/h			≥96	≥500	≥500	623
200℃氧化诱导期/min			—	—	—	729
维卡软化点/℃			—	—	≥110	260
空气烘箱老化	拉伸强度/MPa		≥12.0	≥13.0	≥20.0	25.0
	断裂伸长率/%		≥400	≥500	≥650	670
	低温断裂伸长率/%		—	—	≥175	219
人工气候老化	老化时间:0～1008h	拉伸强度变化率/%	±25	±25	±25	±17
		断裂伸长率变化率/%	±25	±25	±25	±21
	老化时间:504～1008h	拉伸强度变化率/%	±15	±15	±15	±13
		断裂伸长率变化率/%	±15	±15	±15	±12
耐热应力开裂/h			—	—	≥96	126
介电强度/(MV/m)			≥25	≥25	≥35	38
体积电阻率/Ω·m			≥1×10^{14}	≥1×10^{14}	≥1×10^{14}	1.3×10^{14}
介电常数			—	—	≤2.45	2.20
介质损耗角正切			—	—	≤0.001	3.9×10^{-1}

9. 硅烷交联聚乙烯（XLPE）电缆料

单位：质量份

原材料	用量	原材料	用量
LDPE	100	抗氧剂 1010	0.1～1.0
接枝剂(乙烯基三乙氧基硅烷)	2～3	催化剂	0.25
DCP	0.1	其他助剂	适量

说明：性能见表 2-65。

表 2-65 硅烷 XLPE 料的性能

指标性能＼材料	日本 XF 800(T)	本电缆料
密度/(g/cm^3)	0.923	0.930
熔体流动速率/(g/10min)	0.7	0.9

续表

指标性能 \ 材料	日本 XF 800(T)	本电缆料
拉伸强度/MPa	22	18
断裂伸长率/%	400	400
热延伸(200℃,0.2MPa,15min)/%	—	80
凝胶率/%	80	75
介电常数	2.3	2.3
介电损耗角正切	4×10^{-4}	5×10^{-4}
体积电阻率/Ω·m	1×10^{14}	5×10^{14}
介电强度/(MV/m)	—	30

电线厂应用结果表明，硅烷交联聚乙烯电缆料用现有的挤出加工热塑性材料的设备即可生产，而且其加工性能和电缆表面质量良好。

10. 硅烷交联聚乙烯电力电缆绝缘料

单位：质量份

原材料	用量	原材料	用量
LDPE	85	DCP	适量
LLDPE	15	抗氧剂	适量
硅烷	2	其他助剂	适量

说明：性能见表 2-66。

表 2-66 硅烷交联 PE 电缆绝缘料性能

项目		技术指标	测量值
拉伸强度/MPa		≥13.5	16.2
断裂伸长率/%		≥350	474
低温冲击脆化温度(−76℃),失效数		≤15/30	0/30
空气热老化(135℃,168h)	拉伸强度最大变化率/%	±20	−7
	断裂伸长率最大变化率/%	±20	−12
热延伸(200℃,15min,0.2MPa)	断裂伸长率/%	≤100	58
	冷却永久变形率/%	≥5	0
交联度/%		≥63.0	66.4
介质损耗角正切(1kV,50Hz,20℃)		$\leqslant1.0\times10^{-3}$	2.0×10^{-4}
介电常数(50Hz,20℃)		≤2.35	2.21
介电强度/(MV/m)		≥25	44
体积电阻率(1kV,20℃)/Ω·m		$\geqslant1.0\times10^{14}$	1.4×10^{15}

11. 电线电缆用 HDPE 护套料

单位：质量份

原材料	用量	原材料	用量
HDPE(TR144)	70	抗氧剂	适量
HDPE(6084)	30	润滑剂	适量
高耐磨炭黑	3	其他助剂	适量

说明：性能见表 2-67。

表 2-67　HDPE 护套料的性能指标及实测值

项　目	指　标	实测值	项　目	指　标	实测值
熔体流动速率/(g/10min)	≤0.5	0.136	氧化诱导期/min	≥30	37
密度/(g/cm^3)	0.950～0.978	0.953	炭黑质量分数/%	2.60±0.25	2.62
断裂拉伸强度/MPa	≥20.0	26.2	炭黑分散度/分	≥6	8
屈服拉伸强度/MPa	≥16.0	23.1	维卡软化温度/℃	≥110	120
断裂伸长率/%	≥500	785	介电强度/(MV/m)	≥25	33.8
低温断裂伸长率/%	≥175	358	介电常数	≤2.75	2.35
冲击脆化温度/℃	≤−76	<−76	体积电阻率/Ω·m	$\geq 1\times10^{14}$	3.48×10^{14}
ESCR/h	≥500	>500	介质损耗角正切	≤0.0050	0.0008

12. HDPE 电缆护套料

单位：质量份

原材料	用量	原材料	用量
HDPE	100	抗氧剂	0.5
炭黑母料 TX-10	0.2～0.4	稳定剂	1～2
EVA	15～20	其他助剂	适量

说明：由于添加了 15 份 EVA，电缆料的力学性能得到改善，满足国家标准要求。添加了 2.5 份炭黑和 0.5 份抗氧剂及 1.5 份稳定剂使电缆料老化性能明显提高，耐久性和使用寿命延长。

13. 硅烷交联 PE 电缆绝缘料

单位：质量份

原材料	用量	原材料	用量
LDPE	100	阻聚剂	0.01～0.1
硅烷	3～4	催化剂	0.1
抗氧剂	0.5～1.0	其他助剂	适量
DCP	0.1		

14. 阻燃绝缘 PE 电缆

单位：质量份

原材料	用量	原材料	用量
聚乙烯	100	三氧化二锑	4
十溴联苯醚	3～5	白油	2～3
六溴环十二烷	7	其他助剂	适量

说明：该电缆绝缘、阻燃性能优良，且加工方便，可满足有关标准要求，已广泛应用。

15. 交联绝缘级聚乙烯电缆专用料

单位：质量份

原材料	绝缘级				护层级	
	1	2	3	4	1	2
低密度聚乙烯(MI1.5)	100	100	100	100	100	100
交联剂 DCP	2	2	—	—	2	2
交联剂 AD	—	—	2	2	—	—
抗氧剂 1010	—	—	—	—	0.2	0.2
抗氧剂 DNP	0.5	—	0.5	—	—	—
抗氧剂 RD	—	—	—	0.5	—	—
助抗氧剂 DSTP	—	—	—	—	0.4	0.4
抗氧剂 300	—	0.5	—	—	—	—
热裂炭黑	—	—	—	—	80	80
其他助剂	适量	适量	适量	适量	适量	适量

16. 辐射交联绝缘级聚乙烯电缆料

单位：质量份

原材料	1	2	3
低密度聚乙烯	100	100	100
抗氧剂 DNP	1	1	1
氯化石蜡	—	15	10
三氧化二锑	—	15	10
二碱式亚磷酸铅	—	3	3
高耐磨炭黑	—	2.5	—
其他助剂	适量	适量	适量

17. 聚乙烯护套料

单位：质量份

原材料	用量	原材料	用量
PE 树脂	100	硬脂酸锌	0.1
炭黑	2.7	白油	适量
EVA	100	加工助剂	1～2
抗氧剂 CA	0.2～0.3	其他助剂	适量
抗氧剂 DITP	0.1		

说明： 性能见表 2-68。

表 2-68　聚乙烯护套料的性能

项　　目	性能指标	项　　目	性能指标
熔体流动速率/(g/10min)	≤0.3	200℃氧化诱导期/min	≥30
密度/(g/cm³)	≥0.95	炭黑/%	2.6
断裂伸长率/%	≥510	炭黑分散度	合格
拉伸强度/MPa	11.76	体积电阻率/Ω·cm	1×10^{16}
脆化温度(低温冲击)/℃	≤−70	击穿强度/(kV/mm)	20
耐环境应力开裂性/h	≥24		

注：以 F50 计算，即 10 个试样中 5 个破裂的时间。

18. 过氧化物交联 LDPE 电缆护套料

单位：质量份

原材料	用量	原材料	用量
LDPE-104BR	100	ZnO	0.3
DCP	0.6～3.0	硬脂酸锌	0.5～1
抗氧剂 1010	0.5	硬脂酸	适量
炭黑	6	其他助剂	适量

说明： 该电缆护套料的拉伸强度为 8.4～9.2MPa，断裂伸长率为 400%～500%，凝胶合金为 30%～50%，体积电阻率 4.0×10^{15}～7.6×10^{15}Ω·cm，介电常数 2.3～2.9，热老化保持率为 50%～65%左右。

19. 无卤阻燃 LDPE 电缆料

单位：质量份

原材料	用量	原材料	用量
LDPE/EVA	100	硬脂酸钡	4.8
精细化 ATH	80	聚磷酸铵	9.5
硼酸锌	8.0	加工助剂	1～2
有机硅	5.0	其他助剂	适量

说明：聚乙烯电缆料具有优越的介电性能、化学稳定性、无毒、抗腐蚀、价格低廉，加入阻燃剂后，其氧指数达23%～28%。具有优良的阻燃特性。主要用作电缆料、制备汽车、船舶、海上采油平台等众多现代化设施上使用的电缆。

20. 硅烷交联填充 $Al(OH)_3$ 的阻燃电缆料

单位：质量份

原材料	用量	原材料	用量
LDPE	100	抗氧剂 1010	0.1
$Al(OH)_3$	20～100	炭黑	2.0
硅烷	2.5	加工助剂	0.5
DCP	0.2	二月桂酸二丁基锡	0.2
硬脂酸锌	1.5	其他助剂	适量

说明：性能见表 2-69。

表 2-69 不同份数阻燃剂性能的关系

性能 \ $Al(OH)_3$/份	0	20	50	80	100
氧指数/%	17	19	25	28.5	29.5
拉伸强度/MPa	11.5	11.4	11.2	10.9	9.03
伸长率/%	610	580	124	55	53
密度/(g/cm^3)	0.919	0.923	0.936	0.940	0.951
邵尔硬度	46	50	53	57	60
体积电阻率/Ω·m	10^{16}	7×10^{15}	3×10^{15}	1.5×10^{15}	8×10^{13}

21. 硅烷交联添加季戊四醇的阻燃电缆料

单位：质量份

原材料	用量	原材料	用量
LDPE	100	抗氧剂 1010	0.1
季戊四醇	20～40	炭黑	2.0
硅烷	2.5	加工助剂	0.5
绢英粉	20	二月桂酸二丁基锡	0.2
DCP	0.2	其他助剂	适量

说明：性能见表 2-70。

表 2-70 季戊四醇/LDPE 电缆料的性能

性能 \ 季戊四醇/份	0	20	30	40
氧指数/%	17	18	20	21.8
拉伸强度/MPa	11.5	11.6	14.6	15.4
伸长率/%	610	530	364	103
密度/(g/cm^3)	0.919	0.912	0.929	0.935
邵尔硬度	46	48	49	51
体积电阻率/Ω·m	10^{16}	5×10^{15}	3.5×10^{15}	8×10^{14}

22. 聚乙烯阻燃电缆料

单位：质量份

原材料	配方 1	配方 2	配方 3
LDPE	100	—	—
HDPE	—	100	—
LDPE/EVA	—	—	100
$Al(OH)_3$	80	80	80

续表

原材料	配方 1	配方 2	配方 3
硅烷	2.5	2.5	2.5
DCP	0.2	0.2	0.2
抗氧剂 1010	0.1	0.1	0.1
炭黑	2.0	2.0	2.0
加工助剂	0.5	0.5	0.5
二月桂酸二丁基锡	0.2	0.2	0.2

说明：性能见表 2-71。

表 2-71　PE 阻燃电缆料的性能

性能 \ 树脂种类	LDPE	HDPE	LDPE/EVA
氧指数/%	28.5	26	27.5
拉伸强度/MPa	10.9	12.3	7.5
伸长率/%	55	37	148
密度/(g/cm^3)	0.940	0.961	0.927
邵尔硬度	57	59	52
体积电阻率/Ω·m	1.5×10^{14}	2×10^{14}	1×10^{14}

23. PE/$Al(OH)_3$ 阻燃电缆料

单位：质量份

原材料	配方 1	配方 2	配方 3
LDPE	100	—	—
HDPE	—	100	—
LDPE/EVA	—	—	100
$Al(OH)_3$	100	100	100
硅烷	2.5	2.5	2.5
DCP	0.2	0.2	0.2
抗氧剂 1010	0.1	0.1	0.1
炭黑	2	2	2
流动助剂	0.5	0.5	0.5
二月桂酸二丁基锡	0.2	0.2	0.2

说明：性能见表 2-72。

表 2-72　PE/$Al(OH)_3$ 阻燃电缆料性能

项　目	配方 1	配方 2	配方 3	以 30 份的季戊四醇作为阻燃剂比较	
树脂种类	LDPE	HDPE	LDPE/EVA	LDPE	LDPE/EVA
氧指数/%	29.5	27.5	30	20	19.5
拉伸强度/MPa	9.30	10.8	7.32	14.6	8.2
伸长率/%	41	26	136	364	48
密度/(g/cm^3)	0.951	0.967	0.932	0.929	0.923
邵尔硬度	60	62	53	49	48
体积电阻率/Ω·m	8×10^{13}	2×10^{14}	6×10^{13}	3.5×10^{15}	8×10^{14}

24. LDPE/$Al(OH)_3$ 交联阻燃电缆料

单位：质量份

原材料	用量	原材料	用量
LDPE	100	抗氧剂 1010	0.1
$Al(OH)_3$	80	炭黑	2
硅烷	1～5	加工助剂	0.5
DCP	0.2	二月桂酸二丁基锡	0.2
硬脂酸	1.0	其他助剂	适量

说明：性能见表 2-73。

表 2-73　LDPE/$Al(OH)_3$ 交联阻燃电缆料的性能

硅烷量/份	0	1.5	2.5	3.5
氧指数/%	28.5	28	28.5	28.5
拉伸强度/MPa	6.4	10.9	11.2	11.8
伸长率/%	420	56	54	51
密度/(g/cm^3)	0.940	0.941	0.940	0.943
邵尔硬度	56	57	55	57
体积电阻率/Ω·m	9×10^{14}	9.5×10^{14}	1×10^{15}	1.3×10^{15}

25. LDPE/EVA 单和双阻燃剂改性电缆料

单位：质量份

原材料	配方 1	配方 2	配方 3	配方 4
LDPE/EVA	100	100	100	100
$Al(OH)_3$	50	50	50	50
Sb_2O_3	—	10	—	—
MgO	—	—	10	—
ZnO	—	—	—	10
硅烷	2.5	2.5	2.5	2.5
DCP	0.2	0.2	0.2	0.2
抗氧剂 1010	0.1	0.1	0.1	0.1
炭黑	2	2	2	2
加工助剂	0.5	0.5	0.5	0.5
二月桂酸二丁基锡	0.2	0.2	0.2	0.2

说明：性能见表 2-74。

表 2-74　LDPE/EVA 电缆料的性能

编号	1	2	3	4
阻燃剂	$Al(OH)_3$	$Al(OH)_3$ Sb_2O_3	$Al(OH)_3$ MgO	$Al(OH)_3$ ZnO
氧指数/%	24	25.5	26	25
拉伸强度/MPa	11.2	9.15	8.64	9.4
伸长率/%	124	83	110	96
密度/(g/cm^3)	0.936	0.943	0.937	0.942
硬度	54	56	55	55
体积电阻率/Ω·m	1.5×10^{15}	1×10^{15}	1.3×10^{15}	1.2×10^{15}
烟密度	较小	几乎没有	很小	很小

26. 挤出量聚乙烯电缆料

单位：质量份

原材料	用量	原材料	用量
HDPE	75～85	抗铜剂	0.05～0.10
LLDPE	20～30	PE 蜡	0.25
抗氧剂	0.2～0.3	ZnSt(硬脂酸锌)	0.05
辅抗氧剂	0.05～0.10	其他助剂	适量

说明： 性能见表 2-75。

表 2-75　HDPE/LLDPE 共混电缆料的性能指标

项　　目	指　　标			HDPF/LLDPE
	DJN	LDJ	NGJ	
熔体流动速率/(g/10min)	≤0.4	≤1.0	≤0.4	0.5
密度/(g/cm³)	0.920～0.945	0.920～0.945	0.945～0.978	0.950
拉伸强度/MPa	≥13.0	≥14.0	≥20.0	19.7
拉伸屈服强度/MPa			≥16.0	17.8
断裂伸长率/%	≥500	≥600	≥650	835
低温冲击脆化温度/℃	≤－76	≤－76	≤－76	－97
耐环境应力开裂/h	≥96	≥500	≥500	623
200℃氧化诱导期/min				729
维卡软化点/℃			≥110	260
空气烘箱老化				
拉伸强度/MPa	≥12.0	≥13.0	≥20.0	25.0
断裂伸长率/%	≥400	≥500	≥650	670
低温断裂伸长率/%			≥175	219
人工气候老化				
老化时间:0～1008h				
拉伸强度变化率/%	±25	±25	±25	±17
断裂伸长率变化率/%	±25	±25	±25	±21
老化时间:504～1008h				
拉伸强度变化率/%	±15	±15	±15	±13
断裂伸长率变化率/%	±15	±15	±15	±12
耐热应力开裂/h			≥96	126
介电强度/(MV/m)	≥25	≥25	≥35	38
体积电阻率/Ω·m	≥1×10^{14}	≥1×10^{14}	≥1×10^{14}	1.3×10^{14}
介电常数			≤2.45	2.20
介质损耗角正切			≤0.001	3.9×10^{-4}

27. LLDPE 护套料

单位：质量份

原材料	用量	原材料	用量
LLDPE	100	硬脂酸	1.0
炭黑母料	5～12	加工助剂	1～2
抗氧剂	0.5～1.5	其他助剂	适量
DCP	1.0		

说明：该电缆护套料具有优良的力学性能、较高的结晶性、密度高，耐环境应力开裂性强、耐腐蚀、耐老化，是良好的护套料。主要用于通讯电缆护套的制造。

28. LLDPE 电缆绝缘料

单位：质量份

原材料	用量	原材料	用量
LLDPE	100	抗铜剂	0.01～0.1
填料	5～10	硬脂酸	1.2
改性树脂	8.0	加工助剂	1～2
DCP	1.0	其他助剂	适量
抗氧剂	0.5～1.0		

说明：LLDPE 电缆料的优良性能，也具有较高的结晶性。由于密度高，其力学性能和耐环境应力开裂性能更优越，耐磨性和对低分子量填充物的抵抗力更强。

二、聚乙烯电缆电线料配方与制备工艺

（一）自然交联聚乙烯电缆绝缘料

1. 配方[47]

单位：质量份

A料　原材料	用量	B料　原材料	用量
LDPE(2426K)	100	LDPE	100
叔丁基过氧化-3,5,5-三甲基己酸酯(TBDT)	0.12	二月桂酸二丁基锡	2.6
过氧化异丙苯(DCP)	0.1～0.3	氧化锌	3.3
硅烷(UP-171)	2.5	硬脂酸	1.2
抗氧剂 1010	2.7	其他助剂	适量
其他助剂	适量		

2. 制备方法

（1）A 料的组成：将 LDPE 在 80℃的烘箱内干燥 10h，与引发剂 TBPT、硅烷 UP-171、抗氧剂 1010 按一定配比在混合机中混合均匀，备用。

（2）B 料的组成：将低密度聚乙烯、催化剂 DBT-DL、氧化锌等按一定比例混合均匀，备用。

将 A 料和 B 料质量比按 95∶5 混合后用平板硫化机压片，工艺温度控制在 160～180℃，制得交联绝缘材料。

3. 性能

见表 2-76。

表 2-76　自制自然交联绝缘料（B 样品）与北欧化工公司的电缆料（A 样品）的性能对比

测试项目	技术指标(国标)	性能	
		A 样品	B 样品
密度/(g/cm³)	0.922±0.003	0.922	0.923
拉伸强度/MPa	≥17.0	21.12	22.76
断裂伸长率/%	≥420	465	483
拉伸强度变化率/%	≤20	9.36	9.40
断裂伸长率变化率/%	≤20	11.5	10.3
体积电阻率(20℃)/Ω·m	$\geqslant 1\times10^{12}$	1.98×10^{12}	1.88×10^{12}

续表

测试项目	技术指标(国标)	性　能	
		A 样品	B 样品
负荷下伸长率/%	≤80	57.6	55
冷却后永久变形/%	≤5	3.2	3.4
介质损耗角正切(50Hz,20℃)	≤0.0005	0.0003	0.0002
脆化温度/℃	≤−76	−82	−83
熔体流动速率/(g/10min)	2.0±0.2	2.20	2.17

(二)交联聚乙烯抗水树电缆绝缘料

1. 配方[48]

单位：质量份

原材料	用量	原材料	用量
LDPE	100	山梨糖醇	0.6
乙烯-丙烯酸共聚物	1.5	抗氧剂 300	2.8
过氧化二异丙苯交联剂	2.2	加工助剂	1～2
三聚氰酸三烯丙酯(TAC)	1.6	其他助剂	适量

2. 制备方法

(1) 绝缘料的制备　将以上主要原料按不同份数进行混合并编号，在卧式无重力混合机中混炼 20min，然后在双螺杆挤出机中进行造粒，挤出机温度维持在 120℃左右。将粒料经平板硫化设备压片，在 160～180℃保持 20～30min，物料即可完成交联。

(2) 水树培养　按标准水树培养要求，将试样制备好并装入到试验装置内。将试样一端引入电极接通高压，另一端接地。为加快水树生长，每个试样表面可多做几个针孔状通道，便于培养液的流入，培养液可用软酸性溶液，如盐水等。放置 20 天后，将试样用甲基蓝进行染色，切取试样，将其置于高倍偏光电子显微镜下，即可观测到水树生长的具体情况。

3. 性能

见表 2-77。

表 2-77　绝缘料的主要性能

测试项目		技术指标	性　能
密度/(g/cm³)		0.922±0.003	0.923
拉伸强度/MPa		≥17.0	22.46
断裂伸长率/%		≥420	443
凝胶含量/%		≥80	87
135℃/168h	拉伸强度变化率/%	≤20	8.4
	断裂伸长率/%	≤20	9.3
体积电阻率(20℃)/Ω·m		$\geqslant 1\times 10^{12}$	1.98×10^{12}
相对介电常数(50Hz,20℃)		≤0.230	0.186
200℃,0.2MPa,5min	负荷下伸长率/%	≤80	75
	永久变形/%	≤5	3.5
脆化温度/℃		≤−76	−82
熔体流动速率/(g/10min)		2.0±0.2	2.178

（三）耐热 CPE 电缆料

1. 配方[49]

单位：质量份

原材料	用量	原材料	用量
CPE(135B)	100	三烯丙基异氰脲酸酯(TAIC)	5.0
滑石粉	20	硬脂酸钙	2.0
$CaCO_3$	40	硬脂酸钡	1.0
煅烧陶土	20	TOTM(偏苯三酸三辛酯)	20
炭黑	15	加工助剂	1～2
氧化镁	15	其他助剂	适量

2. 制备方法

按配方称料，投入高速混合机中在一定的温度下进行混合，直到均匀后方可排料，再用双螺杆挤出机造粒，待用。

3. 性能

见表 2-78。

表 2-78　耐热氯化聚乙烯线材性能表

性能项目	UL62 要求	成品线材
原始拉伸强度/MPa	⩾8.4	11.2
原始伸长率/%	⩾200	⩾200
136℃×168h 空气箱老化后		
拉伸强度保持率/%	⩾50	101
伸长率保持率/%	⩾50	86
浸油试验(121℃×18h ASTM2# 油浸泡后)		
拉伸强度保持率/%	⩾60	95
伸长率保持率/%	⩾60	110

（1）采用亚星 CPE135B 为骨架材料，研制出的电源线，质量符合美国 UL62 规范要求，成品率极高，产品表面光滑致密，满足了客户对家用电器用线的美观、手感舒适的外观要求。

（2）在配方中加入硬脂酸钙、硬脂酸钡、高活性 MgO 及耐热性良好的 TOTM，大大增加了 CPE 的耐热性能，通过精心配合，胶料的性能满足了耐温 105℃的要求。

（四）低成本 CPE 电缆护套料

1. 配方[50]

单位：质量份

原材料	用量	原材料	用量
CPE(CM352J)	50	$CaCO_3$	10
POE	50	白炭黑	5.0
DCP	3.0	煅烧陶土	45
钙锌稳定剂	1.0	氧化镁	5.0
防老剂 RD	0.5	石蜡橡胶油	17
微晶石蜡	1.5	加工助剂	1～2
TAIC 硫化促进剂	2.8	其他助剂	适量
滑石粉	50		

2. 制备方法

先将 CPE 和 POE 在 70～80℃密炼机中塑炼 2～3min；其次将钙锌稳定剂、防老剂 RD、石蜡基橡胶油等加入混炼 1～2min；最后加入碳酸钙、陶土、白炭黑等混炼 2～3min；胶料成型后排料，将混炼胶在开炼机上薄通 1～2 次，并在摆胶装置上摆胶 2～3 次，滤胶，三辊压延机压延过粉箱后出片。混炼胶存放 8h 后放入密炼机混炼，温度在 100℃以下加 DCP 和 TAIC，混炼 1min 左右排料，开炼机薄通 1～2 次并机摆胶 2～3 次，三辊压延机辗叶，经冷却辊冷却，过粉箱制得成品。

3. 性能

(1) 胶料的物理性能　优化后胶料的物理性能详见表 2-79。

表 2-79　混炼胶性能

项目名称	要求值	实测值
未硫化橡胶		
密度/(g/cm^3)	≤1.4	1.34
门尼黏度[ML(1+4)100℃]	30～50	45
门尼焦烧时间		
t_5(120℃)/min	≤60	35
t_{10}(185℃)/s	20～35	27
t_{90}(185℃)/s	130～260	150
邵尔 A 硬度	60±3	60
硫化橡胶		
拉伸强度/MPa	≥6	7.8
拉断伸长率/%	≥250	452
试片体积电阻率/Ω·m	$\geq 10^{12}$	7.0×10^{12}
永久变形/%	≤25	20

(2) 成品电缆护套性能见表 2-80。

表 2-80　成品电缆护套性能

项目名称	标准要求值	实测值	项目名称	标准要求值	实测值
拉伸强度/MPa	≥5	7.5	拉断伸长率变化率/%	±30	−4.5
拉断伸长率/%	≥200	430	热延伸(200℃,0.2MPa)		
热老化(100℃处理 168h)			载荷下伸长率/%	≤175	10
拉伸强度变化率/%	±30	−3.0	冷却后永久变形/%	≤25	0
拉断伸长率/%	≥250	420	绝缘电阻/MΩ·km	≥300	550

(五) 煤矿电缆用彩色 CPE 护套专用料

1. 配方[51]

单位：质量份

原材料	配方 1	配方 2	配方 3	配方 4
CPE	100	100	100	100
NA-22 硫化剂	4.0	4.0	—	—
促进剂 DPTT	0.5	0.5	—	—
氧化镁	20	—	20	20
氧化铅	—	20	—	—
过氧化二异丙苯(DCP)	—	—	3.5	3.5
异氰脲酸三烯丙酯(TAIC)	—	—	2.0	3.0
白炭黑	5.0	5.0	5.0	5.0

续表

原材料	配方 1	配方 2	配方 3	配方 4
超细滑石粉	5～10	5～10	5～10	5～10
环氧酯软化剂	5.0	5.0	5.0	5.0
Sb_2O_3	20	20	20	20
氯化石蜡	10	10	10	10
加工助剂	1～2	1～2	1～2	1～2
其他助剂	适量	适量	适量	适量

2. 制备方法

首先将粉状 CPE 在 70～90℃开炼机上薄通 4～5 min，混合成胶片，然后转运到密炼机投料口，再与粉状 CPE 混合，投入氯化石蜡、环氧酯、氧化镁，混合 2～3 min 之后，加入部分补强剂和阻燃剂，继续混炼之后加入剩余的配合剂。将物料温度控制在 100～108 ℃为宜，不高于 120℃。混炼温度接近 115℃之后，混炼 2min 排料，然后在开炼机上加入硫化剂。

3. 性能

CPE 护套橡皮性能见表 2-81。

表 2-81 CPE 护套橡皮性能

性能	配方 1	配方 2	配方 3	配方 4
力学性能				
拉伸强度/MPa	13.2	14.5	14.2	13.8
伸长率/%	480	420	520	460
老化性能(75℃,10d)				
老化后拉伸强度变化率/%	−10	−15	−3	−8
老化后伸长率变化率/%	−15	−22	−8	−10
热伸长(200℃,0.2MPa)				
伸长率/%	62	55	48	48
永久变形/%	5	12	5	8
浸油试验(100℃,24h)				
浸油后拉伸强度变化率/%	−21	−15	−8	−13
浸油后伸长率变化率/%	−25	−20	−11	−16

优化后胶料的物理机械性能见表 2-82。

表 2-82 混炼胶性能

项目名称			标准要求	试验结果
未硫化橡胶性能	密度/(g/cm³)		≤1.6	1.53
	门尼黏度[ML(1+4)100℃]		45～65	62
	门尼焦烧时间	t_5(120℃)/min	80～100	85
		t_{10}(175℃)/s	60～180	135
		t_{90}(175℃)/s	600～900	685
硫化橡胶性能	力学性能	拉伸强度/MPa	≥11.0	13.6
		断裂伸长率/%	≥250	480
	热延伸(200℃, 0.2MPa)	载荷下伸长率/%	≤175	30
		永久变形/%	≤25	6
	抗撕试验	抗撕强度中间值/MPa	≥5.0	7.5
	氧指数/%		≥34	36

电缆性能见表 2-83。

表 2-83 成品电缆护套性能

项目名称	标准要求	试验结果
力学性能		
拉伸强度/MPa	≥11.0	12.8
断裂伸长率/%	≥250	480
老化性能(75℃,10 d)		
老化后拉伸强度变化率/%	≥−15	−5.1
老化后断裂伸长率中间值/%	≥250	460
老化后断裂伸长率变化率/%	≥−25	−4.2
浸油试验(100℃,24h)		
浸油后拉伸强度变化率/%	≥−40	−2.5
浸油后断裂伸长率变化率/%	≥−40	−6.3
热延伸(200℃,0.2MPa)		
载荷下伸长率/%	≤175	18
永久变形/%	≤25	3
抗撕试验		
抗撕强度中间值/MPa	≥5.0	7.6
阻燃性能		
单根垂直燃烧试验	通过	通过
负载条件下燃烧试验	通过	通过
成束燃烧试验	通过	通过

（六） CPE 矿用电缆护套专用料

1. 配方[52]

单位：质量份

原材料	用量	原材料	用量
CPE(CM135B)	100	滑石粉	50
DCP	2.5	增塑剂	40
TAIC	4.0	抗氧剂	0.5
MgO	8.0	防老剂	1.0
白炭黑	20	加工助剂	1～2
陶土 2#	25	其他助剂	适量

2. 制备方法

按配比将称量好的各组分材料搅拌后在 80℃开炼机上混炼均匀，取样在 180℃下测定橡胶硫化特性，混炼胶在 170℃平板硫化仪上硫化 20min 成片。试片室温下停放 24h 后按相应国家标准进行性能测试。

3. 性能

试制型号 MYP-0.66/1.14kV 3×50+1×16 电缆外护套，挤出外径合格，表面光滑，断面无气孔，该电缆护套性能见表 2-84。

表 2-84 成品电缆护套性能

检验项目	标准要求	检验结果	
力学性能		开机取样	结束取样
拉伸强度/MPa	≥11.0	12.3	13.2
断裂伸长率/%	≥250	511	498
热老化(75℃,240 h)			
拉伸强度/MPa	—	12.2	12.7
断裂伸长率/%	≥200	443	431
拉伸强度变化率/%	≤±15	−1	−4
断裂伸长率变化率/%	≤±25	−13	−13
浸矿物油(100℃,24 h)			
拉伸强度变化率/%	≤±40	0	−7
断裂伸长率变化率/%	≤±40	−10	−14
热伸长(200℃,0.2MPa)			
载荷下伸长率/%	≤175	0	0
冷却后永久变形/%	≤25	0	0
抗撕强度/(N/mm^2)	≥5.0	8.2	9.0
负载燃烧:续燃时间/s	≤240	—	34
炭化长度/mm	≤150	—	93

（七） CPE/EPDM空调器电线电缆线芯

1. 配方[55]

单位：质量份

原材料	用量	原材料	用量
CPE(CM352L)	65～70	增塑剂 DOP	10～20
EPDM(EP51)	30～35	白蜡油	5.0
硫化剂-DCP	8～12	氧化镁	8.0
助交联剂(TAIC)	3～6	硬脂酸铅	2.0
碳酸钙	40～50	防老剂 RD	0.5
煅烧陶土	30～40	抗氧剂 1010	1.0
滑石粉	50～60	加工助剂	1～2
白炭黑	30～50	其他助剂	适量

2. 制备方法

胶料在密炼机中混炼。根据粉状 CM 加工工艺极佳，可以很快与各种配合剂充分混合，以及 CM 和 EPDM 门尼黏度低的特点，CM/EPDM 并用胶胶料投料量可比一般胶料高 10%～15%，胶料能够迅速、充分混炼均匀。胶料的密炼工艺为：EPDM 塑炼 60～100s 后，先加入补强填充剂、增塑剂、稳定剂、防老剂和助交联剂，再加入 CM，混炼均匀后在 100～105℃下加入硫化剂，混炼胶温度达到 105～110℃后排料。

挤出成型工艺条件为：模具为双口型模具（同时挤出 2 根线芯），模口温度 85～95℃；机头温度 80～90℃，机头压力 21～23MPa；机身温度 55～65℃；蒸汽压力 1.5～1.8MPa；胶料融体温度 85～90℃；线材挤出速度 100～120m/min；硫化管有效长度 48m；螺杆用水冷却。线芯挤出后通过在线火花检测。

3. 胶料及成品性能

硫化胶及成品线芯物理性能见表 2-85，从表 2-85 看出，硫化胶和成品线芯的物理性能均达到国家标准。

表 2-85　硫化胶及成品线芯的物理性能

项　目	硫化胶	成品线芯	标准
拉伸强度/MPa	9.2	7～8	＞5
拉断伸长率/%	420	380～450	＞250
(80±2)℃×168h 热空气老化后			
拉伸强度变化率/%	0	＋3～＋8	－25～＋25
拉断伸长率变化率/%	－2	－15～－10	－25～＋25
(70±1)℃×96h 氧弹老化后			
拉伸强度变化率/%	＋1	－1～＋3	－25～＋25
拉断伸长率变化率/%	0	－4～＋5	－25～＋25

第五节　聚乙烯薄膜

一、经典配方

具体配方实例如下[1～7]。

1. 防雾膜母料

(1) 原材料及配方

单位：质量份

原材料	用量	原材料	用量
LDPE	100	润滑剂	1
LLDPE	10	偶联剂	0.3
防雾剂(3 种)	15	紫外线吸收剂	0.1
分散剂	2	抗氧剂	0.1

(2) 制备方法　母料制备工艺如下。

载体树脂、防雾剂、分散剂、其他助剂→混合机→挤出机→冷却→切粒→防雾母料

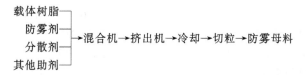

说明：该母料工艺性能好，可采用吹塑法或其他方法制成薄膜，且膜透明度高，在内外温差较大时不会产生雾，水分流漏速度快。可用于大棚膜、食品包装膜、水果蔬菜包装膜等的制造。

2. 无滴防雾膜母料

单位：质量份

原材料	用量	原材料	用量
LDPE	100	聚乙烯蜡	2
Span-20	10	酞菁蓝	0.001
山梨醇双硬脂酸酯	9		

说明：此配方采用两种无滴剂，其协同效应更好，不仅可有效地防止形成雾状膜，提高膜的透明度和阳光照射量，而且还可有效防止聚集水滴形成所谓的“透镜”作用烧伤农作物。该膜表面张力由原来的 3.1×10^{-4}N/cm，提高到 7.2×10^{-4}N/cm，使细小水珠不易凝结，而迅速地从膜上沿边角流掉，不会滴洒在农作物中，从而提高农作物产量。主要用于大棚膜和包装膜等。

3. 无滴大棚膜母料

单位：质量份

原材料	用量	原材料	用量
LDPE	80	戊二酸	3
HDPE	10	聚乙烯蜡	1.5
LLDPE	10	其他助剂	适量
Tween-61	15		

说明： 该母料采用三种聚乙烯共混改性作为复合载体，因此其综合性能较高，其添加后的薄膜力学强度较好，可防水滴形成和保持透明度，对农作物有利。用于较薄的地膜中，其添加量为5份左右。主要用作大棚膜、包装膜和装饰膜等。

4.“双防”（防水滴、防老化）母料

单位：质量份

原材料	用量	原材料	用量
LLDPE	80	抗氧剂DLPP	0.3
HDPE	20	UV-531	0.01
Span	20	颜料	0.001
聚乙烯蜡	2	其他助剂	适量
抗氧剂1010	0.1		

说明： 该母料既防雾滴，又防气候老化，添加该母料的农膜使用寿命较长，而且还具有两个主要特点：一是防止形成雾状膜，影响太阳光线透过，提高（因雾造成）膜透明度；二是防止“透镜”作用烧伤农作物（水滴温度可达30～50℃），或是水滴落下来，损伤农作物小苗。一般常用于聚乙烯或聚氯乙烯薄膜中，制造大棚膜、包装膜和装饰膜等。

5. 降解膜用PE母料

① PE降解膜母料配方

单位：质量份

原材料	用量	原材料	用量
LLDPE	100	硬脂酸+NaSt或$CaSt_2$	2
淀粉（粒径<5μm，H_2O<0.4%）	150	偶联剂	1.5
PE-Para或CPE	20	其他助剂	适量

② 填充LDPE母料配方

单位：质量份

原材料	用量	原材料	用量
LDPE(2F7B，MFR=7g/10min)	100	工业白油	3
$CaCO_3$（<800目）	100	硬脂酸	0.5
OL-T951	1.5	其他助剂	适量

说明： 拉伸强度8.5～13MPa；断裂伸长率100%；弯曲强度20MPa；密度1.4g/cm³。由于此膜用淀粉为亲水型吸水物质，在薄膜老化后期便开始发生降解。在使用期内薄膜性能稳定，保温效果良好。可用于地膜、大棚膜、包装膜和装饰膜等。

6. 聚乙烯薄膜色母料

单位：质量份

原材料	用量	原材料	用量
PE载体树脂	40～60	润滑剂	5～16
着色剂	20～40	其他助剂	适量
分散剂	15～20		

说明：分散性优良，着色均匀度高，优于国外产品。

7.农田无滴母料

配方 1

单位：质量份

原材料	用量	原材料	用量
LDPE	100	聚乙烯蜡	2
Span 无滴剂	10	酞菁蓝	0.01
山梨醇双硬脂酸	9	其他助剂	适量

配方 2

单位：质量份

原材料	用量	原材料	用量
LDPE	80	戊二酸	3
HDPE	10	聚乙烯蜡	1.5
LLDPE	10	其他助剂	适量
Tween-61 无滴剂	15		

配方 3（双防母料）

单位：质量份

原材料	用量	原材料	用量
LLDPE	80	聚乙烯蜡	2.0
HDPE	20	紫外线吸收剂(UV-531)	0.01
Span 无滴剂	20	颜料	0.001
抗氧剂 1010	0.1	其他助剂	适量
抗氧剂 DLPP	0.3		

说明：不管配方 1 两种无滴剂并用，还是配方 2 三种聚乙烯并用，其协同性良好，分散性优良，所制得的薄膜综合性能优良。用配方 3 制得的薄膜耐老化、防雾滴，使用寿命长。

8.超白性薄膜母料

单位：质量份

原材料	用量	原材料	用量
LDPE	80	相容剂	15
EVA	10	HDPE	10
聚乙烯蜡	25～30	钛白粉	50～60
油酸酰胺	10～15	其他助剂	适量

说明：分散性均匀，制膜容易，使用性能优良，可广泛推广。

9.耐老化 PE 防滴薄膜母料

单位：质量份

原材料	用量	原材料	用量
LDPE 载体	100	光调节剂	0.1～0.7
光稳定剂	0.1～1.0	抗氧剂	1.0～2.0
防雾滴剂	10～15	其他助剂	适量

说明：用母料容易吸湿，使用时应首先进行干燥处理，方可使用，其分散性良好，制品综合性能优良。

10. 柑橘保鲜膜色母料

配方 1

单位：质量份

原材料	用量	原材料	用量
聚乙烯载体树脂	40～60	稳定剂	2～3
分散剂	10～20	其他助剂	适量
鲜红	20～30		

配方 2

单位：质量份

原材料	用量	原材料	用量
聚乙烯载体树脂	45～65	稳定剂	2～4
分散剂	15～25	其他助剂	适量
橘红	20～30		

说明：无毒，无味，分散性好，保鲜质量优良，满足包装材料卫生标准要求。

11. 聚乙烯薄膜抗粘连母料

配方 1

单位：质量份

原材料	用量	原材料	用量
LDPE	100	分散剂	5.0
抗粘连剂	30	抗氧剂	0.5～1.5
KH-550 偶联剂	0.1～1.0	其他助剂	适量

配方 2

单位：质量份

原材料	用量	原材料	用量
LLDPE	100	分散剂	5.0
抗粘连剂	30	抗氧剂	1.0
KH-550 偶联剂	0.1～1.0	其他助剂	适量

说明：经测试该母料实现了设计指标要求，使用性能良好，正逐步推广应用。

12. 防雾滴母料

配方 1：黑色母料

单位：质量份

原材料	用量	原材料	用量
LDPE	100	黑色颜料	1.0
表面活性剂(脂肪酸类)	5～8	稳定剂	2.0
载体树脂	20	其他助剂	适量

配方 2：白色母料

单位：质量份

原材料	用量	原材料	用量
LDPE	100	填充剂(轻质 $CaCO_3$)	16～26
防雾滴剂	16～20	稳定剂	2.0
分散剂	5～6	其他助剂	适量

说明：该母料分散性好，制品均匀，防雾滴性优良，已广泛使用。

13. 蔬菜大棚防老化膜

配方 1

单位：质量份

原材料	用量	原材料	用量
LDPE	100	抗氧剂 CA	0.1
UV-327	0.1	抗氧剂 2246	0.2
三嗪-5	0.1	助抗氧剂 DLTP	0.2
BAD	0.05	其他助剂	适量
工业硫黄	0.1		

配方 2

单位：质量份

原材料	用量	原材料	用量
LDPE	100	抗氧剂 2246	0.2
UV-9	0.125	助抗氧剂 DLTP	0.2
UV-327	0.125	工业硫黄	0.1
抗氧剂 CA	0.1	其他助剂	适量

配方 3

单位：质量份

原材料	用量	原材料	用量
LDPE	100	光稳定剂	0.1
UV-327	0.1	助抗氧剂	0.2
BAD	0.1	其他助剂	适量
抗氧剂 1010	0.1		

配方 4

单位：质量份

原材料	用量	原材料	用量
LDPE	100	光稳定剂	0.1
UV-327	0.1	助抗氧剂 DLTP	0.2
UV-531	0.1	其他助剂	适量
抗氧剂 1010	0.1		

说明：该配方工艺性能良好，制品使用性能优良，使用寿命长，已广泛应用。

14. 增强大棚膜

单位：质量份

原材料	用量	原材料	用量
LDPE	50～75	抗氧剂	0.1～0.2
LLDPE	50～25	其他助剂	适量
光稳定剂	0.3～0.5		

说明：该薄膜强度高，抗撕裂，使用寿命长。

15. 防虫害膜

单位：质量份

原材料	用量	原材料	用量
LDPE	100	分散剂	1～2
云母粉	1～5	其他助剂	适量

16. 烟草育秧膜

单位：质量份

原材料	用量	原材料	用量
LDPE	50	防老剂	0.1～1.0
LLDPE	50	抗氧剂	0.5～1.5
碳酸钙保温剂	10～20	加工助剂	1～5
防雾剂	0.5～1.5	其他助剂	适量

17. 聚乙烯无滴大棚膜

单位：质量份

原材料	用量	原材料	用量
LDPE、LLDPE	100	防滑剂	0.4～0.7
无滴剂(3 种)	0.5～1.2	其他助剂	适量

说明：性能见表 2-86。

表 2-86 聚乙烯吹塑薄膜试样的力学性能

项目		普通 PE 膜	无滴 PE 膜		GB/T 4455—2006
			A	B	
拉伸强度/MPa	纵	12.8	20.6	19.3	≥12
	横	13.0	22.8	18.2	
断裂伸长率/%	纵	397	323	436	≥300
	横	425	525	450	
直角撕裂强度/(kN/m)	纵	68.5	92.7	99.6	≥50
	横	64.2	111	99.6	

18. 聚乙烯防雾无滴薄膜

单位：质量份

原材料	用量	原材料	用量
LLDPE	70	无滴母料(含防雾剂)	10
LDPE	15	其他助剂	适量
EVA	5		

说明：性能见表 2-87。

表 2-87 聚乙烯防雾无滴薄膜的物理性能

项目		普通地膜	避蚜地膜
厚度/mm		0.008	0.008
拉伸负荷/N	纵	2.7	2.4
	横	2.3	2.1
断裂伸长率/%	纵	402	386
	横	487	518
直角撕裂强度/(kN/m)	纵	1.5	1.2
	横	2.0	2.0
透光率/%		72	18.5
可见光反射率/%		5.7	31.19

用作大面积农田避蚜地膜。

19. 黑色农用地膜

单位：质量份

原材料	用量	原材料	用量
LDPE(MI=1～3g/10min)	40	黑母料	15
HDPE(MI≤0.1g/10min)	30	其他助剂	适量
LLDPE(MI=1～2g/10min)	16		

说明：黑色农膜不仅具有无色透明膜增温、保温保肥、防止土地板结等优点，而且其最大的特点是几乎不透光，用它来覆盖地面，覆盖面下的杂草会因光照不足而不能生长，直至枯死，所以黑色农膜抑制杂草生长的效果十分显著。因炭黑能够有效地防止紫外光对树脂的光降解作用，因而使黑膜具有优良的防老化性能，能有效地防止薄膜老化。主要用于农田覆盖，防止土壤板结、除去杂草等作用。

20. 苏芸金杆菌/淀粉/聚乙烯共混地膜

(1) 无碳源无机盐-琼脂培养基配方

单位：质量份

原材料	用量	原材料	用量
蒸馏水	1000	$MgSO_4 \cdot 7H_2O$	0.7
NH_4NO_3	1.0	NaCl	0.005
琼脂	20	$ZnSO_4 \cdot 7H_2O$	0.02
KH_2PO_4	0.7	其他助剂	适量

(2) 苏芸金杆菌/淀粉/聚乙烯共混地膜配方

单位：质量份

原材料	用量	原材料	用量
LDPE	100	苏芸金杆菌菌粉	3
淀粉	40	其他助剂	适量

说明：淀粉含量增加，薄膜拉伸强度下降，透光率下降。作为农用地膜，需具备一定的拉伸强度和透光率，故选取淀粉含量40%～50%为最佳。可以用作可降解塑料地膜。

21. EVA/LLDPE三层共挤长效流滴消雾多功能棚膜

单位：质量份

原材料	外层	中层	内层
EVA(MFR=5～0.3g/10min)	45.4	—	—
EVA(MFR=14～0.7g/10min)	—	84.7	71.4
LLDPE(7042)	45.4	—	17.8
防老化母料	4.6	2.6	—
流滴消雾保温母料	1.6	13.7	10.8
其他助剂	适量	适量	适量

说明：性能见表2-88。

表2-88　全EVA膜和LLDPE、EVA共挤长效流滴消雾多功能棚膜农田试验结果

试验号	薄膜类型	LLDPE加入量/质量份		断裂伸长率(纵/横)/%	拉伸强度(纵/横)/MPa	破棚时间	18个月后(纵/横)	
		外层	内层				断裂伸长率/%	拉伸强度/MPa
1	全EVA棚膜	—	—	730/875	23/24	>18个月	530/660	18.2/20.3
2	LLDPE、EVA共挤膜	45.4	—	720/860	22/23	>18个月	525/650	17.9/20.1
3	LLDPE、EVA共挤膜	45.4	13.7	715/860	22/23	>18个月	525/650	17.5/20.0

三层共挤多功能长效流滴消雾膜是一种具有很大开发潜力的高性能棚膜。

22. PE 防雾膜

单位：质量份

原材料	用量	原材料	用量
LDPE	100	防雾母料	8～10
LLDPE	10	其他助剂	适量

说明：这种无滴防雾膜成型工艺好，透明度高，内外温差大时不会生成雾或形成水滴，使用期通常为 3～5 个月。缺点是防雾剂易迁移出来，造成防雾失效。主要用于大棚膜和包装膜等。

23. PE 防老化大棚膜

单位：质量份

原材料	用量	原材料	用量
LDPE(1F7B)	50	抗氧剂(PL-440)	0.15
LLDPE	50	光稳定剂(GW-540)	0.5
光稳定剂(BW-10LD)	0.4	其他助剂	适量

说明：性能见表 2-89。

表 2-89 防老化膜性能

项目		原始值	扣棚 3 个月		扣棚 6 个月		扣棚 8 个月		扣棚 12 个月	
			实测	保留率/%	实测	保留率/%	实测	保留率/%	实测	保留率/%
拉伸强度/MPa	纵	18.1	17.8	98.3	17.7	97.8	17.4	96.1	19.1	105
	横	22.2	18.6	83.8	17.4	78.4	16.0	72.1	16.3	73.4
断裂伸长率/%	纵	620	620	100	550	88.7	550	88.7	558.5	90.1
	横	710	718	101	630	88.7	610	90.1	556.5	78.4

采用 BW-10LD，PL-440 防老化体系，厚度 0.1mm 的 PE 大棚膜实际田间应用一年后棚完好无损。

24. 防雾防老化大棚膜（一）

单位：质量份

原材料	配方 1	配方 2	原材料	配方 1	配方 2
LDPE(23DOB)	75	75	PL-440	—	0.18
LLDPE(0209AA)	25	25	7P-3	0.18	—
BW-10LD	0.42	0.42	7P-4	—	1.5
PL-10	10	—	其他助剂	适量	适量

说明：性能见表 2-90。

表 2-90 防雾防老化大棚膜的性能

项目		原始值	扣棚 8 个月		扣棚 12 个月		防老化体系及用量	防雾滴剂及用量	膜厚/mm
			实测	保留率/%	实测	保留率/%			
拉伸强度/MPa	纵	22.3	20.2	90.6	19.6	87.9	BW-10LD 0.42 份 PL-10 0.18 份	7P-3 1.2 份	0.08
	横	22.0	20.8	94.5	21.0	95.5			
断裂伸长率/%	纵	440	462.5	105	503.5	114			
	横	640	618	96.6	529	82.7			

续表

项目		原始值	扣棚 8 个月		扣棚 12 个月		防老化体系及用量	防雾滴剂及用量	膜厚/mm
			实测	保留率/%	实测	保留率/%			
拉伸强度/MPa	纵	23.7	18.9	79.7	20.2	85.2	BW-10LD 0.42 份 PL-440 0.18 份	7P-4 1.5 份	0.10
	横	23.5	20.5	85.9	19.6	83.4			
断裂伸长率/%	纵	610	595	97.5	561.0	91.96			
	横	680	714	105	618.5	90.95			

主要用作农用大棚膜。

25. 防雾防老化大棚膜（二）

单位：质量份

原材料	配方 1	配方 2	配方 3
LDPE(1IZA-1)	75	75	75
LLDPE(6209AA)	25	25	25
BW-10LD	0.42	0.42	0.42
PL-440	0.18	—	0.18
PL-10	—	0.18	—
防雾滴剂(1#、2#、3#)	1.5(1#)	1.2(2#)	1.5(3#)
其他助剂	适量	适量	适量

说明：性能见表 2-91。

表 2-91 防雾防老化大棚膜的性能

项目	膜中助剂含量	项目		原始性能	老化 8 个月		老化 1 年	
					实测	保留率/%	实测	保留率/%
配方 1	BW-10LD 0.42 份 PL-440 0.18 份 防雾滴剂 1# 1.5 份	拉伸强度/MPa	纵	18.1	18.8	103.8	19.9	109.9
			横	18.4	18.1	98.4	20.7	112.5
		断裂伸长率/%	纵	580.5	501.5	86.4	581	100
			横	651	565.0	86.8	709.0	108.9
配方 2	BW-10LD 0.42 份 PL-10 0.18 份 防雾滴剂 2# 1.2 份	拉伸强度/MPa	纵	18.4	18.7	101.6	18.4	100
			横	18.5	19.6	105.9	19.1	103.2
		断裂伸长率/%	纵	541.5	513.0	94.7	512.5	94.6
			横	681.5	625.0	91.7	625.5	91.8
配方 3	BW-10LD 0.42 份 PL-440 0.18 份 防雾滴剂 3# 1.5 份	拉伸强度/MPa	纵	17.8	18.1	101.7	17.6	99.4
			横	17.7	17.8	100.5	17.6	99.4
		断裂伸长率/%	纵	529.5	496.5	93.8	502.5	94.9
			横	666.9	575.5	86.3	634.5	95.1

主要用作大棚膜。

26. PE 无滴大棚膜

(1) 母料配方

单位：质量份

原材料	用量	原材料	用量
PE	100	载体	1
防雾滴剂	2～3		

（2）PE 无滴膜配方

单位：质量份

原材料	用量	原材料	用量
PEC(LDPE 和 LLDPE)	100	其他助剂	适量
防雾滴剂	10～15		

说明： 加入防雾滴剂的薄膜的无滴有效时间为 520h，而未加防雾滴剂的薄膜，无滴有效时间仅为 300h。PE 无滴膜密度小、覆盖面积大，可使农作物增产，在制造时应注意：母料的用量必须适当，如太少，在吹膜时与树脂混合不均匀，易使农膜局部没有防雾滴效果，母料用量太大，提高了成本，且较难成膜；防雾滴剂用量不能太低，要在 2%以上；有的棚膜生产厂家为满足用户提高覆盖面积的要求，生产厚度为 0.1mm 以下的大棚膜，这种膜不仅保温性差，无滴效果也不持久，与 PVC 无滴膜相比（一般都在 0.12mm 以上），在性能上差距很大，因此 PE 无滴膜的厚度也应保持在 0.12mm 左右。

27. 农用大棚膜

单位：质量份

原材料	配方 1	配方 2	配方 3
光稳定剂	0.25(944 型)	0.32(6911 型)	0.40(622 型)
B215	0.08	0.08	0.08
树脂 (LDPE∶LLDPE)	100 (2∶1)	100 (2∶1)	100 (2∶1)
流滴剂	1.3	1.3	1.3
填料	1	1	1
其他助剂	适量	适量	适量

说明： 在实际应用中，6911 型光稳定剂对于棚膜骨架处因“背板效应”而发生断裂的现象具有明显的防止效果，因此，应扩大 6911 型光稳定剂的应用，并加强数据的采集和整理工作。

28. PE 转光膜

单位：质量份

原材料	对照膜	试验膜 1	试验膜 2
LLDPE+LDPE	100	100	100
功能性改性母料	12	12	12
转日光型高光效荧光母料	—	2	2
红橙色色母料	—	—	0.75
其他助剂	适量	适量	适量

说明： 性能见表 2-92。

表 2-92 转光膜的力学性能

项目	检测结果		
	对照膜	试验膜 1	试验膜 2
拉伸强度(纵/横)/MPa	23/24	23/23	25/24
断裂伸长率(纵/横)/%	650/720	680/720	670/740
直角撕裂强度(纵/横)/(N/mm)	100/110	100/110	100/110

农用转光膜能明显促进农作物的光合作用，提高农作物的品质，促进农作物增产增收。

29. LDPE/玻璃粉薄膜

单位：质量份

原材料	用量	原材料	用量
LDPE	100	偶联剂	适量
玻璃粉(或白云母粉)	4～16	其他助剂	适量

说明：向 LDPE 中添加玻璃粉或云白母粉都能有效地降低薄膜的红外线透过率，且都因为两者分子内 Si—O 键对红外线吸收的结果。玻璃粉为非晶体，其对 6.8～13.7μm 范围的红外线平均吸收率要高于单斜晶体白云母。LDPE 膜的红外线透过率随添加玻璃粉或白云母粉量的增加而降低，当添加量超过 12 份时降低值不再明显。此外，LDPE 膜的可见光透过率随添加玻璃粉或白云母粉的增加而降低，但因玻璃粉的折射率和 LDPE 的相近，对薄膜的可见光透过率更为有利。主要用于保温膜。

30. PE 防老化膜

① LDPE 防老化膜

单位：质量份

原材料	用量	原材料	用量
LDPE(1F7B)	100	硫黄	0.1
紫外线吸收剂(UV-327)	0.11	抗氧剂(2246)	0.2
紫外线吸收剂(三嗪)	0.11	抗氧剂(DLTP)	0.2
BAD	0.05	其他助剂	适量
CA	0.1		

② HDPE 防老化膜

单位：质量份

原材料	用量	原材料	用量
HDPE(GD 7760)	100	炭黑	1
防老剂	0.5	其他助剂	适量
促进剂	0.2		

③ 双防膜

单位：质量份

原材料	用量	原材料	用量
LDPE	60	山梨糖醇单油酸酯	0.7
LLDPE	10	超细白炭黑	0.4
UV-531	0.3	其他助剂	适量
抗氧剂(2002)	0.3		

④ 奶膜

单位：质量份

原材料	用量	原材料	用量
LDPE	100	硬脂酸单甘油酯	0.3
AD(2,5-二甲基-2,5-双乙烷)	1	其他助剂	适量

31. 鲜奶包装 PE 黑白膜

三层共挤薄膜：

一层（印刷层)：LLDPE∶LDPE∶白母料（50∶40∶10)

二层（中间层)：LLDPE∶LDPE∶白母料（60∶30∶10)

三层（热封层)：LLDPE∶LDPE∶黑母料（50∶38∶12)

说明：此膜黑白度均匀，热封性能优良，可进行加热粘接，且表面可印刷性良好，还可进行 139～142℃的消毒，是食品包装用的良好材料。主要用于牛奶包装，还可用于食品、饮料等的包装。

32. PE 室温膜

单位：质量份

原材料	用量	原材料	用量
LDPE(MFR=10.3g/10min)	40	抗氧剂(B 900)	0.075
LLDPE(MFR=1.0g/min)	30	润滑剂	0.1
EVA(14/0.7)	30	其他助剂	适量
光稳定剂(UV-3346)	0.23		

说明：薄膜厚度为 0.1～0.12mm，使用期为 16 个月。可用于室温膜、大棚膜和装饰膜等。

33. LDPE 银色条纹地膜

单位：质量份

原材料	黑色地膜	红色地膜	原材料	黑色地膜	红色地膜
LDPE(2F3B)	100	100	PE 蜡	1.4	1.4
LLDPE(2020L)	40	40	黑色通用母粒	6	—
填充母料	20	20	其他助剂	适量	适量
大红色母粒	—	2.8			

说明：红色和黑色两种银纹地膜或悬挂于田间的银纹带，对害虫有很好的忌避与驱赶效果，对防治虫害或由害虫传播的植物病毒也有防治效果。把银纹和黄色自粘薄膜的忌避、诱杀作用用于露地作物和大棚温室植株的病虫害防治，将给蔬菜、瓜果、花卉、烟叶、棉花的无农药生产带来很好的经济效益和社会效益。

34. PE 高强度超薄液体包装膜

配方 1

单位：质量份

内层原材料	用量	中层原材料	用量	外层原材料	用量	三层厚度比
LLDPE	30	HDPE	50	LDPE	40	
LDPE	60	LLDPE	40	LLDPE	40	
其他助剂	10	白母料	10		60	4∶3∶3

配方 2

单位：质量份

内层原材料	用量	中层原材料	用量	外层原材料	用量	三层厚度比
LDPE	30	HDPE	50	LDPE	40	
LLDPE	60	LLDPE	40	LLDPE	59.95	4∶3∶3
其他助剂	10	白母料	9.95	增容剂	0.05	
		增容剂	0.05			

配方 3

单位：质量份

内层原材料	用量	中层原材料	用量	外层原材料	用量	三层厚度比
LDPE	30	HDPE	50	LDPE	40	3∶5∶2
LLDPE	60	LLDPE	40	LLDPE	59.95	3∶5∶2
其他助剂	10	白母料	9.95	增容剂	0.05	3∶5∶2
		增容剂	0.05			

说明：基本挤出温度（计量段）为 175～185℃，随着加工温度的提高，薄膜的力学性能和表面光泽略有改进，但当温度高于 190℃时，膜泡零线不稳定且产生摆动，影响薄膜厚度的均匀性，所以应以 185℃为最高温度界限。薄膜性能比较见表 2-93。

表 2-93 经共混及增容改性和一般包装膜的性能比较

项目		改性	一般
拉伸强度/MPa	横向	24	≥17
	纵向	27	≥17
断裂伸长率/%	横向	681	400
	纵向	550	400
直角撕裂强度/(kN/m)	横向	131	80
	纵向	96	80

可用于牛奶、调味品、饮料等液体的软包装等。

35. 导电聚乙烯薄膜

单位：kg

原材料	用量	原材料	用量
LDPE	60	CB	24
LLDPE	40	复合助剂	1.2

说明：复合助剂可提高材料的力学性能、加工性能及制品外观质量，尤其是增加了物料的流动性，这对确定吹膜工艺很重要。

36. 压延薄膜

单位：质量份

原材料	配方 1	配方 2
低密度聚乙烯	100	100
EVA	—	15～25
助抗氧剂 DLTP	0.1～0.5	—
硬脂酸锌	0.3～0.5	—
硬脂酸或脂肪酸铅	—	0.8
偶氮二甲酰胺	—	1.5～3
氧化锌	—	1.5
润滑剂	0.3～0.7	—
交联剂 DCP	—	0.5

37. 吹塑薄膜

单位：质量份

原材料	大棚膜	重包装膜	防滑膜	EVA 膜
低密度聚乙烯	50～75	50～80	100	—
线型低密度聚乙烯	50～25	50～20	—	—
破碎剂	—	—	1～4	—
填充剂	—	—	15～30	—
硬脂酸锌	—	—	1～1.5	—
白油	—	—	1～1.5	—
EVA(VA5%～20%,MI 为 1～5g/10min)	—	—	—	100
聚烷基醚多元醇(防粘剂)	—	—	—	0.1～3
多元醇脂肪酸衍生物(防雾剂)	—	—	—	
其他助剂	适量	适量	适量	适量

二、聚乙烯热收缩膜

1. 配方[53]

单位：质量份

原材料	配方 1	配方 2	原材料	配方 1	配方 2
LDPE	100	100	加工助剂	1～2	1～2
LLDPE	10	—	其他助剂	适量	适量
HDPE	—	8			

2. 制备方法

按配比混合物料。利用 PE 热收缩膜吹膜机组制备试样，挤出机螺杆直径 65mm，长径比 32，螺杆转速 80r/min，机筒温度 190～205℃，机头座温度 200℃，机头体温度 195℃，模口温度 190℃。

3. 性能

见表 2-94～表 2-98。

表 2-94　原料配方对 PE 热收缩膜物理机械性能的影响

试样	拉伸强度/MPa		断裂伸长率/%		收缩率/%		透光率/%
	纵向	横向	纵向	横向	纵向	横向	
A	22	19	270	680	70	15	92
B	19	16	210	630	70	2	85

表 2-95　机组运行牵伸比对 PE 热收缩膜物理机械性能的影响

牵伸比	拉伸强度/MPa		断裂伸长率/%		收缩率/%		透光率/%
	纵向	横向	纵向	横向	纵向	横向	
1.5	21	18	262	678	65	14	89
2	22	19	270	680	70	15	92
3	24	21	286	682	77	18	94

表 2-96　模具吹胀比对 PE 热收缩膜物理机械性能的影响

吹胀比	拉伸强度/MPa		断裂伸长率/%		收缩率/%		透光率/%
	纵向	横向	纵向	横向	纵向	横向	
1.5	21	19	268	681	72	8	91
2	22	19	270	680	70	15	92
3	21	20	269	680	67	21	94

表 2-97　挤出机工艺温度对 PE 热收缩膜物理机械性能的影响

温度/℃	拉伸强度/MPa		断裂伸长率/%		收缩率/%	
	纵向	横向	纵向	横向	纵向	横向
180,185,190	23	21	272	681	68	13
190,195,200	23	20	271	682	70	15
200,205,210	23	22	274	680	73	18

表 2-98　膜泡冷却时间对 PE 热收缩膜物理性能的影响

冷却时间/s	收缩率/%		透光率/%
	纵向	横向	
5	71	15	92
10	68	13	89
15	65	11	87

第六节 聚乙烯泡沫塑料

一、经典配方

具体配方实例如下[1~7]。

1. LLDPE泡沫塑料

单位：质量份

原材料	用量	原材料	用量
LLDPE	100	ZnO	2～3
过氧化二异丙苯	0.8～1.0	其他助剂	适量
偶氮二甲酰胺	4～5		

说明：选用合适型号的国产LLDPE在不加任何改性剂的情况下完全可以发泡，而且其力学性能与相同配方下的LDPE发泡材料相比有较大提高，可作为鞋底材料推广应用，这为LLDPE的用途开拓了新的途径。发泡体系的配方中，AC与DCP的最佳比例为5∶1，100份的LLDPE主料中以DCP的加入量0.8～1.0份，AC的加入量4～5份为宜。

2. 高发泡PE保温材料

单位：质量份

原材料	用量	原材料	用量
LDPE	100	主阻燃剂(FR-10)	8
发泡剂(AC)	25	辅助阻燃剂(CL-10)	4
交联剂(DCP)	0.5	阻燃协效剂(Sd_2O_3)	10
催化剂(ZnO)	1.5	其他助剂	适量

说明：高发泡聚乙烯保温材料是国际上趋于广泛应用的一种新型泡沫材料，仅日本一年的需求量就达$1.5\times10^6m^3$。它密度小，柔性好、耐老化、富有弹性，且化学性能稳定，具有极低的吸收性和较小的导热性，耐低温，加阻燃剂后耐燃烧性好、烟密度低、毒性小。

它用于冷冻保温，可防止结露，节约能耗，使用寿命长；它的应用使防水、保温层结构简化，方便施工，提高效率。已作为良好的保温材料在火车车厢、汽车顶棚、舰船船舱、暖通空调、冷藏车船、冷库、野外考察房、建筑涵洞等方面取得了较好的应用效果。

但由于受聚乙烯泡沫塑料使用温度的限制（－40～70℃），目前仅能用于冷冻保温及一般非高温性保温。若能与其他耐高温保温材料复合使用，使其应用范围扩大到高温保温领域，其应用前景将十分广阔。

3. 改性聚乙烯泡沫拖鞋

单位：质量份

原材料	用量	原材料	用量
LDPE	100	交联剂(DCP)	0.8～1.2
EVA	30	三碱式硫酸铅	适量
顺丁橡胶	15	润滑剂	适量
发泡剂(AC)	适量	其他助剂	适量
氧化锌	适量		

说明：该配方材料拉伸强度1.3MPa，邵尔A硬度50，屈挠次数4万次，密度$0.3g/cm^3$。

4. 聚乙烯挤出发泡专用料

单位：质量份

原材料	用量	原材料	用量
PE	100	硬脂酸铅	1.0
TiO_2 成核剂	3.0	EVA	5.0
发泡剂 A	3.0	填料	3.0
交联剂	0.02	其他助剂	适量

说明：制造成本低、工艺简便、泡沫质量良好，可广泛应用。

5. 珍珠棉-聚乙烯泡沫塑料

单位：质量份

原材料	用量	原材料	用量
LDPE	100	硬脂酸铅	1.0
单醇酯	6.0～10	滑石粉	0.5～3.0
丁烷	2.0～5.0	其他助剂	适量

说明：所制得的泡沫塑料性能优良，用途广泛。如厚度 0.5～1.0mm 的 PE 泡沫可用于玻璃器皿、精密仪器和易碎品的包装。3.0～5.0mm 的泡沫塑料可用于电子元器件和高档家具制品的包装，也可用这种泡沫塑料制备木地板、箱包、垫片等。5.0～125mm 的泡沫塑料可用作电脑包装。亦可制备各种运动垫子和水上漂浮物等。

6. LDPE 彩色低发泡塑料

单位：质量份

原材料	用量	原材料	用量
LDPE	100	分散剂	5～15
复合发泡剂	15～25	加工助剂	1～3
着色剂	20～50	其他助剂	适量

说明：拉伸强度 9.6～15.7MPa（纵向）、6.0～16.8MPa（横向）；断裂伸长率 110%～300%（纵向）、30%～61%（横向）；直角撕裂强度 30～89kN/m（纵向）、65～97kN/m（横向）；着色强度 100%，密度 0.6g/cm^3。

7. 聚乙烯泡沫塑料救生衣芯材

单位：质量份

原材料	配方 1	配方 2
LDPE	100	100
过氧化二异丙苯	0.8	1.0
偶氮二甲酰胺	18	20
三碱式硫酸铅	3.5	4.0
分散剂	5.0	4.0
其他助剂	适量	适量

说明：制备工艺简便、生产成本低、制品质量优良，可广泛应用。

8. 聚乙烯泡沫塑料游泳圈

单位：质量份

原材料	用量	原材料	用量
LDPE	100	硬脂酸锌	2.5
轻质 $CaCO_3$	10～15	抗氧剂	0.15
过氧化二异丙苯	1.0	紫外线吸收剂	0.1
偶氮二甲酰胺	15～25	其他助剂	适量
三碱式硫酸铅	5.0		

说明：工艺简便、生产成本低、制品质量良好，可大批量生产。

9. 可直接挤出的聚乙烯泡沫塑料器材、板材、棒材

单位：质量份

原材料	用量	原材料	用量
LDPE	100	硬脂酸锌	2.0～3.0
二氟二氯乙烯	10～20	润滑剂	0.2
碳酸氢钠	2.0	其他助剂	适量

说明：工艺简便可行、生产效率高、制品质量好，可广泛应用。

10. PE 低发泡挤出专用料

单位：质量份

原材料	配方 1	配方 2	原材料	配方 1	配方 2
LDPE	100	—	氧化锌	0.2～0.5	—
HDPE	—	100	凡士林	—	0.1
碳酸氢钠	—	5	矿物油	0.1	—
偶氮二甲酰胺	0.5～1.0	—	其他助剂	适量	适量

说明：该专用料制备简便、工艺性好、适用产品范围广，建议推广应用。

11. 聚乙烯泡沫塑料注射专用料

单位：质量份

原材料	电器安装座产品	线用芯产品
LDPE	80	70
HDPE	20	—
聚丙烯	30	80
偶氮二甲酰胺	1.0	2.0
轻质 $CaCO_3$	30～50	40～60
分散剂	2.0	3.0
润滑剂	1.0	1.0
其他助剂	适量	适量

说明：该配方工艺简便可靠、生产成本低、制品性能好，可批量生产。

12. 聚乙烯泡沫塑料制品

单位：质量份

原材料	卷材	坐垫	原材料	卷材	坐垫
LDPE	100	100	硬脂酸钡	—	1.5
EVA	—	20	硬脂酸	—	1.5
偶氮二甲酰胺	15	5～10	硬脂酸锌	1.0	—
过氧化二异丙苯	0.6	1.0	氧化锌	3.0	—
三碱式硫酸铅	—	3.0	其他助剂	适量	适量

说明：该配方工艺简便、生产成本低，可采用挤出发泡成型、生产效率高，建议推广应用。

13. 聚乙烯仿木泡沫塑料

单位：质量份

原材料	配方 1	配方 2	配方 3	配方 4	配方 5	配方 6
LDPE	25	—	15	25	25	35
HDPE	—	25	—	—	—	—
重质 $CaCO_3$	65	—	—	—	—	—
轻质 $CaCO_3$	—	—	75	60	60	55
高岭土(陶土)	—	60	—	—	—	—
滑石粉	10	15	10	15	25	10

续表

原材料	配方1	配方2	配方3	配方4	配方5	配方6
偶氮二甲酰胺	1.5	1.0	1.0	1.5	1.5	1.0
硬脂酸锌	1.0	0.5	1.0	0.5	1.5	2.0
过氧化异丙苯	1.0	0.6	0.5	1.0	0.5	0.8
其他助剂	适量	适量	适量	适量	适量	适量

说明：该配方工艺性好、性价比合理，所制仿木产品接近天然木材，建议推广应用。

14.聚乙烯泡沫塑料鞋底

单位：质量份

原材料	凉鞋底	布鞋底	拖鞋底
LDPE	70～80	70～80	70～80
EVA	20～30	25～30	20～30
过氧化二异丙苯	0.8～1.0	0.8～1.0	0.5～1.0
偶氮二甲酰胺	3.5～4.0	3.0～4.5	3.0～5.0
三碱式硫酸铅	1.0～1.5	1.0～1.5	1.0～1.5
硬脂酸钡	0.5～0.8	0.5～1.0	0.5～1.5
硬脂酸(石蜡)	1.0～1.5	1.0～1.5	1.0～1.2
轻质 $CaCO_3$	5～10	3～10	5～10
其他助剂	适量	适量	适量

说明：该配方配置合理、工艺性良好、生产成本低、产品质量好、耐磨性优良，建议推广应用。

15.聚乙烯泡沫人造革

单位：质量份

原材料	面层	发泡层Ⅰ	发泡层Ⅱ
LDPE	100	100	100
EVA	—	15～35	15～25
硬脂酸锌	0.3～0.5	—	—
硬脂酸铅	—	0.5	0.8
氧化锌	—	1.5～3.0	1.5
助抗氧剂 DLTP	0.1～0.5	—	—
润滑剂	0.3～0.7	—	—
偶氮二甲酰胺	—	2.0～3.5	1.5～3.0
邻苯二甲酸二仲辛酯	—	2.4～3.5	—
其他助剂	适量	适量	适量

说明：该配方设计合理、性价比好、产品质量良好、生产效率高，建议推广应用。

16.聚乙烯泡沫塑料网

单位：质量份

原材料	用量	原材料	用量
LDPE	100	聚丁二烯/苯乙烯胶乳	10
碳酸氢钠	8.0	其他助剂	适量

说明：该配方设计合理、工艺简便、生产效率较高，建议推广应用。

17.聚乙烯高发泡卷材

单位：质量份

原材料	用量	原材料	用量
LDPE	100	ZnO	3.0
AC	15	ZnSt	1.0
DCP	0.6	其他助剂	适量

说明：该配方设计合理、工艺性良好、制品质量亦佳，建议推广应用。

二、聚乙烯泡沫塑料配方与制备工艺

（一）辐射交联聚乙烯发泡材料

1. 配方[54]

单位：质量份

原材料	用量	原材料	用量
LDPE	100	敏化剂	1～3
EVA	20～30	聚乙烯蜡	2.0
AC 发泡剂	10	其他助剂	适量

2. 制备方法

将低密度聚乙烯在 120℃开炼机上开炼融化，约 3min 后加入 EVA 树脂开炼与之混合均匀，约 2min 后加入敏化剂与聚乙烯蜡开炼使之充分混合，约 2min 后再加入 AC 发泡剂，经过反复打倒三角的方式使混合物塑化均匀，大约 3min 后出片；将出好的片放入 150mm×150mm 的框型模具中，在 120℃平板硫化机上热压熔融，经过 5min 左右加卸压、排气达到平衡后，在大约 10MPa 压力的冷压机上冷却成型 2min 后取出；将压好的片用电子加速器进行辐射，剂量为 55～100kGy；将辐射好的片材放入发泡炉中进行发泡，预热段设置 160℃，发泡段设置 210℃，发泡过程大约 8min；将发泡好的 IXPE 发泡材料冷却后进行性能测试。

3. 性能

见表 2-99～表 2-101。

表 2-99　不同熔体流动速率的聚乙烯在不同辐射剂量下发泡倍率（B）的变化

序号	剂量/kGy	$B(MI_1)$	$B(MI_2)$	$B(MI_3)$	$B(MI_4)$
1	55	21.3	20.5(粘网)	不能发	不能发
2	70	20.2	21.8	20.8(粘网)	不能发
3	85	18.4	20.4	22.3	17.9(粘网)
4	100	15.7	17.1	18.8	20.5

由表 2-99 可以看出：MI_3＝1.8g/10min 的聚乙烯（18D）在辐射剂量为 85kGy 时得到了实验的最高倍率 22.3 倍。由表 2-100 可以看出：MI_1＝0.3g/10min 的聚乙烯（FB3003）具有较大的拉伸强度，但倍率稍低；MI_4＝2.8g/10min 的聚乙烯（2102TN00）拉伸强度相对较小；而 MI_2＝0.8g/10min 的聚乙烯（2426F）和 MI_3＝1.8g/10min 的聚乙烯（18D）具有相对较好的拉伸强度、伸长率和倍率，且 MI_3＝1.8g/10min 的聚乙烯（18D）比 MI_2＝0.8g/10min 的聚乙烯（2426F）具有更优越的性能。综合考虑发泡倍率、力学性能、辐射剂量和加工难易，选择熔体指数（MI）在 1.5～2.0g/10min 的 LDPE 较为合适。

表 2-100　不同熔体流动速率的聚乙烯在不同辐射剂量下拉伸强度和伸长率的变化

序号	剂量/kGy	MI_1		MI_2		MI_3		MI_4	
		拉伸强度/MPa	伸长率/%	拉伸强度/MPa	伸长率/%	拉伸强度/MPa	伸长率/%	拉伸强度/MPa	伸长率/%
1	55	0.36	210	0.32	198	—	—	—	—
2	70	0.48	192	0.47	170	0.45	200	—	—
3	85	0.61	178	0.53	162	0.51	183	0.25	185
4	100	0.66	152	0.62	153	0.58	170	0.29	165

表 2-101 敏化剂用量对发泡材料表观的影响

序号	敏化剂用量/%	0	0.5	1	1.5	2	3
1	发泡剂分解温度/℃	190	180	160	155	145	135
2	发泡材料表观情况	表面很粗，手感不好	表面稍粗	表面细腻	表面很细腻，手感好	整体泡孔粗	整体泡孔粗，且有大孔产生

由表 2-101 可看出，敏化剂用量在 1.5%左右时可以获得表面和手感较好的发泡材料。原因是敏化剂含量太低时发泡剂分解所需温度较高，材料泡孔较大，表面粗糙；敏化剂含量较高时发泡剂分解所需温度较低，挤出时片材已经微分解，侧面产生了针孔，发泡自然泡孔较大，且有并泡大泡孔产生。

（二）改性 LDPE 泡沫塑料

1. 配方[1~7]

单位：质量份

原材料	用量	原材料	用量
LDPE	70	ZnO	3.0
EVA	30	硬脂酸	1.5
DCP	1.5	加工助剂	1～2
AC 发泡剂	5.0	其他助剂	适量

2. 制备方法

① 将 100 份 LDPE 加入双辊开炼机（辊温为 110℃），熔化后加入适当比例的 EVA（或 EPDM）混匀（5min），然后依次加入 DCP（1 份），AC（5.5 份），ZnO（3 份），SA（1.5 份），混匀后（10min）下片。将适量料片加到预热的模具中，于平板硫化机上 170℃下加压至 8MPa，保压 15min，去压发泡。

② 在上述条件下，加入 LDPE/EVA（100/30）混匀，加入不同量的 ATH 及其它助剂，混匀下片，模压发泡。

3. 性能

LDPE 发泡材料性能见表 2-102。

表 2-102 LDPE 发泡材料的性能

性能	模压时间/min				
	10	15	18	24	30
密度/(g/cm^3)	0.589	0.087	0.085	0.083	0.075
硬度(邵尔 A)	—	26	26	25	25
冲击回弹/%	—	39.28	32.77	35.92	39.07
压缩永久变形/%	—	25	43.75	43.75	40.63

注：LDPE/EVA(100/30)，模压温度为 170℃。

LDPE 发泡塑料具有优异的物理、化学和力学性能。它强韧，挠曲性好，耐磨耗，有优异的电绝缘性、隔热性和耐化学性，被广泛地用于包装、化工、建筑等。

（三）LDPE/EVA 泡沫保温材料

1. 配方[1~7]

单位：质量份

原材料	用量	原材料	用量
LDPE	100	硬脂酸	1.5
EVA	30	抗氧剂	1.2
DCP	1.0	加工助剂	1～2
AC 发泡剂	5.5	其他助剂	适量
ZnO	3.0		

2. 制备方法

将100份（质量份，下同）LDPE加入双辊开炼机中（辊温为110℃），熔化后加入适当比例的EVA及EPDM开炼均匀（5min），然后依次加入DCP（1.0份）、AC（5.5份）、ZnO（3.0份）、SA（1.5份），开炼均匀后（10min）下片。将适量料片加到预热的模具中，置于平板硫化机上，在170℃下，加压至8MPa，保压15min，卸压发泡。

3. 性能

发泡材料性能见表2-103所示。

表2-103 模压温度对发泡材料性能的影响

性能	模压温度/℃			
	160	170	180	190
密度/(g/cm³)	0.570	0.087	0.079	0.076
邵尔A硬度		26	27	26
冲击回弹性/%		38.28	38.92	39.07
压缩永久变形/%		25.00	43.75	40.63

注：模压时间为15min。

广泛用于包装、化工、建筑等领域。

（四）活性轻质 $CaCO_3$ 填充PE泡沫塑料

1. 配方[1~7]

单位：质量份

原材料	用量	原材料	用量
LDPE	100	偶联剂	0.8
EVA	40	硬脂酸	0.5
AC发泡剂	3.5	ZnO	1.5
$CaCO_3$	20～40	加工助剂	1～2
DCP交联剂	1.2	其他助剂	适量

2. 制备方法

将配料先在10L高速混合机中混合，再在小双辊开炼机上开炼、拉片，经计量后放入45t油压机中模塑发泡成型，再经过切片，制成标准试样。

按配方称量各组分（DCP除外），依次加入高速混合机，启动高速混合机约8～10min，通过高速混合产生的摩擦热将活性轻质 $CaCO_3$、AC发泡剂、ZnO助发泡剂等粉料均匀地黏合在LDPE、EVA粒料上，料温约90～100℃时即可出料。

将混合均匀的物料经计量倒在已经预热的小双辊开炼机上进行开炼3～5min，再均匀地倒入交联剂DCP，继续开炼4～5min，物料完全塑化、混匀即可出片。开炼温度：前辊110～115℃，后辊100～110℃。

将开炼好的片材经称量放入压机模具中，经加热、加压，使PE片材在模具中熔融、交联、发泡，稍经冷却即可出模冷却定型。模压工艺：模压压力16～18MPa，模压温度170～180℃，模压时间10min，出模温度160℃。

轻质 $CaCO_3$ 活性处理　先将轻质 $CaCO_3$ 在100～120℃条件下干燥3～4h，再按轻质 $CaCO_3$∶钛酸酯偶联剂为100∶2的比例进行计量，分别倒入高速混合机，在100～110℃高速混合5～6min，使偶联剂均匀地包覆在 $CaCO_3$ 颗粒表面，出料温度约90～100℃，待用。

3. 性能

PE发泡性能见表2-104所示。

发泡聚乙烯（PE）制品具有密度轻、弹性好、良好的隔音、隔热作用等性能，已广泛用于车辆制造、密封材料、制鞋材料、建筑材料等行业。

表 2-104　活性轻质 $CaCO_3$ 填充发泡 PE 的性能

性能	试验编号						
	0	1	2	3	4	5	6
拉伸强度/MPa	1.8	2.2	2.3	2.4	2.6	2.7	2.9
断裂伸长率/%	130.3	135.1	141.9	150.3	139.2	121.2	117.4
邵尔硬度	29.3	28.5	27.3	26.9	281	30.1	32.3
密度/(g/cm^3)	0.131	0.131	0.132	0.133	0.134	0.136	0.139

（五） $CaCO_3$ 填充 HDPE 泡沫塑料

1. 配方

单位：质量份

原材料	用量	原材料	用量
HDPE	100	超细 $CaCO_3$	0～80
偶氮二甲酰胺(发泡剂)	0.6	抗氧剂 1010	0.5
过氧化二异丙苯(交联剂)	0.1	润滑剂 SA	1.0
低分子量二烯类聚合物(处理剂)	适量	加工助剂	1～2
轻质 $CaCO_3$	0～80	其他助剂	适量

2. 制备方法

(1) $CaCO_3$ 的处理　将 $CaCO_3$ 置入高速混合机中，按 $CaCO_3$/处理剂为 40/1.1 质量比加入表面处理剂，高速混合 5min，出料备用。

(2) 试样的制备　将 HDPE 在双辊开炼机中熔化，5min 后加入 $CaCO_3$ 等填料，开炼均匀后加入发泡剂及其它助剂，开炼 3min 后下片并冷却、粉碎、造粒。将粒料在 125g 注塑机上制成标准力学性能测试试样。注塑工艺条件为：温度Ⅰ区 180℃，Ⅱ区 170℃，喷嘴 190℃；注塑压力 13MPa，冷却时间 40s。

3. 性能

HDPE 泡沫性能见表 2-105。

表 2-105　表面处理超细 $CaCO_3$ 用量对 HDPE 泡沫塑料性能的影响

项目	$CaCO_3$ 用量/质量份						
	0	10	15	30	45	60	80
拉伸强度/MPa	19.65	23.41	23.05	21.12	20.16	19.60	17.69
弯曲强度/MPa	23.10	38.16	36.21	35.10	35.20	35.07	35.58
缺口冲击强度/(kJ/m^2)	4.20	6.82	6.48	6.38	5.20	5.15	4.42
布氏硬度/MPa	0.44	0.49	0.50	0.54	0.56	0.55	0.56
熔体流动速率/(g/10min)	7.80	7.40	7.00	6.50	5.70	4.60	4.00
密度/(g/cm^3)	0.859	0.938	0.960	0.972	1.073	1.082	1.212

由注塑低发泡工艺制得的 HDPE 结构泡沫塑料是一种具有发泡内心和致密表层的低发泡塑料，在许多方面可以取代非发泡塑料和软木类的天然蜂窝材料。该塑料表面光滑、不易变形、耐化学品性和耐虫性优良、电绝缘性优于天然木材。

第七节　其他聚乙烯制品配方

一、聚乙烯中空制品配方

具体配方实例如下[1~7]。

1. HDPE 吹塑桶专用料

单位：质量份

原材料	配方 1	配方 2	配方 3
HDPE(5000S)	67	20	19
HMWHDPE	—	60	57
LDPE(112A-1)	33	20	19
EVA(UE630)	—	—	5
其他添加剂	适量	适量	适量

说明：高分子量高密度聚乙烯（HMWHDPE）的加入提高了吹塑桶硬度、刚度、抗冲击强度。EVA（UE630）的加入对生产工艺有所改善，并且提高了吹塑桶的抗冲击强度。

2. LDPE 薄壁容器专用料

单位：%（质量分数）

原材料	用量	原材料	用量
2,6-二叔丁基对甲酚	0.1	LDPE	96.8
$CaSt_2$	0.1	其他助剂	适量
马来酸酐接枝 HDPE	3		

说明：上述成分于 210℃下挤出造粒，185℃下挤吹或注吹可做薄壁容器，壁厚 0.68～0.77mm，表面光滑平整。

3. 表面活性剂改性 LDPE 碳酸饮料杯

单位：质量份

原材料	用量	原材料	用量
LDPE	99.8	加工助剂	1～2
硬脂酸单甘油酯	0.2	其他助剂	适量

说明：经混匀造粒后，于 T 型口模挤出，流延复合在 $220g/m^2$ 的纸上，然后模压成纸杯，可防止碳酸饮料起泡。

4. 抗静电 HDPE 瓶料

单位：%（质量分数）

原材料	用量	原材料	用量
HDPE	90	LLDPE	1
抗静电剂(Coles HAS30)	0.09	其他助剂	适量

说明：将上述成分混合后造粒，吹塑成瓶子，制品表面有良好的抗静电性。

5. 药用 HDPE 包装瓶

单位：%（质量分数）

原材料	用量	原材料	用量
HDPE(MFR＝0.3～0.7g/10min)	98.8	$ZnSt_2$	0.2
钛白粉	1	其他助剂	适量

说明：可用注射吹塑法成型瓶子。

6. 注射吹制模塑中空容器

单位：质量份

原材料	用量	原材料	用量
等规 PP	88	过氧化二异丙苯交联引发剂	0.005
乙丙无规共聚物	5	二乙烯基苯	1
LDPE	12	其他助剂	适量

说明：工艺简便，成型方便，制品性能良好，广泛采用。

7. 抗静电 HDPE 瓶

单位：质量份

原材料	用量	原材料	用量
HDPE	100	颜料	0.3
白油	0.2	其他助剂	适量
乙二醇月桂酰胺(抗静电剂)	0.2		

说明：制造工艺简便，制品性能良好，已广泛使用。

8. 珠光化妆品包装用瓶

单位：质量份

原材料	用量
HDPE、LDPE、ABS、GPPS 等树脂	100
银白或幻彩珠光颜料(800～1250 目)	12.5
丙烯酸或苯乙烯单体	5
DOP 增塑剂	3
硫醇锑热稳定剂	2.5
紫外光吸收剂	2.5
其他助剂	适量

说明：采用挤出压铸法成型成包装容器。

9. PP/HDPE/SBS 共混塑料挤出吹塑瓶

单位：质量份

原材料	配方 1	配方 2
PP 粉(MFR<2g/10min)	70	65
HDPE	20	25
SBS(YH-792)	10	10
抗氧剂	0.1	0.1
润滑剂	0.21	0.21
除氧剂	0.2	0.2
其他助剂	适量	适量

说明：上述成分于 210～220℃挤出吹塑成型，口模温度 220℃，最大可生产 5L 的 PP 中空容器。

10. 中空挤出桶

单位：质量份

原材料	配方 1	配方 2	配方 3
HDPE(5000S)	67	20	19
HMWHDPE(MFR=0.02～0.06g/10min)	—	60	57
LDPE(MFR=2g/10min)	33	20	19
EVA(UE630)	—	—	5
其他助剂	适量	适量	适量

说明：加工各段挤出温度分别为 162℃、185℃、170℃。制备工艺简便，制备性能亦佳，已广泛应用。

11. 阻隔性抗冲食品包装瓶

单位：质量份

原材料	用量	原材料	用量
PET	90	加工助剂	1～2
LDPE(MFR=3.4g/10min)	10	其他助剂	适量

说明：工艺简便、适用，剂品质量可靠，可广泛应用。

12. 阻隔性 HDPE 挤出吹瓶

单位：质量份

原材料	用量	原材料	用量
HDPE	100	二甲苯	适量
EVAL	15～20	加工助剂	1～2
PE-*g*-MAH	2～7	其他助剂	适量

说明：上述成分于 200～210℃下挤出吹瓶。配方中加入 EVAL，制品有较好阻气阻湿性。

13. 注射吹塑瓶料

单位：质量份

原材料	用量	原材料	用量
PE/PP(90/10)	90	加工助剂	1～2
100%氢化异戊二烯橡胶	10	其他助剂	适量
Topanol CA 高效抗氧剂	0.2		

说明：上述成分于 220℃下混炼 10min，然后拉片冷却切粒，有良好冲击强度，脆化温度为－15℃。

14. 聚乙烯暖瓶壳（红色）

单位：质量份

原材料	用量	原材料	用量
LDPE	100	透明红(YTQ-1)	0.04
HDPE	5～20	着色剂	适量
邻苯二甲酸二辛酯	0.08	其他助剂	适量

说明：该配方设计合理，颜色可随意更换，制品质量好，表观美观大方。

15. 聚乙烯周转箱

单位：质量份

原材料	用量	原材料	用量
HDPE	100	$CaCO_3$	10～20
填充母料	10	润滑剂	1.0～3.0
抗氧剂	2.0	其他助剂	适量

二、其他聚乙烯制品配方

具体配方实例如下[1～7]。

1. 注射成型聚乙烯塑料花

单位：质量份

原材料	白	浅粉	浅粉	肉粉	大红	草黄	橘黄	金黄	蓝	水绿	绿
聚乙烯(低密度)	100	100	100	100	100	100	100	100	100	100	100
钛白粉	0.25	0.2	0.2	0.2	—	0.2	0.2	0.2	0.2	0.2	0.2
荧光增白剂	0.02	—	—	—	—	—	—	—	—	—	—
FZ-2007 粉	—	0.1	—	—	—	—	—	—	—	—	—
FZ-5037 粉	—	—	0.3	—	—	—	—	—	—	—	—
士林桃红	—	—	—	0.04	—	—	—	—	—	—	—
S130 玫瑰红	—	—	—	—	0.03	—	—	—	—	—	—
2RF 红(永固红)	—	—	—	—	0.1	—	—	—	—	—	—

原材料	白	浅粉	浅粉	肉粉	大红	草黄	橘黄	金黄	蓝	水绿	绿
荧光黄	—	—	—	—	—	0.05	—	—	—	—	—
柠檬黄	—	—	—	—	—	0.05	—	—	—	—	—
FZ5013 红	—	—	—	—	—	—	0.02	—	—	—	—
FZ5014 橘黄	—	—	—	—	—	—	0.16	—	—	—	—
S132 玫瑰红	—	—	—	—	—	—	—	0.008	—	—	—
HR 黄(永固黄)	—	—	—	—	—	—	—	0.12	—	—	0.01
酞菁蓝	—	—	—	—	—	—	—	—	0.005	—	—
RS 蓝	—	—	—	—	—	—	—	—	0.2	—	—
FZ2002 绿	—	—	—	—	—	—	—	—	—	0.35	—
酞菁绿	—	—	—	—	—	—	—	—	—	—	0.024
GRL 橘黄(大红黄)	—	—	—	—	—	—	—	—	—	—	0.0004

2. 护层用黑色聚乙烯

单位：质量份

原材料	配方 1	配方 2
低密度聚乙烯	100	100
丁基橡胶	10	—
槽法炭黑	2.6	2.6
抗氧剂 1010	0.1	0.11
助抗氧剂 DSTP	0.3	0.3

3. 屏蔽用半导电聚乙烯

单位：质量份

原材料	线芯级	绝缘级
低密度聚乙烯	100	30～50
聚异丁烯	30	40～50
丁基橡胶	—	70
氯化聚乙烯(含氯量 31%)	—	70～100
抗氧剂 DNP	0.5	0.5
交联剂 AD	1～2	—
乙炔炭黑	40～50	40～50
硬脂酸	2～4	—
三碱式硫酸铅	—	2～3
二碱式亚磷酸铅	—	2～3
硬脂酸钡	—	0.5～1
硬脂酸铅	—	0.35～0.5
碳酸钙	—	5～10
其他助剂	适量	适量

4. 密封垫

单位：质量份

原材料	用量	原材料	用量
高密度聚乙烯	100	助抗氧剂 TPP	0.1
玻璃纤维	5	炭黑	3
防老剂甲	0.2	其他助剂	适量

5. 宫颈细胞自采器

单位：质量份

原材料	主体(注射)	手柄(注射)	外套与固定液瓶(挤出)
改性聚苯乙烯	100	—	—
聚丙烯	—	100	—
低密度聚乙烯	—	—	100
高密度聚乙烯	—	—	10
钛白粉	2	2	—

6. 塑料球、羽毛球

单位：质量份

原材料	配方 1	配方 2
低密度聚乙烯(中空级)	85～95	80～95
低密度聚乙烯(注射级)	5～15	—
高密度聚乙烯	—	5～20
其他助剂	适量	适量

7. 聚乙烯沐浴制品配方

(1) 配方

单位：质量份

原材料	用量	原材料	用量
LDPE	100	防老剂	0.5
LLDPE	5～10	着色剂	适量
SBS	2.0	加工助剂	1～2
抗氧剂	1.5	其他助剂	适量

(2) 制备方法

① 塑料沐浴网卷的生产　LDPE 沐浴网系挤出网的一种，其生产工艺如图 2-18 所示。

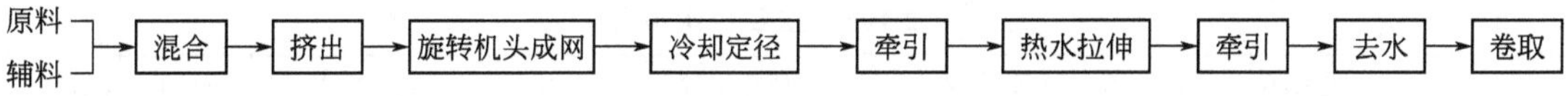

图 2-18　工艺流程（一）

② 塑料浴网球、浴网巾的生产　塑料浴网球生产流程图如图 2-19 所示。

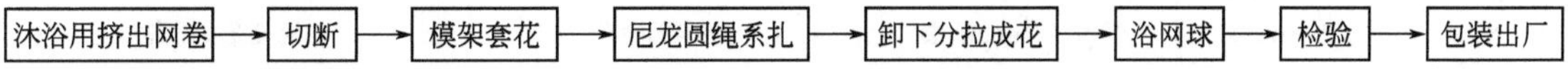

图 2-19　工艺流程（二）

③ 塑料浴网巾生产流程如图 2-20 所示。

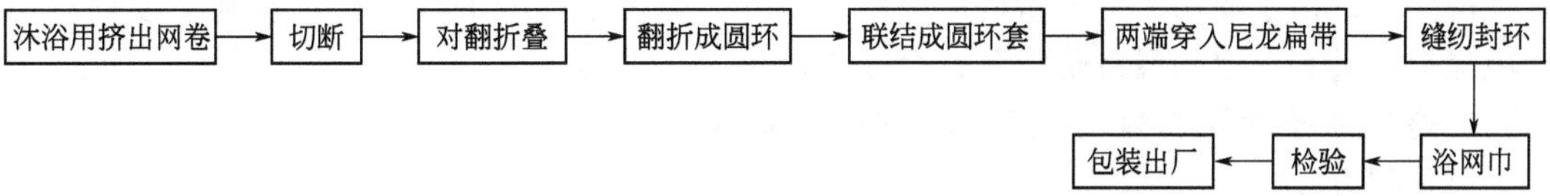

图 2-20　工艺流程（三）

切断长度为 1.2m，翻折圆环时应将切断部分包折在里面。由于沐浴网有良好的弹性，一般 9 个圆环联结即做成一条浴网巾，相邻圆环一般采用不同色泽沐浴网，以增加其美观性。浴网巾自然长度（不计尼龙手环部分）为 0.32m，但可拉伸至 0.8m，回缩后不变形。手环用尼龙扁带宽度 30mm，单边用带长度 0.32～0.35m。

(3) 性能与应用

① 性能　去垢易洗，快速洁肤，柔软舒适，不损皮肤；具备良好的弹性，对人体有一定按摩理疗功效且反复使用不变形；外观须令人赏心悦目，具有艺术观赏价值。

② 应用　PE浴网球、浴网巾是一种新型大众沐浴用品，物美价廉，一套浴网球、浴网巾市场零售价只相当于一条中低档毛巾售价，适合家庭使用，也适合高级宾馆客房做一次性沐浴用品使用，是一种有一定前途的产品。

8. 农用大棚骨架

(1) 配方

单位：质量份

原材料	配方1	配方2	配方3	配方4	配方5
LDPE	80	60	50	70	75
PE回收料	20	40	50	30	25
玻璃纤维	10	6.0	4.0	8.0	5.0
$CaCO_3$	20	12	8.0	16	10
滑石粉	20	12	8.0	16	10
偶联剂	1.5	1.5	1.5	1.5	1.5
防老剂	2.0	2.0	2.0	2.0	2.0
抗氧剂	1.0	1.0	1.0	1.0	1.0
加工助剂	1～2	1～2	1～2	1～2	1～2
其他助剂	适量	适量	适量	适量	适量

(2) 制备方法　按配方计量称料，每锅投料量为100kg。为保证物料混合均匀，投料顺序依次为滑石粉、玻纤、碳酸钙、塑料母料。在SH-500L混合机内混合30min，再加入抗氧剂、抗老化剂、光稳定剂、增塑剂混合10min。然后在ϕ65mm塑料挤出机挤压拉管，操作温度控制在95～105℃，待管冷却后切成1m长的管段进行技术测定。

(3) 性能　农用大棚骨架性能见表2-106所示。

表2-106　主要技术指标

编号	弯曲度	整体抗弯性能	加热试验(40℃,24h)	低温试验(－18℃,24h)
1	15mm	980N,10mm断裂	整体无变形	无变形,开裂
2	11mm	600N,11mm断裂	整体无变形	无变形,开裂
3	6mm	300N,20mm断裂	整体无变形	无变形,开裂
4	10mm	890N,12mm断裂	整体无变形	无变形,开裂
5	7mm	499N,8mm断裂	整体无变形	无变形,开裂

利用部分废旧塑料研制的农用大棚骨架，具有一定的韧性和强度及抗老化、耐光照、耐腐蚀的性能。由于使用了一定量的废旧塑料，不但降低了骨架的成本而且有利于废物利用，环境保护，具有一定的经济价值和社会效益。

9. 超高分子量聚乙烯(UHMWPE)压头

(1) 配方

单位：质量份

原材料	用量	原材料	用量
UHMWPE	100	交联剂	1.0
抗氧剂1010	0.5	加工助剂	1～2
助抗氧剂	0.3	其他助剂	适量
光稳定剂	0.1		

（2）制备方法　见图 2-21。

图 2-21　工艺流程

（3）性能　制品性能见表 2-107 所示。

表 2-107　不同相对分子质量 UHMW PE 制品的主要性能测试结果

牌号＼指标	磨损率/%	冲击强度/(kJ/m²)	热变形温度/℃	牌号＼指标	磨损率/%	冲击强度/(kJ/m²)	热变形温度/℃
M-3	0.890	129.9	86	M-1	1.836	133	82
M-2	1.000	125	97	M-0	1.680	159	86

UHMW PE 的耐磨性优于其它材料，磨耗指数、冲击强度也优于其它材料。主要用作陶瓷加工的滚压头等。

10. 海水养殖用营养塑料

（1）配方

单位：质量份

原材料	用量	原材料	用量
PE	100	分散剂	1.0
营养剂	70～90	加工助剂	1～2
相容剂	1～2	其他助剂	适量
填料	3～5		

（2）制备方法

① 营养塑料粒料的制备　首先将营养剂进行磨细处理，细度达到 180 目以上，其次将精选回收的废塑料颗粒、营养剂、增容剂按一定比例加入到高速搅拌机中混合搅拌 10min 出料，再把混合料加入到双螺杆挤出机中造粒，工艺条件如下：机身温度 90℃、120℃、130℃，机头：140℃，螺杆转速 40r/min。热切风冷造粒，采用防潮包装。

② 扇贝营养养殖盘及板（片）的制备　采用挤出压制工艺，压制中更换不同的模具可制出盘、板产品。

工艺流程见图 2-22。

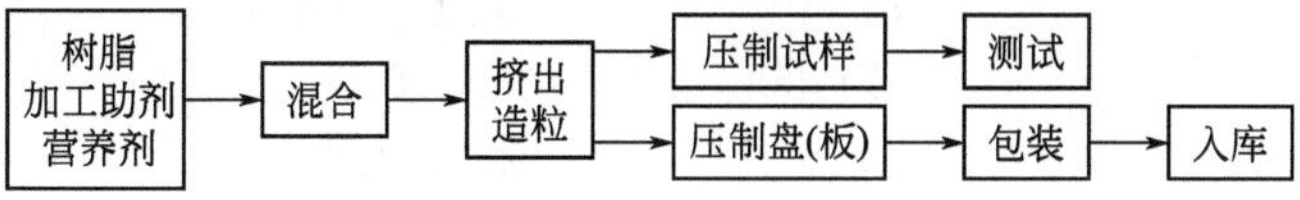

图 2-22　工艺流程

挤出工艺条件如下：

加工温度：120～140℃；

螺杆转速：10～20r/min。

模压工艺条件如下：

加工温度：120～140℃；

模压压力：10MPa；

保压时间：5～10min。

（3）性能　营养塑料性能见表 2-108～表 2-110 所示。

表 2-108　营养塑料不同配方下的拉伸强度指标

指标 \ 实验编号	1#	2#	3#	4#	5#	6#	0#
拉伸强度/MPa	无法制样	3.8	5.0	5.5	8	9	12
熔体流动速率(160℃,2160g 条件下)/(g/10min)	0.2	0.5	0.6	0.8	1.0	1.05	1.5

表 2-109　营养塑料扇贝盘与普通扇贝盘养殖扇贝对比实验情况

对比项目 \ 扇贝盘种类	营养盘	普通盘	对比项目 \ 扇贝盘种类	营养盘	普通盘
扇贝产量/(kg/亩)	4000	3210	规格/(头/kg)	228	244
产值/(元/亩)	15475	11455	出柱率/%	12.4	12
3cm 以下个体成贝所占比率/%	5	15	扇贝柱增产率/%	28.2	—
扇贝柱/(kg/亩)	248	193.5	增产率/%	35.1	—

表 2-110　营养塑料扇贝养殖盘在莱州和胶南的养殖收获情况

养殖地点	莱州		胶南		养殖地点	莱州		胶南	
对比项目 \ 扇贝盘种类	普通盘	营养盘	普通盘	营养盘	对比项目 \ 扇贝盘种类	普通盘	营养盘	普通盘	营养盘
扇贝产量/(kg/亩)	3418	3920	2260	3090	亩增产值/元		2904		2890
扇贝柱/(kg/亩)	348	432	240	325	放养数量/(个/笼)	350～400	350～400	250	250
产值/(元/亩)	8544	11448	8160	11050	笼内扇贝/(个/笼)			143	198
规格/(头/kg)	260	240	212	198	可出丁数量/(个/笼)			128	161
出柱率/%	10.18	11.02	10.6	10.5	成活率/%			51.2	79.2
增值率/%		33.99	35.4						

11. 抗菌性塑料

(1) 配方

①抗菌填料配方	单位:质量份	②抗菌塑料配方	单位:质量份
原材料	用量	原材料	用量
固相载体	60～70	PE	100
杀菌剂	5～10	双氯苯双胍己烷	1.0
分散剂	15～30	抗菌填料	10～20
偶联剂	1.0	加工助剂	1～2
其他助剂	适量	其他助剂	适量

(2) 制备方法

① 抗菌填料的制备　抗菌性填料采用固相载体（0.5～5μm 超细碳酸钙粉末）吸附双氯苯双胍己烷的方法制备。为了保证杀菌剂在塑料制品中均匀分布，加入了分散剂；加入偶联剂的作用是增加它与树脂结合力。

② 抗菌塑料的制备　为了考核抗菌性填料的杀菌性能，将其与聚乙烯树脂按一定比例混合。其中聚乙烯含量为 90%，双氯苯双胍己烷含量为 1%，其他成分含量为 9%。经塑化制成 2cm×3cm 的试片备用。

(3) 性能

在 10～25min 内杀菌率达 100%；冲洗时间 250～1000h 内，杀菌率达 100%。抗菌塑料的拉伸强度为12～22MPa，撕裂强度6～9N/cm；断裂伸长率为200%～550%。

参考文献

[1] 张玉龙，李长德.塑料配方与制备手册［M］.北京：化学工业出版社，2005.

[2] 张玉龙，颜祥平.塑料配方与制备手册［M］.第二版.北京：化学工业出版社，2010.

[3] 马之庚，陈开来.工程塑料手册［M］.北京：机械工业出版社，2004.

[4] 张玉龙.塑料配方及其组分设计宝典［M］.北京：机械工业出版社，2005.

[5] 邓少生，纪松.功能材料概论［M］.北京：化学工业出版社，2012.

[6] 张玉龙，王喜梅.塑料制品配方［M］.北京：中国纺织出版社，2009.

[7] 王文广，严一丰.塑料配方大全［M］.北京：化学工业出版社，2009.

[8] 梁梦杰，吕群，蔡培鑫，曹志海.聚乙烯基木塑复合材料的吸水性及其影响［J］.塑料，2012.41（6）：46-49.

[9] 关成，汤正捷，王云等.橡胶木粉/聚乙烯复合材料弯曲破坏载荷与吸水性能研究［J］.西部林业科学，2014，43（5）：58-61.

[10] 石祎，衣明，刘保滨，姜海波.亚麻屑/高密度聚乙烯复合材料性能研究［J］.林业机械与木工设备，2014，42（7）：26-28.

[11] 蔡培鑫，吕群，梁梦杰，张清峰.PP/PE基木塑复合材料的力学性能研究［J］.杭州师范大学学报，2012，11（1）：18-21.

[12] 马立波，张枝苗，张洋.木塑复合材料热变形温度研究［J］.林业科技开发，2014，28（1）：70-72.

[13] 苏海丽，李亚东，白宝丰，高丽君.PPC/EVA/LDPE复合材料热力学性能［J］.塑料，2014，43（3）：69-71.

[14] 赵梓年，庞净芬.衣康酸接枝LLDPE/HDPE的制备与性能［J］.天津科技大学学报，2013，28（5）：47-50.

[15] 樊卫华，郭凯，刘玉坤等.母料配方对PE-HD/E-TMB共混物结晶行为的影响［J］.工程塑料应用，2012，40（5）：66-69.

[16] 逯翠霞.无卤膨胀型阻燃聚乙烯的性能研制［J］.当代化工，2014，43（8）：1434-1436.

[17] 郭学本，王英建.聚乙烯无卤无机阻燃复配体系的研究［J］.上海化工，2014，39（9）：9-12.

[18] 周文君，费阳，张敬礼，何伟壮.聚硼硅氧烷阻燃木塑复合材料的研究［J］.塑料工业，2015，43（8）：99-103.

[19] 周生泰，王伟，冯绍华.CB/PE阻燃抗静电复合材料的制备和性能研究［J］.塑料工业，2012，40（6）：92-95.

[20] 张红梅，曹柳男，文海荣，杨云翠等.PE阻燃抗静电母料的研制［J］.科学之友，2012（1）：61.

[21] 侯绍宇，刘西文，陈晖等.碳布增强型导电塑料双极板的制备与性能［J］.电源技术，2011，35（8）：926-928.

[22] 周生泰，王伟，冯绍华.低密度聚乙烯基碳黑导电复合材料性能研究［J］.现代塑料加工与应用，2012.24（3）：24-26.

[23] 张启戎，唐常良，陈晓媛等.中子屏蔽复合材料板材研制及性能研究［J］.化学工程师，2009，（9）：67-70.

[24] 林春玲，岳红，陈冲.形状记忆材料杜仲橡胶/天然橡胶/低密度聚乙烯的研究［J］.中国胶粘剂，2009，18（8）：14-18.

[25] 朱兰瑾，莫晨杰，严立万.聚乙烯类管材功能性专用树脂配方体系的研制［J］.国外塑料，2008，26（8）：60-63.

[26] 段景宽，陈云传，郑耀卿等.给水用钢丝增强聚乙烯复合管道粘接树脂的研究［J］.工程塑料应用，2013，41（8）：25-29.

[27] 田丽.聚乙烯管材生产加工节能配方的研究［J］.河北化工，2011，34（8）：60-61.

[28] 赵长江.过氧化物交联高密度聚乙烯管材专用料的研究［J］.精细石油化工，2011，28（6）：10-12.

[29] 程志凌，张桂云，张超.聚乙烯微滴灌管专用料的开发［J］.现代塑料加工应用，2005，17（1）：42-43.

[30] 徐绍宏，江波.过氧化物交联聚乙烯热收缩管成型研究［J］.塑料，2006，35（1）：93-96.

[31] 蒋林林，韩永礼，张红磊等.HDPE外护保温管开裂原因［J］.油气储运，2012，31（7）：557-559.

[32] 马进，林正宙.均匀设计法优化聚乙烯瓦斯抽放管专用料配方［J］.上海塑料，2010，（2）：22-27.

[33] 韩宝忠，李长明，彭涛.硅烷交联HDPE管材材料的研制［J］.塑料工业，2010，39（3）：20-21.

[34] 毛泽鹏，张军.超高分子质量聚乙烯管材配方设计与应用［J］.现代塑料加工应用，2015，27（3）：30-32.

[35] 张瑞造，陈金巧.氯化聚乙烯/丁腈橡胶汽车通气胶管胶料的配方设计［J］.橡胶科技，2015，13（8）：32-35.

[36] 王佩广，陈宏.一种三层复合结构家用燃气橡胶软管的研制［J］.城市燃气，2013（12）：14-16.

[37] 谭镜华.氯化聚乙烯橡胶在钢丝编织胶管外层胶中的应用［J］.橡胶工业，2003，50（9）：536-538.

[38] 王海龙，王立，李培耀等.橡胶型CPE在矿山用喷砂管外层胶中的应用［J］.弹性体，2007，17（6）：60-62.

[39] 薛东，余旺旺，向海林等.不同配方铝塑复合板性能的研究［J］.塑料工业，2014，42（2）：123-125.

[40] 常杰，张海军.注塑聚乙烯垫板平整度与力学性能的影响因素研究［J］.工程塑料应用，2012，40（9）：48-52.

[41] 李藏哲，张国珍.一种易焊接线性低密度聚乙烯防水板的研发和生产［J］.中国建筑防水，2015（14）：9-12.

[42] 罗国文，公伟广，刘彤，陈前林.加热温度对废旧塑料粉煤灰复合模板的影响［J］.广州化工，2009，37（8）：91-92.

[43] 刘彤，陈前林，杨光君，李贺等. 利用废旧塑料与粉煤灰制造建筑模板的研究 [J]. 贵州大学学报，2009，26 (1)：101-104.
[44] 周诗彪，张维庆，郝爱平，陈贞干等. LZ 型 UHMWPE 微孔膜空心过滤板研制 [J]. 工程塑料应用，2007，35 (8)：42-44.
[45] 孙若琼，孙益民，张继红. 外固定竹塑夹板材料研究与配方优化 [J]. 中国科技成果，2009，(21)：43-48.
[46] 吕国松，张广彬. 高密度聚乙烯自粘胶膜防水卷材的研制 [J]. 中国建筑防水. 2004，(21)：30-33.
[47] 田丰，苏朝化，王小磊. 自然交联聚乙烯电缆绝缘料的配方研究，[J]. 绝缘材料. 2014，47：57-61.
[48] 田丰，李钫. 交联聚乙烯抗水树脂电缆绝缘料配方研究 [J]. 绝缘材料，2013，46 (4)：14-17.
[49] 王丽华. 耐热氯化聚乙烯电缆料的研制与开发 [J]. 化学工程与装备，2010，(6)：18-19.
[50] 朱华英，穆娟，孔德忠. 一种新型低成本绝缘橡胶电缆护套配方的研究 [J]. 世界橡胶工业. 2015，42 (4)：33-36.
[51] 叶德智，张勇，陈卫，杨建春. 煤矿电缆用彩色氯化聚乙烯护套橡皮的性能研究 [J]. 电线电缆，2014 (6)：15-17.
[52] 蒋琪，刘景光. 矿用电缆护套用 CPE 配方设计优化与应用 [J]. 电线电缆，2014，(6)：12-14.
[53] 李德龙，李振宇，刘焱. 加工工艺对 PE 热收缩膜性能的影响 [J]. 塑料科技，2012，40 (2)：64-66.
[54] 杨鸿昌，李志刚. 配方因素对 IXPE 发泡材料性能的研究 [J]. 广东化工，2015，42 (10)：45-46.
[55] 彭立新，王金银. CPE/EPDM 空调器电线电缆线芯的研制 [J]. 橡胶工业，2001，48 (8)：481-483.

Chapter 03

第三章 聚丙烯

第一节 聚丙烯改性料

一、经典配方

具体配方实例如下[1~5]。

1. 玻璃纤维增强 PP-*g*-MAH 改性聚丙烯（PP）

单位：质量份

原材料	用量	原材料	用量
PP	100	填料	5～10
玻璃纤维	20～30	加工助剂	1～2
PP-*g*-MAH	20	其他助剂	适量
偶联剂	1.5		

说明： 拉伸强度 88MPa，冲击强度 250J/m，热变形温度 166℃。

2. 玻璃纤维增强液晶聚合物改性 PP

单位：质量份

原材料	用量	原材料	用量
PP	100	偶联剂	1.5
PP-*g*-MAH	10	抗氧剂	1.0
LCP	5.0	加工助剂	1～2
玻璃纤维	20～30	其他助剂	适量

说明： 拉伸强度 59MPa，适用于制备车用结构部件。

3. 长玻璃纤维增强 PP

单位：质量份

原材料	用量	原材料	用量
PP	100	复合抗氧剂	0.5
合股无捻粗纱玻纤	30	硬脂酸	1.0
偶联剂	1.0	加工助剂	1～2
PP-*g*-MAH	6.0	其他助剂	适量

说明： 弯曲强度 125MPa，弯曲弹性模量 4500MPa，冲击强度 60kJ/m^2。

4. 增韧增强 PP

单位：质量份

原材料	用量	原材料	用量
PP	100	偶联剂	1.0
POE	10	抗氧剂	0.6
玻璃纤维	30	加工助剂	1～2
PP-*g*-MAH	10	其他助剂	适量

说明： 拉伸强度 55MPa，弯曲强度 45MPa，冲击强度 $44kJ/m^2$。

5. 木粉/玻璃纤维增强 PP

单位：质量份

原材料	用量	原材料	用量
PP	100	抗氧剂	0.6
木粉(200 目)	10	防老剂	0.5
玻璃纤维	20	硬脂酸	1.0
偶联剂	1.0	加工助剂	1～2
PP-*g*-MAH	5.0	其他助剂	适量

说明： 拉伸强度 49MPa，弯曲强度 75MPa，冲击强度 60J/m。

6. 硅灰石/玻璃纤维增强 PP

单位：质量份

原材料	用量	原材料	用量
PP	100	抗氧剂 1010	0.5
硅灰石超细粉	10	防老剂	0.2
玻璃纤维	30	加工助剂	1～2
偶联剂	1.0	其他助剂	适量

说明： 拉伸强度 60MPa，压缩强度 84MPa，冲击强度 59J/m。

7. 云母/玻璃纤维增强 PP

单位：质量份

原材料	用量	原材料	用量
PP	100	抗氧剂 1010	0.5
云母粉(200 目)	16	防老剂	0.3
玻璃纤维	25	加工助剂	1～2
偶联剂	1.5	其他助剂	适量

说明： 拉伸强度 86MPa，弯曲强度 102MPa，弯曲弹性模量 4.2GPa，冲击强度 $20kJ/m^2$。

8. 黄麻/玻璃纤维增强 PP

单位：质量份

原材料	用量	原材料	用量
PP	100	$CaCO_3$	10
黄麻纤维	10	抗氧剂	0.6
玻璃纤维	25	防老剂	0.2
偶联剂	1.5	加工助剂	1～2
PP-*g*-MAH	6.0	其他助剂	适量

说明： 拉伸强度 95MPa，弯曲强度 97MPa，冲击强度 $79kJ/m^2$。

9. 高性能玻璃纤维增强 PP

单位：质量份

原材料	配方 1	配方 2
均聚 PP	100	—
共聚 PP	—	100
S-2 玻璃纤维	30	30
偶联剂	0.6	0.6
PP-*g*-MAH	5.0	6.0
POE	10	10
抗氧剂 168	1.0	1.0
润滑剂	0.5	0.5
其他助剂	适量	适量
拉伸强度/MPa	70	62
弯曲弹性模量/GPa	1.5	1.1
热变形温度/℃	160	155
冲击强度/(J/m)	40	65

10. 纳米 SiO_2/尼龙 6 增韧增强 PP

单位：质量份

原材料	用量	原材料	用量
PP	100	抗氧剂	0.7
纳米 SiO_2	2.0	DCP	0.5
尼龙 6	10	加工助剂	1～2
相容剂	5.0	其他助剂	适量

说明：拉伸强度 36MPa，缺口冲击强度 11kJ/m^2。

11. 透明聚丙烯专用料 1

单位：质量份

原材料	用量	原材料	用量
PP	100	中和剂	10～12
透明成核剂	50～60	分散剂	0.5～1.0
主抗氧剂	1～3	单硬脂酸甘油酯	1.0～2.0
辅助抗氧剂	0.1～1.0	其他助剂	适量

说明：透光率 89%，拉伸强度 32.93MPa，缺口冲击强度 29J/m，热变形温度 92.5℃。

12. 透明聚丙烯专用料 2

单位：质量份

原材料	用量	原材料	用量
PP	100	抗氧剂	1.5
山梨醇成核剂	0.3	分散剂	1.0
PE	5.0	其他助剂	适量

13. 马来酸酐接枝改性聚丙烯专用料

单位：质量份

原材料	用量	原材料	用量
PP	95～97	引发剂 B	0.5～1.0
MAH	2.0	其他助剂	适量
引发剂 A	0.5～1.0		

说明：

(1) 当 MAH 质量份为 2，引发剂 A 为 1，引发剂 B 为 1 时，PP-*g*-MAH 的接枝率最高，而且 MAH 残留率最小。

(2) 加工工艺显著影响 PP-*g*-MAH 的接枝率，最佳加工温度为 165～190℃，最佳螺杆转速为 300～400r/min。此外，螺杆组合对 MAH 接枝率也有着明显的影响。

(3) DSC 分析表明，三种 PP-*g*-MAH 的熔融峰均具有双峰结构，说明体系中存在一定量的具有 MAH 的聚丙烯分子链。TG 分析表明三种 PP-*g*-MAH 具有基本相同的热稳定性。

(4) 采用新型引发体系所制备的 PP-*g*-MAH 具有无气味、高接枝率的特点，其增容效果优于传统的 PP-*g*-MAH，是新一代环保型相容剂。

14. SIS/SBS/聚丙烯共混改性料

单位：质量份

原材料	用量	原材料	用量
PP	100	抗氧剂	0.5
SIS/SBS(1/1)	15	硬脂酸钙	1.0
相容剂	10	润滑剂	2.0
$CaCO_3$	15	其他助剂	适量

说明：

(1) SIS 是一种兼具硫化橡胶和热塑性塑料性能的弹性体，具有良好的高弹性、高强度的特点。采用 SIS 改性 PP，提高了 PP 树脂的低温冲击性能，也同时提高了 PP 树脂的拉伸强度，但加入过量会引起材料弯曲强度的降低。

(2) SBS 和 SIS 共同改性 PP 树脂会得到更好的共混体系，材料的拉伸强度和拉断伸长率更高。

(3) SIS/SBS 在某些领域里可以替代 EPDM 改性，降低成本，节省能源。

15. 超高分子量聚乙烯/聚丙烯改性料

单位：质量份

原材料	用量	原材料	用量
PP	100	硬脂酸	1.0
超高分子量聚乙烯	10～25	润滑剂	2.0
抗氧剂	1.0	其他助剂	适量
紫外线吸收剂	0.5		

16. 滑石粉填充聚丙烯/高密度聚乙烯/SBS 改性料

单位：质量份

原材料	用量	原材料	用量
PP	90	抗氧剂	1.0
HDPE	10	分散剂	0.8
SBS	10～20	润滑剂	2.0
偶联剂	1.0	其他助剂	适量
滑石粉	20～40		

说明：性能见表 3-1。

表 3-1 三种偶联剂处理滑石粉（40 份）填充性能

材料性能 \ 偶联剂	无	铝钛	硅烷	钛酸酯
缺口冲击强度/(kJ/m²)	4.5	31.2	26.0	26.4
拉伸强度/MPa	19.1	14.7	14.2	13.3
断裂伸长率/%	2.0	13.5	15.0	11.2

17. 滑石粉填充聚丙烯改性料

单位：质量份

原材料	用量	原材料	用量
PP	100	白油	0.1
滑石粉	42	抗氧剂	0.5
偶联剂	0.4	紫外线吸收剂	0.2
硬脂酸	0.4	其他助剂	适量

说明： 性能见表 3-2。

表 3-2 滑石粉/PP 复合材料的物理性能

测试项目	热变形温度(0.46MPa)/℃	弯曲模量(3.18mm)/MPa	硬度(洛氏) R	熔点/℃	收缩率/%	相对密度
测试结果	125	2195	92	170	0.38	1.60

18. 玻璃纤维增强聚丙烯改性料

单位：质量份

原材料	用量	原材料	用量
PP	100	EPDM	10
玻璃纤维	20～30	抗氧剂	1.0
偶联剂 KH-550	0.5～1.0	润滑剂	2.0
PP-*g*-MAH	5～10	其他助剂	适量

说明： 性能见表 3-3。

表 3-3 用两种类型的树脂基体产生的 GFRPP 的性能

项 目	共聚 PP+PP-*g*-MAH+GF	共聚 PP+KH-550+BM+GF	均聚 PP+EPDM+PP-*g*-MAH+GF	均聚 PP+EPDM+KH-550+BM+GF
玻璃纤维含量/%	25±2	25±2	25±2	25±2
拉伸强度/MPa	65	69	76	74
弯曲强度/MPa	89	91	99	106
冲击强度/(kJ/m^2)	22	20.5	38.7	25.8
缺口冲击强度/(kJ/m^2)	10.2	8.4	23.3	15.7

19. 改性聚丙烯-89 型塑封料

单位：质量份

原材料	用量	原材料	用量
PP	100	润滑剂	2.0
滑石粉	30～40	抗氧剂	1.0
防老剂	1.0	其他助剂	适量
偶联剂	0.5		

说明： 密度 $1g/cm^3$，抗拉断裂强度 16.9MPa，静弯曲强度 37MPa，耐热 120℃，体积电阻率 $3.1\times10^{16}\Omega\cdot cm$。

20. 高流动性聚丙烯/POE/纳米碳酸钙改性料

单位：质量份

原材料	用量	原材料	用量
PP	100	抗氧剂	1.0
纳米 $CaCO_3$	10	润滑剂	2.0
POE	10	其他助剂	适量
分散剂(NDZ-105)	10～15		

说明：

(1) PP/POE/纳米 $CaCO_3$体系熔融共混时的剪切作用增加，纳米 $CaCO_3$充分分散，形成众多微小应力集中源，在冲击力场作用下，引发微裂纹，可以充分吸收冲击能。

(2) 适量的纳米 $CaCO_3$对 POE 有增塑作用，有利于 POE 在 PP 基体中完成均化和分布，当受到冲击力作用时，POE 弹性体微粒引起基体剪切屈服变形，有效地耗散冲击能。

(3) 当 PP/POE/纳米 $CaCO_3$质量比为 100/10/10 时，材料具有较高的冲击强度，缺口冲击强度较纯 PP 提高 178%。

(4) PP/POE/纳米 $CaCO_3$体系具有高流动性，熔体流动速率达到 19.7g/10min，具有优良的成型加工性能。

21. 纳米级碳酸钙改性聚丙烯粒料

单位：质量份

原材料	配方 1	配方 2	配方 3	配方 4	配方 5	配方 6	配方 7
PP	100	100	100	100	100	100	100
纳米 $CaCO_3$	—	6.0	12	19	28	38	12
聚乙烯蜡	—	3.5	5.0	8.5	11.5	12.5	5.0
POE	—	—	—	—	—	—	13
其他助剂	适量	适量	适量	适量	适量	适量	适量

说明：性能见表 3-4。

表 3-4 纳米 $CaCO_3$ 改性 PP 的性能

项 目	编号						
	1	2	3	4	5	6	7
弯曲强度/MPa	47.0	47.8	48.7	50.2	50.3	49.6	47.1
拉伸强度/MPa	33.1	32.6	30.7	29.7	26.7	25.2	24.1
断裂伸长率/%	24.9	28.0	27.4	54.4	51.9	49.8	67.6
简支梁缺口冲击强度/(kJ/m^2)	6.3	6.0	6.5	7.4	6.6	6.5	14.6

22. 聚丙烯/EPR/纳米碳酸钙三元共混料

单位：质量份

原材料	用量	原材料	用量
PP	100	分散剂	2.0
EPR 增韧剂	20	润滑剂	2.0
纳米 $CaCO_3$	3.0	其他助剂	适量

说明：性能见表 3-5。

表 3-5 纳米 $CaCO_3$含量及表面改性对复合材料力学性能的影响①

编号	纳米 $CaCO_3$含量/质量份	室温缺口冲击强度(22℃)/(kJ/m^2)	低温缺口冲击强度(−22℃)/(kJ/m^2)	拉伸强度/MPa
0	0	28.0	4.5	19.0
1	3(未改性)	21.2	4.4	14.0
2	3(改性)	31.4	4.9	18.0
3	5(未改性)	20.0	4.4	

①PP/EPR=100/20。

23. 纳米二氧化硅/聚丙烯/POE 改性料

单位：质量份

原材料	用量	原材料	用量
PP	100	分散剂	2.0
POE	30～40	润滑剂	2.0
纳米 SiO_2	0.5～2.0	其他助剂	适量

说明：性能见表 3-6。

表 3-6 纳米 SiO_x/聚丙烯/POE 复合材料性能数据

项 目	空白样	干法共混				湿法球磨			
SiO_x添加量/%	0	0.5	0.8	1	2	0.5	0.8	1	2
简支梁缺口冲击强度/(kJ/m^2)	22.53	27.51	31.41	33.71	35.41	32.87	40.71	44.61	48.45
悬臂梁缺口冲击强度/(kJ/m^2)	34.56	40.09	43.15	45.01	46.61	46.81	58.61	62.22	65.1
邵尔硬度(D)	54.1	55.2	56.1	56.5	58.0	56.3	57.9	58.9	60.1
拉伸强度/MPa	25.1	25.8	26.8	27.1	27.5	27.6	29.8	31.8	33.3

24. 聚丙烯/玻璃纤维/纳米碳酸钙改性料

单位：质量份

原材料	用量	原材料	用量
PP	100	抗氧剂	0.5～1.0
玻璃纤维	30	润滑剂	1.0～5.0
纳米 $CaCO_3$	2～5	其他助剂	适量
偶联剂	1.0		

说明：

① 添加适量的纳米 $CaCO_3$ 可进一步改善和提高复合材料的拉伸强度、弯曲强度、冲击强度等力学性能。当其用量在 2～5 份时，复合材料机械强度分别出现最大值，其中弯曲强度、冲击强度的变化比较明显。当纳米 $CaCO_3$ 用量为 3 份时，复合材料具有较好的综合力学性能。

② 在 PP/GF/纳米 $CaCO_3$ 复合体系中，采用复配相容剂，选用复合表面处理剂稀土复合偶联剂作为纳米 $CaCO_3$ 的表面改性剂具有较佳的效果。在配方中添加适量 PP-*g*-MAH，能有效提高复合材料的综合性能。

③ 在产品制造全过程中，根据玻纤复合材料的加工特性，优选相应的混炼设备及系统控制手段和工艺技术参数，能有利于实现纳米复合材料的物理化学性能最佳化和应用价值的最大化。

25. 玻璃纤维增强聚丙烯改性料

单位：质量份

原材料	用量	原材料	用量
PP(J400)	100	抗氧剂	1.5
玻璃纤维	20～40	润滑剂	2.0
偶联剂	1.5	其他助剂	适量
防老剂	1.0～5.0		

26. 高抗冲击强度玻璃纤维增强聚丙烯

单位：质量份

原材料	用量	原材料	用量
PP	80	PP-*g*-MAH	10～20
无碱玻璃纤维	20	分散剂	1.0
KH-550 偶联剂	0.5	润滑剂	2.0
BMI	0.4～0.8	其他助剂	适量

说明：性能见表 3-7、表 3-8。

表 3-7 两种 PP-*g*-MAH 增容玻璃纤维增强 PP 的性能比较

项 目	自制 PP-*g*-MAH	市售 PP-*g*-MAH 3002
拉伸强度/MPa	61.2	58.0
弯曲强度/MPa	77.3	69.4
缺口冲击强度/(kJ/m^2)	15.0	13.6
PP-*g*-MAH 用量/质量份	20	10

表 3-8 抗冲改性剂含量对 PP 体系力学性能的影响

项 目	抗冲改性剂含量/质量份		项 目	抗冲改性剂含量/质量份	
	8	10		8	10
拉伸强度/MPa	68.5	66.2	缺口冲击强度/(kJ/m^2)	23.6	25.8
弯曲强度/MPa	102.4	98.5			

27. 镁盐晶须改性聚丙烯粒料

单位：质量份

原材料	用量	原材料	用量
PP	100	防老剂	2.5
晶须	20～40	润滑剂	2.0
钛酸酯偶联剂	1.0～1.5	其他助剂	适量

说明：含溴阻燃母料对 PP 力学性能有明显影响，并存在着成本高、有二次污染等缺点。设计阻燃效果好、没有二次污染，且较少影响塑料制品性能的阻燃配方，是今后塑料阻燃的研究方向。

28. 改性聚丙烯

单位：质量份

原材料	配方 1	配方 2	配方 3
聚丙烯(粉状)	100	—	—
聚丙烯(粒状)2401	—	100	100
碳酸钙	132.5	30	66.7
无规聚丙烯	6	—	—
偶联剂 OL-T951	0.5	—	1
偶联剂 NDZ-101	—	0.54	—
硬脂酸钙	0.7	—	0.3
硬脂酸锌	—	1	—
抗氧剂 1010	—	—	0.1
抗氧剂 CA	0.3	—	—
助抗氧剂 DLTP	—	—	2.5～3
其他助剂	适量	适量	适量

29. 玻璃纤维增强 PP 复合材料 Ⅰ

单位：质量份

原材料	配方 1	配方 2
聚丙烯/聚乙烯(2/1)	100	—
PP	—	100
玻璃纤维	25	10
偶联剂 RR-201(钛酸型)	0.5	—

续表

原材料	配方 1	配方 2
双马来酰亚胺	—	0.4
抗氧剂 1010	—	0.2
助抗氧剂 DLTP	—	0.2
其他助剂	适量	适量

说明：该配方设计合理，性能优良，工艺性能良好，制品质量满足技术标准要求，建议推广应用。

30. 玻璃纤维增强 PP 复合材料

单位：质量份

原材料	用量	原材料	用量
改性 PP	100	氯化二甲苯	1.5～2.5
硅烷偶联剂	0.3	润滑剂	1.0
玻璃纤维	30	其他助剂	适量

说明：改性聚丙烯中含有少量化学活性基团单体与聚丙烯的共聚体，玻璃纤维用硅烷和高氯化合物并用进行偶联后，可显著改善玻璃纤维增强聚丙烯的强度。

31. 聚丙烯/聚异丁烯/EVA 共混料

单位：质量份

原材料	用量	原材料	用量
PP(等规度 96%)	100	抗氧剂	1.5
聚异丁烯	15	相容剂	2.0
EVA	15	其他助剂	适量

说明：配方设计合理，性能良好，可用于结构材料。

32. PP/EDPM/LDPE 共混料

单位：质量份

原材料	用量	原材料	用量
PP	100	相容剂	5.0
乙丙橡胶	10～15	抗氧剂	1.5
LDPE	11	其他助剂	适量

说明：该物料冲击强度，耐老化性能均有不同程度提高，可用作结构材料。

33. PP/EDPM 共混料

单位：质量份

原材料	配方 1	配方 2
PP	100	100
结晶型三元乙丙橡胶	17.6	—
无定形三元乙丙橡胶/PE	—	17.6
相容剂	5.0	4.0
抗氧剂	2.0	2.0
其他助剂	适量	适量

说明：该共混料韧性高，耐老化性能良好，适用于户外制品的制备。

34. PP/橡胶/纤维增强共混料

单位：质量份

原材料	配方 1	配方 2
PP	100	100
EDPM/PE	21.4	21.4
钛酸钾纤维	20～30	—
玻璃纤维	—	20～30
偶联剂	2.0	2.0
其他助剂	适量	适量

说明：该增强共混料力学性能好，耐久性优良，适于作结构材料。

35. 抗静电 PP

单位：质量份

原材料	配方 1	配方 2	配方 3
PP	100	100	100
抗静电剂 HZ-1	1	—	—
抗静电剂 HZ-14	—	1	—
乙二醇月桂酰胺	—	—	0.6
白油	0.2	0.2	0.2
其他助剂	适量	适量	适量

说明：该抗静电 PP 性能优良，制备工艺简便，产品质量稳定，适用于矿山，煤矿用制品的制备。

36. PP 扁丝专用料

单位：质量份

原材料	配方 1	配方 2
PP 粉料	100	100
亚磷酸三苯酯	0.2～0.5	0.2～0.5
硬脂酸钙	0.3	0.3
抗氧剂 1010	—	0.1
紫外线吸收剂	0.2	—
润滑剂	—	1.0
其他助剂	适量	适量

说明：该物料性能适中，制备工艺简便，扁丝性能满足使用要求。

37. PP 打包带专用料

单位：质量份

原材料	用量	原材料	用量
PP 粉料	100	亚磷酸三苯酯	0.3
填充母料	15～20	白油	0.2
硬脂酸钙	0.5	其他助剂	适量

38. PP 打包带专用料

单位：质量份

原材料	机用带	手用带
PP2401	100	100
填充母料	30	100
硬脂酸钙	2.0	1.0
亚磷酸三苯酯	0.5	0.3
润滑油	1.0	1.5
其他助剂	适量	适量

39. PP 密封件专用料

单位：质量份

原材料	耐热型	耐久型
PP	100	100
滑石粉	40	—
氯化石蜡	5.0	—
二月桂酸二丁基锡	1.0	—
聚异丁烯	—	5.0
防老剂 MB	—	1.5
抗氧剂 264	—	0.3
抗氧剂 1010	—	0.5
蜜胺	—	10
硬脂酸锌	—	0.5
润滑剂	1.5	1.5
其他助剂	适量	适量

说明：该配方设计合理，工艺性能良好，制品质量可靠，满足使用要求。

40. 一次性 PP 注射器专用料

单位：质量份

原材料	针管	推塞柱
PP	100	—
LDPE	—	100
滑爽剂	7.0	5.0
加工助剂	1.0	1.0
其他助剂	适量	适量

41. $BaSO_4$/EPDM 增韧 PP

单位：质量份

原材料	用量	原材料	用量
PP	100	偶联剂	1.0
EPDM	15～25	抗氧剂 1010	0.6
$BaSO_4$晶须	20～40	加工助剂	1～2
相容剂	5.0	其他助剂	适量

说明：拉伸强度 25MPa，弯曲强度 40MPa，缺口冲击强度 200J/m。

二、聚丙烯改性料配方与制备工艺

（一）超细滑石粉填充改性 PP

1. 配方[6]

单位：质量份

原材料	用量	原材料	用量
PP(T30S)	100	硬脂酸钙	0.8
超细滑石粉(3000 目)	10～40	抗氧剂	0.5
乙烯基三乙氧硅烷	1.5	加工助剂	1～2
聚乙烯蜡	1.0	其他助剂	适量

2. 制备方法

（1）聚丙烯扁丝用超细滑石粉填充制备　先将滑石粉用硅烷偶联剂活化 15min，再用聚丙烯蜡作分散剂，添加少量热稳定剂，用聚丙烯做载体，制成聚丙烯扁丝用填充母料，滑石粉的填充量为 70%。

（2）试样制备

① 在均聚聚丙烯中，分别添加 10%、15%、20%、30%、40%，配成各自的混合料，然后分别用注射机制成样条。

② 用含有母料 20%、40%的均聚聚丙烯分别拉成扁丝。

3. 性能

添加 20%的均聚聚丙烯，颗粒外观为本色透明状态，没有添加粉体的感觉。

（1）扁丝的外观品质提高　白度和亮度比纯聚丙烯扁丝有提高，外观没添加粉体的感觉，丝的新鲜度和漂亮度都不低于纯聚丙烯扁丝。该项指标有效地克服了添加碳酸钙粉体扁丝外观暗、无光泽、编织制品老旧不漂亮的问题。

（2）扁丝的长度与回缩率　添加高含量滑石粉使扁丝重量增加，对扁丝的产量没有任何影响，实际没有降低扁丝的产量，因为，改性料生产扁丝的回缩率大大地降低了，纯聚丙烯扁丝在二牵和三牵之间的回缩率达到 6%～8%，添加母料的扁丝的回缩率大大地降低。添加母料制造扁丝的回缩率试验见表 3-9。

表 3-9　添加母料对扁丝回缩率的影响

品　　名	相对拉伸负荷/(N/tex)	伸长率/%	扁丝回缩率/%
扁丝(添加母料 5.6%)	0.453	19.0	2.5～3.7 平均 3.0
扁丝(添加碳酸钙母料 5.6%)	0.445	17.2	3.2～4.5 平均 3.9

（3）扁丝的柔韧性　用母料改性聚丙烯生产的扁丝，手感挺括而柔韧，滑石粉的片状能提高丝的挺括性，滑石粉的润性又能提高扁丝的手感舒适性和柔韧性，编织制品手感好而外面光亮。

在 $CaCO_3$ 母料填充聚丙烯生产的扁丝，手感硬而粗糙，$CaCO_3$ 无规则的块状能使扁丝的表面粗糙、无光泽，无规则的块状粒子又使扁丝疲软而不挺括、外观老旧而失去光亮，这主要是粒子表面对光散射和吸收造成的。滑石粉粒子片表面对光反射性强、吸收少，所以反而光亮。

（二）聚丙烯木塑复合材料

1. 配方[7]

单位：质量份

原材料	用量	原材料	用量
PP(NK1010)	100	硬脂酸	1.0
木粉(80 目)	10～30	抗氧剂 1010	0.5
硅烷偶联剂 KH-550	1.0	防老剂	0.3
液状石蜡	1.5	其他助剂	适量

2. 制备方法

工艺流程见图 3-1。

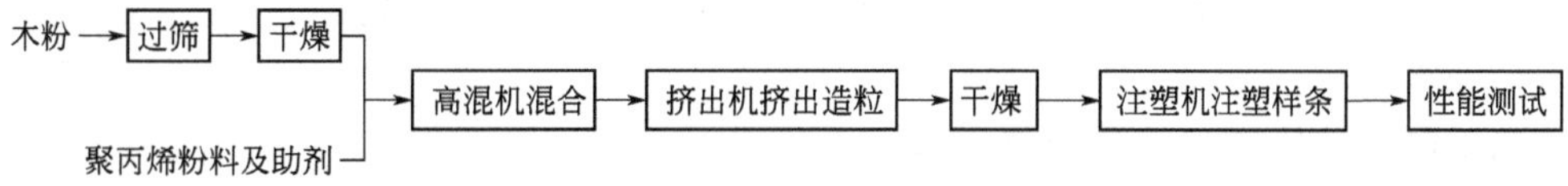

图 3-1　试验工艺路线

3. 性能

加工工艺条件对复合材料产品质量有着较明显的影响，不同的加工条件所得到的产品质量不同，包括外观质量及性能。为考察加工工艺的影响，取木粉质量分数 30%为例，着重考虑挤出温度对产品力学性能和外观的影响，结果见表 3-10。

表 3-10　加工工艺条件对复合材料产品质量的影响

性能	挤出温度/℃			
	150	160	170	180
冲击强度/(kJ/m^2)		19.98	20.04	20.05
拉伸强度/MPa		27.72	24.75	24.73
弯曲强度/MPa		16.45	16.50	15.95
外观	难以挤出	正常	焦黄	变黑

（三）蛋壳粉填充改性 PP 复合材料

1. 配方[8]

单位：质量份

原材料	用量	原材料	用量
PP(T30S)	100	硬脂酸	0.6
蛋壳粉(250μm)	5～20	抗氧剂 1010	0.5
PE-*g*-MAH	20	防老剂	0.3
硅烷偶联剂	0.5	加工助剂	1～2
木粉(250μm)	40	其他助剂	适量
乙烯-醋酸乙烯共聚物(EVAC)	1.5		

2. 制备方法

将蛋壳加入料理机中反复精磨制成蛋壳粉，250μm 过筛备用。按配方先将木粉、蛋壳粉投入高速混合机中，100℃时高温除湿。3min 后从高速混合机加料口处投入 KH-550，对木粉、蛋壳粉进行表面处理。1min 后将 PP、PE-*g*-MAH、EVAC 一起投入高速混合机，60℃时混合 2min 后下料。

在同向双螺杆挤出机中挤出造粒，挤出时从料斗到机头的各段温度（单位:℃）设为 150、160、165、165、170、180、180、170，螺杆转速为 50r/min，挤出后造粒；将粒料在 100℃真空烘箱中干燥 4h，用注塑机制备试样，注塑时料筒一段到喷嘴的温度（单位:℃）设定为 175、185、180。

3. 性能

随着蛋壳粉用量的增加，拉伸强度先增加后降低，冲击强度逐渐减小，硬度逐渐增加，断裂伸长率在蛋壳粉用量不大于15份时基本不变，20份时下降较大；随着蛋壳粉用量的增加，维卡软化温度先升高后略有降低，MFR先升高后降低；蛋壳粉用量为10份时，WPC的综合性能最佳。

（四）亚麻纤维增强PP复合材料

1. 配方[9]

单位：质量份

原材料	用量	原材料	用量
PP纤维	50	防老剂	0.3
亚麻纤维	50	润滑剂	1.0
偶联剂	1.0	硬脂酸	0.8
抗氧剂	0.5	其他助剂	适量

2. 制备方法

(1) 工艺过程

先分别将亚麻纤维与聚丙烯纤维截成长度为5mm、10mm、15mm的短纤维，亚麻/聚丙烯混合比为50/50。在小型梳毛机上均匀混合，梳理成为纤维网。分别将梳理好的不同纤维长度的纤维网按照模具规格：250mm×200mm的进行裁剪，裁剪时宽度方向平行于纤维梳理方向，因为梳理好的纤维网比较薄，要进行多层平铺，直到纤维网重量达55g。将称量好的3种长度的纤维网分别准备9块，共27块，在平板硫化机上压制复合材料板材。按照三因素三水平设计正交实验方案，如表3-11所示。

聚丙烯纤维的熔融温度约为170℃，设计温度保证聚丙烯纤维能热熔并能完全流动。压制时间太短，板材粘接不好，易分层，强度低；压制时间太长，板材分解变色，板材变硬，性能下降。

表3-11 三因素三水平正交表

水平	因素		
	亚麻纤维长度/mm	模压温度/℃	模压保温时间/min
1	5	170	20
2	10	180	40
3	15	190	60

(2) 复合材料板材制作

将不同纤维长度的纤维网按照表3-11控制成型条件，在平板硫化机上分别压制9种板材，这9种板材每种做相同的3块，以便3种方向力学性能的测量。

选用模压成型工艺，温度、时间由机器自动控制，压力不能调节。首先把温度调到预定温度，等接近预定温度时取下模具，在阴模和阳模两面分别均匀地涂刷脱模剂，将称好的纤维网放入模具中，然后放入平板硫化机内，按照工艺设计控制成型条件，达到保温时间后取下模具，常温下冷却1h，可制得复合材料板材。压制得到的板材厚度约为2mm，重量略少于55g。

3. 性能

见图3-2、图3-3。

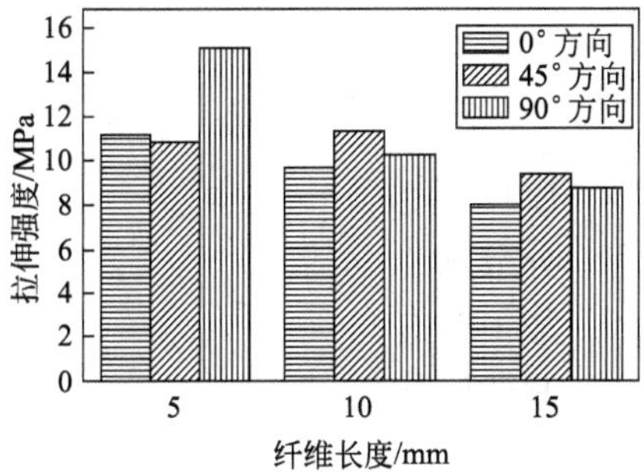

(a) 纤维长度对复合材料拉伸性能影响

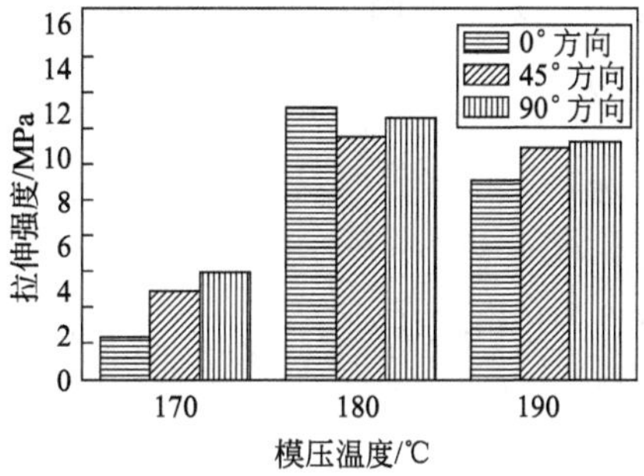

(b) 模压温度对复合材料拉伸性能影响

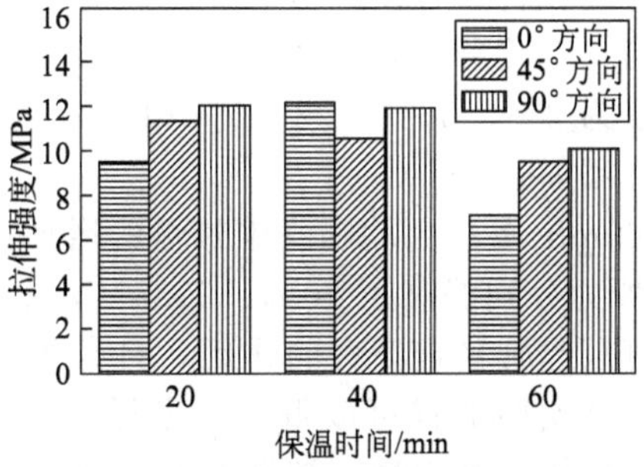

(c) 保温时间对复合材料拉伸性能影响

图 3-2　复合材料 3 个方向拉伸性能的影响

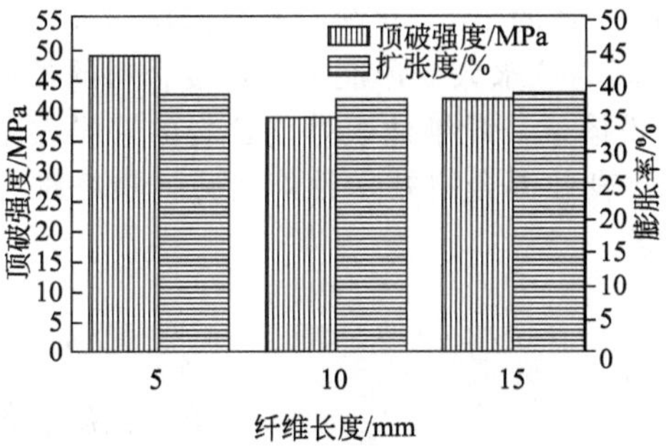

(a) 纤维长度对复合材料顶破性能影响

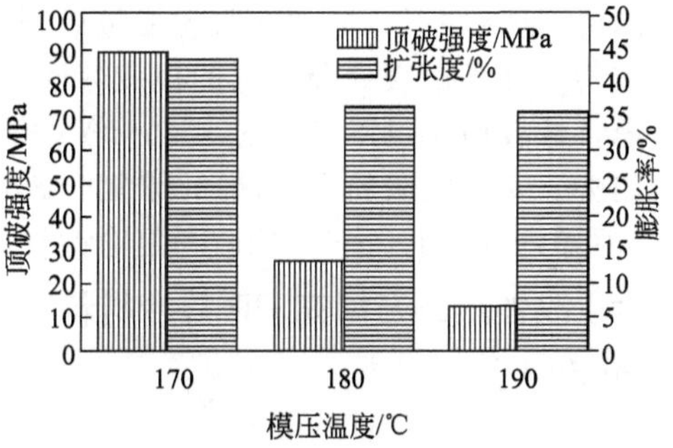

(b) 模压温度对复合材料顶破性能影响

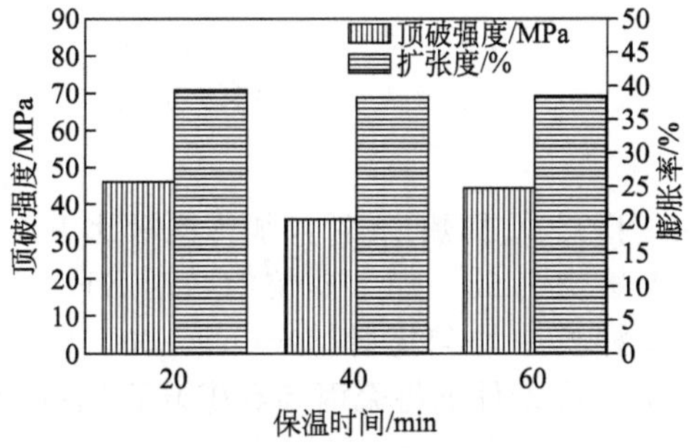

(c) 保温时间对复合材料顶破性能影响

图 3-3　三因素对复合材料顶破性能的影响

（五）橡胶粉/聚丙烯纤维改性微表处混合料

1. 配方[10]

单位：质量份

原材料	用量	原材料	用量
改性乳化沥青	100	分散剂	3.0
聚丙烯纤维(KQS-A2)	0.25	加工助剂	适量
橡胶粉(40目)	3.0	其他助剂	适量
集料(玄武岩或石灰岩)	5～10		

2. 制备方法

合理的可拌和时间是稀浆混合料具有良好施工性能的前提条件。为了评定掺和橡胶粉和纤维对混合料外加水量的影响，变化纤维掺量每1‰、2‰、3‰，选择油石比为7.5%，每种纤维用量下变化橡胶粉掺量为2%、3%、4%、5%和6%，进行拌合试验，试验时纤维、外加水和水泥均以外掺法进行添加。

稀浆混合料的30min及60min黏聚力均随纤维掺量的增加而逐渐提高。掺加2‰纤维比不掺纤维30min和60min黏聚力分别提高了40%、21.5%，这主要是因为纤维对沥青具有较强的吸附性，在混合料中可以起到稳定沥青的作用，且纤维在混合料中呈三维网状分布，可以对混合料起到加筋作用。从实验数据可以得出，当纤维掺量在1‰～2.5‰之间时试件的黏聚力提高较为显著；继续增加纤维掺量，黏聚力增长趋势趋于缓和。故从工程的经济效益考虑，纤维的掺量不宜过大，初步确定纤维掺量为2.5‰。

3. 性能

橡胶粉的掺加显著改善了微表处混合料的黏聚力，增加了微表处混合料的拌合时间，2.5‰纤维掺量条件下，增大橡胶粉掺量微表处混合料的1d、6d湿轮磨耗值均增大；橡胶粉的掺加改善了纤维微表处混合料的抗疲劳性能和高温抗永久变形能力，从混合料的长期使用性能考虑，橡胶粉掺量不宜超过6%；增大橡胶粉掺量，纤维微表处混合料的降噪效果呈线性增长趋势。基于橡胶粉-聚丙烯纤维复合改性微表处混合料技术性能研究，最终推荐采用2.5‰聚丙烯纤维+3%～5%橡胶粉复合改性方案。

（六）改性煤矸石填充PP复合材料

1. 配方[11]

单位：质量份

原材料	用量	原材料	用量
PP	100	无水乙醇	适量
煤矸石粉	5.0	加工助剂	1～2
KH-550偶联剂	0.5	其他助剂	适量

2. 制备方法

将煤矸石粉磨至74μm，于350℃加热2h后，加入固液比1∶1.1、20%浓度HCl，搅拌2.5h，过滤，滤饼于850℃下焙烧1.5h。加入硅烷偶联剂KH-550醇溶液（KH-550∶醇∶水＝20∶72∶8），在高速搅拌机中均匀搅拌30min，120℃烘干2h。用双螺杆挤出机于190℃（口模），螺杆转速90r/min条件下将聚丙烯和煤矸石填料混炼造粒，粒料经烘干后再用注塑机在170℃成型。

3. 性能

拉伸强度为35.4MPa，缺口冲击强度为11.7J/m。

（七）纳米 SiO_2/弹性体改性 PP 复合材料

1. 配方[12]

单位：质量份

原材料	配方 1	配方 2	配方 3
PP(T30S)	100	100	100
纳米 SiO_2	8.0	8.0	8.0
PP-*g*-MAH	12	—	—
PDE-*g*-MAH	—	12	—
PE-*g*-MAH	—	—	12
分散剂	1.0	1.0	1.0
加工助剂	适量	适量	适量
其他助剂	适量	适量	适量

2. 制备方法

将各组分均匀混合后，用双螺杆挤出机熔融共混物料，挤出料条用水冷却并造粒。制得粒料干燥后，用塑料注射机制成致密标准哑铃型拉伸试样和标准矩形试样（15mm×10mm×120mm）。注射成型后的试样放入干燥器中待用，并随后进行相关性能测试。挤出工艺和注塑工艺条件见表 3-12 和表 3-13。

表 3-12　双螺杆挤出机工艺参数

温度/℃					螺杆转速/(r/min)	加料速度/(r/min)	真空度/MPa	熔体压力/MPa
1～2 区	3 区	4～6 区	7～8 区	机头				
185	190	218	225	210	120	35	0.07	3.5

表 3-13　注塑机工艺参数

名称	压力/MPa	速度/(mm/s)	保压时间/s	终止位置/mm
射出 1#	85	80		23.00
射出 2#	85	80		18.00
射出 3#	85	70		15.00
射出 4#	55	65		
保压 1#			15.00	
保压 2#			0.00	
保压 3#			0.00	

3. 性能

（1）SiO_2质量份是 8 份时，SiO_2/PP 体系的综合力学性能较佳，冲击强度为 6.23kJ/m^2、弯曲强度峰值为 57.54MPa，比纯 PP 分别提高 45%和 5%。

（2）PE-*g*-MAH、PP-*g*-MAH、POE-*g*-MAH 的加入，有效提高了 SiO_2/PP 体系的韧性，使冲击强度增大，当质量份为 12 份时，体系的综合力学性能较佳，PE-*g*-MAH/SiO_2/PP 冲击强度为 7.9kJ/m^2、PP-*g*-MAH/SiO_2/PP 为 4.75kJ/m^2，POE-*g*-MAH/SiO_2/PP 为 11.70kJ/m^2。可见接枝 POE 的增韧效果更好。

（3）POE-*g*-MAH 和 POE 的加入，提高了 SiO_2/PP 体系的韧性。当二者质量份均为 12 份时，POE-*g*-MAH/SiO_2/PP 的冲击强度为 11.70kJ/m^2，未接枝 POE/SiO_2/PP 冲击强度为 12.06kJ/m^2，比 SiO_2/PP 体系分别提高了 88%和 94%。共混物的熔体流动速率随 POE 用量的增加而降低。接枝 POE 比未接枝更有利于材料拉伸和弯曲性能的提高。

（4）未接枝 POE 和 POE-*g*-MAH 同时加入体系时，二者质量比为 0.23 时，冲击强度达到最大值，表明二者具有协同增韧作用。

（八）纳米蒙脱土改性 PP 复合材料

1. 配方[13]

单位：质量份

原材料	用量	原材料	用量
PP	100	十六烷基三甲基溴化铵(HTAB)	5.0
蒙脱土	2～6	加工助剂	1～2
PP-*g*-MAH	10～20	其他助剂	适量

2. 制备方法

(1) 蒙脱土的有机化处理　强烈搅拌下，将 MMT 加入到蒸馏水中，配制成质量比为 3%蒙脱土水溶液。于 75℃水浴中恒温，滴加一定量的 HTAB，搅拌反应 4h，降至室温，抽滤，得到改性蒙脱土，用去离子水反复冲洗至其不含卤离子，120℃干燥至恒重。研磨，过 200 目筛，得到有机蒙脱土（MMT）。

(2) 聚丙烯/蒙脱土纳米复合材料制备　将 PP-*g*-MAH 以及有机蒙脱土熔融共混，制成母料。干燥后，与适当均聚聚丙烯粒料于相同工艺条件下在双螺杆挤出机挤出，冷却，切粒，干燥，得到 PP/PP-*g*-MAH/MMT 复合材料。

3. 性能与效果

(1) 采用两步法工艺制备的 PP/MMT 纳米复合材料力学性能明显提高。其原因是挤出机螺杆的长径比的增大，提高了材料的停留时间，使纳米级蒙脱土片层结构在 PP 基体中的分散更加均匀。

(2) 加工温度是最主要的制约因素，其原因是熔融插层过程是焓驱动的，适宜的高温有利于聚丙烯分子链插入到蒙脱土片层结构中，形成纳米复合材料。螺杆转速是最次要的制约因素，蒙脱土含量和相容剂用量影响程度介于二者之间。

(3) 制备纳米复合材料的最佳工艺配方：蒙脱土质量分数为 2%，相容剂质量分数为 15%，加工温度 200℃，螺杆转速 50r/min。

(4) 在最优实验条件下制备的 PP/MMT 纳米复合材料中蒙脱土与聚丙烯基体结合紧密，达到纳米级分散。

（九）短切玻璃纤维增强 PP 复合材料

1. 配方[14]

单位：质量份

原材料	配方 1	配方 2
PP(F401)	100	100
GPM200A 相容剂	10	10
短切玻璃纤维 508A	30～35	—
短切玻璃纤维 508H	—	30～35
偶联剂	1.0	1.0
洗衣粉	2.0	2.0
加工助剂	1～2	1～2
其他助剂	适量	适量

2. 制备方法

(1) 短切原丝的制备　分别按照两种不同的浸润剂配方 508A 和 508H（508H 浸润剂配

方是在508A配方的基础上加入了脂肪酸类抗水解组分）配制浸润剂，经拉丝、短切、烘干得到508A、508H两种短切原丝（单纤维直径13μm，短切长度4.5mm），作为实验材料。

（2）PP挤出、注塑成型　将PP树脂粒料、短切原丝508A或508H，按照一定比例分别通过双螺杆挤出机进行挤出造粒，在双螺杆挤出过程中加入4%的PP相容剂，然后用注塑机注射成样条，按照要求测试力学性能、耐水解性能等。

试样具体制备工艺条件见表3-14。

表3-14　PP试样制备工艺条件

项　　目	数　值
挤出温度/℃	210～230
注射温度/℃	220～245
注射压力/MPa	75
注射速率/(mm/s)	80
注射螺杆转速/(r/min)	55～60
模具温度/℃	65

3. 性能

见表3-15、表3-16及图3-4、图3-5。

表3-15　508A、508H样品增强PP复合材料的力学性能

项目	508A	508H
拉伸强度/MPa	101.3	102.8
拉伸模量/GPa	6.5	6.7
弯曲强度/MPa	148.5	148.6
弯曲模量/GPa	6.1	6.2
无缺口冲击强度/(kJ/m²)	59.1	59.4
缺口冲击强度/(kJ/m²)	16.5	16.6
玻纤质量分数/%	30.0	30.0

表3-16　在95℃的水溶液中煮2000h后的复合材料的力学性能及保留率

项目	508A			508H		
	干态	水煮2000h	保留率/%	干态	水煮2000h	保留率/%
拉伸强度/MPa	101.3	82.8	82	102.8	91.0	89
拉伸模量/GPa	6.5	7.1	109	6.7	7.1	106
弯曲强度/MPa	148.5	122.4	82	148.6	128.0	86
弯曲模量/GPa	6.1	6.5	107	6.2	6.8	110
无缺口冲击强度/(kJ/m²)	59.1	26.7	45	59.4	33.2	56
缺口冲击强度/(kJ/m²)	16.5	11.6	70	16.6	12.4	75

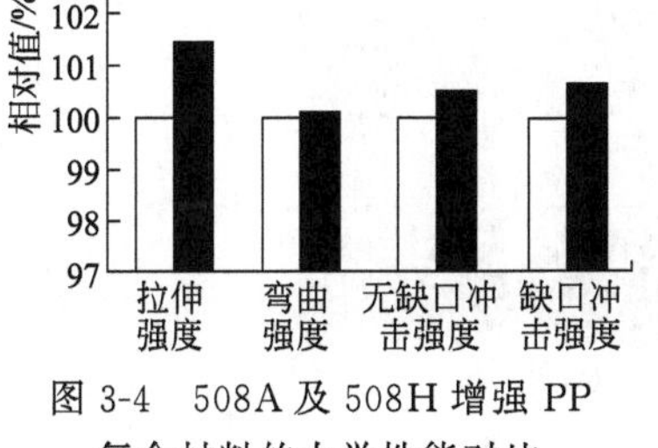

图3-4　508A及508H增强PP复合材料的力学性能对比

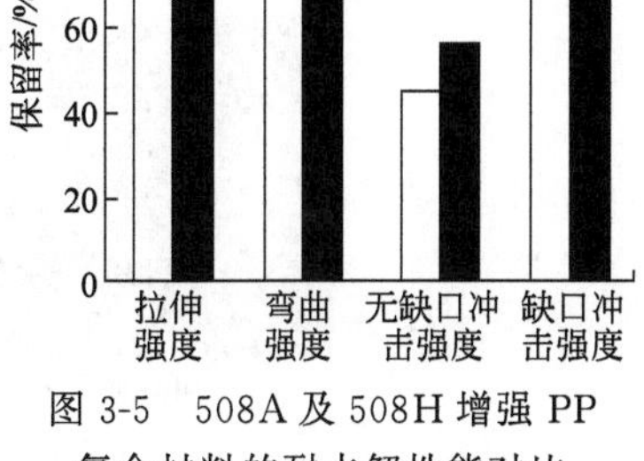

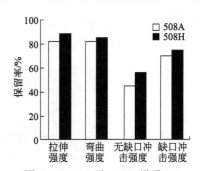

图3-5　508A及508H增强PP复合材料的耐水解性能对比

（十）β-蒙脱土改性PP复合材料

1. 配方[15]

单位：质量份

原材料	用量	原材料	用量
等规 PP(iPP)	100	HP500N 相容剂	5.0
有机纳米蒙脱土(MMT)	2.5	加工助剂	1～2
庚二酸(PA)	2.0	其他助剂	适量

2. 制备方法

(1) β-MMT 的制备　将 MMT 加入 PA 丙酮溶液，混合均匀后室温挥发丙酮，粉碎，过筛。不同 MMT/PA 质量组成比 x 处理的 MMT 简称为 M_x。

(2) iPP 纳米复合材料的制备　干燥后的 MMT 或 β-MMT 同 iPP 粒料混合均匀，在混炼机中混炼，温度 190℃，转速 50r/min，8min，制备的 M_x 填充 iPP 纳米复合材料简称为 PM_x。

3. 性能

利用 MMT 的 Ca^{2+} 与庚二酸反应形成庚二酸钙（CaPA）可实现 MMT 的 α-成核机理向 β-成核机理转变，而获得具有高 β-成核效应的 MMT（β-MMT），实现 iPP 纳米复合材料从 α-晶转变 β-晶。随着 MMT/PA 质量比降低（即 PA 用量提高），iPP 纳米复合材料的结晶温度提高，β-成核作用增强，β-晶含量增加。当 MMT/PA 质量比为 100 时可获得 99%β-晶的 MMT 填充 iPP 复合材料。粒子表面负载 β-成核剂是制备填充 β-iPP 复合材料的有效方法。

（十一）医用聚乳酸（PLA）补片填充PP复合材料

1. 配方[16]

单位：质量份

原材料	配方 1	配方 2
PP	100	100
补片 PLA-A	30～40	—
补片 PLA-B	—	30～40
1,4-二氧六环	1.5	1.5
丙酮	适量	适量
加工助剂	1～2	1～2
其他助剂	适量	适量

2. 制备方法

采用直径为 0.1mm 的医用 PP 单丝、选用两种不同的衬纬经编网眼结构，在机号 E20 的经编小样机上编织得到 PP 补片，然后在 130℃下热定型 15min。定型后的 PP 补片如图 3-6 所示，两种 PP 补片的基本参数如表 3-17 所示。

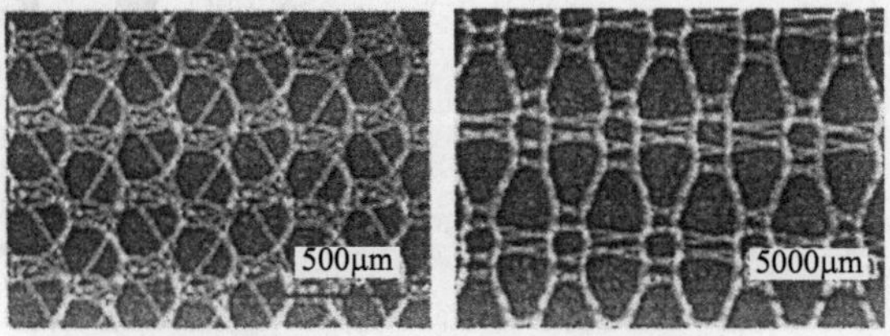

(a) 补片A　　(b) 补片B

图 3-6　两种 PP 补片的基本结构

表 3-17 两种 PP 补片的基本参数

试样	厚度/mm	面密度/(g/m²)	孔隙率/%	横密/(纵列/cm)	纵密/(横列/cm)
补片 A	0.398	32.04	71.62	6.7	12
补片 B	0.459	45.74	72.12	8.3	15

研究表明，体积比为 40/60 的 1,4-二氧六环/丙酮共混溶液为静电纺 PLA 纤维的较为理想的溶剂。通过对 PLA 静电纺丝参数的预试验可知，当纺丝液质量分数为 8%，纺丝电压为 20kV，接收距离为 20cm，挤出速度为 0.4mL/h 时，纺出的 PLA 纤维性能较好。以热定型后的补片 A 和 B 为接收装置，按上述静电纺参数进行纺丝，使 PLA 纤维分别黏附到 PP 补片 A 和 B 上。

3. 性能

见图 3-7 及表 3-18～表 3-22。

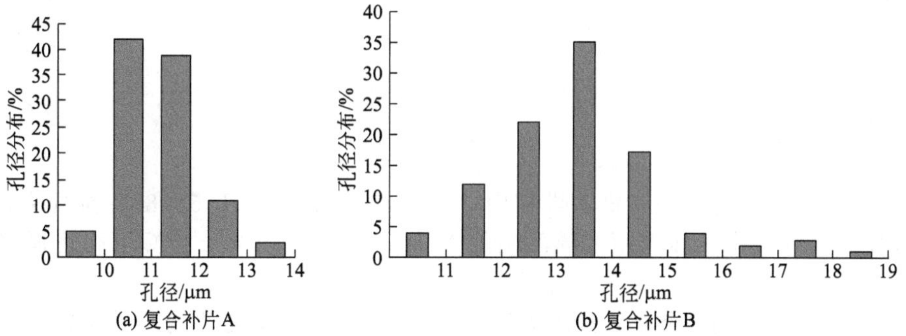

图 3-7 两种 PP/PLA 复合补片中 PLA 纤维膜的孔径分布

表 3-18 PP/PLA 复合补片中 PLA 纤维的直径

样品编号	平均直径/nm	最大直径/nm	最小直径/nm	CV 值/%
复合补片 A	529.38	799.01	398.44	10.40
复合补片 B	536.15	815.11	355.89	11.40

表 3-19 两种 PP/PLA 复合补片中 PLA 纤维膜的孔径 单位：μm

样品编号	平均孔径	最大孔径	最小孔径
复合补片 A	11.33	14.22	9.34
复合补片 B	14.87	18.74	10.68

表 3-20 两种 PP/PLA 复合补片中 PLA 纤维膜的水接触角

样品编号	接触角均值/(°)	CV 值/%
复合补片 A	137	3.21
复合补片 B	122	0.73

表 3-21 两种 PP/PLA 复合补片中 PLA 纤维膜的剥离强度

样品编号	剥离强度/(cN/mm)	CV 值/%
复合补片 A	0.10	4.92
复合补片 B	0.93	8.49

表 3-22 两种 PP/PLA 复合补片中 PLA 纤维膜的拉伸断裂性能

试样名称	厚度/mm	断裂强度/(cN/mm^2)	CV 值/%	断裂伸长率/%	CV 值/%
复合补片 A	0.025	201.14	16.23	26.10	14.23
复合补片 B	0.022	170.05	23.51	34.68	33.02

（十二）滑石粉填充改性 PP 复合材料

1. 配方[17]

单位：质量份

原材料	配方 1	配方 2
共聚 PP(M1600)	100	—
均聚 PP(PP-H)	—	100
PP-*g*-MAH	5～6	5～6
滑石粉(Talc)	10～30	10～30
钛酸酯偶联剂	1.0	1.0
丙酮	适量	适量
加工助剂	1～2	1～2
其他助剂	适量	适量

2. 制备方法

Talc 的表面改性：将 Talc 置于烘箱中，在（110±2)℃烘干 5～8h，按配方准确称取 Talc 放入高速混合机中，加入用丙酮配制的 NDZ-201，在（100±1)℃下高速搅拌 15min，即得改性 Talc。

共聚 PP/Talc 复合材料制备：按配方称取原料，混合均匀，在双螺杆挤出机上挤出造粒，先制备 Talc 含量较高的母粒，然后二次挤出造粒，在注射机上注射样条，供性能测试用。

3. 性能

见表 3-23～表 3-26。

表 3-23 钛酸酯偶联剂用量对共聚 PP/Talc 性能的影响

偶联剂用量/%	拉伸强度/MPa	弯曲强度/MPa	弯曲模量/MPa	缺口冲击强度/(J/m)	MFR/(g/10min)
0	23.3	36.1	2262	81.8	25.4
0.5	22.9	35.9	2204	83.4	26.5
1.0	23.6	35.2	2161	86.6	30.3
1.5	23.5	35.1	2105	83.9	31.7
2.0	23.4	35.0	2071	82.4	32.0

注：Talc 用量均为 20%，下同。

表 3-24 Talc 含量对共聚 PP/Talc 力学性能的影响

Talc 含量/%	拉伸强度/MPa	弯曲强度/MPa	弯曲模量/MPa	缺口冲击强度/(J/m)
0	23.3	33.5	1702	123.9
5	23.8	34.2	1750	126.4
10	24.0	35.1	1826	128.7
15	23.5	35.4	1977	100.9
20	22.9	35.2	2161	86.6

表 3-25　PP-H 对共聚 PP/Talc 力学性能的影响

PP-H 含量/%	拉伸强度/MPa	弯曲强度/MPa	弯曲模量/MPa	缺口冲强度/(J/m)
0	23.6	35.5	2161	83.4
5	24.1	36.6	2197	82.4
10	24.7	36.9	2228	81.8
15	25.5	37.1	2289	81.7
20	26.3	38.3	2356	81.3

表 3-26　PP-*g*-MAH 对共聚 PP/Talc 力学性能的影响

PP-*g*-MAH 用量/%	拉伸强度/MPa	弯曲强度/MPa	弯曲模量/MPa	缺口冲击强度/(J/m)
0	23.6	35.5	2161	83.4
5	24.3	36.8	2186	84.4
10	25.0	37.1	2259	86.5
15	25.6	37.5	2390	83.6
20	26.5	38.8	2500	81.6

（十三）废弃印刷线路板粉料填充废旧 PP 复合材料

1. 配方[18]

单位：质量份

原材料	用量	原材料	用量
废旧 PP 回收料(WPP)	70	氨丙基三乙氧基硅烷(偶联剂 KH-550)	1.5
PP 新料(NPP)	30	加工助剂	1～2
废旧线路板粉料(WPCBN)	30	分散剂	0.5
马来酸酐接枝聚丙烯(MAPP)	9.0	其他助剂	适量

2. 制备方法

见图 3-8。

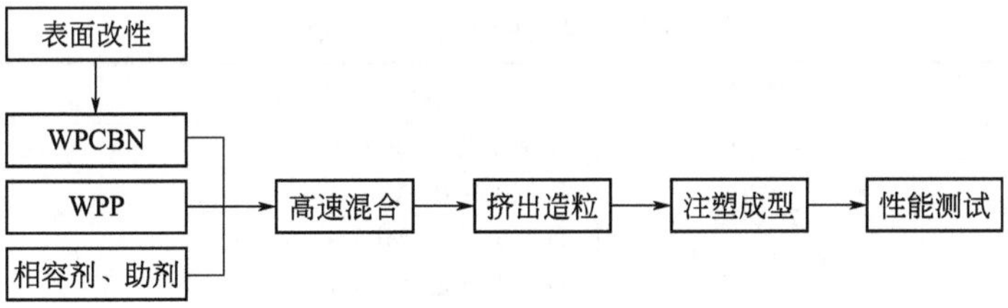

图 3-8　WPCBN/WPP 复合材料的制备工艺流程

3. 性能

(1) WPP/WPCBN 复合材料拉伸、冲击强度随 WPCBN 填充量增加而降低，弯曲强度反之。当 WPCBN 填充量达到 10 份以上时，具有阻燃性能，复合材料具有自熄性。

(2) 经 KH550 改性 WPCBN 后，WPCBN 表面极性降低，增强了 WPCBN 与 WPP 间的界面黏结力，所制备的复合材料拉伸、弯曲、冲击强度分别提高了 6.5%、6.25% 和 17.9%。

(3) MAPP 能够有效提高 WPCBN 与 WPP 基体的相容性。*m*(WPP)∶*m*(WPCBN)∶*m*(MAPP) 为 100∶30∶9 时，复合材料的拉伸、弯曲强度达到 26.78MPa、32.38MPa，增

幅分别为 48.8%、37.5%。

(4) WPP/WPCBN 与 NPP/WPCBN 相比，拉伸、弯曲强度分别下降 16.8%、20.4%，降幅较低。冲击强度提高 10.6%。以 WPP 为基体、WPCBN 为填料制备复合材料具有较好的应用前景，可以同时实现上述两种废弃物的资源化。

(十四)抗冲击型共聚丙烯—J842

1. 配方[19]

单位：质量份

原材料	用量	原材料	用量
均聚 PP/共聚 PP(60/40)	100	加工助剂	1～2
乙丙橡胶(EPDM)	20	其他助剂	适量
催化剂	1.5		

2. 制备方法

广州石化 120kt/a 的 PP 装置采用日本三井油化 Hypol 工艺，为三反应器流程。其中，D-201 为液相釜，D-203，D-204 为气相釜。装置可生产均聚、无规共聚和抗冲共聚 PP 产品。生产抗冲共聚 PP 时，第一步先合成丙烯均聚物，形成高立构规整度聚合物，为产品提供足够的刚性；第二步在 D-204 中加入乙烯，乙烯与丙烯共聚合生产乙丙橡胶等，为产品提供韧性，使最终产品的刚性和韧性达到平衡。工艺流程见图 3-9。

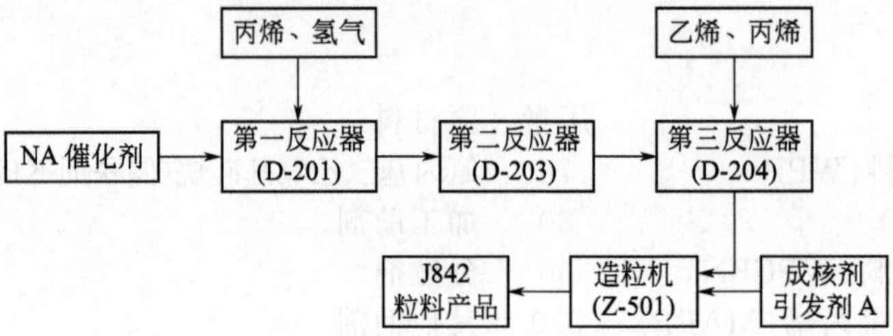

图 3-9 工艺流程

J842 产品主要生产控制参数见表 3-27。

表 3-27 J842 主要生产控制参数

项目	数值	项目	数值
丙烯进料/(t/h)	14.0～14.5	浆液浓度/(kg/L)	160～170
D-201 温度/℃	70	D-203 温度/℃	82
D-204 温度/℃	70～75	D-203 压力/MPa	1.70～1.80
D-204 压力/MPa	1.30～1.35	D-204 转速/(r/min)	1080
D-204 中丙烯与乙烯摩尔比	0.35～0.40	低纯氮流量/(m^3/h)	4.0～6.0
热油温度/℃	275	筒体温度/℃	245

3. 性能

J842 产品性能见表 3-28，改性后的 J842 性能见表 3-29 和图 3-10。

表 3-28 J842 产品分析数据

批号	MFR /(g/10min)	拉伸屈服应力 /MPa	弯曲强度 /MPa	弯曲模量 /MPa	悬臂梁缺口冲击强度 /(kJ/m^2)		洛氏硬度	热变形温度/℃
					0℃	23℃		
090605	27.0	25.4	32.9	1450	6.67	8.2	94.6	95.5
090920	30.0	24.6	32.5	1330	5.75	8.2	93.8	93.8

续表

批号	MFR /(g/10min)	拉伸屈服应力 /MPa	弯曲强度 /MPa	弯曲模量 /MPa	悬臂梁缺口冲击强度 /(kJ/m²)		洛氏硬度	热变形温度/℃
					0℃	23℃		
091124	30.0	25.4	33.7	1420	5.93	6.9	96.7	94.8
100311	36.0	26.0	34.2	1460	5.86	9.5	107.0	93.0
100424	33.0	27.2	35.7	1490	5.20	8.5	112.0	95.2

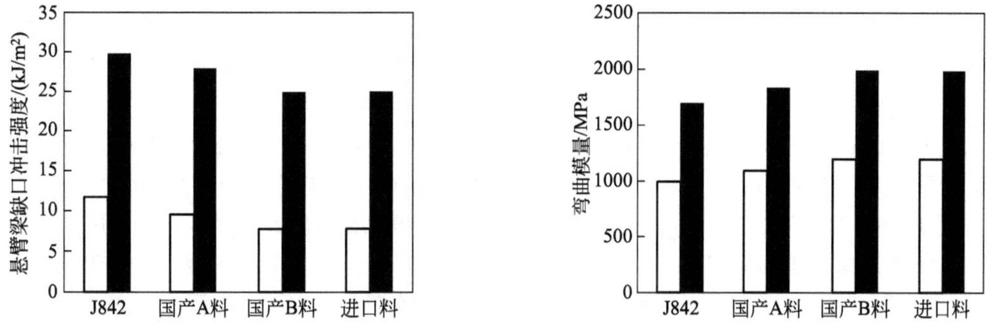

(a) 悬臂梁缺口冲击强度 (b) 弯曲模量

图 3-10 J842 改性前后力学性能的变化

□ 基础料；■ 改性料

表 3-29 J842 改性前后 MFR 变化

MFR/(g/10min)	J842	国产 A 料	国产 B 料	进口料
基础料	30.0	35.0	28.0	30.0
改性料	16.0	20.0	20.0	20.0

（十五）石墨烯改性 PP 复合材料

1. 配方[20]

（1）石墨烯配方

原材料	用量	原材料	用量
天然石墨粉(NGP)	2.0g	4-二甲氨基吡啶(DMAP)	2.0g
$NaNO_3$	1.0g	二甲基甲酰胺(DMF)	200mL
$KMnO_4$	5.6g	EDA	100mL
H_2O_2(30%)	200mL	*N*-甲基吡咯烷酮(NMP)	380mL
5%HCl	200mL	二甲苯	适量
N,*N'*-二环己基碳二亚胺(DCC)	10g	乙醇	适量
		其他助剂	适量

（2）复合材料配方

单位：质量份

原材料	用量	原材料	用量
PP(730S)	50	加工助剂	1～2
PP-*g*-MAH	50	其他助剂	适量
石墨烯(GS-EDA)	0.5～2.0		

2. 制备方法

（1）氧化石墨烯（GO）的制备 采用改性的 Hummer's 法制备 GO。制备过程如下：将 46mL 98% H_2SO_4加入干燥烧杯中，并用冰水浴将体系冷却至 4℃以下。在持续搅拌下加入预先混合好的 2g NGP 和 1g $NaNO_3$，之后再缓慢加入 5.6g $KMnO_4$，维持搅拌并控制体系的温度低于 20℃，搅拌下使体系反应 5min 后完成低温插层反应。将体系缓慢加热到

(35±3)℃，保持30min以完成中温氧化。然后在上述体系中缓慢加入92mL去离子水，同时控制体系温度保持在100℃以下。最后将体系转移到98℃的油浴锅中，控制体系温度在80～100℃之间，继续反应15min后，加入142mL的去离子水以完成高温水解反应。接着加入12mL H_2O_2进一步氧化后，将体系趁热过滤，并用200mL 5%的HCl溶液充分洗涤滤饼，去除体系中的SO_4^{2-}，最后调节体系pH值至中性。

(2) EDA接枝GO（GO-EDA）的制备　在盛有600mL DMF的烧瓶中加入未经干燥处理的GO，40℃下超声（300W）处理30min后，再向该体系加入10g DCC，2g DMAP和100mL EDA，继续超声（300W）处理30min。将体系转移至50℃的水浴锅中反应8h。反应完毕后趁热过滤，并用100mL的DMF洗涤除去未反应的EDA。

(3) GS-EDA的制备　将所得GO-EDA超声（300W）分散于380mL NMP中，然后使体系在180℃下回流、搅拌反应12h以完成还原反应。反应结束后，待体系冷却至90℃左右，趁热过滤，并用100mL DMF洗涤。所得GS-EDA在60℃下干燥12h后研磨过筛，保存备用。

(4) PP-*g*-MAH/GS-EDA母料的制备　将948mg GS-EDA超声（300W）分散于360mL二甲苯中，140℃加热回流下加入18g PP-*g*-MAH，待完全溶解后继续反应3h，随后抽滤，所得产物在70℃下彻底烘干。

(5) PP/PP-*g*-MAH/GS-EDA纳米复合材料的制备　采用母料-熔融共混法制备GS-EDA质量分数分别为0.25%，0.5%，1%，2%的纳米复合材料。其中PP与PP-*g*-MAH质量比为1∶1。具体制备过程（以质量分数为1%的GS-EDA的PP/PP-*g*-MA/GS-EDA纳米复合材料的制备过程为例）：将定量的母料、PP和PP-*g*-MAH混合均匀后，在混炼机上于240℃下混炼15min，螺杆转速为40r/min。所得共混物经平板硫化机热压成片材，热压温度为200℃、压力为10MPa。

3. 性能

(1) FTIR分析表明，EDA成功接枝于GS的表面。熔融共混过程中PP-*g*-MAH的酸酐基与GS-EDA的氨基形成氢键作用，PP-*g*-MAH改善了PP与GS-EDA之间的相容性。

(2) XRD和SEM分析表明，在GS-EDA含量较低时（质量分数<0.5%），GS-EDA能均匀分散于基体中；而在GS-EDA含量较高时（质量分数>0.5%），GS-EDA发生了局部团聚现象。

(3) 拉伸性能分析表明，随着GS-EDA含量的增加，PP/PP-*g*-MAH/GS-EDA纳米复合材料拉伸强度呈现先增大后下降的趋势。当GS-EDA质量分数为0.5%时，拉伸强度达最大值39.09MPa，比纯PP提高了13.4%，较PP/PP-*g*-MAH提高了18.9%。

(4) MFR分析表明，随着GS-EDA含量的增加，复合材料的MFR先增大后降低，在GS-EDA质量分数为0.5%处达到最大值。

（十六）双单体接枝改性PP

1. 配方[21]

(1) 接枝物配方

单位：质量份

原材料	PP-*g*-MAH	PP-*g*-(St-*co*-MAH)
PP(F401)	100	100
MAH	1.5	1.5
引发剂	0.1	0.1
苯乙烯(St)	—	1.0
KOH/乙醇溶液	适量	适量
乙酸/二甲苯溶液	适量	适量
其他助剂	适量	适量

(2) 改性 PP 配方

单位：质量份

原材料	用量	原材料	用量
PP	100	填料	5～10
PP-*g*-MAH	10	加工助剂	1～2
PP-*g*-(St-*co*-MAH)	10	其他助剂	适量
抗氧剂	1.5		

2. 制备方法

(1) 接枝物的制备

将 PP、MAH、引发剂等按一定比例投入高速混合机中混合均匀，然后用双螺杆挤出机挤出造粒得到接枝物 PP-*g*-MAH 颗粒。将 PP、MAH、St、引发剂等按一定比例投入高速混合机中混合均匀，然后用双螺杆挤出机挤出造粒得到接枝物 PP-*g*-(St-*co*-MAH)。

接枝物精制：称取 3～5g 的接枝物，用二甲苯加热回流 2h，趁热倒入烧杯中，冷却后用丙酮沉淀、抽滤，继续用丙酮洗涤 2 次并抽滤，最后放入 90℃真空干燥箱干燥 6h。

(2) 改性 PP 制备

按配方称料投入高速混合机中，在一定温度下进行混合，直到混合均匀后再用双螺杆挤出机造粒待用。

3. 性能

PP-*g*-(St-*co*-MAH) 接枝率最高可达 0.97%。

(十七) PP/POE 共混物

1. 配方[22]

单位：质量份

原材料	用量	原材料	用量
PP	100	抗氧剂 1010	1.0
POE(8150)	10	加工助剂	1～2
相容剂	5.0	其他助剂	适量

2. 制备方法

将 PP 树脂和 POE 分别按照一定比例加入高速混合器混合 30s，混合后的物料进入双螺杆挤出机中经过熔融、混合、挤出、冷却、干燥、切粒，待用。

3. 性能

见表 3-30。

表 3-30　PP/POE 共混物的综合性能

项　目	测试数据
MFR/(g/10min)	4.8
拉伸屈服应力/MPa	23.8
拉伸弹性模量/MPa	1168
弯曲模量/MPa	1335
断裂拉伸应变/%	492
简支梁缺口冲击强度/(kJ/m^2)	
23℃	57.7
−20℃	7.9

（十八）废旧蜜胺改性 PP

1. 配方

见表 3-31[23]。

表 3-31　废旧蜜胺改性 PP 配方

材料	配方					
	1	2	3	4	5	6
蜜胺粉含量/%	0	5	10	15	20	30
蜜胺粉/g	0	100	200	300	400	600
PP T30S/g	2000	1900	1800	1700	1600	1400
抗氧剂 1010/g	2	2	2	2	2	2
抗氧剂 168/g	6	6	6	6	6	6
硅油/g	0	6	8	10	12	14

2. 制备方法

采用 10L 高速混合机进行物料混合，首先将 PP 加入混合机内，然后依次加入废旧蜜胺粉、抗氧剂 168 和抗氧剂 1010。

聚丙烯粉料（PP T30S）与废旧蜜胺粉的混合造粒实验的工艺参数见表 3-32。

表 3-32　聚丙烯粉料与废蜜胺粉混合造粒的实验工艺参数

机筒温度/℃				过渡段温度/℃	机头温度/℃	喂料速度/(r/min)	主机电流/A	螺杆转速/(r/min)
一区	二区	三区	四区					
210	230	235	240	240	230	28	6.5	12

实验发现，不易造粒，挤出后色泽发黄，有黄色刺激性气体产生。分析可能是由于 PP T30S 料是粉状的，以及 PP T30S 的熔体流动速率较低，流动性不好，挤出温度过高，废旧蜜胺粉中的一些物质分解所致。另外，PP T30S 为粉状料，热稳定性差，分解严重。

从上述的实验结果可以看出，采用粉状 PP 不合适。为此改进了实验工艺条件，选用熔体流动速率较高的粒状 PP k9020 代替粉状 PP，且适当地降低实验温度，实验工艺见表 3-33。

表 3-33　粒料聚丙烯（PP k9020）与废旧蜜胺粉混合造粒的实验工艺参数

机筒温度/℃				过渡段温度/℃	机头温度/℃	喂料速度/(r/min)	主机电流/A	螺杆转速/(r/min)
一区	二区	三区	四区					
180	190	195	200	195	195	28	6	12

这样可以顺利造粒，挤出后颗粒颜色正常，不再发黄，基本无气味释放。因此废旧蜜胺粉改性聚丙烯时，一是要使用颗粒料，二是 PP 的熔体流动速率要高一些，最好是注塑级的易于流动的 PP，三是造粒温度要低一些，不要超过 200℃。

3. 性能

见表 3-34。

表 3-34　PP9020 与蜜胺粉混合物的性能

配方号	熔体流动速率/(g/10min)	拉伸强度/MPa	断裂伸长率/%	弯曲强度/MPa	弯曲模量/MPa	冲击强度/(kJ/m²)	热变形温度/℃
1	16.9	21.9	52.2	26.2	840	19.0	106.5

续表

配方号	熔体流动速率/(g/10min)	拉伸强度/MPa	断裂伸长率/%	弯曲强度/MPa	弯曲模量/MPa	冲击强度/(kJ/m²)	热变形温度/℃
2	21.9	20.7	21.1	26.5	915	12.9	119.6
3	20.9	20.6	17.6	27.4	988	9.9	123.9
4	19.1	19.5	8.1	26.4	1062	9.5	122.4
5	17.3	18.7	7.3	27.8	1247	6.1	127.5
6	11.4	17.2	6.3	27.4	1573	4.1	132.2

（十九）低成本滑石粉填充 PP-2500H

1. 配方[24]

单位：质量份

原材料	配方 1	配方 2	配方 3	配方 4	配方 5	配方 6	配方 7	配方 8	配方 9	配方 10
PP(2500H)	100	100	100	100	100	100	100	100	100	100
抗氧剂 1010	0.6	0.6	0.6	0.6	0.6	0.6	0.6	0.6	0.6	0.6
抗氧剂 168	0.6	0.6	0.6	0.6	0.6	0.6	0.6	0.6	0.6	0.6
硬脂酸钙	1.0	1.0	1.0	1.0	1.0	1.0	1.0	1.0	1.0	1.0
滑石粉(Ta)	0	10	20	30	40	50	60	70	80	90
加工助剂	2.0	2.0	2.0	2.0	2.0	2.0	2.0	2.0	2.0	2.0
其他助剂	适量	适量	适量	适量	适量	适量	适量	适量	适量	适量

2. 制备方法

将称量的 PP 和助剂按照配方中的添加量添加到混料机充分混匀，加入双螺杆挤出机挤出造粒，对样品进行干燥处理，用注塑机制备制品。

3. 性能

滑石粉不同添加量的 PP 基本物性如表 3-35 所示，从表 3-35 可知，滑石粉不同添加量的助剂配方对聚丙烯 2500H 的密度、熔融指数、常温和低温冲击性能、拉伸强度、断裂伸长率等基本物性的影响不大；但 1# 样品弯曲模量和结晶温度均最低，其余样品弯曲模量和结晶温度较高，这是因为滑石粉在 PP 中起成核剂作用，滑石粉使得聚丙烯晶体结构及结晶动力学参数发生变化，提高了聚丙烯的力学性能和结晶温度。

表 3-35　滑石粉不同添加量的 PP 基本物性

测试项目	1#	2#	3#	4#	5#	6#	7#	8#	9#	10#
密度/(g/cm³)	0.89	0.89	0.89	0.89	0.89	0.89	0.89	0.90	0.90	0.90
熔融指数/(g/10min)	1.7	1.5	1.5	1.6	1.5	1.6	1.6	1.5	1.7	1.5
常温冲击强度/(kJ/m²)	56.6	57.3	58.8	54.4	58.1	55.3	61.6	56.5	56.1	58.3
低温冲击强度/(kJ/m²)	8.6	8.4	8.6	8.3	8.4	8.2	8.5	8.1	8.1	8.4
弯曲模量/MPa	956	993	989	1002	1014	1019	1015	1011	1016	1032
拉伸强度/MPa	22.5	23.0	23.0	23.2	23.2	23.0	22.8	22.9	23.2	23.2
断裂伸长率/%	508	481	483	511	521	498	473	456	476	448
结晶温度/℃	111	116	116	116	116	116	117	117	117	118

注：常温冲击样条全部未断裂。

（二十）节约型 PP（1102K）配方

1. 配方[25]

单位：质量份

原材料	用量	原材料	用量
PP(1102K)	100	硬脂酸钙	1.0
复合抗氧剂(1010 与 168)(Y4、Y5)	1.5	其他助剂	1～2
卤素吸收剂(HDT-4A)	0.45	加工助剂	适量

2. 制备方法

将 PP 1102K 粉料和助剂按比例加入翻滚式混料器，混合 30min，然后送入 Polylab OS 型转矩流变仪的双螺杆挤出造粒系统，在最佳挤出条件下挤出造粒，螺杆转速为 200r/min。试样制备流程如下：(PP 粉料＋助剂)→混料器→双螺杆挤出造粒机挤出→水冷→切粒。

3. 性能

(1) 添加复合抗氧剂可以缩短 PP 的熔融时间，提高熔体强度，延长抗氧化时间，改善 PP 的热稳定性和加工稳定性。结合产品的综合性能来看，复合抗氧剂 Y4 的抗氧化性能最佳，Y5 次之。

(2) 使用硬脂酸钙作为卤素吸收剂，不仅可以降低助剂成本，而且可以提高产品的性能指标。当其用量合适时，PP 1102K 的灰分含量低于 250μg/g，产品的黄色指数和氧化诱导期明显优于添加 DHT-4A 生产的产品，MFR 和断裂伸长率与添加 DHT-4A 生产的产品相当。

(3) 使用新助剂配方生产 PP 1120K，可以为企业创造可观的经济效益。

（二十一）耐低温耐油 PP 复合材料

1. 配方[26]

单位：质量份

原材料	用量	原材料	用量
PP(PH-T03)	100	相容剂	5.0
丁腈橡胶(NBR)HTD-28	10～20	抗氧剂 1010	1.0
氯化聚乙烯(CPE)	3.0	加工助剂	1～2
耐磨机油(L-MM46)	适量	其他助剂	适量

2. 制备方法

将 PP 粉料、丁腈橡胶粉、氯化聚乙烯按一定比例经高速混合机混合 5min，经双螺杆挤出机在 180～190℃熔融挤出，经水冷、切粒、干燥、注射成标准试样，进行力学性能和耐低温性能测试。将干燥好的粒料用平板硫化机压制成 1mm 厚的片材，进行耐油性测试。

3. 性能

见表 3-36。

表 3-36　增溶剂 CPE 对聚丙烯性能的影响

CPE(质量分数)/%	拉伸强度/MPa	弯曲强度/MPa	缺口冲击强度/(kJ/m²)		熔体流动速率/(g/10min)
			23℃	−30℃	
0	35.33	32.46	11.50	5.96	2.76
3	32.71	30.18	14.80	10.00	2.55

当 NBR 质量分数超过 10%后，断裂伸长率则有所上升，这是由于随着 NBR 比例的增加，增强了共混材料的弹性和韧性，造成了其断裂伸长率的增大。缺口冲击强度达到最高点，然后随着 NBR 的增多，缺口冲击强度开始缓慢下降。这是因为增溶剂 CPE 的含量一定

时，随着 NBR 的增多，PP 与 NBR 相容性变差，分布不均，分子间作用力下降，导致缺口冲击强度缓慢下降。聚丙烯的吸油率最小，即耐油性最好。

NBR 能显著降低 PP 的吸油量，提高其耐油性，当 NBR 质量分数为 10%时其耐油性最好，同时也提高了其耐寒性能。

第二节 聚丙烯功能材料

一、阻燃聚丙烯

（一）经典配方

具体配方实例如下[1~5]。

1. 通用溴/锑阻燃聚丙烯塑料

单位：质量份

原材料	用量	原材料	用量
PP	100	抗氧剂 1010	1.0
十溴联苯醚	15	硬脂酸	0.8
Sb_2O_3	6	加工助剂	1~2
偶联剂	1.5	其他助剂	适量

说明：该 PP 的阻燃性能为 UL-94 V-0。

2. 四溴双酚 A 阻燃 PP 塑料

单位：质量份

原材料	用量	原材料	用量
PP	100	抗氧剂	1.0
四溴双酚 A	25	硬脂酸钙	0.8
Sb_2O_3	5.0	加工助剂	1~2
偶联剂	1.6	其他助剂	适量

说明：阻燃性能为 UL94 V-0。

3. 环保型溴锑阻燃聚丙烯塑料

单位：质量份

原材料	用量	原材料	用量
PP(T30S)	100	抗氧剂	1.0
六溴环十二烷	2.0	硬脂酸锌	0.8
Sb_2O_3	10	加工助剂	1~2
偶联剂	1.5	其他助剂	适量

说明：氧指数 35%，拉伸强度 26MPa，弯曲强度 32MPa，断裂伸长率 600%，冲击强度 14kJ/m^2。

4. PEA 阻燃聚丙烯塑料

单位：质量份

原材料	用量	原材料	用量
PP	100	硬脂酸锌	1.0
酸式二溴新戊二醇磷酸二酯(PEA)	10	硬脂酸	0.5
硅烷偶联剂	0.5	加工助剂	1~2
抗氧剂 1010	1.0	其他助剂	适量

说明：拉伸强度 35MPa，冲击强度 3.7kJ/m^2，离火自熄时间 2s。

5. 纳米 Sb_2O_3/八溴醚改性 PP 塑料

单位：质量份

原材料	用量	原材料	用量
PP	80	抗氧剂	1.0
八溴醚	15	硬脂酸	0.7
Sb_2O_3	5.0	加工助剂	1～2
偶联剂	1.0	其他助剂	适量

说明：氧指数 28.6%，UL-94 V-0。

6. 溴系/滑石粉改性阻燃 PP

单位：质量份

原材料	用量	原材料	用量
PP	100	偶联剂	1.0
滑石粉	20	抗氧剂 1010	1.5
十溴二苯醚	20	加工助剂	1～2
Sb_2O_3	10	其他助剂	适量

说明：氧指数 26.3%，拉伸强度 26MPa，断裂伸长率 4%，弯曲强度 48MPa，热变形温度 65℃。

7. 滑石粉填充阻燃 PP

单位：质量份

原材料	用量	原材料	用量
PP	100	抗氧剂 1010	1.0
十溴二苯醚	20	硬脂酸	0.5
Sb_2O_3	10	PP-*g*-MAH	10
偶联剂	1.5	加工助剂	1～2
滑石粉	20	其他助剂	适量

说明：拉伸强度 35MPa，缺口冲击强度 4.5kJ/m^2。

8. $Mg(OH)_2$/红磷无卤阻燃聚丙烯塑料

单位：质量份

原材料	用量	原材料	用量
PP	100	抗氧剂 1010	1.0
$Mg(OH)_2$(2～5μm)	140	硬脂酸	0.5
红磷	15	加工助剂	1～2
偶联剂	1.5	其他助剂	适量

说明：阻燃性能为 UL-94 V-0 级。

9. $Mg(OH)_2$/红磷/POE 阻燃 PP

单位：质量份

原材料	用量	原材料	用量
PP	100	硬脂酸锌	1.0
$Mg(OH)_2$	80	硬脂酸	0.5
红磷	10	抗氧剂 1010	1.0
POE	10	加工助剂	1～2
偶联剂	1.0	其他助剂	适量

说明：氧指数 30%，拉伸强度 38MPa，冲击强度 12kJ/m^2，热变形温度 130℃，熔体

流动速率 1.5g/10min。

10. 天然水镁石阻燃 PP

单位：质量份

原材料	用量	原材料	用量
PP	100	硬脂酸	1.0
天然水镁石	60	加工助剂	1～2
偶联剂	1.0	其他助剂	适量
抗氧剂	1.5		

说明：垂直燃烧性能为 UL-94 V-0 级。

11. 水镁石/酸式磷酸酯阻燃 PP

单位：质量份

原材料	用量	原材料	用量
PP	100	抗氧剂	1.0
水镁石	50	硬脂酸	0.5
酸式磷酸丁/辛酯	5.0	加工助剂	1～2
偶联剂	1.0	其他助剂	适量

说明：拉伸强度 15MPa，冲击强度 4.1kJ/m^2，离火自熄时间 17s。

12. 高冲击型阻燃 PP

单位：质量份

原材料	用量	原材料	用量
PP	100	PP-*g*-MAH	10
$Mg(OH)_2$	50	硬脂酸	1.0
稀土偶联剂	2.0	加工助剂	1～2
EPDM	10	其他助剂	适量

说明：氧指数 28.5%，冲击强度与纯 PP 相等。

13. 膨胀型无卤阻燃 PP

单位：质量份

原材料	用量	原材料	用量
PP	100	抗氧剂 1010	3.0
膨胀型阻燃剂	30	抗氧剂 168	2.0
PP-*g*-MAH	5.0	加工助剂	1～2
偶联剂	1.0	其他助剂	适量

说明：拉伸强度 26MPa，弯曲强度 38MPa，弯曲弹性模量 1750MPa，缺口冲击强度 42kJ/m^2，垂直燃烧性能 UL-94 V-0 级。

14. 膨胀型阻燃 PP

单位：质量份

原材料	用量	原材料	用量
PP	100	抗氧剂	1.0
膨胀型阻燃剂	30	硬脂酸	0.5
ZnO	5.0	加工助剂	1～2
偶联剂	1.5	其他助剂	适量

说明：氧指数37%，UL-94 V-0级。

15. 高性能阻燃PP

单位：质量份

原材料	用量	原材料	用量
PP	70	PP-*g*-MAH	10
尼龙6	30	抗氧剂	1.0
聚磷酸铵	15	硬脂酸	0.5
三聚氰胺	5.0	加工助剂	1～2
偶联剂	1.0	其他助剂	适量

说明：氧指数29%，UL-94 V-0级。

16. APP无卤阻燃PP

单位：质量份

原材料	用量	原材料	用量
PP	100	抗氧剂1010	1.5
多聚磷酸铵(APP)	30	加工助剂	1～2
偶联剂	1.0	其他助剂	适量

说明：拉伸强度32.2MPa，断裂伸长率65.6%，弯曲强度53.8MPa，弯曲弹性模量3GPa，冲击强度3.2kJ/m^2，氧指数36%，UL-94 V-0级。

17. 高性能无卤阻燃PP

单位：质量份

原材料	用量	原材料	用量
PP	100	抗氧剂1010	1.0
多聚磷酸铵(APP)	20	硬脂酸钙	1.0
季戊四醇(PER)	10	硬脂酸	0.8
ZnO	2.0	加工助剂	1～2
偶联剂	1.5	其他助剂	适量

说明：氧指数34%，拉伸强度26.3MPa，冲击强度5.9kJ/m^2。

18. 纳米蒙脱土改性PP/尼龙6阻燃塑料

单位：质量份

原材料	用量	原材料	用量
PP	100	抗氧剂	1.0
尼龙6	10	偶联剂	1.0
PP-*g*-MAH	5.0	硬脂酸	0.5
纳米蒙脱土	4.0	加工助剂	1～2
聚磷酸铵	20	其他助剂	适量

说明：氧指数26%，拉伸强度27MPa，冲击强度7.3kJ/m^2。

19. 玻璃纤维增强阻燃PP复合材料

单位：质量份

原材料	用量	原材料	用量
PP	100	有机硅	2.0
玻璃纤维	30	抗氧剂	1.0
PP-*g*-MAH	10	分散剂	0.8
偶联剂	1.5	加工助剂	1～2
可膨胀石墨/微胶囊化红磷	20	其他助剂	适量

说明： 氧指数为 33.7%。

20. 热塑性酚醛改性阻燃 PP

单位：质量份

原材料	用量	原材料	用量
PP	100	偶联剂	1.5
热塑性酚醛树脂	30	抗氧剂	1.0
高氮阻燃剂	5.0	加工助剂	1～2
$Mg(OH)_2$	10	其他助剂	适量

说明： 阻燃性为 UL-94 V-0 级，拉伸强度 40MPa，断裂伸长率 40%。

21. 无卤阻燃聚丙烯粒料

单位：质量份

原材料	用量	原材料	用量
PP	66	着色剂	1.0～3.0
膨胀型无卤阻燃剂	29	润滑剂	2.0
处理剂	3.0	其他助剂	适量
抗氧剂	1.0		
稳定剂	0.5～1.5		

说明： 性能见表 3-37。

表 3-37　无卤阻燃 PP 性能

项目	数据	项目	数据
熔体流动速率/[g/(10min)]	6.5	垂直燃烧性	FV-0
缺口冲击强度/(kJ/m^2)	5.5	热变形温度/℃	130
拉伸强度/MPa	24.6		

22. 低卤阻燃聚丙烯

单位：质量份

原材料	用量	原材料	用量
聚丙烯	100	$Mg(OH)_2$	20
六溴环十二烷	1	偶联剂	1
$Al(OH)_3$	20	其他助剂	适量

说明： 氧指数 8%～30%，垂直燃烧性能 FV-1，密度 1.3g/cm^3。

23. 无卤阻燃聚丙烯

单位：质量份

原材料	用量	原材料	用量
PP	100	抗氧剂	1.5
膨胀型阻燃剂	20～30	硬脂酸	2.0
成炭剂	7.5	润滑剂	2.0
表面处理剂	1～3	其他助剂	适量

说明： 性能见表 3-38。

表 3-38　PP 及阻燃 PP 的性能

性能	材料			性能	材料		
	PP	IFR-1-PP	IFR-2-PP		PP	IFR-1-PP	IFR-2-PP
PP 含量/%	100	70	70	释放速率①/(kW/m^2)	1725.4	381.6	377.1

续表

性能	材料			性能	材料		
	PP	IFR-1-PP	IFR-2-PP		PP	IFR-1-PP	IFR-2-PP
抗氧剂含量/%	少量	少量	少量	有效燃烧热①/(MJ/kg)	229.5	83.6	86.8
偶联剂含量/%		2	2	比消光面积①/(m^2/kg)	2250.2	1605.0	1580.2
IFR 含量/%		30	30	CO 释放量①/(μg/g)	1240	375	350
氧指数/%	18.5	33.5	33.0	CO_2 释放量/%	3.90	0.60	0.55
UL-94 等级		V-0	V-0	屈服强度/MPa	33.5	29.3	25.4
总热释放/kJ	1169.7	728.3	742.5	断裂伸长率/%	14.0	15.0	12.0
点燃时间/s	28	15	16	断裂强度/MPa	30.6	27.3	24.1
失重率/%	99.2	88.9	89.3				

① 其值为峰值。

24. 含溴含氮阻燃剂改性聚丙烯

单位：质量份

原材料	用量	原材料	用量
PP	75～80	润滑剂	2.0
含溴与含氮复合阻燃剂	10～20	其他助剂	适量
分散剂	1.5		

25. 石墨/膨胀阻燃改性聚丙烯

单位：质量份

原材料	用量	原材料	用量
PP	100	聚磷酸铵	5～10
膨胀石墨(EG)	20～30	三聚氰胺磷酸盐	10～15
红磷(RP)	3.0	其他助剂	适量

26. PPN 阻燃剂改性聚丙烯

单位：质量份

原材料	用量	原材料	用量
PP	70	抗氧剂	1.5
阻燃剂 PPN	30	润滑剂	2.0
含氮化合物	1～5	其他助剂	适量

说明：PPN 添加量为 30%时，氧指数可达 35%。

27. 增韧阻燃聚丙烯

单位：质量份

原材料	用量	原材料	用量
PP	100	硬脂酸钙	0.3
聚磷酸铵阻燃剂	25～65	硬脂酸	1.0
甲基丙烯酸缩水甘油酯接		加工助剂	2.0
枝辛烯-乙烯(POE-*g*-MAH)	5～15	其他助剂	适量
抗氧剂	0.15		

28. 三元乙丙橡胶改性无卤阻燃聚丙烯复合材料

单位：质量份

原材料	用量	原材料	用量
PP	60	交联剂	4.0
三元乙丙橡胶	30	抗氧剂	1.0
无卤阻燃剂	90	润滑剂	2.0
相容剂	30	其他助剂	适量

说明：燃烧等级 V-0，垂直燃烧时间≤10s。

29. 抗静电阻燃聚丙烯

单位：质量份

原材料	用量	原材料	用量
PP	100	光热稳定剂	0.2
十溴二苯醚	9.0	抗氧剂	1.0
Sb_2O_3	3.0	润滑剂	2.0
抗静电剂	2.0	其他助剂	适量

说明：氧指数 27.5%。

30. 增强阻燃聚丙烯

单位：质量份

原材料	用量	原材料	用量
PP	100	偶联剂	1.0
LLDPE	40	处理剂	0.5
玻璃纤维	30	润滑剂	2.0
八溴醚	18	其他助剂	适量
Sb_2O_3	7.2		

说明：氧指数 28.4%，阻燃级别 UL-94，FV-1。

31. 煤矿用聚丙烯阻燃塑料

单位：质量份

原材料	用量	原材料	用量
PP	100	抗氧剂	1.0
四溴双酚 A	7.0	润滑剂	2.0
Sb_2O_3	3.0	其他助剂	适量
水合硼酸锌	4.0		

说明：经改性后，PP 的氧指数由 17.5%，增加到 38%。

32. 电子电器阻燃聚丙烯专用料

单位：质量份

原材料	用量	原材料	用量
PP	80～90	阻燃剂	6.0
LLDPE	10～20	Sb_2O_3	2～3
抗氧剂 1010	5～10	其他助剂	适量

（二）高性能阻燃 PP

1. 配方[27]

单位：质量份

原材料	用量	原材料	用量
PP	100	抗氧剂	1.0
含溴阻燃剂/含氮阻燃剂	15	加工助剂	1～2
Sb_2O_3	6.0	其他助剂	适量
偶联剂	1.5		

2. 制备方法

将聚丙烯、阻燃剂及其他助剂烘干、混匀，经挤出机挤出，造粒机造粒即得用于压注成型的成品。

鼓风干燥烘箱：75℃±5℃下 8h。

SHJ-30 双螺杆挤出机：

Ⅰ段/℃	Ⅱ段/℃	Ⅲ段/℃	转速/(r/m)
160～180	180～190	180～190	200

SZ-30 螺杆式所料注射成型机：

Ⅰ段/℃	Ⅱ段/℃	成型周期/s	注射压力/MPa
170～180	190～210	20～30	70～100

3. 性能

见表 3-39。

表 3-39 阻燃剂体系对聚丙烯阻燃性能的影响

性能	纯聚丙烯	阻燃聚丙烯 1
拉伸强度/MPa	35.5	26.5
弯曲强度/MPa	55.0	44.1
缺口冲击强度/(kJ/m)	5.36	5.32
熔体流动速率/(g/10min)	3.1	3.6

根据上述体系得到的阻燃聚丙烯燃烧性能大于 FV-0 级，力学性能比较接近纯聚丙烯且熔体流动速率远大于纯聚丙烯，即功能性优良。其产品在汽车电器上试用，取得良好效果。

(三)玻璃纤维增强无卤阻燃 PP 复合材料

1. 配方[28]

单位：质量份

原材料	用量	原材料	用量
PP(K7926)	100	镁盐晶须(M-HOS)	10～20
多聚磷酸铵(APP)	20	PP-*g*-MAH	5.0
PTFE 抗滴落剂	8.0	偶联剂	1.5
三嗪系成炭发泡剂(FA)	0.3	抗氧剂	1.0
硅灰石	5～20	加工助剂	1～2
玻璃纤维	10～30	其他助剂	适量

2. 制备方法

APP 经过表面处理后，APP、CFA、PTFE、M-HOS、硅灰石、玻璃纤维、CMG9801 与 PP 及抗氧剂按一定比例加入高混机中预处理。处理好的混合物在双螺杆挤出机中在 170～190℃，螺杆转速 300～400r/min 工艺条件下挤出造粒，将挤出的粒子放入鼓风烘箱中 80～100℃条件下干燥 2h。将干燥后的粒子在注塑机中注射成型。

3. 性能

(1) 在 APP/CFA/PTFE 三元无卤阻燃体系中，当 APP 与 CFA 质量比为 3∶1 时，材料有较好的阻燃性能。PTFE 对阻燃性能提高明显，采用 APP/CFA/PTFE 三元无卤阻燃体系，在纯共聚 PP 中阻燃剂添加量为 28 份，APP/CFA 为 3∶1，PTFE 添加量为 0.3 份时，可以达到 UL94 (1.6mm) V-0 阻燃级别。

(2) 加入三元无卤阻燃体系 APP/CFA/PTFE 后，与纯 PP 相比，阻燃 PP 拉伸强度和冲击强度有所降低，阻燃 PP 弯曲强度和弯曲模量提高较明显。

(3) PTFE 的加入降低了阻燃 PP 的熔体流动速率，当 PTFE 添加量超过 0.5 份时，阻燃 PP 挤出过程出现膨胀并断条现象。

（4）硅灰石的加入可以提高阻燃 PP 的 GWIT，当硅灰石添加量超过 15 份，阻燃 PP 阻燃性能开始下降。

（5）玻璃纤维的加入降低了阻燃 PP 的阻燃性能，相容剂 PP-*g*-MAH 的加入可以使阻燃 PP 的阻燃级别由 V-1 级变成 V-0 级，各项力学性能均有提高。

（6）M-HOS 的加入提高了 APP/CFA/PTFE 阻燃 PP 的阻燃性能，具有良好的协效阻燃效应。当添加阻燃剂 24 份时，依靠提高 M-HOS 添加量提高阻燃 PP 阻燃性能，当 M-HOS 添加 20 份时，其阻燃性可达到 UL94（1.6mm）V-0 级别。同时 M-HOS 的加入可以有效提高阻燃 PP 的弯曲强度和弯曲模量。

（四）无卤阻燃 PP 复合材料

1. 配方[29]

单位：质量份

原材料	用量	原材料	用量
PP	69	偶联剂(A-171)	1.0
EPDM	15	抗氧剂 1010	1.5
三聚氰胺包覆聚磷酸铵(MEL-APP)	10	加工助剂	1～2
成炭剂	5.0	其他助剂	适量

2. 制备方法

（1）挤出造粒：将各物料混合均匀后加入 TSE-18A 型双螺杆挤出机（南京瑞亚高聚物装备有限公司）喂料口挤出造粒，料条通过水槽冷却，切粒机切粒后收集备用。挤出工艺为：螺杆转速 60r/min：机头到加料口的温度，一区：175℃，二区：190℃，三区：195℃，四区：195℃，五区：175℃，加料口：175℃。

（2）注塑成型：挤出造粒所得切片在 100℃干燥 3h 后，在 LIMA220/130L3 型注塑机中注塑出测试用标准样条。其中注塑参数条件如下：喷嘴到加料口的温度分别为 200℃、220℃、200℃、180℃；注射压力 40～50MPa，注射速度 30%～50%，保压压力 30～40MPa，储料量 50cm，冷却时间 10～15s。

3. 性能

（1）当 EAPM 质量分数为 25%时，阻燃 PP 材料的氧指数达到 25.1%，阻燃级别可达到 UL94 V-2 级。而当 EAPM 的质量分数为 15%，MEL-APP 的质量分数为 10%，成炭剂质量分数为 5%时，阻燃 PP 材料的氧指数可达 28.3%和 33.3%，阻燃级别均为 UL94 V-0 级别。

（2）通过热失重曲线研究表明，添加 EAPM 阻燃剂的阻燃材料具有较好的成炭性，600℃的质量残余率可达 11.94%。

（3）添加阻燃剂 EAPM 后，材料的力学性能明显下降，特别是冲击强度下降最快。而 EAPM 复配体系具有较好的力学性能保持率，拉伸强度与冲击强度的保持率分别在 82%、77%以上。

（五）$Al(OH)_3$/$Mg(OH)_2$/硼酸锌改性 PP 阻燃复合材料

1. 配方[30]

单位：质量份

原材料	用量	原材料	质量
PP(CJS-700G)	100	POE(8180)	10
$Al(OH)_3$	10	偶联剂	1.5
$Mg(OH)_2$	20	PP-*g*-MAH	5.0
硼酸锌(ZB)	5.0	加工助剂	1～2
纳米 $CaCO_3$	3.0	其他助剂	适量

2. 制备方法

见图 3-11。

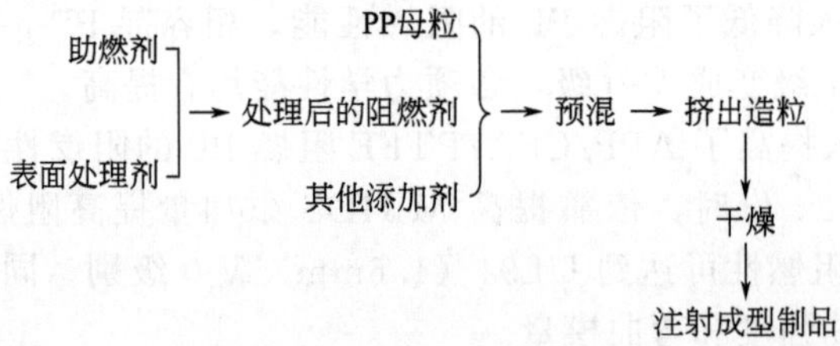

图 3-11　工艺流程

3. 性能

(1) 氧指数随着阻燃剂用量的增加而升高。

(2) 燃烧速率随着阻燃剂用量的增加而降低，且阻燃剂的加入对延缓燃烧速率的效果十分显著。

(3) 烟密度随着阻燃剂用量的增加而降低，烟密度随阻燃剂用量的增大而大幅度降低。

(4) 相同配方下试件越厚燃烧速率越慢，且随阻燃剂用量的增加，试件越厚燃烧速率下降的幅度越慢。

(5) 纳米 $CaCO_3$ 及 POE 的加入可以增大氧指数、降低烟密度，有利于阻燃，但同时也会使水平燃烧速率略微增加。

(六) 高光泽阻燃 PP

1. 配方[31]

单位：质量份

原材料	用量	原材料	用量
PP	100	增容剂	5.0
四溴双酚 A 双(2,3-二溴丙基)醚(BDDP)	30	加工助剂	1～2
Sb_2O_3	15	其他助剂	适量

2. 制备方法

将 PP 树脂、阻燃剂、增容剂及其他各种助剂按一定比例在高速混合机中充分混合，通过双螺杆挤出机在 180～220℃下共混挤出、造粒，注塑得试样。

3. 性能

(1) 采用低熔点的 BDDP 与三氧化二锑的复配阻燃体系，能够得到高表面光泽度的阻燃 PP 材料。

(2) 阻燃剂的析出是影响材料表面光泽度的主要因素。阻燃剂的析出主要是由于其与 PP 树脂的相容性差造成的，添加合适的增容剂可以有效减轻阻燃剂的析出。

(3) 阻燃剂的析出受环境温度和放置时间的影响。环境温度越高，放置时间越长，析出越明显。

(4) 阻燃剂的析出行为为非匀速过程，起始阶段析出较快，析出到一定程度后会逐渐变缓。

(5) 阻燃剂的析出对 PP 阻燃性能有一定影响。

二、抗静电与导电聚丙烯

（一）经典配方

1. 油酸聚乙二醇酯/PP 抗静电塑料

单位：质量份

原材料	用量	原材料	用量
PP	100	加工助剂	1～2
油酸聚乙二醇酯	1.0	其他助剂	适量
抗氧剂 1010	0.5		

说明：表面电阻率为 $1.91\times10^{6}\Omega$。

2. 电机叶片用抗静电 PP

单位：质量份

原材料	用量	原材料	用量
PP	100	PP-*g*-MAH	5.0
导电炭黑	10	抗氧剂 1010	1.5
POE	12	加工助剂	1～2
聚乙烯蜡	5.0	其他助剂	适量

说明：弯曲强度 90MPa，冲击强度 $42kJ/m^2$，表面电阻率 $10^{6}\Omega$。

3. 复合抗静电剂 PP 配方

单位：质量份

原材料	用量	原材料	用量
PP	100	抗氧剂	0.5
羟甲基脂肪胺	1.0	硬脂酸	0.6
脂肪基磺酸盐	0.5	加工助剂	1～2
热稳定剂	2.0	其他助剂	适量

说明：表面电阻率 $2\times10^{10}\Omega$。

4. 复合抗静电剂改性 PP

单位：质量份

原材料	用量	原材料	用量
PP	100	填料	5.0
HKD-151 抗静电剂	1.5	颜料	适量
HRD-520 抗静电剂	1.5	加工助剂	1～2
分散剂	0.5	其他助剂	适量

说明：表面电阻率 $8.57\times10^{9}\Omega$。

5. 抗静电阻燃 PP

单位：质量份

原材料	用量	原材料	用量
PP	100	热稳定剂	0.2
十溴二苯醚	10	抗氧剂 1010	1.5
Sb_2O_3	5.0	加工助剂	1～2
抗静电剂	2.0	其他助剂	适量

6. 通用抗静电 PP

单位：质量份

原材料	配方 1	配方 2	配方 3
PP	100	100	100
抗静电剂 HZ-1	1.0	—	—
抗静电剂 HZ-14	—	1.0	—
乙二醇月桂酸酰胺	—	—	0.6
热光稳定剂	0.5	0.5	0.5
加工助剂	1～2	1～2	1～2
其他助剂	适量	适量	适量

7. 矿用抗静电 PP

单位：质量份

原材料	用量	原材料	用量
PP	100	硬脂酸	1.0
抗静电剂 HZ-14	1.5	颜料	适量
抗老剂	0.5	加工助剂	1～2
热稳定剂	0.3	其他助剂	适量

说明：体积电阻率<108Ω·cm。

（二）炭黑填充 PP 导电塑料

1. 配方[32]

单位：质量份

原材料	用量	原材料	用量
PP	100	分散剂	1.0
炭黑	10～20	加工助剂	1～2
邻苯二甲酸二丁酯	1.5	其他助剂	适量

2. 制备方法

按配方称量投入高速混合机中，在 185℃，转速 40r/min 下混合 8min 后便可出料，再用双螺杆挤出机挤出造粒待用。

3. 性能

导电炭黑在分散剂的作用下可更好地在基体聚丙烯中分散，其复合体系的导电阈值可降至 8%左右，电导率可高达 10^{-2}S/cm 数量级（炭黑含量在 10%以上）。炭黑的加入使材料的熔融峰移向低温，同时其结晶度也出现不同程度的下降。炭黑原生聚集体以葡萄状的形式分散在聚丙烯中，并有支链使之形成导电网络，赋予复合材料导电性能，同时炭黑的加入使材料的脆性增加。

三、抗菌聚丙烯塑料

（一）高性能抗菌 PP 塑料

1. 配方[33]

单位：质量份

原材料	用量	原材料	用量
PP(7726H)	100	吡啶硫酮锌抗菌剂	0.1～1.0
ZnO	5.0	分散剂	0.5
变色抑制剂(By101)	1.0	加工助剂	1～2
复合抗氧剂	1.5	其他助剂	适量

2. 吡啶硫酮锌/聚丙烯抗菌材料的制备

将聚丙烯、吡啶硫酮锌、抗氧剂、氧化锌、变色抑制剂等组分按照一定比例加入高速搅拌器中进行搅拌，预混1～2min；然后将所得预混料加入双螺杆挤出机中，造粒温度分别为210℃、230℃、250℃，转速为350r/min，将挤出的粒料于90℃烘干3h；最后在200～210℃的条件下注射成50mm×50mm×3mm的试样，进行黄色指数测试。

3. 抗菌性能

从表3-40看出，在聚丙烯中磷酸锆载银和沸石载银抗菌剂质量分数分别需要达到0.8%和0.4%，对大肠杆菌和金黄葡萄球菌的抗菌率才能达到99%。而吡啶硫酮锌的质量分数仅为0.1%时，抗菌率已经可以达到99%。这说明吡啶硫酮锌在聚丙烯中具有非常好的抗菌作用，在抗菌聚丙烯领域有较好的应用前景。

表3-40 抗菌聚丙烯的抗菌率

编号	抗菌剂	质量分数/%	抗菌率/%	
			金黄葡萄球菌	大肠杆菌
1	磷酸锆载银	0.6	82	76
2	磷酸锆载银	0.8	99	99
3	沸石载银	0.3	72	43
4	沸石载银	0.4	99	99
5	吡啶硫酮锌	0.1	99	99

（二）载银抗菌PP塑料

1. 配方

单位：质量份

原材料	用量	原材料	用量
PP	100	加工助剂	1～2
超细无机载银抗菌粒子(<2μm)	1.0	其他助剂	适量
表面处理剂	1.5		

2. 制备方法

先将表面处理剂溶于丙酮中，加入抗菌剂，搅拌30min，升温至60～80℃，处理1h后便可蒸发出丙酮，再于110℃下烘干2h，用高速混合机将物料分散开，经400目过筛即可备用。

3. 性能

对大肠杆菌、金黄色葡萄球菌、绿脓杆菌等抑菌率为99%，对鼠伤寒沙门菌、肺炎克雷伯氏菌等抑菌率为92%。

（三）表面处理载银抗菌剂PP塑料

1. 配方

单位：质量份

原材料	用量	原材料	用量
PP	100	加工助剂	1～2
载银磷酸锆	1～2	其他助剂	适量
分散剂	0.5		

2. 性能

拉伸强度27MPa，断裂伸长率12%，冲击强度3.3kJ/m^2。

四、其他功能聚丙烯塑料

（一）纳米 Fe_3O_4改性 PP 磁性复合材料

1. **配方**[34]

单位：质量份

原材料	用量	原材料	用量
PP	100	硬脂酸	1.5
纳米 Fe_3O_4磁性粒子	5～15	加工助剂	1～2
油酸	5.0	其他助剂	适量
抗氧剂	1.0		

2. **制备方法**

(1) 四氧化三铁纳米粒子的制备　采用化学共沉淀法合成 Fe_3O_4 纳米粒子。将一定量的 $FeCl_3 \cdot 6H_2O$ 和 $FeCl_2 \cdot 4H_2O$（控制 Fe^{3+} 和 Fe^{2+} 的物质的量之比为 2∶1）充分溶解在去离子水中，将溶液移入三口烧瓶中，通氮气保护，加热到 80℃，然后向溶液中注入氨水溶液，使 pH 达到 10～11，生成黑色沉淀，在 80℃下恒温晶化 1h。然后加入油酸，在 80℃下反应 0.5h，冷却到室温，用盐酸中和掉多余的氨水，使 pH 达到 7。用磁铁分离出表面经过油酸改性的 Fe_3O_4，用乙醇洗涤三次除去多余的油酸。真空烘箱 60℃烘干。研细，用 200 目筛子过筛，待用。

(2) 聚丙烯/四氧化三铁纳米复合材料的制备　将不同质量比的 Fe_3O_4 纳米粒子和 PP 粉料在高速旋转搅拌机中固态高搅混合 1min，然后在 190℃下将混合好的 PP 粉料/Fe_3O_4 纳米粒子置于 Polylab 型 Hakke 转矩流变仪中密炼 8min，转子转速为 60r/min，即得到 PP/Fe_3O_4 复合材料。随后将上述出料热压成型制备出测试所需样品。

3. **性能**

见图 3-12 和表 3-41。

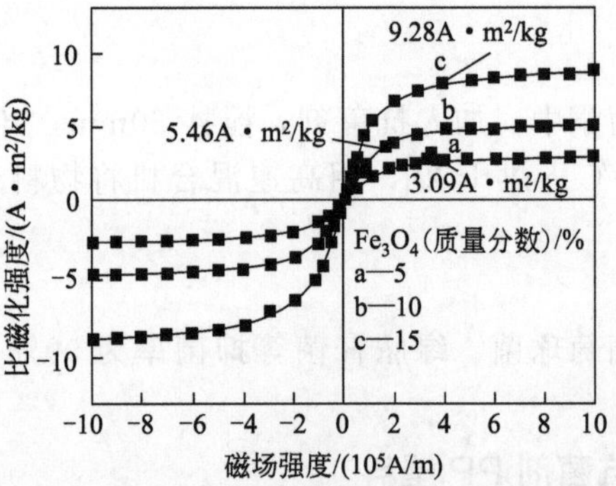

图 3-12　不同 Fe_3O_4 添加量的 PP/Fe_3O_4 纳米复合材料在的磁滞回线（温度 300K）

表 3-41　PP/Fe_3O_4 纳米复合材料的磁性测量数据

Fe_3O_4(质量分数)/%	H_c/(A/m)	M_r/(A · m²/kg)	M_s/(A · m²/kg)	M_r/M_s
5	1273	0.05	3.09	0.016
10	1432	0.07	5.46	0.013
15	3182	0.46	9.28	0.05

（二）杂化碳化硅填充 PP 导热复合材料

1. 配方[35]

单位：质量份

原材料	用量	原材料	质量
PP	100	分散剂	1.5
微米级 SiC	75	抗氧剂	1.0
纳米级 SiC	15	加工助剂	1～2
聚乙烯蜡	5.0	其他助剂	适量

2. 制备方法

按配方称量，投入高速混合机中，在 190℃下混合，直到混合均匀为止，再用双螺杆挤出机挤出造粒，然后再制备试样。

压片设置平板硫化机的温度为 190℃。将以上所得粒料均匀放入 20mm×20mm 的模具中，预热 10min，排气 6 次，保压 10min。取出放入冷压机中冷却保压 5min 得样品。

3. 性能

（1）填料的选择是很关键的。因为经过预处理后填料分散开来，未能形成导热网链，导致经过表面处理的 SiC 填料对导热效果不如未处理的 SiC。

（2）通过加入 SiC 可有效提高热导率，当填充分数达到 75%时，热导率为 0.45W/(m·K)，而 PP 的热导率 0.20W/(m·K)，达到了 2.25 倍。不过力学性能有所下降。

（3）熔融指数随着填料填充量增加而降低，而加入 PE 蜡可改善复合材料的流动性。

（4）加入第三组分杂化，可以提高材料的热导率。当加入 SiCw 达到 15%时，其热导率达到 0.86W/(m·K)。加入 nano-SiC，热导率高于 SiCw。nano-SiC 用量达到 15%，其热导率达到 0.91W/(m·K)。

（三）透明 PP 配方

1. 配方[36]

单位：质量份

原材料	用量	原材料	用量
PP	100	聚乙烯	5.0
成核剂 A-山梨醇	0.3	分散剂	2.0
成核剂 B-有机磷酸盐	0.4	加工助剂	1～2
成核剂 C-无机类	0.15	其他助剂	适量

2. 制备方法

称取一定量的 PP，成核剂和 PE。将所称的原料进行预混合后，通过双螺杆挤出机挤出造粒，挤出机的机头温度设定为 215℃，其他各段温度范围在 170～210℃，转速为 200r/min，挤出物经过冷却后切成颗粒，烘干后在注射成型机注射成检测实验板。注塑温度为 195～215℃，检测实验板的厚度为（2.40±0.05)mm。

（四）表面微透镜阵列用 PP 光扩散材料

1. 配方[37]

单位：质量份

原材料	用量	原材料	用量
PP	100	加工助剂	适量
丙烯酸微球类光扩散剂母料	0.3～3.0	其他助剂	适量
分散剂	1.5		

2. 制备方法

将透明 PP 和光扩散剂干燥后，按 95∶5 的比例初步混合后，加入到双螺杆挤出机中进行熔融共混、造粒，制备成 5%PP 光扩散母料；然后将 5% PP 光扩散母料分别稀释为 0.3%、0.5%、1%，1.5%、3%；最后用注塑机注射成光学制品或试样。

3. 性能

见图 3-13～图 3-15 和表 3-42。

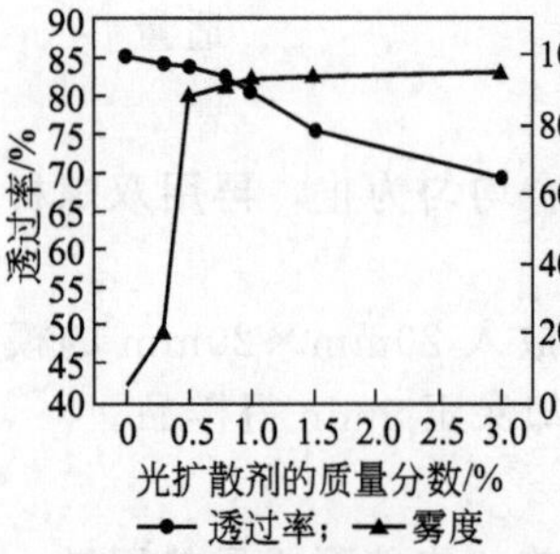

图 3-13 光扩散剂用量对光扩散板透过率和雾度的影响

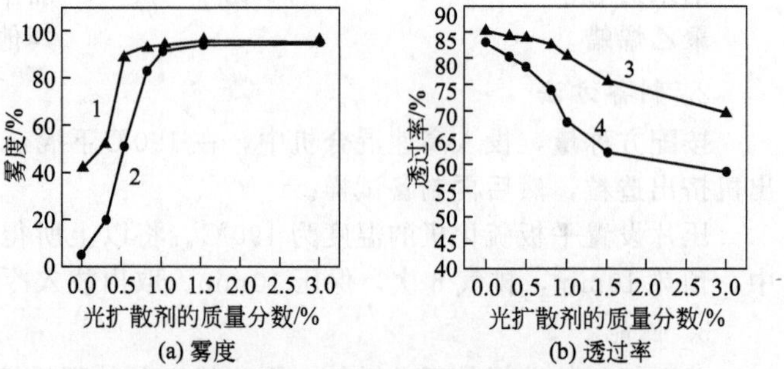

图 3-14 光扩散板表面微透镜对光学性能的影响

1—六边形排布微结构；2—表面没有微结构；3—无微结构；4—六边形排布微透镜阵列

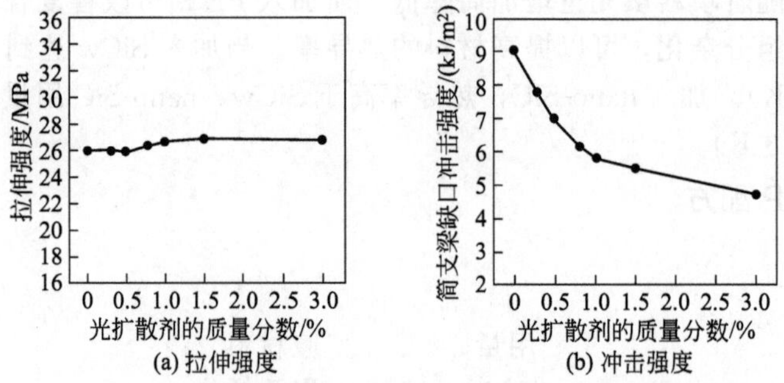

图 3-15 光扩散剂质量分数对光扩散材料力学性能的影响

表 3-42 光扩散板表面微透镜的光学性能比较

项目	无微透镜阵列	六边形排布微透镜阵列	变化量 Δ/%
透过率/%	83.7	80.2	4
雾度/%	50.4	92.7	77

注：$\Delta=\frac{|\text{六边形排布微透镜阵列}-\text{无微透镜阵列}|}{\text{无微透镜阵列}}\times 100\%$。

（五）高吸油性改性 PP

1. 配方[38]

单位：质量份

原材料	用量	原材料	用量
PP(无纺布级)	100	异丙醇	适量
PP-g-(AA+MAA)	10～20	加工助剂	1～2
光敏剂二苯甲酮	1.5	其他助剂	适量

2. 制备方法

接枝反应在聚乙烯袋中进行，每组实验选定的紫外辐照波长均为 312nm。PP 无纺布原始厚度为 2mm，并以此作为接枝反应基体材料。首先加入异丙醇/水溶液（如果没有特殊说明，其比例为 1∶4），随后依次加入光敏剂（二苯甲酮，0.625‰，以甲基丙烯酸甲酯质量为基准），0.1mol/L 硫酸以及 AA 单体，鼓氮气 10min 除去氧气并使溶液均匀混合。第一次接枝后得到 PP-*g*-AA 聚合物样品。未反应的 AA 单体以及 AA 共聚产物通过丙酮在室温下萃取 8h，进而从 PP-*g*-AA 样品中去除。将得到的 PP-*g*-AA 样品浸入含有 MMA 单体的接枝液中，进行再次接枝反应，同时留出未经二次接枝的样品作为参考对照。二次接枝后，所得 PP-*g*-(AA+MMA) 样品，用丙酮再次萃取。反应过程如图 3-16 所示。

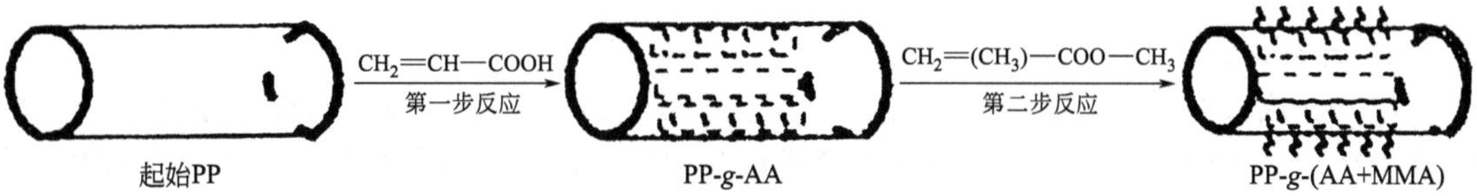

图 3-16 PP-*g*-(AA+MMA) 聚合示意图

PP-*g*-(AA+MMA) 接枝率计算公式如下：

$$G(\%)=\frac{(W_1-W_0)}{W_0}\times 100\% \qquad (3\text{-}1)$$

式中，W_0 和 W_1 分别为接枝前后 PP 无纺布的质量。

3. 性能

见表 3-43、表 3-44 和图 3-17。

表 3-43 不同接枝率 PP-*g*-(AA+MMA) 吸附性能

接枝率/%	接触角/(°)	此表面积值/(m^2/g)	孔隙率值/%	吸附能力/(g/g)
0	75.30	0.44	60.35	9.37
6.4	87.62	0.52	67.31	12.88
9.5	98.24	0.59	74.45	15.23
15.4	109.28	0.75	83.73	18.37
18.73	124.38	0.89	91.26	22.17

表 3-44 不同接枝率的 PP-*g*-(AA+MMA) 的力学性能

接枝率/%	拉伸弹性模量/(kg/cm^2)①	断裂强度/cN	初始模量/(cN/dtex)
0	26.51	0.71	0.35
6.4	43.28	1.22	0.48
9.5	76.41	2.48	0.92
15.4	99.85	3.14	1.24
18.73	115.43	3.76	1.48

①1kg/cm^2≈0.1MPa。

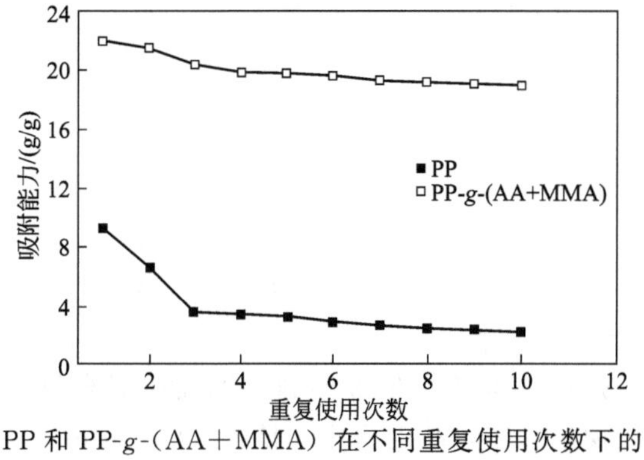

图 3-17 PP 和 PP-*g*-(AA+MMA) 在不同重复使用次数下的吸附能力

（六）高结晶度 PP

1. 配方[39]

单位：质量份

原材料	用量	原材料	用量
高等规度均聚丙烯粉料	100	粉末丁苯橡胶(10nm)	5.0
N-催化剂	1.5	硬脂酸钙	0.5
外给电子体甲基环己基二甲氧基硅烷(CHMMS)与 DCPMS	1.5	二甲苯	适量
复合成核剂(VP101B)	0.1～0.15	加工助剂	1～2
抗氧剂 1010 与 168	1.0	其他助剂	适量

2. 制备方法

将复合成核剂和加工助剂（抗氧剂 1010、抗氧剂 168、吸酸剂硬脂酸钙）按配方设计的添加量加入到聚丙烯粉料中，用高速混合机混合均匀，将预混均匀的混合物加入到双螺杆挤出机中，于 170～220℃下挤出造粒，粒料于 90℃下烘干 4h 后用注射机注射样条。

3. 性能

(1) 以 N 催化剂与外给电子体 DCPMS 组成的催化体系可制备高等规度（大于 98%）和低二甲苯可溶物含量的均聚聚丙烯。

(2) VP101B 复合成核剂对高等规度均聚聚丙烯具有很好的成核促进作用，PLA 和 DSC 表征结果显示，添加复合成核剂可使均聚聚丙烯的结晶细化，可大幅提高均聚聚丙烯的初始结晶温度和结晶速率。

(3) VP101B 复合成核剂对聚丙烯具有很好的成核促进作用，改性的聚丙烯弯曲模量和热变形温度大幅提高，复合成核剂添加量为 0.15 份时，均聚聚丙烯的弯曲模量和热变形温度分别提高了 28.7%和 17.5℃。

(4) 添加 VP101B 复合成核剂的高结晶均聚聚丙烯工业产品的流变性能与纯聚丙烯相近，复合成核剂对均聚聚丙烯的流变性能影响很小，其加工性能与基础聚丙烯树脂相近，加工改性的聚丙烯制品时无需改变工艺参数。

（七）聚丙烯纤维专用料

1. 配方[40]

单位：质量份

原材料	配方 1	配方 2	配方 3
PP(T03 粉料)	100	100	100
2,3-二甲基-2,5-二(叔丁基)过氧化己烷(TX101,津)	0.04～0.08	—	—
3,6,9-三乙基-3,6,9-三甲基-1,4,7-三过氧壬烷(TX301)	—	0.04～0.08	—
TX101	—	—	0.04～0.08
抗氧剂	0.1～0.15	0.1～0.15	0.1～0.5
卤素吸收剂	1.0	1.0	1.0
化妆白油	1.5	1.5	1.5
其他助剂	适量	适量	适量

2. 制备方法

(1) 制备工艺过程　先将一定量的 T03 粉料加到高速混合机中，然后在低速混合状态下将白油稀释过的过氧化物雾状喷入高混机中，搅拌 10～15min，配成质量分数 0.4%左右的浓缩料，卸料。若混合时间过长及搅拌转速过高会产生大量的热量，使物料超温，导致过氧化物分解失效。将此浓缩料在塑料袋中密封存放15h以上，在比较充分的静置时间内，过氧化物分子能较均匀地吸附在PP颗粒上。将一定量的T03粉料、抗氧剂及其他助剂加入高混机中混合2min，再加入浓缩料，在高混机中混合3min，制成过氧化物按工艺要求含量的PP粉料，将该料进行挤出造粒，粒料测试性能。在挤出过程中，氮气一直使用以避免热氧化降解。

(2) 工艺条件

① 挤出温度的确定。根据TX101、TX301的性质及厂家推荐，选择2者的挤出温度分别为230℃、235℃。

② 螺杆转速的确定。选择天津TX101（用量为质量分数0.077%），改变螺杆转速进行实验，结果发现，螺杆转速对PP的MFR影响不太大，转速超过200r/min，MFR变化很小。螺杆转速过大，机械降解明显，不利于产品质量，因此选择螺杆转速为200r/min。

3. 性能

三种过氧化物降解PP的熔体质量流动速率（MFR）随其用量的增加而呈现线性关系的增加，江苏TX101是比较理想的过氧化物，而天津TX301产品质量较好；抗氧剂会使降解剂的降解能力下降。按确定的配方和工艺条件，可制备MFR为(35±2)g/10min、质量稳定的PP纤维专用料，可用于生产无纺布及烟用丝束专用料等。

第三节 聚丙烯汽车专用料

一、经典配方

具体配方实例如下[1~5]。

1. 聚丙烯汽车配件专用料

① 聚丙烯汽车风扇专用料配方

单位：%（质量分数）

原材料	用量	原材料	用量
PP	30～70	玻璃纤维	5～20
橡胶增韧母粒	15～30	其他助剂	适量
聚烯烃	5～20		

② 汽车散热器罩专用料配方

单位：%（质量分数）

原材料	用量	原材料	用量
PP	50～80	无机填料	15～30
橡胶增韧母粒	15～30	其他助剂	适量

说明：性能见表3-45、表3-46。

表3-45 PP汽车风扇专用料性能

项目	镇海炼化公司	日本进口	纯PP
MFR/(g/10min)	1～3	11	1.5～4.9
热变形温度/℃	131.7	135.0	114
拉伸强度/MPa	32.6	28	28.5
弯曲强度/MPa	53.9	50.1	40～45

续表

项目		镇海炼化公司	日本进口	纯PP
布氏硬度/MPa		22.1	23.1	—
悬臂梁缺口冲击强度/(J/m)	23℃	73.8	99.5	40
	−30℃	48.4	61.5	脆性断裂

注：性能数据均为兵器工业第五三研究所实测。热变形温度测定时负荷为0.46MPa。

表3-46 PP汽车散热器罩专用料性能

项目	519PP	北化院PP	纯PP
MFR/(g/10min)	1.5～10.3	3～7	1.5～4.9
热变形温度/℃	136.9～145.7	>120	114
拉伸强度/MPa	33.4	≥28	28.5
伸长率/%	80	>50	200
弯曲模量/MPa	15	>16	—
弯曲强度/MPa	54.6	≥48	40～45
悬臂梁缺口冲击强度(23℃)/(J/m)	50	≥70	40
球压痕硬度	98	≥90	85
模塑收缩率/%	0.9	0.9～1.2	1.5

注：北化院是指北京化工研究院。热变形温度试验时压力为0.46MPa。

2. 聚丙烯汽车导流板专用料

单位：%（质量分数）

原材料	用量	原材料	用量
PP(5004)	40	滑石粉	20
PP(8303)	20	抗氧剂	5
POE	15	其他助剂	适量

说明：性能见表3-47、表3-48。

表3-47 改性PP专用料的性能

项目	指标	实测
拉伸强度/MPa	≥25	26.36
弯曲强度/MPa	≥29	30.97
弯曲模量/MPa	≥1600	1702.2
冲击强度/(kJ/m²)	≥30	32.18
MFR/(g/10min)	≤5	4.75

表3-48 导流板的典型性能

项目	典型性能
耐热性(装配状态90℃,24h)	外观无松动、变形、变色现象
耐寒性(装配状态−40℃,24h)	外观无松动、变形、变色现象
耐寒性(装配状态−40℃,24h)	落球冲击(高度500mm)无裂痕
耐化学药品性	外观无溶解、膨胀、变色、裂纹

3. 重型汽车改性PP侧护板料

单位：%（质量分数）

原材料	用量	原材料	用量
PP(71735)	40	DCP	1
PP(K7726)	20	抗氧剂	4
POE	10	其他助剂	适量
滑石粉	25		

说明：在优化工艺参数的前提下，以均聚PP（71735）和共聚PP（K7726）作为基体树脂，选定POE为增韧剂、滑石粉为填充剂，并通过DCP对MFR的调节及基体树脂的优化组合确保改性PP专用料的高流动性，其综合性能满足重型汽车侧护板专用料的应用要求。

4. 轻型汽车仪表板专用料

单位：质量份

原材料	用量	原材料	用量
PP(EPF30R)	72.5	云母	12.5
POE	5	其他助剂	适量
HDPE	15		

说明：性能见表3-49。

表3-49 PP轻型汽车仪表板专用料的要求和实测性能对比

项目		五十铃系列轻型车要求	实测仪表板专用料
密度/(g/cm³)		0.95～1.05	0.98
MFR/(g/10min)		7.0	7.5
拉伸强度/MPa		30.0	30.5
断裂伸长率/%		70	250
弯曲模量/MPa		1800	2050
悬臂梁缺口冲击强度/(kJ/m)	23℃	10	12
	-30℃	4	5
热变形温度/℃		90	95
模塑收缩率/%		1.00～1.10	1.05

注：热变形温度测试压力为1.8MPa。

实测仪表板专用料的性能完全满足五十铃系列轻型汽车的要求，经过试用，已经应用在多种型号的轻型汽车上。

5. 微型汽车仪表盘专用料

单位：质量份

原材料	用量	原材料	用量
PP	100	填料(滑石粉)	5～30
POE	5～30	其他助剂	适量

说明：性能见表3-50。

表3-50 微型汽车仪表盘材料的技术指标与该专用料的实测性能

项目	MFR/(g/10min)	拉伸强度/MPa	断裂伸长率/%	弯曲弹性模量/MPa	缺口冲击强度/(J/m)	热变形温度/℃
技术指标	5～10	20	425	740	70	115

续表

项目	MFR /(g/10min)	拉伸强度/MPa	断裂伸长率/%	弯曲弹性模量/MPa	缺口冲击强度/(J/m)	热变形温度/℃
实测值	9.75	23.5	430	956.5	70.1	134.6

该专用料已用于汽车仪表盘的生产。实践证明，其成型加工性及力学性能均良好。

6. 摩托车仪表盘专用料

单位：质量份

原材料	用量	原材料	用量
聚丙烯	60	钛白粉	3
PP-*g*-MAA	10	其他助剂	适量
滑石粉	27		

说明：性能见表 3-51。

表 3-51　摩托车仪表盘专用料与日本 KD 粒料性能对比

项目	专用料	日本 KD 粒料
拉伸强度/MPa	31.2	29.5
弯曲强度/MPa	68.8	52.1
弯曲弹性模量/MPa	2829	2340
缺口冲击强度/(kJ/m²)	6.5	6.6
热变形温度(450kPa)/℃	139	140

7. PP 汽车轮罩

单位：质量份

原材料	用量	原材料	用量
PP/EPDM/LDPE[(30～20)/(20～30)/(25～30)]	100	助交联剂 A	0.1～1.0
		偶联剂	0.5～1.0
填料(硅藻土)	5～10	其他助剂	适量
交联剂	0.01～1.0		

说明：采用 DCP 和助交联剂 A 配合作交联剂的 PP/EPDM/LDPE 共混体系，经交联后，可提高拉伸强度，降低成型收缩率，而对材料的其他性能影响不大。在交联体系中，一般 DCP 含量为 0.01%～0.1%时最为理想。PP/EPDM/LDPE 填充共混体系选用硅藻土作填料，并当硅藻土含量为 10%时，体系的各项综合性能最为理想。该共混料能很好地满足生产汽车轮罩的要求，拓宽了聚丙烯在汽车行业和其他领域的应用范围。

8. 汽车座椅骨架专用料（CN-Y300）

单位：质量份

原材料	用量	原材料	用量
PP	100	PE 母料	25
EPDM(弹性体)	10	其他助剂	适量
填充剂	20～50		

说明：性能见表 3-52。

表 3-52 座椅骨架专用料 CN—Y300 性能

项目	指标	CN—Y300
熔体流动速率/(g/10min)	1～5	2.0
平均模缩率/%	1.0～1.4	1.0
拉伸强度/MPa	20	21
弯曲弹性模量/MPa	850	1200
悬臂梁缺口冲击强度(23℃)/(kJ/m^2)	30	34
洛氏硬度	60	60

9. 超高冲击强度 PP 汽车保险杠专用料

单位：质量份

原材料	用量	原材料	用量
PP	100	炭黑	1.0～2.0
乙丙橡胶/PE	10～20	抗氧剂	0.5～1.0
滑石粉	20～30	其他助剂	适量
过氧化物	1.0～5.0		

说明：拉伸强度 19.2MPa，断裂伸长率 420%，弯曲强度 25.1MPa，弹性模量 911MPa，热变形温度 108℃，冲击强度 580J/m。

10. 增韧聚丙烯汽车保险杠专用料

单位：质量份

原材料	用量	原材料	用量
PP	100	滑石粉	12
POE	15	偶联剂	1.0
PP-*g*-MAH	10	其他助剂	适量

说明：拉伸强度 23.3MPa，弯曲强度 36MPa，撕裂伸长率 500%，悬臂梁冲击强度 550J/m，热变形温度 120℃。

11. PP/PE/POE 弹性体汽车保险杠

单位：质量份

原材料	用量	原材料	用量
PP	60～80	钛酸酯偶联剂	1.0～3.0
LLDPE	20～40	成核剂	0.1～0.2
POE	10～20	抗氧剂	1.0～1.5
滑石粉	5～10	加工助剂	1～2
$CaCO_3$母料	20～40	其他助剂	适量

说明：拉伸强度 25.2MPa，断裂伸长率 410%，弯曲弹性模量 820MPa，悬臂梁缺口冲击强度 35.8kJ/m，热变形温度 73℃。

12. 共聚 PP/PE/POE 弹性体汽车保险杠专用料

单位：质量份

原材料	用量	原材料	用量
PP/共聚 PP(65/35)	100	抗氧剂	0.5～1.0
PE	10	$CaCO_3$	10～20
POE	15～25	其他助剂	适量

说明：拉伸强度 23MPa，弯曲强度 29MPa，断裂伸长率 500%，缺口冲击强度 600J/m，热变形温度 89℃。该配方性价比高，成型加工方便，制品综合性能优良。可用于微型汽车保险杠，该保险杠在低温条件下仍保持较高的韧性。

13. PP 汽车保险杠专用料

单位：质量份

原材料	用量	原材料	用量
PP	40～45	硅灰石	17～20
CPP	26～29	抗氧剂	1.0～1.5
POE	14.5～22	加工助剂	1.0
偶联剂	1.0～2.0	其他助剂	适量

说明：该配方设计合理，工艺性能良好，制品性能满足技术标准要求，已广泛应用于多种汽车保险杠，建议推广应用。

14. 添加相容剂的 PP 汽车仪表板专用料

单位：质量份

原材料	用量	原材料	用量
PP	100	马来酸酐	1.0～5.0
滑石粉	20	过氧化二异丙苯	0.1～1.5
POE	5.0～15	加工助剂	1.0
PP-*g*-MAH	5.0～10	其他助剂	适量

说明：拉伸强度 28.5MPa，断裂伸长率 500%，弯曲弹性模量 1150MPa，冲击强度 87J/m，热变形温度 130℃。制品性能优良，特别是拉伸强度和冲击强度提高了 20%～30%，已广泛用于各种车辆。

15. 轻型汽车门衬板用聚丙烯专用料

单位：质量份

原材料	用量	原材料	用量
PP	60～70	抗氧剂	0.1～1.0
LLDPE	15～20	光稳定剂	0.5～1.5
POE	5～20	加工助剂	1.0
滑石粉	10～15	其他助剂	适量

说明：拉伸屈服强度 26MPa，断裂伸长率 400%，弯曲弹性模量 1.0GPa，悬臂梁缺口冲击强度 8.0kJ/m^2，热变形温度 110℃，制品完全满足技术标准要求，已大批量用于轻型车辆。

16. 重型汽车侧板用改性聚丙烯专用料

单位：质量份

原材料	用量	原材料	用量
PP(71735)	40	DCP	1.0
PP(K7726)	20	抗氧剂	0.5～1.0
POE	10	偶联剂	1.0～1.5
滑石粉	25	其他助剂	适量

说明：拉伸强度 26.36MPa，弯曲强度 30.97MPa，弯曲弹性模量 1702.2MPa，缺口冲击强度 32.18kJ/m。热变形温度 90℃，熔体流动速率 26.75g/10min。用该专用料制备的汽车侧护板耐高低温性能良好，经 90℃/24h、－40℃/24h 检测外观无变色、无形变、无松动、磨球冲击试验（高度 500mm）无裂痕，且耐化学品性亦佳。已在重型汽车上成功应用，

效果良好。

17. 汽车发动机冷却风扇用聚丙烯专用料

单位：质量份

原材料	用量	原材料	用量
PP	100	偶联剂	1.0～1.5
增韧剂	10～15	热稳定剂	0.5～1.0
增容剂	10～15	抗氧剂	1.0～2.0
增强剂	15～30	其他助剂	适量

说明： 拉伸强度 24.7MPa，断裂伸长率 48%，弯曲强度 36.5MPa，弯曲弹性模量 30GPa，缺口冲击强度 97.8J/m，热变形温度 108℃。

18. 汽车散热器用聚丙烯专用料

单位：质量份

原材料	用量	原材料	用量
PP	50～80	抗氧剂	0.5～1.5
橡胶母料	5～20	热稳定剂	0.1～0.5
$CaCO_3$	15～30	加工助剂	1.0
偶联剂	1.0～1.5	其他助剂	适量

说明： 拉伸强度 33.4MPa，断裂伸长率 80%，弯曲强度 54.6MPa，冲击强度 50J/m，热变形温度 145℃。

19. 汽车内顶用 PP 专用料

单位：质量份

原材料	用量	原材料	用量
高韧性 PP	55～65	滑石粉	25～36
PP2401	10	抗氧剂	3.5
HDPE 6098	10	硬脂酸钙	1.0
EPDM	8	其他助剂	适量

说明： 拉伸强度 27.1MPa，断裂伸长率 170%，缺口冲击强度 230J/m，弯曲强度 37.1MPa，弯曲弹性模量 2.42GPa，热变形温度 134℃，熔体流动速率 0.51g/10min。

20. 汽车空调系统用改性 PP 专用料

单位：质量份

原材料	用量	原材料	用量
PP	100	炭黑母料	5～20
滑石粉	10～40	热稳定剂	0.5～1.0
偶联剂	0.1～1.0	加工助剂	1.0
抗氧剂	1.0～3.0	其他助剂	适量

说明： 拉伸屈服强度 46MPa，弯曲强度 72MPa，冲击强度 52kJ/m，热变形温度 130℃。

21. POE 改性 PP 汽车仪表板专用料

单位：质量份

原材料	用量	原材料	用量
PP 1300	54.7	降解剂	2.0
POE	17	抗氧剂 1010	0.1
滑石粉	20	抗氧剂 168	0.2
马来酸酐接枝 PP	6	其他助剂	适量

说明： 拉伸强度 23MPa，断裂伸长率 85%，弯曲强度 47MPa，弯曲弹性模量 2410MPa，

缺口冲击强度22kJ/m²，熔体流动速率11g/10min。

22. 汽车风扇聚丙烯专用料

单位：质量份

原材料	用量	原材料	用量
PP	100	抗氧剂	1.0
增韧橡胶	5～10	稳定剂	1.5
玻璃纤维/填料	10～20	其他助剂	适量

说明：汽车风扇专用料国内尚没有现行的性能标准，因而参照国外专用料的性能对研制生产的PP专用料制成的风扇进行了性能检测，结果表明其主要性能超过或接近于国外同类产品的水平，见表3-53。

表3-53 改性PP风扇专用料的性能

项目	国产专用料	日本专用料	项目	国产专用料	日本专用料
熔体流动速率/(g/10min)	2.13	>2.0	洛氏硬度	74	>65
拉伸强度/MPa	24.7	>20	缺口冲击强度/(J/m)		
断裂伸长率/%	48	>30	23℃	97.8	130
弯曲强度/MPa	36.50	>35	−30℃	21.8	—
弯曲弹性模量/MPa	30.20	>30	热变形温度(0.46MPa)/℃	108	—

23. 聚丙烯汽车灯罩专用料

单位：质量份

原材料	用量	原材料	用量
PP	100	抗氧剂	1.0
滑石粉	20～40	润滑剂	2.0
相容剂	10～20	加工助剂	2.0
填料	15～35	其他助剂	适量

说明：性能见表3-54。

表3-54 汽车灯罩用聚丙烯改性料的性能

项目	灯罩用聚丙烯改性料	项目	灯罩用聚丙烯改性料
拉伸强度/MPa	27	密度/(g/cm³)	1.15
断裂伸长率/%	60	缺口冲击强度/(kJ/m²)	9
弯曲弹性模量/MPa	3500	收缩率/%	0.9
熔体流动速率/(g/10min)	8		

24. 汽车内饰件专用料

单位：质量份

原材料	用量	原材料	用量
PP	100	紫外线吸收剂	0.05～0.5
LLDPE	10～20	润滑剂	1.0
POE增韧剂	10～20	分散剂	1.5
滑石粉	15～20	其他助剂	适量
抗氧剂	0.1～1.0		

说明：性能见表3-55。

表 3-55　用研制的专用料加工成汽车内饰件的性能

检验项目	指标	实测值	检验项目	指标	实测值
热变形温度/℃	≥120	122.4	悬臂梁缺口冲击强度/(kJ/m^2)	≥20	24
拉伸强度/MPa	≥20	21.2	弯曲模量/MPa	≥1500	1830
断裂伸长率/%	≥100	115			

25. 轿车中立柱下护板聚丙烯专用料

单位：质量份

原材料	用量	原材料	用量
PP	100	抗氧剂	1.0
滑石粉	30～50	紫外线吸收剂	0.5
相容剂	10～15	润滑剂	1.0
EPDM	15～20	其他助剂	适量

说明： 性能见表 3-56。

表 3-56　PP 专用料的性能

项目	指标	项目	指标
熔体流动速率/(g/10min)	8	缺口冲击强度/(J/m)	380
拉伸强度/MPa	20	收缩率/%	1.2
断裂伸长率/%	160	热变形温度/℃	80
弯曲弹性模量/MPa	1250		

二、PP 汽车专用料配方与制备工艺

（一）汽车内饰件 PP 专用料[41]

1. 配方

单位：质量份

原材料	用量	原材料	用量
共聚聚丙烯(K8003)	90	降温母料	7.0
均聚聚丙烯(S1004)	10	加工助剂	1～2
成核剂	0.1～0.15	其他助剂	适量

2. 制备方法

首先将加有各类助剂的聚丙烯料使用 10L 高速混合机混合均匀，然后采用双螺杆挤出机挤出造粒。

造粒温度：一段 190℃；二段 200℃；三段 210℃；四段 215℃；五段 215℃；六段 215℃；七段 210℃；机头 200℃。

螺杆转速 150r/min，喂料转速 10r/min，注射温度 210℃，保压 1min。

使用注塑机将上述所得试样制成各种测试样条，以备测试。

3. 性能

表 3-57 列举了国内外厂家生产的汽车内饰件用聚丙烯专用料的力学性能。其中试验开发的汽车内饰件用聚丙烯专用料暂且命名为 YPJ-728，通过比较发现熔体流动速率处在 25～30g/10min 的专用料中，AZ564 和 M2600R 综合性能较为一般，EP640R 明显是偏重于材料的刚性，它的弯曲模量较高，但是冲击性能和前 2 者一样依然不是强项；K7726 和 YPJ-728 在刚韧平衡上做得相对较好，材料在保持较高弯曲模量和拉伸屈服应力的同时抗冲击性能依然较好，常温悬臂梁冲击强度比 EP640R，AZ564，M2600R 的高约 60%。YPJ-728 力学性

能略微高于K7726的，但是YPJ-728的熔体流动速率相比K7726的高出了20%，可见YPJ-728的加工性更好，更有利于薄壁产品注塑。

表 3-57　国内外同类产品力学性能对比

测试项目	EP640R	AZ564	M2600R	K7726	YPJ-728
MFR/(g/10min)	30	30	27	25	30
拉伸屈服应力/MPa	24.9	26.1	25.7	25.3	26.3
断裂伸长率/%	62	237	103	170	159
弯曲模量/MPa	1405	1219	1289	1266	1271
悬臂梁冲击强度/(kJ/m²)					
23℃	6.90	5.38	6.07	9.58	10.70
－20℃	4.44	3.64	3.70	5.16	5.67
热变形温度/℃	94	83	90	92	113
洛氏硬度(R)	85.7	86.8	85.3	85.2	85.4

注：YPJ-728中基体树脂100.00份，其中K8003与S1004质量比为9∶1；降温母料7.00份；成核剂0.10份。

表3-58是国内外同类产品微观性能对比。由表3-58可知，5种专用料的乙烯含量（质量分数）在6.6%～7.4%，EP640R和YPJ-728的乙烯含量较高，AZ564，K7726，YPJ-728的熔融热焓较低，这样它们的结晶度就较低，如果需要达到同样的力学性能就需要细化球晶尺寸，结合力学性能分析，K7726可能在生产中也添加了成核剂，这一点产品的牌号规则也印证了推测。

表 3-58　国内外同类产品微观性能对比

项目	EP640R	AZ564	M2600R	K7726	YPJ-728
乙烯质量分数/%	7.4	6.6	6.6	6.8	7.3
熔融热焓/(J/g)	144.8084	114.2458	160.8147	113.4202	107.8436

(二)中华M2方向盘护盖PP专用料

1. 配方[42]

单位：质量份

原材料	用量	原材料	用量
共聚PP	80	抗氧剂	1.5
均聚PP	20	润滑剂	1.0
EPDM	20	加工助剂	1～2
滑石粉	10～30	其他助剂	适量
相容剂	5.0		

2. 制备方法

见图3-18。

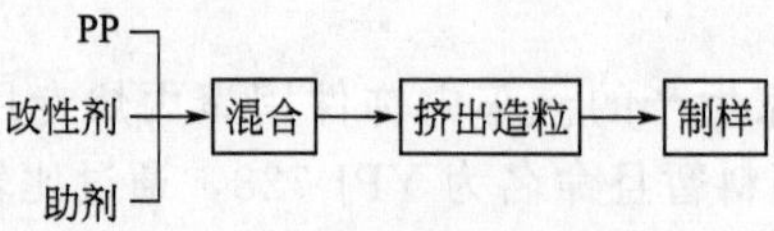

图 3-18　试样制备工艺流程

3. 性能

见表3-59。

表 3-59　中华 M2 方向盘护盖 PP 专用料性能

项目	数值
MFR/(g/10min)	8～12
拉伸强度/MPa	22
断裂伸长率/%	60
弯曲弹性模量/MPa	2250
缺口冲击强度/(J/m)	380
收缩率/%	1.1
热变形温度/℃	105

中华 M2 方向盘护盖 PP 专用料自 2005 年 10 月投产以来，用户反映很好。其耐热性、强度、尺寸稳定性、安装性等都达到实际使用要求。虽然车型和结构有所变化，但方向盘护盖 PP 专用料一直沿用至今，并且使用到了中华骏捷 FRV 和 FSV 等新型车上，使用范围不断在扩大。

（三）高韧性轻量化汽车保险杠专用料

1. 配方[43]

单位：质量份

原材料	用量	原材料	用量
PP(T30S)	100	$BaSO_4$	30
EPDM(3012P)	20	偶联剂(异丙基三钛酸酯)	1.5
双二五硫化剂(DBPH)	1.0	$CaCO_3$	5.0
橡胶填充油	10	加工助剂	1～2
二乙烯基苯(DVB)	5.0	其他助剂	适量

2. 制备方法

制备的工艺流程见图 3-19。

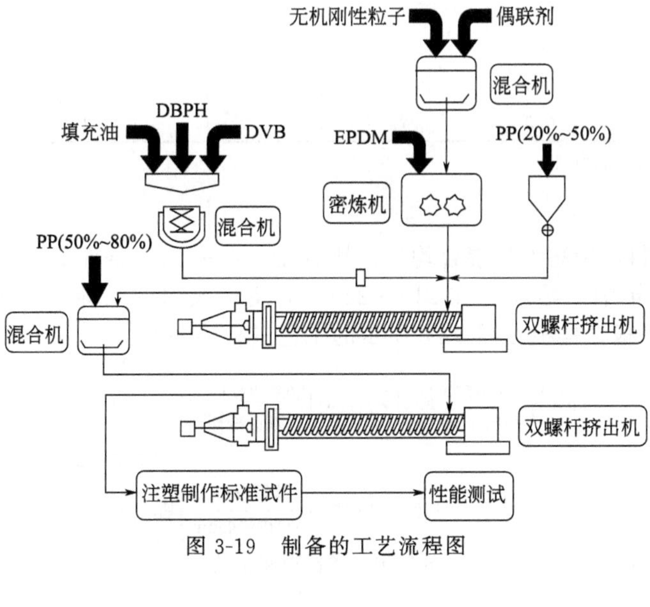

图 3-19　制备的工艺流程图

3. 性能

见表 3-60。

表 3-60 PP/EPDM/$BaSO_4$热塑性弹性体性能测试结果

项目	国家标准	PP/EPDM/$BaSO_4$三元体系
密度/(g/cm^3)	1.03～1.10	1.05
熔体流动速率/(g/10min)	≥13	18
拉伸屈服应力/MPa	≥17	26.5
弯曲模量/MPa	≥1250	1670
负荷变形温度/℃	≥85	95
缺口冲击强度(23℃)/(kJ/m^2)	≥35	89
缺口冲击强度(−30℃)/(kJ/m^2)	≥3.5	11
模塑收缩率/%	≤1.2	0.95

以PP/EPDM/$BaSO_4$三元复合体系，通过优选交联剂及交联助剂和偶联剂，采用二次挤出法、构建"沙袋结构"、表面活化$BaSO_4$粒子增韧等多种手段提高热塑性体的抗冲击性能，制得的复合材料各项指标性能远高于国家标准，达到了目前汽车保险杠材料行业先进水平。该材料能降低综合成本，快速成型、薄壁，能注塑成型2mm壁厚的制品，制成的汽车保险杠重量轻，抗冲击强度高，韧性与刚性得到很好平衡。

(四)高极性PP汽车保险杠

1.配方

见表3-61[44]。

表 3-61 高极性PP汽车保险杠配方　　单位：质量份

配方	1#	2#	3#	4#
PP	57.3	56.3	56.3	56.3
POE	25.0	25.0	25.0	25.0
滑石粉	16.0	16.0	16.0	16.0
黑色母	1.0	1.0	1.0	1.0
CA100	0	1.0	0	0
PO1	0	0	1.0	0
PO2	0	0	0	1.0
抗氧剂	0.4	0.4	0.4	0.4
光稳定剂	0.3	0.3	0.3	0.3

注：PO1与PO2为极性添加剂。

2.制备方法

按配方称量原料，用高混机混合均匀，然后在190～220℃条件下在双螺杆挤出机挤出造粒，粒料在80℃烘箱中干燥3h，在210～220℃下注塑成测试用标准力学样条和100mm×100mm×3mm的样板。样板按图3-20所示的工艺进行喷漆。

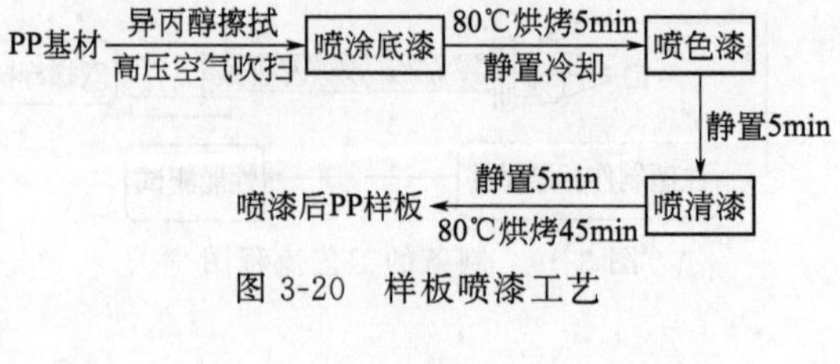

图 3-20 样板喷漆工艺

3.性能

见表3-62～表3-64。

表 3-62　改性聚丙烯材料的力学性能

力学性能	1#	2#	3#	4#	标准要求
拉伸强度/MPa	18.9	20.3	18.6	18.5	≥15.7
缺口冲击强度(20℃)/(kJ/m^2)	NB①	35.1	NB	NB	NB
缺口冲击强度(−30℃)/(kJ/m^2)	6.5	4.2	6.1	6.2	≥5.9
弯曲强度/MPa	25.7	26.5	25.0	25.3	≥17.6
弯曲模量/MPa	1550	1670	1500	1620	≥1470
熔体流动速率/(g/10min)	26.5	22.3	27.1	27.6	≥23

①NB 表示样条在冲击测试中不断。

表 3-63　材料各层漆膜及漆膜总厚度　　单位：μm

漆膜位置	1#	3#	4#	漆膜厚度要求
底漆	10.63	10.21	11.48	9～12
色漆	22.12	22.12	20.84	18～26
清漆	28.05	30.15	30.60	28～32
漆膜总厚度	60.80	62.48	62.92	55～70

表 3-64　喷涂样板的附着力测试

测试项目		1#	3#	4#	标准要求
百格测试		3 级	0 级	0 级	0 级
剥离强度/(N/m)		650	921	997	785
耐汽油性能		切割边缘剥离	无异常	无异常	无异常
耐高压水枪性能		切割边缘剥离	无剥离	无剥离	无剥离
耐水性(40℃/2h)	外观	切割边缘剥离	无异常	无异常	无异常
	气泡	有起泡现象	无气泡	无气泡	无气泡
	百格测试	3 级	0 级	0 级	0 级
耐高温水性(80℃/3h)	外观	切割边缘剥离	无异常	无异常	无异常
	气泡	有起泡现象	无气泡	无气泡	无气泡
	百格测试	4 级	0 级	0 级	0 级

(1) 极性添加剂 PO1 和 PO2 的加入，可以有效地提高材料表面极性，使材料与水的表面接触角从 107°分别降低到 91.8°和 88.3°，表面张力从 0.023N/m 分别提高到 0.035N/m 和 0.042N/m。

(2) 添加 1%的 PO1 或 PO2 对材料的力学性能影响不大，高极性材料的性能仍能达到材料标准要求。

(3) 添加 1%的 PO1 或 PO2 的材料喷涂后，材料与涂料的结合力增强，材料均可通过各项涂料附着力测试。

(五)汽车外饰件 PP 专用料

1. 配方

见表 3-65[45]。

表 3-65　汽车外饰件 PP 专用料配方　　单位：质量份

配方	1	2	3	4	5	6	7	8	9	10
PP 料(A)	45.0	42.3	39.6	36.8	34.1	31.4	42.3	42.3	42.3	42.3
PP 粉(C)	20.0	18.8	17.6	16.4	15.2	14.0	18.8	18.8	18.8	18.8
PP 料(B)	13.0	12.2	11.4	10.6	9.8	9.0	12.2	12.2	12.2	12.2

续表

配方	1	2	3	4	5	6	7	8	9	10
POE	5.0	4.7	4.3	4.1	3.8	3.5	4.7	4.7	4.7	4.7
滑石粉(5000目)	15.0	20.0	25.0	30.0	35.0	40.0	—	—	—	—
滑石粉(3000目)	—	—	—	—	—	—	20.0	—	—	—
滑石粉(1250目)	—	—	—	—	—	—		20.0	—	—
纳米碳酸钙	—	—	—	—	—	—		—	20.0	—
绢云母粉	—	—	—	—	—	—			—	20.0
抗老化剂	1.0	1.0	1.0	1.0	1.0	1.0	1.0	1.0	1.0	1.0
色母	1.0	1.0	1.0	1.0	1.0	1.0	1.0	1.0	1.0	1.0

2. 制备方法

见图 3-21。

图 3-21　工艺流程

3. 性能

(1) 配方中滑石粉含量增多，材料刚性和强度均有提高，硬度降低，热变形温度增加，耐刮擦性能下降。

(2) POE 含量对材料低温冲击性能具有决定作用。随滑石粉含量增加，材料塑性变形能力降低幅度较大。因此，为保证材料具有一定的高低温抗冲击能力，滑石粉含量不宜过高，POE 含量不能过少。

(3) 滑石粉目数的增加（即滑石粉颗粒越细），材料综合性能均有提升。相比于滑石粉，纳米碳酸钙填充时，材料刚度和强度较低，耐刮擦性能较差，但抗冲击性与延伸率较好，绢云母填充时综合性能较差。

(4) POE 增韧效果差于 EPDM，但 POE 增韧时材料抗冲击性能已达到较高水平。且 EPDM 增韧时，材料弯曲强度、弯曲模量与 MFR 较低。

（六）汽车部件用高流动性高模量 PP

1. 配方[46]

单位：质量份

原材料	用量	原材料	用量
PP(9829)	100	抗氧剂	1.0
POE	10	硬脂酸锌	0.8
滑石粉(3000 目)	24	加工助剂	1～2
钛酸酯偶联剂	1.5	其他助剂	适量

2. 制备方法

试样制备、检测工艺流程图见图 3-22。

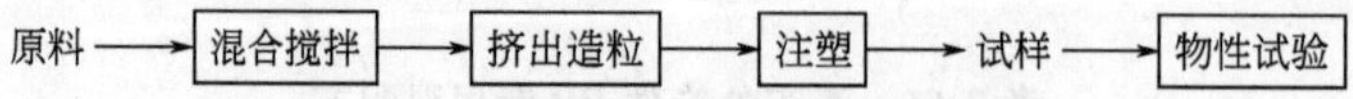

图 3-22　试样制备、检测工艺流程图

挤出工艺：挤出温度 195～230℃；注塑工艺：注射温度 210℃，注射压力 70MPa，注射速率 60g/s，注射时间 6s。造粒后的粒料在 90℃下干燥 5h，然后在注塑机中注塑成试样。

（七）汽车用高熔融指数 PP

1. 配方[47]

单位：质量份

原材料	用量	原材料	用量
高熔共聚 PP(EP548R)	100	硬脂酸锌	0.5
成核剂(R-7)	1～2	加工助剂	1～2
抗氧剂	1.0	其他助剂	适量

2. 制备方法

将高熔共聚聚丙烯（PP）颗粒直接用注塑机制备各种形状的标准试样。将 EP548R 粉料及其添加剂按一定比例经高速混合机混合均匀，经双螺杆挤出机挤出、水冷、干燥、切粒，然后用注塑机制备各种形状的标准试样。

3. 性能

高熔融指数共聚聚丙烯简称高熔共聚聚丙烯，通常是指熔体流动速率（MFR）大于 20g/10min 的高流动、高抗冲的共聚聚丙烯，在汽车改性用料和家电——尤其是洗衣机中用量很大。EP548R 与国内外同类产品性能对比见表 3-66。

表 3-66　EP548R 与国内外同类产品性能对比

测试项目	EP548R (2010)	EP548R (2011)	EP548R (2012)	EP640R	AZ564	AP03B	HHP6	HHP10	K7726	K7726H
MFR/(g/10min)	28	26	31	34	30	36	30	34	26	31
拉伸屈服强度/MPa	26	26	26	26	26	26	25	23	25	25
屈服伸长率/%	4	4	4	4	7	5	5	6	6	4
弯曲模量/MPa	1370	1410	1410	1480	1260	1310	1190	1090	1170	1310
IZOD(23℃)/(kJ/m^2)	11.4	12.6	11.7	5.9	5.4	5.7	8.2	13.9	15.1	14.6
IZOD(−20℃)/(kJ/m^2)	7.0	7.3	7.6	3.6	3.1	3.3	4.7	7.6	7.3	8.1
热变形温度/℃	108	108	106	111	101	99	100	97	100	—
维卡软化点/℃	150	151	149	148	150	150	146	146	148	147
洛氏硬度	86	87	91	88	87	89	83	76	87	83

由表 3-66 可知，EP548R 的拉伸屈服强度、弯曲模量、热变形温度、维卡软化点和洛氏硬度都已达到了进口料（EP640R、AZ564、AP03B）的水平，常温和低温悬臂梁缺口冲击强度都优于进口料的水平。仅熔融指数有时仍略低于进口料或达到进口料的下限。EP548R 与国产料熔融指数较低的牌号 HHP6、K7726 相比，熔融指数相当，EP548R 的各项物性测试结果都优于 HHP6，与 K7726 相比，EP548R 仅常温悬臂梁缺口冲击强度略低，其他各项物性测试结果都优于 K7726 或与之相当。与 HHP10 和 K7726H 相比，熔融指数相当，EP548R 的刚性明显优于国产料。国产料更加偏向材料的韧性。

第四节　聚丙烯家电专用料

一、经典配方

具体配方实例如下[1～5]。

1. PP 冰箱抽屉专用料

单位：质量份

原材料	用量	原材料	用量
PP	100	填料	5～15
增韧剂	5～8	其他助剂	适量

说明：性能见表 3-67。

表 3-67　产品性能与技术指标的比较

项目		测试标准 ASTM	技术指标	产品性能
熔体流动速率/(g/10min)		D 1238	≥9.0	10.0～13.0
拉伸屈服强度/MPa		D 638	≥23.0	23.2～25.0
断裂伸长率/%		D 638	≥180.0	190～240
弯曲强度/MPa		D 790	≥26.0	28.0～30.0
弯曲模量/MPa		D 790	≥1300	1380～1470
悬臂梁缺口冲击强度/(J/m)	23℃	D 256	≥90.0	95.0～230.0
	－20℃	D 256	≥34.0	36.0～45.0
耐低温跌落试验（－20℃冷冻 48h,高度 1.0m)		—	不脆裂	不脆裂

2. PP 冰箱透明料

单位：质量份

原材料	配方 1	配方 2
PP	100	100
透明剂	0～25	6～25
增韧剂	6	2～6
降温母料	1～2	—
高温母料	—	2
其他助剂	适量	适量

说明：性能见表 3-68。

表 3-68　专用料的各项性能指标

性能	配方
雾度/%	152
透光率/%	852
熔体流动速率/(g/10min)	15～18
冲击强度/(J/m)	≥50
弯曲强度/MPa	≥35
弯曲模量/MPa	≥1400
拉伸强度/MPa	≥300

3. 内桶专用料

单位：质量份

原材料	用量	原材料	用量
聚丙烯	80～95	抗氧剂 1010	0.3
三元乙丙橡胶	7.5～10	辅助抗氧剂	0.25
HDPE	7.5～10	硬脂酸钙	0.1
成核剂	1	其他助剂	适量

说明： 性能见表 3-69。

表 3-69 国外洗衣机专用料牌号和性能

项目		BC2A	AY564	BJ4H-M	J830H-K
生产厂商		三菱油化	住友化学	三井东亚	宇部兴产
熔体流动速率/(g/10min)		15	17	20	30
乙烯含量(摩尔分数)/%		—	13	17	—
光泽(入射角 20°)/%		—	48	44	—
拉伸屈服强度/MPa		28.0	32.5	30.5	28.0
断裂伸长率/%		100	20	20	200
弯曲弹性模量/GPa		1.46	1.78	1.54	1.55
悬臂梁缺口冲击强度/(kJ/m^2)	23℃	50	96	90	60
	−23℃	2.8	3.3	3.6	—
落锤冲击强度(−10℃)/(kN/cm)		—	1.35	1.70	—
热变形温度/℃	0.45MPa	—	129	120	—
	1.82MPa	—	68	64	—
洛氏硬度		95	91	88	—

4. 小本体 PP 改性洗衣机零部件专用料（MPP1、MPP2）

单位：质量份

原材料	用量	原材料	用量
PP	100	抗氧剂	0.01～0.15
增韧剂	10～30	成核剂	0.1～0.15
增强剂	10～20	着色剂	适量
润滑剂	0.1～1		

说明： 性能见表 3-70。

表 3-70 本产品与国外共聚丙烯性能的对比

项目	MPP1	T14150A	MPP2	BJ4H
简支梁缺口冲击强度(23℃)/(kJ/m^2)	7.7	7.3	6.1	6.2
抗弯曲强度/MPa	38.8	37.2	35	38
拉伸屈服强度/MPa	24.4	29.4	23	26.9
熔体流动速率/(g/10min)	14.9	12.4	22.3	20.2
密度/(g/cm^3)	0.91	0.91	0.90	0.905
收缩率/%	1.3	1.0	0.9	1.4
维卡软化点/℃	149	145	141	144
洛氏硬度	94	88～89	—	—

5. 洗衣机观察框架专用料

单位：质量份

原材料	用量	原材料	用量
PP	100	偶联剂	适量
过氧化物	1.5	其他助剂	适量
滑石粉	25		

说明：性能见表 3-71。

表 3-71　洗衣机观察框架专用料与普通观察框 PP 料性能对比

PP 粒型	熔体流动速率(230℃)/(g/10min)	拉伸强度/MPa	断裂伸长率/%	弯曲弹性模量/MPa	简支梁缺口冲击强度/(kJ/m^2)	维卡软化点(10N)/℃
专用料	5.4	25.5	44	1520	5.6	152
普通料	4.6	25.0	16	1450	3.7	150

6. 空调器 PP 专用料

单位：质量份

原材料	用量	原材料	用量
PP	100	相容剂	40
增韧母料	15	填料(滑石粉：钛酸钾＝2：1)	10～30
POE	10～30	其他助剂	适量
降温母料	15		

说明：由于空调器专用料是在室外长期使用，因而在体系中综合使用了抗氧剂 1010、168、1330 和抗紫外线剂 770，所得专用料的耐热老化性能较好，材料在 95℃的热老化箱中放置 1000h 后，拉伸强度仍保持 93.8%，远高于厂家 80%的保持率要求。

POE 添加入体系后，体系的冲击强度由 30J/m，增加到 569.1J/m，加入增韧母料的冲击强度由 30J/m 增加到 380.9J/m。相对而言，在高流动性体系中，POE 将体系的冲击强度提高到 96.6J/m，而增韧母料却使其增加为 70.1J/m，因此，在高流动性体系中 POE 的增韧效果更为有效。

该工艺综合使用了 POE 和增韧母料，使体系的弯曲模量超过 1700MPa，缺口冲击强度达到 80J/m 以上。综合使用无机填料，使材料的弯曲强度达到 26.7MPa，且使体系的冲击强度保持在 70J/m 以上。

7. PP 蓄电池外壳专用料

单位：质量份

原材料	用量	原材料	用量
PP(EPF30R)	100	抗氧剂	适量
成核剂	0.25	其他助剂	适量

说明：性能见表 3-72。

表 3-72　使用不同牌号 PP 树脂生产的抗冲击 PP 性能比较

性能		测试标准	EPF30R	ZK1240D	AY564
MFR/(g/10min)		GB 3682—1988	12	12	15
拉伸屈服强度/MPa		GB 1040—2006	25	22.5	23
拉伸屈服伸长率/%		GB 1040—2006	380	490	100
弯曲模量/MPa		GB 9341—2008	1111	1001	1000
悬臂梁缺口冲击强度/(J/m)	23℃	GB 9432—1988	46	85	70
	−20℃		22	45	22
洛氏硬度		GB 1634—1979	72	70	75

8. PP 电器阻燃专用料

单位：质量份

原材料	用量	原材料	用量
PP	100	分散剂	0.5～1.5
FR-3 阻燃剂	10	防老化剂	1.0
助阻燃剂(Sb_2O_3)	3.3	其他助剂	适量
降温母料	5～15		

说明： 通过优选阻燃剂，利用阻燃剂复配技术，并辅之其他改性助剂，开发出了综合性能优良的电器用阻燃聚丙烯专用料。由测试结果可以看出，研制的专用料氧指数为 32.0%，点火 30s，离火自熄，具有优良的阻燃性能；力学性能明显优于进口同类产品；其电绝缘性能与纯聚丙烯相近，具有优异的介电性能。

9. PP 电容器壳专用料

单位：质量份

原材料	用量	原材料	用量
PP	100	加工助剂	
滑石粉	40	偶联剂	0.5～1.5
抗氧剂	0.01～0.1	其他助剂	适量
润滑剂	0.1～1		

说明： 性能见表 3-73。

表 3-73 电容器壳专用改性 PP 的技术指标

项目	指标	项目	指标
密度/(g/cm³)	1.24±0.02	弯曲弹性模量/GPa	≥3.2
拉伸强度/MPa	≥31.0	热变形温度(0.45MPa)/℃	≥130
弯曲强度/MPa	≥61.5	冲击强度/(kJ/m²)	≥4.5

10. 空调器聚丙烯专用料

单位：质量份

原材料	用量	原材料	用量
PP	100	相容剂	40
增韧母料	15	填料	10～30
POE	10～30	抗氧剂	110
降温母料	15	其他助剂	适量

说明： 性能见表 3-74。

表 3-74 专用料的热老化性能

放置时间/h	0	100	400	600	1000	放置时间/h	0	100	400	600	1000
拉伸强度/MPa	29.1	28.5	29.0	28.2	27.3	保持率/%	100	97.9	99.6	96.9	93.8

专用料的耐热老化性能较好，材料在 95℃的热老化箱中放置 1000h 后，拉伸强度仍保持 93.8%，远高于厂家 80%保持率的要求。

① POE 添加入体系后，体系的冲击强度由 30J/m 增加到 569.1J/m，增韧母料的冲击强度由 30J/m 增加到 380.9J/m，POE 和增韧母料均对体系的韧性有提高作用。相对而言，在高流动性体系中 POE 将体系的冲击强度提高到 96.6J/m，而增韧母料却使其增加为 70.1J/m，在高流动性体系中 POE 的增韧效果更为有效。

② 综合使用POE和增韧母料，使体系的弯曲模量超过1700MPa，缺口冲击强度达到80J/m以上。

③ 综合使用无机填料，使材料的弯曲强度达到26.7MPa，且使体系的冲击强度保持在70J/m以上。

11. 聚丙烯高光泽家电专用料

单位：质量份

原材料	用量	原材料	用量
PP(F401粉)	100	抗氧剂168	1.0
超细 $BaSO_4$	20～30	硬脂酸钙	0.5～1.5
抗氧剂1010	1.0	硬脂酸	0.8
成核剂	0.1～0.3	其他助剂	适量

说明：性能见表3-75。

表3-75　高光泽PP的性能比较

方程预报试样	成核剂X/‰	$BaSO_4$/%	拉伸强度/MPa	弯曲强度/MPa	弯曲模量/MPa	悬臂梁冲击强度/(kJ/m²)	光泽度/%
1#	1.50	24.0	35.3	59.9	2563	3.89	80.2
2#	2.00	28.0	34.6	60.1	2675	4.17	77.2
3#	2.25	30.2	34.2	60.3	2728	4.18	76.1
进口料			34.0	56.8	2530	3.77	75.1

注：因注塑试样为测试雾度的50mm×50mm标准板材，并非测光泽度标准试样，因此，光泽度数据只作为对比值使用。

12. 洗衣机喷淋管专用料

单位：质量份

原材料	用量	原材料	用量
PP(2401)	60～70	抗氧剂	1.0
LDPE	30～40	润滑剂	1.5
填料	5～10	其他助剂	适量

13. 风冷冰箱聚丙烯专用料

单位：质量份

原材料	用量	原材料	用量
PP	100	PS	10～20
增韧母料	15	填料	5～10
降温母料	8	润滑剂	1.5
第一相容剂	20～40	其他助剂	适量
第二相容剂	5～20		

说明：利用性能最佳的交联物作为增韧母料，综合使用有机和无机增强材料，添加两种增容剂，并用降温母料调节体系的流动性，使材料形成半互穿网络结构，最终研制成功风冷冰箱聚丙烯专用料。将专用料的性能指标和国外及厂家的要求作对比，见表3-76。

表3-76　专用料性能指标

项目	熔体流动速率/(g/10min)	拉伸强度/MPa	弯曲模量/MPa	常温缺口冲击强度/(J/m)
专用料	18.6	28.9	1850	112.6
国外产品	17～22	26.0	1034	47.8
厂家要求	17～21	25	1000	50.0

14. 音箱用聚丙烯专用料

单位：质量份

原材料	用量	原材料	用量
PP	100	POE	5.0
PP-*g*-MAH	10	偶联剂	1.5
滑石粉	12	润滑剂	2.0
EPDM	15	其他助剂	适量

说明：性能见表 3-77。

表 3-77 几种音箱用 PP 专用料的性能比较

性能	PP 专用料	日本料(1)	韩国料(1)	青岛海信料(1)
密度/(g/cm³)	1.34	1.35	1.33	1.30
拉伸强度/MPa	25.0	22.5	23.8	21.5
断裂伸长率/%	90	48	45	40
简支梁缺口冲击强度/(kJ/m²)	5.5	5.3	4.2	4.0
洛氏硬度	90	95	95	94
热变形温度/℃	132	106	98	98

注：数据由青岛海信电器股份有限公司提供。

二、高光泽聚丙烯小家电专用料

1. 配方[48]

单位：质量份

原材料	用量	原材料	用量
PP	100	硬脂酸	0.6
抗氧剂	1.0	聚乙烯脂	0.8
成核剂	0.2	其他助剂	适量
降解剂	0.5		
聚丙烯蜡	1.0		

2. 制备方法

首先将加有抗氧剂和其他助剂的 PP 料用高速混合机混合均匀，然后采用双螺杆挤出机挤出造粒。使用注塑机注射成型试样或制品。

3. 性能与效果

(1) 由于 F401 和 S700 两种树脂在加入成核剂后的性能基本一致，所以皆可作为生产高光泽 PP 小家电专用料的基料。

(2) 成核剂 D 的性能首屈一指，但价格最贵；成核剂 J 的价格最便宜，性价比最高；成核剂 I 的性价比也不错，但它对于材料热变形温度的提高能力不尽如人意。

(3) 在不计成本的前提下只添加成核剂 D 就可以制造出性能优异的高光泽 PP 小家电专用料。

(4) 成核剂 D/成核剂 J 是性价比最好的成核剂复配组合，可以在不增加较多成本的前提下，生产出符合技术要求的产品。

(5) 在体系中加入适量的聚丙烯蜡可以在成本提高不到 0.2%的情况下，使材料的综合性能提高 5%～10%。

三、高光泽 PP 专用母料

1. 配方[49]

单位：质量份

原材料	用量	原材料	用量
PP(牌号 150)	20	硬脂酸	2.0
$BaSO_4$	80	聚乙烯蜡	2.0
β 成核剂	0.1	光泽剂	2.6
铝酸酯偶联剂	1.5	其他助剂	适量

2. 制备方法

首先利用一定量的铝酸酯偶联剂对 $BaSO_4$ 进行表面处理，根据前期的研究结果，确定 PP/$BaSO_4$ 质量比为 80/20，然后按一定的配比将 β 成核剂、硬脂酸、聚乙烯蜡和光泽剂等助剂添加到 PP/$BaSO_4$ 复合体系中，经高速混合机混合均匀后，加入到双螺杆挤出机中挤出造粒，干燥后注塑成标准试样。

3. 性能

为了验证该母粒配方，将 PP 高光泽母粒按一定比例分别添加到两种牌号（1352F 和 J901）的 PP 中（整个复合材料中 PP 1352F 及 PP J901 与 $BaSO_4$ 质量比均为 80/20），经熔融共混最终制备的试样编号为 S1 和 S2。同时，将这两种 PP 和 $BaSO_4$ 与其他助剂直接混合（与 S1 和 S2 整体配方相同），经挤出机直接挤出，最终制备的试样编号为 S3 和 S4。这 4 组试样的力学性能和表面光泽度对比如图 3-23～图 3-26 所示。

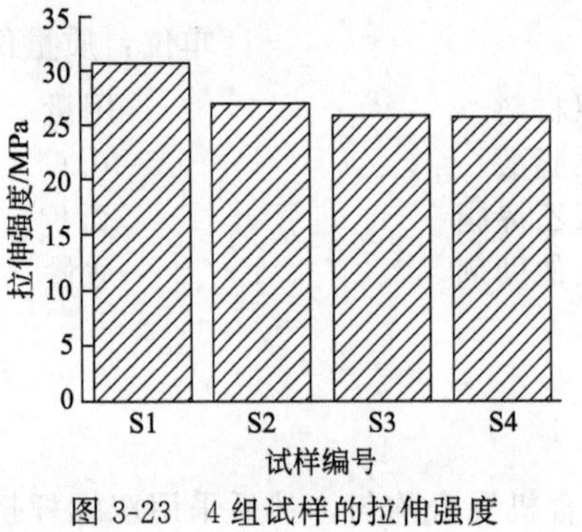

图 3-23　4 组试样的拉伸强度

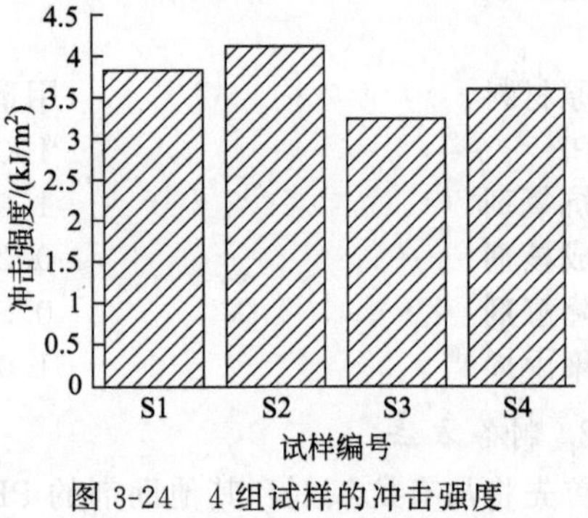

图 3-24　4 组试样的冲击强度

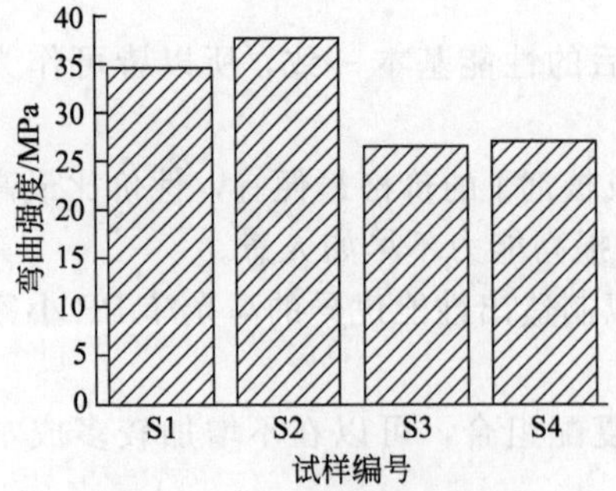

图 3-25　4 组试样的弯曲强度

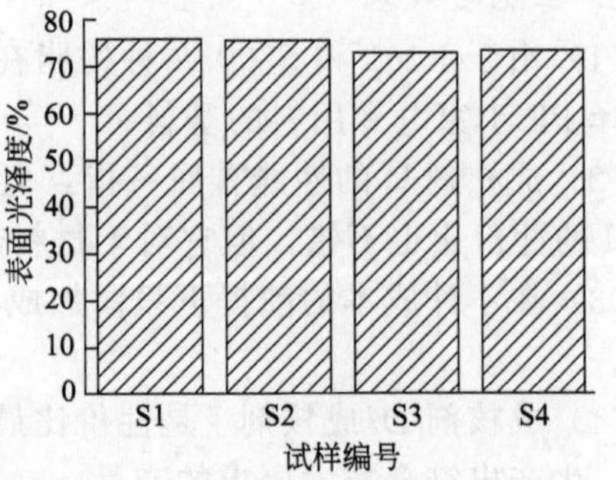

图 3-26　4 组试样的表面光泽度

第五节 聚丙烯制品配方

一、聚丙烯管材

（一）经典配方

具体配方实例如下[1~5]。

1. 碳酸钙填充聚丙烯管材

单位：质量份

原材料	用量	原材料	用量
PP(D60P)	100	汽油	1
$CaCO_3$(450 目)	40	炭黑(RCC)	0.8
TTS	1	硬脂酸(HSt)	0.3
1010	0.5	其他助剂	适量
DLTP	1		

说明：该管材具有相对密度小，易加工，耐热性好，耐化学腐蚀性好等优异性能，被广泛地用于日用品、电器部件、汽车部件及机械部件。

2. 聚丙烯管材

配方一（聚丙烯管）

单位：质量份

原材料	用量	原材料	用量
聚丙烯(共聚级,MI:0.1～1g/10min)	100	抗氧剂(DLTP)	0.2
成核剂	0.4	颜料	1.0
抗氧剂(1010)	0.2	其他助剂	适量

配方二（改性聚丙烯管）

单位：质量份

原材料	用量	原材料	用量
聚丙烯(共聚级,MI:0.1～1g/10min)	100	抗氧剂(DLTP)	0.2
三元乙丙橡胶	10	颜料	1.0
$CaCO_3$(亚纳米级,活性)	6	其他助剂	适量
抗氧剂(1010)	0.2		

配方三（新型无规共聚丙烯管）

单位：质量份

原材料	用量	原材料	用量
无规共聚丙烯(共聚单体 3%,MI:0.1～1g/10min)	100	抗氧剂(DLTP)	0.2
抗氧剂(1010)	0.2	颜料	1.0
		其他助剂	适量

说明：可作为供水（冷、热水）、工业、农业、建筑、环保等行业用管材，可用于各种液体、腐蚀性液体的输送，耐热性好，使用温度可达 100℃。可用热熔法连接。

3. 给水管材聚丙烯专用料

单位：质量份

原材料	技术要求	用量
PP(C4220)	粒料，MFR＝0.3～0.4g/10min	100
E/VAC	粒料，MFR＝1g/10min	1～5
EPDM	粒料，MFR＝0.14g/10min	1～5
接枝共聚物	粒料，MFR＝0.9～1.5g/10min	3～6
填料	粉状，5μm	3～7
抗氧剂	工业品，含量(质量分数)＞98％	适量
光稳定剂	工业品，含量(质量分数)＞98％	适量
硬脂酸钙($CaSt_2$)	工业品，含量(质量分数)＞98％	适量
其他助剂	工业品，含量(质量分数)＞98％	适量

说明： 性能见表 3-78～表 3-80。

表 3-78　给水管材专用料的性能

项目		测试结果	项目	测试结果
密度/(g/cm³)		0.924	邵尔硬度 D	70
熔体流动速率/(g/10min)		0.412	热变形温度/℃	127.4
拉伸屈服强度/MPa		26.5	维卡软化点/℃	139.8
断裂伸长率/％		476	熔点/℃	143.3
缺口冲击强度/(kJ/m²)	室温	21.9	线膨胀系数(30～90℃)/K^{-1}	1.6×10^{-4}
	－20℃	2.1		
洛氏硬度		57	热导率/[W/(m·K)]	0.23

表 3-79　改性 PP 给水管材的性能

项目	技术要求	测试结果
外观	管材应不透光，内外表面应光滑、清洁且无裂纹、无空洞及其他表面缺陷，无可见杂质，管端应沿管材轴向垂直切割平整	通过
冲击试验(0℃)	破坏比率小于被检样品的 10％	通过
纵向尺寸收缩率/％	≤2	0.7
熔体流动速率(230℃，216N)/(g/10min)	≤0.5，管材与复合料之差不超过 30％	0.469(管材取样 16.7％通过)
液压试验(管材、管件连接件)	20℃环应力 16MPa，1h，无渗漏和不破损	通过
	95℃环应力 4.2MPa，22h，无渗漏和不破损	通过
	95℃环应力 3.8MPa，165h，无渗漏和不破损	通过
	95℃环应力 3.5MPa，1000h，无渗漏和不破损	试验中

表 3-80　改性 PP 给水管材的卫生性能

项目		GB/T 9687—1988	实测结果	结论
蒸发残渣/(mg/L)	4％乙酸(20℃，2h)	≤30	8.5	通过
	65％乙醇(20℃，2h)	≤30	6.7	通过
	正己烷(20℃，2h)	≤60	8	通过

续表

项目		GB/T 9687—1988	实测结果	结论
高锰酸钾消耗量(60℃,2h)/(mg/L)		≤10	6.3	通过
(以 Pb 计)重金属(4%乙酸,60℃,2h)/(mg/L)		≤1	<1	通过
脱色试验	乙醇	阴性	阴性	通过
	冷食油或五色油脂	阴性	阴性	通过
	浸泡液	阴性	阴性	通过

4. 高抗冲聚丙烯喷灌管材

单位：质量份

原材料	用量	原材料	用量
PP	100	光稳定剂	0.3
SBS	20	表面处理剂	适量
纳米 $CaCO_3$	15	其他助剂	适量
抗氧剂	0.5		

说明： 性能见表 3-81。

表 3-81 管材性能

项目	测试结果	项目		测试结果
拉伸强度/MPa	28.03	缺口冲击强度/(kJ/m²)	23℃	41.0
断裂伸长率/%	580		−20℃	5.6
弯曲弹性模量/MPa	780	20℃水压试验(瞬时爆破压力)(按 QB/T 3803—1999 测试)		高于 3 倍工作压力

PP 管材具有价廉、无毒、无锈蚀、耐高温、安装方便等特点，但由于 PP 存在低温脆性、成型收缩率大、耐温性差等缺点，极大地限制了它的应用。为此，国内外进行了大量的 PP 改性的研究，本例采用苯乙烯、丁二烯、苯乙烯共聚物 SBS 和纳米 $CaCO_3$ 对 PP 进行增韧改性，制备出了耐老化、高抗冲的 PP 喷灌管材。

5. 纳米 $CaCO_3$ 改性聚丙烯给水管材

单位：质量份

原材料	用量	原材料	用量
改性聚丙烯	100	纳米 $CaCO_3$	4～6
钛酸酯偶联剂	1.5	其他助剂	适量

说明： 制备工艺见图 3-27。

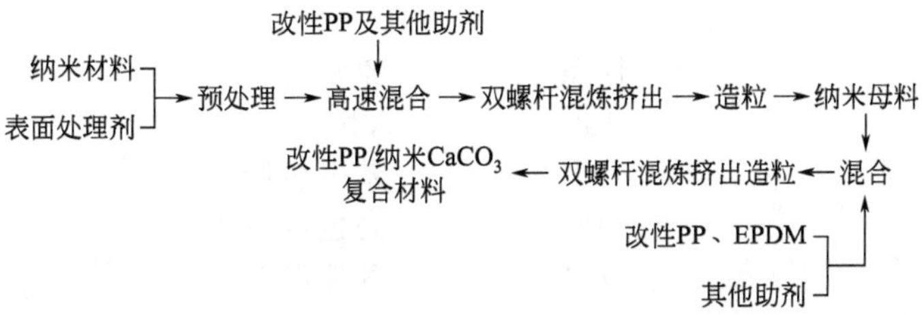

图 3-27 工艺流程

6. 注射成型聚丙烯管材

单位：质量份

原材料	用量	原材料	用量
聚丙烯	100	白油	1.0
填充母料	10～15	其他助剂	适量

说明：该配方设计合理，成型加工方便，制品质量优良，成本低，生产效率高，建议推广应用。

7. 抗静电聚丙烯管材

单位：质量份

原材料	配方 1	配方 2	配方 3
聚丙烯	100	100	100
抗静电剂(HZ-1)	1	—	—
抗静电剂(HZ-14)	—	1	—
乙二醇月桂酸胺	—	—	0.6
白油	0.2	0.2	0.2
其他助剂	适量	适量	适量

说明：该配方设计合理，加工方便，制品质量好，生产效率高，建议用于矿山、煤矿输水、输气、排瓦斯管道。

8. 改性聚丙烯管材

单位：质量份

原材料	配方 1	配方 2	配方 3
PP	100	100	100
LDPE	15	—	15
丁二烯橡胶	—	15	10
碳酸钙	30	30	30
抗氧剂 1010	0.5	0.5	0.5
助抗氧剂 DLTP	0.5	0.5	0.6
助抗氧剂 TPP	—	—	0.6
炭黑	—	0.5～1.0	—
其他助剂	适量	适量	适量

说明：配方设计合理，改进后的物料性能有明显改观，工艺性能好，生产效率高，制品质量优良，建议推广应用。

9. 聚丙烯喷灌管材

单位：质量份

原材料	用量	原材料	用量
PP	100	VN-327	0.3
HDPE	15	苯甲酸钠	0.3
顺丁橡胶	15	高色素炭黑	0.3～0.5
抗氧剂 246	0.3	其他助剂	适量

说明：配方设计合理，成型加工方便，制品质量优良，且生产效率高，建议推广应用。

10. 无规 PP 管材

单位：质量份

原材料	用量	原材料	用量
无规 PP	100	防老剂	0.5
母料	2～3	加工助剂	0.1～1.0
热稳定剂	1～2	其他助剂	适量

说明：该管材质量轻，强度高，耐腐蚀、使用寿命长，且安全卫生，耐热保温，工艺性能好，加工方便，安装简便可靠。可用于冷热水管，输油管和农用溉灌管材等。

11. 增强增韧无规 PP 管材

单位：质量份

原材料	用量	原材料	用量
无规 PP	75～100	珠光云母(MKA)	10～15
蒙脱土(纳米级)	3.0～5.0	PPB(B8101)	5.0
高分子分散剂 HY-1	5.0	其他助剂	适量

说明：该配方设计合理，制品质量可靠，使用寿命长，且满足质量安全标准要求，适用于农用管材和工业用管材的制备。

（二）PPR 管材

1. 配方[50]

单位：质量份

原材料	配方 1	配方 2
PP(PA14D)	100	100
抗氧剂 168	0.5	—
抗氧剂 1010	1.0	—
复合抗氧剂	—	1.5
硬脂酸钙	1.0	1.0
加工助剂	1～2	1～2
其他助剂	适量	适量

2. 制备方法

根据装置生产实际，采取一定量的 PA14D 粉料，按照引进配方和国产复合抗氧剂配方的比例在 SHR-100 高速混合机内进行高速均匀掺混，设定好 TE-35 双螺杆挤出机组的温度进行试验，及时调节 TE-35 双螺杆挤出机不同温控区间的温度，观察试验过程中出现的现象。试验之前要用 CEAST7026000 熔融指数仪测定 PA14D 粉料 MFR，在 TE-35 双螺杆挤出机不同温度下挤出粒料，测定熔融指数的变化，通过 K-TEC85E 注塑机注塑成型后进行相应的指标检测。

选取了在各项指标比较稳定的 280℃条件下，对两种配方的产量进行标定：配方 1：260g/min，配方 2：320g/min。由于在同为 280℃的条件下，主机转速恒定在 9r/min 条件下，为了保证 TE-35 双螺杆挤出机组不因为主机运行电流过大而停机的前提下，配方 1 的喂料速度为 9r/min。配方 2 的喂料速度控制在 10r/min 下进行的对比标定。

3. 效果

(1) 确定了 PPR 生产过程中使用配方 1 挤压机合理温控范围应该确定在 270～300℃之间，使用配方 2 合理的温控范围应该确定在 275～300℃。如果温度控制不稳定的情况下，将会引起指标的波动。

(2) 使用配方 1 在 250℃以上时散发出臭味，原因是硫代酯类抗氧剂分解释放出来的。

(3) 配方 1 和配方 2 的拉条平滑度不同，配方 1 拉出来的料条有粗糙感，配方 2 的料条要光滑一些，该现象与机头压力的变化也是吻合的。

(4) 黄色指数方面，配方 1 整体表现要优于配方 2。

(5) 使用配方 2 在电耗上要优于配方 1。

(三) 尼龙 6/PP 共混管材

1. 配方[51]

单位：质量份

原材料	用量	原材料	用量
PP	100	硬脂酸(St)	1.0
尼龙 6	25～30	加工助剂	1～2
PP-*g*-MAH	4～6	其他助剂	适量

2. 制备方法

将 St 和 MAH 两种单体以及 PP 和一些助剂在高速混合机里充分混合，然后在挤出机中进行熔融接枝造粒，制成接枝母粒。再将接枝物母料、PP、PA6 及其他助剂在双螺杆挤出机挤出造粒。通过改变配方制成多种样品。

二、聚丙烯板（片）材经典配方

具体配方实例如下[1~5]。

1. 改性 PP 裁切板材

单位：质量份

原材料	用量	原材料	用量
PP	34	PE	8.0
无规 PP	34	抗氧剂	0.1～1.0
弹性体	16	其他助剂	适量

说明：该配方设计合理，改性后的物料综合性能明显改善，且加工性能好。生产效率高，制品质量优良，建议推广应用。

2. 汽车内顶用 PP 复合板材

单位：质量份

原材料	用量	原材料	用量
增韧 PP	55～60	滑石粉	25～40
PP2401	10	抗氧剂	3.5
HDPE6098	10	硬脂酸钙	1.0
三元乙丙橡胶(EPDM)	8.0	其他助剂	适量

说明：拉伸强度 27.1MPa，断裂伸长率 170%，缺口冲击强度 230J/m^2，弯曲强度 37.1MPa，弯曲弹性模量 2.12GPa，热变形温度 134℃。使用性能良好，已广泛应用。

3. 中华铝下护板用改性 PP 板材专用料

单位：质量份

原材料	用量	原材料	用量
PP	100	$CaCO_3$	10～20
玻璃纤维	25～30	炭黑	3～4
PED 增韧剂	15～30	防老剂	1.0～3.0
偶联剂	0.5～1.0	其他助剂	适量

说明：拉伸强度 80MPa，弯曲弹性模量 4800MPa，缺口冲击强度 110J/m^2。热变形温度 150℃。完全满足使用要求。

4. 透明 PP 片材

单位：质量份

原材料	用量	原材料	用量
PP 粉料(T30S)	100	抗氧剂	1.0
热稳定剂	5～6	防老剂	1.5
复合成核剂	6～8	其他助剂	适量

说明：拉伸强度 32MPa，弯曲弹性模量 1050MPa，维卡软化点 75℃。片材表面光滑，内部无气泡，无白斑，韧性与刚性均衡，满足使用要求。

三、聚丙烯薄膜

（一）经典配方

具体配方实例如下[1～5]。

① 主机料

单位：质量份

原材料	用量	原材料	用量
均聚聚丙烯	100	增爽滑剂母粒	1～2(仅在 25μm 珠光膜中加入)
珠光母粒	11～13	抗静电剂母粒	2～3
白色母粒	1～2		

② 辅机料

单位：质量份

原材料	用量	原材料	用量
共聚聚丙烯	100	其他助剂	适量
抗粘接剂母粒	0.5～1.5		

说明：

主机料→料仓→计量配料→料斗配合→主挤出机塑化→计量泵定量挤出→过滤网

辅机料→计量混合→辅助挤出机塑化、挤出→过滤网

→模头连接器→口模→骤冷铸流延薄片→纵向预热、拉伸、热定型→横向预热、拉伸、热定型→薄膜冷却→薄膜测厚→薄膜电晕处理→收卷→储存→分切→成品包装

主机温度的设定：机筒第一区 110℃，其他均为 235～240℃；预过滤器 235℃；计量泵 235℃；主过滤器 235～240℃；连接熔融料管 235～240℃。

辅机温度的设定：机筒第一区 70℃，其他均为 235～240℃；模唇 235℃。

（二）PP 耐候母料及其薄膜

1. 配方[52]

(1) 耐候母料配方

单位：质量份

原材料	配方 1	配方 2	配方 3
PP(T30S)	100	100	100
耐候助剂 TC-790A	5.0	—	—
耐候助剂 TC-790B	—	5.0	—
耐候助剂 TC-790C	—	—	5.0
复合抗氧剂 1010/168	1.5	1.5	1.5
$CaCO_3$	10	10	10
硬脂酸	1.0	1.0	1.0
其他助剂	适量	适量	适量

（2）钙母料配方

单位：质量份

原材料	配方 1	配方 2	配方 3
PP(T305)	100	100	100
$CaCO_3$	10	10	10
耐候助剂 1#	5.0	—	—
耐候助剂 2#	—	5.0	—
复合耐候助剂 1# +2#	—	—	5.0
硬脂酸	1.0	1.0	1.0
抗氧剂	1.5	1.5	1.5
其他助剂	适量	适量	适量

（3）PP 耐候薄膜配方

单位：质量份

原材料	用量	原材料	用量
PP(T305)	100	加工助剂	1～2
耐候母料	5.0	其他助剂	适量
硬脂酸钙	1.0		

2. 制备方法

将 PP 和各种助剂按照一定比例放入高速搅拌机中搅拌 5～10min，挤出造粒，得到耐候母粒，机筒温度设定为 180～210℃，螺杆转速 200r/min；将 PP、PP 耐候母粒和无机填料按照一定比例放入高速搅拌机中搅拌 3～5min，搅拌均匀后在聚丙烯吹膜机上吹塑成 0.06mm±0.002mm 的薄膜，最后裁制成哑铃型标准样条。

3. 性能

（1）实验制备的复配型 1# 耐候助剂对 PP 薄膜具有很好的耐候效果，添加其的 PP 薄膜经氙灯人工加速老化 300h 后，拉伸强度保持率为 82%；

（2）实验制备的 PP 耐候母粒用量并非越多越好，其最佳用量为 5%，此时 PP 薄膜经氙灯人工加速老化 300h 后，拉伸强度保持率达 96%；

（3）钙母粒的加入对添加 5%耐候母粒的 PP 薄膜耐候性能影响很小，实验制备的耐候母粒在实际生产中可与钙母粒共同使用。

（三）高性能流延 PP 包装膜

1. 配方[53]

（1）热封层配方

单位：质量份

原材料	用量	原材料	用量
三元共聚 PP	15.5～19	防粘连剂	0.5～1.0
SEBS 功能母料	4～5	其他助剂	适量

（2）芯层配方

单位：质量份

原材料	用量	原材料	用量
均聚 PP	52～57	其他助剂	适量
POE 改性母料	5～10		

(3) 电晕层配方

单位：质量份

原材料	用量	原材料	用量
三元共聚 PP	12～15	其他助剂	适量
改性 PP	1～3		

2. 制备方法与工艺参数

(1) 工艺过程　采用非拉伸方式，流延法进行。

① 原料计量：采用精度高、误差小的质量法，依照热封层、芯层和电晕层占质量总和的质量百分比为：热封层 20%～25%、芯层 54%～62%、电晕层 13%～25%进行原料计量。

② 原料由料头进入挤出机，通过旋转螺杆的作用，将原料送到加热的机筒中。原料在输送过程中，由于螺杆中的剪切作用，原料逐渐融化，在加热机筒运行，加热融化更加充分。熔体逐渐被螺杆挤出，三台挤出机的熔体汇合，熔体自动进行叠层。在机筒流动的叠层熔体，经过滤器过滤，转入下一道工序。

③ 流延骤冷：过滤后叠层熔体，从模头唇口流出，形成薄而均匀的片状流体，在骤冷辊上骤冷固化成薄膜。

④ 测厚、缺陷检测：采用 γ 射线或 β 射线，对薄膜的厚度和缺陷进行连续跟踪测量，并把检测到的信息迅速反馈到挤出、流延和其他各有关工序，对参数迅速做出自动调整，以使产品的厚度的其他相关信息保持稳定。

⑤ 切边收卷：切去两条边缘，使薄膜厚度更加均匀，两边整齐。最后，在收卷机用钢制卷芯进行收卷。

⑥ 老化和分切：收卷后的农膜必须放置 24h 以上，进行老化，并依照设定尺寸进行分切成型，制得农副产品包装膜。

(2) 工艺参数如表 3-82～表 3-84。

表 3-82　挤出机各区温度　　单位：℃

挤出机	1 区	2 区	3 区	4 区	5 区	6 区	7 区
热封层	175±10	220±10	235±10	235±10	230±10	230±10	
芯层	180±10	225±10	250±10	250±10	235±10	230±5	230±10
电晕层	175±10	220±10	235±10	235±10	230±10	230±10	

其中，熔体管过滤器中，热封层的温度为 (225±10)℃，芯层的温度为 (230±10)℃，电晕处理层的温度为 (225±10)℃。

表 3-83　集料块和模头各区温度　　单位：℃

集料块	模头 1 区	模头 2 区	模头 3-13 区	模头 14 区	模头 15 区
220～235	225～240	220～240	220～240	225～240	225～245
优选 225	优选 229	优选 227	优选 225	优选 227	优选 229

表 3-84　流延单元参数

流延单元	参数
第一冷却辊	30～35℃
第二冷却辊	25～30℃

流延单元	参数
抽真空	24%～28%(内),30%～38%(外)
电晕处理	25～30W·h(1W·h=3.6kJ)
电晕处理前辊冷却温度	25～35℃
电晕处理后辊冷却温度	30～35℃
收卷张力压力参数	张力:24%～28%额定值;压力:25%～30%额定值

3. 结构与性能

高性能CPP农副产品包装基膜挤出片材断面图如图3-28所示。

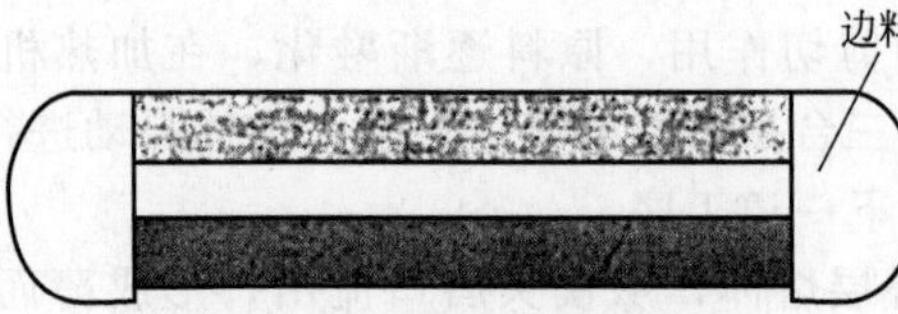

图3-28 指出片材断面图

作为农副产品包装用膜，须无毒、无味，符合国家有关卫生标准。同时还应考虑其他因素。如要求流延膜电晕处理层专用料的电晕衰减慢，确保较高的表面润湿张力，同时又要有一定的抗粘连性。因而，除了采用聚丙烯为主要原材料，通过添加一些功能性母料，确定合适的原材料配方来改善和提高产品的表面极性、机械强度等性能指标。按实验配方所得的农膜与普通CPP膜及BOPP膜的性能比较。如表3-85。

表3-85 性能

项目	高性能(超低温热封高牢度柔韧)CPP农产品包装膜	普通CPP膜	BOPP膜
结构方式	超低温热封层,改性载体层、改性电晕处理层	低温热封层、载体层和电晕处理层	单层平膜或低温热封层、载体层和电晕处理层
封口情况	起封温度110℃,120℃时热封强度≥12N,封口平整	起封温度125℃,封口温度135℃,热封强度≥8N,封口不平整	起封温度125℃,封口温度135℃,热封强度≥7N,封口不平整
薄膜柔韧度反复使用情况	薄膜柔软,韧度高,可以反复使用	薄膜手感一般,韧度不好,不能反复使用	薄膜柔韧度不好,不能反复使用
拉伸强度/MPa	MD(纵向)250 TD(横向)180	MD(纵向)220 TD(横向)150	MD(纵向)180 TD(横向)130
断裂伸长率/%	MD(纵向)500 TD(横向)600	MD(纵向)450 TD(横向)500	MD(纵向)120 TD(横向)180
直角撕裂/N	≥150	≥100	≥50
适湿度(24h)/%	≤5	≤12～14	≤17～21
适氧度(24h)/(mL/m^2)	250	450	850
适应温差	南方,北方均适应	南方适应,北方不适应	南方,北方均适应

四、聚丙烯中空制品配方

（一）经典配方

1. 聚丙烯透明注拉吹塑料瓶

单位：质量份

原材料	用量	原材料	用量
PP(RM045)	100	复配抗氧剂	0.15
HB2002	0.25	卤素吸收剂	0.10
硬脂酸	0.10	其他助剂	适量

说明：性能见表 3-86。

表 3-86　注拉吹 PP 瓶与其他种类瓶子性能比较

瓶子种类	PP 瓶的相对性能						
	耐冲击性能	阻水蒸气渗透	阻氧气渗透性	透明度光泽度	耐热性能	质量降低性	成本降低性
PET	+	+	−−	−	+	+	+
PVC	−	+	−−	−	+	+	+
PS	++	++	−	−	−	+	+
PC	−−	+	+	−	−−	+	++
HDPE	+	+	+	++	+	+	−−
PP(未取向)	++	+	+	+	+	+	−
玻璃	++	−−	−−	−	−−	++	−−

注：++：很好；+：较好；−：相近；−−：较差。

2. 耐辐射 PP 饮料瓶

单位：质量份

原材料	配方 1	配方 2	配方 3	配方 4
PP(日本)	100	—	—	50
PP(兰炼)	—	100	—	—
PP(燕化)	—	—	100	50
耐辐射剂 A	0.13	0.13	0.13	0.13
耐辐射剂 B	0.13	0.13	0.13	0.13
耐辐射剂 C	0.2	0.2	0.2	0.2
色母粒 D	1	1	1	1
助剂 E	0.02	0.02	0.02	0.02
助剂 F	0.1	0.1	0.1	0.1

说明：在 PP 中加入耐辐射剂 A、B、C 及其他助剂，得到了饮料瓶专用耐辐射 PP 配方。用该料吹制的饮料瓶白度好、无毒无味、价格合理，该瓶经 2.5×10^6 rad（1rad$=10^{-2}$Gy）Co-60 释放出的 γ 射线的辐射，白度无变化，未发生发黄、龟裂和脆化等老化现象，可满足饮料的生产要求。

3. 增韧改性 PP 中空制品

单位：%

原材料	配方 1	配方 2
本体法 PP(粉)(MI<2g/10min)	70	65
HDPE	20	25
SBS(YH-792)	10	10
抗氧剂	0.1	0.1
润滑剂	0.21	0.21
脱氯剂	0.2	0.2
其他助剂	适量	适量

说明：性能见表 3-87。

表 3-87 配方 1 和配方 2 与中空制品用高、低压 PE 混合料性能比较

性能 \ 原料	高、低压 PE 混合料	配方 1	配方 2
熔体流动速率/(g/10min)	1.50	1.61	1.45
常温缺口冲击强度/(kJ/m^2)	20.1	24.8	31.4
拉伸强度/MPa	21.1	27.6	26.7
弯曲强度/MPa	32.9	34.0	33.1

4. PP 注射吹塑瓶料配方

单位：质量份

原材料	用量	原材料	用量
PP	90	相容剂	1.5
100%氢化异戊二烯橡胶	10	润滑剂	2.0
Topanol CA 高效抗氧剂	0.2	其他助剂	适量

说明：该配方设计合理，工艺性能好，在 220℃下混炼 10min，然后拉片冷却切粒后再进行注吹成型，制品质量好，满足使用要求。

5. 注射吹塑中空容器配方

单位：质量份

原材料	用量	原材料	用量
等规 PP	88	过氧化二异丙苯引发剂	0.05
乙丙无规共聚物	5.0	二乙烯基苯	1.0
LDPE	12	其他助剂	适量

说明：上述配方混合，220℃挤出切粒，得 PP 共混物；用于注塑吹塑，生产周期快，有优良抗低温性，快速结晶性，可耐－20℃的冲击性。

挤吹中空容器的 HDPE 应选择熔体流动速率为 0.2～0.4g/10min，而其他 PE 及 PE 共混物的熔体流动速率应<2g/10min，过大会使挤出的溶体下垂过大，速度过快，结果瓶底厚，而壁厚薄不均匀。挤吹的温度应严格控制，过高过低都会引起瓶的外壁不光滑，形成粗糙性。模唇处的温度应高于料温 5℃左右。吹胀比一般为 1.5～3，大制品取小值，小制品取大值。吹塑时的压力在 0.196～0.686MPa。

注射吹塑成型先将熔融塑料注射入模具形成型坯，再转入吹塑模中，加热吹塑空气而形成中空容器。吹塑时的压力为 0.196～0.680MPa，吹胀比 2～3，模具温度 20～60℃之间。

6. PP/HDPE/SBS 共混塑料挤出吹塑瓶

单位：质量份

原材料	配方 1	配方 2
PP 粉料	100	100
HDPE	15	20
SBS	10	8
抗氧剂	1.0	1.2
相容剂	1.5	1.5
润滑剂	2.0	2.0
其他助剂	适量	适量

说明：该配方设计合理，成型工艺性良好，通常在 210～220℃下便可挤出吹塑成型，口模温度 220℃，制品质量优良，成本较低，效率高，最大可以挤吹 5L 的 PP 中空容器。

（二）PP 瓶盖专用料（YPJ-706 料）[54]

1. 配方

单位：质量份

原材料	用量	原材料	用量
PP/PE 单体	100	成核剂	0.8
主催化剂(T、T2)	1.0	爽滑剂	0.5
助催化剂三乙基铝	0.5	加工助剂	1.0
抗氧剂	1.0	其他助剂	适量

2. 工艺条件

螺杆 1～5 段温度分别为 160℃，165℃，170℃，175℃，180℃；计量泵和注射管温度均为 190℃；注射座和注射温度均为 195℃；上模温度为 29℃；下模温度为 13℃。

3. 性能

见表 3-88～表 3-90。

表 3-88　中试产品与部分进口树脂的性能比较

指标	中试产品 1	中试产品 2	中试产品 3	进口树脂 1	进口树脂 2
熔体流动速率/(g/10min)	6.0	6.3	7.4	6.2	6.9
拉伸屈服应力/MPa	32.5	28.2	27.5	29.5	27.4
拉伸断裂应变/%	250	130	140	340	180
弯曲模量/GPa	1.8	1.5	1.4	1.8	1.7
悬臂梁缺口冲击强度(23℃)/(kJ/m^2)	7.3	8.1	10.0	7.5	7.5
热变形温度/℃	101	100	100	113	106
硬度	96.5	92.3	89.5	93.9	100.0
乙烯摩尔分数/%	8.3	10.5	10.8	9.9	9.8
w(EPR)/%	6.87	8.49	8.84	8.01	7.52

表 3-89　PP 瓶盖树脂 YPJ-706 暂行质量指标及其性能

批号	熔体流动速率/(g/10min)	拉伸屈服应力/MPa	拉伸断裂应变/%	弯曲模量/GPa	洛氏硬度	热变形温度/℃	悬臂梁缺口冲击强度(23℃)/(kJ/m^2)
暂行质量指标	5.5～7.5	≥25.0	≥100	≥1.3	≥90	≥95	≥6.5
20060219BD	5.8	28.6	200	1.4	97.7	96	8.9
20060221BD	6.4	28.6	180	1.6	98.1	98	8.0
20071024BB	6.2	29.4	200	1.5	95.8	97	8.7
20071027BD	6.0	28.7	220	1.4	94.4	96	9.2
20071029BD	6.1	29.9	230	1.6	97.4	99	8.3
20071029BC	6.2	29.6	190	1.6	99.0	100	8.3

表 3-90　某企业使用 YPJ-706 树脂生产瓶盖的尺寸数据

试样	盖质量/g	盖高/mm	外径/mm	螺牙内径/mm	盖面厚度/mm
标准	2.600±0.150	20.200±0.200	30.100±0.200	25.700±0.150	1.500±0.150
平均	2.599	20.294	30.049	25.703	1.464
最大	2.632	20.360	30.120	25.750	1.530
最小	2.557	20.220	29.980	25.650	1.420
结论	合格	合格	合格	合格	合格

YPJ-706 树脂经 SGS 上海实验室进行了 FDA 标准的卫生和部分应用性能检测，完全符合食品包装卫生要求，可以用于饮料瓶盖等包装材料的加工。

（三）医用输液瓶 PP 专用料

1. 配方[55]

单位：质量份

原材料	用量	原材料	用量
无规 PP(GM750E)	100	硬脂酸	0.5
耐蒸煮剂	1.0	加工助剂	1.0
抗氧剂	0.5	其他助剂	适量

2. 制备方法

医用输液瓶采用注拉吹的方法成型。

3. 性能

见表 3-91～表 3-94。

表 3-91　分子量及其分布对比

项目	GM750E	W 牌号
熔体流动速率(MFR)/(g/min)	0.74	0.66
重均分子量 M_W/$\times 10^5$	3.32	3.55
分子量分布 MWD	4.05	3.77

表 3-92　力学性能对比

项目	GM750E	W 牌号	ST 牌号
拉伸强度/MPa	24.65	25.16	23.57
冲击强度(23℃)/(J/m)	52	49	56
冲击强度(−25℃)/(J/m)	19	14	19
洛氏硬度	76	79	74
热变形温度(0.45MPa)/℃	67	70	70
弯曲模量/MPa	803	838	—

表 3-93　结晶度和透明性对比　单位：%

项目	GM750E	W 牌号	ST 牌号
结晶度(原料)	30.34	31.54	30.25
结晶度(0.4～0.6mm 瓶片)	31.38	35.45	31.84
浊度(0.5mm 压片)	18.60	24.90	25.20
浊度(0.4～0.6mm 瓶片)	2.30	3.30	3.20

表 3-94　5 次挤出稳定性对比

项目	GM750E			W 牌号		
挤出次数	1	3	5	1	3	5
熔体流动速率/(g/min)	0.83	0.85	0.85	0.66	0.74	0.82
黄色指数	−1	0	2	−2	1	3

输液瓶在高温水中进行长时间的消毒，助剂被抽提出去后使得输液瓶在消毒后性能变差，输液瓶发黄变脆。表 3-95 为 121℃水中消毒 30min 前后 GM750E 与 W 牌号性能变化对比。

表 3-95　消毒前后 PP 性能变化对比

项目		GM750E	W 牌号
熔体流动速率/(g/min)	消毒前	0.83	0.66
	消毒后	0.84	0.66
黄色指数	消毒前	−1	−2
	消毒后	−1	0

五、其他聚丙烯制品

（一）改性 PP 滤嘴专用料

1. 配方[56]

单位：质量份

原材料	用量	原材料	用量
聚丙烯烟用纤维	100	无水乙醇	1.0
丙烯酸(AA)	3	加工助剂	1～2
2-丙烯酰胺-2-甲基丙磺酸(AMPS)	7	其他助剂	适量
硫酸亚铁	5.0		

2. PP-*g*-(AA+AMPS) 改性纤维的制备

首先，将充分溶胀后的聚丙烯纤维与 AA、硫酸亚铁铵、异丙醇/水（1∶4）混合溶液依次放入聚乙烯袋中，鼓氮气 10min 除去氧气并使溶液均匀混合，随后放置在等离子体引发装置中辐照。基体表面引入了 AA 的改性聚丙烯纤维随后置入 AMPS 单体的溶液中，再次在氮气保护下辐照接枝。反应结束后把样品取出置于无水乙醇中浸洗，除去未反应的单体及均聚物后，在 70℃条件下干燥至恒重后计算接枝率 W：

$$W(\%)=[(W_g-W_0)/W_0]\times 100\%$$

式中，W_0 和 W_g 分别为接枝前后 PP 纤维的质量。

3. 性能

改性后聚丙烯纤维的接枝率为 22.8%时，改性后聚丙烯纤维滤嘴对烟气的过滤效果比改性前明显提高，烟气中的总粒相物比未改性滤嘴降低了 30.5%，焦油及烟碱含量分别降低 43.2%和 31.7%。

（二）改性 PP 吸油毡

1. 配方[57]

单位：质量份

原材料	用量	原材料	用量
PP 无纺布	100	异丙醇	2.0
丙烯酸(AA)	3.0	加工助剂	1～2
甲基丙烯酸甲酯(MMA)	7	其他助剂	适量
光敏剂二苯甲酮	5.0		

2. 辐照制备 PP-*g*-(AA+MMA)

接枝反应在聚乙烯袋中进行，每组实验选定的紫外辐照波长均为 312nm。PP 无纺布原始厚度为 2mm，并以此作为接枝反应基体材料。首先加入异丙醇/水溶液（如果没有特殊说明，其比例为 1∶4），随后依次加入指示剂（二苯甲酮，0.0625%，以甲基丙烯酸甲酯质量为基准），0.1mol/L 硫酸以及 AA 单体，鼓氮气 10min 除去氧气并使溶液均匀混合。第一次接枝后得到 PP-*g*-AA 聚合物样品。未反应的 AA 单体以及 AA 共聚产物通过丙酮在室温下萃取 8h，进而从 PP-*g*-AA 样品中去除。将得到的 PP-*g*-AA 样品浸入含有 MMA 单体的接枝液中，进行再次接枝反应，同时留出未经二次接枝的样品作为参考对照。

3. 性能

见表 3-96～表 3-98 和图 3-29。

表 3-96　原油物理性能参数

参数	分析结果
密度(20℃)/(g/cm^3)	0.90
运动黏度(50℃)/(mm^2/s)	72.62
酸值/(mg KOH/g)	0.43
残炭/%	11.72
蜡含量/%	1.96
胶质/%	16.2
沥青质/%	7.11
灰分/%	0.04
水含量/%	<0.05

表 3-97　不同接枝率 PP-*g*-（AA+MMA）吸附性能

接枝率/%	接触角/(°)	比表面积/(m^2/g)	空隙率/%	吸油率/(g/g)
0	75.30	0.44	60.35	9.37
6.4	87.62	0.52	67.31	12.88
9.5	98.24	0.59	74.45	15.23
15.4	109.28	0.75	83.73	18.37
18.73	124.38	0.89	91.26	22.17

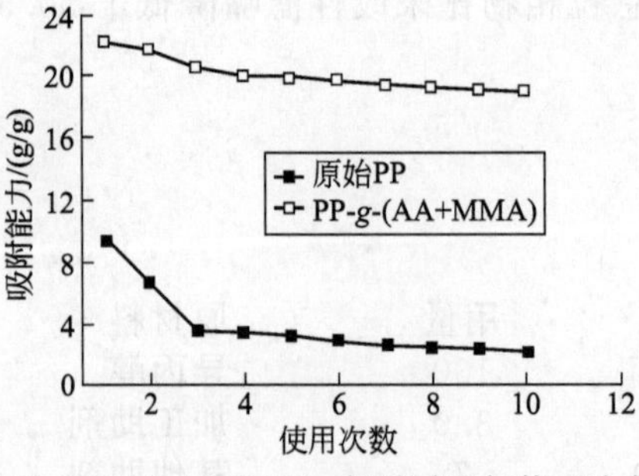

图 3-29　PP 和 PP-*g*-(AA+MMA) 在不同重复使用次数下的吸附能力

表 3-98　不同接枝率的 PP-*g*-(AA+MMA) 的物理机械性能

接枝率/%	拉伸模量/(kg/cm²)	断裂强度/cN	初始强度/(cN/dtex)
0	26.51	0.71	0.35
6.4	43.28	1.22	0.48
9.5	76.41	2.48	0.92
15.4	99.85	3.14	1.24
18.73	115.43	3.76	1.48

(三) PP 无纺布专用料 (S960)

1. 配方[58]

单位：质量份

原材料	用量	原材料	用量
PP(S960)	100	加工助剂	1～2
液体二叔丁基过氧化物	1～3	其他助剂	适量
钛系催化剂	0.1～1.0		

2. 制备工艺

(1) 制备方法　采用 PPⅡ装置和日本三井油化公司的液相本体-气相法（釜式）工艺技术生产、S960PP 专用料。

(2) 优化造粒的主要参数　针对首次生产出现的问题，提出了造粒机操作条件优化方案：PCW 的温度由 54℃降至 50℃，切刀转速从 900r/min 升至 960r/min，同时做好维修保养工作，根据切刀磨损情况及时更换，降低槽隙设定值，模板加热蒸汽压力由 1.7～1.8MPa 降至 1.5MPa，造粒控制参数优化数据见表 3-99。

表 3-99　造粒系统生产运行参数

项目	设计范围	实际值
挤压机筒体温度/℃		
一段	170～250	210～220
二段	170～250	210～220
三段	170～250	210～220
齿轮泵加热蒸汽压力/MPa	1.5～3.6	1.5～1.8
模板加热蒸汽压力/MPa	1.5～3.6	1.5～1.8
槽隙/mm	6～60	20～30
PCW 温度/℃	40～80	50～54
切粒机切刀转速/(r/min)	850～1300	900～960
造粒负荷/(t/h)	7.5～9.5	9.2

注：造粒齿轮泵和模板为蒸汽加热，通过调整压力控制温度。

3. 性能

见表 3-100、表 3-101。

表 3-100　S960 产品性能指标

项目	质量指标
颗粒外观	
黑粒/(个/kg)	0
色粒/(个/kg)	≤10
MFR/(g/10min)	36.0～44.0
等规指数/%	≥95
拉伸屈服应力/MPa	>29.0
弯曲模量/MPa	≥1000
"鱼眼"数/(个/1520cm²)	
0.8mm	0～8
0.4mm	0～30

表 3-101　S960 产品质量

批号	颗粒外观		熔体流动速率/(g/10min)	拉伸屈服应力/MPa	灰分/%	弯曲模量/MPa	等规指数/%	"鱼眼"数/(个/1520cm²)	
	大粒和小粒/(g/kg)	蛇皮数和拖尾数/(个/kg)						0.8mm	0.4mm
100910B	0.3	105	39.8	32.6	0.0088	1570	96.5	1.0	1.3
110107A	0.3	35	41.5	34.5	0.0100	1527	97.2	1.0	1.3
110906A	0.3	55	40.3	33.3	0.0100	1569	97.3	0.3	0.7
111105A	0.3	39	40.0	33.3	0.0088	1488	97.3	0.3	1.3
120108C	0.3	38	40.8	32.1	0.0100	1433	97.3	0.3	2.0
120107B	0.3	40	41.6	31.3	0.0088	1423	97.4	1.0	0.7

注：100910B 为首次生产产品；110107A 为第二次试产产品；110906A，111105A，120108C，120107B 使用了新助剂；产品无黑粒和色粒。

（四）PP 编织袋

1. 配方[59]

单位：质量份

原材料	用量	原材料	用量
均聚聚丙烯	70	复合抗老化母料	3～4
聚乙烯	11	硬脂酸	1.0
改性树脂	13	加工助剂	1～2
降温母料	0.42	其他助剂	适量

2. 制备方法

(1) 预混合

将聚丙烯粉料、降温母料、改性树脂及其它助剂，按一定配比、称重、计量，经高速混炼机混合后制得混配料，加入到复合机组挤出机料斗中待用。

(2) 涂覆与复合

涂覆与复合的工艺流程：

混配料⟶加热⟶挤出⟶涂覆膜$\xrightarrow{\text{编织布}}$复合⟶复合编织布⟶裁剪⟶缝制⟶复合塑料编织袋

(3) 生产工艺参数见表 3-102。

表 3-102　生产工艺参数

项目	一区	二区	三区	四区	上三通	下三通	模头
设定温度/℃	180	230	240	240	260	270	250

续表

项目	一区	二区	三区	四区	上三通	下三通	模头
螺杆转速/(r/min)	250						
卷绕线速/(r/min)	1100						

3. 性能

产品的涂覆膜与基布黏合牢固，生产过程中涂覆膜的成膜均匀平稳，没有出现幅宽不够、膜边波动、粘辊、破膜断膜等不良现象，在窄幅（600mm）双膜和宽幅（110mm）单膜机组均能使用正常，具有良好的适用性。产品性能指标见表 3-103。

表 3-103　复合塑料编织袋性能指标

项目	GB/T 8947	检测平均值
拉伸强度/(N/5cm)	550	590
剥离力/(N/30mm)	>3	3.7

第六节　聚丙烯泡沫塑料

一、经典配方

具体配方实例如下[1~5]。

1. 淀粉/聚丙烯泡沫塑料

单位：质量份

原材料及性能	配方一	配方二	配方三	配方四
PP	100	70	70	70
St	30	30	30	30
EPDM	—	30	—	—
EVA	—	—	30	—
PE	—	—	—	30
Celogen RA	4	4	4	4
苯甲酸钠	0.5	0.5	0.5	0.5
硬脂酸钡	2.5	2.5	2.5	2.5
多元醇	14	14	14	14
丙三醇单硬脂酸酯	1.2	1.2	1.2	1.2
发泡试验				
发泡倍率	2.2	3.1	2.7	2.4
拉伸强度/MPa	12.6	14.2	13.6	13.2

2. 改性聚丙烯发泡料

单位：质量份

原材料	用量	原材料	用量
PP	70	ZnO/Zn(St)	0.15
LDPE	30	抗氧剂	1.0
聚异丁烯	12	润滑剂	2.0
AC 发泡剂	0.8	其他助剂	适量

3. PP 低发泡塑料

单位：质量份

原材料	配方 1	配方 2
PP	80	70
PE	20	—
无规 PP	—	30
偶氮二甲酰胺	2.0	2.7
相容剂	5.0	5.0
过氧化二异丙苯	0.25	—
二乙烯基苯(助交联剂)	1.0	—
石蜡	—	1.0
滑石粉	—	20～30
偶联剂	—	1.5
其他助剂	适量	适量

说明：该配方设计合理、工艺性良好，制品成本低，各项性能指标均满足使用要求。

4. 压制成型闭孔 PP 泡沫塑料

单位：质量份

原料	配比 1	配比 2	配比 3	配比 4	配比 5	配比 6
等规聚丙烯	100	75	50	75	50	75
乙丙共聚体	—	25	50	—	—	—
乙丙、二烯共聚体	—	—	—	25	50	—
聚异丁烯	—	—	—	—	—	25
偶氮二甲酰胺	5	5	5	5	5	5
双(磺酰叠氮)癸烷(交联剂)	0.75	0.75	0.75	0.75	—	1
抗氧剂 300	0.2	0.2	0.2	0.2	—	0.2
其他助剂	适量	适量	适量	适量	适量	适量

说明：该配方设计精细，工艺性能良好，制品制备简便，质量好，成本低，效率高，建议推广应用。

5. 无规 PP 闭孔泡沫塑料

单位：质量份

原材料	配方 1	配方 2
无规 PP(特性黏度 1.8)	100	—
无规 PP(特性黏度 1.64)	—	100
1,2-聚丁二烯	5.0	5.0
过氧化二异丙苯	1.4	1.0
硬脂酸	1.0	1.0
润滑剂	2.0	2.0
其他助剂	适量	适量

说明：该配方设计合理，制备工艺性良好，制品成本低，生产效率高，制品性能优良，建议推广应用。

二、基于均匀设计制备发泡聚丙烯

1. 配方[60]

单位：质量份

原材料	用量	原材料	用量
PP	100	SiO_2	0.6～1.0
偶氮二甲酰胺(ADC)	2～3	抗氧剂	1.0
ZnO	0.5～1.0	加工助剂	1～2
硬脂酸锌(ZnSt)	0.5～0.8	其他助剂	适量

2. 制备方法

按比例称取高熔体强度聚丙烯，SiO_2，ADC，ZnO 和 ZnSt 并置于高速混合机中，再添加适量的液状石蜡，高速混合 5～10min，将充分混合后的原料按设定成型工艺条件在挤出机中塑化、熔融、反应和持续挤出发泡，制得发泡聚丙烯。成型工艺条件为：螺杆温度为 187℃，模头温度为 156℃，螺杆转速为 16r/min，此时发泡聚丙烯泡孔尺寸为 68.53μm。将发泡聚丙烯直接在空气中冷却定型，然后取样分析。

三、淀粉基聚丙烯发泡塑料

1. 配方[61]

单位：质量份

原材料	用量	原材料	用量
PP	100	$CaCO_3$	10～20
淀粉	30	石蜡/甘油	1～2
聚乙烯醇	10	其他助剂	适量
AC 发泡剂	5.0		

2. 制备方法

按配方称量投入混合机中在一定的温度下将其混合均匀，再用双螺杆挤出机挤出造粒，便可模塑成型制品。

3. 性能

该发泡塑料属节能环保塑料，密度低，比强度、比模量，加工工艺简便，成本低，可广泛地用于包装材料，合成木，仿木产品等。

四、釜式法制备聚丙烯发泡珠粒

1. 配方[62]

单位：质量份

原材料	用量	原材料	用量
PP	80	硬脂酸钙	0.5
1,4-二乙烯基苯	20	抗氧剂	1.0
物理发泡剂 CO_2	3～5	加工助剂	1～2
石蜡	1.5	其他助剂	适量
硬脂酸	0.5		

2. 制备工艺

PP 基体树脂制备：将 PP 树脂与助剂按比例混合，用挤出机挤出，经水下切粒或者丝束切割，得到直径为0.6～1.2mm的微颗粒。

发泡：按照配方将微颗粒，发泡剂以及其他助剂加入带搅拌的高压釜中，控制发泡过程参数（温度、压力等），保压一段时间之后，快速卸压出料，得到发泡珠粒，并进行后处理（包括清洗表面残留物、烘干定型等）。

加工成型：将珠粒模塑热成型，珠粒发生二次膨胀并相互黏结，成为最终产品。

因釜式发泡工艺复杂，属间歇生产，设备成本高，目前只有日本JSP株式会社、日本Kaneka公司、德国BASF公司、韩国韩华等少数几家公司掌握该工艺。釜式发泡工艺的流程见图3-30。

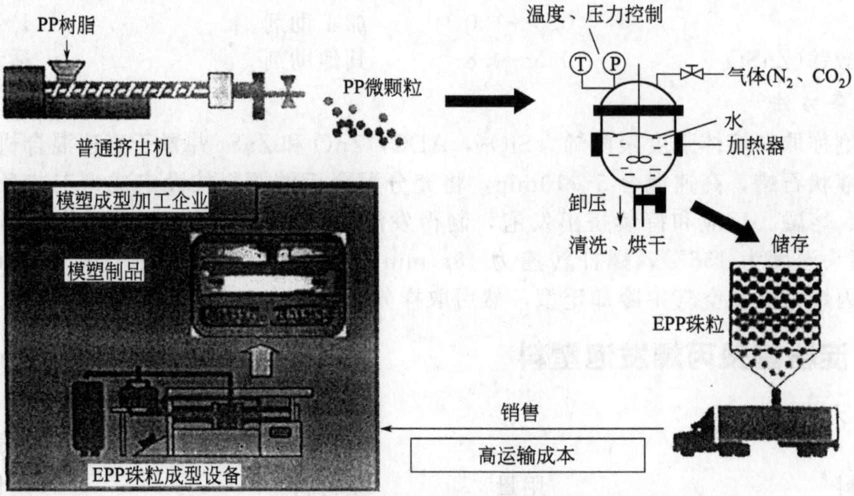

图3-30　EPP珠粒和EPP珠粒泡沫的常规制备过程

五、PP/SBS发泡塑料

1. 配方[63]

单位：质量份

原材料	用量	原材料	用量
PP	80	抗氧剂	1.0
SBS(苯乙烯-丁二烯-苯乙烯)	75	硬脂酸钙	0.5
PDMS(聚二甲基硅烷)	5.0	加工助剂	1～2
发泡剂 CO_2	1～3	其他助剂	适量

2. 制备方法

在密炼机上进行共混，混炼温度180℃，混炼时间5min，密炼机转子转速45r/min。然后将混炼好的样品在180℃的热压机上压制成厚度为400μm的圆盘状样品，以备DSC测试和发泡使用。

在间歇发泡实验中，采用降压的方法来诱导成核。首先将样品放入发泡仓内，待温度升到预设的发泡温度后，通入气体并保温30min，调整压力降速率控制阀门，到达设定值后进行释压。

在降温发泡实验中，保温过程结束后，关掉温度控制装置，让发泡仓冷却到预定的温度值后再释压。

3. 性能

见表3-104、表3-105。

表 3-104　PP 和 PP/SBS 共混物的结晶性能

熔点/℃	结晶度/%	起始结晶温度/℃	结晶温度/℃
146.3	36.9	120.3	116.9

表 3-105　不同压力降速率下 PP 与 PP/SBS 共混物的泡孔形态参数对比

泡孔密度/(个/cm^3)		平均泡孔尺寸/μm	
−30MPa/s	−80MPa/s	−30MPa/s	−80MPa/s
4.0×10^8	7.8×10^8	10.2	8.4

(1) 在 PP 基体中引入 SBS 能显著改善制品的泡孔形态，引入 PDMS 后，共混物的泡孔密度进一步增大，泡孔尺寸也降低很多。这主要是由于体系中 CO_2 的溶解度增加以及可能发生的异相成核造成的。

(2) 高的压力降速率产生了更好的泡孔结构，压力降速率越高，产生的热力学不稳定性越大，成核的驱动力就越大，最终成核速率显著增加。

(3) 降温到 105℃发泡时，虽然发泡温度远低于聚合物的结晶温度，但由于 CO_2 气体的增塑作用，延缓了 PP 的结晶，部分样品仍能充分发泡，而且制得了具有更好泡孔结构的 PP 泡沫塑料。当温度进一步降低时，由于大量晶体的出现，泡孔分布不均以及泡孔尺寸不均匀现象更加明显。

(4) 降温到 105℃发泡时，制得了泡孔密度 3.4×10^9 个/cm^3、泡孔直径 6μm 左右的 PP/SBS 共混物的泡沫塑料。

六、高弹性聚丙烯泡沫塑料

1. 配方[64]

单位：质量份

原材料	用量	原材料	用量
PP	75	过氧化二异丙苯	0.5
EVA	12.5	AC 发泡剂	1～3
丁腈橡胶(NBR)	12.5	硅烷偶联剂	1.0
纳米二氧化硅(SiO_2)	3～4	加工助剂	1～2
三碱式硫酸钙	0.8	其他助剂	适量
CPE 相容剂	5.0		

2. 制备方法

先将 PP 加入预热的双辊炼塑机上进行物料的混炼，待 PP 大部分熔融后再按配方加入弹性体 EVA/NBR、相容剂 CPE、交联剂 DCP 和经硅烷偶联剂改性的纳米 SiO_2 粉体进行混炼，最后加入三碱式硫酸铅和 AC 发泡剂，继续混炼至均匀。将充分混合的物料经冷辊压呈片状于平板硫化机上加热加压发泡，待发泡剂完全分解后，再经 120℃热定型，即可得到发泡 PP 样品。

3. 性能

本配方制得材料密度为 0.51g/cm^3、拉伸强度为 25MPa、断裂伸长率为 6.8%、冲击强度 10.9kJ/m^2、维卡软化温度为 146℃。所制得的 PP 发泡材料的耐温性能、冲击性能、拉伸性能较优异、使得该 PP 发泡材料具有广阔的应用领域。

七、聚丙烯开孔泡沫塑料

1. 配方[65]

单位：质量份

原材料	用量	原材料	用量
高熔体 PP(HMSPP)	70	加工助剂	1～2
LLDPE	30	其他助剂	适量
发泡剂 CO_2	1～3		

2. 制备方法

(1) HMSPP/LLDPE 共混物的制备　将原料按一定配比称量好之后，混合均匀，然后再在同向双螺杆挤出机上挤出造粒，双螺杆挤出机从口模到主机八段温度控制为：190℃，190℃，195℃，200℃，210℃，210℃，200℃，160℃。螺杆转速 60r/min。

(2) 发泡制样　将压好的环状试样放入动态发泡模拟机的发泡室中发泡成型，发泡工艺参数为：转子转速 65r/min、塑化温度 210℃、发泡压力 12MPa、发泡温度分别为 130℃，140℃，150℃，160℃。

3. 性能

见表 3-106。

表 3-106　HMSPP/LLDPE 共混原料的 DSC 测试结果①

HMSPP/LLDPE 质量比	熔融温度/℃	熔融焓/(J/g)	结晶度/%	结晶温度/℃	结晶焓/(J/g)
100/0	168.4	78.91	37.70	110.3	94.85
90/10	167.0	77.72	41.26	128.9	80.56
80/20	167.2	69.54	41.54	127.5	73.42
70/30	166.7	58.07	39.63	126.8	61.08
60/40	166.4	47.72	38	126.7	51.51
50/50	166.2	39.98	37.24	127.1	42.78

①HMSPP 在 100%结晶时的熔融热焓为 209.3J/g。

参　考　文　献

[1] 张玉龙，颜祥平．塑料配方与制备手册 [M]．第 2 版．北京：化学工业出版社，2005.

[2] 马之庚，陈开来．工程塑料手册 [M]．北京：机械工业出版社，2004.

[3] 张玉龙．塑料配方及其组分设计宝典 [M]．北京：机械工业出版社，2005.

[4] 邓少生，纪松．功能材料概论 [M]．北京：化学工业出版社，2012.

[5] 张玉龙，王喜梅．塑料制品配方 [M]．北京：中国纺织出版社，2009.

[6] 林君友．超细滑石粉母料在聚丙烯扁丝中的应用 [J]．炼油与化工，2010.21 (2)：18-20.

[7] 曾石，邱海聪．木塑复合材料的挤出工艺与力学性能研究 [J]．塑料工业，2012.80 (5)：66-68.

[8] 聂恒凯，柳峰，徐冬梅等．蛋壳粉填充改性聚丙烯基木塑复合材料性能研究 [J]．工程塑料应用，2011.39 (6)：21-23.

[9] 焦亚男，祁小芬，吴宁等．亚麻/聚丙烯复合材料的制备及拉伸、顶破性能 [J]．天津工业大学学报，2014.33 (5)：8-13.

[10] 董哲．橡胶粉-聚丙烯纤维复合改性微表处混合料技术性能研究 [J]．公路工程，2015，40 (1)：79-83.

[11] 周凯，刘勇．改性煤矸石制备聚丙烯塑料填料 [J]．塑料，2015，44 (1)：69-71.

[12] 刘力威．纳米氧化硅/弹性体改性 PP 性能研究 [J]．塑料工业，2012，40 (11)：28-31.

[13] 陈鹏．两步法制备 PP/蒙脱土纳米复合材料及其性能研究 [J]．应用化工，2014，43 (12)：2246-2248.

[14] 张志坚，章建忠，费振宇．玻璃纤维短切原丝增强聚丙烯的研究 [J]．塑料工业，2015，43 (2)：42-44.

[15] 戴欣，章自寿，陈春燕等．蒙脱土/聚丙烯成核机理的 α→β 转变 [J]．中南大学学报，2015，54 (2)：62-65.

[16] 陈艳春，鲁瑶，管俊杰等. PP/PLA 盆底复合补片的制备与性能 [J]. 东华大学学报，2014，40 (6)：687-691.
[17] 胡立聪，桑燕，钟明强. 多元复合高流动性聚丙烯的制备与性能 [J]. 塑料科技，2009，37 (5)：49-52.
[18] 刘鲁艳，郭庆杰，吴曼等. 废旧聚丙烯/废弃印刷线路板非金属粉复合材料的制备及性能 [J]. 化工学报，2014，65 (4)：1495-1502.
[19] 陈卓立. 抗冲共聚聚丙烯 J842 的开发 [J]. 合成树脂及塑料，2011，28 (3)：30-33.
[20] 杨峰，卞军，何飞雄等. PP/PP-*g*-MAH/GS-EDA 纳米复合材料的制备及性能 [J]. 工程塑料应用，2014，42 (9)：10-15.
[21] 池晓明，游华燕，匡俊杰等. 双单体接枝聚丙烯的制备研究 [J]. 塑料工业，2012，46 (9)：52-56.
[22] 陈全虎. PP/POE 共混物的制备及其性能分析 [J]. 技术研究，2015，(1)：109-111.
[23] 杨明山，李林楷，罗海平. 废旧蜜胺塑料对聚丙烯的改性作用 [J]. 广东化工，2012，39 (5)：36-37.
[24] 焦旗，田广华，罗春桃. 聚丙烯 2500H 助剂配方优化研究 [J]. 现代化工，2014，34 (11)：99-102.
[25] 宋程鹏，田广华，崔飞. 聚丙烯 1102K 粉料用助剂配方的研究 [J]. 石化技术，2014，21 (1)：5-8.
[26] 吕爱龙，揣成智. 耐低温耐油聚丙烯复合材料的制备与性能 [J]. 塑料，2015，44 (2)：66-67.
[27] 梁凯. 阻燃聚丙烯的研制 [J]. 科技创新与应用，2012 (4)：14.
[28] 沈叶龙，孟成铭，孙凯. 无卤阻燃增强 PP 的制备 [J]. 塑料工业，2014，42 (6)：42-45.
[29] 谭逸伦，邵偲淳，孙柳等. 无卤阻燃 PP 复合材料的制备及性能研究 [J]. 塑料工业，2012，40 (16)：74-76.
[30] 梁基照，陈莹. PP/$Al(OH)_3$/$Mg(OH_2)$/2B 复合材料阻燃性能的研究 [J]. 塑料科技，2010，38 (6)：53-56.
[31] 夏建盟，杨泽，何威. 高光泽阻燃 PP 表面析出研究 [J]. 工程塑料应用，2011，39 (4)：19-21.
[32] 张清华，陈大俊. 炭黑填充 PP 复合材料的制备及性能 [J]. 高分子材料科学与工程，2004，20 (3)：213-215.
[33] 李杰，张师军，初立秋等. 抗菌聚丙烯的制备及性能 [J]. 塑料，2015，44 (1)：43-46.
[34] 丁瑜，赵琴娜，张琴等. 聚丙烯/四氧化三铁纳米复合材料的制备、表征及磁性能研究 [J]. 塑料工业，2013，41 (6)：21-24.
[35] 梁曦锋，徐睿杰. 杂化碳化硅填充聚丙烯导热复合材料研究 [J]. 广州化工，2011，39 (16)：69-75.
[36] 张敏敏，蒋冠森，何敏等. 透明聚丙烯配方设计的研究 [J]. 化工新型材料，2008，36 (7)：71-73.
[37] 王海军，吴大鸣，郑秀婷等. 聚丙烯光扩散材料的制备及其表征 [J]. 塑料，2013，42 (6)：41-43.
[38] 李绍宁，张迎东，崔莉等. 应用两步接枝法制备新型改性聚丙烯基吸油材料 [J]. 功能材料，2011.18 (18)：18036-18041.
[39] 高彦杰，张丽英，张师军. 高结晶聚丙烯的制备 [J]. 石油化工，2011，40 (1)：38-42.
[40] 林志明. 1 种聚丙烯纤维材料的开发 [J]. 化工生产与技术，2015.22 (3)：26-29.
[41] 林龙，徐振明. 汽车内饰件用 PP 专用料的研制 [J]. 现代塑料加工与应用，2012，24 (1)：35-37.
[42] 赵文聘，黄鹏中，徐长旭. 滑石粉对中华 M2 方盘护盖用 PP 专用料性能的影响 [J]. 中国非金属矿工业导刊，2011，(2)：39-41.
[43] 柯宇旋. 轻量化高韧度汽车保险杠用热塑性弹性体的研制 [J]. 广东化工，2013，40 (15)：44-46.
[44] 罗忠富，杨波，王灿耀等. 高极性聚丙烯材料的制备及其在汽车保险杠的应用 [J]. 塑料工业，2013，41 (3)：113-115.
[45] 危学兵，孟正华，许丽等. 内外饰用聚丙烯材料配方对性能的影响规律研究 [J]. 塑料工业，2011，39 (9)：20-23.
[46] 杨俪辰. 高流动性高模量聚丙烯的制备 [J]. 价值工程，2014 (1)：299-300.
[47] 谢雯新. 高融熔指数共聚聚丙烯的研制开发 [J]. 广州化工，2013.41 (8)：83-85.
[48] 林龙，徐振明. 高光泽聚丙烯小家电专用料的研制 [J]. 现代塑料加工与应用，2009，21 (5)：44-47.
[49] 佘进娟，王承刚，刘苏芹等，聚丙烯高光泽母料的研制 [J]. 工程塑料应用，2012，40 (9)：25-28.
[50] 白亮. PPR 管材生产中参数控制及添加剂配方优化 [J]. 管理观察，2013 (400)：213.
[51] 雷飞. PA6/PP 共混管材料配方研究 [J]. 应用技术与设计，2013 (14)：48-49.
[52] 刘煜，王江，杨育农. 聚丙烯耐候母粒的制备及其在聚丙烯薄膜中的应用 [J]. 合成材料老化与应用，2014，43 (1)：33-34.
[53] 程捷，方征平，寿祖康. 一种高性能流延聚丙烯农副产品包装膜的研制 [J]. 中国科技纵横，2010，(23) 77-78.
[54] 柏基业，应丽英，徐宏彬. 聚丙烯瓶盖树脂的中试开发和工业化生产 [J]. 合成树脂及塑料，2009，26 (5)：13-16.
[55] 王奇. 注拉吹医用输液瓶聚丙烯专用料的研制 [J]. 石油化工技术与经济，2010，26 (4)：33-36.
[56] 王海涛，魏俊富，王翱等. 应用两步接枝法制备新型改性 PP 滤嘴材料 [J]. 功能材料，2013，44 (4)：573-576.
[57] 李绍宁. 应用两步接枝法制备改性聚丙烯基吸油毡 [J]. 消防科学与技术，2014，33 (6)：564-568.
[58] 黄启望，陈斌. 无纺布专用 PP 树脂 S960 的开发 [J]. 合成树脂及塑料，2012，29 (6)：5-7.

[59] 张世鸣，张国胜. 聚丙烯粉料直接涂覆法生产复合编织袋技术探讨 [J]. 河南化工，2009，26 (9)：38-40.
[60] 公维光，朱成，郑柏存. 基于均匀设计制备发泡聚丙烯 [J]. 建筑材料学报，2011，14 (5)：615-619.
[61] 周辉. 淀粉基聚丙烯发泡材料的制备及性能研究 [J]. 西江月，2013 (3) 下旬刊：348.
[62] 刘有鹏，吕明福，郭鹏. 张师军. 釜式法制备聚丙烯发泡珠粒研制进展 [J]. 合成树脂及塑料，2012，29 (6)：44-48.
[63] 吴清锋，周南桥. 加工参数及配方对 PP/SBS 共混物泡孔形态的影响 [J]. 塑料科技，2009，37 (10)：62-66.
[64] 苏丽芬，张伟，夏茹等. 高弹性发泡聚丙烯的制备及性能表征 [J]. 塑料工业，2015，43 (2)：69-72.
[65] 曹贤武，何丁，伍巍等. 共混法制备聚丙烯开孔泡沫材料的研究 [J]. 塑料工业，2011，39 (8)：99-103.

Chapter 04

第四章 聚氯乙烯

第一节 聚氯乙烯改性剂

一、经典配方

具体配方实例如下[1~4]。

（一）填充改性聚氯乙烯

1. $CaCO_3$填充改性聚氯乙烯（PVC）

单位：质量份

原材料	用量	原材料	用量
PVC	100	三碱式硫酸铅	3.0
$CaCO_3$	40	二碱式亚磷酸铅	1.0
偶联剂	1.0	PP-*g*-MAH	5.0
硬脂酸	1.5	加工助剂	1～2
硬脂酸钙	0.5	其他助剂	适量

说明：拉伸强度68MPa，断裂伸长率40%，缺口冲击强度18kJ/m^2。

2. 凹凸棒填充改性PVC

单位：质量份

原材料	用量	原材料	用量
PVC	100	硬脂酸	1.0
凹凸棒土	10～30	硬脂酸锌	0.5
偶联剂	1.0	加工助剂	1～2
三碱式硫酸铅	2.5	其他助剂	适量
二碱式亚磷酸盐	1.5		

说明：拉伸强度50MPa，断裂伸长率10%，缺口冲击强度3.8kJ/m^2，邵尔硬度（D)80。

3. 海泡石填充改性PVC

单位：质量份

原材料	用量	原材料	用量
PVC	100	偶联剂	1.0
海泡石	10	硬脂酸	1.0
三碱式硫酸铅	5.0	加工助剂	1～2
DOP	1.0	其他助剂	适量

说明：拉伸强度68MPa，断裂伸长率90%，缺口冲击强度9kJ/m^2。

4. 红泥填充改性硬 PVC

单位：质量份

原材料	用量	原材料	用量
PVC	100	邻苯二甲酸二辛酯	60
红泥	30	亚磷酸三苯酯	1.0
三碱式硫酸铅	2.5	加工助剂	1～2
二碱式亚磷酸铅	1.0	其他助剂	适量
硬脂酸铅	1.0		

5. 红泥填充改性软质 PVC

单位：质量份

原材料	用量	原材料	用量
PVC	100	机油	5.0
红泥	10～20	加工助剂	1～2
DOP	40	其他助剂	适量

6. 木粉填充改性 PVC

单位：质量份

原材料	用量	原材料	用量
PVC	100	二碱式亚磷酸铅	2.0
木粉(20～40 目)	30	硬脂酸钡	0.5
硅烷偶联剂	1.5	硬脂酸铅	0.5
CPE	5.0	AC	2.0
DOP	5.0	加工助剂	1～2
三碱式硫酸铅	3.0	其他助剂	适量

说明：相对密度 1.42，拉伸强度 46MPa，冲击强度 3.7kJ/m^2，弯曲强度 73MPa。

7. 废纸屑填充改性 PVC

单位：质量份

原材料	用量	原材料	用量
PVC	100	硬脂酸锌	1.0
废纸屑粉	5.0	硬脂酸	0.5
马来酸酐接枝天然橡胶	4.0	DOP	1.0
三碱式硫酸铅	3.0	加工助剂	1～2
二碱式亚磷酸铅	1.5	其他助剂	适量

说明：拉伸强度 18MPa，缺口冲击强度 10kJ/m^2。

8. $CaCO_3$ 填充硬质 PVC

单位：质量份

原材料	轻质钙配方	重质钙配方	活化钙配方	取代剂配方	白艳华配方
PVC	100	100	100	100	100
三碱式硫酸铅	3	3	3	3	3
硬脂酸钡	2	2	2	2	2
硬脂酸铅	1	1	1	1	1
硬脂酸	0.5	0.5	0.5	0.5	0.5
$CaCO_3$	3	3	6	6	6

说明：可用于建材、装饰材料、板材、管材、异型材等。

9. $CaCO_3$填充软质PVC

单位：质量份

原材料	轻钙配方	取代剂配方	活化重钙配方	白艳华配方
PVC	100	100	100	100
硬脂酸钡	2	2	2	2
三碱式硫酸铅	4	4	4	4
硬脂酸	0.5	0.5	0.5	0.5
增塑剂	40	40	40	40
$CaCO_3$	10	10	10	10

说明：可用于塑料建材、装饰材料、板片材、异型材和电缆料等。

10. 刚性粒子填充硬聚氯乙烯

单位：质量份

原材料	配方1	配方2	配方3
PVC-U	100	100	100
$CaCO_3$	—	7	7
TiO_2	10	10	6
ACR抗冲改性剂	8	8	8

11. 凹凸棒土填充硬质PVC

单位：质量份

原材料	用量	原材料	用量
PVC(S-1000)	100	EVA-760	5.0
CPE	5～20	BaSt	1.0
硅烷偶联剂KH-590	0.1～3	HSt	0.5
三碱式硫酸铅	1～5	凹土	10～20
ACR-201	1	其他助剂	适量

说明：可用于生产型材及塑料门窗。

12. 凹凸棒土填充PVC

单位：质量份

原材料	用量	原材料	用量
PVC	100	ACR-201	1.0
BaSt	1.0	凹土	20～100
硬脂酸	0.5	偶联剂	1.5
三碱式硫酸铅	5.0	其他助剂	适量

说明：可用作塑料建材、装饰材料、异型材和其他PVC制品等。

13. 滑石粉填充常规悬浮PVC

单位：质量份

原材料	用量	原材料	用量
悬浮PVC树脂	80	硬脂酸铅	0.4
滑石A(或B、C、D)	20	硬脂酸钙	0.4
三碱式硫酸铅	2.4	PA-20(润滑剂)	1.6
二碱式硬脂酸铅	1.2	其他助剂	适量

说明：可用于制备片材、板材和其他制品等。

14. 滑石粉填充 PVC/Elvaloy741/NR 共混合金

单位：质量份

原材料	用量	原材料	用量
PVC	100	润滑剂(ZB-16ZB-74)	1～2
改性剂(Elvaloy741/NR=1∶1)	10～25	加工改性剂(ACR)	2～3
增塑剂(DOP)	3～5	滑石粉	10～50
稳定剂	2～5		

说明：可用于塑料建材、装饰材料、管材、板材、异型材等。

15. 海泡石填充硬质聚氯乙烯

单位：质量份

原材料	用量	原材料	用量
PVC	100	硬脂酸	1.0
热稳定剂	5.0	偶联剂	1.5
海泡石(80～200 目)	10	加工助剂	1～2
硬脂酸钙	0.8	其他助剂	适量
DOP	1.5		

说明：该填充料具有良好的综合力学性能，且成本较低。可制成异型材等建材。

16. 木纤维填充增强 PVC

单位：质量份

原材料	用量	原材料	用量
PVC	100	锡稳定剂	2
硬脂酸钙	1.2	石蜡	1
ACR-302	2	木纤维	50
冲击改性剂①	0,5,10,15,20	其他助剂	适量

① 3 种冲击改性剂为 CPE、MBS、丙烯酸酯类（ACR-501），用木纤维作填料，这些纤维为低密度的标准级材料。

说明：主要用于家具、建材等制品的制造。

17. 高光亮度 PVC 仿木塑料

单位：质量份

原材料	用量	原材料	用量
PVC	100	硬脂酸钙	1.0
木粉	150～200	改性剂	6.0
分散剂	5.0	加工助剂	1～2
热稳定剂	3.0	其他助剂	适量

说明：聚氯乙烯胶泥（以下简称胶泥）是以煤焦油和聚氯乙烯树脂为基料，加入一定比例的增塑剂，稳定剂及填充料，在一定温度下塑化而成的热施工防水嵌缝材料，它具有良好的防水性、弹塑性，较好的耐寒性、耐腐蚀性和抗老化性能，适用于各种坡度的工业厂房与民用建筑屋面工程，也可用于混凝土衬砌渠、管道构件的接缝以及多层厂房和地下油管的接缝处。

18. 空心微球填充硬质 PVC 复合材料

单位：质量份

原材料	用量	原材料	用量
PVC	100	硬脂酸钙	1.0
空心微球	20	硬脂酸	0.5
偶联剂	2.5	色母料	0.3
热稳定剂	3.0	加工助剂	1～2
$CaCO_3$	10	其他助剂	适量

说明：主要用于制造管材和板材，并可制备其他 PVC 制品。

（二）增韧改性 PVC

1. CPE 增韧改性 PVC

单位：质量份

原材料	用量	原材料	用量
PVC	100	硬脂酸锌	0.5
CPE	30	硬脂酸	0.5
三碱式硫酸铅	3.0	加工助剂	1～2
二碱式亚磷酸铅	1.5	其他助剂	适量

说明：断裂伸长率为 170%，冲击强度为 82kJ/m^2。

2. PEO 增韧改性 PVC

单位：质量份

原材料	用量	原材料	用量
PVC	100	CPE	3.0
PEO	10	加工助剂	1～2
钠基蒙脱土	3.0	其他助剂	适量

说明：拉伸强度 50MPa，冲击强度 7.7kJ/m^2，弯曲强度 97MPa，弯曲弹性模量 3.5GPa，断裂伸长率 16%。

3. SBS/MBS 增韧改性 PVC

单位：质量份

原材料	用量	原材料	用量
PVC	100	复合热稳定剂	3.0
SBS	6.0	硬脂酸锌	1.0
MBS	2.0	硬脂酸	0.5
填料	5.0	其他助剂	适量

说明：拉伸强度 40MPa，断裂伸长率 40%，冲击强度 13kJ/m^2。

4. 热塑性聚氨酯弹性体增韧改性 PVC

单位：质量份

原材料	用量	原材料	用量
PVC	100	二碱式亚磷酸铅	2.0
TPU	10	硬酯酸钠	1.0
SBS-*g*-MMA	8.0	硬脂酸	0.5
DOP	3.0	加工助剂	1～2
三碱式硫酸铅	3.0	其他助剂	适量

说明：拉伸强度 43MPa，冲击强度 58kJ/m^2。

5. EVA 增韧改性高分子质量聚氯乙烯（HMWPVC）

单位：质量份

原材料	用量	原材料	用量
HMW PVC	100	$CaCO_3$	10
EVA	10	TiO_2	4.0
石蜡	1.0	增白剂	0.01
三碱式硫酸铅	3.0	加工助剂	适量
硬脂酸	1.0	其他助剂	适量

6. CPE/丁腈橡胶增韧 PVC

单位：质量份

原材料	用量	原材料	用量
PVC	100	硬脂酸	0.2
DOP	60	CPE 或丁腈橡胶(P83)	10～40
三碱式硫酸铅(TBIS)	1.0	741 改性剂	5.6
硬脂酸钙	0.5	其他助剂	适量

说明：高分子量 PVC 共混物被称为 PVC 热塑性弹性体，可用作密封件、鞋用料、电线电缆料、汽车部件、建材等。

7. CPE 改性硬质 PVC（一）

单位：质量份

原材料	用量	原材料	用量
PVC	100	轻质碳酸钙	4
热稳定剂	6	润滑剂	0.5
ACR-201	1.8～2	抗冲击 ACR	3～12
金红石型钛白粉	4～5	CPE	5～12

说明：主要用于建筑结构材料，也可用于其他硬质 PVC 制品的制造。

8. CPE 改性硬质 PVC（二）

单位：质量份

原材料	用量	原材料	用量
PVC SG5	100	WAX(石蜡)	0.6
$3PbO \cdot PbSO_4 \cdot 1/2H_2O$	4	$CaCO_3$	10
$2PbO \cdot PbSt$	1.2	CPE(135A,含氯量 35%)	0,4,8,12,14,16
PbSt	1.0	其他助剂	适量

说明：可广泛地应用于塑料建材和其他 PVC 制品等。

9. 聚苯乙烯（PS）改性 PVC

单位：质量份

原材料	用量	原材料	用量
PVC(S-800)	100	硬脂酸	1.0
PS(525)	10	润滑剂	2.0
DOP	10	其他助剂	适量
甲基锡	3.0		

说明：主要用于制备塑料建材、上下水管道、异型材和其他 PVC 制品等。

10. PMMA 改性 PVC

单位：质量份

原材料	用量	原材料	用量
PVC(S-800)	100	甲基锡	3.0
PMMA	5～15	润滑剂	2.0
DOP	10	加工助剂	1～2
硬脂酸	1.0	其他助剂	适量

说明：主要用于塑料门窗、上下水管道、异型材、板片材和其他 PVC 制品的制备等。

11. 丁腈橡胶/PVC 合金

单位：质量份

原材料	用量	原材料	用量
PVC	100	钡/铅稳定剂	2.5
粉末丁腈橡胶	25	氯化聚乙烯	1.0
DOP	70	碳酸钙	20
环氧大豆油	5	着色剂(炭黑)	适量
		其他助剂	适量

说明：可广泛用来制作建筑钢窗密封条、汽车门窗密封条，电话电线及其他缆线护套、纺织胶辊、皮圈、高档旅游鞋底、PVC 塑料门窗及冷弯管等。

12. PVC/ABS 合金（一）

单位：质量份

原材料	用量	原材料	用量
ABS(PA-766)	10～50	稳定剂(二碱式亚磷酸铅、三碱式硫酸铅)	3.0
PVC(SG-5 或 S-1300)	100	抗氧剂 1010	1.0
抗氧剂 CA	8	抗氧剂 DLTP	0.5
阻燃剂	8	其他助剂	适量

说明：可用作阻燃制品如塑料建材、装饰材料等。

13. PVC/ABS 合金（二）

单位：质量份

原材料	用量	原材料	用量
PVC	100	二碱式亚磷酸铅	1.0
ABS	10～20	硬脂酸锌	0.8
丁腈橡胶	2～8	硬脂酸钙	0.8
三碱式硫酸铅	1.0	其他助剂	适量

说明：主要用于塑料建材，用来制造塑料门窗和异型材、管材以及装饰材料等。

14. PVC/ABS/弹性体三元共混合金

单位：质量份

原材料	用量	原材料	用量
PVC	60～70	抗氧剂 1010	1.0
ABS	40～30	炭黑	5.0
弹性体	8～10	加工助剂	1～2
稳定剂	1～4.5	其他助剂	适量

说明：ABS/PVC 合金以其较优良综合性能在国内外许多汽车制造及电子电器行业中得到了广泛应用。如 CA-141、北京切诺基、东风、桑塔纳、高尔夫和捷达等汽车都采用 ABS/PVC 合金制作汽车仪表板表皮。

15. MBS/CPE/PVC 复合材料

单位：质量份

原材料	用量	原材料	用量
PVC	100	偶联剂	1.0
CPE	3.0	抗氧剂	1.5
MBS	10	硬脂酸	1.0
白垩土	6.5	加工助剂	1～2
钛白粉	1.5	其他助剂	适量

说明：该材料经改性后，其冲击强度有较明显改善，其他性能也有不同程度的提高，且易加工，成本低，用于挤出成型薄壁型材制品。

16. MBS/SBR/AS/POS/PVC复合材料

单位：质量份

原材料	用量	原材料	用量
PVC	100	热稳定剂	1.5
MBS	9.0	分散剂	1.5
SBR	3.0	偶联剂	2.0
AS	5.0	TiO_2	3.6
POS	0.5	其他助剂	适量

说明：具有优良的加工性、制品外观良好、冲击性好。可用于建材、电器等领域。

17. 双马来酰胺酸交联改性PVC

单位：质量份

原材料	用量	原材料	用量
PVC(SG3)	100	DCP	0.5
DOP	30～50	分散剂	1.0
热稳定剂	5.0	加工助剂	1～2
双马来酰胺酸	10～20	其他助剂	适量

说明：可用于塑料建材、塑料门窗、管材、片、板材和装饰材料等。

18. *N*-环己基马来酰亚胺（CHMI）/甲基丙烯酸甲酯（MMA）/丙烯腈（AN）三元共聚物（PCMA）改性PVC

单位：质量份

原材料	用量	原材料	用量
PVC	100	热稳定剂	5.0
CMMI	15～25	分散剂	1.0
MMA	10～20	环氧剂	1.0
AN	4～10	加工助剂	1～2
相容剂	5.0	其他助剂	适量

说明：由于其耐热性和力学性能得到不同程度的提高，其应用范围也得到扩大。不仅可用于装饰材料，塑料建材等，还可用于温度较高的环境中应用。

19. PVC/尼龙合金

单位：质量份

原材料	用量	原材料	用量
PVC(WS-800)	100	石蜡	0.2
共聚尼龙(NT-150)	25～75	Elvaloy HP441增容剂	10～15
有机锡稳定剂	3	Fusabond MG423 D增容剂	10～15
硬脂酸钙	1.5	其他助剂	适量

说明：PVC/尼龙合金结合了低增塑PVC的耐燃性和韧性以及尼龙的耐化学试剂及耐油性，提高了PVC的低温柔顺性。共混合金有较高的耐腐蚀性、耐磨性、强度及加工性能，可用于电线电缆及绝缘套、耐化学腐蚀衬里、薄膜及容器。也可代替PVC软管使用，并且为回收废尼龙、聚氯乙烯制品提供了新途径。

20. 钕化合物改性 PVC

单位：质量份

原材料	配方 1	配方 2	原材料	配方 1	配方 2
PVC 树脂	100	100	硬脂酸锌	0.5	0.5
DOP	40	50	钕化合物	0.1	0.1
硬脂酸钡	1.0	1.0	其他助剂	—	0.1～0.5

说明： 经过热老化烘箱试验（180℃下 10min），未加钕化合物的试样严重变色，加入钕化合物的微变色，加入助剂与钕化合物的试样不变色，说明其热稳定性得到提高。可用于 PVC 粉料、粒料和各种专用料。

（三）PVC 改性功能材料

1. PVC 密封材料

(1) PVC 车用密封嵌条专用料

单位：质量份

原材料	用量	原材料	用量
PVC 树脂粉($\overline{P}=1300$)	100	炭黑	1
DOP	50	Ba/Cd 复合稳定剂(固体)	4
顺丁烯二酸二丁酯	30	石蜡	1
DBP	20	加工助剂	1～2
活性重质 $CaCO_3$	50	其他助剂	适量

说明： 此密封件弹性好，密封效果好，耐腐蚀、耐老化、工艺性亦佳，成本低廉。主要用于车门密封，也可用于其他密封。

(2) 耐寒高强 PVC 密封嵌条专用料

单位：质量份

原材料	用量	原材料	用量
PVC 树脂($\overline{P}=1300$)	100	石蜡(固)	7
DOP	45	炭黑	1～1.5
DOTP	45	酞菁蓝	0.01
DOA	10	CPE(含氯量 36%)	12
活性重质 $CaCO_3$	30	ACR	5
复合 Ba/Cd 固化稳定剂	5	其他助剂	适量

说明： 可用于车门窗密封，也可用作其他密封件。

(3) PVC 高温耐油密封嵌条专用料

单位：质量份

原材料	用量	原材料	用量
PVC($\overline{P}=1300$)	100	TPU	10
DOP	30	NBR(P83 粉末丁腈胶)	20
DOTP	30	复合 Ba/Cd 稳定剂	5
DOA	8	石蜡	3
活性重质 $CaCO_3$	30	其他助剂	适量

说明： 此密封件回弹性高，耐高温，强度高，密封效果良好，且工艺性亦佳。可用于车辆门窗、通讯门窗和其他设备的密封。

(4) 高聚合度 PVC 密封件

单位：质量份

原材料	用量	原材料	用量
PVC($\overline{P}$=2500)	100	复合增塑剂	60～80
复合稳定剂	2.0	填料	30～50
辅助稳定剂	0.5	助剂	适量

说明：用 HPVC 2500 制作的密封条可以满足铝、钢及塑钢门窗的要求，成本低于橡胶密封条。

(5) 汽车车窗密封条专用料

单位：质量份

原材料	用量	原材料	用量
PVC(K=75)	100	环氧大豆油	3
P83	20	$CaCO_3$	20
DOP	72	稳定剂/润滑剂	2.25
加工助剂	1～2	其他助剂	适量

说明：密封条回弹性好，耐腐蚀性、耐油性、耐挤压性好，密封效果好，且加工方便，成本低廉。主要用作汽车窗门等处的密封。

(6) 冰封密封垫专用料

单位：质量份

原材料	用量	原材料	用量
PVC(K=70)	100	稳定剂/润滑剂	3.0
P83	30	偶联剂	1.0
DOP	85	加工助剂	1～2
环氧大豆油	5.0	其他助剂	适量
$CaCO_3$	40		

说明：此密封垫耐油性、耐磨性、耐腐蚀性、耐挤压性良好，尤其耐寒性优异，且工艺简便，成本低，主要用于车辆、设备、建筑门窗等处的密封等。

(7) 汽车用 PVC 密封专用料

单位：质量份

原材料	用量	原材料	用量
PVC 树脂	100	润滑剂	0.8
增塑剂	80	颜料	0.5
填料	40	加工助剂	1～2
热稳定剂	5	其他助剂	适量

说明：粒料的物理机械性能完全达到了国家标准 GB/T 12423 的要求，并在长安汽车公司成功地用于生产奥拓轿车、微型车后挡风玻璃密封条、外夹条等。挤出过程稳定，物料流动性好，一经调好各工艺参数，可自动稳定生产数小时。挤出产品外观光滑，色泽均匀。

(8) 含钢骨架带皮纹 PVC 密封专用料

单位：质量份

原材料	用量	原材料	用量
PVC 树脂	100	润滑剂	0.5～1
增塑剂	50～55	颜料	0.02
填料	20～30	加工助剂	1～2
稳定剂	4～6	其他助剂	适量

说明：此密封条回弹性好、耐磨性、耐老化性、耐腐蚀性优良，与钢骨架粘接良好，且加工工艺简便，成本低。主要用作汽车门窗密封条。

(9) 软质 PVC/NBR 共混密封专用料

单位：质量份

原材料	用量	原材料	用量
PVC	100	偶联剂	1.0
NBR	15	抗菌剂	0.4
填料	10～30	硬脂酸	1.0
增塑剂	70	加工助剂	1～2
热稳定剂	1.0	其他助剂	适量

说明：密封条表面光滑细腻，有光泽，手感好，并具有较好的回弹性，在冰箱上的装配密封性也比未改性材料有很大提高，大大减少了冰箱门封条离缝的现象，提高了电冰箱的密封性能和外观质量。

(10) 高聚合度 PVC 密封专用料

单位：质量份

原材料	用量	原材料	用量
PVC(P=2500)	100	PbSt	2
DBP	40	ZnSt	0.5
DOP	40	石蜡	1
M50	30	轻钙	50
BaSt	2	炭黑	3

说明：主要用作建筑门窗密封条，也可作为其他设备的密封条。

2. PVC 透明专用料

(1) PVC 透明粒料

配方 1：水瓶专用

单位：质量份

原材料	用量	原材料	用量
PVC(SG-7)	100	辅助热稳定剂	6～10
MBS(抗冲击改性剂)	5～9	荧光增白剂	适量
钙锌稳定剂	4～6	色料	少许
加工助剂	0～3	其他	适量
内、外润滑剂	1.0～4.0		

配方 2：油瓶专用

单位：质量份

原材料	用量	原材料	用量
PVC(SG-7)	100	内、外润滑剂	0～4
有机锡类稳定剂	2～5	辅助热稳定剂	1～3
加工助剂	0～3	色料	少许
抗冲击改性剂	10～16	其他	适量

配方 3：化妆瓶料专用

单位：质量份

原材料	用量	原材料	用量
PVC(SG-7)	100	内、外润滑剂	0～3
有机锡类稳定剂	1～4	色料	少许
抗冲击改性剂	3～7	其他	适量
加工助剂	1～2		

说明：该透明粒料透明性好，配料合理，工艺性能亦佳，可用作透明产品物料。主要用于食用油瓶、矿泉水瓶、化妆品瓶等产品的制造。

(2) 改性 透明硬质 PVC 专用料

单位：质量份

原料名称	牌号	配方 1	配方 2
聚氯乙烯	SG-7	100	100
热稳定剂	8831	2.0	0.5～2.5
抗冲击改性剂	B-11A	8.0	8.0
外润滑剂	G-7A	0.4	0.4
复合酯类内润滑剂	—	0.5～3.2①	1.6

① 用量超过 3.2 份即会影响 PVC-U 的透明度。

说明：可用作透明瓶、板、化妆品包装盒等用料。

(3) 硬质 PVC 透明专用料

单位：质量份

物料品种	配方 1	配方 2	配方 3	配方 4	配方 5
PVC S-700	100	100	100	100	100
MBS	8	8	8	8	8
ACR	1.8	1.8	1.8	1.8	1.8
ZB-60	0.8	0.8	0.8	0.5	0.5
ZB-74	0.6	0.6	0.6	0.4	0.4
防热灵 890	0	2	2	1.2	1.2
甲基锡 181	2	0	0		
DOP	0	0	3		

说明：可用于透明瓶、盒、容器和管材的制备。

(4) PVC 透明硬片专用料

原料	配比/质量份	投料量/kg	原料	配比/质量份	投料量/kg
PVC 树脂	100	60	ZnSt	0.1	0.06
MBS	5	3	ZB-74	1.0	0.6
甲基锡 TM-181FS	1.5	0.9	HSt	0.4	0.24
环氧大豆油	3.0	1.8	ACR	1.0	0.6
PDOP	0.3	0.18	透明紫	适量	5×10^{-5}
CaSt	0.2	0.12			

说明： 适用于作食品、药物等包装制品。

(5) PVC 透明增强软管专用料

单位：质量份

原材料	用量	原材料	用量
PVC	100	硬脂酸钙	0.2
DOP	55	硬脂酸锌	0.3
有机锡	0.1	硬脂酸	0.4
环氧大豆油	3	酞菁蓝	适量
亚磷酸酯	0.3	其他助剂	适量

说明： 该 PVC 增强软管专用料加工性能优良、透明性好、硬度适中且强度高，可进行规模化生产透明管材和其 PVC 透明制品。

(6) 透明软管专用料

单位：质量份

原材料	1# 配方	2# 配方	3# 配方
PVC①	100	100	100
C102	2	—	—
YBC-8301	1	—	1
CdSt	—	1	0.2
BaSt	—	0.4	0.4
PbSt	—	0.1	0.1
ZnSt	—	0.05	—
PE 蜡	0.2	—	—
DOP	30	28	33
DBP	15	18	20
消色剂	适量	适量	适量
其他助剂	适量	适量	适量

① 可选用 S-900、S-1000、WS-900、WS-1000、SG4、SG5。

说明： 具有透明光滑、质量轻、外形美观、柔软性及着色性良好等特点。被广泛应用于建筑、化工、家庭，用于通水输液、输送腐蚀介质，也用作电线套管及电线绝缘层。

3. PVC 抗静电专用料

(1) 硬质 PVC 扭结膜抗静电专用料（玻璃纸用料）

单位：质量份

原材料	用量	原材料	用量
硬质 PVC 树脂	100	硫醇有机锡	1.5～2.5
MBS	5～8	S-18 抗静电剂	1.0～2.5
ACR	1.5～2.5	其他助剂	适量

说明： 随着 S-18 用量的增加，抗静电效果明显增加。当用量 2.5 份时，已达到使用要求，在生产及机械包装时，已不会造成静电麻烦。由于抗静电剂的加入，使得扭结膜透明度有所下降，雾度有所提高，但此结果仍未超出合格产品的范围。主要用于制备或涂覆 PVC 扭结膜（玻璃纸）。

(2) PVC 彩色软质抗静电料

单位：质量份

原材料	用量	原材料	用量
PVC	100	协同剂 CTS-Ⅰ	1.0
增塑剂	70	CTS-Ⅱ	1.0
抗静电剂 S-18	1～5	其他助剂	5

说明：该材料表面电阻率在 $0.5\times10^5\sim10\times10^8\,\Omega$ 之间，抗静电性能持续时间长久，水洗后抗静电性能恢复快、拉伸强度≥12MPa、断裂伸长率≥320%、邵尔硬度（A）在65～77之间。主要用于制造电子工业生产用的劳保鞋，也可用于制造其他软质抗静电制品等。

（3）碳纤维/PVC共混抗静电料

配方1：刮涂法

单位：质量份

原材料	用量	原材料	用量
PVC糊(PSM-31)	100	碳纤维	0.5～4
DOP	60	液体稳定剂(Bacd-Zn)	4

配方2：压延法

单位：质量份

原材料	用量	原材料	用量
PVC	100	碳纤维(聚丙烯腈基)	3～20
DOP	40	液体稳定剂(Bacd-Zn)	4

4．PVC抗菌塑料

（1）食品包装用PVC抗菌塑料

单位：质量份

原材料	用量	原材料	用量
PVC	100	磷酸锆钠银抗菌剂	0.43
二异壬基己二酸	28	消泡剂	0.3
二己基己二酸	4	稳定剂	1
环氧大豆油	10	其他助剂	适量

说明：主要用于食品、卫生、医疗用品等包装。

（2）PVC抗菌菜板

单位：质量份

原材料	用量	原材料	用量
合成橡胶(NBR)	24～36	氧化锌	1～4
硬质聚氯乙烯	40～56	钛	1～4
合成橡胶的高硬化剂	3～8	硬脂酸	0.2～0.6
低压聚乙烯树脂	2～8	陶瓷粉末(远红外效果)	2～6
胶态硅石	6～10	无机抗菌剂(钟纺株式会社制)	0.4～6

说明：该PVC料除具有优良的力学性能外，抗菌率可达100%，具有较高的应用价值。主要用作切菜板或与食物、肉制品等接触的制品。

（3）抗菌家电用PVC密封件

单位：质量份

原材料	用量	原材料	用量
合成橡胶	24～26	硬脂酸	0.1～0.6
PVC	40～60	抗菌剂	1～8
PE	3～10	其他助剂	适量
沸石	5～10		

说明：以添加量为4份的抗菌母料与PVC粒料掺混，挤塑成型冰箱门封条。生产工艺

稳定，产品外观合格，抗菌率100%，制品力学性能基本不变。

二、聚氯乙烯改性料配方与制备工艺

（一）聚酯增塑剂改性PVC

1. 配方[5]

单位：质量份

原材料	用量	原材料	用量
PVC	100	热稳定剂	2.0
聚酯增塑剂	40、50、60、70、80	加工助剂	1～2
邻苯二甲酸二辛酯	10～20	其他助剂	适量
钙锌复合稳定剂	3.0		

2. 制备方法

首先将原料在高速混合机上混合至粉体均匀，再将其在双辊开炼机上进行塑炼，辊温控制在160～165℃，然后在平板硫化机上于160℃、10MPa下热压5min，最后在冷压机上于10MPa下定型5min，得到样品。将制成的片材裁成测试样条，备用。

3. 性能

该聚酯与PVC相容性良好，可大大改善PVC材料的硬度，增加其断裂伸长率，降低PVC的玻璃化温度、拉伸强度及拉伸模量。与小分子增塑剂邻苯二甲酸二辛酯（DOP）相比，合成的新型聚酯增塑剂具有优异的耐抽出性、耐挥发性和耐迁移性，可提高PVC材料的使用寿命。

（二）甘油钙热稳定剂改性PVC

1. 配方[6]

单位：质量份

原材料	用量	原材料	用量
PVC粉料	50	甘油钙热稳定剂	2.0
PVC糊料	50	加工助剂	1～2
DOP	50	其他助剂	适量

2. 制备方法

将PVC粉50份、PVC糊树脂50份、DOP 50份、热稳定剂若干份加入烧杯中混合均匀，制备成厚度约为1mm的制品，于烘箱中120℃塑化20min，用于热稳定性能测试。

3. 性能

甘油钙体系的热稳定时间为58.5min，较纯PVC体系延长了53.1min，较硬脂酸钙体系增加了32.7min。

（三）月桂酸镧基蒙脱土改性PVC

1. 配方[7]

单位：质量份

原材料	用量	原材料	用量
PVC	100	DOP	30
月桂酸镧基蒙脱土	3～5	硬脂酸锌	1.6
热稳定剂	3.0	加工助剂	1～2
DCP	1.0	其他助剂	适量

2. 制备方法

首先用月桂酸钠，氯化镧处理钠基蒙脱土，在一定的温度下使其反应制成月桂酸镧基蒙脱土；再按配方称量，投入高速混合机中使物料反应并混合均匀，便可制得改性 PVC，然后再用双螺杆挤出机造粒待用。

3. 性能

见表 4-1。

表 4-1 PVC 和 PVC/OMMT 纳米复合材料样品的热失重结果

样品	第 1 阶段			第 2 阶段		600℃时
	初始分解温度/℃	最大分解速率温度/℃	质量损失/%	最大分解速率温度/℃	质量损失/%	残余量
PVC	243.42	256.33	54.95	454.91	21.04	13.58
PVC/1.44P-OMMT	258.74	272.26	55.75	456.28	21.57	15.27
PVC/La-OMMT-1	265.32	275.37	56.93	454.21	19.71	15.59
PVC/La-OMMT-2	268.64	282.35	57.7	457.06	20.83	15.97
PVC/La-OMMT-3	275.84	284.17	55.66	456.47	22.06	16.04

由表 4-1 可知：纯 PVC 的起始分解温度为 243.42℃，添加 OMMT 后，PVC 的起始分解温度都有所提高；其中，添加 La-OMMT 的起始分解温度明显高于 1.44P-OMMT 的起始分解温度；PVC/La-OMMT-3 纳米复合材料的起始分解温度较纯 PVC 提高了 32.42℃，展现了更高的热阻抗性，这与刚果红的实验结果相吻合。

综合以上结果可知，由于蒙脱土片层的耐热性和阻隔性，同时，稀土离子与 PVC 分子链上的不稳定氯原子间存在较强的配位能力，使其能够抑制 PVC 的热分解和氯化氢的脱出，结合月桂酸镧盐改性剂自身良好的热稳定性，月桂酸镧基蒙脱土对 PVC 表现出较好的热稳定效果。

（四）偏高岭土改性 PVC

1. 配方[8]

单位：质量份

原材料	用量	原材料	用量
PVC	100	ACR401	1.0
偏高岭土低聚物	4～10	硬脂酸	0.5
钙锌热稳定剂	10	加工助剂	1～2
CPE	8.0	其他助剂	适量

2. 制备方法

将高岭土置于马弗炉中，以 5℃/min 的速度由室温升至 500℃，维持 30min，继续以 5℃/min 的速度升温至 800℃，再维持 2h；最后在炉膛中自然冷却至 50℃以下，取出待用。按照低聚物组成的设计配比：$n_{SiO_2}/n_{Al_2O_3}=3.3$，$n_{Na_2O}/n_{Al_2O_3}=0.9$，$n_{H_2O}/n_{Al_2O_3}=9.5$，由水玻璃和 NaOH 配制激发剂，并密封陈化 24h。

将组成为 PVC、钙锌热稳定剂、CPE、ACR 加工助剂的物料加入到高速混合机中，低速搅拌至温度升至 50℃，再高速搅拌至温度达到 105℃，低速搅拌降温至 35℃时出料，得到 PVC 预混料。

在室温下将按设计地聚物组成称量的偏高岭土、激发剂和水加入到双转子双转速的浆料搅拌机中，经搅拌形成混合均匀的浆料，即制得初期低聚物，放置一段时间后加入 PVC 预混料，低速搅拌均匀得到 PVC/低聚物复合粉料，密封备用。

称取 PVC/低聚物复合粉料，在温度为 170℃ 的双辊炼塑机上混炼 6～8min，得到 0.50mm 左右厚的片材。将片材放入平板硫化机中，在 175℃、20MPa 下压制成型 10min，制成 200mm×200mm×4mm 的样板。

3. 性能

少量低聚物［如≤8%（w%）］的引入可促进 PVC 树脂的塑化，低聚物分散尺寸较小，在基体中分散较均匀，并与 PVC 基体有良好的界面结合，可有效发挥低聚物刚性粒子对 PVC 的增强增韧作用，复合材料有较好的力学性能，其中以 4%（w%）的低聚物含量为最佳，其材料的冲击强度达到了 9.16kJ/m^2，比纯 PVC 材料提高了约 40%。当低聚物含量过高时，PVC 树脂塑化困难，低聚物分散尺寸增大，与 PVC 基体界面作用减弱，导致复合材料拉伸强度和韧性的下降。随着低聚物含量的增加，PVC 复合材料抵抗热变形的能力增加，维卡软化温度升高。

（五）环氧脂肪酸甲酯增塑剂改性 PVC

1. 配方

见表 4-2[9]。

表 4-2　环氧脂肪酸甲酯增塑剂改性 PVC 配方　　单位：质量份

编号	PVC	ERSO	DOP	热稳定剂
ED-0	100	0	40	3
ED-5	100	5	35	3
ED-10	100	10	30	3
ED-15	100	15	25	3
ED-20	100	20	20	3
ED-25	100	25	15	3
ED-40	100	40	0	3

注：1. 热稳定剂为硬质酸钙和硬质酸锌，其质量比为 1∶1。
2. ERSO 为橡胶籽油基环氧脂肪酸甲酯。

2. 制备方法

将 ERSO 与 DOP 按照配方混合后加入其中，在高速混合机中搅拌 1min 后，通过双辊开炼机制成一定厚度的 PVC 片材，用于挥发、抽出、热老化等性能测试；将 PVC 片材经切割、注塑成型制得标准制品，进行力学性能测试。

3. 性能

见表 4-3～表 4-5，图 4-1～图 4-4。

表 4-3　增塑剂 ERSO 和 DOP 的理化性质

项目	ERSO	DOP
密度(20℃)/(g/cm^3)	0.932	0.985
酸值/(mg KOH/g)	0.2	<0.1
折射率(n_D^{20})	1.457	1.486
开口闪点/℃	188	230

注：n_D^{20}表示 20℃时，该介质对钠灯的 D 线的折射率。

表 4-4　不同 PVC 配方的表面硬度测试结果

配方	表面硬度	
	起始读数	10s 后读数
ED-0	93	91
ED-5	92	91

续表

配方	表面硬度	
	起始读数	10s 后读数
ED-10	91	89
ED-15	92	91
ED-20	92	91
ED-25	91	90
ED-40	91	89

表 4-5 DSC 分析结果

项目	ED-0	ED-20	ED-40
T_g/℃	4.12	−1.06	−11.45

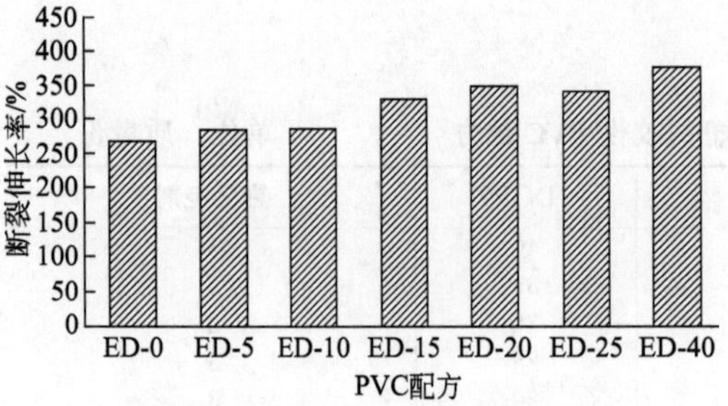

图 4-1 不同 PVC 配方试样的断裂伸长率测试结果

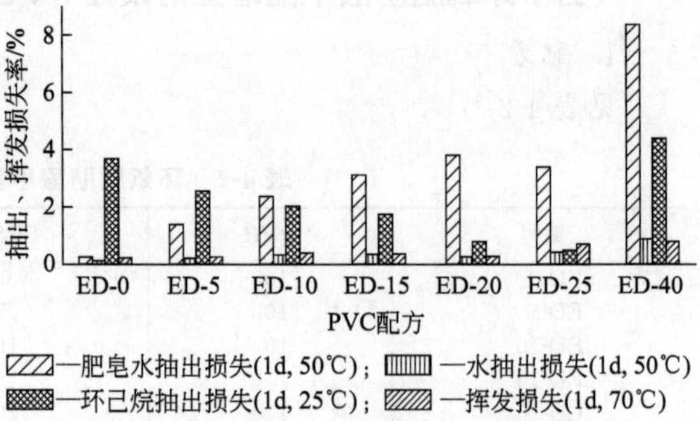

图 4-2 不同 PVC 配方试样中增塑剂的抽出及挥发损失率测试结果

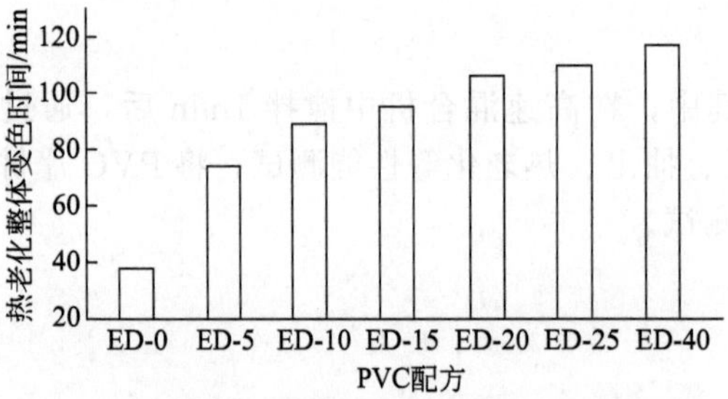

图 4-3 不同 PVC 配方试样的耐热性测试结果

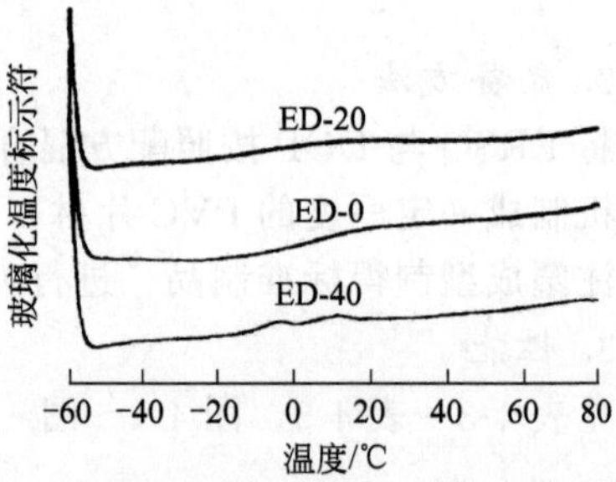

图 4-4 不同 PVC 配方试样的 DSC 曲线

(六)粉煤灰改性 PVC

1. 配方

见表 4-6[10]。

表 4-6 粉煤灰改性 PVC 单位：质量份

原材料	用量	原材料	用量
聚氯乙烯	100	石蜡	1.2
复合稳定剂	5.5	粉煤灰	25
硬脂酸锌	0.6	加工助剂	1～2
硬脂酸钡	1.1	其他助剂	适量
硬脂酸	1.0		

2. 制备方法

见图 4-5。

图 4-5　试样制备工艺路线

3. 性能

见图 4-6～图 4-9 和表 4-7。

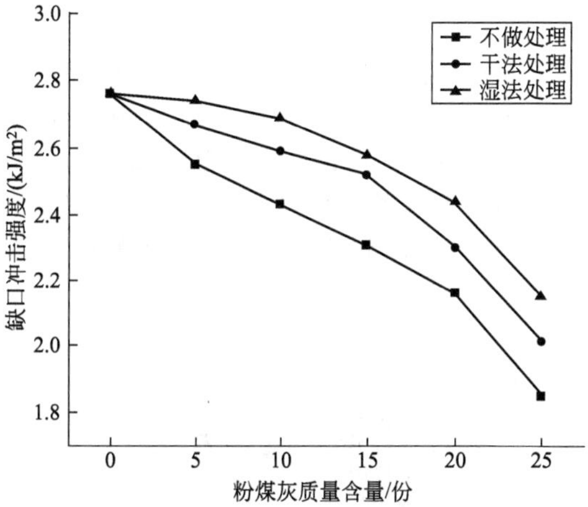

图 4-6　粉煤灰含量对共混物缺口冲击强度的影响

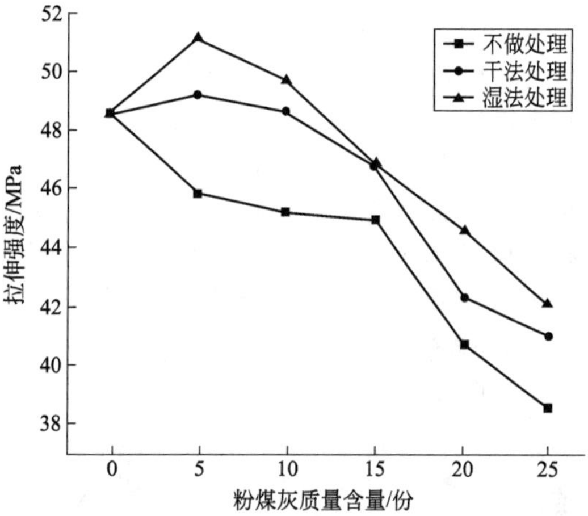

图 4-7　粉煤灰含量对共混物拉伸强度的影响

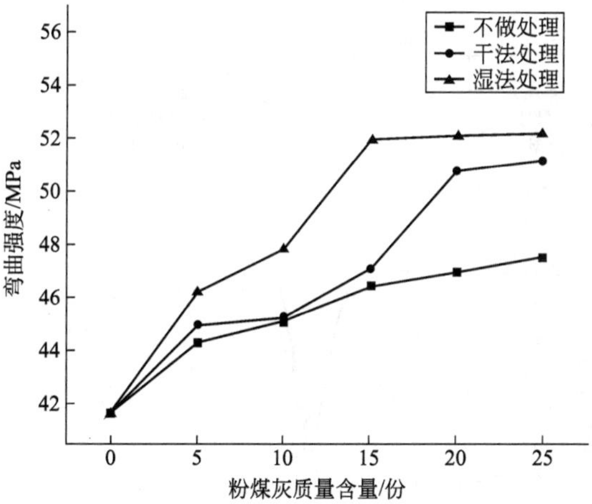

图 4-8　粉煤灰含量对共混物弯曲强度的影响

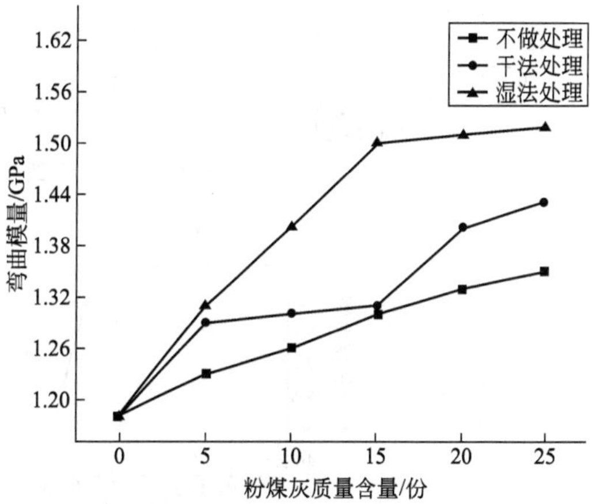

图 4-9　粉煤灰含量对共混物弯曲模量的影响

表 4-7　PVC/粉煤灰共混物的耐温性能

添加量/份	不做处理				干法处理			湿法处理		
	0	5	15	25	5	15	25	5	15	25
维卡软化温度/℃	86.8	87.0	87.2	88.0	87.1	88.0	88.3	87.0	87.9	88.2
负荷热变形温度/℃	70.2	71.1	71.5	72.0	71.3	71.6	72.4	71.5	71.9	72.7

由表 4-7 可以看出，粉煤灰可以略微提高共混物的耐温性能，并且经过表面处理的 PVC/粉煤灰共混物提高更为明显，添加 25 份湿法处理粉煤灰的共混物维卡软化点和负荷热变形温度分别为 88.2℃和 72.7℃，相比不加粉煤灰的 PVC 材料分别提高了 1.4℃和 2.5℃。这主要是因为粉煤灰本身是一种耐高温的无机填料。

（七）长石填充改性 PVC

1. 配方[11]

单位：质量份

原材料	用量	原材料	用量
PVC	400	长石粉	3.5
复合铅盐	12	硬脂酸钙	1～2
ACR-401	6.0	加工助剂	1～2
CPE	32	其他助剂	适量

2. 制备方法

按配方分别称取 PVC 树脂、改性长石粉、ACR-401、氯化聚乙烯（CPE）、硬脂酸钙、复合铅盐 XFW202，经高搅锅混匀，在开炼机上于 160～170℃下进行混炼，约 8min 后拉片取下，置入平板硫化机在 178℃下硫化 10min 进行热压成型，最后保压冷却至 40℃取出成型样品。将成型样品用万能制样机裁成标准拉伸样条及抗冲击样条进行力学性能测试。改性长石添加量为 0、1.5%、3.5%、5.0%、7.0%时，PVC/改性长石复合材料依次记名为 PVC0、PVC1、PVC2、PVC3、PVC4。

3. 性能

见图 4-10、图 4-11。

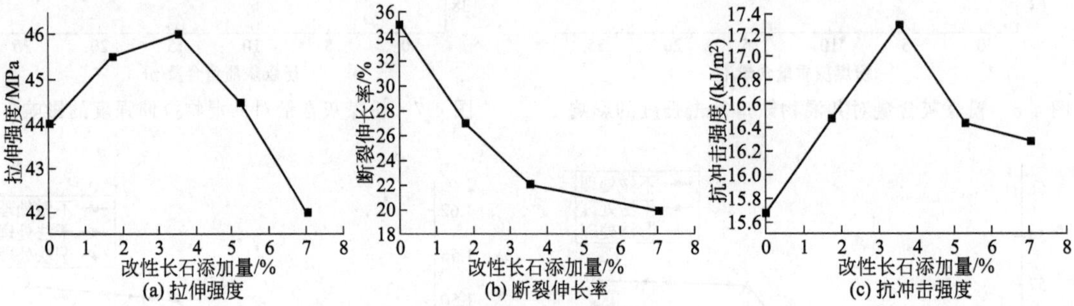

图 4-10　PVC/改性长石复合材料的力学性能

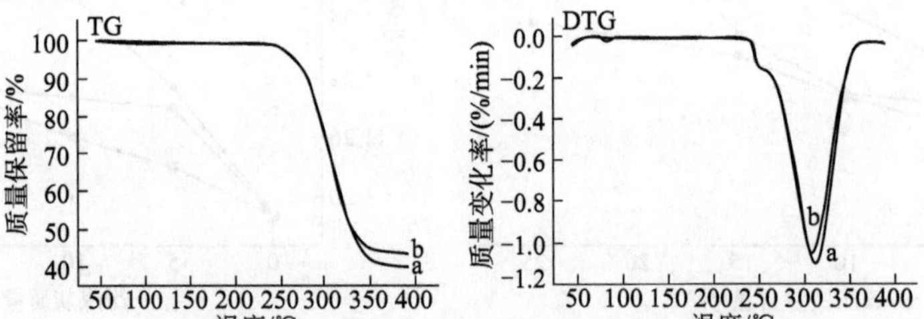

图 4-11　PVC0 和 PVC2 的 TG 和 DTG 曲线

（八）赤泥填充改性 PVC

1. 配方[12]

单位：质量份

原材料	用量	原材料	用量
聚氯乙烯	100	硬脂酸	1.0
复合稳定剂	5.5	石蜡	1.2
硬脂酸锌	0.8	赤泥	5.25
硬脂酸钡	1.2		

2. 制备方法

（1）赤泥的湿法表面处理　先用烧杯将赤泥量 2% 的 KH-550 偶联剂与适量无水乙醇（大约每 0.3g KH-550 用 160mL 无水乙醇溶解）配成溶液，把赤泥浸渍于其中，再将烧杯放在超声波清洗器中边超声边搅拌充分混合 1h，最后将其放入烘箱中于 110℃下再烘 5h 以上直至烘干，再进行过筛处理，备用。

（2）复合材料的制备　将 PVC、加工助剂及赤泥按照一定比例在高速混合机中混合 6min 至混合均匀，接着把混合好的物料投入到挤出机当中进行挤出造粒，其中挤出各区段温度依次设置为 170℃、178℃、185℃、185℃、175℃；最后挤出的共混复合材料被切碎成颗粒状，经干燥后用小型热压机先预热 3min，再在 10MPa 下预压 5min，最后加压到 20MPa 下模压 5min 后，保持压力通水冷却至室温后取出标准样条，热压温度始终为 178℃；测试样条（拉伸、缺口冲击、弯曲及维卡软化点等样条）经过修边、打磨处理，每组分别测试 5 个缺口冲击、拉伸、弯曲及维卡软化点等样条，最终结果取其平均值。

3. 性能

见表 4-8。

表 4-8　PVC/赤泥共混物的性能

项目	未处理填料添加量/份						湿法处理填料添加量/份				
	0	5	10	15	20	25	5	10	15	20	25
缺口冲击强度/(kJ/m²)	2.76	2.88	3.01	3.35	2.81	2.75	2.92	3.11	3.41	2.84	2.80
拉伸强度/MPa	48.55	50.21	51.95	49.50	48.63	47.52	50.24	52.01	49.71	48.65	47.91
弯曲强度/MPa	41.66	42.06	42.15	42.20	42.78	42.95	42.13	42.52	42.55	42.86	43.15
弯曲模量/GPa	1.18	1.19	1.18	1.20	1.22	1.23	1.21	1.22	1.22	1.24	1.24
维卡软化温度/℃	86.8	87.1	88.6	89.0	89.2	90.5	87.0	88.9	89.2	89.2	90.8

（九）伊利石增强改性 PVC

1. 配方

见表 4-9、表 4-10[13]。

表 4-9　硬质 PVC 的配方　　单位：质量份

原材料	1#	2#	3#	4#	5#	6#
PVC	100	100	100	100	100	100
DBP	25	25	25	25	25	25
稳定剂	3	3	3	3	3	3
改性伊利石	0	1	2	4	6	8

表 4-10　软质 PVC 的配方　　单位：质量份

原材料	7#	8#	9#	10#	11#	12#
PVC	100	100	100	100	100	100
DBP	50	50	50	50	50	50
稳定剂	3	3	3	3	3	3
改性伊利石	0	1	2	4	6	8

2. 改性伊利石增强 PVC 的制备工艺

见图 4-12。

3. 性能

见图 4-13～图 4-15，表 4-11、表 4-12。

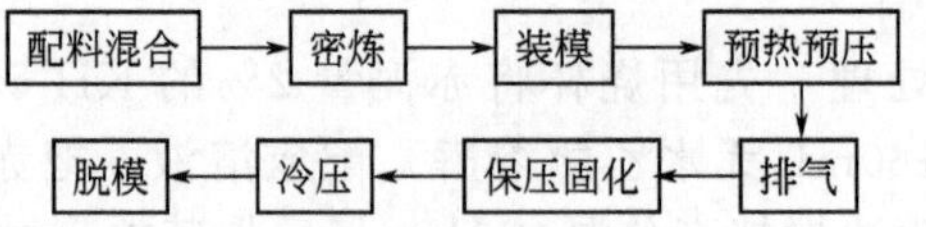

图 4-12　改性伊利石增强 PVC 的制备工艺流程

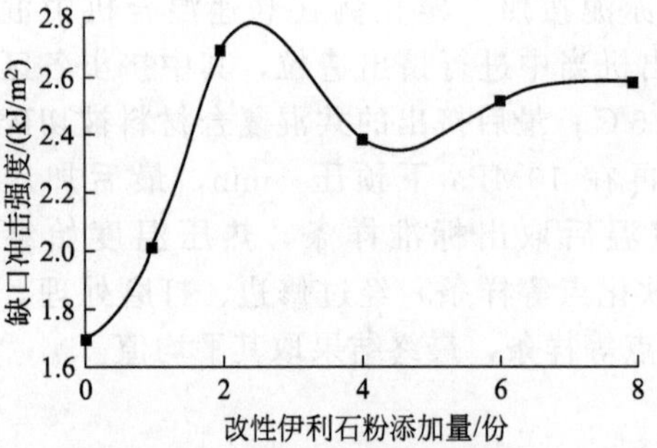

图 4-13　PVC 缺口冲击强度与伊利石粉添加量的关系

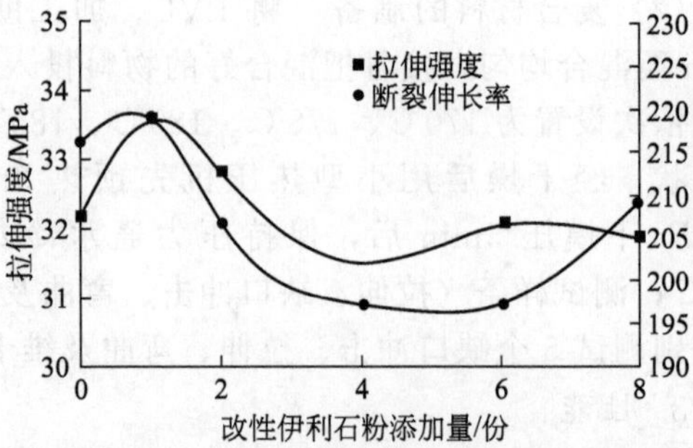

图 4-14　PVC 拉伸强度和断裂伸长率与伊利石粉添加量的关系

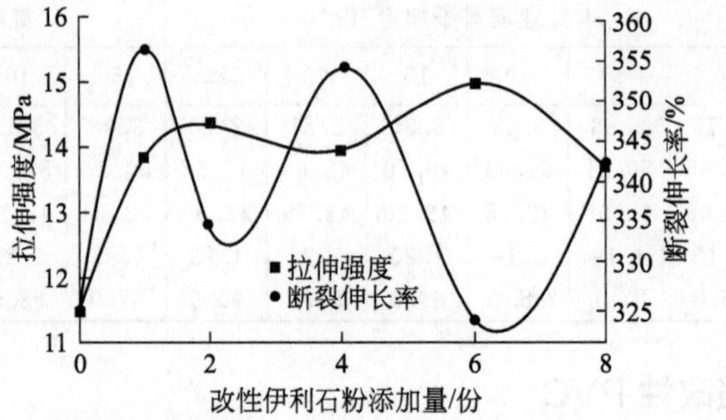

图 4-15　软质 PVC 拉伸强度和断裂伸长率与伊利石粉添加量的关系

表 4-11　伊利石粉用量对改性伊利石填充 PVC 硬质制品屈服强度和拉伸模量的影响

项目	1#	2#	3#	4#	5#	6#
屈服强度/MPa	30.20	31.49	28.15	28.86	28.00	25.52
拉伸模量/MPa	216.21	218.83	206.76	197.31	197.31	209.12

表 4-12　伊利石粉用量对 PVC 软质制品拉伸模量的影响

项目	7#	8#	9#	10#	11#	12#
拉伸模量/MPa	5.38	5.73	6.01	5.86	6.66	5.56

（十）水铝钙石改性 PVC

1. 配方[14]

单位：质量份

原材料	用量	原材料	用量
PVC	100	钙/锌皂复合物	3.0
DOP	50	硬脂酸	1.0
水铝钙石	1～5	β-二酮	适量
镁铝水滑石	30	加工助剂	1～2
偶联剂	1.5	其他助剂	适量

2. 制备方法

将 PVC 粉体、邻苯二甲酸二正辛酯（DOP）、水铝钙石样品、硬脂酸、β-二酮等混合均匀。将样品置于双辊开炼机上，在 195℃下混炼 5min，制成样品待测。

3. 性能

见表 4-13、表 4-14。

表 4-13　不同方法制备的水铝钙石对 PVC 热稳定性的影响（刚果红法）

试管管号	PVC/g	热稳定剂/g	温度/℃	热稳定时间/min
①	10	0	195	8
②	10	样品 1 0.3	195	77
③	10	样品 2 0.3	195	86
④	10	样品 3 0.3	195	53
⑤	10	样品 4 0.3	195	65
⑥	10	镁铝水滑石 0.3	195	32
⑦	10	钙/锌皂 0.3	195	44

表 4-14　不同用量的水铝钙石对 PVC 热稳定性的影响（刚果红法）

试管管号	样品	用量/质量份	温度/℃	热稳定时间/min
①	水铝钙石	2	195	58
②	水铝钙石	3	195	86
③	水铝钙石	4	195	103
④	水铝钙石	5	195	77

（十一）纳米 $CaCO_3$ 改性 PVC 复合材料

1. 配方[15]

单位：质量份

原材料	用量	原材料	用量
PVC	100	石蜡	0.8
热稳定剂	4.5	改性纳米 $CaCO_3$	10
CPE	10	偶联剂	1.0
硬脂酸钠	1.0	其他助剂	适量
ACR201 改性剂	3.0		

2. 制备方法

按照上述配方进行配料，粉碎、共混均匀，采用双螺杆挤出机进行挤出加工，制得 PVC 复合材料。

3. 性能

见表 4-15、表 4-16 和图 4-16。

表 4-15　不同复合粒子对应的接触角

复合粒子种类	PAB-$CaCO_3$	PAO-$CaCO_3$	PAS-$CaCO_3$	PAD-$CaCO_3$
接触角/(°)	85	90	93	80

表 4-16　添加不同改性纳米 $CaCO_3$ 的 PVC 复合材料的拉伸强度

材料种类	纯 PVC	PAB-$CaCO_3$	PAO-$CaCO_3$	PAS-$CaCO_3$	PAD-$CaCO_3$
拉伸强度/MPa	40.72	37.32	37.89	39.75	40.36

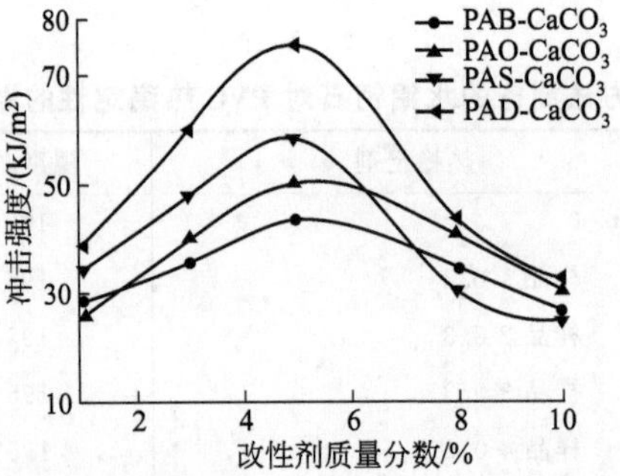

图 4-16　不同改性纳米 $CaCO_3$ 对 PVC 复合材料冲击强度的影响

（十二）$CaSO_4$ 晶须改性 PVC 复合材料

1. 配方[16]

单位：质量份

原材料	配方 1	配方 2	配方 3
PVC(SG-5)	100	10	100
$CaSO_4$ 晶须 A	2～5	—	—
$CaSO_4$ 晶须 B	—	2～5	—
$CaSO_4$ 晶须 C	—	—	2～5
硬脂酸	1.0	1.0	1.0
甲基硫醇锡热稳定剂	2.0	2.0	2.0
外润滑剂	0.8	0.8	0.8
加工助剂	1～2	1～2	1～2
其他助剂	适量	适量	适量

2. 制备方法

在 PVC 中加入甲基硫醇锡热稳定剂和适量增塑剂，内、外润滑剂和助稳定剂，在 80℃高速混合 5min，制成空白样品（1# 样品）。在空白样品配方的基础上分别加入 $CaCO_3$、气相法白炭黑、$CaSO_4$ 晶须 A、B 和 C，依次制成 2#、3#、4#、5# 和 6# 样品，分别混合5～10min。将混合均匀的物料在双筒式塑炼机（SK-160B）上，170℃混炼 5min 出片，再于175℃，在平板硫化机上塑化 15min。

3. 性能

用红外分光光度计、X 射线粉末衍射仪和光学显微镜对 $CaSO_4$ 晶须 A、B 和 C 进行结构表征和形貌观察。结果表明，晶须 A、B 和 C 的长径比为 5.2、9.1 和 3.3，经改性的晶须 B 晶体结构规整，缺陷最少。分别制备了以 3 种晶须为补强材料的 PVC 复合体系，讨论了晶须结构对 $CaSO_4$ 晶须/PVC 复合体系的力学性能、绝缘电阻和 200℃ 静态热稳定时间的影响。用光学显微镜、扫描电镜和热重分析仪分析了晶须在复合体系中的分散形态和体系的热稳定性。研究发现，长晶须 A 和 B 对复合材料的增强增韧和热稳定作用好于短晶须 C、$CaCO_3$和气相法白炭黑。经改性的晶须 B 与 PVC 树脂有良好的相容性和界面结构，体系的拉伸强度、断裂伸长率和热稳定时间分别达到了 23.20MPa、380.85%和95min，可以看出，长径比大，结晶性良好，且经过改性的 $CaSO_4$ 晶须能明显提高复合体系的综合性能。

（十三）蛭石改性 PVC 复合材料

1. 配方[17]

单位：质量份

原材料	用量	原材料	用量
PVC	100	钡锌稳定剂	1.5
DOP	40	蛭石(40 目)	80、100、120、140
环氧大豆油(ESO)	6.0	偶联剂	1.0
氯化石蜡(CP)	20	加工助剂	1～2
硬脂酸	1.0	其他助剂	适量

2. 制备方法

将 PVC 树脂、DOP、ESO、CP 及钡锌稳定剂按质量比均匀混合，再将质量为 100 的 x 份蛭石加入到 PVC 基体材料中，然后放入高速混合机中混合 30min。取出混合完全的粉料，用加热到 145℃的双辊开炼机塑化成片。最后将塑化好的片材放入 160℃的平板硫化机中用 2MPa 加压 10min。取出试样冷却至室温。其中 x 取 80，100，120，140。表 4-17 为实验中制备的 5 块面密度相近的代表性试样，其中试样 1～4 为不同配比的蛭石/PVC 复合材料，试样 5 为 $BaSO_4$/PVC 复合材料。试样相关参数见表 4-17。

表 4-17　试样的相关参数

试样编号	填料	填料填充比/份	面密度/(kg/m²)	厚度/mm
1	蛭石	80	4.70	3.18
2	蛭石	100	4.71	3.20
3	蛭石	120	4.67	3.24
4	蛭石	140	4.62	3.25
5	$BaSO_4$	400	4.64	2.02

3. 性能

见表 4-18 和图 4-17。

表 4-18　试样 1～4 的拉伸性能

试样编号	最大载荷/N	最大位移/mm	拉伸强度/MPa
1	1181.71	127.73	78.78
2	1052.48	76.74	70.17
3	993.14	71.04	66.21
4	848.82	50.34	56.59

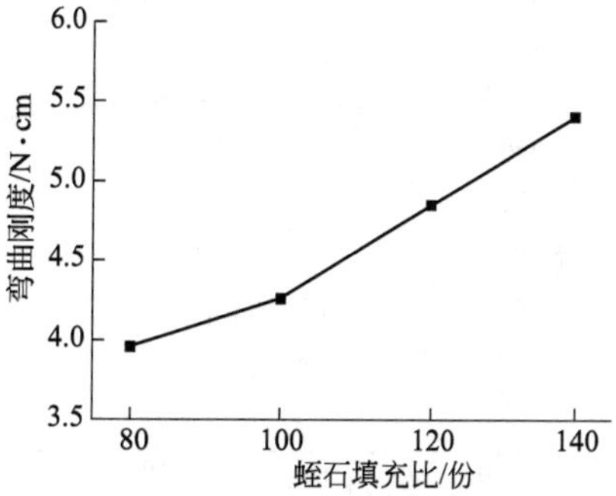

图 4-17　蛭石填充比对 PVC 基隔声复合材料刚度的影响

（十四）纳米 $CaCO_3$/滑石粉改性 PVC 复合材料

1. 配方[18]

单位：质量份

原材料	用量	原材料	用量
PVC	100	偶联剂	1.0
纳米 $CaCO_3$	5～15	硬脂酸	1.0
滑石粉(1250 目)	10	热稳定剂	3.5
TiO_2	3.0	加工助剂	1～2
ACR201 改性剂	1.5	其他助剂	适量

2. 性能

见表 4-19、图 4-18～图 4-22。

表 4-19　纳米 $CaCO_3$ 等体积取代 CPE 后对材料性能的影响

CPE/份	9	8	7	6	5
纳米碳酸钙/份	0	1	2	3	4
弯曲模量/GPa	3.0	3.29	3.46	3.64	3.77
断裂伸长率/%	152	153.6	154.1	151.9	152.8
拉伸强度/MPa	40.44	40.29	41.23	40.95	40.63
缺口冲击强度/(kJ/m^2)	11.83	9.76	9.24	8.79	8.76

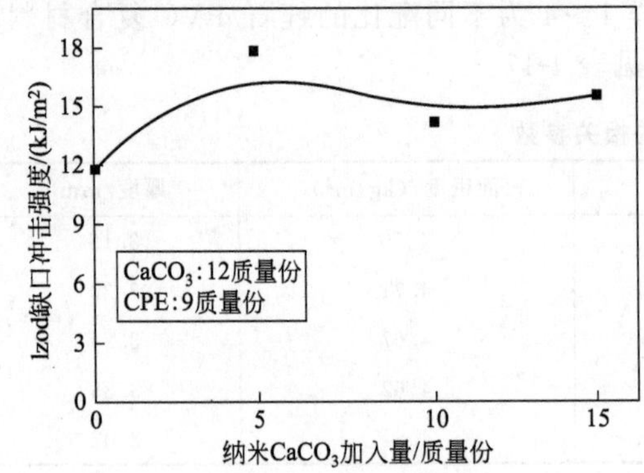

图 4-18　生产配方直接添加纳米碳酸钙对冲击强度的影响

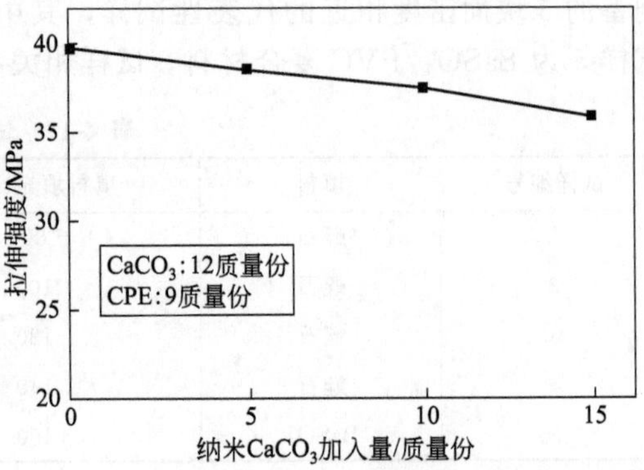

图 4-19　生产配方直接添加纳米碳酸钙对拉伸强度的影响

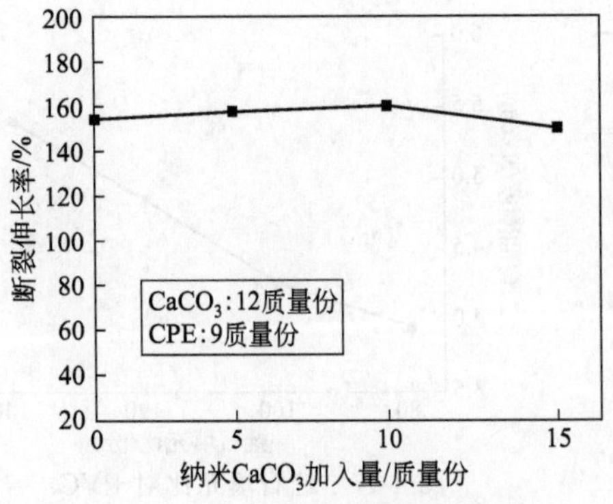

图 4-20　生产配方直接添加纳米碳酸钙对断裂伸长率的影响

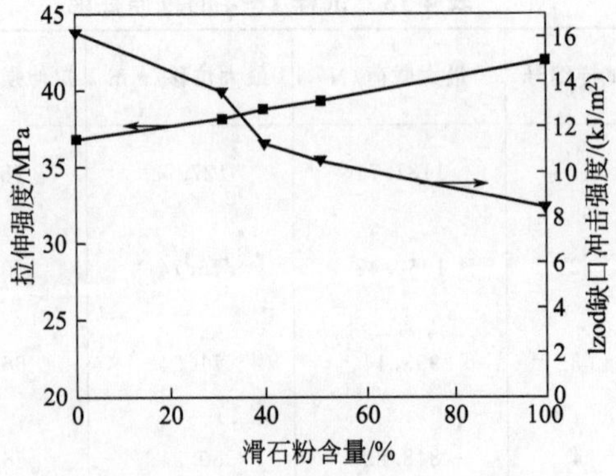

图 4-21　加入 10 份纳米 $CaCO_3$/滑石粉对材料拉伸强度和冲击强度的影响

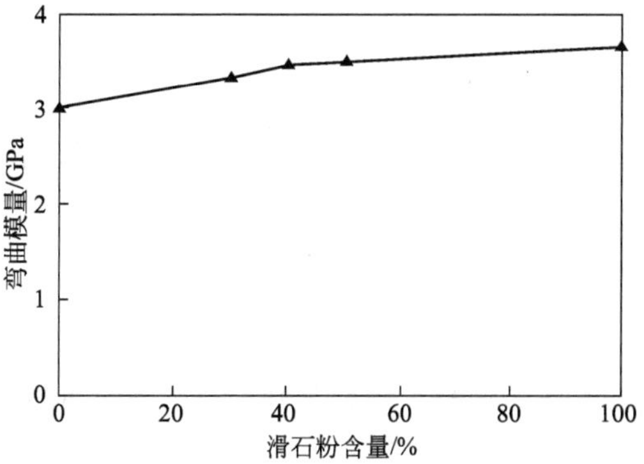

图 4-22　加入 10 份纳米 $CaCO_3$/滑石粉对材料弯曲模量影响

（十五）纳米 $CaCO_3$/聚丙烯酸酯改性 PVC

1. 配方[19]

单位：质量份

原材料	用量	原材料	用量
PVC	100	纳米 $CaCO_3$	5～10
铅钡稳定剂	3.0	PA-C 聚丙烯酸酯	5～10
ACR-201	3.0	硬脂酸	1.0
石蜡	1.0	其他助剂	适量
钛白粉	1.5		

2. 制备方法

(1) 复合改性剂的制备　将 PA-C 或未改性纳米 $CaCO_3$、PVC 及加工助剂按照一定配比在高速混合机中搅拌混合后于炼胶机及平板硫化机上塑化成型。开炼温度为 165℃，加工成型温度是 185℃，然后冷却脱模。

(2) 改性 PVC 的制备　按配方称量投入高速混合机在一定的温度下混合均匀，然后再用双螺杆挤出机挤出造粒，备用。

3. 性能

见表 4-20。

表 4-20　PVC 复合材料的力学性能

PVC/份	纳米 $CaCO_3$/份	PC-A/份	缺口冲击强度/(kJ/m²)	拉伸强度/MPa	弯曲模量/MPa
100	0	0	12.35	39.91	2180
100	5	0	14.87	37.79	2209
100	10	0	14.25	36.97	2278
100	0	5	50.85	38.86	2258
100	0	10	88.64	38.33	2290
100	0	15	42.57	36.01	2453

注：各个配方均含有 10 份氯化聚乙烯。

（十六）石墨烯/PVC纳米复合材料

1. 配方[20]

单位：质量份

原材料	用量	原材料	用量
PVC	100	石墨烯	2～10
DOP	40	羧基丁腈橡胶(XNBR)	10
复合铅稳定剂	4.0	加工助剂	1～2
石蜡	0.8	其他助剂	适量
硬脂酸	0.8		

2. 制备方法

(1) 对传统Hummers法适当调整，延长氧化时间，首先制备出氧化石墨（GO），经超声波振荡进一步制得GO。

(2) 将 $Pb(NO_3)_2$ 溶液倒入定量GO溶液中，充分搅拌后，在9000r/min下离心以除去未吸附上的 Pb^{2+}，离心至向上清液中滴加 H_2SO_4 无白色沉淀为止。

(3) 将GO与羧基丁腈胶乳（XNBRL）按照质量比GO（变量）∶10（羧基丁腈胶乳液质量）混合均匀，加入与GO等质量的还原剂水合肼，300r/min下升温到95℃，保持1h。然后在pH=2的 $CaCl_2$ 溶液的作用下凝聚，去离子水清洗后，抽滤，置于50℃的烘箱中干燥12h，制得XNBR/石墨烯复合材料，备用。

(4) 按比例依次将PVC、增塑剂、稳定剂、润滑剂加入高速搅拌机中，升温至90℃高速搅拌，制得PVC混合料，出料备用。

(5) 塑炼机前辊温度设为145℃，后辊温度设为135℃。PVC混合料在塑炼机上塑化均匀后，加入XNBR/石墨烯复合材料，混炼均匀后出片。待试样温度降低后，将试样在平板硫化仪上压制成片，平板硫化仪温度设为150℃，压力12MPa。

3. 性能

见图4-23、图4-24。

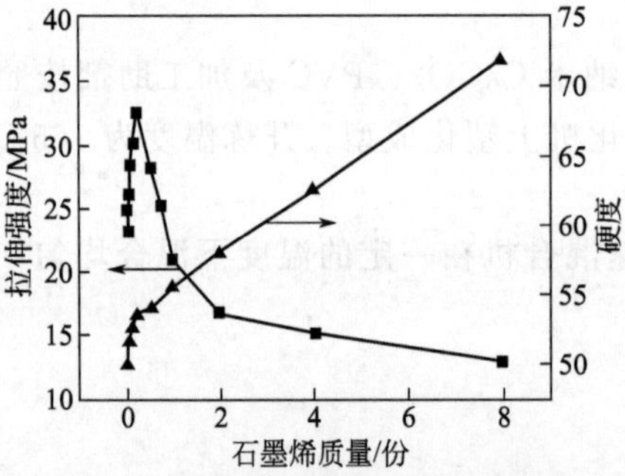

图4-23 石墨烯用量对PVC/石墨烯纳米复合材料拉伸强度和硬度的影响

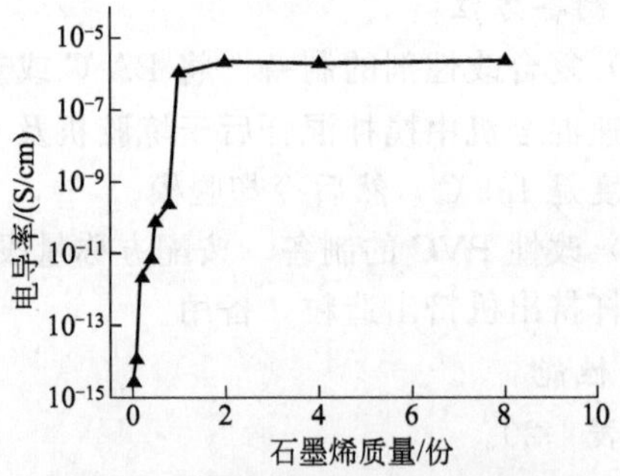

图4-24 石墨烯含量对PVC/石墨烯纳米复合材料电导率的影响

（十七）稀土掺杂碳纳米管改性PVC吸波材料

1. 配方[21]

单位：质量份

原材料	用量	原材料	用量
PVC	100	$La(NO_3)_3 \cdot 6H_2O$ 纳米碳管或	
邻苯二甲酸二辛酯(DOP)	30	$Ce(NO_3)_3 \cdot 6H_2O$ 纳米碳管	6.0
苯乙烯	10～15	四氢呋喃	适量
热稳定剂	2.5	加工助剂	1～2
硬脂酸	1.0	其他助剂	适量

2. 制备方法

为了提高 MWCNTs 的纯度和活性，把 MWCNTs 与浓硝酸和浓硫酸［$V(H_2SO_4)$∶$V(HNO_3)$＝3∶1］的混合溶液混合超声处理 4h 后，过滤，烘干，并球磨 30min 后备用。然后，将质量分数为 6%的 $La(NO_3)_3$［或 $Ce(NO_3)_3$］和 MWCNTs 的混合水溶液在 60℃下超声并搅拌处理 1h，干燥后研磨，备用。

将 PVC 按 16%（质量分数）的比例在磁力搅拌下溶解在 THF 中，然后依次添加 MWCNT-$La(NO_3)_3$、DOP［MWCNT-$La(NO_3)_3$∶DOP∶PVC＝8∶3∶100］和苯乙烯（约 1.5PVC%）。混合均匀后，将该胶体状黑色溶液注入正方形水平模具中，真空处理 10min，然后放置在室温下干燥 24h，即得 MWCNT-$La(NO_3)_3$/PVC 复合材料。

3. 性能

运用透射电子显微镜和 X 射线衍射仪对 MWCNTs、MWCNTs-$La(NO_3)_3$、MWCNTs-$Ce(NO_3)_3$的微观结构进行表征分析，使用同步热分析仪和矢量网络分析仪对 MWCNT/PVC、MWCNT-$La(NO_3)_3$/PVC、MWCNT-$Ce(NO_3)_3$/PVC 复合材料的热解行为和吸波性能进行测试分析。结果表明，在 2～18GHz 频率范围内，适量掺杂 $La(NO_3)_3$或$Ce(NO_3)_3$可以使 MWCNT/PVC 复合材料的吸波性能大幅度提高，而热解行为变化不明显。在反射率 $R<-10$dB 的范围内，MWCNT-$Ce(NO_3)_3$/PVC 复合材料的吸收频宽（约为 5.4GHz）虽然不及 MWCNT-$La(NO_3)_3$/PVC 的吸收频宽（约为 5.6GHz）宽，但是吸收频段和吸收峰峰值均向高频区域移动，有利于提高复合材料的高频吸波性能。

（十八）丁腈橡胶改性 PVC

1. 配方[22]

单位：质量份

原材料	用量	原材料	用量
PVC	70	炭黑	10
NBR	30～70	$CaCO_3$	20～30
DCP/硫黄(4∶1)	3.0	加工助剂	1～2
DOP	30	其他助剂	适量

2. 制备方法

塑化：将经过增塑剂增塑的 PVC、热稳定剂于 155～165℃下在双辊开炼机上塑化 5～8min，再加入一定量的 NBR、填充剂塑化 3～5min，所得物料记为 A。

动态硫化：向 A 中加入一定量的硫化剂，物料开始硫化后一般会脱辊，当物料能再次完全包辊后，可认为已经硫化完全，薄通下料，记为 B。

注射成型：将 B 在切片机上切片后加入到注塑机中，于 155～165℃条件下注射成标准试样。

3. 性能

采用过氧化二异丙苯/硫黄复合硫化体系硫化的热塑性弹性体的性能较好；炭黑的增强效果优于白炭黑和轻质碳酸钙；DOP 用量增加，热塑性弹性体的综合力学性能下降；NBR 与 PVC 的质量比增加，热塑性弹性体的柔性增加。所研制的 NBR/PVC 经压延塑化、造粒、注射成型可以制得某品牌汽车的油箱密封垫片，极大地提高了生产效率，提高了市场竞争力。

（十九）丙烯酸酯增韧剂/PS改性PVC

1. 配方[23]

单位：质量份

原材料	用量	原材料	用量
PVC	100	过硫酸钾	2.0
丙烯酸酯增韧剂	8.0	有机锡	2.5
PS	4～6	加工助剂	1～2
十二烷基硫酸钠	1.5	其他助剂	适量

2. 制备方法

在180℃、40r/min条件下，用密炼机将PVC/ACR/PS共混。在185℃下利用平板硫化机压片，制得DMA测试样条、拉伸冲击样条和旋转流变仪样片。

3. 性能

以PS作为润滑剂添加到PVC/ACR共混物中，考察其在加工过程中起到滑壁的作用，有利于PVC共混物加工性能的提高。流变性能的测试结果中显示，黏滑转变对加工工艺设计起到一定参考作用。力学性能虽然随PS用量的增加而降低，但是在PS用量小于6份时共混物样条仍为韧性断裂，力学性能较好。

（二十）氯化聚乙烯改性PVC

1. 配方

见表4-21[24]。

表4-21 氯化聚乙烯改性PVC配方

原料	改变CM/PVC质量比时原料用量/份			改变硫化剂用量时原料用量/份					改变白炭黑用量时原料用量/份			
	A_1	A_2	A_3	B_1	B_2	B_3	B_4	B_5	C_1	C_2	C_3	C_4
CM	60	70	80	80	80	80	80	80	70	70	70	70
PVC	40	30	20	20	20	20	20	20	30	30	30	30
活性MgO	10	10	10	10	10	10	10	10	10	10	10	10
稳定剂	6	6	6	6	6	6	6	6	6	6	6	6
DOP	50	50	50	50	50	50	50	50	50	50	50	50
N550	40	40	40	40	40	40	40	40	—	—	—	—
$CaCO_3$	30	30	30	30	30	30	30	30	—	—	—	—
滑石粉	—	—	—	—	—	—	—	—	30	30	30	30
DCP	3	3	3	3.6	3.3	3	2.7	2.4	3	3	3	3
TAIC	2	2	2	2.4	2.2	2	1.8	1.6	2	2	2	2
白炭黑	—	—	—	—	—	—	—	—	20	30	40	50
聚乙二醇	—	—	—	—	—	—	—	—	1	1	1	1

2. 制备方法

（1）将PVC、稀土稳定剂、DOP加入高速混合机内，高速混合机内温度控制在90～100℃范围内，等物料蓬松且混合均匀后取出。

（2）将（1）中所得产品投入塑炼机，塑炼机温度控制在140～155℃范围内，经过2～3min的滚压和翻炼，用三角包法使（1）中所得产品混炼均匀。

（3）将（2）中所得产品与CM、稳定剂、活性MgO混合后在塑炼机上混炼；分别加入碳酸钙、白炭黑、聚乙二醇、DOP，再加入DCP与TAIC，打包6～8次，混炼均匀后下片。

3. 性能

见表 4-22～表 4-24。

表 4-22　CM/PVC 共混胶硫化特性测试数据

配方编号	共混胶硫化特性			
	M_H/(dN/m)	M_L/(dN/m)	t_{10}/min	t_{20}/min
A_1	2	0	4.02	25.68
A_2	4	1	2.38	23.48
A_3	4	0	2.80	27.45
B_1	3	1	3.83	25.38
B_2	3	0	3.47	29.77
B_3	2	0	3.52	23.97
B_4	2	0	3.03	28.63
B_5	2	0	3.00	29.75
C_1	3	0	3.02	25.27
C_2	3	0	3.17	24.33
C_3	4	1	3.25	23.38
C_4	5	1	3.33	23.25

表 4-23　CM/PVC 共混胶老化前后拉伸性能、邵尔 A 硬度及交联密度测试数据

性能	改变 CM/PVC 质量比			改变硫化剂用量					改变白炭黑用量			
	A_1	A_2	A_3	B_1	B_2	B_3	B_4	B_5	C_1	C_2	C_3	C_4
老化前												
拉伸强度/MPa	7.0	7.9	7.5	9.5	9.3	8.6	8.3	8.2	11.7	11.9	12.1	12.6
断裂伸长率/%	353	335	392	300	306	320	331	345	622	600	580	554
300%定伸应力/MPa	6.8	4.3	5.6	9.1	8.9	8.5	7.7	7.5	2.4	2.9	3.3	3.7
邵尔 A 硬度	68	61	59	72	70	64	68	66	59	62	64	66
交联密度	0.396	0.528	0.390	0.588	0.578	0.549	0.534	0.532	—	—	—	—
老化后(100℃,72h)												
拉伸强度/MPa	7.3	8.1	7.9	9.4	9.1	8.4	8.2	8.0	11.2	11.5	11.8	12.1
断裂伸长率/%	368	332	385	305	310	325	336	348	634	620	600	573
300%定伸应力/MPa	6.5	7.4	6.9	8.9	8.6	8.2	7.2	7.0	2.2	2.5	3.0	3.2
邵尔 A 硬度	72	65	61	70	69	63	66	65	57	60	63	65

表 4-24　CM/PVC 共混胶耐油性能测试

耐油性能①	改变 CM/PVC 质量比			改变硫化剂用量					改变白炭黑用量			
	A_1	A_2	A_3	B_1	B_2	B_3	B_4	B_5	C_1	C_2	C_3	C_4
ΔV/%(B 液)	61.3	39.5	27.8	30.2	32.4	47.6	30.7	28.6	35.3	32.2	30.1	25.3
Δm/%(B 液)	41.9	14.1	14.9	13.4	14.8	15.5	16.4	17.2	23.8	20.3	18.3	15.4
ΔV/%(C 液)	98.6	82.1	74.8	46.5	51.8	89.9	50.8	42.2	90.9	80.2	72.7	65.1
Δm/%(C 液)	53.7	45.3	36.4	90.2	84.4	45.3	33.4	29.5	50.5	46.8	44.3	40.5

①ΔV 为试样浸泡前后体积变化百分率；Δm 为试样浸泡前后质量变化百分率。

（二十一）PVC/N-AIM 共混物

1. 配方

见表 4-25[25]。

表 4-25　PVC/*N*-AIM 共混物配方

原料	投料量	原料	投料量
去离子水/g	100	复配乳化剂/mL	3
焦磷酸钠(SPP)/g	0.4	胶乳/g	161
葡萄糖(DX)/g	0.6	甲基丙烯酸甲酯(MMA)/g	30
硫酸亚铁(FES)/mL	10	过氧化氢异丙苯(CHP)/mL	0.25
氢氧化钾(KOH)/mL	1		

注：*N*-AIM 中丙烯酸丁酯/丁二烯/苯乙烯的质量比为 70/25/5。

2. 制备方法

(1) 接枝共聚物的合成　在氮气（N_2）保护条件下于三口烧瓶中加入定量去离子水、复配乳化剂及橡胶粒子聚合用单体混合物，然后滴加由过氧化氢异丙苯（CHP)、甲基丙烯酸甲酯（MMA）组成的混合溶液，滴加时间为 45min，反应结束后加入抗氧剂，经破乳、凝聚、脱水和干燥得到 *N*-AIM 接枝共聚物粉料。

(2) 试样的制备　将 *N*-AIM 和 KM355 按一定的比例与 PVC 在双辊开炼机上进行熔融共混，混炼温度为 165℃，混炼时间为 5min，混炼后在平板硫化机上于 180℃下模压成 100mm×65mm×3mm 片材，并将其制成标准冲击样条，按照 ASTM D256 进行悬臂梁冲击测试。

3. 性能

(1) DMA 测试结果表明，*N*-AIM 的玻璃化温度（T_g）比 KM355 的低。

(2) 力学性能表明，在 PVC/*N*-AIM 共混物的脆韧转变点处，*N*-AIM 的加入量为 5.71 份时，共混物的冲击强度达到最大值 1280J/m。

(3) 分散形态表明，*N*-AIM 粒子能够在 PVC 树脂基体中均匀分散，粒子间没有发生聚集。

(4) 断面形态表明，PVC/*N*-AIM 共混物断裂方式是韧性断裂。

(二十二) 纳米 $CaCO_3$ 填充改性聚丙烯酸酯/PVC 复合材料

1. 配方[26]

(1) 聚丙烯酸酯配方见表 4-26。

表 4-26　聚丙烯酸酯配方　　单位：g

项目	原材料	1#	2#	3#	4#
釜中材料	PBA 种子乳液	5	5	5	5
	水	25	25	25	25
预乳化液Ⅰ	单体 BA	10	20	30	50
	SDBS	0.1	0.2	0.3	0.5
	KPS	0.05	0.11	0.16	0.24
	水	12	25	36	60
	交联剂 DVB	0.1	0.2	0.3	0.5
预乳化液Ⅱ	单体 MMA	6.7	13.3	20	33.3
	SDBS	0.07	0.14	0.2	0.33
	KPS	0.04	0.08	0.12	0.2
	水	8	16	24	40
	交联剂 DVB	0.07	0.14	0.2	0.33

（2）纳米 $CaCO_3$ 改性 PBA/PVC 配方

单位：质量份

原材料	用量	原材料	用量
PVC	100	石蜡	0.8
ACR-201	3	轻质碳酸钙(纳米级)	10
复合铅稳定剂	4.5	加工助剂	1～2
硬脂酸 1801	1	其他助剂	适量

2. 制备方法

（1）核壳乳液的合成　具有核壳结构的乳液分三步合成：①种子乳液的合成，将一定量的 SDBS 与水加入反应釜中，搅拌 30min，再将 30g BA 单体和 0.3g DVB 加入其中，预乳化一段时间。75℃时加入适量的 KPS 溶液引发反应，待乳液出现蓝光现象后，继续反应 2h，冷却出料，备用。②核层的合成，按配方将 PBA 种子乳液、水加入反应釜中，待温度达到 75℃时滴加配制好的 BA 预乳液，滴加结束后再保温 2h，冷却出料，得到 PBA 乳液。③壳层的合成，控制 BA、MMA 质量比为 6∶4，量取适量的 PBA 种子乳液按照上述工艺，依照表中配方合成壳层。得到 PBA/PMMA 核壳结构乳液。

（2）复合改性剂的合成　取 1000g 纳米碳酸钙浆液（固含量 10%），加入夹套反应釜中，搅拌，同循环水加热至 80℃。称量 0.5g 硬质酸钠，用热水溶解后加入釜中，反应 1h。将合成好的乳液加入釜中，控制乳液干重与纳米碳酸钙质量比为 1∶10。保温反应 1h 后抽滤，干燥粉碎，得到复合改性剂。

（3）PVC 样条制备　将复合改性剂与 PVC 及其他助剂按配比在高速混合机中搅拌混合后开炼模压成型。将得到的板材按照相应国标的要求制样。

3. 性能

见表 4-27、表 4-28 和图 4-25、图 4-26。

表 4-27　纳米碳酸钙和复合改性剂的接触角变化

项目	与水接触角/(°)
纳米碳酸钙	18
复合改性剂	76

表 4-28　乳液粒径对 PVC 缺口冲击强度的影响

项目	改性乳液粒径/nm	PVC 缺口冲击强度/(kJ/m²)
A	103	15.90
B	131	12.75
C	214	10.63
D	371	7.31

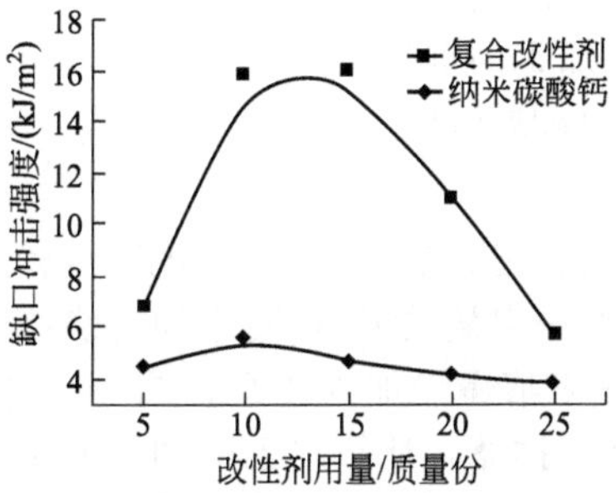

图 4-25　改性剂用量对 PVC 缺口冲击强度的影响

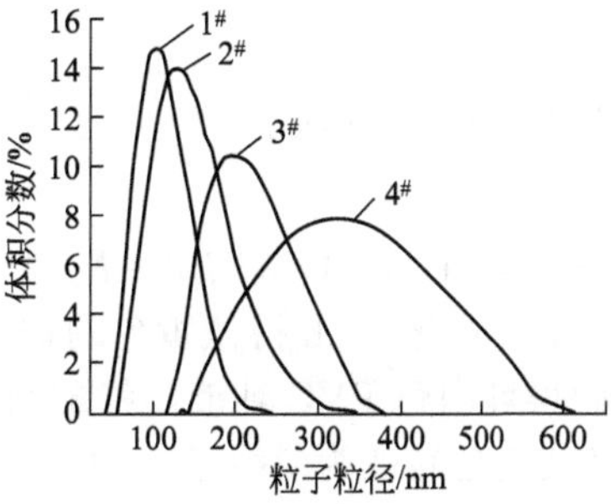

图 4-26　乳液的粒径

（二十三）纳米 TiO_2/纳米 $Mg(OH)_2$ 改性 PVC 复合材料

1. 配方[27]

单位：质量份

原材料	用量	原材料	用量
PVC 粉料	100	钡钙热稳定剂	3.0
纳米 TiO_2(20nm)	1～5	硬脂酸钙	1.5
纳米 $Mg(OH)_2$(60nm)	5～10	加工助剂	1～2
KH-570 偶联剂	1.0	其他助剂	适量

2. 制备方法

（1）纳米粒子改性　称取纳米 TiO_2 ［或 $Mg(OH)_2$］粉体分散于 20mL 无水乙醇中，磁力搅拌 2h，加入 10mL 水解后的 KH-570，在高剪切乳化机下充分混合 20min，调节溶液 pH＝6，将得到的反应液在 60℃下水浴反应 2h，超声分散 60min，离心分离并用乙醇反复清洗 5 次，干燥，即可得到改性的纳米颗粒［TiO_2或 $Mg(OH)_2$］。

（2）PVC/TiO_2/$Mg(OH)_2$复合材料的制备　称取 PVC 粉末，于 15mL 环己酮中搅拌充分溶解，按不同比例称取改性后的纳米 TiO_2和 $Mg(OH)_2$，加入 PVC 溶解液中，搅拌分散均匀，超声除泡，制得的浆液于平整干净的玻璃板上成膜后取下。

3. 性能

见表 4-29。

表 4-29　纳米颗粒不同比例下 PVC 材料极限氧指数

试样(质量比)	极限氧指数/%
纯 PVC	25.6
TiO_2	26.8
$Mg(OH)_2$	28.4
TiO_2 : $Mg(OH)_2$＝2 : 1	27.0
TiO_2 : $Mg(OH)_2$＝1 : 1	27.2
TiO_2 : $Mg(OH)_2$＝1 : 2	27.5
TiO_2 : $Mg(OH)_2$＝1 : 3	27.9
TiO_2 : $Mg(OH)_2$＝1 : 4	28.1
TiO_2 : $Mg(OH)_2$＝1 : 5	28.2

（二十四）聚苯胺/PVC 复合材料

1. 配方[28]

单位：质量份

原材料	用量	原材料	用量
PVC	100	热稳定剂	3.0
聚苯胺(PAN)	50	硬脂酸锌	1.0
过硫酸铵(APS)	1.5	加工助剂	1～2
十二烷基苯磺酸(DBSA)	2.0	其他助剂	适量

2. 制备方法

将 APS 溶解在 20mL 蒸馏水中配制成溶液备用。三颈瓶中加入 DBSA 和蒸馏水，搅拌速度 1500r/min 乳化 0.5h 得微黄色的透明溶液。将一定量的 PVC 粉末加入烧瓶中，搅拌下溶胀 5h，制得乳白色 PVC 乳液。将配制好的 APS 溶液慢慢加入体系，约 1h 滴加完毕，乳液由白色经黄褐色转变为墨绿色。用过量乙醇破乳，抽滤，滤饼以乙醇和蒸馏水洗涤至滤液检不出 SO_4^{2-} 且洗液无色。滤饼于 60℃真空干燥 24h，所得产品研磨后过 120 目筛，备用。

3. 性能

复合物的电导率值为 4.733×10^{-3} S/cm，此数值表明复合物的抗静电性能良好。复合物的红外图谱分析表明，PVC 与 PANi 之间中存在一定程度的键合；SEM 分析表明聚苯胺颗粒在 PVC 中分布均匀。两者相容性良好，优于传统的炭黑和金属粉末等抗静电剂。

（二十五）ABS 增韧改性 PVC 复合物

1. 配方[29]

单位：质量份

原材料	用量	原材料	用量
PVC	70	热稳定剂	3.0
ABS	30	硬脂酸钡	1.0
接枝改性剂	10～20	加工助剂	1～2
DOP	30～50	其他助剂	适量

2. 制备方法

（1）接枝 ABS 的制备　ABS 接枝改性剂是通过种子乳液聚合将苯乙烯（St）和丙烯腈（AN）单体接枝到丁二烯（PB）橡胶粒子上合成的，PB 粒径大小为 300nm，SAN 共聚物的接枝率为 45%，PB 与 SAN 的质量比为 60∶40，St 与 AN 的质量比为 75∶25；PB 胶乳、SAN 树脂（M_n=49400g/mol，M_w=148000g/mol）。

（2）PVC/ABS 共混物的制备　利用双辊开炼机制备 PVC/ABS 共混物的片材，将共混物于 165℃下混炼 5min，并于 185℃进行硫化制成标准板材。

3. 性能

低摩尔质量 PVC 共混物的脆韧转变点出现在低橡胶含量处，高摩尔质量 PVC 共混物的脆韧转变点出现在较高橡胶含量处。小分子增塑剂对 PVC 塑化程度的影响改善了 PVC/ABS 共混物的脆韧转变。通过对透射电镜结果分析得出增塑剂的加入可以促使高摩尔质量 PVC 中未完全塑化的粒子全部塑化，使分子链在 PVC 初级粒子边界缠结，改善共混物的力学性能。动态力学性能结果表明 PVC 与 SAN 部分相容，也可以保证 PB 橡胶粒子在基体中的均匀分布。

（二十六）高韧性硬质 PVC 透明材料

1. 配方[30]

单位：质量份

原材料	用量	原材料	用量
PVC(SG-5)	100	硬脂酸	0.5
甲基丙烯酸甲酯-丁二烯-苯乙烯共聚物(MBS)	8.0	硬脂酸钙	0.4
P(VC-*co*-BA)	8.0	加工助剂	1～2
甲基锡热稳定剂	2.0	其他助剂	适量

2. 制备方法

按比例称取 PVC 树脂、甲基锡热稳定剂、硬脂酸、MBS、P(VC-*co*-BA)，加入高速混合器中混合 5min（转速 2000r/min），然后在单螺杆挤出机中混合造粒，螺杆温度 180℃，转速 60r/min。在未改性 PVC 样品中，除不使用增韧剂外，其他配方及混合条件与上述改性料相同。

为了制备透明性能、拉伸性能和冲击强度测试的样条，将 PVC 颗粒放入模具中，在 185℃热压机中预热 5min，加压至 15.0MPa，然后保压 5min，取出模具，脱除样品。

3. 性能

见表 4-30～表 4-32。

表 4-30 未改性与改性 PVC 的透光率 单位：%

未改性 PVC	MBS 改性 PVC	P(VC-*co*-BA)改性 PVC
88.5	85.0	87.5

表 4-31 未改性与改性 PVC 的力学性能

试样	拉伸强度/MPa	拉伸模量/GPa	断裂伸长率/%	冲击强度/(kJ/m²)
未改性 PVC	51.2±1.9	2.88±0.09	13.3±5.4	3.49±0.92
MBS 改性 PVC	42.3±1.1	2.32±0.12	16.9±4.7	34.5±4.30
P(VC-*co*-BA)改性 PVC	49.8±3.4	2.85±0.04	21.5±7.2	2.83±0.51

表 4-32 未改性与改性 PVC 的热性能参数

参数	未改性 PVC	MBS 改性 PVC	P(VC-*co*-BA)改性 PVC
$T_{d,5\%}$/℃	273.4	276.4	279.0
T_g/℃	78.2	80.3	78.2

(二十七) 导电 PVC 功能材料

1. 配方[31]

单位：质量份

原材料	用量	原材料	用量
PVC	100	硬脂酸	1.0
导电炭黑	15	润滑剂	2.0
MBS 冲击改性剂	5～15	加工助剂	1～2
热稳定剂	2～3	其他助剂	适量

2. 制备方法

先将 PVC 树脂和其他助剂依次加入高速搅拌机中搅拌 3～5min，然后将炭黑加入到高速搅拌机中搅拌均匀，搅拌温度 100～110℃。将搅拌均匀的粉体通过双螺杆挤出机共混造粒，挤出温度 150～175℃。将粒料用注射机制成标准试样，注射压力 70MPa、机筒温度 170～190℃、注射时间 2s。在室温下放置 24h 后进行性能测试。

3. 性能

见图 4-27、图 4-28。

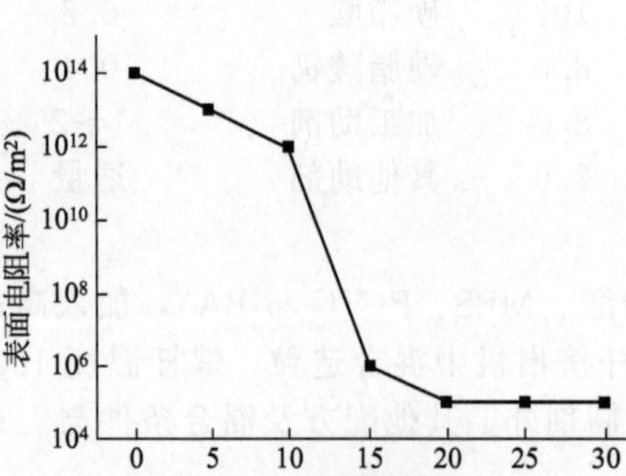

图 4-27 炭黑含量对导电 PVC 复合材料表面电阻率的影响

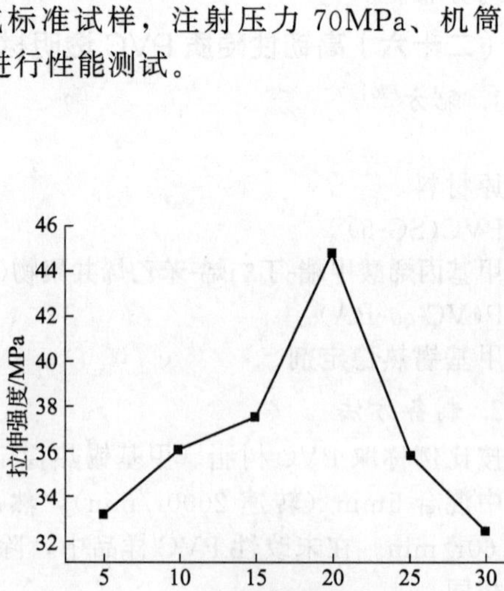

图 4-28 炭黑含量对导电 PVC 复合材料拉伸强度的影响

（二十八）阻燃 PVC 材料

1. 配方[32]

单位：质量份

原材料	用量	原材料	用量
PVC	100	热稳定剂	1.8
$Al(OH)_3$	20	DOP	40
Sb_2O_3	3.0	加工助剂	1～2
硼酸锌	3.0	其他助剂	适量

2. 阻燃 PVC 的制备方法

将 PVC 树脂粉、增塑剂和稳定剂按 PVC/增塑剂/稳定剂（100/40/1.8）的质量比置于搅拌机中，制得软质 PVC 粉。将改性 PVC、阻燃剂等原料按确定比例称量，混合均匀后，在 160～165℃的双辊混炼机上混炼 7min 后放入模具中，在 180℃下用加硫成型试验机压制 10min 成片。

3. 性能

该材料经阻燃改性后，仍呈现韧性断裂，这表明材料的力学性能良好。

（二十九）四种热稳定剂改性 PVC

1. 配方[33]

单位：质量份

原材料	配方 1	配方 2	配方 3	配方 4
PVC	100	100	100	100
复合热稳定剂 a	4.5	—	—	—
复合热稳定剂 b	—	4.5	—	—
复合热稳定剂 c	—	—	4.5	—
复合热稳定剂 d	—	—	—	4.5
抗冲击改性剂(KH355P)	7.0	7.0	7.0	7.0
钛白粉	5.0	5.0	5.0	5.0
加工助剂(ACR-401)	1.0	1.0	1.0	1.0
活性 $CaCO_3$	6.0	6.0	6.0	6.0
其他助剂	适量	适量	适量	适量

注：a 为沈阳产，b 为温州产，c 为德国产，d 为山东产。

2. 制备方法

按照一定的实验配方将各厂家稳定剂 a、b、c、d 分别与其他组分混合搅拌均匀，并将混合好的料分别用高速捏合机进行热捏合，捏合至 107℃左右放料备用。

3. 性能

见表 4-33～表 4-37。

表 4-33 热分解温度和热稳定时间

PVC 混合料样品编号	热分解温度/℃	热稳定时间/min
1#	232	53
2#	222	38
3#	235	57
4#	230	51

表 4-34　挤出物长度和质量

PVC 混合料样品编号	挤出物长度(30s)/cm	挤出物质量(30s)/g	挤出物单位长度质量/(g/cm)
1#	27.23	10.77	0.396
2#	19.10	6.33	0.331
3#	29.88	11.80	0.395
4#	25.72	10.14	0.394

表 4-35　流变性能

PVC 混合料样品编号	最大扭矩/N·m	平衡扭矩/N·m	熔融时间/s	平衡时间/s	熔融温度/℃
1#	35.25	26.88	50	203	172.5
2#	32.62	25.00	95	235	177.5
3#	45.63	29.38	75	225	174
4#	40.00	28.00	80	195	180

表 4-36　白度性能

PVC 混合料样品编号	老化前白度/%	老化后白度/%	白度变化率/%
1#	78.7	53.0	32.6
2#	78.2	38.7	50.5
3#	76.3	48.4	36.6
4#	77.4	49.7	35.5

表 4-37　铅含量及熔点

复合热稳定剂样品编号	氧化铅含量/%	熔点/℃
a	45.3	初熔 116，全熔 180
b	56.1	初熔 105，全熔 140
c	49.4	初熔 112，全熔 156
d	46.8	初熔 97，全熔 160

（三十）芦苇纤维改性 PVC 复合材料

1. 配方[34]

单位：质量份

原材料	用量	原材料	用量
PVC	100	硬脂酸钡	1.5
芦苇纤维	10～50	ACR-401	1.0
偶联剂	0.5	DOP	20
铅盐类热稳定剂	3～5	其他助剂	适量
硬脂酸	0.5		

2. 制备方法

工艺路线见图 4-29。

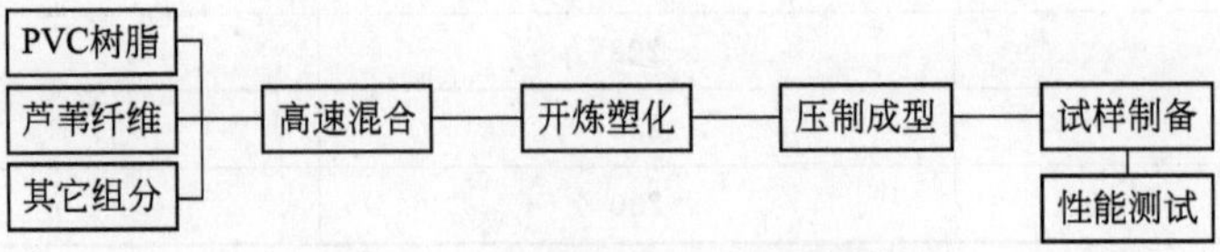

图 4-29　试样制备工艺流程图

工艺条件：高速混合温度110℃，时间8min，开炼机塑化温度165～175℃，时间12min，压制温度185～195℃，时间8min。

3. 性能

（1）对芦苇纤维进行碱处理或偶联剂处理可以提高芦苇纤维/聚氯乙烯复合材料的性能。

（2）芦苇纤维的粒径会影响复合材料的性能，粒径越大，复合材料的拉伸强度及冲击强度均下降。

（3）芦苇纤维在复合材料中的含量对材料性能影响较大，芦苇纤维含量越大，复合材料的拉伸强度及冲击强度越低。

（4）该复合材料具有环保、不虫蛀、尺寸稳定性好的特点，在园林篱笆、建筑装饰材料及家具制造方面获得应用。

（三十一）核壳结构聚合物改性PVC

1. 配方[35]

单位：质量份

原材料	用量	原材料	用量
PVC	100	硬脂酸	0.5
聚丙烯酸酯改性剂(ACR)	3.0	润滑剂	0.2
硬脂酸钙	2.0	加工助剂	1～2
有机锡热稳定剂	3.0	其他助剂	适量

2. 制备方法

（1）乳液聚合　聚合反应在2000mL四口烧瓶中进行，反应温度控制在80℃。在氮气保护下加入去离子水、乳化剂和5%（质量计，以下同）种子单体，加入引发剂溶液后开始制备种子乳液，1h后采用滴加方法加入剩余的95%单体，即核层和壳层单体、乳化剂混合溶液，在反应过程中补加引发剂溶液，3h内滴加完毕，然后保温1h。在本反应体系中，核/壳比为75/25，固含量50%。冷却后过滤，最后胶乳经冷冻破乳、洗涤、干燥后得到聚丙烯酸酯改性剂（ACR）。

（2）共混物制备　将制得的ACR与PVC及其他助剂按一定比例先在高速混合机中混合，然后把混好的物料在双辊混炼机上共混，控制辊温在170～175℃。将所出片材按要求厚度叠放在模具中，于180℃在液压机上得到2mm和4mm板材，供拉伸、冲击制样和测试用。

3. 性能

（1）采用种子乳液聚合成功制备了单分散的聚丙烯酸酯核/壳结构聚合物（ACR），乳胶粒径为196nm，TEM证实了尺寸及其分散性。

（2）将ACR应用于硬质PVC改性，当加入量仅为3份时，共混物的缺口冲击强度显著提高，而拉伸强度只下降5%；用SEM考察了冲击断面，呈均匀、致密的网状结构；同时PVC的塑化性能也得到了改善。

（三十二）S-1300型PVC制品

1. 配方[36]

（1）S-1300 PVC透明软板专用料

（2）S-1300 PVC电缆料

单位：质量份

原材料	用量
S-1300 PVC	100
有机锡稳定剂	0.5
DOP	50
ESBO	3.0
硬脂酸丁酯	1.5
润滑剂	适量
脱模剂	适量
其他助剂	适量

单位：质量份

原材料	用量
PVC	100
钙锌稳定剂	5.0
DOP	45
DOS	8.0
陶土	10
双酚 A	0.4
润滑剂	适量
加工助剂	1～2
其他助剂	适量

（3）S-1300 PVC 盐膜配方

单位：质量份

原材料	用量	原材料	用量
PVC	100	ESBO	3.0
DOP	48	润滑剂	适量
钙锌稳定剂	5.0	加工助剂	1～2
活性 $CaCO_3$	30	其他助剂	适量

2. 制备方法

按配方称量投入高速混合机中，在一定的温度下进行混合，直到混合均匀为止，再用双螺杆挤出机挤出造粒。制备透明板材、电缆料和薄膜。

3. 性能

见表 4-38～表 4-43。

表 4-38　5 种 1300 型 PVC 树脂的粒度分布

树脂	个数平均粒径/μm	体积平均粒径/μm	分布宽度
S-1300	120	160	1.33
国产树脂 1	84	165	1.96
国产树脂 2	106	137	1.29
进口树脂 1	130	157	1.21
进口树脂 2	112	154	1.38

表 4-39　5 种 PVC 树脂的熔体流动速率

树脂	熔体流动速率/(g/10min)
S-1300	0.25
国产树脂 1	0.44
国产树脂 2	0.63
进口树脂 1	0.58
进口树脂 2	0.45

表 4-40　采用 5 种 1300 型 PVC 树脂生产的透明软板的力学性能及光学性能

树脂	邵尔 A 硬度	拉伸强度/MPa	断裂伸长率/%	透光率/%	雾度/%	黄色指数
S-1300	73.4	14.1	321	90.6	5.4	4.2
进口树脂 1	73.0	14.0	342	92.2	4.3	4.2
进口树脂 2	73.1	14.2	324	91.9	3.9	4.8
国产树脂 1	72.9	14.2	321	91.5	5.4	3.8
国产树脂 2	72.3	13.4	323	89.0	7.2	7.6

表 4-41　5 种 1300 型 PVC 树脂电缆料的性能

树脂	拉伸强度/MPa	断裂伸长率/%	体积电阻率/Ω·m	介电强度/(kV/m)
S-1300	20.7	420	3.7×10^{12}	23.1
进口树脂 1	20.5	406	3.9×10^{12}	23.5
进口树脂 2	20.9	425	4.0×10^{12}	24.3
国产树脂 1	19.3	417	3.8×10^{12}	24.6
国产树脂 2	20.0	320	4.2×10^{12}	23.8
指标要求(J90)	≥16.0	≥150	$\geq1.0\times10^{12}$	≥20.0

表 4-42　S-1300 透明软板的性能测试结果

检测项目	企业指标	检验结果
拉伸强度/MPa		18.2
断裂伸长率/%		460.1
透光率/%	≥86	87.5
雾度/%	≤8	4.3
黄色指数	≤15	5.8

表 4-43　S-1300 盐膜的性能

项目	厚度/mm	拉伸强度(纵/横)/MPa	断裂伸长率(纵/横)/%	低温伸长率(纵/横)/%	直角撕裂强度(纵/横)/(kN/m)
技术指标	0.11～0.12	≥8.6/16.5	≥220/220	≥20/20	≥40/40
测试结果	0.115	19.5/20.0	255/255	23/23	45/48

(三十三)植物叶片仿生 PVC 伪装材料

1. 配方[37]

(1) 叶绿素/PVC 膜配方

单位：质量份

原材料	用量	原材料	用量
菠菜叶绿素	50	D EAE sepharosecl-6B	5.0
PVA	50	其他助剂	适量
丙醇	20～30		

(2) 其他原材料

① 聚偏二氯乙烯阻隔包装袋。

② 漂白木浆片。

③ 聚氨酯胶黏剂。

④ 透明 PVC 膜。

2. 制备方法

(1) 叶绿素/PVA 薄膜的制备　提取和分离得到叶绿素乙醇溶液；将 PVA 加热溶解于蒸馏水中，得到质量浓度为 10%的 PVA 水溶液；将叶绿素乙醇溶液与 PVA 水溶液按质量比 1∶1 混合均匀后倒入模具中，室温下避光晾干即得到叶绿素/PVA 薄膜。

(2) 水分的封装　取 3.5g 蒸馏水加入面积为 $300cm^2$ 的 PVDC 高阻隔包装袋中，排出其中的空气后用封口机封口。

(3) 疏松多孔结构层的制备　取 100g 漂白木浆片，经过打浆、抄纸、压榨、烘干后得到规格为 $70g/m^2$ 的纸张。

(4) 材料的整体复合　将防水膜、叶绿素/PVA 薄膜、封水袋、纸张按顺序用聚氨酯胶黏剂黏结在一起，得到厚度为 0.34mm、质量密度为 $253.59g/m^2$ 的植物叶片仿生伪装材料。

3. 性能

该仿生伪装材料的反射光谱具有与植物叶片一致的光谱特征，相似度可达 0.9983，且室外日光照射下的光谱稳定性超过三个月。该伪装材料与植物叶片的光谱相似度高、耐候性好，为有效对抗高光谱成像技术的侦察探测提供了一种新型的伪装技术和手段。

（三十四）PVC 红外隐身遮蔽材料

1. 原材料[38]

黏结剂：聚氯乙烯粉末（PVC，平均分子量 48000）。

粉末填料：金属（羰基铁粉、镁粉、铝粉、钴粉）、非金属（硫黄粉、炭粉）、金属氧化物（氧化铕、氧化锆、氧化钙）、非金属氧化物（气相白炭黑）。

有机溶剂：分析纯的环己酮、甲胺、二乙胺、三乙胺、三亚乙基四胺、苯胺、*N*-甲基苯胺、*N*,*N*-二甲基甲酰胺、吡啶。

PVC 薄膜：日常生活中使用的各种颜色的塑料薄膜。

2. 配方

单位：质量份

原材料	配方 1	配方 2	配方 3	配方 4	配方 5	配方 6	配方 7	配方 8	配方 9	配方 10
PVC	100	100	100	100	100	100	100	100	100	100
钴粉	5.0	—	—	—	—	—	—	—	—	—
铝粉	—	5.0	—	—	—	—	—	—	—	—
镁粉	—	—	5.0	—	—	—	—	—	—	—
羰基铁粉	—	—	—	30	—	—	—	—	—	—
硫粉	—	—	—	—	5.0	—	—	—	—	—
炭粉	—	—	—	—	—	5.0	—	—	—	—
氧化锆	—	—	—	—	—	—	5.0	—	—	—
氧化钙	—	—	—	—	—	—	—	5.0	—	—
荧光粉	—	—	—	—	—	—	—	—	10	—
白炭黑	—	—	—	—	—	—	—	—	—	5.0
颜料	0.5	0.5	0.5	0.5	0.5	0.5	0.5	0.5	0.5	0.5
环己酮	适量	适量	适量	适量	适量	适量	适量	适量	适量	适量
稳定剂	3.0	3.0	3.0	3.0	3.0	3.0	3.0	3.0	3.0	3.0
加工助剂	1～2	1～2	1～2	1～2	1～2	1～2	1～2	1～2	1～2	1～2
其他助剂	适量	适量	适量	适量	适量	适量	适量	适量	适量	适量

3. 制备方法

按配方称量投入高速混合机中在一定的温度下进行充分搅拌混合均匀，便可出料备用。

4. 性能

见表 4-44～表 4-46。

表 4-44　各种材料特征峰波数及透光率

材料	波数/cm^{-1}、透光率/%					
	波长 3～5μm、波数 3333～2000cm^{-1}			波长 8～14μm、波数 1250～714cm^{-1}		
PVC	2968,51	2911,48	基线,67	1241,45	1100,46	966,50
PVC 填充钴粉 5%	2939,5		基线,8			956,1
PVC 填充铝粉 5%	2933,4	2861,7	基线,23	1244,5	1111,7	960,7
PVC 填充镁粉 5%	2962,7	2861,9	基线,31	1258,6	1115,7	964,7

续表

材料	波数/cm^{-1}、透光率/%					
	波长 3～5μm、波数 3333～2000cm^{-1}			波长 8～14μm、波数 1250～714cm^{-1}		
PVC 羰基铁粉 30%	2950,18	2861,24	基线,52	1255,17	1118,20	966,18
PVC 填充硫粉 5%	2949,12	2862,13	基线,19	1261,11	1091,11	946,10
PVC 填充炭粉 5%		2897,15	基线,18	1168,12	1123,12	970,13
PVC 填充氧化锆 5%	2960,9		基线,11	1222,7	1086,7	966,8
PVC 填充氧化钙 5%	2937,6		基线,9		1096,4	960,5
PVC 填充荧光粉 10%	2922,17	2861,24	基线,60	1255,18	1116,26	966,24
PVC 填充白炭黑 5%	2941,3.5	2861,3.5	基线,7.5	1241,3.5	1105,3	961,3.5

从表 4-45 可见，镀铝、深蓝色、粉红色聚氯乙烯塑料薄膜是又好又轻的红外隐身/遮蔽薄膜。

表 4-45　各种聚氯乙烯塑料薄膜红外光谱特征峰、透光率及面积密度

材料	波数/cm^{-1},透光率/%			面积密度/(g/cm^2)
	波长 3～5μm，波数 3333～2000cm^{-1}		波长 8～14μm,波数 1250～714cm^{-1}	
深蓝色	2978,0.5	2835,0.5	基线,1	24.79
镀铝			基线,6	2479
粉红色			基线,10	33.42
蓝色		2888,2	基线,13　723,1	69.14
红色	2895,1		基线,18　724,1	57.05
白色	2908,2		基线,22　725,0	59.08
黑色		2833,11	基线,28　725,6	43.55
土黄色	2927,5	2849,5	基线,30　725,16	16.58
绿色	2931,3		基线,32　723,7	29.50
灰色	2872,5		基线,38　724,1	68.28
棕红色	2917,5		基线,40　723,3	68.28
暗红	2905.5	2850,6	基线,42　723,16	31.70
鲜红	2913,5		基线,50　725,8	50.50
亮黄色	2926,6		基线,51　724,6	132.00
透明	2897,6	2850,6	基线,61　725,23	27.80
黄色	2930,6	2849,6	基线,70　725,20	37.05

表 4-46　各种材料的热分析数据

材料	DTG 最大时温度/℃	DTC 最大值/(mg/min)
PVC	269	1.89
PVC-环己酮	256	1.70
PVC 填充铝粉 5%	279	1.023
PVC 填充铝粉 30%	294	0.874
PVC 填充镁粉 5%	282	1.268
PVC 填充镁粉 30%	283	0.956
PVC 填充羰基铁粉 30%	278	1.101
PVC 填充荧光粉 10%	247	0.958
PVC 填充荧光粉 30%	275	1.996

（三十五）PVC 糊树脂的产品配方

具体配方实例如下[39]。

1. PVC人造革

(1) 配方　见表4-47。

表4-47　PVC人造革配方

组分	面层/份	发泡层/份	黏合层/份
PVC糊树脂	100	100	100
增塑剂	60～70	65～70	60～80
稳定剂	2～3	2～3	1.5～2.5
色料	3～5	2～3	适量
填充剂	25～50	20～50	10～50
发泡剂	0	2～5	0
发泡助剂	0	0.1～0.5	0

(2) 制备方法

工艺流程为：载体→涂面层→干燥→冷却→涂发泡层→凝胶→冷却→涂黏合层→贴布→发泡→冷却→剥离→卷取→表面处理→检验→成品→包装→入库。

(3) 间接涂覆法生产工艺特点

① 由于布基能在不受拉伸的情况下与黏合层贴合，因此当布基为伸缩性很大的针织布或拉伸强度很低的无纺布时，特别适合采用该方法。

② 产品表面平整光滑，不受布基影响，因此采用质量稍差的粗布也能制得表观质量较好的人造革。

③ 产品受溶胶黏度和涂层厚度的限制较小，因此尤为适宜生产增塑剂用量较多的薄型柔软衣用革和手套用革等。

④ 以PVC糊树脂为主要原料，也可添加一定量的PVC掺混树脂或悬浮法PVC树脂（SPVC）。

2. 滚塑PVC玩具、皮球与塑料瓶

(1) 配方　见表4-48。

表4-48　滚塑制品配方

组分	透明制品配方/份	不透明制品配方/份
PVC糊树脂	100	100
增塑剂	75～100	75～100
稳定剂	2～3	2～3
色料	适量	2～3
填充剂	0	10～50

可根据需要选用不同牌号的PVC糊树脂；而增塑剂和稳定剂必须选用环保无毒的品种，如稳定剂可选用钙锌复合液体稳定剂，增塑剂则一般采用乙酰柠檬酸正丁酯；填料一般为纳米级（如纳米碳酸钙）。

(2) 制备方法

采用滚塑成型方法生产玩具所用的模具通常为铝或者铜的瓣合模，其基本生产工艺过程如下：①将配制好的PVC糊料加入型腔可以完全闭合的模具中，而模具固定在能够使它顺着两根正交的（或者几根相互垂直的）轴同时进行旋转的机器上。②将模具合拢。③模具在热风烘箱内旋转，主轴的转速为5～20r/min，次轴的转速为主轴的20%～100%，并且可以根据烘箱热风温度进行调整。随着模具的旋转，糊料均匀地分布在型腔表面，并逐渐熔化。根据PVC糊料的性质、制品厚度、成型温度（烘箱内热风的温度）的不同，所需转速、加热时间也不同（一般为5～20min）。④糊料熔化后，将模具放入水池中冷却，待制品定型后，开模取出。⑤生产出的制品经充气检验合格后包装入箱。

3. 搪塑 PVC 空心制品

(1) 配方　见表 4-49。

表 4-49　搪塑 PVC 空心制品配方

组分	配方 1/份	配方 2/份
PVC 糊树脂	70	80
PVC 掺混树脂	30	0
SPVC 树脂	0	20
增塑剂	75～90	75～90
稳定剂	2～3	2～3
色料	适量	适量

(2) 制备方法　搪塑成型的生产工艺过程如下。

① 将配制好并经脱泡的 PVC 糊料注入已加热（约 130℃）的模具（阴模）中。

② 待糊料完全灌满模具后，停留约 30s，再将糊料倾倒回容器中，这时模壁上黏附的糊料（厚度 1～2mm）已部分发生凝胶。

③ 接着将模具送入 160℃左右的烘箱内加热 10～40min。

④ 取出模具，采用风冷或水冷（浸入水中 1～2min）降温至 80℃以下，即可从模具中取出制品。

4. PVC 输送带

(1) 配方　见表 4-50。

表 4-50　PVC 输送带配方

组分	浸渍层/份	涂覆层/份
PVC 糊树脂	100	100
阻燃剂(粉)	15	20
润滑剂	2	2
增塑剂	100	90
稳定剂	3～4	2～3
色料	2～3	2～3
抗静电剂	4～6	4～6
黏合剂	3	0

增塑剂必须采用阻燃的品种，如磷酸酯类增塑剂。浸渍层配方中加入黏合剂是为了增强 PVC 与纤维带芯之间的结合强度。

(2) 制备方法　煤矿用全塑整芯难燃输送带的骨架材料是以尼龙、棉、涤纶或棉纤维为原料，经混纺或混织制成的整体带芯，其先浸渍 PVC 糊，塑化后再双面涂覆 PVC 糊料作为覆盖层，基本工艺流程为：带芯整理、除尘、干燥→浸渍 PVC 糊→塑化→涂覆 PVC 覆盖层→塑化→拉伸→加热、定型→冷却→卷取。

5. PVC 地板革

(1) 配方　见表 4-51。

表 4-51　PVC 地板革配方

组分	基底层/份	发泡层/份	表面层/份
PVC 糊树脂	100	100	100
发泡剂	0	3～4	0

续表

组分	基底层/份	发泡层/份	表面层/份
助发泡剂	0	1～1.5	0
增塑剂	60～80	50～60	50～60
稳定剂	2～3	2～3	2～3
色料	适量	4	0
填料	50～100	0～25	0～25
降黏剂	适量	适量	适量

表面层应采用有机锡稳定剂。

(2) 制备方法　基材可选用玻璃纤维布、化纤织物、无纺布等，成型载体可选用钢带或者离型纸。

涂覆法化学压花地板革基本生产工艺为：基材→涂覆基底层→凝胶化→涂覆发泡层→凝胶化→印刷含抑制剂的油墨→涂覆面层→塑化、发泡→冷却→卷取。

6. PVC 地垫革

(1) 配方　见表 4-52。

表 4-52　PVC 地垫革配方

组分	面层配方/份	底层配方/份
PVC 糊树脂	0	100
SPVC 树脂	100	0
增塑剂	40～50	60～80
有机锡稳定剂	1	0
复合稳定剂	0	2～3
色料	2～3	2～3
硬脂酸钙	0.1	0
硬脂酸钡	1.2～1.5	0
填料	＞25	20～50

SPVC 树脂应选用 SG4 型，PVC 糊树脂应选用发泡专用料。

(2) 制备方法　PVC 地垫革生产工艺流程如下。

① 面层。SPVC 及各类助剂→高速混合机配料→冷却混合机冷却→挤出机挤出丝状物→丝状物冷却定型→卷取待用。

② 底层。离型纸→涂 PVC 糊料（发泡料）→凝胶、发泡→涂 PVC 糊料（黏合料）→贴合丝状物→塑化→冷却辊冷却定型→卷取。

7. PVC 壁纸

(1) 配方　见表 4-53。

表 4-53　PVC 壁纸配方

组分	用量/份	组分	用量/份
PVC 糊树脂	100	色料	适量
增塑剂	70～75	降黏剂	适量
钛白粉	10	填料	20～30
AC 发泡剂	3～5	氧化锌	1.0～1.5
稳定剂	2～3		

(2) 制备方法　壁纸的生产工艺流程为：纸基放卷→涂刮 PVC 糊料→塑化发泡→印花→压花→卷取→检验入库。

8. PVC 篷布革

（1）配方　见表 4-54。

表 4-54　PVC 篷布革配方

组分	用量/份	组分	用量/份
PVC 糊树脂	100	磷酸三甲苯酯	5～10
增塑剂	60	二碱式亚磷酸铅	1
氯化石蜡	8	填料	20～30
三氧化二锑	3	氧化锌	1.0～1.5
稳定剂	2～3		

增塑剂应选用低挥发、耐寒、耐热的品种，总量在 60 份左右。

（2）制备方法　篷布革是以布基为中间增强层，双面涂覆 PVC 糊料制成的。织物可以采用全棉、涤纶、涤棉、尼龙等。若采用尼龙、涤纶为布基，因其与 PVC 的相容性很差，需先对布基进行处理（预涂底胶）。

双面涂覆篷布革的工艺流程为：基布处理→二辊辊涂→塑化→冷却→卷取。

双面涂覆是在二辊辊涂机上进行的，涂层的厚度取决于二辊的间距、PVC 糊料的黏度以及辊筒与布基的相对速度。

9. PVC 手套

（1）配方　见表 4-55。

表 4-55　PVC 手套配方

组分	用量/份	组分	用量/份
PVC 糊树脂	100	稳定剂	2～3
增塑剂	60～80	色料	0～2

PVC 糊树脂须采用手套专用料，增塑剂应采用无毒、低温柔顺性好的品种（或者几种增塑剂复合使用），稳定剂应采用液体、无毒的品种。

（2）制备方法　PVC 糊树脂手套的生产方法为蘸浸成型，其与搪塑成型相似，不同的是模具为阳模。蘸浸成型生产工艺如下。

① 将配制好的糊料经真空脱泡后，注入专用的大的容器中。

② 将成型的模具加热至 150℃左右后浸入盛糊料的容器中，20～40s 后取出模具送入 160～170℃的烘箱中烘干塑化（热风循环）。

③ 通过水冷却定型后脱模取出制品。

④ 制品经吹气检验合格后包装入箱。

第二节　聚氯乙烯管材

一、经典配方

具体配方实例如下[1～4]。

1. 硬质 PVC（UPVC）管材

单位：质量份

原材料	用量	原材料	用量
PVC 树脂	100	填充剂	10～20
稳定剂	4.6～5	着色剂	适量
润滑剂	0.6～1	其他助剂	适量

说明：硬质PVC管材是在聚氯乙烯树脂加入专用助剂，经混合、造粒、挤出成型的。主要用于民用住宅中，作为室内外排污管道。它具有质量轻、外形美观、内壁光滑、阻力小、安装简便、密封可靠、耐腐蚀、耐用等特点。

2. 超白PVC硬管

单位：质量份

原材料	配方1	配方2
PVC	100	100
复合稳定剂	4.0	
轻质碳酸钙	8.0	8.0
聚乙烯蜡	0.2	0.4
硬脂酸丁酯	2.0	2.0
硬脂酸	0.4	0.4
钛白粉(TiO_2)	3.0	3.0
增白剂	适量	适量
三碱式硫酸铅	—	2.0
硬脂酸铅($PbSt_2$)	—	2.0
其他助剂	适量	适量

说明：主要用作抗静电、耐热、耐化学药品、润滑性好的硬质管材。

3. 硬质PVC排水管

配方1

单位：质量份

原材料	用量	原材料	用量
PVC树脂($\overline{DP}$=1300)	100	硬脂酸丁酯	0.5
CPE(含氯33%)	3	润滑剂(Hiwax 220P)	0.5
MBS树脂	4	其他助剂	适量
有机锡(TVS 8831)	1		

配方2

单位：质量份

原材料	用量	原材料	用量
PVC树脂	100	硬脂酸锌($ZnSt_2$)	0.3
邻苯二甲酸二辛酯(DOP)	10	氢化滑石	1.0
环氧大豆油(ESO)	2	其他助剂	适量

配方3

单位：质量份

原材料	用量	原材料	用量
PVC树脂	100	乙酸铜	0.01
硬脂酸钙	0.3	Fe_2O_3	1
硬脂酸锌	0.7	氢化滑石	1
马来酸二丁基锡	0.1	其他助剂	适量

说明：所得管材内径20mm，壁厚3mm，其表面粗糙度2μm，拉伸强度53MPa，10kg落球半数破损的冲击高度为230cm。主要用于给水管的制备，还可用于与食品接触制品的制备。

4. 硬质 PVC 管材

单位：质量份

原材料	配方 1	配方 2
PVC	100	100
ACR	6	6
CPE	6	6
复合稳定剂	6	6
硬脂酸(HSt)	2	—
石蜡(Wax)	2	2
钛白粉(TiO_2)	2	2
轻质 $CaCO_3$	—	40
其他助剂	适量	适量

说明：由配方 1 制备的硬质 PVC 管材有极好的韧性和硬度，用很大的力量使之弯曲而不发生任何裂纹和碎裂，即使用脚踏，也不会裂开。由配方 2 制备的 UPVC 钙塑管材的质地坚硬，有极好的硬度、强度和耐压性，但是冲击强度较配方 1 差，管材端处易用脚踩碎。适宜于作埋在地下的需要高强度、高冲击韧性的自来水供水管道和城市污水的排水管道。

5. 硬质 PVC 给水管材

单位：质量份

原材料	用量	原材料	用量
PVC	100	改性剂	3～5
稳定剂	3～6	其他助剂	适量
润滑剂	1～2		

说明：主要用作自来水管和冷水管，不能用于热水管。

6. 硬质 PVC 管件

(1) 白色硬质 PVC 管件配方

单位：质量份

原材料	用量	原材料	用量
PVC(SG-7)	100	有机锡(T-133)	2.0
ACR	2.0	CPE	6～8
$CaSt_2$	0.5	$CaCO_3$	5.0
外润滑剂(ZB-10)	1.4	TiO_2	1.0
外润滑剂(ZB-74)	0.6	氧化石蜡(OPE)	0.2

(2) 硬质 PVC 排水管件配方

单位：质量份

原材料	用量	原材料	用量
PVC(SG-7)	100	C-102	1.0～1.5
三碱式硫酸铅	4～5	CPE	6～8
ACR	3～4	炭黑(CB)	适量
金属皂盐	2.0～3.5	其他助剂	适量

说明：该配方设计合理，工艺简便，生产成本低，效率高，制品质量满足使用要求和技术标准要求，且便于安装。主要用于民用建筑、化学工业、自来水工程和农田灌溉。

7. 类苯乙烯改性硬质 PVC 管材

单位：质量份

原材料	用量	原材料	用量
PVC(SG-5)	100	LC类苯乙烯流变改性剂(2^#^,4^#^配方用)	0～5
三碱式硫酸铅	4～5	CPE(3^#^、4^#^配方用)	0～8
二碱式硫酸铅	1～2	润滑剂	1～2
硬脂酸铅($PbSt_2$)	0.6～1	$CaCO_3$	10～50
硬脂酸钡($BaSt_2$)	1.0～1.8	颜料	适量
ACR-401(1^#^,3^#^配方用)	0～5	其他助剂	适量

说明：由于采用类苯乙烯改性，管材耐寒性和耐低温冲击性能明显提高，可在寒带广泛应用。

8. 铅盐与有机锡稳定剂改性硬质 PVC 管材

① 铅盐配方

单位：质量份

原材料	用量	原材料	用量
PVC(SG-5)	100	硬脂酸	0.2～0.3
三碱式硫酸铅	1.0～1.2	石蜡	0.1～0.2
二碱式硬脂酸铅	0.8～1.0	钛白粉	1.0～1.5
硬脂酸铅	0.4～0.6	轻质碳酸钙	2.0～4.0
硬脂酸钙	0.4～0.6	其他助剂	适量

② 有机锡配方

单位：质量份

原材料	用量	原材料	用量
PVC(SG-5)	100	氧化聚乙烯蜡	0.1～0.2
T-175	0.5～0.7	钛白粉	1.0～1.5
硬脂酸钙	0.6～0.8	轻质碳酸钙	2.0～4.0
石蜡	1.0～1.2	其他助剂	适量

说明：主要用于建筑排水、通信电缆护套、农田排灌及城乡自来水等工程中。

9. UPVC 供水管材

单位：质量份

原材料	用量	原材料	用量
PVC	100	CZ-601A	3.5
$CaCO_3$	12	其他助剂	适量
ABS	5		

10. 硬质 PVC 排水管材与管件

配方 1

单位：质量份

原材料	用量	原材料	用量
PVC(SG-5)	100	$CaCO_3$	10～15
三碱式硫酸铅	4.0	润滑剂	1.0
二碱式硫酸铅	2.5	CPE	5.0
硬脂酸钡	1.0	钛白粉	2.0

配方 2

单位：质量份

原材料	用量	原材料	用量
PVC(SG-7)	100	润滑剂	1.0
三碱式硫酸铅	3.0	ACR	4.0
二碱式硫酸铅	2.0	钛白粉	2.0
硬脂酸铅	1.0	其他助剂	适量
$CaCO_3$	5～10		

11. 无毒 PVC 供水管材

单位：质量份

原材料	用量	原材料	用量
PVC(SG-5,卫生级)	100	石蜡	0.4
三碱式硫酸铅	0.8～1	$CaCO_3$	5
硬脂酸铅	0.3～0.4	TiO_2	1
硬脂酸	0.3～0.4	其他助剂	适量

说明：该管材具有质量轻，价格便宜，不结垢，施工安装方便等特点。在城镇自来水供给管道中，采用 PVC 塑料管，可提高施工效率 30%～50%，供水节能 50%左右，施工与管材运输节能约 80%。

12. 硬质 PVC 给水管（一）

单位：质量份

原材料	用量	原材料	用量
PVC(卫生级)	100	京锡 4432	0.8～1
无毒 Ca/Zn 复合稳定剂	1～3	$CaCO_3$	8
$CaSt_2$	2～4	石蜡	1～1.5
京锡 8831	2～3	其他助剂	适量

说明：UPVC 管材价格低，与镀锌管相当；管材规格范围广，可生产 ϕ6～630mm 的各类管材；配套管件价格也比较低。但其缺点为耐热温度低，只适用于冷水的输送；另外，其耐压强度低，不适用于高层建筑的供水。

13. 硬质 PVC 给水管（二）

配方 1

单位：质量份

原材料	用量	原材料	用量
PVC(5 型)	75	外润滑剂	0.3
PVC(3 型)	25	加工改性剂	2.5
复合稳定剂	3.0	填料	1.0
内润滑剂	0.2	其他助剂	适量

说明：5 型、3 型 PVC 树脂粉混用，塑化难以均匀，低温加工表面毛糙，高温加工料流紊乱，表面起皱。

配方 2

单位：质量份

原材料	用量	原材料	用量
PVC	100	填料	1.0
复合稳定剂	3	增塑剂	1.25
内润滑剂	0.4	其他助剂	适量

说明：配方中含有增塑剂，相对来说低温加工较为稳定。

配方 3

单位：质量份

原材料	用量	原材料	用量
PVC	100	填料	3.0
复合稳定剂	3.0		
内润滑剂	0.6	加工助剂	3.0
外润滑剂	0.2	其他助剂	适量

说明：配方中不含增塑剂，增加了加工改性剂和润滑剂用量，工艺范围广，容易控制。

14. 新型硬质 PVC 管材

单位：质量份

原材料	配方 1	配方 2	配方 3
PVC 树脂	100.0	100.0	100.0
三碱式硫酸铅	0.8	0.9	2.5
二碱式亚磷酸铅	0.6	0.7	1.5
硬脂酸铅	0.3	0.4	0.4
硬脂酸钙	0.2	—	—
硬脂酸钡	—	0.3	0.3
硬脂酸	0.2	0.6	0.4
石蜡	0.2	0.5	0.3
PE 蜡	—	0.2	0.1
轻质碳酸钙	1.0	30.0	20.0
炭黑	适量	0.012	0.01
其他助剂	适量	适量	适量

说明：配方 1 适合于设备大修后或原料更换时试生产用，或调整配方时的原始配方。配方 2 是用疏松型 4 号（相当于 SG5）PVC 树脂时的参考配方。配方 3 是用紧密型 4 号（XJ-4）PVC 树脂生产 ϕ110mm×2.2mm 硬质 PVC 管材的，质量符合 DIN8062 标准要求。但使用 XJ-4 型 PVC 树脂时，工艺难掌握，产量减少，同时配方中稳定剂用量要增大，而填充剂不能多加。

15. 氯化聚氯乙烯（CPVC）耐热管材

单位：质量份

原材料	用量	原材料	用量
CPVC	100	ABS(耐热型)	20
硫醇锑(ST-103)	1.5	环氧大豆油	2.0
复合钙锌稳定剂(S-501)	0.8	其他助剂	适量
亚磷酸酯(TPP)	1.0		

说明：CPVC 管材的耐热性大于 105℃，可满足输送热水等一般液体介质的要求。

16. 氯化聚氯乙烯管材和管件

单位：质量份

原材料	配方 1	配方 2
CPVC 树脂	100	100
抗冲击改性剂	7～8	7～8
有机锡	1	1
润滑剂	3	2.5～3.0
加工助剂	2～3	2～3
填充剂	5	3
钛白粉	2	2
其他助剂	适量	适量

说明：配方 1 的维卡软化温度≥110℃；配方 2 的维卡软化温度≥103℃。因此，在典型的 CPVC 管材挤出工艺中，各区温度可控制如下。

机筒温度：1 区 190℃，2 区 175℃，3 区 175℃，4 区 170℃，5 区 170℃。

机颈温度：170℃。

模具温度：1 区 175℃，2 区 180℃，3 区 180℃。

熔体温度：205～230℃。

在典型的管件注塑工艺中（其中热稳定剂为有机锡），各区的温度可控制如下。

机筒温度：1 区 170℃，2 区 180℃，3 区 190℃，4 区 195℃。

喷嘴温度：185℃。

喷嘴处熔体温度：230℃。

由于 CPVC 的耐高温性及化学稳定性，用 CPVC 制造的管材、管件及阀门等，被广泛用于化工行业，尤其是在氯碱离子膜行业，用于输送高温的酸、碱液体。

17. 煤矿用 PVC 抗静电管材

单位：质量份

原材料	用量	原材料	用量
PVC	100	复合稳定剂	5.5
CPE	12	润滑剂	适量
ACR	2	加工助剂	适量
特导电炭黑	15	其他助剂	适量

说明：拉伸强度 35.3MPa；缺口冲击强度 8.7kJ/m^2；硬度 90；表面电阻 $6.4\times10^5\Omega$；燃烧性（炽热棒法）为没有可见火焰，结碳。

18. 煤矿用 PVC 管接件

单位：质量份

原材料	用量	原材料	用量
PVC	100	Sb_2O_3	4
TCP	8	$CaCO_3$	10
MBS	18	稳定剂	3
SH-105	6	其他助剂	2

说明：表面电阻$<5\times10^7\Omega$；有焰燃烧时间 0.8s；无焰燃烧时间 0.25s；拉伸强度>36MPa；断裂伸长率>48%；缺口冲击强度>32.5kJ/m^2。

19. PVC 双壁波纹管（一）

单位：质量份

原材料	清洗料	生产料
PVC 树脂	100	100
复合稳定剂	15	6
CPE-135A	—	7
ACR	—	4
碳酸钙	20	8
硬脂酸	1.2	0.5
石蜡	1.2	0.4
颜料	适量	适量
其他助剂	适量	适量

说明：该产品节省原料，耐压性能极高，柔软性良好，冲击强度大，内壁光滑且施工方便。广泛用于农田水利灌溉、通信建设等领域。

20. PVC双壁波纹管（二）

单位：质量份

原材料	清洗料	生产料
PVC树脂	100	100
三碱式硫酸铅	8	6
二碱式亚磷酸铅	2	1
$PbSt_2$	1	1
$CaSt_2$	1	1
MBS	—	8
CPE-135A	—	12
碳酸钙	8	4
硬脂酸	1	0.6
石蜡	2	1
颜料	0.2(炭黑)	1(钛白粉)
聚乙烯蜡	1	0.5
其他助剂	适量	适量

说明：清洗料与生产料交替时必须严格控制温度。启动开车时，内层料温较低，出料较慢，外层出料较快，应注意边挤出，边加温芯模，严格控制外层出料不能过快。若内层出料很快，外层较慢，则停止加热芯模，并向芯模内通冷却水，对外模加热，保持温度在160～170℃。

21. 硬质PVC双壁波纹管

单位：质量份

原材料	用量	原材料	用量
PVC	100	$PbSt_2$	0.5～1.0
三碱式硫酸铅	6	HSt	0.2～0.4
CPE	8	石蜡	0.2～0.3
ACR	2.5～3.5	$CaCO_3$	8～10
TiO_2	1.0	其他助剂	适量
$CaSt_2$	0.5～1.0		

说明：主要用于农田灌溉、电缆护套等。

22. 废塑料螺旋管

单位：质量份

原材料	配方1	配方2	配方3	配方4
PVC(SG-3)	100	100	100(SG5型)	100
DOP	24	25	—	—
DBP	24	16	—	—
DOS		12	—	—
DLS		1.5	—	1.0
TLS		3.0	3.0	2.0
NBR	6	—	—	—

续表

原材料	配方 1	配方 2	配方 3	配方 4
$BaSt_2$	0.5	0.5	0.3	1.2
$CaSt_2$	1.0	1.0	—	0.8
石蜡	0.8	—	0.7	0.7
TiO_2	—	0.5	—	—
$CaCO_3$	—	—	8.0	16
炭黑	—	—	—	—
回收料	28	16	20	40
$PbSt_2$	—	—	1.0	—
颜料	—	—	适量	适量
ACR	—	—	—	4.0
其他助剂	适量	适量	适量	适量

说明：此管力学性能和化学性能良好，成本低，竞争力强。可用于上下水管道、农田灌溉、电线电缆保护套管等。

23. PVC 胶管

单位：质量份

原材料	用量	原材料	用量
PVC(K=70)	100	三碱式硫酸铅	2～3.6
丁腈橡胶	20～50	二碱式硬脂酸铅	0.5～0.9
DOP	90	其他助剂	适量
$CaCO_3$	0～20		

说明：此管材力学性能良好，耐腐蚀、质轻高强、成本低、工艺性能良好。可用于输水输油管材，也可作为电线电缆绝缘套管等。

24. PVC 挤出管材

(1) 原材料及配方

单位：质量份

原材料	用量	原材料	用量
PVC($\overline{DP}$=1050)	100	硬脂酸铅	1.4～1.8
Elaslen 351A(CPE)	6	硬脂酸钙	0.2
三碱式硫酸铅	0.8	钛白粉	0.4
二碱式硬脂酸铅	0.4	其他助剂	适量

(2) 性能　拉伸强度 49.0MPa，伸长率 152%，冲击强度（20℃）25.5kJ/m^2，热变形温度 83℃。可用于上下水管道、农田灌溉和电线电缆护套管等。

25. PVC/CPVC 混合改性热收缩管

单位：质量份

原材料	用量	原材料	用量
PVC($\overline{DP}$=1300)	70	三碱式硫酸铅	3
CPVC 树脂	30	硬脂酸	0.3
聚四氟乙烯粉末	5	陶土	10
DOP	45	硬脂酸钙	0.7
二碱式硬脂酸铅	0.8	轻质 $CaCO_3$	15
硬脂酸铅	0.5	其他助剂	适量

说明：该热收缩管是一种热收缩性能得到改善的 PVC 管。它是将 PVC 树脂和 CPVC 树脂

混合，同时加入聚四氟乙烯粉末及相应助剂制得的热收缩管。该管难燃、柔软、热收缩率高、电线接头紧密美观，而且在高温下不会破裂。可广泛用于绝缘电线接头处的密合与绝缘。

26. 红泥填充PVC电线硬管

单位：质量份

原材料	用量	原材料	用量
PVC(SG-5、SG-6)	100	加工助剂ACR	1.0～2.0
铅系稳定剂	6	CPE(含氯36%)	5～7
金属皂类稳定剂	2	其他助剂	适量
润滑剂	1		

说明：表面电阻＞500MΩ；耐电压性（400V，1min）：不击穿；维卡软化点≥75℃。为更好地体现出红泥塑料制品耐老化性、耐气候性的优良特性，还可用于开发研制红泥塑料雨水管、波纹板、农田灌溉用引水管等用于户外的管材、板材制品。

27. PVC燃油管

单位：质量份

原材料	用量	原材料	用量
PVC($\overline{DP}$=1300)	100	CPE	15
聚酯增塑剂	28	稳定剂	2
偏苯三酸三辛酯	10	润滑剂	1.5
DOP	5	其他助剂	适量
DOS	8		

说明：在达到规定的硬度时，油管的拉伸强度及断裂伸长率都较高（普通聚氯乙烯软管在相同的硬度时，拉伸强度最高在17～18MPa，断裂伸长率≤250%）；该油管耐寒性能好（普通聚氯乙烯软管在－40℃下24h时，表面有裂纹）、耐有机溶剂性好（普通聚氯乙烯软管中的低分子增塑剂易被有机溶剂抽出，使制品变硬，失去弹性）。该油管不仅可与桑塔纳轿车配套，还可与其他轿车、客车、货车、摩托车等各种车辆配套。因此，该产品的应用前景非常广阔。另外，对上述配方作适当调整，也可生产出强度高、弹性好、具有低温柔软性、耐高温、耐有机溶剂及油类的密封圈、密封垫、密封条等各种弹性密封材料。

28. 半硬质聚氯乙烯管

单位：质量份

原材料	用量	原材料	用量
PVC($\overline{DP}$=1000～1300)	100	$PbSt_2$	1.2
DOP	20	$BaSt_2$	0.6
DBP	10	石蜡	0.5
三碱式硫酸铅	2	其他助剂	适量
二碱式亚磷酸铅	2		

说明：可用于工业、农业、建筑、环保等行业，适合对各种液体、腐蚀性液体的输送，使用温度－20～50℃。

29. 双机共挤芯层发泡PVC管材

单位：质量份

原材料	用量	原材料	用量
PVC	100	TiO_2	2～4
稳定剂	5～10	$CaCO_3$	10
改性剂	5～10	发泡剂	0.1～0.4
石蜡	0.5	其他助剂	适量
HSt	0.5		

说明： 芯层发泡管材主要应用于民用建筑排水、工业防护、输送液体及农业排灌等场合，它是普通硬质 PVC 单壁管材的替代产品。

30. PVC 发泡管材

单位：质量份

原材料	皮层	芯层
PVC	100(SG4,SG5)	100(SG6,SG7)
稳定剂	4.5～5.5	4.5～5.5
改性剂	2～3	2～3
润滑剂	1～1.5	1～1.5
发泡剂	—	0.5
填充剂	15～25	5～8
废料	视外观要求而定	10～100
其他助剂	适量	适量

说明： PVC 发泡管的一个突出特点是质轻，管材密度约 0.9～1.1g/cm^3（芯层密度约为 0.7～0.9g/cm^3），由于芯层加入大量回收料仍能保持漂亮的外观，所以成本低。在生产发泡的非标准管时（特别是同一规格不同厚度的管材）非常方便。

31. PVC 硬管

单位：质量份

原材料	通用型	高冲击型	导热型	耐酸型
PVC	100	100	100	100
三碱式硫酸铅	4.0	4.5	4.5	4.0
硬脂酸铅	0.5	0.7	2.0	0.5
硬脂酸钡	1.2	0.7	1.0	1.2
硬脂酸钙	0.8	—	—	0.8
石蜡	0.8	0.7	2.0	0.5
硫酸钡	10	—	—	—
石墨粉	—	—	115	—
烷基磺酸苯酯	—	—	9	—
ABS	—	10	—	—
其他助剂	适量	适量	适量	适量

说明： 该配方设计适用性强，制造工艺简便可靠，制品质量优良，已广泛应用。

32. PVC 钙管材

单位：质量份

原材料	配方 1	配方 2
PVC	100	100
氯化聚乙烯	2.0～3.0	5.0～10
增塑剂	4.0～5.0	—
$CaCO_3$(轻质)	30～40	30
二碱式硫酸铅	5.0～10	6.0
硬脂酸钡	1.0	1.5
硬脂酸铅	1.0	0.8
石蜡	0.5	0.8
其他助剂	适量	适量

说明：该配方设计合理，工艺性能良好，制品满足技术要求，建议推广应用。

33. PVC 波纹管材

单位：质量份

原材料	配方 1	配方 2	配方 3
PVC	100	100	100
复合型稳定剂	4.0～5.0	—	—
三碱式硫酸铅	—	2.0	2.0
二碱式亚磷酸铅	—	1.5	1.5
硬脂酸铅	—	1.0	1.5
硬脂酸钡	—	0.8	1.0
CPE/EVA	—	7.0	—
α-甲基苯乙烯	—	3.0	—
丙烯酸酯共聚物	—	—	2.0
硬脂酸	1.0	—	1.5
$CaCO_3$	5.0	10	3.0
着色剂	0.5	0.5	0.8
其他助剂	适量	适量	适量

说明：此配方设计合理，制造工艺简便，生产成本低，效率高，制品可满足使用要求。

34. PVC 低发泡管材

单位：质量份

原材料	配方 1	配方 2
PVC	100	100
铅盐与钙锌稳定剂	4.0～5.0	4.0～5.0
硬脂酸钡	1.0	1.6
硬脂酸铅	1.0	0.8
硬脂酸	—	0.5
轻质 $CaCO_3$	5～10	10～20
偶氮二甲酰胺	3.0	2～4.0
增韧剂	6～8	10
颜料(钛白粉)	2.5	3.0
其他助剂	适量	适量

说明：该配方设计合理，制造工艺简便可行，制品质量好，可满足技术标准要求。

35. PVC 缠绕管材

单位：质量份

原材料	用量	原材料	用量
PVC	100	硬脂酸钡	1.0
邻苯二甲酸二辛酯	3～10	石蜡	1.0
三碱式硫酸铅	1～5	加工助剂	1.5
硬脂酸铅	1.2	其他助剂	适量

说明：该配方设计合理，制造工艺简便可靠，制品质量良好，满足技术标准要求。

36. PVC弹簧管材

单位：质量份

原材料	配方1(嵌入金属)	配方2(嵌入塑料)
PVC	10	100
邻苯二甲酸二辛酯	10	25
邻苯二甲酸二丁酯	5.0	10
癸二酸二辛酯	—	15
三碱式硫酸铅	3.0	4.0
二碱式亚磷酸铅	1.5	3.0
硬脂酸钡	1.2	0.5
硬脂酸铅	1.5	—
钛白粉	—	0.4
其他助剂	适量	适量

说明：该配方设计合理，工艺简便可靠，制品质量满足使用要求。

37. 氯化PVC管材

单位：质量份

原材料	通用型	导热导电型
氯化PVC	100	100
三碱式硫酸铅	4～5	2～4
二碱式亚磷酸铅	—	3～4
硬脂酸铅	1～1.5	1.0
硬脂酸钡	1～1.5	—
钙-锌复合稳定剂	—	3.0
石蜡	1.0	—
OP蜡	—	0.5
碳酸钙	5.0	—
ABS	—	5～10
丙烯酸酯类加工助剂	—	1～3
石墨粉	—	30～50
偶联剂(钛酸酯)	—	0.5
炭黑	适量	—

说明：该配方设计精细合理，制备工艺简便可靠，生产效率较高，制品性能优良，已得到广泛应用。

38. 国外PVC管材配方系列

单位：质量份

原材料	无毒型	大口径型	耐压型	抗冲击型
PVC(P1100)	100	75	100	100
PVC(P800)	—	25	—	—
硫代甘醇酸异辛酯二甲基锡	0.5	—	0.5	—
硫代甘醇酸异辛酯二正辛基锡	—	1.5	—	—
MBS	—	—	—	10～15
二碱式硬脂酸铅	—	—	—	0.5～1.0
硬脂酸铅	—	—	—	1.0～1.5
三碱式硫酸铅	—	—	—	2.0～3.0

续表

原材料	无毒型	大口径型	耐压型	抗冲击型
硬脂酸钙	1.0～1.5	2.0	0.8	0.5～0.8
碳酸钙	1.0～3.0	—	1.0	—
钛白粉	1.0	—	1.0	—
褐煤酸蜡(OP 蜡)	1.0	0.3	—	—
硬脂酸	—	—	—	0.5～0.8
聚乙烯蜡	—	0.5	—	—
精蜡	—	0.5	1.0	—
氧化聚乙烯蜡	—	—	0.15	—
丙烯酸酯加工改性剂	—	2.0	—	—
其他助剂	适量	适量	适量	适量

说明：上述配方设计合理，工艺性能良好，成本较低，制品质量满足使用要求，已广泛应用。

39. PVC 电器软套管

单位：质量份

原材料	配方 1	配方 2
PVC	100	100
邻苯二甲酸二辛酯	16	42
邻苯二甲酸二丁酯	16	—
烷基磺酸苯酯	13	—
癸二酸二辛酯	5.0	—
三碱式硫酸铅	3.0	3.5
硬脂酸钡	1.5	1.5
其他助剂	适量	适量

40. 液体输送用 PVC 软管

单位：质量份

原材料	通用型	耐酸型
PVC	100	100
邻苯二甲酸二辛酯	15	10
邻苯二甲酸二丁酯	15	37
烷基磺酸苯酯	15	—
环氧硬脂酸辛酯	7.0	—
硬脂酸钡	1.8	1.0
硬脂酸铅	—	1.0
硬脂酸镉	0.6	—
硬脂酸	—	0.3
亚磷酸三苯酯	0.3	—
陶土	—	10
其他助剂	适量	适量

41. PVC耐油软管

单位：质量份

原材料	配方1	配方2
PVC	100	100
磷酸三甲苯酯	40	40
邻苯二甲酸二辛酯	—	10
己二酸二辛酯	10	—
硬脂酸铅	2.0	2.0
硬脂酸钡	1.0	1.0
硬脂酸	0.3	0.3
丁腈橡胶	—	40
其他助剂	适量	适量

42. PVC无毒软管

单位：质量份

原材料	用量	原材料	用量
PVC	100	二月桂酸二正辛基锡	2.0
邻苯二甲酸二正辛酯	45	钙-锌复合稳定剂	1.0
环氧大豆油	5.0	其他助剂	适量

43. PVC耐高温软管

单位：质量份

原材料	配方1	配方2
PVC	100	100
邻苯二甲酸二辛酯	30	10
邻苯二甲酸二异癸酯	10	—
聚己二酸丙二醇酯	8.0	—
磷酸二甲苯酯	—	40
丁腈橡胶	—	40
硬脂酸钡	1.5	—
硬脂酸铅	1.0	2.0
硬脂酸	—	0.3
其他助剂	适量	适量

44. 织物增强PVC软管

单位：质量份

原材料	配方1	配方2
PVC	100	100
邻苯二甲酸二辛酯	50	50
邻苯二甲酸二丁酯	30	50
癸二酸二辛酯	—	15
环氧脂肪酸辛酯	5.0	—
三碱式硫酸铅	1.0	1.5
二碱式磷酸铅	0.5	1.2
硬脂酸钡	0.75	2.5
硬脂酸镉	0.75	—
硬脂酸铅	—	1.5
亚磷酸三苯酯	0.5	—
硬脂酸	—	0.3
石蜡	0.3	—
碳酸钙	—	5.0
着色剂	适量	适量
其他助剂	适量	适量

45. PVC 软夹网管

单位：质量份

原材料	用量	原材料	用量
PVC	100	硬脂酸镉	0.7
邻苯二甲酸二辛酯	28	石蜡	0.2
邻苯二甲酸二丁酯	22	加工改性剂	1.0
硬脂酸钡	1.0	其他助剂	适量

46. PVC 管件

单位：质量份

原材料	用量	原材料	用量
PVC	100	硬脂酸钡	1.5
邻苯二甲酸二辛酯	4.0	硬脂酸钙	1.0
环氧大豆油	3.0	石蜡	0.5～1.0
三碱式硫酸铅	5.0	加工助剂	1.0
钛白粉	10	其他助剂	适量

47. PVC 管接头

单位：质量份

原材料	用量	原材料	用量
PVC	100	硬脂酸	0.1
环氧大豆油	3.0	褐煤酯蜡	0.2
马来酸单丁酯二丁基锡	2.5	硬脂醇	1.0
月桂酸二丁基锡复合物	1.0	加工助剂	1.5
硬脂酸正丁酯	0.1	其他助剂	适量

二、聚氯乙烯管材配方与制备工艺

（一）双轴取向 PVC 管材

1. 配方[40]

单位：质量份

原材料	用量	原材料	用量
PVC	100	复合润滑剂	0.5
ACR 抗冲改性剂	12	ACR 加工助剂	2.5
纳米 $CaCO_3$(60～100nm)	6.0	硬脂酸钙	1.0
有机锡热稳定剂	2.5	其他助剂	适量

2. 制备方法

PVC 树脂及助剂经过高速混合机热混至 100℃出料，冷混至 40℃以下，加入单螺杆挤出机进行造粒，螺杆为通用型螺杆，转速 30～40r/min。6 段温度从加料口到机头分别是：165℃、173℃、176℃、176℃、177℃、177℃；得到的粒料经过注射机注射成标准拉伸样条及冲击样条，注射机料筒温度在 165～175℃之间，由于注射时剪切生热以及防止温度过高导致 PVC 分解，注射机采用了 PVC 加工专用料筒、螺杆以及喷嘴。将标准样条进行测试。

3. 性能

见表 4-56。

表 4-56 SG-3 型 PVC 树脂配比情况与测试结果

编号	SG-5/SG-3	175℃平衡转矩/N·m	175℃热稳定时间/s	175℃塑化时间/s	185℃平衡转矩/N·m	185℃热稳定时间/s	185℃塑化时间/s
0	100/0	35	>600	90	25	500	88.6
1	80/20	37	>600	130	27.5	510	102.4
2	60/40	39	>600	258	32.5	512	128

(二)硬质 PVC 管材与 PVC-M 管材

1. 配方

见表 4-57[41,46]。

表 4-57 PVC-M、PVC-U 管材配方　　单位：质量份

PVC-M 配方		PVC-U 配方	
原材料	用量	原材料	用量
PVC SG-5(食品级)	200	PVC SG-5(食品级)	200
无毒 Ca/Zn 复合稳定剂	5.9	无毒 Ca/Zn 复合稳定剂	5.9
轻质 $CaCO_3$	22	轻质 $CaCO_3$	22
润滑剂	0.25	润滑剂	0.25
颜料	0.2	颜料	0.25
抗冲加工助剂 HL-ACM-M	15	加工助剂	5
其他助剂	适量	其他助剂	适量

2. 制备方法

(1) 混料工艺　混合工艺要点：将 ACM5 份直接添加到 PVC 配方体系中进行物料混合，当温度达到80～90℃时最后加入润滑剂，过早投入会造成润滑剂包覆 PVC 树脂表面形成薄膜，从而阻碍了与抗冲加工改性剂 ACM 的作用，影响整体混合质量。高速混合机料温控制在 120℃时间为 10～12min，冷混温度控制在 45℃以下进行放料。

(2) 挤出成型加工工艺　PVC-M 管材采用 PVC-U 管材生产线，利用双螺杆挤出机进行管材挤出，只是条件控制方面要比 PVC-U 严格。

3. 性能

添加 ACM 树脂的 PVC 管材与原配方的 PVC 管材的对比试验测试结果见表 4-58。

表 4-58 两种配方制品的性能检测

检验项目	标准值	实验结果	
		添加 ACM 树脂 125×3.1-0.8	原配方 125×3.1-0.63
密度/(kg/m³)	1350～1460	1441	1439
维卡软化温度/℃	≥80	84	83
落锤冲击试验(0℃,TIR)/%	≤5	80 破 0	80 破 1
液压试验(20℃,1h)	无破裂,无渗漏	合格	合格

高抗冲 PVC 管材将普通 PVC-U 管材韧性得到明显提高，较 PE 管材具有更高的性价比。高抗冲 PVC 管材是普通 PVC 管材的升级换代产品，该类管材值得大力推广。

(三)高光亮度 PVC 管材

1. 配方[42]

单位：质量份

原材料	用量	原材料	用量
PVC(SG-5)	100	轻质 $CaCO_3$	8.0
复合稳定剂(DP-08)	2.0	炭黑(N330)	5.0
聚乙烯蜡	0.2	加工助剂	1～2
ACR 改性剂	1.0	其他助剂	适量

2. 制备方法

按配方准确称取原料加入到高速混合机中，混合至 120℃时放料至低速混合机，温度降到 45℃时出料，用双螺杆挤出机挤出管材，机身温度 160～190℃，口模温度190～200℃。

(四) 硬质 PVC 给水管材

1. 配方[43]

单位：质量份

原材料	用量	原材料	用量
PVC(SG-5)	100	$CaCO_3$(800～1200 目)	10
有机锡稳定剂	2.5	加工助剂	1～2
复合润滑剂	0.5	其他助剂	适量

2. 制备方法

将原料加入高速混料机中混合，获得干混料，将其加入锥形双螺杆挤出机挤出管材，经定径切割获得试样。管材的规格为 $\phi 110\times2.7$ 和 $\phi 90\times2.8$（公称压力均为 0.63MPa）。

3. 性能

见图 4-30～图 4-33。

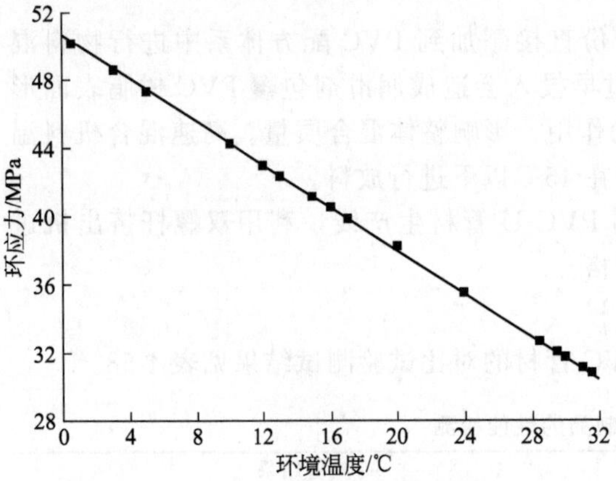

图 4-30　$\phi 90\times2.8$ 管材的静液压环应力

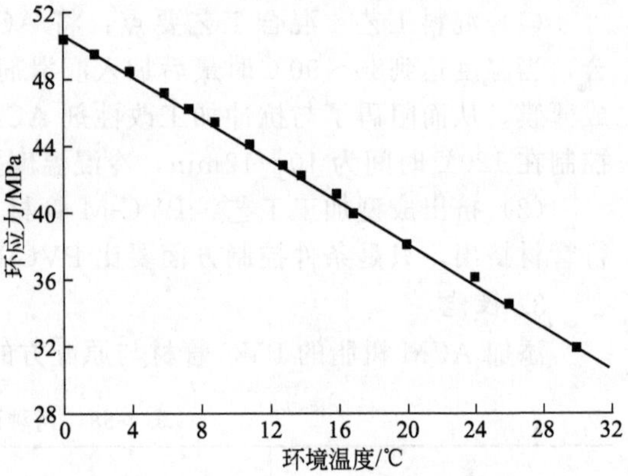

图 4-31　$\phi 110\times2.7$ 管材的静液压环应力

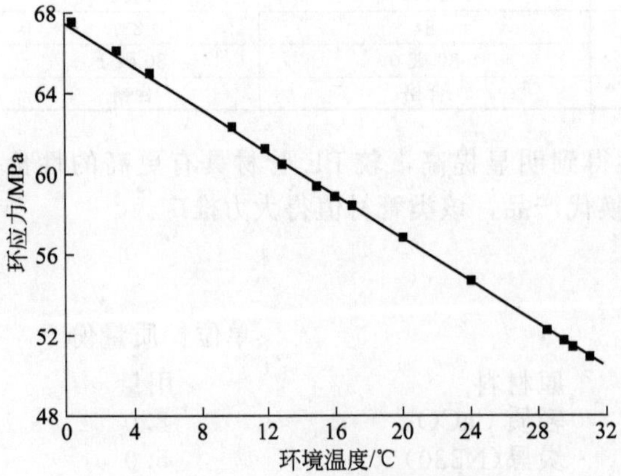

图 4-32　$\phi 90\times2.8$ 管材的爆破环应力

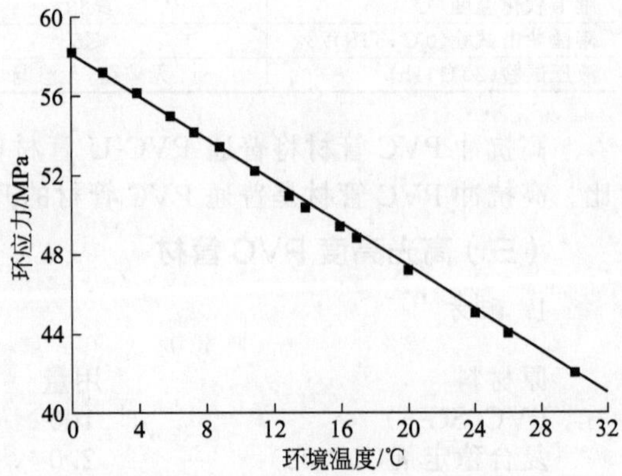

图 4-33　$\phi 110\times2.7$ 管材的爆破环应力

（五）多层复合 PVC/PE 瓦斯管材

1. 配方[44]

(1) 空心层专用料

单位：质量份

原材料	用量	原材料	用量
PVC	100	填料	5.0
热稳定剂	2.0	加工助剂	1～2
硬脂酸锌	1.0	其他助剂	适量

(2) 加强层专用料

单位：质量份

原材料	用量	原材料	用量
PVC	100	$CaCO_3$	30
热稳定剂	2.0	加工助剂	1～2
ACR 冲击改性剂	5.0	其他助剂	适量
PE	20		

(3) 韧性层专用料

单位：质量份

原材料	用量	原材料	用量
PVC	100	炭黑	3.0
PE	40	加工助剂	1～2
CPE	30	其他助剂	适量
ACR	5.0		

2. 加工工艺

多层复合 PVC/PE 缠绕管在制造过程中需要先加工出各层材料，然后通过特定的工艺层层缠绕。

(1) 空心层　其制造工艺是先由普通挤出机挤出特定宽度的空心板材，然后通过专用缠绕机（功率 3kW 的小型缠绕机即可满足生产要求）缠绕成一定口径的管材。缠绕过程中，板材的方框与嵌槽相扣接，管壁间用专用黏合剂粘接，进而缠绕成管。

(2) 加强层　加强层是专门研制的一种硬塑料层，其刚度较大，待空心 PVC 板材缠绕成管材之后，将加强层用特殊工艺包覆缠绕在其外侧。

(3) 韧性层　其制造工艺是先用挤出机挤出一定宽度的 PE 板材，然后通过热缠绕工艺缠绕到加强层的外侧。缠绕过程中，管子边转动边向前直线运动，通过调节缠绕机的前进速度和旋转速度即可调节韧性层的包覆厚度。

3. 性能

新型多层复合 PVC/PE 缠绕管是一种专门针对煤矿瓦斯抽放工程而研制的管材，具有质量轻、强度高、抗冲击，安装运输方便等优点，是瓦斯抽放管材的理想选择。

（六）氯乙烯-丙烯酸丁酯（VC-BA）共聚物改性 PVC 清灌管材

1. 配方[45]

单位：质量份

原材料	原 PVC 管配方	改性 PVC 管配方
PVC(SG-5)	100	100
轻质 $CaCO_3$	5.0	10

续表

原材料	原 PVC 管配方	改性 PVC 管配方
热稳定剂	3.0	3.0
润滑剂	0.2	0.2
炭黑颜料	适量	适量
VC-BA 改性剂	—	10
加工助剂	1～2	1～2
其他助剂	适量	适量

2. 制备方法

按照生产工艺要求将经过精确称量的主辅料分别加入到高速混合机热混藏中，料温控制在 120℃，混料 10～12min 后排料转入冷混，冷混温度控制在 45℃，放料至储料仓。

挤出工艺控制条件见表 4-59。

表 4-59 原配方与氯乙烯-丙烯酸丁酯（VC-BA）改性配方的挤出工艺控制条件

项目	原配方	(VC-BA)改性配方	项目	原配方	(VC-BA)改性配方
主机转速/(r/min)	34.5	34.5	机身Ⅴ区/℃	175	175
喂料转速/(r/min)	44.6	46.8	机身Ⅵ区/℃	172	172
主机扭矩/%	23.2	22.8	合流芯/℃	168	168
熔融温度/℃	182	178	机头Ⅰ区/℃	170	170
熔融压力/MPa	21.8	20.6	机头Ⅱ区/℃	172	172
主机真空/MPa	−0.085	−0.085	机头Ⅲ区/℃	175	175
定径真空/MPa	0.063	0.063	机头Ⅳ区/℃	180	180
机身Ⅰ区/℃	195	195	机头Ⅴ区/℃	188	188
机身Ⅱ区/℃	190	190	口模/℃	195	195
机身Ⅲ区/℃	188	188	牵引速度/(m/min)	1.70	1.78
机身Ⅳ区/℃	175	175			

注：产品管径规格 ϕ160、壁厚 0.63mm。

3. 性能

见表 4-60。

表 4-60 两种配方生产的材料的性能测定结果

检验项目	标准值	实测结果	
		原配方	(VC-BA)改性配方
低温落锤冲击试验/次	90%不破裂	12 次冲击 11 次无破裂	12 次冲击 12 次无破裂
拉伸强度(拉伸速度 20mm/min)/MPa	≥48	49.1	49.3
爆破压力(水压)/MPa	≥3	3.1	3.5
维卡软化点/℃	≥79	80	83
扁平试验/mm	无裂纹及破碎	合格	合格
丙酮浸泡	无发毛、脱落及碎裂	合格	合格
尺寸变化率/%	轴向±4.0 径向±2.5	轴向 3.5 径向 2.2	轴向 1.6 径向 1.3

第三节　聚氯乙烯板片材与革材

一、经典配方

具体配方实例如下[1~4]。

1. 耐热耐腐蚀硬质 PVC 板材

单位：质量份

原材料	配方 1	配方 2	配方 3	配方 4	配方 5
PVC(S-1000)	100	100	100	100	100
CPE	8	10	13	15	17
复合稳定剂 C	3～6	3～6	3～6	3～6	3～6
复合润滑剂 D	0.8～1.5	0.8～1.5	0.8～1.5	0.8～1.5	0.8～1.5
经助剂处理的 MPS	40	40	40	40	40
其他助剂	0.8～1.2	0.8～1.2	0.8～1.2	0.8～1.2	0.8～1.2

2. PVC 装饰板材（一）

单位：质量份

原材料	用量	原材料	用量
PVC(SG-5)	100	$BaSt_2$	1
CPE(135A)	4	HSt	1
ACR-401	2	Wax	0.4
三碱式硫酸铅(稳定剂)	2	轻质活性 $CaCO_3$	50
二碱式亚磷酸铅(稳定剂)	3	TiO_2	2
$PbSt_2$	1	其他助剂	适量

说明：该材料具有传统的木材、钢材、铝型材等无法比拟的优点，即质轻、隔音、隔热、强度高、耐老化、耐腐蚀、色泽鲜艳、花色品种多样等。

3. PVC 装饰板材（二）

单位：质量份

原材料	用量	原材料	用量
PVC(S-1000)	100	硬脂酸铅	1.0
二碱式亚磷酸铅	2.0	活性重钙	50
硬脂酸钙	1.0	DOP	4.0
改性剂 ACR	2.0	TiO_2	2.0
氯化聚乙烯	5.0	其他助剂	适量
三碱式硫酸铅	4.0		

说明：PVC 塑料装饰板（亦称塑料扣板）与木材、墙纸、涂料等传统装饰材料相比，具有质轻、韧性好、硬度大、色泽鲜艳、光洁度高的特点，另外其花色、花型可根据需要选

择，符合耐老化、防火、阻燃的安全要求，耐化学腐蚀，防潮、防蛀且使用寿命长。可用来制作家具、地板、墙板、门窗装饰装潢材料，广泛用于居室、宾馆、楼堂馆所、会议室、商场等的室内外装饰装潢。

4. 硬质 PVC 板材

单位：质量份

原材料	配方 1	配方 2	配方 3	配方 4	配方 5
PVC	(XS-4)100	(XS-6)100	(XS-4)100	(XS-4)100	(XS-4)100
		(XS-4)100	(XJ-5)100	(XS-4)100	(XS-4)100
稳定剂/润	5.55	5.55	6.05	5.55	5.55
滑剂		5.55	6.05	5.55	5.55
环氧大豆油	1.5	1.5	1.5	1.5	1.5
		1.5	1.5	1.5	1.5
轻质 $CaCO_3$	5	5	3	5	1
		5	3	5	5
K-125ACR	1.5	1.5	2	2	2
		1.5	2	1	2
其他助剂	适量	适量	适量	适量	适量

说明：该板材具有良好的力学性能，耐腐蚀性好，表面光洁，成本低廉，工艺性好。可用作装饰板材、建筑、汽车等用板材。

5. 玻璃纤维增强 PVC 中空隔墙板条

单位：质量份

原材料	用量	原材料	用量
PVC(SG-5)	100	石粉(60 目)	15
ACR	3	复合稳定剂	6
短切玻璃纤维	15	其他助剂	适量

说明：PVC 隔墙板要控制的主要性能是抗冲击性、刚度、平直度、耐热变形温度、耐碱性、隔音性等，该产品目前尚无国家标准。该墙板的主要性能为：缺口冲击强度 $11kJ/m^2$；弯曲强度 40MPa；耐热性为 80℃，受热 2h 不变形；耐碱性为 5%碱溶液浸泡，48h 无异常。

6. 注射成型 PVC 板材

单位：质量份

原材料	用量	原材料	用量
PVC($\overline{DP}$=800)	100	硬脂酸铅	1.0
CPE(301A)	10	马来酸有机锡	1.0
三碱式硫酸铅	2.5	钛白粉	0.5
二碱式硬脂酸铅	0.5	其他助剂	适量

说明：拉伸强度 46.2MPa，伸长率 120%，冲击强度（20℃）36.4kJ/m^2，热变形温度 80℃。主要用作建筑板材、装饰板材和其他方面用板材等。

7. 压制成型 PVC 板材

单位：质量份

原材料	用量	原材料	用量
PVC($\overline{DP}$=1050)	100	硬脂酸铅	1.0
CPE(301A)	10	硬脂酸钙	0.2
三碱式硫酸铅	2.5	钛白粉	0.4
二碱式硬脂酸铅	0.5	其他助剂	适量

说明：拉伸强度 47.7MPa；伸长率 174%；冲击强度（20℃）37.6kJ/m^2；热变形温度 81℃，可用作建筑板材、装饰板材和其他板材等。

8. 印刷性良好的 PVC 片材

单位：质量份

原材料	用量	原材料	用量
PVC(TK700)	100	环氧大豆油	2
有机锡稳定剂(TVS 9981)	2	MBS(B-22)	10
高级脂肪酸润滑剂	1	甘油单硬脂酸酯	适量
PVC 糊树脂(PSH-24)	5	其他助剂	适量

说明：该片材印刷性能优良，且具有良好的抗静电性、滑爽性、抗发黏性和透明性等。适用于制造印刷商标、装潢和其他带标示的制品等。

9. 抗静电半硬质 PVC 地板

单位：质量份

原材料	用量	原材料	用量
聚氯乙烯树脂	100	氯化石蜡	10
三碱式硫酸铅	3	氧化铁红	2
二碱式亚磷酸铅	2	抗静电剂	2～14
硬脂酸钙	2	甘油	0.2～0.8
碳酸钙	200	其他助剂	适量
邻苯二甲酸二辛酯	23		

说明：主要作为建筑材料，用于计算机、电气设备等易产生静电的场合。

10. $CaCO_3$ 补强 PVC 地板砖

(1) 美国 PVC 塑料地板砖配方

单位：质量份

原材料	乙烯石棉砖	均相乙烯砖
氯乙烯-乙酸乙烯共聚树脂（乙酸乙烯含量 13%）	16	—
氯乙烯-乙酸乙烯共聚树脂（乙酸乙烯含量 5%）	—	25
DOP	5	10
环氧增塑剂	0.5	1
香豆酮-茚树脂	5	—
短纤维石棉	31	—
$CaCO_3$	39	31
滑石粉	—	30
钛白粉	3	2.5
稳定剂	0.5	0.5

(2) 日本 PVC 塑料地板砖配方

单位：质量份

原材料	用量	原材料	用量
PVC 树脂	6.5	$CaCO_3$	178.4
氯乙烯-乙酸乙烯共聚树脂	6.0	石棉	0.5
DOP 或 DBP	6.1	聚酯纤维	1.0
松香	1.0	颜料	1.0

(3) 中国 PVC 塑料地板砖配方

单位：质量份

原材料	用量	原材料	用量
氯乙烯-乙酸乙烯共聚树脂	100	邻苯二甲酸二己酯(DHP)	适量
石棉	适量	PVC 胶黏剂	17
重质 $CaCO_3$	600	其他助剂	适量

说明：此地板砖为第三代 PVC 塑料地板砖，其白度和光泽度高，表面平滑，工艺性好，成本低，制品强度略低，有待于改进。可用于宾馆、会议室、家庭居室、办公室等处的地面装饰等。

11. PVC 彩面地板砖

单位：质量份

原材料	配方 1	配方 2
PVC 树脂	100	100
轻质 $CaCO_3$	150	300
DOP	25	28
TTOPP-38S	1	1
HSt	0.75	2
$CaSt_2$	1.75	3.2
其他助剂	2.5	6.2

说明：广泛用于宾馆、饭店、商店、办公室、会议室、家庭居室等地面装饰。

12. 赤泥 PVC 地板砖

单位：质量份

原材料	用量	原材料	用量
PVC	100	润滑剂	0.5
增塑剂	4	赤泥	10～60
稳定剂	6	其他助剂	适量

说明：赤泥 PVC 地砖的耐碱性良好，价廉，生产工艺简单，具有一定的工业应用价值。可用于各种场合的地板面铺设。

13. 交联聚氯乙烯 (JPVC) 硬质消光片材

单位：质量份

原材料	用量	原材料	用量
JPVC(凝胶含量为 30%～80%)	20～80	冲击改性剂及其他	3～10
PVC(SG-5～SG-7)	80～20	填充剂	适量
稳定剂	2～3	其他助剂	适量
润滑剂	1～2		

说明：硬质消光片材扯断强度可在 $40N/mm^2$ 以上，撕裂强度为 160N/mm，光泽度在 10%左右，基本上达到进口片材的同等质量水平。在磁卡、标牌、名片、装饰材料等方面得到应用，可替代进口产品。

14. 硬质 PVC 结皮发泡板材

单位：质量份

原材料	用量	原材料	用量
PVC(S-700)	100	ACR	6
3PbO	3	MBS	5
2PbO	1.5	AC	0.6
$PbSt_2$	0.5	ZB-530	6
$ZnSt_2$	0.3	钛白粉	1.2
HSt	0.5	$NaHCO_3$	0.2
OPE	0.8	其他助剂	16

说明：硬质 PVC 结皮发泡板材与木材一样可锯、刨、钻、钉，也可粘接焊接，加工方便。具有质轻、比强度高、防腐、防潮、防虫蛀、难燃、减振隔音、保温隔热、耐老化、不易变形等特点，用途广泛。

15. PVC 自由发泡板材

单位：质量份

原材料	用量	原材料	用量
PVC	100	润滑剂	2～3
发泡剂	0.3～0.5	轻质 $CaCO_3$	5～7
发泡调节剂	4～8	环氧大豆油	1～2
稳定剂	4～6	其他助剂	适量

说明：PVC 自由发泡板具有密度小、色泽鲜艳、不褪色、不吸水、难燃、耐酸碱、绝缘、隔热、柔韧性好和易于加工等优点。

PVC 自由发泡板可用于装修和储藏室用内衬材料，有防潮作用，亦可作为铝塑板的基材，可进行丝网印刷，喷墨后应用于广告行业，还可用作天花板、地板的基材，是以塑代木的较好材料。

16. PVC 软硬共挤双层复合发泡板材

单位：质量份

原材料	软层	硬层
PVC 2500		100
PVC(SG-7)	100	
复合稳定剂	6	6
增塑剂		100
AC	0.2	0.1
ACR-530	5	
硬脂酸锌	0.2	0.2
硬脂酸		0.4
石蜡	0.2	0.2
填料	适量	适量
其他助剂	适量	适量

说明：由于聚氯乙烯具有原料易得、价格低廉、成型性能优良等优点，其制品广泛应用于建筑、装潢、农用薄膜、汽车行业、日常用品等领域。以PVC为基料，采用塑料共混改性技术、塑料发泡技术和多层复合共挤技术，生产出表层为软面热塑性弹性体、内层为硬支撑体的新型发泡板材，一次成型，无须二次加工。

17. 硬质聚氯乙烯（R-PVC）低密度发泡板材

单位：质量份

原材料	用量	原材料	用量
PVC	100	改性剂	8
AC发泡剂	0.5	润滑剂	1.2
Pb稳定剂	3.5	其他助剂	适量

18. 压延法PVC地板（底层带纤维布或石棉纸基）

单位：质量份

原材料	普通地板革		发泡地板革	
	面层	中间层	面层	发泡层
聚氯乙烯树脂,XS-3	100	100	100	100
邻苯二甲酸二辛酯	18	22	18	30
邻苯二甲酸二丁酯	—	—	20	—
烷基磺酸苯酯	12	18	12	10
氯化石蜡	6	10	6	—
钡-镉-锌复合稳定剂	2	2	2	2
硬脂酸钡	0.8	0.8	1	0.8
硬脂酸铅	0.4	1	0.4	0.8
硬脂酸	0.2	0.4	0.2	0.8
重质碳酸钙	10	50	5～10	40
偶氮二甲酰胺	—	—	—	5
着色剂	适量	适量	适量	适量
其他助剂	适量	适量	适量	适量

19. 压延法PVC地板（单层）

单位：质量份

原材料	通用	低成本
聚氯乙烯树脂,XS-3	100	100
邻苯二甲酸二辛酯	34	15
邻苯二甲酸二丁酯	—	15
氯化石蜡	—	6
液体钡-镉-锌复合稳定剂	2	2
硬脂酸钡	0.8	0.8
硬脂酸铅	0.4	0.4
硬脂酸	0.2	0.5
碳酸钙	5～10	10～50
着色剂	适量	适量
其他助剂	适量	适量

20. 挤出法 PVC 地板

单位：质量份

原材料	面层	底层
聚氯乙烯树脂，XS-3	100	100
邻苯二甲酸二辛酯	30	30
环氧酯	3	—
钡-镉复合稳定剂	1	1
硬脂酸钡、镉	0.3	0.3
三碱式硫酸铅	—	1
硬脂酸	—	0.5
碳酸钙	—	50
其他助剂	适量	适量

21. 涂刮法 PVC 地板

单位：质量份

原材料	面层		底层	
	1	2	1	2
聚氯乙烯树脂(乳液)	100	100	—	—
聚氯乙烯树脂，XS-3	—	—	100	100
邻苯二甲酸二辛酯	25	80	25	80
磷酸三甲苯(酚)酯	60	5	60	5
三碱式硫酸铅	4	4	4	4
三氧化二锑	—	10	—	10
硬脂酸钡	1	1	1	1
轻质碳酸钙	50	20	50	50
着色剂	适量	适量	适量	适量

22. 圆网涂布法 PVC 地板

单位：质量份

原材料	面层	发泡层	底层
聚氯乙烯树脂，乳液	100	100	100
邻苯二甲酸二辛酯	20	26	50
邻苯二甲酸丁苄酯	20	26	—
环氧大豆油	3	—	3
三碱式硫酸铅	—	3	1
钡-镉-锌复合稳定剂	2.5	—	—
稀释剂	5	3	—
碳酸钙	—	—	50
偶氮二甲酰胺	—	3	—
着色剂	—	适量	适量
其他助剂	适量	适量	适量

23. 辊涂法 PVC 地板

单位：质量份

原材料	用量	原材料	用量
聚氯乙烯树脂(乳液)	100	碳酸钙	10～30
邻苯二甲酸二辛酯	50～70	钛白粉	1～2
钡-镉-锌复合稳定剂	3	其他助剂	适量

说明：该法是以增强材料为基材，多选用棉布或纤维布。聚氯乙烯糊经过调糊、涂覆、胶凝、塑化、冷却定型而得，也可印刷各种图案。

24. 挤出法 PVC 地板砖

单位：质量份

原材料	1	2	3
聚氯乙烯树脂,XS-4	100	100	100
邻苯二甲酸二辛酯等主增塑剂	30	30～40	40～50
稳定剂(铅盐、金属皂)	3～5	3～5	3～5
硬脂酸	0.5	0.5～1	0.5～1
轻质碳酸钙	150～200	—	—
赤泥	—	80～100	—
煤粉质	—	50～80	—
石英砂	—	—	150
其他助剂	适量	适量	适量

25. 层压法 PVC 地板砖

单位：质量份

原材料	1		2		
	面层	底层	面层	中间层	底层
聚氯乙烯树脂,XS-3	100	—	100	—	—
聚氯乙烯次品或边角料	—	100	—	100	100
邻苯二甲酸二辛酯	25	30	12	5	5
邻苯二甲酸二丁酯	—	—	15	—	5
烷基磺酸苯酯	20	20	—	—	—
氯化石蜡	10	5	3	5	5
三碱式硫酸铅	4	4	—	2	2
硬脂酸钡	2	2	1.8	2	2
硬脂酸镉	—	—	0.9	—	—
硬脂酸	0.5	0.5	—	1	1
碳酸钙	—	150	—	150	200
表面活性剂	—	—	1	—	—

26. PVC 挤出软板材

单位：质量份

原材料	低成本	通用	室外用	耐低温
聚氯乙烯树脂,XS-2、3	100	100	100	100
邻苯二甲酸二丁酯	28	28	20	20
邻苯二甲酸二辛酯	5	20	10	20
癸二酸二辛酯	—	—	5	6
氯化石蜡	5	—	—	—
三碱式硫酸铅	3	1	2	1
二碱式亚磷酸铅	—	0.5	1	0.5
硬脂酸钙	0.8	—	0.8	—
硬脂酸钡	—	1.5	—	1.5
硬脂酸铅	—	0.5	—	0.5
硬脂酸或石蜡	0.5	0.3	0.5	0.3
碳酸钙	5～20	5～10	5～10	5～10
其他助剂	适量	适量	适量	适量

27. PVC压延硬片

单位：质量份

原材料	透明	半透明	不透明
聚氯乙烯树脂，XS-5	100	100	100
邻苯二甲酸二辛酯	0.5～1	2	—
环氧大豆油	1～3	3	—
硫代甘醇酸异辛酯二正辛基锡	2	—	—
亚磷酸苯二异辛酯	0.5	—	—
硬脂酸钙	0.2	0.2	0.2
硬脂酸锌	0.1	0.1	0.1
硬脂酸	0.2	—	0.15
高碳醇	1	—	1.5
MBS	3～5	3～5	3～5
液体钡-镉-锌复合稳定剂	—	2	—
月桂酸二丁基锡复合物	—	2	—
三碱式硫酸铅	—	—	3
二碱式亚磷酸铅	—	—	2

28. PVC扑克牌片（压延法）

单位：质量份

原材料	用量	原材料	用量
氯乙烯-醋酸乙烯共聚树脂(含VA11.5% $\overline{P}$=800)	100	钛白粉	24
邻苯二甲酸二辛酯	3	抗冲改性剂	15
硅酸铅	10	其他助剂	适量
硬脂酸铅	1		

29. PVC波纹板（瓦楞板）

单位：质量份

原材料	透明	不透明	半透明
聚氯乙烯树脂，XS-6	100	100	100
MBS	5	5	5
马来酸单丁酯二丁基锡	2.5	—	—
月桂酸二丁基锡	0.5	—	—
三碱式硫酸铅	—	3	—
二碱式亚磷酸铅	—	4	—
硬脂酸铅	—	0.5	—
硬脂酸钡	—	—	2.1
硬脂酸镉	—	—	0.7
硬脂酸锌	—	—	0.2
亚磷酸三苯酯	—	0.7	0.7
硬脂酸正丁酯	1	—	—
硬脂酸	0.5	—	—
石蜡	—	0.5	—
双酚A	—	—	0.2
UV-9	0.1	—	0.3
其他助剂	适量	适量	适量

30. PVC 层压软板

单位：质量份

原材料	用量	原材料	用量
聚氯乙烯树脂,XS-2	100	氯化石蜡	10～12
增塑剂	30～40	轻质碳酸钙	15～20
三碱式硫酸铅	3～4	其他助剂	适量
硬脂酸钙	0～1		

31. PVC 挤出发泡板

单位：质量份

原材料	用量	原材料	用量
聚氯乙烯树脂,XS-5	100	复合润滑剂	0.2～0.4
增塑剂	2～4	轻质碳酸钙	5～10
铅系稳定剂	4～6	偶氮二甲酰胺	0.1～0.3
增强剂(CPE、EVA、ACR、ABS)	2～5	其他助剂	适量
丙烯酸酯类	10～20		

32. PVC 石墨板

单位：质量份

原材料	用量	原材料	用量
聚氯乙烯树脂,XJ-4	100	硬脂酸	1.5
三碱式硫酸铅	2.0	石墨粉(100～200 目)	25
二碱式亚磷酸铅	3.0	其他助剂	适量

33. PVC 矿渣、铁泥填充板

单位：质量份

原材料	用量	原材料	用量
聚氯乙烯树脂,XJ-4,5	100	硬脂酸铅	1.5
邻苯二甲酸二辛酯	5	硬脂酸	1.0
三碱式硫酸铅	5	磷矿渣或铁泥	40～50
硬脂酸钡	2.0	其他助剂	适量

34. PVC 再生地板砖

单位：质量份

原材料	1	2
废旧薄膜	100	
废旧鞋料	—	100
邻苯二甲酸二丁酯	—	10
三碱式硫酸铅	5	5
硬脂酸铅	—	1.5
硬脂酸	0.3	0.2
碳酸钙	100	85
消泡剂	2	2
其他助剂	适量	适量

二、聚氯乙烯板片材配方与制备工艺

（一）PVC 定形相变板材

1. 配方[47]

单位：质量份

原材料	用量	原材料	用量
PVC	100	氯化聚乙烯(CPE)	5.0
微胶囊包覆相变材料(MEPCM)	10	活性 $CaCO_3$	10～20
热稳定剂	2.5	硬脂酸	0.5
硅烷偶联剂 KH-566	1.5	聚乙烯蜡	0.2
邻苯二甲酸二丁酯(DBP)	20	氯化石蜡	0.15
ACR-401	10	其他助剂	适量

2. 制备方法

首先将活性碳酸钙用适量偶联剂 KH-560 处理，得到预混物 1；将 PVC 和热稳定剂等按比例放入高速混合机进行预混合，得到预混物 2，以提高 PVC 粉料和热稳定剂粉料的混合均匀性，提高 PVC 的热稳定性。按拟定的配方称取已处理好的预混物 1、预混物 2 和未经处理的 MEPCM、CPE、ACR 等原料，投入高速混合机中，先低速混合 3min，再高速混合 10min，控制混合最终温度为 100℃左右为宜，得到最终的物料。高速混合机混合时间和温度的控制对实验影响很大。如果设定不当，预混物将会出现混合不均、压制板材局部降解等情况。根据所需样品的厚度用电子天平称取一定数量的物料，装入模具中，进行热压与冷压得到产品。热压机设定上下模板温度为 175～180℃，最大压力 5～6MPa。冷压机压力可选择 10～12MPa。

3. 性能

见表 4-61。

表 4-61　MEPCM 及 PVC 基 FSPCM 板材 DSC 测试结果

样品	样品量/mg	升降温速率/(℃/min)	熔融过程			凝固过程		
			起始温度/℃	峰值温度/℃	潜热/(kJ/kg)	起始温度/℃	峰值温度/℃	潜热/(kJ/kg)
MEPCM	5.21	10	11.38	15.14	113.8	13.17	4.85	114.1
FSPCM 板材(15%MEPCM)	7.6	10	11.31	18.06	15.92 (17.07)①	12.32	2.92	16.66 (17.12)①

①括号内的数值是潜热的计算值，由 MEPCM 的潜热值与其在板材中的质量含量相乘得到。

所制备的新型聚合物基 FSPCM 板材的相变温度为 3～18℃，潜热较高，有望用于室内地板、装饰墙板、空调蓄冷、建筑蓄冷通风、一些农作物的短期保鲜、储运等领域。通过改变所添加的 MEPCM 的相变温度可以得到适应不同场合的定型产品。制备的 FSPCM 板材弯曲强度可达 26.7MPa，弯曲模量达到 3.48GPa，拉伸强度为 9.4MPa，冲击强度为 9.39kJ/m^2。相比于 PE 基 FSPCM 板材其力学性能有了较大幅度的提高。

（二）煤矿用阻燃抗静电 PVC 板材

1. 配方[48]

单位：质量份

原材料	用量	原材料	用量
PVC	100	复合型稳定剂	3.0
CPE	10～15	硬脂酸钡	1.0
ACR	2.0	润滑剂	0.3
炭黑	9～15	加工助剂	1～2
十溴二苯醚/Sb_2O_3	9.0	其他助剂	适量

2. 制备方法

(1) 工艺流程

① 特导电阻燃 PVC 专用料计量、捏合。将特导电炭黑进行活化处理，与阻燃剂、稳定剂、加工助剂、改性剂、PVC 树脂按照配方准确计量，经高速混料机热混至 115～125℃后，冷混至 40～60℃。

② 板材挤出。将特导电专用料加入双螺杆挤出机的料斗中，调节工艺参数，经机头口模挤出得到不同尺寸的 PVC 坯板。

③ 板材成型。经机头挤出的管坯进入真空冷却定径套，经二次喷淋冷却，板材成型后牵引机与主机保持同步牵引，板材达到质量标准及定长时进行切割，切割下来的产品经过翻管堆积架下生产线，最后经过质检入库。

(2) 工艺条件与参数

① 混合机温度控制：高速混合机温度为 115～125℃，冷却混合机温度 40℃以下。

② 双螺杆挤出机各区段温度见表 4-62。

③ 进料螺杆转速为 40r/min，主机螺杆转速为 20r/min，真空度≥0.06MPa。

④ 通风门板配方测试结果：拉伸强度 38.3MPa，表面电阻 5.7MΩ。

表 4-62 双螺杆挤出机各区段温度

项目	区段					
	1	2	3	4	5	机头
温度/℃	155	160	175	185	185	180

3. 性能

燃烧性（酒精喷灯燃烧时间）：有焰燃烧单根最大值 2.3s，无焰燃烧单根最大值 0，均达到要求。

该配方所生产的通风门板外观平滑细腻，各项指标检测结果均达到国家煤炭行业标准 MT113-85 的技术要求。

在 PVC 树脂中加入特导电炭黑、阻燃剂、改性剂，通过共混改性的方法制备的复合抗静电材料具有良好的抗静电性、阻燃性以及力学性能。利用该复合材料制得的通风门板材质轻、耐腐蚀、安装施工方便、使用寿命长，可以替代木制风门板制作煤矿井下用通风门板，并已在兖州矿业集团和新汶矿业集团矿井中得到推广应用，效果良好。

（三）PVC/石墨导热复合板材

1. 配方[49]

单位：质量份

原材料	用量	原材料	用量
PVC(SG-5)	100	液状石蜡	0.3
石墨粉	35	偶联剂	1.0
SiO_2	2～5	加工助剂	1～2
热稳定剂	2.5	其他助剂	适量
硬脂酸	1.0		

2. 制备方法

将 PVC 与石墨按一定比例混合后置于球磨机中，使其在二氧化锆球磨强度下反应一定时间，反应结束将混合均匀的粉末填入铺有脱模剂的模具中，于 165℃、5MPa 的平板硫化机中热压 15min 后取出板材。

最佳工艺条件为：热压压强 5MPa，热压温度 165℃，热压时间 15min，机械活化反应转速 150r/min，机械活化反应时间 60min。

3. 性能

（1）所制备的复合板材热导率较高，是纯 PVC 的近 6 倍，是未经机械活化复合板材的 2.6 倍。

（2）经过机械活化改性后的 PVC/石墨复合板材保持了 PVC 高软化温度和高分解温度的优点。

（3）电镜测试表明机械活化过程中对原料粉体进行了有效包裹和细化。

（4）采用的机械活化反应方式工艺简单，制备过程中无工业“三废”产生，且导热添加剂石墨的价格低廉，可实现经济效益和环境保护的双赢。

（四）交联 PVC 板材

1. 配方

见表 4-63[50]。

表 4-63　交联 PVC 板材配方　　单位：质量份

原材料	用量	原材料	用量
PVC(SG-3)	100	偶氮二异丁腈	4
热稳定剂	3	苯乙烯	10
DOP	10～30	发泡剂	10～20
MDI	50	加工助剂	1～2
顺丁烯二酸酐	30	其他助剂	适量

2. 工艺流程

（1）预混合　将配方中各组分投入捏合机中均匀混合，控制混合温度低于 40℃，使组分不发生化学反应和低沸点液体不挥发。

（2）塑化成型　混合料定量装入压缩模具中，模具闭合加压和加热，加热温度 100～110℃，此时混合料发生聚合反应放热，促使模具温度升高至 180～200℃，物料在此温度下塑化成型。为防止升温过高而发生焦化，模具设置冷却系统。塑化的成型坯料脱模时，控制模具温度在 130～150℃。

（3）水煮发泡和交联　将脱模后的预发泡坯料放入温度在 95℃以上的热水中，水煮 4h。

（4）制备样条　将发泡制品晾干，制成测试样条。

3. 性能

见表 4-64。

表 4-64　硬质交联 PVC 泡沫板材力学性能

力学性能	密度/(kg/m^3)	压缩强度/kPa	冲击强度/(kJ/m^2)	热变形温度/℃	耐溶剂性
交联 PVC	186	965	1.5	82	好

由 PVC、苯乙烯和顺丁烯二酸酐等组分制成的接枝交联硬质 PVC 泡沫塑料，不溶解于二甲酰胺溶剂中，这说明这种泡沫塑料属热固性的。

根据垂直燃烧测定判别标准，交联 PVC 试样达到 V-0 级（每个试样第一次施加火焰离火后有焰燃烧时间平均为 3s，每个试样第二次施加火焰离火后有焰燃烧时间平均为 8s，且无熔滴）。通过上述实验表明，交联发泡 PVC 材料的阻燃性能完全能达到阻燃级别。

(五) PVC 软硬共挤双层复合发泡板材

1. 配方

见表 4-65[51]。

表 4-65 PVC 软硬共挤双层复合发泡板材配方 单位：质量份

原材料	软层	硬层
PVC 2500	—	100
PVC SG-7	100	—
复合稳定剂	6	6
增塑剂	—	100
AC	0.2	0.1
ACR530	5	—
硬脂酸锌	0.2	0.2
硬脂酸	—	0.4
石蜡	0.2	0.2
填料	适量	适量
加工助剂	1～2	1～2
其他助剂	适量	适量

2. 制备方法

见图 4-34、表 4-66。

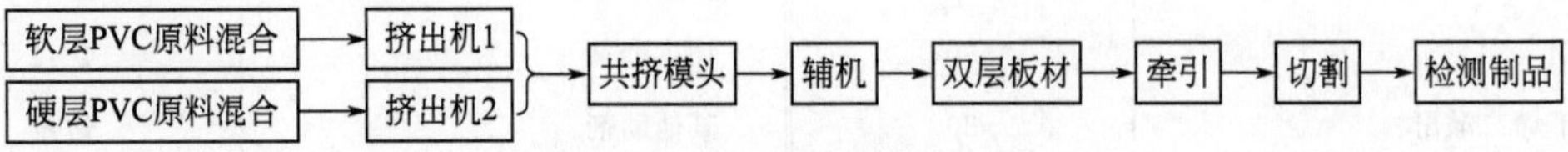

图 4-34 工艺流程

表 4-66 最佳加工工艺

项目	温度/℃						转速/(r/min)
	一段	二段	三段	四段	模具	模唇	
硬层	150	165	175	180	175	155	25±5
软层	150	160	180	180	170	155	40±5

3. 性能

以最佳配方制得的 PVC 双层复合发泡板材能满足客户要求的各项性能指标，如表 4-67 所示。

表 4-67 PVC 双层复合发泡板材性能指标

性能		数值
发泡板材密度/(g/cm³)	软层	0.90
	硬层	0.54
发泡倍率	软层	1.28
	硬层	2.62
拉伸强度/MPa	软层	7.32
	硬层	13.68
断裂伸长率/%	软层	307.2
	硬层	7.85
弹性模量/MPa	软层	2.29
	硬层	677.6
剥离力/N		≥50

（六）低发泡 PVC 结皮板材

1. 配方[52]

单位：质量份

原材料	用量	原材料	用量
PVC	100	发泡剂	1～5
钙锌复合稳定剂	6～8	$CaCO_3$	5～10
铅盐复合稳定剂	4～7	加工助剂	1～2
CPE	3～5	其他助剂	适量
ACR	4～6		

2. 制备方法

见图 4-35。

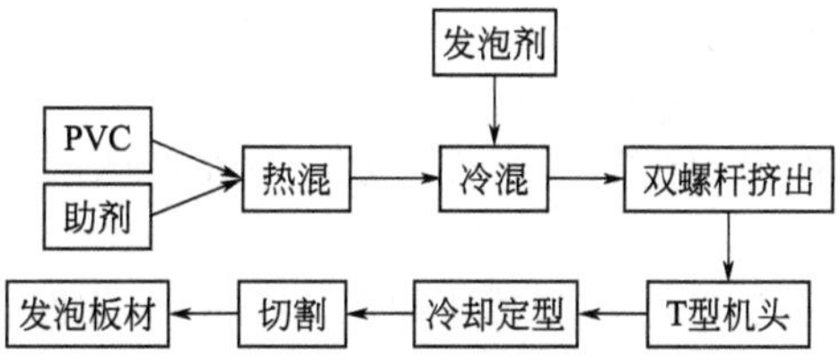

图 4-35　低发泡板材成型工艺

生产 PVC 低发泡板的挤出机可选择平行异向双螺杆挤出机。其长径比要大于 25，在 26～28 之间，压缩比为 2.5～3.0，需足够动力满足 PVC 料与发泡剂的均匀塑化。要选择专用的发泡机头，保证发泡板得到充分冷却。

生产 PVC 低发泡板，挤出温度控制：加料段温度低，熔融均化段温度高，温度波动要小，口模温度稍低。可以设定加热一区 140～160℃，加热二区 160～170℃，加热三区170～180℃，机头加热 160～170℃，口模温度 165～170℃。挤出机转速控制在 15～25r/min，随板厚度增加可适当加快。

3. 性能

低发泡聚氯乙烯板材的性能指标，如表 4-68 所示。

表 4-68　结皮低发泡聚氯乙烯板材的性能

测试项目	指标	测试项目	指标
密度/(g/cm³)	0.5～0.8	断裂伸长率/%	6～12
拉伸强度/MPa	16～22	维卡软化点/℃	72～78
冲击强度/(kJ/m²)	15～20		

（七）硬质低发泡 PVC 挤出板材

1. 配方[53]

单位：质量份

原材料	用量	原材料	用量
PVC(S-700)	100	钡锌稳定剂	1.5
AC/Na_2CO_3 复合发泡剂	0.6～0.8	润滑剂	0.5
发泡调节剂(ZB-530)	8.0	加工助剂	1～2
轻质 $CaCO_3$ 成核剂	5.0	其他助剂	适量
热稳定剂	2.5		

2. 工艺流程

硬质低发泡 PVC 板材加工工艺流程见图 4-36 所示。

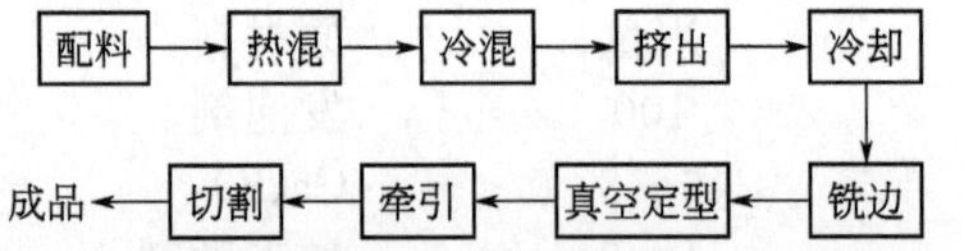

图 4-36 硬质低发泡 PVC 板材加工工艺流程图

3. 性能

(1) 以 AC/Na_2CO_3 为复合发泡剂，制得硬质低发泡 PVC 板材。板材密度先随发泡剂用量的增加而减小，而后将随之增加而增大。

(2) 板材密度随发泡调节剂（ZB-530）用量增加而降低，拉伸强度的变化趋势亦然，而对应的泡孔结构则出现由坏变好的趋势。

(3) 采用轻质 $CaCO_3$ 作为成核剂，能够诱发包覆在熔体中的气体发泡，使泡孔更加均匀、致密。

(4) 当螺杆转速为 38～42r/min，口模温度为 180～190℃时，板材的密度较低。

（八）微泡 PVC 仿木结皮板材

1. 配方[54]

单位：质量份

原材料	用量	原材料	用量
PVC(S-700)	100	PE 蜡	0.2～0.5
ZB-530	5～7	$CaCO_3$(600 目)	5～10
AC 发泡剂	0.3～0.6	加工助剂	1～2
CPE	2～4	其他助剂	适量
复合稳定剂 FPX(或 RCE)	6～8		

2. 制备方法

见图 4-37。

[PVC]＋[发泡剂]＋[稳定剂]＋[其他助剂]→[高速混合]→[微发泡挤出]→

[真空定型]→[冷却]→[牵引]→[切割]→[堆集]

图 4-37 工艺流程

3. 性能

见表 4-69。

表 4-69 PVC 结皮微发泡板材主要性能指标

项目	测试指标	项目	测试指标
弯曲强度/MPa	＞155	燃烧试验	V-0 级
拉伸强度/MPa	＞22	耐寒试验	试后无龟裂和不褪色
冲击强度/(J/m)	＞25	耐老化试验	试后无龟裂和不变色
硬度(邵尔 D)	＞70	密度/(g/cm^3)	0.4～0.7
维卡软化点/℃	≥70		

（九）新型PVC片材

1. 专用料配方[55]

单位：质量份

原材料	用量	原材料	用量
PVC	100	润滑剂	0.1～0.5
铅盐热稳定剂	2～3	加工助剂	适量
钡锌稳定剂	1～2	其他助剂	适量
填料	5～10		

2. 制备方法

（1）普通PVC片材　将微层挤出设备的连接机构和层叠单元拆除，在挤出机中加入PVC干混料，制得宽110mm、厚0.3mm的普通PVC片材。挤出机3段温度分别为175℃、180℃、185℃，转速为70r/min。

（2）微层PVC片材　利用微层挤出设备，在挤出机中加入PVC干混料，通过调节不同数目的层叠单元，制得1层、9层和81层的宽度为110mm、厚度为0.3mm的PVC片材。挤出机3段温度分别为175℃、180℃、185℃，层叠单元和成型口模的温度设定为190℃，转速为70r/min。

（3）PVC/PVA复合片材　3层和5层结构PVC/PVA复合片材的制备：用湿膜制备器将提前溶解好的质量分数6%、8%、10%和12%的PVA水溶液涂覆在普通PVC片材上，所涂PVA厚度分别为200μm和100μm，再将涂覆好的PVC/PVA片材放进65℃烘箱烘干30min，然后将PVC/PVA片材按照PVC-PVA-PVC（PVA厚度为200μm）和PVC-PVA-PVC-PVA-PVC（PVA厚度为100μm）的结构排列好，在平板硫化机上进行层压，热压3min，冷压5min，冷却定型之后即制得样品。这样制得的PVC/PVA复合片材样品中PVA的总厚度均为200μm。

3. 性能

（1）多层结构有利于提高PVC/PVA复合片材的阻隔性能，涂覆PVA溶液增大了片材的拉伸强度。

（2）微层PVC片材的分子链发生取向，沿挤出方向的拉伸强度明显高于垂直挤出方向；微层PVC片材的层数越多，取向作用越强，越有利于阻隔性能的提高。

（十）透明硬度PVC压延膜片

1. 配方[56]

单位：质量份

原材料	用量	原材料	用量
PVC	100	成核剂	3～4
铅盐热稳定剂	2～3	加工助剂	1～2
锌钙稳定剂	1～2	其他助剂	适量

2. 制备方法

常规工艺流程如下：压延主机→引取轮→冷却轮→卷取。

本工艺流程如下：压延主机→冷却水槽→烘干回温轮→冷却轮→卷取。

3. 性能

见表4-70。

表 4-70 指标对比

对比项目	传统工艺	直接水冷却新工艺
透光率/%	89	92
雾度/%	1.2	0.3
低温脆化点/℃	−11	−13
拉伸强度/MPa	27	29
断裂伸长率/%	21	26
平均产能/(kg/h)	723	1015
平均车速/(m/min)	23	28
料垄痕(山水纹)	较明显	轻微
油渍	轻微到明显,不稳定	无

直接水冷却法生产硬质聚氯乙烯膜片是对传统工艺一次重大变革，大幅提高了产品质量和生产效率，同时由于水槽的存在，也为以后研究、生产压延直接涂覆产品提供了可能。

(十一)高档信用卡、IC 卡与 SIM 卡用 PVC 片材

1. 配方[57]

(1) 表层（透明保护层）配方

① 高温膜配方

单位：质量份

原材料	用量
SPVC	95
消光 PVC	5.0
冲击改性剂	7～10
有机锡稳定剂	2.5～3.0
内外润滑剂	2.0～2.5
加工助剂	1.5～2.0
补色剂	适量
其他助剂	适量

② 低温膜配方

单位：质量份

原材料	用量
SPVC/氯醋共聚物	100
冲击改性剂	7～10
有机锡稳定剂	2～3
内外润滑剂	1.5～2.0
加工助剂	1～2
补色剂	适量
其他助剂	适量

(2) 总层（结构层）配方

① 标准信用卡芯层配方

单位：质量份

原材料	用量
SPVC/氯醋共聚物	95
消光 PVC	5.0
冲击改性剂	8～10
有机锡稳定剂	2.0～2.5
钛白粉	5～10
内外润滑剂	1～2
补色剂	适量
加工助剂	1～2
其他助剂	适量

② 普通卡芯层配方

单位：质量份

原材料	用量
SPVC	95
消光 PVC	5.0
冲击改性剂	6～8
有机锡稳定剂	2.0
钛白粉	5～10
内外润滑剂	2.0
补色剂	适量
加工助剂	1～2
其他助剂	适量

③ 接触型与非接触型 IC 卡芯层配方

单位：质量份

原材料	用量
SPVC	90～95
消光 PVC	5～10
冲击改性剂	8～10
有机锡稳定剂	2.0～2.5
钛白粉	5～10
内外润滑剂	2.0
补色剂	适量
加工助剂	1～2
其他助剂	适量

④ SIM 卡芯层配方

单位：质量份

原材料	用量
PVC/ABS	100
固体有机锡	1.0
冲击改性剂	8～10
钛白粉	5～10
$CaCO_3$	1～2
内外润滑剂	1～2
补色剂	适量
加工助剂	1.0
其他助剂	适量

2. 高档 PVC 片材的生产工艺

高档 PVC 片材的生产工艺与一般硬质 PVC 片材的生产工艺相似，采用压延工艺，但由于结构层基材最厚为 0.82mm，而且所有卡基表面必须达到一定的粗糙度，所以必须选用 5 辊压延机，辊筒的长径比小于 3。1#、2#、3# 辊为铸铁辊，4#、5# 辊为锻打辊，辊温可达 220℃。

生产工艺流程：自动（或手动）称量配料→高速搅拌（热拌）→低速搅拌（冷拌）→行星挤出→单螺杆挤出→5 辊压延→剥离→冷却→测厚→切片→精切→检验包装。

（十二）CPE 增韧改性 PVC 防水卷材

1. 配方[58]

单位：质量份

原材料	用量	原材料	用量
PVC	100	钙锌稳定剂	1～3
CPE	20～40	填料	3～5
DOP	20～35	加工助剂	1～2
热稳定剂	6.0	其他助剂	适量

2. 制备方法

按配方称量物料，将固体物料（PVC 粉料、CPE 粉料及热稳定剂）放入托盘中，边加增塑剂（DOP）边均匀混合。然后，将电加热塑炼机前辊温度设为 110℃、后辊温度设为 105℃、辊距取 1.0mm，加入准备好的物料混炼。当物料为片状时将辊距调为 0.6mm，达透明片状后继续混炼 3～5min。接着将完成共混的物料放入温度为 160℃的平板硫化机上的模具中压片成型，加压 10MPa，保压 30min 后卸载，使其随炉自然冷却至室温。然后裁切成标准试样。

3. 性能

(1) 随着 CPE、DOP 含量的增加，PVC 防水卷材的拉伸强度、硬度单调减小，其中拉伸强度最低减小 47.6%，硬度最低减小 9.8%；断裂伸长率和熔体流动速率单调增加，最大增加值分别为 62%、64%。

(2) 共混体系的拉伸曲线是否出现屈服只与 DOP 的含量有关，当 DOP 含量大于或等于 30g 后，共混体系为无屈服点的韧性材料；当 DOP 含量为 20g 时，材料的拉伸曲线可能会有屈服现象。

(3) CPE 含量的增加有利于 PVC、CPE 的融合；DOP 含量的增加则会影响 CPE、PVC 的分散均匀性。

第四节 聚氯乙烯型材

一、经典配方

具体配方实例如下[1~4]。

(一)型材

1. 硬脂酸铅为稳定剂的 PVC 型材

单位：质量份

原材料	用量	原材料	用量
PVC(SG-5)	100	石蜡	0.1～0.2
三碱式硫酸铅	1～1.2	TiO_2	1～1.5
二碱式亚磷酸铅	0.8～1	$CaCO_3$	2～4
$PbSt_2$	0.4～0.6	CPE	8
$CdSt_2$	0.4～0.6	其他助剂	适量

说明：拉伸强度 49.3MPa；维卡软化点 81.3℃；落球冲击（−10℃）合格；高低温尺寸变化率 2.9%。主要用作塑料建材，制备塑料门窗和其他制品等。

2. 有机锡为稳定剂的 PVC 型材

单位：质量份

原材料	用量	原材料	用量
PVG(SG-5)	100	TiO_2	1～1.5
有机锡	0.5	$CaCO_3$	2～6
$CdSt_2$	0.6	ACR	6
石蜡	1～1.2	其他助剂	适量
氧化聚乙烯蜡	0.1～0.2		

说明：拉伸强度 51.8MPa；维卡软化点 82℃；落球冲击（−10℃）合格；高低温尺寸变化率 1.4%。主要用作塑料建材，制备塑料门窗等产品。

3. 以金属皂 Ba/Cd 为热稳定剂的 PVC 型材

单位：质量份

原材料	用量	原材料	用量
PVC	100	环氧大豆油	1.2
CPE	10	TiO_2	4
Ba/Cd 复合稳定剂	1.5～2	$CaCO_3$	2～4
亚磷酸酯	0.5	润滑剂	0.5～1
羟基硬脂酸	0.3	其他助剂	适量

说明：该异型材具有优良的力学性能、耐化学药品性，良好的绝缘性，工艺性好，成本低廉。主要用来制造塑料门窗和其他 PVC 制品等。

4. 以金属皂 Ba/Cd/Pb 为热稳定剂的 PVC 型材

单位：质量份

原材料	用量	原材料	用量
PVC	100	内外润滑剂	0.8～1
ACR	5～7	TiO_2	4～6
Ba/Cd/Pb 复合稳定剂	3.5	$CaCO_3$	4
亚磷酸酯	0.5～0.8	其他助剂	适量

说明：该型材具备优良的力学性能、耐化学药品性能，工艺性好，成本低廉，制品易组装。主要用于制造塑料门窗，亦可制备其他制品。

5. 以稀土作热稳定剂的PVC型材

单位：质量份

原材料	用量	原材料	用量
PVC(SG-5)	100	稀土热稳定剂RH-109	1～1.4
CPE	6～8	ACR	1～2
ESO	1	TiO_2	5
$CaCO_3$	8～10	其他助剂	适量
稀土热稳定剂R-109	3.2～3.8		

说明：该型材力学性能良好，耐化学药品性优良，工艺性良好，加工成本低，组装方便。主要用于制造塑料门窗和其他制品。

6. ACR增韧的PVC型材

单位：质量份

原材料	用量	原材料	用量
PVC	100	TiO_2	4～6
ACR	7～10	$CaCO_3$	8～10
稳定剂	4～5	其他助剂	适量
ACR加工助剂(KM-355)	2～3		

说明：主要用作塑料建材，制备塑料门窗和其他制品。

7. PVC塑料门窗型材

(1) PVC/CPE体系

单位：质量份

原材料	用量	原材料	用量
PVC(SG-5)	100.0	ACR-401	1.0～2.0
CPE(含氯36%～37%)	8.0～10.0	R-902	4.0～6.0
TL-AH9	2.6～3.0	$CaCO_3$	4.0～6.0

(2) PVC/ACR体系

单位：质量份

原材料	用量	原材料	用量
PVC(SG-5)	100.0	R-902	4.0～6.0
KM-355	6.0～8.0	$CaCO_3$	4.0～6.0
TL-AH9	2.6～3.0	AC-617A	0.2～0.5
ACR-401	1.0～2.0	其他助剂	适量

说明：ACR类抗冲击改性剂KM355有极好的加工性能，塑化时间短，塑化温度低，熔体强度高，弹性好。它不仅是优良的抗冲击改性剂，还有明显的加工助剂的作用。而CPE类改性剂能起部分润滑作用。添加6～8份KM355或8～10份CPE均能取得较好的改性效果。

8. 环保型PVC塑料门窗型材

单位：质量份

原材料	用量	原材料	用量
PVC	100	ACR	1～2
$CaCO_3$	8～12	SR复合稀土热稳定剂	6～8
TiO_2	4～6	其他助剂	适量
CPE	8～10		

说明：环保型 PVC 门窗型材各项性能均达到或超过 GB 8814—2004 标准要求。

9. 硬质 PVC 粉料单螺杆挤出型材

单位：质量份

原材料	用量	原材料	用量
PVC(SG-5)	100	钛白粉	3
CPE	8	以铅盐为主的复合稳定剂	5
丙烯酸加工助剂(ACR-201)	1.5	其他助剂	适量
轻质碳酸钙	7		

说明：该型材主要用于制造塑料门窗和其他制品。

10. 三轨推拉塑窗用 PVC 型材

单位：质量份

原材料	用量	原材料	用量
PVC(SG-4)	100	硬脂酸	0.1～3.0
CPE(含氯 36%)	2～15	$CaCO_3$(轻质)	1～25
ACR-401	0.5～5	TiO_2(金红石型)	1～10
马来酸二丁基锡	0.1～2.0	三氧化二锑	0.5～8.0
UV-9	0.1～0.2	其他助剂	适量
氯化石蜡(液体 OP)	0.1～5.0		

11. PVC 塑料复合共挤出型材

单位：质量份

原材料	用量	原材料	用量
PVC	100	环氧大豆油	5.2
CPE	15	加工改性剂(ACR)	2.2
三碱式硫酸铅	3.2	紫外线吸收剂(UV-531)	0.5
二碱式硬脂酸铅	1.6	古铜色颜料(Cu-C)	适量
润滑剂(PE-HST)	适量	其他助剂	适量

说明：共挤技术除具有喷涂、覆膜、印刷、烫印等表面装饰的优点外，还具有其他技术路线所无法完成的诸如软硬共挤、包容共挤、发泡共挤等特点。共挤出制品力学性能、耐腐蚀性、耐老化性能优良，其尺寸稳定、精度高、便于组装。主要用于塑料门窗、楼梯扶手和其他制品的制造。

12. PVC 卷帘门窗型材

单位：质量份

原材料	用量	原材料	用量
PVC(SG-5)	100	钙锌稳定剂(HYCZ-106)	4.5
CPE	8	钛白粉(金红石型)	3
ACR	2	环氧大豆油	1
活性轻质碳酸钙	10	其他助剂	适量

说明：PVC 卷帘门窗型材是近几年开发应用的一种新型塑料异型材。它具有美观、环保节能、隔热、隔音、防腐、质优价廉等优点，属于新一代绿色装饰建材，备受市场青睐。PVC 卷帘门窗型材近年来成为研制和推广应用的热点，并有替代铝合金卷帘门窗的趋势。

（二）异型材

1. 改性 PVC 异型材专用料

① 铅盐类配方

单位：质量份

原材料	用量	原材料	用量
PVC	100	内润滑剂	0.4～0.5
铅盐稳定剂	4～5	加工助剂	2～3
抗冲击改性剂	6～10	填充剂	3～7
外润滑剂	0.15	钛白粉(金红石型)	4～7

② 有机锡配方

单位：质量份

原材料	用量	原材料	用量
PVC	100	加工助剂	1～2
防热灵-173	1.5～1.7	填充剂	4～10
抗冲击改性剂	6～10	钛白粉(金红石型)	3～5
外润滑剂	1～1.5	其他助剂	适量
内润滑剂	1～1.4		

说明：

a. 铅盐配方电绝缘性、润滑性、流动性优于有机锡配方并且价格低，物料黏度低，设备负荷小；缺点是有毒、粉尘大且不能制造透明制品。

b. 有机锡配方热稳定性强、无毒、添加助剂种类少、配制方便，相容性、透明性、耐候性、塑化性、白度、抗冲击性好，工艺控制范围大，容易操作，但价格高并且不能与铅、镉稳定剂共用，否则会发生硫化反应，物料发黑。

2. 古铜色硬质 PVC 门窗异型材

单位：质量份

原材料	配方 1	配方 2
PVC 树脂(SG-5 或 S-1000 或 TK-1000)	100	100
三碱式硫酸铅	3	—
二碱式亚磷酸铅	1.5	—
硬脂酸铅	0.8～1.2	—
稀土稳定剂(REC 109A)	—	3.8
硬脂酸钙	0.5～0.8	0.5～0.8
HSt	0.2～0.3	0.2～0.3
CPE	10～15	10～15
ACR	2.0	1.5
$CaCO_3$	3	5
高熔点石蜡	0.3～0.5	0.3～0.5
炭黑	0.1～0.2	0.1～0.2
铜粉	0.8～1.5	0.8～1.5
其他助剂	适量	适量

说明：古铜色型材在加工和使用过程中，存在两种异常情况：一是在混合、挤出、储存和使用的过程中，由于 GC1 的催化作用和混合、挤出塑料过程中的瞬时快速摩擦，使铜粉颗粒的表面氧化变黑（特别是高混之后，一旦接触空气就变黑）；二是在使用过程中，特别是在南方地区，受潮湿空气的影响，容易被腐蚀生成铜锈（碱式碳酸铜）。

3. 提高焊角强度的 UPVC 异型材

单位：质量份

原材料	配方 1	配方 2
PVC 树脂	100	100
三碱式硫酸铅	0～3	—
二碱式亚磷酸铅	1.5～4.5	—
一级硬脂酸铅	0.4～0.8	—
复合铅(FWR-XC)	—	4～6
一级硬脂酸钙	0.5～1.0	—
硬脂酸	0.2～0.4	—
CPE(含氯 36%～37%)	8～15	8～15
ACR-201	1.5～2.0	1.5～2.0
活性 $CaCO_3$	5～8	5～8
TiO_2	5～6	5～6
其他助剂	适量	适量

说明：该型材的焊角强度高达 4300～7140N。主要用作塑料建材，制造塑料门窗和其他制品。

4. 硬质 PVC 异型材

单位：质量份

原材料	用量	原材料	用量
PVC	100	TiO_2	4～6
复合稳定剂	4.5～5.5	ACR	2～3
CPE	8～12	$CaCO_3$	4～8

说明：硬质 PVC 异型材具有外形美观、尺寸稳定、耐腐蚀、抗老化、耐冲击、阻燃自熄、保温节能、加工使用方便、长期使用不需涂覆、维护保养简便、节约能源等许多优点。

5. 抗冲击改性剂改性硬质 PVC 门窗异型材

① ACR/PVC/Pb

单位：质量份

原材料	用量	原材料	用量
PVC(SG-5)	100	加工助剂	0～0.5
KM-355	5.0～8.0	$CaCO_3$	5.0
铅类稳定剂	4.0～5.0	TiO_2	4.0～5.0
润滑剂	0.5～1.0	其他助剂	适量

② CPE/PVC/Pb

单位：质量份

原材料	用量	原材料	用量
PVC(SG-5)	100	润滑剂	0.5～1.0
CPE(含氯 36%～37%)	8.0～10.0	$CaCO_3$	5.0
铅类稳定剂	4.0～5.0	TiO_2	4.0～5.0
加工助剂	2.0		

③ ACR/PVC/Tin

单位：质量份

原材料	用量	原材料	用量
PVC(SG-5)	100	加工助剂	0.5～1.0
KM-355	5.0～8.0	$CaCO_3$	5.0
锡类稳定剂	1.5～2.0	TiO_2	4.0～5.0
润滑剂	1.0～5.0		

④ CPE/PVC/Tin

单位：质量份

原材料	用量	原材料	用量
PVC(SG-5)	100	加工助剂	2.0
CPE	8.0～10.0	$CaCO_3$	5.0
锡类稳定剂	1.5～2.0	TiO_2	4.0～5.0
润滑剂	1.0～1.5		

说明：主要用于制造塑料门窗，也可用来制造其他制品。

6. 白色硬质 PVC 异型材

单位：质量份

原材料	用量	原材料	用量
PVC(S-1000)	100	热稳定剂	3.5～4.5
ACR-201	1.5～2.5	润滑剂	0.8～1.2
CPE(135A)	8～12	环氧化合物	0.4～0.6
TiO_2(金红石型)	4～6	亚磷酸酯	0.4～0.6
活性 $CaCO_3$	4～6	其他助剂	适量

说明：该型材具有优良的力学性能、耐腐蚀性和耐老化性，加工工艺性好、成本低廉、组装方便。主要用来制造塑料门窗和其他制品。

7. 低烟难燃硬质 PVC 门窗型材

单位：质量份

原材料	用量	原材料	用量
PVC(SG-5)	100	热稳定剂	4～6
润滑剂	1	DOP	1～3
$CaCO_3$	5～10	抗冲击剂	8～12
钛白粉	5～7	阻燃剂(FR-X)	5～8
		其他助剂	适量

8. 新型仿木塑窗异型材

单位：质量份

原材料	用量	原材料	用量
PVC	100	紫外线吸收剂	0.5
加工助剂	1～1.5	偶联剂	0.1～0.2
抗冲击改性剂	7～9	碳酸钙	4～6
无铅复合稳定剂	3.5～4.2	色母料	变量
润滑剂	0.7～0.9	其他助剂	适量
钛白粉	2		

9. PVC 挤出异型材

单位：质量份

原材料	用量	原材料	用量
PVC($\overline{DP}$=1050)	100	硬脂酸铅	1.2
CPE-351A	5	硬脂酸钙	0.2
三碱式硫酸铅	2.5	碳酸钙	10
二碱式硬脂酸铅	0.5	其他助剂	适量

说明： 拉伸强度 50.0MPa；伸长率 105%；冲击强度（20℃）12.6kJ/m^2；热变形温度 84℃。主要用来制造塑料门窗、楼梯扶手和其他制品。

10. CPE/PVC 异型材

单位：质量份

原材料	配方 1	配方 2	配方 3	配方 4	配方 5
PVC($\overline{DP}$=1000)	100	100	100	100	100
CPE	6	6～8	6～8	6	8
三碱式硫酸铅	2	—	3.5～4	3.5	1
二碱式亚磷酸铅	2	—	3.5～4	3.5	1
硬脂酸铅	0.5	—	—	—	1
硬脂酸钡	0.5	—	—	—	—
碱式硬脂酸铅	—	—	0.5～1	—	—
硬脂酸	0.3	—	—	0.2	0.3
环氧大豆油		1	—	—	—
亚磷酸酯		0.5	—	—	—
色母料	适量	—	—	—	—
钡/镉高效稳定剂	—	2～2.5	—	—	—
合成酯蜡复合润滑剂	—	1～1.5	—	—	—
磨细 $CaCO_3$	—	2～4	2～4	4	4
褐煤酯蜡	—	—	1～1.5	—	—
DOP	—	—	1	1	—
钛白粉(金红石型)	—	—	4	4	1
E 蜡	—	—	—	1	—
ACR	—	—	—	—	1
硬脂酸钙	—	—	—	—	1
其他助剂	适量	适量	适量	适量	适量

说明： CPE 改性 PVC 异型材耐候性好、冲击强度随老化时间的延长变化极其缓慢，且价格适中。CPE/PVC 异型材可应用于制造建筑门窗、装饰材料。

11. 改性 PVC 异型材

单位：质量份

原材料	PVC/CPE	PVC/ACR
PVC	100	100
CPE	8～12	—
ACR(FM-50)	—	6～8
ACR	1～2	1～2
$CaCO_3$	8～10	8～10
TiO_2	3～6	3～6
复合铅盐稳定剂	3～5	3～5
其他助剂	适量	适量

12. 改性PVC门窗异型材

单位：质量份

原材料	铅盐类	稀土类	有机锡类	复合铅盐类	ACR类
PVC(SG-5)	100	100	100	100	100
CPE	8	10	8	10	—
三碱式硫酸铅	3	—	—	—	3
二碱式亚磷酸铅	1.5	—	—	—	1.5
$PbSt_2$	0.6	—	—	—	0.6
$CaSt_2$	0.5	—	1.5	—	0.5
HSt	0.2	—	0.25	0.3	0.3
ACR-201	2	2	2	—	2
Wax	0.2	0.2	1	—	0.3
氧化聚乙烯蜡(OPE-1)	—	—	—	—	(0.4)
聚乙烯蜡(PE Wax)	—	—	—	—	(0.2)
钛白粉(金红石型)	4	5	5(6)	4	5
轻质碳酸钙	5	10	6	6	5
UV-531	0.25	—	0.25(0)	—	0.25
亚磷酸三苯酯	—	0.4	—	—	—
稀土稳定剂	—	8	—	—	—
有机锡稳定剂	—	—	1.5	—	—
ACR-401	—	—	—	2	—
KM355(或FM21)	—	—	—	—	5(7)
加工助剂(PA20)	—	—	—	—	2.5
复合铅稳定剂(SMS5001/FP)	—	—	—	(5)	—
复合铅稳定剂(HJ-301)	—	—	—	5	—

注：其中括弧内为代用品种的份数。

13. PVC木塑复合材料异型材

单位：质量份

原材料	用量	原材料	用量
PVC	100	氯化聚乙烯	6
三碱式硫酸铅	3	$CaCO_3$	15
二碱式硫酸铅	1.5	AC发泡剂	0.9
硬脂酸铅	0.5	ZB530	5
硬脂酸钙	0.4	铁黄	0.31
硬脂酸	0.8	铁棕	0.15
聚乙烯蜡	0.3	木粉	30
丙烯酸酯类共聚物	5	其他助剂	适量

说明：木塑复合材料具有坚硬、强韧、持久、耐磨、尺寸稳定等优点。一般来说，木塑复合材料的硬度较未处理的木材高2～8倍，耐磨性高4～5倍，各种添加剂的应用还赋予其许多特殊的性能。

14. 硬质 PVC（UPVC）发泡异型材

单位：质量份

原材料	用量	原材料	用量
PVC	100	钛白粉	2～3
稳定剂	4～6	PE 蜡	0.04～0.07
发泡剂	0.5～0.9	着色剂	适量
ACR	3～5	其他助剂	适量
活性 $CaCO_3$	10		

说明：UPVC 发泡板材被广泛应用于制造汽车、轮船等交通工具的内饰板、隔离板，居室的吊顶、隔断屏风，各种简易结构的轻质墙体材料，施工现场的混凝土建筑模板等。

15. 木粉/聚乙烯复合发泡型材

单位：质量份

原材料	配方 1	配方 2	配方 3	配方 4	配方 5	配方 6
HDPE	100	100	100	100	100	100
LDPE	10	10	10	10	10	10
AC 发泡剂	2	2	2	2	2	2
木粉(干燥)	15	30	50	70	—	—
木粉(未干燥)	—	—	—	—	30	30
其他助剂	5	5	5	5	5	5

16. 扶手、线槽

单位：质量份

原材料	楼梯扶手	半硬扶手	线槽
聚氯乙烯树脂,XS-3,4	100	100	100
三碱式硫酸铅	4	5	1.6
二碱式亚磷酸铅	1	—	0.5
硬脂酸铅	0.5	0.5	2.1
硬脂酸钡	0.5	0.5	0.3
硬脂酸	0.2	—	—
石蜡	0.2	0.2	0.4
硫酸钡	—	—	12
邻苯二甲酸二辛酯	—	13	—
邻苯二甲酸二丁酯	—	10	—
环氧酯	—	2	
其他助剂	适量	适量	适量

17. 异型管、地板条

单位：质量份

原材料	异型管	地板条
聚氯乙烯树脂,XS-3,4	100	100
烷基磺酸苯酯	3	—
氯化聚乙烯	—	4
三碱式硫酸铅	7	4
硬脂酸钙	0.5	—
硬脂酸铅	1	0.5
石蜡	0.5	1.6
轻质碳酸钙	5	40
硬脂酸钡	—	1
硬脂酸	—	0.6
癸二酸二辛酯	—	2
其他助剂	适量	适量

18. 窗框（CPE 改性）

单位：质量份

原材料	铅稳定剂	钡-镉稳定剂
聚氯乙烯树脂(含 6%～8%CPE)	100	100
邻苯二甲酸二辛酯	1	—
环氧大豆油	—	1～2
三碱式硫酸铅	3.5～4	—
碱式硬脂酸铅	0.5～1	—
钡-镉复合稳定剂	—	1.5～2
亚磷酸酯	—	0.5
褐煤酯蜡(E 蜡)	1～1.5	0.5～1
羟基硬脂酸	—	0.3
钛白粉(金红石型)	4	4
碳酸钙	2～4	2～4
其他助剂	适量	适量

19. 窗框（EVA 改性）

单位：质量份

原材料	钡镉稳定剂	铅稳定剂	钡镉铅稳定剂
聚氯乙烯树脂(含 6%～8%EVA)	100	100	100
环氧脂肪酸酯	0.5～1.5	—	0.5～1.5
钡-镉脂肪酸盐	2.5～3	—	2.5～3
二碱式亚磷酸铅	—	3～5	0.5～1.5
硬脂酸铅	—	<1.5	—
亚磷酸酯	0.5～1	—	0.5～1
褐煤酯蜡(OP 蜡)	<2	<2	<2
钛白粉(金红石型)	2～5	2～5	2～5
紫外线吸收剂	0.2～0.5	0.2～0.5	0.2～0.5
有机颜料	0.5～1	—	—
其他助剂	适量	适量	适量

20. 窗框（EVA-VC 改性）

单位：质量份

原材料	1	2
聚氯乙烯树脂	—	40～60
EVA-VC 接枝共聚物(含氯量 51%,*K*=68)	90	60～40
EVA(VA45%)	10	—
钡-镉复合稳定剂(6∶4)	2～3	2～3
亚磷酸酯	0.5～1	0.5～1
环氧化油	1～1.5	1～1.5
羟基硬脂酸酯	0.3～0.5	0.3～0.5
褐煤酯蜡	0.2～0.3	0.2～0.3
低分子量聚乙烯	0.2～0.3	0.2～0.3
其他助剂	适量	适量

21. 钙塑门窗

单位：质量份

原材料	1	2
聚氯乙烯树脂，XS-3	100	100
邻苯二甲酸二丁酯	10	10
三碱式硫酸铅	3	3
二碱式亚磷酸铅	2	2
硬脂酸钡	1	1
硬脂酸铅	2	2
石蜡	1	1
木粉	40	—
黄泥	—	40
其他助剂	适量	适量

22. 低发泡型材（室内用）

单位：质量份

原材料	1	2
聚氯乙烯树脂($\overline{P}=800$)	100	100
丙烯酸酯树脂(ACR)	5	—
MBS 或 ABS	—	7
三碱式硫酸铅	3	—
硬脂酸铅	2	—
氯化石蜡	3	—
轻质碳酸钙	2	—
偶氮二甲酰胺	0.5	—
硫代甘醇酸异辛酯二甲基锡	—	2
石蜡	—	0.7
氯化聚乙烯	—	0.2
硬脂酸钙	—	1.2
改性偶氮二甲酰胺	—	0.5

说明：改性偶氮二甲酰胺中含有活化剂，分解温度低，为 180～200℃，发泡较缓慢，不需要加发泡促进剂。1[#]配方主要作家具镶边和踢脚板，2[#]配方作建筑材料、家具、家用电器零部件。

23. 低发泡板材、型材参考配方

单位：质量份

原材料	结皮法	自由发泡法
聚氯乙烯树脂($K=55\sim60$)	100	100
抗冲改性树脂	8	8
加工改性树脂	8	5
环氧妥尔油酸辛酯	1	2
亚磷酸酯	0.5	0.5

续表

原材料	结皮法	自由发泡法
钡-镉高效复合稳定剂	2.5	2.5
邻苯二甲酸二辛酯	—	2
钛白粉(金红石型)	3	2
碳酸钙	3	5
偶氮二甲酰胺	—	3
碳酸氢钠	3	—
柠檬酸	0.3	—
合成酯蜡	1.5	1.5
其他助剂	适量	适量

24. 组装家具、吸塑天花板异型材

单位：质量份

原材料	组装家具	吸塑天花板
聚氯乙烯树脂($K=65\sim68$)	100	100
邻苯二甲酸二辛酯	—	5～10
氯化聚乙烯	6～8	—
三碱式硫酸铅	3～4	7
二碱式亚磷酸铅	2～3	0.5
硬脂酸铅	1	0.7
硬脂酸钡	1.5	0.5
硬脂酸	0.8	—
石蜡	1	—
碳酸钙	10～40	5
着色剂	适量	适量
其他助剂	适量	适量

二、聚氯乙烯型材配方与制备工艺

(一)无铅 PVC 型材

1. 配方[59]

单位：质量份

原材料	配方 1	配方 2
PVC	100	100
复合铝盐热稳定剂	3.8	—
复合钙锌热稳定剂	—	4.0
$CaCO_3$	20	20
CPE	8.0	8.0
ACR 改性剂	1.5	1.5
钛白粉	5.0	5.0
聚乙烯蜡	0.1	0.2
硬脂酸	0.05	0.05
群青	适量	适量
加工助剂	1～2	1～2
其他助剂	适量	适量

2. 制备方法

铅盐配方更换为钙锌配方后，热混机组运行情况比较稳定，但混料电流上升速度较快。调整混料转速，并联系复合热稳定剂生产厂家调整配方后，混料电流上升平稳，在105～110℃达到最大值；干混料质量稳定，输送情况正常。两种配方的工艺参数及流变数据见表4-71～表4-73。

表 4-71 改进前后的混料工艺参数对比

混料工艺	热混时间/s	热混电流/A	冷混时间/s	冷混电流/A
改进前	490	361	399	50
改进后	501	345	353	49

表 4-72 铅盐干混料与钙锌干混料的流变数据

干混料	加料扭矩/N·m	最小扭矩/N·m	最大扭矩/N·m	平衡扭矩/N·m	塑化时间/s
铅盐干混料	43.2	1.8	14.4	14.1	308
钙锌干混料	30.7	1.3	15.2	14.5	307

表 4-73 复合钙锌热稳定剂配方调整前后的挤出工艺参数

工艺参数	调整前	调整后
熔体温度/℃	187	186
熔体压力/MPa	21.3	20.2
背压/MPa	21.4	21.1
挤出螺杆转速/(r/min)	19.7	19.7
喂料螺杆转速/(r/min)	69.5	69.5
挤出扭矩①/%	54	52
牵引速度/(m/min)	2.71	2.68

①挤出扭矩与额定扭矩的比值，习惯上仍叫做挤出扭矩。

3. 性能

见表4-74。

表 4-74 采用钙锌配方生产的PVC型材的性能测试结果

检测结果	外观	低温落锤冲击	加热后状态	加热后尺寸变化率/%	加热后两可视面之差/%	维卡软化温度(B_{50})/℃	弯曲弹性模量/MPa	简支梁冲击强度/(kJ/m²)	拉伸冲击强度/(kJ/m²)	可焊接性/MPa	
										平均应力	最小应力
检验结果 1	合格	0/10	合格	1.9	0.2	81.2	2620	25.3	661	72.8	66.8
检验结果 2	合格	0/10	合格	1.7	0.4	79.0	2500	25.0		94.0	68.0
技术要求	颜色均匀,表面光滑、平整,无凹凸、杂质等缺陷	1/10	无气泡、裂痕、麻点等	±2.0	≤0.4	≥75	≥2200	≥20	≥600	≥35	≥30

采用钙锌配方和铅盐配方生产的PVC型材的紫外线老化试样的色空间数据见表4-75。

表 4-75 色空间数据

配方	测试时间/h	L^*	a^*	b^*	Δb^*
钙锌配方	0	93.2	−3.6	2.9	
	24	93.0	−3.5	3.3	0.4
	48	92.9	−3.4	3.4	0.5
	72	92.9	−3.4	3.8	0.9
	96	92.3	−3.5	5.7	2.8

续表

配方	测试时间/h	L^*	a^*	b^*	Δb^*
铅盐配方	0	94.0	−3.3	2.8	
	24	94.0	−3.2	3.5	0.7
	48	93.9	−3.1	3.8	1.0
	72	93.6	−3.0	4.5	1.7
	96	92.9	−3.0	6.6	3.8

（二）PVC 异型材回收料制品

1. 配方[60]

单位：质量份

原材料	用量	原材料	用量
PVC 回收料	35	硬脂酸	0.5
稀土复合热稳定剂	3.5	润滑剂	0.2
乙烯-乙烯乙酸酯共聚物	13	加工助剂	1～2
$CaCO_3$	8.0	其他助剂	适量

2. 制备方法

将 $CaCO_3$ 在真空干燥箱中烘干后，与配方中的各组分搅拌混合后在开放式塑炼机上进行塑炼，辊筒温度 140℃，塑炼 2～3min 后下片，在模压机上模压成型，用万能制样机制得标准试样。模压条件为温度 180℃，压力 10MPa，工艺为预热 10min-施压-排气-压制 5min-排气-压制 2min-冷却至 80℃。

（三）CPVC 型材

1. 配方[61]

单位：质量份

原材料	用量	原材料	用量
PVC	50	ACR 加工改性剂	1～2
CPVC	50	轻质活性 $CaCO_3$	20
有机锡稳定剂	2.0	偶联剂	0.5
硬脂酸钙	1～1.5	其他助剂	适量
58 号精炼石蜡	1.0		

2. 制备方法

（1）混料　按照配方称量好各组分，分次加入高速混合机中，低速启动，高速混合至料温达到80～130℃，然后放入低速搅拌机中冷混，当料温降到 50℃以下时放料待用。

（2）试样制备　用双辊开炼机将干混料塑化，工艺参数为前辊温度 180～190℃、转速 35r/min，后辊温度 175～185℃、转速 30r/min，开片时间 5min。开炼结束后，于 180～190℃、10～20MPa 在平板硫化机上对裁剪并叠成所需厚度和大小的片材进行热压，预热 5min，保压 7min。压好的板材在常温下进行物理性能测试。

3. 性能

以 CPVC 树脂为主要原料，配以一定比例的 PVC 树脂和助剂，生产出的 CPVC 型材的耐热变形性显著提高，具有抗风压强度佳、耐候性能佳、使用寿命长、保温隔热性能佳、气密性佳、水密性佳、防火性和电绝缘性好等特点，综合性能较好，拓宽了 PVC 型材的应用领域。

（四）活性 $CaCO_3$ 改性 PVC 型材

1. 配方[62]

单位：质量份

原材料	配方 A	配方 B	配方 C
PVC(SG-5)	100	100	100
$CaCO_3$ A 级	18	—	—
$CaCO_3$ B 级	—	18	—
$CaCO_3$ C 级	—	—	18
复合稳定剂 K6-2	4.2	4.2	4.2
加工助剂 ACR-401	1.0	1.0	1.0
CPE	8.0	8.0	8.0
钛白粉	5.0	5.0	5.0
群青	0.026	0.026	0.026
增白剂	0.03	0.03	0.03
其他助剂	适量	适量	适量

2. 制备方法

按配方称量投入高速混合机中，在一定的温度下混合一段时间，待混合均匀后出料，并用双螺杆挤出机造粒，或直接挤出成型型材。

3. 性能

见表 4-76～表 4-79。

表 4-76　活性碳酸钙样品的白度

项目	A	B	C
原始白度	94.8	95.1	94.5
热白度	93.0	93.1	93.9
白度差异	1.8	2.0	0.6
挥发分	0.25	0.20	0.22

表 4-77　型材产品颜色

项目	*L*	*a*	*b*
产品色相标准	93	−1.0	−1.5
样品 A	92.6	−1.4	−0.9
样品 B	92.8	−1.5	−0.8
样品 C	93.1	−1.1	−1.6

表 4-78　三种活性碳酸钙样品的未活化前的白度

项目	A	B	C
原始白度	95.2	95.5	95.0
热白度	95.1	95.3	94.8
白度差异	0.1	0.2	0.2
105℃挥发分	0.45	0.50	0.25

表 4-79　不同硬脂酸对 PVC-U 样品色相的影响

项目	样品 A			样品 B			样品 C		
	L	*a*	*b*	*L*	*a*	*b*	*L*	*a*	*b*
现测值	87.54	−0.5	−2.04	93.29	−0.03	−0.8	89.69	0.54	−4.36
24h	88.35	0.22	−2.57	94.99	−0.12	0.24	89.13	0.48	−4.04
后变化值	0.81	0.72	0.53	1.7	0.09	1.04	0.56	0.06	0.32

（五）PVC 彩色型材

1. 配方[63]

单位：质量份

原材料	用量	原材料	用量
PVC	100	$CaCO_3$	10
有机锡稳定剂	3～4	偶联剂	0.7
硬脂酸钡	1～2	润滑剂	0.2
CPE	10	色料	适量
ACR-401	2.0	其他助剂	适量

2. 制备方法

按配方称量，投入高速混合机中在一定的温度下将物料混合均匀，卸料，再用双螺杆挤出机挤出造粒，或直接挤出型材。

3. 性能评价

见表 4-80～表 4-83。

表 4-80　彩色型材样品清单

样品序号	着色方式	样品颜色	评价项目
1	共挤(PVC)	绿色	色差、力学性能
2	共挤(PVC)	咖啡色	色差、力学性能
3	覆膜	绿色	色差、附着力、力学性能
4	覆膜	仿木纹色	色差、附着力
5	覆膜	墨绿色	色差、附着力
6	覆膜	仿木纹色	色差、附着力
7	共挤(ASA)	墨绿色	色差、力学性能
8	通体	浅绿色	色差、力学性能
9	覆膜	墨绿色	色差
10	覆膜	蓝色	色差
11	通体	深灰色	色差
12	通体	浅灰色	色差、附着力
13	覆膜	红色	色差、附着力
14	覆膜	绿色	色差
15	共挤(PMMA)	灰色	色差
16	通体	黄色	色差
17	共挤(PMMA)	草绿色	色差
18	涂装	银色	色差、附着力

续表

样品序号	着色方式	样品颜色	评价项目
19	涂装	红色	色差、附着力
20	涂装	草绿	色差、附着力
21	通体	绿色	色差
22	共挤(丙烯酸酯类)	墨绿色	色差、力学性能
23	共挤(丙烯酸酯类)	红色	色差、力学性能
24	涂装	砖红高色	色差、附着力、力学性能
25	涂装	砖红亚光	色差
26	涂装	墨绿高光	色差
27	涂装	墨绿亚光	色差
28	共挤(PMMA)	茶色	色差、力学性能
29	共挤(ASA)	棕色	色差
30	共挤(ASA)	蔓藤绿色	色差、力学性能
31	共挤(PMMA)	墨绿色	色差、力学性能

表 4-81　彩色型材表面颜色 ΔE 随老化时间的变化

序号	L	a	b	1000h	2000h	3000h	4000h	5000h	6000h
1	37.84	−12.56	−3.43	0.90	1.45	1.93	3.44	4.02	4.88
2	44.20	10.91	14.26	5.67	17.98	21.03	22.04	24.11	24.34
3	27.98	−4.35	2.05	3.02	2.13	2.36	2.64	3.02	3.36
4	28.63	6.43	4.50	2.69	3.52	3.61	3.86	4.01	4.16
5	33.32	−0.86	−2.50	1.52	1.59	1.62	1.66	1.73	2.36
6	34.65	6.15	10.13	2.47	2.29	2.54	2.61	2.73	3.27
7	30.95	−5.28	0.56	0.39	0.46	0.57	0.61	0.64	0.71
8	51.36	−16.93	2.07	2.32	2.97	3.09	3.19	3.12	3.42
9	38.18	−6.01	6.72	0.65	1.39	1.65	1.89	2.07	2.16
10	36.77	−3.37	−34.23	2.47	1.68	1.89	2.16	2.38	2.19
11	32.42	−0.84	−2.72	0.89	0.44	1.09	1.67	1.38	1.56
12	46.32	−0.75	0.30	0.97	2.79	3.07	3.44	3.77	4.56
13	40.10	40.45	21.44	4.76	6.41	6.82	6.99	7.14	7.38
14	31.16	−14.06	2.91	2.99	3.43	3.37	3.87	4.17	4.33
15	57.65	−2.56	−3.28	0.55	2.79	1.99	2.93	3.16	3.27
16	38.16	8.30	18.95	6.91	7.12	7.37	8.89	10.11	12.16
17	53.81	−24.30	−4.20	0.36	0.66	0.74	0.98	1.11	1.67
18	86.78	−7.03	55.40	0.22	0.92	1.13	1.46	2.13	2.47
19	76.22	−0.74	−0.22	1.46	1.17	1.77	1.72	2.01	2.12
20	42.46	−26.33	−9.94	1.01	1.70	1.64	1.89	2.23	2.59
21	33.12	−10.16	−2.62	1.38	1.38	1.65	1.81	2.09	2.46
22	27.05	−8.84	−0.74	0.69	0.82	0.81	1.09	1.37	1.72

续表

序号	L	a	b	1000h	2000h	3000h	4000h	5000h	6000h
23	45.66	49.22	28.58	1.26	1.88	2.26	2.77	3.48	3.87
24	39.10	42.35	23.47	1.39	1.42	1.63	2.81	3.07	3.78
25	42.33	43.66	28.38	1.15	1.23	2.16	3.32	3.45	4.05
26	31.33	−5.69	0.22	0.31	0.28	0.69	0.94	1.13	1.93
27	32.69	−6.33	0.59	0.49	0.37	1.05	1.21	1.45	2.05
28	32.64	2.43	8.46	1.20	1.34	1.89	2.66	3.15	3.27
29	28.45	0.78	0.70	1.53	1.83	2.12	2.33	2.69	3.12
30	31.25	−6.39	0.73	1.24	1.96	3.83	3.86	4.41	4.22
31	32.35	−8.50	−0.30	0.26	0.33	0.38	0.68	0.98	1.36

表 4-82　彩色型材表面颜色 Δb 随老化时间的变化

序号	L	a	b	1000h	2000h	3000h	4000h	5000h	6000h
1	37.84	−12.56	−3.43	0.25	1.00	1.22	2.18	3.09	3.44
2	44.20	10.91	14.26	−0.61	−9.49	−12.33	−15.88	−18.59	−18.44
3	27.98	−4.35	2.05	1.96	1.35	1.55	1.83	2.37	2.36
4	28.63	6.43	4.50	1.77	2.06	2.27	2.93	3.22	3.62
5	33.32	−0.86	−2.50	0.46	0.45	0.52	0.68	0.69	0.73
6	34.65	6.15	10.13	1.57	1.54	1.72	1.83	1.91	2.31
7	30.95	−5.28	0.56	0.02	−0.03	−0.12	−0.09	−0.15	−0.19
8	51.36	−16.93	2.07	1.33	1.81	1.99	1.92	1.89	2.01
9	38.18	−6.01	6.72	0.58	1.31	1.45	1.68	1.88	1.93
10	36.77	−3.37	−34.23	−1.81	−0.84	−0.96	−1.26	−1.63	−1.39
11	32.42	−0.84	−2.72	0.05	0.00	0.13	0.23	0.19	0.31
12	46.32	−0.75	0.30	0.92	0.41	0.55	0.61	0.69	0.75
13	40.10	40.45	21.44	3.88	5.20	5.69	6.05	6.16	6.53
14	31.16	−14.06	2.91	1.43	1.56	1.36	1.65	2.68	2.66
15	57.65	−2.56	−3.28	0.36	2.46	1.88	2.63	2.85	2.96
16	38.16	8.30	18.95	−6.23	−6.39	6.68	−7.71	−8.26	−10.11
17	53.81	−24.30	−4.20	0.10	−0.01	−0.08	0.15	0.18	0.22
18	86.78	−7.03	55.40	0.16	−0.56	−0.88	−1.10	−1.26	−1.85
19	76.22	−0.74	−0.22	0.06	0.26	0.42	0.58	0.69	0.75
20	42.46	−26.33	−9.94	0.12	0.33	0.31	0.49	1.05	1.19
21	33.12	−10.16	−2.62	−0.01	−0.05	−0.25	−0.29	−1.02	−1.08
22	27.05	−8.84	−0.74	0.02	0.06	0.05	0.25	0.16	0.23
23	45.66	49.22	28.58	0.82	1.08	1.12	1.39	2.26	2.36
24	39.10	42.35	23.47	0.69	0.89	1.02	1.09	1.59	1.87
25	42.33	43.66	28.38	0.26	0.39	0.35	0.88	0.97	1.09
26	31.33	−5.69	0.22	0.05	0.00	0.15	0.19	0.22	0.28

续表

序号	L	a	b	1000h	2000h	3000h	4000h	5000h	6000h
27	32.69	−6.33	0.59	0.08	0.06	0.04	0.12	0.11	0.22
28	32.64	2.43	8.46	0.13	0.09	0.37	0.56	0.95	1.01
29	28.45	0.78	0.70	0.15	0.18	0.32	0.36	0.66	0.87
30	31.25	−6.39	0.73	−0.09	−0.40	−0.13	−0.20	−0.35	−0.01
31	32.35	−8.50	−0.30	−0.08	−0.28	−0.05	−0.16	0.21	−0.39

表 4-83 彩色型材双 V 缺口冲击强度随老化时间的变化

编号	原始	冲击强度/(kJ/m²)			冲击强度保留率/%		
		2000h	4000h	6000h	2000h	4000h	6000h
1	78.3	64.2	61.1	54.0	82	78	69
2	81.2	62.5	55.2	47.1	77	68	58
3	72.5	69.6	67.4	64.5	96	93	89
7	49.9	45.4	42.4	40.4	91	85	81
8	73.8	63.5	59.8	55.4	86	81	75
22	73.5	67.6	66.2	59.5	92	90	81
23	75.8	67.5	62.9	58.4	89	83	77
24	69.3	63.8	56.1	54.7	92	81	79
28	42.6	36.6	36.2	28.1	86	85	66
30	54.8	47.7	42.7	40.0	87	78	73
31	60.9	55.4	49.9	46.9	91	82	77

(六)耐低温 PVC 型材

1. 配方

见表 4-84[64]。

表 4-84 耐低温 PVC 型材配方

原材料	用量/份	原材料	用量/份
PVC 树脂	100	钛白粉	4
有机锡/硬脂酸钙复合稳定剂	2.8	润滑剂	1.0
CPE/抗冲 ACR	10	紫外线吸收剂	0.3
加工 ACR	2	颜料	适量
超细活性碳酸钙	5		

2. 生产工艺

采用的 PVC 型材的生产工艺条件分为高速混合、锥形双螺杆挤出机造粒和单螺杆挤出机挤出 3 个工艺过程。

(1) 高速混合工艺　首先将 PVC 树脂、复合稳定剂加入高速混合机内混合至 90～95℃，然后加入冲击改性剂、外润滑剂、紫外线吸收剂、颜料等助剂继续混合至 110～

115℃，最后加入钛白粉和碳酸钙，混合1～2min排料至带夹套循环水冷却的冷混机中继续混合，当混合物料的温度达到40℃左右时出料至储料仓中待用。

(2) 锥形双螺杆挤出机造粒工艺　采用螺杆直径为105mm，螺杆长度为1050mm的锥形双螺杆挤出机。

造粒工艺条件为：1区加热温度180℃，2区加热温度185℃，3区加热温度190℃，4区加热温度175℃，合流芯加热温度170℃，机头加热温度165℃，主机电流24～25A。

(3) 单螺杆挤出机挤出工艺　采用螺杆直径为65mm，螺杆长度为1625mm的单螺杆挤出机（由上海挤出机械厂生产）。

挤出工艺条件为：1区加热温度120℃，2区加热温度165℃，3区加热温度180℃，4区加热温度190℃，主机电流19～21A。

3. 性能

耐低温PVC型材的性能测试结果如表4-85所示。

表4-85　耐低温PVC型材的性能实测结果

性能	实测数据	性能	实测数据
拉伸强度/MPa	51.2	23℃缺口冲击强度/(kJ/m^2)	30.4
屈服强度/MPa	47.1	-20℃缺口冲击强度/(kJ/m^2)	7.5
断裂伸长率/%	180	0.45MPa条件下热变形温度/℃	84
弯曲强度/MPa	93.0	表面硬度(邵尔D)	75

从表4-85可以看出：该PVC型材具有较好的拉伸强度、弯曲强度、冲击强度，断裂伸长率，表面硬度和热变形温度；同时，该耐低温PVC型材-20℃时低温缺口冲击强度为7.5kJ/m^2，具有较好的低温冲击性能，可以满足在冷藏柜、箱式冷藏车和冷库等条件下对PVC型材的要求。

第五节　聚氯乙烯薄膜

一、经典配方

具体配方实例如下[1～4]。

1. 耐候耐寒性PVC薄膜

单位：质量份

原材料	用量	原材料	用量
PVC	100	芳香族有机磷化合物	3
DOP	47	受阻酚	适量
液态环氧树脂	3	其他助剂	适量
Ca/Ba/Zn复合稳定剂	2.5		

说明：PVC农膜配方中添加的2,6-二甲苯基或2,4,6-三甲苯基等受阻苯基安全无毒的特定的芳香族有机磷化合物，它无神经毒性，能使农膜具有优异的耐寒、耐候性能，而且使用寿命长，值得推广应用。

2. 防滴农膜

单位：质量份

原材料	用量	原材料	用量
PVC	100	液体Ba/Cd/Zn复合稳定剂	2～3
DOP	20～35	亚磷酸苯二异辛酯	0.3～1
烷基磺酸苯酯	5～15	甘油酯	2
己二酸二辛酯	10	木糖醇甘油酯	1.1
环氧酯	3～6	其他助剂	适量

说明：强度为未拉伸膜的3～5倍，透明度与表面光泽提高。对气体和水蒸气的渗透力降低，提高了制品的使用价值。该薄膜厚度减小，幅宽增大，成本降低。其耐热、耐磨性能得到改善，扩大了使用范围。主要用作农业防滴膜，制造塑料大棚和温室等。

3. 透明PVC膜

单位：质量份

原材料	用量	原材料	用量
PVC	100	硬脂酸	0.1～1
DOP	30～60	UV-9	0.2～0.8
DOA	6～10	群青	适量
聚乙烯蜡	0.5～1.5	其他助剂	适量

说明：此膜具有设备投入少、薄膜强度高、透明度好、幅宽大、耐热耐老化的特性。主要用作包装膜。

4. PVC食用菌棚膜

单位：质量份

原材料	配方1	配方2
PVC	100	100
DOP	47	47
ESO	4	4
其他助剂	适量	适量
Ba/Cd/Zn	2.0	—
Ba/Zn	—	2.2
亚磷酸酯(PDOP)	1.0	1
抗氧剂	0.5	0.5
其他助剂	适量	适量

说明：此膜透明性、耐老化性和耐热性良好，加工性能亦佳，且成本低。主要用作食用菌棚膜，是食用菌棚专用膜料。

5. PVC灯箱膜

单位：质量份

原材料	用量	原材料	用量
PVC	100	UV-9	0.3～1.0
DOP	30～45	双酚A	0.2～0.8
DOA	2～6	轻质碳酸钙	16～20
硬脂酸钡($BaSt_2$)	0.3～1.0	颜料	适量
硬脂酸镉($CdSt_2$)	0.3～1.0	其他助剂	适量
硬脂酸	0.2～0.6		

说明：与未拉伸膜相比，此膜强度是它的3～5倍，透明度和表面光泽提高，对气体和

水蒸气的渗透力降低，薄膜厚度减小，幅宽增大，成本降低；耐热耐磨性进一步增大。主要用于制备灯箱和装饰膜，也可用于壁画膜等。

6. PVC 盐膜（一）

单位：质量份

原材料	配方 1	配方 2	配方 3
PVC	100	100	100
增塑剂	50	50	50
YL-HP	0.6	0.6	0.6
Ba/Cd/Zn	3.0	3.0	3.0
HSt	0.2	0.2	0.2
双酚 A	0.3	0.3	0.3
UV-9	0.3	—	—
炭黑	—	2	—
三嗪-5	—	—	0.3
其他助剂	适量	适量	适量

说明：此盐膜的力学性能、耐老化性、耐卤水抽出性、低温伸长率、热损失性等优良。同时，产品具有幅宽、强度大、无针孔、晶点少、厚度均匀、边齐、平整、易粘接等优点，满足了使用要求，深受用户欢迎，经济效益和社会效益显著。主要用于盐场薄膜苫盖结晶池新工艺中，用以提高盐产量和质量。

7. PVC 盐膜（二）

单位：质量份

原材料	用量	原材料	用量
PVC	100	抗氧剂	5
增塑剂(癸二酸酯)	45～55	螯合剂	1
丁腈橡胶	3～5	UV-9	0.4
$BaSt_2$	2～3	其他助剂	适量
$CdSt_2$	0.5～3		

说明：新研制的吹塑盐膜不仅物理指标高于市场上的老产品，而且物理性能指标的下降率也低于市售的老产品。该 PVC 盐用薄膜新产品的配方合理，加工条件适宜，其耐久性、耐候性以及性能指标均达到或超过同类产品，延长了 PVC 盐用薄膜的使用寿命。

8. 消雾型 PVC 无滴大棚膜

单位：质量份

原材料	普通无滴膜（WD-1）	消雾无滴膜（XW-1）	消雾无滴膜（XW-2）
PVC	100	100	100
DOP	40	40	40
ESO	3	3	3
DOS(癸二酸二辛酯)	7	7	7
硬脂酸钡或硬脂酸铬	3	3	3
无滴剂 1	2.0	2.0	2.0
无滴剂 2	1.5	1.5	1.5
消雾气剂	0	0.15	0.2
其他助剂	适量	适量	适量

说明：消雾型 PVC 无滴大棚膜配方中消雾气剂的最适宜用量为 0.1%，它能赋予产品消雾功能，而对产品的其他性能并无多大的影响。用消雾型 PVC 无滴大棚膜覆盖大棚，能够有效地消除棚内雾气，降低棚内湿度，增加棚内光照强度，减少农作物病虫害，增加作物产量。消雾型 PVC 无滴大棚膜是目前最新型的塑料温室用覆盖材料，是普通无滴大棚膜的更新换代产品。

9. 不渗透 PVC 膜

单位：质量份

原材料	用量	原材料	用量
PVC(K=70)	100	三碱式硫酸铅	0.7～0.9
P83	20～40	二碱式硬脂酸铅	0.7～0.9
DOP	65～75	液态有机亚磷酸酯	适量
$CaCO_3$	25～30		

说明：此膜具有强度高、耐低温、耐老化、厚度均匀、不渗透、保温性好、无公害等特点。可用于农田地膜、防渗透膜等方面。

10. 日本产耐候性 PVC 农膜

单位：质量份

原材料	用量	原材料	用量
PVC(TK 1300)	100	3,4-环氧己基胺	0.3
DOP	47	硬脂酸锌磷酸盐(混合料)	0.3
磷酸三甲酚酯	5	其他助剂	适量
山梨醇	0.3		

说明：此膜强度高、耐老化性优越、耐热性好、透明度高、厚度均匀、保温效果良好，且无公害、成本低廉。此膜由日本旭电化工业公司开发生产，主要用于农田覆盖膜和大棚膜等方面。

11. PVC 硬质扭结膜

单位：质量份

原材料	用量	原材料	用量
PVC	100	其他助剂	适量
硫醇有机锡	1.5～2.5	S 型抗静电剂	1～5
MBS	5～8	其他助剂	适量
ACR	1.5～2.5		

说明：该膜是经抗静电剂处理的 PVC 硬质膜，又称为特级玻璃纸，其强度高、耐折叠扭结，且透明、厚度均匀、工艺性好。主要用作新型现代包装材料，即特级 PVC 玻璃纸。

12. 黄色自粘 PVC 薄膜

单位：质量份

原材料	用量	原材料	用量
PVC($\overline{DP}$=800)	100	石蜡	1.4
DEDB(二甘醇二苯甲酸酯)	16	轻质碳酸钙	28
450 酯	10	钛白粉	1
氯化石蜡	8	中铬黄	68
膏状复合稳定剂	2	荧光黄	14
复合铅盐稳定剂	1.5	立索尔宝红	8
硬脂酸	1	其他助剂	适量
DOP	16		

说明：PVC 黄色自粘薄膜是根据黄色光对美洲斑潜蝇和南美斑潜蝇的刺激值来调整黄

色配方的 PVC 压延膜。不干胶是透明、无毒、无味的，当粘住的害虫达到一定密度后，可用水洗去害虫，待水自然干燥后可继续再用。

13. PVC 胶带薄膜

单位：质量份

原材料	普通绝缘级胶带膜	阻燃绝缘级胶带膜
PVC(WS1300)	100～95	100～95
CPE(140B)	0～5	0～5
DOTP	26	26
ESO	6	6
TOTM	6	8
溴化石蜡	5～7	5
DOP	5	5
3PbO	1.5	1.5
G33-1 高分子复合酯	1	1
CAMG 阻燃剂	0～1	3～4
煅烧陶土	0～10	0～5
颜料	2～3	2～3
其他助剂	适量	适量

14. PVC 仿布型面料薄膜

单位：质量份

原材料	规格、型号	用量
PVC	SG-3，一级	100
三碱式硫酸铅	工业品	3
硬脂酸钡	工业品	1
TTP	工业品	0.5
DOP	工业品	20
DBP	工业品	10
M-50	工业品	10
1279 酯	工业品	8
环氧酯	工业品	4
硬脂酸	工业品	0.5
氧化镁	一级	5
氧化锌	轻质，一级	10
钛白粉	一级	3
着色剂	—	适量
EVA	—	10
其他助剂	—	适量

说明：通过对仿布型面料薄膜配方和工艺的研究以及在进行大量试验的基础上，生产的仿布型面料膜在外观、手感、遮盖力、柔软度等方面都接近于布料的特征，力学性能符合国家标准 GB/T 3830—2008（雨衣用薄膜标准）。

15. PVC 热收缩薄膜

① 无毒 PVC 透明食品包装用热收缩薄膜配方

配方 1

单位：质量份

原材料	用量	原材料	用量
PVC 树脂粉(SG-6 或 SG-7,VCM≤1mg/kg)	100	无毒有机锡稳定剂	2.5
DOP 增塑剂	5	环氧大豆油	4
ACR	3.5	硬脂酸丁酯	0.5～1
CPE	3	其他助剂	适量

配方 2

单位：质量份

原材料	用量	原材料	用量
PVC(SG-5,VCM≤1mg/kg)	100	硬脂酸钙	2
DOP 增塑剂	8	环氧大豆油	5
MBS 增韧剂	5	硬脂酸丁酯	1.5
CPE	31	石蜡	0.5
无毒有机锡稳定剂	1.5	其他助剂	适量

配方 3

单位：质量份

原材料	用量	原材料	用量
PVC(SG-5～7,VCM≤1mg/kg)	100	无毒有机锡稳定剂	2
DOP	8～10	环氧大豆油	2～3
ACR	4	硬脂酸钙	1
MBS 增韧剂	3	石蜡	0.5～1
无毒液体钙锌复合稳定剂	2	其他助剂	适量

② 无毒半透明 PVC 热收缩薄膜配方

单位：质量份

原材料	用量	原材料	用量
PVC(SG-5～7,VCM≤1mg/kg)	100	无毒液体钙锌复合稳定剂	3
DOP	5～10	无毒有机锡稳定剂	0.5～1
ABS	3～5	硬脂酸	0.5
CPE	3	石蜡	0.5
环氧大豆油	2～3	其他助剂	适量

③ 无毒着色 PVC 热收缩薄膜配方

单位：质量份

原材料	用量	原材料	用量
PVC 树脂粉(SG-5～7,VCM≤1mg/kg)	100	液体钡锌稳定剂	4
ABS	3～5	硬脂酸锌	1.5
浓缩 PVC 色母料	4	硬脂酸丁酯	3
CPE	3～5	石蜡	0.5
DOP	5	其他助剂	适量
环氧大豆油	3～5		

④ 包装工业品的 PVC 热收缩薄膜配方

单位：质量份

原材料	用量	原材料	用量
PVC 树脂粉(SG-5～7)	100	ACR	3.5
DOP 增塑剂	5～10	CPE	1.5
三碱式硫酸铅	3.5	白色母料	4
二碱式亚磷酸铅	1.5	硬脂酸	0.5
硬脂酸钡	1	石蜡	0.5
环氧大豆油	2	其他助剂	适量

⑤ 增强工业品包装用 PVC 热收缩薄膜配方

单位：质量份

原材料	用量	原材料	用量
PVC 树脂粉(SG-5～7)	100	三碱式硫酸铅	3.5
DOP	5	二碱式亚磷酸铅	1.5
ABS	6	硬脂酸钡	1.5
MBS	12	石蜡	0.5～1
CPE	2	其他助剂	适量

⑥ 电线电缆接头用热收缩套管配方

配方 1

单位：质量份

原材料	用量	原材料	用量
PVC 树脂粉(SG-5 或 SG-6)	100	活性 $CaCO_3$(>300 目)	10～20
MBS	3	P83 粉末	5～8
CPE	31	硬脂酸钡	1
DOP	5	石蜡	0.5
三碱式硫酸铅	2.5	硬脂酸	0.5
二碱式亚磷酸铅	2.5	美国 230 增亮剂	0.5～1
白色母料	适量	其他助剂	适量

配方 2

单位：质量份

原材料	用量	原材料	用量
PVC 树脂粉(SG-5～7 型)	100	石蜡	0.2
三碱式硫酸铅	5	ABS	10～20
硬脂酸铅	0.5	DOP	5
硬脂酸钡	1.5	其他助剂	适量

16. PVC 缠绕膜系列配方

(1) PVC 包装用薄膜配方

单位：质量份

原材料	硬质 1	硬质 2	软质 1	软质 2	通用	半硬质
PVC	100	100	100	100	100	100
DOP	26	25	43	41.5	25	8
S 45	17	—	17	—	—	—
S 52	—	20	—	20	—	—
Ba/Cd 稳定剂	1.5	1.5	1.5	1.5	1.5	—

续表

原材料	硬质1	硬质2	软质1	软质2	通用	半硬质
环氧大豆油	0.5	0.5	0.5	0.5	—	4
螯合剂	0.5	0.5	0.5	0.5	1.0	—
HSt	0.5	0.5	0.5	0.5	0.5	—
DAP	—	—	1.5	1.5	—	—
DBP	—	—	—	—	25	—
硬脂酸钡或硬脂酸镉	—	—	—	—	0.5	—
MBS	—	—	—	—	—	4
ACR	—	—	—	—	—	1～2
钙锌高效稳定剂	—	—	—	—	—	3
聚乙烯蜡	—	—	—	—	—	1.5
其他助剂	适量	适量	适量	适量	适量	适量

其中，S45 和 S52 是英国 ICI 公司的氯化聚乙烯牌号；DAP 是邻苯二甲酸二烯丙酯。

(2) 日本三井东亚化学株式会社推荐的压延法 PVC 薄膜配方

单位：质量份

原材料	透明	不透明1	不透明2
PVC(Vinychlon 4000M3)	100	100	100
DOP	30～60	20～40	30～90
ESO	2～3	DHR10～20	—
Ba/Cd/Zn	1～2	1	—
硬脂酸钡或硬脂酸镉	0.5～1	1～1.5	—
螯合剂	0.2～0.5	0.2～0.5	—
酰胺类润滑剂	0.2～0.5	—	—
钛白粉	—	2～5	—
三碱式硫酸铅	—	—	2～3
二碱式亚磷酸铅	—	—	0.5～1
$PbSt_2$	—	—	0.5
$CaCO_3$	—	—	0～50
其他助剂	适量	适量	适量

其中 Vinychlon 4000 M3 是日本三井东亚化学生产的 PVC 牌号。

(3) 日本三井东亚化学株式会社推荐的挤出法薄膜配方

单位：质量份

原材料	透明型	不透明型
PVC	100	100
DOP	25～45	25～45
ESO	3～5	3～5
Ba/Cd 稳定剂	1.5～2.5	1.0～1.5
硬脂酸钡或硬脂酸镉	1.0～1.5	1.5～2
螯合剂(磷酸酯)	0.5～1	0.2～0.5
酰胺类润滑剂	0.3～0.5	0.2～0.4
CPE	1	1
ACR	2	2
钛白粉	—	2～5
颜料	—	适量
其他助剂	适量	适量

（4）其他 PVC 缠绕膜配方

配方 1

单位：质量份

原材料	用量	原材料	用量
PVC	100	油酸酰胺	1.2
DOP 增塑剂	15	无毒有机锡稳定剂	2.5
DBP 增塑剂	5	环氧大豆油	5
ACR	3	硬脂醇	1
P83 粉末	7	其他助剂	适量
CPE	2.5		

配方 2

单位：质量份

原材料	用量	原材料	用量
PVC 树脂粉	100	有机锡无毒稳定剂	2.5
氯丁橡胶	8～10	硬脂酸甘油酯	1.2
DOP	15	环氧大豆油	5
MBS	5	硬脂酸钡	2
CPE	3	其他助剂	适量

配方 3（无毒白色 PVC 缠绕膜配方）

单位：质量份

原材料	用量	原材料	用量
PVC 树脂粉	100	环氧大豆油	4
DOP	15	液状石蜡	1.5
P83 粉末	8	ACR	3
白色母料	4	CPE	1.5
液体无毒钡锌复合稳定剂	4	其他助剂	适量
硬脂酸钙	4		

配方 4（着色 PVC 工业品缠绕膜配方）

单位：质量份

原材料	用量	原材料	用量
PVC 树脂粉	100	环氧大豆油	5
DOP	15	硬脂酸	1.2
P83 粉末	8	液状石蜡	0.8～1
色母料	适量	ACR	3
三碱式硫酸铅	3.5	CPE	1.5
二碱式硬脂酸铅	15	其他助剂	适量

17. 压延法制备 PVC 包装薄膜

单位：质量份

原材料	无毒透明 1	无毒透明 2	无毒透明 3	低毒透明 1	低毒透明 2
PVC($\overline{DP}$=800)	100	100	100	100	100
MBS	2	2	2	2	3
DOP	2	2	2	2	3
T410(马来酸锡)	—	—	—	2	—

续表

原材料	无毒透明1	无毒透明2	无毒透明3	低毒透明1	低毒透明2
C-102(月桂酸二丁基锡)	0.8	—	—	0.8	0.3
Kalen A-88(高级醇)	0.3	0.3	0.3	0.3	0.3
SS-1000(硬脂酸单甘油酯)	0.3	0.3	0.3	0.3	—
OP 蜡	0.1	0.1	0.1	0.1	—
M-101-EK	—	—	—	2	—
OM-2E(马来酸二辛基锡)	—	3	3	—	—
OT-4(硫醇二正辛基锡)	—	—	0.5	—	—
液体 Ca/Ba/Zn 复合稳定剂	—	—	—	—	1.5
Ca/Pb/Ba 稳定剂(粉状)	—	—	—	—	0.2
HSt	—	—	—	—	0.3
亚磷酸酯螯合剂	—	—	—	—	0.3
其他助剂	适量	适量	适量	适量	适量

说明：PVC 树脂中氯乙烯单体（VCM）含量在 1mg/kg 以下的是无毒聚氯乙烯，如果在 PVC 树脂的配方中，各种助剂也无毒，则生产出来的 PVC 薄膜和片材就可以作为直接与食品及药品相接触的包装材料。一般的 PVC 中，由于氯乙烯单体含量在 1mg/kg 以上，而 VCM 有强烈的致癌性，所以当它的制品用于包装时，就只能用于非食品药品类（如工业品）的包装上。

18. 农业薄膜

(1) 耐低温防老化农膜

单位：质量份

原材料	配方1	配方2	配方3
聚氯乙烯树脂,XS-2	100	100	100
邻苯二甲酸二辛酯	35	37	47
癸二酸二辛酯	10	10	—
环氧硬脂酸辛酯	5		5
硬脂酸钡	1.8	2.4	0.5
硬脂酸镉	0.6	0.8	0.3
硬脂酸锌	0.2	—	0.1
钡-镉液态稳定剂	—	—	2
双酚 A	0.4	0.5～1	0.5
UV-9	0.3	—	—
三嗪-5	—	—	0.3
亚磷酸三苯酯	1	0.5	0.8
其他助剂	适量	适量	适量

(2) 一般农膜

单位：质量份

原材料	通用型1	防滴型1	防滴型2
聚氯乙烯树脂,XS-3	100	100	100
邻苯二甲酸二辛酯	16	37	25
邻苯二甲酸二仲辛酯	16	—	—
烷基磺酸苯酯	10	—	10
己二酸二辛酯	5	10	10
环氧酯	3	3	5

续表

原材料	通用型 1	防滴型 1	防滴型 2
液体镉-钡-锌复合稳定剂	2.5	—	2.5
木糖醇甘油酯	—	—	1.1
亚磷酸苯二异辛酯	0.5	—	0.5
硬脂酸甘油酯	—	—	2
硬脂酸	0.2	—	—
硬脂酸钡	—	2	—
硬脂酸镉	—	0.5	—
其他助剂	适量	适量	适量

(3) 无镉、耐低温、防老化膜

单位：质量份

原材料	配方 1	配方 2
聚氯乙烯树脂	100	100
邻苯二甲酸二正辛酯	40～45(DOP)	40
环氧大豆油	3～5	5
己二酸二辛酯	5	5
液体钡-锌复合稳定剂	—	1.5
固体钡-锌复合稳定剂	1	1.0
亚磷酸苯二异辛酯	0.5～1	0.5
UV 型紫外线吸收剂	0.1～0.2	0.1
月桂酸二丁基锡	1～2	—
其他助剂	适量	适量

19. 雨衣薄膜

(1) 低温韧性雨膜　增塑剂量较多，55 份，以保证冬季的柔软性，为了提高低温韧性，可加 5～10 份丁腈橡胶，邻苯二甲酸二辛酯也可用部分类似的苯二甲酸酯代替。

单位：质量份

原材料	配方 1	配方 2
聚氯乙烯树脂,XS-3	100	100
邻苯二甲酸二辛酯	42	32
邻苯二甲酸二丁酯	—	8
癸二酸二辛酯	8	10
环氧酯	5	—
丁腈橡胶	10	—
液体钡或硬脂酸钡	1.5	1.25
硬脂酸镉	—	1.2
三碱式硫酸铅	0.5	—
双酚 A	0.3	—
硬脂酸	0.2	0.2
其他助剂	适量	适量

(2) 一般雨膜　本配方要降低成本，可用己二酸二辛酯代替癸二酸二辛酯，用 0.259 份

增塑剂代替部分癸二酸二辛酯成本还要低。

单位：质量份

原材料	配方 1	配方 2
聚氯乙烯树脂，XS-3	100	100
邻苯二甲酸二辛酯	22	25
邻苯二甲酸二丁酯	20	10
癸二酸二辛酯	10	10
环氧酯	—	7
硬脂酸铅	1	1.25
硬脂酸钡	1	1.85
硬脂酸	0.2	0.2
其他助剂	适量	适量

(3) 推荐雨膜

单位：质量份

原材料	配方 1	配方 2
聚氯乙烯树脂($\overline{P}=1300$)	100	100
邻苯二甲酸二正辛酯	40～45(DOP)	40
邻苯二甲酸二庚酯	—	10
双(硫代甘醇酸异辛酯)二丁基锡	1	—
硬脂酸钙	0.5～1	0.3
月桂酸二丁基锡	1～2	—
其他助剂	适量	适量

20. 日用薄膜

(1) 不透明膜（玩具、印花等）

单位：质量份

原材料	配方 1	配方 2	配方 3	配方 4
聚氯乙烯树脂，XS-3	100	100	100	100
邻苯二甲酸二辛酯	8	16	22	20
邻苯二甲酸二仲辛酯	8	7	—	—
邻苯二甲酸二丁酯	17	20	20	10
癸二酸二辛酯	6	—	8	8
烷基磺酸苯酯	5	—	—	10
氯化石蜡	5	—	—	—
环氧酯	—	4	—	—
液体钡	1.5	—	—	—
硬脂酸钡	—	1	1	1.5
硬脂酸铅	—	—	—	1.25
三碱式硫酸铅	0.5	0.5	1	0.5
二碱式亚磷酸铅	—	0.5	1	—
轻质碳酸钙	5	—	5	—
硬脂酸	0.2	0.3	0.2	0.2
其他助剂	适量	适量	适量	适量

（2）透明膜　下面配方中癸二酸二辛酯可用0259代替，液体钡-镉可用粉状代替，应研浆使用。

单位：质量份

原材料	配方1	配方2	配方3	配方4
聚氯乙烯树脂，XS-2、XS-3	100	100	100	100
邻苯二甲酸二辛酯	20	21	34	25
邻苯二甲酸二丁酯	15	7	14	—
癸二酸二辛酯	5		—	5
环氧酯	—	3		
烷基磺酸苯酯	8		—	0.165
液体钡-镉复合稳定剂	2.5	2.5	—	2.5
硬脂酸钡	—	1	1.3	1.65
硬脂酸铅	—		1.3	
硬脂酸镉				0.165
硬脂酸	0.2	0.3	0.2	0.33
增白剂	—	0.016	—	0.002
群青		0.165		
其他助剂	适量	适量	适量	适量

（3）半透明尼膜　尼膜配方中增塑剂总量48～52份，也是可以互换的以满足不同品种的需要，乳白膜可加钛白粉1～2份。

单位：质量份

原材料	配方1	配方2
聚氯乙烯树脂，XS-3	100	100
邻苯二甲酸二辛酯	10	25
邻苯二甲酸二仲辛酯	12	—
邻苯二甲酸二丁酯	14	10
环氧酯	3	2
癸二酸二辛酯	—	1
氯化石蜡	10	—
烷基磺酸苯酯	—	10
硬脂酸钡	0.8	0.8
硬脂酸铅	0.8	0.5
三碱式硫酸铅	1	0.7
二碱式亚磷酸铅	—	0.7
硬脂酸	0.2	0.2
碳酸钙	1～2	15
钛白粉	—	1
增白剂、群青	—	适量

(4) 厚膜配方

单位：质量份

原材料	文具盒厚膜(不透明)	低成本厚膜	耐油厚膜
聚氯乙烯树脂($\overline{P}$=1100～1300)	100	100	100
邻苯二甲酸二辛酯	35	20	—
邻苯二甲酸二庚酯	—	18	—
丁腈橡胶	5	—	—
磷酸三甲苯(酚)酯	—	—	10
聚己二酸丙二醇酯	—	—	40
氯化石蜡	—	10	—
液体钡-镉-锌复合稳定剂	1	—	—
硬脂酸钡-镉复合稳定剂	0.5	—	1.5
三碱式硫酸铅	—	4	—
硬脂酸铅	—	1	—
亚磷酸酯	—	—	0.5
硬脂酸	—	—	0.1
碳酸钙	10～20	20～30	

21. 工业包装薄膜

单位：质量份

原材料	配方 1	配方 2	配方 3
聚氯乙烯树脂,XS-2	100	100	100
邻苯二甲酸二辛酯	22	—	18
邻苯二甲酸二丁酯	25	20	13
邻苯二甲酸 7～9 酯	—	20	—
石油磺酸苯酯	—	—	10
癸二酸二辛酯	5	—	6
环氧酯	—	3	—
氯化石蜡	—	5	—
硬脂酸钡	1	1	0.8
硬脂酸铅	1	1	0.8
碱式硫酸铅	—	—	1
碳酸钙	—	—	3
硬脂酸	0.3	0.2	0.2
其他助剂	适量	适量	适量

22. 卫生级薄膜

单位：质量份

原材料	医用	输血
聚氯乙烯树脂,XS-2,VCM<5×10^{-6}	100	100
邻苯二甲酸二辛酯	45	—
邻苯二甲酸二正辛酯	—	45
环氧大豆油	5	5
硬脂酸钙	1	0.5
硬脂酸锌	1	—
液体钙-锌复合稳定剂	0.8	—
双(马来酸单辛酯)二正辛基锡	—	1
硫代甘醇酸异辛酯二正辛基锡	1	—
硬脂酸	—	0.3
亚磷酸酯(OHP)	0.5	—
细二氧化硅粉	适量	—
其他助剂	适量	适量

23. 木纹膜

单位：质量份

原材料	用量	原材料	用量
聚氯乙烯树脂	100	硬脂酸锌	0.5
增塑剂	80～90	碳酸钙	25
氯化聚乙烯	40	石蜡	0.2
碱式硫酸铅	2.5	其他助剂	适量
硬脂酸钡	1～1.5		

24. 微生物降解薄膜

单位：质量份

原材料	用量	原材料	用量
聚氯乙烯树脂	100	稳定剂	2～3
木薯淀粉	40	润滑剂	0.5～1
邻苯二甲酸二辛酯	40～45		

说明：木薯淀粉选用重量比为 2/3～3/2 的甲基丙烯酸甲酯和丙烯酸丁酯的混合单体接枝到木薯淀粉上，接枝率为 13%～23%，以便改善与聚氯乙烯的相容性。

25. 吹塑薄膜

配方 1

单位：质量份

原材料	透明	工业用	民用包装
聚氯乙烯树脂，XS-3	100	100	100
邻苯二甲酸二辛酯	14	10	12
邻苯二甲酸二丁酯	9	10	9
烷基磺酸苯酯	—	9	—
癸二酸二辛酯	—	8	4
环氧酯	7	3	5
硬脂酸钡	0.8	1.7	1
硬脂酸镉	0.4	0.5	0.4
月桂酸二丁基锡	1.5	—	—
亚磷酸三苯酯	—	—	0.8
石蜡	—	0.3	0.3
硬脂酸单甘油酯	—	0.5	0.5
滑石粉	—	1.5	—
白油	0.3	—	—
其他助剂	适量	适量	适量

配方 2

单位：质量份

原材料	透明	农用
聚氯乙烯树脂($\overline{P}=1100$)	100	100
邻苯二甲酸二辛酯	25	24
邻苯二甲酸二丁酯	—	4
烷基磺酸苯酯	—	11
癸二酸二辛酯	—	7
环氧大豆油	5	4
聚己二酸丙二醇酯	5	—

续表

原材料	透明	农用
硬脂酸钡	0.3	1.7
硬脂酸镉	0.3	0.5
月桂酸二丁基锡	2	—
亚磷酸三苯酯	—	0.5
硬脂酸单甘油酯	—	0.3
石蜡	—	0.2
滑石粉	—	0.5
其他助剂	适量	适量

26. 玻璃纸（扭结膜、糖纸-吹塑法）

单位：质量份

原材料	配方 1	配方 2
聚氯乙烯树脂，XS-6，7（VCM<5×10^{-6}）	100	100
MBS	5～6	5～10
硫代甘醇酸异辛酯二甲基锡	1.5	—
月桂酸二正辛基锡	0.5	—
硫代甘醇酸异辛酯二正辛基锡	—	2～3
丙烯酸酯类加工改性剂	1～2	1～3
硬脂醇	0.3	—
硬脂酸正丁酯	0.5	—
润滑剂	—	2～4
滑爽剂	—	0.5～1
蓝紫颜料	适量	适量

27. 半硬质吹塑膜

单位：质量份

原材料	配方 1	配方 2
聚氯乙烯树脂，XS-6	100	100
邻苯二甲酸二辛酯	8	5
邻苯二甲酸二丁酯	—	5
环氧大豆油	2	5
硫代甘醇酸异辛酯二正辛基锡	2.5	—
马来酸单丁酯二丁基锡	—	2.5
月桂酸二丁基锡	—	1
硬脂酸钙	1	—
硬脂酸钡	—	0.6
硬脂酸镉	—	0.4
MBS	5	—
硬脂酸	0.5	—
其他助剂	适量	适量

28. 再生压延薄膜

单位：质量份

原材料	农业	包装
废旧薄膜	100	100
聚氯乙烯树脂	13	10
邻苯二甲酸二辛酯	20	—
邻苯二甲酸二丁酯	—	11
氯化石蜡	8	7
硬脂酸钡	1	1
硬脂酸铅	0.5	1
三碱式硫酸铅	—	0.5
亚磷酸三苯酯	1～3	—
硬脂酸	0.2	—
石蜡	—	0.2
着色剂	1～2	2～3
其他助剂	适量	适量

29. 无色透明及白色薄膜

单位：质量份

原材料	白色	磁白	透明	透明
聚氯乙烯树脂	100	100	100	100
群青	—	0.1	0.165	0.165
荧光增白剂	—	0.015	0.002	0.016
钛白粉	2～3	1.5	—	—

30. 红色薄膜

单位：质量份

原材料	大红	大红	大红	大红	大红	深红	深红
聚氯乙烯树脂	100	100	100	100	100	100	100
立索尔宝红 BK	0.045	0.05	—	—	—	0.1～0.2	1.65
永固红 F5R(嘉基红 R)	—	—	0.02	—	—	—	—
橡胶大红 LC (金光红 C)	—	—	—	0.4	0.1～0.2	—	—
柠檬黄	—	—	—	0.15	—	—	—
联苯胺黄	0.0075	—	—	—	0.05～0.1	—	—
中铬黄	—	—	—	—	—	—	0.55

31. 橘红、玫瑰红薄膜

单位：质量份

原材料	粉红	粉红	橘红	淡红	玫瑰淡红	玫瑰红	玫瑰红	桃红	明妃
聚氯乙烯树脂	100	100	100	100	100	100	100	100	100
永固红 F5R	0.02	—	—	—	—	—	0.025	—	—
玫瑰精	—	0.0025	0.0015	—	—	—	—	—	0.0025
桃红	—	—	0.01	—	—	—	—	0.04	—
塑料红 B	—	—	—	0.0025	—	—	—	—	—
立索尔宝红 BK	—	—	—	—	0.5	0.28	—	—	—

32. 黄色薄膜

单位：质量份

原材料	透明黄绿	柠檬黄	淡黄	荧光淡黄	黄	橘黄	金黄	橙黄
聚氯乙烯树脂	100	100	100	100	100	100	100	100
酞菁绿	0.4	—	—	—	—	—	—	—
永固黄 HR	0.035	—	0.01	—	—	—	0.006	—
永固柠檬黄	—	0.32	—	—	—	—	—	—
永固红 F5R	—	—	0.01	—	—	—	—	—
荧光黄	—	—	—	0.015	—	0.02	—	—
汉沙黄或联苯胺黄	—	—	—	—	0.5～1	—	—	1
玫瑰精	—	—	—	—	—	0.003	—	—
塑料红 B	—	—	—	—	—	—	0.00125	—
立索尔宝红 BK	—	—	—	—	—	—	—	0.2

33. 蓝色薄膜

单位：质量份

原材料	天蓝	深天蓝	海蓝	蓝	中蓝	深蓝	深蓝
聚氯乙烯树脂	100	100	100	100	100	100	100
酞菁蓝	0.02	0.11	1.3	0.05	0.1	0.5	0.4
钛白粉	0.8	0.5	0.06	—	—	—	—
群青	—	—	0.5	—	—	—	—
炭黑	—	—	—	—	—	0.01	0.01
酞菁绿	—	—	—	—	—	—	0.016

34. 绿色薄膜

单位：质量份

原材料	果绿	果绿	翠绿	湖绿	草绿	草绿	绿	军绿	墨绿	墨绿
聚氯乙烯树脂	100	100	100	100	100	100	100	100	100	100
酞菁绿	0.02	0.75	0.025	0.0375	—	0.11	0.5		0.2	0.88
永固黄 HR	0.005	—								
柠檬黄	—	0.25			0.64	0.51				
酞菁蓝					0.0145			0.15		
墨灰					0.002					
中铬黄								2	0.15	0.23
炭黑								0.05	0.2	0.295

35. 米、咖啡、棕色薄膜

单位：质量份

原材料	米色	米色	咖啡色	咖啡色	浅棕	棕色	棕色	棕色	深棕色
聚氯乙烯树脂	100	100	100	100	100	100	100	100	100
钼铬红	0.2	—	0.12	0.12	—	2	—	—	—
柠檬黄	0.2	—	0.074	—	—	—	—	—	—
炭黑	0.008	0.002	0.012	0.06	0.075	0.18	0.0132	0.2	0.36
中铬黄	—	0.11	—	—	0.8	—	—	—	0.3
钛白粉	—	0.75	0.5	—	—	—	—	—	—
氧化铁红	—	—	—	—	1.25	—	—	—	0.84
立索尔宝红 BK	—	—	—	—	—	—	—	—	0.072
塑料红 GR	—	—	—	—	—	0.04	—	—	—
永固黄 HR	—	—	—	—	—	—	0.012	—	—
2RF 红(永固红 F2R)	—	—	—	—	—	—	0.032	—	—
塑料棕	—	—	—	—	—	—	—	5～8	—

36. 灰色、黑色薄膜

单位：质量份

原材料	银灰	浅灰	灰色	灰色	深灰	黑色
聚氯乙烯树脂	100	100	100	100	100	100
银粉	0.15					
钛白粉	0.06			0.5		
炭黑	0.02	0.0012	0.024	0.0045		3
酞菁蓝			0.0044			0.2
永固红 F5R				0.0006		

37. 紫色/茶色/香槟色薄膜

单位：质量份

原材料	茶色	青莲紫	青莲紫	紫	香槟
聚氯乙烯树脂	100	100	100	100	100
塑料红 GR	—	0.015	—	—	—
酞菁蓝	—	0.007	—	—	—
青莲	—	—	0.02	—	—
塑料紫 RL	—	—	—	0.1～0.2	—
塑料红 B	—	—	—	—	0.005
永固黄 HR	0.03	—	—	—	0.0075
立索尔宝红 BK	0.1	—	—	—	—
炭黑	0.33	—	—	—	—
其他助剂	适量	适量	适量	适量	适量

二、聚氯乙烯功能膜配方与制备工艺

（一）新型 PVC 膜改性剂及其应用

1. 配方[65]

(1) 改性剂配方

单位：质量份

原材料	用量	原材料	用量
PVDF(聚偏氟乙烯)	84	2-(三氟甲基)丙烯酸甲酯(fPMMA)	6.0
苯乙烯阳离子交换树脂	10	其他助剂	适量

(2) PVC 膜材配方

单位：质量份

原材料	用量	原材料	用量
PVC	100	硬脂酸	0.5
改性剂	15	加工助剂	1～2
热稳定剂	2.0	其他助剂	适量

2. 制备方法

(1) PVC 膜改性剂的制备　将 PVDF、交换树脂和 fPMMA 分别粉碎，按适当的比例充分混合均匀，经单螺杆挤出机挤出得到新型 PVC 膜改性剂。

挤出机工艺参数：1 区温度，180℃；2 区温度，210℃；3 区温度，200℃；机头温度，190℃；转速，45r/min。

(2) PVC 膜的制备　首先进行铸膜液的配制：将 PVC 树脂与 PVC 膜改性剂的混合物

加入溶剂 DMAC 中，配成质量分数 14%的溶液，在 80℃左右搅拌，待混合物完全溶解后于 30℃恒温静置脱泡2～3d。然后进行手动刮膜，再将膜浸入去离子水中放置 5d，接着放入无水乙醇中浸泡 1d，取出后在正己烷中浸泡 1d，然后在空气中自然晾干即制得 PVC 膜。

3. 性能

苯乙烯系阳离子交换树脂（$PS\text{-}SO_3H$，以下简称交换树脂）是以聚苯乙烯为基体，经磺化引入磺酸基团$-SO_3H$。在 PVC 材料中加入交换树脂，可引入亲水官能团，提高膜的亲水性。2-(三氟甲基）丙烯酸甲酯（fPMMA）既与含氟聚合物有相容性，也与普通聚合物有相容性，起到相容剂的作用，能够显著降低膜的表面张力。

（二）屏蔽紫外线优良的透明 PVC 薄膜

1. 配方[66]

单位：质量份

原材料	用量	原材料	用量
PVC	100	UV326 紫外线吸收剂	0.25
邻苯二甲酸二异壬酯	65	受阻胺光稳定剂	0.5
有机锡热稳定剂	1.5	加工助剂	1～2
液状石蜡	0.6	其他助剂	适量

2. 制备方法

先将原料精确称量混合，在电热鼓风干燥箱中预塑化，温度 110～120℃，时间 25min；然后使用双辊炼塑机混炼，温度 150℃。使用 1mm 薄膜型模具，在平板硫化机上分别以 1～3MPa，5MPa，10MPa 保压 5min，然后在 10MPa 下室温冷却保压 10min 后脱模。

3. 性能

(1) 用上述配方制得高屏蔽紫外线增透 PVC 薄膜。该增塑 PVC 透明薄膜的紫外线平均透过率在 0.11%左右，可见光平均透过率超过 76%。

(2) 有机锡适合作为高透光性薄膜的热稳定剂；适量紫外线吸收剂 UV326 或 UV328 能屏蔽 99.8%以上的紫外线；适量受阻胺光稳定剂 HS-112 或 HS-765 能提高薄膜可见光透过率，并与紫外线吸收剂产生协同作用。

(3) 适量功能助剂对 PVC 薄膜力学性能影响不大。

（三）纳米碳管改性 PVC 共混薄膜

1. 配方

见表 4-86[67]。

表 4-86　纳米碳管改性 PVC 共混薄膜配方

原材料	用量/%	原材料	用量/%
聚氯乙烯	8.0～18.0	聚乙烯吡咯烷酮	2.0～5.0
N,N'-二甲基乙酰胺	70.0～85.0	加工助剂	1～2
单壁碳纳米管	0.1～1.5	其他助剂	适量
六偏磷酸钠	0.5～1.5		

2. SWCNTs/PVC 膜的制备

在超声条件下使 SWCNTs 充分分散于 N,N'-二甲基乙酰胺中，形成 SWCNTs 的乳浊液，在磁力搅拌的条件下将聚氯乙烯溶于该乳浊液中，配制成聚氯乙烯质量分数约为 18%的溶液；加入一定量的成孔剂聚乙烯吡咯烷酮（PVP），阴离子表面活性剂六偏磷酸钠中，均匀搅拌 24h，使 SWCNTs 颗粒以及 PVC 均匀分散于溶液中；放置 2～3d 脱泡熟化；用相转化法在玻璃板上流延成膜；挥发一定时间后，放入非溶剂凝固液中，待膜自动剥落后，将膜用水漂洗，再水浸24h，制成不同碳纳米管质量分数的共混膜。

制备工艺参数如下：温度为25℃，搅拌速度为800r/min，超声强度为40kHz，超声时间为15min，磁力搅拌时间为18h，脱泡时间为24h。

3. 性能

见图4-38、图4-39。

含1%SWCNTs的PVC膜比纯PVC膜清水通量高7%。而共混SWCNTs后，SWCNTs/PVC共混膜孔隙率增加5%。分析认为SWCNTs/PVC共混膜水通量的改善与SWCNTs加入后，PVC膜材料表面亲水性、孔隙性得到改善有关。

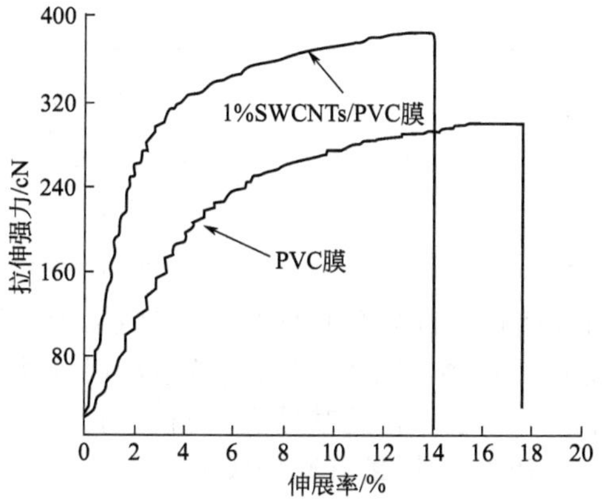

图4-38 PVC膜和SWCNTs/PVC膜的拉伸试验曲线

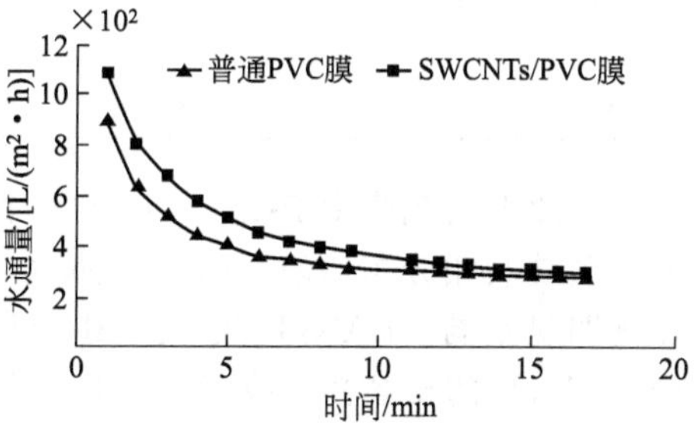

图4-39 SWCNTs/PVC共混膜和普通PVC膜的水通量（透过压力0.1MPa，温度25℃）

（四）PVC/聚丙烯腈（PAN）共混膜

1. 配方[68]

单位：质量份

原材料	配方1	配方2	配方3
PVC	70	50	30
PAN	30	50	70
N,N'-二甲基乙酰胺	5.0	5.0	5.0
聚乙烯醇	5～10	5～10	5～10
热稳定剂	2～3	2～3	2～3
加工助剂	1～2	1～2	1～2
其他助剂	适量	适量	适量

2. 制备方法

(1) PAN/PVC共混溶液的制备　配制PAN/PVC总浓度为20%（w%）的N,N'-二甲基乙酰胺（DMAC）共混溶液。实验流程如图4-40所示。

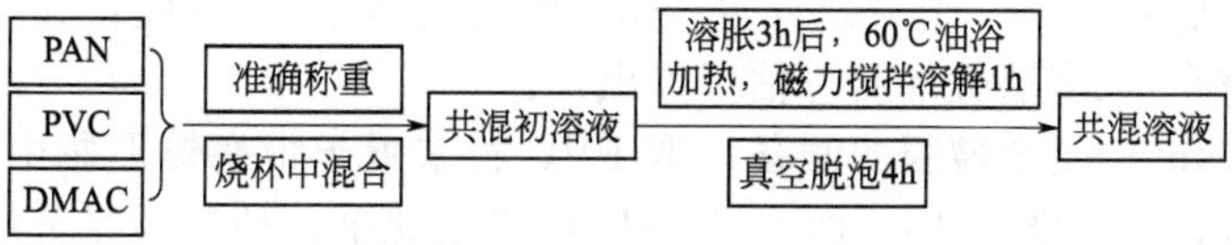

图4-40 共混溶液实验流程

（2）PAN/PVC 共混薄膜的制备　PAN/PVC 共混薄膜的制备方法如图 4-41 所示。

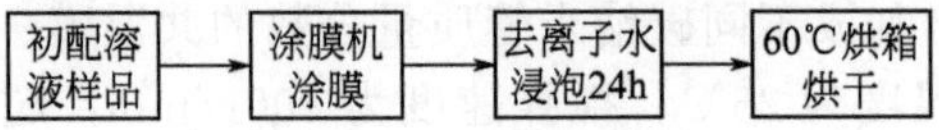

图 4-41　异相成膜流程

3. 性能

见表 4-87、表 4-88。

表 4-87　1# ～3# 样品组分的玻璃化温度　　单位：℃

样品编号组分	1# PAN/PVC=7/3	2# PAN/PVC=5/5	3# PAN/PVC=3/7
PAN	103.32	104.31	101.77
PVC	82.06	81.33	82.15

表 4-88　各样品组分的玻璃化温度　　单位：℃

组分	PAN/PVC=7/3	PAN/PVC=7/3+5%(*w*%)PEG	PAN/PVC=7/3+10%(*w*%)PEG
PAN	103.32	102.07	100.05
PVC	82.06	82.22	84.59

通过改变共混膜中 PAN 与 PVC 的共混比例对其相转变行为有所影响，当 PAN 为分散相时，共混膜相分布均匀，PAN 相尺寸较小且相边缘较模糊；而当 PAN 为连续相时，共混膜出现明显空洞，PAN/PVC 发生相分离，两者几乎不相容。在此基础上，相容剂 PEG 对 PAN 和 PVC 的相容性有改善作用，且其改善程度与 PEG 的用量有密切关系，在一定条件下，PEG 的加入量越大，PAN/PVC 的共混相容性越好。

（五）铌酸银/PVC 可见光催化降解膜

1. 配方[69]

原材料	用量	原材料	用量
PVC	1g	加工助剂	1～2g
$AgNbO_3$（铌酸银光催化剂）	3%～15%	其他助剂	适量
四氢呋喃（THF）	20mL		

2. 制备方法

（1）$AgNbO_3$ 光催化剂的制备　采用水热法制备 $AgNbO_3$ 光催化剂。称取一定量 NH_4HF_2 固体置于烧杯中，加入 60mL 高纯水后电动搅拌至溶解，再加入 Ag_2O 搅拌 10min，最后加入 Nb_2O_5（反应原料 $NH_4HF_2/Ag_2O/Nb_2O_5$ 摩尔比 3∶1∶1），搅拌至体系为灰白色悬浊液后装入 100mL 内衬聚四氟乙烯的反应釜中，填充度为 70%。密封后放入烘箱内，设定温度 160℃；反应 24h 后自然冷却至室温，产物用蒸馏水洗涤，离心至中性，于 60℃真空干燥，得到钙钛矿型 $AgNbO_3$ 光催化剂。

（2）PVC 薄膜的制备　纯 PVC 薄膜的制备：取 PVC 粉末置于带塞锥形瓶中，加入 THF，磁力搅拌至完全溶解后继续搅拌 4h，超声 1h 后刮涂在依次经蒸馏水、无水乙醇及丙酮处理过的石英玻璃基片上，于暗处放置 48h，即得到纯 PVC 薄膜，其厚度约为 0.04mm（通过电子数显游标卡尺多层叠加测量估算得出）。

（3）PVC-$AgNbO_3$ 复合薄膜的制备　取 PVC 粉末置于带塞锥形瓶中，加入 THF，磁力搅拌至完全溶解，继续搅拌 4h，加入 $AgNbO_3$ 光催化剂，使其质量分数（*w*%）分别为 3%，6%，9%，15%，其余过程与纯 PVC 薄膜制备过程相同，即得到 PVC-$AgNbO_3$ 复合薄膜，记为 PVC-$wAgNbO_3$，其厚度约为 0.05mm。

3. 性能

在光催化降解过程中纯 PVC 薄膜失重率为 4.09%，而 PVC-3%$AgNbO_3$，PVC-6%$AgNbO_3$，PVC-9%$AgNbO_3$ 和 PVC-15%$AgNbO_3$ 复合薄膜分别失重 20.36%，23.52%，27.62%和 33.83%。$AgNbO_3$ 光催化剂加速了 PVC 薄膜的降解，且随着 $AgNbO_3$ 光催化剂添加量的增加，PVC 薄膜的光催化降解速率不断增大。

（六）PVDF/PVC 自洁共混膜

1. 配方[70]

单位：质量份

原材料	用量	原材料	用量
PVDF	70	热稳定剂	2～3
PVC	30	硬脂酸钡	0.5
N,*N'*-二甲基酰胺(DMAC)/丁酮(MEK)(60/40)	5.0	润滑剂	0.2
		加工助剂	1～2
甲基三氯硅烷(MTS)/二甲基二乙氧基硅烷(DDS)(2/3)	适量	其他助剂	适量
活性炭	适量		

2. 制备方法

（1）PVDF/PVC 共混膜的制备　将 PVDF 和 PVC 按质量比 7∶3 溶解于 DMAC/MEK（体积比为 60/40）混合溶液中，配制 PVDF/PVC 质量分数为 12%的溶液，80℃恒温水浴搅拌 60min。然后涂膜 80℃烘干，制得 PVDF/PVC 共混膜。

（2）PVDF/PVC 共混膜的亲水改性处理　工艺条件下，将 PVDF/PVC 共混膜浸入到 KOH 的乙醇溶液中进行反应，取出充分水洗后，在 $KMnO_4$ 的碱溶液中处理 10min，然后充分洗涤 PVDF/PVC 共混膜，120℃烘干备用。

（3）PVDF/PVC 共混膜的化学浴沉积处理　配制体积分数为 20%的 DDS/MTS（DDS 与 MTS 的体积比为 2/3）的甲苯溶液，置于相对湿度 80%的密闭容器中，将亲水改性后的 PVDF/PVC 共混膜浸入其中处理 20min；取出后依次用甲苯、乙醇、体积比 1∶1 的乙醇/水、水在常温下充分洗涤，120℃烘干。

3. 性能

化学浴沉积后的 PVDF/PVC 共混膜接触角可达 153°，滚动角小于 1°，具有良好的防污自洁性能。

（七）改性 PVC 功能膜

1. 配方[71]

单位：质量份

原材料	用量	原材料	用量
PVC	100	热稳定剂	2.5
聚乙二醇	5～25	硬脂酸	0.5
二甲基乙酰胺	5.0	加工助剂	1～2
邻苯二甲酸二辛酯(DOP)	68	无水乙醇	适量
甘油	1.0	其他助剂	适量

2. 制备方法

（1）力化学改性 TIPS 法 PVC 平板膜的 TIPS 法制备　运用升降式球磨机采用力化学改

性的方法对 PVC 粉末进行研磨，对不同处理时间（0h、3h、5h、8h）的 PVC 进行取样，配制 PVC 15%，复配稀释剂 85%。

(2) 热致相分离法（TIPS） 热致相分离（TIPS）法是将成膜聚合物与某些高沸点低分子化合物（即稀释剂）在高温下（常高于结晶聚合物熔点）形成均相液态，在熔融纺丝的降温过程中成膜体系发生液-液或固-液相分离，再通过萃洗等方式脱除稀释剂形成孔结构，从而制得中空纤维膜。

3. 性能

力化学改性减少了导致 PVC 难以加工的石榴状结构，降低了 PVC 微晶的完善程度；经力化学改性 PVC 制得的 TIPS 法平板膜纯水通量可达 693.6L/(m^2·h)，较未经力化学改性 PVC 制得的 TIPS 法平板膜的水通量 7.1L/(m^2·h) 有显著提高，膜的断裂强度也有所加强。

（八）SiO_2 填充改性 PVC 杂化膜

1. 配方[72]

单位：质量份

原材料	用量	原材料	用量
PVC(纤维级-SG-5 型)	100	加工助剂	1～2
SiO_2	30～45	其他助剂	适量
N,N'-二甲基乙酰胺	5.0		

2. PVC-SiO_2 杂化纤维膜的制备

将 SiO_2 均匀地分散于溶剂 DMAc 中，加入聚合物 PVC 搅拌，至 PVC 全部溶解并与 SiO_2 混合均匀，静置脱泡后倒入纺丝釜中。纺丝液在 0.2MPa 压力的推动下从喷丝头挤出，纺丝细流在内外凝固浴（水）中凝固成型，充分浸泡后得到杂化纤维膜。

3. 性能

见表 4-89、表 4-90。

表 4-89 SiO_2 含量对 PVC-SiO_2 杂化纤维膜性能的影响

SiO_2 含量/%	纯水通量/[L/(m^2·h)]	截留率/%	孔隙率/%
0	16	85.6	20.6
30	189	82.3	56.2
45	278	78.0	62.4

表 4-90 喷丝头拉伸比对 PVC-SiO_2 杂化纤维膜性能的影响

拉伸比	纯水通量/[L/(m^2·h)]	孔隙率/%	截留率/%	断裂强度/MPa
1∶1	278	78.0	62.4	2.67
2∶1	337	75.6	68.2	2.34

(1) SiO_2 含量不高于 45% 的情况下，随其含量的增加，PVC 纺丝液黏度增加、可纺性改善，中空纤维膜中大孔的生长受到抑制，而有效界面微孔的产生，有利于孔壁之间的连通，提高膜的通透性。

(2) 当喷丝头拉伸比由 1∶1 提高为 2∶1，界面微孔较为丰富，纤维膜表皮层得以优化，纤维膜通透性得以提高。为进一步提高纤维膜中界面微孔，今后除了结合工艺条件进一步调整纺丝液配比外，还可采用后拉伸处理提高纤维膜的综合性能。

（九）PVC/热塑性聚氨酯中空纤维膜

1. 配方[73]

单位：质量份

原材料	用量	原材料	用量
PVC/热塑性聚氨酯(PUR-T)(80/20)	15～16.5	热稳定剂	3～4
聚乙二醇(PEG600)	10	加工助剂	1～2
聚乙烯吡咯烷酮(PVP)	1～3	其他助剂	适量
吐温-80	1～2		

2. PVC/PUR-T 共混中空纤维膜的制备

将 PVC、PUR-T、PEG（或 PVP、Tween-80）按一定比例混合均匀组成纺丝液，在设定的温度下搅拌至溶液中无气泡时为止，将溶液静置待用。将纺丝液过滤、脱泡后放入储料罐中，以 0.2～0.3MPa 压力的氮气作为压力源，采用干-湿法纺丝，将经过计量的铸膜液从喷丝头挤出，同时芯液在高位槽压力下通过转子流量计从喷丝头的中心空穴进入中空纤维的空腔作为支撑物和内凝固介质。铸膜液经过喷丝头和凝固浴槽之间的空气间隙进入凝固浴槽，充分凝固成型后经导丝、绕丝，收集，再漂洗干化处理，制得 PVC/PUR-T 共混中空纤维膜。

3. 性能

(1) 随着铸膜液中 PVC/PUR-T 含量的升高，膜结构变得较为致密，水通量降低，截留率升高。当 PVC/PUR-T 的质量分数为 15%～16.5%时所制膜的膜性能较好。

(2) 当 PVC/PUR-T 的质量分数为 16.5%时，随着 PVC/PUR-T 配比的增加。水通量先增加后减小，变化范围为 68～234L/(m^2・h)，截留率变化不大，为 91.4%～95.3%，孔隙率为 53.5%～64.9%。

(3) 随着铸膜液中添加剂含量的增加。PVC/PUR-T 共混中空纤维膜的水通量在一定范围内迅速升高。PEG600 的质量分数为 10%时，最高水通量 337L/(m^2・h)，截留率 93.9%，孔隙率 71.7%。

(4) 随着纺丝温度升高，水通量和截留率均有一定程度升高，当温度 90℃，PVC 与 PUR 配比为 80：20 时，水通量达到 234L/(m^2・h)，截留率 91.9%，孔隙率 79.9%。

(5) 不同水力停留时间下生物处理单元 COD 最大去除率为 84%左右，膜单元 COD 平均去除率约为 58%，系统的总 COD 平均去除率近 94%左右。

（十）Al_2O_3 改性 PVDF/PVC 中空纤维膜

1. 配方[74]

单位：质量份

原材料	用量	原材料	用量
PVDF/PVC	100	Al_2O_3	3.0
聚乙二醇 PEG 4000	5～10	加工助剂	1～2
N,*N*′-二甲基乙酰胺	5.0	其他助剂	适量
吐温-20	1～2		

2. 制备方法

将 PVDF、PVC、Al_2O_3、添加剂按一定比例与 DMAc 溶剂混合，恒温搅拌 8h 至完全溶解，静置脱泡。进行干-湿法纺丝：以高压氮气将预先放入贮料罐中的铸膜液经由计量器后从喷丝头挤出；与此同时，芯液在高位槽压力下通过转子流量计从喷丝头的中心空穴进入中空纤维的空腔，作为支撑物和内凝固介质。铸膜液离开喷丝头后，经过喷丝头和凝固浴槽之间的空气间隙，进入凝固浴，充分凝固成型后经过导丝、绕丝，最后收集。所成中空纤维膜在蒸馏水中浸泡 48h，再用 50%的甘油水溶液浸泡 24h，晾干后测定膜的性能。

3. 性能

由于适量 Al_2O_3 的加入，中空纤维膜膜孔结构明显改善，大孔减少，微孔增多；亲水性明显提高。水通量和截留率分别达到了 289L/(h・m²) 和 77.2%。

（十一）甲基苯并三氮唑（TTA）改性 PVC 光玻长转换薄膜

1. 配方[75]

(1) Eu-TTA 配合物配方

单位：质量份

原材料	用量	原材料	用量
Eu_2O_3	1.0	TX-100	5.0
TTA	3.0	三-乙胺	10
1,10-邻二氮菲(Phen)	1.0	其他助剂	适量

(2) PVC 膜配方

单位：质量份

原材料	用量	原材料	用量
PVC	100	十六烷三甲基溴化铵	3.0
Eu-TTA 配合物	3～5	加工助剂	1～2
DOP	50	其他助剂	适量
十二烷基苯磺酸钠	1.0	THF	适量

2. 制备方法

(1) 乙醇溶液体系薄膜的制备　乙醇溶液体系下薄膜的制备：先移取 1.00mL 1.00×10^{-2} mol/L 的 $EuCl_3$，3.00mL 1.00×10^{-2} mol/L 的 TTA，1.00mL 0.30mol/L 的三乙胺，1.00mL 1.00×10^{-2} mol/L 的 Phen 于 10mL 比色管中然后定容，称取将 PVC 粉和 DOP 在研钵中研磨混合均匀，用 10mL THF 将其溶解。再与以上所配溶液混合后，倒入培养皿中自然干燥成膜，进行荧光测试（狭缝宽度为 5，激发波长 372nm）。

(2) 水溶液体系薄膜的制备：按照 Eu^{3+} ∶ TTA ∶ Phen ∶ TX-100＝1 ∶ 5 ∶ 1 ∶ 5 的比例进行溶液配制，使用上述的掺杂法得到 PVC 薄膜，采用狭缝宽度 $d=20$。激发波长为 374nm，进行荧光强度测试。

3. 性能

在乙醇溶液体系下，得到荧光性能最强的络合物 Eu^{3+}-TTA-三乙胺-Phen，最佳用量比为 Eu^{3+} ∶ TTA ∶ 三乙胺 ∶ Phen＝1 ∶ 3 ∶ 10 ∶ 1，在水溶液体系下，得到的荧光性能最强的络合物为 Eu^{3+}-TTA-Phen-TX-100，最佳用量比为 Eu^{3+} ∶ TTA ∶ Phen ∶ TX-100＝1 ∶ 5 ∶ 1 ∶ 5，后使用掺杂法得到了两种 PVC 薄膜，通过荧光光谱测试表明两者皆具有对高频波段的紫外光线转换为可见光的性能。

第六节　聚氯乙烯泡沫塑料与制品

一、经典配方

具体配方实例如下[1～4]。

1. 硬质 PVC 泡沫塑料

① 使用发泡剂 AIBN 制备硬质 PVC 泡沫塑料的配方

单位：质量份

原材料	用量	原材料	用量
悬浮法 PVC	30～60	金属皂类	1～2
乳液法 PVC	40～70	丙酮	30～40
发泡剂 AIBN	10～12	二氯甲烷(二氯乙烷)	35～25
三碱式硫酸铅	2～4		

② 使用 AIBN/AC 混合发泡剂制备硬质 PVC 泡沫塑料的配方

单位：质量份

原材料	用量	原材料	用量
悬浮法 PVC	40	三碱式硫酸铅	4～6
乳液法 PVC	60	三氧化二锑	6
发泡剂 AIBN	8～12	磷酸三甲酚酯	7
发泡剂 AC	7～9	二氯甲烷	60～65

③ 使用 AIBN/AC/$NaHCO_3$ 混合发泡剂制备硬质 PVC 泡沫塑料的配方

单位：质量份

原材料	用量	原材料	用量
悬浮法 PVC	30～60	三碱式硫酸铅	2～4
乳液法 PVC	70～40	金属皂类	2～4
发泡剂 AIBN	8～6	丙酮	30～40
$NaHCO_3$	4～6	二氯乙烷(二氯甲烷)	35～25

2. 硬质 PVC 低发泡制品

单位：质量份

原材料	用量	原材料	用量
PVC	100	ACR	3～7
稳定剂	2～3	偶氮二甲酰胺发泡剂(AC)	0.2～0.6
润滑剂	0.3～0.4	其他助剂	适量

3. 硬质 PVC 结构泡沫塑料楼梯扶手

单位：质量份

原材料	105(黄色)	106(咖啡色)	107(本色)	108(红色)
PVC	100	100	100	100
三碱式硫酸铅	4.5	4.5	4.5	4.5
二碱式亚磷酸铅	1	1	1	1
硬脂酸铅	0.5	0.5	0.5	0.5
硬脂酸钡	0.5	0.5	0.5	0.5
硬脂酸镉	0.5	0.5	0.5	0.5
$CaCO_3$	8	8	5	5
甲基丙烯酸甲酯-丁二烯-苯乙烯三元共聚物	—	—	8	8
甲基丙烯酸甲酯-丙烯酸乙酯共聚物	8	8	—	—
AC	0.3	0.3	0.3	0.3
聚烯烃	0.7	0.7	1.0	1.5
颜料	适量	适量	适量	适量
其他助剂	适量	适量	适量	适量

4. PVC 发泡凉鞋

单位：质量份

原材料	用量	原材料	用量
PVC 树脂	100	发泡剂	0.5～1
CPE 改性剂(或 P83)	5～20	填充剂	5～8
增塑剂	55～65	着色剂	适量
稳定剂	2～3	其他助剂	适量
润滑剂	0.5～1		

5. PVC 弹性发泡辊

单位：质量份

原材料	用量	原材料	用量
聚氯乙烯树脂	100	外润滑剂	1～5
增塑剂	45～55	填充剂	3～5
稳定剂	适量	其他助剂	适量

6. NBR/PVC 共混发泡密封制品

单位：质量份

原材料	用量	原材料	用量
NBR/PVC(70/30)	100	ZnO	1.5
硫黄	1.2	HSt	5.0
DCP	2.0	防老剂	2
复合发泡剂 A	9.0	促进剂	1.5
填料($CaCO_3$)	30	其他助剂	适量
增塑剂(DOP)	35		

7. PVC/NBR 发泡弹性体缓冲垫

单位：质量份

原材料	用量	原材料	用量
HPVC	60	交联剂	1.0
NBR	40	活化剂	3.0
增塑剂(DOP)	48	润滑剂	0.3
发泡剂(AC)	20	其他助剂	适量

8. 木粉填充 PVC 发泡装饰材料

单位：质量份

原材料	用量	原材料	用量
PVC	100	加工助剂	1.5
木粉	10～30	轻质 $CaCO_3$	20～22
DOP	5～15	其他助剂	适量
发泡剂	1～5		

9. 采用自由发泡法制备的 PVC 合成木材专用料

单位：质量份

原材料	用量	原材料	用量
PVC	100	$CaCO_3$	3
DBP	4	TiO_2	2
三碱式硫酸铅	3	AC	0.7
BS	1	ACR-301	3
$CaSt_2$	0.5	改性剂	7
HSt	0.5	其他助剂	适量
Wax	0.4		

10. 带年轮状合成木材发泡料

(1) SG-5 型树脂发泡料配方基料 (A)

单位：质量份

原材料	用量	原材料	用量
PVC(SG-5)	100	发泡剂(AC)	0.2～0.6
CPE(135A)	8	填料	5
稳定剂	4	加工助剂	4～10
润滑剂	3		

(2) SG-7 型树脂发泡料配方 (B)

单位：质量份

原材料	配方 1	配方 2	配方 3	配方 4	配方 5
PVC SG-7	100	100	100	100	100
ACR-401	3～5	3～5	4～6	4～6	5～7
稳定剂	4	4	4	4	4
润滑剂	2.5	2.5	2.5	2.5	2.5
发泡剂(AC)	0.2	0.3	0.4	0.5	0.55
填料	5	5	5	5	5
其他助剂	适量	适量	适量	适量	适量

(3) 着色料 (B) 配方

单位：质量份

原材料	配方 1	配方 2	配方 3
PVC SG-2	20	65	80
PVC SG-7	—	15	20
PVC TK-2500	80	20	—
稳定剂	4	4	4
润滑剂	3	3	3
颜料	1～3(耐晒黄) 1(TiO_2)	5(塑料棕) 0.5(炭黑)	2(炭黑)
其他助剂	适量	适量	适量

11. 化学发泡法软质闭孔泡沫塑料

单位：质量份

原材料	标准	有填料
聚氯乙烯树脂(乳液)	70	70
掺混树脂	30	30
邻苯二甲酸二辛酯	20	80
邻苯二甲酸丁苄酯	70	10
环氧增塑剂	5	5
偶氮二甲酰胺(糊状)	6	6
钡-镉-锌复合稳定剂	3	3
碳酸钙	—	20～25
表面活性剂(脂肪酸季铵盐)	1.5	—

12. 化学发泡法硬质闭孔泡沫塑料

单位：质量份

原材料	配方 1	配方 2
聚氯乙烯树脂乳液	50	—
聚氯乙烯树脂悬浮(XS-2)	50	100
偶氮二异丁腈	12～14	—
偶氮二甲酰胺	7～9	—
碳酸氢钠	—	1.2～1.3
碳酸氢铵	—	12～13
亚硝酸丁酯	—	11～13
三碱式硫酸铅	4～6	—
硬脂酸钡	—	2～3
亚磷酸三苯酯	—	6～7
磷酸三甲苯(酚)酯	7	—
三氧化二锑	6	0.8～0.82
尿素	—	0.9～0.92
二氯甲烷	60～65	—
二氯乙烷	—	50～60
其他助剂	适量	适量

13. 化学发泡法软质开孔泡沫塑料

单位：质量份

原材料	用量
聚氯乙烯树脂(乳液)	100
邻苯二甲酸二异癸酯	50
邻苯二甲酸二(13 烷)酯	30
聚己二酸丙二醇酯	20
钡-镉-锌亚磷酸盐复合稳定剂(含锌量较高，有催化发泡作用)	3
二甲基二亚硝基对苯二甲酰胺	5
中性石油酸钙(活化剂)	4
十二烷基硫酸钠(表面活性剂)	2

14. 物理发泡法泡沫塑料

单位：质量份

原材料	标准	有填料
聚氯乙烯树脂，乳液	80	80
掺混树脂	20	20
邻苯二甲酸二辛酯	35～40	35～40
邻苯二甲酸二异癸酯	20～25	25～30
邻苯二甲酸丁苄酯	15～20	15～20
钡-镉-锌复合稳定剂	2～3	2～3
有机硅表面活性剂	4～8	4～8
碳酸钙	—	10～40

15. 微孔泡沫塑料

单位：质量份

原材料	漂浮材料	体操用	硬质隔热
高分子量聚氯乙烯树脂(乳液)	100	100	100
邻苯二甲酸二辛酯	80	15	—
磷酸三甲苯(酚)酯	20	—	—
环氧大豆油	5	—	—
液体丁腈橡胶	—	100	—
液体聚苯呋喃树脂(古马隆)	—	50	—
甲苯二异氰酸酯	—	—	59
偶氮双甲酰胺	10	20	—
4,4′-二磺酰肼苯醚	15	—	—
偶氮二异丁腈	—	—	10
顺丁烯二酸酐	—	—	20
苯乙烯	—	—	10
氧化锌	—	5	—
硫化二硫代氨基甲酸酯	—	1	—
硫黄	—	10	—
钡-镉-锌复合稳定剂		3	
铅稳定剂	7	—	—
三氧化二锑	3	—	—

二、聚氯乙烯泡沫塑料配方与制备工艺

(一) 低温发泡 PVC 人造革

1. 配方[76]

单位：质量份

原材料	用量	原材料	用量
PVC	100	ZnO 和发泡剂	0.5
AC 发泡剂	1.0	热稳定剂	2.0
硬脂酸锌	0.5	加工助剂	1～2
改性 $NaHCO_3$	0.2	其他助剂	适量

2. 制备方法

按照配方称量投入高速混合机中在适当的温度下将物料混合均匀后便可卸料，然后再用双螺杆挤出机挤出造粒，或直接用于人造革的压延成型。

3. 性能

(1) 无机 $NaHCO_3$ 是吸热型发泡剂，可以平衡放热量，但其分解温度低，分解温度区间宽，经柠檬酸改性后，起始分解温度提高，分解速率变缓，分解温度区间变窄。

(2) 助发泡剂 ZnO 能有效降低 AC 的分解温度。当 m(AC)∶m(硬脂酸锌)∶m(改性 $NaHCO_3$)=1∶0.5∶0.4 时，在 191.7℃左右出现 AC 的分解峰，放热量为 125J/g。分解温度峰值、分解温度区间和放热量适合压延法的低温发泡。

(3) 加入适量的硬脂酸锌，AC 的发泡温度可控制在 180～185℃之间。当 m(AC)∶m(硬脂酸锌)∶m(改性 $NaHCO_3$)=1∶0.5∶0.2 时，AC 的分解峰值在 177.3℃，放热量适中，适合涂布法的低温发泡。

（二）硬质交联 PVC 泡沫塑料

1. 配方[77]

单位：质量份

原材料	用量	原材料	用量
PVC 粉末	100	三聚氰胺	3.5
马来酸酐	15～50	MDI	30～80
偶氮二异丁腈	7.3	DOP	2
偶氮二甲酰胺	1～10	加工助剂	1～2
有机锡	4	其他助剂	适量

2. 制备方法

(1) 混合糊料　将各组分按配方中的用量置于高速搅拌机中均匀混合，控制混合温度不高于 40℃，保证各组分不发生反应、液体不挥发，制成混合糊料。

(2) 塑化成型　将混合糊料注入模具中，将模具置于温度为 130～140℃、压强为 15～20MPa 的热压机上，在该温度下保持 2min；将温度升高至 170℃，保持 10min 后关闭加热系统，开启水冷系统，待模具温度降至 25～30℃时脱模，得到预发泡模压块。

(3) 水煮发泡和交联　将脱模后的预发泡模压块放入温度为 95℃以上的热水中，发泡 4h，膨胀至所需密度，与此同时，预发泡模压块发生交联反应。

(4) 后处理　在 65℃蒸汽室内处理 5d，得到密度为 $60kg/m^3$ 的硬质交联 PVC 泡沫塑料。

(5) 加工试样　按测试需要切割加工测试试样。

3. 性能

见表 4-91。

表 4-91　硬质交联 PVC 泡沫塑料与 Airex C70 的性能对比

材料	密度 /(kg/m^3)	压缩强度 /MPa	压缩弹性模量/MPa	拉伸强度 /MPa	拉伸弹性模量/MPa
交联 PVC-1	60	0.8	65	1.5	65
Airex C70.60	60	0.9	69	1.3	45
交联 PVC-2	90	1.5	100	2.3	80
Airex C70.90	90	1.5	100	2.2	75

由表 4-91 可知，采用 MDI、马来酸酐、三聚氰胺制备的硬质交联 PVC 泡沫塑料的力学性能优异，达到国外同类产品的标准，可以用于工业生产。

(1) 通过 FTIR、热失重和热机械分析，凝胶含量测定，可以确定硬质 PVC 泡沫塑料在水煮工艺阶段发生了交联反应，形成了空间网络结构；其玻璃化温度在 180℃左右，交联反应大大提高了 PVC 的耐热性。

(2) 马来酸酐的用量在塑化成型阶段对硬质交联 PVC 泡沫塑料交联度的影响较小；硬质交联 PVC 泡沫塑料的凝胶含量随着马来酸酐用量的增加而增大。

(3) 密度为 $60kg/m^3$ 的硬质交联 PVC 泡沫塑料的泡孔直径分布在 100～130μm 之间，密度为 $90kg/m^3$ 的硬质交联 PVC 泡沫塑料的泡孔直径分布在 70～80μm 之间；该密度的硬质交联 PVC 泡沫塑料的力学性能优异。

（三）竹粉增强 PVC 发泡复合材料

1. 配方[78]

单位：质量份

原材料	用量	原材料	用量
PVC	100	EVA	1～3
竹粉(100 目)	20～40	AC 发泡剂＋尿素	1.0
CPE	4.5	$NaHCO_3$	0.5
偶联剂 KH-550	2.0	加工助剂	1～2
PP-*g*-MAH	3～5	其他助剂	适量

2. 制备方法

(1) 竹粉的预处理　将 100 目竹粉在 80℃温度条件下鼓风干燥 4h，以备后用。竹粉中含有大量的水分。生产过程中如果不进行烘干处理，会导致发泡复合材料的泡孔结构遭到破坏，使得泡孔的尺寸不均匀，制品的表面质量变差等。

(2) 复合材料的制备　首先，将称量好的聚氯乙烯粉状树脂与助剂在高混机中混合 20min，将烘干后的竹粉与助剂在高混机中混合 15min；然后，将混合好的聚氯乙烯混合物料倒入高混机中与竹粉混合物共同混合 20min，取出后密封备用。

将制备的混合物投入同向双螺杆挤出机中挤出成型为片材，挤出机温度范围为 130～180℃，最终制得前期物料，然后置于烘箱中。在 70℃条件下处理 30min，将上述挤出物料粉碎后待用；利用注塑机注塑力学测试样条，注塑后的样条需要在常温下静置 24h 以释放应力，然后进行力学性能测试。

3. 性能

(1) 一定添加量范围内，竹粉对聚氯乙烯塑料基体的力学性能具有增强效果，当竹粉的添加质量分数超过 20%后，复合材料的力学性能开始降低。

(2) 在聚氯乙烯/竹粉发泡复合材料中加入抗冲击改性剂 CPE，可以在复合材料体系中形成橡胶态的过渡结构，形成了不均匀相，因而能够提高复合材料的韧性。

（四）竹粉/PVC 发泡复合材料

1. 配方[79]

单位：质量份

原材料	用量	原材料	用量
PVC	100	硬脂酸锌	1.0
竹粉(350～840μm)	30	硬脂酸钡	1.0
三碱式硫酸铅	3.0	CPE	7.5
AC 发泡剂	4.0	PP-*g*-MAH	6.0
钛酸酯	1.0	加工助剂	1～2
硬脂酸	1.0	其他助剂	适量

2. 制备方法

按设定配方加入预处理好的竹粉、PVC、偶联剂、发泡剂等及其他各种助剂，高速混合均匀后，放入预热到 140℃的双辊塑炼机中混炼均匀，再转入已预热好的硫化成型机中热压成型，成型温度 180℃，成型压力 6MPa，热压时间 5min，冷压时间 3min。样品充分冷却后置于万能制样机上制备标准测试样条，待测。

3. 性能

① 随着 AC 的添加量增加，竹塑发泡复合材料的密度呈现下降的趋势，当增加到 6 份

时，密度几乎不再减小。

② 随着竹粉加入量的增多，发泡复合材料密度增加，拉伸强度先缓慢增大，然后再减小，断裂伸长率逐步下降。

（五）高发泡硬质 PVC 阻燃材料

1. 配方[80]

单位：质量份

原材料	用量	原材料	用量
PVC	100	AC 发泡剂	5.0
钙锌复合稳定剂	5.0	ZnO	1.0
硬脂酸	0.2	DCP	3.0
PE 蜡	0.3	Sb_2O_3	8.0
DOP	6.0	加工助剂	1～2
$CaCO_3$	10	其他助剂	适量

2. 制备方法

将 PVC 树脂及助剂在双辊开炼机上混炼，辊温 170℃，混炼时间 5min，然后将炼好的胶片迅速放入液压机中以温度 170℃、压力 5MPa 压制 5min，使 DCP 充分分解交联 PVC，然后冷压成型为薄片，将交联好的薄片剪成规则形状叠放至发泡模具中，在液压机上以温度 185℃、压力 10MPa 压制 15min，最后开模得到发泡制品。

3. 性能

制得的高发泡硬质 PVC 板材力学性能优异，密度为 0.207g/cm³。将该材料制成发泡制品后，材料泡孔结构均匀，孔径为 50μm 左右，氧指数为 43%。

第七节 聚氯乙烯其他制品

一、聚氯乙烯鞋制品

1. 不发泡注射凉鞋

单位：质量份

原材料	不透明	半透明
聚氯乙烯树脂 XS-3	100	100
邻苯二甲酸二辛酯	13	26
邻苯二甲酸二仲辛酯	19	—
邻苯二甲酸二丁酯	20	26
癸二酸二辛酯	—	6
烷基磺酸苯酯	5	—
氯化石蜡	5	—
月桂酸二丁基锡	—	1.2
三碱式硫酸铅	2	0.3
二碱式亚磷酸铅	2	—
硬脂酸钡	1	0.2
硬脂酸镉	—	0.7
碳酸钙	4	—
其他助剂	适量	适量

2. 珠光凉鞋

单位：质量份

原材料	透明	珠光
聚氯乙烯树脂,XS-3	100	100
邻苯二甲酸二辛酯	25～30	25～30
邻苯二甲酸二丁酯	25～30	25～30
烷基磺酸苯酯	3～4	3～4
月桂酸二丁基锡及其复合物	1～1.5	1～1.5
硬脂酸钡	1.5～2	1.5～2.5
硬脂酸镉	0.5～0.8	0.5～0.8
珠光粉	—	0.7～0.9
有机颜料	适量	适量
其他助剂	适量	适量

3. 注射发泡凉鞋

单位：质量份

原材料	配方 1	配方 2
聚氯乙烯树脂,XS-3	100	100
邻苯二甲酸二辛酯	22	37～42
烷基磺酸苯酯	11	—
邻苯二甲酸二丁酯	41	33～40
环氧硬脂酸辛酯	5	—
月桂酸二丁基锡	—	1.5～2.9
三碱式硫酸铅	1	0.3～1.5
硬脂酸钡	2	0.5～0.8
硬脂酸铅	0.3	—
硬脂酸镉	—	0.5
偶氮二甲酰胺	1	0.8～1
碳酸钙	—	适量
其他助剂	适量	适量

4. 模压发泡拖鞋及鞋襻

单位：质量份

	拖鞋		鞋襻	
原材料	面层	底层	普通	珠光
聚氯乙烯树脂,XS-2	100	100	—	—
聚氯乙烯树脂,XS-3	—	—	100	100
邻苯二甲酸二辛酯	40	35	20	30
邻苯二甲酸二丁酯	30	35	30	30
烷基磺酸苯酯	—	—	20	—
环氧酯	—	—	—	6
三碱式硫酸铅	3	3	2	—
硬脂酸钡	0.5	0.5	1	1
月桂酸二丁基锡	—	—	—	2
硬脂酸镉	—	—	—	0.6
硬脂酸	0.5	0.5	—	—
偶氮二甲酰胺	5.2	5.8	—	—
珠光粉	—	—	—	1.0～1.5
有机颜料或着色剂	适量	适量	适量	适量
其他助剂	适量	适量	适量	适量

5. 模压发泡凉鞋

单位：质量份

原材料	面层	发泡层	底层
聚氯乙烯树脂,XS-3	100	100	100
邻苯二甲酸二辛酯	22	20	20
邻苯二甲酸二丁酯	30	30	30
偶氮二甲酰胺	—	6	—
三碱式硫酸铅	3	3	3
硬脂酸	0.8	0.8	0.8
其他助剂	适量	适量	适量

6. 矿工用鞋

单位：质量份

原材料	鞋底	鞋帮
聚氯乙烯树脂,XS-3	100	100
邻苯二甲酸二辛酯	30	35
邻苯二甲酸二丁酯	25～30	25～30
癸二酸二辛酯	5～10	5～10
环氧酯	4～5	5～8
亚磷酸酯	1～2	1～2
钡-镉-锌复合稳定剂	2～3	2～4
硬脂酸钡	0.3～1.5	0.3～1.5
硬脂酸	0.2～0.5	0.2～0.5
着色剂	适量	适量
其他助剂	适量	适量

7. 模压鞋底

单位：质量份

原材料	一般	奶白	棉鞋
聚氯乙烯树脂,XS-3	100	100	100
邻苯二甲酸二辛酯	8	18	20
邻苯二甲酸二丁酯	26	39	33～38
烷基磺酸苯酯	30	—	—
氯化石蜡	5	5	—
癸二酸二辛酯	—	—	4～6
环氧酯	—	—	4～5
三碱式硫酸铅	2	2	1.5～1.8
二碱式亚磷酸铅	2	3	0.8～1.2
硬脂酸钡	1	1.5	1.2～1.5
石蜡	—	—	0.3～0.5
碳酸钙	5	—	2～3
钛白粉	—	5	1～2
其他助剂	适量	适量	适量

8. 半透明拖鞋

单位：质量份

原材料	红色	红色	桃红	金黄	蓝色	翠绿	绿	青莲	青莲	金红	棕	黑
聚氯乙烯树脂	100	100	100	100	100	100	100	100	100	100	100	100
塑料红 GR	0.02	—	—	—	—	—	—	—	—	—	—	—
永固红 F5R	—	0.025	0.003	—	—	—	—	—	—	—	0.032	—
玫瑰精	—	—	0.00075	—	—	—	—	—	—	—	—	—
金光红 C	—	—	—	—	—	—	—	—	—	0.03	—	—
塑料红 B	—	—	—	0.0025	—	—	—	—	—	—	—	—
永固黄 HR	—	—	—	0.012	—	—	—	—	—	—	0.032	—
酞菁蓝	—	—	—	—	0.02	—	—	—	—	—	—	0.033
酞菁绿	—	—	—	—	—	0.02	0.015	—	—	—	—	—
荧光黄	—	—	—	—	—	0.05	—	—	—	—	—	—
青莲色淀	—	—	—	—	—	—	—	0.05	—	—	—	—
青莲	—	—	—	—	—	—	—	—	0.06	—	—	—
炭黑	—	—	—	—	—	—	—	—	—	—	0.033	0.2

9. 鞋底

单位：质量份

原材料	白	灰	棕	黑
聚氯乙烯树脂	100	100	100	100
钛白粉	1～2	—	—	—
炭黑	—	0.024	0.3	1～1.5
酞菁蓝	—	0.0044	—	—
中铬黄	—	—	0.3	—
氧化铁红	—	—	0.8	—
立索尔宝红 BK	—	—	0.07	—
其他助剂	适量	适量	适量	适量

10. 珠光凉鞋

单位：质量份

原材料	白	灰	绿
聚氯乙烯树脂	100	100	100
酞菁蓝	0.02	0.006	—
荧光增白剂 DT	0.045	—	—
珠光粉	1.25	1.25	1
醇溶黑	—	0.007	—
酞菁绿	—	—	0.02
荧光黄	—	—	0.005

11. 塑料凉鞋

单位：质量份

原材料	玫瑰红	淡黄	湖蓝	中蓝	湖绿	咖啡	棕	黑
聚氯乙烯树脂	100	100	100	100	100	100	100	100
立索尔宝红 BK	0.5	—	—	—	—	—	—	—
柠檬黄	—	1	—	—	—	0.85	—	—
酞菁蓝	—	—	0.012	0.05	—	—	—	—
酞菁绿	—	—	—	—	0.01875	—	—	—
塑料棕	—	—	—	—	—	0.6	—	—
炭黑	—	—	—	—	—	0.051	1～1.5	—
钼铬红	—	—	—	—	—	—	2	—

12. 再生凉鞋

单位：质量份

原材料	配方 1	配方 2
泡沫塑料边角料	60	90
废旧薄膜	60	15
废旧凉鞋	—	45
废旧杂料	—	45
邻苯二甲酸二丁酯	10～15	5～10
氯化石蜡	0～5	—
三碱式硫酸铅	1～2	1～2
碳酸钙	2.5	—
着色剂	适量	适量

13. 再生泡沫凉鞋

单位：质量份

原材料	用量	原材料	用量
泡沫拖鞋边角料	100	三碱式硫酸铅	1.5
邻苯二甲酸二丁酯	6	硬脂酸钡	1
邻苯二甲酸二辛酯	5	硬脂酸铅	0.5
偶氮二甲酰胺	0.6	其他助剂	适量

14. 再生模压发泡拖鞋

单位：质量份

原材料	配方 1	配方 2
发泡边角料	100	—
废旧塑料	—	100
邻苯二甲酸二丁酯	1	8
邻苯二甲酸二辛酯	9	4
三碱式硫酸铅	0.8	2.4
硬脂酸钡	—	0.6
烷基磺酸苯酯	—	4
硬脂酸	0.5	—
偶氮二甲酰胺	0.4	5
着色剂	适量	适量
其他助剂	适量	适量

15. PVC 长筒靴

单位：质量份

原材料	用量	原材料	用量
PVC(P=1100)	75	硫代甘醇酸异辛酯二甲基锡	1.0
PVC 乳液	25	月桂酸二正辛基锡	1.0
邻苯二甲酸二辛酯	100	其他助剂	适量
环氧大豆油	5.0		
硬脂酸钙	0.3		

二、PVC 塑料瓶

1. PVC 矿泉水瓶

单位：质量份

原材料	Ca/Zn 复合稳定体系配方	有机锡配方
PVC(S-700)	100	100
ACR	1.2～1.7	1.2～1.7
MBS(B-22)	8～10	8～10
Ca/Zn(VCZ 1816)	2.0～3.5	—
有机锡	—	1.5
RHODLASTAB-50	0.1～0.4	—
ESO	3～9	—
润滑剂	0.6～1.2	0.6～1.2
颜料	适量	适量
其他助剂	适量	适量

2. PVC 食用油瓶

单位：质量份

原材料	配方 1	配方 2
PVC(S-700)	100	100
MBS(BTA-730)	0	12
MBS(B-22)	12	0
ACR(ZB-1)	1.7	1.7
热稳定剂(TM-181-FS)	1.6	1.6
CH-4	0.8	0.8
G-78	0.5	0.5
ESO-D82	1	1
颜料	适量	适量
其他助剂	适量	适量

3. 国外 PVC 塑料瓶系列配方

(1) 使用日本 Metablen 增韧剂的 PVC 挤拉吹瓶配方

单位：质量份

原材料	用量	原材料	用量
PVC(K=57)	100	环氧大豆油	2.0
硫醇二辛基锡	2.0	Metablen p-551	1.0
马来酸二辛基锡	0.5	Metablen p-700	1.0
硬脂酸丁酯	1.0	Metablen c-202	13.0
酯蜡	0.5		

说明：PVC可使用日本信越 TK700、TK800、TK1000、TK1300 等无毒悬浮树脂；Metablen 是日本人造丝公司生产的 MBS 树脂，一般用量为 5～18 份；本配方熔融温度 190～210℃，双向拉伸温度 90～110℃。

（2）PVC 瓶日本配方 1

单位：质量份

原材料	食品包装用	无毒 1	无毒 2	高冲无毒 1	高冲无毒 2	化妆品瓶
PVC(K=55)	100	100	100	100	100	100
TVS 8831	1.5～2	2	2.5	2.5	—	—
TVS 8813	0.5～1	—	—	—	—	—
硬脂酸甘油酯	1.0～1.5	—	—	—	—	—
低分子量聚乙烯	0.1～0.15	—	—	—	—	—
MBS(B-22)	10～15	5	5	12	13～15	—
ACR	0.5～1	—	—	1～2	1	—
亚磷酸苯二异辛酯	—	1	—	—	—	—
硬脂酸正丁酯	—	—	1	0.5	—	—
HSt	—	0.5	0.5	—	—	0.1
DOP	—	0～2	5～8	—	—	—
ESO	—	2	2	2	4	—
Ca/Zn 高效稳定剂	—	—	—	—	2	—
褐煤酯酸(E 蜡)	—	—	—	0.3	0.8	0.2
$CaSt_2$	—	—	—	0.2	—	—
ABS	—	—	—	—	—	5～10
马来酸单丁酯二丁基锡	—	—	—	—	—	3
月桂酸二丁基锡	—	—	—	—	—	1～2
硬脂醇	—	—	—	—	—	0.5

（3）PVC 瓶日本配方 2

单位：质量份

原材料	无毒硬瓶 1	无毒硬瓶 2	软瓶 1	软瓶 2	无毒瓶
PVC($\overline{DP}$=800)	100	100	100	100	100
MBS	12	5～10	—	—	12
MMA-EA 系加工助剂	1	1～3	—	—	—
ESO	3～4	2	—	—	—
Ca/Zn 高效稳定剂	2.5	—	—	—	—
亚磷酸双酚 AC12-18 酯	0.2	—	—	—	—
GH-3 内润滑剂	1	—	—	—	—
双(硫代甘醇酸异辛酯)二甲基锡	—	1.5	—	1	—
$CaSt_2$	—	0.2	—	—	—
HL-3100 润滑剂	—	0.8	—	—	4(DBP)
DOP	—	—	37	30	4
环氧硬脂酸辛酯	—	—	3	—	—
亚磷酸苯二异辛酯	—	—	1	1	1.5
HSt	—	—	0.3	0.3	0.5
月桂酸二丁基锡复合物	—	—	3	—	—
双(硫代甘醇酸异辛酯)二正辛基锡	—	—	—	1	3
DOA	—	—	—	6	—
硬脂酸丁酯	—	—	—	—	1

说明：GH-3 是德国 Hankel 公司生产的复合型润滑剂；HL-3100 是日本胜田化工公司产品，润滑剂是与金属皂有协同效应的复合物；MMA-EA 是美国 Rohm&Haas 公司生产的加工助剂，甲基丙烯酸甲酯同乙酸乙烯的共聚物，牌号为 K-120 ND。

(4) Höechst 公司推荐的 PVC 瓶配方

单位：质量份

原材料	配方 1	配方 2	配方 3	配方 4
PVC($\overline{DP}$=750～800)	100	100	100	100
ABS 树脂(B 型)	5～10	5～10	8(MBS)	8(MBS)
马来酸有机锡	3.5	—	—	—
月桂酸有机锡	1～1.5	2	1.0	—
润滑剂(LX-12)	1	—	1.0	—
含硫有机锡	—	2	—	—
润滑剂(LX-6)	—	2	—	—
硫醇二辛基锡	—	—	2	—
ESO	—	—	2	3
无毒粉体 Ba/Zn 稳定剂	—	—	—	2
螯合剂	—	—	—	0.5
硬脂醇	—	—	—	0.4
硬脂酸	—	—	—	0.6

(5) 德国 Hankel 公司推荐的 PVC 瓶配方

单位：质量份

原材料	透明食品级 1	透明食品级 2
SPVC 或 MPVC(K=58～60)	100	100
MBS	12	12
加工助剂	1.5	1.5
辛基锡稳定剂	1.2～1.5	—
Loxiol GH4 复合内润滑剂	1.2	1.5
Loxiol G72 高分子络合酯外润滑剂	0.2～0.4	0.5
$CaSt_2$	—	0.2～0.3
$ZnSt_2$	—	0.1～0.2
其他稳定剂	—	0.2～0.3
环氧大豆油	—	3～5

(6) 英国 ICI 公司推荐的 PVC 瓶配方

单位：质量份

原材料	硬质有毒注吹瓶	硬质无毒挤吹瓶
PVC(Vinychlon 4000L)	100	100
三碱式硫酸铅	3～4	—
二碱式硬脂酸铅	0.5～1.0	—
$PbSt_2$	0～0.5	—
硬脂醇	0～0.5	—
硫醇二异辛酯正辛基锡	—	1～1.5
马来酸二正辛基锡	—	1.5～2
硬脂酸丁酯	—	0～0.5
OP 蜡	—	0～0.4
MBS	—	0～10
紫外光吸光剂	—	0.02～0.05
其他助剂	适量	适量

4. PVC 吹塑瓶

有机锡系（食品级）： 单位：质量份

原材料	用量	原材料	用量
PVC(K=57～58)	100.0	高分子复合酯	0.2
MBS 抗冲改性剂	10.0	氧化聚乙烯蜡	0.1
加工助剂	2.0	T-890 硫醇辛基锡(安美特公司)	1.8
混合内润滑剂	1.2	蓝色色粉	适量

有机锡系（非食品级）： 单位：质量份

原材料	用量	原材料	用量
PVC(K=57～58)	100.0	高分子复合酯	0.2
MBS 抗冲改性剂	10.0	氧化聚乙烯蜡	0.1
加工助剂	2.0	T-108 硫醇丁基锡(安美特公司)	1.7
混合内润滑剂	1.2	蓝色色粉	适量

钙-锌系（矿泉水瓶专用）： 单位：质量份

原材料	用量	原材料	用量
PVC(K=57～58)	100.0	ECEPOX PB3 环氧大豆油(安美特公司)	5.0
MBS 抗冲改性剂	10.0	STAVNIOR CZ 836 钙-锌(安美特公司)	2.7
CELUKAVITN 加工助剂(安美特公司)	0.5	皂蓝色色粉	适量

其中 STAVNIOR CZ 836 钙-锌中已包含润滑剂。

5. 通用硬质瓶

单位：质量份

原材料	配方 1	配方 2	配方 3
聚氯乙烯树脂,XS-6	100	100	100
环氧大豆油	2	2	4
邻苯二甲酸二辛酯	2	8	—
MBS	5	5	5
硫代甘醇酸异辛酯二正辛基锡	3	2.5	—
钙-锌高效稳定剂	—	—	2.5
亚磷酸苯二异辛酯	1	—	0.5
硬脂酸	0.5	0.5	—
丙烯酸酯加工改性剂	—	—	1
硬脂酸正丁酯	—	1	—
群青	—	0.02	—
蓝紫颜料	适量	—	适量
合成酯蜡(GL-3)	—	—	1

6. 高抗冲瓶

单位：质量份

原材料	配方 1	配方 2
聚氯乙烯树脂，XS-6	100	100
MBS	12	13～15
环氧大豆油	2	4
硫醇二正辛基锡或二甲基锡	2.5(1.5)	—
钙-锌高效复合稳定剂	—	2
硬脂酸正丁酯	0.5	—
E 蜡	0.3	—
合成酯蜡	—	0.8
硬脂酸钙	0.3	—
丙烯酸酯类加工改性剂	1～2	1
蓝紫颜料	适量	适量

7. 软瓶

单位：质量份

原材料	配方 1	配方 2
聚氯乙烯树脂，XS-5	100	100
邻苯二甲酸二辛酯	37	37
环氧硬脂酸辛酯	3	3
亚磷酸苯二异辛酯	1	1
硬脂酸	0.3	0.3
月桂酸二丁基锡复合物	3	2.5
硫代甘醇酸异辛酯二正辛基锡	—	0.5

三、聚氯乙烯电缆及其专用料

1. 绝缘级电缆

单位：质量份

原材料	绝缘级	低成本
聚氯乙烯树脂，XS-2	100	100
邻苯二甲酸二辛酯	30	38
环氧大豆油	—	3
烷基磺酸苯酯	12	—
氯化石蜡	—	12
三碱式硫酸铅	3	5
二碱式亚磷酸铅	2	—
二碱式硬脂酸铅	—	2
硬脂酸钡	1	—
陶土	325	10
碳酸钙	—	10
着色剂	适量	适量
其他助剂	适量	适量

2. 护层级电缆

单位：质量份

原材料	普通级	耐低温级	耐热级	耐光级	柔软级
聚氯乙烯树脂,XS-2	100	100	100	100	100
增塑剂(通用)	54～60	44～50	15～20	25～30	30
耐低温增塑剂	—	10	—	—	—
耐光增塑剂	—	—	25～30	25～30	30
耐热增塑剂	—	—	20～25	—	—
氯化石蜡	—	8～10	—	—	—
三碱式硫酸铅	5	5	—	4	4
二碱式亚磷酸铅	—	—	—	2	2
二碱式苯二甲酸铅	—	—	8	—	—
硬脂酸钡	1	1	0.5	1	1
双酚 A	—	—	0.25～0.5	0.25～0.5	0.25～0.5
碳酸钙	3～5	—	—	—	—
煅烧陶土	—	—	3～5	—	—
硬脂酸	0.5	0.3	0.5	0.3	0.3
其他助剂	适量	适量	适量	适量	适量

说明：耐低温增塑剂可采用癸二酸二辛酯，成本较低时可采用己二酸二辛酯，成本更低时则可采用己二酸二辛酯与0259混用。

耐光增塑剂可选用环氧增塑剂、苯二甲酸直链醇混合酯及聚酯增塑剂，三者比例可为1∶3∶2。

3. 耐高温电缆

单位：质量份

原材料	70℃	90℃	105℃	105℃	105℃
聚氯乙烯树脂 XS-1	—	100	100	100	100
XS-2	100	—	—	—	—
邻苯二甲酸 C_8～C_{10} 醇酯	40～42	—	—	—	—
邻苯二甲酸二异癸酯	—	40～50	—	—	5
双季戊四醇酯	—	—	50～55	—	—
偏苯三酸三辛酯	—	—	—	45	40
二碱式苯二甲酸铅	8	8	8	—	—
三碱式硫酸铅	—	—	—	3	—
二碱式亚磷酸铅	—	—	—	3	—
硬脂酸铅	—	—	—	1	—
硬脂酸钡	1～1.5	1～1.5	1～1.5	—	0.5～1
双酚 A	0.3～0.5	0.5	0.5	0.5	0.5～1
煅烧陶土	6～8	5	—	5	—
硫醇锑	—	—	—	—	3
其他助剂	适量	适量	适量	适量	适量

4. 耐油、高电性能电缆

单位：质量份

原材料		耐油	高电性能 105℃级	透明
聚氯乙烯树脂	XS-1	—	100	100
	XS-2	100	—	—
丁腈橡胶		40	—	—
邻苯二甲酸二辛酯		30	—	—
邻苯二甲酸二异癸酯		—	—	4～5
磷酸三甲苯(酚)酯		20	—	—
氯化石蜡		10	—	—
偏苯三酸三辛酯		—	42	40
三碱式硫酸铅		5	—	—
液体钡-镉-锌复合稳定剂		1	—	—
硫醇锡/月桂酸锡(1∶1)		—	25～3	—
马来酸单丁酯二丁基锡		—	—	3
双酚 A		0.3～0.5	0.3	0.5～1
OP 蜡/硬脂酸(1∶1)		—	0.5～1	0.5～1

5. 屏蔽用半导电材料

单位：质量份

原材料	用量	原材料	用量
聚氯乙烯树脂,XS-2	100	硬脂酸钙	2
邻苯二甲酸二辛酯	35	乙炔炭黑	50～80
二碱式苯二甲酸铅	5		

说明：聚氯乙烯加入乙炔炭黑，体积电阻率可达 $10^3\Omega\cdot cm$，成为半导电材料。

6. 廉价易撕电缆

配方 1

单位：质量份

原材料	用量	原材料	用量
聚氯乙烯树脂,XS-2	100	硬脂酸钡	1.5
邻苯二甲酸二辛酯	48	硬脂酸铅	0.5
氯化石蜡	20	石蜡	2
三碱式硫酸铅	4	碳酸钙	100
二碱式亚磷酸铅	2.5	其他助剂	适量

配方 2

单位：质量份

原材料	无铅无镉普通级	耐热级
聚氯乙烯树脂($\overline{P}$=1300)	100	—
$\overline{P}$=2000～2500	—	100
邻苯二甲酸二辛酯	45	—
环氧大豆油	5	4
邻苯二甲酸二异癸酯	—	20
邻苯二甲酸二辛酯	—	15

续表

原材料	无铅无镉普通级	耐热级
钡-钙-锌复合稳定剂	4	—
三碱式硫酸铅	—	5
二碱式硬脂酸铅	—	2
煅烧陶土	10	10
高熔点蜡或硬脂醇	0.5	0.5
其他助剂	适量	适量

7. 阻燃绝缘级聚氯乙烯电缆料

单位：质量份

原材料	用量	原材料	用量
PVC	100	阻燃剂	5
季戊四醇酯类	28	润滑剂	2
偏苯三酸三辛酯	10	抗氧剂	0.5
氯化石蜡	5	$CaCO_3$	6
稳定剂 1	3	其他助剂	适量
稳定剂 2	4.5		

8. 低烟低卤聚氯乙烯阻燃电缆料

(1) 原材料及配方

单位：质量份

原材料	用量	原材料	用量
PVC	100	石蜡	0.5
DOP	20	$CaCO_3$	30
DOTP	20	Sb_2O_3	5
氯化石蜡	15	$Al(OH)_3$	60
三碱式硫酸铅	4	硼酸锌	5
二碱式亚磷酸铅	3	其他助剂	适量
HSt	0.5		

(2) 性能　见表 4-92。

表 4-92　性能

氧指数/%	拉伸强度/MPa	断裂伸长率/%	体积电阻率/$10^{12}\Omega\cdot m$	邵尔硬度 A
39.4	15.7	136	7.0	97.0

9. 改性聚氯乙烯电缆护套料

单位：质量份

原材料	用量	原材料	用量
PVC	100	轻质碳酸钙	10～20
DOP	30～60	稳定剂(脂肪酸皂类)	3.5～4.5
环氧大豆油	2～3	颜料色浆	适量
TAS-3A	1～1.2	其他助剂	适量

10. 程控交换机用 PVC 电缆绝缘料

单位：质量份

原材料	PD-1	PD-2	PD-3
PVC	100(S-700)	100(S-1000)	100(S-1300)
三碱式硫酸铅	4	4	4
二碱式亚磷酸铅	3	3	3
硬脂酸铅	1	1	1
氯化石蜡(含氯 52%)	5	5	5
碳酸钙	8	8	8
DOP	2	3	2.5
其他助剂	适量	适量	适量

11. 70℃绝缘级 PVC 电缆料

(1) 原材料及配方

单位：质量份

原材料	用量	原材料	用量
PVC	85.0	稳定剂 2	4.0
增塑剂 A	25.0	润滑剂	0.7
增塑剂 B	8.0	抗氧剂	0.2
增塑剂 C	4.0	取代剂	15.0
稳定剂 1	2.0	其他助剂	6.0

(2) 制备工艺

严格按工艺要求进行双辊筒炼胶机的开机和升温，严格保证一定的升温速度，达到160℃时，开始投料。将捏合粉料 0.5～1kg 投入炼胶机，在 1mm 下薄通 15 遍，1.5mm 薄通 5 遍，然后出料。混炼完全后出片，规格为宽 200～220mm，厚 2.5～3mm。

12. 可耐 105℃的软质 PVC 电缆料

单位：质量份

原材料	用量	原材料	用量
PVC	100	增塑剂	45
填料	10	硬脂酸	0.3
稳定剂	7	其他助剂	适量
改性剂	5		

四、聚氯乙烯糊制品

1. 搪塑法制品

单位：质量份

原材料	娃娃	长筒靴	人体模型
聚氯乙烯树脂(乳液)	70	75	80
聚氯乙烯树脂,掺混 XJ-3	30	25	20
邻苯二甲酸二异辛酯	35	—	50
邻苯二甲酸 7～9 碳醇酯	—	85	—
邻苯二甲酸丁苄酯	20	—	—
聚己二酸丙二醇酯	10	—	50
己二酸二辛酯	—	10	—
环氧大豆油	5	—	—

续表

原材料	娃娃	长筒靴	人体模型
环氧妥尔油酸酯	—	5	—
钙-锌复合稳定剂	3	—	—
钡-镉复合稳定剂	—	2	—
硫醇锡	0.3	—	1
碳酸钙	5～20	—	10
颜料	适量	4	适量

2. 回转成型法制品

单位：质量份

原材料	洋娃娃	玩具球	容器	玩具
聚氯乙烯树脂,乳液	70	90	70	100
掺混树脂	30	10	30	—
邻苯二甲酸二辛酯	70	90	50	—
邻苯二甲酸二戊酯	—	—	—	45
环氧硬脂酸辛酯	5	5	—	—
环氧大豆油	—	—	5	—
环氧妥尔油酸酯	—	—	—	5
己二酸二辛酯	—	—	20	—
钡-锌复合稳定剂	2	2	—	2
钙锌复合稳定剂	—	—	3	—
硫代甘醇酸异辛酯二正辛基锡	—	—	0.5	—
碳酸钙	—	—	—	10
降黏剂(一种表面活性剂)	1	—	—	—
溶剂油	—	5	—	—
颜料	3	3～10	适量	4

3. 通用回转成型法制品

单位：质量份

原材料	软质制品	半硬质制品
聚氯乙烯树脂,乳液	70～100	60
掺混树脂	0～30	40
邻苯二甲酸二异癸酯	35～40	15
邻苯二甲酸 C_7～C_9 醇酯	25	—
邻苯二甲酸丁苄酯	12～15	—
环氧妥尔油酸酯	5	3
辅助增塑剂	—	5～6
钡-锌或钡-镉复合稳定剂	2～3	2～3
降黏剂	—	1
溶剂油	—	4

4. 热蘸塑法制品

单位：质量份

原材料	用量	原材料	用量
聚氯乙烯树脂(乳液)	100	环氧酯	5
邻苯二甲酸二辛酯	40	钡-镉-锌复合稳定剂	3
邻苯二甲酸二异癸酯	25	胶凝剂分散体	4～5
烷基磺酸苯酯	10		

说明：适合均匀厚度的涂层制品，如钢材包覆、手柄包覆等。胶凝剂可采用黏土、硅藻土、有机质膨润黏土及特种碳酸钙等。

5. 冷蘸塑法制品

单位：质量份

原材料	铁丝蘸塑	手 1	套 2
聚氯乙烯树脂,乳液	100	100	100
邻苯二甲酸二辛酯	50	—	80～100
己二酸或癸二酸二辛酯	25	10	—
环氧大豆油	—	3	3～6
环氧酯	5	—	—
邻苯二甲酸二正辛酯	—	80	—
二碱式亚磷酸铅	4	—	—
有机锡	—	2	2～3
碳酸钙	15	—	—
增稠剂分散体	2～4	—	—
降黏剂	—	—	16～20

说明：适用于薄壁或厚度不均匀的涂层制品，如塑料窗纱、铁丝浸塑编织筐、手套等。配方中加入的增稠剂是防止糊蘸塑后“流淌”，代表品种有热解胶态氧化硅、表面处理过的碳酸钙和硅胶，热稳定剂可用有机锡，也可用金属皂，手套配方中可加入玉米淀粉作隔离剂。

6. 添加反应性增塑剂的蘸塑成型法制品

单位：质量份

原材料	用量	原材料	用量
聚氯乙烯树脂(乳液)	100	过氧化苯甲酸叔丁酯	0.75
邻苯二甲酸二烯丙酯(单体型)	75	二碱式亚磷酸铅	4
邻苯二甲酸二辛酯	5		

说明：塑料制品的蘸塑，如钳子手柄蘸塑后，增塑剂可聚合，使手柄有一定的硬度。增塑剂采用邻苯二甲酸二烯丙酯，在过氧化苯甲酸叔丁酯催化剂作用下聚合。

7. 仿挑纱（抽纱台布）

单位：质量份

原材料	用量	原材料	用量
聚氯乙烯树脂(乳液)	100	碳酸钙	10～30
邻苯二甲酸二辛酯	60	钛白粉	适量
钡-镉-锌复合稳定剂	3		

8. 滴塑成型瓶内盖（无毒）

单位：质量份

原材料	用量	原材料	用量
聚氯乙烯树脂(乳液)	100	钙-锌复合稳定剂	4
邻苯二甲酸二辛酯	80	稀释剂	10～20
C-20 发泡剂	15～20	钛白粉	适量

9. 喷塑（大型制件）

单位：质量份

原材料	用量	原材料	用量
聚氯乙烯树脂(乳液)	80	钛白分散糊	5
掺混树脂	20	二碱式亚磷酸铅	4
邻苯二甲酸二辛酯	35	高级油量填充剂	1～3
己二酸或癸二酸二辛酯	15	碳酸钙	10～20
环氧酯	5	涂料用粗挥发油	10～15

说明：高吸油量填充剂可采用很细的氧化硅粉，涂料用粗挥发油可降低糊的黏度，有利于喷涂成型。

10. 铸塑法制品

单位：质量份

原材料	用量	原材料	用量
聚氯乙烯树脂(乳液)	60	氯化石蜡	10
掺混树脂	40	环氧酯	5
邻苯二甲酸二辛酯	25	钡-镉-锌复合稳定剂	3
己二酸二辛酯	20		

11. 多功能橡皮

单位：质量份

原材料	用量	原材料	用量
聚氯乙烯树脂(乳液)	100	钛白粉	1.3
邻苯二甲酸二辛酯	80	十二烷基苯磺酸钠	1
己二酸或癸二酸二辛酯	20	*N*-甲基甲酰胺	60
硬脂酸钡、铅	3.3	偶氮二异丁腈	20～40
碳酸钙	13	其他助剂	适量

说明：模压成型，用以擦拭铅笔、钢笔墨水、墨汁、圆珠笔油等痕迹。

五、聚氯乙烯壁纸

1. PVC 压延壁纸

单位：质量份

原材料	配方 1(不发泡壁纸)	配方 2(发泡壁纸)
聚氯乙烯树脂	100	100
邻苯二甲酸二辛酯	20～60	20～56
邻苯二甲酸二丁酯	10	10
烷基磺酸苯酯	30	30
磷酸三甲苯(酚)酯	—	10
环氧增塑剂	—	2.5

续表

原材料	配方1(不发泡壁纸)	配方2(发泡壁纸)
钡-镉-锌复合稳定剂	2.0	2.5
三碱式硫酸铅	0.8	0.8
硬脂酸钡	—	0.5
硬脂酸钙	—	0.5
硬脂酸铅	0.8	—
亚磷酸三苯酯	—	0.6
硬脂酸	0.1～0.3	0.2～0.5
碳酸钙	—	5～6
偶氮二甲酰胺	适量	适量

2. PVC挤出压延壁纸

单位：质量份

原材料	用量	原材料	用量
聚氯乙烯树脂，XS-3	100	硬脂酸	0.1～0.4
邻苯二甲酸二辛酯	20～50	碳酸钙	10
硬脂酸钡(镉、锌)	1.0～2.0	钛白粉	4
邻苯二甲酸二丁酯	20～30	其他助剂	适量
二碱式亚磷酸铅	1.0～2.0		

3. PVC涂刮壁纸

单位：质量份

原材料	阻燃	阻燃发泡	通用
聚氯乙烯树脂(乳液 $\overline{P}$=850～900)	100	100	100
邻苯二甲酸二辛酯	40	40	40
环氧脂肪酸辛酯	1～3	1～3	—
氯化石蜡	10	10	—
磷酸三甲酚酯	10	10	—
钡-钙-锌复合稳定剂	2～5	—	3～4
钡-锌复合稳定剂	—	2～4	—
硬脂酸铅	—	—	0.5～1.0
碳酸钙	41	32	26
偶氮二甲酰胺	—	8.0	—
钛白粉(糊)	—	15	—
泡沫调节剂	—	1.5	—
三氧化二锑	4	4	—
其他助剂	适量	适量	适量

4. PVC圆网涂布法壁纸

单位：质量份

原材料	底层	发泡层	面层
聚氯乙烯树脂(乳液)PE712	80	50	—
聚氯乙烯树脂(乳液)PE709	20	50	30
聚氯乙烯树脂(乳液)PE702	—	—	70
邻苯二甲酸二辛酯	30	25	25
邻苯二甲酸丁苄酯	—	30	25
环氧大豆油	3	3	3
钡-锌复合稳定剂	2	1	2

续表

原材料	底层	发泡层	面层
三氧化二锑	7	7	—
钛白粉	15	—	—
稀释剂	—	—	3.5
引发剂	—	2	—
偶氮二甲酰胺	—	3	—
其他助剂	适量	适量	适量

5. PVC 壁纸

单位：质量份

原材料	阻燃	阻燃耐低温
聚氯乙烯树脂($\overline{P}=1050$)	100	100
磷酸甲酚二苯酯	30	35
环氧脂肪酸辛酯	—	10
钡-镉-锌复合稳定剂	2.0	2.5
三氧化二锑	2.5	3.5
变性偏硼酸钡	5～8	6～10
碳酸钙	30	38
着色剂	10	15
其他助剂	适量	适量

六、密封件、单丝与带制品

(一)密封件

1. 电冰箱密封件

单位：质量份

原材料	配方 1	配方 2
聚氯乙烯树脂($K=70$)	100	—
聚氯乙烯树脂 TK-1000	—	100
聚己二酸丙二醇酯	70	—
邻苯二甲酸二辛酯	—	55
氯化聚乙烯	—	8
环氧大豆油	25	—
钙-锌高效稳定剂	25	—
硬脂酸钙	—	0.8
硫醇锑	—	1.5
硬脂酸	—	0.3
石蜡	—	0.5
轻质碳酸钙	25	15
其他助剂	适量	适量

2. 轿车用 PVC 密封条专用料

单位：质量份

原材料	配方 1	配方 2	配方 3	配方 4
PVC($\overline{DP}$=2500)	100	100	—	—
PVC($\overline{DP}$=4000)	—	—	100	100
PA-30	8	—	8	—
NRS(P83)	—	25	—	25
DOP	50	50	60	60
DOA	20	20	20	20
石油酯	8	8	8	8
ESO	3	3	3	3
复合稳定剂	5	5	5	5
着色填料	2	2	2	2
填料	30	30	30	30
其他助剂	适量	适量	适量	适量

（二）单丝

1. PVC 发丝

单位：质量份

原材料	透明	实色	珠光
聚氯乙烯树脂，XS-3	100	100	100
邻苯二甲酸二辛酯/二丁酯	42～45	45～50	43～46
环氧酯	3～4	—	3～4
月桂酸二丁基锡	1～1.8	—	—
钡-镉复合稳定剂	1.5～2	—	1.5～2
硬脂酸钡	—	0.8～1.5	0.8～1
三碱式硫酸铅	—	1～2	—
二碱式亚磷酸铅	—	0.8～1	—
硬脂酸	0.2～0.3	0.2～0.4	0.2～0.4
珠光粉	—	—	0.7～0.9
颜粉	2.5	2.0	3.0
其他助剂	适量	适量	适量

2. PVC 单丝

单位：质量份

原材料	绳索丝	窗纱丝	通用丝
聚氯乙烯树脂	100	100	100
邻苯二甲酸二辛酯	4	6	5
邻苯二甲酸二丁酯	3	—	4
环氧油酸丁酯	0.4	—	—
烷基磺酸苯酯	—	1.5	—
钡-镉-锌复合稳定剂	3	2	1.5
月桂酸二丁基锡	—	2	1.2
二碱式亚磷酸铅	1	—	—
亚磷酸三苯酯	—	—	0.8
硬脂酸	—	0.5	0.2
液状石蜡	0.4	—	—
变压器油	0.5	—	—
其他助剂	适量	适量	适量

（三）PVC带

1. 绝缘带

单位：质量份

原材料	绝缘带	彩带
聚氯乙烯树脂，XS-2，3	100	100
邻苯二甲酸二辛酯	15	25
邻苯二甲酸二丁酯	35	25
三碱式硫酸铅	1.5	1.5
二碱式亚磷酸铅	1	1
硬脂酸钡	1.2	1.2
颜料	适量	适量

2. 运输带

单位：质量份

原材料	面底层	浸芯糊
聚氯乙烯树脂，XS-3	100	—
聚氯乙烯树脂(乳液)	—	100
邻苯二甲酸二辛酯	50	45
邻苯二甲酸二丁酯	—	45
癸二酸二辛酯	10	—
环氧油酸丁酯	5	—
氯化石蜡	10	—
三碱式硫酸铅	3	3
二碱式亚磷酸铅	2	—
硬脂酸钡	1	—
炭黑	1	—

说明：运输带一般由面层、浸有聚氯乙烯糊的帘布芯层和底层组成。

3. 阻燃、抗静电运输带

单位：质量份

原材料	通用	浸渍糊	面底
聚氯乙烯树脂，乳液 $K=72$	100	100	25
悬浮树脂，XS-2，3	—	20	100
磷酸三甲苯(酚)酯	30	—	—
邻苯二甲酸二异辛酯	30	—	—
氯化石蜡(45%)	10	—	—
环氧酯	5	—	—
邻苯二甲酸二辛酯	—	36	11.5
邻苯二甲酸二丁酯	—	42	60
癸二酸二辛酯	—	—	7.5
三碱式硫酸铅	3	4～5	3～4
二碱式亚磷酸铅	—	1～2	2～3
Sb_2O_3	5	—	—
导电剂(Reofos95)	10	—	—
氧化铁红	—	—	2
导电炭黑	—	—	1
填料	—	20～30	30～40
其他助剂	适量	适量	适量

4. PVC 打包带

单位：质量份

原材料	用量	原材料	用量
PVC(XS-4)	100	硬脂酸钡	0.6
邻苯二甲酸二丁酯	1.0	硬脂酸铅	0.5
氯化聚乙烯	1.5	HDPE	10
三碱式硫酸铅	4.5	加工助剂	1.0～2.0
邻苯二甲酸二辛酯	2.0	其他助剂	适量

参 考 文 献

[1] 张玉龙，颜祥平．塑料配方与制备手册．第 2 版 [M]. 北京：化学工业出版社，2010.

[2] 张玉龙，李长德．塑料配方与制备手册．第 1 版 [M]. 北京：化学工业出版社，2005.

[3] 张玉龙. 塑料配方及其组份设计宝典 [M]. 北京：机械工业出版社，2005.

[4] 张玉龙，王喜梅．塑料制品配方 [M]. 北京：中国纺织工业出版社，2009.

[5] 高传慧，郭方荣，王晓红等. 新型聚酯增塑剂的合成及增塑聚氯乙烯性能 [J]．高等学校化学学报，2015，36 (8)：1634-1640.

[6] 赵朋，蒋平平，陈慧园，冷炎. 利用生物基原料制备甘油钙热稳定剂及其在 PVC 制品中的应用 [J]. 塑料，2014，43 (4)：34-38.

[7] 王海娇，宋燕梅，王贺云等. 月桂酸镧基蒙脱土的制备及其对聚氯乙烯热稳定性的影响 [J]. 石河子大学学报，2014，32 (5)：576-582.

[8] 宋晓玲，崔学民，林坤圣等. 聚氯乙烯/偏高岭土基地聚物复合材料的制备和性能 [J]. 高校化学工程学报，2014，28 (1)：137-142.

[9] 陈洁，聂小安，刘振兴等. 环氧脂肪酸甲酯增塑剂替代 DOP 用于 PVC 的研究 [J]. 工程塑料应用，2014，42 (1)：102-106.

[10] 宇平，章于川. 聚氯乙烯/防爆灰复合材料的制备与性能研究 [J]. 塑料助剂，2013，(4)：31-34.

[11] 韩卫，甄卫军，李进等. 聚氯乙烯/改性长石复合材料的制备、性能及结构表征 [J]. 非金属矿，2013，36 (2)：8-11.

[12] 宇平. 聚氯乙烯/赤泥复合材料的制备与性能研究 [J]. 塑料助剂，2014，(3)：27-30.

[13] 宋连根，毛佩林，杨良，严荣. 改性伊利石增强 PVC 复合材料的制备工艺和力学性能 [J]. 新型建筑材料，2014，(7)：54-57.

[14] 文星，杨占红. 水铝钙石的制备及其在 PVC 中的应用 [J] 塑料助剂，2015，(2)：27-32.

[15] 周朋朋，栾英豪，马新胜. 纳米 $CaCO_3$ 的改性及其应用于聚氯乙烯的研究 [J]. 塑料工业，2014，42 (4)：89-93.

[16] 张书华，王锦成，沈攀等. $CaSO_4$ 晶须在 PVC 复合体系中的应用研究 [J]. 功能材料，2012，43 (18)：2546-2549.

[17] 范晓瑜，姚跃飞，虞华东等. 蛭石/PVC 复合材料的隔声性能研究 [J]. 浙江理工大学学报，2014，31 (11)：647-650.

[18] 郑南锋，宋波. 纳米 $CaCO_3$ 在聚氯乙烯中的应用研究 [J]. 广东化工，2015，42 (8)：104-105.

[19] 马治军，杨景辉，吴秋芳. 聚丙烯酸酯/纳米碳酸钙复合增韧 PVC 的研究 [J]. 塑料工业，2011，39 (3)：67-70.

[20] 赵笛，腾谋勇，李玉超等. 聚氯乙烯/石墨烯纳米复合材料的性能研究 [J]. 塑料工业，2015，43 (5)：67-71.

[21] 侯翠玲，李铁虎，赵廷凯等. 稀土掺杂碳纳米管/聚氯乙烯复合材料的吸波性能研究 [J]. 功能材料，2013，44 (12)：1741-1744.

[22] 刘仿军，彭林峰，李兆龙. NBR/PVC 热塑性弹性体的性能研究及应用 [J]. 工程塑料应用，2010，38 (12)：55-58.

[23] 范宇，罗方舟，宫立波等. PVC/ACR/PS 复合材料的制备及流变性能 [J]. 塑料工业，2015，43 (5)：90-93.

[24] 陈慧，郭翠翠，胡嘉文等. 氯化聚乙烯/聚氯乙烯共混弹性体的研究 [J]. 弹性体. 2015，25 (2)：74-79.

[25] 于航，张明耀，任亮. PVC/*N*-AIM 共混物的力学性能及形态结构研究 [J]. 塑料工业，2014，42 (3)：86-88.

[26] 董源，杨景辉，马新胜. 新型复合改性剂的制备及其增韧 PVC 的研究 [J]. 塑料工业，2013，41 (4)：33-36.

[27] 南辉，王冲，王刚等. 多元纳米 PVC 材料的制备及其性能研究 [J]. 塑料工业，2015，43 (1)：27-30.

[28] 赵亮，冯利平，王国喜. 聚苯胺/聚氯乙烯复合物的制备及其性能研究 [J]. 化工新型材料，2013，41 (7)：36-38.

[29] 王莹麟，张明耀，任亮. ABS 接枝共聚物对 PVC 树脂的增韧改性 [J]. 塑料工业，2014，42 (2)：39-42.

[30] 宋晓玲，黄东，潘鹏举等. 高韧性硬质聚氯乙烯透明材料的制备与性能 [J] 塑料工业，2015，43 (18)：129-132.

[31] 何征，张尊昌，刘则安．导电 PVC 的制备和性能研究［J］．塑料科技，2012，40（4）：98-100.
[32] 张乐，丁雪佳，刘佳等．阻燃软质 PVC 的性能研究［J］．弹性体，2014，24（3）：15-18.
[33] 谷亚新，杨玉敏，刘亚学等．四种铅盐类热稳定剂在 PVC 中应用比较［J］．塑料加工与应用，2009，（4）：46-49.
[34] 杨中文，刘西文．芦苇纤维/聚氯乙烯复合材料的研究［J］．化工新型材料，2010，38（11）：108-110.
[35] 尤伟．刘玉玲，张立群等．核/壳结构聚合物改性硬质 PVC 的力学性能［J］．高分子材料科学与工程，2008，24（9）：88-91.
[36] 刘容德，李静，刘浩等．S-1300 型 PVC 树脂的性能及应用［J］．聚氯乙烯，2011，39（8）：15-18.
[37] 杨玉杰，胡碧茹，吴文健．植物叶片仿生伪装材料的设计与制备［J］．国防科技大学学报，2011，33（5）：50-53.
[38] 杨衍超，廖菊英，温燕萍，杨雪．有机梳妆高分子聚氯乙烯改性研究［J］．煤炭技术，2011，30（3）：193-195.
[39] 梁伟，张和平．PVC 糊树脂在下游行业中的应用［J］．聚氯乙烯．2012，40（7）：23-27.
[40] 刘涛，刘颖，吴大鸣，许红．双轴取向聚氯乙烯（PVC-O）管材的专用配方［J］．塑料，2011，40（5）：83-86.
[41] 陈蓉，汪世槿，李福灿等．PVC-U 管材拉伸屈服强度测试结果的影响因素［J］．聚氯乙烯，2013，41（11）：22-24.
[42] 杨成德．PVC 管材表面光亮变的影响因素［J］．聚氯乙烯，2014，42（6）：26-27.
[43] 李永峰．给水 PVC-U 管材环应力与环境温度的关系［J］聚氯乙烯，2013，41（9）：28-29.
[44] 刘广建，李小磊．新型多层复合 PVC/PE 瓦斯管的研制［J］．工程塑料应用，2010，38（4）：47-49.
[45] 魏东，李援农．氯乙烯-丙烯酸丁酯共聚树脂增韧改性滴灌用硬质聚氯乙烯管材的研究［J］．石河子科技，2012，（4）：23-25.
[46] 李福灿，陈建春，陈蓉．PVC-M 管材料在高层建筑雨水管道中的应用［J］．聚氯乙烯，2013，（41）（10）：21-23.
[47] 金晓明，薛平，孙国林等．新型聚氯乙烯基定形相变材料板材制备及其性能表征［J］．化工进展，2011，30（3）：583-588.
[48] 生寿斋，李荣勋，郝京林等．煤矿用阻燃抗静电聚氯乙烯板材的研制［J］．煤炭科学技术，2004，32（10）：74-76.
[49] 沈芳，刘静琦，胡华军等．机械活化制备 PVC/石墨导热复合板材的热性能［J］．塑料工业，2014，42（4）：111-115.
[50] 苑会林，廖前程．交联发泡聚氯乙烯板材的研究与制备［J］．塑料工业，2010，38（6）：68-71.
[51] 陈会龙，苑会林，陈自卫等．PVC 软硬共挤双层复合发泡板材配方及工艺研究［J］．塑料工业，2008，36（4）：59-62.
[52] 宋功品．低发泡聚氯乙烯结皮板材生产技术［J］．上海塑料，2011（4）：41-44.
[53] 巩桂芬，陈德忠，张玉军等．硬质低发泡 PVC 板材挤出工艺的研究［J］．工程塑料应用，2004，32（12）：28-31.
[54] 丁宏明，刘莉，李荣勋等．PVC 微发泡仿木结皮板材生产技术［J］．塑料科技，2004，（6）：35-38.
[55] 李长金，周星，史聪等．新型 PVC 片材的力学性能和阻隔性能的研究［J］．聚氯乙烯，2014，42（3）：16-19.
[56] 宋岱瀛，黎华强，陈慧雪等．透明硬质聚氯乙烯压延膜片新型生产工艺［J］．科技与企业，2013（11）：347.
[57] 倪振华．高档 PVC 片材生产配方及工艺研究——信用卡、IC 卡、SIM 卡等［J］．聚氯乙烯，2009，37（11）：19-22.
[58] 杨姜玲，解小玲．Peng Yiyan，李海梅．PE-C 增韧 PVC 防水卷材的性能研究［J］．工程塑料应用，2010，38（10）：23-26.
[59] 杜正富，吴强．无铅 PVC 型材配方［J］．聚氯乙烯．2014，42（7）：24-26.
[60] 徐冬梅，李金亮，曾长春．PVC 异型材回收再利用的研究［J］．工程塑料应用，2013，41（7）：30-33.
[61] 乐开玮．CPVC 型材配方的设计及性能研究［J］．聚氯乙烯，2014，42（6）：21-25.
[62] 李荣顺，牛建华，张留网．活性碳酸钙热白度与白度差异对 PVC-U 型材颜色的影响［J］．塑料助剂，2013（3）：42-44.
[63] 孙泉，杨宋林，胡孝义等．聚氯乙烯彩色型材耐浸性能测试与评价［J］．环境技术，2011（6）：16-19.
[64] 徐国忠，张军．耐低温 PVC 型材配方设计与制造［J］．聚氯乙烯，2010，38（11）：17-19.
[65] 杨海波，王金明．新型 PVC 膜改性剂的制备［J］．聚氯乙烯，2013，41（5）：29-33.
[66] 张毓浩，丁雨凯，王世超等．高屏蔽紫外光透明增塑 PVC 薄膜的研制［J］．现代塑料加工与应用，2014，26（2）：24-27.
[67] 赵方波，邱峰，张晓辉等．纳米管/聚氯乙烯共混膜制备及其表征［J］．哈尔滨工程大学学报，2012，33（2）：244-248.
[68] 李凤英，汤依婧，朱方亮等．PAN/PVC 共混膜的制备及性能研究［J］．合成技术及应用，2014，29（4）：9-12.
[69] 王丹丹，刘俊渤，常海波等．铌酸银可见光催化降解聚氯乙烯薄膜［J］．高等学校化学学报，2014，35（9）：1975-1981.
[70] 张克宏，肖慧．PVDF/PVC 自洁共混膜的制备与性能研究［J］．工程塑料应用，2013，41（12）：12-17.
[71] 张昊，李香玲，胡晓宇等．TIPS 法力化学改性聚氯乙烯膜研究［J］．功能材料，2012，43（24）：3410-3413.

[72] 梅硕，肖长发，胡晓宇等. SiO_2 填充 PVC 杂化膜研究 [J]. 功能材料，2009，40 (5)：806-808.
[73] 徐淑红，马春燕，戎静等. 聚氯乙烯/热塑性聚氨酯纤维膜的研制与应用 [J]. 工程塑料应用，2009，37 (2)：55-59.
[74] 罗肖，滕双双，王鹏飞等. Al_2O_3 含量对 PVDF/PVC/Al_2O_3 共混中空纤维膜的影响 [J]. 2012，43 (21)：2950-2953.
[75] 张军，张肖会，徐超等. 基于 EU-TTA 配合物的光波长转换薄膜的制备 [J]. 中国稀土学报，2012，30 (1)：7-12.
[76] 王姗姗，陈新，范浩军. 人造革低温发泡方法的研究 [J]. 皮革科学与工程，2011，21 (2)：23-27.
[77] 王雁国，汪艳，张慧. 硬质交联 PVC 泡沫塑料的制备 [J]. 工程塑料应用，2014，42 (6)：13-16.
[78] 陈华，赖沛铭，江太君等. 竹纤维增强聚氯乙烯发泡复合材料的制备与性能 [J]. 包装学报，2014，6 (3)：14-19.
[79] 龚新怀，雷鹏飞，赵升云等. 竹粉/PVC 发泡复合材料的制备与性能研究 [J]. 现代塑料加工与应用，2014，26：16-19.
[80] 陈绪煌，黄碧伟，龙鹏等. 高发泡硬质 PVC 阻燃材料的制备及性能研究 [J]. 湖北工业大学学报，2012，27 (2)：53-56.

Chapter 05

第五章 聚苯乙烯、ABS与聚甲基丙烯酸甲酯

第一节 聚苯乙烯

一、聚苯乙烯改性料与功能料

（一）聚苯乙烯改性料经典配方

具体配方实例如下[1~3]。

1. HIPS/SBS 改性塑料

单位：质量份

原材料	用量	原材料	用量
HIPS	100	填料	5～8
SBS	20	加工助剂	1～2
增韧剂 S	4.0	其他助剂	适量

2. 纳米蒙脱土/HIPS 改性料

单位：质量份

原材料	用量	原材料	用量
HIPS	100	加工助剂	5～10
纳米蒙脱土	3～5	其他助剂	适量

说明：这种 HIPS/纳米蒙脱土复合材料具有较好的综合力学性能，可作为工程塑料使用。

3. 聚苯乙烯（PS）内胆和门衬专用料

单位：质量份

原材料	用量	原材料	用量
PS	50～95	填料	5～20
增韧剂	60～65	加工助剂	1～2
抗氧剂	1～3	其他助剂	适量

4. 聚苯乙烯制鞋专用料

单位：质量份

原材料	用量	原材料	用量
纯水	123～125	矿物油	6.5
苯乙烯	100	非离子表面活性剂	0.003
过氧化二苯甲酰	0.38	磷酸三钙	0.22
过氧化二苯甲酸	0.06	碳酸钙	0.32
聚乙烯蜡	0.06	其他助剂	适量

说明：产品的熔体流动速率超过了 18g/10min，维卡软化点低于 88℃，完全可以满足

鞋材的要求。

5. 超细化聚苯乙烯树脂

单位：质量份

原材料	用量	原材料	用量
PS	114	交联剂 DVB	0.8
OP-10 乳化剂	34	引发剂 $K_2S_2O_8$	25
助乳化剂 DBS	4.83	其他助剂	适量

（二）PS 功能料经典配方

具体配方实例如下[1~3]。

1. 反应型 PS 阻燃塑料

单位：质量份

原材料	用量	原材料	用量
苯乙烯单体	100	引发剂	0.1
磷酸三(溴氯丙基酯)	5～10	其他助剂	适量

说明：用过氧化苯甲酰作引发剂聚合而得聚苯乙烯树脂为自熄性的。

2. 添加型 PS 阻燃塑料

单位：质量份

原材料	配方 1	配方 2	配方 3	配方 4
PS	100	100	100	—
可发性 PS	—	—	—	50
全氯戊环癸烷	28.6	—	—	—
三氧化二锑	14.3	—	—	—
六溴环十二烷	—	12.5	—	—
2,3-甲基-2,3-二苯基丁烷	—	0.1～0.3	—	—
四溴双酚 A	—	—	8	—
四溴乙烷/四溴丁烷	—	—	—	3～5
0.6%聚乙烯醇水溶液	—	—	—	300
其他助剂	适量	适量	适量	适量

说明：配方合理，加工性能良好，阻燃性满足使用要求。

3. 添加型抗冲击 PS 阻燃塑料

单位：质量份

原材料	配方 1	配方 2	配方 3
HIPS	100	100	100
十溴联苯醚	12	—	—
亚乙基双(四溴邻苯二甲酰亚胺)	—	12	—
二氧化二锑	4	4	8.4
全氯戊环癸烷	—	—	16.6
白油	1.0	1.5	1.2
其他助剂	适量	适量	适量

说明：配方设计合理，加工性能良好，制品阻燃性优良，满足应用要求。

4. 高抗冲聚苯乙烯阻燃母料

单位：质量份

原材料	用量	原材料	用量
PS载体树脂	100	有机磷	0.1
溴系阻燃剂 FF-680	15	磷酸酯	1.0
Sb_2O_3	0～8	其他助剂	适量

5. PS塑料着色用阻燃色母料

单位：质量份

原材料	用量	原材料	用量
HIPS	8～10	聚乙烯醇	3～5
十溴联苯醚	50～56	分散剂	1～2
三氧化二锑	25～30	其他助剂	适量
色素炭黑	3.7		

说明：水平燃烧速度小于 40mm/min。

6. HIPS阻燃材料

单位：质量份

原材料	用量	原材料	用量
HIPS	100	长链聚磷酸胺	9.9
十溴联苯醚(DBDPO)	15	辅助阻燃剂	2.0
Sb_2O_3	7.0	其他助剂	适量

说明：长链聚磷酸胺与 DBDPO/Sb_2O_3 具有良好的协同作用，由此构成的多元阻燃体系可使 HIPS 阻燃性能达到 FV-0 级，且无浓黑烟现象，成本亦较低。

7. 增韧改性阻燃聚苯乙烯

单位：质量份

原材料	用量	原材料	用量
HIPS(载体树脂)	100	分散剂	1～5
十溴联苯醚(DBDPO)	10～20	偶联剂	1～5
Sb_2O_3	5～10	其他助剂	适量
增韧剂	15～30		

说明：当十溴联苯醚（DBDPO）-三氧化二锑（Sb_2O_3）阻燃体系加到适量时，可达到 UL-94 V-0 级，但使冲击强度、断裂伸长率下降，断裂强度上升。增韧剂和分散剂的加入，使冲击强度和断裂强度增加，断裂伸长率略有下降。

8. 十溴二苯乙烷（DBDPE）阻燃改性 PS

单位：质量份

原材料	用量	原材料	用量
PS	100	偶联剂	1～3
DBDPE	18	其他助剂	适量
Sb_2O_3	9.0		

9. 阻燃 HIPS 注射料

单位：质量份

原材料	用量	原材料	用量
HIPS	100	SBS	4
含卤阻燃剂	10～15	填料	10～20
Sb_2O_3	5～8	其他助剂	适量

10. 电器用阻燃 HIPS

单位：质量份

原材料	用量	原材料	用量
PS	100	黑母料	1～2
主阻燃剂	10	加工助剂	1～2
增效剂	1～2	其他助剂	适量
填料	5～10		

11. 无卤阻燃高抗冲聚苯乙烯

单位：质量份

原材料	用量	原材料	用量
HIPS	100	改性 PPO	25
纳米氢氧化铝(CG-ATM)	12	SBS	15
红磷母料	9	加工助剂	1～2
填料	5～10	其他助剂	适量

说明：CG-ATH 和 MPPO 与红磷母料之间有很好的协效阻燃作用，配合使用可以使 HIPS 的垂直燃烧达到 FV-0 级，氧指数达到 27.5%。

12. 阻燃高抗冲聚苯乙烯的挤出粒料

单位：质量份

原材料	用量	原材料	用量
HIPS	82.5	紫外线屏蔽剂	0.5～1.5
主阻燃剂 BT-93W	13.5	光稳定剂	0.1～0.5
Sb_2O_3	4	加工助剂	1～2
抗氧剂	1.0	其他助剂	适量

（三）纳米蛭石改性 PS 复合材料

1. 配方[4]

单位：质量份

原材料	用量	原材料	用量
PS	100	加工助剂	1～2
有机蛭石	3.0	其他助剂	适量
分散剂	1.0		

2. 制备方法

（1）钠型蛭石的制备　在锥形瓶中加入 1mol/L 的 Na_2CO_3 溶液 100mL 和 15g 蛭石，在常温下，恒温搅拌 24h 后，离心洗涤数次，烘干，过 200 目筛。

（2）有机蛭石的制备　将适量的钠化蛭石放入 250mL 锥形瓶中，加入 200mL 蒸馏水，搅拌 1h，使其充分分散于水中，然后加入 1.0 倍 CEC 的十八烷基三甲基溴化铵，升温到 80℃强烈搅拌反应 10h，静置冷却后，离心洗涤数次，直到滤液用 $AgNO_3$ 水溶液检验无沉淀为止；烘干后研磨并过 200 目筛，得到有机化的蛭石。

（3）PS/蛭石纳米复合材料的制备　按配方将有机蛭石和 PS 混匀后在双螺杆挤出机上挤出、造粒干燥后，注塑成标准样条。

3. 性能

见图 5-1～图 5-4。

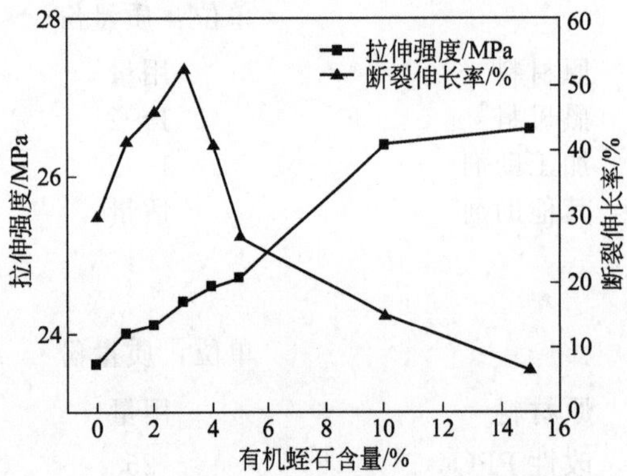

图 5-1　蛭石含量对 PS/蛭石纳米复合材料拉伸强度和断裂伸长率的影响

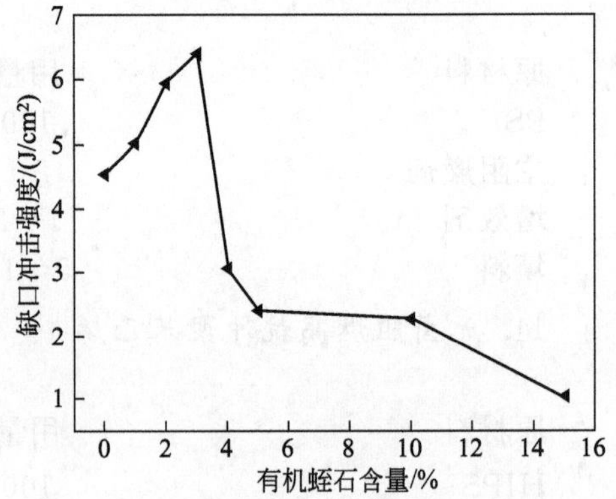

图 5-2　蛭石含量对 PS/蛭石纳米复合材料缺口冲击强度的影响

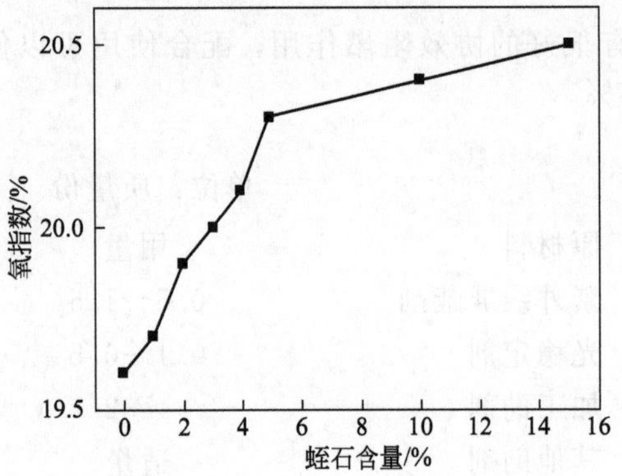

图 5-3　蛭石含量对 PS/蛭石纳米复合材料的氧指数的影响

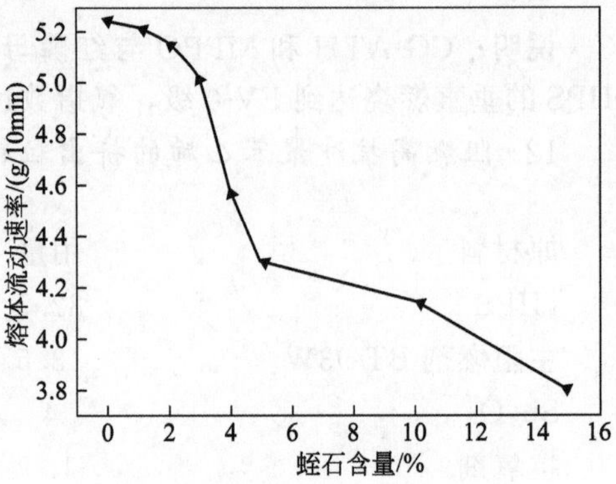

图 5-4　蛭石含量对 PS/蛭石纳米复合材料的熔体流动速率的影响

（四）纳米海泡石填充改性 PS 复合材料

1. 配方[5]

单位：质量份

原材料	用量	原材料	用量
聚苯乙烯	100	过硫酸钾	0.1～1.0
海泡石	1～5	10％硫酸铝溶液	适量
十八烷基三甲基氯化铵	1～2	无水乙醇	1～3
十二烷基磺酸钠	0.5	其他助剂	适量

2. 制备方法

(1) 海泡石的有机化改性　在固含量为 5％的海泡石悬浮液中加入一定量的十八烷基三甲基氯化铵，搅拌溶解后，放入超声波清洗器中，75℃反应 3h，用蒸馏水洗涤至滤液用 0.1mol/L 的 $AgNO_3$ 检测不出白色沉淀为止，并用蒸馏水配成一定固含量的十八烷基三甲基氯化铵改性的有机海泡石（OTAC-Sepiolite）悬浮液。

(2) 聚苯乙烯/海泡石复合材料的制备　在装有搅拌器、回流冷凝管和温度计的 250mL 三颈瓶中加入含有一定量有机海泡石的悬浮液，十二烷基磺酸钠和苯乙烯，搅拌使之充分混合，得到苯乙烯单体插入的海泡石。然后通氮气保护，用水浴控制体系温度为80～85℃，加入引发剂过硫酸钾，反应3h后，停止加热，搅拌下冷却至室温。将反应产物用10%的硫酸铝溶液破乳，再用无水乙醇洗涤，60℃烘干，粉碎过200目筛，得到聚苯乙烯/海泡石复合材料。

（五）纳米蒙脱土改性PS复合材料

1. 配方[6]

单位：质量份

原材料	用量	原材料	用量
苯乙烯	100	水	800～900
甲基丙烯酸(MAA)	2.0	加工助剂	1～2
有机改性蒙脱土(O-MMT)	1～5	其他助剂	适量
过硫酸钾(KPS)	1.5		

2. 制备方法

（1）有机改性蒙脱土（O-MMT）的制备　称取15g钠基蒙脱土放入烧杯中，量取400mL去离子水倒入烧杯，在机械搅拌下充分分散12h，加入溶有1.93g溴化烯丙基三乙基铵（1/2CEC量）的100mL水溶液，在室温下搅拌6h过滤，用去离子水洗涤至硝酸银溶液检测无沉淀产生。将滤饼重新分散于去离子水中获得有机改性蒙脱土水分散液，备用。

（2）聚苯乙烯/蒙脱土纳米复合材料的制备　将一定量的有机改性蒙脱土水分散液加入到150mL四口烧瓶中，将其置于70℃恒温水浴中搅拌，通入氮气30min后，将St与MAA的混合单体溶液加入，搅拌10min后，加入一定量的KPS水溶液引发聚合，反应6h。反应结束后向乳液中加入甲醇破乳，静置20min后抽滤，60℃恒温真空干燥24h，将烘干的样品研磨即得目标产物聚苯乙烯/蒙脱土纳米复合材料。

（3）无皂乳液聚合过程　见图5-5。

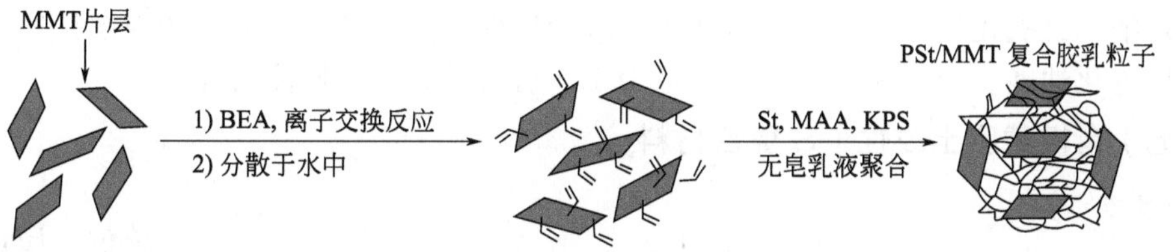

图5-5　无皂乳液聚合法制备PSt/MMT过程示意图

3. 性能

（1）FT-IR和XRD测试结果表明利用溴化烯丙基三乙基铵改性的蒙脱土，其层间距由原来的1.32nm扩大到1.44nm，成功在蒙脱土层间引入可聚合的双键基团，有利于在无皂乳液聚合过程中与聚苯乙烯通过化学键结合，实现对蒙脱土片层的剥离。

（2）FT-IR分析结果表明无皂乳液聚合法成功制备了聚苯乙烯/蒙脱土复合材料；通过XRD分析，发现复合材料中蒙脱土的（001）衍射峰消失，说明无皂乳液聚合法能够成功获得剥离型聚苯乙烯/蒙脱土纳米复合材料。

（3）通过DLS分析，在无皂乳液聚合过程中，蒙脱土起到了稳定剂的作用，随蒙脱土含量的增加，成核粒子数目增多，从而使复合胶乳粒子的粒径减小。

(六)纳米 TiO_2 改性 PS

1. 配方[7]

单位：质量份

原材料	用量	原材料	用量
聚苯乙烯(PS)	100	乙醇	适量
纳米 TiO_2(40nm)	1～3	加工助剂	1～2
硅烷偶联剂	1.0	其他助剂	适量

2. 制备方法

(1) 纳米二氧化钛改性　取适量纳米二氧化钛固体粉末置于烘箱中干燥数小时后，将适量无水乙醇溶液倒入烧杯中，搅拌状态下将纳米二氧化钛缓慢加入，恒速搅拌 20min 后将混合液倒入三口烧瓶内，超声波分散 20min 后，加入经乙醇烯释过的硅烷偶联剂。继续分散 40min 后，即得到改性的纳米二氧化钛乳浊液。将乳浊液放入恒温水浴锅中（温度设为 60℃左右)，烘干、研磨即得到表面改性的纳米二氧化钛。

(2) 纳米氧化钛/聚苯乙烯复合板材的制备　微粒制样机将聚苯乙烯粉碎后，用 50 目的筛子进行筛选，将筛选后的聚苯乙烯粉体倒入烧杯中备用。

① 机械共混，将纳米二氧化钛、聚苯乙烯粉体加入到高速混合机，充分混合 20min 后，装入试样袋内。

② 熔融挤出，将试样袋内的混合物加入挤出机，混合挤出的改性塑料条带经剪切造粒，即得到纳米二氧化钛/聚苯乙烯复合材料颗粒。

③ 模压成型，将熔融挤出后制得的聚苯乙烯的粒料，粉碎均匀，并对粉末进行模压成型，其中模压温度为 200℃，模压压力为 10MPa，模压时间为 20min。制取无明显气泡，表面无刮痕，纳米粒子分散均匀，厚度均匀的板材。

3. 性能

(1) 采用硅烷偶联剂改性纳米二氧化钛，能一定程度地改善纳米二氧化钛在聚苯乙烯中的分散性，从而提高聚苯乙烯的强度。

(2) 纳米二氧化钛能有效吸收紫外线，减少紫外线对聚苯乙烯材料的降解作用，提高聚合物的抗老化性能。当纳米二氧化钛含量为 1.5 份时，其综合性能最佳。

(七)有机蒙脱土改性 PS 复合材料

1. 配方[8]

单位：质量份

原材料	配方 1	配方 2
PS	100	100
钠基蒙脱土(Na-MMT)	1～4	—
有机蒙脱土(O-MMT)	—	1～4
二甲苯或三氯甲烷	适量	适量
其他助剂	适量	适量

2. 制备方法

取 PS 加到三口烧瓶中，加入二甲苯或三氯甲烷在室温下缓慢搅拌 0.5h，至 PS 完全溶解形成无色均相溶液，然后分别加入 Na-MMT 和 O-MMT，在一定速度下剧烈搅拌不同时间，将所得产物倒入大托盘中，在 70℃的电热鼓风恒温干燥箱中烘 12h 后取出，然后在

70℃的真空干燥箱中连续抽真空 2h，得到干燥后的片状物料。把用溶液浇铸法得到的一部分片状物料在平板硫化机上于 183℃下模压制得厚度为 3mm 的试片。

3. 性能

见表 5-1、表 5-2。

表 5-1 不同材料的流变性能

试样	熔融时间/min	平衡扭矩/N·m	MFR/(g/10min)
PS	6.4	5.3	2.37
PS/Na-MT	1.2	2.8	27.96
PS/O-MMT	2.6	3.1	22.91

表 5-2 在二甲苯中的搅拌时间对 PS 流变性能的影响

搅拌时间/h	熔融时间/min	平衡扭矩/N·m	MFR/(g/10min)
0	6.4	5.5	0.49
0.5	0.98	3.0	7.71
3.0	1.00	4.0	7.45
5.0	1.00	3.6	7.45

(八)高抗冲阻燃 PS

1. 配方[9]

单位：质量份

原材料	配方 1	配方 2
HIPS	100	100
EPDM(增韧剂)	12	—
SBS(增韧剂)	—	12
抗氧剂 1010	1.0	1.0
红磷母料	3～5	3～5
纳米氢氧化镁	1～3	1～3
偶联剂	1.0	1.0
加工助剂	1～2	1～2
其他助剂	适量	适量

2. 制备方法

把经过偶联剂改性的纳米氢氧化镁与 HIPS、增韧剂、MP-PO、红磷母料和抗氧剂按一定比例充分混合后，在双螺杆挤出机上挤出造粒，将所得粒料用单螺杆挤出机挤成测试样条。

3. 性能

见表 5-3。

表 5-3 增韧剂用量对复合材料阻燃性能的影响

增韧剂含量/%	氧指数/%		垂直燃烧等级	
	SBS	EPDM	SBS	EPDM
0	28.9	28.9	FV-0	FV-0
3	28.8	24.3	FV-0	FV-0
6	28.7	25.1	FV-0	FV-0
9	28.8	26.9	FV-0	FV-1
12	28.8	28.8	FV-0	FV-1

注：纯 HIPS 的氧指数为 18.5%，燃烧等级为 HB 级。

(1) 复合材料的冲击强度随 SBS 用量的增大而增大，当 SBS 用量为 12%时，其冲击强度达到 9.06kJ/m^2，较未经增韧改性复合材料的冲击强度增加了 7kJ/m^2 左右；而以 EPDM 为增韧剂时，所得复合材料的冲击强度呈现出先增大后减小的趋势，其最大冲击强度为 5.31kJ/m^2。

(2) 随着增韧剂用量的增大，复合材料的弯曲弹性模量呈现出下降的趋势，与 EPDM 相比，SBS 对复合材料的弯曲性能影响较小。

(九) Si_3N_4 改性 PS 电子基板专用料

1. 配方[10]

单位：质量份

原材料	用量	原材料	用量
PS	100	加工助剂	1～2
Si_3N_4 粉	40	其他助剂	适量
聚乙烯醇缩丁醛乙醇溶液	适量		

2. 制备方法

采用 5%聚乙烯醇缩丁醛（PVB）乙醇溶液对聚苯乙烯颗粒和 Si_3N_4 粉末进行表面处理，混合均匀后在 200℃、30MPa 压力下模压成型，保温、保压 60min，并在压力下冷却后脱模，样品尺寸为 ϕ30mm×5mm。

3. 性能

(1) 以 Si_3N_4 颗粒包覆聚苯乙烯粒子，采用热模压法制备出具有较高热导率的复合电子基板材料，热导率最高达到 2.03W/(m·K)（体积分数 40%），为聚苯乙烯基体的 5 倍。

(2) Si_3N_4/聚苯乙烯复合材料的介电常数为 3.48，1MHz。

(3) 理论分析表明大颗粒尺寸 PS 粒子组成的 Si_3N_4/聚苯乙烯复合材料，氮化硅粉末填充物更易于形成导热网络，也具有更高的热导率。

(十) PS 改性聚碳酸亚丙酯

1. 配方[11]

单位：质量份

原材料	用量	原材料	用量
PS	30～50	加工助剂	1～2
聚碳酸亚丙酯(PPC)	70～50	其他助剂	适量
溶剂	适量		

2. 制备方法

不同质量 PPC 和 PS 在转矩流变仪中进行密炼，密炼温度 130℃，转速 100r/min，时间 360s。各样品于 130℃下热压成厚度为 1mm、0.1mm 的片材，分别用于测试拉伸性能和水蒸气阻隔性。

3. 性能

见图 5-6～图 5-10。

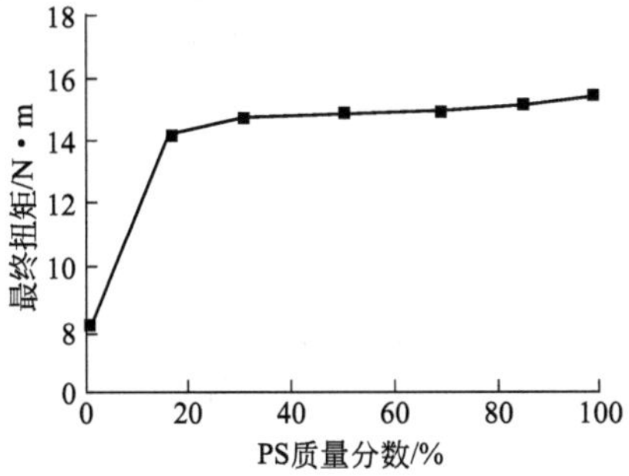

图 5-6 PPC/PS 共混物的最终扭矩

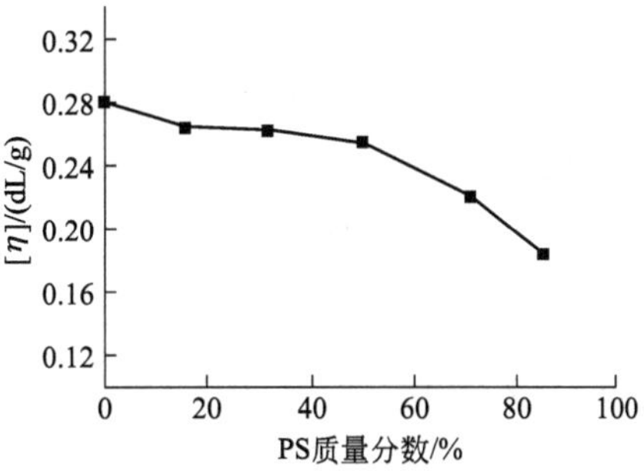

图 5-7 PPC/PS 共混物中 PPC 的特性黏数

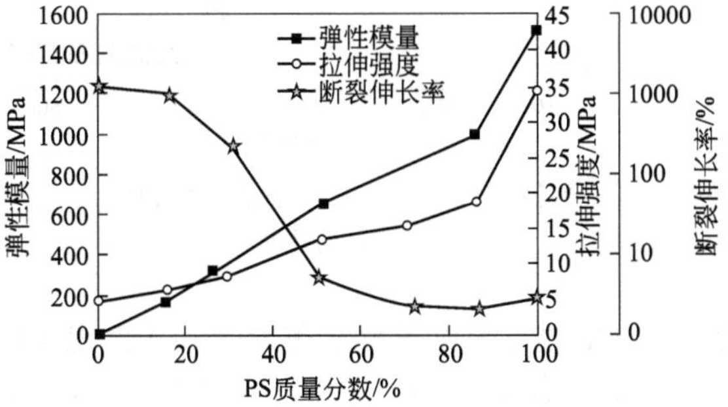

图 5-8 PPC/PS 共混物的拉伸性能

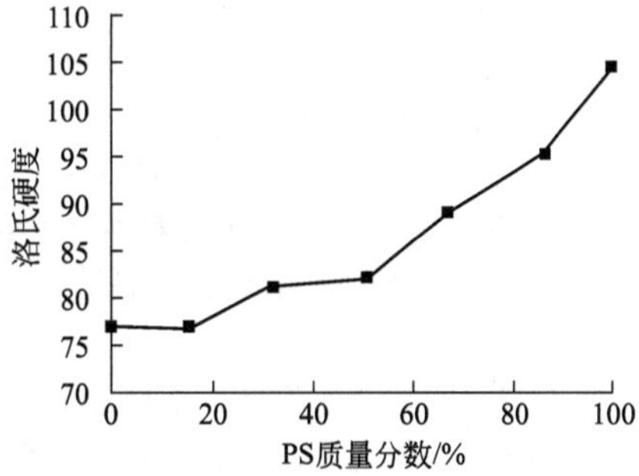

图 5-9 PPC/PS 共混物的洛氏硬度

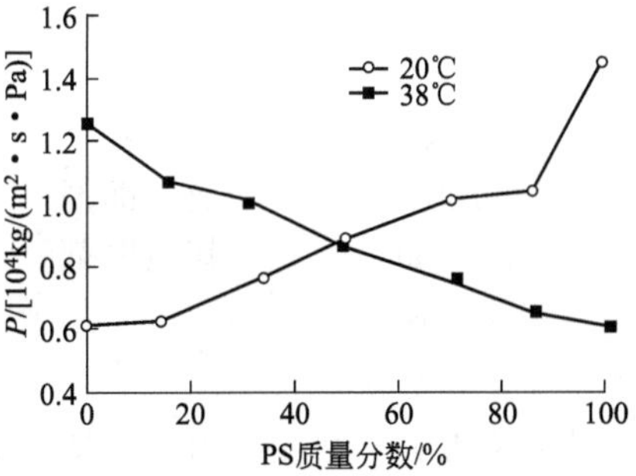

图 5-10 PPC/PS 共混物在 20℃和 38℃下的水蒸气渗透系数

（十一）石墨烯改性 PS 导电复合材料

1. 配方[12]

单位：质量份

原材料	用量	原材料	用量
PS 微球	100	加工助剂	1～2
氧化石墨烯(GO)	0.3～0.5	其他助剂	适量
水合肼	0.2～0.3		

2. 制备方法

称取定量的聚苯乙烯微球，超声分散溶于200g水中；然后，加入一定量的GO溶液，搅拌、超声分散30min；随后，将混合溶液转移至500mL烧瓶中，加入与GO质量比为1∶0.7的水合肼，在95℃加热回流4h。还原反应结束后，经离心、水洗、真空干燥得到黑色的GNs/PS复合物粉末；最后，GNs/PS粉末在预热2min后，经模压成型（10MPa，180℃，5min），制得GNs/PS复合材料。

3. 性能

见图5-11、图5-12。

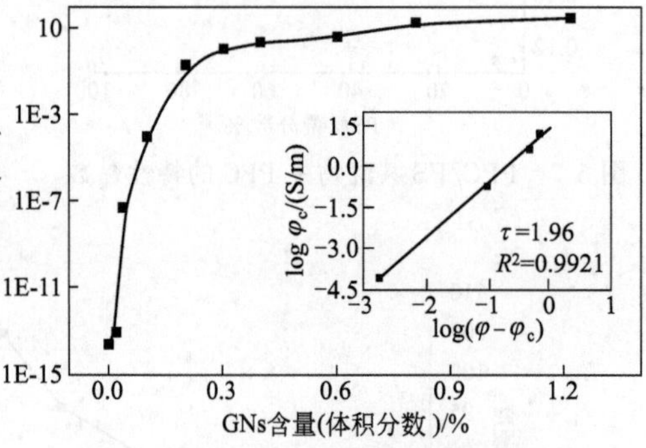

图5-11　GNs/PS复合材料电导率随GNs含量变化曲线

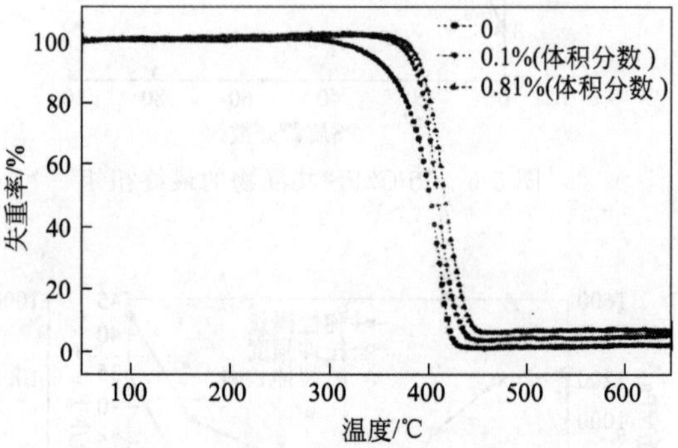

图5-12　不同GNs含量GNs/PS复合材料的热重曲线

由图5-11可以看出，随着GNs含量的增加，GNs/PS的电导率显著增大，并出现了明显的导电逾渗现象。当GNs含量达到0.8%（体积分数）时，GNs/PS的电导率达到25.2S/m，比纯的PS增大了14个数量级。

（十二）空心玻璃微珠改性PS隔热材料

1. 配方[13]

单位：质量份

原材料	用量	原材料	用量
苯乙烯单体	100	加工助剂	1～2
空心玻璃微珠	10～30	其他助剂	适量
偶氮二异丁腈	0.5～1.5		

2. 制备方法

以苯乙烯为基体，偶氮二异丁腈为引发剂，采用原位聚合的方法，制备含不同质量分数玻璃微珠的聚苯乙烯基复合材料，即将苯乙烯单体，引发剂，空心玻璃微珠按一定比例加入三颈瓶中，搅拌棒搅拌混合条件下，水浴加热预聚至体系黏度增大较甘油略大后，倒入相应模具置于烘箱中进一步聚合成型。

3. 性能

（1）采用原位聚合的方法，以聚苯乙烯为基体，掺杂一定量的空心玻璃微珠，在饱和状态下，玻璃微珠在聚苯乙烯中排列较为紧密均匀，无团聚现象。

（2）掺杂空心玻璃微珠以后，材料的漫反射率有了大幅度的提升，且随着玻璃微珠含量的增加总体呈上升趋势，继而趋于平缓，其中在可见光波段，漫反射率基本达到80%以上。同时通过原子力显微镜可以看出掺杂玻璃微珠后样品表面平均粗糙度由原来的15.2nm提高到717nm。

(3) 材料的热导率大体随着玻璃微珠含量的增加而降低，最高降低了22%左右。但是在12.5%～20%之间有上升趋势。

二、聚丙烯微珠配方与制备工艺

(一)聚苯乙烯颗粒与胶体晶体微球

1. 配方[14]

单位：质量份

原材料	用量	原材料	用量
苯乙烯单体	100	NaOH	适量
丙烯酸	10～12	石油醚	适量
$NaHCO_3$	1.0	加工助剂	1～2
过硫酸钾(KPS)	2.0	其他助剂	适量

2. 制备方法

(1) 单分散PS颗粒的制备　室温下，称取（或量取）苯乙烯单体、200mL去离子水、$NaHCO_3$和丙烯酸依次转入500mL三口烧瓶中，开通搅拌并连接冷凝管，通入N_2气30min置换体系中的空气，加热至70℃后快速加入50mL KPS溶液（提前预热至70℃）。保持氮气气氛和一定的搅拌速度，恒温反应24h后冷却至室温，得到乳白色PS乳液。将PS乳液经多次离心分离，直至离心出的清液为中性，烘干或重新分散在水中保存。

(2) 胶体晶体微球的自组装　采用硅油为疏水连续相，上述PS乳液为分散相（质量分数为3%～5%），按照一定的油水两相体积比混合，机械搅拌分散形成悬浮体系，在30℃水浴中恒温搅拌12h，悬浮液滴中的水分完全蒸发后过滤，用石油醚多次清洗，即可获得胶体晶体微球。

3. 性能

(1) 以苯乙烯和丙烯酸为单体原料，以过硫酸钾（KPS）为引发剂，以$NaHCO_3$为缓冲剂，在N_2气氛的保护下，利用无皂乳液聚合技术制备了具有良好球形度且表面含羧基的单分散PS颗粒。

(2) 随着$NaHCO_3$浓度的增加，PS颗粒粒径呈先增大后减小的趋势；随引发剂浓度和共聚单体AA浓度增加，PS颗粒粒径减小；单分散系数变化很小，且均小于0.05，说明PS微球单分散性好。

(二) SiO_2/PS复合微球

1. 配方[15]

单位：质量份

原材料	用量	原材料	用量
苯乙烯单体	100	水	适量
偶氮二异丁腈(AIBN)	30	加工助剂	1～2
纳米SiO_2	2～10	其他助剂	适量
乙醇	适量		

2. 制备方法

(1) 纳米SiO_2的制备与改性　将水（8mL）、氨水（7.5mL）、甲醇（60mL）混合均匀，再将TEOS（20mL）和甲醇（60mL）混合均匀，再将2种溶液迅速混合加入烧瓶，移入45℃水浴中，机械搅拌反应24h。再将一定量MPTMS和10mL甲醇混合后逐滴加入烧瓶，反应8h。分散液在10000r/min离心后将产物用无水乙醇超声漂洗，重复3次，将所得凝胶

状 SiO_2 在 30℃下真空干燥 8h，取出轻研后即得改性纳米 SiO_2 粉体。

（2）Pickering 乳液聚合制备聚苯乙烯/SiO_2 复合微球　将改性纳米 SiO_2 粉体加入水中，超声分散 30min 后得到均匀的纳米 SiO_2 分散液，同时将 AIBN 溶解于苯乙烯中作为油相。再将油相加入到纳米 SiO_2 分散液中，超声 30min 后得到均匀的 Pickering 乳液。将所得乳液倒入三口烧瓶中，移入 70℃油浴中，通氮保护，机械搅拌反应 24h。产物经离心、纯水及乙醇清洗，干燥后即得聚苯乙烯/SiO_2 复合微球。

3. 性能

水相成核的抑制对微球的分散性有很大影响，在水相中加入阻聚剂并提高纳米 SiO_2 的浓度有助于提高聚苯乙烯/SiO_2 复合微球的分散性。

（三）$SiO_2/NiFeO_4$/PS 磁性微球

1. 配方[16]

单位：质量份

原材料	用量	原材料	用量
PS	100	过硫酸铵(APS)	1～2
$NiFe_2O_4$	10～20	乙醇	适量
SiO_2	5～10	水	适量
偶联剂	1.0	加工助剂	1～2
聚氯乙烯辛基酚醚(OP-10)	2～3	其他助剂	适量

2. 聚苯乙烯-$SiO_2/NiFe_2O_4$ 磁性微球制备

（1）$NiFe_2O_4$ 纳米晶的合成　按摩尔比将 $Fe(NO_3)_3 \cdot 9H_2O$、$Ni(NO_3)_2 \cdot 6H_2O$ 和 $CO(NH_2)_2$ 溶于一定量的去离子水中，搅拌混合均匀后，将所得混合物转移到高压釜中于 180～200℃反应 4h，自然冷却，经固液分离、洗涤、干燥后即制得 $NiFe_2O_4$。

（2）$SiO_2/NiFe_2O_4$ 的合成　取一定量的 $NiFe_2O_4$ 加入到乙醇中，超声分散搅拌 30min，加入定量的正硅酸乙酯的无水乙醇混合液，缓慢滴加 $NH_3 \cdot H_2O$ 调节体系的 pH。反应完毕后，加入少量的柠檬酸修饰表面，过滤、洗涤、干燥得到 $SiO_2/NiFe_2O_4$ 微球。

（3）$SiO_2/NiFeO_4$ 表面改性　在装有机械搅拌、回流冷凝管、氮气保护及温度计的四口瓶中依次加入蒸馏水、乙醇和偶联剂，升温 50℃让偶联剂充分水解，加入含 $SiO_2/NiFeO_4$ 的无水乙醇溶液 20mL，继续反应 24h，离心分离得到改性的 $SiO_2/NiFeO_4$ 微球。

（4）聚苯乙烯包覆 $SiO_2/NiFe_2O_4$ 磁性微球材料的合成　在装有机械搅拌、回流冷凝管、氮气保护及温度计的四口瓶中加入去离子水、少量的阴离子型乳化剂 SDS 和非离子型乳化剂 OP-10，水浴加热至 60℃，搅拌使其溶解。将纳米改性 $SiO_2/NiFe_2O_4$ 加入到 St 单体中，超声 10min 后加入乳化体系，并加入引发剂 APS 和缓冲剂 $NaHCO_3$，升温至 80℃并保温 1.5h；再升至 90℃保温 0.5h 后停止反应，破乳，用热水反复洗涤，干燥得到聚苯乙烯包覆 $SiO_2/NiFe_2O_4$ 微球杂化材料。

3. 性能

扫描电镜（SEM）观察表明，所制备的磁性聚苯乙烯微球的粒径约为 100nm。热重（TG）分析得到磁性聚苯乙烯微球的中磁性物质质量分数为 28.8%。振动样品磁强计（VSM）测试结果表明，$SiO_2/NiFe_2O_4$ 被聚苯乙烯包覆后，饱和磁化强度降低，磁性聚苯乙烯纳米粒子的饱和磁化强度为 $9.86A \cdot m^2/kg$，具有超顺磁性，矫顽力明显小于 $NiFe_2O_4$ 和 $SiO_2/NiFeO_4$。

（四）阳离子纳米 PS 微球

1. 配方[17]

单位：质量份

原材料	用量	原材料	用量
苯乙烯单体	100	水	适量
过硫酸钾($K_2S_2O_8$)	1～2	加工助剂	1～2
甲基丙烯酰氧乙基三甲基氯化铵	1～3		
NaOH	适量	其他助剂	适量

2. 单分散性的阳离子纳米聚苯乙烯微球的制备

以水为聚合体系，以过硫酸钾（$K_2S_2O_8$）为引发剂，通过无皂乳液聚合，在恒温水浴（70℃）时引发苯乙烯单体（St）聚合，待 St 单体转化率约为 60%～70%后（重量法测定），在 N_2 气保护下，用微量注入法缓慢加入约 5%～15%（相比于 St 的量）的甲基丙烯酰氧基乙基三甲基氯化铵（DMC）进行接枝，待聚合完成后（约 24h），用水性微孔滤膜（约 0.22μm）进行离心、分离及洗涤。制备流程见图 5-13。

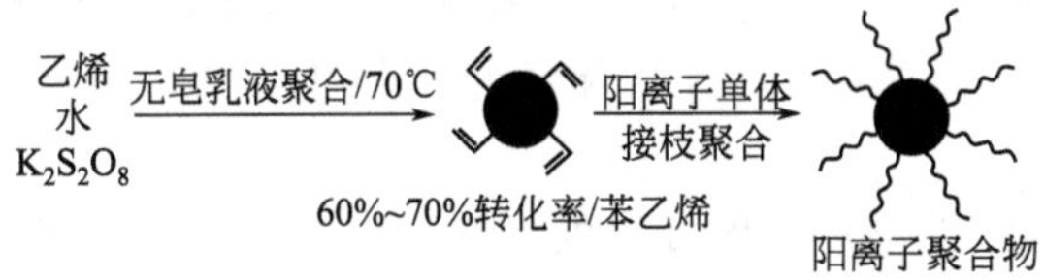

图 5-13　阳离子聚苯乙烯微球的制备

（五）PS 磁性微球

1. 配方[18]

单位：%（质量分数）

原材料	用量	原材料	用量
苯乙烯单体	25	聚乙烯醇	1.0
Fe_3O_4 磁性流体	0.3	加工助剂	适量
蔗糖	5.0	其他助剂	适量
偶氮二异丁腈(AIBN)	0.25		

2. 聚苯乙烯磁性微球的合成

（1）磁流体的制备　把一定量聚乙二醇（PEG-400）溶于蒸馏水中，移入装有电动搅拌器、冷凝管、N_2 入口的 250mL 的三颈瓶中，依次加入 $FeCl_2$ 溶液和 0.03%的过氧化氢溶液，控制搅拌速度，以 NaOH 溶液调 pH 值至 13，50℃下充 N_2 反应 3h。制备成功的磁流体为棕黑色，用蒸馏水洗涤数次，直至 pH 值近中性后收集。

（2）磁性聚苯乙烯微球的制备　在带有搅拌的 250mL 三口烧瓶中，在 N_2 气氛下加入预先按比例混合溶解好了的蔗糖水溶液，置于 79℃的恒温水浴槽中，搅拌 10min；按顺序依次加入一定量 PVA、AIBN 搅拌至反应物混合均匀。将 Fe_3O_4 磁流体与 St 混合，在超声波清洗仪中超声分散，之后加入三口烧瓶中，全速搅拌反应 9h。反应完成后，冷却至室温，并用无水乙醇、水洗涤，干燥后得到磁性聚苯乙烯微球。

3. 性能

（1）制备的磁性聚苯乙烯微球粒径为 80～85μm，分散度良好。

（2）合成的磁性聚苯乙烯微球具有核壳型结构，磁流体为核，聚苯乙烯为壳。磁性微球具有良好的磁响应能力。

(3) 本方法合成的磁性微球形状好，表面光滑，且后处理简单，无需大量有机溶剂，对环境无污染，因此具有较好的应用价值。

(六) PS高分子微球

1. 配方[19]

单位：质量份

原材料	用量	原材料	用量
苯乙烯单体	100	乙醇	适量
十二烷基磺酸钠乳化剂	5～30	其他助剂	适量
过硫酸钾引发剂	5～30		

2. 制备方法

(1) 合成操作　在装有搅拌器、滴液漏斗、温度计和回流冷凝管的三口瓶中加入乳化剂十二烷基磺酸钠（溶于部分蒸馏水）和部分苯乙烯（AR），待乳化剂全部溶解，称1g过硫酸钾，用5mL水溶解于小烧杯中，将此溶解的一半倒入反应的三口瓶中，开动搅拌器，加热恒温槽，反应温度在控制要求左右。然后用滴液漏斗滴加剩余的苯乙烯，滴加速度不宜过快，加完后把余下的过硫酸钾加入反应的三口瓶中，继续加热，使之回流，逐步升温，以不产生大量泡沫为准，最后升到85℃，无回流为止。停止加热，冷却到50℃后，聚苯乙烯样品待后处理。

工艺条件：聚合时间　2～6h；聚合温度　60～85℃；搅拌速度　200～500r/min。

(2) 破乳　将聚苯乙烯的乳液在室温下搅拌，滴加氯化钠水溶液，用蒸馏水烯释，真空抽滤，再把样品放入离心机中离心6min，拿出样品用蒸馏水重复洗涤抽滤3次；再用乙醇洗涤抽滤3次，用恒温水浴锅把多余无水乙醇及水蒸干，晾干，置于105℃烘箱内半小时，干燥得到白色产品。

3. 性能

在一定反应条件下，聚苯乙烯高分子微球的平均粒径和分子量都是随着聚合温度的逐步升高，先增大再逐步减小，且随着反应温度的升高聚苯乙烯的粒径和分子量在65℃时都出现了最大值。

(七) 表面功能化PS磁性微球

1. 配方[20]

单位：质量份

原材料	用量	原材料	用量
苯乙烯单体	90	过氧化苯甲酰	1～2
Fe_3O_4 纳米粉(20nm)	10	丙烯酸或丙烯酸甲酯	3～5
十六醇	0.1	聚乙二醇	适量
十二烷基硫酸钠溶液(0.5%)	3.0	聚乙烯醇	适量
二乙烯基苯	0.5	其他助剂	适量

2. 磁性微球的制备

取6g被油酸包覆改性了的 Fe_3O_4 粉末，分散于一定量的苯乙烯中，溶胀、搅拌和超声预处理。将0.1g十六醇，95mL去离子水，一定量10%的聚乙烯醇、聚乙二醇和0.5%的十二烷基硫酸钠溶液，加入250mL三口烧瓶中，置于65℃恒温水浴中，搅拌，使十六醇完全溶解；然后加入已预处理的 Fe_3O_4-St 溶液、二乙烯基苯、一定量改性单体以及过氧化苯甲酰，搅拌、冷凝回流，升温至70℃反应4h，再升至80℃反应4h，抽滤得棕褐色粉状产物，用1mol/L盐酸浸泡48h，水洗至中性，真空干燥，过筛，用磁分离架分离出磁性物质，即得羧基聚苯乙烯磁性微球产物。

3. 性能

磁性微球的磁滞回线如图 5-14，从图可见，磁性微球的比饱和磁化强度（σ_s）为 3.082A·m²/kg，具有超顺磁性。此外，用 Dynal 公司的磁分离架（铷铁硼永久磁铁）分离时，悬浮在水中的磁性微球可迅速富集在试管壁上，也表明磁性微球的磁响应性较为强烈。

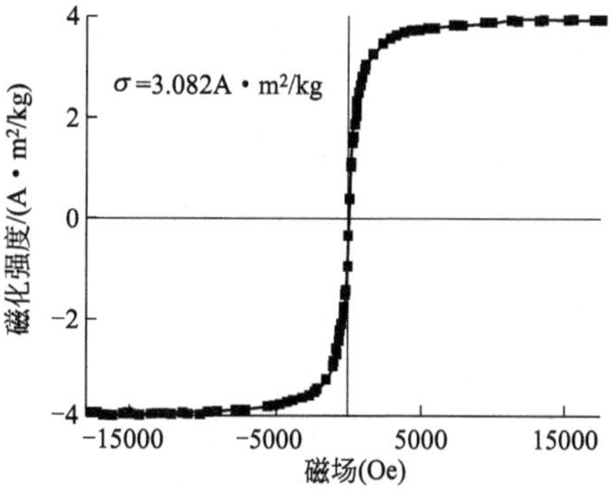

图 5-14　磁性微球的磁滞回线

（1）搅拌和超声分散预处理有助于体系的稳定和磁性微球平均粒径的减小，是合成成败的关键因素之一；难溶助剂十六醇的加入是合成微球的基础保证。

（2）丙烯酸甲酯改性的羧基磁性微球比丙烯酸改性的微球性能要好，其羧基含量最大达 0.0615mmol/g。

（八）PS 微球制备

1. 配方[21]

单位：质量份

原材料	用量	原材料	用量
苯乙烯单体	100	缓冲剂	3～4
引发剂	1～2	分散剂	1～5
乳化剂	3～5	其他助剂	适量

2. 制备方法

单分散性较好的聚苯乙烯微球的制备方法主要：悬浮聚合法、分散聚合法、乳液聚合法、种子聚合法等。其中悬浮聚合法制备的微球比较大，一般在毫米数量级，不符合可见光区域光子晶体所需要的亚微米或微米级的要求；种子聚合法主要是以制备好的聚苯乙烯微球作为种子制备多孔、高交联微球或者对微球进行进一步的改性功能化的一种方法；因此分散聚合法和乳液聚合法成为制备光子晶体用聚苯乙烯微球的有效方法。

（1）分散聚合法制备单分散聚苯乙烯微球　以苯乙烯为单体、二乙烯基苯为交联剂，偶氮二异丁腈（AIBN）为引发剂，聚乙烯吡咯烷酮（PVP）为分散剂，利用分散聚合的方法制备出了平均粒径为 3.28～9.04μm 的单分散聚苯乙烯微球，改进聚合工艺制备出平均粒径为 6.60μm 的单分散交联聚苯乙烯微球，并以此为模板制备了核壳结构 PS-ZnO 复合微球。当除去聚苯乙烯模板时，可以成功制备出中空结构的 ZnO，这为组装反蛋白石光子晶体奠定了很好的基础。

（2）乳液聚合法制备聚苯乙烯微球　乳液聚合法是最常用的制备聚合物微球的方法，一般使用疏水性较强的单体来制备。用乳液聚合法可以很容易得到数十至数百纳米的微球。主要包括原位乳液聚合，无皂乳液聚合和种子乳液聚合。

① 原位乳液聚合　用原位乳液聚合的方法以苯乙烯为单体，过硫酸钾为引发剂，十二烷基苯磺酸钠为乳化剂，碳酸氢钠作为缓冲剂，可制备单分散性好，粒径为 280nm 的聚苯乙烯微球，并用熔剂蒸发的方法组装成三维光子晶体。

以苯乙烯为单体，以十二烷基磺酸钠为表面活性剂，采用乳液聚合的方法可制备粒径为 400nm 的单分散聚苯乙烯微球，并且采用原位化学氧化聚合的方法在聚苯乙烯微球的表面包覆一层聚苯胺，成功制备了核壳结构 PS-PANI 复合微球，使聚苯乙烯的导电性能提高了

13个数量级，这可以作为下一步制备电场可调制光子晶体的原料。

② 无皂乳液聚合　无皂乳液聚合法是在乳液聚合的基础上发展起来的聚合方法。主要是在聚合时加入少量的亲水性单体代替乳化剂，减少乳化剂对聚合产品的影响。无皂乳液聚合具有以下特点：(a) 不使用乳化剂降低了生产成本，同时在某些应用场合也免去了除乳化剂的后处理过程，污染小；(b) 获得的乳胶粒子表面净化，避免了某些应用过程中由于乳化剂的存在对聚合物产品性能的影响；(c) 所得的乳胶粒子单分散性好，粒径也比传统乳液聚合的大，可接近微米级。

用无皂乳液聚合可制备粒径在50～500nm的单分散性好的聚苯乙烯微球。

③ 种子乳液聚合　种子乳液聚合技术的关键是：聚合时，要严格控制乳化剂浓度在临界胶束浓度以下，以保持乳液稳定，防止产生新胶束和生成新乳胶粒子。种子乳液聚合法具有乳液稳定性更好、粒径分布窄、易控制等优点。以聚苯乙烯乳胶为种子，在种子的基础上再进行乳液聚合，生长成250nm的聚苯乙烯微球。采用该方法制备的微球的粒径均一，分散性也很好。

三、聚苯乙烯泡沫塑料与制品

（一）经典配方

具体配方实例如下[1~3]。

1. 模压成型板材与型材配方

单位：质量份

原材料	普通型	有熄型
PS珠粒	100	100
丁烷发泡剂	—	10
石油醚发泡剂	8	—
水分散剂	160～200	160
肥皂粉	2-3	5.0
过氧化二异丙苯(增效剂)	—	0.8
抗氧剂264	—	0.3
紫外线吸收剂(UV-9)	—	0.2
四溴乙烷(阻燃剂)	—	1.5

2. 挤出级泡沫片材

单位：质量份

原材料	用量	原材料	用量
PS珠粒	100	碳酸氢钠	2.0
发泡剂	10	白油	2.6
柠檬酸成核剂	1.5	其他助剂	适量

3. 直接挤出PS泡沫片材

单位：质量份

原材料	用量	原材料	用量
PS	100	柠檬酸	0.1
发泡剂	10～20	加工助剂	1.0
碳酸氢钠	0.1	其他助剂	适量

说明：该片材泡孔细微均匀，表层光滑，可真空成型快餐盒。

4. 乳液法 PS 泡沫塑料

单位：质量份

原材料	配方 1	配方 2	配方 3	配方 4	配方 5
PS 粉料	100	100	100	100	100
偶氮二异丁腈	2.8	3.9	4.0～5.0	4～6	—
碳酸氢铵	2.2	2.6	—	—	—
丁烷	—	—	—	—	5～10
其他助剂	适量	适量	适量	适量	适量

5. 抗静电 PS 泡沫塑料

单位：质量份

原材料	配方 1	配方 2	配方 3
PS	100	100	—
AS	—	—	100
AMS-37	2	—	2～3
SN	—	1～3	—
AC 发泡剂	0.3	0.5	0.4
其他助剂	适量	适量	适量

6. PS 泡沫板材

单位：质量份

原材料	用量	原材料	用量
PS 粒料	20～40	乙二醇乙醚	7～12
苯	7～12	聚乙烯吡咯烷酮	3～6
无水乙醇	25～40	其他助剂	适量

7. PS 泡沫塑料纸

单位：质量份

原材料	用量	原材料	用量
可发性 PS 珠粒	100	液状石蜡	0.3～0.5
柠檬酸	0.3～0.5	其他助剂	适量
碳酸氢钠	0.3～0.5		

说明：可发性聚苯乙烯泡沫塑料纸是把可发性聚苯乙烯珠粒和成核剂一起通过挤出机连续地挤出吹塑而成。这种泡沫塑料纸具有极细的泡沫微孔，并带有光泽，轻而柔软，具有良好的隔热性能和防水性能，也可真空成型制品。

8. 高冲击 PS 泡沫塑料

单位：质量份

原材料	用量	原材料	用量
PS(HIPS-466F)	100	发泡剂 DDL-101	0.5
SBS	20	泡沫调节剂(ZB530)	8.0
硬脂酸钙	3.3	加工助剂	1.0
$CaCO_3$	5.0	其他助剂	适量

说明：开炼机前辊温度 155℃；后辊温度 150℃，炼胶时间 10min。挤出机螺杆直径 19mm，$L/D=25$，压缩比 2∶1。挤出温度：一段 145℃，二段 165℃，三段 175℃，四段

170℃。转速 30～50r/min，扭矩 0～130N·m，牵引速度 1.58m/min。

9. HIPS 低发泡塑料

单位：质量份

原材料	用量	原材料	用量
PS	100	ZnO	0.3
AC 发泡剂	0.6	加工助剂	1.0
$CaCO_3$	5.0	其他助剂	适量

10. 填充 HIPS 结构泡沫材料

单位：质量份

原材料	用量	原材料	用量
HIPS	100	填充母料	40
AC 发泡剂	0.5～0.8	加工助剂	1.5
改性剂	20	其他助剂	适量

说明：采用填充增强高抗冲改性聚苯乙烯（HIPS）结构泡沫材料，经低发泡注射成型工艺加工成轻质漆器坯，具有质轻（密度与木材相近）、材质酷似木材、刚性强、不经酸化可直接上漆等优点，市场前景广阔。

11. 高抗冲 PS 挤出低发泡母料

单位：质量份

原材料	配方 1	配方 2	配方 3	配方 4	配方 5	配方 6
PS	100	122.5	160	122.5	—	—
EVA	—	—	—	—	100	122.5
AC 发泡剂	100	15	100	15	100	15
加工助剂	1.5	1.5	1.5	1.5	1.5	1.5
其他助剂	适量	适量	适量	适量	适量	适量

12. PS 模压发泡塑料

单位：质量份

原材料	配方 1	配方 2	配方 3
PS	100	100	100
石油醚	8～10	—	8.0
肥皂粉	—	5.0	2～3
丁烷	—	10	—
水	160～200	160	160～200
聚乙烯醇	0.08～0.85	—	—
DCP	—	0.8	—
其他助剂	适量	适量	适量

13. 乳液 PS 发泡塑料

单位：质量份

原材料	用量	原材料	用量
PS 乳液粉	100	填料	3～5
AC 发泡剂	2.8	加工助剂	1～2
NH_4HCO_3	2.2	其他助剂	适量

说明：该泡沫塑料力学性能良好，可作结构材料。

（二）热固性 PS 泡沫保温板材

1. 配方[22]

单位：质量份

原材料	用量	原材料	用量
PS 树脂	60	阻燃剂	30～40
可发性 PS	40	加工助剂	1～2
纳米功能填料(200～1000 目)	5～10	其他助剂	适量

2. 制备方法

制备方法见图 5-15。

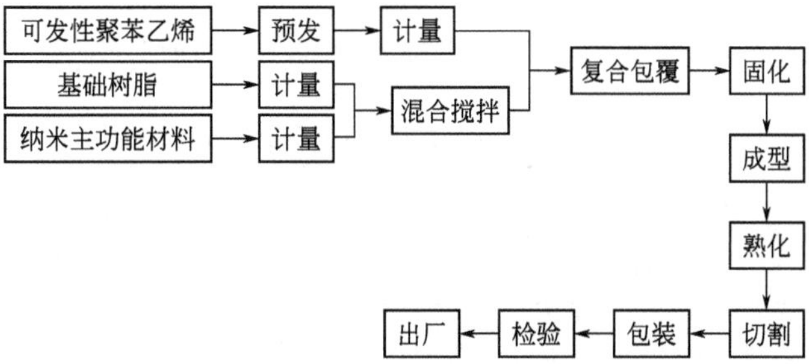

图 5-15　热固性聚苯乙烯保温板制备技术路线

3. 性能

表 5-4 为阻燃包覆后的热固性聚苯乙烯泡沫保温板的性能测试结果。从表中可以看到，经过阻燃包覆后的聚苯乙烯保温板燃烧性能可到达 B_1 级，热值为 20.3MJ/kg，远小于普通聚苯乙烯热值 46MJ/kg；热导率小于 0.036W/(m·K)，优于普通聚苯乙烯保温板［热导率为 0.039W/(m·K)］。

表 5-4　热固性聚苯乙烯泡沫保温板综合性能测试

序号	检测项目	技术指标	检测结果
1	表观密度/(kg/m^3)	≤40	37.4
2	尺寸稳定性/%	≤2	1
3	压缩强度/kPa	≥150	162
4	热导率/[W/(m·K)]	≤0.040	0.036
5	吸水率/%	≤2	1.8
6	氧指数/%	≥30	34.8

（三）废弃 PS 泡沫塑料装饰板

1. 配方[23]

单位：质量份

原材料	用量	原材料	用量
废 PS 泡沫回收料	100	泡沫成核剂	0.5
SBS	3.0	加工助剂	1～2
发泡剂	1.15	其他助剂	适量
邻苯二甲酸二辛酯	1～3		

2. 装饰板材制备

废弃 EPS 塑料制备微发泡装饰板材的工艺流程见图 5-16，再生造粒工艺参数见表 5-5。

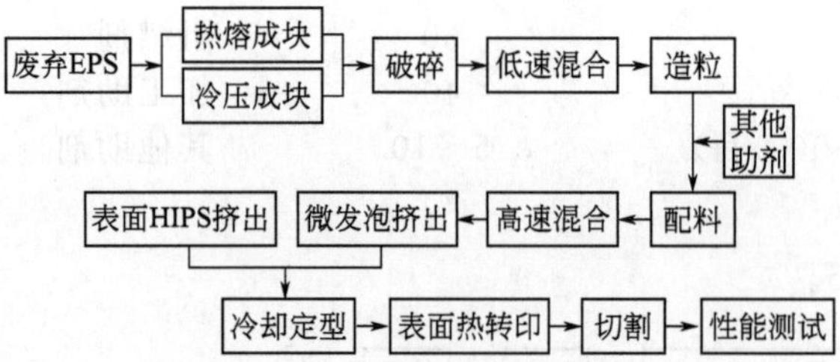

图 5-16 废弃 EPS 塑料制备微发泡装饰板材的工艺流程

表 5-5 挤出机造粒的工艺参数

螺杆各区温度/℃					主机转速/(r/min)	长径比
Ⅰ区	Ⅱ区	Ⅲ区	Ⅳ区	机头		
165	180	175	180	175	80	28/45

3. 性能

板材密度最低为 0.378g/cm^3，泡孔分布较平均，直径约 100μm，弯曲强度为 18.21MPa，冲击强度为 1.20kJ/m^2。

(四) 可膨胀石墨阻燃 PS 保温板材

1. 配方[24]

单位：质量份

原材料	用量	原材料	用量
可发性聚苯乙烯珠粒(EPS)	100	加工助剂	1～2
膨胀石墨(EG)	30～40	其他助剂	适量
水玻璃	10		

2. 制备方法

为使 EG 在板材中分散均匀，对传统 EPS 板材成型工艺进行改进，将熟化 EPS 颗粒用水玻璃润湿，具体工艺流程为：称料→蒸汽预发→熟化→水玻璃雾化润湿→阻燃剂黏附→二次发泡模压成型→干燥→切割加工→包装。

3. 性能

(1) 水玻璃的掺入消除了 EG 与 EPS 颗粒间表面异性，当水玻璃掺量 10%、EG 掺量 40%时，EPS 板材拉拔强度仍高于未掺水玻璃的空白 EPS 板材的拉拔强度。

(2) 空白 EPS 板材氧指数仅为 18.01%，为易燃材料，EG 阻燃效果与其膨胀倍率呈正相关关系，型号 HX-SNC 粒径 0.3mm 的 EG 膨胀倍率最大，掺量为 30%时 EPS 氧指数达 27.00%。

(3) EG 高温下插层化合物分解发生膨胀，“蠕虫”状膨胀石墨弯曲交织形成一定厚度、疏松的膨胀碳层，有效隔绝 EPS 基体与空气和火焰的接触，于凝固相发挥阻燃效应。EG-EPS 试样遇火不燃，离火自熄，阻燃性能优良。

（五）PS 泡沫风电叶片夹芯材料

1. 配方[25]

单位：质量份

原材料	用量	原材料	用量
PS	100	抗氧剂 1010	0.3
发泡剂	10～15	加工助剂	1～2
增效剂	0.5	其他助剂	适量
阻燃剂	15～25		

2. 制备方法

按配方称量、投入高速混合机中，在一定的温度下混合均匀，再用双螺杆挤出机挤出造粒，然后再采用适当成型工艺制成叶片夹芯材料。并与 PVC 泡沫叶片夹芯材料进行对比测试。

3. 性能

见表 5-6～表 5-8 和图 5-17。

表 5-6　泡沫压缩和剪切性能

项目	PVC 泡沫	PS 泡沫
剪切强度/MPa	0.742	0.594
剪切模量/MPa	20.72	18.84
剪切应变/%	14.07	55.64
压缩强度/MPa	0.870	0.744
压缩模量/MPa	65.0	54.4

表 5-7　弯曲性能测试结果

项目	PVC	PS
弯曲强度/MPa	23.07	19.98
弯曲模量/MPa	2367	2411

表 5-8　夹芯结构材料属性

材料名称	弹性模量/MPa			泊松比（X、Y、Z 方向）	剪切模量/MPa（X、Y、Z 方向）
	X 方向	Y 方向	Z 方向		
玻璃钢	39000	3000	3000	0.35	4200
PVC 泡沫	65	40	40	0.20	20
PS 泡沫	55	26	26	0.25	19

从图 5-17 可以看到，在弹性变形阶段，PS 泡沫夹芯结构弯曲模量略高于 PVC 夹芯结构。

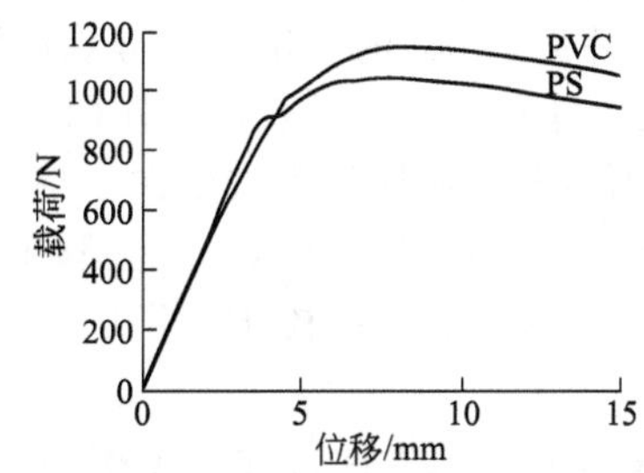

图 5-17　夹芯结构弯曲的载荷-位移曲线

四、聚苯乙烯功能薄膜

（一）仿荷叶PS超疏水薄膜

1. 配方[26]

单位：质量份

原材料	用量	原材料	用量
苯乙烯单体	100	四氢呋喃(THF)	适量
无水乙醇	50	甲苯	适量
过氧化二苯甲酰(BPO)	1～3	其他助剂	适量

2. 制备方法

（1）PS的合成　取适量St和BPO置于三口烧瓶中，待充分混合均匀后，置于恒温油浴锅中反应至预定时间，反应结束后用甲苯溶解该聚合物，将聚合物溶液倒入烧杯中，置于烘箱中干燥成固体。将合成的聚合物溶于四氢呋喃，再加入甲醇和水的混合物（$V:V=1:1$）沉淀出聚合物来，然后烘干。这样做的目的是去掉低聚物，有利于聚合物的纯化规范化。

（2）超疏水PS薄膜的制备　取上述合成的一定量PS溶于THF，快速搅拌使之充分溶解，然后缓慢滴加适量的无水乙醇，分别配成乙醇体积分数不同的PS溶液，采用流延法制备了表面粗糙度不同的PS薄膜。

3. 性能

采用本体聚合和相分离技术成功制备了仿荷叶结构的PS超疏水薄膜，薄膜与水的接触角为151.6°，滚动角为8.2°，具有良好的自清洁性能。通过ESEM观察薄膜微观表面结构，发现其表面覆盖了直径在几百纳米到几十微米的PS球，且该结构类似于荷叶的二级阶层结构，这使得薄膜的表面粗糙度增加，并且该PS薄膜表面粗糙度可通过相分离程度来控制。

由于超疏水材料独特的表面特性，使其可广泛应用于防水、防污、自清洁、流体减阻、抑菌等领域，因此超疏水材料在现实生产和生活中具有广阔的应用前景。

（二）利用LB技术制备发红光PS超薄膜

1. 配方[27]

单位：质量份

原材料	用量	原材料	用量
苯乙烯	100	偶氮二异丁腈(AIBN)	1～2
氯仿	100	加工助剂	1～2
$Eu(TTA)_3phen$	3～5	其他助剂	适量

2. 制备方法

（1）基片处理　石英基片：将石英基片放入三氯甲烷中煮沸2min后，用丙酮和二次水依次清洗，于1mol/L的氢氧化钠水溶液中超声大约5min，再用二次水洗，用丙酮洗涤干燥，得亲水基片。将上述亲水基片放入5%的三甲基氯硅烷溶液中浸泡20min，再用丙酮冲洗干净，得疏水基片。待LB膜紫外和荧光光谱表征时使用。

CaF_2基片：使用前先后用丙酮和三氯甲烷擦洗数次。待LB膜红外表征时使用。

硅片：使用前先后用丙酮和三氯甲烷清洗数次。待转移单层膜时测定膜厚时使用。

（2）$Eu(TTA)_3phen$的制备　稀土配合物$Eu(TTA)_3phen$：按照相关文献的方法合成。

（3）苯乙烯/$Eu(TTA)_3phen$的气/液界面行为　把添加一定量$Eu(TTA)_3phen$的苯乙烯氯仿溶液均匀地铺展在LB槽亚相表面，20min后待溶剂挥发完毕测定π-A等温线。

(4) 气/液界面聚苯乙烯单体的聚合反应及膜的转移　将一定浓度的苯乙烯/Eu(TTA)$_3$phen 的氯仿溶液均匀地铺展在 LB 槽中的亚相（二次水）表面，再滴加少量引发剂 AIBN 的氯仿溶液，20min 后待溶剂挥发完毕，让苯乙烯单体处于某一表面压下，用紫外灯照射 1.5h，再把这种薄膜转移到各种基片上进行表征。

3. 性能

(1) 该薄膜的荧光发射光谱表明：薄膜在波长为 350nm 的光激发下，可在 615nm 处发射强的红光。

(2) 薄膜的荧光显微镜表征说明，稀土铕配合物 Eu(TTA)$_3$phen 在聚苯乙烯基体中分散均匀，薄膜发红光均匀。

(3) 通过椭圆偏振仪测定了聚苯乙烯单层膜的厚度，为 2.63nm。表明利用 LB 技术可以制得纳米级的聚苯乙烯超薄膜。

（三）硅表面 PS 自组装超薄膜

1. 配方[28]

单位：质量份

原材料	用量	原材料	用量
苯乙烯	100	甲苯/甲醇溶剂	适量
乙烯基三乙氧基硅烷	2～3	其他助剂	适量
引发剂	1～2		

2. 制备方法

(1) 组装聚合物的合成　由苯乙烯与乙烯基三乙氧基硅烷的自由基共聚得到自组装聚合物，产物经甲苯溶解-甲醇沉淀 3 次加以纯化，60℃真空干燥，采用凝胶色谱（GPC）测定分子量为 5400；傅里叶转换红外光谱（FTIR）分析结果表明 $\nu_{Si\text{-}O\text{-}C}$ 出现于 1101cm^{-1}处；经核磁共振（NMR）分析结果表明，—SiOCH$_2$—的特征峰位于 0.308ppm 处。

(2) 自组装膜的制备　将单晶硅片或玻璃片置入体积比为 7∶3 的浓硫酸/30%过氧化氢混合液中，在 90℃下保温 2h，将基片取出用蒸馏水冲洗，高纯氮气吹干，立即浸入浓度分别为 20mg/mL 和 1mg/mL 的聚合物/无水甲苯溶液中，在固定的成膜温度和时间下自组装成膜，将成膜后的基片用 CH_2Cl_2 超声洗涤以除去物理吸附的聚合物，将在两种浓度下得到的自组装膜分别标记为 PF-20 和 PF-1。

3. 性能

见图 5-18、图 5-19 和表 5-9。

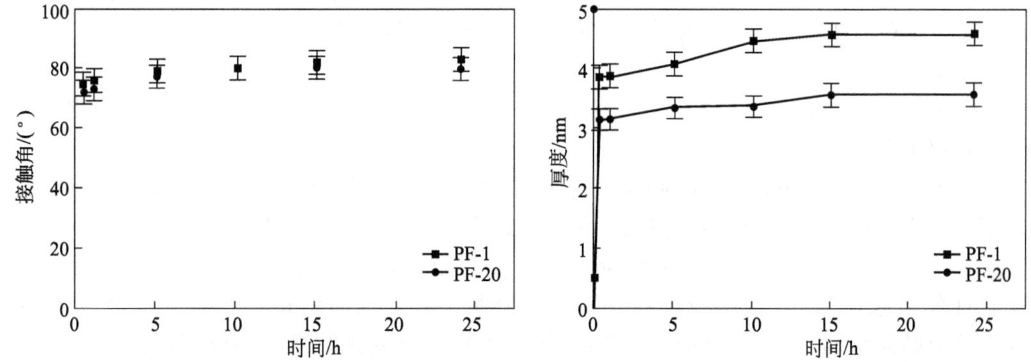

(a) 接触角　　(b) 厚度

图 5-18　接触角及膜厚随沉积时间的变化关系

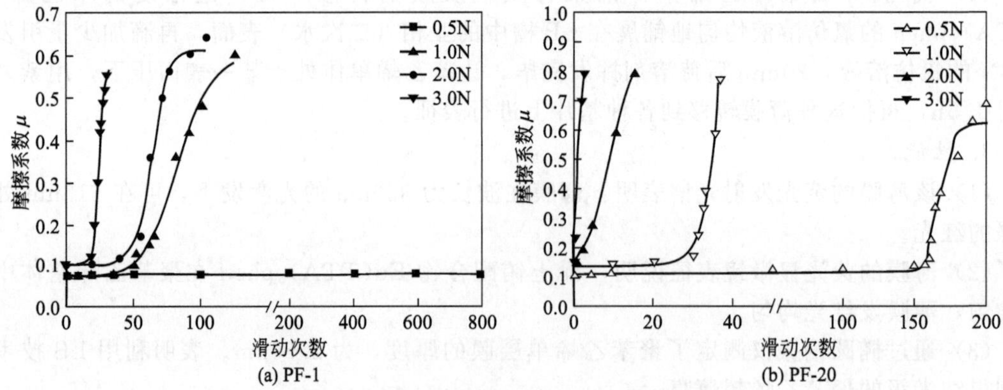

图 5-19 摩擦系数随往复次数的变化关系

表 5-9 硅基体及自组装聚合物薄膜表面元素组成的 XPS 分析结果

材料	原子组成/%		
	C	O	Si
基片	30.02	45.68	24.30
PF-1	70.12	19.72	10.16
PF-20	43.50	36.00	20.50

(四)用 PS 微球法制备反蛋白石型光子晶体水凝薄膜

1. 配方[29]

单位：质量份

原材料	用量	原材料	用量
苯乙烯	10～25	N,N'-亚甲基双丙烯酰胺(BIS)	0.5～1.5
过硫酸钠(SPS)	0.001～0.004	加工助剂	1～2
聚乙烯吡咯烷酮(PVP)	1～2.5	其他助剂	适量

2. 制备方法

(1) 单分散 PS 纳米微球的制备　单分散 PS 纳米微球是通过乳液聚合法得到，其中苯乙烯作为单体，过硫酸铵作为引发剂，聚乙烯吡咯烷酮作为分散剂。将一定比例的苯乙烯与水置于烧杯中超声分散 10min，然后依次加入聚乙烯吡咯烷酮和过硫酸铵继续超声分散至固体物质全部溶解，整个体系成乳液状。N_2 气保护下，将分散好的乳液转移至带机械搅拌的四口瓶中，加热至 80℃反应 8h。反应结束后用 200 目的标准筛对产物进行过筛以除去团聚物，冷冻干燥得到 PS 纳米微球粉末。将固体 PS 微球分散在水中制成质量分数为 0.1%的乳液，密封备用。

采用相同的方法，通过调整反应物的用量来改变 PS 乳液中微粒的大小，从而得到不同粒径的 PS 纳米微球。

(2) PS 微球光子晶体模板的制备　采用垂直沉积法制备 PS 微球光子晶体模板。在容量为 25mL 烧杯中加入 20mL 制备好的质量分数为 0.1%的 PS 乳液，将载玻片插入乳液中并保持垂直状态。然后在 60℃的恒温环境中，保持整个体系处于一种无扰动的状态，直到乳液中的水分完全蒸发。取出载玻片，用氮气流吹干其表面后就得到负载于载玻片上的 PS 微球的光子晶体结构。使用不同粒径的 PS 微球得到不同颜色的光子晶体模板。

(3) 反蛋白石型光子晶体水凝胶的制备　将丙烯酰胺与丙烯酸按照摩尔比为 3∶1 的比例溶解于蒸馏水中，加入引发剂过硫酸钠与交联剂 BIS，超声分散至固体物质全部溶解。通

入 N_2 气 20min 除去体系内的氧气得到预聚体。

选择另一块载玻片，置于得到的光子晶体模板上面，两侧用燕尾夹固定。将预聚体滴在两块载玻片的中间，使其通过毛细作用进入光子晶体模板的空隙中。直到光子晶体层变为完全透明状态。保持两块载玻片的固定状态，将其在 60℃反应 6h 后去掉上层的载玻片，再将其浸泡在二甲苯中约 48h 完全溶解除去 PS 模板。结束后，用大量的乙醇与水反复清洗，将其浸入蒸馏水中使其发生溶胀，当其反射波长的变化不大于 10nm 时，则可认为溶胀过程结束。

3. 性能

见表 5-10、表 5-11 和图 5-20～图 5-23。

表 5-10　不同苯乙烯用量制备 PS 微球实验数据表

序号	苯乙烯用量/份	PS 微球粒径/nm	标准差/%
1	10	173.5	2.63
2	15	211.6	2.41
3	20	243.2	2.58
4	25	262.4	2.37
5	30	303.6	4.22

表 5-11　反蛋白石型水凝胶薄膜的反射光谱测试数据

序号	模板粒径/nm	水中反射波长/nm	乙醇中反射波长/nm	峰值变化/nm
1	173.5	498.2	456.6	41.6
2	211.6	504.6	445.9	58.7
3	243.2	509.5	446.0	63.5
4	262.4	516.7	445.1	71.6
5	303.6	511.3	443.9	67.4

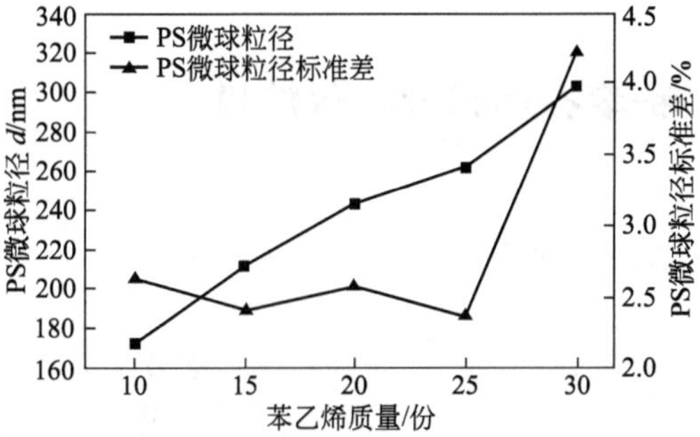

图 5-20　PS 微球的平均粒径和标准偏差

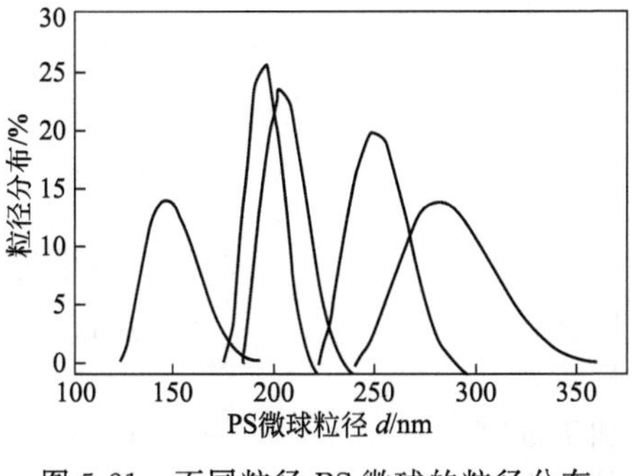

图 5-21　不同粒径 PS 微球的粒径分布

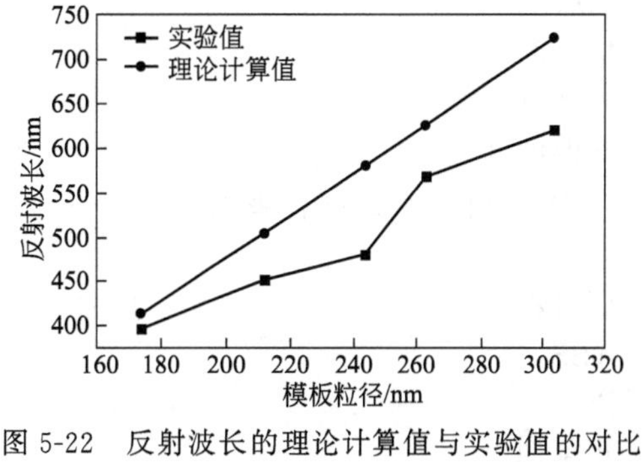

图 5-22　反射波长的理论计算值与实验值的对比

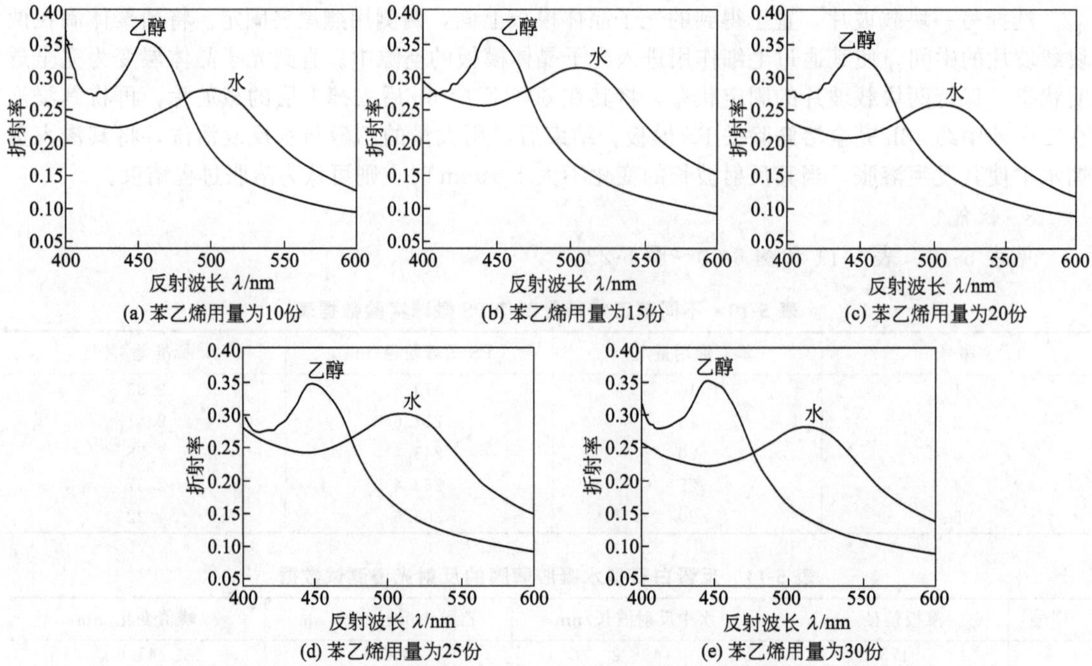

图 5-23 配方中含不同质量份苯乙烯的反蛋白石型水凝胶薄膜的反射光谱图

第二节 丙烯腈-丁二烯-苯乙烯共聚物

一、丙烯酸-丁二烯-苯乙烯共聚物改性料

（一）经典配方

1. 丙烯酸-丁二烯-苯乙烯共聚物（ABS）填充母料

单位：质量份

原材料	配方 1	配方 2
ABS 载体树脂 A	10	10
ABS 载体树脂 B	8	7.9
$CaCO_3$	100	100
偶联剂	1.0	1.5
抗氧剂	0.5	0.3
光亮改性剂	—	1.2
其他助剂	9.6	7.5

2. PC/ABS 汽车配料专用料

单位：质量份

原材料	用量	原材料	用量
ABS	60	抗氧剂	1～2
PC	40	加工助剂	1～2
相容剂	5～15	其他助剂	适量
刚性填料	20～30		

3. 汽车仪表板等制件用高耐热型改性ABS粒料

单位：质量份

原材料	用量	原材料	用量
ABS	100	光稳定剂	1～1.5
耐热改性剂	5～25	加工助剂	1～2
相容剂	5～15	其他助剂	适量
填料	10～20		

4. ABS/PVC合金改性料

单位：质量份

原材料	配方1	配方2	配方3
ABS/PVC(60/40)	100	100	100
三碱式硫酸铅	3	3	3
二碱式亚磷酸铅	2	2	2
有机锡	2	2	2
硬脂酸铅	0.2	0.2	0.2
硬脂酸钡	0.2	0.2	0.2
硬脂酸	0.3	0.3	0.3
环氧大豆油	—	2	—
高效润滑剂G16	—	—	0.2
石蜡	0.5	0.5	0.5
环氧剂	2	2	—
其他助剂	适量	适量	适量

5. ABS管材

单位：质量份

原材料	用量	原材料	用量
ABS	100	硬脂酸	0.3
抗氧剂	0.06	加工助剂	1～2
色母料	2.0	其他助剂	适量

说明：工业、农业、建筑、环保等行业专用管材，强度高、抗冲击性好，可用于各种液体、腐蚀性液体的输送，使用温度－30～75℃。

6. ABS/聚氯乙烯复合管

单位：质量份

原材料	用量	原材料	用量
ABS	70	PbSt	1
聚氯乙烯(聚合度1000)	30	BaSt	1
抗氧剂(1076)	0.05	HSt	0.5
三碱式硫酸铅	1	石蜡	0.5
二碱式亚磷酸铅	0.5	其他助剂	适量

说明：该配方设计合理，制备工艺简便可靠，制品性能良好，可满足应用要求。

7. 玻璃纤维增强 ABS 改性料

单位：质量份

原材料	用量	原材料	用量
ABS	100	加工助剂	1～2
玻璃纤维	15～35	其他助剂	适量
偶联剂	1～1.5		

说明：随着玻璃纤维含量的增多，复合材料的拉伸强度、耐热性提高；悬臂梁缺口冲击强度、无缺口简支梁冲击强度、熔体流动速率降低和断裂伸长率下降。

8. PC/ABS 手机充电器专用料

单位：质量份

原材料	用量	原材料	用量
ABS	30	光稳定剂	1.0
PC	70	加工助剂	1～2
相容剂	5～10	其他助剂	适量
阻燃剂	20～30		

（二）ABS-*g*-MAH 与 ABS-*g*-GMA 改性回收 PET/ABS

1. 配方[30]

单位：质量份

原材料	用量	原材料	用量
回收 PET/ABS	100	抗氧剂 1010	0.3
ABS-*g*-MAH(ABS 接枝马来酸酐)		加工助剂	1～2
或 ABS-*g*-GMA(ABS 接枝聚甲基丙烯酸缩水甘油酯)	10～20	其他助剂	适量

2. 制备方法

（1）ABS-*g*-MAH 的制备　按照比例称取 ABS，MAH，DCP 和质量份为 0.2 份的液状石蜡油，混合均匀后在配有接枝型螺杆的反应挤出机中挤出接枝。螺筒各段温度（单位:℃）分别为 180，210，200，200，170（机头），除杂段真空度为 0.09MPa，螺杆转速为 55r/min，挤出造粒即可制得 ABS-*g*-MAH。

（2）ABS-*g*-GMA 的制备　m(ABS)/m(GMA)/m(DCP) 为 100.0∶3.0∶0.3。先将 DCP 溶解在 GMA 中，然后和 ABS 颗粒混合均匀，在与制备 ABS-*g*-MAH 的相同条件进行反应挤出接枝，得到的颗粒产物即为 ABS-*g*-GMA。

（3）γ-PET/ABS/接枝物的制备　将 γ-PET 瓶片去杂质，120℃下真空干燥 6h；ABS 及 ABS 接枝物在 80℃下真空干燥 4h；按比例分别称取 γ-PET，ABS，ABS-*g*-MAH 或 ABS-*g*-GMA，以及抗氧剂 1010，混合均匀后装入塑料袋中密封备用。

使用配备有缩聚型螺杆的反应挤出机熔融挤出 γ-PET/ABS/接枝物。螺筒温度（单位:℃）分别为 245，260，255，255，240（机头），缩聚段的真空度为 0.09MPa，螺杆转速为 80r/min，挤出造粒即可得到 γ-PET/ABS/ABS-*g*-MAH 或 γ-PET/ABS/ABS-*g*-GMA。

（4）注塑制样　将挤出得到的共混产品在 110℃下真空干燥 4h，然后用注塑机按 GB/T 1040.2—2006 制备样条，注塑机料筒温度为 240℃，260℃，注塑压力为 60MPa。

3. 性能

（1）随着 MAH 用量增加，接枝率增加；DCP 用量增加，接枝率呈先增后降的趋势。

（2）ABS-*g*-MAH 和 ABS-*g*-GMA 均能有效增容 γ-PET/ABS，ABS-*g*-MAH 增容效果优于 ABS-*g*-GMA。加入 ABS 接枝物后冲击强度显著提高，而拉伸强度和拉伸断裂应变变化不大。ABS-*g*-MAH 的接枝率为 1.35%，且用量为 5 份时，增容效果最佳。

（3）加入接枝物能够改善 γ-PET/ABS 两相结构，细化分散相 ABS 的粒径，使 ABS 分散更均匀，起到了良好的增容作用。

（三）马来酸酐接枝物/环氧树脂改性 PP/ABS

1. 配方[31]

单位：质量份

原材料	用量	原材料	用量
PP	70	环氧树脂	4.0
ABS	30	咪唑类固化剂	1.0
PP-*g*-MAH/ABS-*g*-MAH	5.0	其他助剂	适量

2. 制备方法

按配方称量、投入高速混合机中在一定的温度下混合均匀，原料经高速混合后，在双螺杆挤出机中挤出造粒，温度（单位:℃）为 50、120、170、190、195、200、205、210、220；将粒料置于烘箱在 80℃进行干燥处理 2h；用注塑机制备标准样条。

3. 性能

（1）加入复配的马来酸酐接枝物，弯曲性能和冲击性能得到显著提高，但对拉伸强度基本没有影响，二者相容性仍较差。

（2）在添加马来酸酐接枝物的基础上，加入了复配的环氧树脂，有效改善了 PP/ABS 共混物的拉伸性能和弯曲性能，界面脱黏现象得到显著改善，达到了较好的增容效果。尤其力学性能在马来酸酐接枝物的基础上得到了进一步提高。

（3）马来酸酐接枝物的加入，降低了 PP/ABS 复合材料的结晶度，对熔融温度和结晶峰温以及初始结晶温度没有明显影响。而固体环氧树脂的加入，由于其异相成核作用，增大了共混物的结晶度，同时熔融温度、结晶峰温和初始结晶温度均有所增大。

（四）尼龙 6/ABS 合金的改性

1. 配方[32]

单位：质量份

原材料	配方 1	配方 2	配方 3	配方 4	配方 5
尼龙 6/ABS	60	60	60	60	60
ABS	40	20～35	20～35	20	35
ABS-*g*-MAH	—	20	5～15	10	—
POE-*g*-MAH	—	—	5.0	10～15	—
苯乙烯-马来酸酐共聚物(SMA)	—	—	—	—	5.0
加工助剂	1～2	1～2	1～2	1～2	1～2
其他助剂	适量	适量	适量	适量	适量

2. 制备方法

将 PA6 和 ABS 分别于 110℃和 80℃干燥 4h，然后与相容剂、润滑剂和抗氧剂按照一定比例混合均匀，使用双螺杆挤出机挤出造粒。双螺杆挤出机温度设定为 210～240℃，主机转速 260r/min。挤出料粒于 100℃干燥 4h 后采用注塑成型机注塑成标准试样，进行力学性能检测。

3. 性能

见表 5-12～表 5-14。

表 5-12　不同相容剂对合金力学性能的影响

配方组分	质量比	拉伸强度/MPa	断裂伸长率/%	弯曲强度/MPa	弯曲模量/GPa	缺口冲击强度/(J/m)
PA6/ABS	60/40	44.6	32.3	80.2	2.18	44.3
PA6/ABS/ABS-*g*-MAH	60/35/5	56.8	52.5	79.4	2.12	78.9
PA6/ABS/POE-*g*-MAH	60/35/5	53.4	41.2	75.8	2.06	66.1
PA6/ABS/SMA	60/35/5	66.1	23.1	95.1	2.27	55.3

表 5-13　增韧剂含量对合金力学性能的影响

配方组分		拉伸强度/MPa	断裂伸长率/%	弯曲强度/MPa	弯曲模量/GPa	缺口冲击强度/(J/m)
PA6/ABS/ABS-*g*-MAH/POE-*g*-MAH 质量比	60/20/20/0	49.3	121.2	67.2	1.53	404.5
	60/20/15/5	46.3	132.9	62.6	1.49	581.5
	60/20/10/10	44.8	147.8	60.1	1.42	687.4
	60/20/5/15	41.6	128.3	57.6	1.39	396.8

表 5-14　不同螺杆转速对合金①力学性能的影响

螺杆转速/(r/min)	拉伸强度/MPa	断裂伸长率/%	弯曲强度/MPa	弯曲模量/GPa	缺口冲击强度/(J/m)
300	44.6	138.8	62.5	1.47	466.5
260	44.8	147.8	60.1	1.42	687.4
220	43.5	139.2	61.7	1.44	705.3

①表中配方组分为 PA6/ABS/ABS-*g*-MAH/POE-*g*-MAH（质量比为 60/20/10/10）。

（五）改性 PC/ABS

1．配方[33]

单位：质量份

原材料	用量
PC/ABC(80/20)	100
苯乙烯/丙烯腈-甲基丙烯酸缩水甘油酯三元共聚物(SAG-002)	4.0
甲基丙烯酸甲酯-苯乙烯-有机硅共聚物(S-2001)	2.0
抗氧剂 1010	0.1
抗氧剂 168	0.2
加工助剂	1～2
其他助剂	适量

2．制备方法

将 ABS 与 PC 分别在 90℃，110℃下鼓风干燥 12h，然后按比例分别在高速混合机中混合，用双螺杆挤出机熔融共混挤出、冷却、切粒，所得粒料再在 90℃下鼓风干燥 10h 后注射成标准试样。

挤出工艺条件：螺杆转速为 180r/min，进料转速为 170r/min，螺杆造粒温度为 230～250℃，机头温度为 250℃。

注塑工艺条件：一区至三区温度分别为 255℃，260℃，270℃，喷嘴温度为 260℃，保压时间为 8s，冷却时间为 15s，注塑压力为 70MPa。

（六）PC/ABS 合金

1. 配方[34]

单位：质量份

原材料	用量	原材料	用量
PC	70	相容剂	5～10
ABS	30	加工助剂	1～2
抗氧剂 1010	0.5	其他助剂	适量
润滑剂	0.2		

2. 制备方法

PC/ABS 合金材料试样制备工艺流程如下：干燥→混合→挤出造粒→注塑→试样。其中干燥工艺条件为温度 100℃、时间 4h；挤出机各区温度设置如表 5-15 所示，螺杆转速分别设为 350r/min，250r/min。注塑机温度（单位:℃）从加料段到喷嘴依次设定为 200，250，250，245；ABS 的质量分数设定为 30%。

表 5-15　挤出机各区温度设定　　单位:℃

编号	一区	二区	三区	四区	五区	六区	机头
1#	180	220	240	250	250	240	235
2#	180	190	220	230	230	230	220
3#	180	230	260	280	270	260	250

3. 性能

见表 5-16 和表 5-17。

表 5-16　螺杆转速对 PC/ABS 合金力学性能的影响

项目	螺杆转速/(r/min)	
	350	250
拉伸强度/MPa	56	56.5
断裂伸长率/%	98	100
缺口冲击强度/(kJ/m²)	35.3	33
弯曲强度/MPa	65	66
弯曲弹性模量/MPa	2195	2207

表 5-17　挤出温度对 PC/ABS 合金力学性能的影响

项目	挤出温度组编号		
	1	2	3
拉伸强度/MPa	56	53	54
断裂伸长率/%	98	110	95
缺口冲击强度/(kJ/m²)	35.3	32	30
弯曲强度/MPa	65	65	64
弯曲弹性模量/MPa	2195	2134	2120

（七）ABS/PET 合金

1. 配方[35]

单位：质量份

原材料	配方 1	配方 2	配方 3
ABS	72	72	72
PET	28	28	28
苯乙烯-丙烯腈-甲基丙烯酸缩水甘油酯(GMA)三元无规共聚物(SAN-002)	3.0	—	—
苯乙烯-丙烯腈-马来酸酐三元无规共聚物	—	3	—
抗氧剂 1010	0.4	0.4	0.4
N,N'-亚乙基双硬脂酰胺(EBS)	1.0	1.0	1.0
加工助剂	1～2	1～2	1～2
其他助剂	适量	适量	适量

2. 制备方法

ABS 与 PET 树脂分别在 90℃下干燥 8h 后，再将其与 SMA 按一定比例混合均匀后加入到双螺杆挤出机，螺杆公称直径 35mm，长径比 48；螺杆转速 150r/min 中熔融混炼，从机头开始各段温度（单位:℃）分别为 230、235、235、235、230；挤出、冷却、切粒。将挤出的粒料在 90℃下干燥 8h，再用注塑机（QS-100T，上海全盛塑料机械有限公司）注塑成标准样条，注塑机四段温度（单位:℃）分别是 250、245、240、240。

3. 性能

见图 5-24～图 5-27。

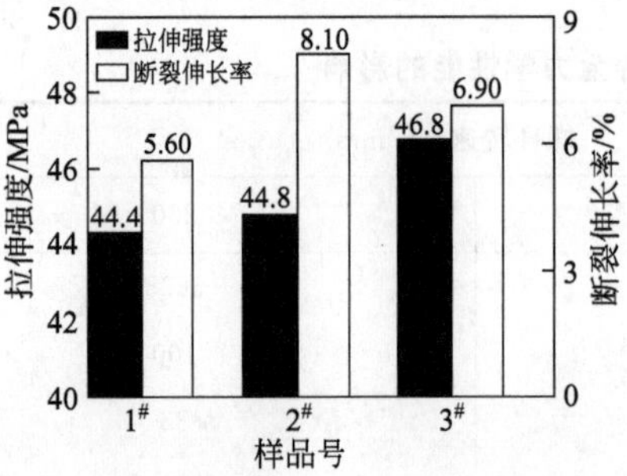

图 5-24　不同增容剂对拉伸性能的影响

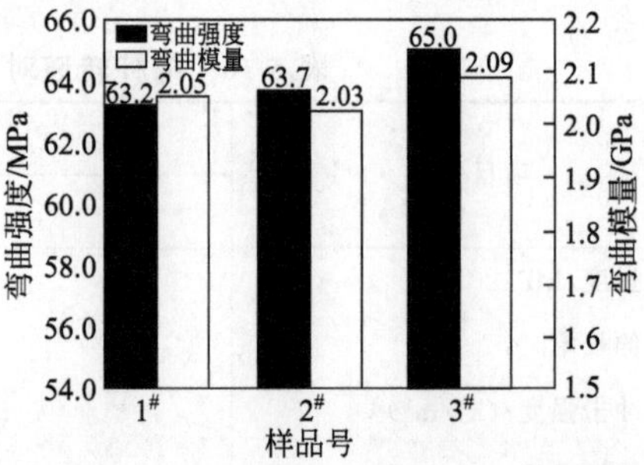

图 5-25　不同增容剂对弯曲性能的影响

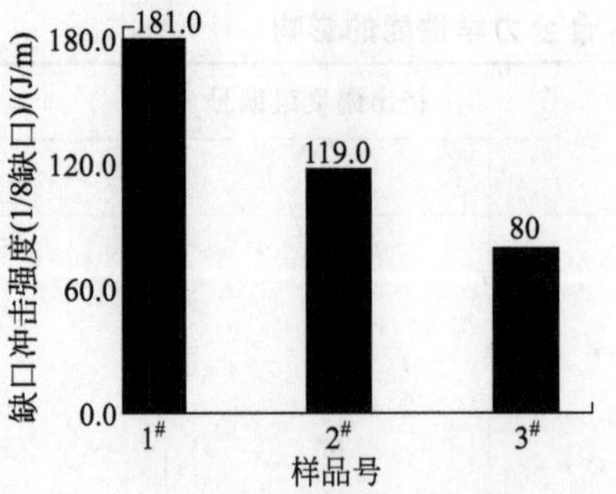

图 5-26　不同增容剂对冲击性能的影响

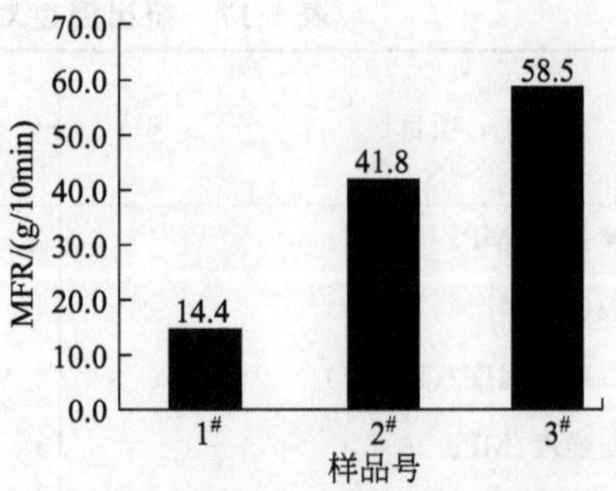

图 5-27　不同增容剂对熔体流动速率的影响

（八）PA6/ABS汽车专用料

1. 配方[36]

单位：质量份

原材料	用量	原材料	用量
ABS高胶粉	54	聚硅氧烷母料	1.0
尼龙6(PA6)	40	加工助剂	1～2
苯乙烯-马来酸酐共聚物(SMA)	5.0	其他助剂	适量

2. 制备方法

将在烘箱（90℃×4h）中干燥好的PA6粒料、ABS高胶粉和SMA等助剂按一定配比在高速混合机里混合均匀，然后在直径为30mm的同向双螺杆挤出机上挤出、水冷、造粒制成PA6/ABS共混物粒料。双螺杆挤出机从第1区～第10区的温度依次为210℃、220℃、230℃、240℃、240℃、240℃、245℃、245℃、245℃、230℃，固定主机螺杆转速为200r/min，下料转速为15～20r/min。

3. 性能

聚硅氧烷母粒对PA6/ABS材料抗划伤性几乎没有影响，但可以明显提高抗磨损性，并可以小幅提高材料冲击强度，对其他力学性能几乎没有影响，用于提高材料抗磨损性具有实际的应用价值。专用料弯曲弹性模量为1698MPa，缺口冲击强度901J/m，洛氏硬度105，划痕宽度182μm（500g）、359.57μm（1000g）。

（九）SBS改性ABS 3D打印专用料

1. 配方[37]

单位：质量份

原材料	用量	原材料	用量
ABS(8391)	100	抗氧剂168	0.2
SBS(苯乙烯-丁二烯-苯乙烯共聚物)	10	加工助剂	1～2
抗氧剂1010	0.6	其他助剂	适量

2. 制备方法

将ABS及SBS在80℃鼓风干燥箱中干燥2h，然后按配方，将ABS，SBS以及抗氧剂混合均匀，在双螺杆挤出机上共混挤出造粒，挤出工艺条件如表5-18所示。挤出粒料放置在85℃鼓风干燥箱中烘干水分后注塑成符合相应检测标准的测试试样。注射成型工艺为：温度220～240℃，模温80～100℃，注塑压力0.70～0.90MPa（表压）。

表5-18　双螺杆挤出机各段温度设置

项目	一区	二区	三区	四区	五区	六区	机头
温度/℃	100	180	210	210	210	210	220

3. 性能

（1）在ABS中加入SBS能显著改善ABS的加工流动性，减少内应力的积累；降低了共混物流变性能对剪切频率的依赖性，减少了各向应力引起的收缩不均；提高了共混物在低频下的熔体强度，使其抵抗由于冷却收缩而引起的翘曲、开裂的能力增强。

（2）在低剪切应力作用下，ABS/SBS（线型）共混物相对于纯ABS具有低的温度敏感性，其适宜的FDM工艺加工温度范围宽；ABS/SBS（星型）共混物相对于纯ABS具有高的温度敏感性，其适宜的FDM工艺加工温度范围窄。

（3）SBS的加入提高了ABS/SBS共混物的断裂伸长率和缺口冲击强度，具有明显的增韧效果，可减少FDM工艺成型时断丝情况的发生。当SBS质量为10份时，ABS/SBS共混物的弯曲性能和拉伸强度保持率分别在85%、80%以上，可较好地满足3D打印对ABS材料基本力学性能的要求。

（十）有机蒙脱土改性PC/ABS合金

1. 配方[38]

单位：质量份

原材料	用量	原材料	用量
PC	80	有机蒙脱土	5.0
ABS	20	加工助剂	1～2
苯乙烯-马来酸酐共聚物(SMA)	6.0	其他助剂	适量

2. 制备方法

将PC在110℃下烘干处理8h，ABS在90℃下烘干处理4h，然后将PC、ABS及其他助剂在高速混合机中混合均匀，再经同向双螺杆挤出机挤出造粒，挤出温度220～250℃。粒料在100℃下烘干处理4h后，用注塑机制样，注塑温度225～260℃。样条经标准处理后用于性能测试。

3. 性能

当PC/ABS质量比为80/20、SMA用量为6份时，其冲击强度显著增加，由原来的40.6kJ/m^{2}增加到56.5kJ/m^2，增加了39.1%。其拉伸强度变化不大，为65.1MPa左右。当PC/ABS/SMA质量比为80/20/6、有机蒙脱土用量为5份时，其拉伸强度显著增加，由原来的65.1MPa增加到74.6MPa，增加了14.6%，而其冲击强度变化不大。有机蒙脱土的加入再结合使用相容剂SMA，不仅可以提高合金材料的韧性，而且可以改善其刚性，使PC/ABS合金材料具有更广泛的应用前景。

（十一）滑石粉填充改性PVC/ABS合金

1. 配方[39]

单位：质量份

原材料	用量	原材料	用量
ABS	70	PE蜡	1.0
PVC	100	偶联剂	0.7
滑石粉	30	加工助剂	1～2
复合稳定剂	4.0	其他助剂	适量

2. 制备方法

按配方将PVC树脂、耐热ABS、滑石粉和各种加工助剂在高速混合机中进行混合，若滑石粉需要表面改性，先将偶联剂与滑石粉高速混合进行表面处理，再与PVC等基料混合。将混合好的物料经锥形双螺杆挤出机挤板成型，最后通过万能制样机制成标准样条测试。

3. 性能

见图5-28～图5-31。

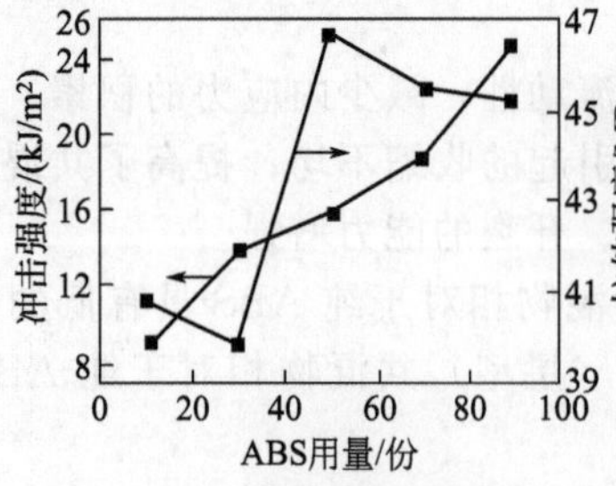

图5-28　ABS用量对PVC/ABS合金力学性能的影响

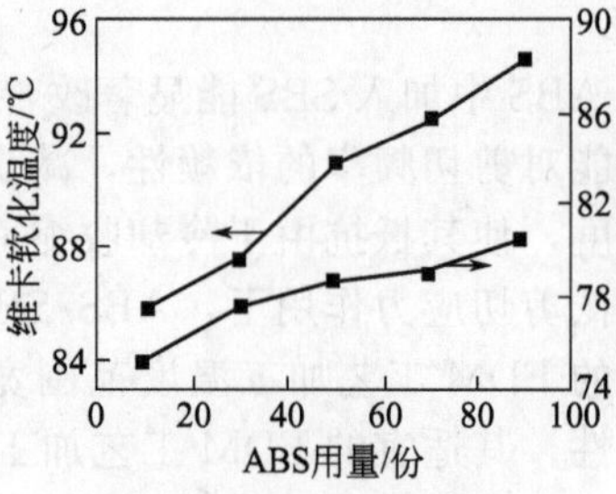

图5-29　ABS对PVC/ABS合金耐热性能的影响

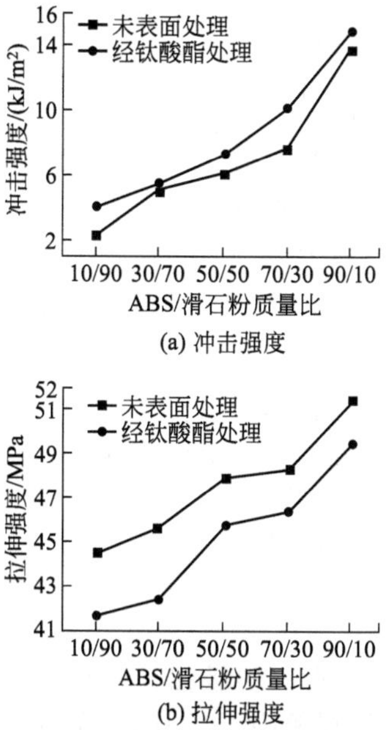

图 5-30 滑石粉和 ABS 复配对 PVC 力学性能的影响

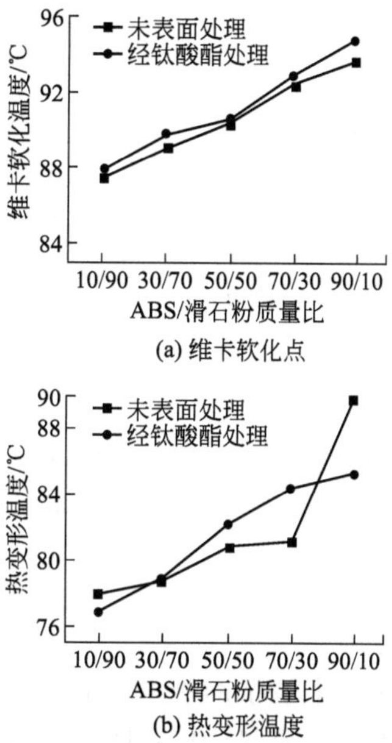

图 5-31 滑石粉和 ABS 复配对 PVC 耐热性能的影响

（十二）云母填充改性 ABS

1. 配方[40]

单位：质量份

原材料	用量	原材料	用量
ABS	100	加工助剂	1～2
云母(200～600 目)	25	其他助剂	适量
抗氧剂 1010	0.5		

2. 制备方法

将 ABS 与云母粉按一定配比混合，在双辊塑炼机上于 160℃下塑炼 5min，获得一系列 ABS 树脂片材。在硫化机上以 180℃热压、然后冷压定型，制得 3mm 厚的样板，最后用制样机切割成不同宽度样品，进行测试。

3. 性能

见表 5-19。

表 5-19 云母对 ABS 树脂热性能及力学性能的影响

ABS	云母/份	分解温度(50%)/℃	拉伸强度/MPa	冲击强度/(kJ/m²)	熔体流动速率/(g/10min)
100	25(200 目)	425.6	37.871	2.185	3.46
100	25(600 目)	435.5	38.274	3.467	4.37

（十三）改性水滑石/ABS 复合材料

1. 配方[41]

(1) 水滑石（LDH）填料配方（M-1 与 M-2）

单位：质量份

原材料	用量	原材料	用量
ABS	100	偶联剂	0.2
复合稳定剂	2.0	丙酮	适量
石蜡	1.0	二甲基亚砜	0.1～0.3
硬脂酸	2.0	α-甲基吡啶	0.1～0.5
初级水滑石	1～5	其他助剂	适量

（2）ABS复合材料配方

单位：质量份

原材料	用量	原材料	用量
ABS	100	改性水滑石(M-2)	1～5
复合稳定剂	2.0	偶氮二异丁腈(AIBN)	1.0
石蜡	1.0	加工助剂	1～2
硬脂酸	2.6	其他助剂	适量
偶联剂	0.2		

2. 制备方法

（1）LDH纳米粒子的偶联剂预处理　将初级水滑石（初级粒子粒径为75～100nm）在110℃烘箱中烘2h，密封待用。同时将ABS放于真空干燥箱中，于100℃左右，－0.085MPa下抽真空1.5h以上，以除去ABS树脂中吸收水分以及小分子的杂质，密封备用。

将偶联剂（SEA-171）加入到丙酮中，用乙酸调pH值至5.0～6.0之间，待偶联剂水解后，将纳米LDH按质量分数加入含有偶联剂的丙酮溶液中，利用超声震荡20～30min，索氏抽提6h，除去未反应的偶联剂和丙酮，真空干燥得到经偶联剂处理过的LDH粒子（记为M-1）。

M-1、二甲基亚砜和α-甲基吡啶超声震荡5min，定量加入AIBN，定量加入MMA单体，50℃下搅拌反应5h，高速离心分离后，用乙醇洗涤多次，常温真空干燥得外层被PMMA包裹具有核壳结构的LDH粒子（记为M-2）。

（2）复合材料的制备　首先在高速混合机中混合至80℃，出料，用锥形双螺杆挤出机挤出。挤出造粒工艺参数：挤出温度170～185℃，螺杆转速140～160r/min。注射成型工艺参数：温度190～220℃，注射时间6s，保压时间14s，水滑石/ABS复合材料制备工艺流程：(M-2，ABS和助剂)→混料→挤出复合→造粒→注射成型→后处理→性能测试。

3. 性能

见表5-20。

表5-20　复合材料性能

编号	ABS	缺口冲击强度/(kJ/m²)	拉伸强度/MPa	维卡软化点/℃	氧指数/%	烟密度等级	最大烟密度	水平燃烧级别	垂直燃烧级别	空气发烟量
1	LDH(0份)	11.8	48.2	88.0	18.2	80.9	100.0	FH-3V≤40mm/min	低于V-2	黑烟很大
	M-2(0份)	11.8	48.2	88.0	18.2	80.9	100.0	FH-3V≤40mm/min	低于V-2	黑烟很大
2	LDH(1份)	12.1	49.6	91.0	20.7	75.3	96.3	FH-2-80mm	V-2	黑烟很大
	M-2(1份)	12.6	50.4	90.0	22.4	73.2	94.2	FH-2-60mm	V-2	黑烟很大
3	LDH(2份)	13.6	50.8	92.8	23.2	73.1	93.7	FH-2-50mm	V-1	黑烟较大
	M-2(2份)	14.2	51.8	90.8	26.5	72.4	90.9	FH-2-30mm	V-1	黑烟较大
4	LDH(3份)	15.0	52.6	93.5	25.4	66.4	90.9	FH-1	V-1	黑烟较大
	M-2(3份)	14.9	53.9	91.6	29.6	65.2	86.8	FH-1	V-0	黑烟较小
5	LDH(4份)	13.7	51.4	95.6	27.5	73.2	88.3	FH-1	V-0	黑烟较小
	M-2(4份)	16.0	55.9	93.8	29.8	59.7	84.6	FH-1	V-0	黑烟较小
6	LDH(5份)	13.0	49.7	96.8	31.8	78.7	85.4	FH-1	V-0	黑烟较小
	M-2(5份)	15.2	53.2	94.5	33.6	64.5	81.4	FH-1	V-0	黑烟较小

（十四）改性凹凸棒石黏土/ABS复合材料

1. 配方[42]

单位：质量份

原材料	用量	原材料	用量
ABS	100	硅烷偶联剂 Z6011	0.1
凹凸棒黏土（AT）或有机		加工助剂	1～2
凹凸棒黏土（OAT）	0.5	其他助剂	适量

2. 制备方法

（1）AT的有机化改性　称取15g纯AT在300mL去离子水中分散形成悬浮液，用NaOH溶液调节PH值为9.0，边搅拌边加入质量分数为3%的硅烷偶联剂Z6011。常温下，超声波振荡1h。在离心机中，3000r/min下沉降10min，所得滤饼用水洗涤后，100℃下干燥，研磨后，300目过筛，制得有机化后的OAT。

（2）ABS/OAT树脂复合材料的制备　所有物料在加工前在80℃左右干燥4h，分别称取不同配比的ABS树脂和OAT混合物共50g，在共混温度为230℃，螺杆转速为60r/min，混合时间为2min等条件下于微型双螺杆挤出机中用同向螺杆熔融共混一段时间，在与之相连的微型注塑机中注塑成型（其中注腔温度为235℃，模具温度为80℃，注射压力为75MPa，注射时间为5s，保持压力为55MPa，保压时间为10s）。分别注塑成三种类型的：哑铃型，长条型和圆片型样条。

3. 性能

用硅烷偶联剂Z6011对AT进行有机化改性，可以提高AT与ABS树脂基体间的界面相容性，OAT粒子填充时，多以纳米尺度分散于ABS树脂基体中，且界面相容性良好，而用未有机化改性AT填充时，出现团聚现象使界面相容性变差。分散于ABS树脂基体中的OAT粒子有利于提高复合材料的热稳定性。填充体系在氮气气氛下的玻璃化转变温度T_g为106℃，复合材料的维卡软化温度和最快分解速率处温度T_{max}分别为92.95℃和450.6℃。

（十五）$CaCO_3$填充改性PP/ABS

1. 配方[43]

单位：质量份

原材料	用量	原材料	用量
PP/ABS	100	偶联剂	1.0
PP-*g*-MAH	30	加工助剂	1～2
$CaCO_3$	40～60	其他助剂	适量

2. 制备方法

（1）PP/ABS共混物的制备　将PP和ABS粒料按照质量比70/30称取，加入相容剂（PP-*g*-MAH），混合均匀，依次在双螺杆挤出机上进行挤出、牵引、造粒，制备PP/ABS共混物及其增容共混物。经烘箱80℃烘2h后，用立式注塑机制备标准测试样条，在室温放置24h后进行力学性能的测试。

挤出工艺条件：机筒至口模温度（单位：℃）依次为165/195/195/195/180/175，主机螺杆转速为20r/min，加料螺杆转速为30r/min，切粒机转速为6.00Hz。

注塑工艺条件：上节温度200℃，中节温度220℃，下节温度220℃，PP/ABS共混物射出压45MPa，射二压40MPa，保压40MPa，加料压45MPa，保压时间2.5s。

（2）PP/ABS/$CaCO_3$复合材料的制备　称取一定质量的PP/ABS共混物粒料，加入活性碳酸钙粉体，混合均匀后，采用与PP/ABS共混物相同的挤出与注塑工艺制备PP/ABS/

$CaCO_3$ 复合材料。

3. 性能

见图 5-32 和表 5-21。

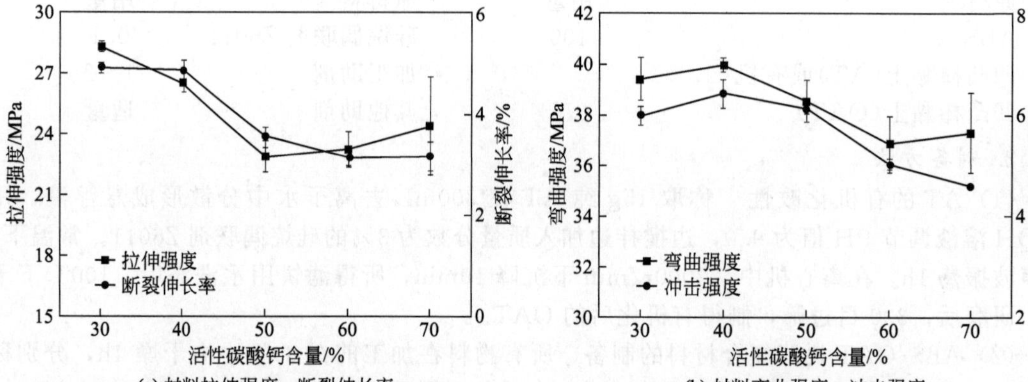

(a) 材料拉伸强度、断裂伸长率　　(b) 材料弯曲强度、冲击强度

图 5-32　活性 $CaCO_3$ 不同用量填充 PP/ABS/$CaCO_3$ 复合材料的力学性能

表 5-21　活性 $CaCO_3$ 用量对 PP/ABS/$CaCO_3$ 复合材料熔体流动速率的影响

活性碳酸钙含量/%	熔体流动速率/(g/10min)
40	7.0±0.2
50	5.7±0.1
60	1.8±0.3

纳米 $CaCO_3$ 对复合材料有明显的增韧增强效果，这是因为纳米 $CaCO_3$ 可均匀分散在基体中，改善了 PP 和 ABS 之间的相容性，使得 ABS 以更小的尺寸均匀分散且使 PP 的球晶细化。

(十六) Al_2O_3 填充改性 ABS 复合材料

1. 配方[44]

单位：质量份

原材料	用量	原材料	用量
ABS(PA757K)	100	加工助剂	1～2
Al_2O_3(4μm、6μm、40μm)	40～70	其他助剂	适量
钛酸酯偶联剂	1.0		

2. 制备方法

用钛酸酯偶联剂对 Al_2O_3 进行表面处理后干燥 4～6h，然后将一定比例的 ABS 与用钛酸酯偶联剂处理的 Al_2O_3 在高速混合机中混合 10min 后用双螺杆挤出机挤出、造粒，后用注塑机将造粒后的粒料注塑成标准样条，用于性能测试。

3. 性能

见表 5-22 和表 5-23。

表 5-22　偶联剂处理后活化度及对 ABS 复合材料热导率影响

性能	偶联剂种类			
	未处理	硅烷 KH-560	钛酸酯 102	铝酸酯 F-2
活化度/%	3	83	97	95
热导率/[W/(m·K)]	0.592	0.678	0.789	0.736

表 5-23　2 种粒径 Al_2O_3 复配对 ABS 导热性能影响

质量比①	热导率/[W/(m·K)]	质量比	热导率/[W/(m·K)]	质量比	热导率/[W/(m·K)]
1∶9	1.007	4∶6	0.944	7∶3	1.054
2∶8	0.985	5∶5	1.019	8∶2	0.945
7∶3	1.054	6∶4	0.755	3∶7	1.225

①粒径 4μm Al_2O_3 与粒径 40μm Al_2O_3 质量比。

（十七）AlN 填充改性 ABS 复合材料

1. 配方[45]

单位：质量份

原材料	用量	原材料	用量
ABS	100	无水乙醇	3～5
AlN	5～20	加工助剂	1～2
钛酸酯偶联剂	1.0	其他助剂	适量

2. 制备方法

用钛酸酯偶联剂对 AlN 进行表面处理后干燥 4～6h，干燥后立即与 ABS 在双辊混炼机上塑炼。将双辊开炼机上拉好的片剪成圆片经干燥（90℃，2h）后，放入预热好的圆形模具中，在平板硫化机上压制成型。工艺参数为：温度设定在 160℃左右，模具外表面温度是 145～155℃，模具内部温度是 140～145℃，模压 3～5min，放气 3～4 次。将模具内表面打磨平整，在压片时涂上脱模剂（甲基硅油），可使圆板表面平整，利于热导率的测量。利用注塑机加工成型出测试电性能所用的圆片，在高阻计上测试复合材料的电性能。

3. 性能

AlN 用量对 AlN/ABS 复合材料的电性能的影响结果见表 5-24，由表中可以看出，当 AlN 的用量为 20 份时，复合材料的体积电阻率最小为 $3.95\times10^{21}\Omega\cdot m$；表面电阻率最小为 $3.98\times10^{14}\Omega$。而一般来说，当材料的体积电阻率和表面电阻率均大于 10^8 时，即说材料具有较好的电绝缘性能。

表 5-24　复合材料的电性测试结果

AlN 用量/份	体积电阻率/$\times10^{21}\Omega\cdot m$	表面电阻率/$10^{14}\Omega$
0	5.61	6.12
5	5.23	5.41
10	4.35	4.67
15	4.01	4.08
20	3.95	3.98

（十八）废旧丁腈橡胶粉/空心玻璃微珠改性 ABS 复合材料

1. 配方[46]

单位：质量份

原材料	用量	原材料	用量
ABS	100	硅烷偶联剂(KH-550)	1.0
废旧丁腈橡胶粉(WNBR)	20	加工助剂	1～2
空心玻璃微珠(HGB)	5.0	其他助剂	适量

2. 制备方法

（1）改性 HGB　采用硅烷偶联剂 KH-550 对 HGB 进行表面改性处理。

(2) WNBR/ABS复合材料　将WNBR和ABS混合均匀，在双螺杆挤出机上挤出造粒，将所得粒料干燥后采用塑料注射机注射得到WNBR/ABS复合材料。

(3) 改性HGB/WNBR/ABS复合材料　将改性HGB与WNBR/ABS复合材料粒料混合均匀，然后在双螺杆挤出机上挤出、造粒，干燥后采用塑料注射机注射得到改性HGB/WNBR/ABS复合材料。

3. 性能

见图5-33～图5-35。

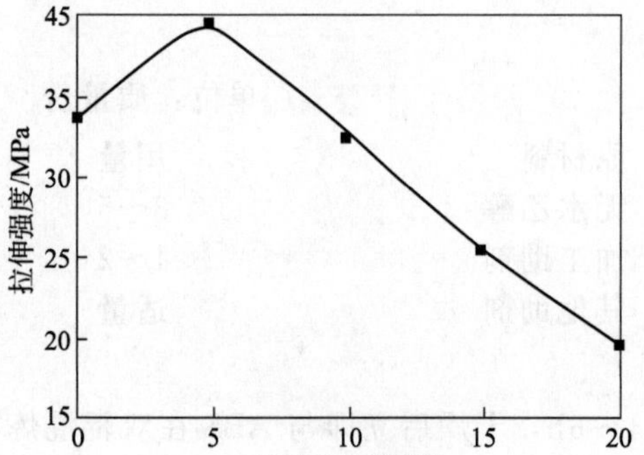

图5-33　改性HGB用量对WNBR/ABS复合材料拉伸强度的影响

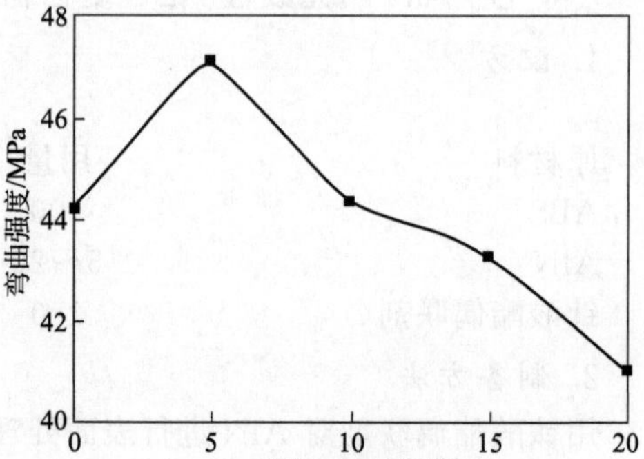

图5-34　改性HGB用量对WNBR/ABS复合材料弯曲强度的影响

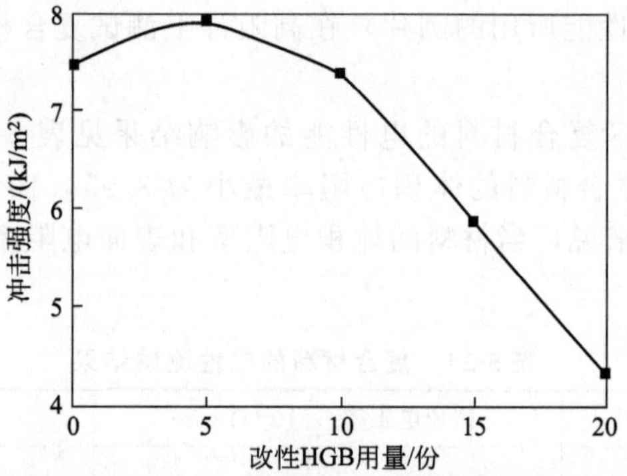

图5-35　改性HGB用量对WNBR/ABS复合材料冲击强度的影响

(十九) ABS/纳米氢氧化铝(nano-ATH)复合材料

1. 配方[47]

单位：质量份

原材料	用量	原材料	用量
ABS	100	润滑剂	0.2
纳米氢氧化铝(nano-ATH)	5～10	加工助剂	1～2
抗氧剂1010	0.5	其他助剂	适量
硬脂酸	0.8		

2. 制备方法

把ABS、nano-ATH、抗氧剂和润滑剂等按一定比例充分混合后，在双螺杆挤出机上挤出造粒，将所得粒料在注射机上加工成测试样条。

3. 性能

见图 5-36～图 5-38 和表 5-25。

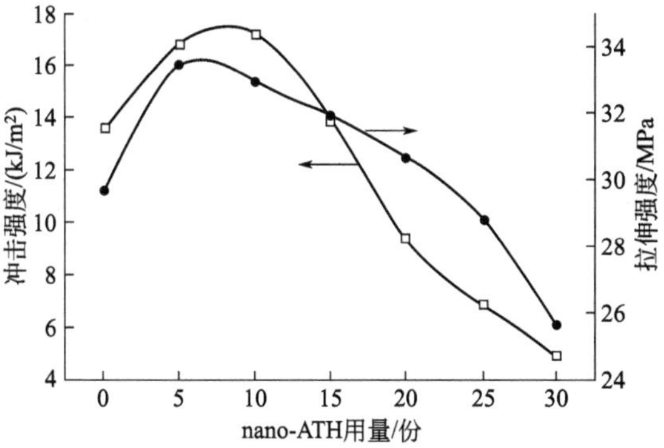

图 5-36 nano-ATH 用量对 ABS 复合材料冲击强度和拉伸强度的影响

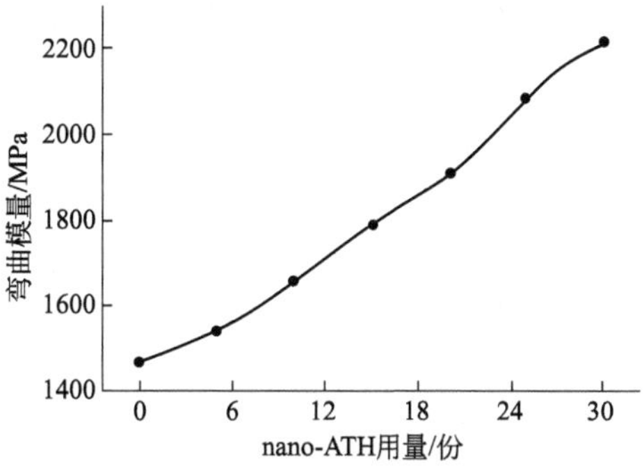

图 5-37 nano-ATH 用量对 ABS 复合材料弯曲模量的影响

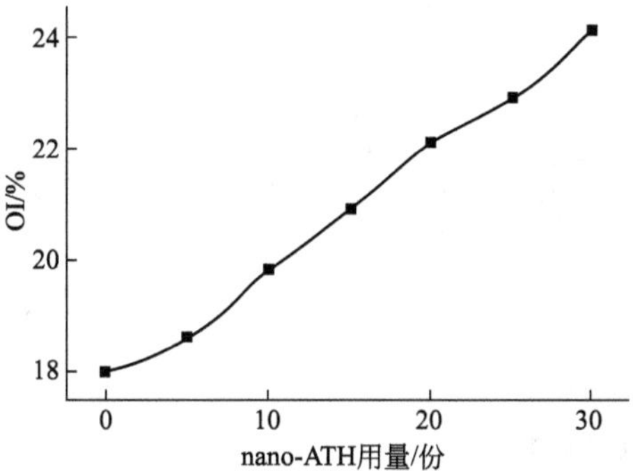

图 5-38 nano-ATH 用量对 ABS 复合材料氧指数的影响

表 5-25 nano-ATH 用量对 ABS 复合材料水平燃烧性能的影响

nano-ATH 用量/份	水平燃烧测试	nano-ATH 用量/份	水平燃烧测试
0	FH-4-91.23mm/min	20	FH-4-48.03mm/min
5	FH-4-85.69mm/min	25	FH-3-39.85mm/min
10	FH-4-73.35mm/min	30	FH-3-35.52mm/min
15	FH-4-59.21mm/min		

（二十）废纸浆/ABS 复合材料

1. 配方[48]

单位：质量份

原材料	用量	原材料	用量
ABS(牌号 9815)	100	抗氧剂 1010	1.0
废纸浆(50 目)	30	硬脂酸	0.7
马来酸酐接枝苯乙烯-乙烯/丁烯-苯乙烯(SEBS-*g*-MAH)	20	加工助剂	1～2
发泡剂 AC	1.5	其他助剂	适量
ZnO	0.15		

2. 制备方法

废纸浆制备工艺，见图 5-39。

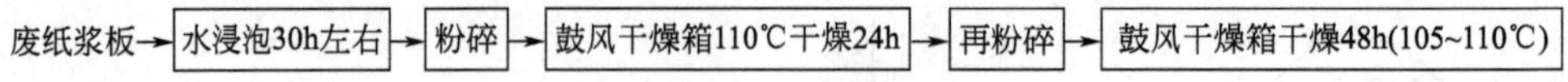

图 5-39 工艺流程

样条制备：先把废纸浆与增容剂 SEBS-*g*-MAH 在高速混合机中，80℃下搅拌 5min，然后再将 ABS 和其他助剂加入，搅拌 6min。将混合均匀的物料在同向双螺杆挤出机中挤出造粒，调节好挤出机各段的温度与挤出速度和控制机头压力。各段温度 160～180℃，机头温度 175℃，螺杆转速 80r/min。将干燥好的粒料和发泡剂 AC 混合均匀，在平板硫化机上模压发泡，温度 185℃，压力 3MPa，保压时间 10min。

3. 性能

见图 5-40～图 5-43。

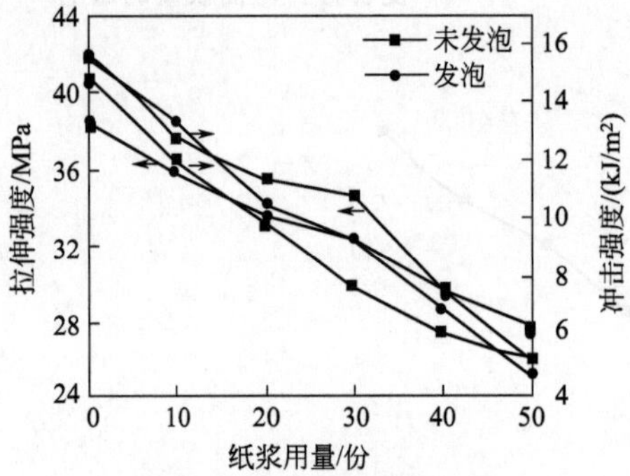

图 5-40 纸浆用量对复合材料力学性能的影响

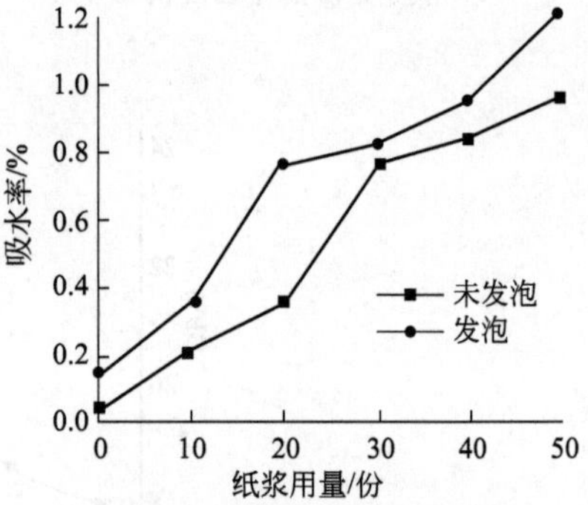

图 5-41 纸浆用量对复合材料吸水率的影响

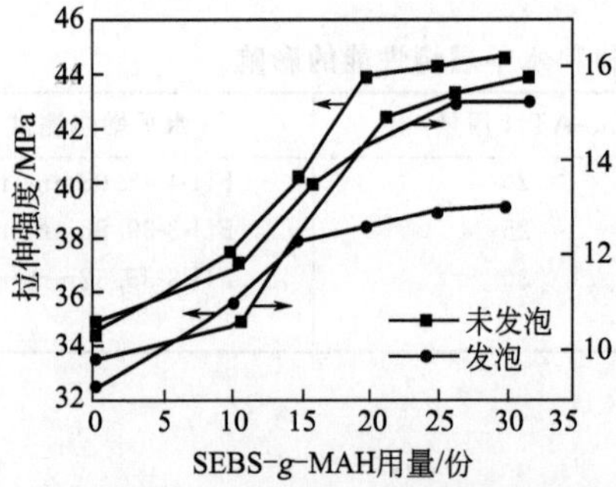

图 5-42 SEBS-*g*-MAH 用量对复合材料力学性能的影响

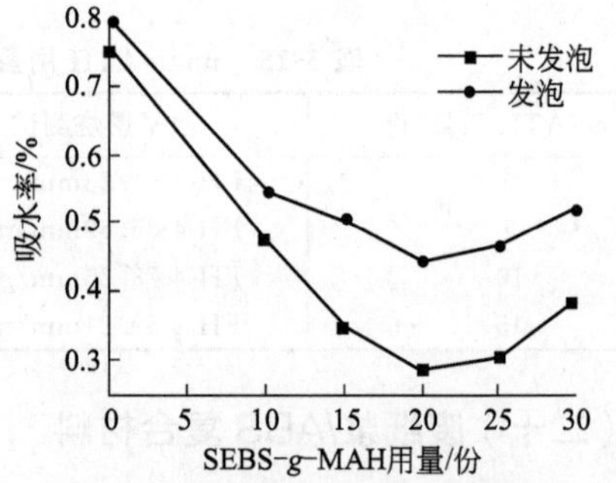

图 5-43 SEBS-*g*-MAH 用量对复合材料吸水率的影响

（二十一）硫酸镁晶须增强 ABS 复合材料

1. 配方

见表 5-26[49]。

表 5-26 原材料及配方　　单位：%（质量分数）

序号	丙烯腈-丁二烯-苯乙烯共聚物	苯乙烯-马来酸酐共聚物	环氧树脂	碱式硫酸镁晶须
1	85	0	0	15

续表

序号	丙烯腈-丁二烯-苯乙烯共聚物	苯乙烯-马来酸酐共聚物	环氧树脂	碱式硫酸镁晶须
2	80	5	0	15
3	80	0	5	15
4	80	2.5	2.5	15

2. 制备方法

将干燥后的 ABS、ER、SMA、碱式硫酸镁晶须按一定质量比在高速混合机中混合均匀，然后在同向双螺杆挤出机上挤出，冷却、切粒（主机螺杆转速为 200r/min，温度分别为 205℃、210℃、215℃、220℃、225℃、230℃、225℃）。经干燥后在注塑机上制成符合 ISO 测试标准的样条。

3. 性能

见表 5-27。

表 5-27　ABS/碱式硫酸镁晶须复合材料的力学性能

序号	拉伸强度 /MPa	弯曲强度 /MPa	弯曲模量 /GPa	冲击强度 /(kJ/m²)
1	60.6	93.5	3.8	2.22
2	65.3	98.4	4.9	3.32
3	73.3	105.1	5.6	5.31
4	76.5	110.9	5.9	6.61

（二十二）玻璃纤维增强 ABS 复合材料

1. 配方[50]

单位：质量份

原材料	配方 1	配方 2
ABS	100	95
环氧树脂	—	5.0
玻璃纤维	30	30
偶联剂	1.0	1.0
加工助剂	1～2	1～2
其他助剂	适量	适量

2. 制备方法

将干燥后的 ABS 树脂、环氧树脂按一定质量配比在高速混合机中混合均匀，然后在同向双螺杆挤出机上挤出造粒（主机螺杆转速为 200r/min，温度分别为 205℃、210℃、215℃、220℃、225℃、230℃、225℃），长玻璃纤维从玻纤口加入。共混物粒料经过干燥后，在注塑机上制成符合 ISO 测试标准的样条，待用。制得材料结构示意图见图 5-44。

3. 性能

见图 5-44。

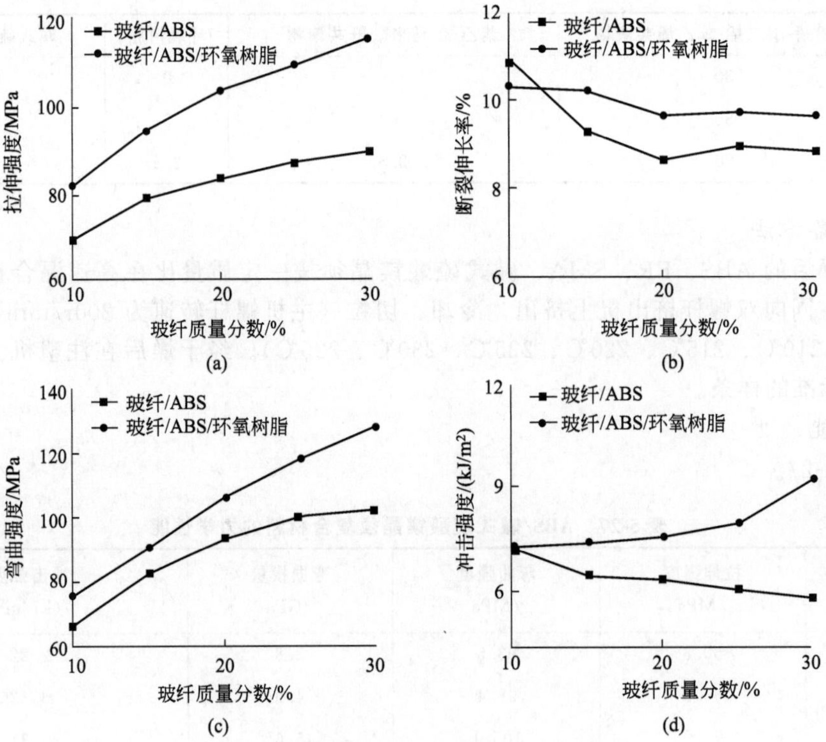

图 5-44　玻纤含量对复合材料性能的影响

(二十三)长玻璃纤维增强 ABS 复合材料[51]

单位：质量份

原材料	用量	原材料	用量
ABS	100	玻璃纤维(988)	10～30
苯乙烯接枝马来酸酐(SMA)相容剂	5.0	偶联剂	1.0
热塑性聚氨酯(TPU)	30	加工助剂	1～2
抗氧剂	0.5	其他助剂	适量

(二十四)芳纶 1414(PPTA)增强 ABS 复合材料

1. 配方[52]

单位：质量份

原材料	用量	原材料	用量
ABS	100	加工助剂	1～2
芳纶 1414(6mm)	5.0	其他助剂	适量
偶联剂	1.0		

2. 制备方法

将 ABS 和 PPTA 分别在鼓风干燥箱中于 80℃下干燥 8h 和 120℃下干燥 12h 后，按照预定配比混料，在双辊开炼机上于 170～180℃下熔融混炼，拉片、裁切，最后在 180℃下模压制样，以备性能测试。

3. 性能

见表 5-28、图 5-45 和图 5-46。

表 5-28　纯 ABS 及 ABS/PPTA 复合材料的 TGA 数据

样品	失重 5%时温度/℃	失重 50%时温度/℃	最大失重速率温度/℃	最大失重速率/%	残炭量/%
纯 ABS	370.5	448.5	448	1.6	2.8
ABS/PPTA 复合材料	360.0	453.5	458	1.5	5.3

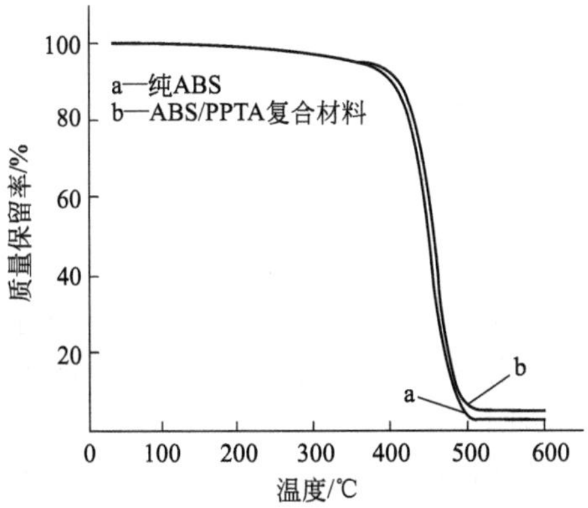

图 5-45　纯 ABS 及 ABS/PPTA 复合材料的 TGA 曲线

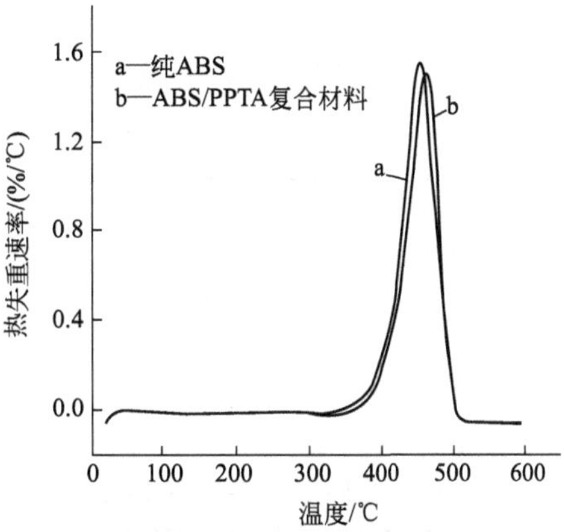

图 5-46　纯 ABS 及 ABS/PPTA 复合材料的 DTG 曲线

二、丙烯酸-丁二烯-苯乙烯共聚物功能料

（一）无卤阻燃 PC/ABS 合金

1. 配方[53]

单位：质量份

原材料	用量	原材料	用量
PC	70	磷酸三苯酯(TPP)	3.5
ABS	30	增容剂 MPC1545R	5～10
苯乙烯-丁二烯-马来酸酐共聚物(MPC)	5.0	加工助剂	1～2
四苯基双酚 A 二磷酸酯(BDP)	10	其他助剂	适量

2. 制备方法

将 PC 在 100℃干燥 24h，将 ABS、增容剂 MPC1545R、阻燃剂 BDP，TPP 等在 80℃干燥 2h，然后按配方比例称量后，加入高速混料锅中，高速混合 3～4min，出料，将上述预混料于 245～270℃经双螺杆挤出机挤出造粒，制得相应 PC/ABS 合金，粒料烘干后经注塑机注塑标准试样。双螺杆挤出机的共混挤出温度为：一区 220℃，二～四区 230℃，五～七区 225℃，机头 230℃；螺杆转速 180r/min；注塑温度 240～260℃；注塑压力 75MPa 左右。

3. 性能

见表 5-29。

表 5-29　不同螺杆组合工艺下阻燃 PC/ABS 合金的力学及阻燃性能

螺杆组合	拉伸强度/MPa	弯曲强度/MPa	缺口冲击强度/(kJ/m^2)	UL94 阻燃等级
1	58.3	70.1	7.3	V-0
2	59.2	84.2	18.8	V-0
3	60.7	86.9	25.2	V-0

(1) 加入 MPC 1545R，能有效改善在 PC/ABS 体系的相容性，可提高 PC/ABS 合金的

力学性能。当 PC 与 ABS 的质量比为 7∶3、MPC 1545R 用量为 5 份时，PC/ABS 合金的综合力学性能最佳。

(2) 单一 BDP 阻燃剂及 BDP 与 TPP 复配阻燃剂均能显著提高，PC/ABS 合金的阻燃性能，BDP 与 TPP 复配阻燃剂比单一 BDP 阻燃剂的阻燃效果好。当 BDP 与 TPP 复配阻燃剂为 13.5 份（BDP 为 10 份，TPP 为 3.5 份）时，LOI 达到 27.9%，UL94 阻燃等级达到 V-0 级。

(3) 不同的螺杆组合对阻燃 PC/ABS 合金的力学性能有显著影响，适当地降低螺杆的剪切强度，提高螺杆的分散能力，可以获得性能及外观较好的阻燃 PC/ABS 合金。

（二）膨胀型阻燃剂改性 ABS

1. 配方[54]

单位：质量份

原材料	用量	原材料	用量
ABS	100	三聚氰胺酚醛树脂(MPR)	6～18
聚磷酸铵(APP)	13～29	加工助剂	1～2
1-氧代-4-羟甲基-2,6,7-三氧杂-1-磷杂双环[2,2,2]辛烷(PEPA)	13～39	其他助剂	适量

2. 制备方法

称取一定量的 ABS 树脂、APP、三聚氰胺酚醛树脂、PEPA，按比例在转矩流变仪中充分混合 5min，温度 200℃，转速 50r/min，在平板硫化机上 200℃热压 10min，冷压出模。

3. 性能

见图 5-47～图 5-49。

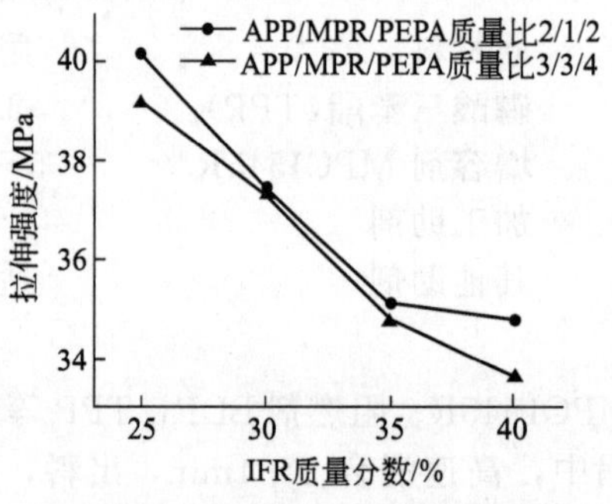

图 5-47　阻燃复合材料拉伸强度

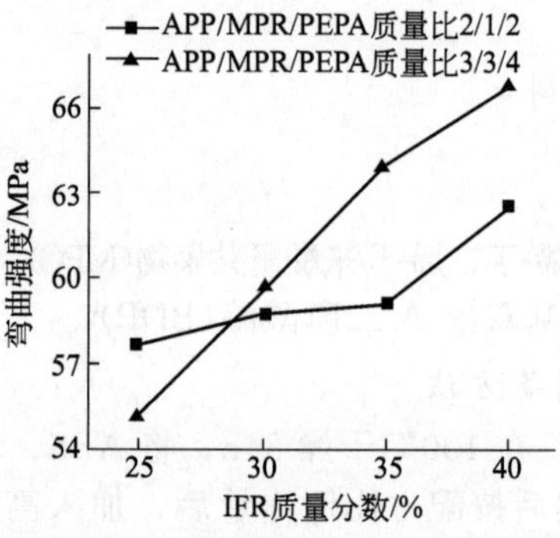

图 5-48　阻燃复合材料弯曲强度

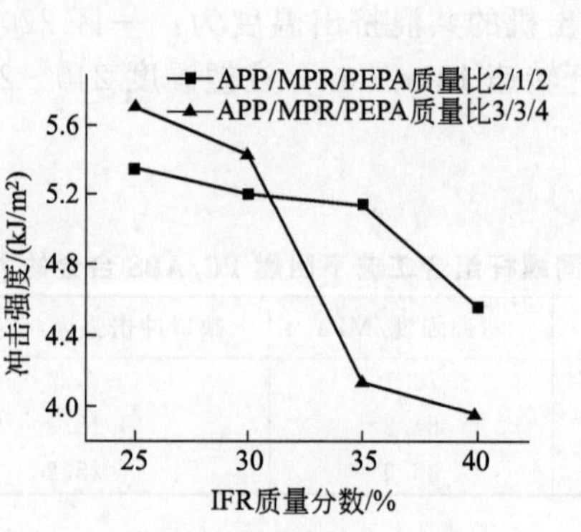

图 5-49　阻燃复合材料冲击强度

APP/MPR/PEPA 按 2/1/2 和 3/3/4 比例复配最佳，膨胀阻燃剂添加量为 30%时，阻燃复合材料燃烧等级达到 V-0，氧指数分别为 29.4%和 29%。

（三）ABS/TPU 无卤阻燃复合材料

1. 配方[55]

单位：质量份

原材料	用量	原材料	用量
ABS	100	聚硅氧烷	6.0
热塑性聚氨酯弹性体(TPU)	10～15	加工助剂	1～2
微胶囊红磷(MRP)	10	其他助剂	适量
氢氧化镁(MH)	8		

2. 制备方法

将 TPU 和 ABS 在共混前分别在 100℃和 85℃干燥 2h，按配方称取各物料，在双辊塑炼机上进行熔融共混，塑炼、拉片，双辊塑炼温度为 180～190℃。塑炼片材在平板硫化机上进行热压（200℃、15MPa）成片、冷压脱模，制得 ABS/TPU 合金板材。

将 TPU 和 ABS 在共混前分别在 100℃和 85℃干燥 2h，按配方称取各物料，在高速混合机中混合均匀，用双螺杆挤出机熔融共混挤出（螺杆温度 215～230℃）、冷却、切粒，所得粒料再在 90℃下鼓风干燥 2h 后注射成标准样条。

3. 性能

(1) 由 MH 和 MRP 构成的阻燃体系对 ABS/TPU 复合材料具有较好的协同阻燃作用，MRP 和 MH 组成的复合阻燃剂，能使复合材料极限氧指数达到 25.7%，垂直燃烧通过 FV-0 级。TPU 对阻燃体系具有协同阻燃作用，这与 MRP 阻燃机理有关。

(2) 聚硅氧烷能够与 MH/MRP 构成的阻燃体系产生良好的协同阻燃效应，显著提高 ABS/TPU 复合材料垂直燃烧性能。

(3) 热失重研究表明，燃烧时气氛条件对阻燃 ABS 成炭具有决定作用。在空气气氛中，MH 和 MRP 能明显提高 ABS/TPU 阻燃复合材料的成炭率和炭层热稳定性；聚硅氧烷在热分解过程中没有改变复合材料热分解途径。

(4) 扫描电镜观察燃烧后的炭层发现，聚硅氧烷协效阻燃机理可能是燃烧时向表面迁移、富集，增加炭层热稳定性，并改变炭层形貌生成“珊瑚礁”状炭层，提高体系阻燃性。

（四）有机蒙脱土改性无卤阻燃 PC/ABS 合金

1. 配方[56]

单位：质量份

原材料	用量	原材料	用量
PC/ABS(80/20)	100	双酚 A(二苯基磷酸酯)(BDP)	2.0
固体磷酸酯阻燃剂(FR)	15	聚四氟乙烯粉末	0.4
钠基蒙脱土(Na^+-MMT)	3.0	加工助剂	1～2
三丁基十四烷基溴化膦(TTPB)	3.0	其他助剂	适量

2. 制备方法

磷酸酯改性蒙脱土（BDP-MMT）按照相关方法制备：将 10g BDP 和 10g Na-MMT 在 80℃下用玻璃棒搅拌 20min，然后放在真空烘箱中 120℃减压干燥 24h，即得到 BDP 改性蒙脱土（BDP-MMT）。季膦盐改性蒙脱土（P-MMT）按照相关方法制备：将 5g Na-MMT 和 300mL 去离子水/乙醇溶液（体积比为 1∶1）加入到 500mL 三颈瓶中，搅拌 1h 后缓慢滴加 2.44g TTPB（1.1 倍 CEC 值），于 70℃下搅拌过夜，悬浮体系经过滤后用去离子水洗涤多次，80℃下干燥至恒重即得到季膦盐改性蒙脱土（P-MMT）。

PC和MMT在120℃鼓风干燥箱中干燥12h，ABS和FR在80℃鼓风干燥箱中干燥12h。将干燥后的原料按一定比例加入哈克转矩流变仪中熔融共混8min，转速60r/min，温度220℃。共混物经80℃，12h干燥后，采用热压法制备测试样条，模压温度200℃，压力15MPa。

3. 性能

（1）季膦盐和双酚A（二苯基磷酸酯）处理蒙脱土，可以改善蒙脱土在阻燃PC/ABS合金中的分散性。

（2）氮气氛围下，有机处理蒙脱上会促进阻燃PC/ABS合金的降解，但不影响最终残炭的含量；空气氛围下，Na-MMT和P-MMT使合金热稳定性提高，BDP-MMT明显增加最终残炭量。

（3）固体磷酸酯以及固体磷酸酯与蒙脱土的复配体系是PC/ABS合金的有效阻燃剂，当BDP-MMT复配阻燃合金时，第二个热释放峰值只有PC/ABS的66%，下降34%，同时相比PC/ABS/FR16下降了24%。

（五）硅基杂化介孔材料改性阻燃PC/ABS合金

1. 配方[57]

单位：质量份

原材料	用量	原材料	用量
PC	70	三苯基膦酸酯(TPP)	6.0
ABS	30	加工助剂	1～2
硅基介孔材料(DM)	2.0	其他助剂	适量

2. 制备方法

按照硅源（TEOS＋VTES）：P123：H_2O：HCl的物质的量之比为1：0.011：214.812：30.075进行介孔杂化材料的制备。利用DOPO和双键的加成反应对介孔杂化材料进行接枝改性，得到DOPO接枝杂化介孔材料（DM）。

将不同配比的PC，ABS，TPP和DM在210℃，40r/min条件下熔融共混7min。所得熔融共混物用平板硫化机于195℃/18MPa下热压制备成型为3mm厚样板，用于进一步测试和表征。

3. 性能

DM和TPP复配可明显提高PC/ABS的热稳定性，有效抑制PC/ABS复合材料在高温下的分解，是一种制备无卤阻燃PC/ABS复合材料的方法。PC/ABS＋TPP＋DM体系在总添加量减少的情况下依然能够达到UL 94 V-0的阻燃级别，TGA测试显示该体系的高温残炭量高，锥形量热仪测试数据显示该体系在HRR和总热释放量上均大幅度下降，残炭SEM结果显示其结构更加致密；有利于阻燃性能的提升。

（六）填充型导电PC/ABS复合材料

1. 配方[58]

单位：质量份

原材料	用量	原材料	用量
PC/ABS	100	偶联剂	1.0
镀镍碳纤维(NiCF)	30	加工助剂	1～2
镀镍石墨粉(500目)	15	其他助剂	适量

2. 制备方法

采用单螺杆挤出机和共挤包覆机头，制备NiCF和石墨粉质量分别为30份、15份的

PC/ABS 复合材料线材，并同步裁切成 10mm 左右的复合材料颗粒。通过改变注塑机螺杆转速、注塑压力及保压压力工艺参数，注射成型得到不同的复合材料测试样条。

3. 性能

(1) 在现有实验条件下注塑时，螺杆转速过低或过高都不利于导电网络的形成。螺杆转速在 60～140r/min 范围内时，材料的体积电阻率总体呈下降趋势，螺杆转速超过 140r/min 后，材料的体积电阻率随着转速的增加呈上升趋势，即复合材料的导电性变差。

(2) 注塑压力低于 85MPa 时，注塑压力越大，材料导电性能越好；注塑压力高于 85MPa 时，注塑压力越大，复合材料的导电性能越差。

(3) 保压压力低于 64MPa 时，随着保压压力的增加，复合材料中越易形成导电通路，导电网络更完善，复合材料的导电性能越好；保压压力超过 64MPa 后，保压压力对材料的导电性几乎没有影响。

（七）ABS/PETG 共混导电材料

1. 配方[59]

单位：质量份

原材料	配方 1	配方 2	配方 3
ABS/PETG(GN071)	100	100	100
炭黑(Printer. XE2-B)	20	10	15
石墨(2.8～4.8μm)	—	4.0	—
镍粉	—	—	5.0
偶联剂	1.0	1.0	1.0
加工助剂	1～2	1～2	1～2
其他助剂	适量	适量	适量

2. 制备方法

用电子天平称取相应质量的 ABS、PETG（聚对苯二甲酸乙二醇-1,4-环己烷二甲醇酯）、炭黑、石墨、镍粉，然后放入密炼机中进行熔融共混，温度设定在 240℃，共混 10min，然后取出样品，待其冷却后倒入塑料破碎机中粉碎，将粉粒铺满模具放入平板硫化机中预热 3min，温度升至 240℃之后加压 15MPa，保压 15min，取出样品。

3. 性能

见表 5-30～表 5-32。

表 5-30　ABS/PETG 复合材料的各种物理性能

炭黑/%	接触角/(°)	维卡软化温度/℃	电导率/(S/m)	玻璃化温度/℃
0	73	97.5	—	52.9
10	88.5	107.3	14.2	97.9
15	93.5	112.4	44.2	92.1
20	99.5	121.7	123	96.1

表 5-31　石墨含量对 ABS/PETG/炭黑复合材料的物理性能的影响

石墨/%	接触角/(°)	维卡软化温度/℃	电导率/(S/m)	玻璃化温度/℃
0	88.5	107.3	14.2	97.9
2	94	105.3	24.7	92.0
4	103	107.0	31.0	92.7

表 5-32 镍粉含量对 ABS/PETG/炭黑复合材料性能的影响

导电材料的成分	接触角/(°)	维卡软化温度/℃	电导率/(S/m)	玻璃化温度/℃
15%炭黑	93.5	112.4	44.2	92.1
20%炭黑	99.5	121.7	122.7	92.0
15%炭黑+5%镍	88.5	149.4	41.9	68.8
15%炭黑+10%镍	84	113.0	73.3	89.1
20%炭黑+10%镍	91	123.1	147.3	88.9

(八)碳纳米管改性 ABS 抗静电复合材料

1. 配方[60]

单位：质量份

原材料	配方 1	配方 2
ABS	100	100
浓硝酸处理碳纳米管(o-MWCNTs)	1.0	—
掺杂苯胺修饰 o-MWCNTs (PANI-MNCNTs)	—	1.0
分散剂	1.0	1.0
加工助剂	1~2	1~2
其他助剂	适量	适量

2. 制备方法

由于 MWCNTs 尺寸非常小，比表面能比较高，易团聚，为了提高 MWCNTs 的分散性，用强氧化性酸对其处理是一个较有效的方法。利用这一点，先将 MWCNTs 进行硝酸氧化，再将其分散到微乳液中对其进行高分子接枝。

(1) 浓硝酸处理 MWCNTs　将原始 MWCNTs (p-MWCNTs) 和 20mL 浓硝酸加入到单口烧瓶中，超声分散 30min 后，于 110℃回流 1h，抽滤干燥，得到羧基化 MWCNTs (o-MWCNTs)。

(2) 掺杂 PANI 修饰 o-MWCNTs　将 o-MWCNTs 分散在 20g 二甲苯中；然后，再加入 60mL 的去离子水和 2g 对甲苯磺酸，形成微乳液；在冰浴条件下加入苯胺单体；最后，再滴入 40mL 过硫酸铵溶液，反应 10h，洗涤烘干得到掺杂 PANI 接枝的 MWCNTs (PANI-MWCNTs)。

(3) ABS 抗静电复合材料的制备　按照配比制备一系列 ABS/填料抗静电复合材料样品。具体方法如下：将填料、ABS 按照配比在高速混合机高速混合 10min，再将混合物加入到哈克密炼机中，于 190℃下以 60r/min 混合 15min，取出后压片成型。

3. 性能

采用微乳液聚合法将 PANI 接枝到 o-MWCNTs 表面，并通过熔融共混法将其分散到 ABS 基体中，制得体积电阻率为 $10^6\Omega \cdot cm$ 的 ABS/MWCNTs 复合材料。PANI 在 MWCNTs 表面的包覆，在一定程度上缓解了 MWCNTs 在 ABS 基体中的团聚，同时，使得复合材料导电网络的形成方式增多，提高了 ABS 的抗静电性能。

(九)纳米抗菌剂改性 ABS 复合材料

1. 配方[61]

单位：质量份

原材料	用量	原材料	用量
ABS	100	白油	0.5
纳米抗菌剂	8~10	丙酮	适量
偶联剂(KH-550)	1.0	加工助剂	1~2
分散剂	2.0	其他助剂	适量

2. 抗菌 ABS 纳米复合材料的制备

(1) 纳米抗菌剂的表面处理　称取一定量的纳米抗菌剂，于 100℃下烘 1h，冷却后加入三口烧瓶中，再加入质量分数为 2%的偶联剂 KH-550，用丙酮溶解烯释，然后用高剪切分散乳化机分散 30min，放入烘箱烘干，备用。

(2) 抗菌 ABS 纳米复合材料试样的制备　将经表面处理的纳米抗菌剂与 ABS 树脂按 1∶15 的质量比在高速混合机中充分混合，用双螺杆挤出机挤出造粒制得浓缩抗菌 ABS 母料。再将浓缩抗菌母料与 ABS 树脂按 1∶15 的质量比高速混合，再经挤出制得抗菌 ABS 纳米复合材料，加工成试样。

(3) 抗菌 ABS 纳米复合材料汽车板材制备　采用双螺杆挤出机挤出成型，其工艺条件见表 5-33。

表 5-33　汽车用抗菌 ABS 板材加工工艺

项目	工艺参数	项目		工艺参数
螺杆温度/℃	220～240	料筒温度/℃	前段	80～205
均化段至模头温度/℃	220		中段	170～195
模头温度/℃	228		后段	150～180
模头转速/(r/min)	60～70	机颈温度/℃		180～205
螺杆温度/℃	200～220	机头压力/MPa		2.6～6.0
螺杆转速/(r/min)	40～50	上光辊温度/℃		80～95

3. 性能

见表 5-34、表 5-35。

表 5-34　抗菌 ABS 纳米复合材料的抗菌性

项目	大肠杆菌	金黄色葡萄球菌
抗菌率/%	98.52	96.65

表 5-35　常规 ABS 和抗菌 ABS 纳米复合材料的力学性能

项目	常规 ABS	抗菌 ABS 纳米复合材料
拉伸强度/MPa	24.3	26.5
断裂伸长率/%	45.0	46.0
缺口冲击强度/(J/m)	82.2	103.9
弯曲强度/MPa	42.3	46.3

(十) 云纹抗菌色母粒改性 ABS 硬塑玩具专用料

1. 配方[62]

(1) 云纹抗菌色母粒配方

① 抗菌底色母粒

单位：% (质量分数)

原材料	用量
载体树脂(AS)	80
色粉	4.0
抗氧剂	1.0
载银抗菌剂	15
其他助剂	适量

② 云纹色母粒

单位：% (质量分数)

原材料	用量
载体树脂(PBT)	80
色粉	2.0
分散剂	8.0
调清剂	10
其他助剂	适量

(2) ABS抗菌专用料

单位：质量份

原材料	用量	原材料	用量
ABS	100	加工助剂	1～2
抗菌底色	4	其他助剂	适量
云纹色母粒	3		

2. 制备方法

(1) 抗菌底色母粒的制备　将色粉、抗氧剂、纳米载银抗菌剂和AS树脂加入高速混合器混合20～30min，然后将混合料加入双螺杆挤出机混炼挤出，经冷却烘干切粒制成所需抗菌底色母粒。

(2) 云纹色母粒的制备　将PBT树脂在110℃干燥4h后，将色粉、分散润滑剂、扩散助剂加入高速混合器混合10min，然后将混合料加入双螺杆挤出机混炼挤出，经冷却烘干切粒制成所需云纹色母粒。

(3) 抗菌ABS专用料的制备　将基体ABS硬塑树脂母粒、ABS硬塑玩具的云纹抗菌色母粒按100∶7混合挤出造粒备用；还可采用注射成型制成产品。

3. 性能

(1) 用该功能母粒制备的ABS硬塑玩具板材具有“蓝天白云”云纹效果，其抗菌率为99.1%。

(2) 通过多功能母粒制备ABS硬塑玩具，能克服粉料助剂添加工艺污染环境问题，克服单一功能母粒载体树脂和分散剂用量大、加工过程加工助剂和能量消耗高的弱点，降低生产过程的资源能源消耗，实现成型加工的绿色清洁化生产。

(十一) ABS抗菌塑料

1. 配方[63]

单位：质量份

原材料	配方1	配方2
ABS	100	100
抗菌母料-YK-3	10	—
抗菌母料-WK-11	8.0	8.0
抗菌母料-WK-B	—	0.5
偶联剂	0.1	0.1
加工助剂	1～2	1～2
其他助剂	适量	适量

2. 制备方法

按设计好的配方将聚合物基体、抗氧剂、抗菌母料、相容剂和其他助剂在混合机中混合均匀，然后用双螺杆挤出机在适宜的条件下挤出造粒、干燥；取一定量抗菌粒料，用专用模具在平板硫化机上压制成厚1.0mm、直径20mm的试片，用于抗菌性能测试。

3. 性能

见表5-36、表5-37。

表 5-36　抗菌 ABS 的组成和抗菌活性的测试结果

样品	主要助剂				定性试验结果			定量试验结果	
	抗菌母料		其他添加剂		样品-细菌的接触面状况	δ/mm	揭片并培养后的接触面状况	$t_1=6$h	$t_2=24$h
	品种	用量/%	品种	用量/%				$A(t_1)$/%	$A(t_2)$/%
ABS-0	—	—	—	—	—	0	+	−38.46	−88.46
ABS-1	YK-3	10.0	—	—	—	0	—	98.13	98.71
ABS-3	WK-11	8.0	—	—	—	0	—	99.04	98.62
ABS-5	YK-3/WK-11	10.0/8.0	偶联剂	0.1	—	0	—	99.61	99.76
ABS-6	WK-B/WK-11	2.5/8.0	偶联剂	0.1	—	0	—	99.35	99.50

表 5-37　各抗菌塑料样品对大肠埃希氏菌和金黄色葡萄球菌的抗菌活性

样品	对不同试验菌的 24h 抗菌率/%	
	ATCC 25922	ATCC 6538
ABS-1	99.99	>99.99
ABS-5	>99.99	97.63

三、丙烯腈-丁二烯-苯乙烯共聚物产品专用料

（一）ABS 管材专用料

1. 配方[64]

单位：质量份

原材料	用量	原材料	用量
ABS(PA7099)/ABS(FR)	34	色母粒	3～5
SAN 珠料(APN)	30	加工助剂	1～2
SAN 粒料(HH-C200)	6.0	其他助剂	适量
SAN 粒料(HH-C300)	30		

2. 制备方法

通过调整 ABS 的橡胶相和塑料相的比例来改善和提高材料的韧性和刚性，将 ABS 粉料 RB、RF，SAN 珠料 APN 以及 SAN 粒料 HH-C200、HH-C300 按比例进行掺混，挤压造粒，待用。

3. 性能

见表 5-38、表 5-39。

表 5-38　ϕ40mm 管材挤出成型对比

项目		ABS301	本配方+色母粒	PA709P+色母粒	本配方	PA709P
挤出机设定温度范围/℃		148～176	148～176	148～176	148～176	148～176
主机电流/A		33.5	35.9	36.0	36.5	36.5
螺杆转速/(r/min)		30.2	30.2	30.2	30.2	30.2
制品外观	外表面	光滑	光滑	光滑	光滑	光滑
	内表面	有波纹	光滑	光滑	光滑	光滑
	表面光泽	差	好	好	好	好

表 5-39 管材性能测试

试样	爆破试验		液压试验		落重冲击试验（10个试样）（2.5kg/1.5m）
	最小壁厚/mm	爆破压力/MPa	试验压力/MPa	耐压时间/h	
ABS301	2.87	4.16	3.2	＞1	8个试样全破裂
本配方＋色母粒	2.83	5.69	3.2	＞1	1个试样全破裂
PA709P＋色母粒	2.79	5.57	3.2	＞1	2个试样全破裂
本配方	2.81	5.36	3.2	＞1	无试样破裂
PA709P	2.75	5.69	3.2	＞1	1个试样全破裂

（1）采用ABS粉料RB＋RF、SAN珠料APN、SAN粒料HH-C200、HH-C300；配比制得的ABS管材专用料物理机械性能与台湾奇美PA709P相当。

（2）上述配比的ABS管材料在加工 ϕ40mm以内的管材时温度范围设定在148～176℃，易于控制，加工性能稳定。

（二）ABS消光板材专用料及其挤出成型

1. 配方[65]

单位：质量份

原材料	用量	原材料	用量
ABS(挤出级料)	80	抗氧剂	0.5
ABS回收料	20	加工助剂	1～2
消光剂	0.5～1.5	其他助剂	适量
填料	5～10		

2. 制备方法

（1）造粒工艺条件　混合造粒在混合型双螺杆挤出机中进行，最佳工艺温度（单位：℃）为：200、240、240、200，螺杆转速为60～80r/min。

（2）挤出成型工艺流程，见图5-50。

图5-50　ABS消光板材挤出生产工艺流程

3. 性能

见表5-40、表5-41。

表 5-40 ABS的光泽度

样品名称	光泽度/%	
	入射角45°	受光角60°
改性消光ABS	30.9	31.0
消光CGA1000	30.9	30.9
未消光PA747S	66.4	—

表 5-41 ABS的力学性能

测试项目 / 样品名称	拉伸强度/MPa	简支梁缺口冲击强度/(kJ/m²)	简支梁冲击强度/(kJ/m²)
改性消光ABS	24.7	19.7	115.7
消光CGA1000	25.1	16.8	106.4
未消光PA747S	41.0	28.5	131.4

（三）ABS 板材专用料

1. 配方[66]

单位：质量份

原材料	用量	原材料	用量
ABS(JZ-L/JZ-H)(36/24)	70	稳定剂硬脂酸镁	1.5
SAN(苯乙烯/丙烯腈共聚物)	20～40	润滑剂(*N*,*N*′-亚乙基双硬酯酰胺-EBS)	2.0
改性剂 1(丁二烯/丙烯腈共聚物)	1～2	加工助剂	1～2
改性剂 2(丙烯酸酯类)	1～1.5	其他助剂	适量
抗氧剂 1010/168	1.0		

2. 制备方法

按配方将高胶 ABS 接枝粉、SAN 和其他助剂加入高速混合机中掺混，在双螺杆挤出机中挤出造粒。控制温度（单位:℃）分别为 175、185、195、205、215。挤出板材工艺参数见表 5-42。

表 5-42　ABS 板材挤出成型工艺参数

工艺	数据	工艺	数据
螺杆转速/(r/min)	90～142	排气段温度/℃	200～250
网前熔体压力/MPa	≤25.5	第二压缩段温度/℃	220～235
真空度/MPa	≤−0.097	第二计量段/℃	220～235
送料段/℃	175～220	换网区温度/℃	200～245
第一压缩段温度/℃	190～225	合器区温度/℃	200～245
第一计量段温度/℃	200～230	模头区温度/℃	200～268

板材冷却定型工艺参数为，三辊及牵引线速 1～4m/min；三辊中，上辊温度 80～118℃，中辊温度 95～120℃，下辊温度 75～90℃。

3. 性能

(1) SAN 混合使用提高了 ABS 的综合性能。适当的改性剂能提高填料与树脂基体之间相容性，提高材料缺口冲击强度和断裂伸长率，改性剂质量分数控制在 1.0%～1.5%较好。

(2) 为保证在 ABS 加工窗口时板材有较好的外观质量，通过添加复合润滑剂，控制 ABS 专用料的 MFR 在 0.7～1.5g/10min 为好。

(3) 开发的 E-2002S ABS 板材专用料主要性能指标与商品专用料相当，制得冰箱内胆厚薄均匀，尺寸稳定。

（四）SAN/ABS 板材专用料

1. 配方[67]

单位：质量份

原材料	用量	原材料	用量
ABS(板材级)(奇美 PA747S)	36.5	分子量调节剂	0.5
ABS 接枝粉料	40～50	溶剂	适量
SAN 粒料	63.5	其他助剂	适量
过氧化二异丙苯(DCP)引发剂	1.0		

2. 制备方法

(1) 小试与中试试验装置流程，见图 5-51。

(2) 工艺条件优化　为了保证特种 SAN 的产品质量，降低危险性，将加料系数由 110 下调至 90，使液位降低 10%，反应温度由 150℃下调至 140℃，反应压力下调 0.05MPa。

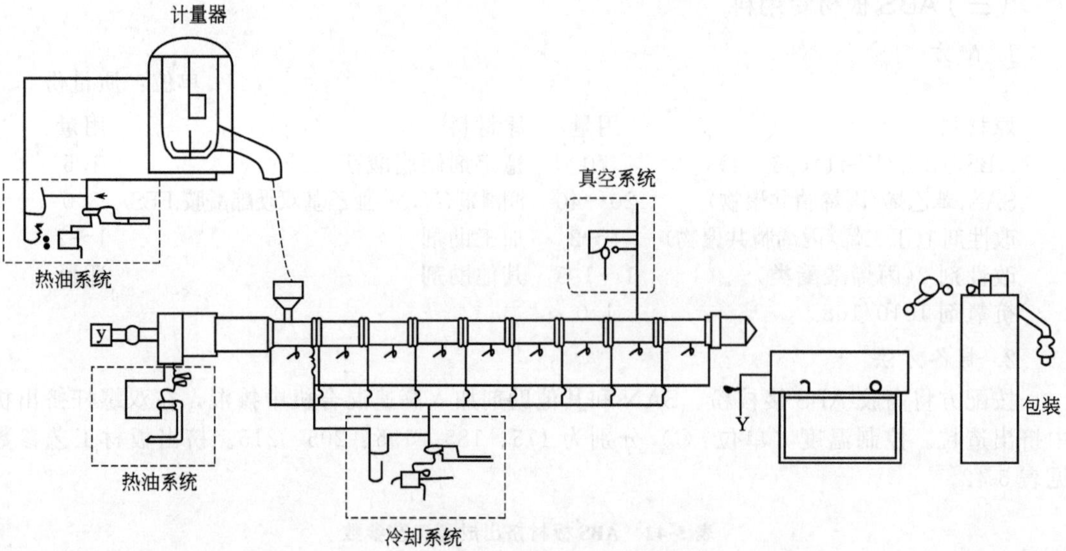

图 5-51 板材级 ABS 树脂试验流程

3. 性能

见表 5-43。

表 5-43 板材级 ABS 树脂产业化产品性能

批次	拉伸强度/MPa	弯曲强度/MPa	弯曲模量/MPa	冲击强度/(J/m)	热变形温度/℃	MFR/(g/10min)	洛氏硬度
052	46.5	72.8	2364	360	93	7.4	103
奇美 PA747S	45.7	76.2	2193	383	94	7.2	105

(1) 板材级 ABS 树脂与通用级 ABS 树脂由于加工方式不同性能差异较大，最主要的差异是加工流动性能，板材料要求 MFR 较低，通常在 6～8g/10min 左右。

(2) 特种 SAN 的合成不仅需要引入引发剂，改变加料配比以及工艺条件，同时也降低了装置生产能力，增加反应系统清洗难度。

(3) 特种 SAN 与 SAN-T 具有协同效应，ABS 粉料含量为 40%时，在特种 SAN 与 SAN-T 比例大于 50%后，板材级 ABS 树脂力学性能增加明显。

(五) ABS 家电专用耐候白色母料

1. 配方[68]

单位：质量份

原材料	用量	原材料	用量
ABS-载体树脂	100	调白颜料	0.01
钛白粉	30	加工助剂	1～2
光稳定剂	30	其他助剂	适量
抗氧剂	5.0		

2. 制备方法

(1) 色母制备　将颜料、助剂、载体树脂于高速混合器中混合 2～5min，混合料经双螺杆挤出机挤出、冷却、干燥、切粒制得色母粒。挤出温度为 150～210℃。

(2) 冲击样条和色板制备　将色母粒和 ABS 树脂混合均匀并在 80℃下干燥 3h。干燥后的混合料直接加入注塑机中注塑冲击样条和色板。注射温度为190～210℃。

3. 性能

从表5-44可看出，该色母分散优良，168h老化色差为5.6，且对被着色树脂的力学性能影响很小，能够满足高档家电对ABS要求。

表5-44 ABS耐候色母的检测结果

项目	QB/T 2894—2007要求	检测结果
外观	颜色均一、无杂质、异色	颗粒大小均一，无杂质、异色，两连粒颗粒
分散性	无色流、色纹、色斑，>0.6mm黑点0个；0.3～0.6mm黑点≤1个；<0.3mm黑点≤6个	无色流、色纹、色斑、黑点
冲击强度保留率/%	≥88	96
拉伸强度保留率/%	≥90	99
弯曲强度保留率/%		98
色差变化		5.6
含水率/%	<0.5	0.2
RoHS要求		六元素均未检出

（六）高光、耐划伤、免喷涂家电专用料

1. 配方[69]

单位：质量份

原材料	配方1	配方2	配方3
ABS	100	—	—
ABS/PC(70/30)	—	100	—
ABS/PMMA(70/30)	—	—	100
苯乙烯-丙烯腈共聚(SAN)	30	30	30
亚乙基双硬脂酰胺(EBS)	1.0	1.0	1.0
光亮润滑剂(TAF)	0.5	0.5	0.5
聚硅氧烷粉	2.0	2.0	2.0
抗氧剂(B225)	0.3	0.3	0.3
加工助剂	1～2	1～2	1～2
其他助剂	适量	适量	适量

2. 制备方法

将ABS、PMMA在80℃下干燥4h，PC在110℃下干燥4h，然后在ABS基体中分别添加30%（均为质量分数）的树脂及0.3%抗氧剂，预混后共混造粒，挤出温度为200～230℃，螺杆转速为350r/min。粒料在90℃干燥2～3h后用注塑机制样，注塑温度为200～240℃。试样成型后在(23±2)℃、(50±5)%湿度环境中调节24h，用于性能测试。为方便分析，将纯ABS、ABS/PC、ABS/PMMA三个实验组依次编号为1#，2#，3#。在具有最佳综合性能的实验组中分别加入0.5%的不同润滑剂，加工方法与上同。

3. 性能

见表5-45、表5-46。

表5-45 不同树脂对ABS力学性能影响

实验组	缺口冲击强度/(kJ/m^2)	弯曲强度/MPa	拉伸强度/MPa	断裂伸长率/%
1#(纯ABS)	19.2	75.6	43.6	28.8
2#(ABS/PC70/30)	2.0	75.7	46.4	3.2
3#(ABS/PMMA70/30)	17.2	77.5	49.1	28.6

表 5-46 不同树脂对 ABS 表面硬度的影响

实验组	洛氏硬度(HRR)	铅笔硬度
1#(纯 ABS)	110.5	H
2#(ABS/PC70/30)	111.6	H
3#(ABS/PMMA70/30)	113.6	2H

(1) 三种树脂均使 ABS 的韧性降低，刚度提高。其中添加 SAN 使刚度提高最显著，同时保持较好的冲击韧性。

(2) 添加 SAN 比 PMMA 更有利于提高 ABS 的光泽度，且能达到类似的表面硬度。

(3) 添加 30 份的 SAN 及 0.5 份的 TAF 使得 ABS 具有最佳的表面光泽度，同时具有良好的表面硬度及耐划伤性能。

(七) ABS/PMMA 高光家电专用料

1. 配方[70]

单位：质量份

原材料	配方 1	配方 2	配方 3	配方 4
ABS/PMMA	100	100	100	100
MoS_2	1～5	—	—	—
聚硅氧烷粉	—	1～5	—	—
PTFE	—	—	1～5	—
六钛酸钾	—	—	—	1～5
加工助剂	适量	适量	适量	适量
其他助剂	适量	适量	适量	适量

2. 制备方法

按配方精确称量，将物料投入高速混合机中在一定的温度下将其混合均匀，再用双螺杆挤出机挤出造粒，待用。

3. 性能

见表 5-47、表 5-48。

表 5-47 不同耐磨添加剂对 ABS/PMMA 合金耐磨性的影响

试样	耐磨添加剂	磨损质量/mg
空白试样	—	37.7
样品 1	MoS_2	37.0
样品 2	聚硅氧烷粉	35.4
样品 3	PTFE	31.6
样品 4	六钛酸钾	33.2

注：摩擦时间为 15min。

表 5-48 不同添加剂对材料力学和光学性能影响

性能 \ 试样	MoS_2	聚硅氧烷粉	PTFE	六钛酸钾
拉伸强度/MPa	43.77	44.58	44.22	42.84
冲击强度/MPa	10.37	11.52	13.02	7.19
表面光泽度/%	56.55	73.60	69.85	57.95

六钛酸钾、MoS_2、聚硅氧烷粉、PTFE 这 4 种耐磨添加剂能明显增加 ABS/PMMA 合金的耐磨性，聚硅氧烷粉有助于提高表面光亮度，PTFE 的耐磨改性效果最为明显，原因是 PTFE 具有较强的自润滑性，在摩擦时会形成转移膜。

（八）ABS 微孔发泡材料

1. 配方[71]

单位：质量份

原材料	用量	原材料	用量
ABS	100	氧化锌	0.2
偶氮二甲酰胺(AC)	2.0	加工助剂	适量
过氧化二异丙苯(DCP)	0.15	其他助剂	适量

2. 制备方法

制备 ABS 微孔发泡材料的实验流程如图 5-52 所示。

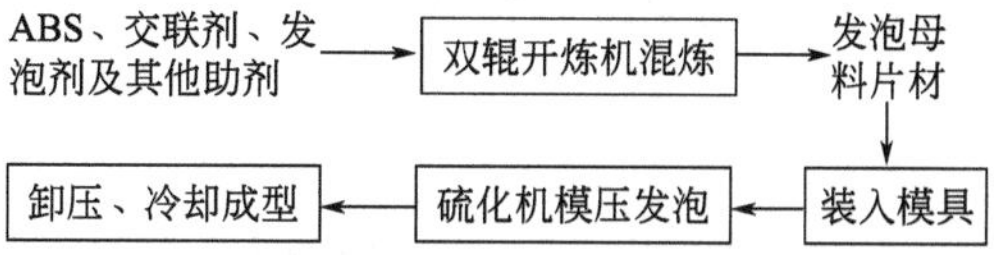

图 5-52 制备 ABS 微孔发泡材料的实验流程

根据实验配方设计称取一定量 ABS 树脂、发泡剂 AC、交联剂 DCP 和其他加工助剂，在 155℃的双辊开炼机上混炼均匀，制备出 ABS 发泡母料片材。然后放入自制的模具中，在恒温的模压机模腔中预热一段时间后施加所需的压力，待达到预定的饱和发泡时间后快速卸压、冷却成型，制得 ABS 微孔发泡材料。

3. 性能

见表 5-49。

表 5-49 ABS 微孔发泡材料与纯 ABS 的性能比较

材料	密度 /(g/cm^3)	冲击强度 /(kJ/m^2)	拉伸强度 /MPa	比强度 /(N/tex)
纯 ABS	1.05	28.7	38.4	36.6
ABS 微孔发泡材料	0.53	20.8	23.6	44.7

由表可知，ABS 微孔发泡材料的密度为 0.53g/cm^3，相比发泡之前下降了 50%左右；而孔发泡材料的冲击强度为 20.8kJ/m^2，与纯 ABS 相比下降 7.9kJ/m^2。

制品发泡效果佳，平均泡孔尺寸为 24μm，泡孔密度为 1.31×10^8 个/cm^3，且泡孔细密、均匀，制品具有较好的综合性能。

第三节 聚甲基丙烯酸甲酯

一、改性聚丙烯酸甲酯复合材料

（一）纳米蒙脱土填充改性聚甲基丙烯酸甲酯复合材料

1. 配方[72]

单位：质量份

原材料	用量	原材料	用量
甲基丙烯酸甲酯(PMMA)单体	100	加工助剂	1～2
蒙脱土(MMT)	3～5	溶剂	适量
十二烷基硫酸钠乳化剂	5～10	蒸馏水	适量
过硫酸铵引发剂	0.5	其他助剂	适量

2. 制备方法

在 500mL 三口瓶中加入 MMT 和蒸馏水，于 70℃下剧烈搅拌 1h，使蒙脱土完全分散并膨胀。加入乳化剂十二烷基硫酸钠，继续搅拌 1h。加入聚甲基丙烯酸甲酯单体（MMA），搅拌 0.5h。然后升温到 86℃，慢慢滴加引发剂过硫酸铵溶液，继续搅拌 8h，降温。用丙酮抽提、乙醇沉淀，洗涤，过滤，真空干燥。

3. 性能

聚甲基丙烯酸甲酯（PMMA）透光率很高，能透过普通光线的 90%～92%，紫外线 73%～76%（普通无机玻璃只能透过 0.6%）；除醇、烷烃之外，可溶于其他许多有机溶剂；介电性能和力学性能良好，耐冲击，不易破碎，在低温下冲击强度变化很小。

（二）纳米钠基蒙脱土改性 PMMA 复合材料

1. 配方[73]

单位：质量份

原材料	用量	原材料	用量
MMA	100	甲醇	适量
钠基蒙脱土	1～5	加工助剂	1～2
溴化烯丙基三乙基铵	2～6	其他助剂	适量
过硫酸钾(KPS)	1.0		

2. PMMA/MMT 纳米复合材料的制备

将一定量的有机改性蒙脱土水分散液加入到 150mL 四口烧瓶中，将其置于 70℃恒温水浴中搅拌，通入氮气 30min 后，加入 MMA 单体，搅拌 15min 后，加入 KPS 水溶液引发聚合，反应 6h。反应结束后向乳液中加入甲醇破乳，静置 20min 后抽滤，60℃恒温真空干燥 24h，将烘干的样品研磨即得目标产物 PMMA/MMT 纳米复合材料。制备流程见图 5-53。

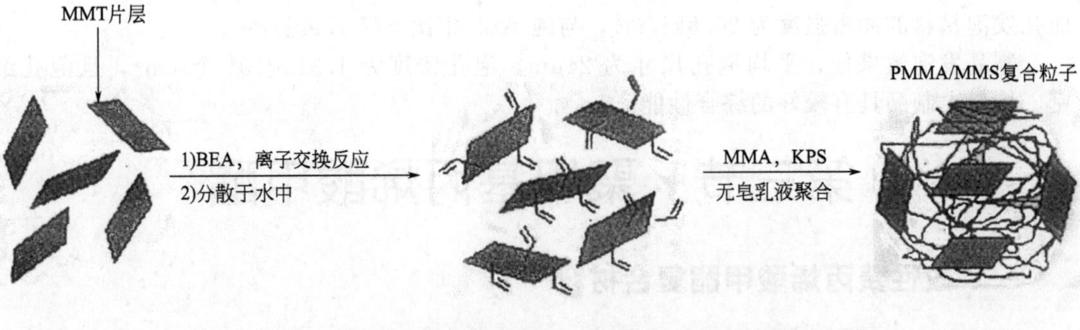

图 5-53　无皂乳液聚合法制备 PMMA/MMT 纳米复合材料的示意图

3. 性能

溴化烯丙基三乙基铵成功插层到蒙脱土层间，层间距由 1.32nm 增大到 1.44nm；FTIR 和 XRD 测试结果表明不同蒙脱土含量的 PMMA/MMT 纳米复合材料均具有剥离型结构；SEM 测试结果表明 PMMA/MMT 纳米复合粒子的粒径随蒙脱土含量的增加而减小。

（三）凹凸棒黏土填充改性 PMMA 复合材料

1. 配方[74]

单位：质量份

原材料	用量	原材料	用量
PMMA	100	偶联剂(KH-570)	0.5
凹凸棒黏土	1.5	加工助剂	1～2
偶氮二异丁腈(AIBN)	2.0	其他助剂	适量
十六烷基三甲基溴化铵	5～6		

2. 制备方法

(1) 凹凸棒黏土的改性　凹凸棒黏土于 300℃煅烧 4h，在 250mL 圆底烧瓶中加入 10g 煅烧后的凹凸棒黏土，50mL 去离子水及 50mL 正丁醇，搅拌，制得 ATP 悬浮液。将悬浮液置于 85℃的水浴锅中，边搅拌，边加入质量分数（相对于凹凸棒黏土质量，下同）为 3％的十六烷基三甲基溴化铵，维持反应温度，搅拌反应 2h（步骤①），再加入 20％经醋酸酸化一段时间的 KH-570，继续在 85℃下搅拌反应 3h（步骤②）。反应结束后，抽滤，分别用去离子水与无水乙醇各洗涤 3 次，干燥、研磨（步骤③）。

(2) PMMA/凹凸棒黏土复合材料的制备　取 2 块玻璃板，洗净、烘干，在每块玻璃的表面涂一层硅油作为脱模剂，取同样厚度的 3 块玻璃条，固定在玻璃板上，内侧也涂上硅油，制成模具。

向 100mL 的三口烧瓶中，加入一定量的改性凹凸棒黏土，55mL 的甲基丙烯酸甲酯(精制)，超声振荡 5h。加入一定量的偶氮二异丁腈作为引发剂，在机械搅拌下于 75℃水浴中反应，当溶液的黏度略大于甘油的黏度时，停止反应，迅速冷却至室温。将冷却后的反应液灌入模具中。将模具放入烘箱中，于 45℃下恒温反应 20h，再于 100℃恒温反应 3h，取出，冷却至室温。

3. 性能

凹凸棒黏土因其独特的一维棒状结构，将其添加到高聚物，可以在一定程度上起到补强、增韧作用，提高高聚物的耐热性及使用周期。其次，凹凸棒黏土具有较弱的棒晶间相互作用，使其在聚合物的增强改性上具有独特的优势和吸引力，是制备高性能聚合物复合材料的理想增强体，常用作高分子材料的补强剂。由于凹凸棒黏土表面呈负电性，会吸附一定量的金属离子，致使其表面覆盖有一层水膜，与高聚物的相容性较差。这限制了凹凸棒黏土在某些领域中的应用，所以在使用前必须对凹凸棒黏土进行修饰。凹凸棒石经过有机改性处理，其表面由完全亲水性变为适度亲油性，具备无机和有机的双重性质，从而可拓展应用范围。

（四）含铕水滑石填充改性 PMMA 复合材料

1. 配方[75]

单位：质量份

原材料	用量	原材料	用量
MMA 单体	100	硬脂酸钠	0.5
镁铝水滑石	10	过硫酸钾	0.4
Eu_2O_3	2～3	加工助剂	1～2
$MgCl_2$	0.5	其他助剂	适量
噻吩甲酰三氟丙酮(HTTA)	0.4		

2. 制备方法

配制计量的偏铝酸钠水溶液（A）；配制计量的 $MgCl_2$ 水溶液（B）；将少量 Eu_2O_3 用

稀盐酸溶解加入到 $MgCl_2$ 水溶液中为溶液（C）；配制计量的硬脂酸钠水溶液（D）。称取噻吩甲酰三氟丙酮 0.038g、2,2-联吡啶 0.0089g、过硫酸钾 0.043g。

强烈搅拌溶液（D）下，加入计量预处理过的甲基丙烯酸甲酯单体，搅拌均匀，加入噻吩甲酰三氟丙酮（HTTA）和 2,2-联吡啶（2,2-biby）后，同时滴入（A）和（C）溶液，用 NaOH 水溶液调节反应液至 pH 值＝10，再加入过硫酸钾（KPS），于 50℃下陈化 12h。得固体样品，磨碎后用蒸馏水反复洗至 pH 值为 7 后，1∶1 乙醇浸泡 1～2min，再用蒸馏水洗一次，放入烘箱中 80℃烘干。取出少量，用甲苯溶解，制膜，制得荧光性聚甲基丙烯酸甲酯/水滑石纳米复合薄膜（Eu-HTLc/PMMA）（其中 Eu-HTLc 的掺杂浓度约为 2.2%，质量分数）。

再配制上述的（A）、（B）、（C）、（D）溶液，称取噻吩甲酰三氟丙酮 0.038g、2,2-联吡啶 0.0089g、过硫酸钾 0.043g。强烈搅拌溶液（D）下，加入噻吩甲酰三氟丙酮（HTTA）和 2,2-联吡啶（2,2-biby）后，同时滴入（A）和（C）溶液，用 NaOH 水溶液调节反应液至 pH 值＝10，于 80℃下陈化 12h。得固体样品，磨碎后用蒸馏水反复洗至 pH 值为 7 后，1∶1 乙醇浸泡 1～2min，再用蒸馏水洗 1 次，放入烘箱中 100℃烘干，制得用于比较的红光类水滑石（Eu-HTLc）。

另配制上述的（A）、（B）溶液，以少量蒸馏水为溶液（D），在持续的激烈搅拌溶液（D）下，同时将溶液（A）和（B）逐滴加入（D）溶液中，重复以上步骤，制得用于比较的镁铝水滑石粉末样品（MgAl-LDHs）。

3. 性能

红光类水滑石片层已充分剥离分散于 PMMA 基质中，在 365nm 紫外光激发下，产生高亮度、高色纯度的红光发射，并且相较于 PMMA 具有更高的热稳定性。有效改善了红光材料中有机-无机杂化时分散不均的问题，提高了热稳定性，该材料具有稀土配合物优异的发光性能，同时兼具无机物的刚性和有机高分子良好的可加工性，这为拓展稀土发光材料的应用范围提供了有效途径，有望用于制备色纯度好的质优价廉的新型红光发射器件。

（五）纳米 Al_2O_3 填充改性 PMMA 复合材料

1. 配方[76]

单位：质量份

原材料	用量	原材料	用量
MMA 单体	100	无水乙醇	适量
Al_2O_3(30nm)	0.3～2.0	加工助剂	1～2
偶联剂 KH-570	0.3～2.0	其他助剂	适量
AIBN	5.0		

2. 制备方法

（1）Al_2O_3 纳米粒子的表面改性　取 100mL 无水乙醇，3g KH-570 和 3g Al_2O_3 纳米粉一并加入 250mL 的三口烧瓶中，在超声波清洗器中搅拌超声分散 15min，然后在 80℃水浴中加热回流 3h。反应结束后离心并将沉淀用无水乙醇和蒸馏水分别洗涤 3 次，真空干燥，最后用研钵将其研细备用。

（2）PMMA/Al_2O_3 纳米复合材料的制备　在 250mL 的三口烧瓶中加入 30mLMMA，然后加入定量改性后的纳米 Al_2O_3，超声振荡分散 30min 后加入 AIBN，于 75℃水浴中搅拌进行预聚合。观察反应物，当其开始变黏稠时，迅速倒入 50mL 试管中，在 50℃的水浴中继续聚合 20h，最后将温度升高到 100℃，反应 3h。冷却，脱模，即得 PMMA/Al_2O_3 纳米复合材料。

3. 性能

加入纳米 Al_2O_3 可使复合材料具有抗紫外线性能，且其抗紫外线性能随着 Al_2O_3 纳米粒子质量分数的增加逐渐增强；加入 Al_2O_3 纳米粒子可提高复合材料的热稳定性能以及耐溶剂性能，且这些性能均随 Al_2O_3 纳米粒子质量分数的增加而增强。

（六）绢云母填充改性 PMMA 复合材料

1. 配方[77]

单位：质量份

原材料	用量	原材料	用量
甲基丙烯酸甲酯单体(MMA)	10～20	乙烯基三乙氧基硅烷	
绢云母(1250 目)	100	偶联剂(VTEOS)	5～10
盐酸(HCl)	0.01～0.03	乙醇(EtOH)	3～6
过硫酸钾($K_2S_2O_8$)	0.1	加工助剂	1～2
十二烷基苯磺酸钠(SDBS)	0.1～0.2	其他助剂	适量

2. 制备方法

在 500mL 三口烧瓶中加入 300mL 水，搅拌下按配比加入绢云母、盐酸，滴加计量的 EtOH 和 VTEOS，于室温下反应 2h，得 VTEOS 改性绢云母（VMS）浆料。在上述浆料中，加入计量的 SDBS 和 $K_2S_2O_8$，升温至 80℃，滴液漏斗滴加有机单体，维持该温度继续反应 10h，反应完毕后加入硫酸铝水溶液破乳，真空过滤，蒸馏水反复洗涤样品，置真空干燥箱 80℃干燥至恒重。

3. 性能

(1) 经表面改性绢云母再乳液聚合接枝 MMA 单体制备的绢云母/PMMA 复合材料具有以绢云母为核、PMMA 为壳的片状核壳结构；其中部分 PMMA 与绢云母之间形成了经偶联剂连接的化学键键合。

(2) PMMA 的聚合和接枝反应仅在绢云母表层进行，未改变绢云母固有的结晶结构。

(3) 随 VTEOS 和 PMMA 用量增加，核壳材料的分散度逐渐提高。

（七）纳米 SiO_2 填充改性 PMMA 复合材料

1. 配方[78]

单位：质量份

原材料	用量	原材料	用量
甲基丙烯酸甲酯(PMMA)	100	甲苯	适量
纳米 SiO_2(20nm)	5～10	加工助剂	1～2
偶氮二异丁腈(AIBN)	5～6	其他助剂	适量
偶联剂	1.0		

2. 制备方法

(1) KH-570 改性纳米 SiO_2　将 10.0g 纳米 SiO_2 加入 300mL 甲苯中，超声分散 30min，得到透明浆液。加入 20g 硅烷偶联剂，0℃超声分散 2min，迅速转移到装有回流冷凝管、电动搅拌的 500mL 三颈瓶中。70℃油浴中搅拌反应 6h 后，反应液离心分离。为完全脱除 SiO_2 表面物理吸附的硅烷偶联剂，改性纳米 SiO_2 以甲苯为溶剂超声分散——离心分离 6 次。KH-570 改性纳米 SiO_2 于 20℃真空烘箱中干燥 24h。

(2) 聚甲基丙烯酸甲酯/SiO_2 纳米复合物的制备　称取 MMA、甲苯、KH-570 改性 SiO_2 于烧杯中，0℃超声分散均匀。加入 AIBN，0℃超声分散 1min。之后，迅速转移到装有球形冷凝管、电动搅拌的 250mL 四口瓶中，0℃通氩气 2h。将反应瓶置于 70℃水浴中反应。每隔一定反应时间，取样，部分溶液转移到称量瓶，滴入 0.5%对苯二酚四氢呋喃溶液，放入 110℃真空烘箱，除去溶剂和未反应的单体，称重法测定转化率，所得固体即为 PMMA/SiO_2 纳米复合物。部分溶液离心分离，白色固体以甲苯为溶剂超声分散——离心分离，直至浓缩上层清液以甲醇反滴定时没有白色沉淀生成为止。白色固体室温真空干燥，即得 SiO_2 接枝 PMMA 粒子。

3. 性能

原位自由基聚合是制备 PMMA/SiO_2 纳米复合物的有效方法。聚合体系黏度是影响纳米 SiO_2 表面 PMMA 接枝率的关键因素。SiO_2 用量对纳米 SiO_2 表面接枝聚合 MMA 没有影响。MMA 浓度为 6mol/L，AIBN 浓度为 0.05～0.1mmol/L 时，SiO_2 表面 PMMA 接枝率可达到 94%。

（八）纳米 TiO_2/PMMA 复合材料

1. 配方[79]

单位：质量份

原材料	用量	原材料	用量
甲基丙烯酸甲酯单体(MMA)	100	无水乙醇/丙酮(1/3)	适量
TiO_2(纳米级)	1～3	冰乙酸	1～3
碳酸镁	0.5～1.5	加工助剂	1～2
钛酸丁酯	0.2	其他助剂	适量
过氧化苯甲酰(BPO)	1～2		

2. 制备方法

在三口瓶中加入一定量的蒸馏水和碳酸镁，升温搅拌使碳酸镁溶解，将溶有引发剂的 MMA 缓慢加入其中，水浴保持一定温度并搅拌反应一段时间后制得了 PMMA，将其进行酸洗除去杂质，然后烘干。通过对加入引发剂量、反应时间、反应温度进行控制，可制备出不同摩尔质量的 PMMA，并使用黏度法对其摩尔质量进行测定。分别得到了摩尔质量（单位：g/mol）为 37.3×10^4、64.5×10^4、94.7×10^4 的 PMMA。

室温下将 10mL 钛酸丁酯和 1mL 冰乙酸滴加到不断搅拌的 10mL 无水乙醇中，配制成 A 溶液；另将 2mL 蒸馏水，0.3mL 浓盐酸加入另外 10mL 无水乙醇中，搅拌均匀形成 B 液。将 B 液缓慢滴加入 A 中均匀搅拌后制得 TiO_2 溶胶。

取一定量的 PMMA 溶解到无水乙醇：丙酮＝1：3 的混合溶剂中，滴入一定量的 TiO_2 溶胶，搅拌均匀后超声处理 20min。在一块干净的玻璃板上滴加少许，于恒温烘箱中在 50℃下放置 24h，即得到 TiO_2/PMMA 纳米复合材料。

3. 性能

(1) 在 TiO_2 溶胶含量为 1 份，PMMA 摩尔质量较低时，可以制得溶胶网络与高分子链形成互穿结构的有机无机复合材料，且二氧化钛粒径较小，分散均匀。

(2) 纳米 TiO_2 粒子在材料中具有明显的紫外吸收作用，可以提高有机玻璃的抗紫外性能。当溶胶含量为 1 份时，材料保持了有机玻璃较高的透光性。

(3) 复合材料的热稳定性较之纯 PMMA 有所提高，随着 TiO_2 溶胶含量的增加，提高的幅度会达到一定的限度。

（九）纳米 TiO_2 改性 PMMA 多孔复合材料

1. 配方[80]

单位：质量份

原材料	用量	原材料	用量
MMA 单体	100	偶联剂	0.5
偶氮二异丁腈	1.0	加工助剂	1～2
纳米 TiO_2	1、3、5、10	其他助剂	适量

2. 制备方法

量取甲基丙烯酸甲酯 300mL，放入分液漏斗中，用 100mL 5%的 NaOH 溶液洗涤，充分摇动待完全分层后从分液漏斗下部放掉 NaOH 溶液层，重复操作 3 次，除去甲基丙烯酸甲酯中的阻聚剂对苯醌。再用蒸馏水洗涤 3 次，每次用量 100mL。从分液漏斗上部倒出甲基丙烯酸甲酯，干燥，备用。

准确称取偶氮二异丁腈 0.3g，加入到 30g 甲基丙烯酸甲酯中，然后加入一定量的自制纳米 TiO_2 粉体；先用磁力搅拌器搅拌 60min，再用超声波分散 10min，然后水浴加热至 40～50℃，在此温度下聚合 1～2h，得到黏稠的液体。然后将此黏稠液体倒入模板中，移入电热鼓风干燥箱中，升温至 65～75℃聚合，得到多孔 PMMA/TiO_2 纳米复合材料。

制备 4 种纳米 TiO_2 质量分数分别为 1%、3%、5%和 10%的直径为 55mm、高度为 30mm 圆柱体试样。

3. 性能

多孔聚甲基丙烯酸甲酯（PMMA）作为泡沫塑料的一种，因为其基体内含有大量气泡，从而具有质轻、省料、隔热、能吸收冲击载荷等特性，适合做包装、航空和汽车工业零部件、隔音材料等。纳米 TiO_2 具有良好的耐候性、耐化学腐蚀性、化学稳定性、热稳定性、光敏性、抗菌性、抗紫外线性等特点。TiO_2 纳米颗粒还具有独特的光学催化特性。制备的多孔复合材料压缩性能见表 5-50。

表 5-50　多孔 PMMA/TiO_2 纳米复合材料的压缩性能

TiO_2 用量/份	变形速率/(mm/min)	压缩弹性模量/MPa	压缩弹性模量平均值/MPa	压缩强度/MPa
1	1	5.888	6.031	7.77
	5	6.034		7.83
	10	6.171		8.37
3	1	6.658	6.861	7.83
	5	6.837		8.03
	10	7.087		8.56
5	1	7.027	7.033	7.91
	5	6.807		8.17
	10	7.264		8.62
10	1	8.141	7.871	7.94
	5	7.774		8.34
	10	7.698		8.86

表 5-50 可以看出，随着 TiO_2 含量的增加，复合材料的压缩弹性模量和压缩强度随之增大；而对于相同 TiO_2 含量的复合材料来说，随着变形速率的增大，复合材料的压缩强度也随之增大。

（十）氧化锆纤维增强 PMMA-PMA 复合材料

1. 配方[81]

单位：质量份

原材料	用量	原材料	用量
聚甲基丙烯酸甲酯(PMMA)/ 聚甲基丙烯酸酯(PMA)(70/30)	100	聚乙烯醇	0.65
		过氧化苯甲酰	1.0
ZrO_2 纤维	1.0	加工助剂	1～2
H_2O_2	适量	其他助剂	适量
十二烷基苯磺酸钠	0.6		

2. 制备方法

称取氧化锆纤维用 30%过氧化氢氧化 30～60min、干燥后备用。取适量处理过的纤维置于盛有 40mL 去离子水的三口烧瓶中，加入 0.06%（质量分数，下同）的十二烷基苯磺酸钠，待纤维分散完全，再加入 0.065%的聚乙烯醇稳定溶液。然后向溶液中滴加含有适量过氧化苯甲酰的甲基丙烯酸甲酯（MMA）和丙烯酸甲酯（MA）混合单体，在水浴温度为 80℃条件下进行悬浮聚合。反应 40min 后，将聚合物移入模具中成型、干燥、固化。

3. 性能

采用悬浮聚合法能够制备出 PMMA-PMA/$ZrO_{2(f)}$ 基复合材料。新制备的复合材料纤维分散均匀，纤维与基体界面结合良好。复合材料抗折强度为 31.2MPa，弯曲模量为 202MPa，材料的抗折强度和韧性都得到了显著提高。

（十一）纳米 Fe_3O_4 填充改性 PMMA 复合材料

1. 配方[82]

单位：质量份

原材料	用量	原材料	用量
PMMA	100	过氧化二苯甲酰	0.5～1.5
纳米 Fe_3O_4	0.1～1.0	加工助剂	1～2
油酸	1～2	其他助剂	适量

2. 制备方法

（1）Fe_3O_4 纳米粒子的制备　将一定配比的 $FeSO_4$ 和 $FeCl_3$ 溶于水后，加入三口瓶中，在搅拌下加入氨水，生成黑色沉淀；再加入油酸，升温至 90℃反应 2h。最后将产物水洗至中性，在 60℃的烘箱中干燥 6h，即得到包覆油酸的 Fe_3O_4 纳米粒子。

（2）PMMA/Fe_3O_4 纳米复合材料的制备　分别取不同量的包覆油酸的 Fe_3O_4 纳米粒子加入 MMA 单体中，搅拌并以超声波分散 0.5h，即得 MMA 基磁流体。将该磁流体加入三口瓶中，加入过氧化二苯甲酸，在 90℃搅拌聚合 0.5h，待反应物黏度开始升高后，转入试管中，再在 45℃的水浴中反应 20h，最后升温至 90℃反应 3h，即得到 PMMA/Fe_3O_4 纳米复合材料。

3. 性能

实验结果显示：复合材料的 T_g 较纯 PMMA 有所提高，且随着 Fe_3O_4 含量的增大而增高；复合材料的溶解性随着 Fe_3O_4 含量的增大逐渐变差，最后出现部分溶胀；随着 Fe_3O_4 粒子含量的增加，复合材料中 PMMA 的分子量逐渐降低。

（十二）介孔硅 SBA-15 填充改性 PMMA 复合材料

1. 配方[83]

单位：质量份

原材料	用量	原材料	用量
甲基丙烯酸甲酯(MMA)	100	硫酸铝	10
过硫酸铵(APS)	0.3	介孔硅 SBA-15	2.5
十二烷基硫酸钠(SDS)	1.2	蒸馏水	适量
烷基酚聚氧乙烯(10)醚(OP-10)	1.2	加工助剂	1～2
碳酸氢钠	0.2	其他助剂	适量

2. PMMA/SBA-15 复合材料的制备

将 MMA、APS、一定量的 SBA-15（按 MMA 质量的 2.5%投料）、碳酸氢钠和蒸馏水以及 SDS、OP-10，加入到连接有搅拌器、冷凝管、温度计的四口烧瓶中，室温下超声波震荡 20min 后加热至 75℃下聚合反应 3h，降温至 50℃下，用 0.154mm 滤网过滤，收集附着在滤网、搅拌桨叶和温度计上的凝聚物，得到的复合乳液用质量分数为 10%的硫酸铝水溶液破乳得到固体产物，用去离子水反复冲洗数次，在 60℃条件下真空干燥 24h，得到 PMMA/SBA-15 复合材料（按照前述 SBA-15 不同的投料量，对所得复合材料分别称之为 S0、S1、S2.5 和 S5）。

3. 性能

用原位乳液聚合法成功地制备了 PMMA/SBA-15 复合乳液，该复合乳液具有较高的单体转化率和固体含量，随着介孔分子筛 SBA-15 用量的增加，凝聚率增大、黏度减小、粒径增大而粒径分布变宽；XRD 测试表明，PMMA/SBA-15 复合材料中介孔材料有序结构被破坏；该复合材料储能模量增大，其中含 2.5 份 SBA-15 的复合材料储能模量最高；随着 SBA-15 用量增多，复合材料玻璃化温度升高；复合材料的热稳定性没有明显变化。

（十三）定向碳纳米管改性 PMMA 复合材料

1. 配方[84]

单位：质量份

原材料	用量	原材料	用量
MMA	100	加工助剂	1～2
偶氮二异丁腈(AIBN)	0.5～1.5	其他助剂	适量
定向碳纳米管(MWNTs)	0.1、0.3、0.5、0.7、1.0、1.5		

2. 制备方法

(1) 定向碳纳米管化学修饰

① 配制混合酸液。浓硫酸和浓硝酸的混合比例为 3∶1，首先用一只 100mL 的量筒量取 100mL 浓硝酸，倒入 500mL 的烧杯中。再用另外一只 100mL 量筒，将 300mL 浓硫酸分 3 次倒入盛有浓硝酸的烧杯中。在倾倒过程中，浓硫酸要沿烧杯壁缓慢倒入，而且要用玻璃棒不停地搅拌，防止酸液溅出，搅拌均匀后冷却至室温待用。

② 酸化。采用不同工艺条件对定向碳纳米管进行酸化处理，但处理后的定向碳纳米管分散效果不尽相同。本文采用以下工艺，对定向碳纳米管进行酸化处理。

将称取的 3g 定向碳纳米管和混合好的酸液分别倒入 500mL 单口烧瓶中，搅拌均匀。先将单口烧瓶与冷凝管装配好，再将单口烧瓶放入超声振荡清洗器中，室温下超声分散 30min，再将温度调至 80℃，超声分散 10h 后停止加热，冷却至室温，待后处理。

③ 后处理。在 2000mL 的烧杯中加入 1000mL 的蒸馏水，将已冷却的酸化混合物缓慢倒入烧杯中。倾倒过程中要用玻璃棒不停地搅拌，冷却至室温后，向混合物中加入片状

NaOH 以调节混合物的 pH 值调至6～7。加碱过程中要不停地搅拌，并用 pH 试纸测混合物的 pH 值。将调好 pH 值的混合物溶液用微孔滤膜进行真空抽滤以滤出酸化的碳纳米管，再用蒸馏水冲洗滤出的酸化碳纳米管 3～5 次，洗至 pH 值为 7 并除尽残余盐分。

(2) 纯 PMMA 板的制备　称取所需 MMA 量，倒入三口瓶中，加入质量分数为 0.06% 的 AIBN，将三口烧瓶、冷凝管、搅拌装置和温度计装配好。AIBN 溶解后，加热并搅拌进行预聚合，控制反应瓶内温度为 (85±2)℃，观察体系黏度变化。当聚合液的黏度稍大于甘油时，预聚合反应结束。将所制得的预聚物趁热缓慢倒入装配好的平板模具中。灌满后，直立放于一模具架上。将灌完预聚物的模具连同模具架放入烘箱中，在 (65±2)℃保温 6h，再升温至 (105±2)℃，保温 2h，之后停止加热至自然冷却。脱模后即得聚甲基丙烯酸甲酯 (PMMA) 板。

(3) 定向 MWNTs/PMMA 板的制备　称取一定量的酸化 Aligned MWNTs，加入盛有 MMA 的三口烧瓶中，再使用超声波设备分散 60min，之后向含有碳纳米管的 MMA 溶液中加入一定量的 AIBN。其余步骤与纯 PMMA 板制备操作步骤相同。

3. 性能

(1) 红外光谱测试分析表明，混酸处理后碳纳米管附带了—OH、—COOH 基等极性基团。

(2) 扫描电镜观察结果表明，混酸的强氧化作用可破坏定向碳纳米管束状结构，使碳纳米管以单管状形态存在。

(3) 含有酸化处理碳纳米管的 PMMA 耐磨损性能、耐划痕性得到提高。当碳纳米管用量为 0.7 份时，砝码质量法耐磨损性提升了 54%。

(4) 定向碳纳米管/PMMA 复合物试样的断面扫描电镜观察结果表明，经混酸处理的碳纳米管能够较好地以单管形态分散于 PMMA 基体中。碳纳米管表面包覆着 PMMA。

(十四) 单壁碳纳米管改性 PMMA 复合材料

1. 配方[85]

单位：质量份

原材料	用量	原材料	用量
PMMA	100	加工助剂	1～2
单壁碳纳米管(SWCNTs)	3～8	其他助剂	适量
二甲基甲酰胺(DMF)	5.0		

2. 制备方法

(1) 碳纳米管的纯化　采用阳极弧等离子体蒸发石墨棒 (内含 Fe、Co、Ni 等金属粒子催化剂粉末) 合成了结构缺陷少、直径分布集中的 SWCNTs，然后用浓硝酸和浓硫酸的混合液 (1∶3) 在 80℃下氧化 1h，经去离子水冲洗，使 pH 值等于 7，获得纯化的 SWCNTs，直径在 1.5nm 左右，长度大于 2μm。

(2) 复合材料的制备　将纯化后的 SWCNTs 研成粉末，分散在二甲基甲酰胺 (DMF) 中，在室温下超声振荡 1h，然后将 PMMA 溶解在 SWCNTs 和 DMF 液体中，再经过 1h 超声振荡，室温下在通风橱中干燥 1h。为了实现 SWCNTs 的定向排列，将半干状态的 SWCNT/PMMA 复合体沿同一方向反复拉伸 100 次，每次的拉伸比为 50，每次拉伸完以后，将复合体沿拉伸方向反复重叠。在拉伸过程中每个碳纳米管都受到一个力偶作用，直至 SWCNTs 沿拉伸方向定向排列。最后将复合体在 10MPa 压力下压 5min，室温下在通风橱中干燥 36h，得到复合材料样品。

3. 性能

(1) 采用反复机械拉伸的方法制备了 SWCNTs 分散均匀且定向排列的 SWCNT/

PMMA 复合材料。

（2）与纯 PMMA 相比，SWCNTs 质量份为 3 份的 SWCNT/PMMA 复合材料的电导率增加了 8 个数量级。在平行于碳纳米管排列方向的电导率高于其垂直方向上的电导率。

（3）随着 SWCNTs 含量的增加，SWCNT/PMMA 复合材料的弹性模量、拉伸强度和延伸率均大幅提高。SWCNT/PMMA 复合材料在平行于碳纳米管方向上的弹性模量、拉伸强度和延伸率远高于在其垂直力向上的弹性模量、拉伸强度和延伸率。

（十五）多壁碳纳米管改性 PMMA 复合材料

1. 配方[86]

单位：质量份

原材料	用量	原材料	用量
PMMA	100	DMF（*N*，*N*′-二甲基甲酰胺）	5～10
多壁碳纳米管（MWNTs）	3～4	加工助剂	1～2
PVDF	0.5～1.5	其他助剂	适量

2. 制备方法

（1）碳纳米管的处理　将 MWNTs（0.15g）的 DMF 溶液加入 PVDF（0.083g）作为表面改性剂，进行超声分散，然后搅拌均匀。再用离心机在 4000r/min 下持续 5min。取上层清液。然后放在真空干燥箱中 60℃干燥后至恒重备用。

（2）复合材料的制备　将适量分散好的碳纳米管粉末加入 DMF 中，超声波分散 15min，制成碳纳米管的悬浮液。将 PMMA 颗粒按各种比例加入 DMF 中，于烧杯加热至完全溶解。将两种溶液混合均匀，超声分散 2h，水浴搅拌 2h。将得到的混合溶液手工推膜后，放入真空干燥箱中于 75℃干燥，得到碳纳米管质量分数不同的复合膜。

3. 性能

见图 5-54～图 5-56。

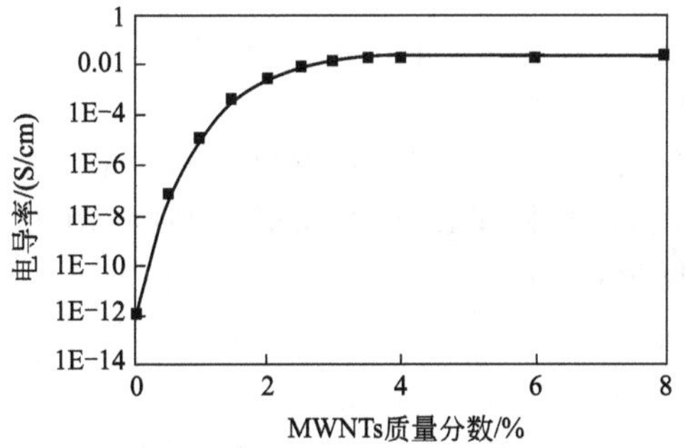

图 5-54　MWNTs/PMMA 复合材料的导电性能

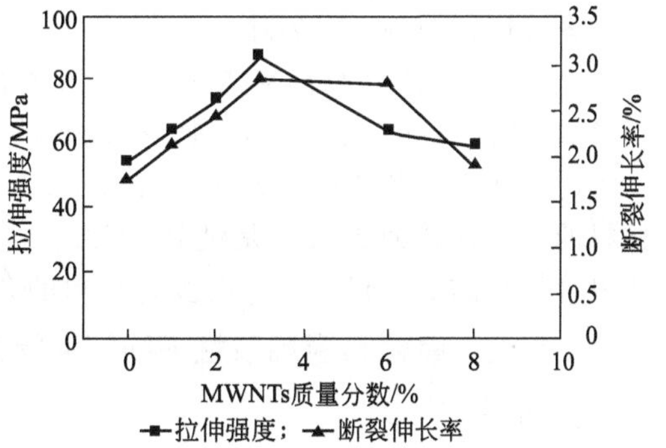

图 5-55　MWNTs/PMMA 复合材料的力学性能

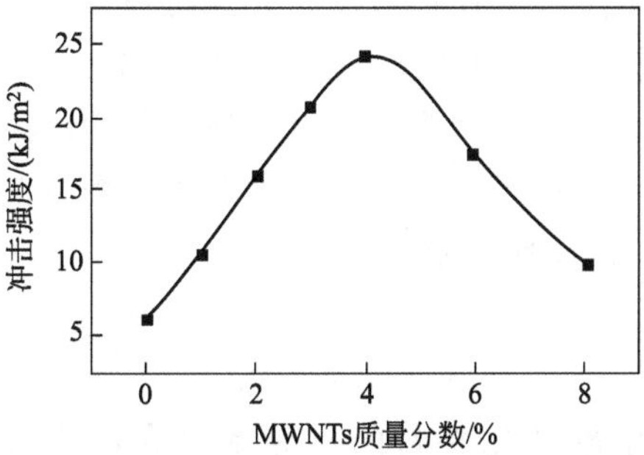

图 5-56　MWNTs/PMMA 复合材料的冲击强度

（十六）还原石墨烯（RGO）填充改性 PMMA 复合材料

1. 配方[87]

单位：质量份

原材料	用量	原材料	用量
PMMA	100	加工助剂	1～2
N,*N'*-二甲基甲酰胺(DMF)	5.0	其他助剂	适量
还原石墨烯(RGO)	1.63～2.75		

2. 制备方法

（1）RGO 的制备　按照相关方法制备氧化石墨烯（GO），然后称取 600mg GO 于烧杯中，加入 600mL 的去离子水，超声分散 2h（240W），得到 1mg/mL 的 GO 分散液。之后，加入 10mL 氨水，搅匀，再加入 1.2mL 的水合肼，混合物搅拌 30min 后，移入 90℃ 的油浴锅中继续搅拌反应 2h，反应完毕后，混合物由黄棕色变为黑色，将产物冷却，用孔径为 1.2μm 的尼龙过滤膜过滤，去离子水洗涤多次，乙醇洗 3 次，将得到的产物在空气中室温干燥，制得水合肼还原的石墨烯，记为 RGO-N，称取一定量的 RGO-N 放于瓷舟内，将此瓷舟置于管式炉中，在 500℃ 下真空退火 30min，所得产物记为 RGO-V。

（2）PMMA/RGO 复合材料的制备　采用溶液复合的方法制备 PMMA/RGO 纳米复合材料，具体过程如下：首先，将一定量的 RGO 纳米片超声分散在 DMF 中，得到浓度为 1mg/mL 的 RGO 分散液；同时，将一定量的 PMMA 也溶解在 DMF 中并机械搅拌至 PMMA 完全溶解；然后，将 RGO 分散液倒入 PMMA 溶液中混合，并在室温下高速搅拌 12h；最后，将混合物在甲醇中沉淀，粗产物过滤，热水洗，甲醇洗涤数次。将所得产物在 60℃ 的真空干燥箱中干燥 12h，以去除其中残留的溶剂，然后在 200℃，15MPa 下热压成型为片材。

3. 性能

（1）RGO-N 和 RGO-V 均为单层或少数几层的片状结构。RGO-V 的厚度比 RGO-N 的低，导电性比 RGO-N 的高。

（2）两种 RGO 均能显著提高 PMMA 的介电常数。中低频率下，随 RGO 含量的增加，制备的 PMMA/RGO 复合材料的介电常数也相应增大。

（3）在室温及 1000Hz 下，当 RGO-V 的体积分数为 2.75％时，PMMA/RGO-V 复合材料的介电常数为 20.5，是纯 PMMA 介电常数的 5 倍，是相同 RGO 含量下 PMMA/RGO-N 复合材料的 2.5 倍，而此时复合材料的介电损耗仅为 0.80。

（十七）氧化石墨烯改性 PMMA 复合材料

1. 配方[88]

单位：质量份

原材料	用量	原材料	用量
MMA 单体	100	环己酮	5～6
氧化石墨烯	1～2	四氢呋喃	适量
偶氮二异丁腈引发剂	1～1.5	其他助剂	适量

2. 氧化石墨/聚合物复合材料的制备

见图 5-57。

3. 性能

石墨烯-聚甲基丙烯酸甲酯杂化材料的电导率及介电常数较氧化石墨烯分别降低了 0.098S/cm 和 34000。

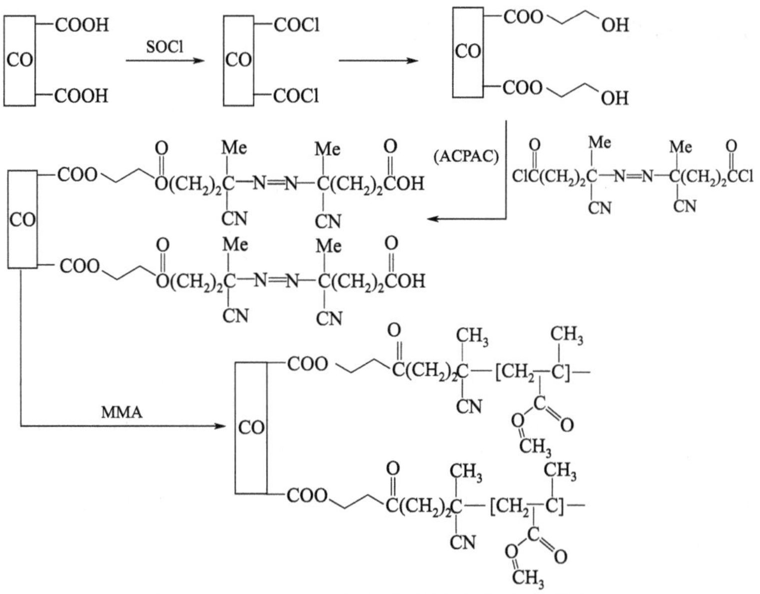

图 5-57 GO-g-PMMA 杂化材料的合成路线图

（十八）功能化石墨烯改性 PMMA 复合材料

1. 配方[89]

单位：质量份

原材料	用量	原材料	用量
PMMA	100	四氢呋喃	适量
功能化石墨烯(GO-PEG)	1.0	加工助剂	1～2
DMF	3～5	其他助剂	适量
二氯亚砜	1～3		

2. 制备方法

（1）功能化石墨烯（GO-PEG）的制备　首先，根据 Hummers 方法合成氧化石墨，继而合成纳米填料 GO-PEG。以 GO-PEG1000 的合成为例：将 200mg 氧化石墨分散于 7.5mL 的 DMF 溶剂中，加入 40mL 二氯亚砜，70℃回流反应 24h，减压除去未反应的二氯亚砜后，加入 30mL 吡啶及 8.6g PEG 1000，120℃回流反应 3d；洗涤、干燥后即得到 PEG 1000 修饰的功能化石墨烯产物。

（2）PMMA 基纳米复合材料的合成　取制备好的 GO-PEG 0.01g 分散于四氢呋喃（THF）溶剂中，加入溶于 1g PMMA 的 THF 溶液后，室温搅拌 24h。常温挥发溶剂后，60℃真空干燥移除残余溶剂至产物恒重。

（3）GO-PEG/PMMA 薄膜的制备　实验采用价格便宜的玻璃作为基片，乙醇、丙酮分别浸泡 30min 后，去离子水超声洗涤 20min 后待用。

利用旋涂法，将制备的混合溶液滴于直径为 5cm 的玻璃片上，转速为 1000r/min。真空挥发溶剂后，放入水中浸泡 6～10h，即可得到薄膜。需要指出的是，由于复合材料和玻璃之间存在较强的氢键，较难得到大面积薄膜。

3. 性能

GO-PEG 可以显著提高 PMMA 的热稳定性能，其中掺杂 GO-PEG 1000 或 GO-PEG 2000 纳米填料的复合材料薄膜在热稳定性提高的同时，维持了较高的可见光透过率（94%），该材料具有一定的工业应用前景。

（十九）量子点改性 PMMA 纳米复合材料

1. 配方[90]

单位：质量份

原材料	用量	原材料	用量
PMMA	100	三氯甲烷	适量
过氧化二苯甲酰(BPO)	5.0	加工助剂	1～2
CdSe-ZnS 核-壳量子点	3～5	其他助剂	适量
三正辛基氧化磷	0.5～1.5		

2. 制备方法

在试管中加入量子点溶液 1mL；待溶剂挥发完以后，加入 2mL 新蒸馏的 MMA 单体和 BPO 引发剂；室温下超声处理 15min 以促使引发剂和量子点充分溶解到单体中；然后在 90℃水浴锅中进行预聚合约 25min 使之达到一定黏度；再将反应物趁热缓慢倒入玻璃模具中，并使之在 60℃下进行低温后聚合 12h 以上；最后脱模即得 PMMA/CdSe-ZnS 纳米复合材料。纯的 PMMA 样品采用同样步骤制备。

3. 性能

硒化镉-硫化锌核壳量子点（CdSe-ZnS）在聚甲基丙烯酸甲酯（PMMA）基体中分散性好，粒径均一，且能长时间稳定发光，发光波长出现了少量的红移。另外，量子点的加入对聚合物的热性能有一定的改善。

（二十）玻璃纤维增强 PMMA 复合材料

1. 配方[91]

单位：质量份

原材料	用量	原材料	用量
MMA 单体	100	偶氮二异丁腈(AIBN)	2～4
玻璃纤维粒料(简称玻纤,8mm)	10、20、30	加工助剂	1～2
过氧化二碳酸二异丙酯(IPP)	3～5	其他助剂	适量

2. 制备方法

(1) 长玻纤粒料的制备　长玻纤粒料由原位反应拉挤的工艺制备，粒料长度为 8mm。具体制备过程见相关文献。

(2) 玻纤增强复合材料的制备　长玻纤增强 PMMA 复合材料是由 PMMA 和长玻纤粒料按照配比在注塑机上注塑而成。注塑机机筒温度为 240℃。

短玻纤增强 PMMA 复合材料是由玻纤和 PMMA 在双螺杆挤出机上挤出造粒，然后在注塑机上注塑而成。注塑机机筒温度为 220℃。

3. 性能

与传统的短玻纤增强复合材料相比，长玻纤粒料注塑制品中玻纤长径比大大提高，复合材料的各项性能（如拉伸强度、弯曲强度、冲击强度、热变形温度和耐翘曲性能）也得到较大程度的提高。长玻纤增强复合材料在熔融加工过程中长玻纤会发生缠结，影响复合材料的加工流动性。

(1) 在玻纤含量相同的情况下，长玻纤增强 PMMA 复合材料表现出更高的动态模量和黏度，这是由于长玻纤相比短玻纤更容易发生缠结而形成网络结构造成的。

(2) 长玻纤增强 PMMA 复合材料的动态模量和黏度具有更强的浓度依赖性，并表现出更强的剪切变稀现象，这是由于长玻纤在加工过程中受损而导致玻纤变短所致。

(3) 长玻纤增强 PMMA 复合材料在低频区没有出现黏度平台，而是随着玻纤含量的增加，剪切变稀现象更加明显。

(4) 短玻纤增强 PMMA 复合材料表现出与基体树脂相似的黏度行为，在低频区出现一平台，说明短玻纤增强 PMMA 复合材料在低频区表现出牛顿流体的特性。

（二十一）LLDPE 接枝改性 PMMA

1. 配方[92]

单位：质量份

原材料	用量	原材料	用量
甲基丙烯酸甲酯单体(MMA)	100	甲苯、丙酮	适量
过氧化苯甲酰(BPO)	0.2～0.5	其他助剂	适量
LLDPE	30～40		

2. 接枝聚合物的制备

在三口烧瓶中加入 10g LLDPE 与 200mL 甲苯通入氮气，加热至 95℃，待其溶胀和部分溶解后加入计算配比的单体 MMA 和 BPO，控制反应时间，得到不同接枝率的接枝聚合物。将获得的接枝产物倒入凉的丙酮溶液中进行反复清洗、沉淀、预提纯，在烘箱中 60℃干燥，最后将烘干的接枝聚合物以丙酮为溶剂，抽提 48h，洗去残余的均聚物，完成精制，得接枝率分别为 10.5%、13.5%、26.1%的 LLDPE-*g*-PMMA 接枝产物。

（二十二）多面低聚倍半硅氧烷（POSS）改性 PMMA 纳米复合材料

1. 配方[93]

单位：质量份

原材料	用量	原材料	用量
PMMA	100	1,4-二氧六环	2～4
Oh-POSS(八己烯基多面低聚倍半硅氧烷)	0.1、0.5、1.0、2.0、4.0	己烯	0.1～1.0
		二环戊二烯合铂	0.05～0.1
MMA 单体	5～10	四氢呋喃	适量
偶氮二异丁腈	0.5～1.5	其他助剂	适量

2. 制备方法

(1) 纳米粒子 Oh-POSS 的合成　在无水无氧双排管体系中，在 80℃下，以 Pt (dcp) 为催化剂，利用 H_8-POSS 与己烯间发生的硅氢加成反应合成八己烯基-POSS (Oh-POSS)。

(2) Oh-POSS/PMMA 纳米复合材料的制备　将 Oh-POSS 和 PMMA 分别配成 THF 溶液，按 Oh-POSS 含量分别为 0.1 份、0.5 份、1.0 份、2.0 份和 4.0 份进行溶液共混，搅拌 1h 以上，蒸出溶剂，真空干燥得 Oh-POSS/PMMA 纳米复合材料。

3. 性能

见表 5-51。

表 5-51　Oh-POSS/PMMA 纳米复合材料的性能

样品	w(POSS)/%	T_g/℃	T_d/℃	残留/%	拉伸强度/MPa
PMMA	0	123.7	177.2	0	21.4
Oh-POSS/PMMA(0.1 份)	0.1	141.1	186.5	0.3	23.0
Oh-POSS/PMMA(0.5 份)	0.5	152.5	189.9	1.2	23.8
Oh-POSS/PMMA(1.0 份)	1.0	158.7	197.4	2.1	24.2
Oh-POSS/PMMA(2.0 份)	2.0	153.0	185.8	3.8	25.1
Oh-POSS/PMMA(4.0 份)	4.0	140.3	174.9	5.9	21.8

注：T_d 为 5%失重时的温度；残留为 600℃时残留量。

笼型倍半硅氧烷（POSS）被誉为分子级别的 SiO_2 颗粒，经改性后溶解性大为提高，使通过溶液共混法制备无机/有机纳米复合材料成为可能。根据此原理制备了 Oh-POSS/PMMA 纳米复合材料。当 POSS 含量较少时，复合材料薄膜具有较为平坦的表面，POSS 均匀地分散在 PMMA 基体之中，并表现出强烈的纳米效应，使 PMMA 的热学和力学性能显著提高。

（二十三）PMMA/双酚 A 型氰酸酯（BACDy）合金

1. 配方[94]

单位：质量份

原材料	用量	原材料	用量
双酚 A 型氰酸酯(BACDy)	100	NaOH	适量
MMA 单体	15～20	加工助剂	1～2
过氧化苯甲酰(BPO)	0.5～1.5	其他助剂	适量
环氧树脂	5～10		

2. 制备方法

MMA 的预聚：将 10%的 NaOH 溶液与 MMA 按体积比 1∶1 量取，在分液漏斗中分离除去 MMA 中的阻聚剂对苯二酚；将反应体系转入三口烧瓶中，定量加入引发剂 BPO；在 90～97℃下油浴加热，预聚到适当黏度，恒温备用。

合金材料的制备：定量称取 EP 与 BACDy 单体，置于烧杯中，加热搅拌溶解，温度控制在 60～80℃，待反应物呈透明亮黄色液态时，定量加入经预聚的 MMA，用高速分散均质机充分搅拌，使其均匀混合。趁热将液态混合体系转入提前预热的自制模具中（模具使用前需预热至 80℃左右），置于真空干燥箱中固化聚合。固化工艺为 80℃/2h＋100℃/2h＋110℃/2h＋130℃/2h＋150℃/2h＋165℃/2h 后处理工艺为 200℃/1h＋220℃/4h。固化完毕后经开模、裁切，制备标准试样。

3. 性能

见图 5-58、图 5-59。

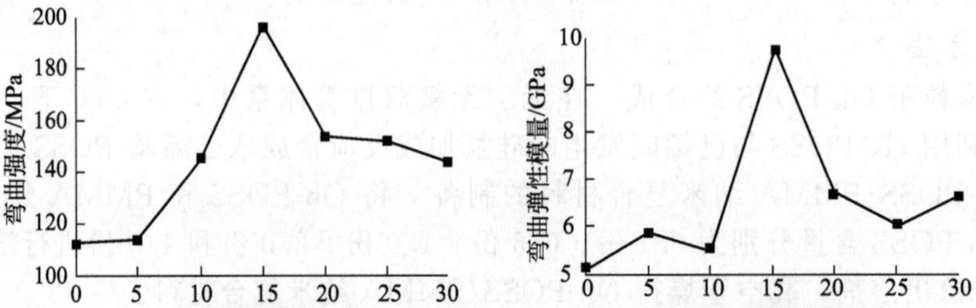

(a) 弯曲强度　(b) 弯曲弹性模量

图 5-58　不同 PMMA 含量的合金材料的弯曲性能

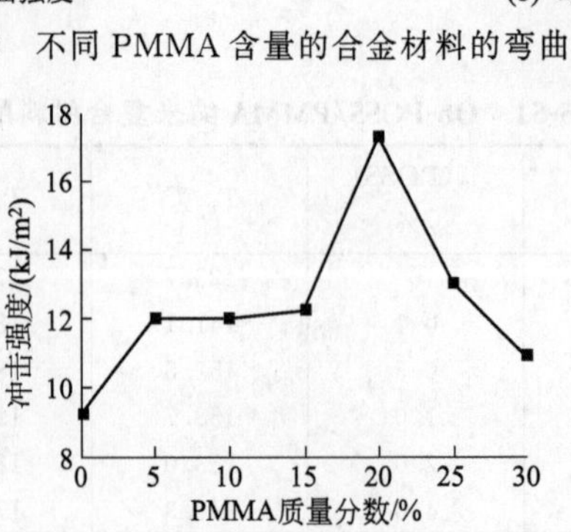

图 5-59　不同 PMMA 含量的合金材料的冲击强度

二、功能聚甲基丙烯酸甲酯配方与制备工艺

（一）DCDHF-2-V/PMMA 非线性光学薄膜

1. 配方[95]

单位：质量份

原材料	用量	原材料	用量
PMMA	100	加工助剂	1～2
有机非线性光学分子 DCDHF-2-V	1～3	其他助剂	适量
二氯甲烷	150		

2. 制备方法

（1）薄膜的制备　将 DCDHF-2-V 与 PMMA 按一定质量比混合，溶解在二氯甲烷中。为使其充分溶解，需用磁力搅拌器搅拌 6h 以上。配好的均匀溶液先通过 0.2μm 的微孔滤膜过滤，再将溶液旋涂在洁净干燥的 ITO 玻璃上，形成一层 DCDHF-2-V/PMMA 薄膜。将样品放入烘箱内，70℃真空干燥 12h，促使薄膜内残留的溶剂充分挥发，以增加聚合物薄膜与基底的黏附性和力学强度，为下一步极化作准备。

（2）薄膜的极化　为使薄膜具有较好光学非线性，必须采用一定的极化方式打破材料的中心对称性，实现偶极分子的取向一致。电晕极化由于其装置简单，实施方便而被广泛采用。

3. 性能

见表 5-52～表 5-54。

表 5-52　DCDHF-2-V 和 PMMA 极化率和一价超极化率

项目	α_{xx}	α_{xy}	α_{yy}	α_{xz}	α_{yz}	α_{zz}
DCDHF-2-V	1159.942	−14.39951	506.0365	0.0	0.000004	107.7939
PMMA	0.0	0.000044	0.000034	0.000020	0.000020	−0.000022

表 5-53　DCDHF-2-V 与 PMMA 一价超极化率（β）

项目	β_{xxx}	β_{xxy}	β_{xyy}	β_{yyy}	β_{xxz}	β_{xyz}	β_{yyz}	β_{xzz}	β_{yzz}	β_{zzz}
DCDHF-2-V	85743.24	4411.369	−4679.695	1024.944	−24.19528	−2.072528	0.503663	−1255.436	445.6341	−0.000001
PMMA	0.0	−0.300708	0.240418	−1.262912	−0.094782	0.144813	0.153178	0.090616	−0.199296	−0.700351

表 5-54　DCDHF-2-V 与 PMMA 极化（α）和一价超极化率（β_{vcs}）

项目	$\langle\alpha\rangle$(esu)	β_{VCC}(esu)
DCDHF-2-V	550.5265	87761.9969
	6.474572×10^{-24}	60.278755×10^{-30}
PMMA	0.000004	1.5873
	4.704×10^{-31}	10.902267×10^{-34}

（二）掺杂 Eu 络合物的 PMMA 光致发光薄膜

1. 配方[96]

单位：质量份

原材料	用量	原材料	用量
PMMA	100	氯仿	适量
BPO	1.0	其他助剂	适量
烯土络合物 $Eu(MDBM)_3(Phen)_x$	0.8～1.2		

2. 制备方法

取15mL MMA、0.14g BPO加入100mL三口烧瓶中，振荡至BPO完全溶解，在75℃水浴锅中加热30min，将反应液倒入自制的平板模具中。把模具放在水浴锅中，在50℃加热24h，然后升温至100℃固化1h。取出模具，开模，得到质量10.7g、厚约3mm的PMMA板。将PMMA板锯下4小块，分别放入4个小烧杯中，各加10mL氯仿，搅拌至PMMA完全溶解。按照配方向各个烧杯中加入计算量的$Eu(MDBM)_3(Phen)_x$的氯仿溶液，充分振荡使其混合均匀。静置，使氯仿自然晾干，烧杯中均形成透明的稀土络合物掺杂的PMMA薄膜。

3. 性能

以苯甲酸乙酯、4-甲氧基苯乙酮为原料，合成了4-甲氧基二苯甲酰甲烷，进一步与三氯化铕、邻菲罗啉反应，得到了稀土络合物$Eu(MDBM)_3(Phen)_x$。该络合物的紫外吸收峰在265nm、356nm，荧光激发峰在308nm、408nm，荧光发射最强峰在613nm。将络合物掺杂到PMMA中，制备了稀土络合物掺杂的光致发光聚合物薄膜。该薄膜在280nm、380nm附近有很宽的吸收峰，在613nm处发射出强烈的红色荧光。613nm处发射峰半峰宽很小，色纯度较高，随着稀土络合物在PMMA中的掺杂量从0.8%增加到1.2%，613nm处发射强度增加了13倍。研究结果表明，这种薄膜具有较好的紫外吸收及光致发光性能，可用于农用大棚薄膜等其他光转换材料，具有较好的应用前景。

（三）PMMA包覆铝锶发光粉材料

1. 配方[97]

单位：质量份

原材料	用量	原材料	用量
丙烯酸/甲基丙烯酸甲酯(AA/MMA=1∶1)	100	乙二醇/水(4∶1)	适量
铝酸锶发光粉	200	无水乙醇	适量
十二烷基苯磺酸钠	2～4	其他助剂	适量
过硫酸钾	1～2		

2. 制备方法

制备工艺如下：以乙二醇/水（质量比为4∶1）混合液为分散介质，加入十二烷基苯磺酸钠和铝酸锶发光粉，超声分散10min；于带冷凝回流装置的三颈瓶中，80℃水浴加热搅拌；加入过硫酸钾，再缓慢滴加AA/MMA（质量比为1∶1）混合液，反应2～3h后冷却，抽滤，无水乙醇洗涤2～3次，100℃干燥2～3h，即得合成产品。

3. 性能

采用AA/MMA可以制备出较为满意的PMMA包覆铝酸锶发光粉，制备过程简单易控，合成产物耐水性好，该包覆发光粉有望在水性环境体系中得到广泛应用。

（四）六苯并蔻（HBC）/PMMA复合膜

1. 配方[98]

单位：质量份

原材料	用量	原材料	用量
PMMA	100	乙醇重结晶	0.5～1.5
偶氮二异丁腈(AIBN)	1～3	HBC	$2.5\times10^{-5}\sim3.5\times10^{-5}$
硬脂酸与四氢呋喃	30～40	其他助剂	适量

2. 制备方法

方法一：溶液成膜制备HBC/PMMA复合膜。将一定质量比的HBC和PMMA溶解在四氢呋喃中，溶液在平底烧杯中 60℃成膜 72h，然后真空条件下 200℃干燥 30min。冷却，取出复合膜，制备的一系列浓度的复合膜的厚度在 0.38～0.46mm，HBC 质量份（HBC 与 PMMA 的质量比）为 1.0×10^{-3}、5.0×10^{-4}、2.5×10^{-4}、1.3×10^{-4}、6.3×10^{-5}、3.1×10^{-5}、1.6×10^{-5}、8.0×10^{-6}、4.0×10^{-6}和 2.0×10^{-6}。

方法二：原位本体聚合制备 HBC/PMMA 复合膜。将一定比例的 HBC、MMA、AIBN 和硬脂酸超声 10min 混合均匀，升温至 80℃搅拌反应 1h，升温至 83℃继续反应 30min；待反应物还未冷却之前将一定质量的反应液体倒入平底烧杯中，60℃继续反应 24h，70℃反应 24h，90℃反应 12h。冷却，取出复合膜，HBC 质量份为 2.0×10^{-4}，厚度（单位：mm）依次为 0.20、0.32、0.44、0.56、0.66 和 0.90。

3. 性能

HBC/PMMA 的发光性能研究表明，由于原位本体聚合法中自由基的存在，其能够与 HBC 反应，使得复合膜中的 HBC 质量分数很低，最终导致溶液成膜法制备的复合膜的荧光强度要比原位聚合法获得的强得多，前者的荧光强度大约是后者的 10 倍，前者的荧光绝对量子产率将近是后者的 6 倍，但由于 PMMA 对激发光的吸收，两种不同方法制备的复合膜的绝对量子产率都较低。由于受到浓度猝灭效应影响，随着 HBC 质量分数逐渐减小，复合膜的荧光强度和绝对量子产率都先增大再降低，荧光强度和绝对量子产率极大值时的 HBC 质量份分别为 2.5×10^{-4}和 3.1×10^{-5}。由于受到 PMMA 对激发光的吸收引起能量的非辐射转变的影响，复合膜的荧光强度和绝对量子产率都随着复合膜厚度的降低出现先增大后减小的现象，荧光强度极大值时的厚度为 0.44mm，而绝对量子产率极大值时的厚度为 0.56mm。对比溶液成膜法和原位本体聚合法，我们认为溶液成膜法简单易行，复合过程中不存在反应，更加适合制备 HBC/PMMA 这类物理共混的复合膜。

（五）$Y_2SiO_5:Ce^{3+}$/PMMA 稀土发光复合材料

1. 配方[99]

单位：质量份

原材料	用量	原材料	用量
甲基丙烯酸甲酯单体	100	加工助剂	1～2
过氧化苯甲酰(BPO)	1～1.5	其他助剂	适量
$Y_2SiO_5:Ce$ 荧光粉	1～2		

2. 制备方法

制备聚合物基复合材料有多种方法：如溶胶-凝胶法、插层法和原位聚合法等。其中原位聚合法可以用较为简单的化学过程实现无机材料粒子和有机材料复合，且无机材料粒子在有机材料基体中有很好的分散性。基于此，采用原位聚合法，将 $Y_2SiO_5:Ce^{3+}$ 荧光粉均匀地分散在甲基丙烯酸甲酯（MMA）单体中，然后通过化学反应引发单体聚合，一次性制备出 $Y_2SiO_5:Ce^{3+}$/PMMA 复合材料，其具体的工艺制备过程如图 5-60 所示。

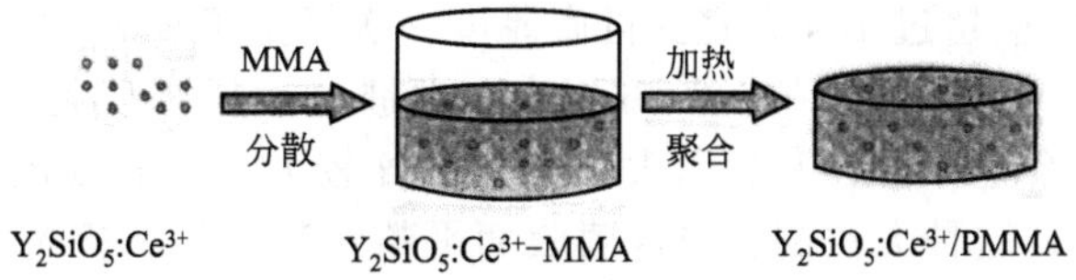

图 5-60 $Y_2SiO_5:Ce^{3+}$/PMMA 稀土发光复合材料的制备工艺示意图

3. 性能

以硅酸盐为基质的发光材料不仅具有良好的化学稳定性，而且是一种不含硫的环境友好型荧光粉。研究表明，在硅酸盐发光材料中，硅酸钇（Y_2SiO_5）是一种非常理想的发光材料基体；少量 Ce^{3+} 的掺入可使 $Y_2SiO_5:Ce^{3+}$ 荧光粉在紫外光和阴极射线激发下发出蓝色荧光。

具有 X2 型单斜晶体结构的 $Y_2SiO_5:Ce^{3+}$ 蓝色荧光粉在 PMMA 中分布均匀，其粒度为 0.7～2.0μm。在波长为 365nm 紫外光激发下，$Y_2SiO_5:Ce^{3+}$/PMMA 复合材料能够发射出蓝色荧光，且 1～2 份 $Y_2SiO_5:Ce^{3+}$ 含量的 PMMA 基复合材料的蓝色荧光透光率高达 75%，所制备的 $Y_2SiO_5:Ce^{3+}$/PMMA 复合材料具有良好的蓝色荧光性能，可用于透明固体发光器件的研制。

（六）PMMA 光波导

1. 配方[100]

(1) SiO_2 衬底薄膜配方

单位：质量份

原材料	用量	原材料	用量
SiO_2	100～140	聚乙烯醇	100
正硅酸乙酯(TEOS)	70～100	丙三醇	1～3
氨水	0.5～1.5	去离子水	适量

(2) PMMA 薄膜光波导配方

单位：质量份

原材料	用量	原材料	用量
PMMA	100	加工助剂	1～2
掺杂氮类化合物分散红 1(DR1)	5.0	其他助剂	适量
三氯甲烷	适量		

2. 制备方法

(1) 基片处理　制备薄膜的基片为普通载玻片。基片先用氯仿擦拭表面，然后在重铬酸钾的饱和浓硫酸溶液中浸泡 24h 以上，取出后用去离子水淋洗，超声震荡 15min 后放入无水乙醇中浸泡 12h 以上，去离子水彻底洗净，烘干备用。

(2) SiO_2 衬底薄膜的制备　制备 SiO_2 溶胶的前驱物为正硅酸乙酯（TEOS），溶剂为二次去离子水，催化剂为氨水；添加剂为聚乙烯醇（PVA）、丙三醇。将丙三醇、TEOS、去离子水、氨水按照 1：2.3：2.6：0.001 的质量比混合，氨水为催化剂，混合后的液体会有明显分层现象，在温度 15～25℃条件下发生水解，充分搅拌 5d 左右，水解效果较佳，得到透明无分层 SiO_2 溶胶。在此溶液中加入适量浓度为 5% 的 PVA 水溶液，室温下搅拌 2h 左右，得到透明混合溶胶，中速分析滤纸过滤。

采用旋涂法制备 SiO_2 衬底薄膜。匀胶机转速在 800r/min 时，得到膜厚在 1500nm 左右；转速为 1500r/min 时膜厚在 480nm 左右，但是转速不宜超过 2000r/min，否则不容易成膜。涂膜时转动时间应超过 13s 为宜。衬底厚度一次尽量不要超过 1500nm 的厚度，否则退火时薄膜容易开裂。涂膜后室温放置 2h 以上，薄膜适度风干后置于 450℃退火炉中快速退火 3h。可采取多次涂膜，然后多次退火，得到厚度较大的衬底薄膜，试验中制备了厚度达到 5μm 左右的薄膜。这种方法制备的薄膜表面平整，达到了制备光波导的技术要求。

(3) PMMA 薄膜光波导的制备　制备导光层薄膜使用的主体材料为聚甲基丙烯酸甲酯（PMMA），客体材料为分散红 1（DR1）。

DR1 与 PMMA 按照一定的质量比混溶于三氯甲烷，溶液浓度根据需要可作调整。静置 2h 后超声震荡，直至得到无颗粒红色透明溶液。将此溶液涂于已制备的 SiO_2 衬底上，并以 800～

1500r/min 的转速旋涂 15s 以上，控制匀胶机转速可以得到不同厚度的样品。应注意所旋涂的薄膜厚度应大于波导所需要的截止厚度，才能观察到导模的存在。这样得到的薄膜室温干燥 1.5h 以上，放入真空干燥箱中，在 45℃保温 24h，使三氯甲烷挥发薄膜完全固化，得到波导样品。

3. 性能

见表 5-55～表 5-57。

表 5-55　PVA 用量对薄膜厚度、折射率的影响

转速/(r/min)	1000	1000	1000	1000	1000
PVA 水溶液∶硅胶	1∶1.7	1∶1.8	1∶1.9	1∶2.0	1∶2.4
薄膜厚度/nm	1500	1200	1000	800	650
薄膜折射率(632.8nm)	1.45	1.43	1.43	1.41	1.42

在转速 1000r/min 时，PVA 水溶液与硅胶的质量比在 1∶1.8～1∶2.0 之间时，可以得到性能最优的衬底薄膜。

表 5-56　不同浓度与 DR1 掺杂比对薄膜厚度和折射率的影响（转速 1000r/min 时）

掺杂比(DR1∶PMMA)	1∶20 100mg/mL	1∶20 50mg/mL	1∶10 100mg/mL	1∶10 50mg/mL
薄膜厚度/nm	881	775	972	899
折射率(632.8nm 处)	1.495	1.495	1.525	1.526

表 5-57　部分样品的实验结果

样品编号	薄膜厚度/nm	模式(TE)	同步角	模式传播常数 β	波导有效折射率 n_{eff}
01	1950	0	60°02′	0.01538	1.55
		1	57°56′	0.01506	1.52
02	2100	0	59°13′	0.01526	1.54
		1	57°12′	0.01493	1.50
03	2500	0	59°43′	0.01534	1.55
		1	56°46′	0.01486	1.49

（七）PMMA 光扩散材料

1. 配方[101]

单位：质量份

原材料	用量	原材料	用量
PMMA	100	加工助剂	1～2
SiO_2 光扩散剂	0.2～1.0	其他助剂	适量

2. 制备方法

将 PMMA 粒料在相对真空度－0.092MPa，温度 85℃下干燥 2.5h，然后将光扩散剂分别按质量为 0.2 份，0.4 份，0.6 份，0.8 份，1.0 份与 PMMA 充分混匀。经螺杆挤出机挤出造粒，然后注射制成用于性能测试的各种标准样条。

3. 性能

见图 5-61～图 5-64。

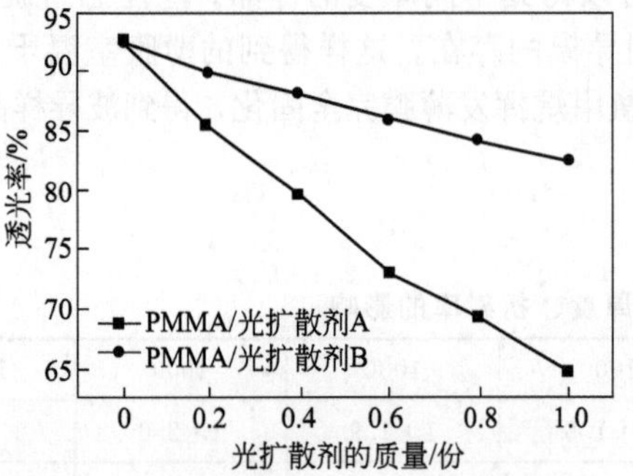

图 5-61　光扩散剂用量对透光率的影响

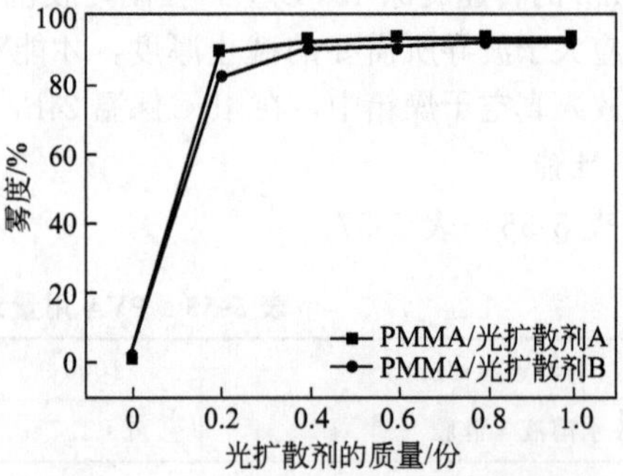

图 5-62　光扩散剂用量对雾度的影响

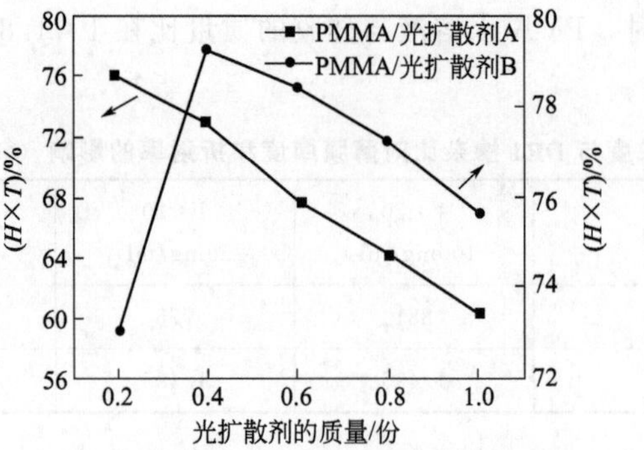

图 5-63　光扩散剂用量对试样有效光扩散系数的影响

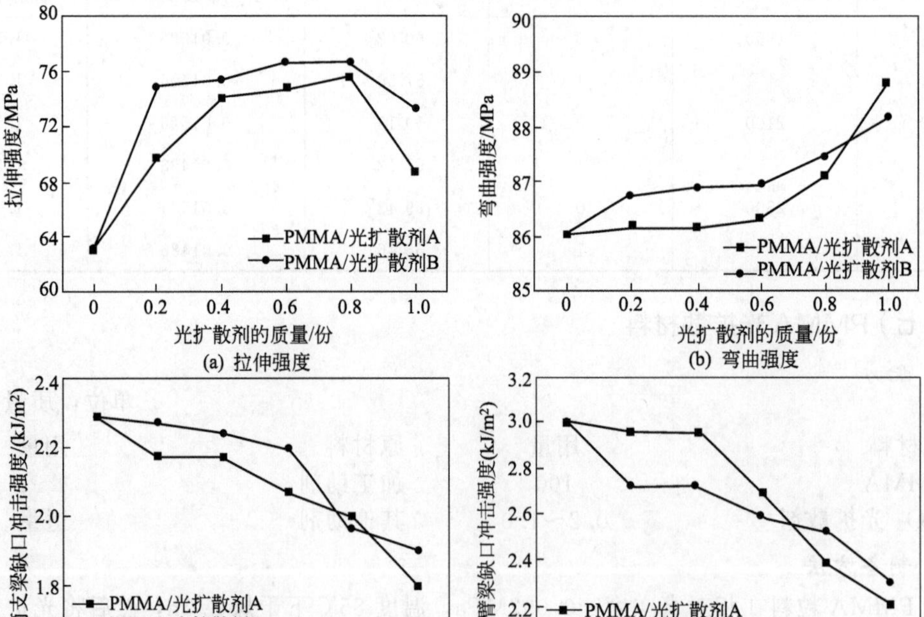

图 5-64　光扩散剂含量对拉伸、弯曲和缺口冲击强度的影响

（八）纳米 TiO_2/纳米纤维增强透光复合材料

1. 配方[102]

单位：质量份

原材料	用量	原材料	用量
PMMA/尼龙 6 纤维（纳米级）	100	乳化剂	5.0
纳米 TiO_2	1～2	加工助剂	1～2
三氟乙醇	适量	其他助剂	其他

2. 制备方法

（1）纳米 TiO_2 粒的处理　对纳米二氧化钛粒子的处理如图 5-65 所示。在同轴共纺时，内外层的溶剂混溶才能保证其良好的可纺性。经实验摸索，具体溶液配制方法以及溶质对溶剂的质量比列于表 5-58。

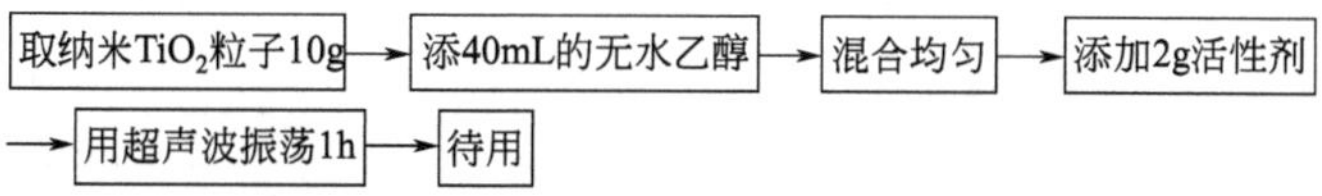

图 5-65　TiO_2 纳米粒子的均匀化处理

表 5-58　制备 PMMA/尼龙-6 壳-芯复合纳米纤维的溶液参数

材料	溶剂	材料：溶剂（质量比）
壳　PMMA	2,2,2-三氟乙醇	2：10
芯　PA6	2,2,2-三氟乙醇	0.5：10

（2）溶液配制及纤维制备

① 壳层含有 TiO_2 纳米颗粒的 PMMA/PA6 溶液配制　PMMA 以及 PA6 均采用三氟乙醇（TFE）作为溶剂，取 2g PMMA 溶解于 10g TFE（质量比 2：10），待 PMMA 溶液超声波振荡溶解均匀后，分别取 0.01g，0.02g，0.03g 以及 0.04g TiO_2（根据上述配置的 TiO_2 溶液浓度计算）放入 4 瓶上述浓度的 PMMA 溶液中，超声波振荡 1h。该系统下壳层 PMMA 含有 TiO_2 纳米颗粒，且 TiO_2 对 PMMA 的质量比分别为 0.5：100，1：100，1.5：100 和 2：100，表示为壳层 TiO_2 0.5%，壳层 $TiO_2$1%，壳层 TiO_2 1.5%和壳层 TiO_2 2%。

② 芯层含有 TiO_2 纳米颗粒的 PMMA/PA-6 溶液配制　取 0.5g PA6 溶于 10g TFE 中（质量比 0.5：10），待 PA6 溶液超声波振荡溶解均匀后，分别取 0.16g，0.33g，0.5g 以及 0.66g TiO_2（根据上述配制的 TiO_2 溶液浓度计算）放入 4 瓶上述相同浓度的 PA6 溶液中，超声波振荡 1h。为了使得壳层中 TiO_2 纳米颗粒对 PMMA 树脂基体的质量比与芯层中 TiO_2 纳米颗粒对 PMMA 树脂基体的质量比一致，需综合设计 PA6 与 PMMA 溶液的浓度及注射速率。其中 PMMA 溶液的浓度（质量分数）为 20%，注射速率为 4mL/h；PA6 的浓度为 5%，注射速率为 0.3mL/h。据此可知，需要 TiO_2 纳米颗粒 0.16g，0.33g，0.5g 和 0.66g 溶于 PA6 溶液中才能保证其与 PMMA 的质量比为 0.5：100，1：100，1.5：100 和 2：100，以芯层 TiO_2 0.5%、芯层 TiO_2 1%、芯层 TiO_2 1.5%和芯层 TiO_2 2%表示。

（3）透光薄膜的制备　用于复合纤维膜热压成型的模具经过表面镀铬处理，并抛光成镜面。将同轴共纺丝的复合纳米纤维膜均匀平铺于经过丙酮清洗并喷过脱模剂的模具内，然后置于热压机中加热加压。热压温度确定为压机上面板 183℃、下面板 185℃。具体步骤：先将模具放在热压机上预热 30min 后取下，在阴模中均匀放入复合纳米纤维膜，合上阳模并放入达到设定温度值的热压机中，点触加压至 0.3～0.5MPa。20min 后，压力下降为 0（由于壳层纤维的熔融），继续点触加压至 1MPa。间隔 15min 后加压到 2.5MPa。保温、保压 20min 后从热压机上取下模具，室温下完全冷却后，打开模具，得到复合材料薄膜，其厚度约为（0.1±0.02)mm。

3. 性能

见表 5-59、图 5-66 和图 5-67。

表 5-59　含有不同质量比纳米 TiO_2 颗粒的纳米纤维增强复合材料薄膜对不同波长的透过率

光扩散	波长			
	850nm	400nm	350nm	280nm
壳层(透过率/TiO_2 质量比)	89.7%/0 71.1%/0.5 60.4%/1 55.6%/1.5 51.9%/2	86.5%/0 35.5%/0.5 17.6%/1 16.9%/1.5 13.9%/2	77.3%/0 19.2%/0.5 7.6%/1 6.3%/1.5 5.5%/2	32.5%/0 3.7%/0.5 3.2%/1 2.2%/1.5 0.7%/2
芯层(透过率/TiO_2 质量比)	89.7%/0 75.5%/0.5 64.3%/1 53.6%/1.5 41.1%/2	86.5%/0 53.2%/0.5 49.2%/1 34.3%/1.5 31.3%/2	77.3%/0 30.2%/0.5 28.18%/1 19.8%/1.5 15.1%/2	32.5%/0 2.8%/0.5 0.8%/1 0.7%/1.5 0.08%/2

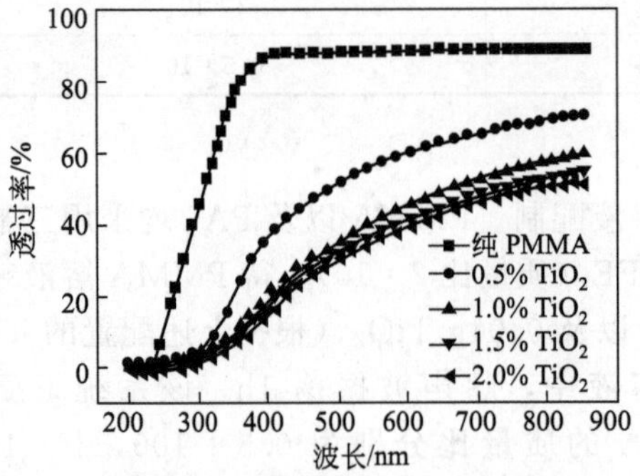

图 5-66　纳米纤维增强复合材料薄膜的可见光及紫外光透过率，其中 TiO_2 在壳层 PMMA 中

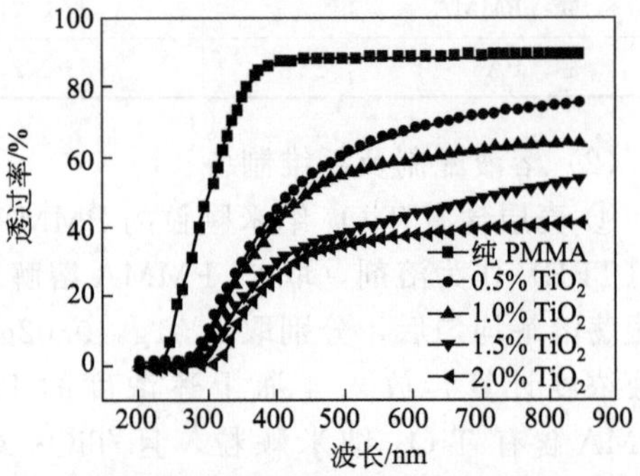

图 5-67　纳米纤维增强复合材料薄膜的可见光及紫外光透过率，其中 TiO_2 在芯层 PA6 中

壳层纤维中的 TiO_2 颗粒会明显增强透光复合材料薄膜对紫外光的屏蔽效果，但也会在一定程度上影响可见光的透过率；而芯层纤维中的纳米 TiO_2 颗粒对可见光透过率一般影响不大，但对紫外光的屏蔽效果不如前者明显。

（九）聚苯胺/PMMA 气敏复合材料

1. 配方[103]

单位：质量份

原材料	用量	原材料	用量
MMA 单体	100	十二烷基硫酸钠(SDS)	1～5
聚苯胺(PANI)	25	加工助剂	1～2
过硫酸铵(APS)	8.0	其他助剂	适量
十二烷基苯磺酸(DBSA)	10		

2. 制备方法

(1) PMMA 的制备　量取 0.27g SDS，100mL 去离子水加入三口烧瓶中，搅拌使之形成均一的溶液，再逐滴加入 13.5g MMA 单体后，持续搅拌 3h 得到均一的乳液，升温并保持在 81℃，逐滴加入引发剂 APS，2h 加完。再持续反应 6h，提高 PMMA 的转化率。将制得的 PMMA 乳液用广口瓶装好，待用。

(2) PANI/PMMA 的制备　常温下，将定量的 DBSA、去离子水加入三口烧瓶，缓慢搅拌使之形成均一的乳化液，2h 后逐滴缓慢地加入 An 单体，单体加完后搅拌 2h 得到均一乳化液，再逐滴滴入 PMMA 乳液，混合搅拌 30min 后，将配好的 APS 溶液以 5s/滴的速度加入乳液，乳液颜色由浅蓝变成深绿，反应数小时后停止，抽取样品进行检测。同时对样品做 30 天的稳定性观察。

3. 性能

与无机半导体材料相比，气敏材料工艺简单，常温条件下选择性好、成本低廉，这就从根本上解决了现有的无机半导体金属氧化物传感器元件工作温度高、能耗大的问题，从而拓展了气体传感器的应用范围，因而是一种很有发展前途的新型气敏材料。

以聚甲基丙烯酸甲酯（PMMA）为掺杂剂，过硫酸铵（APS）为氧化剂合成 PANI/PMMA 复合物。该复合物是以 PMMA 为核，以 PANI 为表层的新型聚合物，检测表明在室温下对氨气有较好的灵敏度，为 24.7。

（十）羰基铁粉/PMMA/聚苯胺复合吸波剂

1. 配方[104]

单位：质量份

原材料	用量	原材料	用量
PMMA	100	溶剂	适量
聚苯胺(PANI)	40	加工助剂	1～2
羰基铁粉(CIP)	50	其他助剂	适量
过硫酸铵	2～5		

2. 制备方法

(1) CIP/PMMA 复合材料的制备　将羰基铁粉（CIP）加入含 γ-氨丙基三乙氧基硅烷偶联剂的乙酸乙酯溶液中，强力搅拌，得到硅烷偶联剂处理过的 CIP；将处理过的 CIP 加到乙醇水溶液中，超声波分散并搅拌，再加入 PMMA（PMMA∶CIP 的质量比为 2∶1），升温至 65℃滴加过硫酸铵水溶液引发反应（2h 滴完），保温 1h 后反应结束，将所得固体用盐酸及蒸馏水清洗后置于 80℃烘箱内烘干、研磨、磁选得到 CIP/PMMA 复合材料。

(2) CIP/PMMA/PANI 双层包覆复合吸波剂制备　将一定量 CIP/PMMA 复合材料置于装有盐酸的烧杯中，超声波分散并搅拌；再加入适量苯胺单体，然后缓慢滴加过硫酸铵水溶液，滴完后继续反应 2h，反应结束后过滤，依次用无水乙醇和蒸馏水洗涤；过滤物在 80℃真空干燥 12h，磁选后得到 CIP/PMMA/PANI 复合吸波剂。

3. 性能

以苯胺（ANI）、羰基铁粉（CIP）和甲基丙烯酸甲酯（MMA）等为原料，采用化学氧化法和原位复合技术制备了掺杂态聚苯胺（PANI）、羰基铁粉/聚甲基丙烯酸甲酯（CIP/PMMA）和羰基铁粉/聚甲基丙烯酸甲酯/聚苯胺（CIP/PMMA/PANI）吸波剂，用 XRD、SEM、TEM 表征了吸波剂的结构与形貌，通过矢量网络分析仪测定吸波剂的电磁参数表明 CIP/PMMA/PANI 复合吸波剂既有电损耗又有磁损耗。在 2～18GHz 频段内，材料厚度为 1.0mm 时，计算出其最小反射率达－11.26dB，反射率小于－10dB 的带宽为 9.2GHz、小于－8dB 的带宽达 14GHz，计算结果表明该复合吸波剂具有良好的宽频吸波性能。

PANI 是介电损耗物质，CIP 是磁损耗介质，调整两者的比例可使复合材料兼具介电损耗和磁损耗；PMMA 作为透波层，降低了吸波剂的界面反射，改善了介电常数和磁导率的匹配，从而提高了复合吸波剂的吸波性能。

（十一）聚氨酯/PMMA 阻尼材料

1. 配方[105]

单位：质量份

原材料	用量
聚氨酯(聚碳酸酯二元醇-PC-2000：聚氧化丙烯二胺-D-2000＝80：20)	70
聚甲基丙烯酸甲酯/苯乙烯(PMMA/St)	30
3,9-双{1,1-二甲基-2[β-(3-叔丁基-4-羟基-5-甲基苯基)丙酰氧基]乙基-2,4,8,10-四氧杂螺环[5,5]十一烷}(AO-80)	20
月桂酸二丁基锡(DBTDL)	0.5
过氧化二苯甲酰(BPO)	1～3
二苯甲烷二异氰酸酯(MDI)	5～10
其他助剂	适量

2. PU/P（MMA-St）IPN 阻尼材料的制备

在定量经脱水干燥处理过的 PC-2000 和 D-2000 中加入计量的 MDI 和 DBTDL，升温至 85℃反应 2.5h，待体系中游离的异氰酸酯基含量达到理论值时停止反应；加入溶解有 BPO 的乙烯基单体，在氮气保护下于 85℃冷凝回流反应 2h，至体系黏度明显增大后停止反应。降温至室温，加入计量的 HER-L 和 AO-80，充分搅拌 2min，使体系混合均匀后倒入模具中。将模具置于 50℃的真空烘箱中减压处理 30min，脱除气泡后升温至 90℃固化 5h。

3. 性能

（1）SEM 分析结果表明，材料的微观形态控制了宏观阻尼性能，改变 PU 与 P（MMA-St）的组成比可以形成不同的微观结构，从而导致阻尼性能的差异。

（2）DMA 分析结果表明，AO-80 可以提高两组分的相容性，当 PU/P(MMA-St)＝70/30，AO-80 用量为 20 份时，两组分能够形成良好的互穿网络，在－10～85℃的温域内 $\tan\delta>0.3$。

（3）TGA 分析结果表明，P(MMA-St) 含量的增加会提高 IPN 材料的热稳定性，而 AO-80 的加入则会降低 IPN 材料的热稳定性。

（4）力学性能分析结果表明，增加 P(MMA-St) 含量和减少 AO-80 用量均会提高 IPN 材料的力学性能，当 PC-2000：D-2000＝80：20 时，所制备的 IPN 力学性能最佳，拉伸强度高达 21.4MPa。

（十二）PMMA 铁电液晶

1. 配方[106]

单位：质量份

原材料	用量	原材料	用量
液晶材料 4-氰基-4′-戊基联苯(5CB)	100	过氧化二苯甲酰(BPO)	1～2
手性掺杂剂 S811	5.0	加工助剂	1～2
MMA	7.0	其他助剂	适量

2. PNSFLCs 材料的制备

将 ITO 导电玻璃（面积 $3cm^2$）依次用无水乙醇、丙酮、去离子水中超声 15min 真空干燥，待用。

将向列相液晶 5CB 与手性掺杂剂 S811 按 20∶1 的比例混合，得到手性掺杂的铁电液晶。然后向该铁电液晶中加入一定量的 MMA 和 BPO（占 MMA 的 0.5%）。将混合好的溶液滴到 ITO 玻璃内表面，待流延平整后加盖第二个 ITO 玻璃，厚度为 8m，厚度由玻璃纤维控制，封口。再将该液晶盒放入干燥箱中，反应 4h，得到不同 MMA 含量的 PNSFLCs 样品。

3. 性能

见图 5-68 和图 5-69。

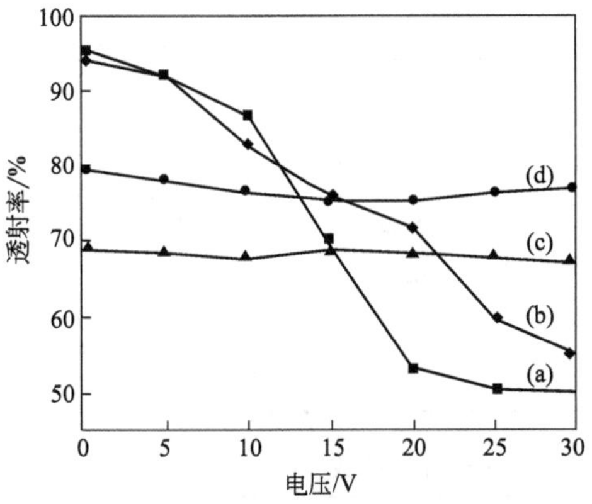

图 5-68 不同 MMA 含量所制备的 PNSFLCs 样品的透射率-电压关系图

(a)—0；(b)—7 份；(c)—10 份；(d)—15 份

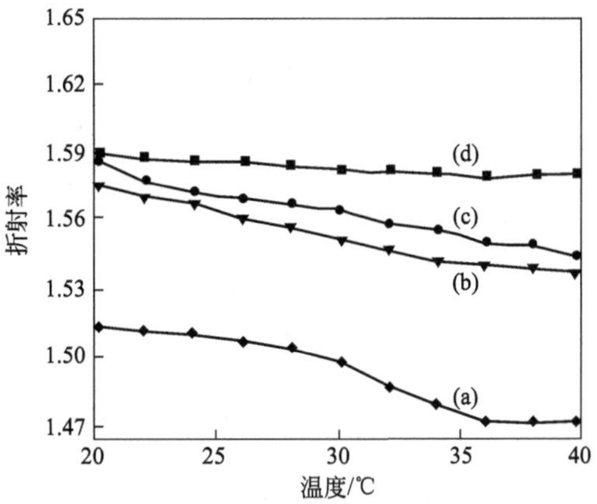

图 5-69 不同 MMA 含量所制备的 PNSFLCs 样品的折射率-温度关系图

(a)—0；(b)—7 份；(c)—10 份；(d)—15 份

以向列型液晶 5CB 和手性掺杂剂 S811 为原料制备了铁电液晶，选择甲基丙烯酸甲酯为聚合物单体，通过热引发聚合制备得到了 PNSFLCs 材料。该制备方法操作简单方便，设备要求低。

所制备的 PNSFLCs 样品的电光响应比小分子液晶的电光性能成线性好，且该 MMA 含量的 PNSFLCs 样品的热稳定性较好。

（十三）PMMA 复合定形相变储热材料

1. 配方[107]

单位：质量份

原材料	配方 1	配方 2	配方 3
PMMA	30	30	30
偶氮二异丁腈(AIBN)	5.0	5.0	5.0
聚乙二醇(PEG6000)	70	—	—
石蜡(PA)	—	70	—
硬脂酸(SA)	—	—	70
加工助剂	1～2	1～2	1～2
其他助剂	适量	适量	适量

2. 复合定形 PCMs 的制备

采用本体聚合法制备复合定形 PCMs，具体实验步骤如下：(1) 取一定量的 MMA 与引发剂 AIBN 加入锥形瓶中，在约 65℃和 150r/min 的磁力搅拌恒温水浴下预聚合 25～30mim；(2) 待预聚物形成黏性薄浆状后，将定量熔融的 PCM (PEG、PA或者 SA) 添加到预聚液中，在约 75℃和 350r/min 的磁力搅拌恒温水浴下继续预聚合，直到混合液达到一定黏度；(3) 将上述混合液倒入预制模具中成型，置于 95℃真空烘箱中 1.5h 左右使其聚合完全。

3. 性能

见表 5-60～表 5-62。

表 5-60　热性能参数

配方	T_m/℃	T_p/℃	ΔH_{exp}/(J/g)	ΔH_{cal}/(J/g)	潜热降幅/%
1	57.16	66.87	111.4	115.85	3.84
2	52.19	61.46	71.6	74.76	4.18
3	64.32	71.98	119.9	126.42	5.15

表 5-61　热解过程参数

配方	热解过程/℃		质量损失/%	
	第一阶段	第二阶段	第一阶段	第二阶段
1	245～330	330～435	6.04	89.75
2	175～320	320～415	76.49	21.32
3	225～340	335～410	74.31	21.45

表 5-62　多次热循环后复合定形 PCMs 的热性能参数

循环次数	配方 1		配方 2		配方 3	
	T_m/℃	ΔH_{fus}/(J/g)	T_m/℃	ΔH_{fus}/(J/g)	T_m/℃	ΔH_{fus}/(J/g)
0	57.16	111.4	52.19	71.6	64.32	119.5
60	57.07	110.6	51.13	69.3	63.76	114.4
100	56.85	109.8	50.07	68.1	63.24	109.2
180	55.92	108.2	50.03	65.8	62.87	107.7

(1) 相同质量百分比的三类复合体系中，基体材料 PMMA 与 PEG 的界面相容性最好，而与 PA 的界面相容性最差。此外，XRD 和 FI-IR 分析结果显示，固-液 PCMs 与 PMMA 复合后，没有新的物相产生。复合体系中两组分之间没有发生化学反应，仅以物理方式结合在一起。

(2) 随着储/放热循环次数的增加，各复合定形 PCMs 体系的熔点和相变焓都有不同程度的降低，其中复合定形 PEG/PMMA 的熔点和相变焓下降幅度最小，热循环稳定性最好。同时，由于可以直接使用而无需额外的封装容器，因而复合定形 PEG/PMMA、PA/PMMA 和 SA/PMMA 均可作为非常经济适用的储能材料。

(十四) MgH_2/PMMA 复合储氢材料

1. 配方[108]

单位：质量份

原材料	用量	原材料	用量
PMMA	12、30、60	加工助剂	1～2
MgH_2	100	其他助剂	适量
THF	5～10		

2. MgH_2/PMMA 复合储氢材料的制备

将 0.5g 左右 MgH_2（98%，质量分数）粉末置于 50mL 球磨罐中，放入适量直径为 1cm 的钢球，保持球料比为 100∶1，以上操作在充有惰性高纯 Ar 的手套箱中完成，然后以 400r/min 的转速在球磨机中球磨 4h。将适量球磨后的 MgH_2 放入 50mL 圆底烧瓶中，加入 20mL 超干 THF 和相应比例的 PMMA，保证烧瓶中气氛为惰性气体，将烧瓶密封。将装有 MgH_2、PMMA 和 THF 的烧瓶在室温下超声 1h。再将烧瓶放入真空干燥箱，室温真空干燥，待 THF 挥发完后升温至 50℃继续真空干燥过夜。最后在超低真空 50℃干燥样品过夜，保证 THF 完全除去，得到的样品为黑色片状材料。

3. 性能

见表 5-63、表 5-64。

表 5-63　不同组成比例的 MgH_2/PMMA 复合材料的 BET 比表面积

复合材料	BET/(m^2/g)	复合材料	BET/(m^2/g)
MgH_2-12 份 PMMA	24.8	MgH_2-60 份 PMMA	2.6
MgH_2-30 份 PMMA	6.3		

12 份 PMMA 复合的材料比表面积为 24.8m^2/g，而 60 份 PMMA 复合的材料比表面积下降到 2.6m^2/g。复合材料不断降低的比表面积也证实了高 PMMA 复合比例的材料更不容易被空气氧化潮解的现象。

表 5-64　不同组成比例的 MgH_2/PMMA 复合材料脱氢性能总结

复合物	理论含氢量/%	实际脱氢量/%	脱氢比例/%
MgH_2+30 份 PMMA	5.8	1.0	17.2
MgH_2+60 份 PMMA	4.8	1.3	27.1
MgH_2+80 份 PMMA	4.2	1.9	45.2

随着 PMMA 复合量的增加，材料的整体含氢量是逐渐降低的，但是它在 200℃的实际脱氢量逐渐增加。对于 30 份 PMMA 复合的材料，只能放出其 17.2%的含氢量，当复合比例上升到 80 份后，材料的脱氢比例上升到了 45.2%。

（十五）多孔阳极氧化铝/PMMA 功能膜

1. 配方[109]

单位：质量份

原材料	用量	原材料	用量
PMMA	10、15、20	氯化铜饱和溶液	适量
多孔阳极氧化铝膜(PAA)	100	磷酸	适量
二甲基甲酰胺(DMF)	5～15	其他助剂	适量

2. 制备方法

(1) PAA 膜的制备　将纯度为 99.999%、厚度为 0.2mm 的高纯铝片裁剪成长方形条，反应面积约为 10mm×20mm。将高纯铝片在丙酮中超声清洗 5min 后用去离子水清洗；在 1mol/L NaOH 中放置约 10min，以除去铅表面上的自然氧化层。在体积比为 1∶4 的高氯酸和无水乙醇的混合溶液中进行电解抛光，溶液温度控制在 0～5℃，氧化电压为 21V，反应时间为 5min。第 1 次阳极氧化在 0.3mol/L 磷酸溶液（5℃）中氧化 4h，氧化电压为 130V。随后，在 6%（质量分数）的磷酸和 18g/L 的铬酸溶液中移除第 1 层氧化铝膜，反应时间为

4h，在温度为60℃的水浴锅中进行。将反应后的铝片在0.3mol/L磷酸溶液（5℃）中氧化45min，氧化电压为130V，随后在5%（质量分数）的磷酸溶液中扩孔120min即可得到直径在300nm左右的规整孔径的PAA膜。

（2）单层纳米柱矩阵PMMA膜的制备　将PMMA固体颗粒溶于DMF溶液中，将装有上述混合物的烧杯口密封以防止其中DMF溶剂的挥发。然后在磁力搅拌器上加热搅拌4h，直至PMMA固体颗粒彻底溶解。将PMMA、DMF溶液分别滴在PAA模板的正面，并在SD-1B型旋转涂膜机内以4000r/min的转速旋涂30s，旋涂两次；涂有PMMA的PAA膜被放入温度为150℃的真空干燥箱（DZF-6020）中保持2h之后自然冷却；随后将涂有PMMA的PAA膜放入氯化铜的饱和溶液中去除铝基底；再在5%（质量分数）磷酸溶液中溶去PAA模板即可得到表面具有纳米柱（直径约300nm）矩阵的PMMA膜。工艺流程示意图如图5-70所示。

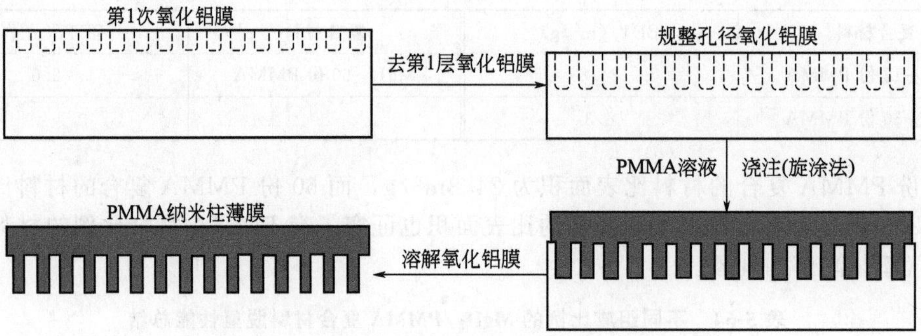

图5-70　具有纳米柱阵列PMMA膜的制备流程图

3. 性能

采用磷酸溶液制备的PAA膜的孔径在300nm左右且排列规整，采用质量份为10份和20份的PMMA/DMF溶液制作的PMMA膜表面的纳米柱的粘连现象较严重，而采用质量份为15份的PMMA/DMF溶液能够得到表面纳米柱间隔均匀的膜。具有表面纳米柱矩阵结构的高聚物的制作方法能够为仿壁虎脚材料和大比表面积材料的制作提供帮助。

（十六）PVDF/PMMA/TiO_2共混膜

1. 配方[110]

单位：质量份

原材料	用量	原材料	用量
PMMA	30	加工助剂	1～2
PVDF	70	其他助剂	适量
TiO_2	5.0		

2. PVDF/PMMA/TiO_2共混膜的制备

将PMMA在干燥烘箱中100℃下干燥4h，将PVDF、PMMA、TiO_2按一定比例共混，混合均匀后，经单螺杆挤出流延机流延成膜。

3. 性能

随着PVDF/PMMA/TiO_2共混体系中PMMA含量的增加，共混体系的结晶度明显降低，使得熔融温度降低，有利于流延膜的塑化加工；并且PMMA的加入有助于PVDF形成极性的β晶相，有利于提高PVDF的黏结性，为后续的背板加工提供基础。随着PMMA和TiO_2的加入，对PVDF分子链规整性的影响会降低共混物的结晶性能，对共混物结晶度影响不大，熔点小幅下降，有利于体系的塑化加工。

（十七）旋转涂覆法制备碳纳米管/PMMA 薄膜

1. 配方[111]

单位：质量份

原材料	用量	原材料	用量
PMMA 溶液	100	聚乙烯醇	适量
单壁碳纳米管(SWCNT)	100	其他助剂	适量
二氯化苯(DCB)	适量		

2. 碳纳米管薄膜制备

(1) 石英基片处理　按如下操作清洗石英基片：用去离子水超声 20min；乙醇超声 20min；去离子水超声 20min；丙酮超声 20min；去离子水超声 20min，将如上操作进行 1～2 次，并烘干石英基片，留做备用。注意由于酒精和丙酮易挥发，且丙酮有中等毒性，超声过程应在密封容器中进行。

(2) 碳纳米管溶液的配制　在超声过程中，将 SWCNT 加入到二氯化苯（DCB）溶剂中，并加入少量的聚乙烯醇以促进 SWCNT 溶解，将 SWCNT 的分散液与聚甲基丙烯酸甲酯（PMMA）溶液以体积比 1∶1 混合，再将 SWCNT/PMMA 混合液进行一段时间超声处理，超声时温度控制在 35～40℃，以制备出 SWCNT 分散性均匀的溶液。

(3) 旋转涂覆　将制备的 SWCNT 溶液烯释成不同溶度，并做一段时间的超声处理，以石英基片为基底，在 UTC-100 型匀胶机上涂膜，每次旋转时间在 25s。涂覆 SWCNT 溶液的石英基片在恒温干燥台上烘干成膜，温度在 80℃，时间为 5min。

3. 性能

用单壁碳纳米管和聚甲基丙烯酸甲酯为原料，二氯化苯为溶剂，制备单壁碳纳米管的分散液，利用旋转涂覆法制得碳纳米管薄膜。影响薄膜厚度的主要因素有旋转速度和溶液溶度、黏度、旋转时间、初始厚度等。在基底和溶液不变时，薄膜厚度与旋转速度的平方根成反比，也就是旋转速度越大，薄膜越薄；在旋转速度不变时，溶液浓度越高，得到的薄膜越厚。因此，在旋转时间不变时，通过控制碳纳米管的浓度和旋转速度可控制薄膜厚度，提高旋转速度有利于制备厚度均匀的薄膜。通过红外光谱仪测试薄膜样品的透过率，得到各薄膜样品在两个波段附近有相似的吸收带。

（十八）太阳能电池封装用 PVDF/PMMA 共混薄膜

1. 配方[112]

单位：质量份

原材料	用量	原材料	用量
PMMA	50	加工助剂	适量
PVDF	50	其他助剂	适量

2. 制备方法

将 PVDF 和 PMMA 按照质量比共混，由单螺杆挤出机在 170～220℃造粒，然后在 190～240℃挤出流延成厚度约 100μm 的薄膜。

3. 性能

见表 5-65、图 5-71。

表 5-65　不同质量比的 PVDF/PMMA 共混薄膜表面 XPS 结果

PVDF/PMMA	F/O(膜表面)	F/O(物料)	F/O(膜表面)/F/O(物料)
90/10	4.42	14.70	0.30
80/20	2.03	6.53	0.30
50/50	4.05	1.63	2.48
20/80	0.31	0.41	0.75

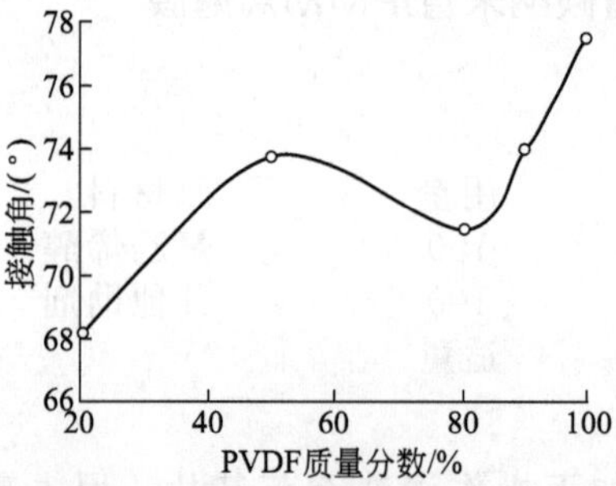

图 5-71　不同质量比的 PVDF/PMMA 共混薄膜与水的接触角

PVDF 与 PMMA 有较好的相容性，并且随 PMMA 在共混体系中含量的增加，PVDF 的结晶能力下降，PMMA 的加入有助于 PVDF 的晶型向 β 晶相转变。

参 考 文 献

[1] 张玉龙，李长德. 塑料配方与制备手册 [M]. 北京：化学工业出版社，2005.

[2] 张玉龙，颜祥平. 塑料配方与制备手册. 第 2 版 [M]. 北京：化学工业出版社，2010.

[3] 张玉龙，王喜梅. 塑料制品配方 [M]. 北京：中国纺织出版社，2009.

[4] 刘文霞，张宝述，孙红娟等. 熔融插层制备聚苯乙烯/蛭石纳米复合材料结构与性能研究 [J]. 化工新型材料，2010，38 (3)：82-84.

[5] 张国运，彭莉，杨秀芳等. 原位插层聚合法制备聚苯乙烯/海泡石纳米复合材料 [J]. 化工新型材料，2011，39 (5)：66-69.

[6] 陈均，刘海龙，洪小琴等. 聚苯乙烯/蒙脱土纳米复合材料的无皂乳液聚合法制备和表征 [J]. 化工新型材料，2013，41 (8)：126-128.

[7] 范红青，谢小林，权红英等. 纳米二氧化钛改性聚苯乙烯对紫外光老化性能研究 [J]. 江西化工，2010 (1)：69-72.

[8] 刘继纯，付梦月，高喜平等. PS/MMT 溶液插层复合材料的制备及流动性能研究 [J]. 塑料科技，2008，36 (7)：20-23.

[9] 次立杰，时伟，高岩磊，梁惠霞. 阻燃高抗冲聚苯乙烯的增韧研究 [J]. 化工新型材料，2010，38 (6)：77-78.

[10] 何洪，傅仁利，沈源等. 氮化硅/聚苯乙烯复合材料电子基板材料制备及性能 [J]. 高分子材料科学与工程，2007，23 (2)：214-217.

[11] 嵇家栋，桂宗彦，程树军等. 聚苯乙烯改性聚丙撑碳酸酯的制备和表征 [J]. 塑料工业，2012，40 (9)：48-51.

[12] 李佳镁，王刚，陈立兴等. 功能化石墨烯片/碳纳米管协同改性聚苯乙烯纳米复合材料的制备和力学性能研究 [J]. 塑料工业，2015，43 (4)：74-78.

[13] 季清，倪亚茹，陆春华等. 空心玻璃微珠/PS 隔热材料的制备及其性能 [J]. 化工新型材料，2012，40 (10)：32-34.

[14] 程冲，何玉晖，王丽雄等. 单分散聚苯乙烯颗粒的制备及其胶体晶体微球的组装 [J]. 化工新型材料，2013，41 (5)：87-90.

[15] 周海鸥，孙梅. Pickering 微乳液聚合制备聚苯乙烯/SiO_2 复合微球 [J]. 化工新型材料，2013，41 (10)：68-70.

[16] 欧阳兆辉，伍林. 易德莲. 聚苯乙烯-SiO_2/$NiFe_2O_3$ 磁性微球的制备与表征 [J]. 化工新型材料，2013，41 (4)：123-125.

[17] 盛维琛，曹顺生，袁新华. 无皂乳液聚合制备阳离子纳米聚苯乙烯微球 [J]. 化工新型材料，2010，38 (10)：124-125.

[18] 何杰，李红，黄浔. 蔗糖/水体系泵磁性聚苯乙烯微球的制备及表征 [J]. 化工新型材料，2009，31 (12)：52-54.

[19] 高海涛，马小华. 乳液聚合法合成聚苯乙烯高分子微球及表征 [J]. 化工新型材料，2013，41 (7)：91-92.

[20] 丁玲，李曦，张超灿. 表面功能化聚苯乙烯磁性微球的制备及表征 [J]. 化工新型材料，2010，38 (10)：50-52.

[21] 周之燕，王秀峰，师杰等. 聚苯乙烯微球的制备及其在光子晶体中的应用 [J]. 化工新型材料，2010，38 (9)：8-10.

[22] 路国忠，赵炜璇，闫晶. 热固性聚苯乙烯保温板的制备工艺及性能研究 [J]. 墙材革新与建筑节能，2014，(10)：50-52.

[23] 邓亮，徐海洋，谢华清等. 废弃聚苯乙烯泡沫塑料制备装饰板材的研究 [J]. 新型建筑材料，2015 (2)：17-20.

[24] 赵子强，马保国，罗作球等. 可膨胀石墨阻燃 PS 保温板材研究 [J]. 新型建筑材料，2013，(12)：38-40.
[25] 刘魁，邓航，曾竟成. 聚苯乙烯泡沫作为风电叶片夹芯材料的可行性研究 [J]. 塑料工业，2011，39 (12)：116-119.
[26] 魏增江，肖成龙，田冬等. 仿荷叶聚苯乙烯超疏水薄膜的制备 [J]. 化工新型材料，2010，38 (3)：74-76.
[27] 王永红，魏旻晖，陈飞，钟国伦. 利用 LB 技术制备发红光聚苯乙烯超薄膜 [J]. 化工新型材料，2010，38 (5)：69-71.
[28] 周峰，陈淼，刘维民. 硅表面聚苯乙烯自组装超薄膜的制备及摩擦磨损性能研究 [J]. 摩擦学学报，2002，22 (2)：81-89.
[29] 伊东，肖殷，王世荣等. 聚苯乙烯微球模板法制备反蛋白石型光子晶体水凝胶薄膜 [J]. 功能材料，2014，45 (3)：115-120.
[30] 陈智军，王益龙，郑辰. ABS 接枝物的制备及其对 γ-PET/ABS 的增容作用 [J]. 合成树脂及塑料，2012，29 (5)：30-33.
[31] 禄秋艺，马凤贺，杨青海等. 马来酸酐接枝物和环氧树脂联合增容对 PP/ABS 复合材料的性能的影响 [J]. 塑料工业，2014，42 (3)：58-61.
[32] 刘志林，汪克风，张海勇等. PA6/ABS 合金的增韧改性研究 [J]. 塑料工业，2013，41 (4)：23-25.
[33] 周健，徐泽平，杨菁菁等. 改性 PC/ABS 合金的研究 [J]. 工程塑料应用，2014，42 (9)：25-29.
[34] 陈健，梁全才，刘小林等. 挤出加工工艺对 PC/ABS 合金力学性能的影响 [J]. 工程塑料应用，2014，42 (2)：59-62.
[35] 刘辉辉，杜一凡，谷志杰等. ABS/PET 合金的相容化研究 [J]. 塑料工业，2014，42 (7)：47-49.
[36] 唐银花，李炜，潘淑婷，冯嘉春. 汽车用 PA6/ABS 共混体系材料抗刮擦性能研究 [J]. 汽车工艺与材料，2014，(12)：24-28.
[37] 方禄辉，孙东成，曹艳霞等. SBS 对 3D 打印 ABS 性能的影响 [J]. 工程塑料应用，2015，43 (9)：54-58.
[38] 谢长琼，何智宇，周元林. 有机改性蒙脱土改性 PC/ABS 合金材料的力学性能研究 [J]. 塑料工业，2012，40 (6)：94-96.
[39] 程攀，张凯舟，郑祥，何力. PVC/ABS/滑石粉合金性能研究 [J]. 塑料工业，2012，40 (6)：33-36.
[40] 郭兰芳，张胜，许弟等. 云母填充 ABS 共混物热性能与机械性能 [J]. 塑料，2011，40 (2)：66-69.
[41] 姚焕英，祝保林. 改性水滑石/ABS 复合材料的制备及性能表征 [J]. 塑料，2012，41 (6)：41-45.
[42] 李爱平，徐海青，狄健等. ABS/改性凹凸棒石粘土复合材料的热性能研究 [J]. 化工新型材料，2013，41 (6)：78-80.
[43] 童绪文，李彦涛，杨丽庭. PP/ABS 相容性及其碳酸钙高填充材料力学性能研究 [J]. 华南师范大学学报，2014，46 (6)：75-79.
[44] 赵薇，汪瑾，朱花竹，徐卫兵. Al_2O_3 对 ABS 复合材料导热性能的影响 [J]. 现代塑料加工应用，2015，27 (1)：46-48.
[45] 李亚东，闫福来，马亿珠等. 氮化铝对 ABS 复合材料导热性能的影响 [J]. 塑料工业，2006，34 (11)：63-65.
[46] 李军伟，刘志锋. 废旧丁腈橡胶粉和空心玻璃微珠改性丙烯腈-丁二烯-苯乙烯共聚物复合材料的研究 [J]. 橡胶工业，2012，59 (2)：74-79.
[47] 魏青，崔文广，高岩磊. ABS/Nano-ATH 复合材料性能研究 [J]. 塑料科技，2009，37 (7)：51-54.
[48] 曾广胜，许超，徐成. 废纸浆/ABS 复合材料的性能研究 [J]. 塑料工业，2011，39 (5)：34-37.
[49] 杨二钘，薛斌，张凯舟，郭建兵. 碱式硫酸镁晶须增强 ABS 复合材料制备及性能 [J]. 塑料，2011，40 (4)：19-20.
[50] 郭建兵，薛斌，何敏等. 高强玻纤增强 ABS 复合材料的制备及性能 [J]. 高分子材料科学与工程，2009，37 (11)：124-127.
[51] 危学兵，邱昌州，刘林祥等. 长玻纤增强 ABS 复合材料的动态力学性能 [J]. 塑料，2014，43 (3)：97-99.
[52] 夏英，马文文，马春等. 芳纶 1414 增强 ABS 复合材料的性能研究 [J]. 塑料科技，2011，39 (1)：51-53.
[53] 黎敏，龙光宝，陈如意等. 无卤阻燃 PC/ABS 合金的研制 [J]. 工程塑料应用，2014，42 (11)：38-42.
[54] 朱道吉，李小宝，周正发等. 膨胀型阻燃剂 APP/MPR/PEPA 的制备及其在 ABS 中的应用 [J]. 塑料工业，2014，42 (3)：107-110.
[55] 李磊，周健，吴承旭等. 无卤阻燃 ABS/TPU 复合材料阻燃性能研究 [J]. 塑料工业，2010，38 (9)：53-56.
[56] 许远远，郭正虹，吴煜等. 有机改性蒙脱土对无卤阻燃 PC/ABS 合金的影响 [J]. 塑料工业，2012，40 (5)：32-35.
[57] 俞海州，韦平，赵小敏等. 改性硅基杂化介孔材料阻燃 PC/ABS 研究 [J]. 工程塑料应用，2012，40 (5)：77-80.
[58] 陈彤，薛平，韩宇等. 填充型导电复合材料注射工艺对导电性的影响 [J]. 工程塑料应用，2014，42 (10)：59-63.
[59] 林嵩岳，兰林生，杨文斌等. 导电 ABS/PETG 共混物的制备及性能研究 [J]. 电池工业，2014，19 (1)：29-34.

[60] 周洪福，王向东，刘国胜等. ABS/碳纳米管抗静电复合材料的制备与表征 [J]. 工程塑料应用，2012，40 (5)：26-29.
[61] 王淑花，魏丽乔，许并社. 抗菌 ABS 纳米复合材料的研究及应用 [J]. 工程塑料应用，2005，33 (6)：8-10.
[62] 龙泽海，刘芝芳，陈国庆. ABS 硬塑玩具用云纹抗菌母粒的制备 [J]. 南华大学学报，2015，29 (3)：96-98.
[63] 李连春，李光吉，丁锐等. 抗菌动能塑料的制备与性能评价 [J]. 塑料工业，2005，33 (4)：43-46.
[64] 王庆，罗燕婉，孙丽君. ABS 管材专用料的开发与加工应用 [J]. 塑料工业，2014，42 (8)：135-137.
[65] 李泽青. ABS 消光板材挤出成型工艺 [J]. 塑料，2009，38 (3)：109-110.
[66] 何连成，王乐，郑红兵等. 板材用 ABS 树脂改性及其加工应用 [J]. 工程塑料应用，2009，37 (12)：30-33.
[67] 孙春福，宋振彪，李国锋等. 板材级 ABS 树脂的研究开发 [J]. 塑料科技，2010，38 (3)：77-81.
[68] 刘鹏. 家电专用 ABS 耐候白色母料 [J]. 工程塑料应用，2013，41 (7)：96-99.
[69] 黄彩霞，王雄刚，陈如意等. 高光耐划伤 ABS 材料制备与性能研究 [J]. 塑料工业，2013，41 (4)：26-28.
[70] 许家友，林凯勉，黄鹄斌等. 高光 ABS/PMMA 的耐磨性 [J]. 塑料，2012，41 (6)：23-25.
[71] 廣吉钧，杨永兵，岳邦毅等. ABS 微孔发泡材料的制备与性能研究 [J]. 工程塑料应用，2012，40 (1)：12-15.
[72] 杨瑞成，夏渊，李进娟等. PMMA/MMT 纳米复合材料聚合反应过程动力学及机理研究 [J]. 应用化工，2010，39 (11)：1639-1641.
[73] 陈均，刘海龙，洪小琴等. 无皂乳液聚合制备 PMMA/MMT 纳米复合材料的研究 [J]. 安徽工业大学学报，2012，29 (4)：353-356.
[74] 徐惠，王伟，卢玉献等. PMMA/凹凸棒粘土复合材料的制备及其性能研究 [J]. 应用化工，2012，41 (8)：1314-1317.
[75] 陈鸿，姜丽红，章文贡等. 荧光性含铕类水滑石/PMMA 复合材料的研究 [J]. 功能材料，2013，44 (6)：843-846.
[76] 张彩宁，王煦漫. PMMA/Al_2O_3 纳米复合材料的制备与性能 [J]. 纺织学报，2012，33 (11)：27-30.
[77] 宋秋生，费彬，闫溥等. 核壳型绢云母/PMMA 复合材料的制备与表征 [J]. 非金属矿，2010，33 (1)：33-35.
[78] 李德玲，董美美，刘景玲等. 聚甲基丙烯酸甲酯/SiO_2 纳米复合物的制备 [J]. 塑料，2011，40 (6)：55-57.
[79] 王欣龙，郑业灿，蔡广志. 溶胶-凝胶法制备 TiO_2/PMMA 纳米复合材料的研究 [J]. 塑料工业，2012，40 (2)：56-59.
[80] 姜勇，胡朝晖，丁燕怀等. 多孔 PMMA/TiO_2 纳米复合材料的制备及其压缩力学性能 [J]. 工程塑料应用，2010，38 (4)：22-24.
[81] 曹丽云，郑斌，黄剑锋等. 氧化锆纤维增强 PMMA-PMA 基复合材料的制备 [J]. 稀有金属材料与工程，2007，36 (1)：781-783.
[82] 张彩宁，王煦漫，郭俊连. 聚甲基丙烯酸甲酯与纳米 Fe_3O_4 的复合研究 [J]. 化工新型材料，2011，39 (8)：125-127.
[83] 宋程，张发爱，余彩莉. 原位乳液聚合法制备 PMMA/SBA-15 复合材料 [J]. 桂林理工大学学报，2011，31 (2)：262-267.
[84] 贾士强，官世云，赵洪等. 定向 MWNTs/PMMA 的原位聚合制备及耐磨损性 [J]. 哈尔滨理工大学学报，2009，14 (3)：102-106.
[85] 戴剑锋，张超，王青等. 反复拉伸法制备单壁碳纳米管定向排列的 SWCNT/PMMA 复合材料 [J]. 新型炭材料，2008，23 (3)：201-204.
[86] 焦迎春，沈同德，杨克亚. 聚甲基丙烯酸甲酯/多壁碳纳米管复合材料的制备与电性能 [J]. 塑料，2012，41 (5)：76-78.
[87] 曾小鹏，张丽珍，袁文霞. RGO 的制备及其对 PMMA/RGO 复合材料介电性能的影响 [J]. 工程塑料应用，2014，42 (7)：11-15.
[88] 吕新虎，王利平，李玉超等. 氧化石墨烯/PMMA 复合材料的制备与表征 [J]. 聊城大学学报，2012，25 (1)：81-84.
[89] 张树鹏. 功能化石墨烯/PMMA 透明复合材料热稳定性能的提高 [J]. 化工新型材料，2012，40 (3)：138-140.
[90] 张旺喜，张倩，龚兴厚等. 原位本体聚合制备聚甲基丙烯酸甲酯/量子点纳米复合材料及其性能 [J]. 武汉工程大学学报，2012，34 (6)：56-58.
[91] 解廷秀. 玻纤增强 PMMA 复合材料的流变行为研究 [J]. 工程塑料应用，2010，38 (11)：68-71.
[92] 王迪，韩义，吴广峰等. 线型低密度聚乙烯溶液接枝聚甲基丙烯酸甲酯 [J]. 塑料工业，2015，43 (1)：35-38.
[93] 杨本宏，邵芳，张霞. POSS/PMMA 纳米复合材料的制备及性能 [J]. 塑料，2010，39 (3)：30-33.
[94] 李春雪，黄凤萍，祝保林. 氰酸酯树脂/聚甲基丙烯酸甲酯合金的异步合成及表征 [J]. 工程塑料应用，2014，42 (12)：11-15.
[95] 蔡渊，蒋亚东，韩莉坤等. 非线性光学聚合物薄膜 DCDHF-2-V/PMMA 的特性 [J]. 高分子材料科学与工程，

2008，24（1）：101-104.
[96] 易松，杨永兵，杨廷海等．含 Eu 络合物掺杂的 PMMA 光致发光薄膜的制备与表征［J］．材料导报，2013，27（2）：86-89.
[97] 李峻峰，邱克辉，赖雪飞等．PMMA 包覆铝酸锶发光粉的制备与表征［J］．化工新型材料，2010，38（8）：44-45.
[98] 罗春华，曹刚剑，董秋静等．HBC/PMMA 复合膜的制备及发光性能［J］．塑料工业，2015，43（3）：98-101.
[99] 王洁琼，杨森，曹子君等．Y_2SiO_5：Ce^{3+}/PMMA 稀土发光复合材料的制备及其荧光性能的研究［J］．稀有金属材料与工程，2013，42（9）：1961-1964.
[100] 俞宪同，王文军，刘云龙等．一种有机聚合物光波导的制备及性能研究［J］．激光与红外，2012，42（4）：417-421.
[101] 段宇，马文石，万兆荣等．导光板用聚甲基丙烯酸甲酯基光扩散材料的研究［J］．液晶与显示，2012，27（1）：26-30.
[102] 陈卢松，黄争鸣，薛聪．纳米 TiO_2 对纳米纤维增强透光复合材料性能的影响［J］．航空材料学报，2009，29（1）：81-86.
[103] 冉慧丽，管永川，李明月等．PANI/PMMA 复合材料气敏性能研究［J］．化工新型材料，2009，37（12）：64-66.
[104] 熊国宣，邓雪萍等．羰基铁粉/聚甲基丙烯酸甲酯/聚苯胺复合吸波剂的制备与性能［J］．复合材料学报，2008，25（4）：35-39.
[105] 周萌，方舟，仲建峰等．受阻酚改性聚酯/聚醚胺型 PU/P（MMA-St）IPN 阻尼性能的研究［J］．玻璃钢/复合材料，2013，（7）：11-14.
[106] 牛小玲，刘卫国，蔡长龙．聚甲基丙烯酸甲酯基网络稳定铁电液晶的制备及性能［J］．化工新型材料，2012，40（7）：31-33.
[107] 王军，张磊，朱教群等．PMMA 基复合定形相变储热材料的制备与性能研究［J］．化工新型材料，2012，40（7）：51-52.
[108] 李志宝，孙立贤，徐芬等．MgH_2/PMMA 复合储氢材料的制备及其脱氢研究［J］．电源技术，2015，39（8）：1668-1670.
[109] 刘皓，赵婷婷，李津等．基于多孔阳极氧化铝的单层纳米柱陈列 PMMA 膜的制备［J］．功能材料，2014，45（11）：11116-11117.
[110] 纪波印，石娜．PVDF/PMMA/TiO_2 共混膜的结晶行为研究［J］．塑料工业，2014，42（8）：77-80.
[111] 朱攀，桑梅，王晓龙等．旋转涂覆法制备碳纳米管薄膜［J］．功能材料与器件学报，2012，18（4）：337-340.
[112] 朱天戈，苑会林，赵薇等．太阳能电池封装用 PVDF/PMMA 共混薄膜的表面形态及组成研究［J］．工程塑料应用，2009，37（10）：48-52.

Chapter 06

第六章 通用工程塑料

第一节 聚酰胺

聚酰胺俗称尼龙，缩写为PA。

一、尼龙改性料经典配方

具体配方实例如下[1~3]。

1. 己内酰胺浇铸成型专用料

单位：质量份

原材料	用量	原材料	用量
己内酰胺	100	增强剂	10～30
异氰酸酯	1.0	偶联剂	4.0
氢氧化钠	0.12	稳定剂	1.0
减摩剂	8～15	其他助剂	适量

说明：该配方设计合理，制备工艺简便，产品质量良好，建议推广应用。

2. 聚酰胺垫片

单位：质量份

原材料	尼龙6	尼龙610
聚酰胺6	100	—
聚酰胺610	—	100
玻璃纤维	10	25
石墨	20	—
钛白粉	0.3	—
对羟基苯甲酸酯	6	—
防老剂	—	0.2
醋酸铜	—	0.2
碘化钾	—	0.2

说明：配方设计优良，制造工艺性好，产品质量满足使用要求。

3. PP/PA6合金增掺母料

单位：质量份

原材料	用量	原材料	用量
PA	40	过氧化二异丙苯	0.3
PP	60	过氧化二苯甲烷	0.1～1.0
PP/苯乙烯/丙烯酸共聚物	10～20	其他助剂	适量

说明：设计合理，制备方法简便可靠，母料分散性良好，已广泛应用。

4. 增韧增强尼龙 66 汽车专用料

单位：质量份

原材料	用量	原材料	用量
尼龙 66/尼龙 6	50～60	偶联剂	1～3
POE/EPDM	5～10	抗氧剂	1～2
相容剂	3～5	加工助剂	1～2
玻璃纤维	30	其他助剂	适量

5. 射钉弹夹用尼龙 6 专用料

单位：质量份

原材料	用量	原材料	用量
尼龙 6	100	润滑剂	0.1
PE	10	颜料	0.3
抗氧剂 1010	0.2	其他助剂	适量
相容剂	2.0		

6. 棕丝用透明尼龙 6 专用料

单位：质量份

原材料	用量	原材料	用量
尼龙 6	100	酰胺类化合物	0.5～1.5
硬脂酸透明剂	0.3	加工助剂	1～2
无机成核剂	0.1～1.0	其他助剂	适量

7. 尼龙 6 纺织梭专用料

单位:质量份

原材料	用量	原材料	用量
尼龙 6	62～72	抗静电剂	5～8
玻璃纤维	20～25	抗氧剂 1010	0.5～1.5
偶联剂	1～2	加工助剂	0.5～1.5
润滑剂	5～8	其他助剂	适量

8. 高抗冲击增强尼龙 66 专用料

单位：质量份

原材料	用量	原材料	用量
尼龙 66	100	偶联剂	1～3
尼龙 66 接枝聚烯烃	15～20	抗氧剂	1～2
玻璃纤维	10～30	加工助剂	1～2
填料	5～15	其他助剂	适量

9. 高刚性耐候超韧尼龙粒料

单位：质量份

原材料	用量	原材料	用量
尼龙 6/尼龙 66(75∶25)	100	抗氧剂	1.0～5.0
增韧剂	15	加工助剂	1～2
相容剂	10	其他助剂	适量
引发剂	0.02～0.03		

10. PA6/ABS/PC 合金粒料

单位：质量份

原材料	用量	原材料	用量
尼龙 6	30	改性剂	0.5
PC	40	抗氧剂	1～4
ABS	28	加工助剂	1～2
ABS-*g*-MAH 相容剂	2.0	其他助剂	适量

11. 尼龙 6（PA6）/ABS 合金粒料

单位：质量份

原材料	用量	原材料	用量
尼龙 6	90	DCP	1.0
ABS	8.0	抗氧剂	1～3
ABS-*g*-MAH	15	加工助剂	1～2
改性剂	5.0	其他助剂	适量

说明：经改性后尼龙/ABS 合金的力学性能有良好改善，可适合于工程制品要求。

12. PA6/PPO 合金粒料

单位：质量份

原材料	用量	原材料	用量
尼龙 6	40～60	增韧剂	5～10
PPO	30～45	加工助剂	1～2
复合相容剂	3～6	其他助剂	适量

说明：用此配方制备的 PA6/PPO 合金综合性能好。冲击强度≥25kJ/m^2；拉伸强度≥50MPa；断裂伸长率≥50%；弯曲强度≥70MPa；弯曲弹性模量≥1680MPa；热变形温度(1.82MPa) ≥160℃。

13. 碳纤维增强尼龙 66（PA66）

单位：质量份

原材料	用量	原材料	用量
尼龙 66	79～94	抗氧剂	1～3
碳纤维(CF)	5～20	加工助剂	1～2
偶联剂	1～1.5	其他助剂	适量

14. 短玻璃纤维增强尼龙 66 复合材料

单位：质量份

原材料	用量	原材料	用量
尼龙 66	100	抗氧剂	1～3
玻璃纤维(GF)	15～40	加工助剂	1～2
偶联剂	1～2	其他助剂	适量

说明：随着 GF 含量的增加，材料的拉伸强度不断提高；而冲击强度随着 GF 含量的增加，先是快速降低至最低点，然后随着含量增加缓慢提高到一个极点，随后在含量继续增大时，冲击强度降低；断裂伸长率随着 GF 含量的增加，先快速降低，到达一定程度后开始缓慢降低；热变形温度随着 GF 含量（小于 15%）的增加大幅度升高，当 GF 含量达到一定值后，热变形温度达到最高点并基本保持不变，这是由高分子材料自身的特性决定的。

15. 长玻璃纤维增强尼龙 6 复合材料粒料

单位：质量份

原材料	用量	原材料	用量
尼龙 6	100	抗氧剂	1～3
高强度玻璃纤维	20～40	加工助剂	1～2
偶联剂	1～3	其他助剂	适量

16. PA6/HDPE/EVA 三元共混改性材料

单位：质量份

原材料	用量	原材料	用量
尼龙 6	100	相容剂	3～5
PE	15	加工助剂	1～2
EVA	2～4	其他助剂	适量

说明：改性后，尼龙 6 的抗冲击效果提高了 30%～40%，拉伸强度也有相应的提高，该材料的适应性更强。

17. 尼龙/EPDM 改性料

单位：质量份

原材料	用量	原材料	用量
尼龙 6/66	100	改性剂	1～2
三元乙丙橡胶(EPDM)	20～40	加工助剂	1～2
相容剂	5～15	其他助剂	适量

18. 尼龙 66/EVA-*g*-MAH/绢云母改性料

单位：质量份

原材料	用量	原材料	用量
尼龙 66	70	偶联剂 KH-570	1～3
EVA	30	加工助剂	1～2
马来酸酐(MAH)	40	其他助剂	适量
绢云母	20～40		

说明：改性后，尼龙 66 的力学性能有了较大提高，吸水性有所改善，其适应性更强。

19. UHMWPE/PUR-T/尼龙 6 (PA6) 共混改性粒料

单位：质量份

原材料	用量	原材料	用量
尼龙 6(PA6)	90	相容剂	1～5
聚氨酯(PUR-T)	10	加工助剂	1～2
超高分子量聚乙烯(UHMWPE)	3.0	其他助剂	适量
POE	3.0		

说明：在 POES 的存在下，PA6/PUR-T/UHMWPE 共混改性粒料的缺口冲击强度、弯曲强度都有大幅度的提高，其中缺口冲击强度达到 14.55kJ/m^2，为纯 PA6(4.5kJ/m^2)的 3.2 倍；同时 PUR-T 还赋予该共混改性粒料的良好的断裂伸长率。

20. 单体浇注尼龙增韧改性料

单位：质量份

原材料	用量	原材料	用量
己内酰胺	100	填料	10～15
十二内酰胺	10～30	加工助剂	1～2
抗氧剂	1～3	其他助剂	适量

说明：增韧改性单体浇铸尼龙可以在绝热条件下，通过已内酰胺与十二内酰胺阴离子催化活化开环共聚制得。增韧改性单体浇铸尼龙能较好满足承受冲击载荷和低温室外使用的实际需要，如在铁路器材、汽车部件等领域的应用，进一步拓宽了尼龙材料的使用范围，是一种很有发展前景的工程塑料。

21. 增韧尼龙滑轮专用料

单位：质量份

原材料	用量	原材料	用量
尼龙 66/尼龙 6	50～60	偶联剂	1～5
增韧剂(POE-*g*-MAH)	10～20	抗氧剂	1～3
相容剂	3.0	加工助剂	1～2
玻璃纤维(GF)	20	其他助剂	适量

22. PPS/尼龙 66 共混改性料

单位：质量份

原材料	用量	原材料	用量
尼龙 66	40	润滑剂	0.3
PPS	60	相容剂	1～3
玻璃纤维	40	加工助剂	1～2
偶联剂	0.5	其他助剂	适量
抗氧剂	0.1		

23. 钴酸钾晶须增强尼龙改性料

单位：质量份

原材料	用量	原材料	用量
聚酰胺	100	抗氧剂	1～3
钛酸钾晶须(PTW)	30	加工助剂	1～2
偶联剂	1～2	其他助剂	适量

说明：采用偶联剂处理 PTW 表面，改善了 PTW 晶须与尼龙的相容性，其弯曲强度和拉伸强度随着晶须含量的增加而提高，起到了增韧作用，复合材料的热稳定性也得到了提高。晶须添加质量近 30 份时，显示出了较高的弯曲强度和拉伸强度。弯曲强度提高 93%，拉伸强度提高 57%。硅烷偶联剂 KH-550 对 PTW 增强 PA 体系的偶联效果较好，偶联剂的适宜用量为 1～2 份。

24. 汽车轴承保持架尼龙专用料

单位：质量份

原材料	用量	原材料	用量
尼龙 66	100	热稳定剂	0.1～0.5
玻璃纤维	25～30	浸润剂	适量
增韧剂	10～20	加工助剂	1～2
偶联剂	1～3	其他助剂	适量
相容剂	5～6		

二、尼龙改性料配方与制备工艺

（一）高岭土填充改性尼龙 66

1. 配方[4]

单位：质量份

原材料	用量	原材料	用量
尼龙 66	100	加工助剂	1～2
高岭土(2500 目)	2～10	其他助剂	适量
甲酸	适量		

2. 制备方法

将尼龙 66 和高岭土在 80℃的真空干燥箱中干燥 12h，称取不同质量的尼龙 66 放入烧杯中，再分别倒入 45mL 的甲酸，置于电炉上 70℃加热，搅拌至尼龙 66 完全溶解，再以尼龙 66 为基准按质量含量为 0、2%、4%、6%、8%、10%的比例加入高岭土，加热搅拌直至混合均匀，倒入培养皿中流延成膜，制得高岭土/尼龙 66 复合材料。

3. 性能

见表 6-1。

表 6-1　尼龙 66 及其高岭土/尼龙 66 的熔融与结晶参数

高岭土含量/质量份	T_m/℃	T_c/℃	ΔH_m/(J/g)	X_t/%
0	250.44	215.27	58.32	29.91
2	260.29	231.32	75.12	39.31
4	260.24	231.41	85.43	45.64
6	255.36	231.41	79.68	43.47
8	260.22	231.25	66.74	37.20
10	260.20	231.25	59.83	34.09

注：T_m 为熔融峰值温度；T_c 为结晶峰温度；ΔH_m 为结晶熔融热；X_t 为结晶度。

（1）高岭土的加入对尼龙 66 结晶的晶型变化没有影响。

（2）高岭土与尼龙 66 之间存在化学键的作用，而非简单的物理共混。

（3）随着高岭土含量的增加，高岭土/尼龙 66 复合材料的结晶度先增加后减少。

（二）黏土填充改性 POE/尼龙 6 纳米复合材料

1. 配方[5]

单位：质量份

原材料	用量	原材料	用量
尼龙 6	85～95	偶联剂	0.5
聚烯烃弹性体(POE)	5～15	加工助剂	1～2
POE-MAH	50	其他助剂	适量
纳米蒙脱土	1～3		

2. 制备方法

采用偶联剂 KH-550 作为有机改性剂对黏土进行改性，首先把黏土分散于乙醇/蒸馏水（3/1）混合溶液中，混合均匀，加热至 80℃恒温，然后将乙醇/蒸馏水混合溶液处理后的偶联剂混合液滴加入黏土混合液中，恒温搅拌 6h，抽滤，洗涤，真空干燥 24h，研磨后过 325 目筛。

采用熔融方法在 POE 上接枝马来酸酐，首先按照一定比例称取 MAH 和 BPO 加入到丙酮中溶解，溶液与 POE 混合均匀，自然挥发除去丙酮，在单螺杆挤出机上挤出造粒。

将所有原料充分干燥后按照一定的比例在高速混合机中混合均匀，然后在双螺杆挤出机上挤出，冷却，造粒，双螺杆挤出机各区温度（单位:℃）设置为200、230、240、240、230（机头），螺杆转速为180～200r/min。粒料70℃鼓风干燥12h后，用注塑机注塑成标准样条。

3. 性能

见图6-1。

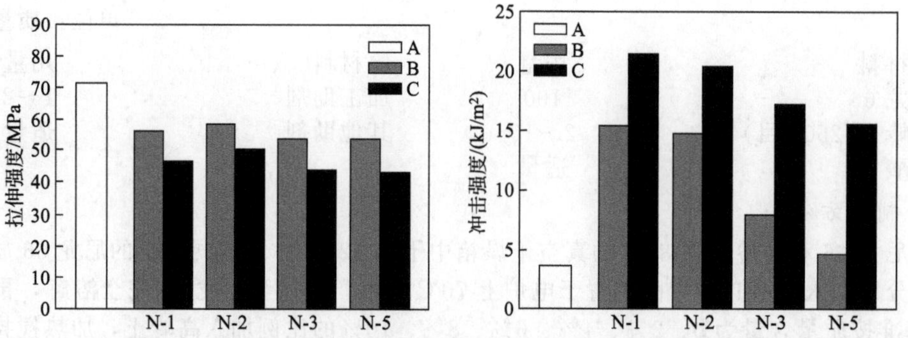

图6-1　PA6和PA6/POE/黏土纳米复合材料的拉伸强度与冲击强度

A—PA6；B—复合材料（PA6/POE/POE-MAH=95/5/5）；C—复合材料（PA6/POE/POE-MAH=85/15/5）；N-1，N-2，N-3，N-5分别表示有机黏土含量为1份，2份，3份，5份的PA6/POE/黏土纳米复合材料

（三）蒙脱土填充改性尼龙66纳米复合材料

1. 配方[6]

单位：质量份

原材料	用量	原材料	用量
尼龙66	100	加工助剂	1～2
有机蒙脱土	1、2、3、4、5	其他助剂	适量
偶联剂	0.5		

2. 制备方法

称取一定量的尼龙66盐，将有机蒙脱土按尼龙66盐的1份、2份、3份、4份、5份混合，置入高压反应釜中，一定温度和压力下原位聚合法制备尼龙66及其复合材料，分别将样品记为PA66，PA66-1，PA66-2，PA66-3，PA66-5。

3. 性能

见表6-2和表6-3。

表6-2　尼龙66与复合材料的力学性能

试样	拉伸强度/MPa	弯曲强度/MPa	冲击强度/(kJ/m²)	HDT/℃	成炭率/%
PA66	71.0	82.5	3.23	58.3	1.59
PA66-1	82.8	91.3	3.19	68.9	2.86
PA66-2	84.0	94.9	3.15	75.4	4.43
PA66-3	81.1	97.0	2.91	80.3	5.38
PA66-5	75.7	93.7	2.78	87.2	6.82

表6-3　尼龙66与复合材料的热分解参数

试样	T_{di}/℃	T_d/℃	T_{df}/℃	$T_{0.5}$/℃
PA66	423.9	453.7	490.6	449.0
PA66-1	438.3	464.5	496.5	455.6
PA66-2	438.8	457.7	493.2	456.1
PA66-3	434.6	458.8	491.7	453.6
PA66-5	424.2	463.3	484.5	448.3

注：T_{di}为起始热分解温度；T_d为最快热分解温度；T_{df}为终止热分解温度；$T_{0.5}$为质量损失50%时的热分解温度。

（四）碳纳米管改性尼龙1010复合材料

1. 配方[7]

单位：质量份

原材料	用量	原材料	用量
尼龙 1010	100	加工助剂	1～2
多壁碳纳米管(MWNT)	10	其他助剂	适量
二元胺	适量		

2. 制备方法

(1) MMNT—COOH 的制备　在装有机械搅拌器的 500mL 三口圆底烧瓶中，加入 10.078g 干燥的碳纳米管原料和 300mL 60%浓硝酸和 98%（质量分数）浓硫酸的混酸，用 40kHz 超声波处理 30min 后，并装上球型冷凝管及尾气吸收管放到油浴中，加热到回流状态，搅拌下反应 24h，反应结束后，冷却，用去离子水稀释 10 倍，然后用布氏抽滤装置经 ϕ0.22μm 混纤微孔滤膜抽滤，滤饼用去离于水反复洗涤多次至中性，在 80℃真空干燥 24h 后，研磨得到酸化的碳纳米管 MWNT—COOH，产率为 50%～60%。

(2) 复合材料的制备如下　在反应器内加入干燥的尼龙单体盐 36g，并适当添加部分二元胺以补充聚合过程中胺的挥发，用玻棒层层压实后装入三口烧瓶中。先将系统抽真空后，通入高纯度 N_2 以移除空气。该过程反复 3 次后，始终在 N_2 的保护下升温至 190℃，使物料融化并保持 2h。接着，加入前述步骤制备的 MWNT—COOH 4g，再升温至 225℃，关闭 N_2 口抽真空，反应 4h 后撤去热源，待三口玻璃瓶冷却后，取出尼龙 1010/碳纳米管复合材料。

3. 性能

碳纳米管与尼龙 1010 分子链形成了较强的作用力，并且部分尼龙分子链可能接枝于碳纳米管上。

（五）石墨改性尼龙 46 导热复合材料

1. 配方[8]

单位：质量份

原材料	用量	原材料	用量
尼龙 46(聚己二酰丁二胺)	50～90	加工助剂	1～2
石墨(100μm)	10～50	其他助剂	适量
硅烷偶联剂 KH-570	1.0		

2. 石墨改性 PA46 导热复合材料的制备

采用硅烷偶联剂（KH-570）表面改性的导热石墨对 PA46 基体材料进行填充改性，填充石墨与 PA46 的质量比分别为：0/100、20/80、30/70、40/60、50/50，通过混炼共混，挤出造粒，制备导热复合材料，通过注射成型方法制备出测试样品。

3. 性能

见图 6-2、图 6-3。

(1) 随石墨质量分数的增加，石墨改性 PA46 复合材料的热导率和热扩散系数显著增加，拉伸强度和冲击强度稍有降低。石墨质量分数为 50%时，热导率达到 3.743W/(m·K)，为纯 PA46 的 13.91 倍；热扩散系数为 2.344mm^2/s，为纯 PA46 的 15.95 倍。

(2) 随着石墨质量的增加，石墨在 PA46 基体中互相接触的概率逐渐增加，并且互相搭接形成链状、网状的导热通路。

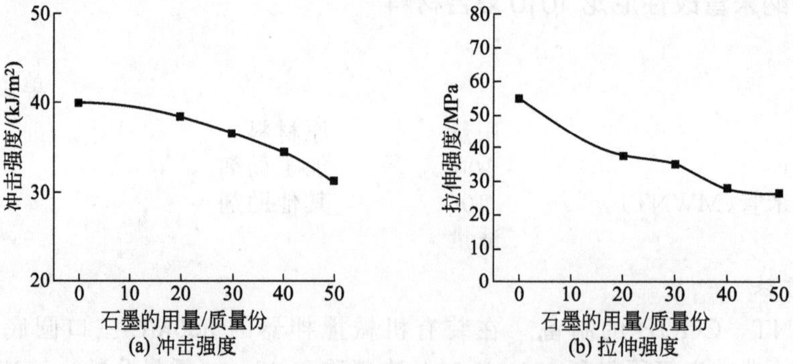

图 6-2　石墨的用量对冲击强度和拉伸强度的影响

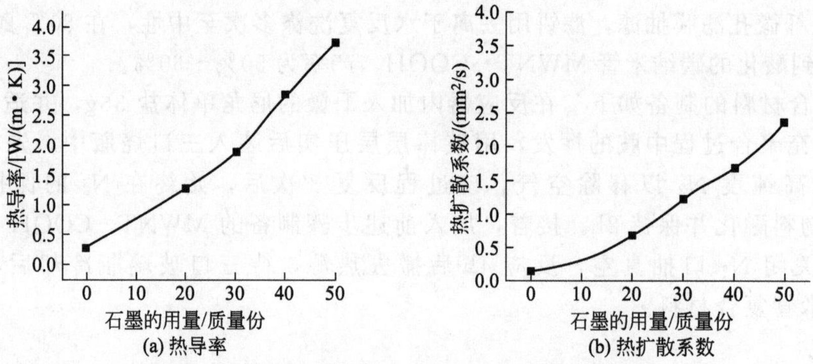

图 6-3　石墨的用量对热导率和热扩散系数的影响

（六）玻纤增强尼龙复合材料

1. 配方[9]

单位：质量份

原材料	配方 1	配方 2	配方 3	配方 4
尼龙 6	100	100	100	100
玻璃纤维(GF)	15	15	15	15
马来酸酐接枝反式-1,4-聚异戊二烯(TPI-*g*-MAH)	10	—	—	—
马来酸酐接枝乙烯-辛烯共聚物(POE-*g*-MAH)	—	10	—	—
马来酸酐接枝三元乙丙橡胶(EPDM-*g*-MAH)	—	—	10	—
马来酸酐接枝氢化苯乙烯-丁二烯-苯乙烯共聚物(SEBS-*g*-MAH)	—	—	—	10
加工助剂	1～2	1～2	1～2	1～2
其他助剂	适量	适量	适量	适量

2. 制备方法

将干燥好的PA6，增韧剂（TPI-*g*-MAH，POE-*g*-MAH，EPDM-*g*-MAH 和 SEBS-*g*-MAH），GF 和助剂按一定配比经双螺杆挤出机挤出造粒，设定 GF 质量为 15 份。挤出温度

(单位:℃)依次设为 235，245，250，250，235，225，225，220，230。将挤出粒料在鼓风烘箱中干燥 4h 后注塑成标准试样，注塑温度（单位:℃）从加料口到喷嘴依次为 260，250，240，230。

3. 性能

见图 6-4～图 6-7。

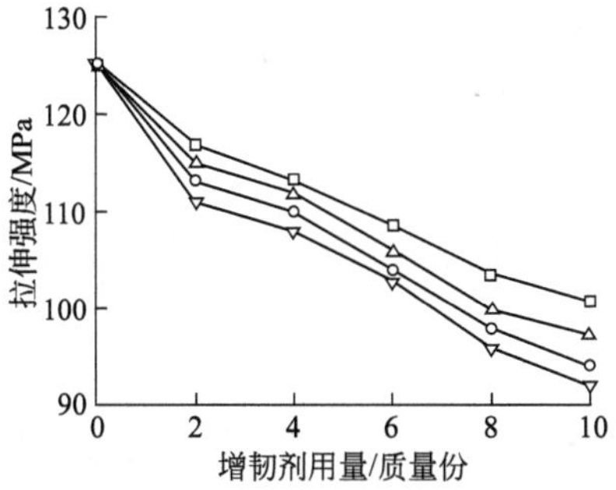

图 6-4 增韧剂种类及含量对 GF 增强 PA6 复合材料拉伸强度的影响

□—TPI-*g*-MAH；△—POE-*g*-MAH；○—EPDM-*g*-MAH；▽—SEBS-*g*-MAH

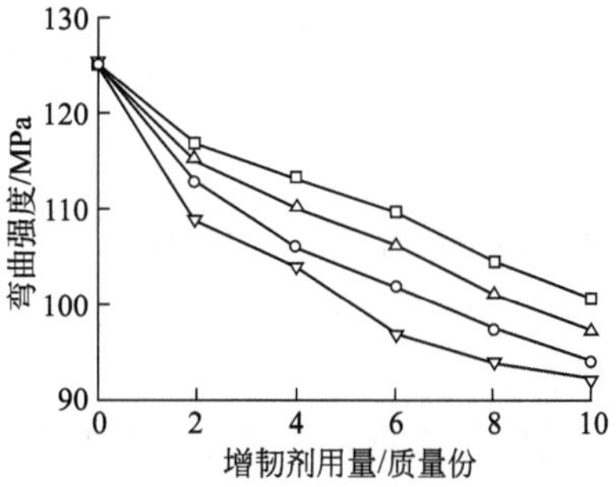

图 6-5 增韧剂种类及含量对 GF 增强 PA6 复合材料弯曲强度的影响

□—TPI-*g*-MAH；△—POE-*g*-MAH；○—EPDM-*g*-MAH；▽—SEBS-*g*-MAH

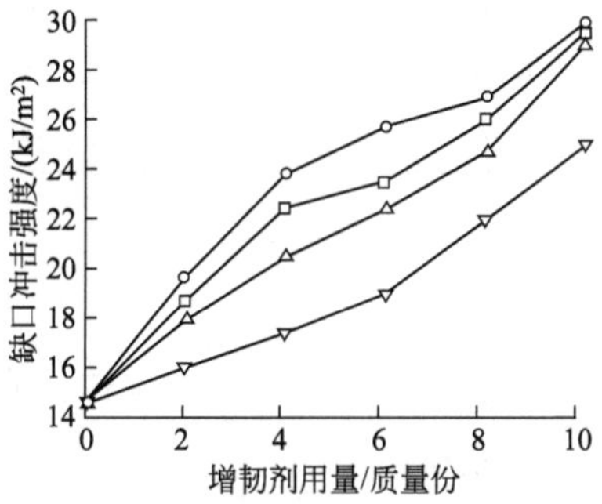

图 6-6 增韧剂种类及含量对 GF 增强 PA6 复合材料冲击强度的影响

□—TPI-*g*-MAH；△—POE-*g*-MAH；○—EPDM-*g*-MAH；▽—SEBS-*g*-MAH

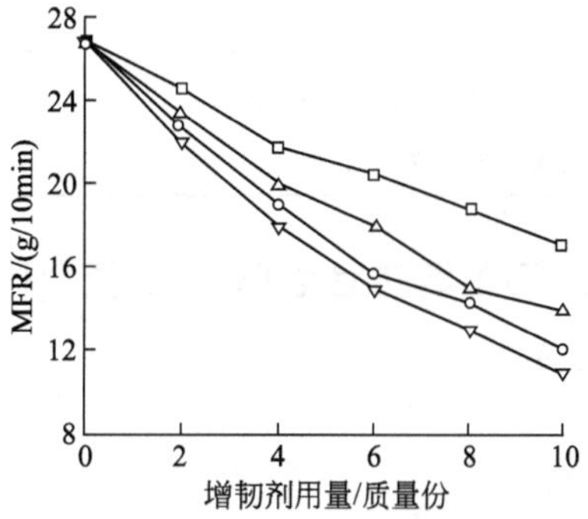

图 6-7 增韧剂种类及含量对 GF 增强 PA6 复合材料 MFR 的影响

□—TPI-*g*-MAH；△—POE-*g*-MAH；○—EPDM-*g*-MAH；▽—SEBS-*g*-MAH

（七）玻纤增强尼龙 66 轴承保持架专用料

1. 配方[10]

单位：质量份

原材料	用量	原材料	用量
尼龙 66	100	偶联剂	0.7
玻璃纤维(GF)	20～30	润滑剂	0.2
热稳定剂	3.0	加工助剂	1～2
抗氧剂 1098	1.0	其他助剂	适量

2. 制备方法

将 PA66 粒子、各种改性剂按一定比例经高速混合机混合均匀，添加到双螺杆挤出机的进料仓，由进料仓经过计量系统控制下料量喂入双螺杆，GF 通过双螺杆挤出机加入。混合料经过双螺杆挤出、水冷却、切粒后，再在注塑机上注塑成各种试样。工艺流程如图 6-8 所示。

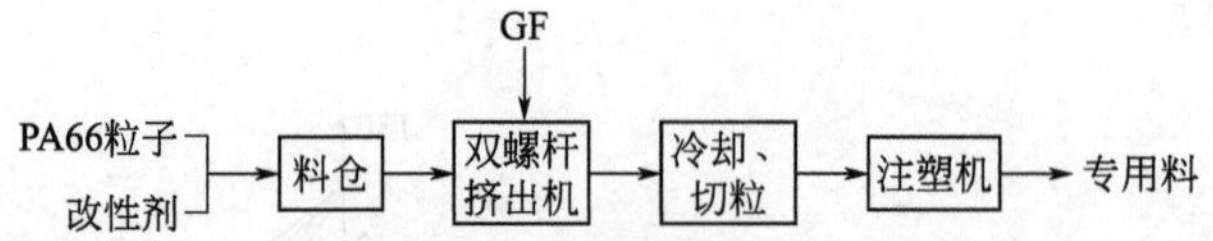

图 6-8 制备流程图

双螺杆挤出机 1 区、2 区前段、2 区后段、3 区、4 区、5 区、机头区温度（单位:℃）分别为 266、273、275、270、270、270、274。

3. 性能

采用同样的试验方法对德国巴斯夫公司的轴承保持架专用料 A3HG5 进行性能检测，其性能如表 6-4 所示。

表 6-4 巴斯夫公司与本公司 PA66/GF 复合材料的力学性能比较

项 目	本公司	巴斯夫公司
GF 质量分数/%	25.5	25±1
拉伸强度/MPa	158.2	157±4
断裂伸长率/%	4.3	4.5±1.5
简支梁缺口冲击强度/(kJ/m^2)	17.0	11±2
简支梁冲击强度/(kJ/m^2)	76.0	61±5

（八）石墨填充尼龙 66 导热复合材料

1. 配方[11]

单位：质量份

原材料	用量	原材料	用量
尼龙 66	50	辅抗氧剂(DLTP)	0.1
鳞片石墨	20～50	润滑剂(PETS)	0.2
超支化尼龙(HPA)	50	加工助剂	1～2
钛酸酯偶联剂(TMC-931)	1.5	其他助剂	适量
抗氧剂 1010	0.3		

2. 制备方法

首先将鳞片石墨先经过 95℃/8h 干燥，然后用质量分数 1.5%的 TMC-931 处理改性鳞片石墨；HPA 和 PA66 在 105℃下干燥 12h。按物料配比把预设量的鳞片石墨、HPA、PA66、各种助剂在高速混合机内混合 10min，然后再在双螺杆挤出机上挤出造粒，挤出温度（单位:℃）为 200、230、240、255、260、245。粒料在 105℃下干燥 12h，通过注塑机注塑样条，注塑温度（单位:℃）是 255、270、265。同时，以相同的方法在不添加 PA66 的情况下制备了 HAP/石墨复合材料。

3. 性能

见图 6-9～图 6-11。

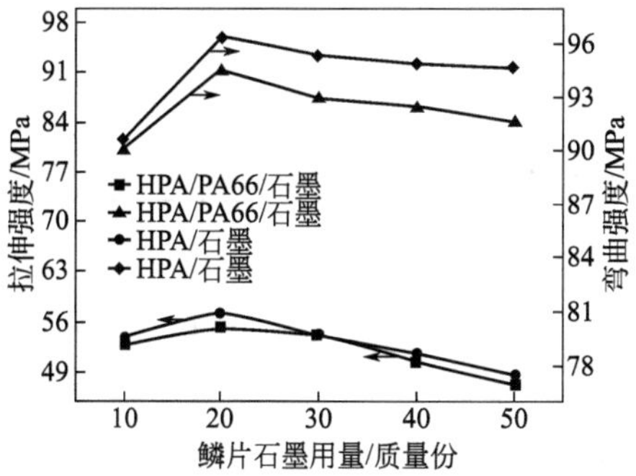

图 6-9 HPA/PA66/石墨复合材料拉伸、弯曲强度曲线

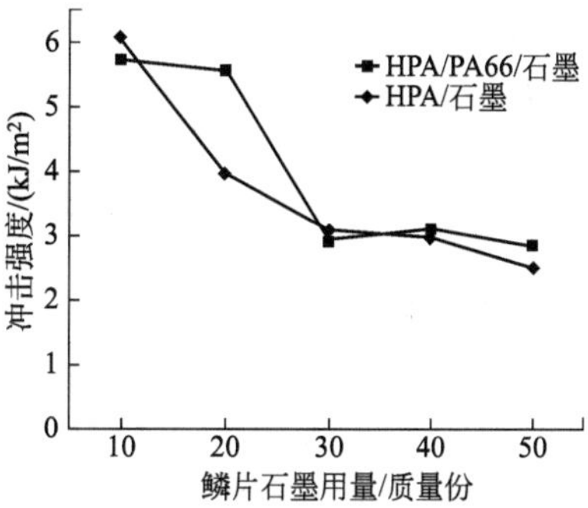

图 6-10 HPA/PA66/石墨复合材料冲击强度曲线

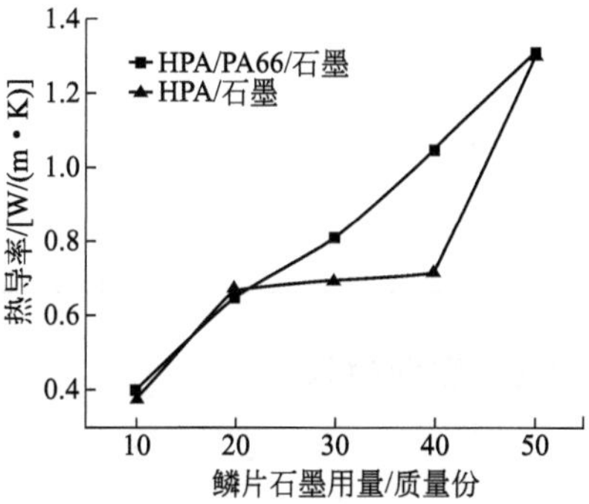

图 6-11 HPA/石墨和 HPA/PA66/石墨体系热导率曲线

(九)碳纤维增强尼龙 66 复合材料

1. 配方[12]

单位：质量份

原材料	用量	原材料	用量
尼龙 66	100	光稳定剂	0.5
碳纤维	10～40	加工助剂	1～2
偶联剂	1.5	其他助剂	适量
抗氧剂	1.0		

2. 制备方法

在尼龙 66 连续聚合生产过程中，将经过真空干燥除水后的碳纤维经上料装置，连续送入螺杆挤出机喂料口，然后经造粒系统造粒，得到碳纤维增强尼龙 66 粒子，最后再经干燥除水，通过注塑机制备出所需样条。工艺流程见图 6-12。

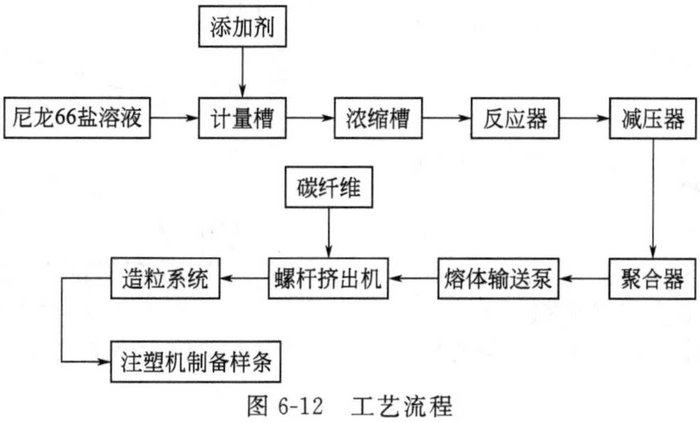

图 6-12 工艺流程

3. 性能

见表 6-5。

表 6-5　碳纤维增强尼龙 66 的性能

检测项目		试样名称			
		$1^{\#}$	$2^{\#}$	$3^{\#}$	尼龙 66
拉伸强度/MPa		243.7	245.4	237.2	79.8
断裂伸长率/%		4.2	4.8	4.5	32.6
弯曲模量/GPa		14.80	15.71	13.76	2.76
弯曲强度/MPa		306.4	305.3	297.7	84.6
简支梁冲击强度/(kJ/m^2)	缺口	16.2	15.8	14.9	3.1
	无缺口	131.8	130.9	128.5	不断

（十）碳纤维增强尼龙 6T/66 复合材料

1. 配方[13]

单位：质量份

原材料	用量	原材料	用量
尼龙 6T/66	100	抗氧剂	1.0
碳纤维(T200-12K)	10～40	加工助剂	1～2
偶联剂	1.5	其他助剂	适量

2. 制备方法

PA6T/66 共聚物在真空烘箱中真空干燥 24h。将干燥好的物料和碳纤维（CF）一起通过挤出机挤出造粒，挤出机的温度（单位：℃）参数为：260、280、300、310、310、310、320、320、315、310，碳纤维为 10～40 份。造粒好的复合材料再次在真空烘箱中真空干燥 24h。将干燥好的复合材料通过注塑机注塑成标准样条。

3. 性能

见图 6-13～图 6-15。

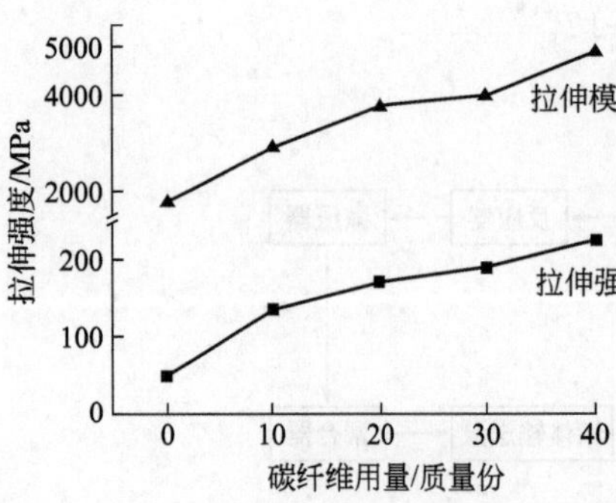

图 6-13　CF 含量对共混体系拉伸性能的影响

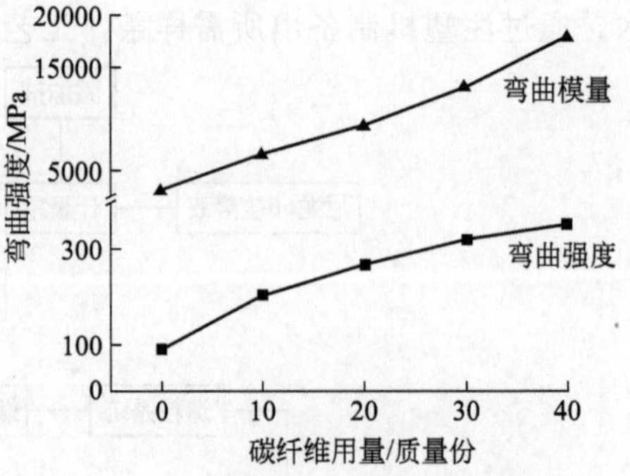

图 6-14　CF 含量对共混体系弯曲性能的影响

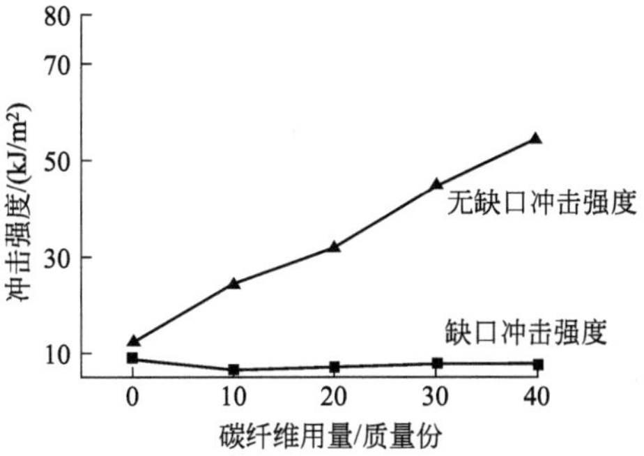

图 6-15　CF 含量对共混体系冲击性能的影响

三、阻燃尼龙经典配方

具体配方实例如下[1~3]。

1. 硅锡协同阻燃尼龙 6

单位：质量份

原材料	用量	原材料	用量
尼龙 6	95	填料	10～20
氯化亚锡($SnCl_2$)	4.0	加工助剂	1～2
聚氨丙基苯基倍半硅氧烷(PAPSQ)	1.0	其他助剂	适量

说明：

① $SnCl_2$ 与 PAPSQ 复配对 PA6 有协同阻燃效果，当 $SnCl_2$ 的用量为 4 份，PAPSQ 的用量为 1 份时，PA6 的氧指数达到 31%，燃烧时无熔滴现象。

② PA6/$SnCl_2$/PAPSQ（95/4/1）体系的 PHRR、AHRR 和 THR 比纯 PA6 的分别下降了 17%、23%和 24%，表明复配阻燃剂的加入使 PA6 在火灾中的危险性降低；AEHC 下降了 27%，意味着 PA6 在燃烧过程中释放出挥发物的燃烧效率明显降低，有利于阻燃性能的提高。

2. $Mg(OH)_2$ 聚氨丙基苯基倍半硅氧烷协同阻燃改性尼龙 6

单位：质量份

原材料	用量	原材料	用量
尼龙 6	55	填料	5～8
$Mg(OH)_2$	40	加工助剂	1～2
聚氨丙基苯基倍半硅氧烷(PAPSQ)	5.0	其他助剂	适量

说明：$Mg(OH)_2$ 与 PAPSQ 复配有协同阻燃效果，当 $Mg(OH)_2$ 的用量为 40 份，PAPSQ 的用量为 5 份时，PA6 的 LOI 达到 41%，垂直燃烧测试通过 UL-94 V-0 级。

3. 增韧改性阻燃尼龙 6

单位：质量份

原材料	用量	原材料	用量
尼龙 6	100	过氧化二异丙苯	0.5～1.0
增韧剂	20	分散剂	0.5
相容剂	1～2	加工助剂	1～2
十溴联苯醚	10～18	其他助剂	适量
Sb_2O_3	5～9		
抗氧剂 1010	1～2		

4. 增强阻燃尼龙 6

单位：质量份

原材料	配方 1	配方 2
尼龙 6	57	70
阻燃剂 A(三聚氰胺)	10	—
阻燃剂 B(三聚氰胺磷酸盐)	—	10
阻燃剂 C(氰尿酸)	7.5	9.5
成炭剂(季戊四醇磷酸酯)	0.3	0.3
玻璃纤维	25	10
偶联剂	1～3	1～3
抗氧剂 1010：抗氧剂 168(1：1)	0.2	0.2
加工助剂	1～2	1～2
其他助剂	适量	适量

说明：热塑性无卤阻燃增强尼龙 6 树脂组合物具有高效的阻燃性能，阻燃等级可达到 UL-94 标准的 V-0 级，适用于注塑成型各种有环保阻燃要求的电子电气设备和家电产品。

5. 改性三聚氰胺氰酸盐阻燃尼龙 6

单位：质量份

原材料	用量	原材料	用量
尼龙 6(PA6)	100	抗氧剂	1～3
三聚氰胺氰酸盐(MCA)	4.0	加工助剂	1～2
WEX-MCA 改性剂	6.0	其他助剂	适量

说明：改性剂 WEX 与 MCA 可相互作用形成分子复合物，降低 MCA 阻燃剂的熔点温度。改性 MCA 在与 PA6 共混复合过程中可软化、变形、破碎，实现阻燃剂粒子超细均匀分散。复合剂在聚合物材料燃烧过程中能够有效参与成炭，在材料表面形成致密的保护层，进一步增强 MCA 阻燃 PA6 材料的凝聚相阻燃效果，提高其阻燃性能。

6. 无卤阻燃增韧尼龙 6/尼龙 66 合金

单位：质量份

原材料	配方 1	配方 2	原材料	配方 1	配方 2
尼龙 6	45	40	相容剂 EPDM-*g*-MAH	—	5
尼龙 66	33	41	季戊四醇磷酸酯	0.2	0.2
阻燃剂 A 三聚氰胺	12	—	抗氧剂 1010	—	0.5
阻燃剂 A 三聚氰胺磷酸盐	—	8	抗氧剂 1010/168(1：1)	0.5	—
阻燃剂 B 氰尿酸	4	5	抗紫外剂 770	0.3	0.3
相容剂 PP-*g*-MAH	5	—	其他助剂	适量	适量

说明：无卤阻燃尼龙 6/尼龙 66 合金具有高效的阻燃性能，阻燃等级可达到 UL-94 标准的 V-0 级，适用于注塑成型各种有环保阻燃要求的电子电气设备和家电产品。

7. 阻燃抗静电增强尼龙 6 风机叶片

单位：质量份

原材料	用量	原材料	用量
尼龙 6	40～55	玻璃纤维	25～30
增韧剂	5～8	偶联剂	1～3
阻燃剂	15～25	抗氧剂	1～2
相容剂	2～6	加工助剂	1～2
抗静电剂	5～8	其他助剂	适量

8. 阻燃抗静电尼龙柱靴

(1) 柱靴内部材料配方

单位：质量份

原材料	用量	原材料	用量
尼龙 6	50～60	偶联剂	1～3
玻璃纤维	20～30	加工助剂	1～2
阻燃母料	10～20	其他助剂	适量

(2) 柱靴外浸附层配方

单位：质量份

原材料	用量	原材料	用量
浸附剂	400～500	抗静电剂	250～350
稀释剂	80～125	加工助剂	10～20
阻燃剂	200～265	其他助剂	60～80

9. PMMA/MC 阻燃改性尼龙 6

单位：质量份

原材料	用量	原材料	用量
尼龙 6	100	抗氧剂	1～3
PMMA/氰尿酸三聚氰胺(MC)	20	加工助剂	1～2
相容剂	1～5	其他助剂	适量

说明： 氧指数 37%，拉伸强度 42MPa，冲击强度 6.8kJ/m^2。

10. 高阻燃性增强尼龙 6

单位：质量份

原材料	配比 1	配比 2	配比 3	配比 4	配比 5	配比 6
PA6	51.0	51.0	51.0	49.0	40.0	55.0
聚溴化苯乙烯	11.5	11.5	11.5	11.5	20.5	5.6
三氧化二锑	1.0	1.0	1.0	1.0	1.0	1.0
硼酸锌	12.0	12.0	12.0	—	—	—
氢氧化镁	—	—	—	14.0	14.0	—
硼酸镁	—	—	—	—	—	14.0
硼脂酸钙	0.2	0.2	0.2	0.2	0.2	0.2
抗氧剂 1098	0.15	0.15	0.15	0.15	0.15	0.15
抗氧剂 168	0.15	0.15	0.15	0.15	0.15	0.15
聚硅氧烷粉	0.5	0.5	0.5	0.5	0.5	0.5
滑石粉 400 目	23.5	—	—	23.5	—	23.5
滑石粉 1250 目	—	23.5	—	—	—	—
玻璃纤维	—	—	23.5	—	23.5	—
其他助剂	适量	适量	适量	适量	适量	适量

11. 纳米氧化锌改性膨胀型尼龙 66

单位：质量份

原材料	用量	原材料	用量
尼龙 66	100	抗氧剂	1～3
三聚氰胺/多聚磷酸铵	10～20	加工助剂	1～2
膨胀型阻燃剂	10～20	其他助剂	适量
纳米氧化锌	2.0		

12. 阻燃尼龙 1010

单位：质量份

原材料	用量	原材料	用量
尼龙 1010	70～80	抗氧剂	1～3
阻燃剂 1	6～8	加工助剂	1～2
阻燃剂 2	5～7	其他助剂	适量
阻燃剂 3	3～5		

13. 阻燃尼龙 66（一）

单位：质量份

原材料	用量	原材料	用量
尼龙 66	100	氯化亚锡	2～5
三聚氰胺异氰尿酸酯	10～20	加工助剂	1～2
炭黑	10～20	其他助剂	适量
抗氧剂	1～5		

14. 阻燃尼龙 66（二）

单位：质量份

原材料	用量	原材料	用量
尼龙 66	100	偶联剂	1～3
玻璃纤维	30	抗氧剂	1～2
无机阻燃剂	10	加工助剂	1～2
赤磷	10	其他助剂	适量

15. 阻燃尼龙 66（三）

单位：质量份

原材料	阻燃	阻燃增强
聚酰胺 66	100	100
芳香溴化合物（主阻燃剂）	20.8	15～20
含氮杂环化合物（助阻燃剂）	8.4	8～10
三氧化二锑	5.1	5～6
玻璃纤维	44.8	40～50
硅烷偶联剂	0.5	1
其他助剂	适量	—

四、阻燃尼龙配方与制备工艺

（一）无卤阻燃尼龙 6 复合材料

1. 配方[14]

单位:质量份

原材料	用量	原材料	用量
尼龙	70	加工助剂	1～2
玻璃纤维	30	其他助剂	适量
无卤阻燃剂(IFR)	25		

2. 制备方法

按比例将玻纤增强尼龙、阻燃剂 IFR 以及其他助剂在高速混合机中充分混合，加入双螺杆挤出机挤出造粒，干燥后，依据测试内容不同注塑制成各种标准要求的样条。

3. 性能

(1) 随着无卤阻燃剂（IFR）的增加，玻纤增强尼龙复合材料的燃烧性能逐渐提高，力学性能逐渐下降。当IFR的加入量为25份时，阻燃复合材料的LOI达到31%，阻燃级别为V-0级，拉伸强度为78.86MPa，冲击强度为5.06kJ/m^2，综合性能比较优异。

(2) 随着IFR的加入，玻纤增强尼龙6复合材料的热分解行为发生了变化，并且在不同的气氛中，热降解机理不同，但阻燃复合材料的成炭行为都得到很大改善。

（二）次磷酸盐改性阻燃尼龙6

1. 配方[15]

单位：质量份

原材料	用量	原材料	用量
尼龙6	52	偶联剂	1.0
玻璃纤维	30	抗氧剂	0.5
苯基次磷酸铝	10	加工助剂	1～2
三聚氰胺氰尿酸(MC)	6.5	其他助剂	适量

2. 制备方法

(1) 阻燃剂的制备　按照苯基次磷酸铝：MC：硅烷偶联剂：抗氧剂配比配合后，投入高速混合机加热高速混合，升温至80℃并保持2h。

(2) 阻燃玻纤增强PA6的制备　将自制的阻燃剂在真空干燥箱中于120℃下干燥4h，PA6于普通烘箱中于105℃下干燥4h。按阻燃剂、玻璃纤维、PA6配比，将三者进行机械混合后，采用双螺杆挤出机经熔融共混制得阻燃切片，通过注塑机制得待测试样。其中双螺杆挤出机各段的加工温度（单位:℃）分别为：235、240、230、230、230、230；喂料转速为260r/min；注塑温度为245℃。

3. 性能

见表6-6、表6-7。

表6-6　PA6与改性PA6的部分热重分析数据

材料	$T_{1\%}$/℃	$T_{5\%}$/℃	$T_{10\%}$/℃	$T_{50\%}$/℃	残炭量/%(600℃)
PA6	137.9	272.1	398.2	455.5	0
FR-GF/PA6	146.5	321.6	347.1	439.6	32.9

注：$T_{1\%}$为材料失量1%时的温度；$T_{5\%}$为材料失量5%时的温度；$T_{10\%}$为材料失量10%时的温度；$T_{50\%}$为材料失量50%时的温度。

表6-7　材料的阻燃性能

材料	LOI/%	UL-94(3.2mm)	材料	LOI/%	UL-94(3.2mm)
PA6	22.7	燃烧	FR-GF/PA6	32.0	V-0

（三）无卤阻燃增强尼龙612复合材料

1. 配方[16]

单位：质量份

原材料	用量	原材料	用量
尼龙612	100	偶联剂	1.0
玻璃纤维	30	增韧剂	4.0
氢氧化镁	40	其他助剂	适量
协效阻燃剂	3.0		

2. 制备方法

（1）氢氧化镁预处理　将氢氧化镁在高速搅拌机中以400r/min的速度搅拌，然后从搅拌机的液体加液口加入偶联剂后继续搅拌20min，出料。

（2）样料制备　将尼龙612在90℃鼓风干燥箱中干燥10h除去水分，将干燥好的尼龙612、预处理的氢氧化镁、协效阻燃剂、增韧剂按比例加入高速搅拌机以400r/min的速度搅拌5min，出料得到预混物。将预混物加入双螺杆挤出机加料斗，通过侧喂料加入30份短切玻璃纤维，然后拉条，冷却，切粒，包装。螺杆转速480r/min，挤出机加料段到口模的温度依次为：210℃、210℃、215℃、220℃、225℃、230℃、240℃。

（3）试样制备　将样料于90℃鼓风干燥箱干燥10h，干燥后按UL94标准注塑样条测试阻燃性能，按ISO标准注塑力学性能测试样条；注塑压力90MPa，注塑机加料段至喷嘴的温度依次设定为：240℃、240℃、250℃、250℃、255℃。

3. 性能

（1）随着氢氧化镁含量的增加，尼龙612的阻燃性能不断提高，当氢氧化镁含量达到50%时，材料的燃烧性能达到UL94 V-0级。

（2）在协效阻燃剂的作用下，减少氢氧化镁的添加量就能达到UL94 V-0级阻燃要求。

（3）通过加入增韧剂可以提高材料的韧性，使材料具有一定强度的同时保持柔韧性，提高材料的综合使用性能。

（四）玻纤增强聚苯醚/尼龙46阻燃复合材料

1. 配方[17]

单位：质量份

原材料	用量	原材料	用量
尼龙46(PA46)	100	微胶囊化红磷母料(MRP)	10～15
聚苯醚(PPE)	2～6	偶联剂	1.0
马来酸酐接枝苯乙烯-乙烯-丁二烯-苯乙烯共聚物(SEBS-*g*-MAH)	10～15	相容剂	1～5
		加工助剂	1～2
		其他助剂	适量
玻璃纤维	30		

2. 制备方法

先将PA46树脂在100～110℃条件下干燥8～12h，然后按照不同比例将干燥后的PA46树脂、MRP、PPE树脂、相容剂和助剂置于高速混合机中搅拌3～5min，使原料混合均匀；将混合后的原料加入到双螺杆挤出机料斗，挤出造粒。玻璃纤维从挤出机中段加入，挤出机温度280～310℃，螺杆转速200～300r/min。所得粒子于110℃干燥8h后注塑得标准试样。

3. 性能

见表6-8。

表6-8　玻纤增强阻燃PA46力学性能和热变形温度

性能	1#	2#	3#	4#	5#
拉伸强度/MPa	129.8	139.3	140.8	141.1	141.9
弯曲强度/MPa	191.1	214.4	216.2	216.7	219.4
缺口冲击强度/(kJ/m²)	5.6	5.8	5.8	5.7	6.5
热变形温度/℃	281.5	282.7	283.9	284.3	286.5

（1）PPE对包覆红磷阻燃PA46具有增强与协同阻燃效果。单独添加12份的MRP，能够使玻纤增强PA46通过UL94测试，达到V-0级（1.6mm）。通过PPE与MRP的协同阻

燃作用，可降低红磷用量而达到同样阻燃效果。

(2) 随着 PPE 添加量的逐渐增加，玻纤增强阻燃 PA46 的各项力学性能都有不同程度的提高。当 PPE 和 MRP 质量都为 6 份时，玻纤增强阻燃 PA46 垂直燃烧后形成的炭层平整性和致密性都较好，炭层表面孔隙较少，阻燃性能达到 UL 94 V-0，且试样的力学性能和热变形温度都达到最佳，此时 PPE 与 MRP 具有很好的协同效应。

(五) 水滑石改性阻燃尼龙 6

1. 配方[18]

单位：质量份

原材料	用量	原材料	用量
尼龙 6(PA6)	100	稀硝酸	适量
含有磷基团的水滑石 H_2PO_4 · LDH	3、6、9、12	加工助剂	1～2
偶联剂	1.0	其他助剂	适量

2. 制备方法

将 PA6 粒料置于 120℃烘箱中干燥 12h。在 PA6 中依次加入比例为 3 份、6 份、9 份、12 份的 LDH，混合均匀后用 SHL-35 型双螺杆挤出机挤出造粒。挤出温度（单位:℃）设定依次为 220、230、235、235、225，主机转速为 50r/min。然后将干燥好的粒料注射成型，注射机分区温度（单位:℃）分别为 220、230、235、240，注射压力为 5MPa，保压时间为 15s。

3. 性能

见表 6-9、表 6-10。

表 6-9　PA6 及 PA6/LDHs 复合材料的阻燃性能

水滑石添加量/份	极限氧指数/%	直燃烧测试中出现第一滴熔滴的时间/s
0	22.4	26
3	25.3	35
6	26.1	39
9	27.0	46
12	27.8	51

表 6-10　PA6 及 PA6/LDHs 复合材料的力学性能

水滑石添加量/份	拉伸强度/MPa	断裂伸长率/%	缺口冲击强度/(kJ/m^2)
0	41	47	31.1
3	44.7	40	27.7
6	44.8	35	24.2
9	45.2	31	20.9
12	45.0	28	17.3

(六) 有机蒙脱土改性阻燃尼龙 6 复合材料

1. 配方[19]

单位：质量份

原材料	用量	原材料	用量
尼龙 6(PA6)	100	氢氧化镁(MH)	30～50
有机蒙脱土(OMMT)	2～5	加工助剂	1～2
氨基硅油(ASO)	0.5～1.0	其他助剂	适量

2. 制备方法

将阻燃剂、有机蒙脱土、加工助剂与干燥后的 PA6 粒料通过双螺杆挤出机熔融共混，在挤出温度 185～240℃、螺杆转速 150r/min 下挤出造粒。所得粒料干燥后经注塑机注塑成型为标准的拉伸、冲击以及极限氧指数测试试样，注塑温度 230～250℃。干燥温度 85℃，干燥时间 6h。

3. 性能

(1) 氨基硅油不仅可以提高复合材料的缺口冲击强度，还与有机蒙脱土具有阻燃协同效应，当氨基硅油和有机蒙脱土用量分别为 2 份和 5 份时，复合材料的 LOI 高达 34%。

(2) 氢氧化镁、氨基硅油与 OMMT 三者具有极强的阻燃协同效应，B3、B4、B5 的 LOI 分别为 63%、60%、70%。

(3) 三聚氰胺磷酸盐与蒙脱土具有阻燃对抗效应，复合材料的 LOI 大幅下降。

(七) 海泡石改性尼龙 6 阻燃复合材料

1. 配方[20]

单位：质量份

原材料	用量	原材料	用量
尼龙 6(PA6)	78	Sb_2O_3(AO)	5.0
海泡石(O-Sep)	5.0	加工助剂	1～2
PTFE	2.0	其他助剂	适量
十溴联苯醚(DB)	10		

2. 制备方法

将 PA6 置于 90℃烘箱中干燥 12h，其余原料置于 90℃烘箱中干燥 6h。在高速混合机中混合均匀，用双螺杆挤出机熔融共混、造粒、备用。挤出机温度为 180～240℃，螺杆转速为 200r/min。将干燥好的粒料加入到塑料注塑成型机中按国标制备样条，温度为 220～240℃，注射压力为 80MPa。

3. 性能

PA6/O-Sep 二元共混复合材料的弯曲强度和拉伸强度比纯 PA6 高，缺口冲击强度降低，热稳定性小幅升高，阻燃效果不佳；O-Sep 与十溴联苯醚、三氧化二锑共混具有很好的协同效应。

(八) 含磷氮膨胀型阻燃剂改性阻燃尼龙 11 复合材料

1. 配方[21]

单位：% (质量分数)

原材料	用量	原材料	用量
尼龙 11	100	偶联剂	1.0
滑石粉(BHS-818A)	5.0	加工助剂	1～2
含磷氮膨胀型阻燃剂	20	其他助剂	适量

2. 制备方法

将称量好的尼龙 11、含磷氮膨胀型阻燃剂和滑石粉在高速混合机上混合后，加入密炼机熔融共混。经微型注塑机注塑成标准测试试样。所有试样经 80℃真空烘箱干燥 12h，放在干燥皿中，备用。本实验中，滑石粉的用量固定为 5 份，仅改变含磷氮膨胀型阻燃剂的用量，阻燃剂的用量分别为 5 份，10 份，15 份，20 份，25 份。

3. 性能

(1) 加入阻燃剂用量为 20 份时，阻燃尼龙 11 的 LOI 为 30%，进行垂直燃烧测试可达到离火自熄，滴落物不能引燃脱脂棉。

（2）当阻燃剂用量为 20 份时，阻燃尼龙 11 的缺口冲击强度为 1.25kJ/m²，拉伸强度为 36.49MPa，断裂伸长率为 15.39%。

（3）当阻燃剂用量为 20 份时，阻燃尼龙 11 在 700℃时的质量保持率为 10.18%；SEM 分析表明，纯尼龙 11 燃烧后几乎不成炭，而加入阻燃剂用量为 20 份时，阻燃尼龙 11 燃烧后形成致密的炭层。

（九）有机次磷酸盐复-配阻燃剂改性尼龙 6 复合材料

1. 配方[22]

单位：质量份

原材料	用量	原材料	用量
LGFPA6(长玻纤增强尼龙 6)	100	加工助剂	1～2
有机次磷酸盐复配型阻燃剂		其他助剂	适量
(Exolitop1312)	15		

2. 制备方法

将 OP1312 阻燃剂在 120℃下烘干 4h，PA6 在 100℃下烘干 6h。采用母粒法制备阻燃剂母粒，烘干后，再混合均匀，并用双螺杆挤出机挤出造粒，备用。

3. 性能

（1）在 LGFPA6 中加入有机次磷酸盐复配型阻燃剂后，LGFPA6 的 LOI 不断提高。当阻燃剂用量为 15 份时，复合材料的 LOI 从 21.6%提高到 28%，阻燃等级达到 UL 94 V-0 级。说明有机次磷酸盐复配型阻燃剂具有较好的阻燃效果。

（2）在 LGFPA6 中加入有机次磷酸盐复配型阻燃剂后，热稳定性降低，热释放速率显著降低，促进 LGFPA6 基体成炭。随着阻燃剂添加量增加，阻燃 LGFPA6 复合材料的热释放速率峰值降低越明显，800℃时质量保持率得到提高。

（3）在 LGFPA6 中加入有机次磷酸盐复配型阻燃剂后，拉伸强度、弯曲强度和缺口冲击强度均表现为先升高后降低，且均在阻燃剂用量为 15 份时达到最大值；弯曲弹性模量则随着阻燃剂添加量增加，呈现逐渐增大趋势。说明在实际应用中，阻燃剂最佳用量为 15 份左右。

（十）无卤阻燃耐热性尼龙 6

1. 配方[23]

单位：质量份

原材料	用量	原材料	用量
尼龙 6(PA6-M2400)	100	抗氧剂	0.4
相容剂(PPE-*g*-MAH)	10	偶联剂	0.4
增韧剂(POE-*g*-MAH)	8.0	润滑剂	0.4
红磷母粒(20450N3)	5～15	其他助剂	适量
聚苯醚(LXR045)	0～50		

2. 制备方法

将干燥 PA6（鼓风干燥机，100℃，6h）和偶联剂（KBM-903）加入高速混合机中，于室温下高速搅拌 3min 后，将（1）PPE 或（2）红磷母粒或（3）PPE、红磷母粒、CX-1（4%）；增韧剂（493D）、抗氧剂（168，0.1 份＋1098，0.1 份＋H3336，0.2 份）和润滑剂（PETS）加入，继续搅拌 3min 后，加入挤出机主喂料口，挤出机各区温度 240～260℃，螺杆转速400r/min，挤出料条经水冷、风干、切粒得到（1）PPE阻燃改性PA6或（2）红磷阻燃PA6或（3）PPE、红磷复配阻燃PA6。

3. 性能

见表6-11～表6-14。

表6-11 红磷母粒以及PPE与红磷母粒复配对PA6垂直燃烧性能的影响

红磷母料含量/份	垂直燃烧性能			
	1.6mm		3.2mm	
	无PPE	有PPE	无PPE	有PPE
5	—	V2	V2	V1
8	V2	V1	V1	V0
12	V1	V0	V1	V0
15	V1	V0	V0	V0

表6-12 红磷母粒以及PPE与红磷母粒复配对PA6冲击强度和热变形温度的影响

红磷母粒含量/份	冲击强度/(kJ/m^2)		HDT/℃	
	无PPE	有PPE	无PPE	有PPE
5	11.14	12.81	139.0	154.8
8	9.43	10.74	144.8	160.3
12	7.25	7.43	148.7	165.4
15	5.98	5.43	152.6	168.9

表6-13 PPE与5%红磷母粒复配对PA6垂直燃烧性能的影响

LXR045含量/份	垂直燃烧性能	
	1.6mm	3.2mm
0	—	V2
6	—	V2
16	V2	V1
26	V1	V1
36	V1	V0
46	V0	V0

表6-14 PPE与5%红磷母粒复配对PA6冲击强度和热变形温度的影响

LXR045含量/份	冲击强度/(kJ/m^2)	HDT/℃
0	11.14	139.0
6	12.81	150.3
16	13.46	160.3
26	16.74	173.5
36	10.24	185.2
46	5.87	197.5

（十一）红磷改性玻纤增强尼龙阻燃复合材料

1. 配方[24]

单位：质量份

原材料	配方1	配方2
尼龙6	53	—
尼龙66	—	53
玻璃纤维	30	30

续表

原材料	配方 1	配方 2
红磷阻燃母料(RPM3025)	15	15
黑色母料	5.0	5.0
加工助剂	1～2	1～2
其他助剂	适量	适量

2. 制备方法

将红磷母料在 100℃干燥 6～8h，按照所需比例将物料混合均匀，阻燃增强 PA6 于 230～250℃（阻燃增强 PA66 于 250～270℃）下经双螺杆挤出机（螺杆直径：25mm，螺杆转速：200r/min）挤出造粒。

粒料在电热鼓风干燥箱中干燥 4h，干燥温度 100℃。烘干后采用注射成型机注塑，注塑压力 60MPa，PA6 注塑温度 220～240℃，PA66 注塑温度 250～270℃。注塑的标准样条放置（24±1)h，然后进行性能测试。

3. 性能

(1) RPM3025 制备的阻燃增强尼龙密度较轻，流动性较好，有利于制备更轻量化和表面较好的制件。

(2) RPM3025 制备的阻燃增强尼龙 6 的刚性稍稍降低，冲击强度和断裂伸长率大大提高。RPM3025 制备的阻燃增强尼龙 66 的刚性有一定程度降低，冲击强度和断裂伸长率稍有提高。

(3) RPM3025 制备的阻燃增强尼龙的阻燃性很好，都达到了 1.6mm 的 V-0 级。

(4) RPM3025 制备的阻燃增强尼龙 6 的热变形温度和热稳定性都较好。在通常的使用温度范围内，RPM3025 制备的阻燃增强 PA66 能够满足热变形温度和热稳定性的要求。

(5) 在通常的使用条件下，RPM3025 基本可以替代已商品化的低端红磷母料制备阻燃增强尼龙 6 和尼龙 66，其更具成本和环保优势。

（十二）玻纤增强尼龙 6 无卤阻燃复合材料

1. 配方[25]

单位：质量份

原材料	用量	原材料	用量
尼龙 6	49	硅烷偶联剂	1.0
玻璃纤维	30	加工助剂	1～2
微胶囊化次磷酸铝(E-AlHP)	5～20	其他助剂	适量
乙二胺双环四亚甲基膦酸三聚氰胺盐(EAPM)	5～15		

2. 无卤阻燃玻纤增强 PA6 的制备

将阻燃剂与 PA6 混合均匀后加入 TSE-30A 型双螺杆挤出机（南京瑞亚高聚物装备有限公司）喂料口，玻纤从侧向喂料口加入，切粒后经 CJ80E 型注塑机（佛山震德塑料机械有限公司）注塑成标准燃烧、拉伸及冲击样条。其中双螺杆挤出机各区温度为 205～235℃，螺杆转速为 150r/min；注塑机注塑温度为 230～240℃。

3. 性能

(1) 相比 AlHP，E-AlHP 对玻纤增强 PA6 具有更高的阻燃效率，在 20 份的添加量下可使阻燃材料达到 UL94 V-0 级（3.2mm）及 V-1 级（1.6mm）。而当 E-AlHP 与 EAPM 添加量比为 1∶1 时，复配体系产生协同作用，阻燃材料达到 UL94 V-0 级（3.2mm）及 V-2 级（1.6mm）。

(2) E-AlHP 对玻纤增强 PA6 的力学性能影响较小，当 E-AlHP 的添加量为 20 份时，拉伸强度、断裂伸长率、拉伸弹性模量以及缺口冲击强度分别达到 121.57MPa、3.43%、

5.23GPa 及 6.1kJ/m^2。然而 E-AlHP 与 EAPM 复配体系使材料力学性能明显下降。

(3) 结合热失重分析与炭层形貌分析，推测由于复配体系中的 EAPM 在加工过程中因螺杆的强剪切作用而分解，进而引起 PA6 发生降解，从而使得复配体系的阻燃性能与力学性能未达到预期效果。

(十三) 高强度阻燃导电尼龙 66 复合材料

1. 配方[26]

单位：质量份

原材料	用量	原材料	用量
尼龙 66	100	Sb_2O_3	4.6
玻璃纤维(GF)	40	增韧剂	5～10
导电炭黑 CB(30nm)	10	加工助剂	1～2
红磷阻燃母料	12	其他助剂	适量
十溴二苯醚(DBDPO)	10.8		

2. 制备方法

将 CB 和少量 PA66 加入高速混合机，低速搅拌 2min，加入液体润滑剂，高速搅拌 3min，然后加入适当比例 PA66、增韧剂、抗氧剂、阻燃剂，混合均匀；将混匀后的材料加入双螺杆挤出机中，设定合理的挤出温度及螺杆转速，引入纤维，挤出造粒；将制得的粒料放入 110℃高温烘箱中，干燥 4h，然后注塑成标准试样。

3. 性能

见表 6-15。

表 6-15 高强度阻燃导电尼龙材料的最终性能

项 目	阻燃等级	ρ_s/Ω	弯曲强度/MPa	拉伸强度/MPa	缺口冲击强度/(kJ/m^2)
指标值	V-0	10^3	250	187	17
性能	V-0	7.6×10^2	298	210	20

第二节 聚碳酸酯

一、经典配方

具体配方实例如下[1～3]。

(一) 聚碳酸酯改性料与制品专用料

1. 聚碳酸酯(PC)/ABS 汽车专用料

单位：质量份

原材料	用量	原材料	用量
PC	65	KM-1	3.0
ABS	30	加工助剂	1～2
AS	5.0	其他助剂	适量

说明：以聚碳酸酯 (PC) 和丙烯腈-丁二烯-苯乙烯共聚物 (ABS) 为基体树脂，添加增容剂和其他助剂，经过双螺杆挤出机熔融共混造粒，制得 PC/ABS 合金汽车专用料。考察了原料配方和生产工艺对专用料性能的影响，结果表明，开发的 PC/ABS 合金汽车专用料的各项指标达到了规定的要求。

2. ABS/PE/PC 改性料

单位：质量份

原材料	配方 1	配方 2	配方 3	配方 4
PC	55	55	54.5	53
ABS	45	44	44	44
PE	—	1.0	1.5	3.0
相容剂	3～5	3～5	3～5	3～5
抗氧剂	1～3	1～3	1～3	1～3
加工助剂	1～2	1～2	1～2	1～2
其他助剂	适量	适量	适量	适量

3. 马来酸酐接枝聚丙烯改性 PC/ABS 合金粒料

单位：质量份

原材料	用量	原材料	用量
PC	70	抗氧剂	1～3
ABS	30	加工助剂	1～2
PP-*g*-MAH	3.0	其他助剂	适量
DCP 引发剂	0.1～0.3		

说明：拉伸强度为 49.32MPa，断裂伸长率为 48.4%，冲击强度为 56.69kJ/m^2，缺口冲击强度为 42.06kJ/m^2。

（二）阻燃聚碳酸酯

1. 高效复合阻燃聚碳酸酯（PC）

单位：质量份

原材料	用量	原材料	用量
PC	100	抗氧剂	1～2
苯基硅树脂(PPSQ)	2.0	加工助剂	1～2
磺酸盐(SNN)	0.1	其他助剂	适量
聚偏氟乙烯(PVDF)	0.1		

说明：苯基硅树脂与磺酸盐、氟树脂复合对 PC 具有高效阻燃作用。在一定量的 SNN、PVDF 时，PC 的 LOI 和阻燃等级随 PPSQ 用量的增加而增加。此复合阻燃 PC 达到了 UL94 V-0（1.6mm），阻燃协效作用十分显著。

2. 硅树脂阻燃改性聚碳酸酯

单位：质量份

原材料	用量	原材料	用量
PC	100	填料	5～8
有机硅	6.0	加工助剂	1～2
抗氧剂 1010	0.5～1.5	其他助剂	适量

说明：在 PC 中加入苯基甲基硅树脂能有效地提高 PC 的阻燃性，当硅树脂用量为 6 份时，材料的氧指数从 28%提高到 40.6%，阻燃等级由 UL-94 V-2 级提高到 V-0 级，可保证 PC 材料在阻燃性能要求高的环境条件下应用。

3. 环保型阻燃聚碳酸酯

单位：质量份

原材料	用量	原材料	用量
PC	100	抗氧剂	0.5
PE-*g*-MAH	3.0	亚乙基双硬脂酰胺(EBS)	0.5

续表

原材料	用量	原材料	用量
增韧剂	3.0	加工助剂	1～2
四溴双酚 A(TBBA)	50	其他助剂	适量
Sb_2O_3	1.5		

说明：当 TBBA 用量为 5 份，且 TBBA 与 Sb_2O_3 质量比为 3.5∶1 时，改性 PC 的综合性能最佳，其氧指数为 32%，简支梁冲击强度、弯曲强度、拉伸强度与断裂伸长率分别为 21.4kJ/m²、80.4MPa、59.4MPa、71.6%。

4. PC/ABS 手机充电器专用阻燃料

单位：质量份

原材料	用量	原材料	用量
PC	100	抗氧剂	0.5～1.0
ABS	30	填料	5～8
相容剂	9.0	加工助剂	1～2
十溴二苯醚	13	其他助剂	适量
阻燃协效剂	5.0		

5. 含溴三芳基磷酸酯（Kroitex PB-460）阻燃剂的 PC 系列

（1）PB-460 与含溴碳酸酯低聚物改性阻燃 PC

单位：质量份

原材料	配方 1	配方 2
PC	93	93
含溴碳酸酯低聚物	7	—
PB-640	—	7
性能		
氧指数/%	32.1	>39.6
阻燃性(UL-94)(1.6mm)	V-0	V-0
热变形温度(1.82MPa)/℃	127	115
抗冲击强度/(kJ/m²)	>36.8	>36.8
旋流性/cm	59.7	74.9

（2）PB-460 与磺酸酯阻燃改性 PC

单位：质量份

原材料	配方 1	配方 2	配方 3
磺酸酯阻燃 PC	100	99	97
PB-460	0	1	3
性能			
氧指数/%	33.6	34.8	37.5
阻燃性(UL-94)			
1.6mm	V-0	V-0	V-0
0.8mm	V-2	V-2	V-0
熔体流动速率(250℃)/(g/10min)	7.0	—	9.1

（3）PB-460 阻燃改性 PC/PBT 合金

单位：质量份

原材料	配方 1	配方 2
PC	43	43
PBT	43	43

续表

原材料	配方 1	配方 2
特氟隆粉	0.5	0.5
含溴碳酸酯低聚物	13.5	0
PB-460	0	13.5
性能		
氧指数/%	24.8	33.0
阻燃性(UL-94)	燃烧	V-0

(4) PB-460 阻燃改性 PC/PET 合金

单位：质量份

原材料	配方 1	配方 2	配方 3	配方 4	配方 5	配方 6
PC/PET 合金	90	86	90	86	90	86
含溴碳酸酯低聚物	10	12	—	—	—	—
溴代聚苯乙烯	—	—	10	12	—	—
PB-460	—	—	—	—	10	12
特氟隆	0.5	0.5	0.5	0.5	0.5	0.5
性能						
氧指数/%	27.31	27.9	30.6	30.9	31.2	35.4
阻燃性(UL-94)(1.6mm)	V-1	V-1	V-0	V-0	V-0	V-0
熔体流动速率(275℃)/(g/10min)	—	20	—	32	—	71

(5) PB-460 阻燃改性玻璃纤维 PC/PET 合金

单位：质量份

原材料	配方 1	配方 2	配方 3
PC/PET 合金(含玻璃 20%)	90	86	82
PB-460	10	14	18
特氟隆	0.5	0.5	0.5
性能			
氧指数/%	34.8	36.6	>39.6
阻燃性(UL-94)(1.6mm)	V-0	V-0	V-0

(6) PB-460 阻燃改性 PC/ABS 合金（Ⅰ）

单位：质量份

原材料	配方 1	配方 2	配方 3	配方 4
PC/ABS 合金	82.5	82.5	82.5	82.5
特氟隆 6C	0.5	0.5	0.5	0.5
含溴碳酸酯低聚物	17.5	—	—	—
双(三溴苯氧基)乙烷	—	17.5	—	—
溴代聚苯乙烯	—	—	17.5	—
PB-460	—	—	—	17.5
性能				
氧指数/%	26.4	27.0	27.0	28.2
阻燃性(UL-94)(1.6mm)	V-1	V-0	V-0	V-0

(7) PB-460 阻燃改性 PC/ABS 合金（Ⅱ）

单位：质量份

原材料	配方 1	配方 2	配方 3
PC/ABS 合金	86	86	86
溴代聚苯乙烯	10	—	—
PB-460	—	10	14

续表

原材料	配方 1	配方 2	配方 3
Sb_2O_3	4	4	—
性能			
氧指数/%	27.0	26.1	25.8
阻燃性(UL-94)(1.6mm)	V-0	V-0	V-0

说明： 磷酸三（2,4-二溴苯基）酯阻燃剂属于含溴三芳基磷酸酯，商品牌号为 Kroitex PB-460。工业品 PB-460 含溴约 60%，含磷约 4%，为白色固体，熔点 110℃，耐热性能极佳，在空气中于 300℃下加热 30min 仍为白色液体（其他工业品溴系阻燃剂在此条件下变色），失重 1%及 5%的温度分别为 280℃及 318℃。PB-460 很易分散于工程塑料中，且有助于模塑加工，同时具有极佳的高温颜色稳定性。特别可贵的是，PB-460 分子中的溴和磷具有协同效应，不必采用锑化合物作为协效剂。PB-460 在几种溶剂中的溶解度为：二氯甲烷 43%，甲苯 25%，甲基乙基酮 11%。甲醇 0.3%，水<0.1%（均为质量）。PB-460 在芳香族溶剂中的高溶解性使它易与芳香系工程塑料共混。

二、聚碳酸酯配方与制备工艺

（一）PC 反射片母粒

1. 配方

见表 6-16[27]。

表 6-16　PC 反射片母粒配方　　单位：%（质量分数）

材料	用量	材料	用量
PC 基材	34.7	抗氧剂 1076	0.1
分散剂	5	抗氧剂 168	0.2
无机反射粒子	60		

2. 制备方法

(1) PC 反射片母粒的制备　将 PC 基材在 90℃下真空干燥 2～4h，按配方称量分散剂、无机反射粒子并在高混机中高速混合 10～20min，再按照配比加入 PC、抗氧剂，低速混合 5min，得预混物。

将预混物加入双螺杆挤出机中，挤出造粒，挤出时从料斗到机头各段的温度（单位：℃）依次为 220、230、235、240、240、240、235、230，螺杆转速为 50r/min。

(2) PC 反射片的制备　将所得 PC 反射片母粒及 PC 基材分别在 120℃鼓风干燥 4h，并以 40/60 的比例在高混机中以低速混合 2～3min，在注塑机上注塑 PC 反射片，注塑机各区温度均为 240℃。

3. 性能

见表 6-17～表 6-19。

表 6-17　不同分散剂对 PC 反射片光学母粒反射率的影响

分散剂	分散剂外观	反射率/%	分散剂	分散剂外观	反射率/%
A	白色粉末	83.4	C	淡黄色液体	93.7
B	白色粉末	94.6	D	无色透明液体	94.1

表 6-18　不同无机反射粒子对 PC 反射片母粒反射率的影响

无机反射粒子	折射率	反射率/%	无机反射粒子	折射率	反射率/%
二氧化硅	1.46	87.5	锐钛型钛白粉	2.52	91.7
硫酸钡	1.64	89.2	金红石型钛白粉 2233	2.72	94.5
硫化锌	2.35	90.3			

表 6-19　不同粒径钛白粉对 PC 反射片母粒反射率的影响

钛白粉	平均粒径/μm	反射率/%	钛白粉	平均粒径/μm	反射率/%
钛白粉 TR33	1	85.1	金红石型钛白粉 2233	0.2～0.3	96.2
金红石型钛白粉 R-960	0.5	92.5	纳米钛白粉 VK-T60	0.05～0.08	89.2

（二）双峰聚乙烯接枝马来酸酐/PC 共混材料

1. 配方[28]

单位：质量份

原材料	用量	原材料	用量
PC	80	过氧化二异丙苯(DCP)	2～3
双峰聚乙烯(bPE)	20	加工助剂	1～2
马来酸酐(MAH)	5	其他助剂	适量

2. 制备方法

将 bPE、MAH、DCP 和其他助剂按一定比例混合均匀，在双螺杆挤出机上熔融接枝制得 bPE-*g*-MAH。

将 PC 在 100℃干燥 12h 后与 bPE、bPE-*g*-MAH 按一定比例混合均匀，在双螺杆挤出机上挤出造粒制得 PC/bPE 增容共混材料。共混粒料干燥后，在注塑机上注射成标准测试用样条。

3. 性能

通过熔融接枝的方法使 MAH 接枝到 bPE 主链上并以酸酐环的形式存在。bPE-*g*-MAH 的加入提高了 PC/bPE 共混材料的冲击强度。PC/bPE 共混材料的动态力学测试表明，与未增容的共混材料相比，含有相容剂 bPE-*g*-MAH 的共混材料的储能模量略低、损耗模量峰较小，并在 170℃附近多出 1 个 $\tan\delta$ 峰。这个峰的产生可能是由于 bPE-*g*-MAH 使得 PC/bPE 界面相增加，或是由于 bPE-*g*-MAH 上的 MAH 基团与相界面上的 PC 之间可能存在某种反应作用。从 PC/bPE 共混材料液氮脆断面的 SEM 照片可知，未加相容剂的 E 共混材料的两相界面清晰，而加入 bPE-*g*-MAH 增容后的共混材料难以分清分散相和连续相，表明 bPE-*g*-MAH 改善了 PC 和 bPE 的相容性。

（三）PC/MWCNT 纳米薄膜

1. 配方[29]

单位：质量份

原材料	用量	原材料	用量
PC	100	加工助剂	1～2
功能化碳纳米管(*g*-MWCNT)	0、0.5、0.1、0.15	其他助剂	适量
三氯甲烷	8.0		

2. 制备方法

(1) 表面功能化碳纳米管的制备　将 3g 经 120℃干燥处理的多壁碳纳米管与 60mL 浓硝酸和 60mL 蒸馏水在烧杯中超声分散 30min，然后移到 250mL 三口圆底烧瓶中，在机械搅拌下回流反应 16h。反应完毕后冷却到室温，用中性滤纸真空抽滤并洗涤至中性，100℃下干燥 24h，得羧基化的多壁碳纳米管（*p*-MWCNT）。

将一定量 *p*-MWCNT 放在 100mL 三口圆底烧瓶中，并加入 20mL 氯化亚砜、3mL N,N'-二甲基甲酰胺，在油浴中 70℃加热回流 24h。反应完毕后，静置 1h，倒掉上层黄色液体。下层沉降物为酰氯化后的多壁碳纳米管（*s*-MWCNT），使用无水四氢呋喃对其进行离心洗涤，直至离心后的上层液体呈无色透明为止。将 *s*-MWCNT 置于 50mL 小锥形瓶中，在氮气保护下使其干燥。

称取 10g 十八胺固体于 50mL 三口烧瓶中，在油浴中加热熔融后，将干燥后的 *s*-MWCNT 倒入其中，使其与十八胺在机械搅拌下 100℃加热回流 96h，然后趁热用无水乙醇超声、洗涤，除去过量的十八胺，反复洗涤至上清液为无色，在室温下将无水乙醇蒸发，得到接枝了十八烷基胺的多壁碳纳米管（*g*-MWCNT）。

（2）PC/MWCNT 纳米复合薄膜的制备　称取一定量的 PC 树脂，将其加入 15mL 的氯仿锥形瓶中，磁力搅拌加热溶解，控制较低的搅拌速度，待完全溶解后，称取一定量干燥的 *g*-MWCNT，加入到 PC 溶液中，在低于 40%功率下的超声波清洗器中分散 1h，然后将分散液浇注到 15cm×15cm 玻璃板模具中，室温挥发成膜。

3. 性能

见表 6-20、图 6-16～图 6-18。

表 6-20　薄膜拉伸试验数据表

编号	纯 PC			0.05 份 PC/*g*-MWCNT			0.10 份 PC/*g*-MWCNT			0.15 份 PC/*g*-MWCNT		
	弹性模量/GPa	极限拉伸强度/MPa	断裂伸长率/%	弹性模量/GPa	极限拉伸强度/MPa	断裂伸长率/%	弹性模量/GPa	极限拉伸强度/MPa	断裂伸长率/%	弹性模量/GPa	极限拉伸强度/MPa	断裂伸长率/%
1	1.61	48.3	0.106	1.91	45.0	0.345	1.91	46.7	0.167	1.70	42.7	0.148
2	1.79	51.7	0.041	1.86	49.3	0.229	2.04	50.0	0.194	1.69	40.1	0.055
3	1.68	49.0	0.139	1.94	49.4	0.180	1.91	46.8	0.143	1.81	43.3	0.091
4	1.63	46.6	0.126	1.88	44.4	0.255	2.12	56.7	0.170	1.65	45.5	0.103
5	1.82	50.2	0.077	2.20	51.9	0.154	2.15	56.7	0.246	1.68	42.2	0.256
6	1.55	45.4	0.265	1.81	46.7	0.135	1.93	49.4	0.148	1.55	39.3	0.659
7	1.65	51.2	0.248	1.86	46.8	0.046	1.90	46.3	0.305	1.69	39.6	0.082
8	1.75	54.2	0.165	1.80	46.4	0.122	1.95	50.1	0.088	1.71	42.1	0.125
平均值	1.69	49.57	0.150	1.91	47.49	0.180	1.99	50.34	0.180	1.69	41.85	0.190
标准差	0.093	2.862	0.078	0.126	2.516	0.092	0.10	4.221	0.067	0.072	2.104	0.199

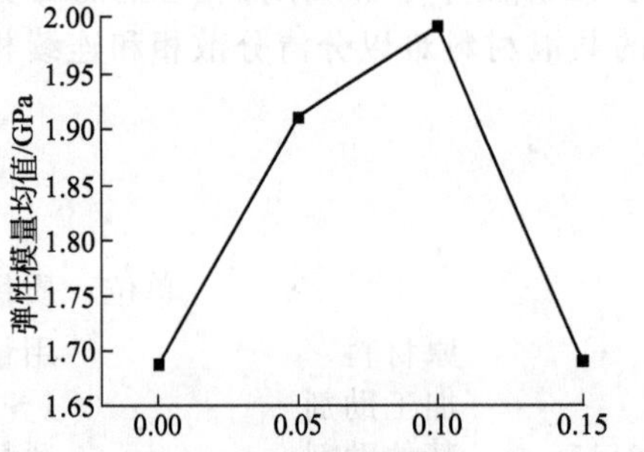

图 6-16　弹性模量

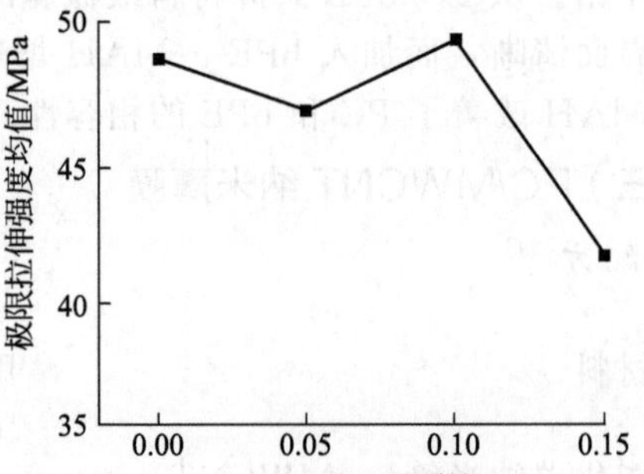

图 6-17　极限拉伸强度

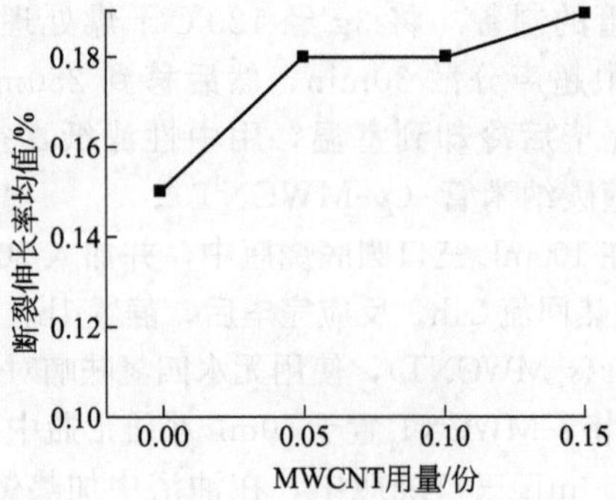

图 6-18　断裂伸长率

通过将多壁碳纳米管进行表面功能化，改善了碳纳米管与PC复合后的界面相容性，提高了碳纳米管在溶液中的分散性，将 *g*-MWCNT 加入到质量分数为8%PC的氯仿溶液并进行超声分散1h，经浇注成膜法制得透明性良好的复合薄膜。当MWCNT的添加量为0.05份时，透光率≥85%，同时弹性模量比纯PC薄膜提高13%，极限拉伸强度与纯PC相当。扫描电镜图证明其增强机理可归因于碳纳米管的桥接作用和PC-MWCNT界面结合机理。

（四）多壁碳纳米管/PC复合材料

1. 配方[30]

单位：质量份

原材料	用量	原材料	用量
PC	100	1,2-二氯苯	30～40
多壁碳纳米管(MWNTs)	1～2	浓硝酸	60～65
1-丁基-3-甲基咪唑六氟磷酸盐	5～6	其他助剂	适量

2. 制备方法

取一定量碳纳米管放入烧瓶中，加入质量分数为60%～65%的硝酸，于120℃回流24h。将得到的固体用蒸馏水清洗，直到pH=7，真空干燥。将纯化的MWNTs分散到一定量的1-丁基-3-甲基咪唑六氟磷酸盐中，球磨混合均匀。得到的MWNTs离子液体凝胶分散到PC/DCB溶液［(1g PC)/(10mL DCB)］中，将其倾倒到玻璃板上，用刮刀铺展成厚度一定的薄膜，在120℃烘箱中保温6h，然后120℃下真空干燥24h。

3. 性能

见图6-19和图6-20。

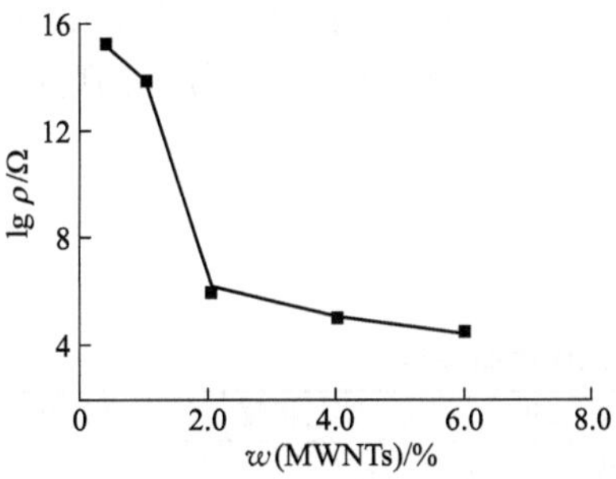

图6-19 复合材料表面电阻率与MWNTs用量的关系

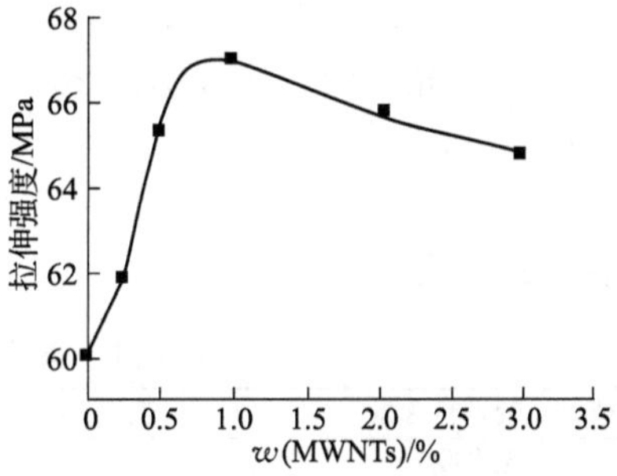

图6-20 MWNTs/PC复合薄膜的力学性能

（五）溴化聚苯乙烯（BPS）/PC共混材料

1. 配方[31]

单位：质量份

原材料	用量	原材料	用量
PC	70～90	加工助剂	1～2
BPS	10～30	其他助剂	适量
氯代苯	适量		

2. 制备方法

将BPS与PC按质量比分别为10∶90，20∶80，25∶75，30∶70在氯代苯中混合，PC/BPS共混物的质量浓度为25mg/mL。将共混液用旋转涂膜仪在石英玻片上涂膜，转速1500r/min下将膜涂均匀60s后，再在100℃条件下真空干燥4h即得PC/BPS共混薄膜。

3. 性能

(1) 在PS浓溶液中溴化制备了BPS，溴质量分数可达63%以上。

(2) 在45min内快速滴入液溴且不保温也可制备溴质量分数超过60%的BPS。

(3) 溴含量相近的BPS，降低分子量可提高其与PC共混的分散性和表面积。

(4) 降低PC/BPS膜中M_{nBPS}或增加BPS含量，可使共混薄膜表面的疏水性下降，前者影响明显。

(5) PC/BPS共混物的热稳定性高于BPS，700℃残炭率大于11%，采用低分子量BPS可显著提高PC/BPS共混物的热稳定性。

(六) PC荧光树脂LED

1. 配方[32]

单位：质量份

原材料	用量	原材料	用量
PC树脂	100	加工助剂	1～2
荧光粉	30	其他助剂	适量
分散剂	3～5		

2. 制备方法

(1) 点胶法LED制备　将0754、YAG-15型荧光粉先后与双组分灌封硅胶（卡速特HL-1028灌封胶）的A、B组分混合（质量比：A∶B＝10∶1），真空脱泡后点涂到蓝光LED表面，在80℃条件下静置固化3h备用。

(2) 荧光树脂法LED制备　将一定量的荧光粉与干燥后的PC 1100树脂混合，利用科倍隆科亚（南京）机械有限公司双螺杆挤出机（CTE 30）在255～275℃下熔融挤出造粒，用开炼机（ZG-120）制成一定厚度的荧光PC薄膜，将荧光PC薄膜贴合在蓝光LED表面得到白光LED。荧光粉的用量分别为20份、30份、40份，荧光PC薄膜厚度分别为0.1mm、0.2mm、0.3mm。

3. 性能

见表6-21～表6-23。

表6-21　点胶法制备白光LED性能参数

样品编号	荧光粉含量	色温/K	光辐射功率/mW	显色指数	光效/(lm/W)
1	无点胶	—	17.96	—	—
2	点胶无荧光粉	—	17.92	—	—
3	20份0754	6674	10.26	63.7	45.228
4	25份0754	5926	10.51	62.8	51.834
5	30份0754	5654	10.62	61.3	51.591
6	40份0754	4320	8.526	57.0	52.411
7	20份YAG-15	11846	12.27	64.9	43.92
8	25份YAG-15	5243	11.61	62.7	54.66
9	30份YAG-15	4499	10.97	60.9	57.39
10	40份YAG-15	4110	9.123	59.3	54.78

表6-22　点胶法和荧光树脂法白光LED性能参数

样品编号	组合方式	组成	色温/K	光辐射功率/mW	显色指数	光效/(lm/W)
1	点胶	30份0754	5654	10.62	61.3	51.591
2	点胶	30份YAG-15	4499	10.97	60.9	57.39
3	荧光树脂	30份0754	6452	7.16	74.8	36.83
4	荧光树脂	30份YAG-15	4754	12.50	67.1	76.82

表 6-23 白光 LED 光性能参数

样品编号	样品形式	色温/K	显色指数	光效/(lm/W)
1	0.1mm20 份	>30000	-276.9	10.87
2	0.2mm20 份	>30000	-281.4	13.89
3	0.3mm20 份	>30000	-285	13.3
4	0.1mm30 份	17714	64.1	27.22
5	0.2mm30 份	6033	61.6	26.17
6	0.3mm30 份	4361	58.9	25.83
7	0.1mm40 份	17257	62.9	25.12
8	0.2mm40 份	6029	63.7	19.11
9	0.3mm40 份	3623	54.5	15.48

（七）PC 厚板制备

1. 配方[33]

单位：质量份

原材料	用量	原材料	用量
PC 树脂(Makrolon 2805 型)	100	填料	5～6
增韧剂	5.0	加工助剂	1～2
增强剂	10～20	其他助剂	适量

2. 制备方法

(1) 原料的处理　将 PC 粒料置于 100℃电热鼓风恒温干燥箱中干燥 24h，放在干燥器中备用。

(2) 厚板制备

方案一：直接模压成型。调节硫化机温度（上下两板温度相同，单位:℃）分别为 200、220、240、260、280，将干燥后的 PC 粒料放入模具中，放入平板硫化机中，加压，压力(单位：MPa) 分别采用 5、10、15、20，每隔 5min 排气一次，保压 1h，冷却，脱模。

方案二：预热—模压成型。调节硫化机温度（上下两板温度相同，单位:℃）分别为 180、200、220，将干燥后的 PC 粒料放入模具中，放入平板硫化机中，预热 1h，然后加压排气数次，再升温至 220～280℃，保压 30min，冷却，脱模。

(3) 制品后处理　将制品置于电热鼓风恒温干燥箱于 120℃干燥 4h，缓慢冷却，消除制品内应力。

3. 性能

所得制品密度为 1.19g/cm^3，拉伸强度可达到 63.5MPa。

（八）阻燃 PC

1. 配方[34]

单位:质量份

原材料	用量	原材料	用量
PC	100	溶剂	适量
聚苯基膦酰哌嗪(阻燃剂)	7.0	加工助剂	1～2
抗氧剂	1.0	其他助剂	适量

2. 制备方法

首先将 PC、阻燃剂及其助剂在 80℃下烘干 12h，然后再按配方称量，用双螺杆挤出机挤出造粒待用。

3. 性能

添加 7 份聚苯基磷酰哌嗪时，阻燃聚碳酸酯的 LOI 值达到 34.8%，聚苯基磷酰哌嗪对聚碳酸酯具有很好的阻燃效果。

（九）无卤阻燃 ACS/PC 合金

1. 配方[35]

单位：质量份

原材料	用量	原材料	用量
PC	10～30	PTFE	0.5
丙烯腈-氯化聚乙烯-苯乙烯塑料(ACS)	70～90	抗氧剂	0.3
马来酸酐接枝丙烯腈-苯乙烯(AS-*g*-MAH)	3～5	其他助剂	适量
阻燃剂	5.0		

2. 制备方法

将 PC 于 120℃干燥 6h，ACS 和增容剂 AS-*g*-MAH 于 80℃干燥 4h，将 ACS、PC、增容剂、阻燃剂等按配方加入高混机，于 1000r/min 混合 10min 出料，用双螺杆挤出机挤出造粒，挤出机温度为 180～205℃，螺杆转速为 150～200r/min。采用注塑机制样，注塑温度为 150～215℃。

3. 性能

见表 6-24。

表 6-24 磷酸酯阻燃 ACS/PC，ABS/PC 性能对比

项　目	ACS/PC	ABS/PC	ABS/PC
Doher-7000 用量/份	14	14	20
阻燃等级	V-0	V-2	V-0
拉伸强度/MPa	54	56	54
缺口冲击强度/(J/m)	220	285	186
MFR/(g/10min)	10	12	19
HDT/℃	77.5	78.7	74.1
色差	5.2	9.6	10.4

注：ACS/PC 中 ACS 与 PC 的质量比为 75∶25，ABS/PC 中 ABS 与 PC 的质量比为 75∶25。

（十）PC 导电片材

1. 配方

见表 6-25、表 6-26[36]。

表 6-25 配方（一）

单位：%（质量分数）

配方	PC	MBS	抗氧剂	润滑剂	116HM①	4500②
A	78	5	0.2	0.8	16	0
B	71	5	0.2	0.8	23	0
C	64	5	0.2	0.8	30	0
D	78	5	0.2	0.8	0	16
E	71	5	0.2	0.8	0	23
F	64	5	0.2	0.8	0	30

①116HM 为导电炭黑。

②4500 为导电炭黑。

表 6-26 配方（二） 单位：%（质量分数）

配方	PC	116HM	MBS	ABS	MBS/ABS(50/50)	抗氧剂	润滑剂
G	78	16	5	0	0	0.2	0.8
H	76	16	7	0	0	0.2	0.8
I	74	16	9	0	0	0.2	0.8
J	78	16	0	5	0	0.2	0.8
K	76	16	0	7	0	0.2	0.8
L	74	16	0	9	0	0.2	0.8
M	78	16	0	0	5	0.2	0.8
N	76	16	0	0	7	0.2	0.8
O	74	16	0	0	9	0.2	0.8

2. 制备方法

按照配方精确称量投入高速混合机中，在一定的温度和转速下，使物料混合均匀，然后，再用双螺杆挤出机挤出造粒，再按片材挤出工艺条件要求挤出片材。

3. 性能

见表 6-27～表 6-30。

表 6-27 不同型号、用量的导电炭黑对 PC 片材力学性能、表面电阻率及外观的影响

配方	拉伸强度/MPa	断裂伸长率/%	表面电阻率/(Ω/m^2)	加工性能	外观	折叠试验
A	56.7	60	10^8	很好	很好	好
B	58.7	50	10^5	好	好	好
C	63.5	43	10^3	一般	一般	一般
D	56.6	58	10^9	很好	好	好
E	58.7	49	10^6	好	好	好
F	62.8	44	10^4	一般	一般	一般

表 6-28 导电 PC 片材与上盖带焊接后的剥离强度 单位：N/m

配方	最大值	最小值	平均值	标准偏差
A	279.3	220.5	254.8	2
B	269.5	205.8	245	2
C	254.8	171.5	235.2	3
D	284.2	210.7	254.8	3
E	259.7	181.3	235.2	3
F	245	161.7	220.5	3

表 6-29 增韧剂种类及用量对导电 PC 片材力学性能

配方	拉伸强度/MPa	断裂伸长率/%	表面电阻率/(Ω/m^2)	加工性能	外观	折叠试验
G	56.7	60	108	很好	很好	好
H	52.6	80	108	好	好	很好
I	55.9	106	108	一般	好	很好
J	56.7	59	108	好	好	好
K	56	81	108	好	好	很好
L	55.9	105	108	一般	好	很好
M	57.0	59	108	很好	好	好
N	56.1	89	108	好	好	很好
O	56.0	104	108	一般	好	很好

表 6-30 增韧剂种类及用量对导电 PC 片材剥离强度的影响 单位：N/m

配方	最大值	最小值	平均值	标准偏差
G	279.3	220.5	254.8	2
H	294	225.4	254.8	3
I	313.6	235.2	259.7	3
J	284.2	210.7	259.7	3
K	303.8	215.6	264.6	3
L	323.4	230.3	264.6	3
M	284.2	230.3	259.7	2
N	294	235.2	264.6	2
O	308.7	240.1	269.5	3

第三节 聚甲醛

一、经典配方

具体配方实例如下[1~3]。

1. 超高分子量聚乙烯（UHMWPE）/聚甲醛（POM）改性料

单位：质量份

原材料	E-2	F-1	G-2	H-1
POM	95	93	83	83
UHMWPE	—	—	10	10
PTFE	5	5	5	5
石墨	—	2	—	2
炭黑	—	—	2	—
加工助剂	1～2	1～2	1～2	1～2
其他助剂	适量	适量	适量	适量

2. 纳米 $CaCO_3$ 改性聚甲醛

单位：质量份

原材料	配方 1	配方 2	配方 3	配方 4	配方 5
POM	97	95	90	85	80
$CaCO_3$	3.0	5.0	10	15	20
改性剂	1～5	1～5	1～5	1～5	1～5
加工助剂	1～2	1～2	1～2	1～2	1～2
其他助剂	适量	适量	适量	适量	适量

说明：不论哪种粒径的 $CaCO_3$，其填充 POM 复合材料的弯曲强度和弯曲弹性模量均随着 $CaCO_3$ 含量的增加而呈线性增加，并且随着 $CaCO_3$ 粒径的减小而提高。比如，在 POM 中加入 20 份（体积分数为 11.50%）的微米 $CaCO_3$ 时，POM/$CaCO_3$ 复合材料的弯曲强度、弯曲弹性模量分别为 70MPa 和 3.0GPa；而在 POM 中添加 20 份的纳米 $CaCO_3$ 时，材料的弯曲强度增至 84MPa，弯曲弹性模量为 3.5GPa，分别比纯 POM 提高了 33%、45%，达到了较好的增强效果。

3. POM/PTFE 改性料

单位：质量份

原材料	用量	原材料	用量
POM	100	加工助剂	1～2
PTFE	8～15	其他助剂	适量
MoS_2	3～5		

4. 阻燃聚甲醛

单位：质量份

原材料	用量	原材料	用量
POM	100	吸醛剂	10
聚磷酸铵(APP)与季戊四醇双		加工助剂	1～2
磷酸酯三聚氰胺盐(MPP)混合物	30	其他助剂	适量
三聚氰胺	20		

说明：

① 单独使用三聚氰胺、聚磷酸铵和季戊四醇双磷酸酯三聚氰胺盐时，氧指数随阻燃剂用量的变化不明显。而将三种阻燃剂复配使用时，具有协同作用，氧指数显著提高。配方的最高氧指数可达 49%～50%。

② 在阻燃 POM 配方中加入适量吸醛剂 A，可使阻燃 POM 垂直燃烧达到 FV-0 级。

③ 阻燃 POM 的挤出造粒应采用渐变式螺杆挤出机，挤出工艺条件与普通 POM 相同。

④ 阻燃 POM 的注射成型应采用螺杆式注塑机，注射工艺条件与普通 POM 相同。

5. 高效阻燃级聚甲醛（FRPOM）

单位：质量份

原材料	FR POM-60 配方	FR POM-70 配方
POM	100	100
三聚氰胺	20	20
阻燃剂 A+B	40	30
吸醛剂	8	11
加工助剂	1～2	1～2
其他助剂	适量	适量

6. 膨胀型阻燃双磷酸季戊四醇酯蜜胺盐（MPP）改性聚甲醛

单位：质量份

原材料	配方 1	配方 2
POM	100	100
MPP/APP	40	30
三聚氰胺	20	25
吸醛剂	—	10
其他助剂	适量	适量

说明：在 100 份聚甲醛中加入 40 份 MPP 和聚磷酸铵（APP）混合物及 20 份三聚氰胺，可使阻燃聚甲醛的氧指数达 49.0%，在 100 份聚甲醛中加入 30 份 MPP 和 APP 混合物、20 份三聚氰胺及 10 份吸醛剂，可使阻燃聚甲醛的氧指数达 50.0%，达 UL-94 V-0 级，两者的冲击强度下降率分别为 18.2%和 23.6%，符合规定要求。

7. 三聚氰胺氰尿酸盐/聚氨酯复合阻燃聚甲醛

单位：质量份

原材料	用量	原材料	用量
POM	100	吸甲醛剂	10
三聚氰胺氰尿酸盐（MCA）	21	加工助剂	1～2
聚氨酯弹性体	9.0	其他助剂	适量

说明：采用 TPU 载体树脂包覆 MCA 的复合阻燃剂阻燃聚甲醛，解决了常规制备方法中阻燃剂与 POM 相容性差、分散相尺寸大的难题。实现了 MCA 在树脂中超细均匀分散，得到的阻燃 POM 极限氧指数可达 26%，力学性能与纯 POM 基本相当。

二、聚甲醛配方与制备工艺

（一）纳米 SiO_2 改性 POM 复合材料

1. 配方[37]

单位：质量份

原材料	用量	原材料	用量
聚甲醛树脂(POM)	100	加工助剂	1～2
PE-LD-*g*-SiO_2	4～6	其他助剂	适量
2,5-二甲基-2,5-二叔丁基过氧基己烷(双二五)	1.0		

2. 制备方法

按一定比例将 PE-LD、双二五和纳米 SiO_2 等原料在高速混合机中搅拌 3～5min；然后将混合好的原料投入到双螺杆挤出机在 140～160℃，转速 260r/min 下熔融、混炼、挤出造粒，并干燥，获得 PE-LD-*g*-SiO_2。

将 PE-LD-*g*-SiO_2、POM 按比例在高速混合机中搅拌 3～5min；然后将混合好的原料投入到双螺杆挤出机，在 150～180℃，转速 260r/min 下熔融、混炼、挤出造粒，并干燥备用注塑。

注塑工艺条件为：注射温度 160～190℃，注塑压力 80MPa，注射速率 70g/s，模具温度 40℃。

3. 性能

见图 6-21～图 6-25。

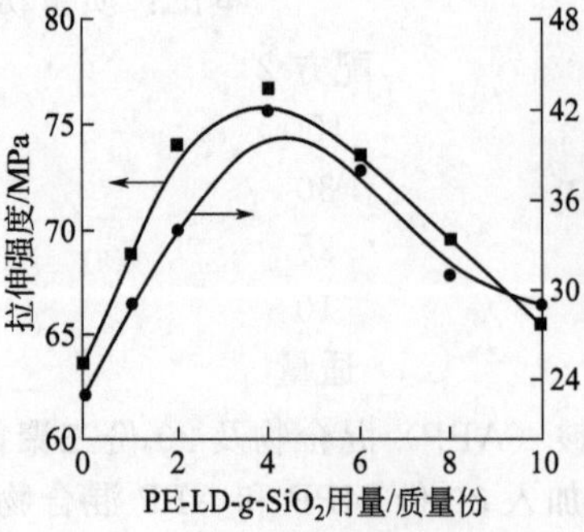

图 6-21　PE-LD-*g*-SiO_2 含量对复合材料拉伸性能的影响

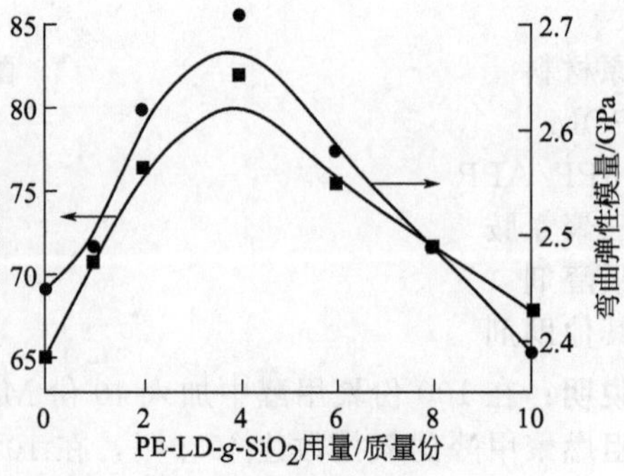

图 6-22　PE-LD-*g*-SiO_2 含量对复合材料弯曲性能的影响

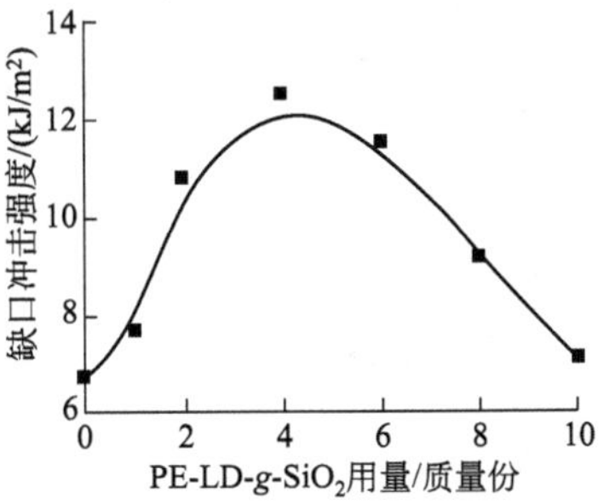

图 6-23 PE-LD-g-SiO_2 含量对复合材料缺口冲击强度的影响

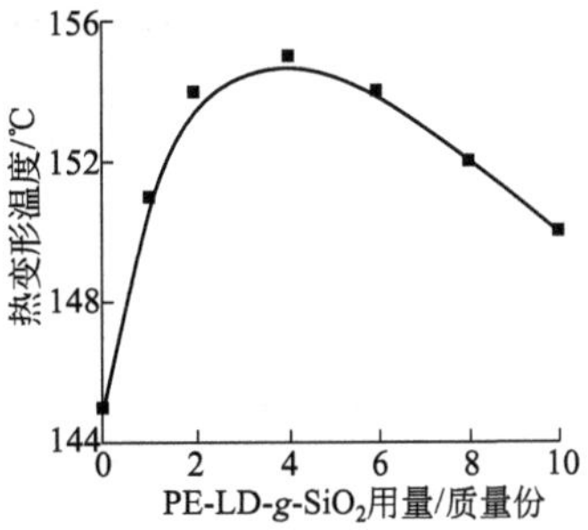

图 6-24 PE-LD-g-SiO_2 含量对复合材料热变形温度的影响

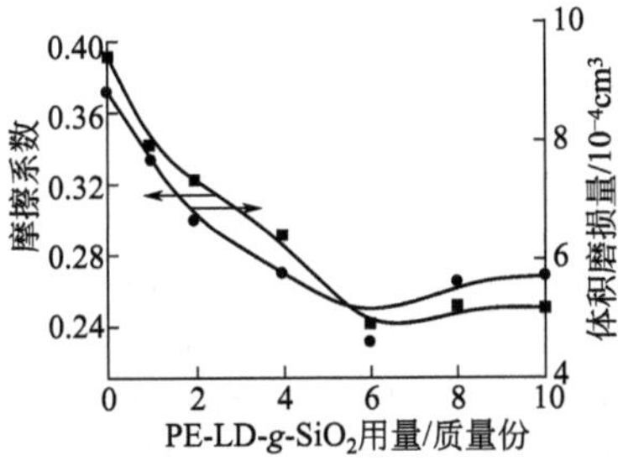

图 6-25 PE-LD-g-SiO_2 含量对复合材料摩擦磨损性能的影响

（二）纳米碳管改性 POM 复合材料

1. 配方[38]

单位：质量份

原材料	用量	原材料	用量
POM 树脂	100	溶剂	适量
多壁碳纳米管	2、4、6	加工助剂	1～2
PMMA	5～10	其他助剂	适量
溴化铜	1～3		

2. 制备方法

（1）MWNT 表面修饰和接枝 PMMA

① MWNT-Br 的制备 将浓硝酸和 MWNT 混合投入烧瓶中，在 110℃回流 24h，得到 MWNT—COOH；将 MWNT—COOH 与过量的二氯亚砜在 70℃下回流 48h，得到 MWNT—COCl；然后加入精制的乙二醇，超声 30min 后在 120℃下反应 48h 后得到 MWNT—OH；将 MWNT—OH、二氯甲烷、三乙胺投入烧瓶中超声分散 30min，然后在冰浴下缓慢滴加过量的 2-溴代异丁酰溴，放置常温下反应 48h，后得到 MWNT-Br。

② MWNT-PMMA 的制备 上步反应得到的 MWNT-Br 作为 ATRP 活性聚合的引发剂，将 MWNT-Br、MMA、苯甲醚、PMDETA 和 CuBr 投入封管，在 70℃条件下反应 24h；反应结束后甲醇沉淀出聚合产物，得到 MWNT-PMMA。

（2）MWNT/POM 复合材料的制备 将共聚甲醛与 MWNT-PMMA 按一定的比例加入高速混合机混合，用双螺杆挤出机挤出共混造粒，再用注塑机注塑成标准样条，并注塑纯的共聚甲醛标准样条作为对照，在室温下放置 24h 后取光滑表面测试结晶性能。

3. 性能

见表 6-31、表 6-32 和图 6-26。

表 6-31　POM 和 MWNT/POM 复合材料的微晶尺寸 L_{hkl}

L_{hkl}/nm	纯 POM	2 份 MWNT/POM	4 份 MWNT/POM	6 份 MWNT/POM
L_{100}	19.1	19.28	20.29	19.41
L_{105}	9.14	9.58	11.67	9.44
L_{115}	8.36	10.20	12.89	8.35

表 6-32　复合材料非等温结晶的动力学参数

试样	ϕ/(℃/min)	K	n
POM	5	−0.03176	2.28536
	10	0.53619	2.52936
	20	1.14736	2.4601
	40	1.63676	2.4149
2 份 MWNT/POM	5	−0.40004	3.02219
	10	0.89995	2.49942
	20	1.62609	2.27115
	40	1.90774	1.99193
4 份 MWNT/POM	5	−0.34909	3.22411
	10	1.15361	2.59868
	20	1.74593	2.07088
	40	2.26465	1.95902
6 份 MWNT/POM	5	−1.08984	3.7603
	10	0.921	2.44806
	20	1.64206	2.00409
	40	2.06346	1.81036

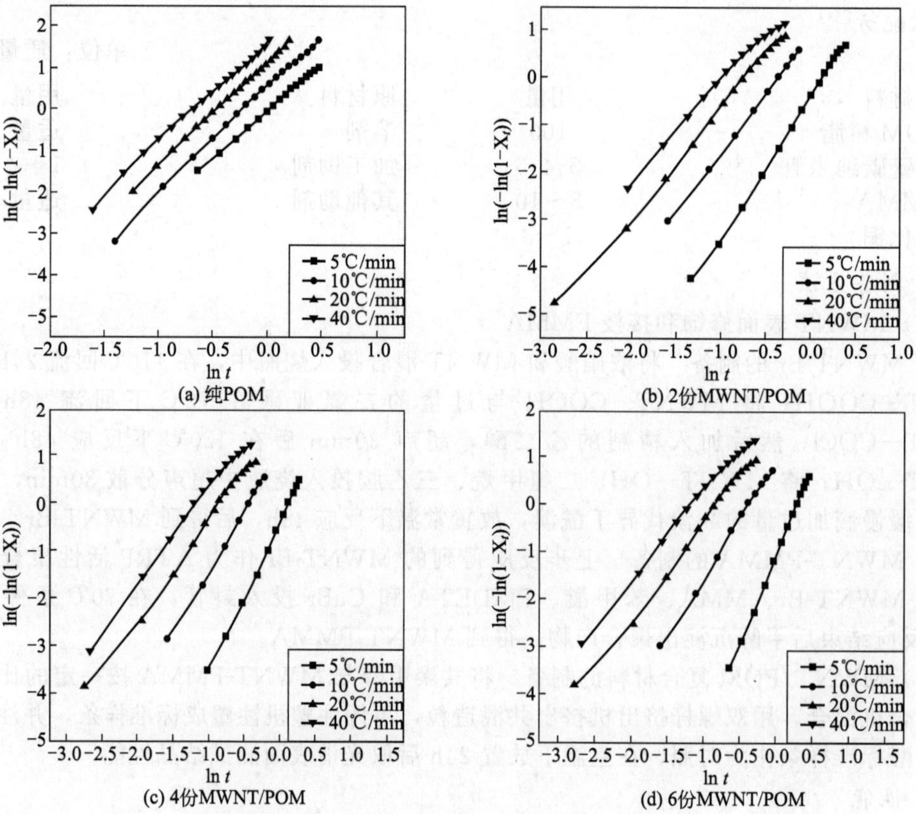

图 6-26　POM 和 MWNT/POM 复合材料非等温结晶的 Avrami 常数

（三）玻纤增强高光泽性聚甲醛

1. 配方

见表 6-33、表 6-34[39]。

表 6-33 GF 增强不同黏度 POM 复合材料配方　　单位：%（质量分数）

组分	1#	2#	3#	组分	1#	2#	3#
POM M90	84.2			短切 GF	15	15	15
POM M270		84.2		偶联剂	0.3	0.3	0.3
POM M450			84.2	抗氧剂	0.5	0.5	0.5

表 6-34 添加防 GF 外露剂 A、B 的 GF 增强 POM 复合材料配方

单位：%（质量分数）

组分	4#	5#	6#	7#	8#	9#	10#	11#
POM M450	83.7	83.2	82.7	82.2	83.7	83.2	82.7	82.2
短切 GF	15	15	15	15	15	15	15	15
偶联剂	0.3	0.3	0.3	0.3	0.3	0.3	0.3	0.3
抗氧剂	0.5	0.5	0.5	0.5	0.5	0.5	0.5	0.5
防 GF 外露剂 A	0.5	1.0	1.5	2.0				
防 GF 外露剂 B					0.5	1.0	1.5	2.0

2. 制备方法

先将除 GF 外的组分加入到高速混合机中混合均匀，然后从双螺杆挤出机的主加料口加入经高速混合机混合的物料，将短切 GF 在双螺杆挤出机的第二加料口加入，使所有物料在双螺杆挤出机中熔融共混，挤出造粒。挤出机温度控制在 170～190℃，螺杆转速 300r/min。将所得粒料在 80℃干燥 6h，经注塑机注射成标准试样，进行性能测试。注塑工艺见表 6-35。

表 6-35 增强 POM 复合材料注塑成型工艺

工艺	A	B	C	D	E	F
速度/(mm/s)	30	60	90	30	60	90
压力/MPa	30	60	90	30	60	90
模温/℃				85	85	85

3. 性能

见表 6-36、表 6-37 和图 6-27。

表 6-36 各种 POM 的参数

牌号	POM(M90)	POM(M270)	POM(M450)
熔体流动速率/(g/10min)	9	27	45

表 6-37 高光泽 GF 增强 POM 与进口同类材料的比较

项目	进口 POM	自制 POM
拉伸强度/MPa	100	96
缺口冲击强度/(kJ/m²)	10	8.5
弯曲强度/MPa	115	110

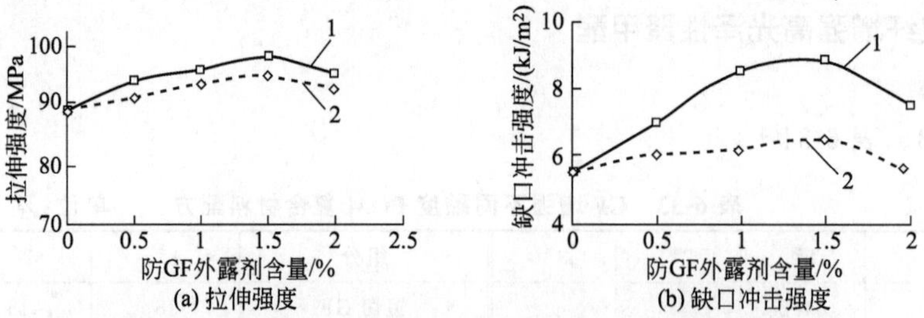

图 6-27　防 GF 外露剂 A、B 对复合材料力学性能的影响

1—防 GF 外露剂 A；2—防 GF 外露剂 B

(四) 连续玻纤增强 POM 复合材料

1. 配方[40]

单位：质量份

原材料	用量	原材料	用量
POM	100	抗氧剂	1.5
连续玻璃纤维	10、20、30	加工助剂	1～2
偶联剂	1.0	其他助剂	适量

2. 制备方法

将自制的浸渍模头与双螺杆挤出机对接，在模头中引入数股连续玻璃纤维；然后将干燥后的 POM 与其他助剂按照一定的比例混合均匀，加入双螺杆挤出机的主加料口中。待物料进入浸渍模头中，启动牵引装置以一定的速度引出浸渍后的连续玻璃纤维浸渍料条。浸渍料条按一定的长度（2～10mm）经切粒、干燥后备用。

将所得粒料于 70℃真空干燥 12h 后注塑成标准测试样条。为了最大限度地减小在注塑成型过程中浸渍粒料中纤维的长径比损失，降低注塑机的塑化速度至 5mm/min。制备工艺见表 6-38。

表 6-38　连续玻璃纤维增强聚甲醛的制备工艺

玻纤用量/质量份	喂料速度/(r/min)	牵引速度/(m/min)	浸渍温度/℃
10	36	3	180～220
20	23	4	
30	13	5	

3. 性能

见表 6-39、表 6-40 和图 6-28。

表 6-39　注塑前后玻璃纤维的长度对比

10 份玻纤		20 份玻纤		30 份玻纤	
注塑前/mm	注塑后/mm	注塑前/mm	注塑后/mm	注塑前/mm	注塑后/mm
1.6	2	1.9	2	1.7	2
3.4	4	3.8	4	3.6	4
5.2	6	5.8	6	5.5	6
7.2	8	7.6	8	7.3	8
9.1	10	9.5	10	9.3	10

表 6-40　同温度下 30 份连续玻璃纤维增强 POM 制品的力学性能

浸渍温度/℃	拉伸强度/MPa	弯曲强度/MPa	浸渍温度/℃	拉伸强度/MPa	弯曲强度/MPa
180	126	167	210	131	171
190	127	169	220	130	169
200	131	172			

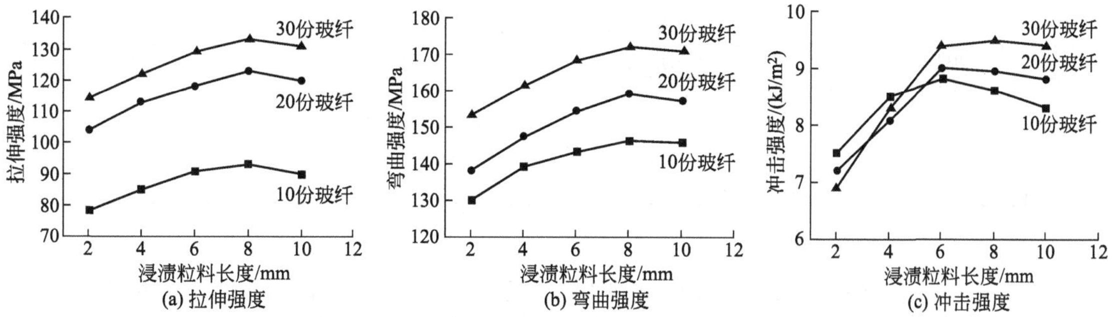

图 6-28 连续玻璃纤维增强 POM 制品的力学性能

(五)长玻纤增强 POM 复合材料

1. 配方[41]

单位：质量份

原材料	用量	原材料	用量
POM(M90)	70	偶联剂	1.0
热塑性聚氨酯弹性体(TPU)	30	加工助剂	1～2
长玻璃纤维	10～30	其他助剂	适量
抗氧剂	0.5		

2. 长玻纤增强 POM 复合材料的制备

将干燥后的 POM、抗氧剂和增韧剂按一定配比（POM：70，抗氧剂：0.5，TPU：30）在高速混合机中混合均匀后在 TE-40 型同向双螺杆挤出机上挤出（主机螺杆转速：200r/min，温度：180℃、185℃、185℃、190℃、190℃、195℃等六区温度），连续玻璃纤维进入特殊的浸渍口模（浸渍温度为 200℃），在浸渍口模内完成树脂对玻纤束的浸渍，料条经冷却、切粒制得增强聚甲醛复合材料。

3. 性能

采用熔体浸渍工艺制备了长玻纤增强聚甲醛共聚物复合材料，研究了不同玻纤含量对长玻璃纤维增强聚甲醛复合材料力学、动态力学性能和形态的影响。结果表明：随着玻纤含量的增加，长玻璃纤维增强聚甲醛复合材料的力学和动态力学性能逐渐增加；玻璃纤维在基体树脂中具有良好的分散性。

(六)碳纤维增强 POM 复合材料

1. 配方[42]

单位：质量份

原材料	用量	原材料	用量
POM(F30-03)	100	抗氧剂	1.0
碳纤维(T700)	25	加工助剂	1～2
偶联剂	1.0	其他助剂	适量

2. 制备方法

将抗氧剂按 POM 质量的 1%与其混合并在高速搅拌机中搅拌均匀，在 80℃真空干燥箱内干燥 2h，得到 POM 混料。将得到的 POM 混料放入双螺杆挤出机主喂料槽，碳纤维(CF)在自然排气口加入，设定挤出工艺参数，进行挤出、拉条、冷却、造粒，然后在真空干燥箱内于 80℃烘 3h，得到 POM/CF 复合材料粒料，用注塑机注塑成测试试样，进行性能测试。挤出及注塑主要工艺参数如表 6-41 所示。

表 6-41　主要工艺参数

项目	工艺参数	项目	工艺参数
挤出机机筒温度/℃	170～190	注射速度/(mm/s)	60
螺杆转速/(r/min)	50～120	保温时间/s	15
注塑温度/℃	180～190	模具温度/℃	80
注塑压力/MPa	60		

3. 性能

(1) CF 的加入使 POM/CF 复合材料的拉伸强度、弯曲强度和弯曲弹性模量均得到大幅提高，缺口冲击强度先增加后减少，出现峰值，断裂伸长率降低；当 CF 用量为 25 份时，POM/CF 复合材料的综合力学性能最佳，弯曲弹性模量、弯曲强度、拉伸强度、缺口冲击强度、断裂伸长率分别为 19.8MPa，187MPa，153MPa，16.2kJ/m^2，0.52%。

(2) POM/CF 复合材料的热变形温度随着 CF 含量的增加逐渐提高，说明 CF 的加入可以改善复合材料的热稳定性。

(3) 随着 POM/CF 复合材料中 CF 含量的增加，其 MFR 逐渐降低。

(七) 晶须增强 POM 复合材料

1. 配方[43]

单位：质量份

原材料	用量	原材料	用量
POM(MC90)	100	抗氧剂	1.0
晶须(美利肯 HPR803i)	8.0	加工助剂	1～2
偶联剂	1.0	其他助剂	适量

2. 制备方法

将晶须在 80℃烘干 2h，从双螺杆挤出机的侧喂料加入，挤出造粒；将晶须与 POM 混合均匀后经双螺杆挤出机挤出。样品在 80℃烘干 2h 后注塑成用于力学性能分析的样条，注塑温度为 180℃、180℃、175℃、175℃。

3. 性能

见表 6-42 和表 6-43。

表 6-42　晶须复合增强 POM 的力学性能

配方	拉伸屈服强度/MPa	断裂伸长率/%	弯曲模量/MPa	弯曲强度/MPa	简支梁缺口冲击强度/(kJ/m^2)
未添加晶须	61.6	42	2297	83.6	6.36
晶须侧喂料添加	70.7	19	3702	104.6	3.63
晶须混合添加	63.4	18	2805	92.2	—

表 6-43　侧喂料添加晶须复合增强 POM 的热学性能

配方	熔融温度/℃	结晶温度/℃	熔融热焓/(kJ/kg)	结晶热焓/(kJ/kg)	熔体质量流动速率/(g/10min)
未添加晶须	169.3	139.6	143.2	138.2	9.0
晶须侧喂料添加	168.8	141.9	138.7	124.8	7.6

（八）高性能阻燃 POM

1. 配方[44]

单位：质量份

原材料	用量	原材料	用量
POM	65	三聚氰胺	10
包覆红磷	15	加工助剂	1～2
酚醛树脂	4.0	其他助剂	适量
双季戊四醇	6.0		

2. 制备方法

将包覆红磷、酚醛树脂、双季戊四醇、三聚氰胺等助剂与 POM 粉料在烘箱中干燥 1h，然后在高混机中搅拌混合 30min，之后用双螺杆挤出机挤出造粒，螺杆转速为 120r/min，喂料速度为 15r/min，挤出温度为 165～175℃。挤出的粒料干燥，在 170～180℃下注塑成型。

3. 性能

以包覆红磷、酚醛树脂、双季戊四醇和三聚氰胺为无卤膨胀型阻燃体系，制备了阻燃聚甲醛复合材料，极限氧指数由 15％提高到 39％，阻燃级别可达到 UL94 V-0。通过对材料垂直燃烧后炭层的 FTIR、TGA 和 SEM 分析可知，阻燃组分间以 POM 分解产物甲醛为媒介，形成了致密、坚硬的交叉网络状炭层，从而有效地提高材料的阻燃性能。通过对材料的 DMA 分析可知，阻燃材料的 E' 比纯 POM 大，在使用温度范围内呈现较高的硬度。

（九）无卤阻燃共聚甲醛

1. 配方[45]

单位：质量份

原材料	用量	原材料	用量
POM	60	抗氧剂(245)	1.0
聚磷酸铵(APP)	24～32	加工助剂	1～2
三聚氰胺(ME)	6～8	其他助剂	适量
酚醛树脂	1～10		

2. 制备方法

首先将 POM、APP、ME 和酚醛树脂按配方称量于高速混合机中均匀混合，然后在双螺杆挤出机中熔融共混挤出（挤出温度 190℃，螺杆转速 150r/min），挤出物经造粒干燥后于注塑机上注塑得到力学性能和阻燃性能测试标准试样（注塑温度 190℃）。

3. 性能

针对聚甲醛（POM）难以阻燃的难题，采用酚醛树脂协效无卤膨胀阻燃剂复合阻燃 POM，研究了酚醛树脂含量对 POM 阻燃性能和力学性能的影响以及相关的成炭阻燃机理。结果表明，酚醛树脂的含量对无卤膨胀阻燃 POM 体系的阻燃性能有重要影响，当体系中酚醛树脂的质量分数为 0.5％～2.0％时，相应阻燃 POM 体系可达 UL94 1.6mm V-0 级别，相应阻燃机理涉及加入的酚醛树脂通过参与膨胀阻燃体系的成炭交联反应显著改善了阻燃 POM 材料燃烧过程中形成的凝聚相炭层质量（更快的成炭速率、更大的膨胀炭层体积和更好的炭层高温热稳定性）。此外，酚醛树脂的引入还改善了体系中阻燃剂的分散性和相容性，因而使得相应阻燃 POM 材料具有更好的力学性能。

第四节　聚对苯二甲酸乙二醇酯

一、经典配方

具体配方实例如下[1~3]。

1. 玻璃纤维增强聚对苯二甲酸乙二醇酯 PET 注射专用料（TS30）

单位：质量份

原材料	用量	原材料	用量
PET	50～85	填充剂	5.0
玻璃纤维(GF)	10～30	增韧剂	6.0
偶联剂	1～3	抗氧剂	1～2
改性剂 AtB	3～7	其他助剂	适量

2. MFMB 改性 PET 料

单位：质量份

原材料	用量	原材料	用量
PET	72～84	填料	5～6
MFMB	16～28	加工助剂	1～2
抗氧剂	0.1～1.0	其他助剂	适量

3. 废旧 PET 再生改性料

单位：质量份

原材料	用量	原材料	用量
废 PET	100	亚磷酸三苯酯	0.1～0.5
乙二醇	90	抗氧剂	1～3
醋酸锌	0.25	加工助剂	1～2
三氧化二锑	1.0	其他助剂	适量

4. 增强、阻燃聚对苯二甲酸乙二醇酯（PET）粒料

单位：质量份

原材料	用量	原材料	用量
PET	100	分散剂	6～10
玻璃纤维	15～40	滑石粉	5～15
偶联剂	1～3	抗氧剂	1～3
十溴联苯醚	2～10	加工助剂	1～2
Sb_2O_3	1～5	其他助剂	适量

5. 医用 PET 瓶

单位：质量份

原材料	用量	原材料	用量
PET	100	稳定剂	1.0
α-酞菁蓝	0.05	其他助剂	适量
白油	0.05		

二、聚对苯二甲酸乙二醇酯配方与制备工艺

（一）纳米滑石粉填充改性废旧 PET 复合材料

1. 配方[46]

单位：质量份

原材料	用量	原材料	用量
PET 瓶回收料(*r*-PET)	85～100	偶联剂	1.0
均苯四甲酸二酐(PMDA)	0.5	加工助剂	1～2
六偏磷酸钠	1.0	其他助剂	适量
滑石粉(500nm)	5～10		

2. 制备方法

(1) 熔融增黏反应

① 挤出扩链法 先将 *r*-PET 在 140℃的温度下干燥 4h，然后加入一定量的 PMDA，高混机混合均匀，经挤出机挤出造粒。设定料筒 1～6 段温度（单位:℃）分别为 245，250，255，255，255 和 260（机头），螺杆转速为 50r/min。

② 混合扩链法 设定转矩流变仪料温为 260℃，转速为 50r/min，达到预设温度后，加入一定量的干燥 *r*-PET，待扭矩变化相对稳定后，再按比例加入扩链剂，观察扭矩变化，直到扭矩不再增大后，结束实验，取出试样。

(2) 纳米滑石粉的制备 将滑石粉原料（1250 目)、水以及六偏磷酸纳按一定比例混合均匀后，加入到砂磨机中，再按照一定的球料比加入氧化锆研磨介质，调节转速研磨 30min，将研磨后的粉体浆液经过滤、干燥和气流粉碎即得纳米滑石粉。

(3) *r*-PET/滑石粉纳米复合材料的制备 按配方准确称量各原料组分，将增黏后的 *r*-PET 基体（120℃干燥 12h)，与干燥的滑石粉、抗氧剂等在高速搅拌机中混匀，从双螺杆挤出机主加料斗加入。挤出温度设定范围 240～280℃，螺杆转速为 160r/min。挤出物经水冷、风干、切粒后，得到粒料。在烘箱中 120℃干燥 12h 后用压板机热压成测试样条。

3. 性能

纳米滑石粉比微米滑石粉能更有效地提高复合材料拉伸和弯曲强度。纳米滑石粉的添加起到了成核剂的作用，*r*-PET 的结晶峰呈现向高温移动的趋势。

（二）有机粒子增韧改性 PC/PET 合金

1. 配方[47]

单位：质量份

原材料	配方 1	配方 2
PC/PET(60/40)	100	100
PE-*g*-MAH	5～10	5～10
聚苯乙烯(PS)	5～20	—
丙烯腈-苯乙烯共聚物(AS)	—	5～20
抗氧剂	1.0	1.0
加工助剂	1～2	1～2
其他助剂	适量	适量

2. 制备方法

先将 PC、PET 粒料在 120℃下鼓风干燥 12h。用双螺杆挤出机共混挤出，加料口到机

头温度（单位:℃）分别为 270、280、285、270，螺杆转速 55r/min。将共混物造粒、干燥，之后通过注塑机制成标准试样，注塑机温度为 260～280℃。

3. 性能

见表 6-44。

表 6-44 PS 对 PC/PET（60/40）和 PC/PET/PE-g-MAH（60/40/5）共混物力学性能对比

体系配比 \ 性能	缺口冲击强度/(kJ/m²)	弯曲强度/MPa	拉伸强度/MPa	断裂伸长率/%
PC/PET=60/40	9.6	70.47	66.12	131.59
PC/PET/PE-g-MHA=60/40/5	15.07	65.90	61.38	120.37
PC/PET/PS=60/40/20	12.76	74.84	68.85	109.04
PC/PET/PS/PE-g-MAH=60/40/20/5	19.39	67.60	62.85	122.89

（三）玻璃纤维增强 PBT/PET 复合材料

1. 配方[48]

单位：质量份

原材料	用量	原材料	用量
PBT/PET(60/40)	100	加工助剂	1～2
玻璃纤维	30	其他助剂	适量
成核剂	1.0		
乙烯-甲基丙烯酸甲酯-丙烯酸缩水甘油酯三元共聚物(AX8900)	5.0		

2. 制备方法

按配方将（PBT+PET）、玻璃纤维、增韧剂、成核剂等所有物料经高速混合机混合均匀后，由双螺杆挤出机挤出造粒，同时玻纤由侧喂料口加入，并通过调整主喂料频率与螺杆转速控制玻纤含量为 30 份。增强共混物粒子干燥后，注塑成标准试样。各区温度设置范围为 240～270℃，螺杆转速为 320r/min。

3. 性能

玻璃纤维增强聚对苯二甲酸丁二酯（PBT）/聚对苯二甲酸乙二酯（PET）共混物具有耐高温、耐湿、耐化学腐蚀、电绝缘性能好和良好的弹性等特点，且通常注塑工艺优良，注塑制品具有优良的表面光洁度，是一种综合性能优秀的增强共混物。

但简单共混的 PET/PBT 共混物通常韧性不好，质地脆，这主要是由于共混物的相容性及结晶性的变化造成的。为了提高增强 PBT/PET 共混物的强度，需要一些其他的改性方法。

（四）碳微球（CMS）改性 PET 复合材料

1. 配方[49]

单位：质量份

原材料	用量	原材料	用量
PET 切片	100	加工助剂	1～2
碳微球(CMS)或中间相碳微球(MCMS)	1、2、3、4、5	其他助剂	适量
分散剂	3～4		

2. 制备方法

(1) 真空干燥　称取一定质量的 PET 切片，在 120℃、真空度为－(0.082±0.002) MPa 的真空转鼓烘箱中干燥 12h，用微量水分测定仪测试 PET 切片含水率为 (28～30)×10^{-6}时取出，密封待用。

称取一定质量的碳微球，在 120℃、真空度为－(0.094±0.001)MPa 的真空烘箱中干燥 12h，取出，密封待用。

(2) CMS/PET 和 MCMS/PET 复合材料的制备　按照 CMS 和 MCMS 配比，与 PET 切片同时喂入双螺杆挤出机中，在熔体温度 275℃、熔体压力 1.04MPa 的条件下共混，制得 CMS/PET 和 MCMS/PET 母粒。

3. 性能

见表 6-45。

表 6-45　不同含量的 CMS 和 MCMS 对 PET 复合材料的影响

填料种类	用量/质量份	评价指标			
		样条均匀程度	样条表面光滑程度	有无断头情况	填料分散情况
CMS	1	好	光滑	无	良好
	2	好	光滑	无	良好
	3	好	光滑	无	较好
	4	较好	略粗糙	极少	较好
	5	不好	略粗糙	较少	较差
MCMS	1	好	光滑	无	良好
	2	好	光滑	无	良好
	3	好	光滑	无	良好
	4	好	光滑	无	较好
	5	较好	略粗糙	无	较好

(五) PET/PP 共混改性

1. 配方[50]

单位：质量份

原材料	用量	原材料	用量
PET	20～25	邻苯二甲酸氢钾	2～4
PP	75～80	加工助剂	1～2
SEBS-*g*-MAH	10	其他助剂	适量
成核剂	1.5		

2. 制备方法

将 PP、PET、SEBS-*g*-MAH 和其他的助剂按一定的比例混合加入到双螺杆挤出机。挤出机的温度分别为一区 190℃，二区 200℃，三区 210℃，四区 220℃，五区 220℃，六区 210℃，机头 220℃，螺杆转速 200r/min，喂料速度 30r/min。经水冷却后切粒。所得粒料在 100℃干燥 10h 后注塑，得到的样条在室温下放置 24h 以备测试。

（六）PET回收料/ABS合金

1. 配方[51]

单位：质量份

原材料	用量	原材料	用量
PET回收料(r-PET)	50	加工助剂	1～2
ABS	50	其他助剂	适量
相容剂A(含有环氧基团,酸酐基团以及乙烯的共聚物)	2.0		

2. 制备方法

将r-PET瓶清除灰尘和杂质后，置于破碎机中，粉碎成3mm×3mm左右的r-PET碎片，置于电热恒温鼓风干燥箱（150℃±1℃），干燥5h，将ABS树脂置于另一台电热恒温鼓风干燥箱（90℃±1℃），干燥5h，按配方称取经干燥的r-PET、ABS和相容剂A，置于高速混合机中（搅拌速度500r/min，温度95℃±1℃），共混5min后，置于双螺杆挤出机中（料筒温度：Ⅰ区185℃、Ⅱ区215℃、Ⅲ区245℃、Ⅳ区260℃、Ⅴ区265℃、模头262℃）熔融挤出造粒。而后，置于注塑成型机中（料筒温度：245～258℃，保压时间：30s）注射成标准试样。

3. 性能

见表6-46。

表6-46 r-PET/ABS共混材料力学性能

项目	不含相容剂配方	含相容剂配方
拉伸强度/MPa	25.7	37.3
断裂伸长率/%	9.6	15.4
弯曲强度/MPa	51.7	89.0
缺口冲击强度/(kJ/m²)	3.13	4.42

（七）废旧PET回收料/热塑性弹性体共混合金

1. 配方[52]

单位：质量份

原材料	用量	原材料	用量
PET回收料(r-PET)	100	抗氧剂1010	1.0
动态硫化热塑性弹性体(TPV)	20	加工助剂	1～2
LDPE-g-AA	2.5	其他助剂	适量

2. 制备方法

将r-PET瓶清除杂质和粉尘后，置于破碎机中，粉碎成3mm×3mm左右的r-PET碎片，置于电热恒温鼓风干燥箱中（110℃±1℃）干燥12h。按配方称取r-PET、TPV、LDPE-g-AA、抗氧剂，置于高速混合机中（搅拌速度为500r/min，温度为90℃）搅拌5min成混合料；将混合料置于同向双螺杆挤出机中（料筒温度分别为Ⅰ区195℃、Ⅱ区228℃、Ⅲ区250℃、Ⅳ区263℃、Ⅴ区265℃，模头温度为263℃）熔融挤出造粒成颗粒料；将颗粒料置于注塑成型机中（料筒温度为248～260℃，保压时间30s）注射成标准试样。

3. 性能

(1) 加入TPV，r-PET/TPV，共混材料的断裂伸长率及缺口冲击强度明显提高，弯曲强度和拉伸强度略有下降，熔融温度下降 4.85℃，熔融结晶温度提高了 2.44℃，成型周期缩短。

(2) 加入 LDPE-*g*-AA 后，*r*-PET/TPV/LDPE-*g*-AA 共混材料玻璃化转变温度向低温方向移动，降低了 5.5℃；TPV 球状粒子嵌入 *r*-PET 基体材料中，颗粒粒径明显细化，*r*-PET 与 TPV 相界面模糊，相容性明显提高。

(3) 含 LDPE-*g*-AA 的 *r*-PET/TPV/LDPE-*g*-AA 共混材料，与纯 *r*-PET 相比，熔融温度下降 7.19℃，断裂伸长率提高 133.28%，缺口冲击强度提高 59.39%，柔韧性较大幅度提高。

（八）丙烯酸接枝改性 PET 纳米薄膜

1. 配方[53]

单位：质量份

原材料	用量	原材料	用量
PET	100	二氯甲烷	1.0
丙烯酸(AA)	10	无水乙醇	适量
三氟乙酸	9.0	其他助剂	适量

2. 制备方法

(1) PET 纳米纤维膜的制备

① 配制浓度为 15%的 PET 纺丝溶液，溶剂采用三氟乙酸和二氯甲烷 9∶1 的混合溶剂，放置在磁力搅拌器上均匀搅拌 24h 至混合均匀。

② 采用静电纺丝仪，设置纺丝电压 25kV，接收距离 15cm，溶液推进速度 0.003mm/s，制备纤维形态均匀的 PET 纳米纤维薄膜。

(2) 液相低温等离子体接枝处理

① N_2 低温等离子体活化 PET 薄膜。将 PET 薄膜放入低温等离子体处理仪的反应腔中，设置工艺参数，放电功率 150W，放电时间 300s，反应腔压力 20～100Pa，放电频率 40kHz。

② 丙烯酸溶液接枝。将 40mL 的体积浓度为 10%丙烯酸水溶液倒入反应瓶，通 N_2 除去体系中的氧，将 N_2 等离子体处理后的 PET 薄膜置于反应瓶中接枝反应，接枝温度 60℃，接枝时间 2h。

(3) 后处理　将低温等离子体接枝处理后的 PET 薄膜放入乙醇溶液中浸泡，12h 后更换乙醇溶液，继续浸泡 12h，洗去薄膜上残余的丙烯酸单体，置于真空干燥箱干燥处理后保存备用。

3. 性能

聚对苯二甲酸乙二醇酯（PET）具有较高的力学性能及耐腐蚀性能，但其具有较低的吸水性、染色性及抗静电性，采用静电纺丝制备的 PET 纳米纤维薄膜具有较小的空隙，较高的比表面积，在纳米催化、组织支架、表面包装、过滤和光电子领域有丰富的应用。

低温等离子体技术是一种工艺简单、改性效果优异，污染小的薄膜改性手段。采用氮气（N_2）低温等离子体引发苯二甲酸乙二醇酯（PET）纳米纤维薄膜表面接枝，液相低温等离子体处理接枝丙烯酸单体，通过电镜照片、水接触角测试、FTIR 测试及力学测试，讨论了液相接枝处理后，薄膜的形态及性能的变化。实验中接枝处理的工艺条件是，丙烯酸接枝溶液体积浓度 10%，接枝温度 60℃，接枝时间 2h。液相低温等离子体接枝处理后，薄膜的表面亲水性得到了有效的提高。

（九）PVDF/PET 复合膜

1. 配方[54]

单位：质量份

原材料	用量	原材料	用量
PVDF/PET	100	聚乙烯吡咯烷酮(PVPK17)	0.5
N,*N*′-二甲基乙酰胺(DMAC)	1～3	其他助剂	适量
聚乙烯醇(PEG)	5.0		

2. 复合膜的制备

将 PVDF 树脂加入到溶剂 DMAC 中，加热至 80℃搅拌，再加入一定量的添加剂，搅拌至均匀透明的铸膜液，真空脱泡 8h 后待用。把 PET 膜基材固定于刮膜机辊轴上，设定刮膜厚度和速度等参数后启动刮膜机。铸膜液经过滤器过滤后进入到料槽中，随后被均匀的涂刮到 PET 膜基材上，接着进入恒温的凝固浴中形成液-固相转变，固化成膜，放入去离子水中浸泡 24h，每 8h 换一次水。

3. 性能

(1) 添加剂为 5 份聚乙二醇-400 和 0.5 份聚乙烯吡咯烷酮 K17 复配、空气相对湿度为 65%、蒸发时间为 10s 时制得的复合膜综合性能较优，膜的纯水通量达 562.4L/(m^2·h)，孔隙率为 70.5%，断裂拉伸强度和断裂伸长率分别为 23.3MPa 和 58.1%。

(2) 将此复合膜安装在浸没式 MBR 中处理生活污水，控制出水通量为 0.46m^3/(m^2·d)，连续运行 6 个月，跨膜压差均小于 16kPa，膜比通量均大于 8，复合膜的耐污染性较好。

(3) 浸没式 MBR 运行过程中对 COD_{cr} 去除率均高于 83.8%，NH_3-N 去除率均高于 90.1%，SS 的去除率均高于 95.0%，表明所制备的复合膜对污染物的去除率高，出水水质能满足城市污水再生利用标准的要求。

（十）阻燃/增强 PBT/PET 复合材料

1. 配方[55]

单位：质量份

原材料	用量	原材料	用量
PBT/PET	50	Sb_2O_3	5.0
玻璃纤维	30	增韧剂	5.0
阻燃剂	15	其他助剂	适量

2. 制备方法

首先将 PBT、PET 树脂于 80℃真空烘箱中干燥 48h。然后将干燥好的（PBT＋PET）、阻燃剂、玻纤及其他组分混合均匀，其中 PBT/PET 质量比及样品编号见表 6-47。玻纤通过侧喂料口进料，在双螺杆挤出机上挤出造粒。挤出机螺杆转速为 300r/min，喂料量 40kg/h，Ⅰ～Ⅶ段温度（单位:℃）分别为 220、250、260、260、240、240、250，共混物经干燥后，在注塑机上制成符合 ISO 标准的力学性能测试样条以及符合 UL 94 标准的 0.75mm 厚度燃烧样条。

表 6-47　阻燃增强 PBT/PET 的配方组成

样品编号	1#	2#	3#	4#	5#	6#	7#	8#
PBT/PET 质量比	100/0	90/10	80/20	70/30	60/40	50/50	40/60	0/100

3. 性能

见表 6-48、表 6-49。

表 6-48　阻燃增强 PBT/PET 合金的力学性能

样品编号	拉伸强度/MPa	断裂伸长率/%	缺口冲击强度/(kJ/m^2)	弯曲强度/MPa	弯曲模量/MPa
1#	125.6	3.0	8.6	194.8	8624
2#	125.3	3.0	8.6	193.2	8598
3#	126.5	2.9	8.5	195.9	8511
4#	124.7	2.8	8.4	191.7	8573
5#	124.6	2.8	8.5	189.7	8752
6#	124.7	2.9	8.3	187.9	8526
7#	128.1	2.8	8.7	198.4	8740
8#	130.2	2.7	8.6	201.5	8832

表 6-49　阻燃增强 PBT/PET 合金的燃烧性能

性能	1#	2#	3#	4#	5#	6#	7#	8#
阻燃等级①	V-1	V-0	V-0	V-0	V-0	V-0	V-0	V-0
燃烧总时间/s②	52	47	42	38	36	31	29	13

①按照 UL 94 标准测试，厚度为 0.75mm。

②燃烧时间为 5 根样条的燃烧总时间之和。

（十一）阻燃 PET 吸湿性改性

1. 配方[56]

单位：质量份

原材料	用量	原材料	用量
PET	100	聚乙二醇(PEG)	7.2
2-羧乙基苯基次磷酸(CEPPA)	4～5	加工助剂	1～2
间苯二甲酸双羟乙酯-5-磺酸钠(SIPE)	5.4	其他助剂	适量

2. 制备方法

采用半连续间歇聚合工艺。称取一定量 BHET，置于 1L 四口瓶中，加热熔融后，分批逐次添加一定配比的 PTA，EG 以及阻燃剂预酯化物 CEPPA-EG 的混合液。待酯化结束后，将第三单体 SIPE 和第四单体 PEG 加入到反应釜中，控制反应温度为 240℃。反应一定时间后将得到的酯化物迅速转移到缩聚釜中，开启抽真空系统并升温至 280℃，保持反应体系内绝对压力在 100Pa 以下，达到一定的搅拌功率后在氮气的保护下出料。

3. 性能

(1) 改性 PET 和 T_g 和 T_m 与纯 PET 相比下降，其幅度与共聚单体的链结构密切相关。不同共聚单体的加入影响了改性 PET 的结晶速率和结晶度，其中 CEPPA 的加入使改性 PET 的结晶速率降低，但是结晶度变化不大；SIPE 的加入导致改性 PET 的结晶速率和结晶度迅速下降；PEG 的加入提高了改性 PET 的结晶速率和结晶度。

(2) 添加 CEPPA 的改性 PET 阻燃效果最佳，LOI 大于 29%。其他共聚单体的加入使得 LOI 降低。结晶度对改性 PET 的阻燃效果影响不大。

(3) 改性 PET 在结晶度高的条件下吸湿性下降。添加了 CEPPA，PEG，SIPE 的改性 PET 的含水性最高。

（十二）无卤阻燃玻纤增强 PET 复合材料

1. 配方[57]

单位：质量份

原材料	用量	原材料	用量
PET	100	氮系阻燃剂 N1	5
聚溴化苯阻燃剂	10～20	抗氧剂 1010	1.0
三氧化二锑辅助阻燃剂	10～20	稀土偶联剂(WG-Ⅱ)	1.5
溴化环氧阻燃剂	10～20	玻璃纤维	30
磷系阻燃剂 P1	15	其他助剂	适量
磷系阻燃剂 P2	10		

2. 制备方法

(1) 卤系阻燃增强 PET 材料的制备　分别将溴化环氧树脂和聚溴化苯乙烯与三氧化二锑、增韧剂、抗氧剂按一定比例预混合，再将预混物以一定量加入到 PET 树脂中混合后加入挤出机，在挤出过程中加入 30 份的玻纤，制备出卤系阻燃增强 PET，注塑成测试样条。

(2) 无卤阻燃增强 PET 材料的制备　将阻燃剂 P1、P2、N1 分别用 WG-Ⅱ处理，处理后按一定比例复配与增韧剂、抗氧剂一同与 PET 混合后在挤出过程中加入 30 份的玻纤，造粒，注塑成样条。

3. 性能

见表 6-50～表 6-54。

表 6-50　无卤阻燃增强 PET 与卤系阻燃增强 PET 的性能对比

测试项目单位	卤系阻燃 PET	无卤阻燃 PET
拉伸强度/MPa	124	118
弯曲强度/MPa	188	194
缺口冲击强度/(kJ/m²)	8	7
非缺口冲击强度/(kJ/m²)	35	35
热变形温度/℃	225	230
燃烧性能 UL94(0.8mm)	V-0	V-0

表 6-51　无卤阻燃 PET 材料与卤系阻燃 PET 材料 CTI 的比较

PET 阻燃类型	CTI 值/V	PET 阻燃类型	CTI 值/V
溴化环氧树脂阻燃 PET	175	无卤阻燃 PET	500
溴化聚苯乙烯阻燃 PET	250		

表 6-52　无卤阻燃增强 PET 和卤系阻燃增强 PET 的加工流动性比较

项目	熔融指数/(g/10min)	螺旋流长/cm	项目	熔融指数/(g/10min)	螺旋流长/cm
卤系阻燃 PET	20	35	无卤阻燃 PET	14	33

表 6-53　无卤增强阻燃 PET UL 黄卡

项目	厚度/mm	级别
颜色	0.8～3.2	全色系
阻燃级别	0.8～3.2	FV-0 级
HAI(高电弧引燃指数)	0.8～3.2	1 级
HWI(热线圈引燃指数)	0.8～3.2	0 级
CTI(耐漏电起痕指数)	—	1 级
GWIT(灼热丝引燃温度)	3.2	825℃
	0.8	750℃
GWFI(灼热丝耐燃指数)	0.8～3.2	960℃

表 6-54　无卤阻燃增强 PET 的测试数据

限量物质	IEC 要求	检测值	限量物质	IEC 要求	检测值
Cl	<900ppm	ND	Cl+Br	<1500ppm	ND
Br	<900ppm	ND	锑	<1000ppm	107ppm

注：ND 表示未检出。

无卤阻燃增强 PET 产品中未含有 Cl 和 Br，PET 基础树脂在聚合时采用锑作为催化剂，使材料不可避免的含有一定量的锑。

（十三）阻燃抗熔滴 PET

1. 配方[58]

单位：质量份

原材料	用量	原材料	用量
对苯二甲酸双羟乙酯(BHET)	50	三聚氰胺氰尿酸盐(MCA)	0.4～1.2
乙二醇(EG)	30	加工助剂	1～2
对苯二甲酸(PTA)	20	其他助剂	适量
2-羧乙基苯基次磷酸(CEPPA)	5～6		

2. 阻燃抗熔滴 PET 的制备

采用半连续间歇聚合工艺。称取一定量 BHET，置于 1L 四口瓶中，加热熔融后，分批逐次添加一定配比的 PTA，EG 以及阻燃剂和其他添加剂的浆液，进行酯化，其后将酯化产物转移到缩聚釜中，开启抽真空系统并升温至 280℃，在低真空下反应 20～50min 后转为高真空，保持反应体系内绝对压力在 100Pa 以下，继续反应 1～1.5h，出料。改性方案及工艺参数见表 6-55 所示。

表 6-55　阻燃抗熔滴 PET 制备工艺参数

试样	w_P/%	w_N/%	w_{CEPPA}/%	w_{MCA}/%	出料功率/W	缩聚反应时间/min
0#	0.6	0	0	0	160	150
1#	0.6	0	5.07	0	160	160
2#	0.6	0.2	5.06	0.40	140	80
3#	0.6	0.3	5.04	0.60	140	55
4#	0.6	0.4	5.03	0.80	140	50
5#	0.6	0.6	5.01	1.20	140	45

3. 性能

见表 6-56～表 6-61。

表 6-56　改性 PET 的 [η]

试样	[η]/(dL/g)	试样	[η]/(dL/g)
0#	0.770	3#	0.684
1#	0.845	4#	0.689
2#	0.681	5#	0.946

表 6-57　改性 PET 试样的 DSC 分析结果

试样	T_g/℃	T_c/℃	T_m/℃
0#	74.9	141.9	249.6
1#	73.2	141.4	248.6
2#	64.2	148.4	236.6
3#	63.8	146.2	235.5
4#	63.5	151.0	238.0
5#	63.2	147.0	235.3

表 6-58 改性 PET 在不同热分解率时的热分解温度

试样	热分解温度/℃			残留质量分数/%
	5%	50%	85%	
0#	395.3	434.1	503.2	8.48
1#	396.1	435.1	494.5	10.72
2#	390.8	434.4	560.4	12.94
3#	389.5	433.7	479.8	11.60
4#	384.3	431.9	463.8	9.98
5#	386.3	432.9	464.0	8.45

表 6-59 改性 PET 试样的阻燃性能

试样	LOI/%	30s 内熔滴数	是否达到 V-0 级别
0#	23	18	否
1#	26	16	否
2#	28	13(自熄)	是
3#	28	14	否
4#	29	14	否
5#	29	13(自熄)	是

表 6-60 改性 PET 试样的燃烧性能参数

试样	TTI/s	tpk-HRR/s	tpk-MLR/s	tpk-RSR/s
0#	111	155	205	165
1#	89	140	125	140
2#	116	145	135	135
3#	109	145	135	140
4#	115	135	130	130
5#	114	145	135	145

注：tpk-HRR，tpk-MLR，tpk-RSR 分别表示 HRR，MLR，RSR 达到峰值的时间。

表 6-61 改性 PET 试样的 CONE 测试数据

试样	pk-HRR/(kW/m^2)	pk-MLR/[$g/(s \cdot m^2)$]	残炭质量分数/%	烟释放总量/(m^2/m^2)
0#	736	0.62	28.45	1040.2
1#	722	0.35	22.51	1085.1
2#	467	0.31	40.04	1411.9
3#	580	0.39	35.34	1579.3
4#	470	0.36	30.64	1789.5
5#	531	0.35	36.04	1639.2

注：pk-HRR，pk-MLR 分别表示 HRR，MLR 峰值。

第五节 聚对苯二甲酸丁二醇酯

一、经典配方

具体配方实例如下[1~3]。

1. 聚对苯二甲酸丁二醇酯（PBT）节能灯专用料

单位：质量份

原材料	用量	原材料	用量
PBT	100	相容剂	3～5
增韧剂	3～4	加工助剂	1～2
遮光剂(TiO_2)	6～8	其他助剂	适量

2. PBT/BMI 耐热阻燃剂

单位：质量份

原材料	用量	原材料	用量
PBT	100	过氧化二异丙苯(DCP)	0.5～1.5
玻璃纤维	30	*N*,*N*′-4,4′-二苯甲烷双马来酰亚胺(BMI)	0.3～1.0
偶联剂	1～3	加工助剂	1～2
十溴联苯醚	2～10	其他助剂	适量
Sb_2O_3	1～5		

二、聚对苯二甲酸二丁醇酯配方与制备工艺

(一)连续长玻纤增强 PBT 复合材料

1. 配方[59]

单位：质量份

原材料	用量	原材料	用量
PBT	100	乙烯-丙烯酸甲酯-甲基丙烯酸偏水甘油酯共聚物相容剂	5.0
玻璃纤维(ERS 200-13-T635B)	30	抗氧剂	1.5
偶联剂	1.0	其他助剂	适量

2. 制备方法

将 120℃下干燥 2h 的 PBT 树脂与各种加工助剂高速混合后，加入挤出机中。该挤出机双螺杆端头增加了带凹槽的对辊元件，由同向旋转双螺杆熔融向前输送，连续无捻长玻璃纤维经过热风管后由浸渍机头上口加入，以 30°～60°通过旋转对辊的两辊夹缝，同向旋转的对辊使玻璃纤维分散，同时使熔融的热塑性树脂对玻璃纤维充分浸渍，浸渍的长玻璃纤维通过导向辊导向后，从浸渍机头出口经外导向辊导出，将制备的连续长玻璃纤维增强 PBT 复合材料经水槽冷却，风干，牵引，定长 10～15mm 切粒，得到连续长玻璃纤维增强 PBT 复合材料颗粒，如图 6-29 所示。

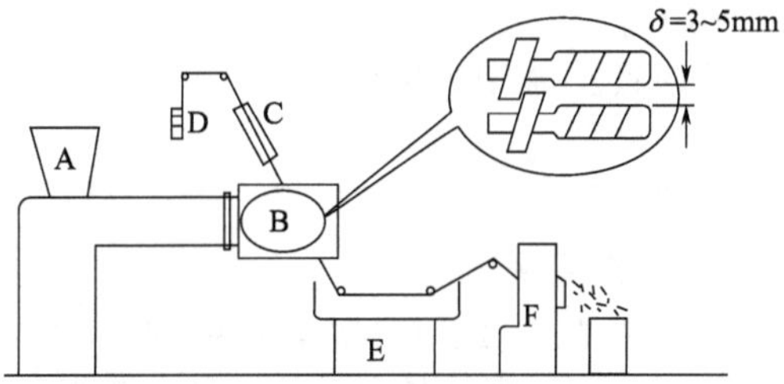

图 6-29　长玻璃纤维浸渍增强 PBT 复合材料的工艺流程

A—挤出机加料斗；B—挤出浸渍机头（含旋转对辊）；C—热风干燥管；D—长玻璃纤维束；E—冷却水槽；F—定长切粒机

3. 性能

见表 6-62、表 6-63。

表 6-62　原料及切粒对长玻璃纤维增强 PBT 复合材料性能的影响

项目	1	2	3	4	5
添加变量	PBT(0.8dL/g)	PBT(1.0dL/g)	切粒 3～5mm	2%水分	5%增韧剂
玻璃纤维用量/份	29.9	29.6	29.6	32.6	30.5
拉伸强度/MPa	106	116	105	65	114
弯曲强度/MPa	158	170	160	120	160
弯曲模量/MPa	7400	7500	6500	6000	7100
冲击强度(无缺口)/(kJ/m^2)	35.4	37.5	32.2	5.6	42.3

表 6-63　注塑工艺对长玻璃纤维增强 PBT 复合材料性能的影响

项目	1	2	3	4
注塑工艺	240℃/60MPa	240℃/80MPa	260℃/60MPa	260℃/80MPa
拉伸强度/MPa	116	114	114	114
弯曲强度/MPa	170	168	178	175
弯曲模量/MPa	7500	7600	7800	7600
冲击强度(无缺口)/(kJ/m²)	39.5	37.5	35.6	36.2

(二)超韧性阻燃 PBT

1. 配方[60]

单位：质量份

原材料	配方 1	配方 2	配方 3
PBT	100	100	100
弹性体乙烯-丙烯酸丁酯-甲基丙烯酸缩水甘油酯(PTW)	5～25	—	—
聚烯烃接枝甲基丙烯酸缩水甘油酯(POE-*g*-GMA)	—	5～25	—
甲基丙烯酸甲酯-丁二烯-苯乙烯共聚物(MBS)/PC	—	—	5～25
十溴二苯乙烷	15	15	—
溴化环氧阻燃剂	—	—	15
Sb_2O_3	5.0	5.0	5.0
聚四氟乙烯(PTFE)	0.5	0.5	0.5
加工助剂	1～2	1～2	1～2
其他助剂	适量	适量	适量

2. 制备方法

将烘干的 PBT、PC 等与增韧剂、阻燃剂以及其他各种助剂在高速混合机充分混合均匀，然后利用双螺杆挤出机熔融挤出造粒，控制挤出机各段温度 220～230℃，螺杆转速在 300～400r/min；制得的粒料在 120℃干燥箱中干燥 3～4h，最后利用注塑机在 240～250℃下注塑力学性能、阻燃性能以及色相测试等标准样条；所有样条在室温下放置 24h 后进行性能测试。

3. 性能

见图 6-30、图 6-31。

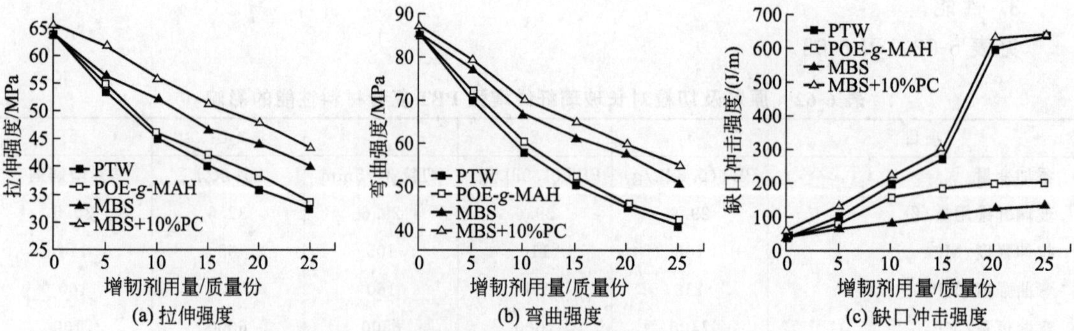

图 6-30　增韧剂用量对改性 PBT 材料力学性能的影响

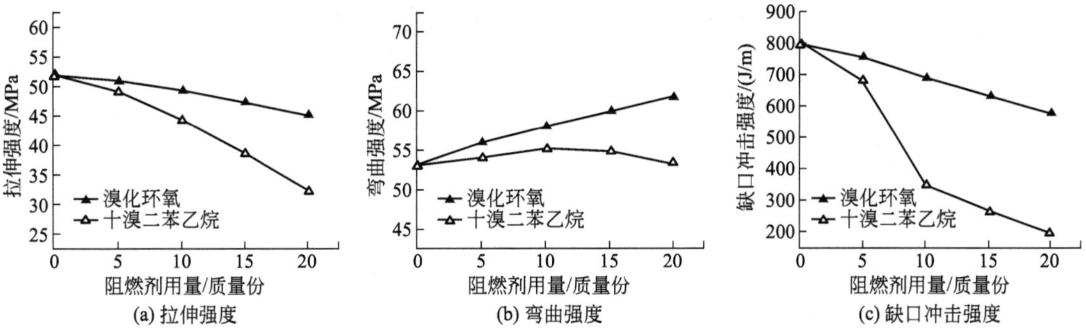

图 6-31 阻燃剂用量对改性 PBT 材料力学性能的影响

（三）阻燃增强 PBT/AS 复合材料

1. 配方[61]

单位：质量份

原材料	用量	原材料	用量
PBT	30～90	阻燃剂	14
AS(苯乙烯-丙烯腈)	10～70	偶联剂	1.0
玻璃纤维	30	其他助剂	适量

2. 制备方法

将 PBT 和 AS 分别在 110℃和 80℃下鼓风干燥 2～3h，然后将干燥好的 PBT＋AS、阻燃剂及其他组分混合均匀，通过玻纤口加入玻璃纤维，通过双螺杆挤出机熔融共混，挤出温度 230～250℃，螺杆转速 350r/min。切粒后的材料再于 100℃下鼓风干燥 2h 后注射成标准测试试样，注塑温度 240～260℃。

3. 性能

见表 6-64～表 6-67。

表 6-64 阻燃增强 PBT/AS 合金的力学性能

样品编号	PBT/AS 质量比	拉伸强度/MPa	弯曲强度/MPa	缺口冲击强度/(kJ/m^2)	热变形温度/℃
1#	100/0	140.7	181.2	8.8	224.2
2#	90/10	142.3	183.0	7.8	218.5
3#	80/20	140.9	182.6	6.9	197.8
4#	70/30	141.6	180.5	6.7	169.5
5#	60/40	140.8	177.0	6.5	163.1
6#	50/50	141.3	176.8	6.6	143.1
7#	40/60	138.5	171.3	6.4	140.2
8#	30/70	136.1	169.5	6.2	139.1

表 6-65 阻燃增强 PBT/AS 合金的燃烧性能①

样品编号	PBT/AS 质量比	UL 94 等级	燃烧现象
1#	100/0	V-0	试片离开火焰后
2#	90/10	V-0	均在 1～3s 内
3#	80/20	V-0	迅速熄灭，无滴落
4#	70/30	V-0	
5#	60/40	V-0	
6#	50/50	V-0	
7#	40/60	V-0	
8#	30/70	V-0	

①试片测试厚度为 1.6mm，每组测试 5 根试样。

表 6-66　阻燃增强 PBT/AS 合金的成型收缩率

样品编号	PBT/AS 质量比	横向收缩率/%	纵向收缩率/%	收缩率差/%
1#	100/0	0.42	1.15	0.73
2#	90/10	0.40	1.11	0.69
3#	80/20	0.38	0.99	0.61
4#	70/30	0.38	0.87	0.49
5#	60/40	0.36	0.80	0.44
6#	50/50	0.34	0.75	0.41
7#	40/60	0.31	0.70	0.39
8#	30/70	0.29	0.64	0.35

表 6-67　阻燃增强 PBT/AS 合金的 TG 数据①

样品编号	PBT/AS 质量比	$T_{1\%}$/℃	T_P/℃	W_t/%
1#	100/0	321.2	391.3	32.3
2#	90/10	313.1	388.3	31.8
3#	80/20	308.1	380.7	32.1
4#	70/30	294.1	378.1	31.4
5#	60/40	293.8	375.2	30.9
6#	50/50	278.7	369.8	31.5
7#	40/60	276.5	368.5	31.4
8#	30/70	273.9	364.5	30.7

① $T_{1\%}$ 指质量损失 1%的温度；T_P 为最大热失重速率对应的温度；W_t 为最终残留率。

（四）无卤阻燃长玻纤增强 PBT 复合材料

1. 配方[62]

单位：质量份

原材料	用量	原材料	用量
PBT	100	抗氧剂	1.0
氮磷汞阻燃剂(OP1240A)	5.8.11.14.17	润滑剂	0.2
玻璃纤维	35	其他助剂	适量
相容剂	5～6		

2. 制备方法

将无卤阻燃剂、PBT、抗氧剂、润滑剂按比例加入到双螺杆挤出机中，通过双螺杆挤出机塑化后，输送到转体式高温熔体压延浸渍模具内，该模具温度为 260～310℃，双螺杆挤出机的温度 250～260℃；将连续长玻璃纤维以 100～150m/min 的速度牵引输入模具中，模具长度为 2～4m，充分压延浸渍后，切粒、干燥得到一种无卤阻燃长玻纤增强 PBT 材料。其工艺流程如图 6-32 所示。

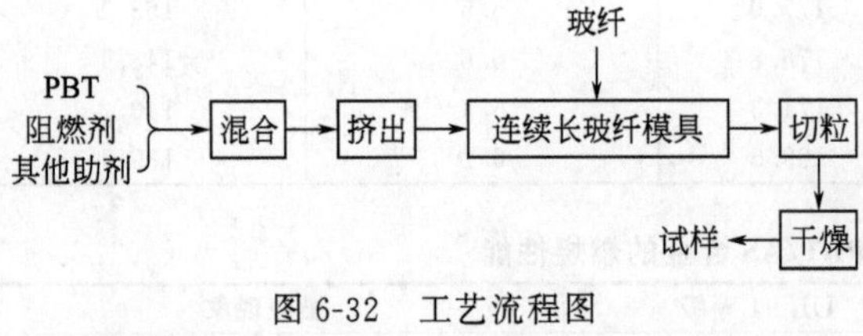

图 6-32　工艺流程图

3. 性能

见表 6-68、表 6-69。

表 6-68　不同用量的 OP1240A 对连续长玻纤增强 PBT 性能的影响

项目	OP1240A 用量/质量份				
	5	8	11	14	17
拉伸强度/MPa	207	201	196	185	174
弯曲强度/MPa	285	282	283	265	257

续表

项目	OP1240A 用量/质量份				
	5	8	11	14	17
弯曲弹性模量/MPa	13400	13000	13700	10700	10650
冲击强度/(J/m)	197	185	180	177	155
CTI/V	＞650	＞650	＞650	600	650
GWIT/℃	780	880	920	920	970
阻燃性(1.6mm)	V-2	V-2	V-1	V-0	5VA

表 6-69　不同玻纤保留长度对 OP1240A 阻燃增强 PBT 材料的性能影响

项目	OP1240A 阻燃短玻纤增强 PBT 材料	OP1240A 阻燃连续长玻纤增强 PBT 材料
玻纤保留长度/mm	0.6～1.3	7～8
拉伸强度/MPa	115	185
弯曲强度/MPa	160	265
弯曲弹性模量/MPa	7000	10700
冲击强度/(J/m)	75	177
阻燃性(1.6mm)	V-0	V-0
CTI/V	680	680
GWIT/℃	960	960
pH 值(腐蚀性试验)	7	7

（五）阻燃 PBT 节能灯专用料

1. 配方[63]

单位：质量份

原材料	用量	原材料	用量
PBT	56	Sb_2O_3	1.0
玻璃纤维	30	改性纳米蒙脱土(OMMT)	3.0
丙烯酸酯类接枝甲基丙烯酸缩水甘油酯(GMA)-AX8900	2～3	其他助剂	适量
溴代三嗪	10		

2. 制备方法

(1) 抗黄变母粒的制备　将 PBT、酚类抗氧剂、亚磷酸酯类抗氧剂、抗紫外线剂、硬脂酸类热稳定剂和有机锡类热稳定剂在 180～190℃、螺杆转速 200～220r/min 下，经双螺杆挤出机共混挤出、冷却、切粒得到抗黄变母粒。

(2) 节能灯用阻燃增强 PBT 材料的制备　将烘好的 PBT、增韧剂、遮光剂、阻燃剂、抗黄变母粒等经高速混合机混匀后，置于加料器中，定量从第一进料口加入，GF 从第二加料口引入，在温度 210～220℃、螺杆转速 200～220r/min 下，经双螺杆挤出机共混挤出、冷却、切粒得到阻燃增强节能灯用 PBT 材料。

3. 性能

见表 6-70、表 6-71。

表 6-70　阻燃增强 PBT 材料氙灯老化后实验结果

抗黄变母粒	Δb	抗黄变母粒	Δb
未添加	1.2～1.5	添加	0.2～0.4

由表 6-70 看出，普通的阻燃增强 PBT 材料经氙灯老化试验后的 Δb 值较大，材料的颜色变黄，而添加了抗黄变母粒后 Δb 值变化很小，颜色基本不发生变化。

表 6-71　节能灯 PBT 材料与国外同类产品性能比较

测试项目	节能灯 PBT 材料	国外同类产品
拉伸强度/MPa	120	117
弯曲强度/MPa	180	178
简支梁缺口冲击强度/(J/m)	95	80
GF 含量/%	30	30
阻燃 UL94	V-0	V-0
Δb	0.2～0.4	0.4～0.6

由表 6-71 可以看出，研发的节能灯 PBT 材料不仅在材料的力学性能和阻燃性能堪比国外同类材料，尤其在抗黄变性能方面优于国外同类产品。

(六)低成本无卤阻燃 PBT 复合材料

1. 配方[64]

单位：质量份

原材料	用量	原材料	用量
PBT	50～70	偶联剂	1.0
玻璃纤维	30	抗氧剂	1.0
氮磷复合物阻燃剂	16～20	其他助剂	适量
增韧剂	5.0		

2. 制备方法

将 PBT 于 110℃下干燥 4h，按照配比与其他助剂在高速混合机中混合均匀，然后经过双螺杆挤出机挤出、过水、切粒，其中玻纤在第三加料段通过加纤孔加入，得到无卤阻燃增强 PBT 粒料。所得粒料在 110℃下干燥 4h 烘干后在注塑机上注塑成标准试样，注塑温度为 240～270℃。试样成型后在温度为 (23±1)℃、湿度为 (50±5)%标准环境中放置 24h 后备用。

3. 性能

(1) 磷氮型复合阻燃剂对增强 PBT 材料具有良好的阻燃效果，当磷氮型复合阻燃剂搭配合适的增韧剂及加工助剂，玻璃纤维的质量分数为 30 份的 PBT 改性材料，可以达到 1.6mm V-0 阻燃，拉伸强度 120MPa，弯曲强度 190MPa，悬臂梁缺口冲击强度高达 14kJ/m^2，热变形温度高达 215.3℃，各方面对比常规的溴锑阻燃 PBT 材料性能相当，高于国内外各厂家生产的无卤阻燃 PBT。成本价格与溴锑阻燃 PBT 价格相当，远低于国内外各厂家生产的无卤阻燃 PBT。

(2) 无卤阻燃 PBT 复合材料的制备对螺杆组合的剪切及混合能力有较明显的要求。中等偏弱剪切的螺杆组合，如选用 45°和 30°的剪切块，有利于无卤阻燃 PBT 的顺利加工。

(3) 无卤阻燃 PBT 复合材料的有效加工温度范围较窄，需要在合适的加工温度下进行。230～240℃加工温度，挤出过程顺利，颜色白，无气味，且没有断条现象，试样表面光滑、各组分分散性好。

(七)高性能无卤阻燃 PBT 复合材料

1. 配方[65]

单位：质量份

原材料	用量	原材料	用量
PBT	100	OPE 蜡	0.5
玻璃纤维	30	抗氧剂	1.0
磷氮系阻燃剂	15	其他助剂	适量
滑石粉	4.0		

2. 制备方法

将 PBT 原材料于 120℃的烘箱里烘 3h 控制水分<0.05%待用，将阻燃剂、抗氧剂以及其他添加剂上高混机混配，经双螺杆挤出，干燥制样，测试。挤出温度为 210～220℃。将粒料采用 BT-80V-I 注塑机制作标样，注塑工艺为：料筒温度 210～245℃，注塑时间 15s，保压时间 5s，冷却时间 10s。

3. 性能

见表 6-72。

表 6-72 阻燃 PBT 材料性能

无卤阻燃 PBT	冲击强度/(kJ/m²)	拉伸强度/MPa	弯曲强度/MPa	熔融指数/(g/10min)
磷氮系阻燃剂	10.2	121.6	153.9	16.7
深圳亚塑 7752G30	8.0	110.8	145.6	11.6
日本东丽 EC44G30	9.1	120	150	13.8

(八) 无卤阻燃增强 PBT 复合材料两步法挤出成型

1. 配方[66]

单位：质量份

原材料	用量	原材料	用量
PBT	100	抗氧剂 1010/168	0.2/0.4
玻璃纤维(988A-1000)	30	偶联剂	0.5
增韧剂(AX8900)	4.0	其他助剂	适量
无卤阻燃剂(OP1240)	30		

2. 制备方法

(1) 两步法无卤阻燃增强 PBT 的制备　具体工艺流程如图 6-33 所示。

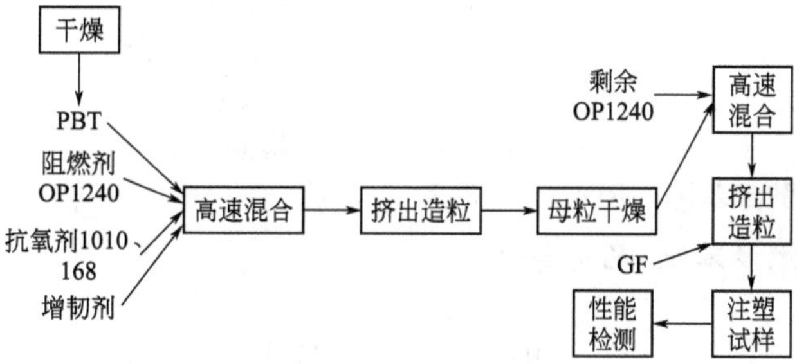

图 6-33 两步法挤出造粒制备无卤阻燃增强 PBT 的工艺流程

(2) 一步法无卤阻燃增强 PBT 的制备　具体工艺流程如图 6-34 所示。

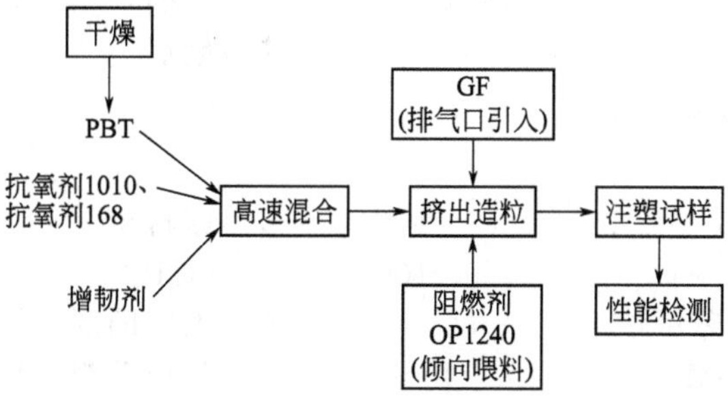

图 6-34 一步法挤出造粒制备无卤阻燃增强的 PBT 工艺流程

第六节 聚苯醚

一、经典配方

具体配方实例如下[1~3]。

1. 间苯二酚低聚磷酸酯阻燃改性聚苯醚（PPO 或 PPE）

单位：质量份

原材料	用量	原材料	用量
聚苯醚	70	相容剂	3～5
HIPS	30	加工助剂	1～2
RDP	10	其他助剂	适量

2. 反应型环保阻燃高光聚苯醚

单位：质量份

原材料	配方 1	配方 2	配方 3	配方 4	配方 5
聚苯醚	100	100	100	100	100
HIPS	270	230	160	100	50
主阻燃剂	35	20	13	8	8
Sb_2O_3	18	10	7	4	4
MBS	16	16	16	16	16
反应介质	6	6	6	6	6
其他助剂	适量	适量	适量	适量	适量

3. 磷酸酯阻燃剂改性聚苯醚

单位：质量份

原材料	用量	原材料	用量
聚苯醚	60	磷酸三苯酯	8.7
HIPS	40	加工助剂	1～2
弹性体	5.0	其他助剂	适量
间苯二酚-双(磷酸二苯酯)(RDP)	8.7		

4. 增韧增强阻燃聚苯醚/尼龙合金

单位：质量份

原材料	用量	原材料	用量
PPO/PA 合金	100	玻璃纤维	15
马来酸酐接枝增韧剂	15	偶联剂	1～3
含卤化合物阻燃剂	12	加工助剂	1～2
Sb_2O_3	8	其他助剂	适量

5. 烯丙基化聚苯醚改性料

单位：质量份

原材料	用量	原材料	用量
烯丙基化聚苯醚	100	DCP	0.1～1.0
3,3′-二乙基-4,4′-二苯甲烷	30	加工助剂	1～2
多马来酰亚胺(PEDM)	10～20	其他助剂	适量
过氧化二异丙苯	0.5～1.5		

6. 双（3-乙基-4-马来酰亚胺基苯）甲烷改性聚苯醚手机与计算机专用料

单位：质量份

原材料	用量	原材料	用量
烯丙基化聚苯醚	100	过氧化二异丙苯	0.5～1.5
DEDDM	10	加工助剂	1～2
DCP	0.1～1.0	其他助剂	适量

二、聚苯醚配方与制备工艺

（一）纳米 SiO_2 改性聚苯醚/PS 复合材料

1. 配方[67]

单位：质量份

原材料	用量	原材料	用量
聚苯醚(PPE)	100	加工助剂	1～2
HIPS	30～40	其他助剂	适量
纳米 SiO_2	4.0		

2. 制备方法

按一定比例将 PPE，HIPS 和纳米 SiO_2 等在高速混合机中搅拌 3～5min，然后将混合好的原料投入到双螺杆挤出机中熔融、混炼、挤出、造粒（挤出工艺为挤出温度 240～280℃，螺杆转速 260r/min），干燥备用，最后采用注塑机注塑成标准试样（注塑工艺条件为注射温度 240～300℃，注塑压力 80MPa，注射速率 70g/s，模具温度 60℃）。

3. 性能

见图 6-35～图 6-37。

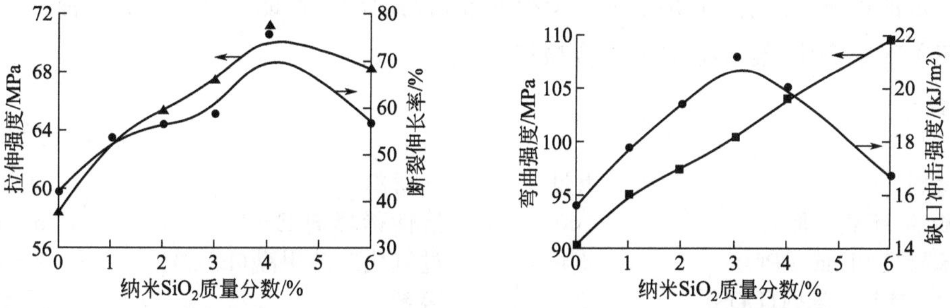

(a) 拉伸强度　　(b) 弯曲强度

图 6-35　纳米 SiO_2 含量对 PPE/PS/纳米 SiO_2 复合材料力学性能的影响

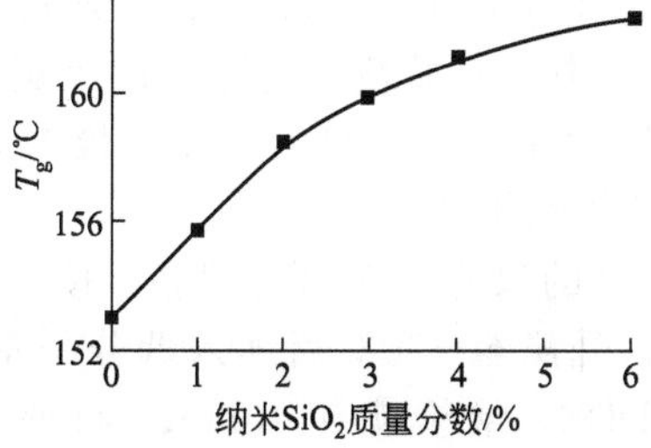

图 6-36　纳米 SiO_2 含量对 PPE/PS/纳米 SiO_2 复合材料 T_g 的影响

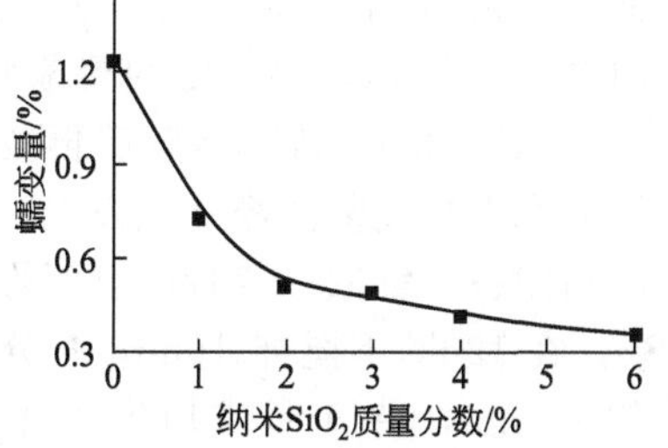

图 6-37　纳米 SiO_2 含量对 PPE/PS/纳米 SiO_2 复合材料蠕变性能的影响

（二）聚丁二烯改性 PPO 复合材料

1. 配方[68]

单位：质量份

原材料	用量	原材料	用量
PPO	75	过氧化二异丙苯(DCP)	10～20
聚丁二烯树脂/苯乙烯	25	其他助剂	适量
玻璃纤维	30		

2. 制备方法

共混物溶液的配制：按配方称取一定量的 PPO 加入已盛有适量苯乙烯的三口烧瓶中，在搅拌的条件下，加热升温至 60℃，待其溶解后再加入与 PPO 等量的 PB 和相容剂，边加热边搅拌，直至溶液透明后加入 DCP，搅拌均匀后即得共混物溶液。

胶布的制作：将按尺寸要求裁剪好并烘干后的无碱玻璃纤维布均匀地平铺在放有聚酯薄膜的不锈钢模板上，然后用搅拌均匀的共混物溶液浸渍玻璃纤维布，将浸渍胶液的纤维布放入设置温度为 100℃的烘箱中干燥 15min 左右即可得到胶布。胶布中树脂的质量分数为一般控制在 38%～40%。

层压板的制备：按照厚度要求将一定数量的胶布整齐的叠合在一起，放入液压机的模板上，在约 200℃热压 2h，冷却脱模即可得到复合材料层压板，然后根据标准制样。

3. 性能

PPO/PB/GF 复合材料层压板具有优异的介电性能、较好的力学性能、良好的耐溶剂性能和低的吸水率。频率为 1MHz 时，层压板的介电常数为 2.37，介质损耗因数为 2.72×10^{-3}，吸水率为 0.19%，巴氏硬度为 48，拉伸模量为 7.76GPa，拉伸强度为 172MPa，PPE/PB 共混物与玻璃纤维之间具有良好的界面黏结性能。聚苯醚的含量对共混体系的介电性能有一定的影响。随着 PB 的加入，使得共混物的耐溶剂性能得到很大的改善。

（三）环氧树脂/聚苯醚纳米复合材料

1. 配方[69]

单位：质量份

原材料	用量	原材料	用量
双酚 A 环氧树脂	100	活性稀释剂 E692	5～6
聚苯醚(PPE 或 PPO)	30	过氧化二苯甲酰(BPO)	2～3
4,4-二氨基二苯砜(DDS)	35	溶剂	适量
环氧化聚倍半硅氧烷		加工助剂	1～2
(glycidyl POSS)	3～15	其他助剂	适量

2. 制备方法

(1) 聚苯醚的降解　向带有冷凝回流装置的 500mL 的四口烧瓶中，加入溶剂甲苯 140mL，加热至 95℃后，将 72g 的聚苯醚加入到甲苯中，机械搅拌直至形成淡黄色均匀溶液。加入双酚 A 2.88g，待其溶解后再缓慢加入 BPO 2.88g，继续在 95℃下搅拌 3h。冷却至室温，用无水甲醇反复洗涤 3 次以上，干燥得低分子量聚苯醚。

(2) 产品制备　称取一定量的含活性稀释剂 E692 的双酚 A 型环氧树脂，按照预设配方加入 POSS，在 120℃下搅拌 15min 充分混合均匀，升温至 170℃后加入低分子量聚苯醚。高速搅拌约 40min，待其形成均匀液体后，加入 DDS，继续搅拌 10mm。将混合液体在 130℃下抽真空脱泡 20min，将脱泡后的液体倒入预热过的聚四氟乙烯模具中固化成型。固化工艺为 140℃/0.5h＋180℃/2h＋210℃/2h。

3. 性能

当 POSS 含量在 3～15 份时，复合材料的介电常数在 3.45～3.70（1MHz）间，介电损耗正切在 0.0098～0.0119 之间，相对于基体材料明显降低。热机械分析（TMA）表明，POSS 的加入提高了基体材料的玻璃化转变温度，当含有 15 份 POSS 时，玻璃化转变温度升高了 18.8℃。热失重分析表明，POSS 提高了基体材料的初始热分解温度、统计耐热系数和最终残炭量。

（四）钛酸钾晶须增强 PPO 复合材料

1. 配方[70]

单位：质量份

原材料	用量	原材料	用量
聚苯醚(PPO)	100	加工助剂	1～2
钛酸钾晶须(PTW)	10、20、30	其他助剂	适量
硅烷偶联剂 KH-550	1.0		

2. 制备方法

（1）晶须表面处理流程如图 6-38 所示。

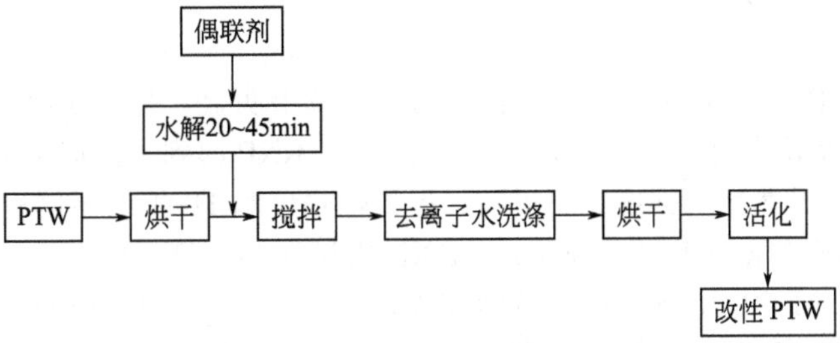

图 6-38　PTW 表面处理流程图

（2）PPO，PTW（处理后）在电热鼓风干燥箱烘干后，进行 PPO 共混物配制，混合均匀后在转矩流变仪中进行混炼，再在 Y33-50 型平板硫化机上采用传送模压成型得到实验样品。

3. 性能

见表 6-73，图 6-39。

表 6-73　PTW/PPO 共混物的力学性能

试样号	拉伸强度/MPa	弯曲强度/MPa	冲击强度/(kJ/m²)
P0	27.84	58.45	15.95
P10	28.95	59.53	7.86
P20	30.02	63.16	5.16
P30	28.25	62.78	4.82

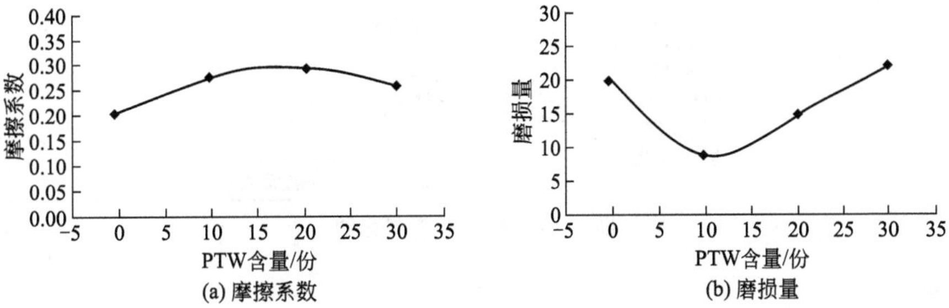

图 6-39　不同 PTW 含量对 PPO 共混物的摩擦系数和磨损量的影响

（五）磷氮阻燃 HIPS/PPO 合金

1. 配方[71]

单位：质量份

原材料	用量	原材料	用量
HIPS/PPO	80～90	抗氧剂 1010/抗氧剂 168	1.0
SBS	10～20	加工助剂	1～2
间苯二酚双[二(2,6-二甲苯基)磷酸酯](RXP)/三聚氰胺尿酸盐(MCA)复配阻燃剂	16	其他助剂	适量

2. 制备方法

将 PPO 在 100℃下干燥 6h，HIPS 和 SBS 在 80℃下干燥 6h，再按配方将 PPE、HIPS、SBS 和阻燃剂以及抗氧剂 1010 和抗氧剂 168 的混合物于高速混合机中混合均匀，之后用双螺杆挤出机在 260～270℃下挤出，过水冷却切粒，螺杆转速为 150r/min，喂料转速为 15r/min，切粒机转速为 45r/min。挤出粒料在 100℃真空干燥 8h 后注射成型制得阻燃 PPE/(HIPS)/SBS 合金试样。

3. 性能

(1) 阻燃剂 RXP 对 PPE/HIPS/SBS 合金的阻燃效果明显，加入 16 份 RXP 使合金的 LOI 升至 27.9%，阻燃等级达到 UL94 V-0（1.6mm）级。RXP 起到了类似于增塑剂的作用，合金熔体黏度明显降低，虽然冲击强度有所提高，但拉伸强度和 HDT 有不同程度下降。

(2) 固定阻燃剂总量为 16 份，MCA、RXP 质量比为 1/3～1/2 时，两者具有良好的协同阻燃效果，合金的 LOI 为 28.8%，阻燃等级达到 UL94 V-0（1.6mm）级，且 MCA 的加入提高了拉伸强度和 HDT，补偿了 RXP 加入使熔体黏度严重下降的负面影响，冲击强度仅小幅减小。因此，MCA/RXP 复配阻燃可以获得性价比优异的 PPE/PS-HI/SBS 合金。

（六）磷酸酯改性 PPO 阻燃塑料

1. 配方[72]

单位：质量份

原材料	用量	原材料	用量
PPE	65	三苯膦(TPP)/间苯二酚双(二苯基磷酸酯)(RDP)/双酚 A 双(二苯基磷酸酯)(BDP)复配阻燃剂	8～10
HIPS	25	加工助剂	1～2
氢化(苯乙烯-丁二烯-苯乙烯)三嵌段共聚物(SEBS)	3.0	其他助剂	适量

2. 制备方法

制备工艺流程如图 6-40 所示。

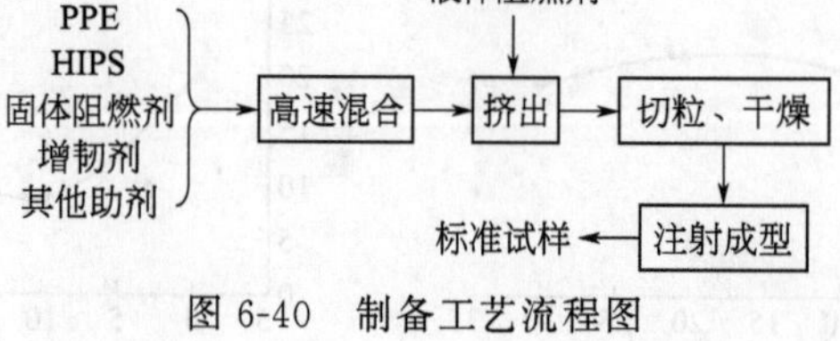

图 6-40 制备工艺流程图

3. 性能

见表 6-74～表 6-76。

表 6-74　阻燃剂含量对 MPPE 阻燃性能的影响

阻燃剂质量分数/%	阻燃剂类别(UL94)		
	TPP	RDP	BDP
0	HB	HB	HB
4	V-2	V-1	V-2
8	V-1	V-0	V-1
10	V-0	V-0	V-0
12	V-0	V-0	V-0
15	V-0	V-0	V-0

从表 6-74 可以看出，三种阻燃剂均为 MPPE 的有效阻燃剂。随着阻燃剂含量的提高，MPPE 的阻燃等级显著提高。RDP 质量分数不低于 8%时，TPP 与 BDP 的质量分数不低于 10%时，MPPE 的阻燃等级已达到 UL94 V-0 级。

表 6-75　阻燃剂含量对 MPPE 力学性能的影响

阻燃剂	质量分数/%	拉伸强度/MPa	断裂伸长率/%	弯曲强度/MPa	缺口冲击强度/(J/m)	HDT/℃
无		78.5	11.3	110.6	110	145.6
TPP	4	68.8	14.2	91.5	108	122.5
RDP	4	70.2	10.5	108.5	112	126.2
BDP	4	71.6	9.7	108.7	110	128.3
TPP	8	60.5	16.6	87.4	119	112.8
RDP	8	65.3	14.5	112.5	124	118.2
BDP	8	67.2	12.0	115.7	133	120.3
TPP	10	53.2	17.8	78.5	122	106.5
RDP	10	60.3	14.2	86.6	135	112.5
BDP	10	58.2	11.6	90.2	140	114.8
TPP	12	50.6	20.8	70.9	118	97.5
RDP	12	55.3	12.4	81.5	125	106.6
BDP	12	57.5	10.3	84.7	131	108.3
TPP	15	43.6	17.5	68.3	117	89.6
RDP	15	50.2	10.4	70.4	116	94.6
BDP	15	52.4	10.5	74.3	120	95.4

表 6-76　复配阻燃剂对 PPE 性能的影响

阻燃剂	拉伸强度/MPa	断裂伸长率/%	弯曲强度/MPa	缺口冲击强度/(J/m)	HDT/℃	UL94
无	78.5	11.3	110.6	110	145.6	HB
TPP	60.5	16.6	87.4	119	112.8	V-1
RDP	65.3	14.5	112.5	124	118.2	V-0
BDP	67.2	12.0	115.7	133	120.3	V-1
RDP/TPP (1∶1)	63.3	16.0	108.3	119	115.6	V-0
BDP/TPP (1∶1)	64.8	14.8	111.6	122.6	118.2	V-1
RDP/TPP (2∶1)	65.0	12.7	108.5	121.3	116.0	V-0
BDP/TPP (2∶1)	66.2	14.2	114.3	126.7	120.5	V-0
BDP/TPP (3∶2)	67.0	13.5	115.4	127.0	120.2	V-0

（七）玻纤增强 PP/PPO 复合材料

1. 配方[73]

单位：质量份

原材料	用量	原材料	用量
PPO/PP(40/60)	100	PP-*g*-MAH/SEBS 增韧剂	8.0
玻璃纤维	30	抗氧剂	1.0
偶联剂	1.0	其他助剂	适量

2. 制备方法

将 PPE 在 100℃下干燥 4h，PP、SEBS、SEBS-*g*-MAH 以及 PP-*g*-MAH 在 80℃下干燥 4h。将 PPE、PP、相容剂以及抗氧剂按比例放入高速混合机中混合均匀，通过玻纤口直接加入玻璃纤维，后经双螺杆挤出，加工温度 245～265℃，螺杆转速 130r/min 下挤出、造粒。将挤出粒子 100℃下于鼓风干燥箱中干燥 4h，后注塑成标准测试样条。

3. 性能

PP-*g*-MAH 与 SEBS 复配使用可以有效地改善 PPE/PP/玻璃纤维共混体系的相容性，提高了复合材料的力学性能和加工性能，但复配相容剂的添加量不宜过大，当其用量为 8 份时，复合材料的综合性能最为优异。

参 考 文 献

[1] 张玉龙，颜祥平．塑料配方与制备手册［M］. 北京：化学工业出版社，2010.

[2] 马之庚，陈开来．工程塑料手册［M］. 北京：机械工业出版社，2004.

[3] 张玉龙，王喜梅．塑料制品配方［M］. 北京：中国纺织出版社，2009.

[4] 刘小英，姚辉梅，杨丽君．高岭土/尼龙 66 溶液共混复合材料的研究［J］. 广州化工，2014，42（15）：108-109.

[5] 张成贵，孙春红，张晓静等．尼龙 6/POE/粘土纳米复合材料的研究［J］. 化工新型材料，2009，37（10）：37-39.

[6] 吴刘锁，何素芹，刘文涛等．原位聚合法制备尼龙 66/蒙脱土纳米复合材料及其性能［J］. 化工新型材料，2010，38（1）：86-87.

[7] 曾海林，颜德岳，高超．尼龙 1010/碳纳米管的合成及微波性能表征［J］. 功能材料，2010，41（增刊）：48-51.

[8] 张雁楠，杨旖莎，李笃信等．石墨改性 PA46 导热复合材料的性能［J］. 塑料，2014，43（1）：67-70.

[9] 李晓辉．轴承保持架用玻璃纤维、增强尼龙 66 复合材料研制［J］. 工程塑料应用，2011，39（6）：57-59.

[10] 廖正福，刘华夏，何擎旭等．尼龙基石墨导热复合材料制备与性能研究［J］. 塑料工业，2015，43（9）：75-78.

[11] 杨涛，郭建鹏，孟成铭等．连续长铝纤维增强高温尼龙复合材料的力学性能［J］. 工程塑料应用，2013，41（8）：39-41.

[12] 李亚情，吴世鹏．碳纤维增强 PA66 复合材料新工艺的开发［J］. 中国化工贸易，2013，（9）：109.

[13] 张其，王孝军，张刚等．碳纤维增强 PA67/66 共聚物复合材料的制备及性能研究［J］. 塑料工业，2015，43（4）：124-126.

[14] 郝冬梅，林倬仕，陈涛等．无卤阻燃、改性、增强尼龙/性能的研究［J］. 塑料助剂，2012，（1）：43-46.

[15] 刘鹏，王忠卫，刘波，宋思思．一种新型次膦酸盐阻燃 PA6 的制备及其阻燃性能［J］. 塑料，2010，39（2）：111-112.

[16] 黄金鹏，翟红波，韦洪屹等．无卤阻燃增强尼龙 612 复合材料的制备［J］. 广州化工，2015，43（4）：99-100.

[17] 刘典典，冉进成，赖学军等．聚苯醚与红磷母粒无卤阻燃玻纤增强 PA46 的研究［J］. 塑料工业，2013，41（7）：91-94.

[18] 刘喜山，谷晓昱，侯慧娟等．插层改性水滑石对尼龙 6 阻燃及力学性能的影响［J］. 塑料，2013，42（1）：4-7.

[19] 冯思远，杨伟，蒋舒等．尼龙 6/有机蒙脱土阻燃复合材料的结构与性能［J］. 塑料工业，2007，35（1）：25-28.

[20] 刘海燕，吴朝亮，敬波等．尼龙 6/改性海泡石复合材料阻燃性能的研究［J］. 塑料工业，2011，39（4）：54-57.

[21] 赵娟娟，王标兵．含磷氮膨胀型阻燃剂的合成及其阻燃尼龙 11 的性能［J］. 工程塑料应用，2014，42（11）：107-111.

[22] 祝焕，何文涛，于杰等．有机次膦酸盐复配型阻燃剂阻燃 LGFPA6 的制备［J］. 工程塑料应用，2014，42（4）：95-99.

[23] 黄泽彬，吴先明，陈瑜等．高耐热无卤阻燃尼龙 6 研究 [J]. 广东化工，2015，42 (9)：71-72.
[24] 李谦，付晓婷．一种新型红磷阻燃母料阻燃玻纤增强尼龙的研究 [J]. 塑料工业，2013，41 (31)：86-89.
[25] 谭逸伦，彭治汉．无卤阻燃玻纤增强 PA6 的制备与性能 [J]. 塑料工业，2014，42 (1)：31-33.
[26] 何杰，刘苏芹，余进娟等．高强度阻燃导电尼龙材料制备 [J]. 工程塑料应用，2014，42 (12)：34-37.
[27] 万兆荣，张胜炀，针涛等．聚碳酸酯反射片母粒的制备及其反射率研究 [J]. 工程塑料应用，2015，43 (4)：32-35.
[28] 杨晓明，袁新强，陈立贵等．增容 PC/bPE 共混材料的制备与性能研究 [J]. 化工新型材料，2009，37 (2)：100-102.
[29] 乔晋忠，酒红芳，王通．聚碳酸酯/MWCNT 纳米复合薄膜的制备及性能研究 [J]. 山西化工，2014，(2)：1-4.
[30] 乔晋忠，王通. 多壁碳纳米管/聚碳酸酯复合材料的制备与性能 [J]. 山西化工，2012，32 (2)：1-3.
[31] 漆刚，王腾蛟，袁养龙等．溴化聚苯乙烯的制备及其与聚碳酸酯的共混 [J]. 合成树脂及塑料，2013，30 (3)：5-8.
[32] 王泽忠，汪克风，杜发钊等．聚碳酸酯稀土荧光树脂白光 LED 的研制 [J]. 广东化工，2015，42 (11)：3-5.
[33] 雷佑安，曾繁涤，刘丽华等．模压温度、压力和原料预热对聚碳酸酯厚板性能的影响 [J]．工程塑料应用，2011，39 (8)：40-43.
[34] 张丽丽，李斌，赵巍等．新型大分子磷氮阻燃剂的合成及其在阻燃聚碳酸酯中的应用 [J]. 合成化学，2012，26 (3)：334-336.
[35] 王振，邱琪浩，方义红等．无卤阻燃 ACS/PC 合金的制备及性能 [J]. 工程塑料应用，2012，40 (11)：12-15.
[36] 张尊昌，何征. 片材挤出用导电聚碳酸酯工程塑料的研制 [J]. 塑料科枝，2012，40 (4)：95-97.
[37] 宋芳，姜立忠，苏瞧忠．聚甲醛/低密度聚乙烯接枝纳米二氧化硅复合材料的研究 [J]．工程塑料应用，2012，46 (6)：32-35.
[38] 黄志良．碳纳米管/聚甲醛复合材料的结晶行为研究 [J]. 池州学院学报，2015，29 (3)：45-47.
[39] 叶淑英. 高光泽 GF 增强 POM 的研制 [J]. 工程塑料应用，2011，39 (8)：52-55.
[40] 曹玉忠，李建华．连续玻璃纤维增强聚甲醛复合材料的制备与性能研究 [J]. 塑料工业，2014，43 (3)：54-57.
[41] 危学兵，刘廷福，刘军舰等．长玻纤增强聚甲醛复合材料的制备与性能 [J]. 塑料，2014，43 (2)：23-25.
[42] 马小丰，金旺，杨大志等．碳纤维增强聚甲醛复合材料的制备及性能研究 [J]. 工程塑料应用，2014，42 (1)：23-26.
[43] 宋美丽，田广华，方伟等．晶须复合增强聚甲醛的改性研究 [J]. 塑料工业，2014，42 (7)：28-30.
[44] 付瑶，徐元清，蒋元力等．磷-氮膨胀型阻燃聚甲醛的制备与性能研究 [J]. 现代化工，2014，34 (9)：64-67.
[45] 于奋飞，陈英红，张青．无卤协效膨胀阻燃聚甲醛体系的性能和阻燃机理 [J]. 工程塑料应用，2011，39 (3)：5-9.
[46] 丁鹏，刘枫，苏双双等．纳米滑石粉增强废旧 PET 复合材料的制备和性能研究 [J]. 功能材料，2014，45 (6)：06116-06120.
[47] 王静，揣成智．有机刚性粒子增韧改性 PC/PET 共混物 [J]. 塑料，2015，44 (1)：7-9.
[48] 王建国，梁秀丽，孙东等．玻璃纤维增强 PBT/PET 共混物性能研究 [J]. 工程塑料应用，2015，43 (6)：95-97.
[49] 杨雅茹，李静亚，牛梅等．CMS/PET 和 MCMS/PET 复合材料的制备及二者的结构与性能对比 [J]. 塑料工业，2015，43 (4)：69-73.
[50] 彭文勇，李青海，季建仁等．PET/PP 共混改性研究 [J]. 国外塑料，2009，27 (7)：42-43.
[51] 刘丽娟，张华集，陈晓等．r-PET/ABS 共混合金材料的研究 [J]. 化工新型材料，2011，39 (2)：104-106.
[52] 张华集，甘晓平，陈晓等．r-PET/TPV/LDPE-*g*-AA 共混合金材料的研究 [J]．化工新型材料，2012，40 (2)：59-61.
[53] 王仁权，石艳，付志峰等．低温等离子体液相接枝处理电纺 PET 膜的制备与研究 [J]．化工新型材料，2013，41 (4)：45-46.
[54] 黄艳玲，卢杰，蔡锦源等．PVDF/PET 平板式复合膜的制备及性能研究 [J]. 化工新型材料，2012，40 (9)：34-37.
[55] 付学俊，卢立波，朱文等．阻燃增强 PBT/PET 合金性能研究 [J]. 塑料工业，2012，40 (9)：41-43.
[56] 吴伟伟，王锐，朱志国，张秀芹．阻燃吸湿改性 PET 的制备及性能研究 [J]. 合成纤维工业，2013，36 (2)：17-20.
[57] 张宜鹏，赵春梅，毕立等．无卤阻燃玻纤增强聚对苯二甲酸乙二醇酯（PET）的研制 [J]．化工新型材料，2009，37 (7)：118-126.
[58] 王鹏，王锐，朱志国．阻燃抗熔滴 PET 的制备与性能表征 [J]. 合成纤维工业，2015，38 (2)：32-35.
[59] 宋功品，陆蕾蕾，沈澄英等．连续长玻璃纤维增强 PBT 复合材料的研究 [J]. 上海塑料，2014，(4)：36-39.
[60] 朱明源，王尹杰，李莉等．超韧阻燃 PBT 材料的制备与性能研究 [J]. 塑料工业，2015，43 (1)：113-116.
[61] 李雄武，王雄刚，姚丁杨等．阻燃增强 PBT/AS 合金的性能研究 [J]. 塑料工业，2014，42 (9)：38-41.

[62] 范潇潇，郭建鹏，孔伟等．无卤阻燃长玻纤增强 PBT 的研究及应用 [J]. 工程塑料应用，2015，43 (2)：113-116.
[63] 才勇，孟成铭，杨涛．节能灯 PBT 材料阻燃、增韧与抗黄变研究 [J]. 工程塑料应用，2012，40 (1)：9-12.
[64] 魏芬芬，谢世平，吴志敏等．低成本无卤阻燃 PBT 复合材料的制备及工艺研究 [J]. 广东化工，2014，41 (14)：83-84.
[65] 雷祖碧，王浩江，王飞等．高性能无卤阻燃 PBT 复合材料的研制 [J]. 合成材料老化与应用，2015，44 (3)：39-41.
[66] 贾义军，胡英绪，郭争光．两步法挤出无卤阻燃增强 PBT 的研制 [J]. 工程塑料应用，2011，39 (12)：43-45.
[67] 宋芳，姜立忠，刘成阳．聚苯醚/聚苯乙烯/纳米二氧化硅复合材料的制备及其结构与性能 [J]. 工程塑料应用，2012，40 (3)：30-32.
[68] 王海宾，王耀先，黄瑾等．聚苯醚/聚丁二烯共混物及其复合材料的性能研究 [J]. 塑料工业，2008，36 (2)：47-50.
[69] 任强，韩玉，李锦春等．低介电高耐热环氧树脂/聚苯醚/POSS 纳米复合材料研究 [J]. 功能材料，2013，44 (9)：1320-1323.
[70] 林海佳，龙春光，莫雪华．钛酸钾晶须增强聚苯醚复合材料摩擦学性能 [J]. 长沙理工大学学报，2011，8 (2)：76-79.
[71] 洪喜军，林志丹，容建华等．磷氮复配无卤阻燃聚苯醚合金的研究 [J]. 工程塑料应用，2011，39 (2)：5-9.
[72] 王尹杰，郭建鹏，孟成铭．磷酸酯阻燃聚苯醚研究 [J]. 工程塑料应用，2011，39 (12)：14-16.
[73] 王尹杰，郭建鹏，张强等．玻纤增强聚苯醚/聚丙烯复合材料的制备及其性能研究 [J]. 塑料工业，2014，42 (10)：25-28.

Chapter 07

第七章 特种工程塑料

第一节 氟塑料

一、聚四氟乙烯经典配方

具体配方实例如下[1~3]。

（一）聚四氟乙烯（PTFE）改性配方

1. PTFE/聚芳酯合金

单位：质量份

原材料	用量	原材料	用量
PTFE	100	填料	5～10
聚芳酯	10～30	其他助剂	适量
相容剂	3～8		

2. 聚四氟乙烯/聚甲醛合金

单位：质量份

原材料	用量	原材料	用量
PTFE	5～10	填料	3～5
POM	100	其他助剂	适量
偶联剂	1～3		

3. PTFE/聚醚醚酮合金

单位：质量份

原材料	用量	原材料	用量
PTFE	100	填料	3～5
PEEK	10～16	相容剂	5～6
玻璃纤维(GF)	20～30	加工助剂	1～2
偶联剂	1～3	其他助剂	适量

4. PTFE/PA 合金

单位：质量份

原材料	用量	原材料	用量
PTFE	10	填料	1～2
PA	100	加工助剂	适量
LLDPE-丙烯/苯乙烯共聚物(相容剂)	5.0	其他助剂	适量

5. PTFE/聚酰亚胺合金

单位：质量份

原材料	用量	原材料	用量
PTFE	33	二硫化钼	2～5
PI	65	加工助剂	1～2
炭黑	2.0	其他助剂	适量

6. PTFE/LLDPE 合金

单位：质量份

原材料	用量	原材料	用量
PTFE	10	抗氧剂	0.5～1.5
LLDPE	100	加工助剂	1～2
偶联剂	2～5	其他助剂	适量

（二）PTFE 复合材料配方

1. PTFE 填充复合材料（一）

单位：质量份

原材料	用量	原材料	用量
PTFE	65	偶联剂	1～3
滑石粉	5.0	分散剂	2～5
玻璃纤维	10	加工助剂	1～2
青铜粉	20	其他助剂	适量

说明：该材料摩擦系数为 0.19，磨耗量 0.83mg。

2. PTFE 填充复合材料（二）

单位：质量份

原材料	用量	原材料	用量
PTFE	65	偶联剂	1～3
滑石粉	5.0	分散剂	2～5
硅粉	10	加工助剂	1～2
青铜粉	20	其他助剂	适量

说明：该材料的摩擦系数为 0.18，磨耗量 1.33mg。

3. PTFE 填充复合材料（三）

单位：质量份

原材料	用量	原材料	用量
PTFE	60	偶联剂	1～3
CdO	3.0	分散剂	3～5
MoS_2	5.0	加工助剂	1～2
玻璃纤维	10	其他助剂	适量
青铜粉	20		

说明：该材料的摩擦系数为 0.19，磨耗量 1.80mg。

4. PTFE 填充复合材料（四）

单位：质量份

原材料	用量	原材料	用量
PTFE	65	偶联剂	1～3
聚苯乙烯	5.0	分散剂	3～5
玻璃纤维	10	加工助剂	1～2
青铜粉	20	其他助剂	适量

说明：该材料的摩擦系数为0.18，磨耗量2.0mg。

5. PTFE填充复合材料（五）

单位：质量份

原材料	用量	原材料	用量
PTFE	50	偶联剂	1～2
氧化镉	50	其他助剂	适量

说明：该材料摩擦系数为0.19，磨耗量2.47mg。

6. PTFE填充复合材料（六）

单位：质量份

原材料	用量	原材料	用量
PTFE	67	偶联剂	1～3
MoS_2	3.0	分散剂	2～5
硅粉	10	加工助剂	1～2
青铜粉	20	其他助剂	适量

说明：该材料摩擦系数为0.17，磨耗量为3.4mg。

7. PTFE填充复合材料（七）

单位：质量份

原材料	用量	原材料	用量
PTFE	67	偶联剂	1～3
MoS_2	3.0	分散剂	2～5
玻璃纤维	10	加工助剂	1～2
青铜粉	20	其他助剂	适量

说明：该材料摩擦系数0.18，磨耗量为3.7mg。

8. PTFE填充复合材料（八）

单位：质量份

原材料	用量	原材料	用量
PTFE	62	偶联剂	1～3
MoS_2	3.0	分散剂	2～5
玻璃纤维	15	加工助剂	1～2
青铜粉	20	其他助剂	适量

说明：该材料摩擦系数0.17，磨耗量为4.0mg。

9. PTFE填充复合材料（九）

单位：质量份

原材料	用量	原材料	用量
PTFE	70	偶联剂	1～3
玻璃纤维	15	加工助剂	1～2
青铜粉	15	其他助剂	适量

说明：该材料摩擦系数0.19，磨耗量6.7mg。

10. 玻璃纤维增强PTFE复合材料

单位：质量份

原材料	用量	原材料	用量
PTFE	100	加工助剂	1～2
玻璃纤维	20～25	其他助剂	适量
偶联剂	1～3		

说明：该材料耐磨性好，摩擦系数小，介电性能好。用于机械和电气工业制作轴承、垫片、阀座、衬垫等。

11. 石墨纤维增强 PTFE 复合材料

单位：质量份

原材料	用量	原材料	用量
PTFE	100	偶联剂	1～3
石墨纤维	15～30	其他助剂	适量

说明：该材料摩擦系数小、耐化学品性好，耐蠕变；可用于制备轴承、垫片和衬片等。

12. 碳纤维增强 PTFE 复合材料

单位：质量份

原材料	用量	原材料	用量
PTFE	100	偶联剂	1～3
碳纤维	15	其他助剂	适量

说明：耐磨性优异、耐载荷性大、耐负载高，可用于制备轴承、机械密封和轴承垫。

13. 玻璃纤维/石墨增强 PTFE 复合材料

单位：质量份

原材料	用量	原材料	用量
PTFE	100	偶联剂	1～3
玻璃纤维	20	加工助剂	1～2
石墨	5.0	其他助剂	适量

说明：耐磨性优异、摩擦系数小，抗蠕变，可用于制备活塞环、轴承垫等。

14. 轴承与阀座用玻璃纤维/石墨增强 PTFE 复合材料

单位：质量份

原材料	用量	原材料	用量
PTFE	100	偶联剂	1～3
玻璃纤维	15	加工助剂	1～2
石墨	5.0	其他助剂	适量

说明：该材料耐磨性强，介电性能好，抗蠕变，摩擦系数小。

15. 潜艇高压空气瓶减振垫用碳纤维增强 PTFE。

单位：质量份

原材料	用量	原材料	用量
PTFE(悬浮法 104M)	100	加工助剂	1～2
碳纤维(MCF-1 型)	20	其他助剂	适量
偶联剂(311 型)	1～3		

16. 碳纤维增强 PTFE 耐磨材料

单位：质量份

原材料	用量	原材料	用量
PTFE	100	加工助剂	1～2
短切碳纤维	10～30	其他助剂	适量
焦磷酸型钛酸酯偶联剂	1～3		

（三）PTFE制品配方

1. PTFE板材

单位：质量份

原材料	配方1(SFB-1)	配方2(SFB-2)
PTFE	100	100
填料	5～8	4～8
润滑剂	1～2	1～2
其他助剂	适量	适量

2. PTFE棒材

单位：质量份

原材料	用量	原材料	用量
PTFE	100	加工助剂	1～2
填料	5～6	其他助剂	适量
偶联剂	1～3		

3. PTFE管材

单位：质量份

原材料	用量	原材料	用量
PTFE	100	加工助剂	1～2
填料	3～6	其他助剂	适量
偶联剂	1～3		

4. PTFE薄膜

单位：质量份

原材料	配方1(SFM-2)	配方2(SFM-3)	配方3(SFM-4)
PTFE	100	100	100
填料	5～10	3～6	4～8
偶联剂	1.0	1.5	1.0
加工助剂	1.3	1.2	1.0
其他助剂	适量	适量	适量

5. 层压制品用PTFE配方

单位：质量份

原材料	用量	原材料	用量
PTFE	100	MoS_2	3～8
填料	5～10	加工助剂	1～2
青铜粉	20	其他助剂	适量
玻璃纤维	10		
偶联剂	1～3		

6. PTFE密封件

单位：质量份

原材料	配方1	配方2	配方3	配方4	配方5
PTFE	80	60	85	75	75
玻璃纤维	20	—	—	20	20
青铜粉	—	40	—	—	—
MoS_2	—	—	15	—	5.0
石墨	—	—	—	5.0	—
偶联剂	1～3	1～3	1～3	1～3	1～3

续表

原材料	配方1	配方2	配方3	配方4	配方5
加工助剂	1～2	1～2	1～2	1～2	1～2
其他助剂	适量	适量	适量	适量	适量

7. 玻璃纤维增强 PTFE

单位：质量份

原材料	用量	原材料	用量
PTFE	80	石墨	5～6
玻璃纤维	20	加工助剂	1～3
偶联剂	1～3	聚酰亚胺	5～10
MoS_2	3～6	其他助剂	适量

说明：玻璃纤维填充 PTFE 通常用直径为 10～13μm，长为 80μm 的短玻璃纤维填充 PTFE。填充后的品级具有优良的耐磨性，比未改性品级的耐磨性高 1000 倍。另外，还具有好的电绝缘性和力学性能，耐酸、耐氧化、但不耐碱。

8. MoS_2 填充 PTFE

单位：质量份

原材料	用量	原材料	用量
PTFE	100	聚苯硫醚	10～20
MoS_2	15～20	相容剂	2～8
青铜粉	20	加工助剂	1～2
偶联剂	1～3	其他助剂	适量

说明：二硫化钼填充 PTFE 的表面硬度高，摩擦系数和磨耗量较未填充品级低，耐蠕变性和电绝缘性优良。

9. 氮化硼填充 PTFE

单位：质量份

原材料	用量	原材料	用量
PTFE	100	相容剂	3～6
GP 氮化硼	20～30	加工助剂	1～2
聚苯酯	10～20	其他助剂	适量
偶联剂	1～3		

说明：主要采用 GP 型氮化硼填充 PTFE。填充品级的耐磨性、耐蠕变性和耐化学药品性好。

10. 碳纤维增强 PTFE

单位：质量份

原材料	用量	原材料	用量
PTFE	100	偶联剂	1～3
碳纤维	20～30	加工助剂	1～2
聚酰亚胺	10～15	其他助剂	适量
相容剂	5～6		

说明：碳纤维填充 PTFE 与玻璃纤维填充 PTFE 相比，前者的模压强度、耐蠕变性以及在水中的耐磨性均有大幅度提高。

11. 青铜粉填充 PTFE

单位：质量份

原材料	用量	原材料	用量
PTFE	100	玻璃纤维	5～10
青铜粉	50～70	偶联剂	1～3
石墨	5.0	加工助剂	1～2
氧化铅	3.0	其他助剂	适量

说明：该材料不仅耐磨性优异，且具有优良的导电性能。

12. 铝粉填充 PTFE

单位：质量份

原材料	用量	原材料	用量
PTFE	100	相容剂	3～6
铝粉	20～25	偶联剂	1～3
青铜粉	30～40	加工助剂	1～2
聚苯硫醚	5～10	其他助剂	适量

说明：该材料的最大特点是摩擦系数低。

13. PTFE 定向膜

单位：质量份

原材料	用量	原材料	用量
PTFE	100	偶联剂	1～3
青铜粉	20	加工助剂	1～2
MoS_2	10	其他助剂	适量

14. PTFE 多孔膜

单位：质量份

原材料	用量	原材料	用量
PTFE	100	偶联剂	1～4
青铜粉	30	加工助剂	1～2
石墨	5.0	其他助剂	适量
MoS_2	10		

15. PTFE 拉伸膜

单位：质量份

原材料	用量	原材料	用量
PTFE	100	多孔剂	1～5
青铜粉	20	加工助剂	1～2
MoS_2	5.0	其他助剂	适量
偶联剂	1～3		

16. PTFE 蒸汽锤活塞

单位：质量份

原材料	用量	原材料	用量
PTFE 树脂	60	二硫化钼	3
玻璃纤维	12	加工助剂	1～2
锡青铜粉	20	其他助剂	适量
石墨	5		

17. 聚四氟乙烯彩色微型管

单位：质量份

原材料	用量	原材料	用量
糊状 PTFE	100	加工助剂	1～2
汽油助推剂	15～25	其他助剂	适量
无机颜料镉红	1～2		

18. 阀门和控制仪器用聚四氟乙烯隔膜

单位：质量份

原材料	用量	原材料	用量
PTFE	100	石墨	2.0
填充剂	10～20	加工助剂	1～2
MoS_2	5.0	其他助剂	适量

二、聚四氟乙烯配方与制备工艺

（一）PEEK/PTFE 复合水润滑轴承专用料

1. 配方[4]

单位：质量份

原材料	用量	原材料	用量
PEEK	100	加工助剂	1～2
PTFE	5.0	其他助剂	适量
填料	5～10		

2. 复合材料的制备

PEEK 模塑粉密度 1.32g/cm^3，100 目；PTFE 模塑粉密度 2.17g/cm^3。

将 PEEK 置于 150℃烘箱中干燥 3h 后取出，冷却密封备用。将适量 PEEK 和 PTFE 粉置于高速搅拌机中混合均匀，然后置于 20 倍显微镜下进行观察，若无明显色差即为合格。采用热模压成型工艺制备 PEEK/PTFE 复合材料，其制作流程为：过筛→干燥→混料→装料→热压→脱模。

3. 性能

共混改性 PEEK 制得的复合材料既保留了 PEEK 的力学性能、耐磨特性，又能显著降低其摩擦系数，延长使用寿命，具有最优的综合性能，其拉伸强度为 92.93MPa，邵尔硬度为 83，摩擦系数为 0.200、磨损量为 0.072mm^3。且与常规轴承水润滑材料相比，具有耐热性好、不易吸水、耐水解等优点，是一种性能优异的水润滑轴承候选材料。

（二）氧化石墨烯改性 PTFE 纳米复合材料

1. 配方[5]

单位：质量份

原材料	配方 1	配方 2
PTFE	100	100
氧化石墨烯(kOG)	1～5	1～5
Al_2O_3	—	1～5
偶联剂	1.0	1.0
加工助剂	1～2	1～2
其他助剂	适量	适量

2. kOG-PTFE 纳米复合材料的制备

室温条件下往玻璃烧杯中加入无水乙醇和 PTFE，搅拌 10min 后，加入 kOG 和（或）纳米 Al_2O_3，继续搅拌 15min，然后再超声分散 10min。过滤除去无水乙醇，固体则在 100℃烘 4h 得干燥粉体，干燥粉体在 38MPa 压强下模压成型，烧结后复合材料再经切割、打磨和性能测试。

3. 性能

见表 7-1～表 7-4。

表 7-1　kOG-PTFE 拉伸强度和断裂伸长率

kOG 用量/份	σ_M/MPa	A_t/%	kOG 用量/份	σ_M/MPa	A_t/%
0	33.52	297.3	3	30.18	296.5
1	34.67	304.5	5	28.89	274.3

表 7-2　kOG-PTFE 邵尔硬度和密度

kOG 用量/份	HS	ρ/(g/m³)	kOG 用量/份	HS	ρ/(g/m³)
0	57.3	2.14	3	57.8	2.15
1	57.4	2.14	5	58.8	2.18

表 7-3　kOG-PTFE 磨耗量和摩擦系数

kOG 用量/份	Δm/mg	f	kOG 用量/份	Δm/mg	f
0	850	0.18	3	31.4	0.15
1	85.4	0.15	5	10.2	0.17

表 7-4　Al_2O_3/kOG-PTFE 磨耗量和摩擦系数

Al_2O_3 用量/份	Δm/mg	f	Al_2O_3 用量/份	Δm/mg	f
0	31.4	0.16	3	5.2	0.16
1	15.7	0.15	5	1.0	0.17

（三）PTFE/ABS 阻燃塑料

1. 配方

见表 7-5[6]。

表 7-5　配方　　单位：%（质量分数）

试样	ABS	溴代三嗪	三氧化二锑	PTFE	其他助剂
1#	100	—	—	—	—
2#	81.0	14	4.5	—	0.5
3#	80.9	14	4.5	0.1	0.5
4#	80.8	14	4.5	0.2	0.5
5#	80.7	14	4.5	0.3	0.5

2. 制备方法

将 ABS 在 80℃下鼓风干燥 3～5h，然后将 ABS、溴代三嗪、三氧化二锑、PTFE 和其他助剂混合均匀后，经双螺杆挤出机熔融共混挤出造粒，挤出温度 215～225℃，螺杆转速 360r/min；再于 80℃下鼓风干燥 2h 后注射成标准试样，注塑温度 200～210℃。

3. 性能

见表 7-6～表 7-9。

表 7-6　材料的垂直燃烧性能[①]

试样	第 1 次燃烧时间/s	第 2 次燃烧时间/s	滴落与否/引燃棉花与否	UL94 垂直燃烧
2#	42	37	无/无	V-2
3#	12	5	无/无	V-1
4#	2	5	无/无	V-0
5#	2	3	无/无	V-0
1#	第 1 次点火后即燃烧完全			

①每组试样测试 5 片，表中数据为每组 5 片试样燃烧时间的平均值。

表 7-7　材料的力学性能

性能	1#	2#	3#	4#	5#
拉伸强度/MPa	45.7	43.9	45.6	45.4	44.8
断裂伸长率/%	20.3	19.5	23.2	19.2	19.2
弯曲强度/MPa	67.8	68.0	67.7	67.7	68.3
弯曲模量/MPa	2343.1	2349.7	2304.5	2361.7	2310.2
缺口冲击强度/(kJ/m^2)	28.1	15.4	15.7	16.3	16.8
热变形温度/℃	89.1	89.0	89.3	89.0	89.1

表 7-8　材料的 MFR 与挤出情况

性能	1#	2#	3#	4#	5#
MFR/(g/10min)	11.2	23.1	19.9	17	14.5
挤出情况	挤出正常	挤出正常	料条变粗 切粒稍慢	料条变粗 切粒稍慢	料条变粗 切粒稍慢

表 7-9　材料的 TG、DTG 数据

性能	$T_{5\%}$[①]/℃	T_{PK1}[②]/℃	T_{PK2}[②]/℃	D_{PK}[③]/(%/min)	700℃残炭率/%
1#	373.3	428.8	—	18.8	1.2
2#	309.1	338.1	427.5	12.7	3.5
5#	312.0	339.7	427.0	11.7	3.6

①$T_{5\%}$指质量损失 5%的温度。
②T_{PK}指通过 DTG 曲线得到的峰值所对应的温度。
③D_{PK}为 DTG 曲线得到的峰值。

（四）多孔 PTFE/SPEEK 复合膜

1. 配方[7]

单位：质量份

原材料	用量	原材料	用量
磺化聚醚醚酮(SPEEK)	100	乙醇	50～70
二甲基亚砜	30～40	其他助剂	适量

2. 制备方法

(1) PTFE 的预处理　室温下，将 3.25g 萘溶解于 50mL 四氢呋喃中，并加入 0.65g 金属钠，N_2 保护下加热反应，直至溶液由无色变为黑褐色。将 PTFE 浸入上述溶液 5s 后取出，并用去离子水洗净后备用，记为 trPTFE。

(2) 复合膜的制备　首先将 SPEEK 树脂溶解在溶剂二甲基亚砜中，然后加入等体积的乙醇混合后制成铸膜液，将铸膜液倾倒在绷紧的 trPTFE 和 PTFE 上，并于 75℃下挥发溶剂，从而制得 SPEEK/trPTFE 和 SPEEK/PTFE 复合膜。

3. 性能

经亲水处理后的 trPTFE 与 SPEEK 间的结合性大大提高，且 SPEEK 更容易浸入到 trPTEE 基底层中。由于 rtPTFE 的增强作用，复合膜显示出更优异的力学性能，因此可以使用更薄的膜进行燃料电池评价，从而使单电池表现出更好的输出性能。电池性能比较见图 7-1。

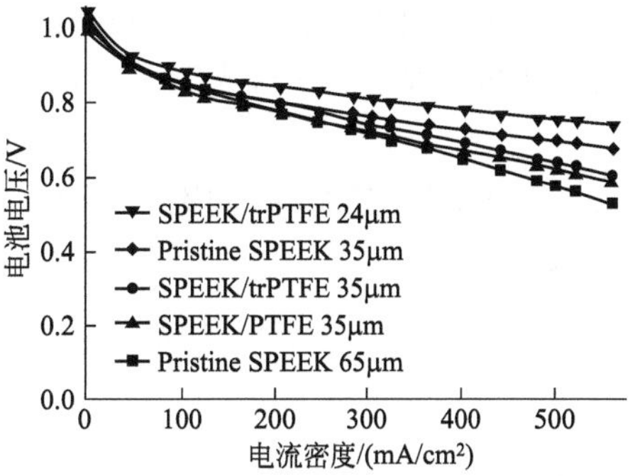

图 7-1　同厚度复合膜和 SPEEK 膜的电池性能比较

（五）PTFE/PSSA 复合膜

1. 配方[8]

单位：质量份

原材料	用量	原材料	用量
苯乙烯(St)	100	氯磺酸	适量
二乙烯苯(DVB)	4.0	多孔 PTFE 膜	
偶氮二异丁腈(AIBN)	0.1～0.5		

2. 聚苯乙烯磺酸膜的制备

按配方比例精确称量，首先将溶剂在 80℃下预聚合半小时，将裁剪好的 PTFE 膜浸入预聚合后的溶液中，在 25℃下浸泡 3h 后置于真空干燥箱中 45℃下反应 12h，将冷却后的膜用四氢呋喃清洗后干燥，置于一定浓度氯磺酸溶液中浸泡 24h 后取出，用去离子水洗至中性进行测试。

3. 性能

复合膜的抗拉强度较好，而热稳定性则略有降低。

三、聚偏氟乙烯（PVDF）配方与制备工艺

（一）聚偏氟乙烯/PMMA 复合材料

1. 配方[9]

单位：质量份

原材料	用量	原材料	用量
聚偏氟乙烯(PVDF)	75	紫外线吸收剂	0.25
PMMA	25	TiO_2	3.0
抗氧剂	0.3	其他助剂	适量

2. 制备方法

(1) 原料干燥　PMMA 和 TiO_2 暴露在空气中极易吸收水分，所以在实验前要先经过干燥处理，将 PMMA 和 TiO_2 在 85℃的烘箱中干燥 4～5h。

(2) 原料共混　按比例称料，PVDF、PMMA、助剂，常温下置于高速混合机中混合，混合时间 5min，出料；混合好的原料不立即去做挤出，放置 24h 之后，用双螺杆挤出机熔融挤出，挤出机各段温度（单位：℃）设置如下：185、195、205、190，挤出粒条经水冷切粒，并在 90℃的烘箱中干燥 6h，留待压片。

(3) 模压成型工艺　把模具放入平板硫化机中，升温至 195℃，保温 2min，取下模具加入适当粒料；再放入平板硫化机中，在此温度下保温 5min，并加压 2MPa，待试样开始

融化后，加大压力到10MPa，保持这个压力5min后，迅速移置冷压机，冷压5min后启模取出样品。观察薄片，表面应光滑平整无气泡、裂纹等缺陷，并利用冲片机冲出哑铃型的拉伸试样。

（二）PVDF/PMMA共混物

1. **配方**[10]

单位：质量份

原材料	用量	原材料	用量
PVDF	70	加工助剂	1～2
PMMA	30	其他助剂	适量
N,*N*′-二甲基甲酰胺(DMF)	适量		

2. **制备方法**

PVDF/PMMA共混物中加入*N*,*N*′-二甲基甲酰胺（DMF）溶液，配制成10%的溶液，然后在60℃超声1h，真空放置30min。流延法在硅基上制膜。将初膜在120℃处理1h，冰水（0℃）淬冷，得到PVDF/PMMA共混物薄膜样品。

3. **性能**

通过PMMA的掺入、共混可以提高PVDF中铁电相—β晶型的含量。该方法的优点为制备简单，原料廉价，共混效果好。

（三）PVDF压电塑料

1. **配方**[3]

单位：质量份

原材料	用量	原材料	用量
PVDF	100	加工助剂	1～2
二甲基甲酰胺	100～150	其他助剂	适量
消泡剂	1～3		

2. **制备方法**

PVDF压电薄膜的制备方法是将PVDF树脂溶解在二甲基甲酰胺中，配成1%～10%的溶液，净化消泡后，采用流延法成型，置于真空中干燥，制得150μm厚的薄膜。通过单轴定向拉伸，使其分子链高度定向拉伸、定向取向固定，而呈现β型晶相。然后在一定的直流电场、一定的温度下转化5～60min，并在保持电场条件下迅速降温至室温，得到具有较好性能的PVDF薄膜。最后，对极化后的PVDF薄膜两面用蒸镀法镀上一层金属，如Al、Ag、Au等作为电极。

3. **性能**

PVDF压电薄膜较其他压电材料具有以下优点：①柔软性好；②工艺性好，加工方便，容易制得大面积介电性好的制品；③介电常数小，因而电压输出常数大；④音响阻抗小，与水和人体等匹配好；⑤机械共振的敏锐度小，能获得衰减好的短脉冲，因而对超声波的分解能力强；⑥绝缘性和耐电压性好，能输送高电压。

表7-10列出了PVDF压电薄膜与$BaTiO_3$、PZT-4、水晶等材料的性能。

表7-10 PVDF等材料的性能比较

项　目	PVDF	$BaTiO_3$	PZT-4	水晶
介电常数	13	1700	1200	4.5
$d_{31}\times10^{-12}/(C/N)$	20	78	110	2
$g_{11}\times10^{-3}/(V\cdot m/N)$	174	5	10	50

续表

项　　目	PVDF	$BaTiO_3$	PZT-4	水晶
机电耦合系数	0.10	0.21	0.31	0.09
密度/(kg/m^3)	1.78	5.7	7.5	2.65
声速/(km/s)	1.5	4.4	3.3	5.7
拉伸弹性模量/GPa	3.0	110	83.3	77.2

经单向拉伸的 PVDF 的基本性能见表 7-11。

表 7-11　PVDF 的基本性能

性能	数据	性能	数据
形式	PVDF 薄膜	延伸率/%	(MD)18～25,(TD)4～6,
厚度/μm	9,15,30	在 100℃,30min 线性尺	(MD)4～5(收缩)(TD)0
试验尺寸/cm	(MD)①10,(TD)②10	寸变化/%	
密度/(g/cm^3)	1.78～1.79	体积电阻率×10^4/Ω·cm	8～10
拉伸强度/MPa	(MD)250～300	介电强度/(kV/mm)	150～200
屈服拉伸强度/MPa	(TD)0.5～0.6	介电常数(1kHz)	12～13
拉伸弹性模量/MPa	(MD)2.0×10^3～2.5×10^3,(TD)24～28	介电损耗角正切(1kHz)	2×10^{-2}～3×10^{-2}

①MD—薄膜拉伸方向。
②TD—薄膜横切方向。

（四）$BaTiO_3$/PVDF 压电复合材料

1. 配方[3]

单位：%（质量分数）

原材料	用量	原材料	用量
PVDF	10～90	加工助剂	1～2
$BaTiO_3$	10～90	其他助剂	适量
分散剂	2～5		

2. 制备方法

见图 7-2。

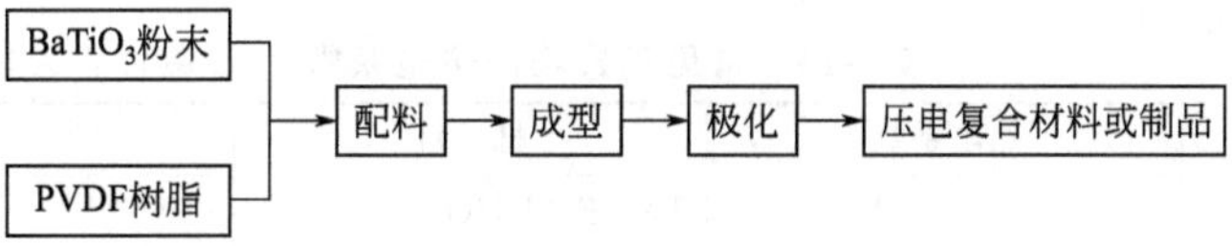

图 7-2　工艺流程

3. 性能

见表 7-12。

表 7-12　$BaTiO_3$ 的含量变化时 $BaTiO_3$/PVDF 压电复合材料的热释电系数、介电常数、电阻率及电滞回线

$BaTiO_3$/PVDF 复合材料中 $BaTiO_3$ 的质量分数/%	热释电系数/[nC/(cm²·℃)]	介电常数 ε′ (10Hz,30℃)	电阻率(15kV/cm,30℃)/Ω·cm	电滞回线(15kV/cm,60Hz,30℃)		
				饱和极化 P_{sat}/(μC/cm²)	剩余极化 P_r/(μC/cm²)	矫顽场 E_c/(kV/cm)
10	0.02	15	4.9×10^{12}	0.011	0.003	4.5
30	0.02	19	3.8×10^{12}	0.015	0.004	5.3
50	0.16	57	2.7×10^{12}	0.024	0.008	4.7
70	1.00	133	8.7×10^{10}	0.12	0.04	3.3
90	0.02	39	7.3×10^{10}	0.038	0.01	5.6

在98～103℃和10～50℃的温度范围，对$BaTiO_3$/PVDF压电复合材料进行的XRD研究发现，该复合材料中PVDF峰受到抑制甚至消失，某些$BaTiO_3$峰发生位移，表明$BaTiO_3$质量分数的变化使增强塑料的结构发生变异。对$BaTiO_3$/PVDF材料介电性的进一步研究发现，$BaTiO_3$在50%（质量分数）以下，PVDF对此复合材料的介电性有明显影响，但是这种影响在$BaTiO_3$的质量分数较高时并不显著。XRD的研究亦表明，所观察到介电性变化与相应的结构变化相关联。

（五）PVDF热电薄膜

1. 配方[3]

单位：质量份

原材料	用量	原材料	用量
PVDF	100	加工助剂	1～2
固化剂	3～5	其他助剂	适量
消泡剂	1～3		

2. 制备方法

热电性高分子薄膜的制备方法是，在特定的温度下，将具有热电性的高分子材料，如聚偏二氟乙烯成型的薄膜，按一定的拉伸比单向拉伸，制成厚度为20～100μm的薄膜，然后在薄膜两面蒸镀一层金属，用铅作为电极，对其进行极化处理。极化时的技术条件，如电压、温度和时间可视材料和要求而不同。

3. 性能

聚偏二氟乙烯（PVDF）等高分子热电材料与其他材料相比，具有以下特点。

(1) 加工性优良，可任意选定厚度（如几微米的薄膜），而且可以大面积化（如加工成几平方厘米的热电元件）。

(2) 介电常数低。

(3) 富于柔软性，机械共振的敏锐度小，对振动噪声有较强的抑制性。

(4) 价格低廉。

表7-13列出部分常见高聚物的热电系数。

表7-13 常见高聚物的热电系数 单位：$\times10^{-9}$C/(cm^2·℃)

材料	热电系数	材料	热电系数
PVDF(单向拉伸)	5	PVDF/$PbTiO_3$	5
PVF	1.6	PVDF/PZT	10
PVDF/TVFE=51/49	1.3	(15/85质量)	

表7-14列出了PVDF等热电薄膜的各种参数。

表7-14 PVDF等热电薄膜的各种参数

项目	PVDF	TGS	$PbTiO_3$	$LiTiO_3$	PZT-4
居里温度/℃	13	49	470	600	327
集电率$\times10^{-9}$/[C/(cm^2·℃)]	4	40	60	23	37
介电常数	13	35	200	54	1200
热导率/[W/(m·K)]	1.3×10^{-1}	6.4	32×10^{-1}		
热扩散系数/(cm^2/s)	0.53×10^{-10}	2.6×10^{-3}	9.9×10^{-3}		

表7-15列出三种常见热电材料的性能指数。

表 7-15　三种热电材料的性能指数

热电材料		PVDF	TGS(三甘氨酸硫酸酯)	$PbTiO_3$
性能指数	P_r/C_v	0.1×10^{-3}	1.4×10^{-3}	1.9×10^{-3}
	$P_r/C_v\cdot\varepsilon$	8.7×10^{-11}	33×10^{-11}	9.4×10^{-11}
	$P_r/C_v\cdot\varepsilon^{1/2}$	2.9×10^{-10}	22×10^{-10}	13×10^{-10}

注：P_r—热电系数 [C/ (cm^2 · ℃)]；C_v—比热容 [J/ (cm^3 · ℃)]；ε—介电常数。

PVDF 的热电系数虽然较其他材料低，但由于其介电常数较小，故输出电压就大，以及其热扩散系数较小，信号易分离等原因，所以具有其他材料所没有的特长，便于实用。

（六）钛酸锶钡/PVDF 热释电塑料

1. 配方[3]

单位：质量份

原材料	用量	原材料	用量
PVDF	100	消泡剂	1.0
$Ba_{0.65}Sr_{0.35}TiO_3$ 粉体	50～90	加工助剂	1～2
二甲基甲酰胺	5～10	其他助剂	适量

2. 制备方法

将 $Ba_{0.65}Sr_{0.35}TiO_3$ 超微细粉与 PVDF 粉料按不同的配比称重，分别进行复合制作，制成为样品 1 号（0∶1）、2 号（1∶1）、3 号（2∶1）、4 号（1∶0）。具体制作方法如下：将 PVDF 按 1∶100 溶解于二甲基甲酰胺 [$(CH_3)_2NCOH$] 配制为 PVDF 溶液；将 $Ba_{0.65}Sr_{0.35}TiO_3$ 粉倒入 PVDF 溶液中，超声搅拌均匀；再将混合液缓缓倒入清洁的玻璃培养皿中，在 40℃左右环境中挥发完全，获得薄膜状复合材料，膜厚度控制在 150～200μm；在样品两面蒸镀铝电极，并裁成 3mm×3mm 的样品；最后将膜状复合材料制品或样品在 100℃的硅油中，以电场强度 30kV/mm 极化 1h 即可。

（七）PT/P(VDF/TrFE)/多孔氧化硅衬底热释电传感器

1. 配方[3]

单位：质量份

原材料	用量	原材料	用量
聚偏氟乙烯/三氟乙烯共聚物[P(VDF-TrFE)]	100	填料	5～6
纳米钛酸铅(PT)	12	加工助剂	1～2
2-丁酮	适量	其他助剂	适量

2. 制备方法

热释电传感器的衬底必须满足热导率低、绝缘性好的要求，多孔氧化硅结构能符合这种要求。多孔硅的制备采用电化学方法，在氢氟酸∶酒精＝1∶1 的溶液中，以铂为阴极、P 型硅为阳极，通以需要的电流密度，就可以在与溶液接触的硅表面形成多孔硅。多孔化率的高低与电流密度、反应时间和溶液浓度有关。然后经适当的清洗，在 800～1000℃的湿氧气氛中氧化。由此多孔硅的表面积比单晶硅大。

（八）$BaTiO_3$/PVDF 热释电复合膜

1. 配方[3]

单位：质量份

原材料	用量	原材料	用量
PVDF	100	偶联剂	1～3
$BaTiO_3$	50	加工助剂	1～2
N,N'-二甲基甲酰胺溶剂	15～20	其他助剂	适量

2. 制备方法

用溶胶-凝胶法制备颗粒度分别为 0.3μm、1μm、4μm 的三种 $BaTiO_3$ 微粉，把 $BaTiO_3$ 微粉放进以 N,N'-二甲基甲酰胺为溶剂的 PVDF 溶液中，通过超声混溶得到均匀的悬浊液，并制备了两种悬浊液，$BaTiO_3$ 与 PVDF 的质量比为 1∶2。

把悬浊液流延在平板上，通过加热使 N,N'-二甲基甲酰胺挥发，就得到了 $BaTiO_3$ 微粉与 PVDF 的复合膜。

3. 性能

表 7-16 列出了复合膜和常规 $BaTiO_3$ 在室温（20℃）时的热释电系数 p、相对介电常数 ε 及热探测优值 p/ε，并且为了对比，把由公式得出的计算值也列在表中。

表 7-16　p、ε、p/ε 的理论计算值

材料类型	p/[C/(m²·K)]	ε	(p/ε)/[C/(m²·K)]
常规 $BaTiO_3$ 陶瓷	7.8×10^{-5}	2100	3.7×10^{-8}
$BaTiO_3$-PVDF 复合膜理论值	1.9×10^{-7}	16	1.2×10^{-8}
不定向 $BaTiO_3$-PVDF 复合膜	2×10^{-7}	17	1.2×10^{-8}
定向 $BaTiO_3$-PVDF 复合膜	2.8×10^{-6}	18	1.5×10^{-7}

理论计算值 p、ε、p/ε 与不加电场制备的复合膜的实验值相符合，但加电场制备的复合膜的 p 和 p/ε 值高出一个数量级，这种大幅度的提高，部分原因是因为在成膜过程中 $BaTiO_3$ 颗粒的转动造成的。

由于在成膜过程中陶瓷颗粒受外界的夹持较弱，外加的直流电场可使它们转动，使 c 轴平行于电场方向，所以成膜过程中施加直流电场能有效地提高 p 和 p/ε，还在实验中发现施加直流电场可以提高复合膜的老化特性。

（九）LATGS-PVDF 热释电复合薄膜

1. 配方[3]

单位：质量份

原材料	用量	原材料	用量
PVDF	100	促进剂	0.5
LATGS 晶体粉末	1～3	加工助剂	1～2
N,N'-二甲基甲酰胺	1000	其他助剂	适量

2. 复合膜的制备

将 LATGS 晶体粉碎，经多次研磨分选为不同粒度的粉末，用 N,N'-二甲基甲酰胺为 PVDF 的溶剂，二者按质量 10∶1（PVDF 为 1）配制溶液，将与 PVDF 等质量的 LATGS 粉末均匀地加入溶液中，采用流延法制备复合膜。在复合膜制备中，经研磨得到的 LATGS 粉末，各晶粒的内偏场方向是随意的，膜固化后晶粒内偏场很难再随外加电场转向，因此，采用了在成膜过程中加电场，使晶粒在液态环境中其内偏场转向外电场方向，直到膜被烘干，温度降至室温后去电场，保证了成膜后存在内偏场。

3. 测试方法与性能

在复合薄膜两面蒸镀电极制成测试样品，用多功能复合频率测量仪测试了复合膜的介电性能，测量频率为 1kHz，加在样品上的电压为 1V，采用了电荷积分法测量复合膜的热释电系数。由于样品除产生热释电电荷以外，还产生热刺激电荷，随温度升高，热刺激电荷增多，为了提高测量精度，用反复升降温的方法减小热刺激电流影响，因为热释电电流具有重复性，而热刺激电流不具有重复性。

用 LATGS-PVDF 复合膜制备了热释电探测器，其中性能优良者的比探测率 D（500K、

10Hz）已高达 $1.12\times10^8 cm\cdot Hz^{1/2}/W$。

（1）LATGS-PVDF 复合膜制备中加电场，可以在膜固化前使 LATGS 晶粒在液态环境中内偏场沿外加电场取向。随成膜电场加大，极轴方向 XRD 衍射峰光强比明显增大，热释电系数和优值因子明显增大，为达到足够取向度，10kV/cm 的电场是必要的。

（2）与 TGS-PVDF 复合膜相比，LATGS-PVDF 复合膜由于内偏场的存在，在温度高于 LATGS 居里点后再降到居里点以下无需再极化，并基本上克服了退极化的缺点。

（3）表面层对材料性能影响明显，粗糙的表面使介电常数和热电系数增大，优值因子降低。

第二节　聚酰亚胺

一、经典配方

具体配方实例如下[1~3]。

1. 均苯型可溶性聚酰亚胺（PI）

单位：质量份

原材料	用量	原材料	用量
均苯四甲酸酐	40～60	四氢呋喃	2～5
N,*N*′-二甲基甲酰胺	40～60	间甲酚	0.5～1.5
二胺	2～6	溶剂	适量
二甲亚砜	1～5	其他助剂	适量
N-甲基-2-吡咯烷酮	1～3		

说明：此 PI 在 180℃下经热处理（即除溶剂过程）可认为亚胺化程度达 40%；而在 300℃下热处理 3h 可认为亚胺化程度已接近 100%。亚胺化程度随热处理时间的延长而不断增加，且热处理温度越高亚胺化程度越大。在 200℃下热处理聚合物的亚胺化速率较为缓慢，处理 40min 后亚胺化程度在 60%左右；当热处理温度升高到 260℃时，亚胺化速率加快，在 10min 内达到 95%，近完全亚胺化。因此 260℃时可认为是该聚合物的亚胺化最低温度。亚胺化最低温度与分子链的刚性有关，对于大多数的聚酰亚胺在 250～360℃之间，由于所制备的聚合物含有柔性基团，有效地降低了分子链的刚性，相应其完全亚胺化温度较低。

2. 共聚聚酰亚胺（CPI）

单位：质量份

原材料	配方 1（YS-280）	配方 2（YS-330-1）	配方 3（YS-330-2）	配方 4（YS-380）
均苯四酸二酐	70	60	50	40
二甲基乙酰胺	30	40	50	60
二苯醚二胺	2～10	2～10	2～10	2～10
酸酐	1～5	1～5	1～5	1～5
三乙胺	0.1～1.5	0.1～1.5	0.1～1.5	0.1～1.5
石墨	15	15	40	5.0
玻璃纤维	20	30	10	40
偶联剂	1～3	1～3	1～3	1～3
加工助剂	1～2	1～2	1～2	1～2
其他助剂	适量	适量	适量	适量

说明：CPI 已在国防工业中用作无油轴承，工程车变速箱中用作止推垫圈，在压缩机中用作滑片，在真空泵和冰箱压缩机中用作提升盘，在高速纺机中用作无油润滑轴承。

3. 交联聚酰亚胺（API）增强塑料

单位：质量份

原材料	用量	原材料	用量
交联聚酰亚胺(API)	100	相容剂	2～6
碳纤维(CF)	30～40	偶联剂	1～3
PTFE	10～20	加工助剂	1～2
共聚聚酰亚胺(CPI)	5～8	其他助剂	适量

说明：

① 在API中加入10%CF可降低API的摩擦磨损，并使冲击强度提高280%。

② 含30%PTFE的API增强塑料具有优异的低摩擦磨损及优良的耐冲击性能，但弯曲强度较低。

③ CPI与API具有部分相容性，在API中加入20%的CPI可在不降低API摩擦磨损性能的基础上使API的冲击强度和弯曲强度分别提高150%和60%，此材料在摩擦学领域具有一定的应用前景。

4. 晶须增强均苯型聚酰亚胺塑料

单位：质量份

原材料	配方1（YS20WHTi）	配方2（YS20WHCa）	配方3（YS20GF）	配方4（YS20GP）
聚酰亚胺树脂	100	100	100	100
钛酸钾晶须	30	—	—	—
硫酸钙晶须	—	30	—	—
石墨	—	—	12	—
PTFE	—	—	3.0	—
玻璃纤维	—	—	—	30
偶联剂	1～3	1～3	1～3	1～3
加工助剂	1～2	1～2	1～2	1～2
其他助剂	适量	适量	适量	适量

说明： 钛酸钾和硫酸钙两种晶须增强聚酰亚胺材料的综合性能优异，提高了聚酰亚胺的耐热性，改善了其摩擦性能。同时弥补了玻璃纤维粉等填充料性能上的缺陷。而且具备良好的制备、加工性能，降低了聚酰亚胺材料的成本。所以，晶须增强聚酰亚胺塑料完全可以满足高技术领域高强度耐摩擦的使用要求。

5. 低热膨胀均苯型聚酰亚胺共聚掺混物

单位：质量份　　　　单位：质量份

A组分原材料	用量	B组分原材料	用量
无水 N,N'-二甲基甲酰胺	85	4,4′-二氨基二苯醚	200
二甲苯	15	均苯四酸二酐	218
均苯四酸二酐	250～300	其他助剂	适量
无水对苯二胺	适量		
其他助剂	适量		

配合比例：A∶B＝60∶40

说明： 将此混合PA溶液流延制膜，得热膨胀系数为 $2\times10^{-6}℃^{-1}$ 的薄膜，薄膜的柔韧性良好，且不易发生龟裂，无倒边翘曲现象。

6. 多元共聚制备低热膨胀PI

单位：质量份

原材料	用量	原材料	用量
N,N'-二甲基乙酰胺	80	均苯四酸二酐	30
对苯二胺	20	加工助剂	适量
无水联苯四酸二酐	80	其他助剂	适量
醚二胺	25		

说明：所制备PI薄膜，其线膨胀系数为$3.5\times10^{-6}℃^{-1}$，且性能稳定、柔韧性较好，在覆铜线路板应用中与铜箔的粘接性较好，强度较高。

7. 添加含金属离子的添加剂PI

单位：质量份

原材料	用量	原材料	用量
二苯甲酮四酸二酐(BTDA)	100	加工助剂	适量
4,4′-氧联苯胺(ODA)	30	其他助剂	适量
氯化镧离子	11.5		

说明：添加氯化镧后可使聚酰亚胺薄膜的线膨胀系数明显降低。可使杜邦公司的PI薄膜线膨胀系数从$3.5\times10^{-5}℃^{-1}$降到$1.8\times10^{-5}℃^{-1}$，使精工公司的PI薄膜线膨胀系数从$3.9\times10^{-5}℃^{-1}$降到$1.7\times10^{-5}℃^{-1}$。

8. 添加填料制备的低膨胀PI薄膜

单位：质量份

原材料	配方1	配方2	配方3
聚酰亚胺树脂	100	100	100
玻璃纤维	10～40	—	—
石墨	—	15～100	—
碳纤维	—	—	30
偶联剂	1～3	1～3	1～3
加工助剂	1～2	1～2	1～2
其他助剂	适量	适量	适量

说明：加入石墨、玻璃纤维和碳纤维等高稳定性填料有助于降低PI的线膨胀系数。如加入10～40份玻璃纤维后，PI的线膨胀系数由$5.6\times10^{-5}℃^{-1}$降至$1.4\times10^{-5}℃^{-1}$。

9. 有机硅改性低膨胀聚酰亚胺

单位：质量份

原材料	用量	原材料	用量
均苯四酸二酐	60	N-甲基-2-吡咯烷酮溶剂	适量
联苯四酸二酐	40	加工助剂	适量
二胺	1～2	其他助剂	适量
4-氨基苯基三甲氧基硅烷	20～40		

说明：在30℃反应温度下制备的PI粘接性能优异，线膨胀系数低，可用作复合材料基

体树脂。

10. 聚醚酰亚胺塑料

(1)树脂

单位:质量份

原材料	用量
双酚A二酐	100
芳香族二胺(间苯二胺)	15～20
苯胺或苯酐	1～5
极性溶剂	适量
其他助剂	适量

(2)塑料

单位:质量份

原材料	用量
PI树脂	100
玻璃纤维或碳纤维	20～40
石墨	5～8
MoS_2	1～5
PTFE或热固性树脂	10～15
其他助剂	适量

说明：聚醚酰亚胺可用于制作耐热、高强度机械零部件，如汽车的散热器元件、化油器外罩和阀盖、仪表罩等；机械工业中的轴承保持架、轴承、搅拌器轴；电绝缘制品，如电子电气中的高压断路器支架、线路板、接插件、开关底座及电线包覆等；兵器工业中的火箭弹引信风帽、闭气环、防弹衣等；食品加工机械和医疗器械零部件等；也可制成薄板、薄膜、纤维等。

11. 聚酰胺酰亚胺（PAI）

(1) 酰氯法制备PAI配方

单位：质量份

原材料	用量	原材料	用量
4,4′-二氨基二苯醚	60	环氧乙烷	1～5
二甲基乙酰胺	20	加工助剂	1～2
二甲苯	适量	其他助剂	适量
1,2,4-偏苯三甲酸酐酰氯(酐酰氯)	40		

(2) 二异氰酸酯法制备PAI配方

单位：质量份

原材料	用量	原材料	用量
偏苯三甲酸单酐	100	加工助剂	适量
二苯甲烷-4,4′-二异氰酸酯	30～50	其他助剂	适量

(3) 环氧改性PAI配方

单位：质量份

原材料	用量	原材料	用量
PAI树脂	100	加工助剂	适量
环氧树脂	20	其他助剂	适量

说明：聚酰胺-酰亚胺与均苯型聚酰亚胺相比较，除长期使用温度为220℃，较之略低外，其柔韧性、耐磨性、耐碱性、加工性及黏结性均相当或优于均苯型聚酰亚胺，而且成本较低。

玻璃纤维增强聚酰胺-酰亚胺，耐热温度较前显著提高；环氧改性聚酰胺-酰亚胺改善了加工性能，成型温度可降低80℃左右，且在高、低温下有较好的黏结性能，但热失重较前稍差。

聚酰胺-酰亚胺已制得层压板、薄膜、模塑料、浇注料、玻璃纤维增强塑料、涂料和胶黏剂等；塑料用于耐热 F、H 级电绝缘制品，飞行器的耐烧蚀器件、军用发动机部件及机械轴承、齿轮等。薄膜用于耐高温绝缘材料方面。

12. 聚胺-酰亚胺玻璃纤维布层压板材

单位：质量份

原材料	用量	原材料	用量
N,*N*′-(4,4′-二苯甲烷/醚)双马来酰亚胺溶液	100	二甲基乙酰胺溶剂	适量
玻璃纤维布	40～65	加工助剂	适量
偶联剂	1～3	其他助剂	适量

说明： 干燥温度为 50～130℃；层压工艺为：温度 230℃、压力 7MPa，保温保压时间 8min/mm 厚；层压板后处理条件为 125℃/1h、160℃/4h、200℃/8h 热处理。

13. 聚胺-酰亚胺玻璃纤维增强模塑料

单位：质量份

原材料	用量	原材料	用量
N,*N*′-(4,4′-二苯甲烷/醚)双马来酰亚胺	100	加工助剂	1～2
玻璃纤维	30～45	其他助剂	适量
偶联剂	1～3		

说明： 烘干温度为 90～160℃。模压大型制件时，需在 (160±5)℃预热 5min；模压温度 220～250℃，压力 10～45MPa；保温时间 3～3.5min/mm 厚。并经 200℃/(6～8)h 热处理。

14. 热塑性聚酰亚胺微电子薄膜

单位：质量份

原材料	用量	原材料	用量
N,*N*′-二甲基甲酰胺	150	填充剂	1～5
MPLC	50	加工助剂	1～2
二酐/二胺	50	其他助剂	适量

15. 联苯型聚酰亚胺模塑粉料

单位：质量份

原材料	用量	原材料	用量
N,*N*′-二甲基乙酰胺(DMAC)	150	联苯四甲酸二酐(BPDA)	25
4,4′-二氨基二苯醚(ODA)	50	溶剂	适量
均苯四甲酸二酐(PMDA)	25	其他助剂	适量

说明：

① 联苯型 PI 模塑粉 260℃经 3h 处理后，亚胺化率达到了 98.12%，近乎完全亚胺化，经 300℃热处理 3h 后亚胺化率仅提高了 0.56%，因此认为 260℃是该 PI 模塑粉的最低亚胺化温度。

② 随亚胺化温度的升高，亚胺化率升高，PI 材料的拉伸强度和断裂伸长率也随之升高。综合考虑，260℃的亚胺化温度下，材料的力学性能较好。

16. 热固性聚酰亚胺纳米复合材料

单位：质量份

原材料	用量	原材料	用量
N,*N*′-二甲基乙酰胺(DMAC)	150	联苯四甲酸二酐(BPDA)	25
4,4′-二氨基二苯醚(ODA)	50	SiC 纳米粒子	2.0
均苯四甲酸二酐(PMDA)	50	其他助剂	适量

说明：

① 采用不同温度连续加热固化 PAA 湿膜，大大降低了热固性 PI 的成型难度，且材料的介电常数明显比单一温度加热固化时低。

② PI/纳米 SiC 复合材料的介电常数和吸水率均比纯 PI 明显降低。

③ 低介电常数与低吸水率将使 PI/纳米 SiC 复合材料替代 SiO_2 同类材料成为可能。

17. 芳香湿敏聚酰亚胺

单位：质量份

原材料	用量	原材料	用量
N,*N*′-二甲基乙酰胺(DMAC)	150	氮氦混合气(N_2/Me=1∶4)	10
4,4′-二氨基二苯醚(ODA)	50	加工助剂	1～2
均苯四甲酸二酐(PMDA)	50	其他助剂	适量

说明：以均苯四甲酸二酐（PMDA）和 4,4′-二氨基二苯醚（ODA）为原料，采用二步法，制得的高分子型湿敏材料聚酰亚胺是一种芳香族聚酰亚胺，其前驱体聚酰胺酸转变为聚酰亚胺的温度范围为 199.2～318.2℃，随着热胺化温度的提高，亚胺化程度增大。用 FT-IR 比值法最终确定转变的最重要参数——亚胺化温度为 260℃。

18. RTM 成型用聚酰亚胺复合材料

单位：质量份

原材料	用量	原材料	用量
聚酰亚胺树脂	100	填充剂	1～5
T300 碳纤维布	20～60	加工助剂	1～2
偶联剂	1～3	其他助剂	适量

说明：以苯乙炔封端聚酰亚胺树脂为基体，采用高温 RTM 工艺复合成型了 T300 碳布增强聚酰亚胺层合板，复合材料的 T_g 达 351℃，材料在 300℃弯曲强度保持率达 90%以上，模量保持率达 85%以上，层间剪切强度保持率达 60%以上。

二、聚酰亚胺配方与制备工艺

（一）凹凸棒土改性 PI 复合薄膜

1. 配方[4]

单位：质量份

原材料	用量	原材料	用量
PI	100	4,4′-二氨基二苯醚(ODA)	5.0
凹凸棒土(ATT)	0.5～1.5	*N*-甲基吡咯烷酮(NMP)	1～3
3-氨丙基三乙氧基硅烷(APTES)	10	溶剂	适量
均苯四甲酸酐(PMDA)	150	其他助剂	适量

2. 制备方法

(1) 凹凸棒土（ATT）的改性　将 3.0g ATT、6mL 的 APTES 和 100mL 的丙酮中加入到 250mL 的三口瓶中。将其超声振荡 80min，然后在磁力搅拌下在 60℃反应 10h。之后，将混合物降温过滤，并用乙醇洗涤。最后将得到的产物在 40℃干燥 12h，得氨基改性的 ATT（A-ATT）。

(2) 聚酰亚胺/凹凸棒土复合薄膜的制备　见图 7-3。

3. 性能

见图 7-4，图 7-5。

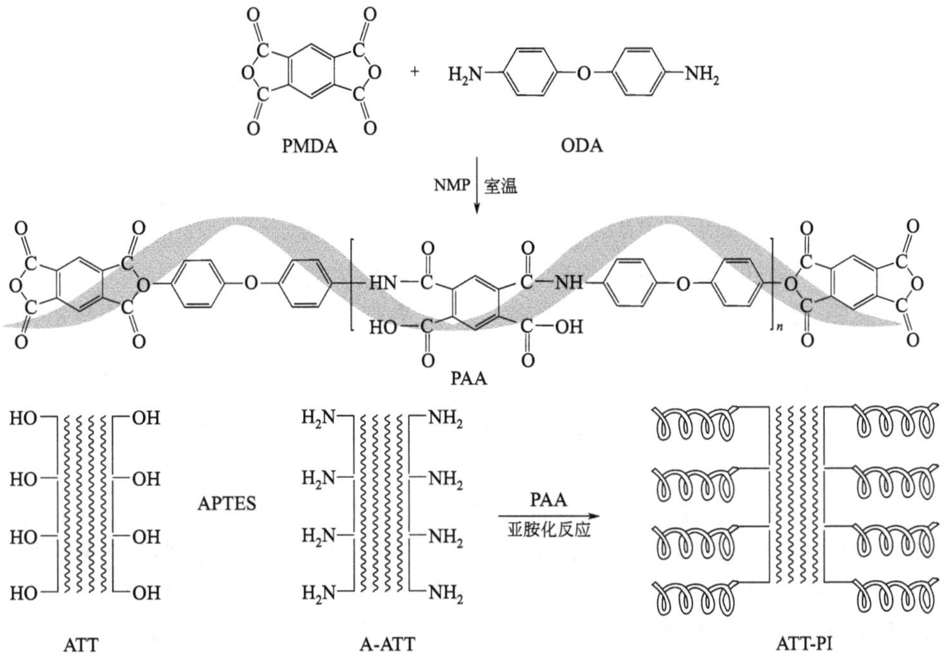

图 7-3　聚酰亚胺/凹凸棒土复合薄膜的制备

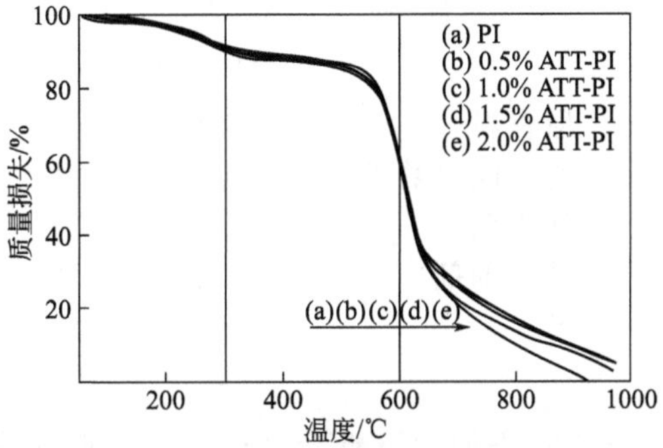

图 7-4　PI 和 ATT-PI 复合膜的热稳定性

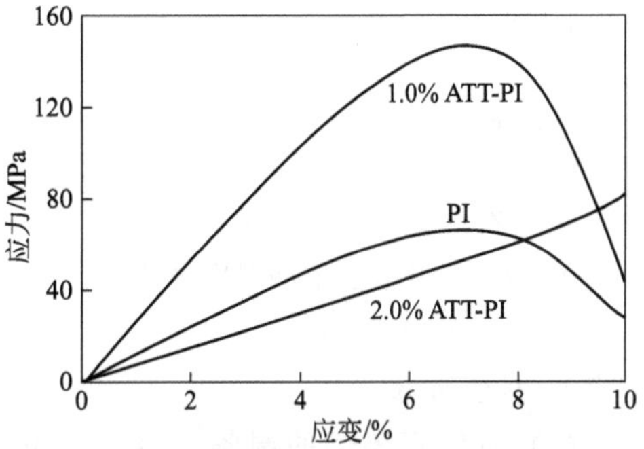

图 7-5　PI 和 ATT-PI 复合膜的力学性能

在聚酰亚胺基体中加入少量的 A-ATT 无机粒子可以改善聚酰亚胺的透光性。当加入少量的 A-ATT 时，ATT-PI 复合膜的耐热性有所提高。当 A-ATT 含量小于 2.0%时，ATT-PI 复合膜的力学性能随着 A-ATT 含量的增加而提高。当 A-ATT 的含量大于 2.0%时，ATT-PI 复合膜的力学性能有所下降。

（二）磷酸铝改性 PI 复合材料

1．配方[5]

单位：质量份

原材料	用量	原材料	用量
PI	3.58	α-Al_2O_3	6.08
磷酸铝	1.28	加工助剂	适量
CuO	10.24	其他助剂	适量

2. 制备方法

(1) 磷酸铝的制备

① 用量筒量取109mL浓磷酸（85%）加入到三口烧瓶中，再用天平称量5g氢氧化铝粉末加入到三口烧瓶中，把三口烧瓶放入水浴锅中加热，连接冷凝管并通入自来水，打开强力电动搅拌机开始搅拌反应，搅拌速度为中速。

② 反应过程观察溶液颜色变化，反应2h左右，氢氧化铝完全溶解反应，溶液变为澄清透明并具有一定黏度。

③ 停止搅拌，取出三口烧瓶，将所得溶液置入烧瓶中留取备用。

(2) 磷酸铝/聚酰亚胺复合材料的制备　用天平依次称取配比不同的磷酸铝，聚酰亚胺，氧化铜和氧化铝置于研钵中，研磨使其充分混合，称料，投料，确保投料均匀后，将模具放置在热压机上进行热压固化成型，待模具冷却至室温后，卸模取样，并将样条放置在鼓风干燥箱中进行后固化。固化后的样条进行打磨，表面光滑，无毛刺，留待备用，测其各种性能。

(3) 性能　加入磷酸盐和添加剂后，复合材料的弯曲强度从30.27MPa提高到了39.71MPa；冲击强度从2.14kJ/m^2提高到3.45kJ/m^2。根据TG分析得知，复合材料相对于纯聚酰亚胺，其热稳定性得到明显的提高；从复合材料的断面分析可以看出，在纯聚酰亚胺中加入适量的磷酸铝和CuO，α-Al_2O_3等填料后，复合材料形成了较为致密的连续相，弯曲、冲击等力学性能得到增强。

(三) 氧化石墨烯改性PI纳米复合薄膜

1. 配方[6]

单位：质量份

原材料	用量	原材料	用量
PI	100	均苯四甲酸酐	5.0
氧化石墨烯(GO)	2～3	加工助剂	1～2
N,N'-二甲基乙酰胺(DMAC)	1～2	其他助剂	适量
4,4′-二氨基二苯醚	5.0		

2. 制备方法

(1) 氧化石墨烯的制备　将98%的浓硫酸（69mL）添加到石墨粉（3.0g）及硝酸钠（1.5g）的混合物中。将高锰酸钾（9.0g）缓慢分批添加，保持反应温度低于20℃。然后加热升温到35℃搅拌7h。此后，取高锰酸钾（9.0g）加入上述混合溶液中，在35℃搅拌12h。所得反应混合物冷却至室温，向混合溶液中加入30%过氧化氢（3mL）和去离子水（400mL）。固体产品通过离心分离，将所得产物在真空烘箱中50℃干燥48h，从而制得氧化石墨。

(2) 聚酰亚胺/氧化石墨烯纳米复合薄膜的制备　称取一定量的氧化石墨，超声使其分散在N,N'-二甲基乙酰胺溶剂中，从而得到氧化石墨烯片悬浮液。超声分散均匀后加入1mmol的4,4′-二氨基二苯醚，并在氮气保护下搅拌使其完全溶解，再向该溶液中少量多次均匀共加入等摩尔量的均苯四甲酸二酐，反应1h，制成聚酰胺酸/氧化石墨烯复合溶液。将聚酰胺酸/氧化石墨烯复合溶液进行亚胺化，即可得到氧化石墨烯/聚酰亚胺纳米复合薄膜。

3. 性能

GO在PI基体中分散均匀且结构致密。从力学性能的测试可以看出，随着GO的加入，复合材料的拉伸强度是随GO的增加而增加的。由于GO与PI之间通过共价键结合，从而产生比较强的界面作用。所以在拉伸过程中，应力能够有效的转移，从而避免应力聚集。

（四）氧化石墨烯（GO）改性 PI 耐高温复合材料

1. 配方[7]

单位：质量份

原材料	配方 1	配方 2
PI	100	100
氧化石墨烯(GO)	0.5～1.0	—
GO-Si 纳米片	—	0.5～1.0
偶联剂	0.5	0.5
乙醇	适量	适量
加工助剂	1～2	1～2
其他助剂	适量	适量

2. 制备方法

（1）GO 纳米片的制备　采用改进的 Hummers 方法制备 GO 纳米片。将浓硫酸（69mg）添加到石墨片（3.0g）及硝酸钠（1.5g）的混合物中；将上述混合物冰浴冷却至 0℃；取高锰酸钾（9.0g）缓慢分批添加，保持反应温度低于 20℃；然后加热升温至 35℃搅拌 7h；此后，另取高锰酸钾（9.0g）加入上述混合溶液中，在 35℃搅拌 12h；所得反应混合物冷却至室温，将此混合物浇到冰上，把 30%过氧化氢（3mL）浇到冰（400mL）上；固体产品通过离心分离，用 5%盐酸溶液反复冲洗，直到不能用氯化钡检测硫酸；将所得产物在真空烘箱中 50℃干燥 48h，从而制得 GO 纳米片。

（2）GO-Si 纳米片的制备　取 0.5gGO 纳米片加入到已有 50.0mL 乙醇的单颈烧瓶中，水浴超声 30min；然后在上述溶液中加入 2.0g KH-550，在 75℃下冷凝搅拌反应 24h；将溶液过滤，用乙醇和蒸馏水洗涤，最终产物在 50℃的真空烘箱中干燥 48h，得到 GO-Si 纳米片。

（3）复合材料的制备　两种纳米填料分别用来制备复合材料：①GO 纳米片；②GO-Si 纳米片。首先，将 2g 的 PI 粉末分散在一个含有 20mL 乙醇大烧杯中，超声处理 10min，搅拌 30min；其次，将一定量的纳米填料加入到含有 10mL 乙醇的小烧杯中，通过超声波分散 30min；将上述分散的纳米填料和聚酰亚胺混合，搅拌，干燥，最后在 100℃真空烘箱干燥 24h，从而得到具有不同质量分数填料的 PI 复合材料粉末；将上述粉末制成 1g 薄片，然后在 320℃的马弗炉退火处理 12h。

3. 性能

见图 7-6、图 7-7。

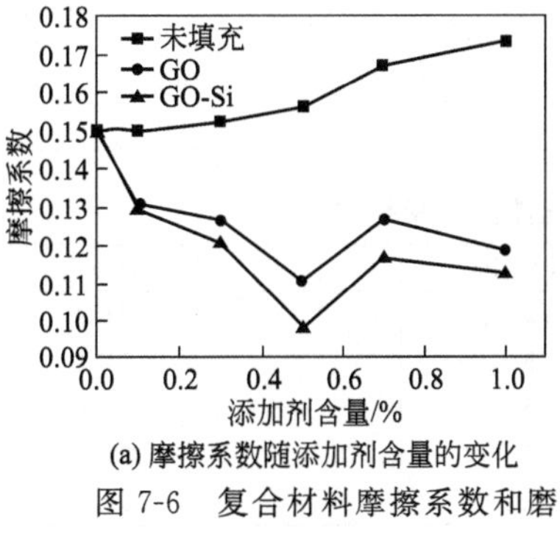

(a) 摩擦系数随添加剂含量的变化

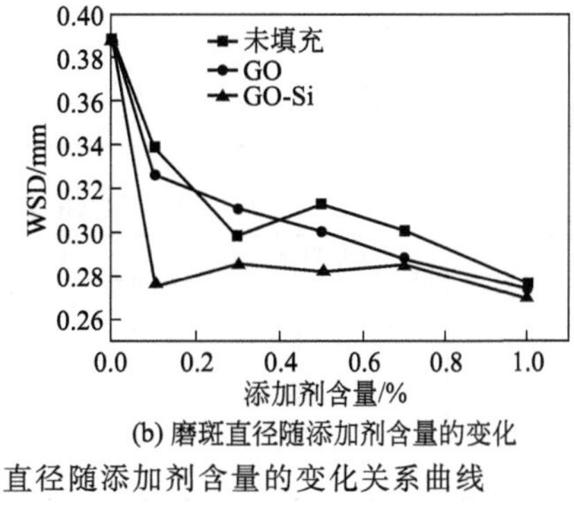

(b) 磨斑直径随添加剂含量的变化

图 7-6　复合材料摩擦系数和磨斑直径随添加剂含量的变化关系曲线

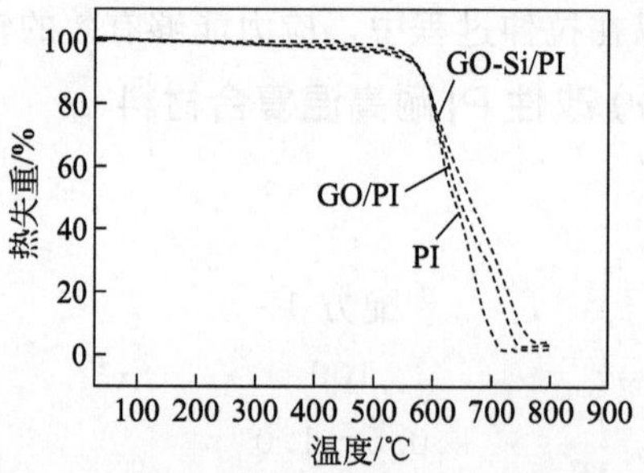

图 7-7　空白 PI、0.5%GO 和 0.5%GO-Si 填充的复合材料 TG 曲线

（五）纳米石墨烯改性 PI 高性能复合薄膜

1. 配方[8]

单位：质量份

原材料	用量	原材料	用量
PI	100	均苯四甲酸酐(PMDA)	5.0
纳米石墨烯(Gr)	1～15	4,4′-二氨基二苯醚(ODA)	1～2
偶联剂 KH-550	5～10	加工助剂	1～2
N,*N*′-二甲基乙酰胺(DMAC)	10～20	其他助剂	适量

2. 复合薄膜的制备

称取适量的纳米石墨烯（Gr，SX-Ⅲ型，常州第六元素材料科技股份有限公司）置于 *N*，*N*′-二甲基乙酰胺（DMAC）加入偶联剂 γ-氨丙基三乙氧基硅烷（KH-550）超声反应2h。称取等物质量的均苯四甲酸酐（PMDA）和 4,4′-二氨基二苯醚（ODA），先将 ODA 加入混有纳米石墨烯和 KH-550 的 DMAC 溶剂中，待 ODA 溶解基本完全后，再分批加入与 ODA 等物质量的 PMDA，控制其质量分数为 20%，反应 4～5h 后制得聚酰胺酸（PAA）溶液。

将制得的 PAA 溶液均匀涂布在玻璃平板上，放入烘箱中梯度升温（100℃，1h；200℃，1h；280℃，1h），热亚胺化得 PI/Gr 复合薄膜。改变纳米石墨烯的用量（1 份、3 份、5 份、10 份、15 份）得到 PI/Gr 复合薄膜，对应记为 PI-G1、PI-G3、PI-G5、PI-G10 和 PI-G15。

3. 性能

见表 7-17～表 7-19。

表 7-17　PI/Gr 复合薄膜的玻璃化温度

样品	PI-G1	PI-G3	PI-G5	PI-G10	PI-G15
T_k/℃	373	376	375	376	375

表 7-18　PI/Gr 复合薄膜的热分析数据

样品	T_d^5/℃	T_d^{10}/℃	样品	T_d^5/℃	T_d^{10}/℃
PI-G1	569	584	PI-G10	571	586
PI-G3	569	585	PI-G15	566	585
PI-G5	575	589			

表 7-19　PI/Gr 复合薄膜的力学性能

样品	拉伸强度/MPa	弹性模量/MPa	断裂伸长率/%
PI-G1	90.6	1949.9	21.4
PI-G3	77.0	2275.9	14.6
PI-G5	71.1	2458.6	13.0
PI-G10	68.2	2771.2	12.7
PI-G15	59.8	3006.2	10.7

（六）α-Al_2O_3纳米粉改性PI复合薄膜

1. 配方[9]

单位：质量份

原材料	用量	原材料	用量
PI	100	N,N'-二甲基乙酰胺(DMAC)	1～2
α-Al_2O_3 纳米粉	25	加工助剂	1～2
4,4'-二氨基二苯醚(ODA)	5.0	其他助剂	适量
均苯四甲酸酐(PMDA)	5～6		

2. PI/Al_2O_3 纳米复合薄膜的制备

首先将ODA、PMDA及Al_2O_3颗粒放入烘箱中，在100℃条件下干燥12h，将称量好的ODA、DMAC和纳米Al_2O_3放入到三口烧瓶中，超声震荡2h，打散团聚的Al_2O_3颗粒；之后将三口烧瓶取出，使用电动搅拌机搅拌混合溶液30min，Al_2O_3颗粒在混合溶剂中进一步分散，并降低混合溶剂的温度；在搅拌的过程中，将烘干并称量好的PMDA粉末分多次加入到混合溶液中，当ODA与PMDA比例为1∶1.03时，PMDA粉末加入完毕，溶液黏度增加，出现爬杆现象，得到PAA混合溶液，将制得的PAA混合溶液在干净的玻璃板上采用涂膜机铺成厚度均匀的薄膜；放入烘箱中，进行聚酰胺酸热亚胺化反应得到聚酰亚胺薄膜。亚胺化温度为80℃时升温18h，然后调节120℃到350℃每升温30℃亚胺化0.5h，最后350℃保持2h。

Al_2O_3纳米颗粒的大剂量掺杂能够提高PI/Al_2O_3纳米复合薄膜的性能，故采用原位聚合法制备出了4种纳米复合薄膜，Al_2O_3用量分别为15份、20份、25份、30份的PI/Al_2O_3纳米复合薄膜，薄膜的平均厚度为25μm。

3. 性能

见表7-20、表7-21。

表7-20 Al_2O_3颗粒的性能

纳米颗粒	介电常数	电阻率/Ω·cm	热导率/[W/(m·K)]	热膨胀系数/℃$^{-1}$
Al_2O_3	9.8(9.5)	$>10^{14}$	25	7.0×10^{-6}

表7-21 PI/Al_2O_3纳米复合薄膜的热分解温度

Al_2O_3 用量/质量份	热分解温度/℃			
	失重5%	失重10%	失重20%	失重30%
0	515.4	547.1	571.3	585.3
15	523.6	560.4	584.0	595.8
20	530.7	565.5	588.3	600.5
25	549.4	568.9	598.4	608.0
30	533.2	566.8	580.6	596.4

(1) 现采用原位聚合法制备了PI/Al_2O_3纳米复合薄膜，测试结果表明，Al_2O_3纳米颗粒掺杂到PI复合薄膜以后颗粒的尺寸没有明显的变化，随着Al_2O_3纳米颗粒含量的增加，聚酰亚胺分子链的结晶程度下降。

(2) 引入Al_2O_3纳米颗粒，PI复合薄膜的紫外光吸收率提高，复合薄膜紫外光吸收峰发生红移。

(3) 随着Al_2O_3纳米颗粒组分的增加，薄膜热分解温度先增大后减小，当Al_2O_3纳米颗粒用量为25份时，复合薄膜热分解温度最高，比纯PI薄膜的热分解温度提高20℃左右。

(4) 随着Al_2O_3纳米颗粒含量的增加，薄膜的耐电晕老化能力先提高后降低，当用量为25份时，耐电晕老化时间最大，达到纯PI薄膜的11倍。

（七）石英改性PI结构、耐热、透波功能一体化复合材料

1. 配方[10]

单位：质量份

原材料	用量	原材料	用量
PI树脂	100	填料	5～10
B型石英布(QW220)	40～50	加工助剂	1～2
偶联剂	1.0	其他助剂	适量

2. 制备方法

使用合格的聚酰亚胺树脂与B型石英布制备湿法预浸料，树脂含量40%±5%，纤维面密度（2.20±0.10)g/cm²。

通过自动下料机进行下料，将预浸料裁剪成尺寸44cm×24cm的料块，然后铺层、预压实、包覆真空袋，采用真空热压罐成型工艺制备试验板，成型过程最高温度为350℃。制备的该批次试板密度为1.48g/cm³。

3. 性能

见表7-22～表7-25。

表7-22 QW220/902复合材料力学性能

温度	弯曲弹性模量/GPa	弯曲强度/MPa	层间剪切强度/MPa
室温	18.8	533	39.7
350℃	16.7	415	25.2

表7-23 QW220/902材料的平均热膨胀系数

取向	平均热膨胀系数/$\times10^{-6}$℃$^{-1}$					
	室温～100℃	室温～150℃	室温～200℃	室温～250℃	室温～300℃	室温～350℃
经向	5.08	4.59	4.94	5.23	5.23	4.95
纬向	5.33	5.22	5.69	6.13	6.29	5.90

表7-24 不同密度的QW220/902的介电常数

密度/(g/cm³)	介电常数ε		
	675MHz	2028MHz	3386MHz
1.48	3.09	3.09	3.10
1.56	3.19	3.19	3.19
1.74	3.30	3.30	3.31

表7-25 不同密度的QW220/902的损耗角正切

密度/(g/cm³)	tanδ/$\times10^{-3}$		
	675MHz	2028MHz	3386MHz
1.48	2.72	3.07	2.23
1.56	2.67	2.99	4.25
1.74	3.89	4.25	4.04

(1) QW220/902在350℃下层间剪切强度保持率达到63.5%，弯曲强度保持率在77.9%，弯曲模量保持率在88%左右，具有良好的高温力学性能。

(2) QW220/902热导率随着温度的升高而增大，但总体上在室温（RT)～350℃材料的热导率在0.24～0.28W/(m·K)，有着良好的隔热性能。

(3) QW220/902 在室温（RT）～350℃区间的热膨胀系数约在 5.38×10^{-6}℃$^{-1}$，具有良好的尺寸稳定性。

（八）聚氨酯改性 PI 复合材料

1. 配方

见表 7-26[11]。

表 7-26　配方

序号	PU/g	PI/g	n(TDI)/n(PMDA)	m(PI)/m(PUI)
PUI1	60.12	3.16	1.3	5%
PUI2	60.12	6.32	1.3	10%
PUI3	60.12	12.65	1.3	20%
PUI4	60.12	18.98	1.3	30%
PUI5	60.12	25.28	1.3	40%

注：PU—聚氨酯；PUI—聚氨酯-酰亚胺；PMDA—均苯四甲酸酐；TDI—甲苯二异氰酸酯；PI—聚酰亚胺。

2. 制备方法

(1) 水性聚氨酯乳液的制备

① 聚酰亚胺的制备　在干燥氮气保护下，将 PMDA 和 TDI 按摩尔比 1∶1.3 加入到带有温度计、搅拌桨和冷凝管的四口烧瓶中，混合均匀后，升温至 110℃搅拌反应 1h，制得聚酰亚胺（PI）溶液，其合成路线如图 7-8 所示。

② 聚氨酯-酰亚胺的制备　在干燥氮气保护下，将真空脱水后的 N220 和 TDI 按一定计量比加入带有温度计、搅拌桨和冷凝管的四口烧瓶中，混合均匀后，升温至（80±2)℃反应 2h，加入适量 DMPA、DEG 及适量 NMP 调节黏度，然后加入催化剂 T-9 和 T-12 各数滴，于（60±2)℃反应，采用二正丁胺滴定法确定残留的—NCO 含量达到理论值即为反应终点。将上述制得的聚氨酯预聚体迅速升温至 110℃，并将已制得的聚酰亚胺溶液迅速加入到聚氨酯预聚体中，高速搅拌均匀，保持 120℃反应 3h，制得黄色半透明液体，即为聚氨酯-酰亚胺（PUI）。

PUI 的合成路线如图 7-9 所示。

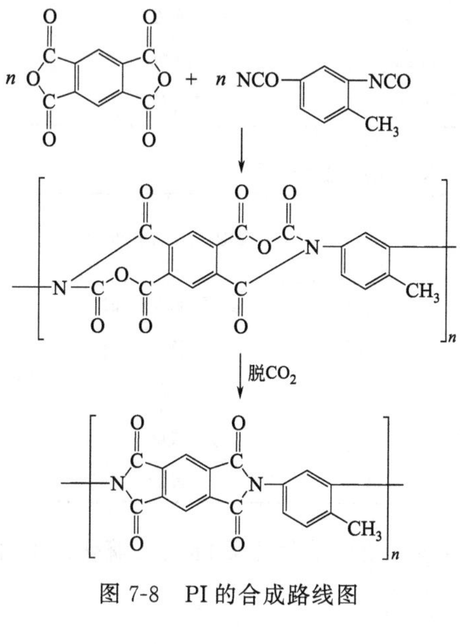

图 7-8　PI 的合成路线图

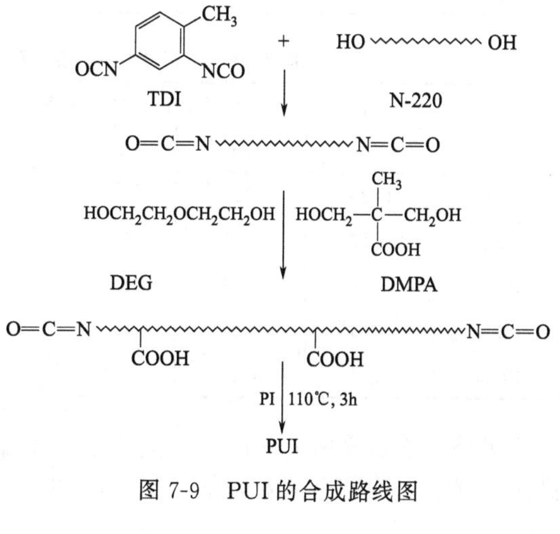

图 7-9　PUI 的合成路线图

(2) 聚氨酯-酰亚胺胶膜的制备　将合成的不同组成的聚氨酯-酰亚胺液倒入水平放置的自制聚四氟乙烯板槽中，室温干燥四周后取出胶膜，放入真空干燥箱中于60℃下烘干直至恒重，取出自然冷却，放入干燥器中备用。

3. 性能

见表7-27～表7-30。

表 7-27　不同 PUI 胶膜的力学性能

序号	拉伸强度/MPa	断裂伸长率/%
PUI1	6.44	605.82
PUI2	10.16	339.72
PUI3	9.51	285.54
PUI4	10.49	233.30
PUI5	3.99	309.34

表 7-28　不同 PUI 胶膜在水中的吸水率及浸泡后外观

序号	不同时间的吸水率/%					浸泡 72h 后外观
	2h	4h	12h	24h	72h	
PUI1	0	0.70	1.98	3.92	8.34	黄色、四周变白
PUI2	0	0.57	1.73	3.37	7.97	黄色
PUI3	0	0.54	1.66	3.15	6.17	黄色
PUI4	0	0	0.98	1.91	3.25	黄色
PUI5	0	0	0.43	0.79	1.58	黄色

表 7-29　不同 PUI 胶膜在碱溶液中的吸水率及浸泡后外观

序号	不同时间的吸水率/%					浸泡 72h 后的外观
	2h	4h	12h	24h	72h	
PUI1	0	0.37	1.56	2.96	5.72	黄色
PUI2	0	0.22	0.61	1.04	1.93	黄色
PUI3	0	0.04	0.10	0.16	0.41	黄色
PUI4	0	0	0.05	0.11	0.23	黄色
PUI5	0	0	0	0.07	0.19	黄色

表 7-30　不同 PUI 胶膜在酸溶液中的吸水率及浸泡后外观

序号	不同时间的吸水率/%					浸泡 72h 后的外观
	2h	4h	12h	24h	72h	
PUI1	0.33	1.23	2.92	4.32	10.08	黄色，四周变白
PUI2	0.27	1.02	1.93	3.76	9.71	黄色，四周变白
PUI3	0.14	0.49	1.57	2.90	6.79	黄色
PUI4	0.09	0.27	0.68	1.18	2.94	黄色
PUI5	0.01	0.13	0.28	0.47	0.99	黄色

另外，通过聚酰亚胺改性，改善了聚氨酯的耐热性能，使得改性聚氨酯的玻璃化温度往高温区移动。随着聚酰亚胺加入量的增加，该影响更加显著。

（九）液晶双马来酰亚胺

1. 配方[12]

单位：质量份

原材料	用量	原材料	用量
顺丁烯二酸酐或马来酸酐	70～90	邻甲基对苯二酚	1～3
对氨基苯甲酸	10～30	加工助剂	1～2
N,*N'*-二甲基甲酰胺(DMF)	2～3	其他助剂	适量
对苯磺酸	5～6		

2. 制备方法

（1）对-马来酰亚氨基苯甲酸（MBA）的合成　在 250mL 四口瓶中加入一定量的甲苯，再加入马来酸酐并搅拌使其溶解。将等当量的对氨基苯甲酸溶于 DMF 滴加到四口瓶中，保持在 45℃以下滴加，滴完后反应 0.5h。然后加入一定量的对甲苯磺酸和微量 2,6-二叔丁基对甲酚，加热回流，待分水器中无水脱出结束反应。然后将溶液倾入大量水中沉淀，抽滤，洗涤，在 60℃下真空干燥，在 DMF/H_2O 中重结晶两次，得淡黄色针状晶体，熔点是 242℃。

（2）对马来酰亚氨基苯甲酰氯（MBAC）的合成　在通有氮气的 250mL 四口瓶中加入一定量的苯，10g MBA，几滴吡啶，保持在 5℃下滴加 20mL $SOCl_2$，滴完后在室温下反应 0.5h，升温回流 2h，反应结束后减压蒸出多余的 $SOCl_2$ 和苯，得到土黄色的固体产物，熔点是 176℃。

（3）含芳酯键的双马来酰亚胺（MBMI）合成　向 250mL 四口瓶中加入稍过量的邻甲基对苯二酚（用甲苯重结晶），加入 DMF 将其溶解，加入少量三乙胺，冰浴。将 MBAC 的 DMF 溶液缓慢滴加到四口瓶中。反应 0.5h，过滤得深褐色滤液。将其倾入大量水中沉淀，抽滤，得土黄色固体产物。用乙醇洗涤后放入 40℃真空干燥箱里干燥，得土色固体产物，熔点是 235℃。合成路线如图 7-10 所示。

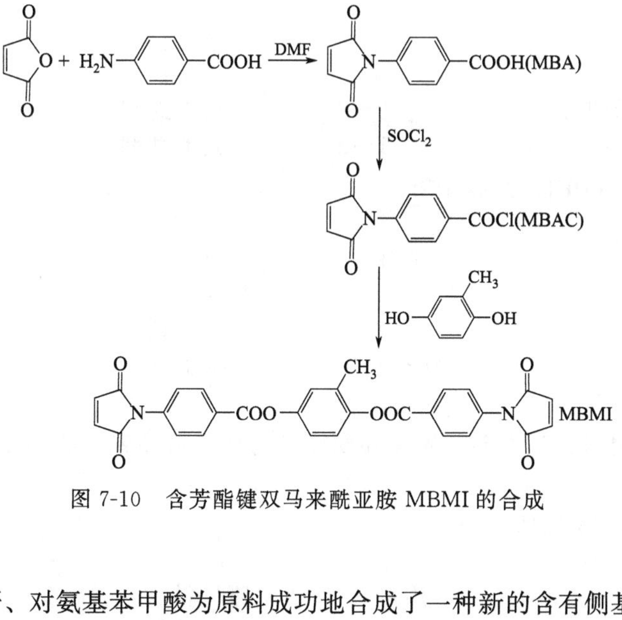

图 7-10　含芳酯键双马来酰亚胺 MBMI 的合成

3. 性能

以顺丁烯二酸酐、对氨基苯甲酸为原料成功地合成了一种新的含有侧基的液晶双马来酰亚胺（MBMI）。采用 FT-IR 和 HNMR 表征了其分子结构。DSC 和 HSPM 研究表明目标产物具有稳定的向列态液晶性。DSC 表征结果显示其熔点是 235℃。

第三节 聚苯硫醚

一、经典配方

具体配方实例如下[1~3]。

1. 玻璃纤维增强聚苯硫醚（PPS）

单位：质量份

原材料	用量	原材料	用量
PPS	100	填料	1～5
玻璃纤维	30～50	加工助剂	1～2
偶联剂	0.1～1.0	其他助剂	适量

2. 氧化锌晶须增强聚苯硫醚

单位：质量份

原材料	用量	原材料	用量
PPS	100	填料	1～5
氧化锌晶须(ZnOw)	35	加工助剂	1～2
偶联剂	0.1～1.0	其他助剂	适量

3. 纳米二氧化硅改性聚苯硫醚

单位：质量份

原材料	用量	原材料	用量
PPS	100	分散剂	0.5～1.0
纳米 SiO_2	3.0	加工助剂	1～2
偶联剂	0.1～1.0	其他助剂	适量

4. 聚苯硫醚/热改液晶聚合物合金

单位：质量份

原材料	用量	原材料	用量
PPS	100	填充剂	1～5
热致液晶聚合物(TLCP)	2～8	加工助剂	1～2
相容剂	1～2	其他助剂	适量

5. 聚醚酰亚胺（PEI）改性 PPS

单位：质量份

原材料	用量	原材料	用量
PPS	100	相容剂	3～5
PEI	20～40	加工助剂	1～2
玻璃纤维	30～40	其他助剂	适量
偶联剂	1～3		

说明：改性后材料加工性能、光泽和硬度等均介于液晶聚合物与 PPS 之间。主要用于制备耐高温电器元件。

6. 尼龙 6/尼龙 66 改性 PPS

单位：质量份

原材料	用量	原材料	用量
PPS	100	加工助剂	1～2
尼龙 6/尼龙 66	30	其他助剂	适量
相容剂	1～2		

说明：改进了加工性能，降低了加工温度，使制品成本下降。

7. PTFE 改性 PPS

单位：质量份

原材料	用量	原材料	用量
PPS	100	MoS_2	3.0
PTFE	20～30	加工助剂	1～2
相容剂	1～3	其他助剂	适量

说明：改性了材料韧性、耐腐蚀性，降低了摩擦系数及磨耗量，可用作耐磨材料。

8. PPO 改性 PPS

单位：质量份

原材料	用量	原材料	用量
PPS	100	填料	5～8
PPO	20	加工助剂	1～2
相容剂	1～3	其他助剂	适量

说明：改性后提高了材料的力学性能、耐热性、阻燃性和耐腐蚀性能。

二、聚苯硫醚配方与制备工艺

（一）碳纤维织物增强 PPS 复合材料

1. 配方[13]

单位：质量份

原材料	用量	原材料	用量
PPS 薄膜	100	润滑剂	0.5
碳纤维斜纹织物(CFF)	40～50	加工助剂	1～2
偶联剂	1.0	其他助剂	适量

2. 制备方法

制备复合材料层压板时，为了让增强织物获得较好的浸润，最直接的办法就是缩短浸渍流程。采用两步成型法，首先通过干态预浸机将碳纤维织物和 PPS 树脂薄膜制成 CFF/PPS 预浸料；然后将多层 CFF/PPS 预浸料叠合放入经处理的平板模具内，如图 7-11 所示，将模具置于升温至设定温度的硫化机中，加压至设定压力，热压一定时间后，冷却脱模即得 CFF/PPS 复合材料层压板。热压过程及工艺参数控制如图 7-12、表 7-31 所示。

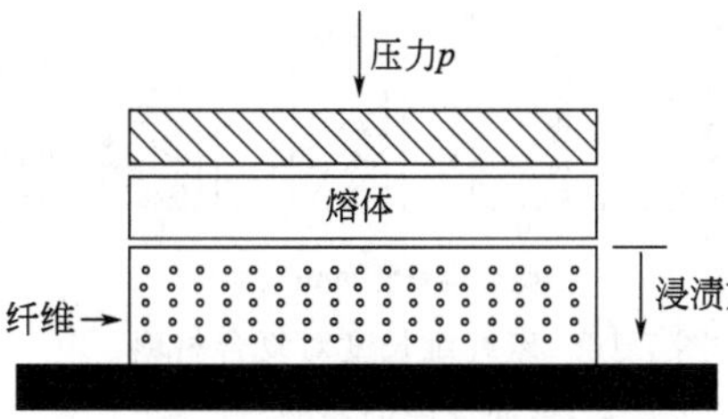

图 7-11　薄膜叠压过程示意图

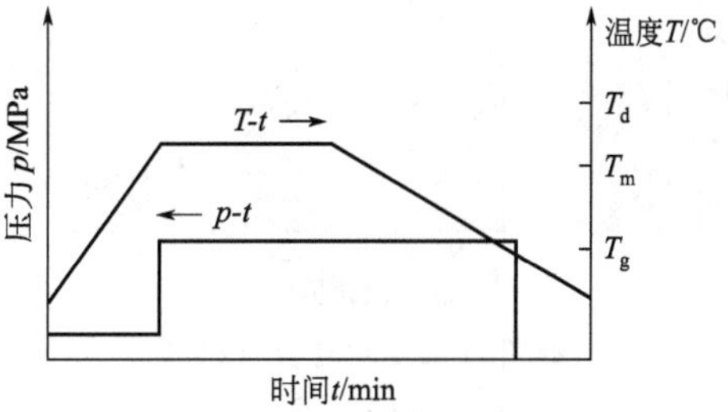

图 7-12　热压过程示意图

表 7-31　热压成型参数

编号	温度/℃	压力/MPa	时间/min
1#	300	0.3	10
2#	310	0.3	10

续表

编号	温度/℃	压力/MPa	时间/min
3#	315	0.3	10
4#	320	0.3	10
5#	330	0.3	10
6#	330	0.15	10
7#	330	0.45	10
8#	330	0.15	5
9#	330	0.15	15

理想的加工窗口为热压温度 320～330℃，热压压力 0.15～0.2MPa，热压时间 8～10min。

3. 性能

见图 7-13～图 7-16。

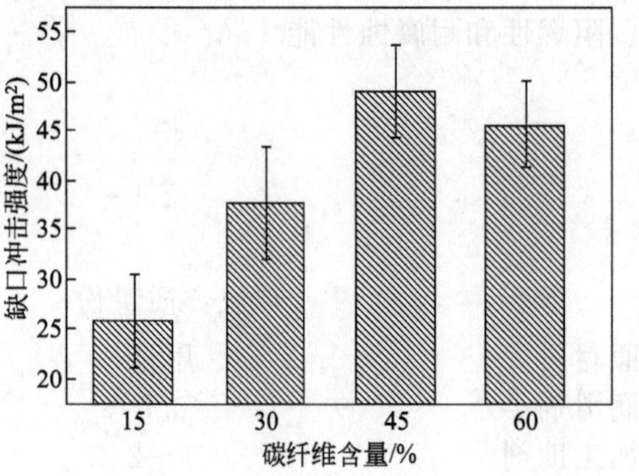

图 7-13　碳纤维含量对复合材料缺口冲击性能的影响

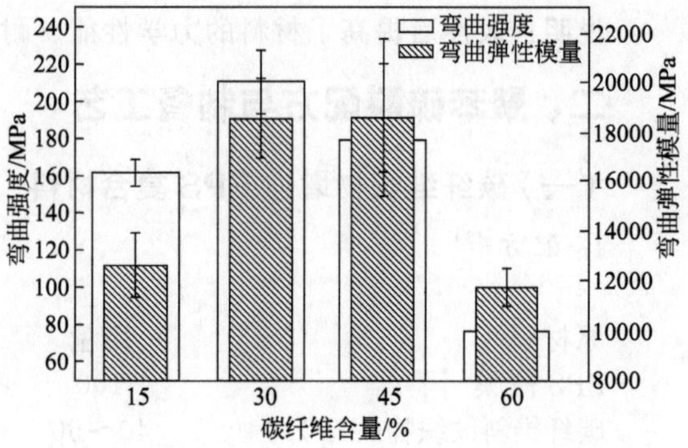

图 7-14　碳纤维含量对复合材料弯曲性能的影响

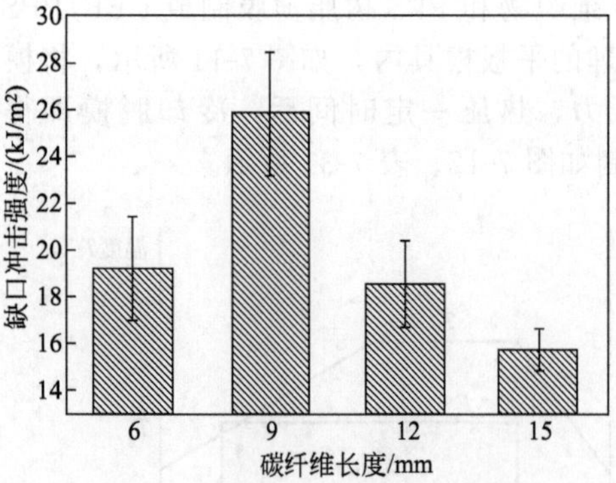

图 7-15　碳纤维长度对复合材料缺口冲击性能的影响

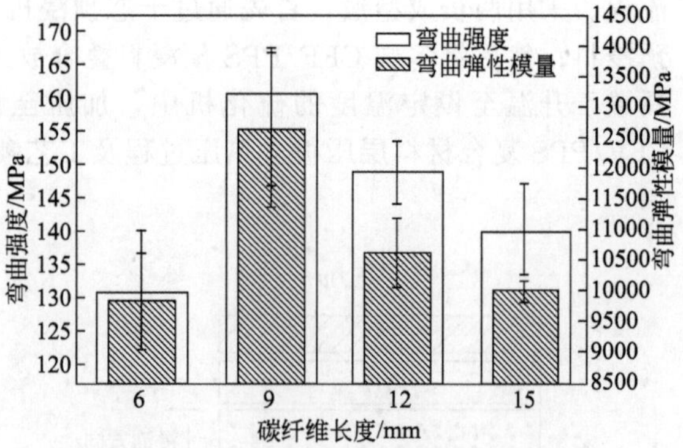

图 7-16　碳纤维长度对复合材料弯曲性能的影响

当碳纤维在水中湿法分散的浓度为 0.5g/L，长度和含量分别为 9mm、45%时，可以得到高性能的 LCF/PPS 复合材料，冲击强度为 49.1kJ/m²，弯曲强度和模量为 178.51MPa 和 18.56GPa；从板材的冲击样条断面可以看到，碳纤维在树脂中的分散比较均匀，纤维与树脂的黏结性好。

（二）连续碳纤维增强 PPS 复合管材

1. 配方[14]

单位：质量份

原材料	用量	原材料	用量
PPS(Ticona)	100	润滑剂	0.8
碳纤维(T700SC)	30～36	加工助剂	1～2
偶联剂	1.0	其他助剂	适量

2. 复合管材的制备

在热塑性缠绕成型设备上制备复合管材，成型参数如下：加热通道温度为 280℃，芯模温度为 180℃，径向压力为 0.15MPa，预浸带张力为 5N，热风枪温度为 350℃，缠绕速度为 3140mm/min，缠绕角度为 87.5°，共缠绕成型 12 层。管材制备完成后，按照各个标准制备测试样品，每个测试项目至少 5 个测试样品。

3. 性能

(1) 碳纤维增强聚苯硫醚复合材料具有优良的耐水性，在沸水中浸泡 8h 后，其吸水率为 0.66%，而在 230℃的环境温度下，其 ILSS 仍能保持 56.00%，耐高温性能良好。

(2) 结晶度随纤维含量增加有一定程度的提高，但是提高很少。

(3) 热处理对管材 ILSS 的提高有一定作用，在 240℃下处理 2h 后，ILSS 提高了 7.10%。

(4) 孔隙率每增加 0.01%，ILSS 降低 12%，孔隙率对管材 ILSS 影响很大，应尽量降低制品的孔隙率。

（三）玻纤/钛酸钾晶须增强 PPS 高强耐磨复合材料

1. 配方[15]

单位：质量份

原材料	用量	原材料	用量
PPS	100	润滑剂	0.3
钛酸钾晶须(PTW)	12	加工助剂	1～2
玻璃纤维(GF)	30、40、50、60	其他助剂	适量
偶联剂	1.5		

2. 制备方法

原料干燥：聚苯硫醚，120℃，鼓风干燥 6～8h。

钛酸钾晶须干燥活化处理：首先将晶须干燥处理（100℃，3h），然后将干燥好的晶须加入到实验用高搅机中，中速搅拌；将液态偶联剂与醇类稀释剂按质量比 1∶2 混合，装入实验用喷雾器中；停止搅拌，将偶联剂混合液喷洒到晶须上，每隔 15min 喷洒 1 次，喷洒量约 1/3。偶联剂与晶须质量配比为 2∶100；将表面喷洒偶联剂的晶须再高速搅拌 2h，放入干燥箱 80℃干燥 1h，再过筛备用。

PPS/PTW/GF 复合材料及试样制备：将处理好的 PPS、PTW 等按设计好的配比混合，通过双螺杆挤出造粒制得 PPS/PTW 复合材料，分析确定钛酸钾晶须合适的添加量后，再在体系中加入增强组分玻璃纤维，制得 PPS/PTW/GF 复合材料。所得材料于 120℃鼓风干燥 8h 后，通过注塑机制得测试样条，注塑温度为（280±10)℃，摩擦试验样条由注塑样片机械加工制得。制得的试样在恒温室放置规定时间后按国家标准测试，恒温室温度为（23±2)%，湿度为（50±5)%，放置时间为（24±1)h。

3. 性能

见表 7-32。

表 7-32　PPS/PTW/GF 复合材料的力学性能

组分配比	冲击强度/(kJ/m²)	拉伸强度/MPa	弯曲强度/MPa
PPS/PTW	7.8	87	118
PPS/PTW＋30 份 GF	8.2	135	183
PPS/PTW＋40 份 GF	10.1	157	208
PPS/PTW＋50 份 GF	11.2	184	225
PPS/PTW＋60 份 GF	9.7	179	213

其中，PPS/PTW＋40 份 GF 复合材料有较高的性价比，冲击强度为 10.1kJ/m^2，拉伸强度为 157MPa，弯曲强度为 208MPa，摩擦系数为 0.14，磨耗量 28mg。目前该复合材料已用于生产工业耐磨轴承，效果良好。

（四）经 PTFE 处理的玄武岩纤维/PPS 复合滤料

1. 配方[16]

单位：质量份

原材料	用量	原材料	用量
玄武岩纤维(BF)	70	偶联剂	1.0
PPS	30	加工助剂	1～2
PTFE 乳液	6～14	其他助剂	适量

2. 制备方法

(1) 玄武岩/聚苯硫醚复合滤料的制备　采用非织造材料机械加固法中的针刺技术制备玄武岩/聚苯硫醚复合滤料。具体步骤如图 7-17 所示。

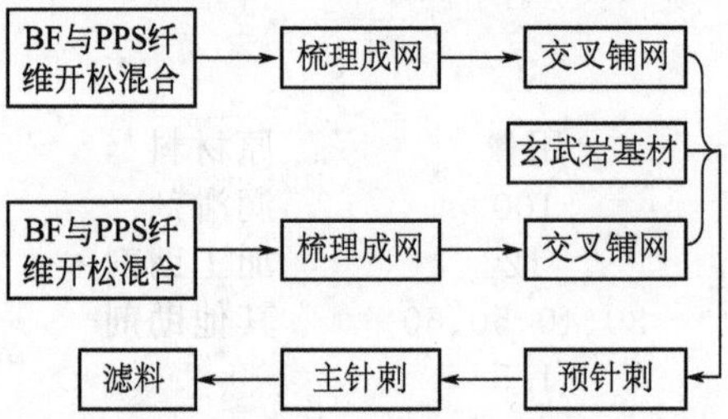

图 7-17　玄武岩/聚苯硫醚针刺复合滤料制备的工艺流程

(2) 玄武岩/聚苯硫醚复合滤料的乳液处理　将不同浓度的 PTFE 乳液与去离子水混合，再通过超声波清洗机混合均匀，配制成乳液。浸渍工艺流程如下：

滤料清洗→浸渍→轧车轧压→预烘→焙烘→张力架→卷绕。

滤料规格及工艺参数如表 7-33 所示。

表 7-33　玄武岩/聚苯硫醚复合滤料的规格及工艺参数

试样编号	面密度/(g/m²)	乳液含量/质量份	预烘温度/℃	焙烘温度/℃
A	600	6	90	160
B	600	8	90	160
C	600	10	90	160
D	600	12	90	160
E	600	14	90	160

3. 性能

见表 7-34、图 7-18 和图 7-19。

表 7-34　不同浓度 PTFE 乳液处理后复合滤料的断裂强力

乳液含量/质量份	断裂强力/N		强力提高率/%		断裂伸长率/%	
	CD	MD	CD	MD	CD	MD
0	1082.28	1175.72	0	0	2.63	2.37
6	1096.16	1187.48	1.28	1.00	2.52	2.48
8	1110.41	1198.26	2.60	1.90	2.36	2.44
10	1156.63	1238.16	6.90	5.31	2.68	2.71
12	1189.85	1280.14	9.94	8.88	2.08	2.13
14	1208.58	1300.35	11.67	10.60	2.20	2.90

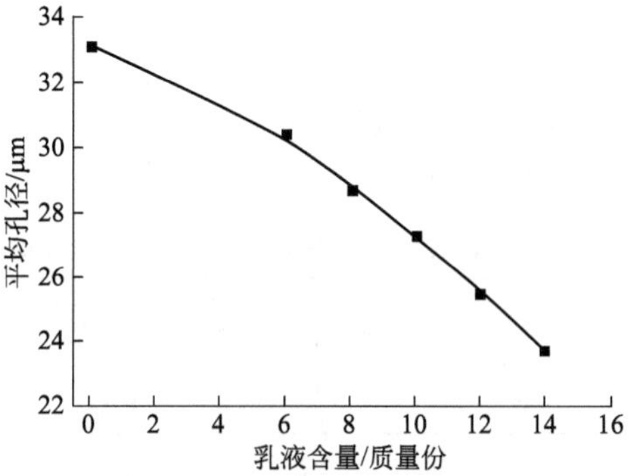

图 7-18　经 PTFE 乳液处理的针刺复合过滤材料的平均孔径

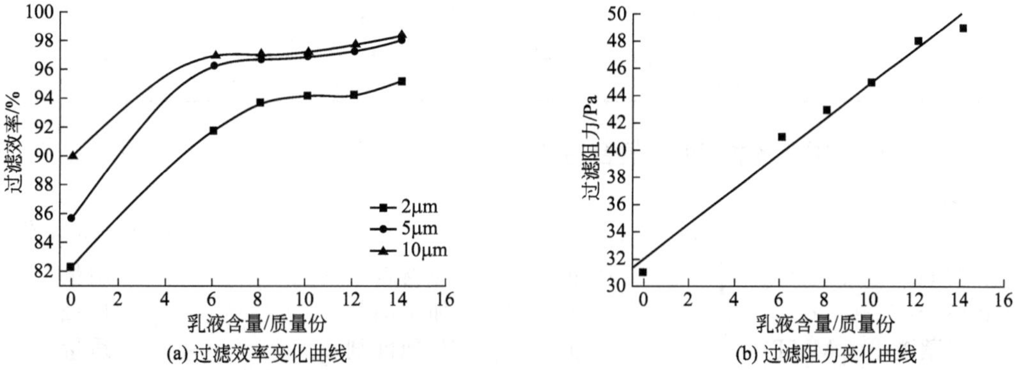

图 7-19　不同浓度 PTFE 乳液处理的针刺复合过滤材料的过滤效率及过滤阻力

（五）PPS 抗热氧化复合材料

1. 配方[17]

单位：质量份

原材料	用量	原材料	用量
PPS	100	加工助剂	1～2
KYN-818 抗氧剂	0.1～0.3	其他助剂	适量
填料	5～6		

2. PPS 复合材料的制备

将质量分别为 0.1 份，0.2 份，0.3 份的 KYN-818 与 PPS 切片在双螺杆挤出机中混合均匀，加热熔融挤出，经水浴拉条、切粒，制备 PPS 复合材料。在切粒之前，截取一定长度的试样，以备后续测试使用。

3. 性能

KYN-818 对 PPS 复合材料性能影响如表 7-35～表 7-38 所示。

表 7-35 KYN-818 对 PPS 复合材料 T_g 的影响

KYN-818 用量/质量份	T_g/℃	KYN-818 用量/质量份	T_g/℃
0	95.12	0.2	91.15
0.1	90.01	0.3	89.15

表 7-36 KYN-818 对 PPS 复合材料结晶性能的影响

KYN-818 用量/质量份	熔融温度/℃	热结晶温度/℃	过冷度/℃	冷结晶热焓/(J/g)	熔融热焓/(J/g)	结晶度/%
0	280.34	217.77	62.34	26.35	46.02	25.38
0.1	280.20	219.61	60.59	21.98	46.64	31.82
0.2	279.87	219.93	59.94	22.29	43.36	27.19
0.3	279.88	220.03	60.46	24.49	45.04	26.52

表 7-37 PPS 复合材料的氧化诱导温度数据

KYN-818 用量/质量份	氧化诱导温度/℃	KYN-818 用量/质量份	氧化诱导温度/℃
0	430	0.2	432
0.1	431	0.3	440

表 7-38 KYN-818 对 PPS 复合材料力学性能的影响

KYN-818 用量/质量份	拉伸断裂应力/N	截面积/mm^2	拉伸断裂强度/MPa	断裂伸长率/%
0	168.098	3.80	44.24	2.75
0.1	175.558	4.01	43.78	1.62
0.2	189.057	4.24	43.59	1.80
0.3	170.209	3.09	44.16	1.50

（六）有机蒙脱土改性 PPS 复合材料

1. 配方[18]

单位：质量份

原材料	用量	原材料	用量
PPS	100	加工助剂	1～2
有机蒙脱土(OMMT)	5.0	其他助剂	适量
十六烷基三甲基溴化铵(CTAB)	5～10		

2. 制备方法

(1) OMMT 的制备　配制质量分数为 5%的 MMT 悬浮液 400mL 置于 1000mL 的三口烧瓶中，在 800r/min 下机械搅拌 2h，静置 24h，取上层悬浮液。称取 2 倍于 MMT 阳离子 CEC 的 CTAB 倒入 200mL 的 0.1mol/L 的盐酸溶液中，搅拌均匀，用分液漏斗缓慢倒入 MMT 的悬浮液中。用油浴加热至 60℃，在 300r/min 的转速下机械搅拌 2h。再将反应液真空抽至滤饼，在抽滤过程中用 0.1mol/L 的硝酸银溶液检验滤液无溴化银沉淀为止。最后将滤饼在 80℃的真空烘箱中干燥 72h 至恒重，研磨过 200 目筛，即可得到 OMMT，放入干燥器中备用。

(2) PPS/OMMT 复合材料的制备　将 PPS 在 165℃真空干燥箱中干燥预结晶 16h。按配方将不同比例 OMMT 和 PPS 混匀后在双螺杆挤出机上挤出，造粒干燥备用，挤出温度 290℃。

(3) PPS/OMMT 复合材料热处理　采用 DGG-907B 电热恒温鼓风干燥箱，将 PPS 及其复合材料在160℃下处理24h，取出后在室温下自然冷却，在干燥器中静置24h。

3. 性能

与纯PPS树脂相比，OMMT的添加可以在一定程度上提高PPS树脂的抗氧化性；经过热处理后PPS树脂及PPS/OMMT复合材料均发生不同程度的氧化，苯环上发生交联，C—S键上发生氧化；C—H的面外弯曲振动峰及苯环C—O伸缩振动峰均发生蓝移；PPS/OMMT复合材料的色度变化程度明显降低，抗氧化效果较好。

(七) PPS导热/绝缘复合材料

1. 配方[19]

单位：质量份

原材料	用量	原材料	用量
PPS	100	润滑剂	0.5
玻璃纤维	30	加工助剂	1～2
Al_2O_3	20～40	其他助剂	适量
偶联剂	1.0		

2. 导热绝缘复合材料的制备

PPS基导热绝缘复合材料的制备工艺如图7-20所示。

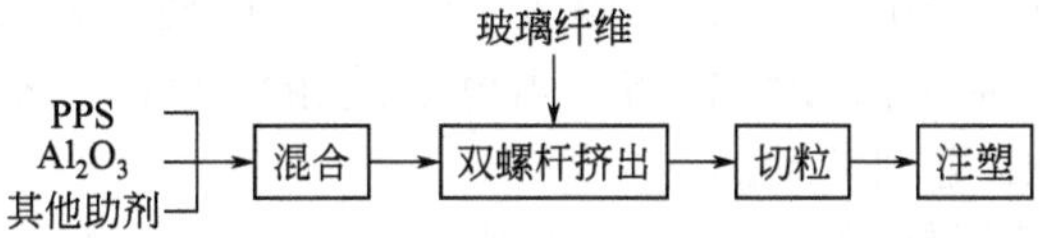

图7-20 PPS基导热绝缘复合材料制备工艺流程图

3. 性能

见图7-21～图7-23。

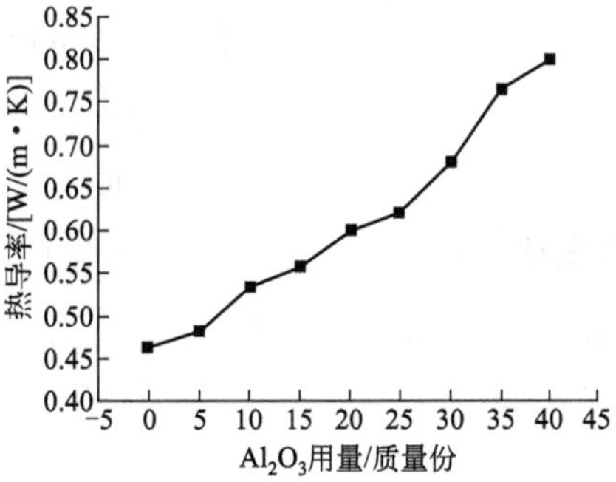

图7-21 Al_2O_3用量对复合材料热导率的影响

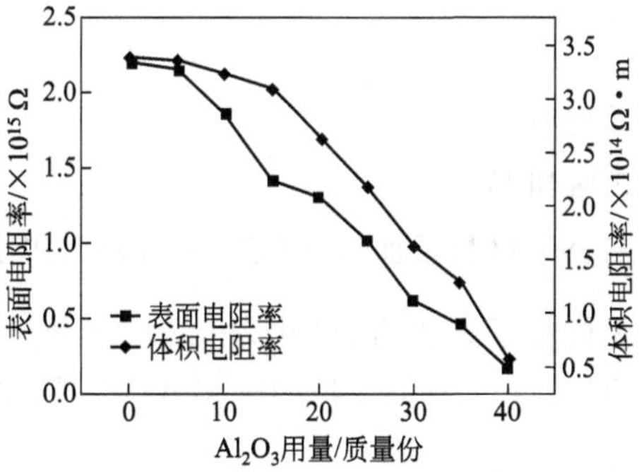

图7-22 复合材料的体积电阻率、表面电阻率曲线

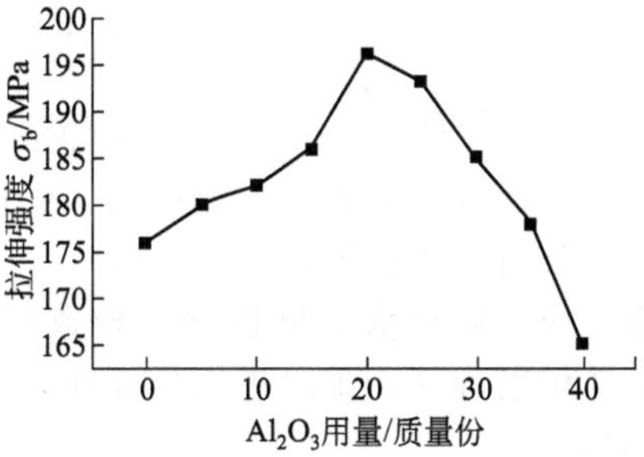

图7-23 PPS/gf/Al_2O_3导热绝缘复合材料注塑成型样条拉伸性能测试曲线

（八）PPS电磁屏蔽复合材料

1. 配方[20]

单位：质量份

原材料	用量	原材料	用量
PPS	100	润滑剂	0.5
玄武岩纤维	25	加工助剂	1～2
不锈钢纤维(SSF)	30	其他助剂	适量
偶联剂	1.5		

2. 制备方法

纤维增强聚苯硫醚预浸料的制备采用粉末浸渍法，玄武岩纤维无捻粗纱及不锈钢纤维由牵引装置以适当的速度牵引，经导辊进入聚苯硫醚粉末槽。纤维束在树脂槽中吸附树脂粉末后，进入加热烘道，树脂熔融并经适当的分散得到玄武岩纤维预浸料。预浸料编织而成的织物经层压工艺得到复合材料，在制备层压复合材料的过程中添加铝箔和不锈钢纤维预浸料编织物作为电磁屏蔽层，得到具有电磁屏蔽性能的聚苯硫醚复合材料。

3. 性能

(1) 当电磁波频率小于200MHz时，引入不锈钢纤维/聚苯硫醚预浸料编织物及铝箔作为屏蔽层，复合材料的电磁屏蔽效能较高，当电磁波频率200～1500MHz时，复合材料的电磁屏蔽效能在20～30dB之间波动。

(2) 在作为屏蔽层的不锈钢纤维/聚苯硫醚编织物中，不锈钢纤维质量分数为30%即可获得较好的电磁屏蔽效果，高纤维质量分数（50%、70%）并未使其电磁屏蔽性能进一步提高。

（九）PPS薄膜

1. 配方[21]

单位：质量份

原材料	用量
PPS树脂	100
高分子材料添加物(PET、PC、PPO、PEEK、PEI或聚烯烃)	0.5～2.0
无机粒子添加物(尺寸为0.01～0.5μm)(云母、高岭土、$CaCO_3$、ZnO、沸石、硅酸钙、MgO、石英、金刚砂或TiO_2等)	0.01～0.5
加工助剂	1～2
其他助剂	适量

2. 聚苯硫醚薄膜的制备方法

一般塑料薄膜的制备方法分为：吹塑法、压延法、拉伸法、流延法等。PPS熔融温度较高，熔体流动性好，结晶速率快等特点，对制备方法提出了新的要求。PPS薄膜按照加工方法不同分为：吹塑膜、压延膜、双向拉伸膜等。

(1) 吹塑膜　PPS结晶速度快、脆性大、韧性差，导致在吹塑过程中PPS薄膜易破裂影响加工，所以吹塑膜加工条件相当苛刻，难以进行规模化生产，目前这种方法也只停留于实验室阶段。生产工艺见图7-24。

(2) 压延膜　生产工艺见图7-25。

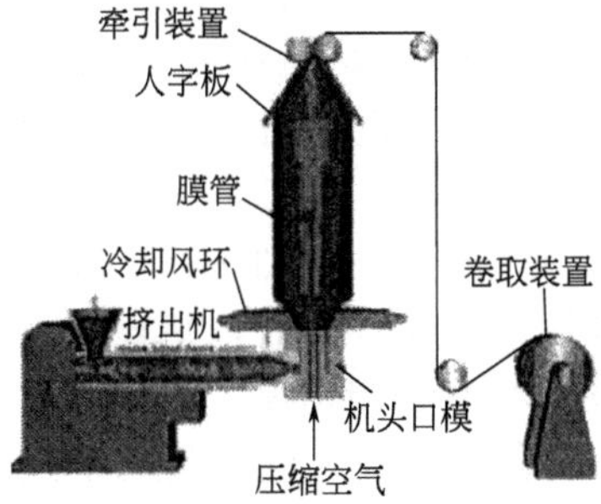

图 7-24 吹塑膜生产工艺

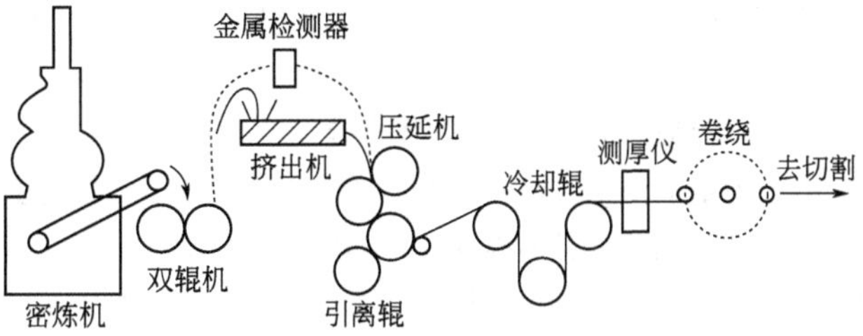

图 7-25 压延膜生产工艺

压延 PPS 薄膜是 PPS 树脂经过挤出机挤出，然后送往辊筒，再通过控制辊筒之间的间隙来生产一定厚度的聚苯硫醚薄膜。由此可以看到薄膜制品表面光滑度和辊筒有直接关系，日本三菱有限公司利用静电技术来使 PPS 薄膜和辊筒结合紧密：一方面使薄膜表面光滑，另外还可使薄膜快速冷却。

(3) 双向拉伸法　PPS 双向拉伸薄膜首先由日本东丽公司研制成功，并于 1978 年申请了双向拉伸 PPS 膜的基本专利，随后东丽与菲利普石油公司共同开发研究，并于 1987 年达到了工业化生产水平。

双向拉伸生产的 PPS 薄膜具有以下特点：与未拉伸薄膜相比，力学性能显著提高，拉伸强度是未拉伸薄膜的 3～5 倍；阻隔性能提高，对气体和水汽的渗透性降低；光学性能、透明度、表面光泽度提高；耐热性、耐寒性能得到改善，尺寸稳定性好；厚度均匀性好，厚度偏差小；容易实现规模化生产。

3. 聚苯硫醚薄膜的性能

(1) 耐热性　PPS 薄膜的最大特性之一是耐热性好，特别是在高温、高应力情况下耐热性能非常好，按照 UL 标准耐热温度指数对机械强度认定为 160℃，对电性能认定为 180℃。PPS 薄膜各种性能在 155℃以上显示了长期耐热性，并取得了 UL 认证。

另外，PPS 是完全不显示水解性的聚合物，因而 PPS 薄膜的高温劣化速度在高湿条件下和在干燥空气中没有差别，虽然聚酰亚胺薄膜和聚芳酰胺薄膜在干燥环境下比 PPS 薄膜耐热性高，但在高温高湿条件下表现了过早的劣化，致使力学性能下降。

PPS 薄膜不加任何添加剂就具有很高的阻燃性（自灭火性），25μm 以上的 PPS 薄膜被认定为 UL94 V-0 级材料。

(2) 力学性能　PPS 双向拉伸膜结晶取向，使它的拉伸强度、杨氏模量和 PET 相当，无论在何种薄膜材料的加工中，操作、切断、打孔、成型等特性都和 PET 薄膜同样优越。

PPS 薄膜在低温状况下（液氮温度－196℃）仍保持较高的力学特性，还有充分的挠性，可作为超导绝缘材料使用。另外，PPS 薄膜在长期重负荷下的蠕变特性好，蠕变量只有 PET 薄膜的 1/2。

(3) 耐化学品性　PPS 薄膜除了不耐浓硫酸、浓硝酸等强氧化性酸以外，在稀硫酸、浓盐酸、稀硝酸、氢氧化钠、浓氨水、丙酮、甲苯、丁酮、正己烷、甲醇、二氯甲烷和苯中 30℃浸泡 10d 后，拉伸强度几乎没有下降。即使在 α-氯萘、二苯醚等特殊溶剂中，也要在 200℃以上才开始溶解。其耐化学腐蚀性仅次于聚四氟乙烯。

另外，水分对 PPS 薄膜的影响很小，吸湿膨胀系数极小，比 PET 薄膜小一个数量级，吸湿引起的尺寸变化极小。

(4) 电性能　PPS 薄膜在电气性能方面也有显著的特征，其介电常数在很大的温度和频率范围内是极其稳定的，其介质损耗角正切小到可以与聚丙烯媲美。作为电容器介电质其电容量受温度变化频率的影响小，可得到低损耗的电容器。在电绝缘材料中，PPS 薄膜比 PET 膜受温度影响还小，其体积电阻率高温时降低很小，常温时绝缘破坏电压虽比 PET 膜低，但当高于 120℃时，PPS 膜的绝缘强度反而比 PET 膜高，适宜作电动机、变压器的绝缘材料。

(5) 其他性能　PPS 薄膜的表面张力是 39×10^{-5}N/cm，比 PET 膜［(43～45) $\times10^{-5}$ N/cm］稍低，即使这样，同样适于镀膜加工。在与其他膜层压使用黏合剂时，则表面需先经电量处理提高其表面张力，使其达到 58×10^{-5}N/cm。PPS 膜的表面粗糙度、摩擦系数与 PET 膜一样可以对应于用途调节。PPS 薄膜对 γ 和中子射线有较高的耐久性，是原子反应堆核聚变炉外围能用的少数有机膜之一。

第四节　聚砜类塑料

一、经典配方

具体配方实例如下[1~3]。

1. 耐污染聚氯乙烯/聚砜共混超滤膜

单位：质量份

原材料	用量	原材料	用量
聚砜(PSF)	60	填充剂	1～5
PVC	40	加工助剂	1～2
聚乙烯吡咯烷酮(PVP)	5.0	其他助剂	适量

说明：该超滤膜的水通量达到 1251.8L/($m^2\cdot h$)，对 KN-R 染料的截留率达到 79.3%，而 KN-R 染料对膜的污染度仅为 7.3%。

2. 磺化聚醚砜/聚砜共混超滤膜

单位：质量份

原材料	用量	原材料	用量
磺化聚醚砜	60	磷酸	5.0
聚砜(PSF)	40	加工助剂	1～2
磷酸三乙酯	2.0	其他助剂	适量

说明：超滤膜的蒸发时间 30s。该膜水通量为 93.1L/($m^2\cdot h$)，对聚乙烯醇的截留率为 93.37%。

3. 聚砜-纤维素复合超滤膜材料

单位：%（质量分数）

原材料	用量	原材料	用量
聚砜	18	溶剂	适量
纤维素微纳晶体	15	加工助剂	1～2
聚乙烯吡咯烷酮	0.3	其他助剂	适量

说明：制备的复合超滤膜的水通量为 152.72L/($m^2\cdot h$)，截留率为 93.98%。与纯聚砜超滤膜对比，复合超滤膜的孔隙率由 50.20%上升到 63.22%，平均孔径由 39.93nm 上升到 46.03nm。由 AFM 图片可以看出，超滤膜表皮层较为致密，多孔支撑层的表面崎岖不平，微孔数量很多，孔径分布不均；超滤膜具备典型不对称膜结构。纤维素微纳晶体的加入改变了膜液的固有的相平衡体系，改变了膜孔的结构。

4. 聚砜酰亚胺（PSA）纳米复合材料及其纤维

单位：质量份

原材料	用量	原材料	用量
N,*N*′-二甲基乙酰胺(DMAC)	150	催化剂	0.1～1.0
4,4′-二氨基二苯砜(DDS)	14.9	填充剂	1～5
对苯二甲酰氯	12.2	加工助剂	1～2
ZnO	0.5	其他助剂	适量

说明：采用低温原位聚合技术合成 PSA/无机粉体纳米复合材料，具有工艺简单，可操作性强，制作方便且成本低廉的特点。PSA/无机粉体纳米聚合物沿用普通的湿法纺丝工艺和设备纺制纤维，因此不会产生新的污染。

5. PPS 改性聚砜（PSF）

单位：质量份

原材料	用量	原材料	用量
PSF	70	交联剂	0.5～1.5
PPS	30	加工助剂	1～2
相容剂	1～3	其他助剂	适量

说明：改性后，材料表观黏度下降，加工性能得到改善，玻璃化温度有所降低，弯曲性能得到提高，拉伸性能和冲击性能有所下降。

6. 酚酞型聚芳醚砜

单位：质量份

原材料	用量	原材料	用量
4,4′-二氯二苯砜	70	环己砜	10～20
酚酞	30～40	加工助剂	1～2
4,4′-二羟基二苯硫醚	30	其他助剂	适量
N-甲基吡咯烷酮	70～80		

说明：处于实验室研究阶段，未进行性能表征及应用。

二、聚砜类塑料配方与制备工艺

（一）MC 尼龙 6/聚砜复合材料

1. 配方[22]

单位：质量份

原材料	用量	原材料	用量
己内酰胺	100	TDI(甲苯二异氰酸酯)	5.0
聚砜(PSU)	2.0	加工助剂	1～2
NaOH	5.0	其他助剂	适量

2. MCPA6/PSU 原位复合材料的制备

将一定量的己内酰胺于 150℃条件下抽真空，然后将干燥后的 PSU 树脂加入到己内酰胺中，溶解后再加入一定量的 NaOH 和 TDI，继续抽真空 1h，在其黏度未变大时倒入 170℃模具中恒温 0.5h 后即可得到 MCPA6/PSU 原位复合材料。

3. 性能

在干摩擦中，当 PSU 含量小于等于 2.0 份时，PSU 能在 MCPA6/PSU 原位复合材料中能起到承载载荷的作用，减少了复合材料的表面塑性变形从而减小摩擦系数；当 PSU 含量大于 2.0 份时复合材料摩擦系数变大。在低 PV 值下，适量的 PSU 可提高复合材料的磨损性能：当PSU含量为2份时，复合材料的磨损量达到最小，为纯MCPA6的68.6%；当PSU含量超过2份时，由于PSU的团聚作用，与基体MCPA6的黏结性变差，导致磨损量增加。纯MCPA6以黏着磨损为主，少量的PSU的加入，能起到承载载荷的作用，有助于MCPA6/PSU原位复合材料中基体MCPA6转移膜的形成，当PSU含量超过2份后，复合材料由黏着磨损转变为以磨粒磨损为主。在高PV值下，纯PA6以黏着磨损和疲劳磨损为主，MCPA6/PSU原位复合材料同时出现磨粒磨损、氧化磨损和疲劳磨损。

（二）凹凸棒石填充改性聚苯胺/聚砜复合膜电极

1. 配方[23]

单位：质量份

原材料	用量	原材料	用量
聚苯胺(PAN)	100	十六烷基苯磺酸钠	5～10
凹凸棒石(ATP)	2～5	*N*,*N*′-二甲基乙酰胺	1～2
聚砜	5～15	其他助剂	适量
过硫酸铵(APS)	0.5～1.5		

2. 制备方法

(1) 聚苯胺/凹凸棒石的制备　将十二烷基苯磺酸钠和凹凸棒石置于反应器中，加入50mL蒸馏水，超声震荡30min置于冰浴中，向反应器中加入一定配比的HCl和An溶液[n(An)∶n(HCl)=1∶2]搅拌30min。再将一定量过硫酸铵[n(APS)∶n(An)=1∶1]溶于50mL水中，逐滴加入到上述溶液中，控制溶液温度约为5℃，反应4h后减压抽滤，用稀盐酸、蒸馏水洗涤至滤液无色，置60℃烘箱中干燥24h，研磨得到墨绿色聚苯胺/凹凸棒石纳米复合材料。

(2) 聚苯胺/凹凸棒石/聚砜复合材料的制备　室温下，将聚砜溶解在10mL *N*,*N*′-二甲基乙酰胺中制成聚合物溶液，将制备的聚苯胺/凹凸棒石纳米复合材料、石墨按质量比80∶20超声分散于聚合物溶液中。将混合物定量、均匀涂在玻碳电极上，自然晾干，制得PANI/ATP/PSF复合膜电极。

3. 性能

低温下通过化学原位聚合法在凹凸棒石表面成功合成了盐酸掺杂的聚苯胺/凹凸棒石复合材料。该复合材料以不规则纳米纤维束存在，长约5μm，直径100～200nm。聚苯胺表面包覆未改变ATP晶体结构。采用恒电流充放电、循环伏安、交流阻抗技术研究了复合膜电极电容性能。结果表明，以聚砜为成膜剂，PANI/ATP为活性物质制备的复合膜电极PANI/ATP/PSF在1mol/L H_2SO_4溶液中，电流密度为0.5A/g时，首次比电容可达465F/g，经200次充放电循环后，比电容保持率仍维持在77.6%左右，与纯PANI电极相比，电容性能得到明显改善。

（三）聚苯胺/聚砜复合材料及其超级电器电极

1. 配方[24]

单位：质量份

原材料	用量	原材料	用量
聚砜(PSU)	10～15	*N*,*N*′-二甲基乙酰胺	1～2
聚苯胺(PAN)	100	对甲苯磺酸	0.5～1.5
过硫酸铵(APS)	100	加工助剂	1～2
盐酸	1～3	其他助剂	适量

2. 制备方法

（1）聚苯胺的制备　分别将 5.1mL 苯胺和一定量的盐酸加入到三口烧瓶中，搅拌并通入氮气 30min，以除去溶液中溶解的氧。再将一定量的过硫酸铵溶液缓慢加入到上述溶液中（苯胺与过硫酸铵物质的量之比为 1∶1），此时可见溶液的颜色由无色透明逐渐变成蓝黑，烧瓶壁上有墨绿色物质生成。室温下反应 4h，抽滤，用稀盐酸、丙酮反复洗涤滤饼，以除去未反应的有机物和低聚物，然后用大量的去离子水洗涤直至滤液澄清。60℃下真空干燥 24h，经研磨制得 PANI 深绿色粉末。

（2）聚苯胺/聚砜复合材料的制备　室温下，PSF 溶解在 N,N'-二甲基乙酰胺中制成聚合物溶液，将所制备的 PANI 粉末、石墨按质量比 80∶20 超声分散于聚合物溶液中。将定量的聚合物溶液均匀滴加在玻碳工作电极上，自然晾干，制得 PANI/PSF 复合膜电极。

3. 性能

采用化学氧化法制备盐酸掺杂 PANI，SEM 照片、XRD 测试显示 PANI 为无定形的纳米薄片结构，PSF 为多孔的网状结构。利用超声将聚苯胺分散在聚砜溶液中制得多孔结构的 PANI/PSF 复合材料。循环伏安曲线、恒电流充放电曲线显示该复合材料在 0.5mol/L 对甲苯磺酸溶液中，具有较好的电化学可逆性和充放电循环性能。电流密度为 0.5A/g 时，比电容为 497F/g，且经过多次恒流充放电后，电容并没有明显的衰减现象，有望成为理想的电极材料。

（四）聚砜/聚苯胺-嵌段式聚醚 Pluronic F127 复合超滤膜

1. 配方[25]

单位：质量份

原材料	用量	原材料	用量
聚砜(PSF)	100	*N*-甲基吡咯烷酮(NMP)	1～2
聚苯胺纤维(PANI)	0.1	浓盐酸	5～6
聚醚 Pluronic F127 粉末	1.0	加工助剂	1～2
过硫酸铵(APS)	10～20	其他助剂	适量

2. PSF/PANI-F127 纳米复合超滤膜的制备

超滤膜由浸没沉淀相转化法制备。首先将 Pluronic F127 粉末溶于 NMP 中，再加入 PANI 纳米纤维，超声分散 10min。最后加入 PSF，搅拌 12h 使其充分溶解，然后静置 12h 使其脱泡完全。将处理好的铸膜液用不锈钢刮刀刮涂在玻璃板上，刮膜厚度控制在 100μm，在空气中预蒸发 30s 后浸入纯水凝固浴中成膜。制膜过程温度控制为（25±1)℃，相对湿度为 35%。

3. 性能

（1）膜结构表征结果表明，与 PSF 膜和 PSF/F127 膜相比，PANI 纳米纤维的添加使得 PSF/PANI-F127 膜表面孔径、膜皮层厚度减小，膜孔隙率提高。

（2）膜性能测试结果表明，PSF/F127 膜的纯水通量随 Pluronic F127 添加量增大呈线性增加，为获得通量的大幅提升必须将添加量提高到 4.0%（质量）以上，而添加量的增大使得截留率明显下降；PANI 纳米纤维的添加能有效降低 Pluronic F127 在膜长时间使用过程中的流失，保持较高通量。

（3）PANI 纳米纤维的引入可在保证一定的纯水通量的条件下降低 Pluronic F127 的添加量。PSF/PANI-F127 膜在较小的添加量［0.1 份（质量）PANI，1.0 份（质量）Pluronic F127］下具备较高的纯水通量、抗污染性能与耐受性能。

（五）聚砜复合隔膜

1. 配方[26]

单位：质量份

原材料	用量	原材料	用量
聚砜（PSF）	10～20	溶剂	适量
N-甲基吡咯烷酮（NMP）	15	加工助剂	1～2
聚乙烯吡咯烷酮（PVP）	15	其他助剂	适量
ZrO_2	60		

2. 聚砜复合隔膜的制备方法

（1）采用浸没沉淀相转换法制备聚砜复合隔膜的过程如图 7-26 所示。

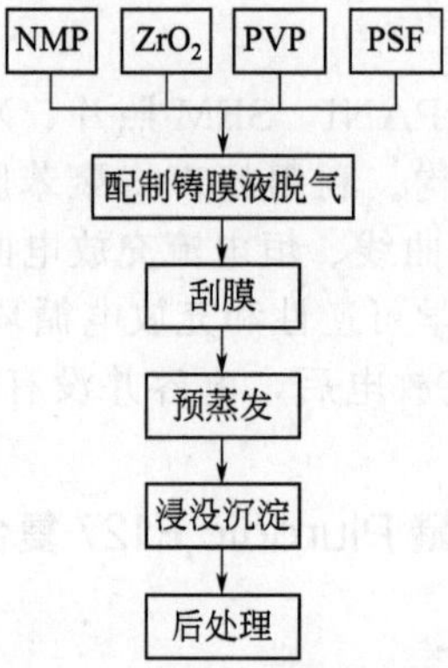

图 7-26　PSF 隔膜制备工艺

（2）工艺条件　溶剂/非溶剂体系均为 NMP/H_2O，环境温度（15±2）℃，液态膜厚度控制为 600μm，预蒸发时间控制为 15s，凝固浴温度控制为 15℃。

3. 性能

见表 7-39。

表 7-39　聚砜质量分数对隔膜性能的影响

PSF 用量/质量份	隔膜厚度/mm	最大孔径/μm	孔隙率/%	表面电阻/Ω	碱失量/%	拉伸强度/MPa
10	0.455	9.12	92.7	0.0796	0.18	1.18
12	0.485	7.56	89.6	0.1014	0.18	1.34
15	0.515	4.21	82.2	0.1375	0.19	1.68
20	0.565	3.51	66.0	0.5500	0.15	3.28

（六）苎麻纤维增强聚醚砜复合材料

1. 配方[27]

单位：质量份

原材料	用量	原材料	用量
聚醚砜（PES）	100	硅烷偶联剂 KH-550	1.0
苎麻纤维（RF）	5～25	固体脱模剂	10～20
PTFE	10	其他助剂	适量

2. 制备方法

PES/PTFE/RF 复合材料的制备工艺过程如图 7-27 所示。

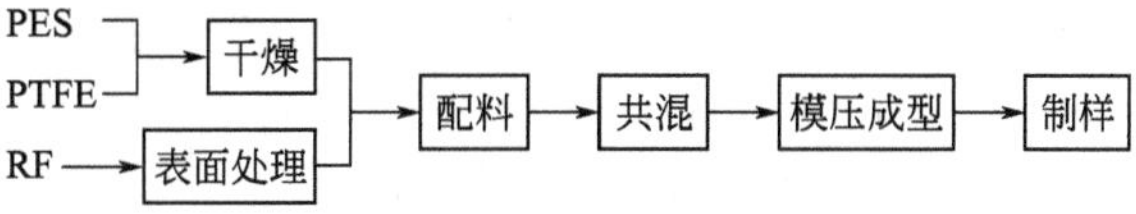

图 7-27　PES/PTFE/RF 复合材料的制备工艺过程

3. 性能

（1）苎麻是麻纤维中性能较好的，它的比强度接近玻璃纤维，很适合作为增强材料，通过一定的改性可以改善其与复合材料的界面结合，提高复合材料的硬度、压缩强度和耐磨性等，利用天然苎麻纤维（RF）的低密度、高强度和可降解性等优点，采用 RF 增强 PES，并以聚四氟乙烯（PTFE）作固体润滑剂来协同改善材料的摩擦磨损性能，用机械共混-模压法制备了 PES/PTFE/RF 复合材料。

（2）添加适量的 RF 可较为显著地降低 PES 复合材料的摩擦系数和磨损量，当 RF 的质量分数为 15%时复合材料的摩擦系数和磨损量最低。

（3）纯 PES 的磨损机制为犁削作用，RF 含量低时，磨损机制以黏着磨损为主，犁削为辅，而 RF 质量分数达到 25%时磨损机制转换为疲劳磨损。

（七）ZnO 晶须改性聚醚砜复合材料

1. 配方[28]

单位：质量份

原材料	用量	原材料	用量
聚醚砜(PES)	70～100	偶联剂	0.1
PTFE	10	加工助剂	1～2
ZnO 晶须(ZnOw)	10～20	其他助剂	适量

2. 制备方法

（1）氧化锌晶须的表面改性　氧化锌晶须采用偶联剂进行表面处理，取一定量的硅烷偶联剂在 pH 值为 3～5 的水-乙醇或水-丙酮盐酸溶剂中水解 20～45min，再加入一定量的氧化锌晶须在水浴中恒温机械搅拌 30～60min，然后减压过滤，用去离子水洗涤至无氯离子。产物置于 80℃烘箱中干燥，再在 150℃下活化 8h（硅烷类偶联剂的用量为氧化锌晶须质量的 1%），以增加其与基体的相容性。

（2）复合材料制备　用模压法制备 ZnOw/PTFE/PES 复合材料的工艺过程如图 7-28 所示。

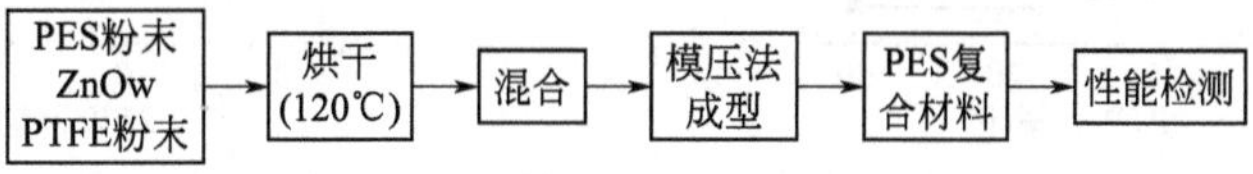

图 7-28　模压法制备 ZnOw/PTFE/PES 复合材料的工艺过程

3. 性能

见图 7-29、图 7-30。

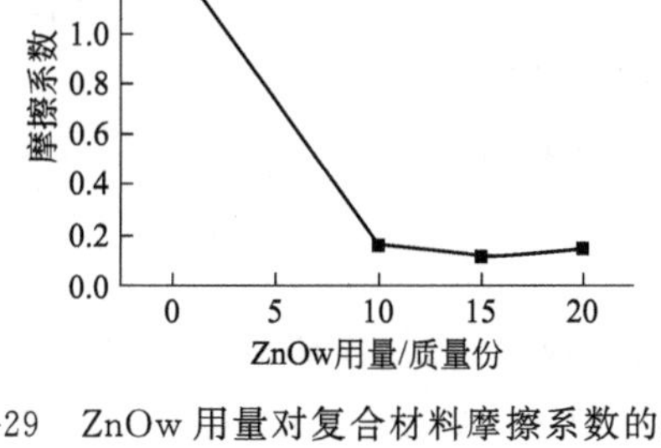

图 7-29　ZnOw 用量对复合材料摩擦系数的影响

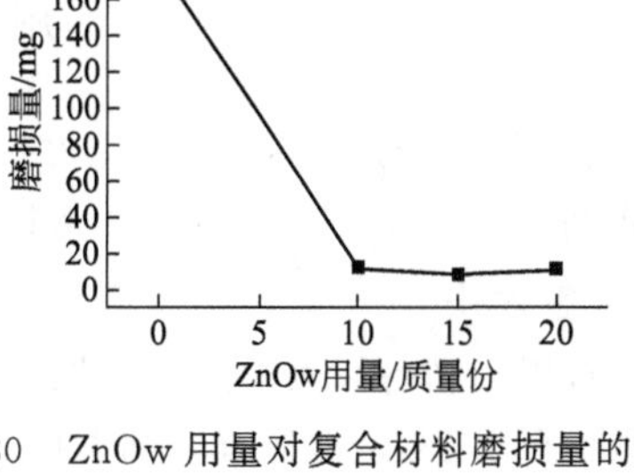

图 7-30　ZnOw 用量对复合材料磨损量的影响

（1）用机械共混-模压法能制得摩擦性能优良的 ZnOw/PTFE/PES 复合材料。

（2）添加少量的 ZnOw 即可明显地降低 PEEK 复合材料的摩擦系数和磨损量，当 ZnOw 的质量为 15 份时材料的摩擦系数和磨损量最低。

（3）纯 PES 的磨损机制为犁削作用，ZnOw 含量低时，磨损机制为黏着磨损及疲劳磨损；ZnOw 用量为 15 份时磨损机制为轻微的黏着磨损；而 ZnOw 质量为 20 份时磨损机制转换为磨粒磨损及疲劳磨损。

（八）钛酸钾晶须增强聚醚砜复合材料

1. 配方[29]

单位：质量份

原材料	用量	原材料	用量
聚醚砜(PES)	60～100	偶联剂	1.0
PTFE	10	加工助剂	1～2
钛酸钾($K_2Ti_6O_{13}$)晶须(PTW)	10～30	其他助剂	适量

2. 制备方法

工艺流程见图 7-31。

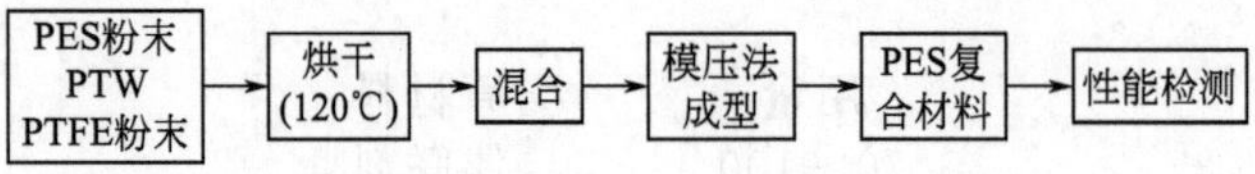

图 7-31　模压法制备 PTW/PTFE/PES 复合材料的工艺过程

3. 性能

摩擦磨损实验所得到的结果如图 7-32、图 7-33 所示。

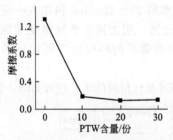

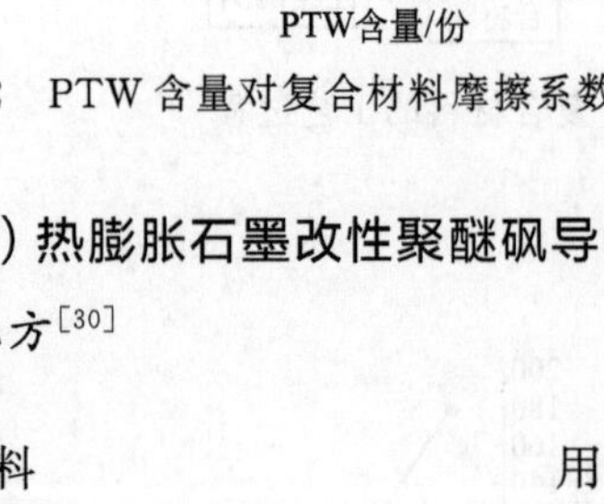

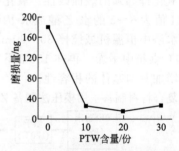

图 7-32　PTW 含量对复合材料摩擦系数的影响

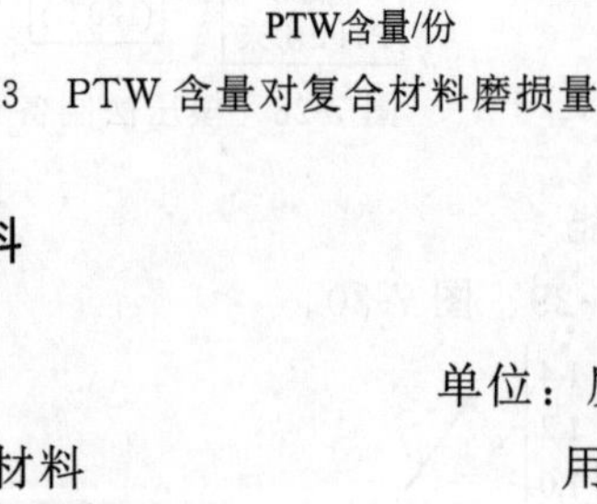

图 7-33　PTW 含量对复合材料磨损量的影响

（九）热膨胀石墨改性聚醚砜导电纳米复合材料

1. 配方[30]

单位：质量份

原材料	用量	原材料	用量
聚醚砜	100	加工助剂	1～2
热膨胀石墨(EG)	2～10	其他助剂	适量
偶联剂	1.0		

2. 制备方法

膨胀石墨的制备和表面处理：先将原料可膨胀石墨置于 900℃电阻炉中处理 15s，得到蠕虫状热膨胀石墨 EG，再将偶联剂 KH-550 和 NDZ-201 加入 EG 中（$m_{KH\text{-}550}:m_{NDZ\text{-}201}=1:1$，

$m_{偶联剂}/m_{EG}=5\%$)，最后在上述体系中加入过量的无水乙醇，超声分散约 8h，使其混合均匀，混合体系经抽滤、70℃真空干燥 24h，即得到预处理的 EG。

PES/EG 导电纳米复合材料的制备：按一定比例将 PES、EG 混匀，在 TSE-30A 同向双螺杆挤出机中熔融共混制备 PES/EG 导电纳米复合材料，物料经造粒、干燥后，用 TTI-90F 型注塑机制备标准样条进行性能测试。

3. 性能

见表 7-40、图 7-34～图 7-36。

表 7-40 纯 PES 和不同 EG 含量的 PES/EG 导电纳米复合材料的热重分析数据

EG 含量/质量份	0	2	4	6	10	20	50
$T_{-5\%}$/℃	532.5	533.9	538.5	537.3	540.3	547.2	562.9
Δm(损失)/%	75.5	54.7	54.0	53.4	50.7	37.9	33.1

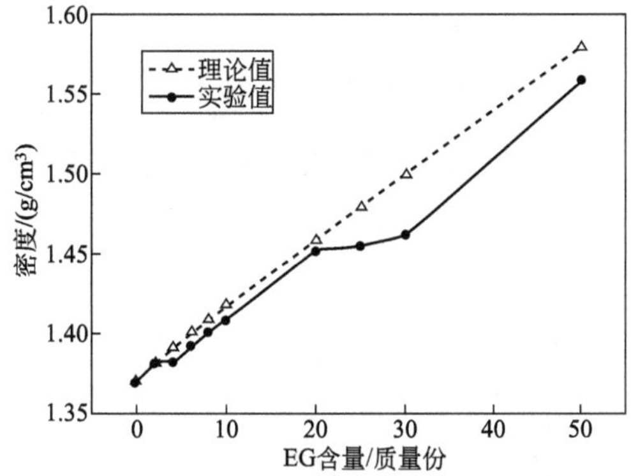

图 7-34 纯 PES 和不同 EG 含量的 PES/EG 纳米复合材料的密度

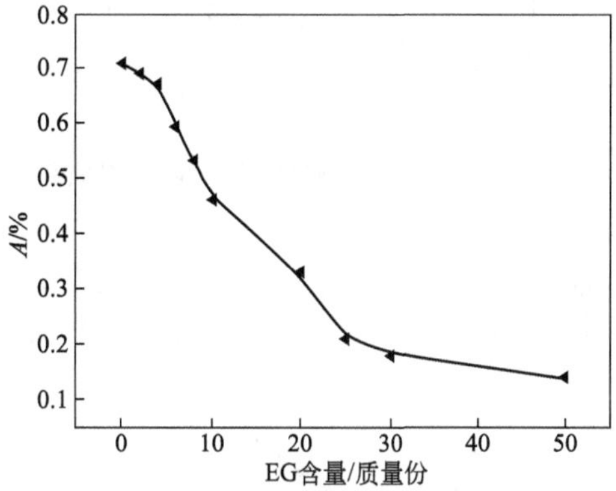

图 7-35 纯 PES 和不同 EG 含量的 PES/EG 纳米复合材料的吸水率

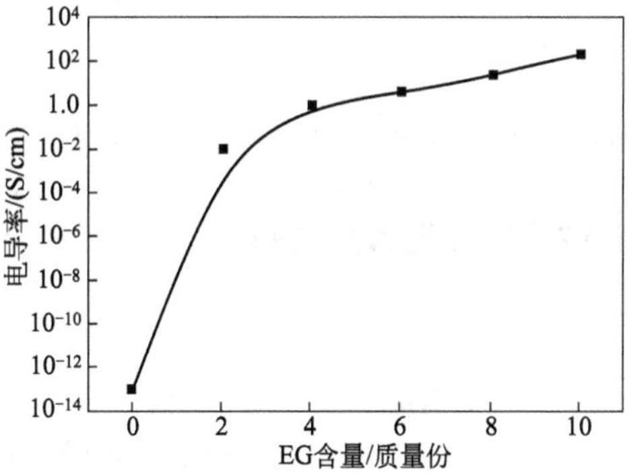

图 7-36 纯 PES 和不同 EG 含量的 PES/EG 导电纳米复合材料的电导率

(十) MgO 改性聚醚砜复合膜

1. 配方[31]

单位：质量份

原材料	用量	原材料	用量
聚醚砜(PES)	100	加工助剂	1～2
MgO	20	其他助剂	适量
偶联剂	1.0		

2. 制备方法

准确称取一定质量的活性氧化镁颗粒和一定量的PES加入到溶剂DMAC中，70℃搅拌24h，用刮刀刮成厚度为200μm的膜，放入蒸馏水中浸泡24h，60℃烘干备用。

3. 性能

见图7-37～图7-40。

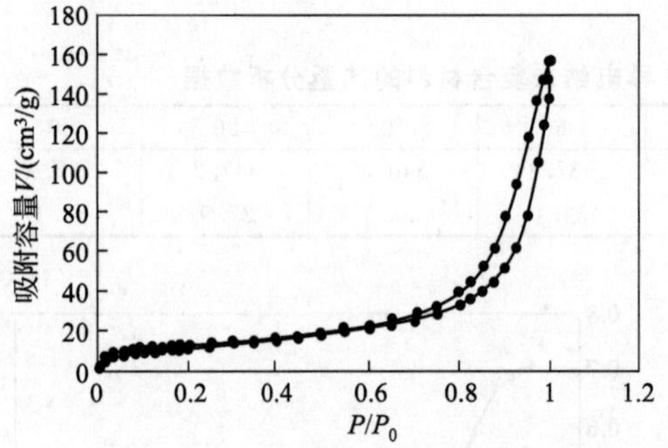

图7-37 MgO/PES膜的 N_2 吸附脱附曲线

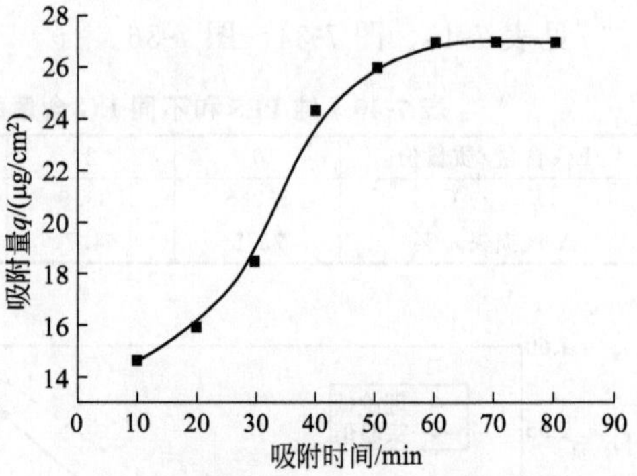

图7-38 吸附量随接触时间变化曲线

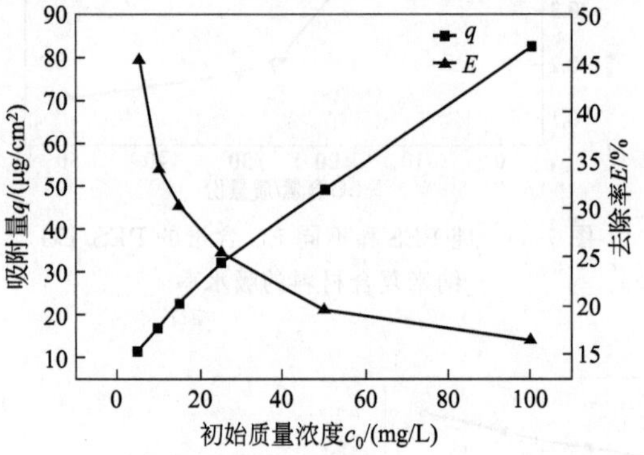

图7-39 初始浓度对膜吸附量及去除率的影响

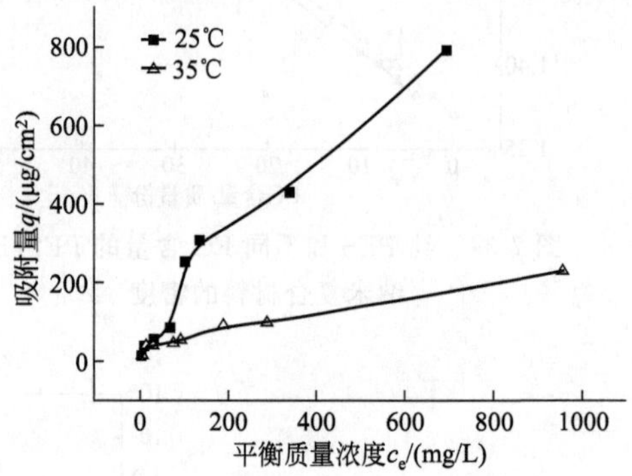

图7-40 复合膜对氟离子的吸附等温线

（十一）聚二甲基硅氧烷改性聚醚砜复合膜

1. 配方[32]

单位：质量份

原材料	用量	原材料	用量
聚醚砜(PES)	100	正硅酸乙酯交联剂	0.4
聚二甲基硅氧烷(PDMS)	6.0	月桂酸二丁基锡催化剂	0.1
正己烷溶剂	3.0	其他助剂	适量

2. PDMS/PES复合膜的制备

将聚二甲基硅氧烷、溶剂正己烷、交联剂正硅酸乙酯和催化剂月桂酸二丁基锡按物质的量之比6∶3∶0.4∶0.1制成活性层膜液后，采用涂布法涂在PES微孔滤膜上，室温交联24h，真空深层交联及干燥12h，制得实验用复合膜。

3. 性能

见表7-41、表7-42，图7-41～图7-43。

表 7-41　各种料液质量浓度下渗透活化能 E_P 值

料液乙酸质量浓度/(kg/m³)	50	100	200	300	400
E_P/(kJ/mol)	28.33	25.43	24.31	19.87	16.48

表 7-42　料液流速与雷诺数（Re）的关系

料液流速/(m/s)	0.0141	0.1332	0.2737	0.3980	0.5253	0.8301
Re	83.97	793.28	1630.04	2370.31	3128.45	4943.71

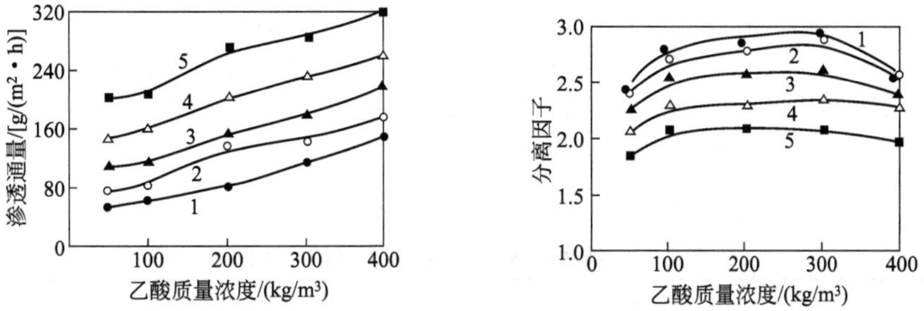

(a) 乙酸浓度对渗透通量的影响　　(b) 乙酸浓度对分离因子的影响

图 7-41　料液中乙酸浓度对渗透通量和分离因子的影响

温度/℃：1—30；2—40；3—50；4—60；5—70

料液流速＝0.398m/s，下游侧压力＝100Pa

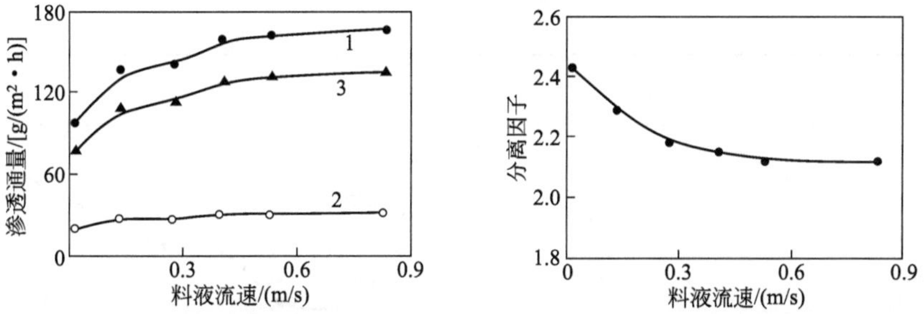

(a) 料液流速对渗透通量的影响

1—总通量；2—乙酸通量；3—水通量

(b) 料液流速对分离因子的影响

乙酸质量浓度=100kg/m³，温度=60℃，下游侧压力=100Pa

图 7-42　料液流速对渗透通量和分离因子的影响

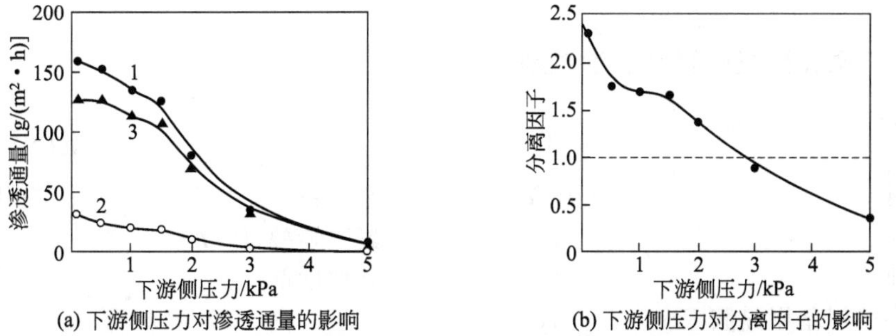

(a) 下游侧压力对渗透通量的影响

1—总通量；2—乙酸通量；3—水通量

(b) 下游侧压力对分离因子的影响

料液质量浓度=100kg/m³，温度=60℃，流速=0.398m/s

图 7-43　下游侧压力对渗透通量和分离因子的影响

（十二）TiO_2 改性酚酞聚醚砜复合超滤膜

1. 配方[33]

单位：质量份

原材料	用量	原材料	用量
酚酞聚醚砜(PES-C)	100	N,N′-二甲基乙酰胺(DMAC)	20～30
TiO_2	5～10	PEG	适量
N-甲基吡咯烷酮(NMP)	1～3		

2. 纳米 TiO_2/PES-C 复合超滤膜的制备

准确称取一定量聚合物，分别以 NMP 或 DMAC 为溶剂，以 PEG 为添加剂配制成铸膜液，待高分子完全溶解后，将浓度为 20% 的 TiO_2 溶液在搅拌条件下滴加到铸膜液中，静置脱泡，用浸没沉淀相转化法制膜，所制得的膜浸泡在水中 48h 后待测。

3. 性能

见表 7-43、表 7-44 和图 7-44。

表 7-43　纯膜与纳米 TiO_2 复合膜的水接触角

项目	PES-C					
$w(TiO_2)$/%	0	1	2	3	5.1	6.1
接触角/(°)	75.3	66.0	64.4	54.9	56.8	58.0

表 7-44　纳米 TiO_2 添加量对各复合膜截留率的影响

项目	PES-C					
$w(TiO_2)$/%	0	1	2	3	5.1	6.1
R_{BSA}/%	96.2	97.0	97.6	97.3	97.5	96.0

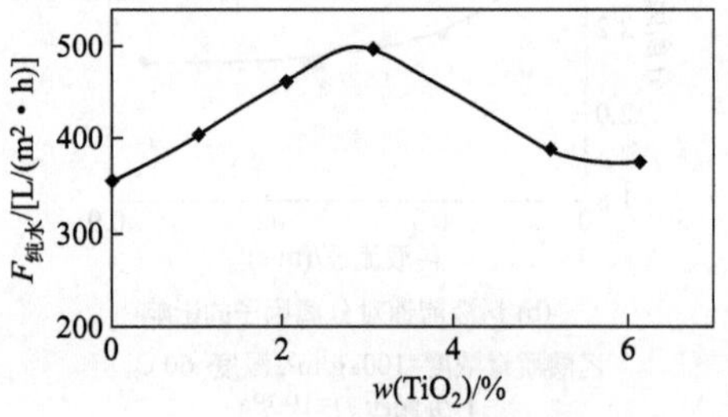

(a) 纯水通量

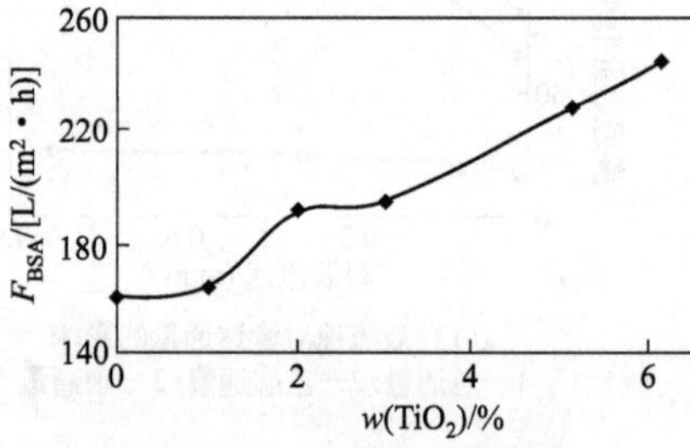

(b) BSA溶液通量

图 7-44　不同纳米 TiO_2 投加量对超滤膜通量的影响

（十三）磺化聚醚砜复合反渗透膜

1. 配方[34]

单位：质量份

原材料	用量	原材料	用量
聚醚砜	20	聚乙烯醇(PVA)	0.1
氯化锂	2.0	其他助剂	适量
N,N′-二甲基甲酰胺	78		

2. 制备方法

(1) 酚酞型磺化聚醚砜（SPES）的合成　将 0.04mol 酚酞、0.04mol 4,4′-二氟二苯砜以及 0.048mol 无水碳酸钾加入到装有机械搅拌、温度计的三口瓶中。在氮气保护状态下加入 57mL 环丁砜以及 30mL 甲苯。升温至 140℃带水 2h，然后蒸出甲苯，升温至 210℃反应 4h，然后将反应液倒入去离子水中，用粉碎机粉碎、过滤，再用蒸馏水煮洗聚合物、过滤，重复 6 次后，在烘箱中烘干，得到 20.4g 酚酞型聚醚砜（PES），产率为 96%。

将得到的 PES10g 加入到配有机械搅拌和温度计的三口瓶中，再加入 100mL 浓硫酸。待 PES 溶解后，水浴加热至 60℃，在该温度下反应 10h，将反应液缓慢倒入 2L 冰水中，过滤，再用蒸馏水煮洗聚合物、过滤，重复 6 次后，在烘箱中烘干，得到 9.8g 酚酞型磺化聚醚砜。

（2）聚砜超滤膜的制备　将聚砜、氯化锂、*N*,*N*′-二甲基甲酰胺，在磁力搅拌下混合均匀。经过滤、真空脱泡后，在聚酯无纺布上刮膜，采用刮刀的间隙为 250μm，刮膜室的温度为 25℃，湿度为 20%。然后，立即将刮制的初生膜置于 25℃的去离子水中 24h，最终得到平板超滤膜。

（3）复合反渗透膜的制备　将干燥后的 SPES 与 PVA 溶解于 100mL 甲酸中，过滤后制得涂覆稀溶液。将表面干燥的聚砜超滤膜固定在玻璃板上，配制好的涂覆稀溶液均匀地刷涂在超滤膜表面，然后于 60℃下热处理 15min，待溶剂挥发完全后，得到磺化聚醚砜复合反渗透膜 SPES-PVA-0.1，其中 0.1 代表涂覆液中 PVA 的质量分数为 0.1%。在水中浸泡 24h，以备后用。

3. 性能

采用后磺化法，制备了酚酞型磺化聚醚砜。以 SPES 与 PVA 为分离层材料，采用刷涂法，成功制备了 SPES-PVA 复合反渗透膜材料。SEM 结果显示，所制备的复合反渗透膜，表面平整、无缺陷，其分离层的厚度大约为 350nm。PVA 分子链中的羟基能与 SPES 分子链中的磺酸基发生相互作用，使分子链之间排列得更加紧密，从而提高了膜的截盐率。复合膜的截盐率达到 97.8%，水通量为 12.3L/(m^2·h)，经过 pH=4,2000mg/L 活性氯水溶液处理 24h 后，其截盐率依然保持在 95%以上，远高于商品化的聚酰胺复合反渗透膜。

（十四）纳米纤维素改性聚醚砜复合膜

1. 配方[35]

单位：质量份

原材料	用量	原材料	用量
聚醚砜(PES)	16～20	*N*,*N*′-二甲基乙酰胺(DMAC)	1～3
纳米纤维素	1～3	加工助剂	1～2
聚乙烯吡咯烷酮(PVP)	72～81	其他助剂	适量

2. 纳米纤维素/聚醚砜复合膜制备

通过超声分散处理使纳米纤维素均匀分散于 *N*,*N*′-二甲基乙酰胺中，加入一定量的 PES 和 PVP 共混，摇床震荡溶解，形成宏观均相共混铸膜液，真空脱泡后，利用自制刮刀刮膜，在水浴中凝胶成型，并浸泡在水浴中备用。

3. 性能

见表 7-45、表 7-46。

表 7-45　不同纳米纤维素含量下复合膜水通量和截留率

纳米纤维素(质量分数)/%	水通量/[L/(m^2·h)]	截留率/%
0	343.2	94.6
1	813.3	93.9
2	843.3	92.3
3	863.6	91.1

表 7-46　不同聚醚砜含量下复合膜水通量和截留率

聚醚砜(质量分数)/%	水通量/[L/(m²·h)]	截留率/%
16	1047.6	84.8
17	931.9	88.5
18	817.4	93.7
19	619.6	94.8
20	563.5	95.0

（十五）纳米 TiO_2 改性聚砜酰胺复合材料

1. 配方[36]

单位：质量份

原材料	用量	原材料	用量
聚砜酰胺(PSA)	100	加工助剂	1～2
纳米 TiO_2 粉末(nano-TiO_2)	5.0	其他助剂	适量
二甲基乙酰胺(DMAC)	10～12		

2. 制备方法

称取适量的 nano-TiO_2 粉末加到装有 DMAC 的锥形瓶内进行超声波处理，使 nano-TiO_2 粉末均匀分散在 DMAC 中，然后往锥形瓶中加入相应量的 PSA 原液，机械搅拌后进行 1h 的超声波混合，得到不同 TiO_2 质量分数的 PSA/nano-TiO_2 复合纺丝液。

(1) PSA/nano-TiO_2 复合纤维的制备　采用单孔小型湿法纺丝装置（如图 7-45 所示）制备 PSA 纤维以及 PSA/nano-TiO_2 复合纤维。

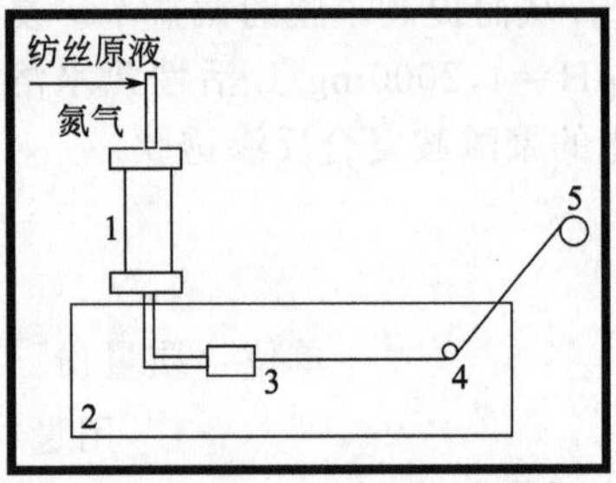

图 7-45　PSA/nano-TiO_2 复合纤维的湿法纺丝装置示意图

1—料筒；2—水槽；3—喷丝头（内有过滤装置）；4—导丝棒；5—卷绕装置

纺丝液经过滤、脱泡等工序后倒入纺丝料筒，然后经弯管和过滤网进入孔径为（0.18±0.03）mm 的单孔喷丝头。在湿法纺丝中，由气压指示表来控制氮气的输出压强，并保证纺丝压强在 0.1～0.5MPa 之内，以保持纺丝过程中压强对纤维粗细影响的稳定，并在接收距离为 1.2m，喷丝速度为 15～30m/min，卷绕速度为 30～60m/min，纺丝拉伸倍数约为 2 倍的条件下，对不同 nano-TiO_2 质量分数的 PSA 复合纺丝液进行湿法纺丝。从图 7-45 可见，纺丝细流在氮气加压下从喷丝孔压出进入以水为凝固浴的水槽中，在凝固浴中析出固化形成纤维。将初生纤维放入电热鼓风烘箱进一步去除纤维内残留的溶剂，最后得到 PSA/nano-TiO_2 复合纤维。

(2) PSA/nano-TiO_2 复合薄膜的制备　采用 SJT-B 型台式数显匀胶台制备 PSA 纳米复合薄膜。取适量的上述复合纺丝液静置脱泡后放入匀胶台的基片上，先以 2000r/min 的低速旋转 5s，使纺丝液摊开；到设定的时间后，自动转换到 4000r/min 的高速旋转 20s，使纺丝液在基片上形成厚度均匀的溶液；最后将膜片浸泡在水中萃取出溶剂，烘干后得到 PSA/nano-TiO_2 复合薄膜，用于抗紫外线性能的测试。

3. 性能

见表 7-47～表 7-49。

表 7-47　PSA/nano-TiO_2 复合纤维力学性能

nano-TiO_2(质量分数)/%	断裂强度/(cN/dtex)	断裂伸长率/%	初始模量/(cN/dtex)
0	0.411	29.70	0.098
1	0.594	21.74	0.204

续表

nano-TiO_2(质量分数)/%	断裂强度/(cN/dtex)	断裂伸长率/%	初始模量/(cN/dtex)
3	0.470	21.76	0.166
5	0.420	13.85	0.161
7	0.268	15.96	0.063

表 7-48　PSA/nano-TiO_2 复合材料热分解过程的物理参数

nano-TiO_2(质量分数)/%	T_0/℃	$T_{10\%}$/℃	T_{max}/℃	700℃时的残留率/%
0	460.90	186.73	495.41	41.10
1	472.55	407.92	501.42	45.68
3	462.52	262.10	498.23	45.33
5	458.10	241.16	501.82	44.36
7	460.05	384.52	497.28	47.85

注：T_0-起始分解温度；$T_{10\%}$-质量损失率为10%时的温度；T_{max}-最大热分解速率时的温度。

表 7-49　不同 nano-TiO_2 含量的复合薄膜的紫外线透过率

nano-TiO_2(质量分数)/%	UVA 的紫外线透过率/%	UVB 的紫外线透过率/%
0	0.914	0.043
1	0.510	0.041
3	0.348	0.040
5	0.329	0.038
7	0.046	0.013

注：UVA 代表 315～400nm 波段范围，UVB 代表 280～315nm 波段范围。

第五节　聚醚醚酮

一、经典配方

具体配方实例如下[1～3]。

1. 高性能聚醚醚酮（PEEK）

单位：质量份

原材料	配方1	配方2	配方3	配方4	配方5
PEEK	100	100	100	100	100
钛酸钾晶须	—	20～30	—	—	5～10
玻璃纤维	—	—	10～30	—	—
碳纤维	—	—	—	10～30	—
偶联剂	1～2	1～2	1～2	1～2	1～2
润滑剂	1～2	1～2	1～2	1～2	1～2
其他助剂	适量	适量	适量	适量	适量

2. 不锈钢/碳纤维混杂增强聚醚醚酮

单位：质量份

原材料	用量	原材料	用量
PEEK	20	填料	50～60
不锈钢	7.5	偶联剂	1～3
碳纤维	10～20	加工助剂	1～2
腰果壳油粉	6～8	其他助剂	适量

说明：制备摩擦材料的优化工艺条件是热压温度320℃、压力35MPa，保温时间3min/mm，固化处理工艺为80℃×30mm+150℃×30min+270℃×30min+320℃×180min；最

佳配方为19.63%的PEEK、7.57%的不锈钢纤维、10.97%的碳纤维、6.51%的腰果壳油粉及55.33%的填料。经优化工艺制备的摩擦材料的摩擦系数稳定，磨损率低，摩擦材料的磨损在低温区主要属于磨粒磨损，在较高温度时属于黏着磨损和磨粒磨损的共同作用。

3. 聚醚醚酮高速轴承保持架

单位：质量份

原材料	用量	原材料	用量
PEEK	100	偶联剂	1～3
PTFE	10	润滑剂	1～3
碳纤维	5～20	加工助剂	1～2
石墨	5～10	其他助剂	适量

说明：利用上述成型工艺注塑的保持架毛坯制品性能优异，常温下的环状拉伸强度高(80MPa)，是聚四氟乙烯和聚酰亚胺的2～3倍；摩擦系数小，润滑性能可与聚四氟乙烯相比；磨损量小，耐磨损性能与聚酰亚胺相当，是制造高质量产品的最佳材料。

4. 聚醚醚酮增韧环氧树脂

单位：质量份

原材料	用量	原材料	用量
PEEK	10～20	填料	1～5
环氧树脂(EP)	80～90	加工助剂	1～2
4,4′-二氨基二苯甲烷(DDM)	20～30	其他助剂	适量
相容剂	5～10		

说明：PEEK/EP共混体系具有良好的工艺性能。常温下与EP相比，黏度变化不大，浸润性能良好；加入固化剂以后，体系稳定性较好，40℃恒温均能存放4h以上，常温下可存放24h。用PEEK增韧改性环氧树脂，可提高EP冲击韧性、压缩强度、马丁耐热温度，而弯曲强度变化不大。当PEEK的加入量为6%时，冲击强度达到最大值，为19.1kJ/m^2，比纯环氧树脂增大107.6%。

5. 玻璃纤维/碳纤维混杂增强PEEK

单位：质量份

原材料	配方1	配方2
PEEK	100	100
PTFE	10～16	10～16
玻璃纤维(GF)	30	—
碳纤维(CF)	20	10
偶联剂	1～3	1～3
加工助剂	1～2	1～2
其他助剂	适量	适量

6. 纳米改性增强PEEK复合材料

单位：质量份

原材料	配方1(黑色)	配方2(灰色)
PEEK	100	100
石墨	15	—
PTFE	—	16
玻璃纤维/碳纤维	30	30

续表

原材料	配方 1(黑色)	配方 2(灰色)
纳米 Si_3N_4 粒子	1～3	1～3
偶联剂	1～2	1～2
加工助剂	1.5	1.5
其他助剂	适量	适量

说明： 灰色 PEEK 增强塑料的摩擦系数为 0.18，黑色 PEEK 的摩擦系数为 0.21，比磨损率为 $0.61\times10^{-6}mm^3/(N\cdot m)$，黑色 PEEK 增强塑料材料具有更好的韧性，两种增强塑料主要受黏着磨损机控制，并伴有热塑性流动磨损。

二、聚醚醚酮配方与制备工艺

（一）碳纤维增强 PEEK 复合材料

1. 配方[37]

单位：质量份

原材料	用量	原材料	用量
PEEK	100	润滑剂	0.2
碳纤维(CF)	10	其他助剂	适量
偶联剂	0.5		

2. 制备方法

将 CF 与 PEEK 粉末混合均匀经干燥后放入圆柱体模具中，在模压成型机上进行热压成柱状体。柱状体制备工艺流程图如图 7-46 所示。

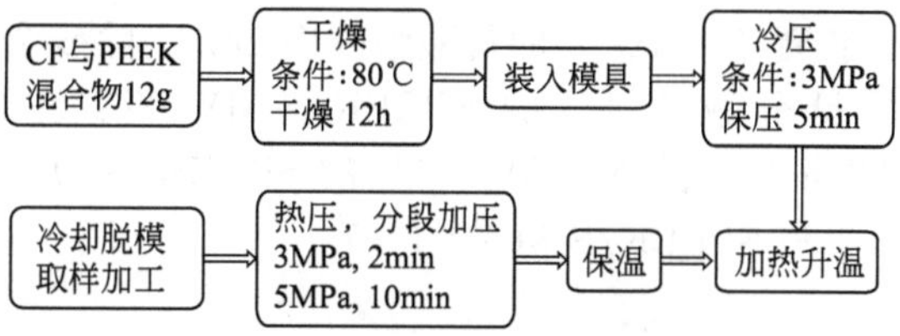

图 7-46　制备工艺流程图

CF/PEEK 复合材料板材的制备工艺流程与 CF/PEEK 复合材料柱状体的制备工艺流程基本相似。板材制备工艺如表 7-50 所示。

表 7-50　CF/PEEK 复合材料板材制备工艺

原料量/g	保温温度/℃	保温时间/min	加压方式	松模方式
60	375	25	加压减压循环法	280℃,20min

3. 性能

PEEK 具有优良的性能，如良好的生物相容性、生物力学和生物摩擦学性能，其被广泛用作生物材料。然而，PEEK 的生物力学性能需要进一步提高。目前，提高 PEEK 性能的一个有效的手段是使用 CF 增强，CF 具有高强度、高模量、低密度，耐高温，热膨胀系数小、热导率高、摩擦系数小、导电性好等突出特点。CF/PEEK 复合材料具有良好的生物力学性能，且与自然骨相匹配的模量。因此，CF/PEEK 复合材料被广泛应用于创伤、骨科、脊柱植入物和骨替代材料。制得的复合材料压缩性能达 503.56MPa。

（二）多壁碳纳米管（S-MWNTs）改性磺化聚醚醚酮（SPEEK）复合质子交换膜

1. 配方[38]

单位：质量份

原材料	用量	原材料	用量
SPEEK	100	盐酸	适量
S-MWNTs	1.0	加工助剂	1～2
N-甲基吡咯烷酮	10～15	其他助剂	适量

2. 制备方法

（1）MWNTs的改性　将一定质量干燥后的MWNTs加入到100mL混酸（$V_{浓硫酸}$：$V_{浓硝酸}$=3：1）中，50℃机械搅拌4h，静置反应完成后的溶液，倒去上层清液，反复几次，直到上层清液呈中性为止，过滤后干燥得到酸切割的MWCNTs（α-MWNTs）。称取α-MWNTs加入到乙二胺中，以二环己基碳二亚胺为缩合剂，120℃加热回流反应24h后，用四氢呋喃清洗多次，烘干后研磨得到乙二胺接枝的碳纳米管（EDA-MWNTs）。用盐酸将EDA-MWNTs成盐化，将得到的MWNTs盐酸盐加入到PSS水溶液中，室温反应6h，过滤后干燥得到PSS接枝的碳纳米管（S-MWNTs）。

（2）SPEEK的合成　称取10g干燥的SPEEK于三口烧瓶中，加入100mL浓硫酸，常温机械搅拌一段时间，待PEEK粉末与浓硫酸混合均匀并基本溶解后，将三口烧瓶置于50℃水浴中，继续反应4h。将反应完成后的溶液冷却到室温，倒入冰水中沉降。用去离子水多次洗涤析出的白色沉淀物，去除表面残留酸，然后将沉淀物浸泡在去离子水中24h，去除内部残留酸，待浸泡液pH接近7时，过滤后干燥得到SPEEK。

（3）SPEEK/S-MWNTs复合膜的制备　将上述SPEEK（磺化度为59.2%）溶于*N*-甲基吡咯烷酮中，配成一定质量分数的溶液，再加入S-MWNTs，室温下搅拌24h，将成膜液倒入培养皿中，先在60℃的真空烘箱中干燥12h，再升温到120℃蒸发剩余溶剂，冷却到室温后浸泡在水中揭膜，将膜置于1mol/L的盐酸溶液中24h去除残余溶剂，然后用去离子水洗至中性，最终得到质量分数为1%的SPEEK/S-MWNTs复合膜，记为SPEEK/S-MWNTs-1。此方法制得质量分数分别为3%、5%的SPEEK/S-MWNTs复合膜，并分别命名为SPEEK/S-MWNTs-3和SPEEK/S-MWNTs-5。

3. 性能

见表7-51、表7-52和图7-47。

表7-51　SPEEK和SPEEK/S-MWNTs复合膜的力学性能

材料名称	拉伸强度 MPa	弹性模量/MPa	断裂伸长率/%
SPEEK	73.5	2180	120
SPEEK/S-MWNTs-1	74.1	2720	100
SPEEK/S-MWNTs-3	64.5	2830	72
SPEEK/S-MWNTs-5	45.9	2950	50

表7-52　SPEEK膜及SPEEK/S-MWNTs复合膜的溶胀度和质子电导率

材料名称	质子电导率/(×100S/cm)	溶胀度/%
SPEEK	5.46	40.9
SPEEK/S-MWNTs-1	5.69	27.4
SPEEK/S-MWNTs-3	5.32	28.0
SPEEK/S-MWNTs-5	4.83	32.3

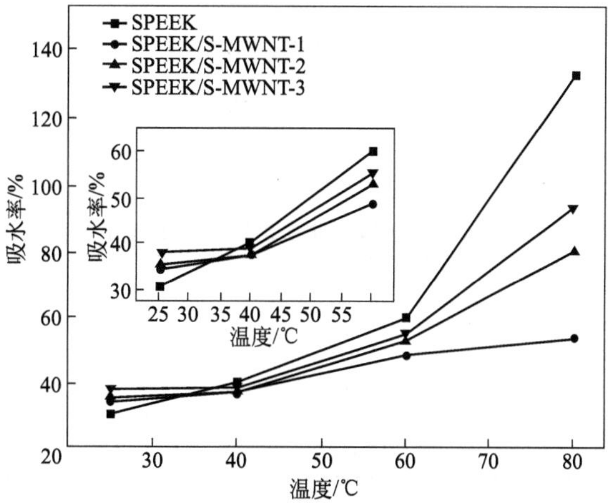

图 7-47　SPEEK 膜及 SPEEK/S-MWNTs 复合膜不同温度下的吸水率

(三)碳纤维增强 PEEK 导电复合材料

1. 配方[39]

单位：质量份

原材料	用量	原材料	用量
PEEK	100	润滑剂	0.2
碳纤维	15	加工助剂	1～2
钛酸酯偶联剂	1.0	其他助剂	适量

2. 制备方法

PEEK 树脂原料加入双螺杆挤出设备内以 340～360℃的温度下熔融共混，在筒体第五区处加入碳纤维。螺杆长径比 40，挤出，拉条，冷却，切粒，最后得到成品。通过注塑成型，制备物理机械性能、电性能、耐磨性测试需要的样条及样板。

碳纤维的表面处理，采用乙醇活化处理的钛酸酯和硅烷复配的偶联剂，用喷洒的方式涂覆在碳纤维表面，50℃烘 1h 除去乙醇溶剂。

3. 性能

见表 7-53～表 7-56。

表 7-53　不同挤出温度对碳纤维增强 PEEK 复合材料的物理机械性能的影响

性能	拉伸强度/MPa	弯曲强度/MPa	弯曲模量/MPa	冲击强度/(kJ/m²)
挤出温度 340℃	140	185	8500	22
挤出温度 360℃	160	215	10500	28
挤出温度 380℃	138	176	7600	18

表 7-54　不同主机转速对玻纤增强 PEEK 复合材料的物理机械性能的影响

性能	拉伸强度/MPa	弯曲强度/MPa	弯曲模量/MPa	冲击强度/(kJ/m²)
挤出机转速 350r/min	160	215	10500	28
挤出机转速 400r/min	168	226	11500	30
挤出机转速 450r/min	152	193	7900	24

表 7-55　不同碳纤维含量的 DSC 测试结果

碳纤含量/份	结晶温度(T_c)/℃	熔点(T_m)/℃	结晶度(X_c)/%
0	195.4	245.3	40.2
5	197.6	248.4	31.3

续表

碳纤含量/份	结晶温度(T_c)/℃	熔点(T_m)/℃	结晶度(X_c)/%
10	198.8	250.6	26.5
15	199.4	252.5	21.2
20	120.1	254.5	12.4

表 7-56 不同碳纤维含量的体积电阻率和摩擦系数测试结果

碳纤含量/份	体积电阻率/Ω·m	摩擦系数
0	10^{14}	0.48
5	10^{10}	0.40
10	10^{6}	0.34
15	850	0.30
20	820	0.26

(四)碳纤维/纳米 SiO_2 混杂增强 PEEK 复合材料

1. 配方[40]

单位：质量份

原材料	用量	原材料	用量
PEEK	100	乙醇	适量
碳纤维(CF)	25	加工助剂	1～2
纳米 SiO_2	5.0	其他助剂	适量
偶联剂	1.0		

2. 制备方法

材料制备的具体过程为：将 PEEK 和 CF 以及 SiO_2 放入 150℃的真空干燥箱中干燥处理 6～12h；按照配方比例称量后，装入高混机中搅拌：先以 1500r/min 低速混合 5min，再以 3000r/min 高速混合 25min，最后再低速混合 5min；搅拌完的配料热压成型，成型前对模具清洁处理，然后均匀地在模具表面喷上脱模剂；装料，合模，预压 4min，压力 4.9MPa；之后将配料连同模具放入炉内升温熔融，温度为 390℃，保温时间为 4h；然后重新模压，模压压力为 4.9MPa，保压时间为 20min；随之风冷降温，开模取样；最后将制备好的样品退火处理，在 270℃下恒温 120min。退火后的样品经机械加工成所需的实验试条。

(五)碳纤维/钛酸钾晶须增强 PEEK 复合材料

1. 配方[41]

单位：质量份

原材料	用量	原材料	用量
PEEK	100	偶联剂	1.0
碳纤维	20	加工助剂	1～2
钛酸钾晶须	20	其他助剂	适量
PTFE	10		

2. 制备方法

(1) 冷压烧结成型 按配方配制 210g，在高混机内混料 2min，然后置于 150℃烘箱内干燥 3h 备用。将干燥好的原料装入模具内，在高温模压机上加载 40MPa 压力预压 2h，随后将压制预成型片材置于 360℃烧结炉内烧结 6h，自然降至室温后取出备用。

(2) 高温模压成型 按配方配制 210g，在高混机内混料 2min，然后置于 150℃烘箱内干燥 3h 备用。清洁模具后涂上耐高温脱模剂，将干燥好的混合粉料加入模具，首先进行常温冷压，加载力为 35MPa，压制 30min 后开始升温至 400℃，同时将压力降至 5MPa，模具达到设定温度后，保持 30min，随后将模温自然冷却至 345℃，然后再把压力升至 15MPa；将模具自然冷却到 120℃，开模，取出备用。

(3) 挤出注塑成型　挤出造粒：原料经高速共混机共混 15min，置于 150℃烘箱内干燥 3h，然后在高温挤出机上挤出造粒，挤出温度分布从第一区到机头分别为 365℃、370℃、370℃、375℃，主机频率 20Hz，喂料频率 10Hz。

注塑成型：干燥后的挤出粒料通过高温注塑机注塑成制品，注塑温度 (380±10)℃，模具温度 140℃，注塑压力 90MPa，螺杆转速 80r/min。

3. 性能

见图 7-48～图 7-51。

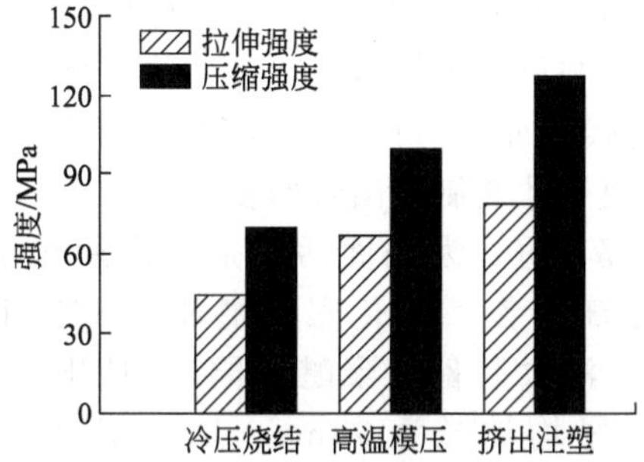

图 7-48　不同成型工艺条件下 PEEK 复合材料拉伸和压缩性能

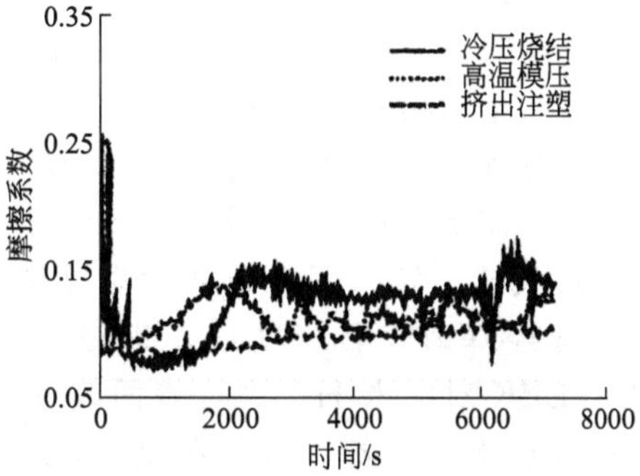

图 7-49　不同加工工艺条件下 PEEK 复合材料摩擦系数随时间变化

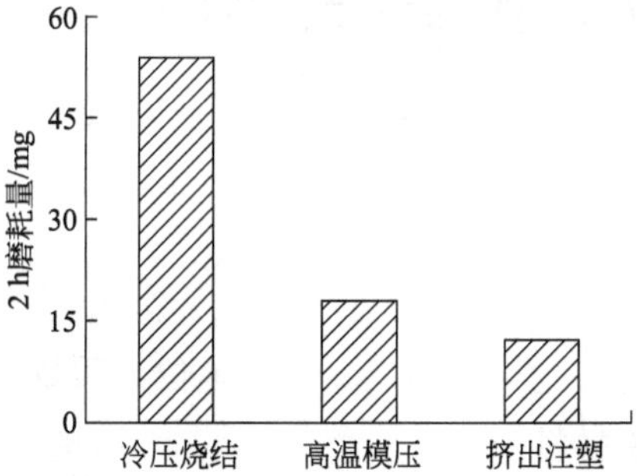

图 7-50　不同工艺条件下 PEEK 复合材料 2h 磨耗量

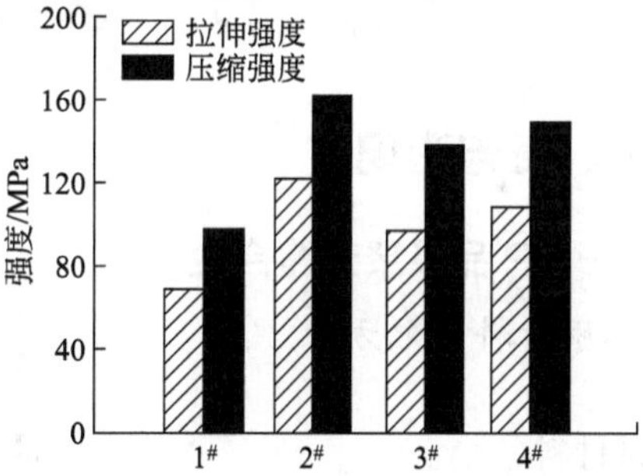

图 7-51　不同 PEEK 复合材料拉伸和压缩性能

(六) 羟基磷灰石改性 PEEK 纳米复合粉末

1. 配方[42]

单位：%（质量分数）

原材料	用量	原材料	用量
PEEK	5.6	溶剂	23
羟基磷灰石(HA)	37	加工助剂	适量
N,*N*′-二甲基甲酰胺	30	其他助剂	适量

2. 制备方法

(1) HA 的制备　将四水硝酸钙和磷酸氢二胺配制成溶液，控制反应的钙磷比为 1.67，加入少量的表面活性剂聚乙二醇-2000，在剧烈搅拌的作用下，用氨水调节 pH 值至 13，使体系稳定，1h后得白色胶状沉淀，将沉淀陈化20h，并用去离子水洗涤pH值至7，抽滤并真空干燥后，于1000℃下置于马弗炉中煅烧，冷却后研磨备用。

(2) SPEEK的制备　取2g干燥后的PEEK粉末置于100mL浓硫酸中，室温搅拌一段时间，将反应完成后的溶液倒入大量冰水混合物中，持续搅拌至淡黄色胶状沉淀全部析出，用去离子水洗涤至pH值约为7，抽滤后干燥即得SPEEK。控制反应时间24h，36h，48h，60h作参照。

(3) PEEK/HA复合粉末的制备　将HA粉末（HA质量分数为37%）与PEEK粉末分别分散至SPEEK（SPEEK质量分数为5%）的N,N'-二甲基甲酰胺溶液中，超声处理1h，加热至120℃，搅拌24h，高温下除去N,N'-二甲基甲酰胺，产物经洗涤、干燥后，球磨12h后制得。

3. 性能

羟基磷灰石（HA）分子式为$Ca_{10}(PO_4)_6(OH)_2$，是一种常用的无毒无抗原型，具有生物活性和生物相容性的陶瓷材料。其表面具有极性，与机体组织可产生较强的结合力，同时又有十分优良骨传导率，在骨组织修复与骨组织替代方面有着广泛的应用。但HA自身难以成型，需要与其他一些材料复合尤其是与高分子复合才能制备出骨修复材料。

以磷酸氢二铵、四水硝酸钙为反应物，聚乙二醇-2000为表面活性剂，采用化学沉淀法制备羟基磷灰石（HA），以浓H_2SO_4为磺化剂制备了磺化聚醚醚酮（SPEEK），利用SPEEK对纳米HA进行表面改性，通过溶液共混法制备了聚醚醚酮（PEEK）/HA纳米复合粉末。制备出的HA呈球状，大小均一，平均粒径为98nm。以SPEEK为相容剂通过溶液共混法制备的PEEK/HA复合粉末分散性能和热稳定性良好，可用于选择性激光烧结工艺。

第六节　聚芳酯与液晶聚合物

一、聚芳酯配方

（一）P品级聚芳酯合金

1. 原材料与配方[2]

单位：质量份

原材料	用量	原材料	用量
聚芳酯(PAR)树脂	100	反应助剂	1～2
PC树脂	30～40	其他助剂	适量
催化剂	0.1～1.0		

2. 性能

P品级是U100和PC生成的合金。在高温下熔融共混时，U100的酯基与PC的碳酸基反应，伴随脱二氧化碳而形成嵌段共聚物，起到增容剂的作用，得到相容体系的透明合金。所得的合金可从U聚合物的$T_g=193℃$到PC的$T_g=150℃$之间控制其T_g，这样就可根据耐热温度的需要来混配U100和PC。这种透明合金改进了U100的成型性和透明性，可望在PC耐热性不足的领域使用。P品级除保持U100良好的耐热性能外，其着色性和流动性也都有一定提高。

P品级产品系列中，如P-1001，其优异的耐候性符合SAE（J576/J578）和FMVSS108标准，可用于汽车头灯反光镜等部件。许多日产车如本田、丰田、凌志、马自达等的前后雾灯的琥珀色灯罩都采用该材料。而 P-1001A、P-3001S 等产品由于其高流动性可进行薄壁成型加工。P 品级聚芳酯与其他透明塑料的光学性质比较见表 7-57。

表 7-57　P 品级聚芳酯与其他透明塑料的光学性质比较

项目	透光率/%	雾度/%	折射指数
P-1001	85	2.3	1.607
P-3001	87	1.9	1.602
P-5001	89	1.9	1.597
PC	89	1.0	1.590
PMMA	92	<1.0	1.490

（二）U 品级 PAR 合金

单位：质量份

原材料	用量	原材料	用量
聚芳酯树脂	100	加工助剂	1～2
PET	20～30	其他助剂	适量
相容剂	1～3		

说明： U 品级是 U 聚合物与 PET 生成的合金。U 聚合物和 PET 都是苯二甲酸系列的聚酯，二者在特定的条件下熔融共混，也可以形成单一 T_g 的透明相容体系的合金。该合金各种性能可根据组成调控，如随 PET 比例的升高，玻璃化温度（T_g）下降，热变形温度（HDT）提高，而熔点（T_m）下降，当 U-聚合物含量超过 60%时，T_m 消失，显示非晶性。

U 品级有很好的防气体和水蒸气渗透性能，其最突出的是优异的抗紫外线能力，同时该材料亦适于吹塑、挤出和注射成型工艺。U 品级主要应用在两个方面：一是注射成型牌号，可在尼龙的尺寸稳定性或 PMMA 的抗冲击性能不能满足要求的情况下使用。如用于办公机器的外壳、各种透镜、打印机指示器罩、梳夹子等；二是作为吹塑成型材料，可在与 PET 相近的条件下很容易地进行双轴拉伸吹塑和深拉成型，得到耐热性、透明性、阻气性、阻紫外线性、耐冲击性和卫生性都良好的容器，如点眼容器和化学品/调味品容器等。

（三）AXN-系列聚芳酯合金

单位：质量份

原材料	用量	原材料	用量
聚芳酯树脂	100	加工助剂	1～2
二氧化钛	40～60	其他助剂	适量
偶联剂	1～3		

说明： 该材料为用二氧化钛大量填充而得的耐热性树脂，反射性和遮光性的平衡性好，成型性也大有改善。但由于填料比例高，韧性相应下降，断裂长率大大降低。

（四）玻璃纤维增强聚芳酯复合材料（UG 品级）

单位：质量份

原材料	用量	原材料	用量
聚芳酯树脂(U-100)	100	偶联剂	1～3
玻璃纤维	30	加工助剂	1～2
填料	5～10	其他助剂	适量

说明： 用纤维增强后材料硬度和杭蠕变性能明显提高，并获得了优异的尺寸稳定性。

（五）聚芳酯耐磨材料

单位：质量份

原材料	用量	原材料	用量
聚芳酯树脂	100	加工助剂	1～2
PTFE	30	其他助剂	适量
MoS_2	5.0		

说明：改性后材料的耐摩擦和耐磨损性大幅度提高，可用于制备 CD 播放机支架和伸展弹簧等制品。

（六）聚芳酯精密成型材料

单位：质量份

原材料	用量	原材料	用量
聚芳酯树脂	100	偶联剂	1～3
专用矿物填料	30～50	加工助剂	1～2
纤维增强材料	10～15	其他助剂	适量

说明：改性后材料的刚性与强度得到明显提高，尺寸稳定性好，且具有低翘曲、低各向异性、高平滑性、高正圆度性。可满足制品性能要求。主要用于制备照相机镜筒、薄膜压板、钟表齿轮、文字盘、复印机进纸器和 FDD 夹具等。

二、热致性液晶聚合物配方

（一）热致性液晶聚合物/PC 合金

单位：质量份

原材料	配方 1	配方 2	配方 3
PC 树脂	100	100	100
热致性液晶聚合物(TLCP)	10	50	70
相容剂	1～3	1～3	1～3
填料	3～5	3～5	3～5
加工助剂	1～2	1～2	1～2
其他助剂	适量	适量	适量

说明：以 10 份 TLCP 增强 PC 树脂可使材料硬度和韧性明显提高，其弹性模量提高 100%，其加工黏度有所下降；以 50 份 TLCP 增强 PC 后，其基体相发生转变，耐热性得到改进；用 70 份 TLCP 增强 PC 后，可观察到 PC 树脂分散在 TLCP 中，呈均匀状态，其性能类似于 TLCP。

（二）TLCP/尼龙 12 合金

单位：质量份

原材料	用量	原材料	用量
尼龙 12	100	相容剂	1～3
TLCP	10～30	加工助剂	1～2
玻璃纤维	20～30	其他助剂	适量
填料	1～5		

说明：用 TLCP 增强尼龙 12，靠拉伸作用会形成微纤结构，随着 TLCP 量的增加微纤结构越来越多，会形成相互缠结的网状结构。其线膨胀系数急剧减小，当添加量达 50 份时，材料线膨胀系数接近零，制品收缩率极小。

（三）TLCP/PET（PBT）合金

单位：质量份

原材料	用量	原材料	用量
PET(PBT)	100	相容剂	1～5
TLCP	30～60	加工助剂	1～2
着色剂	适量	其他助剂	适量
热稳定剂	1～5		

说明：将 TLCP 与低相对分子量 PET（PBT）、热稳定剂与着色剂一起熔融共混，在均匀分散之后在 200～250℃进行固相聚合 1h，使 PET（PBT）高相对分子量聚合物共混体系成为冲击强度、耐蠕变性、尺寸稳定性好的共混物，适用于在 200℃也不会引起热变形的电子领域用冷冻食品容器。

（四）TLCP/PPS 复合材料

单位：质量份

原材料	用量	原材料	用量
PPS	100	偶联剂	1～3
TLCP	10～30	加工助剂	1～2
玻璃纤维	40	其他助剂	适量
填料	1～5		

说明：可用于注射成型集成电路芯片运载器、接线匣和线圈轴芯等电子元件。相对密度为 1.67，拉伸强度为 165.48MPa，弯曲弹性模量为 16.6GPa，悬臂梁冲击强度为 80J/m，在 1.82MPa 下的热变形温度为 265.6℃。

（五）TLCP/聚醚砜（PES）合金

单位：质量份

原材料	用量	原材料	用量
PES	100	加工助剂	1～2
TLCP	10～30	其他助剂	适量
相容剂	1～2		

说明：在较高的剪切速率下，拉伸强度提高了 2 倍，弹性模量增加约 90%，但断裂伸长率则大大降低。

（六）TLCP/PEEK 合金

单位：质量份

原材料	用量	原材料	用量
PEEK	100	加工助剂	1～2
TLCP	25～50	其他助剂	适量
填料	1～5		

说明：TLCP 含量低时，在合金基体中能形成微纤，起增强作用，而高含量时，PEEK 形成微纤起增强作用。该合金悬臂梁缺口冲击强度随着 TLCP 含量的增加略有提高，而当 TLCP 含量达 50%以上时，冲击强度有明显的提高。

（七）TLCP/聚酰亚胺合金

单位：质量份

原材料	用量	原材料	用量
聚酰亚胺	100	加工助剂	1～2
TLCP	10～30	其他助剂	适量
相容剂	1～3		

说明：在PI中添加少量TLCP，不仅可以使PI强度、弹性模量大幅度提高，而且改善了PI的加工特性和制品的尺寸稳定性。据报道，在PI中填充30% Vectra A900TLCP可使材料的线膨胀系数降低到$10^{-6}K^{-1}$，添加10%的Xydar TLCP可使PI的黏度减少25%～100%，弹性模量由1.7GPa提高到6.9GPa，拉伸强度由125MPa提高到470MPa，此外这类合金阻气性好，介电常数低，强度高，综合性能优异。目前已用于食品包装、电子零件封装，医疗器械零部件、宇航等方面。

（八）TLCP/环氧合金

1. 原材料及配方

单位：质量份

原材料	用量	原材料	用量
CYD-128环氧树脂	100	加工助剂	适量
4,4′-二氨基二苯砜	5～8	其他助剂	适量
TLCP	1～10		

2. 制备工艺

以CYD-128环氧树脂（EP）（环氧值为0.52）；4,4′-二氨基二苯砜（DDS）；热致性液晶共聚酯（PHTO），自行合成，浅黄色固体，液晶相温度为230～280℃；反应型热致性液晶聚合物（LCPU），自行合成浅黄色固体，液晶相温度为210～260℃；热致性液晶化合物（LCEU），自行合成，白色固体，液晶相温度为160～220℃；热致性液晶嵌段共聚物（BCPE），自行合成，浅黄色固体，液晶相温度220～270℃为原料。

3. 性能

见表7-58、表7-59。

表7-58　液晶聚合物对EP/DDS固化物力学性能的影响

液晶聚合物	冲击强度/(kJ/m^2)	拉伸强度/MPa	拉伸弹性模量/GPa	弯曲强度/MPa	弯曲弹性模量/GPa
PHTO	14.0	68.79	1.35	84.32	2.37
BCPE	23.4	63.67	1.60	105.39	2.52
LCEU	27.2	71.35	1.25	104.49	2.87
LCPU	30.6	86.08	1.15	107.97	2.48
O①	12.04	58.44	1.02	93.29	2.04

①未加入液晶化合物的EP/DDS固化物。

表7-59　液晶聚合物对环氧固化物热失重温度和T_g的影响

EP/DDS/液晶聚合物	$T_{d,0}$/℃	$T_{d,1/2}$/℃	$T_{d,max}$/℃	T_g/℃
EP/DDS	301.7	368	340	144
EP/DDS/PHTO	306.5	377.1	356	154
EP/DDS/BCPE	315.2	383.1	352	157
EP/DDS/LCPU	333.2	406	373	193
EP/DDS/LCEU	338.2	405	372	180

注：$T_{d,0}$为热失重温度；$T_{d,1/2}$为失重率为50%时的温度；$T_{d,max}$为最大失重率对应温度。液晶聚合物加入量为3%。

（九）TLCP/PP合金

1. 原材料及配方

单位：质量份

原材料	用量	原材料	用量
PP	100	相容剂	1～3
TLCP	5～20	加工助剂	1～2
填料	5～6	其他助剂	适量

2. 性能

将 LCP 用于 PP 共混体系中，LCP 的微纤就分散于 PP 基体当中，形成原位复合材料体系。这种复合材料具有较好的力学性能。PP/LCP 原位复合体系的弯曲性能比纯 PP 要大得多，见表 7-60，影响该体系的力学性能的主要因素是 LCP 的微纤结构在 PP 基体中的分散情况。要使 PP/LCP 原位复合体系具有较好的力学性能，必须保证 LPP 在 PP 基体中具有均匀地分布。

表 7-60　PP、LCP 及 PP/LCP 原位复合体系弯曲性能比较

材料	弯曲弹性模量/GPa	弯曲强度/GPa	材料	弯曲弹性模量/GPa	弯曲强度/GPa
PP	1.68	49.6	PP/LCP	4.10	61.7
LCP	13.10	181.2			

(十) TLCP 改性玻璃纤维增强复合材料

1. 原材料及配方

(1) TLCP 改性玻璃纤维增强聚醚砜复合材料

单位：质量份

原材料	用量	原材料	用量
PES	100	偶联剂	1～3
TLCP	10/30	加工助剂	1～2
玻璃纤维	30	其他助剂	适量

说明：添加 10 份 TLCP 为 A，添加 30 份 TLCP 为 B。

(2) TLCP 改性玻璃纤维增强聚芳酯 (PAR) 复合材料

单位：质量份

原材料	用量	原材料	用量
聚芳酯	100	偶联剂	1～3
TLCP	10/30	加工助剂	1～2
玻璃纤维	30	其他助剂	适量

说明：添加 10 份 TLCP 为 A，添加 30 份 TLCP 的为 B。

(3) TLCP 改性玻璃纤维增强聚碳酸酯复合材料

单位：质量份

原材料	用量	原材料	用量
PC	100	偶联剂	1～3
TLCP	10/30	加工助剂	1～2
玻璃纤维	30	其他助剂	适量

说明：添加 10 份 TLCP 为 A，添加 30 份 TLCP 为 B。

2. 性能

见表 7-61。

表 7-61　TLCP 共混体系与纤维增强体系的力学性能比较

项目	拉伸强度/MPa	拉伸弹性模量/GPa	断裂伸长率/%	弯曲强度/MPa	弯曲弹性模量/GPa
PES	63.6	2.5	122	101.9	2.55
PES/TLCP A	125.6	4.99	3.8	125.1	4.11
PES/TLCP B	172.4	8.82	2.6	157.2	6.78
玻璃纤维增强 PES	140	1.24	3	190	8.4
PAR	71.0	1.52	155	67.2	1.76

续表

项目	拉伸强度/MPa	拉伸弹性模量/GPa	断裂伸长率/%	弯曲强度/MPa	弯曲弹性模量/GPa
PAR/TLCP A	102	4.27	5.3	100.6	3.32
PAR/TLCP B	51.7	3.28	2.0	90.3	2.94
玻璃纤维增强 PAR	135		2.5	136	5.8
PC	66.9	2.32	100	93.1	2.47
PC/TLCP A	121	5.72	3.49	132	4.54
PC/TLCP B	154	6.55	4.2	136	5.00
玻璃纤维增强 PC	125～145	7.6～8.6	4～6	155～195	6.0～8.0

注：TLCP 与玻璃纤维含量皆为 30%。

（十一）TLCP/PTFE 合金耐磨材料

单位：质量份

原材料	用量	原材料	用量
TLCP	50	填料	1～5
PTFE	50	加工助剂	1～2
MoS_2	10	其他助剂	适量

说明：该材料具有良好的力学强度、刚性、耐磨性、耐化学药品性及电绝缘性，其介电常数为 2.9，弯曲弹性模量 6.5GPa，弯曲强度 100MPa，拉伸强度 115MPa，断裂伸长率 7.6%，悬臂梁缺口冲击强度 112J/m，热变形温度（1.86MPa）171℃。

把含氟橡胶掺混在 TLCP 中，使 TLCP 伸长率增加，并提高冲击强度、耐磨耗性，这类合金多用于制造旋转滑动构件。

参 考 文 献

[1] 张玉龙，颜祥平．塑料配方与制备手册．第 2 版 [M]．北京：化学工业出版社，2010.

[2] 马之庚，陈开来．工程塑料手册 [M]．北京：机械工业出版社，2004.

[3] 邓少生，纪松．功能材料技术概论 [M]．北京：化学工业出版社，2014.

[4] 韩文松．聚酰亚胺/凹凸棒土复合薄膜的制备与性能研究 [J]．陕西理工学院学报，2015.31 (2)：6-10.

[5] 赵芬芬，董会娟，杨开放等．无机磷酸盐/聚酰亚胺复合材料制备及性能研究 [J]．山东化工，2015，44 (8)：37-39.

[6] 聂鹏，陈希卉．聚酰亚胺/氧化石墨烯纳米复合薄膜的制备与性能研究 [J]．科技风，2014 (12)：13.

[7] 闵春英，聂鹏，刘颖等．耐高温 GO/聚酰亚胺复合材料的制备及摩擦性能 [J]．固体火箭技术，2014，37 (4)：569-573.

[8] 俞娟，姜恒，王晓东等．高性能聚酰亚胺/纳米石墨烯复合薄膜的制备 [J]．南京工业大学学报，2015，37 (3)：19-24.

[9] 姚磊，殷景华，金荣等．聚酰亚胺/Al_2O_3 纳米复合薄膜性能的研究 [J]．哈尔滨理工大学学报，2014，19 (3)：35-39.

[10] 刘含洋，赵伟栋，潘玲英等．结构、耐热、透波功能一体化石英/聚酰亚胺研究 [J]．航空材料学报，2015.35 (4)：34-38.

[11] 曹嘉伟，吴硕，李道波等．聚氨酯-聚酰亚胺复合材料的制备与表征 [J]．上海涂料，2015，53 (7)：13-18.

[12] 牛丽刚，海山．液晶双马来酰亚胺的制备与表征 [J]．广州化工，2014，42 (3)：40-43.

[13] 阮春寅，丁江平，张翼鹏等，碳纤维织物增强聚苯硫醚复合材料的制备及性能 [J]．材料导报，2012，36 (7)：77-81.

[14] 郭兵兵，王连玉，周春华，周晓东．连续碳纤维增强聚苯硫醚（PPS）复合管材的缠绕成型及性能表征 [J]．玻璃钢/复合材料，2014，(4)：54-57.

[15] 张志军，杨金，陈智军等．高强耐磨 PPS/PTW/GF 复合材料的制备与性能研究 [J]．塑料工业，2014，42 (7)：20-22.

[16] 周冠辰，于斌，韩建等．玄武岩纤维/聚苯硫醚针刺复合滤料的聚四氟乙烯乳液处理 [J]．纺织学报，2014，35 (8)：10-13.

[17] 张勇，张蕊萍，黄玉莲等．抗热氧化 PPS 复合材料的制备及性能研究 [J]．工程塑料应用，2014，42 (6)：22-25.

[18] 邢剑，邓炳耀，刘庆生等．聚苯硫醚/有机蒙脱土复合材料热氧化研究 [J]．合成纤维工业，2014，37 (5)：6-10.

[19] 程亚非，杨文彬，魏霞等．PPS 基导热绝缘复合材料的制备及性能 [J]．西南科技大学学报，2013，28 (2)：1-4.

[20] 袁冠军，周晓东，方立等．具有电磁屏蔽功能聚苯硫醚复合材料的制备与性能研究 [J]．纤维复合材料，2012 (1)：15-17.

[21] 高勇，戴厚益．聚苯硫醚薄膜的研究进展［J］．塑料工业，2010，38（增刊）：6-8.
[22] 林现水，王继领，林志勇等．MC 尼龙 6/聚砜原位复合材料摩擦磨损性能研究［J］．工程塑料应用，2012，40（2）：8-11.
[23] 索陇宁，尚秀丽，吴海霞等．聚苯胺/凹凸棒石/聚砜复合膜电极的制备及其电化学性能研究［J］．非金属矿，2013，36（4）：43-45.
[24] 尚秀丽，索陇宁，冯文成等．聚苯胺/聚砜复合材料的制备及其超级电容性能［J］．应用化学，2013，30（9）：1060-1063.
[25] 赵博然，王志，赵颂等．聚砜/聚苯胺-嵌段式聚醚 pluronic F127. 复合超滤膜的制备及性能［J］．化工学报，2013，64（2）：702-709.
[26] 邹炎．碱性水电解用聚砜复合隔膜制备工艺［J］．南昌大学学报，2016，32（3），250-254.
[27] 吴茵，龙春光．苎麻增强聚醚砜复合材料的制备及摩擦学性能研究［J］．工程塑料应用，2010，38（5）：10-13.
[28] 华熳煜，龙春光，李益民．氧化锌晶须/聚醚砜复合材料的制备及摩擦学性能研究［J］．润滑与密封，2009，34（10）：51-53.
[29] 华熳煜，李融峰，龙春光．钛酸钾晶须增强聚醚砜复合材料摩擦学性能的研究［J］．润滑与密封，2008，33（7）：50-52.
[30] 卞军，魏晓伟，王琴等．聚醚砜/热膨胀石墨导电纳米复合材料的制备与性能研究［J］．西华大学学报，2011，30（6）：89-94.
[31] 于凤芹，王海增．氧化镁/聚醚砜复合膜吸附材料的制备与除氟性能的研究．［J］．材料导报，2014，28（9）：59-62.
[32] 张庆文，由涛，洪厚胜．聚二甲基硅氧烷/聚醚砜复合膜渗透汽化分离水中乙酸的性能研究［J］．现代化工，2010，30（10）：49-52.
[33] 高维钰，陆晓峰，卞晓锴等．TiO_2/酚酞聚醚砜复合超滤膜的研究［J］．膜科学与技术，2010，30（2）：12-18.
[34] 万莹，毛萃，周琦等．磺化聚醚砜复合反渗透膜的制备与性能研究［J］．膜科学与技术，2014，34（6）：46-49.
[35] 高源，唐焕威，张力平等．新型纳米纤维素/聚醚砜复合膜的性能研究［J］．现代化工，2010，30（增刊）：197-203.
[36] 陈卓明，辛斌杰，吴湘济等．聚砜酰胺/纳米二氧化钛复合材料的制备与表征［J］．合成纤维，2011，40（12）：1-5.
[37] 陈艳，夏云，陈辉．碳纤维增强聚醚醚酮复合材料力学性能研究［J］．广东化工，2015，42（18）：11-12.
[38] 秦瑞红，孟晓宇，魏鹏等．磺化聚醚醚酮/多壁碳纳米管复合质子交换膜的制备与性能［J］．膜科学与技术，2015，35（4）：29-33.
[39] 吴磊．碳纤维增强聚醚醚酮复合材料的制备工艺及耐磨和导电性研究［J］．广东化工，2014，41（15）：74-75.
[40] 陈佩民，孙克原．纳米 SiO_2/CF 混杂增强聚醚醚酮复合材料的耐磨性研究［J］．江苏科技信息，2013，(5)：55-56.
[41] 王全兵，张志军，刘爱学等．高承载耐磨 PEEK 复合材料配方与制备工艺研究［J］．塑料工业，2013，41（1）：116-119.
[42] 付华，汪艳，陈友斌等．聚醚醚酮/羟基磷灰石纳米复合粉末的制备［J］．工程塑料应用，2014，42（3）：30-33.

Chapter 08

第八章 热固性塑料

第一节 酚醛塑料

一、经典配方

具体配方实例如下[1~2]。

（一）酚醛改性配方

1. 热塑性酚醛树脂配方

单位：质量份

原材料	用量	原材料	用量
苯酚	100	催化剂	适量
甲醛水溶液	75	其他助剂	适量
浓盐酸(35%)	0.5～0.8		

说明：该配方设计合理，合成工艺简便可行，已应用多年。

2. 热固性酚醛树脂

单位：质量份

原材料	用量	原材料	用量
苯酚	100	NaOH	0.2～2.0
甲醛水溶液	100	催化剂	0.1～0.5
氨水(25%)	5～6	其他助剂	适量

3. 水溶性酚醛树脂配方（一）

单位：质量份

原材料	用量	原材料	用量
苯酚	940	硼酸	5.14
甲醛水溶液(80%)	45	水	205
三乙胺	10.1	其他助剂	适量

说明：可用于制备胶黏剂、涂料和纸基层压板。

4. 水溶性酚醛树脂配方（二）

单位：质量份

原材料	用量	原材料	用量
苯酚	94	六亚甲基四胺	120
甲醛水溶液(37%)	146	水	适量
氢氧化钙	0.75	其他助剂	适量

说明：可用于制备胶黏剂、涂料和装饰板芯材。

5. 水溶性酚醛树脂配方（三）

单位：质量份

原材料	用量	原材料	用量
苯酚	100	水	适量
甲醛水溶液(37%)	37	其他助剂	适量
氨水水溶液(25%)	1.5		

说明： 用于胶黏剂、涂料和布基层压板的制备。

6. 天津树脂厂水溶性酚醛树脂（216）配方

单位：质量份

原材料	用量	原材料	用量
苯酚	100	硼酸	0.1～0.2
甲醛水溶液(37%)	130	水	适量
氢氧化钠	0.1～0.3	其他助剂	适量

说明： 可用于制备胶黏剂与涂料，也可用作纤维板、玻璃纤维浸润剂中的成膜组分。

7. 水乳性酚醛树脂配方

单位：质量份

原材料	用量	原材料	用量
苯酚	42	氨基磺酸水溶液	1～2
甲醛水溶液(78%)	20	水	适量
三亚乙基四胺	0.1～0.2	其他助剂	适量
硬脂酸铵	1.5～2.0		

说明： 可用于制备胶黏剂、涂料和纸基层压板材。

8. 钡酚醛树脂

单位：质量份

原材料	用量	原材料	用量
苯酚	100	$Ba(OH)_2 \cdot 8H_2O$	2～5
甲醛水溶液(30%～50%)	120	其他助剂	适量
硼酸	0.1～0.2		

说明： 该树脂为深红色透明体，固体含量为70%，游离酚含量15%，凝胶时间160℃下50～80s。可用于制备缠绕、层压成型大型复杂的复合材料制品。也可用于浸渍金刚砂、石墨、制备砂轮片、轴封等摩擦材料，以及用于制备结构胶黏剂。

9. 铸造酚醛树脂

单位：质量份

原材料	用量	原材料	用量
苯酚	100	氢氧化钠	0.1～0.2
甲醛	120	其他助剂	适量
酸类	1～2		

说明： 可用于制备铸造用砂型胶黏剂、铸铁粘接用胶黏剂。

10. 浸渍用酚醛树脂

单位：质量份

原材料	用量	原材料	用量
苯酚	100	乙醇	适量
甲醛水溶液	120	其他助剂	适量
碱性催化剂	0.1～0.2		

说明：可用于制备耐烧蚀复合材料、防腐蚀衬里或涂料，也可用于木材与纸制品的浸渍。

11. 双氰胺改性酚醛树脂

单位：质量份

原材料	用量	原材料	用量
苯酚	100	双氰胺	30～50
甲醛水溶液	120	乙醇	适量
碱性催化剂	0.1～0.2	其他助剂	适量

说明：可用于制备层压制品、各种薄壁耐冲击制品等。

12. 磷型酚醛树脂

单位：质量份

原材料	用量	原材料	用量
苯酚	100	乙醇	适量
多聚甲醛	120	无水乙醇	适量
硼酸	1.0	其他助剂	适量

说明：可用于制备火箭、导弹、航天飞行器耐烧蚀材料。

13. 双酚A型硼酚醛

单位：质量份

原材料	用量	原材料	用量
双酚A	50	无水乙醇	适量
甲醛	110～130	乙醇	适量
NaOH	0.1～1.0	其他助剂	适量
硼砂	1～2		

说明：可用于火箭、导弹、航天飞行器耐烧蚀制品的制备。也可制成结构纤维复合材料制品，以及结构胶黏剂等。

14. 钼酚醛树脂

单位：质量份

原材料	用量	原材料	用量
苯酚	100	酸类催化剂	0.1～1.0
甲醛水溶液	120	六亚甲基四胺	5～10
钼氧化物	5～10	其他助剂	适量
氯化物	1～5		

说明：可用作火箭与导弹发动机耐烧蚀材料、热防护材料、绝热衬里。

15. 芳烷基化合物改性酚醛树脂

单位：质量份

原材料	用量	原材料	用量
苯酚	100	对苯二甲酸	适量
甲醛水溶液	120	溶剂	适量
芳烷基卤化物	5～10	其他助剂	适量
甲苯磺酸	0.1～1.0		

说明：可用于制备耐高温粉状模塑料、层压材料、纤维增强复合材料等，多用作高性能绝缘制品。

16. 开环聚合酚醛树脂

单位：质量份

原材料	用量	原材料	用量
可溶性酚醛树脂	100	甲苯	20～30
苯胺	5～10	丙酮	10～20
甲醛	80	催化剂	0.1～1.0
环氧树脂	6～8	其他助剂	适量

说明：可用于制备低成本层压制品，这些制品可用作 155～180℃下使用的耐热结构材料和电绝缘材料制品。

17. 腰果壳油改性酚醛树脂

单位：质量份

原材料	用量	原材料	用量
苯酚	100	催化剂	0.1～1.0
甲醛	110	硼酸	1～3
腰果壳油	130	其他助剂	适量

说明：该树脂热分解温度高达 400℃，可用作摩擦材料和隔声降噪材料等。

18. 多环酚改性酚醛树脂

单位：质量份

原材料	用量	原材料	用量
苯酚	100	β-萘酚	0.1～1.0
甲醛	120	苯基苯酚	0.2～2.0
氨水	1～5	其他助剂	适量

说明：该树脂的成炭能力达 50%以上，可用作耐烧蚀材料。

19. 尼龙改性酚醛树脂

单位：质量份

原材料	用量	原材料	用量
苯酚	100	多元尼龙	20～40
甲醛	120	乙醇	适量
催化剂	0.1～1.0	其他助剂	适量
丁腈橡胶	1～5		

说明：改性后材料的冲击强度提高 35%，弯曲强度提高 53%，可用于制备航空操纵系统的滑轮部件。

20. 聚砜/橡胶改性酚醛树脂

单位：质量份

原材料	用量	原材料	用量
苯酚	100	聚砜	8.6
多聚甲醛	40～45	增韧橡胶	1～5
催化剂	4.0	增流剂	6.0
电性能助剂	12	其他助剂	适量

说明：改性后其耐热性、阻燃性得到明显改善，力学性能、电性能和尺寸稳定性优良，可广泛地应用于机械、电子、化工、航空航天和兵器等行业。

21. 有机硅改性钡酚醛树脂

单位：质量份

原材料	用量	原材料	用量
苯酚	100	催化剂	0.1～1.0
甲醛	40	有机硅	5～10
氢氧化钡	2.0	增韧剂	1～5
酒精	1～2	其他助剂	适量

说明：该树脂可用于火箭与导弹发动机耐烧蚀材料和隔热绝热材料等。

22. 腰果壳油/三聚氰胺双改性酚醛树脂

单位：质量份

原材料	用量	原材料	用量
苯酚	40	分散剂	1～2
甲醛	20	水	100
腰果壳油/三聚氰胺	30～35	其他助剂	适量
催化剂	8～10		

说明：该树脂经固化后具有优越的摩擦性能和良好的力学性能，可用于各种制动部件的制备，也可作为摩阻材料应用。

23. 丁腈改性酚醛树脂

单位：质量份

原材料	用量	原材料	用量
苯酚	200	硫酸	2.0
甲醛(37%)	140	草酸	2.0
丁腈橡胶-26	5～10	其他助剂	适量

说明：该树脂经固化后，力学性能良好，摩擦性能突出，可用于制备刹车片。

24. 丁腈橡胶/聚乙烯醇缩丁醛改性酚醛树脂

单位：质量份

原材料	用量	原材料	用量
苯酚	100	聚乙烯醇缩丁醛	1～5
甲醛(37%)	80	邻苯二甲酸酐	0.1～1.0
金属氧化物催化剂	1～5	均苯四甲酸二酐	0.2～1.2
丁腈橡胶	5～10	溶剂	适量
尼龙	1～3	其他助剂	适量

说明：用该树脂制成的纤维复合材料可用于制备航空电机、电器绝缘结构件和其他结构部件等。

25. 三聚氰胺和腰果壳油改性酚醛树脂

单位：质量份

原材料	用量	原材料	用量
苯酚	100	三聚氰胺	1.3
甲醛	70～80	催化剂	1～3
腰果壳油	12	其他助剂	适量

26. 桐油/松香改性酚醛树脂

单位：质量份

原材料	用量	原材料	用量
烷基苯酚	100	松香/桐油	40
多聚甲醛	160	加工助剂	1～2
催化剂	1～2	其他助剂	适量

27. 硼改性酚醛树脂

单位：质量份

原材料	用量	原材料	用量
酚醛树脂	100	甲苯	适量
硼	6～9	催化剂	1～3
多聚甲醛	10～20	其他助剂	适量

说明：

① 硼改性酚醛树脂的耐热性随硼含量的增加而提高，高硼含量的样品1200℃时的失重仅为34.7%，残炭率高达65%。

② 硼的引入提高了酚醛树脂的韧性。随着硼含量的增加，改性酚醛树脂的冲击韧性提高，但当硼的质量分数达到9.0%时，其冲击韧性有所下降。

28. 低甲醛含量的水溶性酚醛树脂

单位：质量份

原材料	用量	原材料	用量
苯酚	100	水	适量
甲醛(37%)	150	其他助剂	适量
催化剂	1～3		

说明：采用苯酚∶甲醛＝1∶1.5的摩尔比投料，通过两步碱催化合成工艺，在45～96℃程序升温下连续反应4.5h，可获得固含量49%的水溶性酚醛树脂，残留甲醛量是2.3%；提高甲醛/苯酚的摩尔比，虽然能提高树脂的黏度和固含量，但是游离甲醛的含量也随之增高，因此不能无限增大甲醛/苯酚的摩尔比。

29. 低游离酚壳法合成热塑性酚醛树脂

单位：质量份

原材料	用量	原材料	用量
苯酚	100	去离子水	适量
甲醛(37%)	100	其他助剂	适量
催化剂	2.0		

说明：最佳工艺为：反应温度85℃，催化剂用量2.0%，甲醛与苯酚的摩尔比为1∶1，反应时间6h，得到产率为112.1%，软化点为92.8℃的热塑性酚醛树脂。经高效液相色谱分析，树脂中游离酚为0.58%。与一般合成酚醛树脂的方法相比，该工艺提高了产率，降低了树脂中游离酚含量。

30. 低游离酚热塑性酚醛树脂

单位：质量份

原材料	用量	原材料	用量
苯酚	100	有机酸A	2.0
甲醛(37%)	82	其他助剂	适量
盐酸催化剂	1.0		

说明：

① 合成了低游离酚醛树脂，游离酚从原来的5%～10%降为0.55%。

② 改进的工艺条件为：第1步反应温度98～104℃，反应时间1h，催化剂盐酸用量1.0%（基于苯酚质量），n（苯酚）∶n（甲醛）∶n（有机酸A）为1∶0.82∶0.02；第2步反应温度180℃，反应时间1.5h。

③ 所合成的低游离酚醛树脂，应用到模塑粉中，不但性能很好，而且改善了工人的操

作环境。

31. 高成炭酚醛树脂

单位：质量份

原材料	用量	原材料	用量
苯酚	100	溶剂	适量
甲醛	120	其他助剂	适量
催化剂	2.0		

说明：

① 醛/酚摩尔比、反应温度和保温时间是影响酚醛树脂内在结构和性能的主要工艺因素，经优化得出最佳工艺条件为醛/酚摩尔比为1.2∶1，反应温度90℃，保温时间25min。在该工艺条件下制备的酚醛树脂固化物的成炭率高达73.8%。

② 随着醛/酚摩尔比的增大，反应温度的升高，保温时间的延长，酚醛树脂的黏度逐渐增大，固化损失率和成炭率均呈先增大后减小的变化规律。

32. 有机硅改性酚醛树脂

单位：质量份

原材料	用量	原材料	用量
苯酚	120	Na_2CO_3	0.6～1.0
甲醛(37%)	129	溶剂	适量
正硅酸乙酯(TOES)	1.2	其他助剂	适量

说明：

① 苯酚和甲醛中加入有机硅，能够形成多点交联，构成网络化结构，增加其热稳定性。在制备过程中，工艺参数影响着改性酚醛树脂的固含量、残炭率及其黏度。

② 增加反应时间或者提高催化剂 Na_2CO_3 的质量百分含量，有利于提高改性酚醛树脂的固含量和残炭率，增加其黏度。

③ 增加TEOS的质量百分含量，改性酚醛树脂固含量和残炭率先变大，然后再减小。TEOS的质量百分含量为1.2%时，改性酚醛树脂的固含量和残炭率达到最大值；而其黏度总是随着TEOS的质量百分含量的增加而增大。

33. 聚苯醚改性环保型酚醛树脂

单位：质量份

原材料	用量	原材料	用量
酚醛树脂	100	改性剂	15
聚苯醚	10	填料	5～16
相容剂	1～3	其他助剂	适量

说明：

① 采用改性剂可以充分改善了聚苯醚共聚改性酚醛树脂的合成工艺性，合成时的结块现象得到了控制，合成反应可以顺利进行，树脂的耐热性能和力学性能都得到了提高，且通过实验研究设计，得出10份聚苯醚与15份改性剂是最佳的配比。这种配比可将酚醛树脂的初始失重温度提高10～20℃，可将树脂在600℃时的残余量提高20%。力学性能方面拉伸强度、弯曲强度与冲击强度分别比未改性前提高了400MPa、200MPa与60kJ/m^2。

② 聚苯醚改性酚醛树脂的耐磨性能得到了提高。与未改性酚醛树脂相比，这种配比可将酚醛树脂的磨损质量损失降低16.8%。通过SEM与EDAX对改性前后的酚醛树脂进行观察，聚苯醚改性的酚醛树脂的耐磨性要大大优于未改性的酚醛树脂。

34. 环氧酚醛磁性材料

单位：质量份

原材料	用量	原材料	用量
酚醛树脂	100	硅烷偶联剂	1～5
环氧氯丙烷	5～15	加工助剂	1～3
NdFeB 磁粉	20～15	其他助剂	适量

（二）填充型酚醛复合材料配方

1. 木粉填充酚醛复合材料

单位：质量份

原材料	用量	原材料	用量
热塑性酚醛树脂	100	硬脂酸	2.4
木粉	100	无机填料	15
六亚甲基四胺	12	着色剂	2.4
滑石粉	2.4	其他助剂	适量

说明：该材料力学性能良好，电绝缘性能突出，适用于制备电子、电气绝缘制品。

2. 石棉填充酚醛复合材料

单位：质量份

原材料	用量	原材料	用量
热塑性酚醛树脂	100	硬脂酸	8
石棉	154	着色剂	7
六亚甲基四胺	12	溶剂	适量
滑石粉	11	其他助剂	适量

说明：该材料力学性能良好，耐热性与电绝缘性能优越，适用于制备电子、电气绝缘制品及结构件。

3. 木粉填充酚醛复合材料

单位：质量份

原材料	用量	原材料	用量
酚醛树脂	100	苯胺黑	2.5
木粉	88.5	氧化镁	5.3
六亚甲基四胺	4.2	润滑剂	2.5
废酚醛塑料粉	8.2	其他助剂	适量

说明：该材料力学性能良好，电绝缘性能较为突出，适用于制备电子、电气绝缘制品。

4. 云母填充酚醛复合材料

单位：质量份

原材料	用量	原材料	用量
酚醛树脂	100	氧化镁	7.35
云母粉	175	润滑剂	4.4
偶联剂	1～2	其他助剂	适量
六亚甲基四胺	7.35		

说明：该材料力学性能优良，电绝缘性能较为突出，适用于制备电子、电气绝缘件和其他结构制品。

5. 棉纤维素填充酚醛复合材料

单位：质量份

原材料	配方 1(浅色)	配方 2(深色)
热固性酚醛树脂	100	100
棉纤维素	114	110.5
油酸	4.65	4.65
滑石粉	12.2	11.6
氧化镁	1.16	2.33
氧化钙	0.58	—
苯胺黑	—	3.49
其他助剂	适量	适量

6. 石棉纤维填充酚醛复合材料

单位：质量份

原材料	用量	原材料	用量
热固性酚醛树脂	100	六亚甲基四胺	5～8
石棉纤维	181.8	油酸	6.06
滑石粉	15.2	其他助剂	适量

7. 棉布填充酚醛复合材料

单位：质量份

原材料	用量	原材料	用量
酚醛树脂	100	偶联剂	1～3
棉布	80～120	润滑剂	1～5
六亚甲基四胺	5～8	其他助剂	适量
氧化镁	5～6		

8. 纸填充酚醛复合材料

单位：质量份

原材料	用量	原材料	用量
酚醛树脂	100	滑石粉	3～5
纸屑	80～110	润滑剂	1～3
六亚甲基四胺	5～8	其他助剂	适量
分散剂	1～3		

9. 木片材填充酚醛复合材料

单位：质量份

原材料	用量	原材料	用量
酚醛树脂	100	滑石粉	10
木片材	80～110	润滑剂	1～5
分散剂	5～8	其他助剂	适量
六亚甲基四胺	8～10		

10. 玻璃纤维布填充酚醛复合材料

单位：质量份

原材料	用量	原材料	用量
酚醛树脂	100	滑石粉	1～5
玻璃纤维布	40～50	润滑剂	1～2
偶联剂	1～3	其他助剂	适量
固化剂	1～2		

11. 木粉填充酚醛复合材料（D131、D132）

单位：质量份

原材料	用量	原材料	用量
苯酚	100	催化剂	1～3
甲醛(37%)	80～100	溶剂	适量
木粉	35～40	其他助剂	适量

说明： 冲击强度为 6kJ/m，弯曲强度 70MPa，表面电阻率为 $1\times10^{11}\Omega$，体积电阻率为 $1\times10^{10}\Omega\cdot cm$，介电强度为 12kV/mm，可用于制备普通电器结构件，低压电器零部件和绝缘材料。

12. 木粉填充酚醛复合材料（D133、D134、D135）

单位：质量份

原材料	用量	原材料	用量
苯酚	50	催化剂	1～3
二甲酚	50	溶剂	适量
甲醛(37%)	90	其他助剂	适量
木粉	40		

说明： 冲击强度为 6～8kJ/m²，弯曲强度 70～75MPa，表面电阻率为 $1\times10^{11}\Omega$，体积电阻率为 $1\times10^{10}\Omega\cdot cm$，介电强度为 12kV/mm，适用于普通电器零部件的制备。

13. 木粉填充酚醛复合材料

单位：质量份

原材料	用量	原材料	用量
苯酚	60	木粉	40～60
甲酚	40	糠醛树脂	10～20
甲醛	80	溶剂	适量
催化剂	1～3	其他助剂	适量

说明： 冲击强度 7.5kJ/m²，弯曲强度 69MPa，表面电阻率 $1\times10^{11}\Omega$，体积电阻率 $1\times10^{10}\Omega\cdot cm$，介电强度 12kV/mm，适用于制备绝缘制品、普通电器零部件等。

14. 木粉填充酚醛复合材料（D141、D142、D143）

单位：质量份

原材料	用量	原材料	用量
苯酚	100	木粉	45～55
甲醛(37%)	80	溶剂	适量
催化剂	1～3	其他助剂	适量

说明： 冲击强度 6.7kJ/m²，弯曲强度 65～71MPa，表面电阻率 $1\times10^{11}\Omega$，体积电阻率 $1\times10^{10}\Omega\cdot cm$，介电强度为 12kV/mm，适用于制备普通仪表、仪器、机械零部件。

15. 木粉填充酚醛复合材料（D151）

单位：质量份

原材料	用量	原材料	用量
苯酚	100	木粉	50～60
甲醛(37%)	80～90	溶剂	适量
催化剂	1～3	其他助剂	适量

说明： 该材料的冲击强度为 5～6.5kJ/m²，弯曲强度 70MPa，表面电阻率 $1\times10^{11}\Omega$，体积电阻率为 $1\times10^{10}\Omega\cdot cm$，介电强度 12kV/mm，适用于制备电子、电气零部件。

16. 木粉填充酚醛绝缘复合材料

单位：质量份

原材料	用量	原材料	用量
苯酚	100	木粉	40～70
甲醛	80～90	溶剂	适量
苯胺	10～15	其他助剂	适量

说明：冲击强度为5.0kJ/m^2，弯曲强度为65MPa，表面电阻率为$1\times10^{11}\Omega$，体积电阻率为$1\times10^{10}\Omega\cdot cm$，介电强度为13kV/mm，适用于制备较高介电性能的电信仪表和交通电器绝缘结构件。

17. 无氨（A）类木粉填充绝缘复合材料

单位：质量份

原材料	用量	原材料	用量
热固性酚醛树脂	45～50	分散剂	0.5～1.5
木粉	50～55	颜料	适量
矿物质	1～3	其他助剂	适量
固化剂	1～5		

说明：冲击强度为5.5kJ/m^2，弯曲强度为40～80MPa，表面电阻率$5\times10^{13}\Omega$，体积电阻率$5\times10^{13}\Omega\cdot cm$，介电强度为12kV/mm，适用于制备工业用高频电绝缘制品，高频无线电绝缘制品。

18. 耐高电压（Y）类石英粉填充酚醛复合材料

单位：质量份

原材料	用量	原材料	用量
苯酚	100	石英粉	60～65
甲醛(37%)	80	分散剂	1～3
聚酰胺	10～30	固化剂	2～5
相容剂	5～8	其他助剂	适量

说明：冲击强度为6kJ/m^2，弯曲强度为90MPa，表面电阻率为$1\times10^{14}\Omega$，体积电阻率为$1\times10^{14}\Omega\cdot cm$，介电强度16kV/mm，适用于制造耐高频、高电压用无线电仪器仪表绝缘件。

19. 耐酸（S）类高岭土填充酚醛复合材料

单位：质量份

原材料	用量	原材料	用量
苯酚	100	高岭土	35～40
甲醛(37%)	80～90	分散剂	适量
催化剂	1～3	其他助剂	适量
PVC	20～40		

说明：冲击强度为6kJ/m^2，弯曲强度为60MPa，表面电阻率为$1\times10^{12}\Omega$，体积电阻率为$1\times10^{12}\Omega\cdot cm$，介电强度为13kV/mm。

20. 耐热（E）类石棉填充酚醛复合材料

单位：质量份

原材料	用量	原材料	用量
苯酚	100	石棉	60～65
甲醛(37%)	80	分散剂	5～10
催化剂	1～3	其他助剂	适量

说明：冲击强度4.5kJ/m^2，弯曲强度60MPa，表面电阻率$1\times10^{11}\Omega$，体积电阻率$5\times10^{10}\Omega\cdot cm$，介电强度12kV/mm，适用于制备耐热、耐水、电器和电热仪表零部件和绝缘制品。

21. 玻璃粉填充酚醛复合材料

单位：质量份

原材料	用量	原材料	用量
有机硅改性酚醛树脂	100	分散剂	5～8
玻璃粉	30～50	固化剂	1～5
无机填料	5～10	其他助剂	适量

说明：冲击强度3.5kJ/m^2，弯曲强度50MPa，表面电阻率为$1\times10^{14}\Omega$，体积电阻率为$1\times10^{14}\Omega\cdot cm$，介电强度12kV/mm，适用于制备磁性制品，如航海仪器配件。

22. 耐电弧无机填料填充酚醛复合材料

单位：质量份

原材料	用量	原材料	用量
三聚氰胺改性酚醛树脂	100	分散剂	1～3
无机填料	20～40	加工助剂	1～2
相容剂	5～8	其他助剂	适量

说明：冲击强度4.3kJ/m^2，弯曲强度60MPa，表面电阻率$1\times10^{12}\Omega$，体积电阻率$1\times10^{12}\Omega\cdot cm$，介电强度为12kV/mm，适用于制备防爆电器零部件，如防爆开关、点火器等。

（三）纤维增强酚醛复合材料配方

1. 玻璃纤维布增强酚醛层压料

单位：质量份

原材料	配方1	配方2
酚醛树脂	30	10
聚乙烯醇缩丁醛	20	25
乙醇(96%)	180	240
玻纤布	20～40	20～40
固化剂	2～5	3～5
其他助剂	适量	适量

2. 自熄性玻璃纤维布增强酚醛复合材料

单位：质量份

原材料	用量	原材料	用量
酚醛树脂	100	偶联剂	1～2
四溴双酚A	30～40	固化剂	1～3
Sb_2O_3	10～20	甲醇	适量
玻璃纤维布	30～40	其他助剂	适量

3. 双氰胺改性玻璃纤维增强酚醛复合材料

单位：质量份

原材料	用量	原材料	用量
双氰胺改性酚醛树脂	100	偶联剂	1～2
羟甲基尼龙	11	乙醇	适量
油酸	1.1	甲醇	适量
玻璃纤维	166	其他助剂	适量

4. 环氧改性玻璃纤维增强酚醛复合材料

单位：质量份

原材料	配方 1	配方 2	原材料	配方 1	配方 2
酚醛树脂	100	100	苯胺(催化剂)	3.2	3.2
环氧树脂 E-44	20	20	乙醇	70～90	70～90
聚乙烯醇缩丁醛(增韧剂)	10	10	玻璃纤维(KH-550 处理)	195	195
油酸	3～4	3～4	酞菁绿 G	0.48～0.65	—

5. 玻璃纤维增强环氧改性甲酚甲醛复合材料

单位：质量份

原材料	配方 1	配方 2	原材料	配方 1	配方 2
环氧甲酚甲醛接枝共聚体	100	100	玻璃纤维(B201 处理,无碱、无捻纱)	163	163
单硬脂酸甘油酯	2.6	2.6	乙酸乙酯	适量	适量
羟甲基尼龙（增韧剂）	10.5	5.2	乙醇	适量	适量
苄基二甲胺（催化剂）	0.18	0.18	其他助剂	适量	适量

6. 玻璃纤维增强镁酚醛复合材料

单位：质量份

原材料	配方 1	配方 2	配方 3	原材料	配方 1	配方 2	配方 3
酚醛树脂 616	40	—	—	KH-550	0.4	—	—
镁酚醛树脂	—	40～45	40	油溶黑	—	2	—
玻璃纤维	60	55～60	60	聚乙烯醇缩丁醛	—	—	4
乙醇	40	40	40	油酸	—	—	1

7. 酚醛缠绕成型配方

单位：质量份

原材料	配方 1	配方 2	配方 3	配方 4	原材料	配方 1	配方 2	配方 3	配方 4
酚醛树脂,616	60	10	—	—	邻苯二甲酸二丁酯	—	10～15	4	—
环氧树脂,6101	—	100	—	—	丙酮	40	适量	适量	—
环氧树脂,E-44	100	—	100	—	间苯二胺	—	14～6	—	—
不饱和聚酯 191	—	—	—	100	萘酸钴(含钴量 6%)	—	—	—	224
α-甲基咪唑	—	—	4	—	过氧化环己酮糊	—	—	—	2～4
一缩二乙二醇	—	—	4	—	其他助剂	适量	适量	适量	适量

8. 刹车片-半金属摩擦塑料配方

单位:质量份

原材料	配方 1	配方 2	配方 3	原材料	配方 1	配方 2	配方 3
改性酚醛树脂	10～20	10～20	20	橡胶	0～18	—	—
钢纤维(含碳量低,约为 0.15%)	10～50	15～30	30	石墨	10～30	5～15	3
铁粉	20～70	20～30	2	硫酸钡	0～15	1～5	—
摩擦粉	0～18	10～20	10	重晶石	—	—	31

9. 防腐制品专用料

单位：质量份

原材料	配方 1	配方 2	配方 3
酚醛树脂	100	100	100
石棉纤维	50～100	—	—
石墨	—	50～100	—
二氧化硅	—	—	100～150
偶联剂	1～2	1～2	1～2
硬脂酸	1～3	—	—
其他助剂	适量	适量	适量

10. 刹车片专用料

原材料	鼓式片（汽车后片）	盘式片（轻型车）	原材料	鼓式片（汽车后片）	盘式片（轻型车）
酚醛树脂	100	100	氧化锌	0～32	—
石棉	200～300	200～300	其他无机物（硬脂酸、硫黄等）	20～40	0～50
摩擦粉（如酚与甲醛制成的树脂经粉碎）	12～48	75～100	锌屑	—	20～40
橡胶	12～48	40～65	石墨	—	5～15

11. 玻璃纤维增强环氧改性酚醛模压料

单位：质量份

原材料	配方 1	配方 2
酚醛树脂	30.8	30.8
E-44 环氧树脂	6.1	6.1
聚乙烯醇缩丁醛	3.1	3.1
油酸	1.0	1.2
苯胺	1.0	1.1
酞菁绿 G	0.2	—
玻璃纤维	60	60
偶联剂	1～2	1～2
其他助剂	适量	适量

说明：该材料弯曲强度 200MPa，压缩强度 150MPa，冲击强度 100kJ/m^2，马丁耐热 200℃，介电强度 13kV/mm，适用于制备大型薄壁制品。

12. 玻璃纤维增强羟甲基尼龙改性酚醛模压料

单位：质量份

原材料	用量	原材料	用量
酚醛树脂	100	油酸	1～2
羟甲基尼龙	30～40	苯胺	1.0
短切玻璃纤维	20～40	其他助剂	适量
偶联剂	1～3		

说明：拉伸强度 80MPa，弯曲强度 150MPa，冲击强度 50kJ/m^2，马丁耐热 150℃，体积电阻率 $10^{12}\Omega \cdot cm$，介电强度 13kV/mm，可用于制备冲击强度要求高的结构部件，如高

压引信绝缘件、引信体等。

13. 碳纤维增强酚醛耐烧蚀材料

单位：质量份

原材料	用量	原材料	用量
钡酚醛树脂	100	石墨	1～5
碳纤维布	30～40	苯胺	0.1～1.0
偶联剂	1～3	其他助剂	适量

说明：密度1.34～1.63g/cm³，热导率0.31W/（m·K），氧乙炔焰线烧蚀率0.039～0.115mm/s，可用作固体火箭发动机长尾管内壁隔热层和喷管收敛段隔热层。

14. 玻璃纤维/碳纤维混杂增强酚醛复合材料

单位：质量份

原材料	用量	原材料	用量
酚醛树脂	100	分散剂	1～3
玻璃纤维	10～30	固化剂	4～8
聚丙烯腈碳纤维	10～30	加工助剂	1～2
偶联剂	2～4	其他助剂	适量
MoO_2	5～10		

说明：该材料可用作摩阻材料，用来制造飞机和车辆刹车片。

15. 酚醛片状模塑料（SMC）

单位：质量份

原材料	用量	原材料	用量
酚醛树脂	100	催化剂	7～8
玻璃纤维	40～60	固化剂	3～5
填料	20～30	脱模剂	1～2
增黏剂	4～6	其他助剂	适量

说明：弯曲强度190MPa，弯曲弹性模量1000MPa，冲击强度2.5J/cm²，热变形温度200℃，可用于制备飞机及飞行器驾驶舱、座椅、地板隔热屏蔽材料，也可用于制备装甲车体、鱼雷架、炮筒挡板等。

16. 烧蚀/隔热一体化低密度酚醛复合材料

单位：质量份

原材料	用量	原材料	用量
酚醛树脂(成炭率＞55％)	100	固化剂	1～3
纤维增强材料	20～40	加工助剂	1～2
功能填料	5～15	其他助剂	适量
偶联剂	1～3		

17. 酚醛工业品专用料

单位：质量份

原材料	配方1	配方2	配方3
酚醛树脂	40	45	40
玻璃纤维	60	55	60
乙醇	40	40	40
偶联剂 KH-550	1.0	1.0	1.0
颜料	—	2.0	—
聚乙烯醇缩丁醛	—	—	4.0
油酸	—	—	1.0
其他助剂	适量	适量	适量

18. 高速列车用混杂纤维增强酚醛刹车片

单位：质量份

原材料	用量	原材料	用量
改性酚醛树脂	100	填料	10～20
短切玻璃纤维	5～8	固化剂	1～3
钢纤维	5～15	加工助剂	1～2
偶联剂	1～3	其他助剂	适量

19. 碳纤维增强酚醛汽车用摩阻材料

单位：质量份

原材料	用量	原材料	用量
酚醛树脂	100	调节助剂	40～50
碳纤维	3～5	加工助剂	1～2
偶联剂	1～2	其他助剂	适量

20. 酚醛片状模塑料（SMC）

单位：质量份

原材料	用量	原材料	用量
酚醛树脂	30～40	增稠剂	2～5
玻璃纤维	30	脱模剂	0.1～0.2
填料	20～30	其他助剂	适量
偶联剂	2～3		
固化剂	3～5		

（四）阻燃酚醛配方

1. 耐热阻燃酚醛树脂

单位：质量份

原材料	用量	原材料	用量
苯酚	70	羟甲基膦酸酯化合物	85
甲醛	30	加工助剂	1～2
催化剂	1～3	其他助剂	适量

说明：可溶性酚醛树脂在一定条件下与羟甲基膦酸酯化合物反应，其反应程度与醛/酚摩尔比、混浊度，以及反应时间和温度有关；经改性合成的树脂，其结构有所变化，可溶性酚醛树脂中的羟甲基均被醚桥键结构所取代（ $—CH_2OCH_2—$ ）。引入含磷化合物的树脂，阻燃性能由原32%升至42%；经TG分析，改性的树脂在240～400℃中有抑制氧化现象。50%失重率从原548℃升高到726℃，耐热性大大得以提高。

2. 无氨阻燃酚醛塑料

单位：质量份

原材料	用量	原材料	用量
酚醛树脂(以固体计)	25～40	润滑剂	1.0～1.5
无机纤维	20～40	着色剂	1.0～1.5
矿物粉	20～40	其他添加剂	2～4
固化促进剂	4～8		

说明：

① 该无氨阻燃注塑料为颗粒状、无粉尘、可注射成型也可压制成型，注射工艺性好、加料通畅、产品质量好。

② 该塑料阻燃及耐漏电起痕性能优异，是目前电冰箱压缩机过流保护器理想的材料，可替代进口，满足市场需要。

③ 该塑料使用中不放出氨气，耐高温明火燃烧性能突出，综合性能好，生产工艺稳定，因此，发展前景广阔。

3. 低腐蚀阻燃酚醛泡沫塑料

单位：质量份

原材料	用量	原材料	用量
酚醛树脂	100	聚乙二醇	8～10
混合酸	10～15	$Al(OH)_3$	15
抗腐蚀剂	5.0	加工助剂	1～2
吐温-80	0.5～1.0	其他助剂	适量

说明：

① 聚乙二醇的加入能在一定程度上改善酚醛泡沫的性能，提高其压缩强度，改善其脆性，而又不太多地损失阻燃性，此时酚醛泡沫氧指数为36%～37%，压缩强度为0.52MPa，密度为0.059～0.060g/cm^3。

② 氢氧化铝的加入能在一定程度上提高酚醛泡沫的压缩强度和阻燃性能，其最佳用量为15份，此时酚醛泡沫氧指数为45%，压缩强度为0.56MPa，密度为0.065g/cm^3。

4. 改性阻燃酚醛泡沫塑料

单位：质量份

原材料	用量	原材料	用量
酚醛树脂	100	聚乙二醇	10～15
盐酸	10～12	加工助剂	1～2
吐温-80	1.0	其他助剂	适量

说明：氧指数31%～38%，密度0.56g/cm^3，压缩强度0.38MPa。

（五）酚醛泡沫塑料配方

1. 酚醛泡沫塑料

单位：质量份

原材料	用量	原材料	用量
酚醛树脂	100	填料	30～60
表面活性剂	2～4	固化剂	5～20
发泡剂	5～30	其他助剂	适量

2. 干法制酚醛泡沫塑料

单位：质量份

原材料	配方1	配方2	配方3
18$^\#$酚醛树脂	100	100	100
六亚甲基四胺	10	10	10
硫黄粉	—	0.6	1.2
偶氮二异丁腈	1～2	2～5	3～9
丁腈橡胶	—	20	40
其他助剂	适量	适量	适量

3. 湿法制酚醛泡沫塑料

单位：质量份

原材料	配方1	配方2	原材料	配方1	配方2
可发泡树脂	100	100	碳酸氢钠	—	0.7
曲拉通 X-100	1	—	非离子型表面活性剂	—	0.2
吐温-40 或异丙醚	6	—	苯酚磺酸	—	7.0
酸催化剂	8～13	—	填料和阻燃剂	—	2.0

4. 轻质耐火板用酚醛泡沫塑料

单位：质量份

原材料	用量	原材料	用量
酚醛树脂	100	固化剂	10～20
表面活性剂	3～10	加工助剂	1～2
发泡剂	10～20	其他助剂	适量

说明： 密度 50～120kg/m^3；热导率 0.0355～0.45W/(m·K)；氧指数≥37%；难燃性能 B1 级；耐火极限大于 40～45min。

5. 酚醛/聚氨酯泡沫塑料

单位：质量份

原材料	用量	原材料	用量
酚醛树脂	100	PAPI(指数)	1～1.1
聚醚多元醇	100	催化剂	1～3
匀泡剂	2～5	加工助剂	1～2
发泡剂	30～70	其他助剂	适量

说明： 密度 33.8g/cm^3，氧指数 27.5%，压缩强度 207kPa，吸水率 2.1%。

6. 低腐蚀酚醛泡沫塑料

单位：质量份

原材料	用量	原材料	用量
酚醛树脂	100	F-141B	8～10
混合酸	10～15	加工助剂	1～2
防腐蚀剂	5.0	其他助剂	适量
吐温-80	1.0		

7. 建筑保温酚醛泡沫塑料

配方 1

单位：质量份

原材料	用量	原材料	用量
甲阶酚醛树脂	100	吐温-80	5.0
正戊烷	8.0	加工助剂	适量
酸性催化剂	8.0	其他助剂	适量

配方 2

单位：质量份

原材料	用量	原材料	用量
甲阶酚醛树脂	100	聚乙二醇	5～10
二氯甲烷	8.0	固化剂	3～5
盐酸	17	加工助剂	1～2
碳酸钙	10	其他助剂	适量

配方 3

单位：质量份

原材料	用量	原材料	用量
甲阶酚醛树脂	100	吐温-80	2.0
正戊烷	4.0	加工助剂	1～2
硫酸(20%)	4.0	其他助剂	适量

配方 4

单位：质量份

原材料	用量	原材料	用量
甲阶酚醛树脂	100	硼酸	8.0
F-11 替代物	8.0	聚硅氧烷泡沫稳定剂	1.0
苯酚磺酸	10	其他助剂	适量

配方 5

单位：质量份

原材料	用量	原材料	用量
甲阶酚醛树脂	100	$Al(OH)_3$	5.0
六亚甲基四胺	10	吐温-80	1.0
二亚硝基亚戊基四胺	10	珍珠岩	220
苯甲酸	2.0	其他助剂	适量

说明：PF 泡沫塑料为开孔的热固性泡沫塑料，其优点为阻燃性（氧指数不低于 36%）、耐热性（使用温度可达 140℃）、耐火焰和自熄性好，燃烧时烟雾低，无滴落物；热导率低，接近 PU 硬质泡沫塑料；成本低廉，仅为 PU 硬泡沫塑料的 2/3 价格。

8. 酚醛多孔碳泡沫材料

单位：质量份

原材料	用量	原材料	用量
酚醛树脂	100	固化剂	2～5
正戊烷发泡剂	10～20	加工助剂	1～2
吐温-80 匀泡剂	5～15	其他助剂	适量

说明：以液态酚醛树脂为前驱体，正戊烷为发泡剂，吐温-80 为匀泡剂，在高压釜中通过卸压发泡的方法制备了酚醛树脂泡沫，然后将其经 1000℃碳化后得到碳泡沫。研究结果表明，所得的典型碳泡沫样品是一种以无定形碳结构为主的轻质多孔碳材料，密度约为 $0.15g/cm^3$。碳泡沫的微结构可以通过调节卸压速率而得到有效控制。当卸压速率为 0.05MPa/min 时，可以得到孔洞相互贯穿、平均孔径约为 300μm 且分布较为均匀、接点完好，韧带光滑的多孔碳泡沫。

9. 废尼龙改性酚醛泡沫塑料

单位：质量份

原材料	用量	原材料	用量
苯酚	100	17.8%酸水溶剂	1～2
甲醛(37%)	120	废旧尼龙	5～25
尿素	15	相容剂	3～8
NaOH	10	加工助剂	1～2
活化剂	0.1～1.0	其他助剂	适量

10. 防事故包装箱用酚醛泡沫塑料

单位：质量份

原材料	用量	原材料	用量
酚醛树脂	100	改性树脂	6～12
泡沫稳定剂	1～3	玻璃纤维	6～10
低沸点液体发泡剂	3～15	偶联剂	1～3
混合酸催化剂	6～10	加工助剂	1～2
无机固体粉末	2～6	其他助剂	适量

说明：以自制液体酚醛树脂为主体，添加发泡剂、泡沫稳定剂、改性树脂、无机粉末、玻璃纤维，发泡获得了密度为 70～650kg/m^3 的防火隔热缓冲酚醛泡沫。与国外 SAFKEG 包装夹层的酚醛泡沫相对比，自制酚醛泡沫的强度高、吸水率低、残留酸性弱，已基本达到包装设计师预期的目标，具备必要的综合性能，为抗事故包装箱的研制提供了良好的材料基础。

二、酚醛塑料配方与制备工艺

（一）CO_2 硬化酚醛树脂合成

1. 配方[3]

单位：质量份

原材料	用量	原材料	用量
苯酚	100	催化剂	0.5
甲醛	30～40	偶联剂 KH-550	1.0
CO_2	适量	其他助剂	适量
表面稳定剂	20～30		

2. CO_2 硬化酚醛树脂合成

在装有温度计、搅拌和回流冷凝器的三口瓶中，在一定温度下，按一定比例和一定顺序加入苯酚、催化剂、甲醛溶液以及促硬剂和表面稳定剂等。在一定温度下反应一段时间便可制得产品。

提出两种 CO_2 硬化酚醛树脂合成工艺：一种是在合成甲阶酚醛树脂工艺过程中加入促硬剂；另一种是在合成甲阶酚醛树脂后，按一定比例加入促硬剂配制 CO_2 硬化酚醛树脂。

3. 性能

见表 8-1、表 8-2。

表 8-1　两种工艺得到产品性能

工艺种类	初强度/MPa		中强度/MPa		终强度/MPa		稳定性
	抗压	抗拉	抗压	抗拉	抗压	抗拉	（密封放置）
工艺一	1.5	0.30	1.85	0.45	2.3	0.55	三周后硬化
工艺二	2.0	0.55	2.75	0.75	3.6	0.8	三月后稍变稠

产品物理性质：红棕色黏稠液体；pH 值为 12～14；游离醛≤0.2%；游离酚≤0.3%；产品与 Ecolotee2000 强度比对如表 8-2，从表 8-2 可看出，本产品基本达到 Ecolotee2000 的性能水平。

表 8-2 产品强度比对结果

样品种类	初强度/MPa		中强度/MPa		终强度/MPa	
	抗压	抗拉	抗压	抗拉	抗压	抗拉
KD-1	2.4	0.55	3.2	0.75	4.4	0.9
Ecolotee	2.5	0.6	3.5	0.8	4.5	0.9

(二)氧化石墨烯改性酚醛树脂薄膜

1. 配方[4]

单位：质量份

原材料	用量	原材料	用量
苯酚	33	催化剂	1.0
甲醛	100	氧化石墨烯(GOs)	2.0
NaOH	5.0	其他助剂	适量

2. 制备方法

(1) 氧化石黑烯悬浮液的制备　采用改进的 Hummers 法制备 GO，将 GO 研碎，配制不同浓度的悬浮液，超声剥离（KQ5200DE、40kHz、100W）30min 后，在 4000r/min 下离心处理 20min，除去悬浮液中少量杂质，得到均质稳定的 GOs 水溶液。

(2) 水溶性酚醛树脂的制备　称取适量的苯酚和甲醛，将苯酚倒入圆底烧瓶中，加热至 50℃。按苯酚和甲醛纯物质总质量的 5%称取 NaOH，并将其分为 3.5%和 1.5% 2 份待用。将 3.5%的 NaOH 加入圆底烧瓶中，于 50℃恒温 20min。将 80%的甲醛倒入该圆底烧瓶，升温至 60℃，恒温 50min；再将剩余 1.5%的 NaOH 加入烧瓶中，升温至 70℃，恒温 20min；最后加入剩余的 20%甲醛，升温至 90℃，恒温反应 30min，反应终止后得到的产品为透亮棕红色，质量分数为 45%，并完全溶于水，制得水溶性酚醛（WPF）。

(3) 氧化石墨烯复合材料的制备　采用直接共混法制备 GOs/WPF 纳米复合材料。称取 WPF，加入 GOs 水溶液配制成复合物水溶液，室温下磁力搅拌 30min，然后将其置于 50℃真空干燥除去溶剂水，最后用研钵将干燥物粉碎成细粉，在热压机中于 160℃、0.06MPa 条件下压成约 0.3mm 的薄片。

(4) 复合材料薄膜的炭化处理　将复合材料薄膜于卧式真空炉中进行高温还原使之恢复导电性。初始升温速率为 2℃/min，至 250℃恒温 30min，继续以 5℃/min 升至 1000℃终止，恒温 30min，全过程真空度控制在 10Pa 以下，得到复合材料导电薄膜。

3. 性能

见表 8-3。

表 8-3 高温处理后复合材料薄膜的电性能

样品	电导率/(S/cm)	样品	电导率/(S/cm)
纯树脂	43.19	0.5%GOs	76.35
0.05%GOs	51.24	1.3%GOs	87.57
0.1%GOs	62.18	2%GOs	96.23

（三）纳米硼酸锌改性酚醛复合材料

1. 配方[5]

单位：质量份

原材料	用量	原材料	用量
苯酚	100	纳米硼酸锌 $4ZnO \cdot B_2O_3 \cdot H_2O$	7.0
甲醛	125	加工助剂	1～2
催化剂	0.5	其他助剂	适量
稳定剂	5.0		

2. 纳米硼酸锌 $4ZnO \cdot B_2O_3 \cdot H_2O$/酚醛树脂复合材料的制备

将原料混合物超声分散 30min 后移至装有电动搅拌器和水银温度计的 500mL 三口圆底烧瓶中采用油浴加热，首先将反应物在 40℃下电动搅拌 30min，使反应物充分混合，然后用 20%的 NaOH 溶液调节反应体系 pH 值至 8～9 之间，再以 3℃/min 的升温速率将反应体系的温度升高至 95℃后反应 5h，此时反应物呈枣红色黏稠态，最后加盐酸将反应体系 pH 值调至 7 左右。将反应后枣红色的黏稠物在旋转蒸发仪上减压蒸馏，减压条件为 0.09MPa，蒸馏温度为 80℃蒸馏 2h。最后将产物在 180℃下固化 2h，得到纳米硼酸锌 $4ZnO \cdot B_2O_3 \cdot H_2O$/酚醛树脂复合材料。

3. 性能

添加纳米硼酸锌 $4ZnO \cdot B_2O_3 \cdot H_2O$ 对酚醛树脂的热稳定性和阻燃性能都有明显的改善，当添加量为 7 份时，复合材料的阻燃性能最好，原因是在高温状态下，纳米 $4ZnO \cdot B_2O_3 \cdot H_2O$ 可能会与酸性物质结合，延缓或避免了某些有机物质的分解，纳米硼酸锌 $4ZnO \cdot B_2O_3 \cdot H_2O$ 可以形成玻璃化膨胀涂层覆盖到酚醛树脂的表面，起到很好的保护作用，这样既减缓了有机物在高温下分解的速度又减少了氧气和保护层下有机物的接触机会，使酚醛树脂阻燃性能有了明显提高。

（四）玄武岩纤维增强酚醛复合材料

1. 配方[6]

单位：质量份

原材料	用量	原材料	用量
酚醛树脂	100	加工助剂	1～2
玄武岩纤维	15～30	其他助剂	适量
有机硅防水剂	20		

2. 制备方法

用有机硅防水剂对水溶性酚醛树脂进行改性处理，通过改变各添加剂的质量份（水溶性酚醛树脂为 100 份），制备不同的改性酚醛树脂处理液。

将玄武岩纤维针刺毡放入改性酚醛树脂处理液中充分浸渍，将挤压后的试样置于 105℃的烘箱中干燥 30min，然后用平板压片机在 200℃下热压 30min，得到改性酚醛树脂/玄武岩纤维复合板材。

3. 性能

见表 8-4、表 8-5。

表 8-4 复合板材燃烧性能检测结果

检测项目	检测方法	A1 级标准要求	检测结果	结论
炉内温升/℃	GB/T 5464—2010	≤30	12	合格
持续燃烧时间/s	GB/T 5464—2010	0	0	合格

续表

检测项目	检测方法	A1级标准要求	检测结果	结论
质量损失率/%	GB/T 5464—2010	≤50	3.1	合格
热值/(MJ/kg)	GB/T 14402—2007	≤2.0	0.9	合格

表 8-5　中试生产制得的复合板材与同类产品性能对比

项目	复合防火保温板	发泡水泥保温板	XPS挤塑保温板	发泡酚醛保温板	发泡聚氨酯保温板
密度/(kg/m^3)	120～150	200	30～45	100	≥35
热导率/[W/(m·K)]	0.034	0.058	0.042	≤0.04	0.033
燃烧性能	A1	A1	B3	B1	B3
最高使用温度/℃	650	1200	75	180	75
吸水率/%	<1	<1	<1	<1	<1
压缩强度/kPa	>500	200～400	150～500	100	210
施工操作性	好	一般	较好	一般	一般
使用寿命	长	长	短	短	短

（五）剑麻纤维增强改性膨胀玻化微珠/酚醛复合材料

1. 配方[7]

单位：质量份

原材料	用量	原材料	用量
酚醛树脂	100～130	无水乙醇	5～10
膨胀玻化微珠(60～80目)	50～70	加工助剂	1～2
剑麻纤维	2～8	其他助剂	适量

2. 制备方法

膨胀玻化微珠/酚醛树脂二元复合板材的制备：将膨胀玻化微珠置于105℃下干燥2h，取一定量的无水乙醇将酚醛树脂稀释，将膨胀玻化微珠与酚醛树脂乙醇溶液搅拌均匀，按照1∶1.2的压缩比置于钢质模具内并压实抚平，置于160℃烘箱内固化成型，得到膨胀玻化微珠/酚醛树脂二元复合板材。固化时间与板材厚度有关。试验中板材厚度5cm的固化时间为5h，板材厚度2cm的固化时间为3h。

膨胀玻化微珠/酚醛树脂/剑麻纤维三元复合板材的制备：将膨胀玻化微珠置于105℃下干燥2h，取一定量的无水乙醇将酚醛树脂稀释，将膨胀玻化微珠，酚醛树脂乙醇溶液和剑麻纤维混合均匀，成型过程与上述二元复合板材制备过程相同。

3. 性能

见表8-6、表8-7。

表 8-6　膨胀玻化微珠原样的物理性能

性　能	指标	性　能	指标
堆积密度/(kg/m^3)	153.15	成球率/%	>95
热导率/[W/(m·K)]	0.0486	玻化率/%	>95
体积吸水率/%	24.87	漂浮率/%	>95
筒压强度/kPa	464.12	耐火温度/℃	1280～1360

表 8-7　纤维长度对复合板材性能的影响

纤维长度/mm	压缩强度/MPa	冲击强度/(kJ/m^2)	热导率/[W/(m·K)]	体积密度/(kg/m^3)
5～10	1.608	0.134	0.0607	415.18
15～20	1.588	0.248	0.0652	410.68

膨胀玻化微珠/酚醛树脂二元复合板材的压缩强度和冲击强度随着酚醛树脂用量的增加而显著增加，压缩强度达到 2.33MPa，冲击强度达到 $0.100kJ/m^2$，其热导率为 0.060W/(m·K) 左右，板材具有较好的力学性能和保温性能。采用剑麻纤维增强二元复合板材后，制备的三元复合板材的冲击强度有很大程度的提高，压缩强度略有减小，热导率变化不大。

（六）无卤阻燃环氧酚醛层压板材

1. 配方[8]

单位：质量份

原材料	用量	原材料	用量
酚醛树脂	60	偶联剂	1.0
环氧树脂 6101	40	甲苯	适量
耐高温树脂	10	DMF	2～4
无碱玻璃纤维布	30	其他助剂	适量
含磷阻燃剂	2.16		

2. 层压板的制备

在带有冷凝管的四口烧瓶中加入配方量的含磷阻燃剂、耐高温树脂及甲苯和 DMF 混合溶剂，在适当的温度下反应，回流 2～3h，冷却至室温即得耐高温含磷阻燃剂 A。

将自制酚醛树脂与环氧树脂 6101 按质量比 6∶4 混合，加入溶剂调节固含量至所需值，搅拌均匀即得环氧酚醛组合物 B。

将 A 加热至一定温度，加入配方量的 B，反应至树脂溶液的凝胶化时间为 150～200s (160℃)，冷却后补加一定溶剂调节固含量至 50%，即得含磷环氧酚醛组合物 C。

在立式上胶机上采用偶联剂处理后的无碱玻璃布浸渍 C，然后在 130～150℃下烘干即得预浸料，车速为 3～7m/min。

预先将压机加热至 90～100℃，将制备的预浸料按照合适的尺寸厚度备料，然后送入压机加压至 3～5MPa。根据流胶情况逐步加压至 15～20MPa，在 150～160℃下热压 4h，冷却，出模即得无卤阻燃环氧酚醛玻璃布层压板。

3. 性能

阻燃改性后玻璃布层压板的阻燃性能均优于改性前的，且随着含磷量的增加，玻璃布层压板的阻燃等级随之上升，当树脂中的含磷量为 2.16%时，对应玻璃布层压板的阻燃等级达到 V-0。

（七）阻燃酚醛建筑保温材料

1. 配方[9]

单位：质量份

原材料	用量	原材料	用量
A 阶酚醛树脂	100	填料	3～5
发泡剂	0.5～1.5	加工助剂	1～2
固化剂	1～3	其他助剂	适量

2. 制备方法

通过定向复配催化技术和程序温控工艺，合成分子量高、分子量分布窄的 A 阶酚醛树脂。将 A 阶酚醛树脂与不相容的发泡剂乳化，然后与固化剂分散，优化注射成型和烘干成型工艺，制备酚醛微孔材料。具体工艺路线如图 8-1 所示。

3. 性能

酚醛微孔材料具有热导率低、防火性能优异的特性。与聚氨酯、聚苯乙烯、橡塑泡沫等

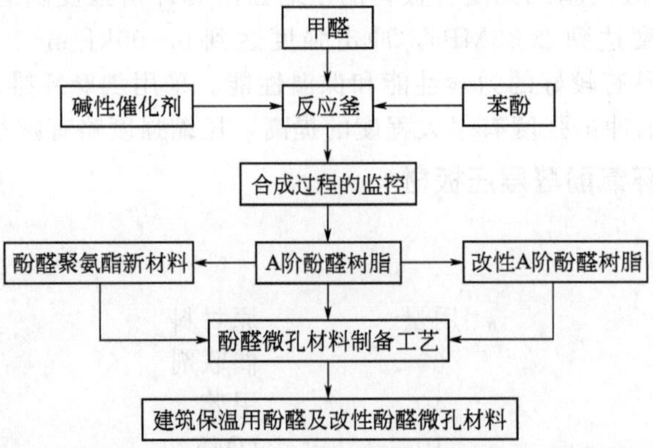

图 8-1　建筑保温用酚醛及改性酚醛微孔材料制备技术路线框图

有机泡沫塑料相比，酚醛泡沫具有质轻、吸水率小、热导率低、难燃、产烟毒性在准安全三级以上、耐火焰穿透、遇火即炭化且无滴落、火焰蔓延速率小、耐高温、安全、环境友好等特性，是新型隔热保温材料。

制得的酚醛微孔材料密度均匀，泡孔较小且排列致密，孔径 20～100nm。酚醛微孔材料的 DSC 曲线在 80～120℃有一个放热峰，这是体系固化所致；在 175～220℃有一个吸热峰，应是体系内小分子挥发所引起的。抗火焰穿透时间可达 0.93h，具有良好的耐火性能，可成为替代聚苯乙烯的一种新型建筑保温阻燃材料。

（八）含氮酚醛/环氧玻纤增强层压板材

1. 配方[10]

单位：质量份

原材料	用量	原材料	用量
环氧树脂 E-44	100	含氮酚醛	40
无碱玻璃布	20～30	加工助剂	1～2
催化剂	0.1～10	其他助剂	适量
4,4′-二氨基二苯甲烷	3～5		

2. 制备方法

（1）不同结构含氮酚醛/环氧阻燃树脂的合成　将组分一（三聚氰胺、甲醛、苯酚、催化剂 1）、组分二（苯胺、甲醛、苯酚、催化剂 2）和组分三（4,4′-二氨基二苯甲烷、甲醛、苯酚、催化剂）分别按配方量加入到不同的反应釜中，根据相应的工艺进行升温回流反应，分别制得含氮酚醛树脂 M_1、M_2、M_3 三种中间体。然后将中间体 M_1、M_2、M_3 按配方量混合，按相应的工艺进行升温回流反应，得 M_4 树脂，加入 E-44 环氧树脂，按工艺要求进行反应，至胶化时间达到技术要求的规定值，加入复合溶剂，冷却，出料即可得到不同结构含氮酚醛/环氧阻燃树脂。树脂的一般性能如表 8-8 所示。

表 8-8　含氮酚醛/环氧阻燃树脂性能

项　目	指　标	项　目	指　标
外观	淡黄色透明液体	固含量(105℃±2℃/2h)/%	50～60
黏度(4# 黏度杯,23℃±2℃)/s	20±2	凝胶时间(160℃±2℃)/s	120～240

（2）预浸料的制备　首先使用上述树脂浸渍事先用偶联剂处理过的无碱玻璃布，通过立式上胶机干燥，控制胶含量，挥发物，可溶性等技术指标，制成半固化片。预浸料的一般性

能列于表 8-9。

表 8-9 预浸料的性能

项目	指标	项目	指标
胶含量/%	50±5	挥发物/%	1.0～2.0
可溶性/%	≥90		

(3) 层压板的制备 将预浸料裁去毛边，裁剪成所需尺寸，选择表面平整、无污渍的半固化片，叠好放在两面涂有脱膜剂的不锈钢板，送入热压机内，视流胶情况逐步升温、加压至成型，并在 170～180℃和 8～9MPa 下保温保压一定时间后，冷却至室温，即可得到不同结构含氮酚醛/环氧阻燃玻璃布层压板。

3. 性能

采用不同结构含氮酚醛树脂，作为环氧树脂的固化剂，所制备的不同结构含氮酚醛/环氧阻燃玻璃布层压板，具有良好阻燃性、力学性能、电气性能。当不同结构含氮酚醛树脂的用量为树脂体系的 40%时，其综合性能最佳，明显优于单一结构的含氮酚醛/环氧阻燃玻璃布板，是一种新型的无卤无磷绿色环保阻燃材料，有着很好的应用前景。

（九）低烟低毒阻燃酚醛复合材料

1. 配方[11]

单位：质量份

原材料	用量	原材料	用量
Resol 型酚醛树脂	100	聚乙烯醇缩丁醛(PVB)	5.0
缎纹玻璃纤维布(EW250F-120)	30	加工助剂	1～2
四溴双酚 A/Sb_2O_3	5.0	其他助剂	适量

2. 制备方法

(1) 酚醛树脂制备 第一步：首先将甲醛水溶液和苯酚（醛酚摩尔比为 2∶1）加入到反应釜中，在快速搅拌条件下升温至 65℃，加入适量氢氧化钡并快速搅拌均匀，然后继续升温至 80℃并保温反应 2.5h。通过测定反应混合物的折射率（n_d^{25}）来监测反应程度，待 n_d^{25} 达到预定值后加入适量磷酸二氢钾水溶液，将反应液的 pH 值调至中性，终止聚合反应。最后在 80℃条件下对反应液减压脱水，得到氢氧化钡催化聚合的 Resol 型酚醛树脂。

第二步：往容器中依次称取 PVB、四溴双酚 A、三氧化二锑和乙醇，确保酚醛树脂∶PVB∶四溴双酚 A 的质量比为 100∶5∶5，以及树脂固质量分数为 65%±5%，高速搅拌分散以使 PVB 和四溴双酚 A 完全溶解，待第一步所制备的酚醛树脂温度冷却至 50℃后，将上述配制好的添加液倒入酚醛树脂反应釜，继续高速搅拌分散后放出酚醛树脂并密封保存待用。

(2) 预浸料制备 将第二步制备好的酚醛树脂倒入浸胶槽，采用溶液浸胶法并控制挤胶辊间距、玻璃布走速以及后烘温度，经连续浸渍、烘干和收卷工序完成酚醛树脂与玻璃纤维布的均匀浸渍，制备得到外观均匀平整和无表面无干斑的酚醛/玻纤预浸料。

(3) 复合材料制备 将酚醛/玻纤预浸料裁剪成一定尺寸的坯料，然后按层数要求铺叠成预浸料块（力学试样 10 层，阻燃试样 6 层），预浸料块上下依次放置四氟乙烯布、不锈钢板均压板（厚度 10mm），再依次包覆透气毡和真空袋，最后放入热压罐中按拟定的加压升温固化工艺完成复合材料固化成型。复合材料试样最后通过机械加工修整处理得到。

3. 性能

见表 8-10、图 8-2 和图 8-3。

表 8-10　不同批次预浸料的物理性能

批次	取样位置	挥发份质量分数/%	树脂质量分数/%	凝胶时间/s	预浸料铺覆工艺性	拉伸强度 1/MPa	拉伸强度 2/MPa
第一批	卷首左部	3.5	40.5	85	黏性适中，铺覆性能良好	386	362
	卷首中部	3.4	40.8	80			
	卷首右部	3.5	40.2	93			
	卷尾左部	3.8	40.6	83	黏性适中，铺覆性能良好		
	卷尾中部	3.4	40.9	87			
	卷尾右部	3.4	40.3	92			
第二批	卷首左部	3.3	41.5	95	黏性适中，铺覆性能良好	395	379
	卷首中部	3.1	41.9	92			
	卷首右部	3.5	41.6	98			
	卷尾左部	3.8	41.5	99	黏性适中，铺覆性能良好		
	卷尾中部	3.4	41.8	93			
	卷尾右部	3.5	41.3	89			

注：拉伸强度 2 所用的预浸料已在－12℃条件下储存 180d，所有试样的固化条件均采用下文所述的固化制度 2。

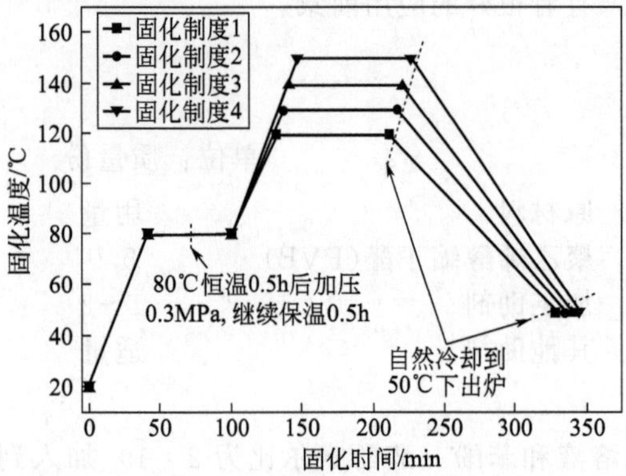

图 8-2　4 种不同固化制度

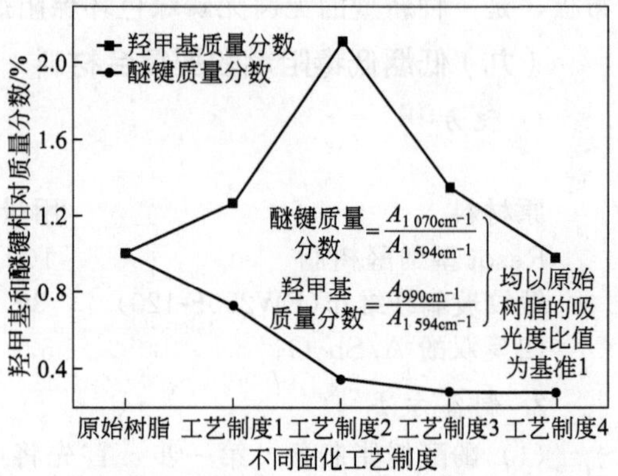

图 8-3　固化制度对羟甲基和醚键质量分数的影响

通过酚醛树脂结构与配方设计及制备工艺优化，制备出一种兼具低烟低毒性能和良好抗冲击性能的 GRPC-1，燃烧 4min 时的烟密度 Ds 值为 5，CO 的释放浓度为 2.75×10^{-4}，无 HCN、HF、HCl、SO_2、NO_x 等有毒有害气体释放。其中烟密度和毒性气体释放性能达到进口材料实测水平。

（十）改性酚醛泡沫塑料

1. 配方[12]

单位：质量份

原材料	用量	原材料	用量
酚醛树脂	100	对甲基苯磺酸/磷酸溶液	15
表面活性剂	8.0	其他助剂	适量
发泡剂	8.0		

2. 制备方法

(1) 改性酚醛树脂的合成　在 500mL 四口烧瓶中加入苯酚 141g、甲醛溶液 197g，质量分数为 30% 的氢氧化钠水溶液 16g，高速搅拌并加热至 60℃，保温 30min。加入环氧 636，升温至 94℃，保温 70min。水浴冷却至室温。把制备好的树脂在－0.1MPa 下脱水 60min 后倒出，冷却到室温，得到改性树脂。

(2) 改性酚醛泡沫的制备工艺　在合成的改性酚醛树脂中，加入表面活性剂和发泡剂，快速搅拌，让树脂、发泡剂、表面活性剂三者混合均匀。加入对甲基苯磺酸和磷酸的复合酸溶液（质量分数 87.5%，对甲苯磺酸与磷酸质量比为 1∶2），再次搅拌，混匀后倒入预热好的模具之中，在 66～75℃之间发泡，通过调整树脂加入量控制泡沫密度在 60～65kg/m^3 之间。

3. 性能

(1) 在碱性条件下，用活性环氧稀释剂 EP636 改性酚醛泡沫，在树脂体系中引入柔性链段，调整酚醛泡沫的骨架结构，制备高性能的阻燃保温产品。通过红外谱图可以说明 EP636 通过环氧开环反应成功接入酚醛树脂之中。

(2) 用 EP636 改性树脂可以与未改性树脂在相同条件下发泡，制得的泡沫具有更加均匀致密的孔结构。改性酚醛泡沫的热导率降低，韧性与强度得到提升，同时保持较好的阻燃效果。

(3) 改性泡沫的性质受 EP636 用量的影响。当 EP636 的加入量为 12 份。改性泡沫的性能达到最优，与未改性泡沫相比，压缩强度上升 50%，达到 0.42MPa；弯曲强度上升 80%，达到 0.88MPa；粉化率降低了 80%，达到 1.1%；热导率降低到了 0.029W/(m·K)；酚醛泡沫的氧指数为 45%，符合 B1 级阻燃泡沫的标准，是性能优良的阻燃材料。

（十一）玻纤增强酚醛泡沫

1. 配方[13]

单位：质量份

原材料	用量	原材料	用量
可发泡性酚醛树脂	100	玻璃纤维	4、8、12
发泡剂	5	偶联剂	1.0
固化剂	14	加工助剂	1～2
表面活性剂	6	其他助剂	适量

2. 复合酚醛泡沫材料制备

首先，将可发泡的酚醛泡沫、固化剂、发泡剂、表面活性剂及经偶联剂处理的玻纤（微米级玻纤粉、3mm 短切玻纤、6mm 短切玻纤）按比例称取（制备密度为 60kg/m^3 的酚醛泡沫）；然后用搅拌器充分混合均匀，迅速注入已预热模具内，放置于 75℃的烘箱内 30min，取出冷却后脱模。

3. 性能

见图 8-4、表 8-11。

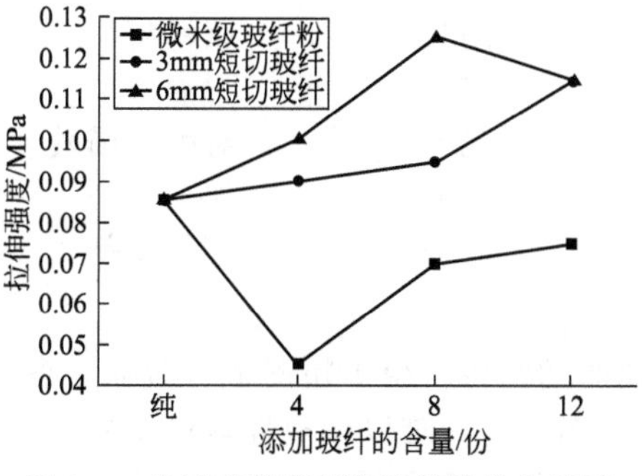

图 8-4　玻纤增强酚醛泡沫的拉伸性能图

表 8-11 玻纤增强酚醛泡沫的极限氧指数

短切玻纤	微米级玻纤粉				短切 3mm			短切 6mm		
玻纤含量/%	0	4	8	12	4	8	12	4	8	12
氧指数/%	34.7	39.2	41	42.3	42.9	43.2	44.1	42.5	42.8	43.9

（十二）低成本木质素/酚醛泡沫塑料

1. 配方[14]

单位：质量份

原材料	用量	原材料	用量
苯酚/木质素(70/30)	100	石油醚	10
多聚甲醛	80	加工助剂	1～2
催化剂(对甲基磺酸)	1～2	其他助剂	适量
表面活性剂(吐温-80)	3～5		

2. 制备方法

（1）木质素酚醛树脂的合成　在装有冷凝管、温度计和搅拌器的三口烧瓶中，依次加入一定量的苯酚、浓硫酸、木质素，在一定温度下酚化一定时间，然后加入一定量的氢氧化钠，一定温度下反应 30min，然后加入多聚甲醛量的 80%，在 55℃下反应 1h，然后升温至 65℃时加入剩余多聚甲醛，在 85℃下缩合反应 80min，最后用稀盐酸中和至 pH 为 7.0，得黏度和固含量适中的可发性木质素酚醛树脂。实验中木质素取代苯酚质量的 30%。

（2）木质素酚醛泡沫的制备　称取一定量的树脂，依次加入吐温-80、石油醚，搅匀，再加一定量固化剂搅匀，将其倒入模具中于烘箱中发泡，即得木质素酚醛泡沫。

3. 性能

见表 8-12。

表 8-12　酚醛泡沫及木质素酚醛泡沫的性能

项　目	表观密度/(kg/m³)	压缩强度/MPa	弯曲强度/MPa	氧指数/%	热导率/[W/(m·K)]
酚醛泡沫	54.3	0.24	0.13	37.8	0.031
木质素酚醛泡沫	55.7	0.22	0.17	38.6	0.029

木质素酚醛泡沫压缩强度低于酚醛泡沫，但弯曲强度、氧指数高于酚醛泡沫，说明其韧性和阻燃性较好，热导率与酚醛泡沫相近，属难燃型高效保温材料。

（十三）粗酚/酚醛泡沫塑料

1. 配方[15]

单位：质量份

原材料	用量	原材料	用量
苯酚	70	石油醚	10
粗酚	30	对甲苯磺酸	1～2
多聚甲醛	80	加工助剂	1～2
吐温-80	3～5	其他助剂	适量

2. 制备方法

（1）可发性粗酚/酚醛树脂的制备　由于粗酚成分复杂，各类酚化合物的反应活性参差不齐，引起聚合物摩尔质量分布不均，难以形成性能优良的树脂。而酚醛树脂发泡过程对树脂的性能有比较严格的要求。因此，实验原料以苯酚为主，以提高原料中三官能团的含量，改善原料品质。

在装有温度计、回流管的三口烧瓶中加入一定比例的粗酚、苯酚开动搅拌并升温，在45℃时加入一定量氢氧化钠，保温10min，然后升温至60℃，加入一部分多聚甲醛保温1h，然后加入另一部分多聚甲醛并再升温至最终反应温度，反应2h，停止加热即得黏度和固含量适宜的可发性酚醛树脂。

（2）粗酚/酚醛泡沫的制备　先预热可发泡性酚醛树脂到30℃，然后按比例加入吐温-80、石油醚，搅拌5min左右，加入固化剂，剧烈搅拌后倒入模具中（模具温度30～40℃），在70℃下发泡即可得到产品。

3. 性能

（1）利用粗酚替代苯酚可有效合成可发性粗酚/酚醛树脂，综合粗酚/酚醛泡沫的性能，粗酚质量分数为30份较为合适。

（2）粗酚/酚醛泡沫泡孔更加均匀、致密、闭孔率高，优于纯酚醛泡沫。

（3）TG分析表明：粗酚/酚醛泡沫耐热性良好。

（4）粗酚/酚醛泡沫较纯酚醛泡沫韧性有一定程度的提高。

（5）粗酚/酚醛泡沫保持了酚醛泡沫较好的阻燃性能、良好的保温性能。

综上所述，粗酚/酚醛泡沫是一种成本低廉、性能优异的保温材料，具有极大的经济价值、社会效益和环保意义。

（十四）生物油酚醛泡沫塑料

1. 配方[16]

单位：质量份

原材料	用量	原材料	用量
可发性生物油酚醛树脂	100	表面活性剂(吐温-80)	5.0
催化剂(对甲苯磺酸：磷酸=2：1)	10～15	加工助剂	1～2
发泡剂(石油醚)	5～10	其他助剂	适量

2. 制备方法

取可发性生物油酚醛树脂,依次加入表面活性剂、发泡剂、催化剂,快速搅拌均匀后注入模具中,将模具放入干燥箱中,发泡温度控制为75℃,发泡剂在酸催化剂和热力作用下气化,在混合料中形成微孔,经过一定时间树脂固化交联形成泡沫体,待完全固化后脱模。

3. 性能

见表8-13。

表 8-13　重复试验结果

编号	表观密度/(kg/m^3)	压缩强度/MPa	氧指数/%	热导率/[W/(m·K)]	掉渣率/%
1	53.5	0.18	45	0.028	4.2
2	44.2	0.12	43	0.029	3.4
3	49.1	0.16	45	0.032	3.7

制得的BPF泡沫压缩强度达到硬质泡沫材料中的有限承重类板材（Ⅱ类）的级别，符合GB/T 20974中不小于0.1MPa的要求；在未添加任何阻燃剂的条件下，氧指数达到43%～45%，阻燃性能达到B1级，属于难燃材料；热导率低，只有0.028～0.035W/(m·K)，保温性能优异；常规PF泡沫掉渣率一般为6.8%～12.5%，而BPF泡沫的掉渣率只有3.4%～4.2%，说明BPF泡沫的脆性较PF泡沫降低并且韧性有所增强，这是由于生物油的加入，使传统PF树脂的空间网状结构中嵌入了一些柔性基团，改善了PF树脂的刚性分子结构，在一定程度上提高其柔韧性，从宏观上表现为泡沫制品的脆性降低。

（十五）高性能酚醛泡沫塑料的配制

1. 配方[17]

单位：质量份

原材料	用量	原材料	用量
可发性甲阶酚醛(PF)树脂	100	复合固化剂	20～30
发泡剂	6.0	加工助剂	1～2
匀泡剂	6.0	其他助剂	适量

2. 制备方法

取100份的可发性甲阶PF树脂，加入6份发泡剂和6份匀泡剂，搅拌5min，然后加入复合酸固化剂调节体系pH到3，继续搅拌5min。然后置于70℃烘箱中，40～60min后可得到发泡程度大、泡孔均匀细密的PF泡沫塑料。

3. 性能

当可发性甲阶酚醛树脂原料中甲醛/苯酚（F/P）=2.0时，PF泡沫塑料的综合性能最佳。其孔径为268μm，弯曲强度为0.24MPa，压缩强度为0.39MPa，热导率为0.046W/(m·K)，氧指数为54.3%，热释放速率为0.57kW/m^2，烟灰产率仅为9.6m^2/m^2，峰值CO产量为1.8584kg/kg。

（十六）PVC阻燃酚醛纤维

1. 配方[18]

单位：质量份

原材料	用量	原材料	用量
苯酚	94	PVC	0.5、1.0、2.0、5.0
甲醛溶液(37%)	69	加工助剂	1～2
草酸	0.5	其他助剂	适量

2. 制备方法

将一定量的苯酚、37%甲醛溶液和草酸加入三口烧瓶中，于100℃条件下回流搅拌6h，减压蒸馏干燥后降温至110℃加入占苯酚的0.5份、1.0份、2.0份、5.0份的PVC继续反应1h，即得到PVC改性酚醛树脂。将上述制备的改性酚醛树脂在适当的温度下熔融纺丝，得到初生纤维。将其浸于固化液中，经过一定的程序升温处理，即可得到PVC阻燃酚醛纤维。样品编号依次为：1#、2#、3#、4#。未加PVC的酚醛纤维样品为0#。

3. 性能

见表8-14、图8-5和图8-6。

表8-14　样品的软化点和可纺性评价

样品	软化点/℃	可纺性	最佳纺丝温度/℃	可纺丝温度/℃
0#	134	拔丝较长、很均匀、较细，佳	168	140～173
1#	103	拔丝较长、较均匀、较细，中	135	106～154
2#	105	拔丝较长、较均匀、较细，偏差	145	108～153
3#	123	拔丝较长、易断、不均匀，差	165	127～165
4#	125	不能拔丝		

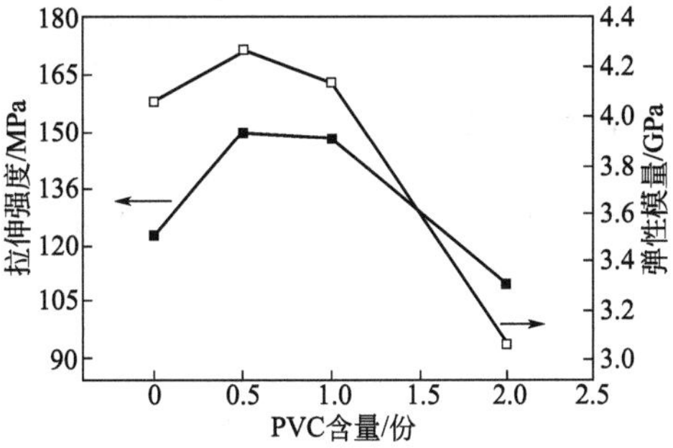

图 8-5　PVC 阻燃酚醛纤维的力学性能

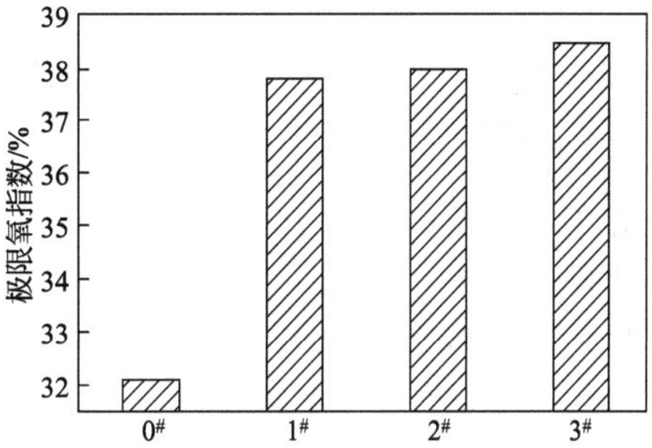

图 8-6　PVC 阻燃酚醛纤维的极限氧指数

第二节　环氧塑料

一、经典配方

具体配方实例如下[1,2]。

（一）环氧树脂专用料配方

1.E 型环氧树脂配方

（1）E 型环氧树脂

单位：质量份

原材料	E-44	E-12	E-42
二酚基丙烷	100	100	100
环氧氯丙烷	49.5	120	111.6
碱液(30%)	208	200	129
苯	适量	—	—
催化剂	0.8	—	—
其他助剂	适量	适量	适量

说明：该树脂与固化剂混合后，可在低温低压下固化成型，制成胶黏剂后对金属、陶瓷、玻璃、木材等具有很强的粘接力，属高性能结构胶黏剂。且工艺简便可靠，制品收缩率低，力学性能、绝缘性能优异属于高性能复合材料。

（2）E-42 型环氧树脂浇注料

单位：质量份

原材料	用量	原材料	用量
环氧树脂	100	石英粉(250 目)	220
304 聚酯	15～20	分散剂	适量
苯胺	35～40	其他助剂	适量

（3）E-51 型环氧树脂浇注料

单位：质量份

原材料	用量	原材料	用量
环氧树脂	100	三亚乙基三胺	8～10
邻苯二甲酸二丁酯	10	加工助剂	1～2
钛白粉	50	其他助剂	适量

（4）E-44 环氧树脂浇注料

单位：质量份

原材料	用量	原材料	用量
环氧树脂	100	苄基二甲胺	0.25
石英粉(270 目)	200	加工助剂	1～2
聚壬二酸酐	20	其他助剂	适量
纳迪克酸酐	50		

2. F 型酚醛多环氧树脂与浇注料

(1) F 型酚醛多环氧树脂

单位：质量份

原材料	用量	原材料	用量
线型酚醛树脂	100	氢氧化钠	165
环氧氯丙烷(>95%)	692	苯	适量
苄基三乙基氯化铵	1.5	其他助剂	适量

(2) F 型环氧浇注料

单位：质量份

原材料	用量	原材料	用量
环氧树脂	100	丙酮	100
647 酸酐	94	其他助剂	适量
苄基二甲胺	0.2		

(3) F-51 环氧树脂配方

单位：质量份

原材料	用量	原材料	用量
线型酚醛树脂	15～20	NaOH	1～2
环氧氯丙烷	100	苯	适量
苄基三乙基氯化铵	0.5～1.5	其他助剂	适量

(4) F-44 环氧树脂配方

单位：质量份

原材料	配方 1	配方 2	配方 3
F-44 环氧树脂	100	100	100
顺丁烯二酸酐	30	—	—
内亚甲基四氢邻苯二甲酸酐	—	68	—
674 酸酐	—	—	94
二甲基苯胺	—	1.84	—
苄基二甲胺	—	—	0.2
丙酮	200	100	100
其他助剂	适量	适量	适量

说明：配方 1 与配方 2 用于层压制品；配方 3 用于缠绕制品。F-环氧树脂环氧基含量高，黏度大，固化后交联密度高，其纤维复合材料力学性能和耐热性能高于 E 型环氧树脂。

(5) 邻甲酚甲醛环氧树脂配方

单位：质量份

原材料	用量	原材料	用量
邻甲酚	100	NaOH	1～3
甲醛	120	溶剂	适量
酸性催化剂	5～8	其他助剂	适量
环氧氯丙烷	40～50		

说明：该树脂除具有 F 型环氧的力学性能和耐热性好的特点外，还具有介电性能优异、

耐化学品性好、杂质含量低，且耐湿热性亦佳的优点，可用于制备电子元器件。

3. B 型甘油环氧树脂

单位：质量份

原材料	用量	原材料	用量
环氧氯丙烷	100	NaOH	1～2
甘油	80	乙二醇	适量
三氟化硼催化剂	5～8	其他助剂	适量

说明：该树脂柔韧性好，黏度低，使用寿命长，固化制品剪切强度与韧性高，可用于制备胶黏剂、涂料、浇注料和处理剂等。

4. 双酚-F 环氧树脂

单位：质量份

原材料	用量	原材料	用量
双酚-F	10	NaOH	10～30
环氧氯丙烷	100	乙二醇	适量
四甲基氯化铵	1～5	其他助剂	适量

说明：弯曲强度 149MPa，热变形温度 140℃，表面电阻率 $1.35\times10^{13}\Omega$，体积电阻率 $4.35\times10^{16}\Omega\cdot cm$，介电强度 22kV/mm，可用于制备电子电气元件浇注料，纤维复合材料也可用于制备电子电气元件。

5. 双酚-S 环氧树脂

单位：质量份

原材料	用量	原材料	用量
双酚-S	20	乙二醇	适量
环氧氯丙烷	100	其他助剂	适量
NaOH	5～75		

说明：可用于制备浇注料、浸渍料、胶黏剂与涂料等。

6. J 型间苯二酚环氧树脂

单位：质量份

原材料	用量	原材料	用量
间苯二酚	110	苄基三甲基氯化铵	1.1
水	80	氢氧化钠	88.5
甲醛水溶液	45	其他助剂	适量
环氧氯丙烷	925		

说明：弯曲强度 114MPa，冲击强度 $6.8kJ/m^2$，压缩强度 226MPa，拉伸强度 52MPa，马丁耐热 265℃，可用于制备高温浇注料，纤维复合材料，胶黏剂等。

7. 二酚基丙烷侧链型环氧树脂

单位：质量份

原材料	用量	原材料	用量
侧链型环氧树脂(ADK,EP-400)	25～75	三亚乙基四胺	9.0
液体双酚 A 型树脂	25～75	乙二醇	适量
聚酰胺(胺值 340)	50～70	其他助剂	适量

说明：拉伸强度 64MPa，弯曲强度 55MPa，热变形温度 66℃，可用于制备绝缘浇注料、包封料和胶黏剂等。

8. 脂肪族与芳香族缩水甘油酯（IQ型）

单位：质量份

原材料	用量	原材料	用量
环氧氯丙烷	100	水	适量
多羧酸酐	10～30	其他助剂	适量
催化剂	5～10		

说明：该树脂与E型环氧树脂相比反应活性高，与其他环氧树脂相容性好，可用于制备纤维复合材料、层压板材、高温绝缘灌封料、浇注料和胶黏剂等。

9. 聚丁二烯环氧树脂及其浇注料

(1) 聚丁二烯环氧树脂（D型）

单位：质量份

原材料	用量	原材料	用量
环氧氯丙烷	100	溶剂	适量
液状聚丁二烯	30～40	其他助剂	适量
乙酸	2～6		

(2) 浇注料

单位：质量份

原材料	配方1	配方2	配方3
聚丁二烯环氧树脂	100	100	100
顺丁烯二酸酐	35	25	31
苯乙烯	35	2	30
对苯二酚	0.2	—	0.05
1,3-丙二醇	8.0	—	8.0
过氧化苯甲酰	0.5	—	0.5
石英(200目)	—	—	100
金刚石	—	—	10
其他助剂	适量	适量	适量

说明：该树脂电绝缘性能优良、粘接强度高、热稳定性和耐候性良好。

10. 二氧化双环戊二烯环氧树脂（R型）及其浇注料

(1) 二氧化双环戊二烯环氧树脂（R型）

单位：质量份

原材料	用量	原材料	用量
双环戊二烯	100	催化剂	1～2
己酸	101	其他助剂	适量

(2) 浇注料

单位：质量份

原材料	配方1	配方2	配方3
二氧化环戊二烯	100	100	100
顺丁烯二酸酐	51	—	—
647酸酐	—	136.5	—
四氢苯二甲酸酐	—	—	83.4
甘油	7.5	7.5	7.5
$SnCl_4$(溶解于甘油中)	—	—	1.0
其他助剂	适量	适量	适量

(3) 二氧化环戊二烯环氧 B 阶树脂配方

单位：质量份

原材料	用量	原材料	用量
二氧化环戊二烯	100	30%氢氧化钾乙醇溶液	0.04
顺丁烯二酸酐	48	其他助剂	适量
丙三醇	7.5		

说明： 该树脂溶于乙酸、甲醇、乙醚、丙酮和四氯化碳等。与有机酸及其酸酐反应活性大，固化物交联度高，热变形温度 200℃以上，硬度高，电绝缘性、耐候性亦佳，遇火自熄，但冲击强度差，可用于制备层压制品、模压制品、胶黏剂和涂料等。

11. 二氧化双环戊基醚（W 型）及其浇注料

(1) 二氧化双环戊基醚（W 型）树脂

单位：质量份

原材料	用量	原材料	用量
双环戊二烯	100	水	适量
氯化氢	10～20	其他助剂	适量
乙酸	5～10		

(2) 浇注料

单位：质量份

原材料	用量	原材料	用量
W-95 环氧树脂	100	填料	5～10
间苯二胺	20～30	其他助剂	适量

说明： 拉伸强度 111MPa、弯曲强度 237MPa、压缩强度 212MPa、布氏硬度 203MPa、断裂伸长率 6%～7%，冲击强度 21.7kJ/m^2。

12. H 型环氧树脂浇注料

单位：质量份

原材料	配方 1	配方 2	配方 3
H-71 环氧树脂	100	100	100
苯二甲酸酐	38	—	—
顺丁烯二酸酐	—	30	—
四氢苯二甲酸酐	—	—	54.2
咪唑	—	0.2	—
苄胺	—	—	0.5
甘油	—	5	5
其他助剂	适量	适量	适量

说明： 弯曲强度 100～140MPa、压缩强度 145～200MPa、冲击强度 4.5～8.5kJ/m^2，马丁耐热 200℃。

13. 尼龙改性环氧树脂

单位：质量份

原材料	用量	原材料	用量
E-51 环氧树脂	80	固化剂	5～8
醇溶性尼龙 6/66	60	溶剂	适量
环氧活性稀释剂 600 号	60	其他助剂	适量
相容剂	5～10		

说明： 弯曲强度 400MPa、压缩强度 200MPa、冲击强度 300kJ/m^2、布氏硬度 550MPa，

马丁耐热 200℃；可用于制备如尾翼片、穿甲弹托等大型结构件。

14. 有机硅改性环氧树脂

单位：质量份

原材料	用量	原材料	用量
双酚A型环氧树脂	100	氯仿	适量
氨丙基封端的聚二甲基硅氧烷	40～60	固化剂	1～8
		其他助剂	适量

说明：该树脂综合了两种树脂的优点，呈现出优良的韧性，压模性、粘接性和抗冲击性能等，可用于制备半导体设备零部件、密封制品、模塑料和涂料等。

15. 聚醚砜改性环氧树脂

(1) 改性树脂配方

单位：质量份

原材料	用量	原材料	用量
E-51 环氧树脂	100	固化剂	1～5
二氨基二苯砜(DDS)	5～10	溶剂	适量
聚醚砜	10～30	其他助剂	适量

(2) 浇注料

单位：质量份

原材料	用量	原材料	用量
E-51 环氧树脂	100	固化剂	1～5
聚醚砜	12～25	溶剂	适量
DDS	5～8	其他助剂	适量

说明：拉伸强度 58～64MPa、拉伸弹性模量 2.6～2.7GPa、冲击强度 10.8kJ/m^2、断裂伸长率 2.7%～3.0%、热变形温度 185～194℃，由于该改性环氧疲劳强度突出，冲击韧性、横向拉伸与层间剪切强度高，耐热性优良，故而可用于制备高性能纤维增强复合材料、高强度胶黏剂与涂料等。

16. 聚酰胺酰亚胺改性环氧树脂

单位：质量份

原材料	用量	原材料	用量
E型环氧树脂	100	固化剂	1～3
聚酰胺酰亚胺	15～30	其他助剂	适量
相容剂	1～5		

说明：配方设计合理，加工性能良好，制品性能优良，建议推广应用。

17. 聚氨酯改性环氧树脂

单位：质量份

原材料	用量	原材料	用量
环氧树脂	100	甲基六氢苯酐固化剂	1～5
聚氨酯	5～15	N,N'-二甲基苄胺促进剂	0.5～1.5
相容剂	1～5	其他助剂	适量

说明：该改性树脂属于互穿网络聚合物合金，可用于制备高性能工程塑料、复合材料、胶黏剂和涂料等。

18. 聚氨酯脲改性环氧树脂

单位：质量份

原材料	用量	原材料	用量
环氧树脂	100	固化剂	1～5
端异氰酸酯基聚酯(ITPE)	8～15	溶剂	适量
扩链剂	1.0～2.0	其他助剂	适量

说明：改性后材料的拉伸强度提高 60%，冲击强度提高 50%，可用于制备复合材料、胶黏剂和涂料等。

19. 端羧基四氢呋喃聚醚改性环氧树脂

单位：质量份

原材料	配方 1	配方 2	配方 3	配方 4	配方 5
环氧树脂	100	100	100	100	100
端羧基四氢呋喃聚醚(CTPTHF)	0	10	20	30	40
固化剂(B07)	28.7	27.6	26.9	26.1	25.4
其他助剂	适量	适量	适量	适量	适量

说明：改性后冲击强度与粘接性能大幅度提高，而热性能与力学性能略有降低，其耐低温和超低温性能突出，可用于制备冰箱或制冷设备部件以及超低温胶黏剂与涂料等。

20. 氰酸酯改性环氧树脂

单位：质量份

原材料	用量	原材料	用量
环氧树脂(E-51)	30～70	固化剂	1～5
双酚 A 型氰酸酯(BCE)	70～30	溶剂	适量
相容剂	5～8	其他助剂	适量

说明：改性后材料具有较高的耐热性和韧性，吸湿性低，力学性能良好，适用于制备印刷电路板、雷达天线罩和宇航结构件等。

21. 热致性液晶聚合物改性环氧树脂

单位：质量份

原材料	用量	原材料	用量
环氧树脂	100	固化剂	1～9
热致性液晶聚合物(TLCP)	26～32	其他助剂	适量

说明：TLCP 改性具有自增强效果，又称为“原位复合技术”，是塑料改性技术的进步。

22. E-42 环氧层压制品专用料

单位：质量份

原材料	配方 1	配方 2
E-42 环氧树脂	100	60
酚醛树脂	—	40
苯乙烯	5	—
三亚乙基四胺	4	—
二亚乙基三胺	6	—
甲苯	—	40
乙醇	—	30
其他助剂	适量	适量

23. F-44 环氧树脂层压制品专用料

单位：质量份

原材料	配方 1	配方 2
F-44 环氧树脂	100	100
顺丁烯二酸酐	30	—
内亚甲基四氢邻苯二甲酸酐	—	68
二甲基苯胺	—	1.8
丙酮	200	100
其他助剂	适量	适量

24. D 型环氧树脂层压制品专用料

单位：质量份

原材料	用量	原材料	用量
聚丁二烯环氧树脂	100	溶剂	适量
顺丁烯二酸酐	25	其他助剂	适量
苯乙烯	2.0		

25. W 型环氧树脂层压制品专用料

单位：质量份

原材料	用量	原材料	用量
W95 环氧树脂	100	加工助剂	适量
间苯二胺	28	其他助剂	适量

26. H-71 环氧树脂层压制品专用料

单位：质量份

原材料	用量	原材料	用量
H-71 环氧树脂	100	甘油	4.0
647 酸酐	68～76	其他助剂	适量

27. R 型环氧树脂模塑粉料

单位：质量份

原材料	用量	原材料	用量
二氧化双环戊二烯	100	B 阶树脂	100
顺丁烯二酸酐	48	石英粉	100～150
丙三醇	7.5	偶联剂	2～6
30%氢氧化钾乙醇溶液	0.04	其他助剂	适量

28. 环氧泡沫塑料专用料（加入发泡剂发泡料）

单位：质量份

原材料	用量	原材料	用量
环氧树脂	100	分散剂	1～3
二亚乙基三胺	6	聚氧乙烯山梨糖醇	
甲苯	5	单月桂酸酯	2 滴
苯磺酰肼(发泡剂)	2	其他助剂	适量

29. 无发泡剂自行发泡环氧泡沫专用料

单位：质量份

原材料	用量	原材料	用量
环氧树脂	100	三甲氧基硼氧六元环	30
4,4′-二氨基二苯砜	20	加工助剂	1～2
液体硅氧烷(A1100)	0.2	其他助剂	适量

30. 浇注专用料

单位：质量份

原材料	用量	原材料	用量
环氧树脂	100	邻苯二甲酸酐	10
聚氯乙烯	89	黏土	3.3
邻苯二甲酸二辛酯	94	其他助剂	适量

31. 封装专用料

单位：质量份

原材料	配方 1	配方 2
邻甲酚环氧树脂	19	19
线型酚醛树脂	8.5	8.0
溴化环氧树脂	1.0	1.0
二氧化硅	68	70
脱模剂	0.5	0.5
硅烷偶联剂	0.4	0.4
促进剂	0.5	0.5
其他助剂	2.1	0.6

说明：主要用于CMOS集成电路、大规模集成电路、功率晶体管、线性集成电路和分立器件等制品的封装。

32. 掺杂型环氧导电专用料

单位：质量份

原材料	用量	原材料	用量
E-44 环氧树脂	100	改性酸固化剂	5～8
聚乙二醇二缩水甘油醚	10	聚乙二醇	5～10
丙酮	30	NaSCN	1～3
高氯酸锂($LiClO_4$)	30～40	加工助剂	1～2
KSCN	1～2	其他助剂	适量

说明：该材料主要用于集成电路板、印刷电路板、计算机零部件、电子电气元件等，以解决静电对产品的破坏作用。

（二）环氧复合材料配方

1. 金属粉末填充环氧复合材料

单位：质量份

原材料	配方 1	配方 2	配方 3
R-122 环氧树脂	—	83	83
E-42 环氧树脂	100	17	17
铝粉	170	220	150
铁粉	—	—	100

续表

原材料	配方 1	配方 2	配方 3
均苯四甲酸酐	21	—	—
顺丁烯二酸酐	19	48	48
甘油	—	5.8	7.0
分散剂	2～5	2～5	2～5
其他助剂	适量	适量	适量

说明：该复合材料浇注而成，可用于导电导热制品的制备。

2. 空心玻璃微球填充环氧复合材料

单位：质量份

原材料	用量	原材料	用量
环氧树脂	100	偶联剂	1～3
三乙醇胺	5～10	分散剂	1～2
空心玻璃微球	10～25	其他助剂	适量

说明：用空心玻璃微球填充环氧树脂制的复合材料，环氧树脂-三乙醇胺固化体系的压缩性能因固化不完全反而得到加强。同时压缩性能也随着空心玻璃微球用量的提高而降低。对其硬度的测试表明，其硬度变化在温度为 70℃以下时变化缓慢。当温度高于 70℃硬度下降明显。电镜分析表明，真空浇铸法制的模型材料中空心玻璃微球的含量不可能填得很高。

3. 硅粉填充环氧复合材料

单位：质量份

原材料	配方 1	配方 2	配方 3	配方 4
环氧树脂	90	85	80	75
聚酯增塑剂	5	5	5	5
硅粉	5	10	15	20
其他助剂	适量	适量	适量	适量

说明：该复合材料可用于航空、航天、兵器、电子和电工零部件的制造；也可用来制备涂料和胶黏剂等。

4. 高性能玻璃纤维增强环氧复合材料

单位：质量份

原材料	配方 1	配方 2	配方 3	配方 4
AFG-90 环氧树脂	100	80	80	80
F-76 环氧树脂	—	20	20	—
E-20 环氧树脂	—	—	—	20
4,4′-二氨基二苯砜(DDS)	50.8	45.9	50	47
无碱玻璃纤维纱(E-玻纤)	63.6	63.6	63.6	63.6
偶联剂	1～3	1～3	1～3	1～3
其他助剂	适量	适量	适量	适量

说明：该复合材料可用于超音速飞机、航天飞行器的结构件制备，也可用于制备电子电气、机械和发动机结构件。

5. 低毒室温固化玻璃纤维增强环氧复合材料

单位：质量份

原材料	用量	原材料	用量
E-51 环氧树脂	100	二乙醇胺	1～2
3,3′-二乙基 4,4′-二氨基二苯甲烷	5～8	U-45 活性稀释剂	10～20
		无碱斜纹玻璃布	20～30
600# 聚酰胺	3～6	偶联剂	1～5
乙二胺	1～5	其他助剂	适量

说明：该环氧复合材料可用于制备各种结构部件。

6. 碳纤维增强环氧复合材料

单位：质量份

原材料	用量	原材料	用量
邻甲酚甲醛环氧树脂(JF-43)	80	沥青碳纤维	40～70
对叔丁基酚甲醛树脂(2402)	20	偶联剂	2～5
2-甲基咪唑(2-MI)	5～10	其他助剂	适量

说明：用 60 份碳纤维增强复合材料性能最好，可用于制备耐热耐磨制件如轴承等。

7. 中温固化碳纤维增强环氧复合材料

单位：质量份

原材料	用量	原材料	用量
环氧树脂 CYD-011	70	丙酮	180
环氧树脂 TDE-86	30	碳纤维(T-300)	30～60
594 固化剂	12	偶联剂	1～3
促进剂	1.2	其他助剂	适量

（三）阻燃环氧料

1. 反应型阻燃环氧料

单位：质量份

原材料	用量	原材料	用量
3-氯-1,2-环氧丙烷	100	水	适量
四溴双酚	20～30	其他助剂	适量
NaOH	30		

2. 添加型阻燃环氧料

单位：质量份

原材料	用量	原材料	用量
环氧树脂	100	溶剂	适量
全氯戊环癸烷	20	其他助剂	适量
Sb_2O_3	10		

3. 阻燃环氧料

单位：质量份

原材料	用量	原材料	用量
邻甲酚醛清漆环氧树脂	16	熔融二氧化硅	16
酚醛清漆树脂	8.24	$Al(OH)_3$	58
硅烷偶联剂	0.60	炭黑	0.30
三苯基膦	0.26	巴西棕榈蜡	0.60

4. 敷铜板专用阻燃环氧料（一）

单位：质量份

原材料	用量	原材料	用量
EX-23-A-80 环氧树脂	125	苄基二甲胺	0.25
双氰胺	3.25	加工助剂	1～2
溶剂	15.25	其他助剂	适量
DMF	16.25		

5. 敷铜板专用阻燃环氧料（二）

单位：质量份

原材料	用量	原材料	用量
DER-542 环氧树脂	125	促进剂	0.1～1.0
DER-331 环氧树脂	125	添加剂	0.2～1.2
溶剂	20	加工助剂	1～2
BF_3MEA	1.5	其他助剂	适量

说明：上述配方设计合理，制造工艺简便可靠，所制得的制品性能优良，建议推广应用。其性能为：相对介电常数 4.23、介质损耗系数 0.017，铜箔电阻 3.5MΩ，尺寸稳定性优良。

6. 环氧烧蚀材料专用料

单位：质量份

原材料	用量	原材料	用量
E-51 环氧树脂	100	$Al(OH)_3$	3.0
咪唑固化剂	8.0	Al_2O_3	5.0
丁腈橡胶(CTBN)(丙烯腈含量为 30%)	20	Sb_2O_3	5.0
		磷酸三甲苯酯	5.0
ZB 阻燃剂	5～15	加工助剂	适量
四溴双酚 A	5.0	其他助剂	适量

说明：主要用于火箭、导弹发动机以及飞行器耐烧蚀零部件的制造。

二、环氧塑料配方与制备工艺

（一）膨润土改性环氧复合材料

1. 配方[19]

单位：质量份

原材料	用量	原材料	用量
环氧树脂(E-51)	100	稀释剂	适量
有机化膨润土	2～4	加工助剂	1～2
促进剂	5.0	其他助剂	适量

2. 制备方法

将准备好的环氧树脂与固化剂分别放入烘箱，对其进行加热，降低二者黏度，将有机化膨润土、稀释剂和促进剂按一定比例放入环氧树脂中，对其进行快速搅拌，实现均匀分散，将加热后的环氧树脂和固化剂进行共混、搅拌，在真空度条件下的不同时间里抽真空进行脱泡，然后浇注到模具中，对其进行固化，最终获得复合材料。

3. 性能

在有机膨润土含量为 2～4 份时，复合材料的拉伸强度和冲击强度有最佳值，就其断面来看，属于韧性断裂，与单纯环氧树脂相比，力学性能较高。

（二）硅烷化蒙脱土改性环氧复合材料

1. 配方[20]

单位：质量份

原材料	用量	原材料	用量
环氧树脂预聚体(E-44)	100	N,N'-二甲基苄胺促进剂	0.5
钠基蒙脱土	1.5	加工助剂	1～2
硅烷偶联剂 KH-550	0.5	其他助剂	适量
甲基四氢苯酐(固化剂 906)	68		

2. 制备方法

称取一定量的环氧树脂预聚体，加热至 50℃，将一定质量分数的硅烷化蒙脱土加入到环氧树脂预聚体中，在 50℃下搅拌 2h 后，加入 68 份固化剂和 0.5 份促进剂后继续搅拌 30min，将混合物在 60℃下进行真空脱泡后浇注到预热的模具中，先在 100℃预固化 2h，再在 160℃固化 3h，冷却至室温脱模，制得哑铃状试样。

3. 性能

用无水乙醇和水的混合溶剂制备 KH-550 硅烷化蒙脱土，使得蒙脱土层间距从 1.24nm 增大到 2.02nm。在硅烷化蒙脱土的添加量为 1.5 份时，制备的硅烷化蒙脱土/环氧树脂复合材料具有较好的拉伸性能，其拉伸强度比纯环氧树脂提高 11.9%，弹性模量提高 16%；硅烷化蒙脱土的添加使环氧树脂拉伸断面变粗糙。在环氧树脂中加入 KH-550 硅烷化的蒙脱土之后，环氧树脂的玻璃化温度从 156℃提高至 165℃，耐热性增强。因此，硅烷偶联剂硅烷化蒙脱土制备的蒙脱土/环氧树脂复合材料同时满足良好耐热性和力学性能的应用要求。

（三）硅微粉/气相 SiO_2 改性环氧复合材料

1. 配方[21]

单位：质量份

原材料	用量	原材料	用量
环氧树脂(AG-80)	100	ZH-433 改性芳香类固化剂	20
硅微粉(20～23μm)	120	消泡剂	0.5
气相 SiO_2(10～15nm)	3.0	无水乙醇	适量
硅烷偶联剂 KH-550	2～3	其他助剂	适量

2. 制备方法

将硅烷偶联剂与一定浓度的乙醇-水溶液混合均匀，静置 0.5h，加入到填料中，机械搅拌至混合均匀，过滤后烘干备用。

将 AG-80 环氧树脂与所需质量份改性填料在水浴中加热球磨搅拌 12h，再加入固化剂、消泡剂，室温搅拌均匀，置于真空烘箱中排泡 20min，气泡完全排除后取出，倒入尺寸为 120mm×15mm×5mm 的聚四氟乙烯模具中，在 80℃下固化 2.5h 后脱模，制得浇注体样品。

3. 性能

(1) 采用硅烷偶联剂 KH-550 对硅微粉和气相 SiO_2 进行改性后，其亲油化度均得到一定的改善。硅烷偶联剂 KH-550 改性硅微粉改性的优化条件为：KH-550 用量为 2.0 份，改性温度为 70℃，反应时间为 120min；硅烷偶联剂 KH-550 改性气相 SiO_2 的优化条件为：KH-550 用量为 3.0 份，改性温度为 80℃，反应时间为 120min。

(2) 与采用单一填料改性的二元体系相比，采用硅微粉和气相 SiO_2 组合填料改性的硅微粉/气相SiO_2/环氧树脂三元体系复合材料的力学性能更好。复合材料的弯曲强度达到161.44MPa。

（四）碳纳米管改性环氧树脂复合纤维棉

1. 配方[22]

单位：质量份

原材料	用量	原材料	用量
环氧树脂(E-44)	70	加工助剂	1～2
多壁碳纳米管(CNTs)	1～3	其他助剂	适量
C651聚酰胺固化剂	5.0		

2. 碳纳米管/EP复合纤维棉制备

将EP与C651聚酰胺树脂按照一定比例加入26.4g丙酮中，配制成质量分数为12%的EP丙酮溶液并转移到45℃恒温水浴锅中加热30min，随后磁力搅拌20h，得到均匀的无色透明溶胶。将上述溶胶通过如图8-7所示装置进行纺丝，纺出的丝沉积在负载碳纳米管的基板上与碳纳米管组装形成CNTs/EP复合纤维棉。与此同时，通过一个滚筒以20r/min的速率拉拔CNTs/EP复合纤维棉。

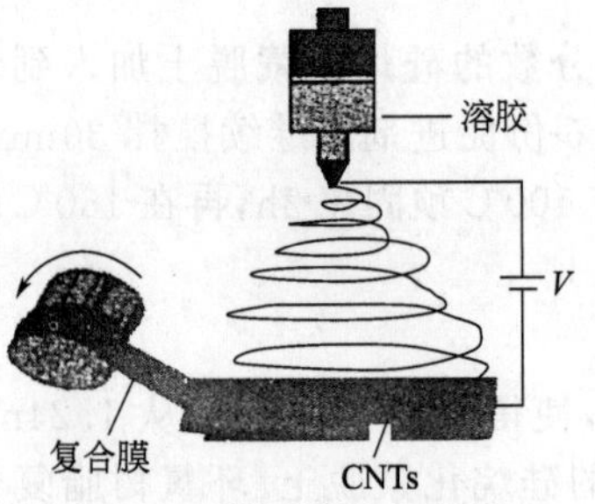

图8-7　CNTs/EP复合纤维棉制备示意图

3. 性能

(1) 利用简单方便的静电纺丝协同拉拔的新技术，成功地制备了具有较高的比表面积与优良孔隙结构的CNTs/EP复合纤维棉。该复合纤维棉较好地保留了碳纳米管的孔隙结构与性能特征。

(2) 测试了该复合纤维棉的接触角，发现其与植物油的接触角较小（66.8°），而与水的接触角较大（114.1°）。吸附性能测试进一步表明，合成的CNTs/EP复合纤维棉比丙纶纤维棉表现出更为优越的植物油吸附性能，能够吸附超过自身质量10倍的油类物质，表明该复合纤维棉在油污分离等吸附领域有较大实际意义和应用价值。

（五）氧化石墨烯改性环氧树脂复合材料

1. 配方[23]

单位：质量份

原材料	用量	原材料	用量
环氧树脂	100	二乙烯三胺(DETA)	12
氧化石墨烯(MGO)	0.05～0.25	加工助剂	1～2
偶联剂	0.1～1.0	其他助剂	适量
N,*N*′-二甲基甲酰胺(DMF)	5～10		

2. 制备方法

(1) GO及MGO的制备　GO制备：于4℃取1g石墨和120mL浓硫酸和13.3mL浓H_3PO_4混合液，再缓慢加入6g $KMnO_4$，缓慢升温至40℃，再加热至50℃反应12h。结束后缓慢加入到400mL水中稀释，滴加30%双氧水直到出现棕黄色，过滤洗涤，干燥后保存。

MGO的制备：将0.2g GO，50mL乙醇超声分散，在另一烧杯中加入一定量偶联剂和50mL去离子水，调节pH值为3，搅拌水解30min，然后缓慢加入到GO的均匀分散液中，60℃反应4h，离心分离，多次洗涤，80℃下干燥24h，研磨后保存备用。

(2) MGO/环氧复合材料的制备　将MGO加入到DMF中超声1h后，转入预热环氧树脂中60℃搅拌2h，80℃真空过夜，继续超声2h后，冰水浴中加入质量分数12%的DETA，真空脱气 5min，取出后倒入玻璃模具中，60℃下固化 6h，脱模并进行切割加工制得标准样条进行力学性能的测试。

3. 性能

见图 8-8～图 8-12、表 8-15。

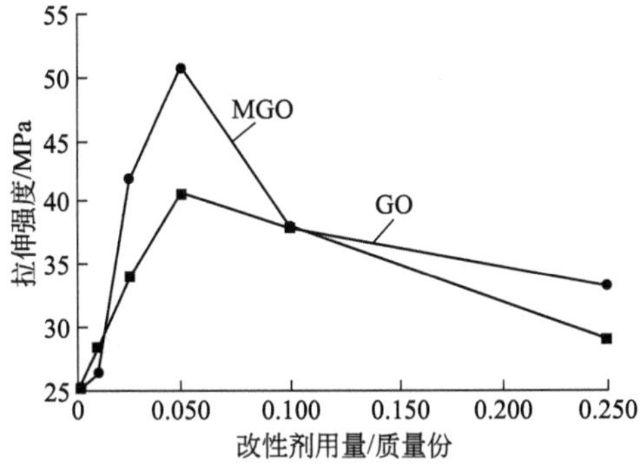

图 8-8　石墨烯改性复合材料的拉伸强度

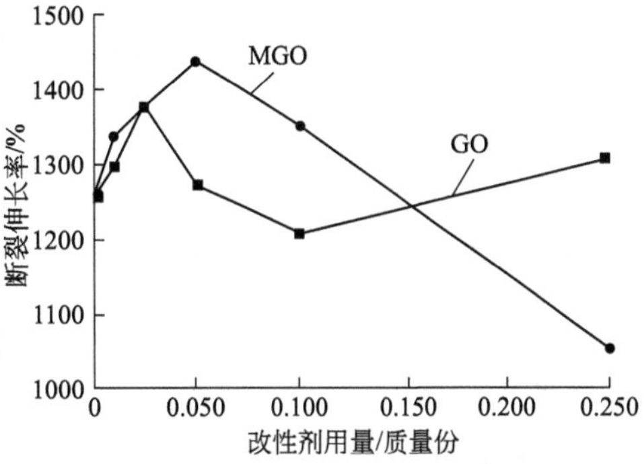

图 8-9　石墨烯改性复合材料的断裂伸长率

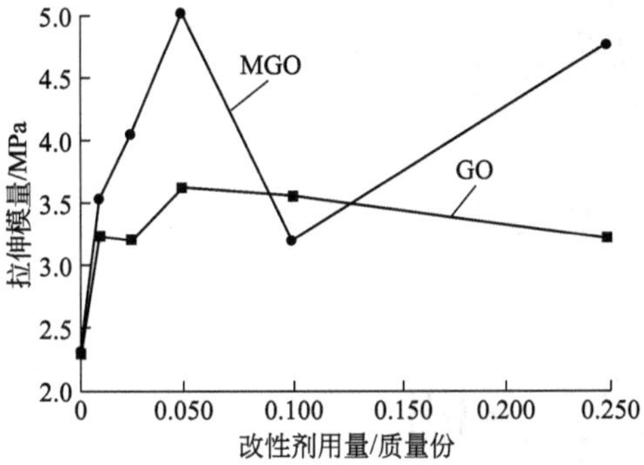

图 8-10　石墨烯改性复合材料的拉伸模量

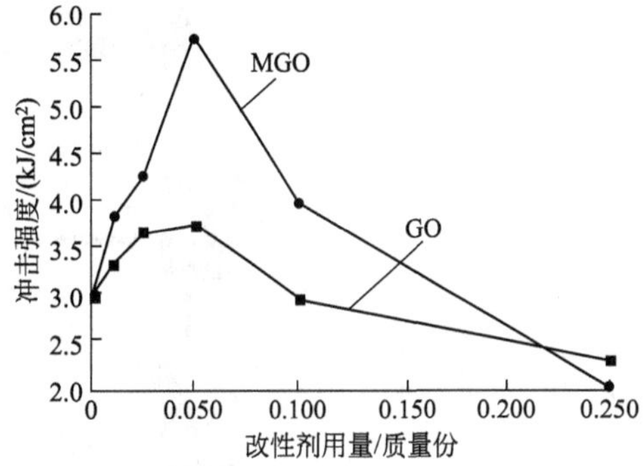

图 8-11　石墨烯改性复合材料的冲击强度

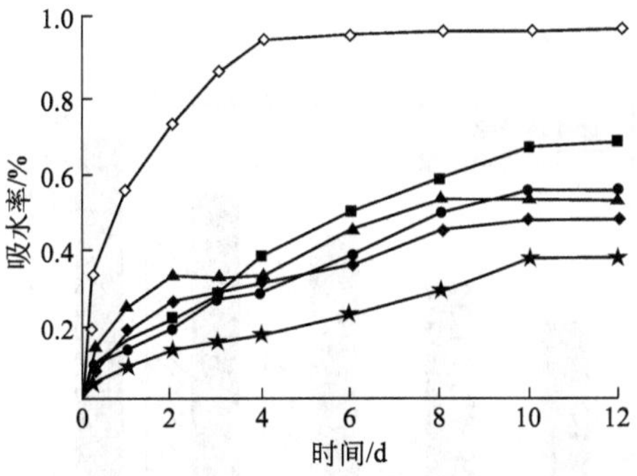

图 8-12　不同含量 MGO 环氧复合材料的吸水率曲线

■ —0；● —0.010 份；▲ —0.025 份；★ —0.050 份；◆ —0.100 份；◇ —0.250 份

表 8-15　MGO 添加量对复合材料热稳定性能影响

MGO 用量/质量份	起始分解温度/℃	终止分解温度/℃	残炭率/%
0	315	440	11.29

续表

MGO用量/质量份	起始分解温度/℃	终止分解温度/℃	残炭率/%
0.025	310	442	14
0.250	295	453	16.63

（六）功能氮化硼纳米片改性环氧树脂复合材料

1. 配方[24]

单位：质量份

原材料	用量	原材料	用量
环氧树脂	100	甲基六氢邻苯二甲酸酐(MEHHPA)	80
功能化BN纳米片	15	加工助剂	1～2
LCP	5.0	其他助剂	适量
乙酰丙酮钕	适量		

2. 制备方法

制备流程如图8-13所示。

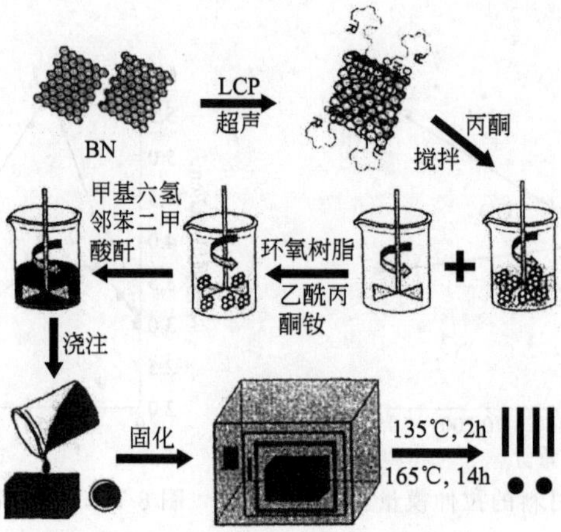

图8-13 EP/BN-LCP的制备流程图

3. 性能

见图8-14。

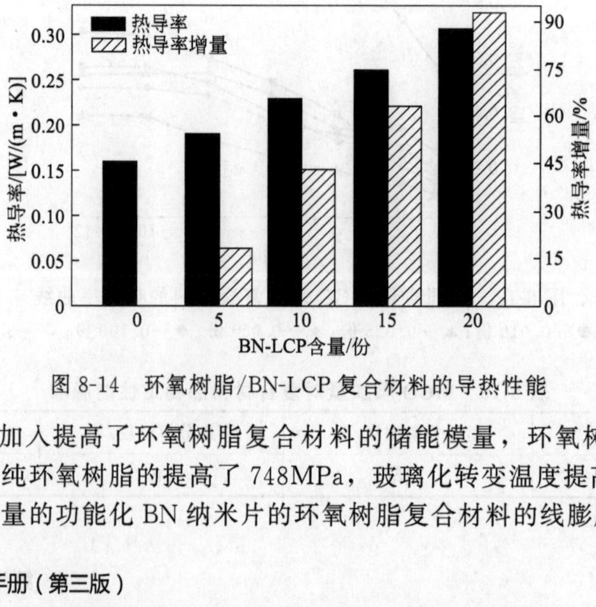

图8-14 环氧树脂/BN-LCP复合材料的导热性能

(1) BN-LCP的加入提高了环氧树脂复合材料的储能模量，环氧树脂/BN-LCP复合材料的初始储能模量比纯环氧树脂的提高了748MPa，玻璃化转变温度提高了29℃。

(2) 填充不同含量的功能化BN纳米片的环氧树脂复合材料的线膨胀系数均明显低于纯

环氧树脂的线膨胀系数。

(3) 环氧树脂/BN-LCP 复合材料的热导率随着 BN-LCP 含量的增加而增加，当功能化 BN 纳米片的用量为 20 份时，其热导率为 0.308W/(m·K)，比纯环氧树脂的热导率提高了将近 1 倍。

（七）石墨/环氧纳米复合材料

1. 配方[25]

单位：质量份

原材料	用量	原材料	用量
环氧树脂 E-51	100	固化剂	5～10
纳米石墨片(GNPs)	0.1～1.0	加工助剂	1～2
Fe_3O_4 磁性粒子	0.1～0.5	其他助剂	适量

2. 石墨/环氧微结构有序复合材料的制备

(1) 磁性纳米石墨片 (m-GNPs) 的制备　采用 Fe_3O_4 磁性粒子通过湿化学共沉淀法修饰 GNPs 的表面制备磁性纳米石墨片 (m-GNPs)。将 100mL GNPs 悬浮液置于三口烧瓶中，通入 N_2 排尽装置内的空气，室温下将 85mg $FeCl_2 \cdot 4H_2O$ 和 231mg $FeCl_3 \cdot 6H_2O$ 溶于 50mL 去离子水中，并迅速倒入三口烧瓶中，快速搅拌，搅拌速率为 1000r/min；向烧瓶内滴加 0.76%的氨水，调节溶液 pH 值至 10，然后在 30℃下持续搅拌 30min，超声 (80kHz、200W) 处理 30min；最后将三口烧瓶置于室温下静置 1h，进行磁分离得到黑色沉淀产物，用去离子水洗涤后置于真空烘箱中干燥，得到 m-GNPs。反应过程中严格控制反应温度、搅拌速率、铁盐浓度和溶液 pH 值等工艺参数，保证了 GNPs 表面的 Fe_3O_4 磁性粒子大小均匀。

(2) 低磁场诱导石墨/环氧微结构有序复合材料的可控制备　将环氧树脂 E-51 与不同质量分数 m-GNPs 的乙醇悬浮液混合，室温下高速搅拌 30min，使 E51 树脂与 m-GNPs 充分混合；然后按配比加入固化剂，搅拌 30min 后真空除气，将混合均匀的树脂胶液浇注到聚四氟圆形模具中，模具置于场强 $H_{min}=40mT$ 的均匀磁场中，在室温下固化 4h，待树脂凝胶后撤去磁场，将模具置于 80℃的烘箱中 2h 固化完全；最后脱模、取样，并将试样磨至直径 4cm 标准大小。

3. 性能

见表 8-16。

表 8-16　不同质量分数 m-GNPs 结构有序复合材料氦漏率　　单位：10^{-6} Pa·m³/s

试样	EP [w(m-GNPs)=0]	GNPs/EP [w(m-GNPs)=1.0%]	m-GNPs/EP [w(m-GNPs)=0.1%]	m-GNPs/EP [w(m-GNPs)=0.5%]	m-GNPs/EP [w(m-GNPs)=1.0%]
氦漏率	36.0	7.1	8.5	4.7	2.2

将 m-GNPs 引入到环氧树脂中，通过外加磁场诱导定向排列，制备出了具有高气体阻隔性能的石墨/环氧微结构有序复合材料。氦检漏试验结果表明，该方法能够显著提高树脂基复合材料的气体阻隔性能。质量分数为 1% m-GNPs/EP 复合材料的氦漏率较纯树脂提高了 1 个数量级，较 GNPs 随机排列的复合材料氦漏率提高了 69%。

（八）玻纤增强环氧树脂板材

1. 配方[26]

单位：质量份

原材料	配方 1	配方 2
环氧树脂(RIMR 135)	100	100
单轴玻纤布(UD 920)	47～78	—
双轴玻纤布(Biax 800)	—	47～48
固化剂	5～6	5～6

续表

原材料	配方 1	配方 2
脱模剂	1.0	1.0
其他助剂	适量	适量

2. 制备方法

VARTM 制板工艺过程：在 RTM 模具上下表面涂抹脱模剂，设定预热温度 30～35℃，然后铺玻纤布铺层：单轴 2 层板：0°/90°；3 层板：0°/90°/0°；4 层板：0°/90°/0°/90°；双轴板玻纤布叠加平整即可；用黄胶带和橡皮筋密封铺层四周并合模，随后抽真空使模腔内玻纤布铺层真空度为－29.92inHg（1inHg＝3.386kPa），灌注树脂让其流动渗透浸润铺层（树脂体系温度≤35℃）；在 35℃预固化 2h 后按 80℃/10h 和 70℃/10h 2 种后固化工艺分别固化，脱模后获得单-双轴玻纤布/环氧板材。板材参数及试样尺寸见表 8-17、表 8-18。

表 8-17 VARTM 实验设计的板材参数

板材规格	玻纤布铺层数	切布模板与板厚/mm	玻纤布铺层设计	固化工艺
单轴 UD970 玻纤布/环氧板	2 3 4	300×300 2.8	0°/90° 0°/90°/0° 0°/90°/0°/90°	80℃/10h
双轴 Biax800 玻纤布/环氧板	2 3 4	300×300 2.4	叠加铺平	70℃/10h

表 8-18 板材力学性能测试试样标准尺寸 单位：mm

铺层数	单轴玻纤布/环氧板		双轴玻纤布/环氧板	
	拉伸试样	弯曲试样	拉伸试样	弯曲试样
2	250×25.3×2.82	69.1×15.3×2.82	250×25.4×2.29	56.5×15.4×2.31
3	250×25.4×2.68	67.4×15.3×2.69	250×25.4×2.30	56.4×15.3×2.31
4	250×25.4×2.70	67.5×15.2×2.71	250×25.4×2.36	56.5×15.2×2.38

3. 性能

见表 8-19。

表 8-19 单-双轴玻纤布/环氧板材力学性能测试数据

铺层数 / 力学性能	单轴玻纤布/环氧板			双轴玻纤布/环氧板		
	2 层	3 层	4 层	2 层	3 层	4 层
拉伸强度/MPa	132.1	306.7	323.9	89.0	115.3	122.4
拉伸模量/GPa	13.14	22.52	29.01	7.42	9.75	13.18
拉伸断裂应变/(mm/mm)	0.013	0.017	0.013	0.028	0.052	0.085
弯曲强度/MPa	15.1	18.4	17.7	10.4	13.3	14.7
弯曲模量/GPa	10.1	17.7	27.6	9.4	11.5	14.9
弯曲断裂应变/(mm/mm)	0.024	0.028	0.024	0.032	0.029	0.030

（九）纳米碳纤维增强环氧树脂复合材料

1. 配方[27]

单位：质量份

原材料	用量	原材料	用量
环氧树脂 E-51	100	加工助剂	1～2
气相生长纳米碳纤维(VGCNFs)	8.0	其他助剂	适量
低分子 650 聚酰胺固化剂	5～8		

2. 制备方法

将经过表面处理过的 VGCNFs 粉末加入到乙醇中，搅拌均匀。把 VGCNFs 分散液加入到环氧树脂中（环氧树脂在水浴锅中，降低其黏度），高速搅拌均匀后，加入固化剂，再搅拌至均匀后，倒入聚四氟乙烯的模具中，放入 70℃烘箱中固化 12h。未经过表面处理的 VGCNFs 采用相同的工艺制备复合材料。

3. 性能

见图 8-15 和图 8-16。

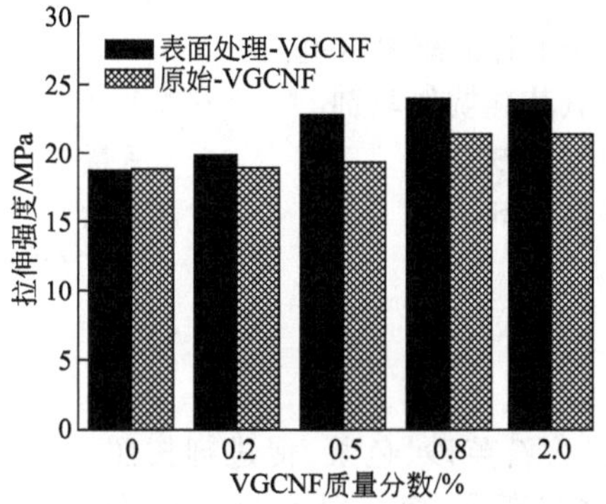

图 8-15　VGCNFs 含量对复合材料拉伸强度的影响

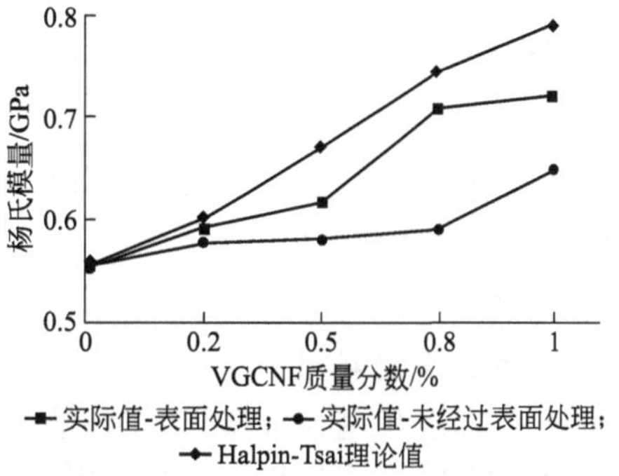

图 8-16　VGCNFs 质量分数对复合材料杨氏模量的影响

（十）Al_2O_3 改性环氧树脂复合材料

1. 配方[28]

单位：质量份

原材料	用量	原材料	用量
环氧树脂	100	甲基六氢邻苯二甲酸酐(MEHHPA)固化剂	5～6
环氧液晶接枝氧化铝(BLCE-*g*-Al_2O_3)纳米粉体	30	加工助剂	1～2
乙酰丙酮铵(Ⅲ)	适量	其他助剂	适量

2. 环氧树脂复合材料制备

在 12.0g 脂环族环氧树脂中加入适量的乙酰丙酮铵（Ⅲ），在 80℃油浴下搅拌使乙酰丙酮铵（Ⅲ）完全溶解，再将其放在 80℃真空烘箱中脱气，冷却至室温。然后将 BLCE-*g*-Al_2O_3 纳米粉体加入丙酮中超声分散，再加入到环氧树脂/乙酰丙酮铵（Ⅲ）液体中，机械搅拌后超声 30min，接着置于 80℃油浴中，将丙酮挥发干净。将 11.40g 甲基六氢邻苯二甲酸酐（MEHHPA，固化剂）加入到混合液中并强烈搅拌和超声使之混合均匀，然后在真空箱中脱气 30min。最后将环氧混合液倒入预热好的钢模中，先在 100℃下真空脱气 30min，接着在 135℃预固化 2h，最后将温度升至 165℃固化 14h，冷却至室温脱模，即得 EP/BLCE-g-Al_2O_3 复合材料。

3. 性能

(1) 环氧树脂复合材料的导热性能随着 BLCE-g-Al_2O_3 粉体含量的增加而提高，当粉体的质量为 30 份时，复合材料的热导率比纯环氧树脂提高了 48.75%，达到 0.238W/(m·K)。

(2) 添加 BLCE-g-Al_2O_3 粉体的环氧树脂复合材料的储能模量和玻璃化温度均比纯环氧树脂的有提高，复合材料的储能模量提高了 181MPa，玻璃化温度提高了 24℃。

(3) 填充 BLCE-g-Al_2O_3 粉体可以有效降低环氧复合材料的热膨胀系数，同时可以提高环氧复合材料的初始分解温度。

复合材料的热膨胀系数越低，其与电子器件的匹配性和安全性就越高，因此制备出的环氧树脂/BLCE-g-Al_2O_3 复合材料有望应用于电子封装领域。

(十一) 环氧树脂复合材料板材

1. 配方[29]

单位：质量份

原材料	用量	原材料	用量
环氧树脂(E-54)	14	γ-缩水甘油醚氧丙基三甲氧基硅烷偶联剂	1.0
石英砂	70	加工助剂	适量
甲基四氢苯酐	10	其他助剂	适量
2,4,6-三(二甲氨基甲基)苯酚(DMP-30)	5.0		

2. 制备复合材料板

将环氧树脂、甲基四氢苯酐、硅烷基偶联剂 KH-560、石英砂、色浆、促进剂按照一定比例加入到捏合机内，油浴加热控制物料温度在 80℃，真空状态下，搅拌混合 30min，倒入预热好的已喷涂好脱膜剂的模具内。放到振动泵上振动 5min，观察物料气泡溢出、流平，转移至热风循环风箱内，80℃烘烤 1h，110℃烘烤 1h，150℃烘烤 1h，180～220℃烘烤 1h，自然冷却至室温取出复合材料板。

3. 性能

见表 8-20 和表 8-21。

表 8-20 复合材料板的耐强酸强碱性

序号	试剂名称		检验结果	分级结果
1	盐酸(37%)	加盖玻片	无明显变化	1 级
		不加盖玻片	无明显变化	1 级
2	硝酸(60%)	加盖玻片	无明显变化	1 级
		不加盖玻片	无明显变化	1 级
3	磷酸(85%)	加盖玻片	无明显变化	1 级
		不加盖玻片	无明显变化	1 级
4	硫酸(98%)	加盖玻片	光泽和颜色有轻微变化	2 级
		不加盖玻片	光泽和颜色有轻微变化	2 级

续表

序号	试剂名称		检验结果	分级结果
5	乙酸(99%)	加盖玻片 不加盖玻片	无明显变化 无明显变化	1级 1级
6	氢氟酸(48%)	加盖玻片 不加盖玻片	无明显变化 无明显变化	1级 1级
7	氢氧化钠(40%)	加盖玻片 不加盖玻片	无明显变化 无明显变化	1级 1级
8	双氧水(10%)	加盖玻片 不加盖玻片	无明显变化 无明显变化	1级 1级
9	王水	加盖玻片 不加盖玻片	无明显变化 无明显变化	1级 1级

表 8-21　复合材料板的抗有机溶剂腐蚀性

序号	试剂名称		检验结果	分级结果
1	甲醛溶液(37%)	加盖玻片 不加盖玻片	无明显变化 无明显变化	1级 1级
2	四氯化碳(99%)	加盖玻片 不加盖玻片	无明显变化 无明显变化	1级 1级
3	甲苯(99%)	加盖玻片 不加盖玻片	无明显变化 无明显变化	1级 1级
4	二甲苯(99%)	加盖玻片 不加盖玻片	无明显变化 无明显变化	1级 1级
5	丙酮(99%)	加盖玻片 不加盖玻片	无明显变化 无明显变化	1级 1级
6	乙醇(99%)	加盖玻片 不加盖玻片	无明显变化 无明显变化	1级 1级
7	氯仿(99%)	加盖玻片 不加盖玻片	无明显变化 无明显变化	1级 1级
8	二氯甲烷(99%)	加盖玻片 不加盖玻片	无明显变化 无明显变化	1级 1级
9	四氢呋喃(99%)	加盖玻片 不加盖玻片	无明显变化 无明显变化	1级 1级
10	乙醚(99%)	加盖玻片 不加盖玻片	无明显变化 无明显变化	1级 1级

(十二)空心玻璃微球改性环氧树脂复合泡沫塑料

1. 配方[30]

单位：质量份

原材料	用量	原材料	用量
双酚 A 环氧树脂(E-51)	100	加工助剂	1～2
空心玻璃微球(25～90μm)	105	其他助剂	适量
593/聚酰胺 650 复合固化剂	25		

2. 制备方法

将环氧树脂E-51、固化剂以适当比例均匀混合，抽真空处理后加入空心玻璃微珠，机械搅拌至混合均匀填充到自制模具中，充分压实，在室温条件下固化24h，得到环氧树脂基复合泡沫材料试样。

3. 性能

见表8-22和表8-23。

表8-22　不同固化剂对环氧树脂基体的压缩性能影响

固化剂类型	固化剂份数	压缩强度/MPa	压缩模量/GPa
593	25	96.13	1.42
650	60	18.16	0.43
T31	25	90.25	1.54
复合固化剂	25	78.24	1.12

表8-23　复合泡沫材料压缩性能

填充量	密度/(g/cm^3)	压缩强度/MPa	压缩模量/GPa	比强度
80%	0.72	69.51	1.69	96.54
90%	0.67	66.24	1.78	98.86
100%	0.60	64.28	1.90	107.13
105%	0.55	62.91	1.95	114.38
110%	0.52	54.74	1.83	105.26
120%	0.51	41.33	1.74	81.03
150%	0.48	24.60	1.49	51.25

（十三）2-2型钛酸铅（PZT）/环氧树脂复合压电材料

1. 配方[31]

单位：质量份

原材料	用量	原材料	用量
环氧树脂	60～80	加工助剂	1～2
丙酮稀释剂	5～10	其他助剂	适量
聚酰胺固化剂	15～20		

2. 制备方法

采用商用PZT压电陶瓷片的尺寸及电性能如表8-24和表8-25所示。

表8-24　PZT压电陶瓷片的规格

长度/mm	宽度/mm	厚度/mm
18	18	0.8

表8-25　PZT压电陶瓷片的电性能

压电常数d_{33}/(pC/N)	介电常数ε	介电损耗tanδ
282	330	0.4

把商用的PZT压电陶瓷片依次固定在所设计的模架上，使其极化方向沿着复合材料的长度方向，用室温固化剂聚酰胺树脂、环氧树脂和稀释剂丙酮组成的填充物在室温条件下进行交联固化反应，生成网状结构的体型聚合物。待固化完全后，将多余的环氧树脂及支架切掉。即得2-2型PZT/环氧树脂复合压电材料，如图8-17所示，压电相和非压电相均以二维

方式自连，两者间隔排列，形成层叠结构，即压电相和非压电相各自占一个平面。

在复合材料的上、下两面覆上银电极后，在 80～100℃下施以 2.5～3kV/mm 的直流电场，20～30min 后使其获得较大的极化强度。

3. 性能

见图 8-18～图 8-20。

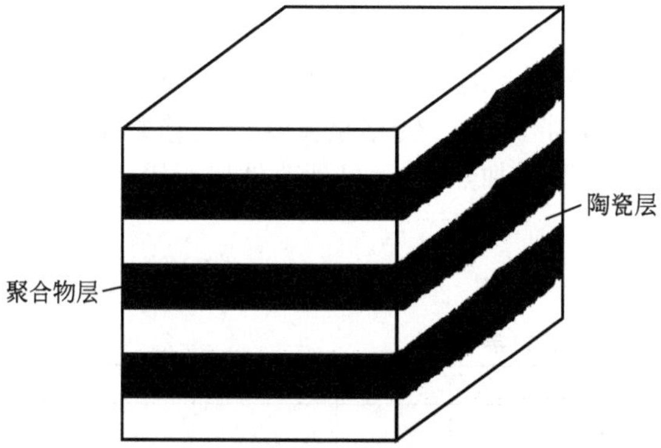

图 8-17　2-2 型 PZT/环氧树脂复合压电材料结构图示意图

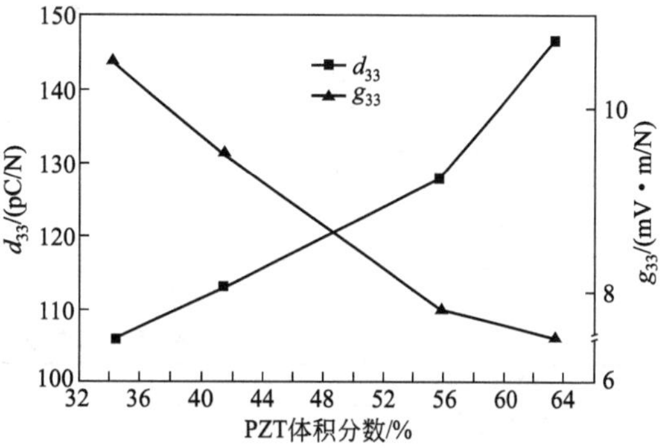

图 8-18　复合材料的压电常数与 PZT 含量的关系

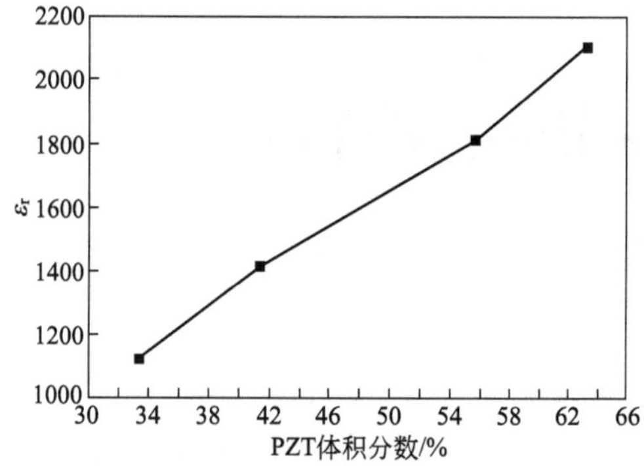

图 8-19　复合材料的 ε_r 随 PZT 含量的变化曲线

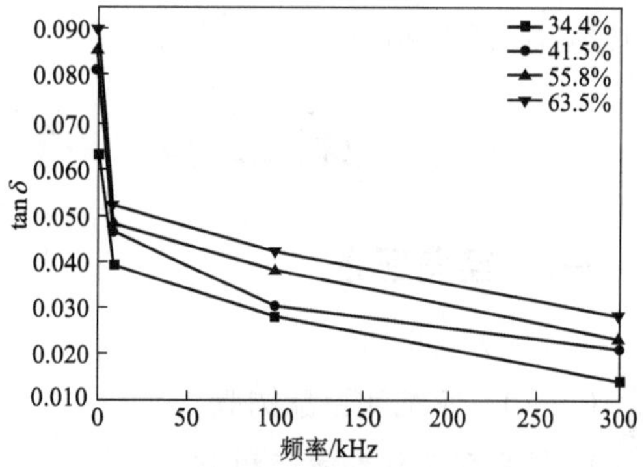

图 8-20　不同测试频率的 tanδ 与 PZT 含量的关系

(1) 当 MWCNTs 质量为 0.6 份时，MWCNTs 表面处理体系的拉伸强度、弯曲强度分别为 86.03MPa、154.07MPa，并且比 MWCNTs 表面未处理体系分别提高了 17.12%、8.19%。

(2) 当表面处理 MWCNTs 质量为 0.6 份时，复合材料的拉伸断面出现较多扯断纹，说明有机相和无机相之间作用力较强，可吸收大量的外来应力，从而可有效提高复合材料的力学强度。

(十四)有机硅改性环氧树脂

1. 配方[32]

单位：质量份

原材料	用量	原材料	用量
环氧树脂 E-44	100	4,4′-二氨基二苯甲烷	5～10
二苯基硅二醇	25	偶联剂 KH-560	1.0
月桂酸二丁基锡	0.1～1.0	其他助剂	适量

2. 制备方法

(1) 有机硅环氧树脂的制备及优化　取一定质量的E-44，放入装有搅拌器和冷凝器的三口烧瓶中，加入催化剂和偶联剂，按一定物质的量比加入二苯基硅二醇，调至所需温度，于恒温加热装置中搅拌反应。反应温度控制在110～130℃为宜。反应一定时间后，得浅黄色半透明液体。

(2) 有机硅环氧树脂的固化　固化剂为4,4′-二氨基二苯甲烷（DDM），用量为

$$m(\text{固化剂})=m(\text{树脂})G/N(\text{H})$$

式中，G为树脂环氧值；N（H）为固化剂活泼氢原子的数目。根据上式计算树脂固化所需固化剂质量，在92℃下将两者混合，用玻璃棒搅拌5min，转移至真空干燥箱常温抽气30min，再用程序升温法分别在70℃、120℃和150℃下各加热2h，得到改性树脂固化物。

3. 性能

热力学性能参数见表8-26。

表8-26　改性树脂与纯树脂的热力学性能

类型	E/MPa	$10^4\alpha/K^{-1}$	θ_g/℃	μ/(kPa/K)
纯树脂	432	1.180	134	51.0
改性树脂	406	0.802	132	32.5

从表8-26可见，纯树脂固化物的内应力参数为51.0kPa/K，而改性树脂固化物的内应力参数仅为32.5kPa/K，内应力参数下降了36.3%，说明环氧树脂通过二苯基硅二醇改性使其热膨胀系数和内应力都大大降低。

第三节　不饱和聚酯塑料

一、经典配方

具体配方实例如下[1,2]。

（一）不饱和聚酯树脂

1. 通用型不饱和聚酯树脂

单位：质量份

原材料	用量	原材料	用量
丙二醇	100	氢醌(稳定剂)	1～2
邻苯二甲酸酐	89	对苯二酚或芳胺类	1～3
顺丁烯二酸酐	59	紫外线吸收剂	0.5～1.5
苯乙烯(交联剂)	106	其他助剂	适量
石蜡(润滑剂)	1～3		

说明： 可用于制备复合材料，人造大理石，快干水泥与耐酸性地面等。

2. 韧性不饱和聚酯树脂

单位：质量份

原材料	用量	原材料	用量
一缩二乙二醇或与乙二醇混合物	100	阻聚剂	1～2
邻苯二甲酸酐	80	填料	5～10
顺丁烯二酸酐	50	紫外线稳定剂	0.5～1.0
乙二酸	1～2	加工助剂	适量
交联剂	100	其他助剂	适量

说明：主要用于要求韧性高的制品，如船体、交通工具和电子浇注制品等。

3. 柔性不饱和聚酯树脂

单位：质量份

原材料	用量	原材料	用量
柔性不饱和聚酯	100	$2^{\#}$ 固化剂	3.0
填料	100	加工助剂	1～2
增塑剂	2.0	其他助剂	适量
$1^{\#}$ 固化剂	4.0		

说明：主要用于包覆推进剂药柱与制备柔性复合材料。

4. 弹性体不饱和聚酯树脂

单位：质量份

原材料	用量	原材料	用量
二元醇	100	防老剂	0.1～1.0
饱和酸(己二酸)	90	加工助剂	1～2
己内酰胺	15	溶剂	适量
不饱和酸	10	其他助剂	适量
阻聚剂	1～2		

说明：主要用于制备耐油密封件，橡胶软化剂和增塑剂等。

5. 耐腐蚀型不饱和聚酯

单位：质量份

原材料	3144	3244-1	3244-2	3346	3644
甲基丙烯酸	100	100	100	100	—
丙烯酸	—	—	—	—	100
环氧树脂 E-44	252	483	483	1320	300
顺丁烯二酸	—	62	—	—	—
反丁烯二酸	—	—	62	202	—
乙酸	—	—	—	105	—
其他助剂	适量	适量	适量	适量	适量

6. 间苯二甲酸型不饱和聚酯

单位：质量份

原材料	199	272	199A	新型树脂
二元醇	100(丙二醇)	100	100	100(新戊二醇)
间苯二甲酸	80	80	80	80
反丁烯二酸	50	—	—	—
顺丁烯二酸酐	—	50	40	60
苯乙烯	101	102	101	106
加工助剂	1～2	1～2	1～2	1～2
其他助剂	适量	适量	适量	适量

说明：该树脂具有独特的耐水性和耐化学品性，可以用来制备 SMC、BMC 复合材料，广泛用于化学防腐设备。

7. 双酚 A 型不饱和聚酯

单位：质量份

原材料	用量	原材料	用量
丙二醇	100	阻聚剂	1～2
双酚 A 二羟丙基醚	89	防老剂	1～3
顺丁烯酸酐	58	其他助剂	适量
苯乙烯	102		

说明：主要用于制耐腐蚀性复合材料，用于防腐蚀管道、贮槽、反应器等制品。

8. 双酚 A-环氧乙烯基酯不饱和聚酯树脂

单位：质量份

原材料	用量	原材料	用量
E-环氧树脂	100	苯乙烯	100
甲基丙烯酸	80	防老剂	1～3
顺丁烯二酸	40	阻聚剂	1～2
有机叔胺	2～4	其他助剂	适量

说明：可用于制备大型手糊制品，如大型塔槽类设备，纤维缠绕制品等。

9. 酚醛环氧乙烯基酯不饱和聚酯树脂

单位：质量份

原材料	用量	原材料	用量
F 型环氧树脂	100	苯乙烯	100
甲基丙烯酸	80～90	阻聚剂	1～3
顺丁烯二酸	50	防老剂	1～2
固化剂	1～5	其他助剂	适量

说明：可用于制备耐腐蚀复合材料及其制品，浇注制品等。

10. S-146 芳醇不饱和聚酯树脂

单位：质量份

原材料	用量	原材料	用量
芳烃多元醇	100	催化剂	1～2
不饱和酸	90～98	固化剂	1～3
饱和酸酐	50	阻聚剂	1～3
苯乙烯	100	其他助剂	适量

说明：主要用于输油、输水管道防腐涂料的制备和防腐产品的制造。

11. HET 酸型不饱和聚酯树脂

单位：质量份

原材料	用量	原材料	用量
新戊二醇	100	苯乙烯	100
HET 酸	80	防老剂	1～3
顺丁烯二酸酐	80	催化剂	0.1～1.0
氢醌	1～5	其他助剂	适量

说明：该配方设计合理，制备工艺性好，制品质量满足应用要求。建议推广应用。

12. 耐腐蚀阻燃不饱和聚酯

树脂配比：

① 耐化学腐蚀双酚 A 型树脂（197）：反应型阻燃树脂（107M）=1：2

② 耐化学腐蚀双酚 A 型树脂（197）：反应型阻燃树脂（107H）=1：1

③ 耐热间苯型树脂（199）∶反应型阻燃树脂（107M）＝1∶2

单位：质量份

原材料	用量	原材料	用量
不饱和聚酯树脂	100	分散剂	1～2
过氧化环己酮糊	4.0	固化剂	1～3
环烷酸钴溶液	1～4	其他助剂	适量

说明：主要用于制备大型贮槽、管道、洗涤器和三废处理设备复合材料部件。

13. 低收缩不饱和聚酯

单位：质量份

原材料	用量	原材料	用量
不饱和聚酯树脂	100	对苯二酚低收缩剂	10～30
苯乙烯系聚合物(STP)	10～20	二甲苯胺	1～3
分散稳定剂(DS)	1～2	其他助剂	适量
苯乙烯	50～60		

说明：主要用于制备薄壁、形状复杂的玻纤复合材料制品和浇注制品。

14. 透明型不饱和聚酯

单位：质量份

原材料	连续	手糊	模压
光稳型不饱和聚酯	85	80	83
甲基丙烯酸甲酯	15	20	17
过氧化苯甲酰	0.5	0.25	0.6
异丙苯基过氧化氢	0.5	—	—
辛酸钴(6%)	—	0.25	—
环烷酸钴(6%)	0.25	—	—
碳酸钙	3	3	3
钛白粉(糊状)	1	1	1
其他助剂	适量	适量	适量

15. 透明不饱和聚酯手糊成型专用料

单位：质量份

原材料	用量	原材料	用量
光稳定型不饱和聚酯	82.52	萘酸钴(10%)	2.0
甲基丙烯酸甲酯	17.48	其他助剂	适量
过氧化环己酮(50%)	2.0		

说明：主要用于工厂厂房屋顶和墙面采光，大型公共设施（如体育馆、游泳池、商场等）的屋顶采光等。

16. 无色透明不饱和聚酯树脂

单位：质量份

原材料	用量	原材料	用量
丙二醇	100	甲氧基苯酚	3～5
顺丁烯二酸酐	80	丙烯酸乙酯	1～3
邻苯二甲酸酐	20	活性稀释剂	80
间苯二甲酸酐	20	其他助剂	适量
乙二酸	5～10		

说明：该制品的透光率接近有机玻璃，可用于制备光学玻璃、挡风玻璃等。

17. TZ-2 透明阻燃型不饱和聚酯树脂

单位：质量份

原材料	用量	原材料	用量
乙二醇	70	促进剂	1～3
丙三醇	30	稀释剂	50～60
顺丁烯二酸酐	40	加工助剂	1～2
邻苯二甲酸酐	30	其他助剂	适量
固化剂	4～5		

说明：主要用于制备纤维复合材料。

18. FR-922 透光阻燃型不饱和聚酯

单位：质量份

原材料	用量	原材料	用量
丙二醇	80	苯乙烯	100
一缩二乙二醇	20	有机磷阻燃剂	30～40
反丁烯二酸	80	加工助剂	1～2
苯酐	10～20	其他助剂	适量

说明：该树脂拉伸强度 141.5MPa，冲击强度 8.37J/cm²，弯曲强度 169.8MPa，热变形温度 195℃，氧指数 31.3%，垂直燃烧法 FV=0，水平燃烧法为Ⅰ级。可用于制备复合材料。

19. FR-922 透光阻燃不饱和聚酯树脂

单位：质量份

原材料	用量	原材料	用量
FR-922 树脂	100	稀释剂	80
5# 固化剂(MEKP)	2～3	加工助剂	1～2
1# 促进剂	2～4	其他助剂	适量

说明：主要用于制备不饱和聚酯复合材料及其制品。

20. 可降解不饱和聚酯树脂

单位：质量份

原材料	用量	原材料	用量
丙二醇	100	环烷酸钴促进剂	1～2
丙交酯	50	乳酸	100
顺丁烯二酸酐	50	苯乙烯	80
交联剂	30	加工助剂	1～2
过氧化环已酮	1～3	其他助剂	适量

说明：该树脂力学性能良好，可用于制备复合材料及其制品，制品使用后可自行降解。

21. 胶衣不饱和聚酯树脂（一）

单位：质量份

原材料	用量	原材料	用量
间苯二甲酸型不饱和聚酯	100	加工助剂	适量
触变剂	3～6	其他助剂	适量
苯乙烯	2～5		

说明：该树脂具有优良的耐水性，耐候性和耐腐蚀性，应用范围广。

22. 胶衣不饱和聚酯树脂（二）

单位：质量份

原材料	用量	原材料	用量
胶衣 33	100	钴盐苯乙烯溶液	2～4
过氧化环已酮糊	4.0	其他助剂	适量

说明： 胶衣树脂一般作表面涂层，具有触变性。使用时涂刷到模具内表面随制品模塑成型，其厚度通常为 0.25～0.4mm。

（二）不饱和聚酯模塑料

1. 片状模塑料（SMC）（一）

单位：质量份

原材料	用量	原材料	用量
不饱和聚酯树脂	100	硬脂酸锌	2.0
苯乙烯	20	氧化镁	3.0
氯乙烯-乙酸乙烯共聚物	20	碳酸钙	120
过氧化二异丙苯	1.0	加工助剂	1～2
无碱玻璃纤维	60～65	颜料	适量
偶联剂	1～3	其他助剂	适量

2. 片状模塑料（SMC）（二）

单位：质量份

原材料	用量	原材料	用量
OCF-E980 不饱和聚酯树脂	100	偶联剂	1～3
苯醌阻聚剂	1～3	增稠剂(MgO)	1.5
过氧化苯甲酸叔丁酯	1.0	苯乙烯	5～10
硬脂酸锌	2.5	加工助剂	适量
$CaCO_3$	50	其他助剂	适量
玻璃纤维	60～65		

3. ITP 片状模塑料

单位：质量份

原材料	用量	原材料	用量
1045 不饱和聚酯	92.55	偶联剂	1～3
硬脂酸锌	3.0	对苯醌阻聚剂	0.2
过氧化苯甲酸叔丁酯	1.0	增稠剂	3.25
$CaCO_3$/合氧化硅	40	加工助剂	1～2
玻璃纤维(OCF-433AB)	60～65	其他助剂	适量

4. 通用 SMC 配方

单位：质量份

原材料	用量	原材料	用量
丙二醇	100	填料	10～20
邻苯二甲酸酐	15～20	玻璃纤维	60～65
顺丁烯二酸酐	20～30	偶联剂	1～3
苯乙烯	60～70	固化剂	4～6
		其他助剂	适量

说明： 相对密度 1.75～1.85，拉伸强度 60MPa，弯曲强度 120MPa，弯曲弹性模量 1.0×10^4 MPa，剪切强度 90MPa，冲击强度 60kJ/m^2。

5. 耐冲击SMC配方

单位：质量份

原材料	用量	原材料	用量
丙二醇/一缩乙二醇	100	填料	10～20
邻苯二甲酸酐	20～30	玻璃纤维	60～65
顺丁烯二酸酐	50～60	偶联剂	1～3
苯乙烯	适量	硬脂酸锌	1～2
固化剂	1～3	其他助剂	适量

说明：弯曲强度198MPa，弯曲弹性模量1.37×10^{4}MPa，冲击强度115kJ/m^{2}。

6. 混合型抗冲击SMC配方

(1) 软质不饱和聚酯树脂

单位：质量份

原材料	用量
丙二醇	30
一缩乙二醇	70
顺丁烯二酸酐	30
间苯二甲酸	20
己二酸	50
其他助剂	适量

(2)硬质不饱和聚酯树脂

单位：质量份

原材料	用量
丙二醇	105
顺丁烯二酸酐	100
苯乙烯	300
引发剂	1～2
固化剂	2～3
其他助剂	适量

(3) SMC配方

单位：质量份

原材料	用量	原材料	用量
软/硬不饱和聚酯树脂(2∶1)	100	固化剂	1～3
填料	10～20	加工助剂	1～2
玻璃纤维	60～65	其他助剂	适量
偶联剂	1～3		

说明：可用于制备车辆零部件，头盔和工业安全帽等产品。

7. 介电型SMC配方

单位：质量份

原材料	用量	原材料	用量
韧性不饱和聚酯树脂	100	苯乙烯	30～40
精制氢氧化铝	150	固化剂	4～6
玻璃纤维	60～65	加工助剂	1～2
偶联剂	1～3	其他助剂	适量

说明：弯曲强度169MPa，表面电阻率$8.3\times10^{14}\Omega$，体积电阻率$8.15\times10^{15}\Omega\cdot$cm，耐电弧180s；主要用于制备电气零部件，如空气开关、仪表壳体、电子元件等。

8. 添加型阻燃SMC配方

单位：质量份

原材料	用量	原材料	用量
不饱和聚酯树脂	100	偶联剂	1～3
氢氧化铝	120	固化剂	5～8
邻苯二甲酸二丁酯	1.0	苯乙烯	适量
玻璃纤维	60～65	加工助剂	1～2
填料	10～20	其他助剂	适量

说明：该SMC氧指数为33%，制备工艺简便可靠，制备成本低，质量好。

9. 反应型 SMC 配方

(1) HET 酸型阻燃 SMC 配方

单位：质量份

原材料	用量	原材料	用量
丙二醇	100	填料	10～26
邻苯二甲酸酐	30	偶联剂	1～3
顺丁烯二酸酐	60	固化剂	4～6
高 HET 酸含量乙酰化树脂	120	加工助剂	1～2
苯乙烯	适量	其他助剂	适量
玻璃纤维	60～65		

(2) 二溴新戊二醇型 SMC 配方

单位：质量份

原材料	用量	原材料	用量
二溴新戊二醇	100	填料	10～20
顺丁烯二酸酐	50	偶联剂	1～3
邻苯二甲酸酐	50	固化剂	4～6
苯乙烯	适量	加工助剂	1～2
玻璃纤维	60～65	其他助剂	适量

说明：相对密度 1.78，拉伸强度 60～80MPa，弯曲强度 150～170MPa，弯曲弹性模量 (9～10)×10^3MPa，溴含量高达 30%，阻燃性能优良。可用于制备飞机零部件，集油箱(包)，和建筑部件等。

10. 不饱和聚酯团状模塑料（BMC）配方

单位：质量份

原材料	用量	原材料	用量
不饱和聚酯树脂	100	苯乙烯	适量
填料	50～70	固化剂	4～6
玻璃纤维(3～25mm)	10～30	加工助剂	1～2
偶联剂	1～3	其他助剂	适量

说明：BMC 在电器、电动机、无线电、仪表、机械制造、交通运输和国防工业中广泛应用。

11. 不饱和聚酯厚模塑料（TMC）配方

单位：质量份

原材料	用量	原材料	用量
不饱和聚酯	100	玻璃纤维(6～50mm)	10～25
低收缩剂	1～2	偶联剂	1～3
填料	10～20	增塑剂	5～10
稳定剂	0.1～1.0	内脱模剂	1～2
引发剂	0.2～2.0	其他助剂	适量

说明：密度 1.95g/cm^3，弯曲强度 131MPa，弯曲弹性模量 9.8MPa，拉伸强度 46MPa，拉伸弹性模量 9.8GPa，压缩强度 160MPa，剪切强度 62MPa，冲击强度 26.8kJ/m^2，介电强度 14kV/mm，表面电阻率 $10^{14}\Omega$，体积电阻率 $10^{14}\Omega\cdot$cm，耐电弧性 185s，热变形温度 200℃，可用于制备浴槽、净化槽或注射成型高压电器制品和汽车配件等。

12. 注射-压缩模塑料（ZMC）配方

单位：质量份

原材料	用量	原材料	用量
不饱和聚酯树脂	100	玻璃纤维(25mm)	25
邻苯二甲酸二丁酯	10～20	偶联剂	1～3
低收缩剂	1～3	溶剂	适量
稳定剂	0.1～1.0	加工助剂	1～2
引发剂	0.2～1.2	其他助剂	适量
填料	10～20		

说明：弯曲强度 150MPa，弯曲弹性模量 11.6GPa，冲击强度 1.4J/m，可用于制备力学性能要求高的结构制品。

（三）不饱和聚酯复合材料与制品[1, 2]

1. 人造大理石

(1) 面层配方

单位：质量份

原材料	用量
不饱和聚酯树脂	90～95
聚苯乙烯	5～10
引发剂	4.0
促进剂	2～4
石粉	250～300
颜料	0.1～0.5
其他助剂	适量

(2)底层配方

单位：质量份

原材料	用量
不饱和聚酯树脂	92～95
聚苯乙烯	5～8
引发剂	4.0
促进剂	2～4
石粉：石屑(1：3)	450～500
其他助剂	适量

说明：压缩强度 120MPa、抗折强度 50MPa、冲击强度 180kJ/m^2、耐磨率 0.5g/cm^2、吸水性 0.2%、相对密度 2.08、光泽度 80%。适用于会议室、体育馆、客厅、卫生间与家庭装修。

2. 人造大理石卫生洁具

单位：质量份

原材料	玻璃钢	胶衣	原材料	玻璃钢	胶衣
不饱和聚酯树脂	100	100	苯乙烯单体	—	0～15
过氧化环己酮糊（含 50%邻苯二甲酸二丁酯）	2～4	—	触变剂	—	1～3
			色浆	—	10～25
环烷酸钴(含 0.42%钴)	2～3	0.5～1	其他助剂	—	适量

说明：胶衣树脂涂层厚度为 0.2～0.4mm，脱模剂配方（质量份）如下：聚乙烯醇 5～8，水 60～85，酒精 35～60，洗衣粉少量。

3. 人造玛瑙（一）

单位：质量份

原材料	用量	原材料	用量
不饱和聚酯树脂	100	溶剂	10～12
过氧化甲乙酮	2～4	胶衣树脂	适量
萘酸钴	1～4	脱模剂	适量
骨料	300	其他助剂	适量

4. 人造玛瑙（二）

单位：质量份

原材料	用量	原材料	用量
不饱和聚酯树脂	100	邻苯二甲酸二丁酯	适量
固化剂	4～5	氢氧化铝粉	100～200
促进剂	2～3	加工助剂	1～2
透明颜料	1～2	其他助剂	适量

5. 人造玛瑙（三）

单位：质量份

原材料	用量	原材料	用量
不饱和聚酯树脂	100	苯乙烯	100
固化剂	4.0	$Al(OH)_3$ 粉	130
促进剂	3.0	加工助剂	1～2
透明颜料	1～2	其他助剂	适量

6. 人造玛瑙（四）

单位：质量份

原材料	用量	原材料	用量
19 号不饱和聚酯树脂	60～80	专用 $Al(OH)_3$ 粉	120
182 号不饱和聚酯树脂	20～40	透明颜料	1～3
促进剂	4～5	加工助剂	1～2
固化剂	4～5	其他助剂	适量
苯乙烯	101		

7. 人造玛瑙（五）

单位：质量份

原材料	用量	原材料	用量
低收缩型不饱和聚酯	100	专用 $Al(OH)_3$ 粉	130
促进剂	4.0	偶联剂	1～2
固化剂	5.0	加工助剂	1～2
透明颜料	1～2	其他助剂	适量
邻苯二甲酸二丁酯	102		

8. 人造玛瑙（六）

单位：质量份

原材料	用量	原材料	用量
195 号不饱和聚酯树脂	100	专用 $Al(OH)_3$ 粉	100
固化剂	4.0	加工助剂	1～2
促进剂	2.0	其他助剂	适量
透明颜料	1～2		
苯乙烯	102		

说明：上述各配方中原料搅拌均匀，即可使用。在实际生产中，原料可在使用前 1～2 天配好，在正式生产时再二次配料。具体配料可参照以下方法进行，按配方将各种不饱和树脂混合 100kg 充分搅拌后，一分为二，即每份 50kg，其中一份按 100kg 树脂比例加入固化剂原料，按 50kg 比例加入氢氧化铝粉；另一份 50kg 树脂内，按 100kg 树脂比例加入促进剂，以 50kg 树脂比例加入氢氧化铝粉。这样形成了甲、乙两种混合料，标上甲、乙标号

后，待实际生产时，各取1∶1的比例再混合，搅拌均匀，即可浇铸使用。这种配料方法既方便了生产操作，又保证了配比的准确。

9. 不饱和聚酯制饲料槽

单位：质量份

原材料	用量	原材料	用量
不饱和聚酯树脂	100	苯乙烯	适量
过氧化苯甲酰	2～4	加工助剂	1～2
二甲基苯胺	1～4	其他助剂	适量
骨料	1000		

10. 不饱和聚酯拉挤增强管材

单位：质量份

原材料	配方1	配方2
邻苯二甲酸型不饱和聚酯树脂	100	—
间苯二甲酸型不饱和聚酯树脂	—	100
过氧化苯甲酰	1.0	1.0
过氧化二异丙苯	—	1.0
硬脂酸锌	1.5	1.0
0.4%钴盐促进剂	—	1.0
其他助剂	适量	适量

11. 不饱和聚酯工业配件

单位：质量份

原材料	配方1	配方2	原材料	配方1	配方2
不饱和聚酯树脂糊	100	100	硬脂酸锌	2	3.2
苯乙烯	20	—	碳酸钙或三水合氧化铝	120	43
氯乙烯-醋酸乙烯(低收缩剂)	20	—	过氧化二异丙苯	1	—
二苯甲烷二异氰酸酯(增稠剂)	—	3.5	过氧化苯甲酸叔丁酯	—	1.1
氧化镁(增稠剂)	3	—	对苯醌(阻聚剂)	—	0.2
			其他助剂	适量	适量

12. 不饱和聚酯浮力材料

单位：质量份

原材料	用量	原材料	用量
不饱和聚酯树脂	100	异辛酸钴	0.5～1.5
空心玻璃微珠	40	二乙烯苯	10～20
乙烯基三甲氧基硅烷	0.1～1.0	加工助剂	1～2
过氧化甲乙酮	2～4	其他助剂	适量

13. 不饱和聚酯电热板

单位：质量份

原材料	用量	原材料	用量
不饱和聚酯树脂	100	填料	40～100
引发剂	4～5	偶联剂	1～2
促进剂	2～4	色粉	适量
玻璃纤维布	30～50	其他助剂	适量

14. 不饱和聚酯机床床头灯箱盖

(1) 模塑料配方

单位：质量份

原材料	用量	原材料	用量
不饱和聚酯树脂	100	偶联剂	1～2
引发剂	3.0	加工助剂	1～2
促进剂	4.0	其他助剂	适量
$CaCO_3$	25		

(2) 胶衣配方

单位：质量份

原材料	用量	原材料	用量
胶衣树脂	100	加工助剂	1～2
引发剂	4.0	溶剂	适量
促进剂	5.0	其他助剂	适量
触变剂	2.0		

15. DMC 制点火电器

单位：质量份

原材料	用量	原材料	用量
不饱和聚酯树脂	25～35	偶联剂	1～3
1,1-二叔丁基过氧化环己烷	2～4	脱模剂	2～5
$CaCO_3$(325 目)	10～30	着色剂	2～5
滑石粉(200 目)	5～10	加工助剂	1～2
三水合氧化铝(325 目)	5～10	其他助剂	适量
增强材料	5～20		

16. 轿车用 SMC 模塑料制品

单位：质量份

原材料	用量	原材料	用量
不饱和聚酯树脂	100	固化剂	5～10
玻璃纤维	25～65	增稠剂	1～5
滑石粉	5～15	加工助剂	1～2
$Al(OH)_3$	10～20	溶剂	适量
偶联剂	1～3	其他助剂	适量

17. 不饱和聚酯大型盆状制品

单位：质量份

原材料	用量	原材料	用量
不饱和聚酯树脂	100	偶联剂	1～3
30%聚苯乙烯溶液	15	固化剂	1.2
聚乙烯	2.0	内脱模剂	4.0
$CaCO_3$	130	MgO 增稠剂	1.6
玻璃纤维	30～50	其他助剂	适量

二、 不饱和聚酯配方与制备工艺

(一) 不饱和聚酯模塑料

1. 配方[33]

单位：质量份

原材料	用量	原材料	用量
不饱和聚酯树脂	14.5～18.5	阻燃剂	4.0～5.0
PMMA 型低收缩剂	9.5～13	硬脂酸锌	1.0～1.3
过氧化苯甲酸叔丁酯	0.26～0.33	玻璃纤维	11.0
对苯醌	0.01～0.04	色糊	适量
增稠剂	0.3	其他助剂	适量
石粉	58～62		

2. 制造不饱和聚酯模塑料的原料和工艺

首先，将不饱和聚酯树脂、PMMA 型低收缩剂、过氧化苯甲酸叔丁酯、对苯醌、增稠剂、色糊、阻燃剂、硬脂酸锌等加入打浆机中打浆，然后再将制好的浆料转移到捏合机中，加入石粉和玻璃纤维进行混合，混合均匀后即出料包装。

3. 性能

见表 8-27、表 8-28。

表 8-27 样品与自制材料的性能对比

性能	密度/(g/cm^3)	收缩率/%	冲击强度(无缺口)/(kJ/m^2)	弯曲强度/MPa	电阻/Ω	介电强度/(MV/m)	介电损耗	耐电弧/s	耐漏电起痕指数/V	燃烧性(UL-94)
客户样品	1.97	0.15	28	85	1×10^{12}	10.5	0.015	180	600	V-0
自制材料	1.97	0.14	30	86	1×10^{12}	11.2	0.014	180	600	V-0

表 8-28 自制材料与样品的注塑数据对比

性能	客户样品		自制材料	
模具温度/℃	动模(实测值) 175(168)	定模(实测值) 165(162)	动模(实测值) 180(175)	定模(实测值) 170(169)
固化周期/s	88		85	
料尺/mm	122.9		122	
流动性	好,不缺料		好,不缺料	
充模	快		快	
粘模	否		否	
制件表面平整性	平整,无翘曲		平整,无翘曲	

(二) 桦木纤维增强不饱和聚酯

1. 配方[34]

单位：质量份

原材料	用量	原材料	用量
不饱和聚酯树脂(UPR)	100	消泡剂(BYR-A500)	0.5
桦木纤维(BF)	16	异辛酸钴	2.0
偶联剂 A-151	3.0	其他助剂	适量
过氧化甲乙酮	2.0		

2. 制备方法

（1）偶联剂（蒸馏水或乙醇）改性BF：将BF浸泡在硅烷偶联剂/乙醇溶液中 [w(偶联剂) 3%（相对于BF质量而言)]，经恒速搅拌器搅拌2h、抽滤和80℃真空干燥6h后，得到改性BF（记为SMBF)。

按照上述方法分别用蒸馏水、乙醇处理空白纤维，并分别记为WMBF、EMBF。

（2）偶联剂改性回收纤维：将回收所得的纸箱、牛皮纸和纸巾等粉碎至碎屑→用蒸馏水浸泡碎屑48h→搅拌成纤维浆→去除杂质→真空干燥→按照上述偶联剂改性方法对回收纤维表面进行改性。改性后的纸箱纤维、牛皮纸纤维、纸巾纤维分别记为RCF、RKF和RHF。

（3）基体树脂的配制及复合材料的制备：将UPR、2份异辛酸钴和0.5份BYK-A500等放入钢质容器中搅拌均匀，再按一定比例将BF引入树脂体系中，搅拌分散均匀；随后加入2份过氧化甲乙酮，快速搅拌均匀；最后将混合好的BF/UPR复合物浇铸在涂有脱模剂的模具中，经加压固化、脱模和23℃老化30d等工序处理后，得到BF/UPR复合材料。

3. 性能

见表8-29。

表8-29　回收木纤维/UPR复合材料的力学性能

w(纤维)/%		0	2	6	10	16	19	22
拉伸强度/MPa	RCF	34.47	35.13	37.75	40.24	42.41	40.08	37.59
	RKF	34.47	35.40	38.14	40.95	43.16	41.11	38.63
	RHF	34.47	33.92	32.62	30.41	28.90	28.27	26.20
弯曲强度/MPa	RCF	53.21	50.84	48.23	45.19	40.86	37.37	33.69
	RKF	53.21	51.36	48.67	45.94	41.58	38.70	34.46
	RHF	53.21	49.67	41.02	35.95	33.82	31.27	26.46
冲击强度/(kJ/m^2)	RCF	7.17	7.60	7.91	8.41	8.56	7.83	7.26
	RKF	7.17	7.54	7.97	8.36	8.72	8.41	7.69
	RHF	7.17	7.10	6.69	6.43	6.04	5.77	5.41

回收木纤维的种类对复合材料力学性能影响较大，在制备回收木纤维/UPR复合材料之前，应首先对回收材料进行筛选，并且应优先选择对UPR基体树脂具有明显增强作用的包装纸、纸箱等回收材料。

（三）木粉填充改性不饱和聚酯复合材料

1. 配方[35]

单位：质量份

原材料	用量	原材料	用量
不饱和聚酯树脂(191# UPR)	100	过氧化甲乙酮	2.0
落叶松木粉	20	BYK-A5000消泡剂	0.5
偶联剂(乙烯基三乙氧基硅烷)	1.0	其他助剂	适量

2. 木粉/UPR复合材料的制备

用研磨式粉碎机将落叶松木屑粉碎，收集通过40目、60目、80目标准筛框分离的粉末；将木粉用硅烷偶联剂的乙醇溶液浸泡2h，抽滤，产品在60℃下真空干燥8h，经过硅烷偶联剂改性的木粉记为MW，未经过表面处理的木粉记为UW，用数字表示木粉的目数。

称取UPR及一定比例的过氧化甲乙酮和BYK-A500搅拌均匀，再加入一定质量的木粉，混合均匀后滴加异辛酸钴快速搅拌，将复合物浇注于模具中，固化后脱模。

3. 性能

见图 8-21～图 8-23。

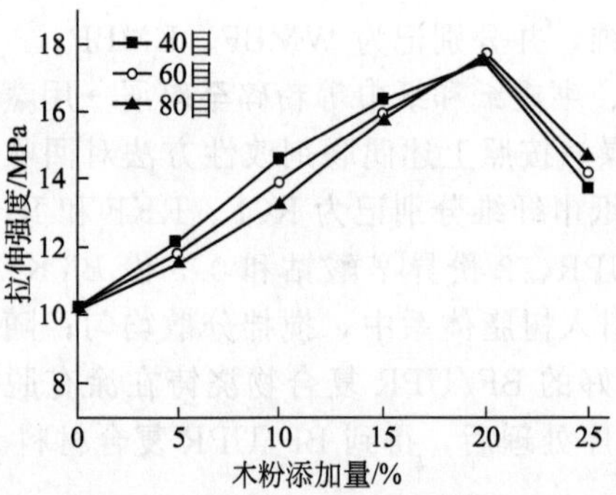

图 8-21 MW/UPR 复合材料拉伸强度与粒径的关系

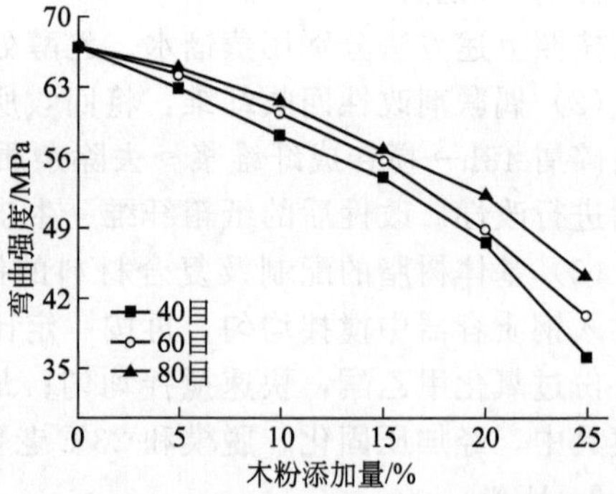

图 8-22 MW/UPR 复合材料弯曲强度与粒径的关系

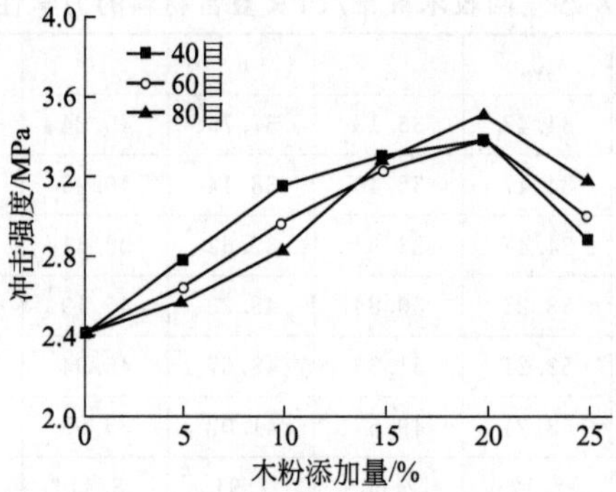

图 8-23 MW/UPR 复合材料冲击强度与粒径的关系

（四）改性凹凸棒石填充不饱和聚酯复合材料

1. 配方[36]

单位：质量份

原材料	用量	原材料	用量
不饱和聚酯树脂(191#)	100	加工助剂	1～2
凹凸棒黏土	8.4	其他助剂	适量
十六烷基三甲基氯化铵(OTAC)	8.4		

2. 制备方法

(1) 凹凸棒黏土的有机改性　室温下，称取一定质量的凹凸棒黏土样品放入样品质量 25 倍的水中，机械搅拌 2h 后，再超声波分散 2h；加入十八烷基三甲基氯化铵，充分机械搅拌的同时水浴加热至 60℃，保持 2h；用无水乙醇和去离子水先后振荡离心洗涤数次；60℃下烘干，粉磨过 200 目（74μm）筛，即制得有机改性凹凸棒黏土。

(2) 复合材料的制备　室温下，以塑料量杯为容器，称取适量的不饱和聚酯；将不饱和聚酯放在搅拌机下匀速搅拌，同时称取并缓慢加入引发剂；搅拌速度要慢，以免引入气泡，在搅拌过程中分多次缓慢加入有机改性凹凸棒黏土。当试样完全均匀后，再缓慢加入促进剂，搅拌均匀后浇注模具，固化成型即得改性凹凸棒石-不饱和聚酯复合材料。

3. 性能

改性凹凸棒石-不饱和聚酯复合材料的热分解起始温度达到了277℃，较凹凸棒石-不饱和聚酯复合材料提高12℃，较纯不饱和聚酯材料提高了34℃。

（五）氧化石墨烯改性不饱和聚酯复合材料

1. 配方[37]

(1) 氧化石墨烯/不饱和聚酯（GO/UP）配方

单位：质量份

原材料	用量	原材料	用量
对苯二甲酸	4.0	对苯酚阻聚剂	1.0
乙二醇	60	石墨烯 GO	0.25、0.5、0.75
反丁烯二酸	10	其他助剂	适量
有机锡催化剂	0.5		

(2) 复合材料配方

单位：质量份

原材料	用量	原材料	用量
不饱和聚酯	70	Al_2O_3	5.0
GO/UP	30	偶联剂	1.5
玻璃纤维	30	加工助剂	1～2
$CaCO_3$	5.0	其他助剂	适量

2. 制备方法

将一定量的GO和乙二醇加入500mL烧瓶中超声分散1h，然后加入一定量的对苯二甲酸和有机锡催化剂，在190～210℃下反应4～5h，控制分馏柱顶温度不超过105℃。待分馏出水的质量为理论值的90%时，降温至160℃加入一定量的反丁烯二酸，通氮气保护，当温度升至180℃时加入阻聚剂对苯二酚，物料温度控制在210～220℃。当酸值降至一定值后，减压蒸馏脱水，至出水量接近理论值后停止反应。出料冷却，制得GO/UP原位复合聚酯，粉碎备用。

分别称取纯UP和GO/UP原位复合聚酯树脂，与玻璃纤维、氢氧化铝、碳酸钙和固化剂等填料混合，在双辊开炼机上混炼均匀，制备成复合材料；经粉碎后模压成型。模压工艺：温度160～165℃，压力为7.5MPa，时间为4min。冷却后，在140℃下后固化2h。

3. 性能

见表8-30和表8-31，图8-24和图8-25。

表8-30 GO含量对UP复合材料力学性能的影响

GO含量/份	冲击强度/(kJ/m²)	弯曲强度/MPa	弯曲模量/GPa
0	3.54	85.04	14.46
0.25	3.58	96.85	15.50
0.50	4.06	86.68	16.03
0.75	3.73	88.72	15.19

表8-31 GO含量对UP复合材料电性能的影响

GO含量/份	体积电阻率 ρ_v/Ω·m	表面电阻率 ρ_s/Ω
0	1.86×10^{14}	2.32×10^{13}
0.25	2.25×10^{14}	1.19×10^{13}
0.50	2.35×10^{14}	2.94×10^{13}
0.75	2.28×10^{14}	0.79×10^{13}

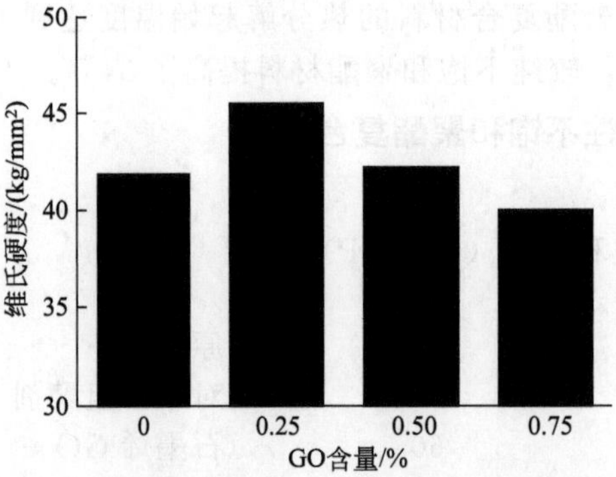

图 8-24　GO 含量对 UP 复合材料硬度的影响

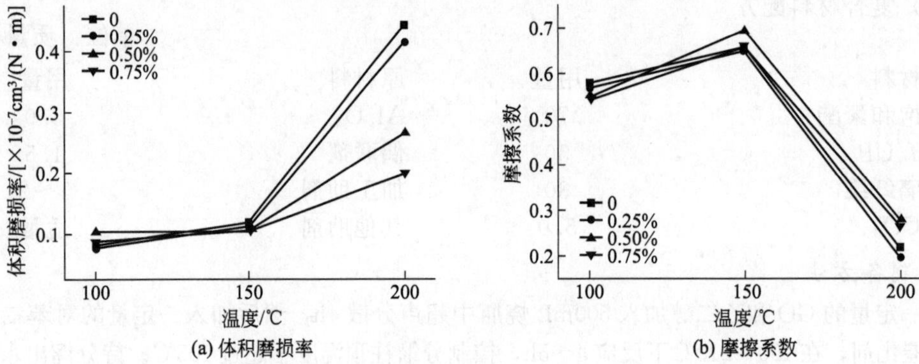

图 8-25　GO 含量对 UP 复合材料的体积磨损率和摩擦系数的影响

（六）低烟阻燃不饱和聚酯

1. 配方[38]

单位：质量份

原材料	用量	原材料	用量
邻苯二甲酸酐	40	$Al(OH)_3$	30
马来酸酐	40	MoO_3	6.0
乙二醇	50	四溴邻苯二甲酸酐	8.0
丙三醇	50	Sb_2O_3	5.0
苯乙烯	120	其他助剂	适量

2. 低烟阻燃不饱和聚酯树脂制备

按一定比例将邻苯二甲酸酐，马来酸酐，乙二醇、丙二醇及阻燃剂 RB 置于反应釜中，并加入一定量催化剂，N_2 下加热至混合物熔化，然后搅拌升温至 180～200℃，并在此温度范围内进行酯化反应。随反应进行，体系酸值不断下降，待酸值≤30mg KOH/g 时即可视为反应结束。然后将体系降温至 100℃以下，加入阻聚剂和苯乙烯交联剂并搅拌均匀即可得不饱和聚酯，控制阻燃剂 RB 用量，可制得一系列不同含溴量的不饱和聚酯，记为树脂 1。

将上述制备的含溴不饱和聚酯，分别加入一定量助阻燃剂 Sb_2O_3，消烟剂 $Al(OH)_3$ 或 MoO_3，过氧化物引发剂，混合均匀后在一定尺寸的模具内固化，即可制得不饱和聚酯树脂 2。

3. 性能

用手糊法将研制的两种低烟阻燃不饱和聚酯树脂做成玻璃钢制品，其主要性能见表 8-32。

表 8-32　低烟阻燃不饱和聚酯浇注体和玻璃钢的主要性能

项　目	Br/份	Sb_2O_3/份	MoO_3/份	$Al(OH)_3$/份	氧指数(OI)/%	烟密度(DM)	临界烟密度时间 T_s/min	冲击强度/(kJ/m²)	弯曲强度/MPa
原树脂浇注体	0	0	0	0	22	286	0.8	4.2	91
树脂 1 浇注体	8	5	6	0	35	115	4.7	4.0	85
树脂 2 浇注体	8	5	0	30	35	124	4.3	3.8	75
树脂 1 玻璃钢	—	—	—	—	38	103	5.5	214	175
树脂 2 玻璃钢	—	—	—	—	38	112	5.1	193	163

结果表明，研制树脂的浇注体及玻璃钢氧指数分别达 35%和 38%，基本上属难燃。浇注体的烟密度比一般树脂减小了 1.5 倍，且无黑烟产生。玻璃钢的烟密度比浇注体更小。同时也可看出含 $Al(OH)_3$ 树脂浇注体力学性能比原树脂要差，而含 MoO_3 树脂其力学性能接近原树脂。不饱和聚酯做成玻璃钢后，其力学性能大为提高。所研制的不饱和聚酯具有较强阻燃抑烟性能，可望在建筑材料、化工容器、运输工业、电子元器件等领域中得到应用。

（七）稀土荧光粉/不饱和聚酯树脂复合材料

1. 配方[39]

单位：质量份

原材料	用量	原材料	用量
不饱和聚酯树脂	100	环烷酸钴/苯乙烯	40
过氧化甲乙酮	0.4	加工助剂	1～2
稀土荧光粉	10	其他助剂	适量

2. 制备方法

首先将不饱和聚酯树脂溶液和过氧化甲乙酮溶液均为混合，再分别加稀土荧光粉，室温条件下在磁力搅拌器上搅拌 60min，再经超声波分散 60min，最后加入一定量的环烷酸钴溶液，均匀混合后按照国标制备复合材料力学性能测试样条。

3. 性能

（1）不饱和聚酯树脂的凝胶时间随着荧光粉的添加而逐渐增加。当添加量大于 10 份时，凝胶时间的增幅逐渐减小；当荧光粉添加量为 20 份时，不饱和聚酯树脂凝胶时间小于 100min，满足日常手糊工艺要求。

（2）加入稀土荧光粉后，复合材料具备了荧光特性。当添加量为小于 20 份时，复合材料不存在发光猝灭现象，并且荧光粉加入量越多，发光越明显。

（3）添加稀土荧光粉后，复合材料力学性能明显改善。当添加量超过 10 份后，稀土荧光粉开始以聚集态形式存在，复合材料力学性能反而随着添加量增加迅速下降。

（4）随着荧光粉含量的增加，由于物理交联点作用，复合材料的压缩强度和弯曲强度逐渐增加；当荧光粉添加量为 10 份时，稀土高分子的压缩强度和弯曲强度均达到最高值；当荧光粉添加量继续增加时，稀土荧光粉开始以聚集态形式存在，复合材料的压缩强度和弯曲强度反而随添加量增加迅速下降。

（八）不饱和聚酯磁性复合材料

1. 配方[40]

单位：质量份

原材料	用量	原材料	用量
四种类型不饱和聚酯树脂①	15	偶联剂 KH-570	1.0
钡铁氧体磁粉	80	硬脂酸锌	5.0
过氧化苯甲酸叔丁酯与邻苯二甲酸二烯丙酯预聚体(质量比为2：8)	1～3	加工助剂	1～2
		其他助剂	适量

① 不饱和聚酯，R1［乙二醇，富马酸（醇酸物质的量比为1：1，下同）］，R2（乙二醇，丙二醇，富马酸），R3（丙二醇，富马酸）及R4（乙二醇，富马酸，对苯二甲酸），软化点均大于50℃，酸值（每克耗KOH）30～40mg。

2. 制备方法

（1）磁粉预处理　将含质量分数1%磁粉的硅烷KH-570用适量的酒精稀释后，加入粉碎机，与磁粉充分混合，然后将处理过的磁粉在80℃下烘2h，待用。

（2）磁性复合材料制备　称取不饱和聚酯15份，处理后磁粉80份，固化交联剂及硬脂酸锌5份，在开炼机上混炼，控制混炼温度85～95℃，2～3min左右，混炼均匀后，在粉碎机中粉碎备用。采用液压机固化成型，成型温度160℃，成型压力15MPa，成型固化时间4min。

3. 性能

见图8-26～图8-30、表8-33。

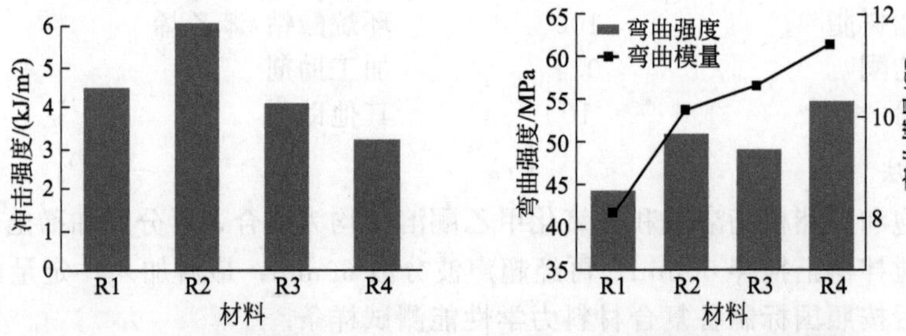

图8-26　不同结构聚酯对不饱和聚酯基磁性复合材料力学性能影响

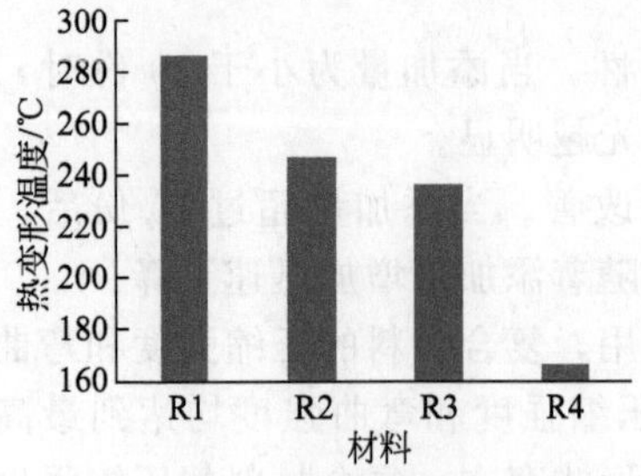

图8-27　不饱和聚酯基磁性复合材料的热变形温度

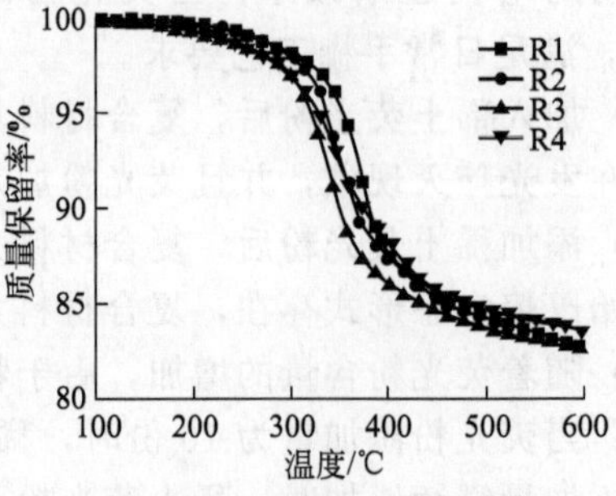

图8-28　不饱和聚酯基磁性复合材料的TG分析

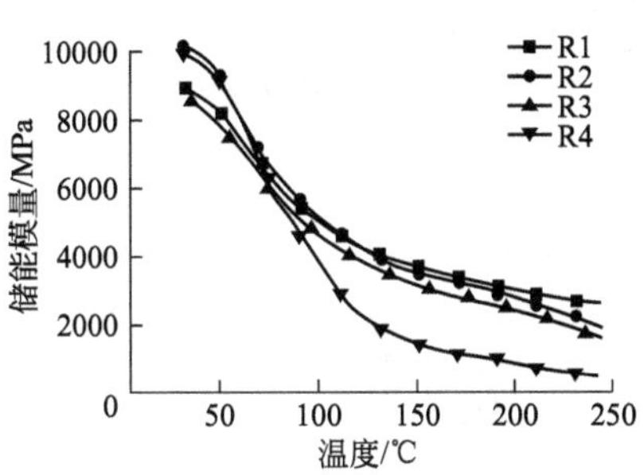

图 8-29 不同结构聚酯对不饱和聚酯基磁性复合材料储能模量的影响

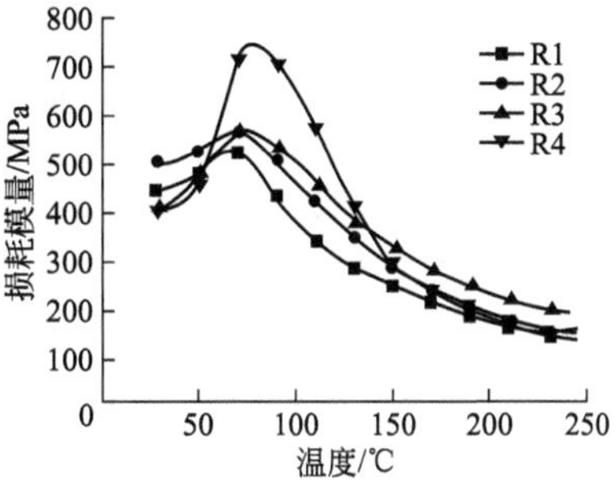

图 8-30 不同结构聚酯对不饱和聚酯基磁性复合材料损耗模量的影响

表 8-33 不饱和聚酯基磁性复合材料的 TG 分析数据

种类	$T_{1\%}$/℃	$T_{5\%}$/℃	$T_{10\%}$/℃	$T_{15\%}$/℃	T_{max}/℃	Y_C/%
R1	253.1	353.0	379.8	474.8	370.6	83.44
R2	250.8	335.9	365.2	471.7	348.9	83.51
R3	211.8	320.7	348.6	431.7	340.9	82.37
R4	210.6	326.5	373.4	458.3	337.4	82.48

注：$T_{1\%}$，$T_{5\%}$，$T_{10\%}$，$T_{15\%}$分别为失重 1%，5%，10%，15%时的温度；T_{max}为最大分解速率时的温度；Y_C 为 600℃时的残余量。

（九）玻璃微球增强不饱和聚酯微孔塑料

1. 配方[41]

单位：质量份

原材料	用量	原材料	用量
不饱和聚酯树脂(191#)	100	玻璃微球(≤50μm)	3～5
苯乙烯	30	加工助剂	1～2
过氧化甲乙酮固化剂	0.9	其他助剂	适量
环烷酸钴促进剂	0.3		

2. 制备方法

将一定量的不饱和聚酯和苯乙烯放入反应容器中，混合均匀后加入一定质量分数的固化剂充分混合搅拌均匀，再放入一定质量分数的玻璃微球和促进剂搅拌均匀后放入干燥箱中，每隔 1～2min 取出样品并充分搅拌后再放入干燥箱，重复以上步骤直至样品变为糊状，保温 15min 后取出即可。

3. 性能

见图 8-31、表 8-34。

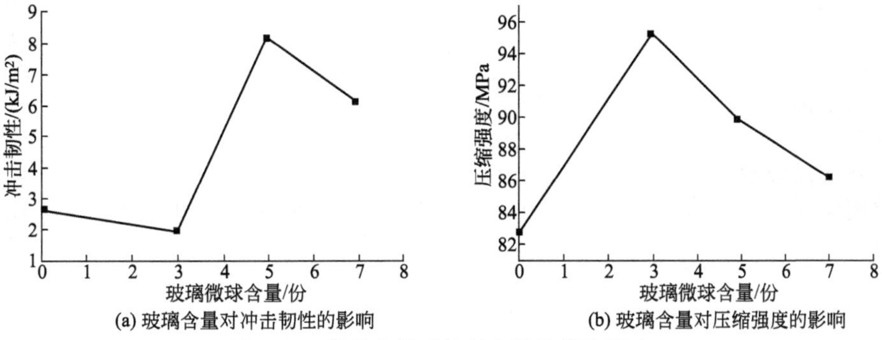

图 8-31 微球含量对材料力学性能的影响

表 8-34 筛析前后材料的力学性能

	冲击韧性/(kJ/m²)	压缩强度/MPa
筛前	8.15	90.07
筛后	8.17	103.27

第四节 氨基塑料

一、脲甲醛塑料配方

1. 脲甲醛树脂

单位：质量份

原材料	用量	原材料	用量
尿素	100	甘油	20
甲醛(30%)	300	其他助剂	适量

2. 脲甲醛模塑粉料（电玉粉）

单位：质量份

原材料	用量	原材料	用量
尿素	100	α-纤维素	60～70
甲醛(30%)	200～225	硬脂酸锌	1.0
六亚甲基四胺	5～8	其他助剂	适量
草酸	0.4～0.6		

3. 脲甲醛泡沫塑料

单位：质量份

原材料	用量	原材料	用量
尿素	100	磷酸硬化剂	7.5
甲醛(30%)	200～300	间苯二酚发泡稳定剂	5.0
甘油增塑剂	20	水	30～40
二丁基萘磺酸钠(表面活性剂)	5	其他助剂	适量

4. 脲甲醛泡沫塑料

单位：质量份

原材料	中国配方	俄罗斯配方	德国配方
尿素	100	100	360
甲醛(30%)	300	300	1085
己三醇	—	—	26
甘油增塑剂	20	26	—
六亚甲基四胺	7.2	—	—
二丁基萘磺酸钠	2.0	4.5	10
磷酸硬化剂	1.5	4.8	15
间苯二酚	—	0.2	10
苯酚	0.3	—	—
水	95.8	90.3	65
其他助剂	适量	适量	适量

说明：脲醛泡沫塑料是以脲甲醛树脂为原料，二丁基萘磺酸钠为发泡剂，在催化剂存在下固化成型，经干燥而成为闭孔结构白色块状料。

脲醛泡沫塑料的力学性能十分低，加入如聚乙二醇醚类增塑剂可改进其力学性能。另外，加入填料如木粉、石棉、玻璃粉、石膏和无机纤维等也可提高其机械强度。脲醛泡沫塑料的热分解温度为 220℃；吸湿性相当高，在相对湿度为 70%（RH）时，吸水率可达 17%；相对密度为 0.010 的脲醛泡沫塑料，其热导率为 0.026W/(m·K)。

5. 改性脲醛树脂/植物纤维复合板材

(1) 原材料及配方

单位：质量份

原材料	用量	原材料	用量
改性脲甲醛树脂	80～85	固化剂	0.1～0.3
植物纤维	10～15	其他助剂	适量
处理剂	1～2		

(2) 性能　见表 8-35～表 8-38。

表 8-35　脲醛一年生植物纤维复合板与刨花板性能比较

项　　目	棉秆板	麻秆板	木质刨花板(一级品)
弯曲强度/MPa	22.1	16.7	18
吸水厚度膨胀率/%	17.2	21.5	<8

表 8-36　苯酚改性脲醛一年生植物纤维复合板性能

项　　目	棉　秆　板			麻　秆　板		
苯酚加入量/%	5	10	15	5	10	15
弯曲强度/MPa	21.4	22.1	22.2	16.8	16.2	16.4
吸水厚度膨胀率/%	15.3	10.2	8.0	18.4	15.8	13.3

表 8-37　三聚氰胺改性脲醛一年生植物纤维复合板性能

项　　目	棉　秆　板			麻　秆　板		
三聚氰胺加入量/%	5	10	15	5	10	15
弯曲强度/MPa	23.0	24.1	24.7	17.2	18.1	18.6
吸水厚度膨胀率/%	14.3	9.4	6.8	17.1	16.0	12.7

表 8-38　后固化的苯酚改性脲醛植物纤维复合板性能

项　　目	棉　秆　板			麻　秆　板		
三聚氰胺加入量/%	5	10	15	5	10	15
弯曲强度/MPa	22.2	23.5	24.1	17.4	18.7	19.3
吸水厚度膨胀率/%	12.3	8.9	7.2	16.5	13.5	11.8

注：后固化条件为 100℃，12h。

二、三聚氰胺甲醛塑料

1. 三聚氰胺甲醛复合材料

单位：质量份

原材料	注射料	模压料(快固化型)
三聚氰胺甲醛树脂	100	100
二乙醇苯胺	9.0	9.0
对甲苯磺酸三乙胺	0.6～0.8	0.7～0.9

续表

原材料	注射料	模压料(快固化型)
甲基硅油	2.0	—
滑石粉	37	37
玻璃纤维	99	99
偶联剂	1～2	1～2
其他助剂	适量	适量

2. 三聚氰胺甲醛模塑粉料

单位：质量份

原材料	配方 1	配方 2
三聚氰胺甲醛	100	100
α-纤维素	60～75	—
石英粉或云母粉	—	120～150
硬脂酸锌	0.8～1.2	0.8～1.2
着色剂	适量	适量
其他助剂	适量	适量

3. 脲三聚氰胺甲醛树脂

单位：质量份

原材料	用量	原材料	用量
三聚氰胺(＞98%)	126	六亚甲基四胺(＞98%)	6.0
尿素(＞40%)	60	碳酸镁	0.25
甲醛(36%)	90	氢氧化钠(25%～30%)	适量
水	210	其他助剂	适量

4. 脲三聚氰胺甲醛模塑粉料

单位：质量份

原材料	用量	原材料	用量
脲三聚氰胺甲醛树脂	100	氧化铁红	2.26
棉绒	30.2	苯胺黑	0.1
硬脂酸	0.42	其他助剂	适量

5. 三聚氰胺/酚醛复合材料

(1) 原材料及配方

单位：质量份

原材料	用量	原材料	用量
三聚氰胺/酚醛树脂	45	滑石粉	15
无碱玻璃纤维	40	加工助剂	1～2
偶联剂	1～2	其他助剂	适量

(2) 制备工艺　见表 8-39。

表 8-39　标准试件压制工艺条件

压制工艺	长条试件 120mm×15mm×10mm	圆片试件 ϕ100mm×4mm	压制工艺	长条试件 120mm×15mm×10mm	圆片试件 ϕ100mm×4mm
压制温度/℃	145±5	145±5	压制时间/min	15～20	8～10
压制压力/MPa	45±5	45±5			

(3) 性能

见表 8-40。

表 8-40 性能

项目	MPFGFP（实测平均值）	MFGFP	
		上海塑料厂 MP-1（沪 Q/HG3-327-79）	上海天山塑料厂产品（企业标准）
冲击强度/(kJ/m^2)	110.8	≥14.7	≥34.3
弯曲强度/MPa	127.5	≥78.5	≥78.5
马丁耐热温度/℃	224	≥180	≥160
表面电阻率/Ω	6.7×10^{11}	$\geqslant1\times10^{11}$	$\geqslant1\times10^{11}$
体积电阻率/Ω·cm	7.9×10^{11}	$\geqslant1\times10^{10}$	$\geqslant1\times10^{11}$
介电强度/(kV/mm)	14.7	≥11	≥8
耐电弧性/s（电流 6.5mA，电极距离 5mm）	>120	≥200	≥120

6. 三聚氰胺餐具

(1) 原材料及配方

单位：质量份

原材料	用量	原材料	用量
三聚氰胺甲醛	100	加工助剂	1～2
无毒固化剂	0.3～0.5	其他助剂	适量
填料	5～15		

(2) 制备工艺

① 工艺流程　见图 8-32。

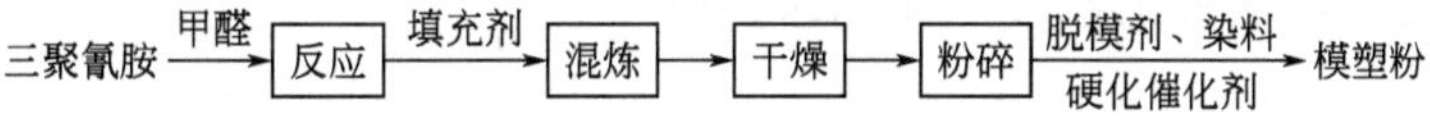

图 8-32　工艺流程

② 蜜胺餐具成型步骤

a. 称量　准确称量每件制品所需原料质量。如果原料量过多或过少，就会造成制品飞边多、清理困难，成型压力不够、制品不能完全固化等弊端。

b. 预热　将称量好的原料放入加料容器（微波炉专用容器）中，预热时间 1.5～2.0min，料温升至 40～50℃。

c. 投料　把预热好的物料投进金属模具（45 号钢，表面镀铬或镍磷）内，控制模具温度在 150～180℃之间，根据不同制品而变化。

d. 初压　对物料加压 5～15MPa，时间 1～15s，这道工序使物料在一定温度和压力下开始流动，发生缩聚反应，并产生水汽。

e. 排气　将生成的缩合水及挥发性气体（甲醛）通过微打开的模具间隙排除。

f. 固化　继续合模升压至 15～20MPa，时间 30～180s（视产品壁厚调整），制品成型。

g. 出模　完成固化工序后，风冷制品，用铜棒、吸盘等工具取出制品。

③ 成型条件　设备为 1000kN 液压机；成型压力：21.0MPa；上模温度：172～174℃；下模温度：168～172℃。

④ 贴花　蜜胺餐具可以在模腔内贴花压制，方法是加入图案纸箔和透明蜜胺树脂，经连续二次成型。

7. 三聚氰胺-甲醛泡沫塑料

(1) 配方[42]

单位：质量份

原材料	用量	原材料	用量
三聚氰胺(F)	80	氯化铵	2.0
甲醛(M)	20	正戊烷	5.0
己内酰胺改性剂	14	其他助剂	适量
表面活性剂(OP-10)	2.0		

(2) 制备方法

① MF 树脂溶液的制备

按配方向四口烧瓶中加入甲醛溶液和多聚甲醛，其中甲醛溶液和多聚甲醛按质量比 1：1 加入；同时在冷凝回流下，开启搅拌装置搅拌 15min 后用浓度为 30%的 NaOH 溶液调 pH 值至 7.5～9.0；待多聚甲醛完全溶解后，加入三聚氰胺，快速升温至 80～95℃，升温速率控制在 3℃/min，使 pH 值保持设定值，恒温下待三聚氰胺完全溶解至溶液澄清后，加入改性剂并计时，反应 50min 用 30%NaOH 溶液调节 pH 值至 8.0～9.0 后降温至 40℃左右出料，得 MF 树脂溶液，待用。

② MF 泡沫塑料的制备

称取已冷却至室温的上述 ME 树脂溶液于烧杯中，依次加入表面活性剂 OP-10、氯化铵，搅拌至基本均匀，再加入正戊烷，搅拌均匀后将烧杯放入恒温 80℃烘箱中，保温 30min 后取出，冷却后用裁刀加工切割掉不规则部分，获得所需泡沫塑料试样。

(3) 性能　改性 MF 树脂溶液黏度为 1547.5mPa·s，固含量为 70.5%，储存期 76h，改性 MF 树脂发泡性能优良，发泡后泡沫塑料的表观密度为 32.76kg/m³。

8. 利用微波法制备三聚氰胺甲醛泡沫塑料

(1) 配方[43]

单位：质量份

原材料	用量	原材料	用量
三聚氰胺甲醛树脂	100	固化剂(对甲苯磺酸)	14～16
表面活性剂(吐温-80)	3～5	其他助剂	适量
发泡剂(正戊烷)	8～10		

(2)制备方法

① 三聚氰胺甲醛树脂的制备　将适量的蒸馏水和多聚甲醛加入到三口瓶中，开启加热套和搅拌器。将质量分数为 20%的氢氧化钠溶液加入三口瓶中，调节体系 pH 在 8～9 之间。当体系温度升高到 60℃左右时，加入适量的三聚氰胺，调节搅拌速度，继续升温至 100～110℃，保持恒温反应 25～30min，反应结束后将反应体系在冷却水中降温至 30℃左右，用配制好的对甲苯磺酸溶液调节体系 pH 至 7 左右。

② 三聚氰胺甲醛泡沫塑料的制备　取一定量的可发性三聚氰胺甲醛树脂于容器中，依次加入一定比例的表面活性剂、发泡剂、固化剂，搅拌均匀，然后将混合物移到发泡模具中并涂抹均匀，放入微波炉中按照特定的功率和时间进行发泡，冷却后脱模。

(3)性能　见表 8-41 和表 8-42。

表 8-41　发泡功率和时间对发泡性能的影响

发泡功率和时间	发泡情况
1000W 发泡 6min	泡孔比较大，有较多树脂溢出模具

续表

发泡功率和时间	发泡情况
800W 发泡 6min	泡沫比较细腻，但仍然很脆
800W 发泡 9min	泡沫细腻，硬度很大，树脂几乎无溢出
783W 发泡 9min	模具上表面有凹陷，泡沫较硬

通过表 8-41 对比可以看出，在功率线性可调微波炉中，将功率调节至 800W 发泡 9min，能得到较好的泡沫体。

表 8-42 泡沫体性能测试结果

项　目	数　值	项　目	数　值
掉渣率/%	14.6	压缩强度/kPa	90
表观密度/(kg/m^3)	81.0	LOI/%	32.5

三聚氰胺甲醛树脂的高含氮量环状结构赋予了其很好的阻燃性能。而且在燃烧时没有出现滴落、融化等现象，但有轻微的火焰蔓延，着火处出现炭化并产生黑烟。

第五节 聚氨酯

一、聚氨酯改性料配方

（一）经典配方

具体配方实例如下[1,2]。

1. 聚氨酯/PVC 合金

单位：质量份

原材料	用量	原材料	用量
聚氨酯树脂	50	增塑剂	3.0
PVC	50	稳定剂	1～2
硬脂酸锌	1.0	加工助剂	1～2
硬脂酸钡	1.0	其他助剂	适量

说明：改进了硬度、耐候性、透水性、摩擦性能，提高了阻燃性和耐热性，降低了成本，适用于制备汽车车体外部配件、电缆护套、工业胶管、胶带、滑雪鞋和各种轮胎等。

2. 聚氨酯（PU）/聚甲醛合金

单位：质量份

原材料	用量	原材料	用量
PU	30～70	炭黑	1～5
POM	30～70	DCP	0.1～1.0
相容剂	1～3	其他助剂	适量

说明：主要用于制造齿轮、机枪结构件、枪用构件和高效受力件等。

3. PU/PC 合金

（1）原材料及配方

单位：质量份

原材料	用量	原材料	用量
PU	20～80	填料	10～20
PC	20～80	加工助剂	1～2
相容剂	1～5	其他助剂	适量

(2) 性能　该合金密度 1.21g/cm^3、断裂强度 35%～42%、断裂伸长率 150%～340%、弯曲弹性模量 700～910MPa、热变形温度 60～75℃。主要用于机械、电子电气和汽车结构件的制造。

4. 聚碳酸酯/聚氨酯/环氧互穿网络聚合物

单位：质量份

原材料	用量	原材料	用量
聚碳酸酯/聚氨酯树脂	100	相容剂	1～5
环氧 E-51	30～60	加工助剂	1～2
TMN-450 聚醚扩链剂	3～6	其他助剂	适量
固化剂 DMP-30	5～8		

说明： 主要用于制备密封件、防振防噪制品、耐油性制品等。

5. 聚氨酯/丙烯酸酯合金

单位：质量份

原材料	用量	原材料	用量
甲基丙烯酸甲酯	60～100	偶氮二异丁腈	1～2
甲基丙烯酸羟乙酯	10～20	脱模剂硅油	1～2
二缩三乙二醇/异氰酸酯	20～80	其他助剂	适量
月桂酸二丁基锡	1～2		

说明： 主要用于制备光学材料或透明制品等。

6. 聚氨酯/环氧合金

单位：质量份

原材料	用量	原材料	用量
一缩二乙二醇	30～70	固化剂	3～6
甲苯二异氰酸酯	30～70	加工助剂	1～2
扩链剂	1～5	其他助剂	适量
双酚 A 环氧树脂	30～50		

说明： 改性后材料的冲击强度、拉伸强度和耐热性同时得到提高，可用于制备结构部件。

7. 聚氨酯/不饱和聚酯合金

单位：质量份

原材料	用量	原材料	用量
聚氨酯树脂	100	固化剂	1～3
不饱和聚酯树脂	40～60	加工助剂	1～2
相容剂	1～5	其他助剂	适量

说明： 该材料的拉伸强度 80～90MPa，拉伸弹性模量 30GPa，弯曲强度 125～135MPa，弯曲弹性模量 3.1GPa，断裂伸长率 6.5%，冲击强度 40kJ/m^2，热变形温度 110℃，可用于制备大型结构件。

（二）聚砜酰胺改性聚氨酯复合纤维

1. 配方[44]

单位：质量份

原材料	用量	原材料	用量
聚氨酯(PU)	20～80	二甲基乙酰胺(DMAC)	20
聚砜酰胺(PSA)	20～80	其他助剂	适量

2. 制备方法

(1) 纺丝液的制备　称取适量的PSA原浆液配制质量分数为12%的PSA纺丝液；称取适量的PU颗粒溶解于DMAC，配制质量分数为20%的PU纺丝液；称取适量的PSA原浆液于烧杯中，加入一定量的PU、DMAC，3种物质在常温（20℃，35%RH）下机械搅拌10h，得到配比为80/20、60/40、50/50、40/60、20/80的PSA/PU共混纺丝液。最后，将上述纺丝液经过超声波脱泡处理得到均匀的纺丝液。

(2) PSA/PU共混纤维的制备　制备PSA/PU共混纤维的方法有两种：第一种是先配制好PSA纺丝液，将PU颗粒直接放入PSA浆液中搅拌溶解；第二种是分别配制出纯PSA纺丝液、纯PU纺丝液之后，再将两者搅拌共混（图8-33），用两种方法配制的80/20溶液在经过48h的静置之后，第一种仍混合均匀，而第二种出现了严重的分层现象。经过预实验验证，本配方选择第一种配制方法。

将均匀纺丝液注入5mL注射器中，注射器在接收装置正上方竖直放置。在推进器的控制下，纺丝液被挤压出，经过电场拉伸形成纳米纤维。设置电压26kV、纺丝距离15cm、推进速度0.0001mm/s、接收器转速50r/min、纺丝温度45℃、湿度40%RH、纺丝时间1.5h。

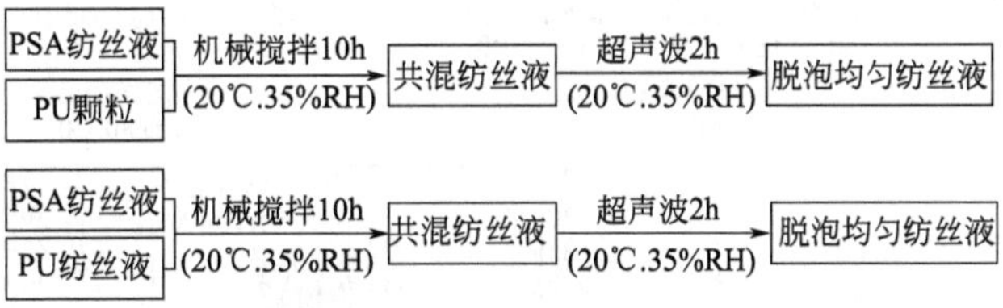

图8-33　纺丝液配制的两种流程图

(3) PSA/PU共混薄膜的制备　采用SJT-B型台式数显匀胶台制备PSA、PSA/PU、PU纳米复合薄膜。取适量的上述复合纺丝液静置脱泡后放入匀胶台的基片上，先以300r/min低速旋转10s，使纺丝液摊开；到设定的时间后，自动转换到500r/min高速旋转20s，使纺丝液在基片上形成厚度均匀的溶液；最后将膜片浸泡在水中萃取出溶剂，烘干后得到配比为100/0、80/20、60/40、50/50、40/60、20/80、0/100的PSA/PU复合膜，用于XRD性能的测试。

3. 性能

见表8-43～表8-45、图8-34～图8-36。

表8-43　PSA/PU黏度数据

PSA/PU	100/0	80/20	60/40	50/50	40/60	20/80	0/100
黏度/Pa·s	27	28	16	15	135	75	11

表8-44　共混纤维的力学性能

PSA：PU	断裂强力/cN	断裂伸长/mm	断裂强度/(cN/dtex)	断裂伸长率/%	断裂时间/s	初始模量/(cN/dtex)
100：0	6.45	3.25	0.65	21.68	9.78	3.03
80：20	14.46	4.07	1.45	27.14	12.23	7.20
60：40	14.08	3.87	1.41	25.80	11.63	6.60
50：50	18.53	4.25	1.85	28.34	12.77	8.21

续表

PSA∶PU	断裂强力/cN	断裂伸长/mm	断裂强度/(cN/dtex)	断裂伸长率/%	断裂时间/s	初始模量/(cN/dtex)
40∶60	17.46	5.02	1.75	33.45	15.07	6.74
20∶80	18.23	5.59	1.82	37.27	16.80	5.14
0∶100	27.18	11.79	2.72	78.63	35.41	0.96

表 8-45　共混纤维热分解过程的物理参数

PSA∶PU	T_0/℃	$d\alpha/dt$	T_{max}/℃	α/%
0∶100	260	0.5333	443.01	7.85
20∶80		0.1997	456.57	25.50
40∶60		0.2394	470.88	34.68
50∶50		0.1912	476.34	33.95
60∶40		0.2628	481.14	35.63
80∶20		0.3209	482.30	40.22
100∶0	390	0.4076	483.30	43.02

注：T_0 为起始分解温度；$d\alpha/dt$ 为最大分解速率；T_{max}为最大分解速率对应的温度；α 为 700℃时的残留率。

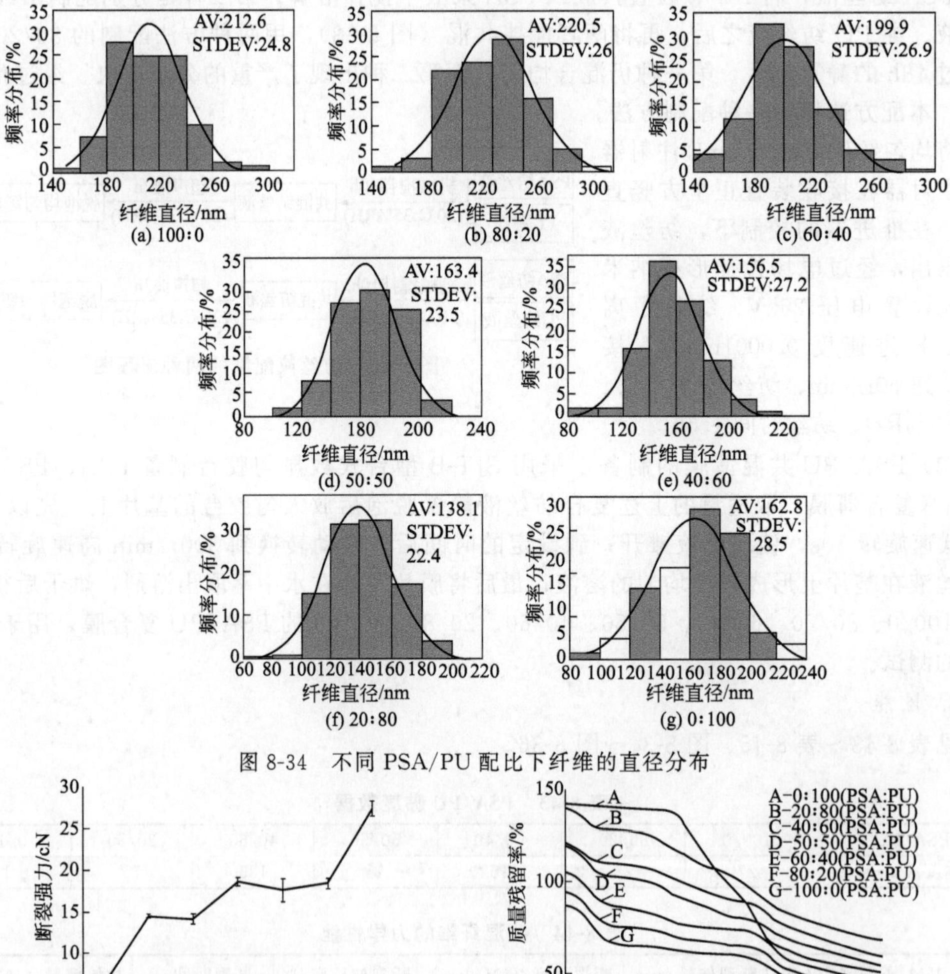

图 8-34　不同 PSA/PU 配比下纤维的直径分布

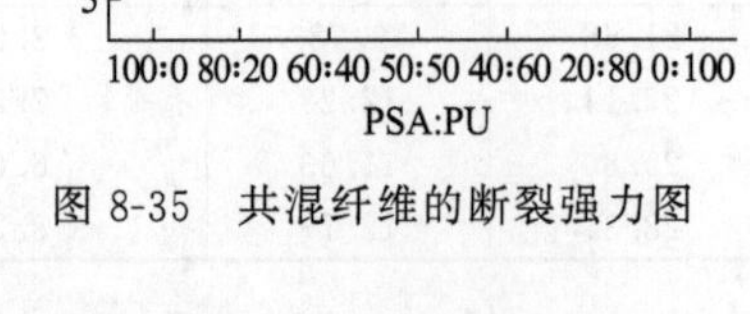

图 8-35　共混纤维的断裂强力图

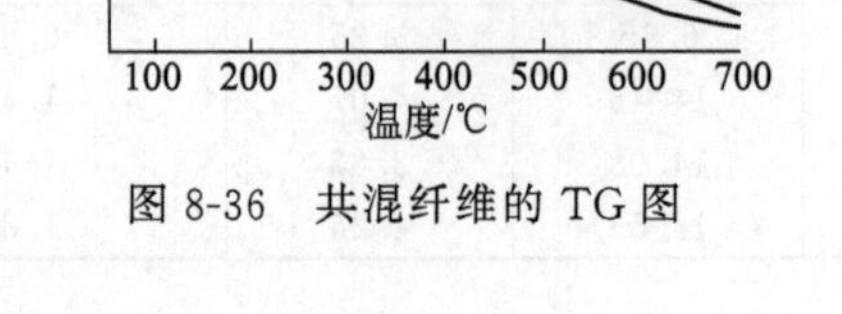

图 8-36　共混纤维的 TG 图

（三）导电炭黑改性聚氨酯复合材料

1. 配方[45]

单位：质量份

原材料	用量	原材料	用量
水性聚氨酯	100	加工助剂	1～2
十二烷基苯磺酸钠活化导电炭黑(MCCB)	0.8	其他助剂	适量
分散剂	1～3		

2. 制备方法

(1) 十二烷基苯磺酸钠活化导电炭黑的制备　称取1g导电炭黑和1g十二烷基苯磺酸钠，置于研钵中研磨1h，然后转移到烧杯中加入100mL去离子水超声分散2h，之后放入离心管离心分离，然后用去离子水洗涤三次，将下层产物置于真空干燥箱中在70℃下真空干燥24h，得到SDBS改性导电炭黑（MCCB），最后将其研磨，备用。

(2) 水性聚氨酯乳液的合成　称取定量的聚醚多元醇，加入到干燥洁净并且带有温度计、冷凝管和搅拌杆的三口烧瓶中，在100～110℃下真空脱水15min；冷却至50℃以下，加入定量的IPDI混合均匀，升温至90℃恒温搅拌反应2h；加入适量的丙酮，降温至50℃，加入一定量的TMP、DMPA、DEG扩链剂和适量的辛酸亚锡、月桂酸二丁基锡，期间用丙酮调节体系的黏度，在70℃反应6h左右至NCO基团的含量不变；降至40℃，将产物倒入乳化桶中，加入一定量的TEA中和，搅拌均匀，在高速搅拌状态下加入定量的水乳化开，搅拌10min左右，使体系均匀稳定，得到固含量为30%的水性聚氨酯乳液。

(3) 水性聚氨酯/MCCB复合材料的制备　按比例称取不同质量的SDBS修饰的导电炭黑，加入50mL去离子水中，超声分散30min，配制成导电炭黑水悬浊液，将悬浊液加入到20g聚氨酯乳液（已脱除丙酮）中，以行星球磨机为工具，以200r/min高速球磨2h，使其充分混合均匀，得到导电炭黑/水性聚氨酯复合乳液。

(4) 水性聚氨酯/MCCB复合材料胶膜的制备　将制备的水性聚氨酯/MCCB复合乳液倒入聚四氟乙烯模具中成膜，在通风处室温下风干一周，待水分基本挥发完后，放入真空烘箱中干燥至恒重（40℃），自然冷却至室温，用于性能测试。

3. 性能

(1) 经SDBS对导电炭黑表面活化，改性导电炭黑颗粒能均匀地分布在水中，形成悬浊液。

(2) 采用机械共混法制备出水性聚氨酯/改性导电炭黑复合材料，与纯水性聚氨酯相比，改性导电炭黑质量分数为0.8%时，拉伸强度和断裂伸长率增加了87.95%和71.09%。

(3) 与纯水性聚氨酯相比，改性导电炭黑质量分数为0.8%时，复合材料的体积电阻率降低了6个数量级，SDBS改性导电炭黑的加入显著地提高复合材料的导电性。

（四）聚磷酸铵改性水性聚氨酯阻燃材料

1. 配方[46]

单位：质量份

原材料	用量	原材料	用量
聚碳酸酯二醇(L5651)	100	三乙胺(TEA)	0.85
异氟尔酮二异氰酸酯(IPDI)	12	三羟甲基丙烷(TMP)	1.13
二羟甲基丙酸(DMPA)	10	聚磷酸铵(APP)	20～30
1,6-己二醇	3.5	其他助剂	适量
月桂酸二丁基锡	0.5		

2. 制备方法

准确称取定量的 L5651(10g)加到干燥的圆烧瓶中，通入氮气。油浴加热，直至 L5651 融化并混合均匀。加入 IPDI(1.27g)。搅拌混合均匀后，将反应体系的温度升至 90℃，反应 2h；将反应体系的温度降至 45℃，加入定量的 DMPA(1g)、1,6-己二醇(0.35g)、TMP(0.113g)、APP(以质量分数来定)和 Sn^{+4}(2 滴)。其中，将 Sn^{+4} 溶于丙酮后，用恒压滴液漏斗滴加，边滴加边升温至 80℃，反应 3h；反应完成后，降至室温，加入丙酮，低速搅拌(250r/min)，再加入 TEA(0.085g)，5min 后中速搅拌(大于 600r/min)，滴加水，40min 滴加完毕，搅拌 30min。然后改变 APP 的量，其他条件不变，制备出一系列不同 APP 含量的 WPU，实验合成 7 组样品，APP 质量分数分别为 0、5%、10%、15%、20%、25% 和 30%，编号依次为 WPU-APP-0、WPU-APP-1、WPU-APP-2、WPU-APP-3、WPU-APP-4、WPU-APP-5 和 WPU-APP-6。当 APP 添加量为 30% 时，乳液发生沉淀，故未研究 WPU-APP-6 的阻燃性能。

3. 性能

见表 8-46～表 8-48。

表 8-46　不同 APP 含量的水性聚氨酯试样的水平燃烧测试结果

试　样	t(平均)/s	有无燃烧物掉下	等级评定
WPU-APP-0	58	有	V-2
WPU-APP-1	51	有	V-2
WPU-APP-2	43	无	V-1
WPU-APP-3	31	无	V-1
WPU-APP-4	24	无	V-0
WPU-APP-5	10	无	V-0

表 8-47　APP 改性水性聚氨酯复合物的锥形量热仪测试数据

样　品	t(点燃)/s	HRR(峰值)/(kW/m²)	t_{max}(热释放)/s
WPU-APP-0	29	413.2	65
WPU-APP-1	30	397.4	75
WPU-APP-2	34	395.8	85
WPU-APP-3	40	392.6	90
WPU-APP-4	45	337.6	95
WPU-APP-5	45	314.3	90

表 8-48　不同 APP 含量的阻燃水性聚氨酯的力学性能

样　品	拉伸强度/MPa	断裂伸长率/%
WPU-APP-0	17.54	324.34
WPU-APP-1	16.09	296.58
WPU-APP-2	14.67	234.05
WPU-APP-3	12.48	183.60
WPU-APP-4	9.39	124.94
WPU-APP-5	6.98	75.65

二、聚氨酯泡沫塑料

(一) 软质聚氨酯泡沫塑料

1. 聚氨酯干式人造革配方

(1) 人造革表皮层配方

单位：质量份

原材料	用量	原材料	用量
硬质Ⅰ液型聚氨酯溶液	40～60	丁酮	8～20
软质聚氨酯溶液	40	甲苯	20
苯氧基树脂溶液	10～15	加工助剂	1～2
二甲基甲酰胺	18～20	其他助剂	适量

(2) 人造革粘接层配方

单位：质量份

原材料	用量	原材料	用量
标准Ⅱ液型聚氨酯混合液	50～100	交联剂	8～12
Ⅰ液型聚氨酯混合液	50	交联促进剂	3～6
二甲基甲酰胺	5～10	醋酸乙烯	25
甲苯	5～10	其他助剂	适量

说明：涂刮法制备干式聚氨酯人造革，表层干燥温度为70～110℃（1～2min），粘接层干燥温度为100～120℃，生产线速度为12～16m/min，涂刮贴合压力为0.39～0.49MPa，熟化条件为50～60℃，72℃。

2. 湿式人造革配方

单位：质量份

原材料	制鞋用	制衣用
Ⅰ液型软质聚氨酯树脂	70	100
Ⅰ液型硬质聚氨酯树脂	30	—
成膜助剂	0.5～3.0	1.5～2.0
二甲基甲酰胺	80	180
着色剂	1.0	1.0
其他助剂	适量	适量

说明：涂刮法制备湿式聚氨酯人造革表层干燥温度为120℃（半成品，10min），粘接层干燥温度为100℃（直接法）。

3. 聚氨酯-PVC复合人造革配方

(1) 人造革面层配方

单位：质量份

原材料	用量	原材料	用量
聚氨酯树脂	100	着色剂	10～15
二甲基甲酰胺	20	加工助剂	1～2
丁酮	20	其他助剂	适量

(2) 人造革底层配方

单位：质量份

原材料	用量	原材料	用量
聚氯乙烯树脂RH-3	100	偶氮二甲酰胺	3.0
邻苯二甲酸二辛酯	55	氧化锌	5.0
邻苯二甲酸二丁酯	12	着色剂	3.0
$CaCO_3$	10	其他助剂	适量

4. 一步制备聚酯型聚氨酯软质泡沫

单位：质量份

原材料	用量	原材料	用量
聚酯树脂	100	山梨糖醇甘油酸酯	10
甲苯二异氰酸酯	36～40	二乙基乙醇胺催化剂	0.3～0.5
三乙烯二胺催化剂	0.15～0.25	水发泡剂	2.8～3.2
氧化锑稳定剂	2～3	其他助剂	适量

5. 二步法制备聚醚型聚氨酯软质泡沫

(1) 预聚体

单位：质量份

原材料	用量
聚醚树脂	100
甲苯二异氰酸酯(80/20或65/35)	38～40
蒸馏水	0.1～0.2
其他助剂	适量

(2) 发泡体

单位：质量份

原材料	用量
预聚物	100
三乙烯二胺	0.4～0.45
月桂酸二丁基锡	1.0
蒸馏水	2.04
其他助剂	适量

6. 接枝高回弹软质泡沫

单位：质量份

原材料	配方 1	配方 2
聚醚(XJ-48)	100	100
水	2.4	2.8
二乙醇胺	1	1
聚醚(A-1)	0.08	0.08
有机硅稳定剂	0.4	0.4
辛酸亚锡	0.15	0.15
甲苯二异氰酸酯(80/20)	110	110
其他助剂	适量	适量

7. 高回弹坐垫及全泡沫家具

单位：质量份

原材料	配方 1	配方 2
聚醚($\overline{M}=3000$)	100	—
聚醚($\overline{M}=4800$)	—	100
水	3	2.5
三亚乙基二胺	0.3	0.2
三乙胺	0.4	0.4
稳定剂	1	1
改性甲苯二异氰酸酯	46.4	—
二苯甲烷二异氰酸酯(60%)，甲苯二异氰酸酯(40%)	—	39
非芳香胺(催化剂)	0.6	—
三乙醇胺	—	1
其他助剂	适量	适量

8. 浇注成型坐垫

单位：质量份

原材料	用量	原材料	用量
三羟基聚醚树脂	100	水溶性硅油	0.7～1.2
甲苯二异氰酸酯(80/20)	25～35	蒸馏水	2～3
三乙烯二胺	0.1～0.2	其他助剂	适量
辛酸亚锡	0.15～0.25		

9. 低密度、冷模塑软质聚氨酯泡沫塑料

单位：质量份

原材料	用量	原材料	用量
聚醚多元醇	50～70	交联剂	适量
聚合物多元醇	50～30	水	3～3.5
泡沫稳定剂	1～1.5	异氰酸酯	20.5～25.0
复合胺类催化剂	适量	其他助剂	适量

10. 高回弹软质聚氨酯泡沫塑料

单位：质量份

原材料	用量	原材料	用量
聚醚多元醇	40～60	TDI	20～30
聚合物多元醇	20～80	MDI	5～10
水	2.5～3.0	其他助剂	80∶20
HA-1 型交联剂	2～6	TDI 与聚合 MDI 比例	适量

11. 冷熟化高回弹软质聚氨酯模塑泡沫塑料

单位：质量份

原材料	配方 1	配方 2
高活性聚醚多元醇	70	60
改性聚醚多元醇	30	40
锡催化剂	适量	适量
胺催化剂	适量	适量
聚合 MDI 或液化 MDI 指数	1.02	1.05
发泡剂	适量	适量
其他助剂	适量	适量

说明：

① 工艺流程

聚醚及配合剂
异氰酸酯 →搅拌→混合→入模成型→脱模

② 工艺条件　操作温度：20℃±2℃；搅拌速度：2000r/min；模温：20℃±3℃。

③ 发泡参数　乳白时间：8～20s；发起时间：15～30s；脱模时间：5～10min。

12. 复合面料聚氨酯泡沫垫

单位：质量份

原材料	用量	原材料	用量
聚醚三元醇(M_n=6000)	100	有机硅表面活性剂	0.5
山梨醇聚醚多元醇	1	水	3.2
胺催化剂 NIAX A-1	0.18	MDI	52
胺催化剂 NIAX A-4	0.45	异氰酸酯指数	20.0
胺催化剂 Dabco 33LV	0.18	其他助剂	适量

说明：MDI 具有饱和蒸汽压低，毒性低，反应活性高，熟化快的优点。全 MDI 基 HR 泡沫体系在泡沫升到最大高度后很快凝固，给泡沫制品生产带来的好处是：第一，脱模快，制造一个头枕，模内停留时间只有 1min，制造一个汽车坐垫只要 2min；第二，脱模后储存时间缩短，全 MDI 基制品脱模后，一般在 1～6h 后就可堆放，因而生产效率大为提高，且可减少模具需要量，以缓解库房压力；第三，泡沫料浇注后，早期黏度增长快，不易出现外溢及渗漏问题，因此，特别适合复合面料泡沫垫制品的生产。

13. 聚氨酯泡沫防压垫

单位：质量份

原材料	用量	原材料	用量
预聚体[w(NCO)=6%]	100	月桂酸二丁基锡	0.05
3,3′-二氯-4,4′-二苯基甲烷二胺(MOCA)	16	水溶性硅油	2.5
水	0.2	其他助剂	适量

说明：采用预聚法生产聚氨酯发泡制品，工艺稳定，操作性好。产品经厂家检测认为制品孔经均匀，外观良好，满足弹性要求，可以批量生产。

（二）半硬质聚氨酯泡沫塑料配方

1. 半硬质预发泡

单位：质量份

原材料	用量	原材料	用量
预聚体(聚醚和异氰酸酯)	100	三亚乙基二胺	0.22
聚醚三元醇($\overline{M}$=1000)	37.6	碳酸钙	13.3
聚醚多元醇	6.6	其他助剂	适量
水	1.8		

2. 一步法发泡

单位：质量份

原材料	用量	原材料	用量
聚醚多元醇($\overline{M}$=6500)	100	N,N'-二甲基哌嗪	0.36
水	1.8	聚二苯基甲烷二异氰酸酯(异氰酸指数 122)	40
月桂酸二丁基锡	0.18	其他助剂	适量

3. 头盔硬衬用聚氨酯泡沫塑料（PUF）

(1) 高活性聚醚和 TDI-80/20 组成的发泡体系的配方和工艺及制品性能

① 配方

单位：质量份

原材料	配方 1	配方 2	配方 3	配方 4	配方 5	配方 6	配方 7	配方 8
高活性聚醚三元醇（M_n = 4800）	100	100	100	100	100	100	100	90
TDI-80/20	26	36	36	36	46	46	46	46
水	3	3	3	3	4	4	4	4
三乙醇胺	0.5	0.5	0.5	0.5	0.5	0.5	0.5	—
三乙烯二胺	—	—	—	—	—	—	—	0.5
月桂酸二丁基锡	0.1	0.2	0.2	0.2	0.2	0.2	0.2	—
三羟甲基丙烷	—	—	10	15	10	10	15	10
二氯甲烷	—	—	—	—	—	10	10	15
硅油	—	—	—	—	—	2	2	2
其他助剂	适量	适量	适量	适量	适量	适量	适量	适量

② 性能

项目	配方 1	配方 2	配方 3	配方 4	配方 5	配方 6	配方 7	配方 8
发白时间/s	30	30	25	25	25	30	30	25
上升时间/s	150	70	70	130	58	170	65	130
不粘时间/s	—	—	300	—	330	—	490	330
TDI 指数	0.75	1.05	1.05	1.05	1.05	1.05	1.05	1.05
密度/(g/cm^3)	0.186	0.138	0.102	0.210	0.131	0.110	0.09	0.073

对比各配方可以看出，用水作发泡剂时（配方 1～配方 5），由该体系所得 PUF 的密度较高，而用水和二氯甲烷共同作发泡剂时（配方 6～配方 8），密度较低。交联剂三乙烯二胺和三羟甲基丙烷用于提高大分子的交联密度，增加泡沫的强度。三乙醇胺和月桂酸二丁基锡作为催化剂用于提高—NCO 和 H_2O 及—NCO 和—OH 之间的反应速率，调节发泡速率和链增长速率，使体系达到很好的平衡。硅油作为表面活性剂起分散作用，使各组分在搅拌条件下能混合均匀。

(2) 高活性聚醚和 PAPI 组成的发泡体系的配方和工艺及制品性能

① 配方

单位：质量份

原材料	配方 9	配方 10	配方 11	配方 12	配方 13
高活性聚醚三元醇(M_n=4800)	90	90	90	90	90
PAPI	103	87	87	87	87
水	5	4	3	3	3
三乙烯二胺	0.5	0.5	0.5	0.5	0.5
三羟甲基丙烷	10	10	10	15	20
二氯甲烷	15	15	15	15	15
硅油	2	2	2	2	2
其他助剂	适量	适量	适量	适量	适量

② 性能

项目	配方 9	配方 10	配方 11	配方 12	配方 13
发白时间/s	8	8	8	8	8
上升时间/s	30	35	40	25	30
不粘时间/s	75	80	80	70	70
密度/(g/cm^3)	0.025	0.033	0.055	0.072	0.071
10%压缩强度/kPa	3.82	4.60	6.29	8.52	9.04
50%压缩强度/kPa	16.14	25.10	54.05	89.14	93.21

（三）硬质聚氨酯泡沫塑料配方

1. 高密度阻燃硬质聚氨酯泡沫塑料

单位：质量份

原材料	用量	原材料	用量
蔗糖聚醚多元醇	50～60	HCFC-141b	7～9
聚醚二醇	30～40	TCPP	5～10
季戊四醇聚醚多元醇	5～10	DMMP	8～15
二甲基环己胺	1.0～2.0	玻璃纤维	0～50
六氢化三嗪	0～0.5	多异氰酸酯(PAPI)	22.0～26.0
B 8418 或 DC 5604	1.5～2.5	其他助剂	适量
水	≤0.15		

2. 全水发泡硬质聚氨酯泡沫塑料

单位：质量份

原材料	用量	原材料	用量
聚醚 PE 600	50	复合凝胶催化剂	1.0～2.5
聚醚 A	50	水	3.0～4.0
泡沫稳定剂	1.5～2.5	异氰酸酯	20.0～22.0
复合发泡催化剂	1.0～2.5	其他助剂	适量

3. 聚氨酯结构泡沫塑料

单位：质量份

原材料	用量	原材料	用量
复合聚醚多元醇	100	阻燃剂及填充剂	适量
泡沫稳定剂	2	异氰酸酯	20.0～22.0
复合催化剂	1～3	其他助剂	适量
复合发泡剂	10		

4. 家具用硬质聚氨酯结构泡沫塑料

单位：质量份

原材料	用量	原材料	用量
高官能度聚醚多元醇	60～80	催化剂	1.5～3
低官能度聚醚多元醇	20～40	发泡剂	2～5
扩链剂	2～5	多异氰酸酯	22.0～26.0
匀泡剂	2～3	其他助剂	适量

5. 供热管道保温用全水发泡聚氨酯泡沫塑料

单位：质量份

原材料	用量	原材料	用量
聚醚 H1635	62.7	交联剂	0～10
聚醚多元醇 ZU350	32	水	3.5
泡沫稳定剂	2	异氰酸酯	21.0～22.0
复合催化剂	1.8	其他助剂	适量

6. 聚氨酯真空隔热板（PU-VIP）芯材

单位：质量份

原材料	用量	原材料	用量
聚醚多元醇	100	发泡剂	7～10
泡沫稳定剂	0.5～1.0	异氰酸酯	20.0～22.0
开孔剂	0.5～1.0	其他助剂	适量
复合催化剂	3～6		

（四）聚氨酯保温材料

1. 配方[47]

单位：质量份

原材料	用量	原材料	用量
蔗糖聚醚	100	二甲基硅氧烷	1.0
多亚甲基多苯基多异氰酸酯(PAPI)	2～30	处理的废旧PET瓶回收料	20
胺类/有机锡复合催化剂	1～3	其他助剂	适量
发泡剂	10～15		

2. 制备方法

（1）改性剂的制备　将废弃 PET 瓶剪碎、洗净、烘干。称取适量 PET 瓶碎片加入到三口烧瓶中，再加入适量多元醇（分别采用丙三醇与二甘醇混合物，丙三醇，二甘醇，丙三醇与乙二醇混合物），用电子调温电热套加热，使 PET 碎片溶解。继续升温至三口瓶中的液体沸腾时开动搅拌器，并保持温度不变，待反应物变成淡黄色透明液体时结束反应。所得产品编号分别为 1#、2#、3#、4#。

（2）保温材料的制备　按一定比例分别称取蔗糖聚醚、复合催化剂、发泡剂、二甲基硅氧烷放入塑料烧杯中，按配比加入改性剂后，搅拌使其混合均匀制成聚氨酯泡沫用 A 料。称取一定量 A 料于小烧杯中，再加入 B 料（PAPI）快速搅拌，待混合液颜色开始变化时，倒入模具中使其发泡。固化后冷却一段时间即得到新型聚氨酯保温材料。

3. 性能

见图 8-37、表 8-49～表 8-51。

由图 8-37 中可以看出，4 组不同改性剂均会对聚氨酯保温材料的密度产生影响，但波动均不大，基本维持在 35～42kg/m³，所以，改性剂的加入不会使新型聚氨酯保温材料的密度增加太多从而导致材料成本增加。

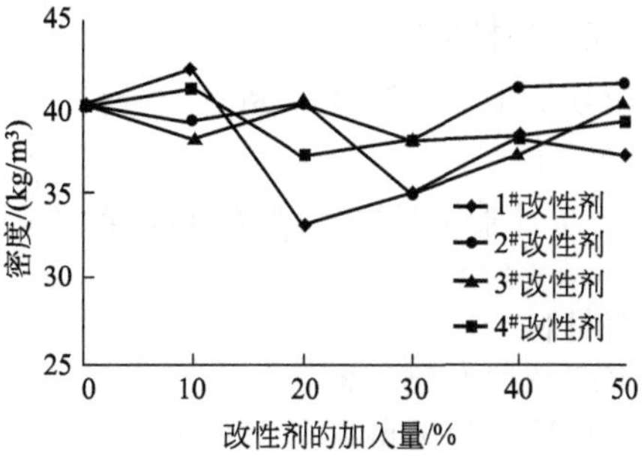

图 8-37　不同改性剂及加入量对保温材料密度的影响

表 8-49　改性剂种类对保温材料热导率的影响

改性剂种类	1#	2#	3#	4#
改性后热导率/未改性热导率	0.82	0.76	0.86	0.79

表 8-50　改性剂种类对保温材料压缩强度的影响

改性剂种类	1#	2#	3#	4#
改性后压缩强度/未改性压缩强度	1.17	1.58	1.09	1.33

由表 8-50 中可以看出，改性剂加入后保温材料的压缩强度都有不同程度的提高。说明改性剂的加入改变了聚氨酯硬质泡沫塑料的泡孔结构，交联部分所占比例增加，从而使得材料的压缩强度增大。

表 8-51　改性剂种类对保温材料吸水率的影响

改性剂种类	1#	2#	3#	4#
改性后吸水率/未改性吸水率	0.90	0.88	0.93	0.91

由表 8-51 中可以看出，加入改性剂后，聚氨酯保温材料的吸水率变小。原因是 PET 醇解后生成芳香族聚酯多元醇，聚酯多元醇的优点就是制成硬泡的闭孔率较高，相应地吸水率变小。本实验以 PET 醇解后生成芳香族聚酯多元醇作为改性剂，所以聚氨酯保温材料的吸水率变小。

三、聚氨酯弹性体

1. 共聚醚浇注聚氨酯弹性体

单位：质量份

原材料	用量	原材料	用量
(四氢呋喃醚二醇/环氧丙烷)共聚醚	100	交联剂	3～6
甲苯二异氰酸酯	20～30	蒸馏水	5～8
MOCA 扩链剂	1～3	其他助剂	适量

说明：主要用于制造钢铁和造纸胶辊，各种用途的密封与油封，各种减振装置、实心轮胎、摩擦轮、滑轮、滚轮、带轮、传动轮、运输带和齿形带等。

2. 聚醚多元醇浇注聚氨酯弹性体

单位：质量份

原材料	用量	原材料	用量
低不饱和度聚醚多元醇	100	氢氧化钾	0.1～1.0
甲苯二异氰酸酯	20～25	双金属氰化物络合物	0.5～1.5
MOCA 扩链剂	1～2.5	其他助剂	适量

说明：100%弹性模量 7.30MPa、拉伸强度 23MPa、断裂伸长率 296%、撕裂强度 30.9kN/m。

3. 高性能 CHDI 型聚醚聚氨酯弹性体

单位：质量份

原材料	用量	原材料	用量
聚四亚甲基醚二醇	100	蒸馏水	2～5
脂环族二异氰酸酯(CHDI)	150～200	加工助剂	1～2
1,4-丁二醇扩链剂	100	其他助剂	适量
三羟甲基丙烷交联剂	5～10		

说明：拉伸强度 24.90MPa，断裂伸长率 475%，300%弹性模量 11.7MPa，邵尔硬度 90（A）。

4. 混炼型弹性体

单位：质量份

原材料	用量	原材料	用量
聚醚型聚氨酯预聚体(弹性体)	100	硬脂酸钙	0.5
硫黄	0.75	氯化锌-硫酯基苯并噻唑络合物	0.35
硫酯基苯并噻唑	4	其他助剂	适量
二硫代硫醇苯并噻唑	1		

5. 聚酯浇注聚氨酯弹性体

单位：质量份

原材料	用量	原材料	用量
聚酯二元醇	100	交联剂	0.1～1.5
甲苯二异氰酸酯	20～40	加工助剂	适量
MOCA 扩链剂	1～5	其他助剂	适量

说明：可用于制备耐油，耐磨高压密封件，液压缸 Y 型密封圈，V 形圈和防尘圈等。也可制备实心轮胎、轴套、齿轮、传动带、摩擦轮、变速带、衬里等。

6. 聚氨酯浇注型弛张筛板

单位：质量份

原材料	用量	原材料	用量
聚酯二醇	100	交联剂	0.1～0.5
甲苯二异氰酸酯	20～50	加工助剂	1～2
3,3′-二氯-4,4′-二氨基二苯基甲烷(MOCA)	3～5	其他助剂	适量

说明：该制品邵尔硬度（A）80～85，300%定伸应力 10MPa，拉伸强度 30MPa，断裂伸长率 500%，撕裂强度 70kN/m，拉断永久变形 8%。

7. 耐热聚氨酯胶辊

单位：质量份

原材料	用量	原材料	用量
聚酯二元醇	100	炭黑	5～6
甲苯二异氰酸酯(T-100)	20～30	高岭土	1～5
MOCA 扩链剂	1～5	二硫化钼	5～10
交联剂	0.1～1.0	石墨	1～3
石英粉	10～30	其他助剂	适量

说明：邵尔硬度（A）96，拉伸强度 61.2MPa，断裂伸长率 400%，300%定伸应力 25.2MPa，撕裂强度 67kN/m。

8. 聚己丙酯浇注型聚氨酯弹性体

单位：质量份

原材料	用量	原材料	用量
聚己内酯	100	交联剂	0.1～1.5
甲苯二异氰酸酯	20～60	加工助剂	1～2
MOCA 扩链剂	5～6	其他助剂	适量

说明：硬度（邵尔 A）58，300%弹性模量 3.8MPa，拉伸强度 18.5MPa，断裂伸长率 400%，撕裂强度 28kN/m。可用于制备实心轮胎、金属加工工具、机械零件、印刷胶辊、密封件、联轴器、齿轮、鞋底传动带、衬里和叶轮等。

9. 聚四氢呋喃醚二醇浇注型聚氨酯弹性体

单位：质量份

原材料	用量	原材料	用量
聚四氢呋喃醚二醇	100	交联剂	0.1～1.0
甲苯二异氰酸酯	20～50	加工助剂	适量
MOCA 扩链剂	1～5	其他助剂	适量

说明：该弹性体具有耐低温、耐潮湿、耐霉菌、硬度高、弹性好、拉伸强度大、耐磨性良好，耐辐射和耐油性亦佳的特点。可用于制备实心轮胎、运输带、电线电缆外包皮、鞋跟、电子元件灌封料、火箭固体推进剂胶黏剂、旋风分离器内衬等。

10. 弹性体筛网

单位：质量份

原材料	用量	原材料	用量
聚四氢呋喃醚二醇(PTMEG)	60	月桂酸二丁基锡	0.1～1.0
聚氧化丙烯二元醇(PPG)	40	三乙醇胺扩链剂 β	1～2
甲苯二异氰酸酯	30～40	加工助剂	1～1.5
3,3′-二氯-4,4′-二氨基二苯基甲烷	1～5	其他助剂	适量

说明：邵尔硬度 85，拉伸强度 36MPa，断裂伸长率 475%，回弹性 30%，永久变形 9%，磨耗 33mm。

11. 弹性体实心轮胎

单位：质量份

原材料	用量	原材料	用量
聚四氢呋喃二醇	60～80	钢芯	80
甲苯二异氰酸酯	30～60	处理剂	1～2
聚氧化丙烯二醇	20～40	加工助剂	1～2
MOCA 扩链剂	2～5	其他助剂	适量
交联剂	0.1～1.0		

说明：采用浇注的方法，温度 120℃，时间 8h。该产品的邵尔 A 硬度为 92～94，300%定伸应力 20MPa，拉伸强度 45MPa，断裂伸长率 400%，撕裂强度 100kN/m，回弹性 30%。

12. 聚丙烯醇醚浇注聚氨酯弹性体

单位：质量份

原材料	用量	原材料	用量
聚丙二醇醚	100	交联剂	0.1～1.0
甲苯二异氰酸酯	30～50	固化剂	1～2
MOCA 扩链剂	3～5	其他助剂	适量

说明：主要用于制备密封件、电子元件、灌封料、齿轮、齿形带、淤泥泵、叶轮和冲压胎模等。也可作为爆破器材内衬密封件。

13. 聚烯烃浇注聚氨酯弹性体

单位：质量份

原材料	用量	原材料	用量
聚丁烯二醇	40	交联剂	0.1～1.0
乙二烯-丙烯腈共聚物二醇	30	固化剂	1～3
乙二烯-苯乙烯共聚物二醇	30	加工助剂	1～2
甲苯二异氰酸酯	30～60	其他助剂	适量
多元醇或胺类扩链剂	3～6		

说明：邵尔 A 硬度 88、拉伸强度 14MPa、断裂伸长率 435%、热导率 0.226W/（m·K）。主要用作灌封料、水中使用的弹性体制品，印刷电路涂料等。

14. 端羟基聚丁二烯型浇注聚氨酯弹性体

单位：质量份

原材料	用量	原材料	用量
端羟基丁二烯	100	*N*,*N*-双(2-羟丙基)苯胺	1.5～1.8
甲苯二异氰酸酯	30～50	月桂酸二丁基锡	0.2～1.2
加工助剂	1～2	其他助剂	适量

说明：该配方设计合理，综合性能优良，制造工艺简便，可浇注或模压成型，应用领域较广。

15. 聚酯热塑性聚氨酯弹性体

单位：质量份

原材料	用量	原材料	用量
聚酯多元醇	100	交联剂	0.1～1.0
异氰酸酯	30～60	加工助剂	1～2
扩链剂	1～2	其他助剂	适量

说明：该材料可注射、挤出、压延、模压和吹塑成型，制品性能良好，主要用于制备密封件、齿轮、电缆外皮、传送带、鞋底和人造革等产品。

16. 聚醚热塑性聚氨酯弹性体

单位：质量份

原材料	用量	原材料	用量
聚醚二醇	100	交联剂	0.15～1.5
甲苯二异氰酸酯	30～40	加工助剂	1～2
扩链剂	3～5	其他助剂	适量

说明：该弹性体密度为 1.19～1.20g/cm^3，拉伸强度 30～40MPa，断裂伸长率 500%～700%，永久变形 20%～40%，回弹性 40%，体积电阻率 10^{11}～10^{12}Ω·cm，介电强度 1.8～2.2kV/mm。主要用于制造电缆护套、汽车外装部件、薄膜等；特别适用于制备动态负荷零部件、耐磨耐寒密封件、运输带、无声齿轮与合成革等。

17. Texin 热塑性聚氨酯弹性体

单位：质量份

原材料	用量	原材料	用量
聚己二酸丁二酯	100	扩链剂	3～6
二苯基甲烷二异氰酸酯	120	加工助剂	适量
丁二醇	10	其他助剂	适量

说明：该弹性体使用温度范围宽，在空气中使用温度为 82℃，在油中使用温度为

110℃，脆化温度−42～−70℃，耐磨耗，优良的耐臭氧性、耐热性，压缩性能更好。适用于制备汽车联轴器、接头、润滑油系统密封件、扫雪车链轮、齿轮等部件。

18. Estane 热塑性聚氨酯弹性体

单位：质量份

原材料	用量	原材料	用量
聚酯或聚醚二醇	100	加工助剂	1～2
二苯基甲烷二异氰酸酯	30～60	其他助剂	适量
扩链剂	3～6		

说明：该材料力学性能优良，耐磨性与低温性能突出，耐酸碱性及抗臭氧性能良好，其缺点是耐热性差，压缩永久变形大。适用于制备层压件、衬里、合成革、传送带、电缆、电线外皮和薄膜制品，也可用于制备汽车零部件、鞋底、轴承、皮带轮等。

19. 聚四氢呋喃热塑性聚氨酯弹性体

单位：质量份

原材料	用量	原材料	用量
聚四氢呋喃二醇	100	1,4-丁二醇	1～5
4,4′-二苯甲烷二异氰酸酯	30～70	水	适量
扩链剂	3～6	其他助剂	适量

说明：可用于制备汽车保险杠、铁路轨道抗垫片、飞机阻拦网、传输带等。

20. 聚碳酸酯热塑性弹性体

单位：质量份

原材料	用量	原材料	用量
脂肪族聚碳酸酯二元醇	100	加工助剂	适量
4,4′-二苯甲烷二异氰酸酯	30～60	其他助剂	适量
1,4-丁二醇	1～5		

说明：该弹性体的水解稳定性得到明显改善，可用于制备人工器官，介入导管、创伤敷料或医用胶黏剂等。

21. 聚烯烃热塑性聚氨酯弹性体

单位：质量份

原材料	用量	原材料	用量
聚烯烃二醇	100	加工助剂	适量
4,4′-二苯甲烷二异氰酸酯多元醇扩链剂	30～60	其他助剂	适量

说明：该弹性体邵尔 A 硬度 75～92，拉伸强度 30MPa，断裂伸长率 460%，永久变形 10%，回弹性 50%～60%，脆化温度−85～−63℃。主要用于制备鞋制品和人造革等。

22. 聚醚混炼型聚氨酯弹性体

单位：质量份

原材料	用量	原材料	用量
聚四氢呋喃醚二醇	60	扩链剂	3～6
α-烯丙基甘油醚	40	加工助剂	适量
甲苯二异氰酸酯	30～60	其他助剂	适量

说明：主要用于制备油封件、缓冲衬里、联轴器、传送带、三角带、皮碗、耐磨衬里、胶辊、门窗密封、实心轮胎和电缆护套等。

23. 聚氨酯混炼生胶

单位：质量份

原材料	用量	原材料	用量
聚醚二醇	100	炭黑	1～8
甲苯二异氰酸酯	40～50	二硫化二苯并噻唑	0.5～1.5
α-烯丙基甘油醚	1～5	活性剂	0.1～1.0
硫黄	1～2	其他助剂	适量
过氧化二异丙苯(DCP)	0.5～1.5		

说明：该生胶物理性能良好，耐热水性优异、混炼性好，可用作填料或制备密封件和装饰品。

24. 低烟型聚醚聚氨酯弹性体

单位：质量份

原材料	用量	原材料	用量
聚醚多元醇	100	阻燃抑烟填料	20～30
甲苯二异氰酸酯	40～60	乙酰丙酮铁催化剂	0.5～1.5
三羟甲基丙烷(TMP)	5～10	加工助剂	1～2
扩链剂	1～5	其他助剂	适量

说明：主要用于固体火箭发动机隔热内衬。

25. 可生物降解阻燃聚氨酯弹性体

单位：质量份

原材料	用量	原材料	用量
聚四氢呋喃二醇	100	醚化交联淀粉	20～30
甲苯二异氰酸酯	30～50	降解反应助剂	2～5
1,4-丁二醇	1～4	加工助剂	1～2
磷酸二氢钠	20～40	其他助剂	适量

说明：氧指数 28%，含有淀粉 25%～40%，弹性体降解时间为 7 个月。拉伸强度 17.5MPa，断裂伸长率 600%。

第六节　有机硅塑料

一、经典配方

具体配方实例如下[1,2]。

（一）有机硅树脂改性

1. 有机硅树脂

单位：质量份

原材料	用量	原材料	用量
二甲基二氯硅烷	50～60	催化剂萘酸锌	0.02
二苯基二氯硅烷	15～20	水	700
苯基三氯硅烷	90～96	加工助剂	适量
甲基三氯硅烷	6～7	其他助剂	适量
二甲苯	200～300		

说明：耐热性与电绝缘性突出，耐水性、防潮性、耐寒耐臭氧性亦佳，缺点是力学性能

差，粘接力低。主要用于H级电机、电器与变压器线圈的浸渍等。

2. 聚酯改性有机硅树脂

单位：质量份

原材料	用量	原材料	用量
有机硅树脂	100	相容剂	1～3
聚酯315	5.0	其他助剂	适量

说明：除用于H级电动机、电器与变压器线圈浸渍外，主要用于制备复合材料。

3. 环氧改性有机硅树脂

单位：质量份

原材料	用量	原材料	用量
有机硅树脂	100	氨基树脂	5～10
二酚基丙烷型环氧树脂	10～30	填料	10～30
偶联剂KH-550	3.0	加工助剂	1～2
四亚乙基五胺	2.0	其他助剂	适量

说明：主要用于制备耐高温涂料和复合材料。

4. 环氧改性有机硅复合材料

单位：质量份

原材料	用量	原材料	用量
有机硅树脂(941)	100	二氨基二苯砜	0.3～1.3
E-44环氧树脂	20～40	2,4-咪唑	3～4
甲苯	50	玻璃纤维	20～40
三乙醇胺	1～3	KH-550	1～2
内亚甲基四氢邻苯二甲酸酐	0.5～1.5	其他助剂	适量

说明：该复合材料弯曲强度210MPa，层间剪切强度23MPa，弯曲弹性模量1514GPa，拉伸强度124MPa，体积电阻率$2.48\times10^{12}\Omega\cdot cm$，表面电阻率$1.68\times10^{12}\Omega$。可应用于电子、化工、轻工、航空航天等各领域。

5. 蓖麻油聚氨酯改性有机硅

单位：质量份

原材料	用量	原材料	用量
有机硅树脂	100	月桂酸二丁基锡	1～3
蓖麻油聚氨酯预聚物	4～30	加工助剂	1～2
乙酸乙酯	适量	其他助剂	适量

说明：该材料的剪切强度10MPa，冲击强度16.11kJ/m。可用于电子、化工和轻工等领域。

6. 芳香聚醚聚氨酯改性有机硅

单位：质量份

原材料	用量	原材料	用量
有机硅树脂	100	固化剂	1～3
芳香聚醚聚氨酯	10～20	加工助剂	1～2
乙酸乙酯	适量	其他助剂	适量

说明：改性后其机械疲劳强度和生理效应均高于有机硅均聚物。主要用于抽血泵、心脏代用品和主动脉内气球相关器件。

7. 聚酰胺改性有机硅

单位：质量份

原材料	配方 1	配方 2
有机硅	100	100
尼龙 66	30～50	—
尼龙 12	—	30～50
相容剂	1～3	1～3
其他助剂	适量	适量

说明：主要用作电线电缆绝缘材料和管材。

8. 甲基丙烯酸甲酯改性有机硅树脂

单位：质量份

原材料	用量	原材料	用量
有机硅	100	固化剂	4～5
甲基丙烯酸甲酯	30～40	加工助剂	1～2
相容剂	1～3	其他助剂	适量

说明：该材料可用于制备硬镜片和接触性镜片等。

9. 聚碳酸酯改性有机硅树脂

单位：质量份

原材料	用量	原材料	用量
有机硅树脂	50	乙酸乙酯	5～10
PC 树脂	50	加工助剂	1～2
相容剂	1～3	其他助剂	适量

说明：改性的材料相对密度为 1.07～1.08，拉伸强度 19～22MPa，断裂伸长率 270%～350%，主要用于生物医学方面，如血液充氧、透析和微电极膜等。

10. 酚醛改性有机硅树脂

单位：质量份

原材料	用量	原材料	用量
有机硅树脂	100	乙酸乙酯	10～20
酚醛树脂	30～50	加工助剂	1～2
相容剂	1～3	其他助剂	适量
固化剂	3～5		

说明：改性后材料耐热性提高较大、可在 260℃下长期使用，瞬时耐高温可达 5000～6000℃。主要用作复合材料基体。

11. 阻燃型有机硅封装材料

单位：质量份

原材料	用量	原材料	用量
有机硅树脂	100	石英粉	60
溴化环氧树脂	10	Sb_2O_3	3.0
固化剂	30	加工助剂	1～2
磷酸三甲苯酯	10	其他助剂	适量

说明：主要用于半导体器件、混合集成电路的封装等。

（二）有机硅功能料与专用料

1. 有机硅导电材料

单位：质量份

原材料	配方 1	配方 2	配方 3
有机硅	100	100	100
$FeCl_3$	1～5	—	—
SbF_5	—	1～5	—
AsF_5	—	—	1～5
乙酸乙酯	适量	适量	适量
其他助剂	适量	适量	适量

说明：该导电材料采用掺杂方法制备，导电性能优异，可用于电磁屏蔽制品。

2. 有机硅耐烧蚀材料

单位：质量份

原材料	用量	原材料	用量
有机硅树脂	100	固化剂	10～15
联苯脲络合剂	1～5	加工助剂	适量
Kevlar 纤维	10～30	其他助剂	适量
偶联剂	1～5		

说明：主要用于火箭与导弹发动机隔热绝热及耐烧蚀材料。

3. 有机硅人工颅骨

单位：质量份

原材料	用量	原材料	用量
有机硅树脂	100	固化剂	5～8
聚酯纤维	20～40	铂络合物催化剂	0.1～1.0
炭黑	1～5	含氢硅油	1～3
活性氢	1～2	其他助剂	适量

说明：经全方位测试均满足生物安全评价的要求。

4. MQ 树脂特种灌封料

单位：质量份

原材料	用量	原材料	用量
MQ 树脂	100	铂催化剂	1～2
乙烯基硅油	10～20	填料炭黑	5～10
甲苯	5～10	加工助剂	适量
合氢硅油	1～3	其他助剂	适量

说明：该材料力学性能良好，加工流动性亦佳，主要用作特种灌封料。

5. 无溶剂有机硅模塑料

单位：质量份

原材料	用量	原材料	用量
有机硅树脂(固体)	100	偶联剂	1～2
白炭黑	1～5	固化剂	2～5
石英粉或云母粉	2～8	加工助剂	1～2
玻璃纤维	20～30	其他助剂	适量

说明：工艺条件为温度 160～180℃，压力 1～10MPa，固化时间 2～5min。加工流动性好，

固化速率快、收缩率小，尺寸稳定性好，制品耐高温性和低温性优良，可在－60～＋250℃下长期使用，短期使用温度为350℃；且耐电弧与电晕、耐化学品，憎水防潮，耐臭氧，耐候性优越，介电性优异；主要用于二极管、三极管、大功率管、中小集成电路封装，也可用于电阻器、电容器，高压硅堆和可控整流器的封装。

6. 有机硅模压料

单位：质量份

原材料	用量	原材料	用量
218 甲基硅树脂	30～40	硬脂酸锌	1.2
石棉	40～44	白炭黑	5～8
石英粉(120 目)	18.8	加工助剂	1～2
硼酸	1.0	其他助剂	适量

说明：该模压料可用于火箭、宇航、飞机零部件的制造，也可用于制备、大功率电动机接触器、接线板、在200℃以上工作的仪表壳体和电气装置等。

7. 云母填充有机硅制品

单位：质量份

原材料	5151-1 云母板	5450-1 云母板	566 云母板	MR-30 云母板
有机硅树脂	20～30	20～30	20～40	20～35
云母	40	70～85	37	40
玻璃纤维	20～30	20～30	20～30	20～30
偶联剂	1～2	1～2	1～2	1～2
固化剂	3～6	3～6	3～5	3～5
其他助剂	适量	适量	适量	适量

说明：主要用作 H 级电动机与电器绝缘材料制品，如电动机槽、匝间、线圈、衬垫的绝缘等。

8. 玻璃纤维增强有机硅复合材料

单位：质量份

原材料	用量	原材料	用量
有机硅树脂	100	填料	5～6
玻璃纤维	20～40	其他助剂	适量
偶联剂	1～2		

说明：该材料体积电阻率 10^{11}～10^{14} Ω·cm，介电强度 0.9～8.4kV/mm，介电损耗角正切 1×10^{-3}。主要用作电机、电器绝缘材料。

9. 有机硅层压料

单位：质量份

原材料	用量	原材料	用量
941 有机硅树脂	100	平纹无碱玻璃布	30～50
固化剂三乙醇胺丁醇溶液	20	偶联剂	1～2
三乙醇	0.5	润滑剂	1～2
甲苯	适量	其他助剂	适量

说明：模压成型工艺条件为压力 1～5MPa、温度 100～200℃，保温时间 10～15min。主要用于 H 级电机绝缘，高温继电器外壳、飞机雷达天线罩、线路接线板、印刷电路板、线圈架、各种开关装置和变压器套的制造，还可用作飞机耐火墙和各种耐热输送管道等。

二、有机硅改性配方与制备工艺

（一）凹凸棒土改性丙烯酸酯/有机硅复合材料

1. 配方[48]

单位：质量份

原材料	用量	原材料	用量
PMMA	35	羟乙基纤维素/十二烷基磺酸钠	5～6
PBA(聚丙烯酸丁酯)	15	加工助剂	1～2
有机硅(KH-570)	50	其他助剂	适量
有机凹凸棒土(OAT)	1～5		

2. 制备方法

将不同含量的OAT加入到对应量的MMA、BA单体中超声分散，并将此悬浮液加入溶液(溶有1%羟乙基纤维素和0.05%十二烷基磺酸钠的190mL的去离子水)中，以700r/min的速率搅拌。通氮气保护30min后，升温至75℃，加入0.45g BPO引发反应7h。将所得产物用清水多次洗涤，抽滤，干燥，得到白色固体。

采用模压成型法在YJ.450型液压机上将制备的复合材料制成拉伸及弯曲测试试样，模压条件10MPa×190℃×15min。拉伸试样尺寸75mm×4mm×1mm，弯曲试样尺寸80mm×10mm×3mm。

3. 性能

见图8-38、表8-52。

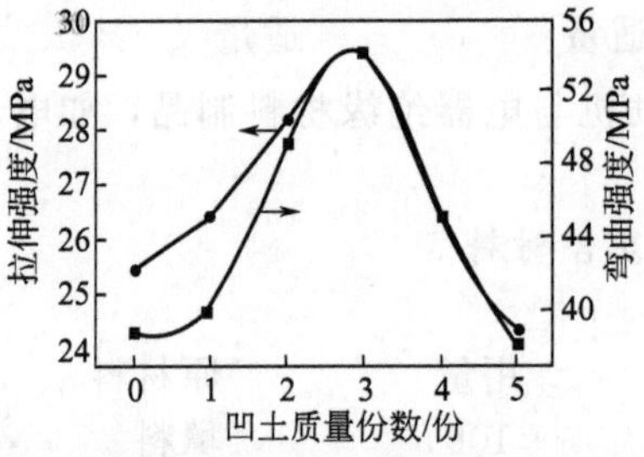

图8-38 MMA/PBA-AT复合材料的拉伸强度和弯曲强度

表8-52 PMMA-PBA/AT复合材料的热性能

项目	PMMA-PBA/OAT-0	PMMA-PBA/OAT-1	PMMA-PBA/OAT-3	PMMA-PBA/OAT-4
T_g/℃	57.71	58.58	62.45	62.16
T_p/℃	384.38	384.29	385.83	386.98
R_w/%	13.91	20.97	21.93	24.47

注：T_g为玻璃化转变温度；T_p为失重最大时的分解温度；R_w为400℃时残余质量分数。

（二）纳米SiO_2改性聚丙烯酸酯/有机硅复合材料

1. 配方[49]

单位：质量份

原材料	用量	原材料	用量
甲基丙烯酸甲酯(MMA)	25	硅烷偶联剂(KH-570)	1.0
丙烯酸丁酯(BA)/苯乙烯(AA)	25	过硫酸钾(KPS)	3～4
乙烯基硅油(VSI)	50	正硅酸乙酯(TEOS)	5～10
SiO_2纳米粉	2～10	其他助剂	适量

2. 制备方法

将 MMA、BA、AA、VSI 按一定比例混合均匀，取 2/3 份混合单体于滴液漏斗中。在装有搅拌器、温度计及加料装置的三口瓶中加入去离子水、1/2 份 KPS、反应性乳化剂和 1/3 份混合单体，搅拌至完全溶解，通氮气 30min。升温至 80℃，在 60～90min 内同步滴加 1/2 份 KPS 溶液和 2/3 份混合单体。加入 KH-570，保温反应 60～120min。然后加入 TEOS 反应 12h。

3. 性能

纳米复合无皂乳液具有优良的耐化学稳定性，随着纳米 SiO_2 含量增加，乳液的离心稳定性降低；纳米 SiO_2/有机硅改性聚丙烯酸酯杂化膜的耐溶剂性显著好于有机硅改性聚丙烯酸酯膜，且随着纳米 SiO_2 含量增加，杂化膜的耐溶剂性增加；杂化膜的透光性能好，且具有紫外光吸收特性；杂化膜含有的 SiO_2 粒子的尺寸＜100nm，且均匀分散于聚丙烯酸酯组分中。

（三）石英纤维/磷酸铬铝增强改性有机硅复合材料

1. 配方[50]

单位：质量份

原材料	用量	原材料	用量
甲基三乙氧基硅烷(MTEOS)	7.5	Al_2O_3	5～10
磷酸铬铝(ACP)	100	加工助剂	1～2
石英纤维	30	其他助剂	适量
偶联剂	1.0		

2. 制备方法

(1) 杂化树脂的合成　将提纯处理过的不同配比的 MTEOS 在磷酸铬铝胶黏剂中进行水解，通过控制水解过程中的水解温度、水解时间以及搅拌速度等条件，待 MTEOS 在磷酸铬铝中完全水解后可制得杂化树脂胶黏剂，加入氧化铝固化剂搅拌均匀后制成杂化树脂基体胶。

(2) 基体材料和复合材料制备工艺　基体材料采用将杂化树脂基体胶经 90℃烘箱烘干后按 120℃/1h＋140℃/2MPa/1h＋160℃/2MPa/1h＋180℃/2MPa/2h＋200℃/2MPa/2h 热压而成。将处理过的石英纤维用杂化树脂基体胶浸渍后，在室温下放置 24h 晾干，然后切成 120mm×130mm 大小，叠成 12 层，用热压成型的方法按以下工艺参数进行压制，80℃/1h＋100℃/1h＋120℃/1h＋140℃/2MPa/1h＋160℃/2MPa/0.5h＋180℃/2MPa/0.5h＋200℃/2MPa/2h。

3. 性能

见表 8-53。

表 8-53　石英纤维增强复合材料弯曲性能

MTEOS/ACP/%	0.0	2.5	5.0	7.5	10.0	15.0
弯曲强度/MPa	84.1	100.3	135.7	149.3	121.4	93.6

通过采用 MTEOS 在磷酸铬铝中水解制备的有机-无机杂化树脂，有机组分对杂化树脂的耐热性影响不大；石英纤维增强杂化树脂基复合材料介电性能随着 MTEOS 加入量的提高而更加优越，当 MTEOS 含量为 7.5 份时，介电常数为 3.2，损耗角正切为 6.6×10^{-3}；杂化树脂基复合材料的力学性能优于磷酸铬铝复合材料，且当 MTEOS 含量为 7.5 份时复合材料的弯曲强度达到 149MPa。

（四）玻纤增强有机硅复合材料的缝合制备技术

1. 配方[51]

单位：质量份

原材料	用量	原材料	用量
甲基苯基硅树脂	100	润滑剂	0.5
平纹高硅氧玻璃布	20～40	加工助剂	1～2
偶联剂	1.0	其他助剂	适量

2. 制备方法

采用缝合工艺制备高硅氧织物增强甲基苯基硅树脂复合材料，其具体制备工艺如下：采用手糊成型法制得高硅氧织物/甲基苯基硅树脂预浸布。将制得的预浸布剪裁成所需的形状，采用改进锁式缝合方式，低密度缝合，缝合线为 PBO 纤维，进行缝合、模压。具体模压工艺：90℃/1h→120℃/1h→180℃合模加压 10MPa/2h→210℃/2h→250℃/12h→自然冷却至室温。最终制得纤维质量分数为 70%，厚度为 2mm 的缝合层压板。将缝合层压板加工成 50.0mm×15.0mm×2.0mm 规格的试样。弯曲强度即时测定：将试样分别置于常温、500℃和 700℃的电子万能材料试验机上，处理 10min 后，瞬时进行测试。

3. 性能

见图 8-39。

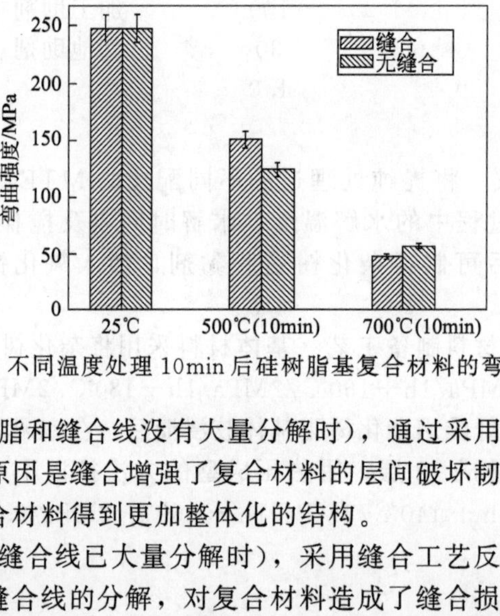

图 8-39　不同温度处理 10min 后硅树脂基复合材料的弯曲强度

(1) 500℃以下（硅树脂和缝合线没有大量分解时），通过采用缝合工艺，可有效提高复合材料高温弯曲性能。其原因是缝合增强了复合材料的层间破坏韧性和分层阻力，有效防止层合板的分层破坏，使复合材料得到更加整体化的结构。

(2) 700℃（硅树脂和缝合线已大量分解时），采用缝合工艺反而会降低复合材料的高温弯曲性能。其原因是由于缝合线的分解，对复合材料造成了缝合损伤。

(3) 在考虑是否使用缝合工艺时，应根据所用层合板的铺层顺序、材料使用的环境条件、树脂本身以及缝合线的性能指标等，综合决定是否使用缝合结构。

（五）石英纤维增强有机硅耐高温复合材料

1. 配方[52]

单位：质量份

原材料	用量	原材料	用量
甲基三甲氧基硅烷(MTMS)	100	石英纤维	20～40
正硅酸乙酯(TEOS)	10	偶联剂	1.0
甲醇	5～6	加工助剂	1～2
SiO_2	3～5	其他助剂	适量

2. 制备方法

（1）TEOS 改性甲基硅树脂的合成　将一定比例的 MTMS 和 TEOS 溶于无水甲醇中，置于三口烧瓶，在室温下混合搅拌 15min，升温至 50～60℃，将适量的盐酸与蒸馏水缓慢滴加到混合物中，控制体系的 pH 值取 2～3。在充分搅拌的条件下，冷凝回流反应 4～6h，冷却至室温，反应完毕后，得到无色均质透明的改性树脂。

甲基硅树脂的合成通过上述 MTMS 在甲醇溶液中的水解缩聚反应制得。

（2）复合材料试样制备　将完全浸渍树脂的石英纤维均匀缠绕到铝框上，放到密闭的模具中，采用如图 8-40 所示的程序制备。

3. 性能

（1）TEOS 是以四官能链节的形式连接到甲基硅树脂的主链 Si—O—Si 上，增加了 Si—O 的含量，有效减少了侧基有机基团，TEOS 改性甲基硅树脂耐热性能明显优于未改性的纯甲基硅树脂耐热性能。

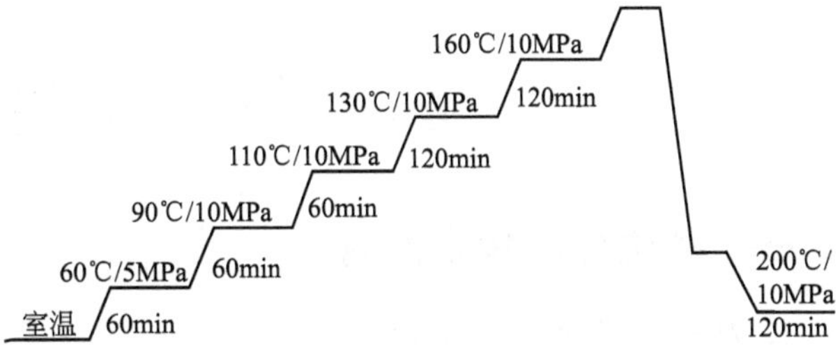

图 8-40　石英纤维/改性甲基硅树脂复合材料成型工艺

（2）在失重率相同的条件下，TEOS 改性的甲基硅树脂热分解温度都明显向高温方向移动，同样证明改性后的甲基硅树具有更好的耐热性。

（3）TEOS 改性的甲基硅树脂的耐热机理分析证明，TEOS 的引入能有效地提高甲基硅树脂耐热性能。

（4）TEOS 的引入提高了甲基硅树脂复合材料的弯曲强度，尤其是高温弯曲强度提高更加明显。通过扫描电子显微镜对复合材料三点弯曲断口形貌观察表明，高温条件下，在甲基硅树脂中引入 TEOS，能有效改善甲基硅树脂与石英纤维结合状况。

（六）芳纶增强有机硅复合材料

1. 配方[53]

单位：质量份

原材料	用量	原材料	用量
液体有机硅	80	芳纶 1414	40～60
橡胶增韧剂	20	偶联剂	0.4
白炭黑	1～4	加工助剂	1～2
阻燃剂	5～10	其他助剂	适量

2. 制备方法

使用洗剂水溶液对基布进行清洗，洗涤 1h 后烘干所使用的洗剂为市售产品，洗剂用量为织物重的 0.5%，浴比为 30∶1，对清洗后的芳纶基布，分别使用不同成分水溶液处理芳纶基布 30min 后脱水烘干。

为保证芳纶-有机硅涂层复合材料作为机车风挡材料使用的各项性能要求，设计了芳纶-有机硅涂层复合材料的结构，优化了其各项性能，其结构如图 8-41 所示。

在阻燃有机硅涂层与芳纶基布间涂覆一层强黏结有机硅胶，改善了阻燃有机硅胶涂层与芳纶基布间的剥离强度的同时，也保证了整个材料的阻燃性能。

由于配制的阻燃有机硅涂层胶中含有阻燃剂和增强剂等无机粒子，使有机硅涂层胶的黏度较高，在涂覆过程中，为了使液体有机硅胶能够与芳纶基布达到理想的渗透和接触，以及避免气泡的产生，最终的涂覆速度确定为 0.8～1.2m/min。

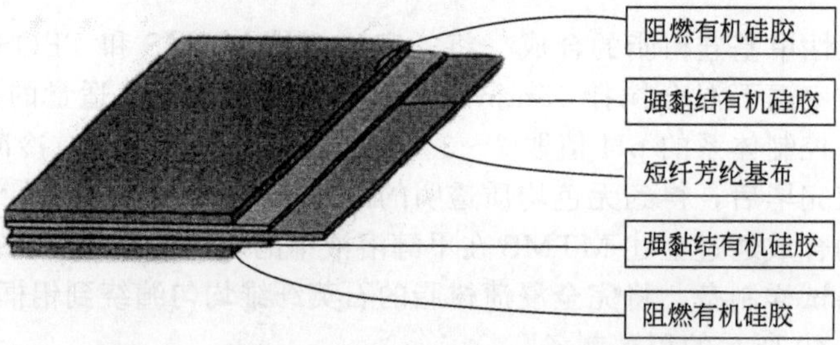

图 8-41 芳纶-有机硅涂层复合材料结构示意图

第七节 氰酸酯树脂

一、氰酸酯树脂改性剂

1. 双酚 A 型氰酸酯树脂

单位：质量份

原材料	用量	原材料	用量
溴化氰	100	环已烷	1～2
双酚 A	120	冰水	适量
丙酮	适量	加工助剂	适量
三乙胺	25～70	其他助剂	适量

说明：该树脂室温下为浅黄色或白色颗粒状或针状结晶，熔点 79～80.5℃，分子量为 278，无挥发成分；溶于丙酮和四氢呋喃等有机溶剂。玻璃化温度（T_g）240～290℃，最高使用温度 230～250℃；粘接强度大，对温度和湿度不敏感。主要用于制备复合材料。

2. 环氧改性氰酸酯树脂

单位：质量份

原材料	用量	原材料	用量
双酚 A 二缩水甘油醚(DGEBA)	100	固化剂	适量
双酚 A 二氰酸酯(BADCY)	130	其他助剂	适量
乙酰丙酮镧系过渡金属络合物促进剂(Mt)	50		

说明：该改性物综合性能优异，可作为复合材料基体使用。

3. 环氧/氰酸酯复合材料

单位：质量份

原材料	配方 1	配方 2
双酚 A 型氰酸酯树脂	70	70
E-51 环氧树脂	30	—
F-644 环氧树脂	—	30
丙酮	100	100
T-300 碳纤维	65	—
E-玻璃布	—	53
偶联剂	1～2	1～2
固化剂	5～6	5～6
加工助剂	适量	适量
其他助剂	适量	适量

说明：改性氰酸酯（CE）复合材料的性能如下。

T-300 碳纤维/CE 复合材料		E 玻璃布/CE 复合材料
纤维含量/%	65	53
层间剪切强度/MPa		
室温	96.8	43.6
150℃	78.4	37.2
水煮 100h	80.3	35.6
拉伸强度/MPa	1380	357
拉伸弹性模量/GPa	153	29
断裂伸长率/%	2.1	2.5
弯曲强度/MPa	1970	533
弯曲弹性模量/GPa	148	32
吸水性(水煮 100h)/%	1.32	1.63

4. 双马来酰亚胺（BMI）/氰酸酯合金（BT 树脂）

单位：质量份

原材料	用量	原材料	用量
双酚 A 二氰酸(2,2′-氰酸苯基丙烷)	9.0	溶剂	适量
二(4-马来酸酐缩苯亚胺)甲烷	10	其他助剂	适量
环氧化合物	5～10		

说明：该材料玻璃化温度 180℃，相对介电常数 4.2，介电损耗因数 0.009，吸湿后表面电阻 $10^{14}\Omega$，摩擦系数 0.03。可用于制备高性能涂料和复合材料。

5. 双马来酰亚氨（BMI）/环氧/氰酸酯（CE）共混合金

单位：质量份

原材料	用量	原材料	用量
双酚 A 型氰酸酯树脂(BCE)	50	丙酮	适量
4,4′-双马来酰亚氨基二苯甲烷(BDM)	30	其他助剂	适量
E-51 环氧树脂	20		

说明：合成温度 100～130℃，压力 0.7MPa，固化工艺为 130℃/2h＋150℃/2h＋180℃/2h＋200℃/2h。主要用于制备复合材料。

6. BMI/EP/CE 三元共聚合金

单位：质量份

原材料	用量	原材料	用量
BCE	50	固化剂	5～10
BMI	30	丙酮	适量
F-51 环氧树脂	20	其他助剂	适量

说明：主要用于制备复合材料。其固化剂冲击强度 12.3kJ/cm^2，热变形温度 235℃，具有较小的介电常数和介电损耗。在电子高速印刷电路板、电子对抗设备、雷达天线罩上具有很大的应用潜力。

7. 尼龙 6 改性氰酸酯树脂

单位：质量份

原材料	用量	原材料	用量
氰酸酯树脂	100	相容剂	2～6
聚砜	5.0	加工助剂	1～2
尼龙 6	30～40	其他助剂	适量

说明：尼龙 6 的加入使材料固化温度大幅度提高，反应活性增强。主要用作复合材料基体。

8. 苯乙烯改性氰酸酯树脂

(1) 原材料及配方

单位：质量份

原材料	配方 1	配方 2
氰酸酯树脂	60	70
苯乙烯	20	10
二乙烯基苯	20	20
其他助剂	适量	适量

(2) 性能

弯曲强度/MPa	90	98
冲击强度/(kJ/m²)	9.0	7.0
吸水性(水煮 48h)/%	2.0	2.0
热变形温度/℃	171	186

说明：可用作 RTM 专用料，还可用于制备无溶剂涂料和胶黏剂等。

9. 丁腈橡胶增韧改性氰酸酯树脂

单位：质量份

原材料	用量	原材料	用量
Arocy B-30 氰酸酯树脂	100	环氧端基丁腈橡胶	20
Cu(Ⅱ)乙酰丙酮盐固化剂	0.15	羟端基丁腈橡胶	20
壬基酚	4.0	其他助剂	适量

说明：该材料热变形温度为 182～190℃（干态），140～166℃（湿态），吸水性 1.25%，断裂韧性 680J/m²。

10. 核-壳橡胶增韧氰酸酯树脂

单位：质量份

原材料	用量	原材料	用量
Xu-71787 氰酸酯	200	相容剂	2～3
固化剂	0.1～1.0	加工助剂	1～2
促进剂	3～5	其他助剂	适量
核-壳橡胶	2～10		

说明：该材料玻璃化温度 254℃，吸水性 0.90%，弯曲强度 121MPa，弯曲弹性模量 2.7GPa。适于制备复合材料。

二、氰酸酯树脂专用料

1. 高频线路板基板专用料

单位：质量份

原材料	配方 1	配方 2	配方 3	配方 4
氰酸酯树脂	100	100	100	100
双马来酰亚胺	30～40	—	—	—
环氧树脂	—	30～40	—	—
烯丙基化合物	—	—	30～40	—
热塑性树脂	—	—	—	30～40
相容剂	1～3	1～3	1～3	1～3
填料	5～10	5～10	5～10	5～10
其他助剂	适量	适量	适量	适量

说明：主要用于线路板基板的制备。

2. 覆铜板专用料

单位：质量份

原材料	用量	原材料	用量
氰酸酯树脂	100	玻璃纤维布	50～65
改性剂	20～30	偶联剂	1～3
催化剂	1～2	其他助剂	适量

说明：主要用于高密度多层印刷线路板和大规模集成电路印刷线路板等。

3. RTM 专用料配方

单位：质量份

原材料	用量	原材料	用量
4,4′-二酸酯基二苯丙烷	100	固化剂	2～5
E-51 环氧树脂	20～30	加工助剂	1～2
丙酮	适量	其他助剂	适量

说明：该专用树脂弯曲强度 135MPa，冲击强度 12.8kJ/m^2，热变形温度 202℃。低温下稳定性好，高温下反应特性优良，黏度 0.31Pa·s(60℃)，室温下为 1Pa·s，满足 RTM 工艺要求。

三、长链双马来酰亚胺改性氰酸酯复合材料

1. **配方**[54]

单位：质量份

原材料	用量	原材料	用量
氰酸酯树脂	100	*N*，*N*′-二甲基乙酰胺(DMAC)	20
长链硫醚双马来酰亚胺(MTHMI)	37.5	偶联剂	100
玻璃纤维布	60～70	加工助剂	适量
乙二醇苯醚	适量		

2. 制备方法

(1) 玻璃纤维布预浸料的制备　在预聚体中分别加入 BDM 或 MTHMI 树脂，再加入一

定数量的乙二醇单甲醚并搅拌数小时，即制得 BMI 树脂质量分数分别为 20%，30% 和 37.5% 的 BT 树脂预浸液。由 MTHMI 和 CE 共聚得到的 BT 树脂编号分别为 MTI/T_1，MTI/T_2，MTI/T_3，由普通 BMI 树脂（BDM）得到的 BT 树脂编号为 MBT_1，MBT_2，MBT_3。将改性氰酸酯树脂的预浸液均匀涂覆在玻璃布上（纤维与树脂体积比为 3∶2），将其悬挂并置于 60℃ 的干燥烘箱中除去大部分溶剂，待其表面干燥后剪裁成 80mm×100mm 的片材。

（2）复合材料的制备　根据对树脂的流变行为分析，将剪裁好的片材放置于模具中按照如图 8-42 所示的程序进行模压成型，将材料置于热压机上于 120℃ 维持 1h，待溶剂完全去除后，以 3～4℃/min 的升温速率升至 220℃ 左右，当温度达到 180℃ 时加 1.5MPa 的压力，保持压力 6h，关闭热源待温度降到 100℃ 以下开始卸压卸模。

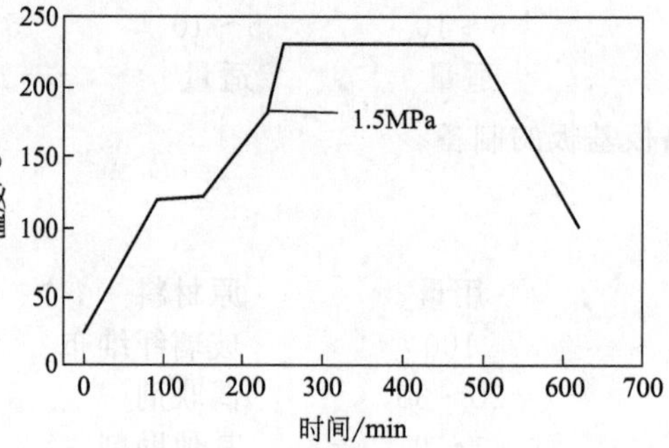

图 8-42　复合材料加工工艺

3. 性能

长链硫醚双马来酰亚胺具有比传统的双马来酰亚胺更高的分子量以及更好的疏水性及热稳定性，因此，与普通 BMI 改性氰酸酯树脂相比，长链双马来酰亚胺改性的氰酸酯树脂具有良好的加工性能，而且其固化物及复合材料具有更好的耐热性、力学性能以及更低的吸湿性和线膨胀系数。改性树脂的 5% 热失重温度为 414℃，复合材料在室温和 200℃ 时的拉伸强度分别为 431.2MPa 和 331.0MPa，弯曲强度分别为 631.5MPa 和 278.4MPa，复合材料的 *X-Y* 轴热膨胀系数为 $18.1\times10^{-6}℃^{-1}$，吸湿率为 1.4%。可见，长链硫醚双马来酰亚胺改性氰酸酯树脂基复合材料综合性能优异，在高频印刷线路板、IC 封装材料或先进战斗机雷达天线罩等领域显示了良好的应用前景。

参 考 文 献

[1] 张玉龙，颜祥平．塑料配方与制备手册．第 2 版 [M]．北京：化学工业出版社，2010.

[2] 马之庚，陈开来．工程塑料手册 [M]．北京：机械工业出版社，2005.

[3] 黄仁和，石晓娟．CO_2 硬化酚醛树脂合成工艺研究 [J]．中国铸造装备与技术．2004 (2)：29-31.

[4] 王立娜，陈成猛，杨永岗等．氧化石墨烯-酚醛树脂薄膜的制备及性能研究 [J]．材料导报，2010，24 (19)：54-56.

[5] 高平强，宋文华，李蒙蒙．纳米硼酸锌 $4ZnO\cdot B_2O_3\cdot H_2O$/酚醛树脂复合材料的合成及其阻燃性能研究 [J]．南开大学学报，2013.46 (4)：18-21.

[6] 鄢国平，黄思辰，班兴明等．多元改性酚醛树脂/玄武岩纤维复合材料的制备与性能 [J]．武汉工程大学学报，2014，36 (1)：57-61.

[7] 蔡静平，刘露，陈鑫涛等．剑麻纤维增强膨胀玻化微珠/酚醛树脂复合保温板的研究 [J]．新型建筑材料，2012，(4)：19-22.

[8] 吴爽，虞鑫海，罗道明．无卤阻燃改性环氧酚醛玻璃布层压板 [J]．绝缘材料，2011，44 (6)：9-11.

[9] 佟锐，李晓峰，周云等．酚醛建筑保温阻燃材料的研制 [J]．消防科学与技术，2012，31 (1)：83-85.

[10] 万胜，刘立柱，王凤春等．不同结构含氮酚醛/环氧阻燃玻璃布层压板的研究 [J]．绝缘材料，2010，43 (6)：28-30.

[11] 左小彪，王伟，冯志海等．低烟低毒型阻燃酚醛复合材料的制备与性能表征 [J]. 高科技纤维与应用，2014，39 (3)：25-31.
[12] 张鑫，邱藤，叶俊等．活性环氧稀释剂改性酚醛泡沫塑料的制备与性能研究 [J]. 塑料工业，2014，42 (7)：23-27.
[13] 高卫卫，曹海建，钱坤．玻纤增强酚醛泡沫塑料的制备及性能研究 [J]. 玻璃钢/复合材料，2013 (9)：17-20.
[14] 张红标，张泽广，沈国鹏等．木质素部分取代苯酚制备酚醛树脂及其泡沫的研究 [J]. 塑料工业，2014，42 (9)：122-125.
[15] 袁晓晓，陈海松，沈国鹏．粗酚部分替代苯酚制备酚醛泡沫保温材料 [J]. 合成树脂及塑料，2013，33 (3)：33-38.
[16] 李木，伊江平，王宇飞等．生物油酚醛泡沫的制备工艺研究 [J]. 现代化工，2014，34 (1)：79-82.
[17] 张伟，庄晓伟，许玉芝等．甲醛/苯酚配比对酚醛泡沫塑料性能的影响 [J]. 工程塑料应用，2010，38 (7)：4-7.
[18] 党江敏，任蕊，刘春玲等．PVC 阻燃酚醛纤维的制备及其性能 [J]. 宇航材料工艺，2011，(5)：27-31.
[19] 陈玉龙．膨润土环氧树脂复合材料的制备与力学性能研究 [J]. 科技风，2015. (7)：12
[20] 李生娟，杨志红，谢静等．硅烷化蒙脱土/环氧树脂复合材料制备及性能 [J]. 塑料工业，2015，43 (9)：42-45.
[21] 骆崛逵，严辉，张雪平等．硅微粉/气相 SiO_2/环氧树脂复合材料的制备与力学性能研究 [J]. 绝缘材料．2015，48 (10)：21-25.
[22] 南辉，王冲，王刚等．碳纳米管/环氧树脂复合纤维棉宏量制备及其吸油性能 [J]. 化工学报，2015. 16 (3)：1194-1200.
[23] 王玉，高延敏，韩莲等．偶联剂改性氧化石墨烯/环氧树脂复合材料的研究 [J]. 现代塑料加工应用，2015，27 (5)：44-48.
[24] 何子海，虞锦洪，江南等．功能化氮化硼纳米片/环氧树脂复合材料的制备与热性能研究 [J]．绝缘材料，2015，48 (4)：8-13.
[25] 矫维成，牛越，丁国民等．高气体阻隔石墨/环氧纳米复合材料的可控制备 [J]. 中国科技论文，2015，10 (10)：1149-1153.
[26] 温鹏，汪涛．VARTM 制备玻纤布/环氧板材及其力学性能研究 [J]. 纤维复合材料，2014，(4)：37-40.
[27] 倪庆清，丁娟，傅雅琴．气相生长纳米碳纤维/环氧树脂复合材料的制备及其力学性能 [J]．浙江理工大学学报，2015，33 (3)：346-350.
[28] 何子海，虞锦洪．环氧液晶接枝氧化铝/环氧树脂复合材料的制备与热性能 [J]. 绝缘材料，2015，48 (5)：15-20.
[29] 王中锋，张鹏可，杨素素等．浇铸成形环氧树脂基复合板材的制备技术 [J]. 河南科学，2015，33 (6)：924-928.
[30] 王亚东，高天，王明宇等．环氧树脂复合泡沫材料的制备及压缩性能研究 [J]. 广州化工，2015，43 (14)：46-47.
[31] 辛菲，陈文革．2-2 型 PZT/环氧树脂复合压电材料的研究 [J]. 压电与声光，2015，37 (4)：646-649.
[32] 贵大勇，郝景峰，赖玉丽等．有机硅改性环氧树脂制备及热稳定性 [J]. 深圳大学学报，2011. 28 (6)：507-512.
[33] 张文军，朱春宇．不饱和聚酯模塑料的研制 [J]. 热固性树脂，2008，23 (6)：32-34.
[34] 胡忠勤，李红媛，陈楚航等．桦木纤维/不饱和聚酯复合材料制备与性能研究 [J]. 中国胶粘剂，2011，20 (6)：37-40.
[35] 刘文广，李红媛，王战玲等．木粉/UPR 复合材料的制备及力学性能研究 [J]. 化学工程师，2011 (8)：19-21.
[36] 罗惠芬，赵秀峰，曹景祥等．改性凹凸棒-不饱和聚酯复合材料的热性能研究 [J]．中国粉体技术，2011，17 (6)：18-21.
[37] 雷圆，吕建，卢凤英等．氧化石墨烯/不饱和聚酯原位复合材料的性能研究 [J]. 绝缘材料，2012，45 (5)：5-8.
[38] 谷元强，王延．低烟阻燃不饱和聚酯树脂的研制 [J]. 安徽建筑工业学院学报，1998，6 (1)：68-72.
[39] 王伟，史俊虎，敬承斌．稀土荧光粉/不饱和聚酯树脂复合材料的性能研究 [J]．玻璃钢/复合材料，2013，(5)：22-24.
[40] 王冰，吕建，白亚飞，雷圆．聚酯结构对不饱和聚酯基磁性复合材料性能的影响 [J]. 现代塑料加工与应用，2012，24 (3)：5-7.
[41] 赵雪妮，何剑鹏，康婷婷等．玻璃微球增强型不饱和聚酯微孔塑料的研究 [J]. 陕西科技大学学报，2014，32 (2)：50-53.
[42] 杨帆，何韵，韩贤超等．可发性改性三聚氰胺-甲醛树脂的制备工艺及配方优化 [J]. 工程塑料应用，2015，43 (5)：13-17.
[43] 朱明军，张晓瑞，李银凤等．三聚氰胺甲醛的微波发泡工艺研究 [J]. 工程塑料应用，2015，43 (8)：56-59.
[44] 奚桐，辛斌杰．聚砜酰胺/聚氨酯纳米复合纤维的制备与表征 [J]. 材料导报，2015，29 (7)：63-67.
[45] 林强，石阳阳，宋海峰等．水性聚氨酯/改性导电炭黑复合材料的制备与性能研究．[J]. 塑料工业，2015，43 (8)：124-128.
[46] 王文娟．聚磷酸铵阻燃型水性聚氨酯的阻燃性能 [J]. 电镀与涂饰，2015，34 (6)：303-307.
[47] 刘运学，牛晚杨，范兆荣等．新型聚氨酯保温材料的研制 [J]. 新型建筑材料，2010 (8)：58-60.
[48] 孙洪秀，庄伟，曹青华等．丙烯酸共聚物/有机硅凹凸棒土复合材料的制备及性能研究 [J]．塑料工业，2011，39

(9)：61-65.
[49] 周建华，张玉林，沈晓亮．纳米 SiO_2/有机硅改性聚丙烯酸酯复合材料性能研究 [J]．功能材料，2010，41（增刊）：176-179.
[50] 邓诗峰，周燕，黄发荣等．石英纤维增强磷酸铬铝/有机硅杂化树脂基复合材料 [J]. 功能材料，2009，40（4）：650-652.
[51] 胡春平，姜波，刘丽等．缝合制备有机硅复合材料及其弯曲性能研究 [J]. 固体火箭技术，2011，34（6）：786-788.
[52] 闵春英，黄玉东，宋浩杰等．耐高温杂化有机硅树脂的合成及复合材料的耐高温力学性能 [J]. 固体火箭技术，2011，34（4）：520-524.
[53] 开吴珍，李新通，张惠杰等．芳伦-有机硅涂层复合材料的研制及应用 [J]. 非织造布，2012（4）：39-41.
[54] 马鹏常，刘敬峰，范卫峰等．长链双马来酰亚胺改性氰酸酯树脂及其复合材料 [J]. 高等学校化学学报，2013，34（8）：179-184.